常用金属材料焊接技术手册

主编　张应立　周玉华

金盾出版社

内 容 提 要

本书详细介绍了常用金属材料的分类、牌号、性能、焊接特点、焊接参数和焊接工艺。主要内容包括:金属材料焊接基本知识,碳钢焊接技术,低合金钢焊接技术,不锈钢焊接技术,铸铁焊接技术,非铁金属材料焊接技术,异种金属材料焊接技术,金属基复合材料焊接技术,金属材料焊接应力、变形、缺陷及其控制等。

本书内容具有实用性,既可供焊接工程技术人员和施工工长阅读参考,也可作为技术工人指导操作的工具书,还可供技工学校、中高等职业技术学院、大专院校相关专业师生和科研人员阅读参考。

图书在版编目(CIP)数据

常用金属材料焊接技术手册/张应立,周玉华主编.—北京:金盾出版社,2015.1

ISBN 978-7-5082-9474-2

Ⅰ.①常… Ⅱ.①张…②周… Ⅲ.①金属材料—焊接—技术手册 Ⅳ.TG457.1-62

中国版本图书馆CIP数据核字(2014)第122841号

金盾出版社出版、总发行

北京太平路5号(地铁万寿路站往南)

邮政编码:100036 电话:68214039 83219215

传真:68276683 网址:www.jdcbs.cn

封面印刷:北京精美彩色印刷有限公司

正文印刷:北京万友印刷有限公司

装订:北京万友印刷有限公司

各地新华书店经销

开本:850×1168 1/32 印张:26.75 字数:768千字

2015年1月第1版第1次印刷

印数:1～3 000册 定价:95.00元

前　言

随着我国经济的持续发展和科学技术的不断进步，焊接技术被广泛应用于机械工程、交通运输、水利电力、航空航天、国防工程、农业机械等各行各业。焊接生产早已不限于使用传统的焊接材料，而是越来越多地采用了不常见的钢铁材料和非铁金属材料，以及金属基复合材料。因此，工程技术人员、施工工长合理制订工艺程序，焊工熟练掌握各种金属材料的焊接技术至关重要。唯有如此，才能帮助企业获得更好的经济效益。

为适应形势发展和焊接生产的实际需要，我们收集了大量实际生产中精选出来的宝贵资料，在各级领导和专家的指导帮助下编撰了此书。希望帮助广大读者通过学习，快速掌握先进、合理的金属材料焊接操作技术，并针对生产实际中遇到的疑难问题，对照找出解决办法，以提高焊接技术水平和产品质量。

本书由张应立、周玉华主编，参加编写的还有张峥、吴兴惠、周玉良、周玥、刘军、耿敏、周琳、程世明、杨再书、张莉、吴兴莉、李家祥、梁润琴、邓尔登、王丹、王正常、谢美、贾晓娟、陈洁、张军国、黄德轩、王登霞、连杰、车宣雨、陈明德、张举素、张应才、唐松惠、王正荣、张梅、张举容、杨雪梅、李祥云、候勇、程力、钱璐、薛安梅、徐婷、黄月圆、李守银、王海、陆彩娟、方汪键、郭会文等，全书由高级工程张梅主审。在编写过程中曾得到铁道部贵州路桥有限公司领导、专家和审定者的大力支持与帮助。在此书出版之际，特向关心和支持本书编写的各位领导、专家、审定者和参考文献的编著者表示衷心感谢。

由于作者水平有限，加之时间仓促，且经验不足，书中不当之处在所难免，恳请专家和广大读者批评指正。

作　者

目　　录

1　金属材料焊接基本知识

1.1　金属材料的分类、性能与选用

1.1.1　金属材料的分类

金属材料的分类如图 1-1 所示。

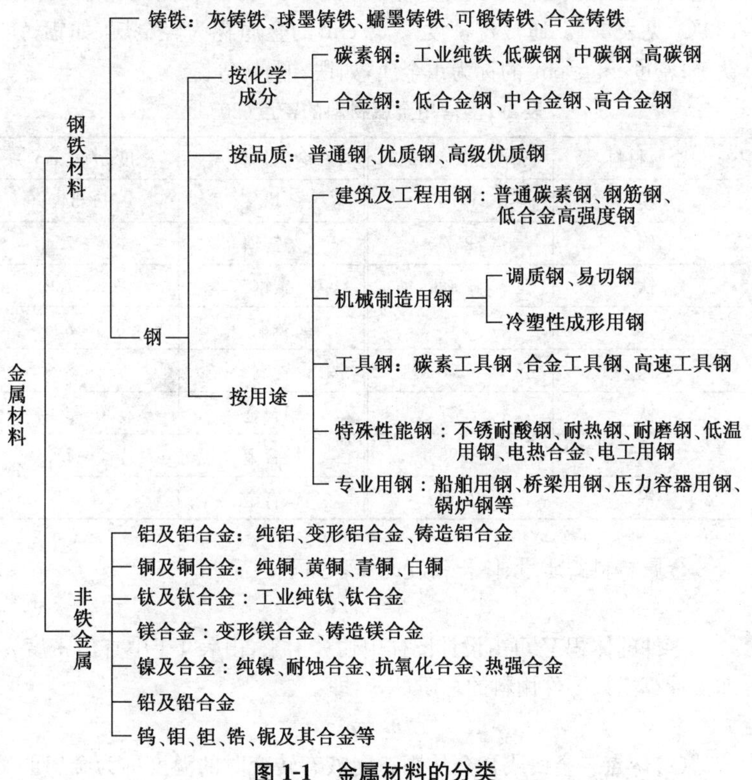

图 1-1　金属材料的分类

1.1.2　金属材料的基本性能

金属材料的性能包括使用性能和工艺性能两个方面。使用性能主要有物理性能、化学性能和力学性能；工艺性能是指金属材料在制造机械零件过程中适应各种加工工艺的性能，如焊接性能、切削加工性能、热处理性能等。

1. 金属材料的物理性能

金属材料的物理性能是金属材料固有的属性，包括密度、熔点、热膨胀性、导电性和磁性等。

(1)密度　单位体积所包含的金属材料的质量，称为该金属材料的密度。密度用代号 ρ 表示，其单位为 g/cm^3。常用金属材料的密度(20℃)见表1-1。通常将密度<$5g/cm^3$ 的金属称为轻金属，如铝、镁、钛等；密度>$5g/cm^3$ 的称为重金属，如铁、铜、锌等。

表1-1　常用金属材料的密度(20℃)

金属材料	密度 $\rho/(g/cm^3)$	金属材料	密度 $\rho/(g/cm^3)$
镁	1.74	铅	11.34
铝	2.7	灰铸铁	6.8～7.4
钛	4.508	碳钢	7.8～7.9
锌	7.13	黄铜	8.5～8.6
锡	7.3	青铜	7.5～8.9
铁	7.87	铝合金	2.50～2.84
铜	8.96	镁合金	1.75～2.84
银	10.49	钛合金	4.5

金属材料的质量、体积密度的关系如下：

$$\rho=m/V$$

零件的体积 V 可由设计图样中估算出来，由表1-1中查出密度 ρ，即可计算出该零件用料的总质量 m，即：

$$m=\rho V$$

(2)熔点　金属或合金从固态向液态转变时的温度称为金属的熔

点。纯金属有固定的熔点，常用金属材料的熔点见表1-2。

表1-2 常用金属材料的熔点

金属材料	熔点/℃	金属材料	熔点/℃
钨	3 380	银	960.8
钼	2 630	铝	660.1
钒	1 900	铅	327
钛	1 677	锡	231.91
铁	1 538	铸铁	1 148～1 279
铜	1 083	碳素钢	1 450～1 500
金	1 063	铝合金	447～575

熔点高的金属称为难熔金属，如钨、钼、钒等熔点在1 900℃以上；熔点低的金属称为易熔金属，如锡、铅等熔点在330℃以下。钢和铸铁都是铁碳合金，由于含碳量不同，熔点也各不相同。

熔点相近的两种金属的焊接性能较好；熔点相差大的金属很难用常规的熔焊法焊接。

(3)热膨胀性 金属材料随着温度升高而膨胀的特性称为热膨胀性。金属材料的热膨胀性用它的线胀系数 α 表示。温度升高1℃时，材料所增加的长度与原来长度的比值称为金属材料的线胀系数 α。

$$\alpha=(L_2-L_1)/L_1t$$

式中，L_1 为膨胀前长度（m）；L_2 为膨胀后长度（m）；t 为升高的温度（℃）；α 为线胀系数（1/℃）。

常用金属材料的线胀系数值见表1-3。

表1-3 常用金属材料的线胀系数值(0℃～100℃)

金属材料	线胀系数 α/℃$^{-1}$	金属材料	线胀系数 α/℃$^{-1}$
铝	23.6×10^{-6}	钛	8.2×10^{-6}
铅	29.3×10^{-6}	碳钢	$(10.6\sim13)\times10^{-6}$
锡	23.0×10^{-6}	黄铜	$(17.8\sim20.9)\times10^{-6}$
铜	17.0×10^{-6}	青铜	$(17.6\sim18.2)\times10^{-6}$
铁	11.76×10^{-6}	铸铁	$(8.7\sim11.6)\times10^{-6}$

异种金属焊接时，必须采取措施消除它们的膨胀差异。否则，将使工件严重变形，甚至损坏。

(4)**导热性**　金属材料传导热量的能力称为导热性。金属材料导热性用热导率 λ 表示。金属内部相距为 1m 的两点，温度差恰为 1K 时所传递的热量称为该金属的热导率 λ。热导率的单位为 W/(m·K)。热导率越大，导热性越好。常见金属材料的热导率见表 1-4。由表 1-4 中可知，银的热导率最大，铜、铝次之。

表 1-4　常见金属材料的热导率

金属材料	热导率 λ/[W/(m·K)]	金属材料	热导率 λ/W/(m·K)
银	419	铁	75
铜	393	灰铸铁	63
铝	222	碳素钢	67(100℃)

对于热导率小的金属，在进行焊接、铸造、锻造及热处理时，加热和冷却的速度应慢，以免造成金属内外部温差过大而产生温度应力导致工件变形或开裂。

(5)**导电性**　金属材料传导电流的能力称为导电性。金属材料是良导体，其导电能力用电阻率 ρ 表示。一个长度单位且横断面恰是一个单位面积的导体所具有的电阻称为该金属材料的电阻率 ρ。常用金属材料的电阻率见表 1-5。

表 1-5　常用金属材料的电阻率　　($\Omega \cdot mm^2/m$)

材料名称	ρ 值(20℃)	材料名称	ρ 值(20℃)
银	0.0165	钨	0.0548
铜	0.0175	铁	0.0978
铝	0.0283	铅	0.222

一般情况下，电阻率小的金属其导电性能良好。工业上常用导电性好的铜、铝或它们的合金作为导电结构材料；导电性差的镍铬合金，以及铁铬铝合金则作为电热元件材料或制作电阻丝等。

(6)**磁性**　金属材料在磁场中被磁化的性能称为金属材料的磁性。根据被磁化的程度不同，金属材料可分为铁磁性材料(如铁、钴等)、顺磁性材料（如锰、铬等）和抗磁性材料（如铜、锌等）。

铁磁性材料用于制作变压器、电动机、测量仪表等；抗磁性材料用于制造要求避免磁场干扰的零件和结构。

2. 金属材料的化学性能

金属材料的化学性能有很多。在制造业中使用的金属材料，主要关注其耐腐蚀性和抗氧化性两个方面。

(1)耐腐蚀性 金属材料在常温下抵抗氧、水及其他介质腐蚀破坏作用的能力称为耐腐蚀性。铁生红锈、铜生绿锈、铝生白点都是金属的腐蚀现象。

(2)抗氧化性 金属材料在加热时抵抗氧化作用的能力称为金属抗氧化性。

金属材料在高温条件下容易与氧结合，生成氧化皮，造成金属的损耗，甚至使工件报废。焊接时的高温，会使空气中的氧和氮大量侵入到熔化金属中，与金属中的碳、硅、锰生成氧化物或氮化物并留在焊缝中，造成夹渣、气孔等缺陷，大大降低焊缝的质量。所以在焊接时要采取各种保护措施，防止焊缝金属被氧化。对于长时间在高温下工作的零件，应选用抗氧化性能好的材料来制造。

3. 金属材料的力学性能

金属材料的力学性能是指金属在受到外力时所表现出来的特性。金属材料的力学性能主要有强度（σ_s、σ_b）、塑性（δ、ψ）、硬度（HB、HR、HV）、冲击韧度（α_K）等。

对于一般焊接结构，尤其是较重要的焊接结构，总是要求焊缝和热影响区某些性能指标达到一定的数值。常用的力学性能试验方法有拉伸试验、冷弯试验、硬度试验和冲击试验等。

(1)强度 金属材料抵抗永久变形和断裂的能力称为强度。在机械制造业中，强度指标有屈服强度σ_s和抗拉强度σ_b两个。

①屈服强度σ_s。屈服强度（又称为屈服点）是指金属材料抵抗永久变形（塑性变形）的能力。它表示材料将要发生永久变形时内部所能承受的正应力。即：

$$\sigma_s = F_s / A \tag{1-1}$$

式中，F_s 为材料发生永久变形时受到的拉力（N）；A 为试件的横断面面积(mm^2);σ_s为屈服强度(MPa)。

低碳钢的牌号有时就用其屈服强度表示,如Q235钢的屈服强度为235MPa。

有些材料如铜和铝,在拉伸曲线中无明显的屈服点,则在试样拉伸时,以试样塑性变形的应变量为0.2%时的应力作为其屈服点,称为屈服强度$\sigma_{0.2}$。

工程上对一般焊接件或机器零件,在工作时都不允许有塑性变形,因此,屈服强度σ_s或屈服强度$\sigma_{0.2}$常作为强度设计的依据。

②抗拉强度σ_b是指金属材料抵抗断裂的能力。它表示材料在拉断时内部所承受的最大正应力。即:

$$\sigma_b = F_b / A \tag{1-2}$$

式中,F_b为材料拉断时受到的最大拉力(N);A为材料试件原有的横断面面积(mm²);σ_b为抗拉强度(MPa)。

各种金属材料的抗拉强度σ_b是材料供应商按照国家标准规定的试验方法测定的出厂参数,可从有关手册中查到。由于机械零件一般只允许在弹性范围内工作,故其强度指标多以σ_s为准;对于无明显弹性范围的材料,如灰铸铁,在拉断前基本上没有塑性变形,因此,没有屈服强度,在零件强度设计时,则以σ_b作为强度指标。

构件的许用应力表示材料正常使用时所允许的安全应力,一般用一个大于1的安全系数n除材料的强度指标(σ_s或σ_b)得到,即:

$$[\sigma] = \begin{cases} \sigma_s / n \text{(塑性材料)} \\ \sigma_b / n \text{(脆性材料)} \end{cases}$$

构件承载强度条件为:

$$\sigma \leqslant [\sigma]$$

例如,厚度为2mm的低碳钢板对接焊,板宽为60mm,若焊接接头的许用应力$[\sigma] = 155\text{MPa} = 155\text{N/mm}^2$,则焊缝所能承受的最大拉力$F$可以由下式计算:

$$\sigma = \frac{F}{A} \leqslant [\sigma]$$

$$F \leqslant A[\sigma] = 2\text{mm} \times 60\text{mm} \times 155\text{N/mm}^2 = 18\,600\text{N} = 18.6\text{kN}$$

即此焊缝所能承受的最大拉力为18.6kN。

构件在实际工作中，除了满足其强度条件之外，许多情况下还要限制它的变形大小（弹性变形），变形超过允许的范围，构件也不能正常工作，如机床主轴弯曲变形过大，势必导致机床加工精度下降。结构抵抗变形的能力，称为结构（件）的刚度。构件的刚度主要取决于构件材料性质和横断面的形状及面积大小。

(2)塑性 材料断裂前发生永久变形的能力称为塑性。塑性好的材料其压力加工性能良好。在工程上常用伸长率 δ 和断面收缩率 ψ 作为衡量金属材料塑性高低的指标。这两个指标都是通过拉伸试验后测得的。

①伸长率即试样拉断后单位长度的伸长，用百分数表示，即：

$$\delta=\frac{L_1-L_0}{L_0}\times100\% \tag{1-3}$$

式中，δ 为伸长率（%）；L_1 为试样拉断后的标距长度（mm）；L_0 为试样原始标距长度（mm）。

通常将 $\delta>5\%$ 的材料称为塑性材料，如碳钢、铜、铝等；$\delta<5\%$ 的称为脆性材料，如铸铁，砂石，玻璃等。

②断面收缩率即试样拉断后在断裂处单位面积的缩小，用百分数表示，即：

$$\psi=\frac{S_1-S_0}{S_0}\times100\% \tag{1-4}$$

式中，ψ 为断面收缩率（%）；S_1 为试样拉断后的断面面积（mm^2）；S_0 为试样原始断面面积（mm^2）。

金属材料或焊缝的塑性也可以用弯曲角 α 来表示。弯曲角 α 由冷弯试验测定。

伸长率 δ、断面收缩率 ψ 以及弯曲角 α 都是评定金属材料或焊接接头塑性好坏的指标，它们反映了金属材料塑性变形的能力，一般情况下 δ、ψ、α 越大，金属的塑性越好，韧性越高；反之，塑性差，脆性大。

(3)硬度 硬度是材料表面抵抗硬物压入的能力，是用来衡量金属软硬的指标。硬度高的材料一般耐磨性较好，强度也较高，但塑性较差。

对于焊接工件，常用测定焊缝和热影响区的硬度来估计出焊缝和热影响区的组织和力学性能。

常用的硬度试验有布氏硬度 HB、洛氏硬度 HR 和维氏硬度 HV 三种。

①布氏硬度。布氏硬度是用一定直径的钢球(或硬质合金球)以一定的压力压在试件表面上,保持一段时间卸去压力之后,测出压痕直径,以压痕单位面积所受的平均压力表示布氏硬度值。实际操作时,根据所加压力和压痕直径大小,直接查表可得到相应的硬度值。

布氏硬度 HBS 表示用钢球试验的硬度值,适用于测定布氏硬度<450 的材料。布氏硬度 HBW 表示用硬质合金球试验的硬度值,适用于测定布氏硬度<650 的材料。

金属材料的强度极限与表面布氏硬度之间有如下的近似关系:

退火的低碳钢、中碳钢:$\sigma_b \approx 3.6$HBS。

高碳钢:$\sigma_b \approx 3.4$HBS。

调质合金钢:$\sigma_b \approx 3.25$HBS。

铝铸件:$\sigma_b \approx 0.26$HBS。

退火青铜和黄铜:$\sigma_b \approx 0.55$HBS。

②洛氏硬度。对于较硬的表面,可采用洛氏硬度计试验测定其硬度。洛氏硬度计有三种压头:一种是金刚石圆锥体,加压力为 588N,适用于测定硬度较高的表面,如硬质合金、表面淬火钢等,常用 HRA 表示,范围为 20～88HRA;第二种压头是钢球,加压力 980N,适用于较软表面,如软钢、退火钢、铜合金等,代号为 HRB,范围为 20～100HRB;第三种压头也是金刚石圆锥体,但加压力比 HRA 大,达到 1 470N,范围为 20～70HRC。HRC 是工程中最常用的硬度表达方式,适用于一般淬火钢件。

③维氏硬度。对于较薄的材料表面,可采用维氏硬度计测量。维氏硬度计试验时压力较小,压入较浅。维氏硬度计可以测量极软的材料,也可以测定极硬的材料,其测定硬度值范围很大,从 10～1 000HV 均能测定。

(4)韧性　金属材料在断裂前吸收冲击能量的性质称为韧性。通常用冲击韧度 α_k 来表示韧性的大小。某些金属材料,如淬过火的钢,其抗拉强度很高,但在受到较小的冲击力时即会断裂,因此,对于重要的焊接结构，焊缝需要有一定的冲击韧度。冲击韧度为材料抵抗冲击载荷的能力。

材料的冲击韧度是在专门的冲击试验机上测定的。冲击韧度试验是把材料制成标准试样后放到试验机上，将摆锤举到一定高度，落下时把试样冲断。断裂时，单位断面面积上所吸收的冲击功表示该材料的冲击韧度 α_k，即：

$$\alpha_k = W_k / A_0 \tag{1-5}$$

式中，W_k为试件被冲断时吸收的功(J)；A_0为试件断口面积(cm^2)；α_k为冲击韧度(J/cm^2)。

材料的 α_k值大，材料的韧性越好，能较好地经受冲击载荷的作用，即在受到冲击载荷时不易产生脆性断裂。脆性断裂在断裂前没有明显的塑性变形，裂纹穿过晶界而造成断裂，故其断面有金属光泽，并且是粗糙不平的。由于脆性断裂总是突然发生的，故在断裂时易造成重大事故。因此，对于受冲击载荷的焊接结构，必须考虑其 α_k值。

4. 金属材料的工艺性能

金属材料的工艺性能是指金属材料对于不同的加工工艺的适应能力。工艺性能好，则加工容易，工艺质量和效率比较高。金属材料的基本工艺性能主要有铸造性能、压力加工性能、焊接性能、切削加工性能和热处理性能。

(1)**铸造性能** 铸造性能是指液体金属材料能否易于铸成优质铸件的能力。铸造性能常用液体流动性、收缩性和偏析来表达。一般说来，灰铸铁的铸造性能较好，铸钢则稍差。

(2)**压力加工性能** 金属材料在压力加工下成形的难易程度称为压力加工性能，它与材料的塑性和强度有关。塑性好、强度低的材料，压力加工性能良好。低碳钢、铜、铝的压力加工性能良好，铸铁则不能进行压力加工。

(3)**焊接性能** 焊接性能的好坏受到材料、焊接方法、构件的类型和使用要求四个因素的影响。钢材中的碳当量对焊接性影响较大。碳当量<0.4%时，钢材的焊接性能良好；碳当量在0.4%～0.6%时，焊接性能较差；碳当量>0.6%时，焊接性不好。一般说来，低碳钢的焊接性能最好；中碳钢焊接性较差。

(4)切削加工性能　影响切削加工性能的主要因素是材料硬度。金属材料具有170～230HBS硬度时，较易于切削加工。铸铁、铜合金、铝合金和一般碳素钢均有较好的切削加工性能。

(5)热处理性能　热处理性能包括淬透性、氧化脱碳、变形开裂几个方面。一般情况下，中碳钢的热处理性能较好。

1.1.3　金属材料的选用原则

焊接结构对材料的要求特别严格，不同使用条件下的焊接结构对材料的要求不同。焊接工作者应从焊接结构的形式、尺寸和特点、工作环境和载荷条件、材料的工艺性能，以及成品制造的经济性等方面全面考虑、综合分析后，选择金属材料。

(1)载荷条件　焊接结构根据其服役情况的不同，可能承受静载荷、疲劳载荷、冲击载荷等。焊接结构需要加工、成形及制造，要求材料具有一定的塑性和韧性、静态与动态时的断裂韧度。对承受动载荷的构件，则要求材料有较好的吸振性。

材料的静载强度可用拉伸、压缩与弯曲的强度极限和弹性模量等指标表示；材料的塑性通常用伸长率和断面收缩率衡量；V或U形缺口的冲击吸收能量、无延性转变温度、静态和动态的断裂韧度等指标可以反映材料的韧性；材料的耐磨性常以硬度作为指标；材料的吸振性则以材料的阻尼系数表示。

(2)环境条件　焊接结构的工作环境包括温度、介质和辐射等。

①环境工作温度对材料性能有重要影响。高温工作的焊接结构，要求材料具有足够的高温强度，良好的化学稳定性与组织稳定性，较高的蠕变强度和蠕变塑性等；常温下工作的焊接结构，要求材料在自然环境温度下具有良好的强度、塑性和韧性，由于自然环境温度与地域有关，要特别注意材料在最低自然环境温度下的性能，尤其是韧性。低温工作的焊接结构系指工作温度范围在－269℃～－20℃的结构，要求材料具有优良的低温性能，主要是低温韧性和塑性，希望材料的脆性转变温度低于工作温度，并有足够的低温断裂韧度，以防止产生低温脆性破坏。

②工作介质种类繁多，有些介质对材料有不同程度的腐蚀作用，这

就要求接触腐蚀介质的材料具有良好的抗腐蚀性能。材料的腐蚀速度可用质量损失率或腐蚀速度等指标表示，材料抗应力腐蚀开裂能力常用应力腐蚀强度因子来描述。

③在核辐照环境下工作的焊接结构，由于中子辐射的作用，会导致材料屈服点提高、塑性下降、脆性转变温度升高、韧性下降、缺口敏感性增加，使材料呈现明显的辐照脆性。中子辐照后的钢材，在高温下还会出现辐照蠕变脆性。

(3)体积与质量要求 对体积和质量有要求的焊接结构，应选择比强度(强度与质量之比)较高的材料，如轻合金材料，以达到缩小体积、减轻质量的目的。对体积和质量无特殊要求的焊接结构，选用强度等级较高的材料也有其技术经济意义，不仅可减轻结构自重，节约大量钢材和焊接材料，避免大型结构吊装和运输上的困难，而且能承受较高的载荷。

(4)经济性 材料是产品成本中的一个重要组成部分。在考虑材料成本的同时还应考虑材料加工、焊接难易程度不同对制造费用的影响。

(5)工艺性能 焊接结构的零部件通常需要经过加工成形→焊接→焊后热处理等工序，这就要求材料具有良好的工艺性能。工艺性能包括金属的焊接性，切削性能，冷、热加工工艺性能，热处理性能，可锻性，组织均匀稳定性及大断面的淬透性等。

1.1.4 金属材料的用途和特性

①普通碳素钢的用途和特性见表1-6。

表1-6 普通碳素钢的用途和特性

钢号	用途	特性
Q195 Q215A	用来制造受力不大的焊接件和冲压件	强度低，塑性高，焊接性良好
Q235A	用作建筑材料的钢盘、工字钢槽钢；在一般机械制造中用作拉杆、吊钩、螺栓、连杆、心轴、销子及其他一些不重要的零件和焊接件，其中Q235A钢应用最普遍	强度和塑性都较好，焊接性也很好

续表 1-6

钢　号	用　途	特　性
Q215B Q235B	主要用于建筑、桥梁工程上制作比较重要的机械构件	可代替优质碳素钢材使用，其中 Q215B 相当于 10～15 钢，Q235B 相当于 15～20 钢

②优质碳素结构钢的用途和特性见表 1-7。

表 1-7　优质碳素结构钢的用途和特性

钢号	用　途	特　性
08F 10F	用于制造强度要求不高，需经受大变形的冲压件和焊接件，如外壳、盖、罩、固定挡板等	强度、硬度很低，塑性、韧性很高，深冲压、深拉延的冷加工性和焊接性很好，但成分偏析倾向较大，时效敏感性较强
08 10	用于制造受力不大的焊接件、冲压件、锻件和心部强度要求不高的渗碳、渗氮共渗零件，如角片、支臂、隔板、外壳、帽盖，垫圈、锁片、螺钉、螺母、销钉、小轴等	强度不高，塑性、韧性很好，为获得最好深拉延性能，板材应正火或高温回火；焊接性优良
15 20	在热轧或正火状态下用作受力不大但要求较高韧性的各种机械零件和焊接件，如螺钉、螺栓、法兰盘、起重钩、焊接容器等	为常用的低碳渗碳钢，强度较低（但高于 08、10 钢）、塑性、韧性、焊接性及冷加工性都很好，无回火脆性，但淬硬性，淬透性均较低，切削性不好，为了改善其切削性能需要进行水韧处理或正火
15F 20F	适于轧制成薄板，用作各种钣金件	性能同上，但系沸腾钢，成分偏析倾向较大，时效敏感性较强，生产成本较低
25	用作焊接结构件以及经锻造、热冲压和机械加工而成的不受高应力的零件，如轴、心轴、辊子、垫圈、螺栓、螺钉、螺母等；也可作心部强度要求不高的渗碳、渗氮共渗零件，以及经淬火处理，制作强度和韧性要求较高的零件，如汽车轮胎、螺钉等	性能与 20 钢相近，但强度较高。此钢介于低碳、中碳钢之间，具有一定的强度，较好的塑性和韧性，焊接性及冷冲压性均较好，切削性尚好，淬透性及淬硬性不高，无回火脆性；一般在热轧或正火状态下使用

续表 1-7

钢号	用　途	特　性
30 35	用作断面较小、受力较大的机械零件，如螺钉、丝杆、拉杆、转轴、曲轴、吊环、齿轮等，以及在自动机床上加工的紧固件；30 钢也适于制作冷顶锻零件和焊接件，但 35 钢一般不作焊接件	含碳量较高，已不适于渗碳，钢的强度、硬度均较高，具有较好的塑性，切削性好，焊接性中等，淬透性仍低，一般在正火或调质状态下使用；力学性能要求不高时也可在热轧状态下使用
40 45	一般在正火或调质，或高频表面淬火状态下使用，用于制作承受负荷较大的小断面调质件和应力较小的大型正火零件，以及对心部强度要求不高的表面淬火件，如曲轴、心轴、链轮、齿轮、齿条、蜗杆、活塞杆、活塞销等，这类钢一般不作焊接件，如需焊接，则焊前需进行预热，焊后要进行消除焊接应力的退火处理	为高强度中碳钢。其特点是强度较高，塑性及韧性尚好，切削性优良，经调质处理后能获得较好的综合力学性能，无回火脆性；但焊接性不好，淬透性较低，水淬时且有裂纹倾向；当直径较大时（60～80mm），调质状态和正火状态的力学性能相近，因此，大断面零件常以正火为最终热处理，这两种钢中以 45 钢应用最广

③低合金结构钢的用途和特性见表 1-8。

表 1-8　低合金结构钢的用途和特性

钢号	用　途	特　性
09Mn2	低压锅炉汽包、中低压化工容器、薄板冲压件、输油管道、储油罐等	强度级别为 294MPa，在热轧或正火状态下使用。焊接性优良，韧性、塑性极高，薄板冲压性能好，低温性能亦可
12Mn	低压锅炉板以及用于金属结构、造船、容器、车辆和有低温要求的工程上	强度级别为 294MPa，在热轧状态下使用。综合性能良好（塑性、焊接性、冷热加工性、低中温性能都较好），成本较低
18Nb	起重机、鼓风机、原油油罐、化工容器、管道等，亦可用于工业厂房的承重结构	强度级别为 294MPa，在热轧状态下使用。为含铌半镇静钢，钢材性能接近镇静钢，成本低于镇静钢，综合力学性能良好，低温性能亦可

续表 1-8

钢号	用　途	特　性
Q345	潮湿多雨地区和有腐蚀气氛工业区的车辆、桥梁、列车电站、矿井等方面的结构件	强度级别为343MPa，在热轧状态下使用。耐大气腐蚀，塑性、韧性好，焊接性佳，冷热加工性好，－50℃仍有一定低温韧性，能耐硫化氢腐蚀
Q345	各种大型船舶、铁路车辆、桥梁、管道、锅炉、压力容器、石油储罐、起重及矿山机械、电站设备、厂房钢架等承受动载荷的各种焊接结构。－40℃以下寒冷地区的各种金属结构件，也可代替15Mn作渗碳零件	强度级别为343MPa，在热轧或正火状态下使用。综合力学性能、焊接性及低温韧性、冷冲压及切削性均好，与Q235钢相比，强度提高50%，耐大气腐蚀性能提高20%～38%，低温冲击韧度也比Q235钢优越，但缺口敏感性较碳钢大，价廉，应用广泛
Q390	为耐海水及大气腐蚀用钢，用作抗大气及海水腐蚀的港口码头设施、石油井架、车辆、船舶、桥梁等方面的金属结构件	强度级别为392MPa，在热轧状态下使用；综合力学性能、焊接性及耐腐蚀性良好，耐海水腐蚀能力比Q345高60%，低温韧性也优于Q345，冷弯性能特别好，强度高

④合金结构钢的用途见表1-9。

表 1-9　合金结构钢的用途

钢　号	用　途
40Cr	是一种最常用的合金调质结构钢，用于制造承受中等负荷和中等速度工作条件下的机械零件，如汽车的万向节、后半轴及机床上的齿轮、轴、蜗杆、花键轴、顶夹套等；也可经调质并高频表面淬火后，用于制造具有高的表面硬度及耐磨性而无很大冲击的零件，如齿轮、轴套、轴、主轴、曲轴、心轴、销子、连杆螺钉、进气阀等；也可经淬火、中温或低温回火，制造承受重负荷的零件；又适于制造进行碳氮共渗处理的各种传动零件，如直径较大和要求低温韧性好的齿轮和轴
12CrMo	用于锅炉及汽轮机制造业中蒸汽参数达510℃的主汽管，540℃以下的过热器管及相应的锻件，也可在淬火、回火状态下使用，制作高温下工作的各种弹性元件

续表 1-9

钢 号	用 途
15CrMo	正火及高温回火后使用,用于制造汽轮机及锅炉行业中蒸汽参数达 530℃的高温锅炉的过热器,中高压蒸汽导管及联箱等;也可在淬火、回火后使用,用于制造常温下工作的重要零件
20CrMo	用于锅炉及汽轮机制造业中隔板、叶片、锻件,型、轧材,化工工业中制作高压管及各种紧固件,机器制造业中制作较高级的渗碳零件,如齿轮、轴等
30CrMo 30CrMoA	在中型机械制造业中用于制造断面较大、在高压力条件下工作的调质零件,如轴、主轴、操纵轮、螺栓、双头螺栓、齿轮等;在化工工业中用来制造焊接结构件和高压导管,在汽轮机、锅炉制造业中用来制造 450℃以下工作的紧固件,500℃以下受高压的法兰盘和螺母,尤其适于制造 300atm400℃以下工作的导管
35CrMo	通常用作调质件,也可在高、中频表面淬火或淬火、低温回火后使用,用于高负荷下工作的重要结构件,特别是受冲击、振动、弯曲、扭转负荷的机件,如车轴、发动机传动机件、大电动机轴、汽轮发电机主轴、轧钢机人字齿轮、曲轴、锤杆、连杆、紧固件以及石油工业中的穿孔器等;在锅炉制造业上用于工作在 400℃以下的螺栓,510℃以下的螺母;在化工设备中用于非腐蚀介质中工作的、工作温度在 400℃～800℃的厚壁无缝的高压导管;也可代替 40CrNi 钢制作大断面齿轮和高负荷传动轴、汽轮发电机转子、直径＜500mm 的支撑轴等
42CrMo	用于制造较 35CrMo 钢强度更高或调质断面更大的锻件,如机车牵引用的大齿轮、增压器传动齿轮、发动机气缸、受负荷极大的连杆及弹簧夹等类似零件
12CrMoV	用于汽轮机中制作蒸汽参数达 540℃的主汽管道、转向导叶环、隔板、隔板外环,以及管壁温度＜570℃的各种过热器管、导管和相应的锻件
35CrMoV	用来制造在高应力下工作的重要零件,如长期在 500℃～520℃工作的汽轮机叶轮,高级蜗轮鼓风机和压缩机的转子、盖盘,效率不大的发电机轴,以及强力发动机的零件等

续表 1-9

钢　号	用　途
12CrMoVA	用于制造高压设备中工作温度不超过580℃的过热器管、联箱管道及相应的锻件
25Cr2MoVA	用于制造汽轮机整体转子、套筒、主汽阀、调节阀，受热530℃以下的螺栓和双头螺栓，以及其他在510℃以下工作的紧固连接件，此外还可用作氮化钢，制作阀杆、齿轮等
25Cr2Mo1VA	用于制造汽轮机行业中蒸汽参数达560℃的前气缸，阀杆螺栓以及其他紧固件
15CrMn	经渗碳淬火使用，用来制造齿轮、蜗轮、塑料模具、汽轮机密封轴套等
20CrMn	用作断面不大的渗碳件和断面较大的高负荷调质件，如齿轴、轴、主轴、蜗杆、调速器套筒、变速装置的摩擦轮等；也可代替20CrNi钢制作断面尺寸不大、受中等压力而无大冲击负荷的零件
40CrMn	用于制造在高速和弯曲负荷下工作的轴、连杆及在高速、高负荷而无强力冲击负荷下工作的齿轮轴、齿轴、水泵转子、离合器、小轴、心轴等；还用来制作直径＜100mm强度要求＞800MPa的高压容器盖板的螺栓等
20CrMnSi	用来制造强度高的焊接结构和工作应力较大高韧性的零件，以及厚度在4mm以下的薄板冲压件等
30CrMnSiA 30CrMnSi	是飞机制造业中使用最广的一种调质钢，用于制造飞机的重要锻件、机械加工零件和焊接件，如起落架、螺栓、对接接头、缘条、天窗盖、冷气瓶等
35CrMnSiA	为低合金超高强度钢，一般均在等温淬火并低温回火后使用，主要用作重负荷、中等速度及要求高强度的零件，如高压鼓风机叶轮、飞机上的起落架等

⑤建筑结构用钢材的选用见表 1-10。

表 1-10 建筑结构用钢材的选用

<table>
<tr><th colspan="3" rowspan="2">结构类型和构件名称</th><th rowspan="2">计算温度</th><th colspan="2">焊接结构</th><th colspan="2">非焊接结构</th></tr>
<tr><th>采用钢号</th><th>钢材保证项目</th><th>采用钢号</th><th>钢材保证项目</th></tr>
<tr><td rowspan="6">直接承受动载荷的构件</td><td colspan="2" rowspan="2">重级工作制吊车梁或类似结构</td><td>>−20℃</td><td>Q235
Q345</td><td>σ_b、δ_5,σ_s,冷弯,常温下A_{kV}值,C、S、P的极限含量</td><td>Q235
Q345</td><td>σ_b,δ_5,σ_s,冷弯,常温下A_{kV}值,S、P的极限含量</td></tr>
<tr><td>≤−20℃</td><td>Q235
Q345
Q345Q</td><td>σ_b,δ_5,σ_s,冷弯,常温下A_{kV}值,Q235应保证−20℃的A_{kV}值,Q345或Q345Q应保证−40℃的A_{kV}值,C、S、P的极限含量</td><td>Q235
Q345
Q345Q</td><td>σ_b,δ_5,σ_s,冷弯,常温下A_{kV}值,Q235应保证−20℃的A_{kV}值,Q345或Q345Q应保证−40℃的A_{kV}值,S、P的极限含量</td></tr>
<tr><td rowspan="4">轻、中级工作制吊车梁或类似结构</td><td rowspan="2">轻级工作制及起重量<50t的中级工作制吊车梁、单轨吊车梁或类似结构</td><td>>−20℃</td><td>Q235F</td><td>σ_b,δ_5,σ_s,冷弯,C、S、P的极限含量</td><td rowspan="3">Q235
Q235F</td><td rowspan="4">σ_b,δ_5,σ_s,冷弯,S、P的极限含量</td></tr>
<tr><td>≤−20℃</td><td>Q235
Q345</td><td rowspan="2">σ_b,δ_5,σ_s,冷弯,常温下A_{kV}值,C、S、P的极限含量</td></tr>
<tr><td rowspan="2">起重量≥50t的中级工作制吊车梁或类似结构</td><td>>−20℃</td><td>Q235F
Q345</td></tr>
<tr><td>≤−20℃</td><td>Q235
Q345</td><td>σ_b,δ_5,σ_s,冷弯,常温下A_{kV}值,Q235应保证−20℃的A_{kV}值,Q345或Q345Q应保证−40℃的A_{kV}值,C、S、P的极限含量</td><td>Q235
Q345</td></tr>
</table>

续表 1-10

结构类型和构件名称		计算温度	焊接结构		非焊接结构	
			采用钢号	钢材保证项目	采用钢号	钢材保证项目
承受静载荷或间接承受动载荷的构件	>5t 的锻锤或相当的振动设备或重型、特重型厂房的屋架、托架和柱子，跨度>24m 的托架或跨度>42m 的屋架、皮带式运输桁架、平炉或转炉工作平台结构、储仓构架及与上述情况类似的结构	>−30℃	Q235F	σ_b，δ_5，σ_s，冷弯，C、S、P 的极限含量	Q235F	σ_b，δ_5，σ_s，冷弯，S、P 的极限含量
		≤−30℃	Q235 Q345		Q235F	
	一般的屋架、托架、柱子和天窗架、挡风架、窗档、条、支架、支撑、墙架、操作平台以及类似结构	>−30℃	Q235	σ_b，δ_5，σ_s（当计算温度高于−20℃时，屋架、托架、天窗架应保证冷弯），C、S、P 的极限含量	Q235F	σ_b，δ_5，σ_s，冷弯，S、P 的极限含量
		≤−30℃	Q235 Q345		Q235F	
非承重结构	由构造决定的构件：支撑、检修和通道平台结构、梯子、栏杆以及类似的不受力构件	—	Q215F Q235F	C、S、P 的极限含量	Q215F Q235F	S、P 的极限含量

注：①当有可靠依据时，可采用其他牌号的钢材。

②低温地区的露天（或类似露天）焊接结构采用沸腾钢时，板厚不宜>25mm。

1.2 金属材料的焊接性与焊接特点

1.2.1 金属材料的焊接性

1. 金属材料焊接性的定义

根据GB/T 3375—1994《焊接术语》，焊接性的定义材料在限定的施工条件下焊接成符合规定设计要求的构件，并满足预定服役要求的能力。焊接性受材料、焊接方法、构件类型及使用要求四方面的影响。

材料的焊接性可以分为工艺焊接性和使用焊接性两方面。同一种金属材料，若采用不同焊接方法或材料，其焊接性可能有很大差别。

(1)**工艺焊接性** 主要指在一定的焊接工艺条件下获得优质焊接接头的难易程度。

(2)**使用焊接性** 主要指在一定的焊接工艺条件下焊接接头在使用中的可靠性，包括焊接接头的力学性能，如强度、延性、韧性、硬度，以及抗裂纹扩展的能力等，和其他特殊性能，如耐热、耐蚀、耐低温、抗疲劳、抗时效等。

当采用新的金属材料制造工件时，了解及评价新材料的焊接性，是产品设计、施工准备及正确拟订焊接工艺的重要依据。

2. 影响金属材料焊接性的因素

在焊接性定义中，已经明确地指出了："焊接性受材料、焊接方法、构件类型和使用要求四个因素的影响"。

(1)**材料因素** 影响焊接性的材料因素包括母材与焊接材料两个方面。对于钢铁材料，其化学成分、冶炼与轧制状态、热处理条件、显微组织、力学性能及热物理性能等，都对焊接性有重要影响。其中以化学成分的影响最为重要。因为通常为了提高钢的某种性能，而加入一些合金元素，其结果也不同程度地增大了钢的淬硬倾向及焊接裂纹的敏感性。随着冶金工业的技术进步，近年来开发的CF钢、Z向钢、采用控轧、控冷技术的"洁净钢"、超细晶粒钢等新型材料，对于钢材的焊接性都有很大改善。

焊条、焊丝、焊剂、保护气体等焊接材料直接参与焊接冶金过程，对于材料焊接性和焊接质量有着重要的影响。因此，正确选择焊接材料至关重要。在开发研制新型的焊接材料时，必须和材料的焊接性评定工作紧密配合。只有能够改善和提高材料焊接性的焊接材料，才能在实际的焊接工艺中得到广泛应用。

(2)**工艺因素**　工艺因素包括采用的焊接方法、焊接参数、焊接顺序，以及预热、后热、焊后热处理等方面。对于某一种材料，采用不同的焊接方法和工艺措施，会表现出不同的材料焊接性。因此，开发新型的焊接方法和工艺措施，对于改善和提高材料的焊接性具有重要的作用。

(3)**结构因素**　影响材料焊接性的结构因素包括焊接接头形式、焊接构件的类型，以及焊缝布置等方面。在焊接结构的设计方面，应当减少焊接量、防止应力集中及焊接裂纹的产生。

(4)**使用要求因素**　影响材料焊接性的使用要求因素包括焊接结构的工作温度、承受的压力、承受载荷的类别、工作环境，以及是否有耐蚀性、耐磨性、气密性等特殊性能的要求等。焊接结构的服役环境复杂、服役条件比较苛刻，因此，焊接构件应当满足的使用条件是多种多样的。例如，工作温度高，就应当考虑材料是否会发生蠕变；工作温度比较低时，又要注意防止脆性断裂的发生；对于承受动载、冲击、高速运动的焊接构件，应当采取必要的技术措施，确保其工作的可靠性及安全性。

3. 焊接性的评定

评定焊接性的准则主要包括：一是评定焊接接头产生工艺缺陷的倾向，为制定出合理的焊接工艺提供依据；二是评定焊接接头能否满足结构使用性能的要求。评定焊接接头工艺缺陷的敏感性，在一般情况下，主要是进行抗裂性试验，其中包括热裂纹试验、冷裂纹试验、再热裂纹试验和层状撕裂试验等。

评定接头或结构的使用性能时所进行的试验的内容较为复杂，具体项目取决于结构的工作条件和设计上提出的技术要求，通常有力学性能如拉伸、弯曲、冲击等试验。对于在高温、深冷、腐蚀、磨损和动载疲劳等环境中工作的结构，应根据不同要求分别进行相应的高温性能、低温性能、脆断、抗腐蚀性、耐磨性和动载疲劳等试验。对于时效敏感性的母材，还需要进行焊接接头的热应变时效脆化试验。

4. 焊接性试验

(1)焊接性试验的目的

①选择合理的焊接工艺，包括焊接方法、焊接规范、预热温度、焊后缓冷和焊后热处理方法等。

②选择合理的焊接材料。

③用来研究制造焊接性能良好的新材料。

(2)焊接性试验方法

①碳当量法。碳当量法是根据钢材的化学成分对钢材焊接热影响区淬硬性的影响程度，粗略地评价焊接时，产生冷裂纹倾向和脆化倾向的一种估算方法。

在钢材成分中，对热影响区硬化影响最大的是含碳量，其次是锰、铬、钼。把碳和碳以外的合金元素的影响换算成等效的含碳量，即为碳当量。碳钢和低合金结构钢常用的碳当量公式是：

$$CE=C+\frac{Mn}{6}+\frac{Cr+Mo+V}{5}+\frac{Ni+Cu}{15} \tag{1-6}$$

式中，化学符号 C、Mn、Cr、Mo、V、Ni、Cu 为该材料的化学成分的质量分数。

焊接性的确定见表 1-11。

表 1-11　焊接性的确定

碳当量 CE(质量分数,%)	焊　接　性
<0.4	优良，焊接时可不预热
0.4～0.6	需采取适当预热，并控制热输入
>0.6	淬硬倾向大，较难焊，需采取较高的预热温度和严格的工艺措施

②小型抗裂试验法。这类试验方法的试样尺寸较小，应用简便，能定性地评定不同拘束形式的接头产生各种裂纹的倾向。常用的小型抗裂试验方法见表 1-12。

表 1-12　常用的小型抗裂试验方法

名　　称	适　用　范　围
Y 形坡口试验法	板厚≥12mm,用以检验冷裂和再热裂纹
刚性固定试验法	冷裂、热裂、再热裂纹
十字形接头试验法	冷裂
Π形钢性固定角焊试验法	层状撕裂和焊趾裂纹
刚性节点角焊试验法	板厚≥7mm,冷裂和热裂
T 形热裂纹试验法	热裂
环形镶块抗裂试验法	厚板、薄板、冷裂、热裂
压板对接试验法	板厚 1～4mm,热裂

③定量的抗裂试验法。这类方法在试验过程中能够对影响裂纹的诸因素,如拘束应力、冷却速度、含氢量等参数,进行定量测定。通过这类试验,可为制定正确的焊接工艺提供定量依据。几种定量的抗裂试验方法及适用范围见表 1-13。

表 1-13　定量的抗裂试验方法及适用范围

名　　称	适　用　范　围
焊接热循环模拟试验法	热裂、冷裂、再热裂、热影响区组织再现
插销式裂纹试验法	冷裂、再热裂(双插销)
拉伸拘束裂纹试验法(TRC)	冷裂
刚性拘束裂纹试验法(RRC)	冷裂

④模拟结构试验法。有时在正式产品焊接之前,需用这类大型焊接性试验法对初步选定的结构形式、母材、焊接材料和工艺加以综合考核。一般采用与产品相同的板厚及结构形式,或对产品结构的一个局部,或按比例缩小尺寸进行试验。焊接条件应与产品相近。

⑤使用焊接性试验方法。这类试验主要鉴别焊接接头在使用情况下的强度、塑性、韧性以及抗裂纹的扩展性能等。常用的焊接性试验方

法见表1-14。

表1-14 常用的焊接性试验方法

名称	试验内容
常规力学性能试验	高温、低温、常温下，拉伸、冲击、弯曲、疲劳等性能
V形缺口冲击试验	脆性转变温度
落锤试验	无延性转折温度(NDT)
爆炸膨胀试验	弹性转折温度(FTP)和塑性转折温度(FTE)
宽板拉伸试验	低应力破坏转折温度
断裂韧性试验	K_{IC}，COD(δ_c)，J_{IC}
T形弯曲试验	热影响区延性

1.2.2 金属材料的焊接特点

各种金属材料焊接的难易程度见表1-15。

表1-15 各种金属材料焊接难易程度

金属及其合金		焊条电弧焊	埋弧焊	CO_2气体保护焊	惰性气体保护焊	电渣焊	电子束焊	气焊	气压焊	点缝焊	闪光对焊	铝热焊	钎焊
纯铁		A	A	A	C	A	A	A	A	A	A	A	A
碳素钢	低碳钢	A	A	A	B	A	A	A	A	A	A	A	A
	中碳钢	A	A	A	B	B	A	A	A	A	A	A	B
	高碳钢	A	B	B	B	B	A	A	A	D	A	A	B
	工具钢	B	B	B	B	—	A	A	A	A	A	B	B
	含铜钢	A	A	A	B	—	A	A	A	A	A	B	B
铸钢	碳素钢	A	A	A	B	A	B	A	B	B	A	A	B
	高锰钢	B	B	B	B	A	B	A	D	B	B	B	B

续表 1-15

金属及其合金		焊条电弧焊	埋弧焊	CO_2气体保护焊	惰性气体保护焊	电渣焊	电子束焊	气焊	气压焊	点缝焊	闪光对焊	铝热焊	钎焊
铸铁	灰铸铁	B	D	D	B	B	C	A	D	D	D	B	C
	可锻铸铁	B	D	D	B	B	C	A	D	D	D	B	C
	合金铸铁	B	D	D	B	B	C	A	D	D	D	A	C
低合金钢	镍钢	A	A	A	B	B	A	B	A	A	A	B	B
	镍铜钢	A	A	A	—	B	A	B	A	A	A	B	B
	锰钼钢	A	A	A	—	B	A	B	B	A	A	B	B
	碳素钼钢	A	A	A	—	B	A	B	B	—	A	B	B
	镍铬钢	A	A	A	—	B	A	B	A	D	A	B	B
	镍铬钼钢	B	A	B	B	B	A	B	A	D	B	B	B
	镍钼钢	B	B	B	A	B	A	B	B	D	B	B	B
	铬钢	A	B	A	—	B	A	B	A	D	A	B	B
	铬钒钢	A	A	A	—	B	A	B	A	D	A	B	B
	锰钢	A	A	A	B	B	A	B	B	D	A	B	B
不锈钢	铬钢（马氏体）	A	A	B	A	C	A	A	B	C	B	D	C
	铬钢（铁素体）	A	A	B	A	C	A	A	B	A	A	D	C
	铬镍钢（奥氏体）	A	A	A	A	C	A	A	A	A	A	D	B
耐热合金		A	A	A	A	D	A	B	B	A	A	D	C
高镍合金		A	A	A	A	D	A	A	B	A	A	D	B
轻金属	纯铝	B	D	D	A	D	A	B	C	A	A	D	B
	非热处理铝合金	B	D	D	A	D	A	B	C	A	A	D	B
	热处理铝合金	B	D	D	B	D	A	B	C	A	A	D	C

续表 1-15

金属及其合金		焊条电弧焊	埋弧焊	CO_2气体保护焊	惰性气体保护焊	电渣焊	电子束焊	气焊	气压焊	点缝焊	闪光对焊	铝热焊	钎焊
轻金属	纯镁	D	D	D	A	D	B	D	C	A	A	D	B
	镁合金	D	D	D	A	D	B	C	C	A	A	D	C
	纯钛	D	D	D	A	D	A	D	D	A	D	D	C
	钛合金（α相）	D	D	D	A	D	A	D	D	A	D	D	D
	钛合金（其他相）	D	D	D	B	D	A	D	D	B	D	D	D
铜合金	纯铜	B	C	B	A	D	B	B	C	C	C	D	B
	黄铜	B	D	B	A	D	B	B	C	C	C	D	B
	磷青铜	B	C	C	A	D	B	B	C	C	C	D	C
	铝青铜	B	D	D	A	D	B	B	C	C	C	D	C
	镍青铜	B	D	C	A	D	B	B	C	C	C	D	B
锆、铌		D	D	D	B	D	B	B	D	B	D	D	C

注：A—通常采用；B—有时采用；C—很少采用；D—不采用。

常用金属材料的焊接性见表 1-16。

表 1-16　常用金属材料的焊接性

金属材料	可能出现的问题	
	工　艺　方　面	使　用　方　面
低碳钢	1. 厚板的刚性拘束裂纹； 2. 硫带裂纹（Sulfwr crack）	1. 板厚方向伸长率减少； 2. 厚板缺口韧性低
中、高碳钢	1. 焊道下裂纹； 2. 热影响区硬化	疲劳极限降低
低合金高强度钢（热轧和正火钢）	1. 焊道下裂纹； 2. 热影响区硬化	1. 焊缝区塑性低； 2. 抗拉强度低、疲劳极限低； 3. 容易引起脆性破坏； 4. 板的异向性大； 5. 引起 H_2S 应力腐蚀裂纹

续表 1-16

金属材料	可能出现的问题	
	工　艺　方　面	使　用　方　面
低合金高强度钢(调质钢)	1. 热影响区软化； 2. 厚板焊道裂纹	1. 焊缝区塑性低； 2. 抗拉强度低、疲劳极限低； 3. 容易引起脆性破坏； 4. 板的异向性大； 5. 引起 H_2S 应力腐蚀裂纹
低合金 Cr-Mo 钢	1. 焊缝金属冷裂纹； 2. 热影响区的硬化裂纹	1. 焊缝区塑性低； 2. 高温、高压下氢脆
低合金调质强韧钢	1. 热影响区硬化裂纹； 2. 没有适当的焊条	1. 抗拉强度不足； 2. 调质强度低； 3. 疲劳极限低
Cr13 钢（马氏体系）	焊缝金属、热影响区冷裂纹	1. 焊缝塑性低； 2. 有时易引起应力腐蚀
Cr18 钢	1. 常温脆性裂纹； 2. 焊缝区晶粒粗化	1. 焊缝区韧性低； 2. 475℃脆化； 3. σ 相脆化
低温用低碳钢	1. 焊缝金属晶粒粗化； 2. 高温加热引起的脆化	1. 热影响区冲击韧度低； 2. 缺口韧性低
3.5%Ni 钢	1. 焊缝金属冷裂纹； 2. 高温加热引起脆化（580℃以下）	1. 冲击值分散； 2. 缺口韧性低
奥氏体不锈钢	1. 焊缝热裂纹； 2. 由于高温加热碳化物脆化； 3. 焊接变形大	1. 高温使用时 σ 相脆化； 2. 焊接热影响区耐腐蚀性下降； 3. 氯离子引起的应力腐蚀裂纹； 4. 焊缝低温冲击韧度下降
镍、铬、铁耐热、耐蚀合金	1. 因熔合线塑性下降引起裂纹； 2. 过热、热裂纹； 3. 高温加热引起过热脆化	1. 热应变脆化； 2. 结晶粒度和蠕变极限下降； 3. 热影响区耐蚀性下降

续表 1-16

金属材料	可能出现的问题	
	工 艺 方 面	使 用 方 面
纯镍、高镍合金	1. 焊缝金属的热裂纹； 2. 因大电流引起过热脆化	1. 焊缝金属塑性下降； 2. 热影响区耐蚀性下降
铜及铜合金	1. 高温塑性下降,脆化裂纹； 2. 焊缝收缩裂纹	1. 热影响区软化； 2. 焊缝金属化学成分不一致； 3. 热影响区脆化
铝及铝合金	1. 高温塑性下降,脆性裂纹； 2. 焊缝收缩裂纹； 3. 时效裂纹	1. 焊缝金属化学成分不一致； 2. 焊缝金属强度不稳定； 3. 接头软化

各种金属材料可能产生的焊接裂纹类型见表 1-17。

表 1-17 各种金属材料可能产生的焊接裂纹类型

金属材料		热裂纹	冷裂纹	层状撕裂	再热裂纹
碳素钢	S<0.01%		△	△	
	S>0.01%	△	△	○	
中碳钢,中碳低合金钢		△	○		○
高碳钢,铸铁			△		
低合金高强度钢			○		○
中合金高强度钢		△	○		△
高合金钢		○			△
Cr-Mo 钢			○		○
Ni 基,Fe 基,Co 基耐热合金		○			△
不锈钢	马氏体	△	○		
	铁素体	○			
	奥氏体	○			△
铝及铝合金		○		△	
铜及铜合金		○			△
镍及镍合金		○			
钛、锆、活性金属		△			
钼		○			

注:○—常发生;△—有时发生。

1.2.3　金属材料焊接方法的选择

为了保证接头具有与母材相匹配的性能，通常应首先根据母材的类型来选择焊接方法。如热导率较高的铝、铜应利用热输入大、熔透能力强的焊接方法进行焊接。热敏感材料宜用热输入较小且易于控制的脉冲焊、高能束焊或超声波焊进行焊接。电阻率低的材料不宜用电阻焊进行焊接。活泼金属不宜采用CO_2、埋弧焊等进行焊接，而应利用惰性气体保护焊进行焊接。而普通碳钢、低合金钢用CO_2焊、埋弧焊焊接可取得较好的质量和较高的经济效益。钼、钽等难熔材料最好采用电子束焊接。冶金相容性较差的异种金属最好采用钎焊、扩散焊或爆炸焊进行焊接。

不同金属材料所适用的焊接方法见表1-18。常用焊接方法的适用厚度如图1-2所示。

表1-18　不同金属材料所适用的焊接方法

材料	厚度/mm	焊条电弧焊	埋弧焊	熔化极气体保护焊				管状焊丝气体保护焊	钨极气体保护焊	等离子弧焊	电渣焊	气电立焊	电阻焊	闪光焊	气焊	扩散焊	摩擦焊	电子束焊	激光焊	钎焊							软钎焊
				喷射过渡	潜弧	脉冲喷射	短路过渡													火焰钎焊	炉中钎焊	感应加热钎焊	电阻加热钎焊	浸渍钎焊	红外线钎焊	扩散钎焊	
碳钢	≤3	△	△			△	△		△				△	△	△			△	△	△	△	△	△	△	△	△	△
	3～6	△	△	△	△	△	△	△	△				△	△	△		△	△	△	△	△	△	△	△	△	△	△
	6～19	△	△	△	△	△		△					△	△	△		△	△	△	△	△	△					△
	≥19	△	△	△	△	△		△			△	△		△	△		△	△			△					△	
低合金钢	≤3	△	△			△	△		△				△	△	△	△		△	△	△	△	△	△	△	△	△	△
	3～6	△	△	△		△	△	△	△				△	△		△	△	△	△	△	△	△				△	△
	6～19	△	△	△		△		△						△		△	△	△	△	△	△	△				△	
	≥19	△	△	△		△		△			△			△		△	△	△			△					△	
不锈钢	≤3	△	△			△	△		△	△			△	△	△	△		△	△	△	△	△	△	△	△	△	△
	3～6	△	△	△		△	△	△	△	△			△	△		△	△	△	△	△	△	△				△	△
	6～19	△	△	△		△		△		△				△		△	△	△	△	△	△	△				△	△
	≥19	△	△	△		△		△			△					△	△	△			△					△	
铸铁	3～6	△													△					△	△	△				△	△
	6～19	△	△	△				△							△					△	△	△				△	△
	≥19	△	△	△				△							△						△					△	

续表 1-18

材料	厚度/mm	焊条电弧焊	埋弧焊	熔化极气体保护焊				管状焊丝气体保护焊	钨极气体保护焊	等离子弧焊	电渣焊	气电立焊	电阻焊	闪光焊	气焊	扩散焊	摩擦焊	电子束焊	激光焊	钎焊							软钎焊
				喷射过渡	潜弧	脉冲喷射	短路过渡													火焰钎焊	炉中钎焊	感应加热钎焊	电阻加热钎焊	浸渍钎焊	红外线钎焊	扩散钎焊	
镍及镍合金	≤3	△				△	△		△	△			△	△	△			△	△	△	△	△	△	△	△	△	△
	3～6	△	△	△		△	△		△	△			△	△			△	△	△	△	△	△				△	△
	6～19	△	△	△		△				△				△			△	△	△	△	△					△	
	≥19	△		△		△					△			△			△	△			△					△	
铝及铝合金	≤3			△		△			△	△			△	△	△	△	△	△	△	△	△	△	△	△	△	△	△
	3～6			△		△			△				△	△		△	△	△	△	△	△			△		△	△
	6～19			△					△					△			△	△		△	△			△		△	
	≥19			△							△	△		△				△			△					△	
钛及钛合金	≤3					△			△	△			△	△		△		△	△		△	△			△	△	
	3～6			△		△			△	△				△		△	△	△	△		△					△	
	6～19			△		△			△	△				△		△	△	△	△		△					△	
	≥19			△		△								△		△		△			△					△	
铜及铜合金	≤3			△		△			△	△				△				△		△	△	△	△			△	△
	3～6			△		△				△				△			△	△		△	△		△			△	△
	6～19													△			△	△		△	△					△	
	≥19													△				△			△					△	
镁及铜合金	≤3			△		△			△									△	△	△	△					△	
	3～6			△		△			△					△			△	△	△	△	△					△	
	6～19			△		△								△			△	△			△					△	
	≥19			△		△								△				△									
难熔金属	≤3					△			△	△				△				△		△	△	△	△		△	△	
	3～6			△		△				△				△				△		△	△					△	
	6～19													△													
	≥19																										

注：△表示推荐使用。

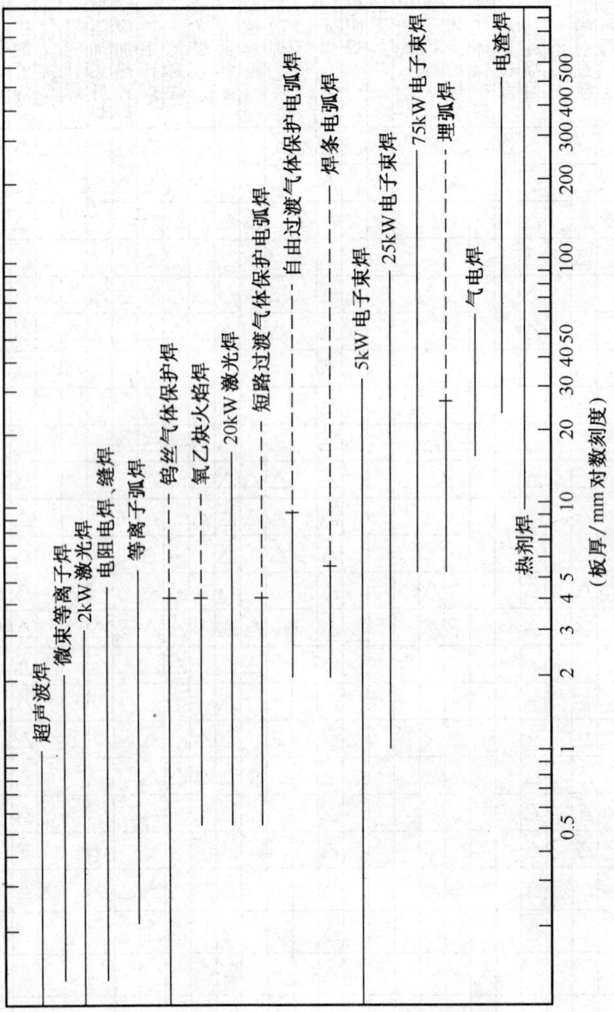

(板厚/mm对数刻度)

图 1-2　常用焊接方法的适用厚度

注：1. 由于技术的发展，激光焊及等离子弧焊可焊厚度有增加的趋势。

2. 虚线表示采用多道焊。

1.3　金属材料焊接工艺基本知识

1.3.1　焊接接头形式及选用

1. 焊接接头的作用

①工作接头。它可将焊接结构中的作用力从一个零件传至另一个零件。对工作接头必须进行强度计算,并保证是安全可靠的。

②联系接头。它将两个或更多的零件连接成整体,以保持其相对位置。联系接头的焊缝虽然有时也参与力的传递或承受部分作用力,但其主要作用是连接作用,所以对这类接头通常不做强度计算。

③密封接头。通过焊接,保证结构的气密性或水密性,防止泄漏是其主要的任务。密封接头可以同时是工作接头或者是联系接头。

2. 焊接接头的分类

焊接接头是各元件间的联系元件,同时还起传递和承受结构力的作用。

(1)按在结构中的作用分类

①联系焊缝。焊缝不传递或传递很小的载荷,仅起联系作用。

②承载焊缝。焊缝与被焊工件串联,传递全部载荷。

(2)按焊接方法分类　有熔焊接头、压焊接头、钎焊接头。焊接接头分类如图1-3所示。

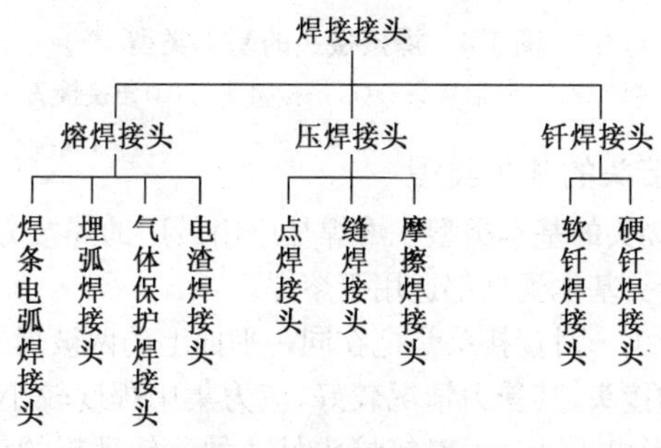

图1-3　焊接接头分类

(3)按接头结构形式分类　按接头结构形式分为对接接头、T形接头、搭接接头、角接接头、端接接头。焊接接头的基本类型如图1-4所示。

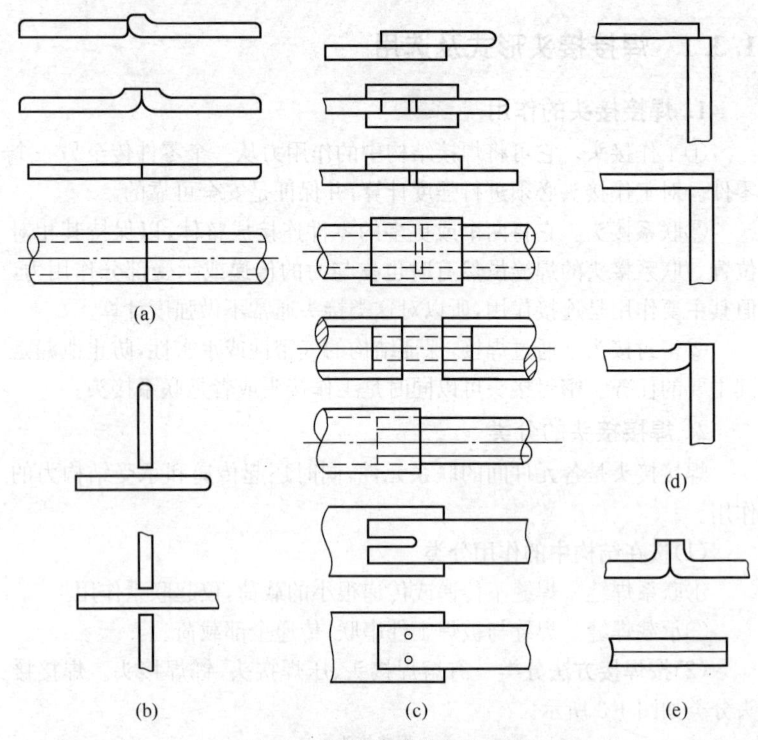

图1-4　焊接接头的基本类型

(a)对接接头　(b)T(十字)形接头　(c)搭接接头　(d)角接接头　(e)端接接头

3. 焊接接头的基本类型

(1)熔焊接头的基本类型　熔焊是应用最广的焊接方法,图1-4所示的五大类接头基本类型都适用于熔焊。

①对接接头。对接接头是把在同一平面上的两被焊工件相对焊接起来而形成的接头,其受力情况较好,应力集中程度较小,焊接材料消耗少,焊接变形也小,因此,对接接头是一种比较理想的接头形式。为保证焊接质量,往往进行坡口对接焊,坡口对接接头如图1-5所示。

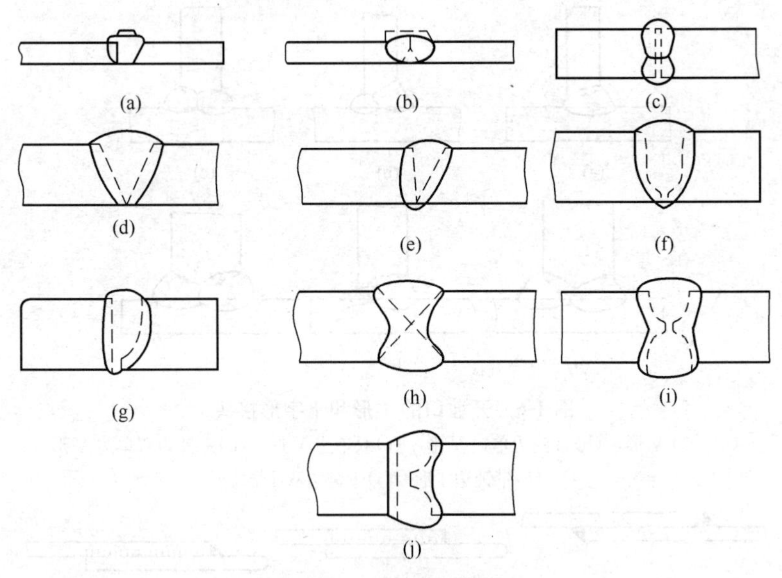

图 1-5 坡口对接接头

(a)单边卷边 (b)双边卷边 (c)I形 (d)V形 (e)单边 V形 (f)带钝边 U形 (g)带钝边 J形 (h)双 V形 (i)带钝边双 U形 (j)带钝边双 J形

②T 形和十字形接头。T 形和十字形接头是把相互垂直的被焊工件用角焊缝连接起来的接头，这是一种典型的电弧焊接头。T 形和十字形接头有焊透和不焊透两种，不开坡口的接头通常不焊透，开坡口的接头是否焊透要视坡口的形状和尺寸而定。开坡口焊透的接头承受动载的能力较强，其强度可按对接接头计算。开坡口的 T 形和十字形接头如图 1-6 所示。

③搭接接头。搭接接头是把两被焊工件部分地重叠在一起或加上专门的搭接件用角焊缝、塞焊缝或槽焊缝连接起来的接头。搭接接头由于焊前准备和装配工作简单而得到广泛应用，搭接接头的常见形式如图 1-7 所示。

④角接接头。角接接头是两被焊工件端面间构成＞30°、＜135°夹角的接头。角接接头多用于箱形构件上，角接接头的常见形式如图 1-8 所示。

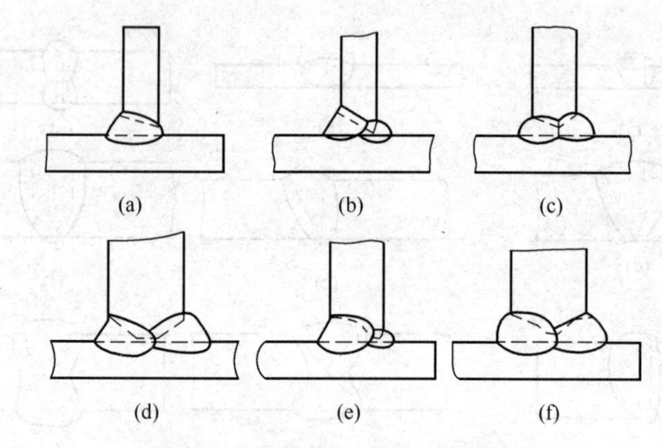

图 1-6　开坡口的 T 形和十字形接头

(a)单边 V 形　(b)带钝边单边 V 形　(c)双单边 V 形　(d)带钝边双单边 V 形
(e)带钝边 J 形　(f)带钝边双 J 形

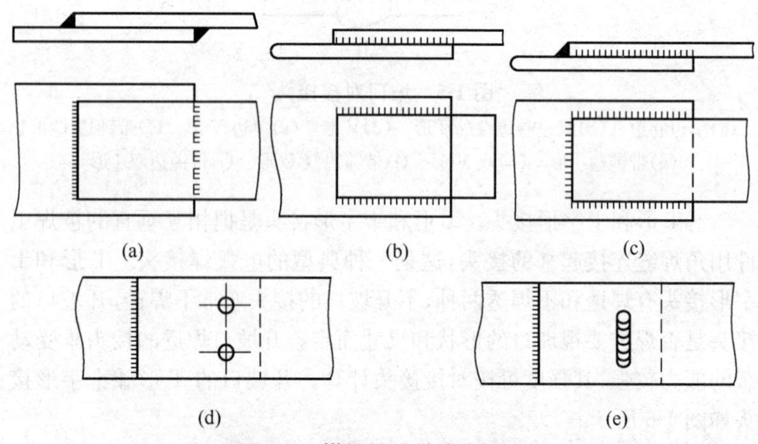

图 1-7　搭接接头的常见形式

(a)正面角焊缝连接　(b)侧面角焊缝连接　(c)联合角焊缝连接
(d)正面角焊缝＋塞焊缝连接　(e)正面角焊缝＋槽焊缝连接

(2)压焊接头的基本类型

1)电阻焊接头的基本类型。电阻焊的种类很多，有点焊、滚点焊、凸焊、缝焊、高频焊和对焊等。一般点焊、滚点焊等都采用搭接接头，电阻点焊接头的类型如图 1-9 所示。缝焊最常用的接头形式是卷边接头

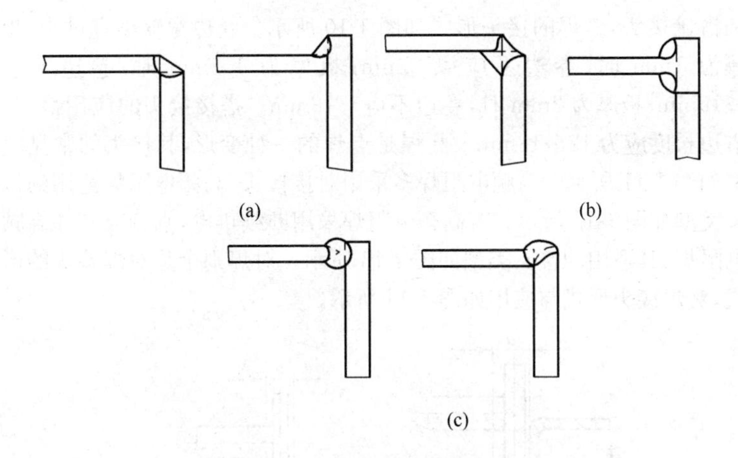

图 1-8　角接接头的常见形式

(a)不开坡口单面角焊缝连接　(b)不开坡口双面角焊缝连接

(c)开坡口焊透角接接头

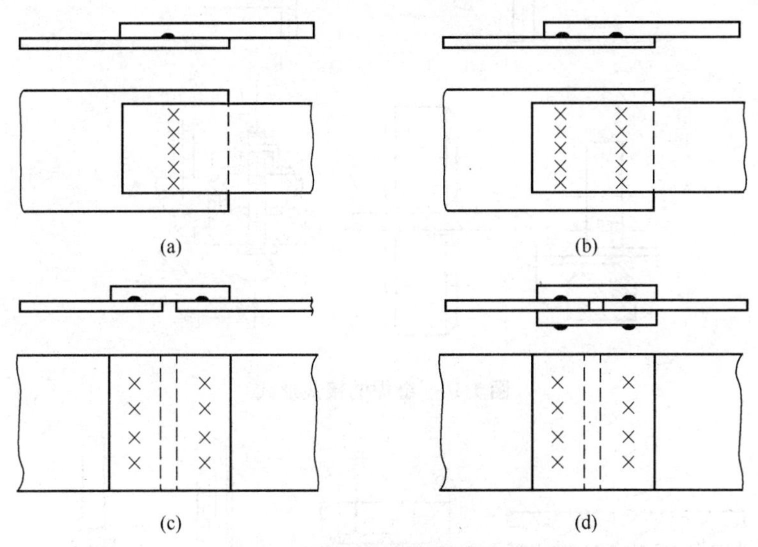

图 1-9　电阻点焊接头的类型

(a)单排点焊接头　(b)双排点焊接头

(c)单面盖板点焊接头　(d)双面盖板点焊接头

和搭接接头，缝焊的接头形式如图 1-10 所示。卷边宽度不宜过小，板厚为 1mm 时，卷边不应＜12mm；板厚为 1.5mm 时，卷边不应＜16mm；板厚为 2mm 时，卷边不应＜18mm。搭接接头的应用最广，搭边长度应为 12～18mm。凸焊是点焊的一种变形，其接头的常见类型如图 1-11 所示。高频电阻焊多采用对接接头，高频电阻焊适用的接头类型如图 1-12 所示。若高频电阻焊采用断续供电，则变成脉冲高频电阻焊，其适用的接头类型如图 1-13 所示。对焊则全是对焊接头的形式，对焊接头形式与应用如图 1-14 所示。

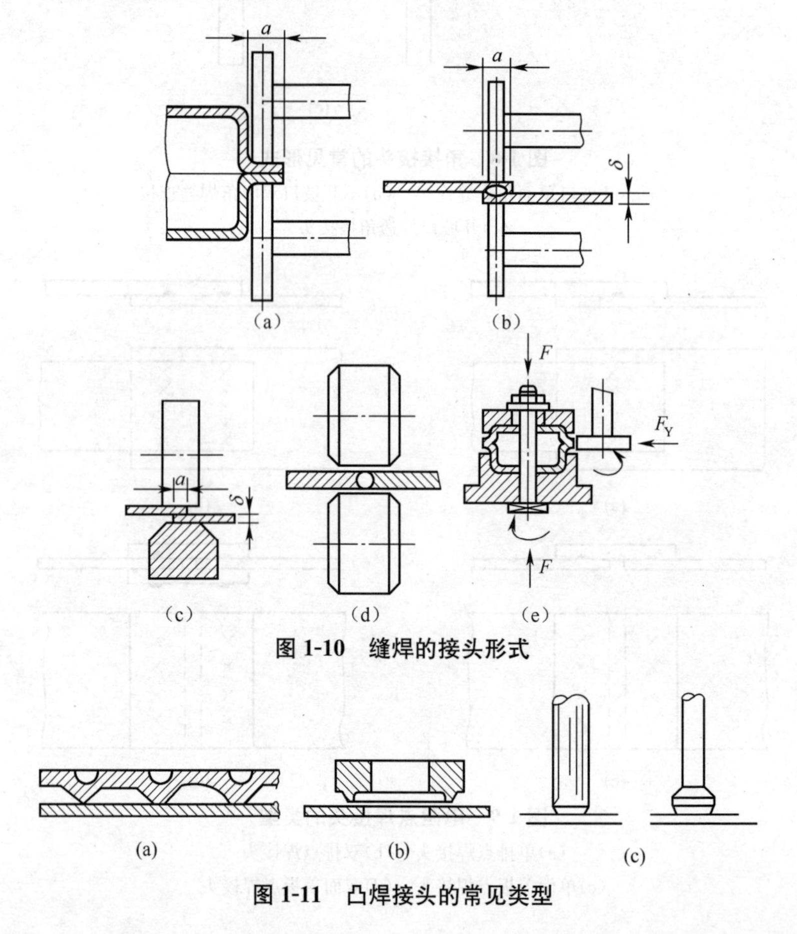

图 1-10　缝焊的接头形式

图 1-11　凸焊接头的常见类型

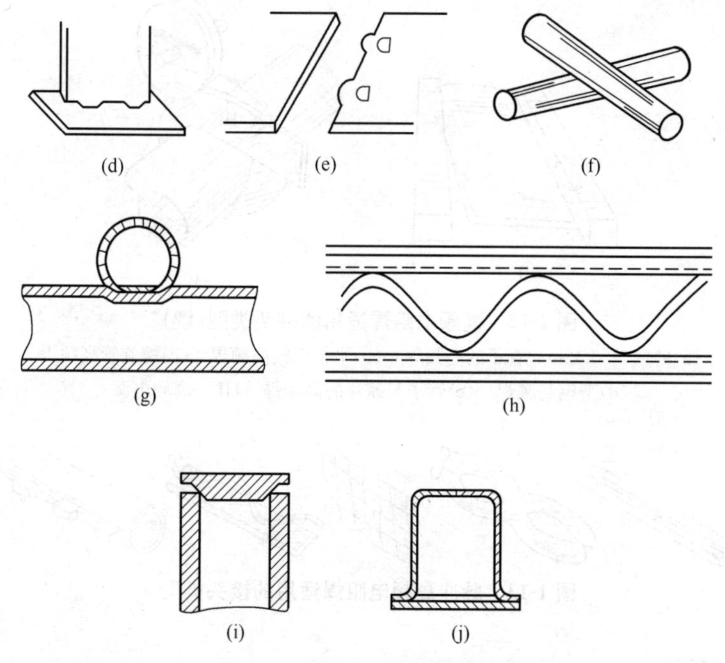

图 1-11 凸焊接头的常见类型(续)

(a)冲头加压多点凸焊 (b)环状凸焊 (c)棒材与平板凸焊
(d)板与板的垂直凸焊 (e)平板对接凸焊 (f)线材交叉凸焊
(g)管材交叉凸焊 (h)蛇形棒材腹杆与型材凸焊
(i)利用棱边凸焊 (j)薄板圆周凸焊

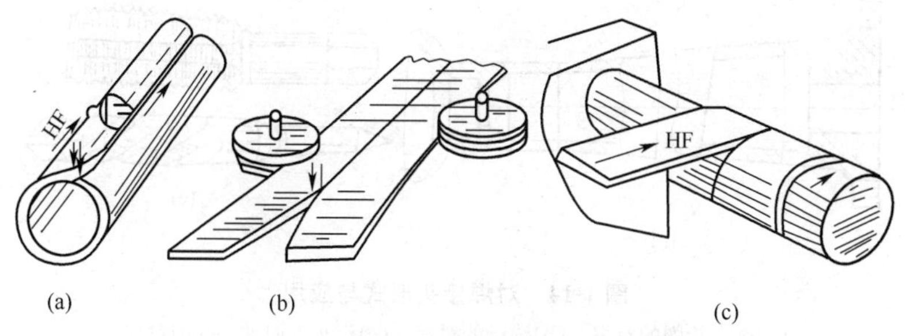

图 1-12 高频电阻焊适用的接头类型

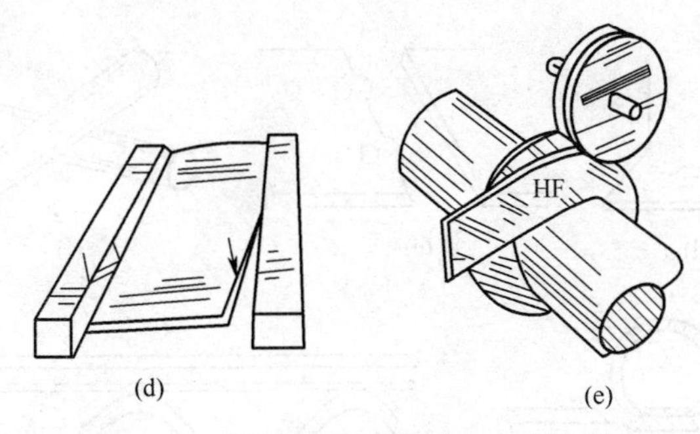

图 1-12　高频电阻焊适用的接头类型(续)

(a)薄壁(≤0.2mm)管子的高频焊　(b)平板对接高频焊　(c)螺旋管高频焊
(d)型钢高频焊　(e)管子与鳍片的高频焊　HF—高频电源

图 1-13　脉冲高频电阻焊适用的接头类型

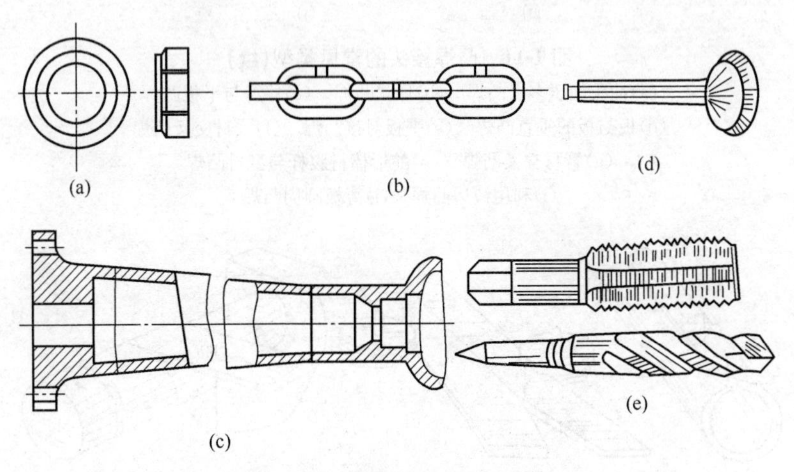

图 1-14　对焊接头形式与应用

(a)汽车轮圈的对焊　(b)锚链的对焊　(c)汽车方向轴外壳的对焊
(d)气门的异种钢对焊　(e)切削刀具刀头与刀体对焊

2)其他压焊接头的基本类型。

①爆炸焊搭接和对接的接头形式如图 1-15 所示。

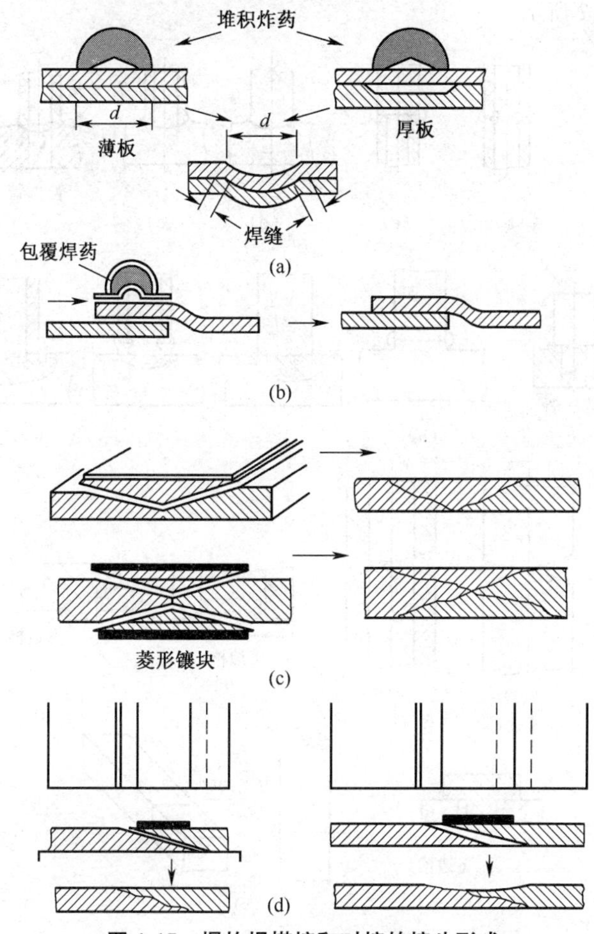

图 1-15　爆炸焊搭接和对接的接头形式

②摩擦焊常用接头形式如图 1-16 所示。

(3)钎焊接头的基本类型　钎焊连接的接头形式多种多样,其基本类型有搭接接头和对接接头两种。搭接接头是钎焊连接最基本的接头形式。在实际结构中,需要采用钎焊连接的零件形状和位置是各种各样的，不可能全部设计成典型的搭接接头，这时为了提高接头的承载能力，设计的基本原则应是尽可能地使接头搭接化，钎焊接头搭接化设计如图 1-17 所示。

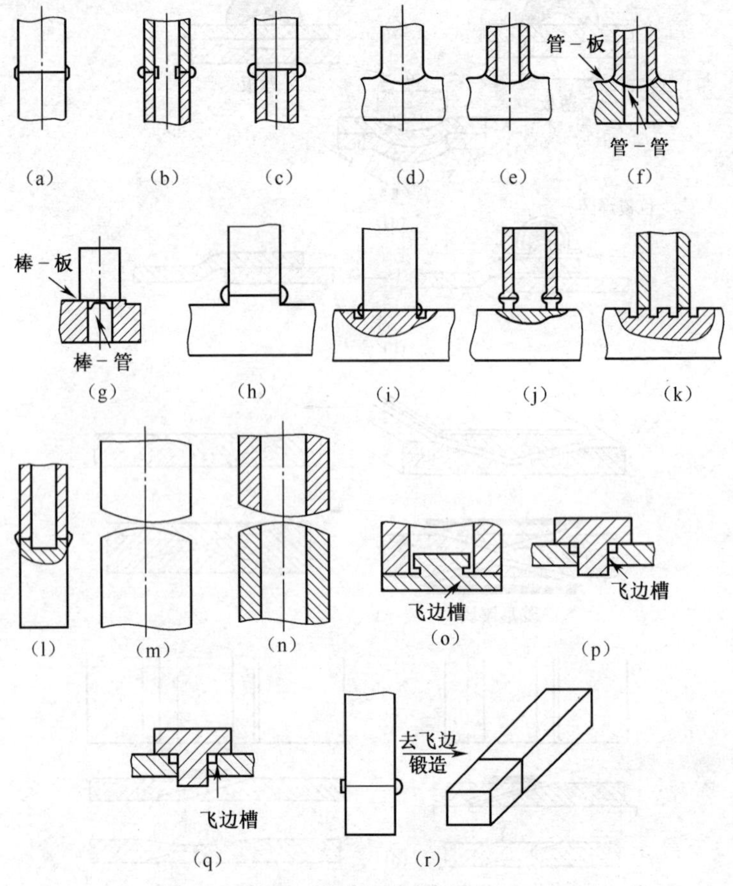

图 1-16　摩擦焊常用接头形式

(a)棒-棒摩擦焊　(b)管-管摩擦焊　(c)棒-管摩擦焊　(d)棒-板摩擦焊　(e)管-板摩擦焊　(f)管-管或管-板(不等断面)摩擦焊　(g)棒-管或棒-板(不等断面)摩擦焊　(h)、(i)、(j)、(k)、(l)非等断面改为等断面的摩擦焊　(m)、(n)大断面的棒-棒和管-管倒角接头摩擦焊　(o)、(p)、(q)具有飞边槽的摩擦焊　(r)异种钢的棒-棒接头，去飞边后再锻成非圆断面接头

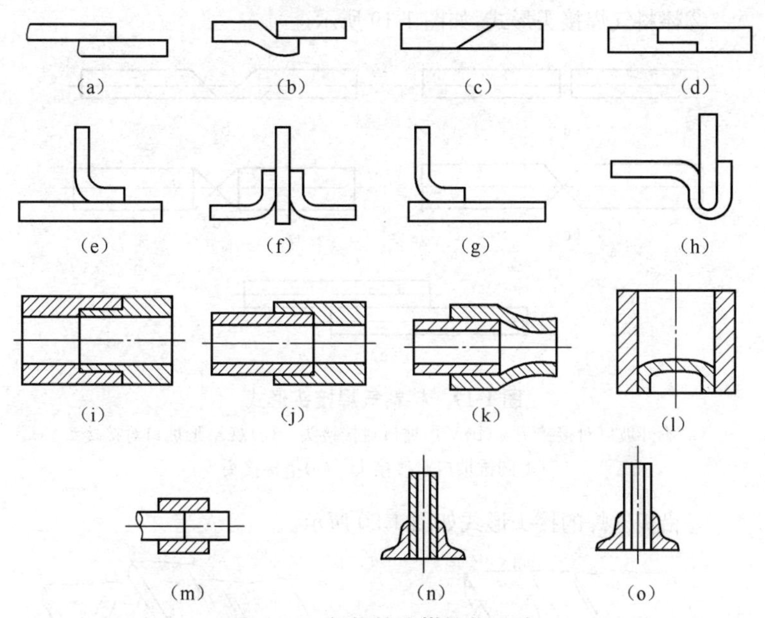

图 1-17　钎焊接头搭接化设计

(a)、(b)普通搭接接头　(c)、(d)对接接头局部搭接化　(e)、(f)、(g)、(h)T形接头和角接接头的局部搭接化　(i)、(j)、(k)管件的套接接头　(l)管与底板的接头形式　(m)杆件连接的接头形式　(n)、(o)管或杆与凸缘的接头形式

(4)其他焊接接头的基本类型

①垂直固定管对接接头形式如图 1-18 所示。

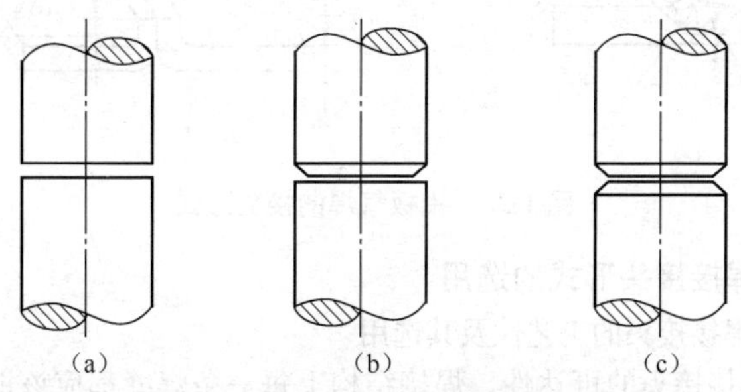

图 1-18　垂直固定管对接接头形式

(a)不开坡口对接接头　(b)单边开 V 形坡口对接接头　(c)V 形坡口对接接头

②棒料气焊接头形式,如图 1-19 所示。

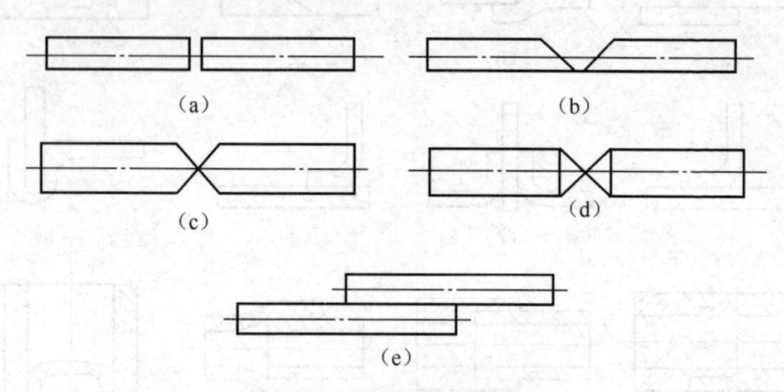

图 1-19　棒料气焊接头形式

(a)不开坡口对接接头　(b)V 形坡口对接接头　(c)双 V 形坡口对接接头　(d)圆锥坡口对接接头　(e)搭接接头

③铅板气焊的接头形式如图 1-20 所示。

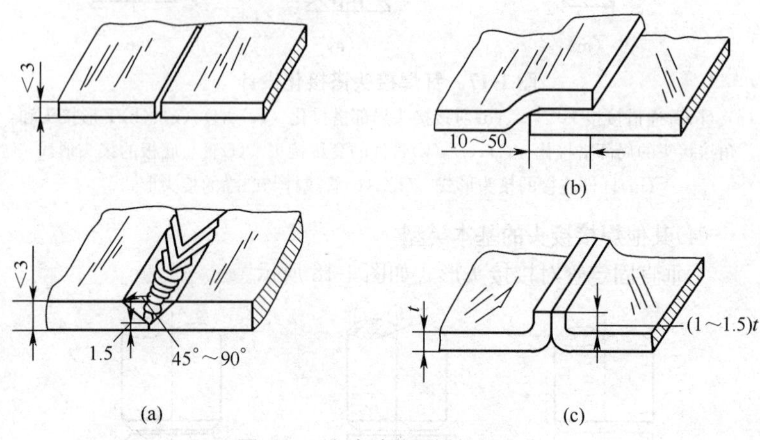

图 1-20　铅板气焊的接头形式

4. 焊接接头形式的选用

(1)焊接接头的工艺性及其选用

1)焊接接头的可达性。焊接结构上每一条焊缝都应该能方便施焊,因此,必须保证焊缝周围有供焊工自由操作的空间和焊接装置正常运行的条件。不同的焊接方法和用不同的焊接设备,要求的条件不相同。

①焊条电弧焊。在采用焊条电弧焊操作时,应该保证焊工能接近每一条焊缝,操作过程中能看清焊接部位且运条方便自如,要尽量使焊工处于正常姿势下施焊。考虑焊接可达性的型材组合如图 1-21 所示。图 1-21a 所示结构属于不合理的设计,因为箭头所指的焊缝无法施焊,应设计成图 1-21b、c 的结构。

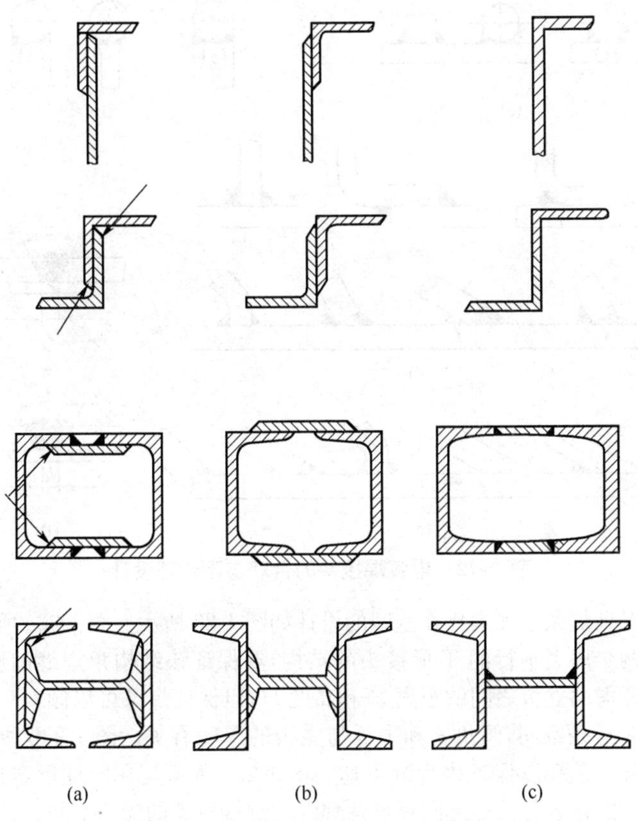

图 1-21 考虑焊接可达性的型材组合

(a)不合理 (b)有所改善 (c)最好

电弧焊接头的合理与不合理设计如图1-22所示。图1-22a～图1-22e所示是用角焊缝连接的五组接头，左边是不合理的设计，因为箭头所指部位形成尖角，难以焊到，右边为合理设计，避免了尖角。图1-22f所示为对接接头，上图为不合理设计，因为坡口角度和根部间隙较小，使得箭头所指部位难以焊到；下图为合理设计，加大了坡口角度和根部间隙，避免了焊不到的可能性。

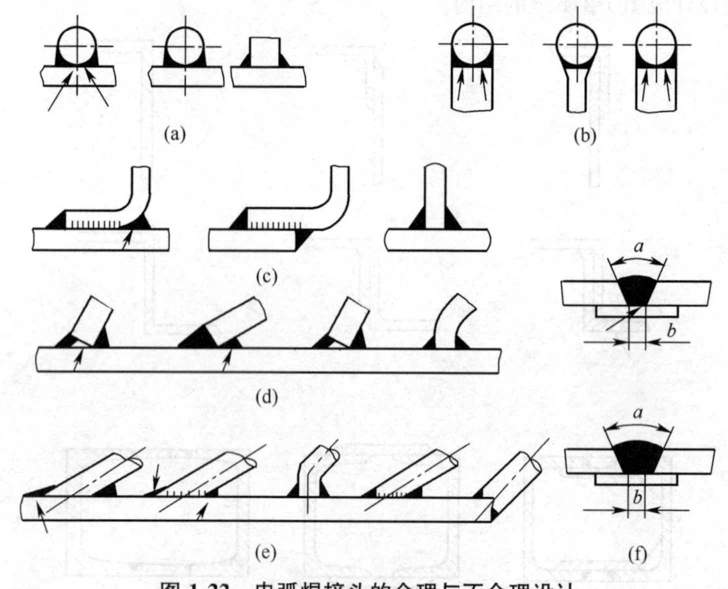

图1-22　电弧焊接头的合理与不合理设计

保证焊条电弧焊操作空间的设计如图1-23所示。图1-23a所示是具有两个以上平行的T形接头的结构，要保证该结构角焊缝的质量，必须考虑两立板之间的距离B和高度H，以保证焊条可以倾斜一定角度a和运条空间，倾角α和平板与立板的厚度有关。图1-23b所示是通过开工艺孔以保证内焊缝可达。图1-23c所示是在圆柱形容器上，带法兰的接管与筒体之间环形角焊缝的焊接所需的操作空间。

斜T形接头立板倾角如图1-24所示，θ角＜90°的一侧空间小，观察与运条困难。因此，在各种焊接的位置都应保持一定的θ角，不能太小。

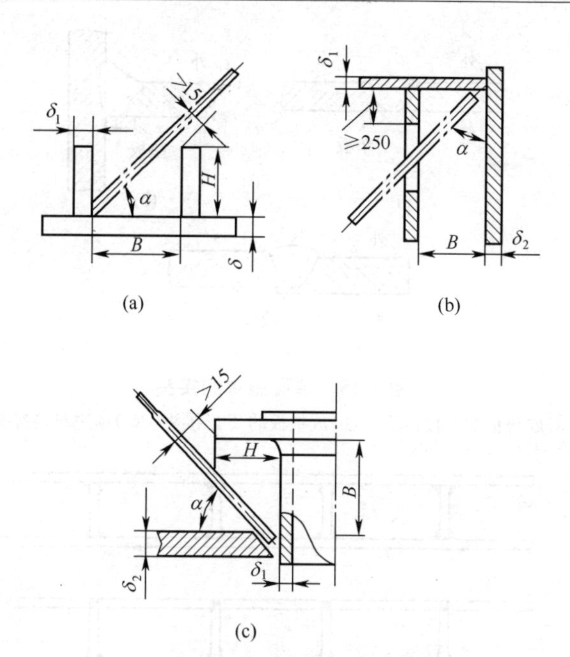

图 1-23 保证焊条电弧焊操作空间的设计

注：当 $B\leqslant400$mm 时，$\delta_1<\delta_2$ $\alpha>45°$；$\delta_1=\delta_2$ $\alpha=45°$；$\delta_1>\delta_2$ $\alpha<45°$。当 $B>400$mm 时，H 不受限制。

无法在里面施焊的结构，应设计成单面焊接的接头。须熔透的接头，通常采用单面坡口形式。单面施焊的接头如图 1-25 所示。为了防止烧穿，背面可安放永久性的垫板，如图 1-25a、b 所示。板厚不同时，对接接头可设计成带锁边的 V 形坡口，如图 1-25c 所示。

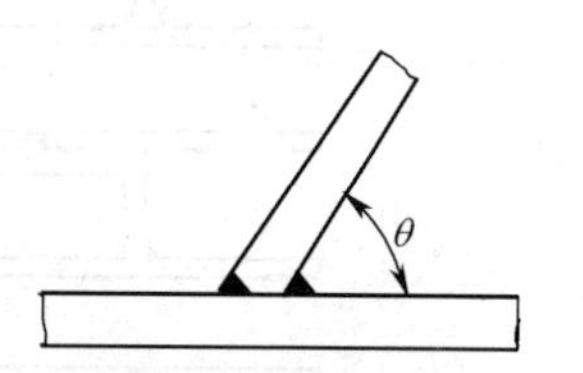

图 1-24 斜 T 形接头立板倾角

注：平焊时，$\theta\geqslant60°$；立焊时，$\theta\geqslant70°$；仰焊时，$\theta\geqslant80°$。

带肋板的双层壁板结构如图 1-26 所示。图 1-26a 所示结构因尺寸 H 小而无法施焊，如果改成图 1-26b、c、d、e 所示的结构，上面壁板与肋板的连接可从外面采用对接焊、塞焊或槽焊来完成。

有些焊接结构可以利用结构本身的减轻孔来实现内部焊缝的施焊

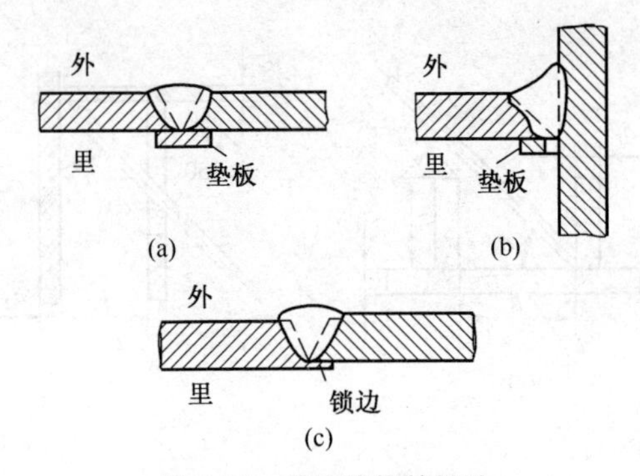

图 1-25　单面施焊的接头

(a)放垫板的对接接头　(b)放垫板的 T 形接头　(c)锁边对接接头

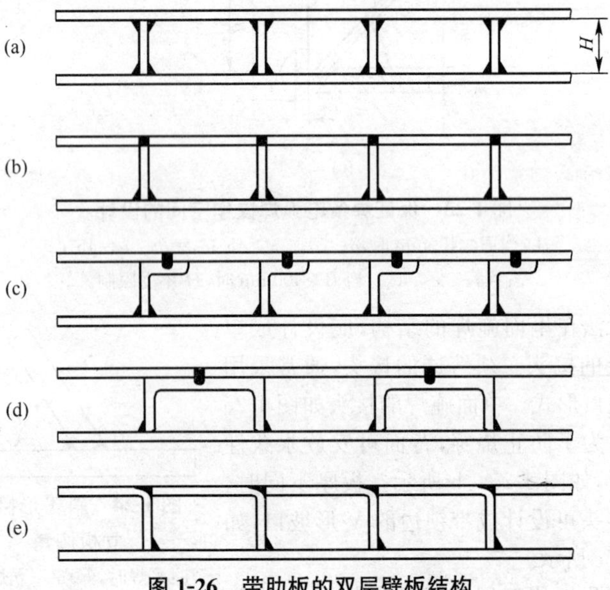

图 1-26　带肋板的双层壁板结构

(图 1-27),如双辐板齿轮轮体内部两条环形角焊缝的焊接。当接头必须从两面施焊,又没有可以利用的减轻孔时,可以在焊缝附近不很重要的部位开工艺孔,供焊接内部焊缝用,待焊接结束后再把工艺孔封上,利用工艺孔对内部焊缝施焊如图 1-28 所示。工艺孔的形状和尺寸如

图 1-28b 所示，可以作成长形孔或圆孔，要保证孔心到焊接部位约有 250mm 的距离。

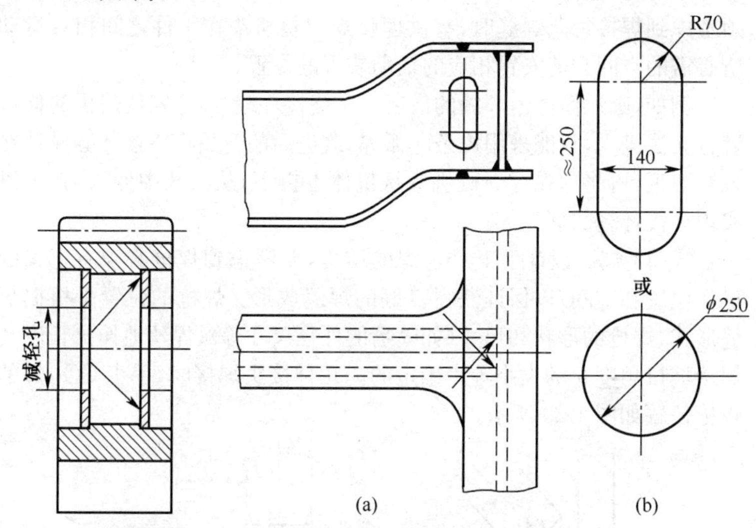

图 1-27　利用结构的减轻孔对内部焊缝施焊

图 1-28　利用工艺孔对内部焊缝施焊

(a)应用实例　(b)工艺孔的形状和尺寸

对于结构里面施焊条件差的可采用内浅外深不对称的坡口，里面要具有尽可能大的操作空间以减少空气中烟尘的浓度。空箱内焊接操作空间尺寸见表 1-19。随着长度 l 的增加，应适当增加宽度 b 和高度 h。采用合理的装配与焊接顺序，在未形成封闭结构之前，焊完所有内部应焊的焊缝，然后把留下的最后一个零件装上，从外面封焊起来。

表 1-19　空箱内焊接操作空间尺寸　　(mm)

	l	500	800	900	1200	1200
b, l, h	$h \times b$	300×400	400×300	400×600	600×400	500×600

②埋弧焊。特点是最适合在水平(俯焊)位置下焊接平直的长焊缝和环形焊缝,它需要辅助装置配合。设计可以采用埋弧焊的结构,但必须考虑到焊接每条焊缝时,有供埋弧焊焊机机头在工件之间相对运动所必需的空间和能安置相应的辅助装置的位置。

例如,圆形筒体内环缝的最后一条终接环缝,由于安放焊机的伸进装置无法进入,只能采用焊条电弧焊,改进后的产品将终接环缝设计在入孔附近,再将埋弧焊焊机机头从机体上拆下,从入孔中伸入,就可以实现终接环缝的埋弧焊。

③CO_2焊。设计手工CO_2焊的结构,要考虑到焊枪必须有正确的操作位置和空间,以保证获得良好的焊缝成形。焊枪的位置是根据焊缝形式、焊枪的形状和尺寸(如喷嘴的外径尺寸等)、焊丝地伸出长度和焊接坡口角度α的大小等来确定的。几种接头焊接时,手工CO_2焊的焊枪位置如图1-29所示。

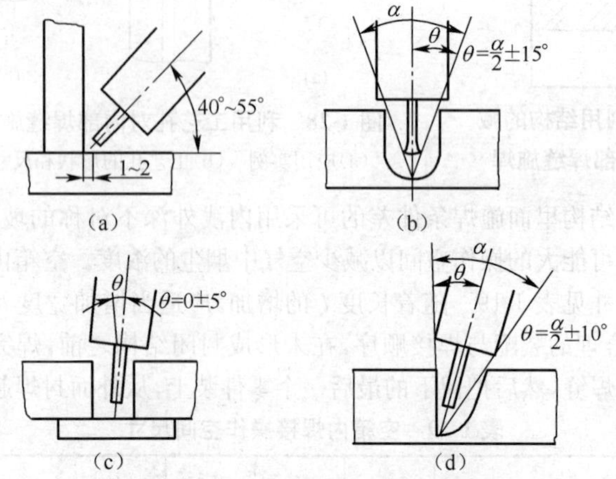

图1-29　手工CO_2焊的焊枪位置

(a)平角焊　(b)V形或U形坡口对接缝平焊

(c)窄间隙对接平焊　(d)J形坡口对接平焊

α—坡口角　θ—焊枪倾角

④电阻焊。在设计电阻焊(点焊、缝焊)接头时,必须考虑电阻焊机的机臂长度和电极尺寸。电阻焊接头的设计建议和典型尺寸限度如图1-30所示。

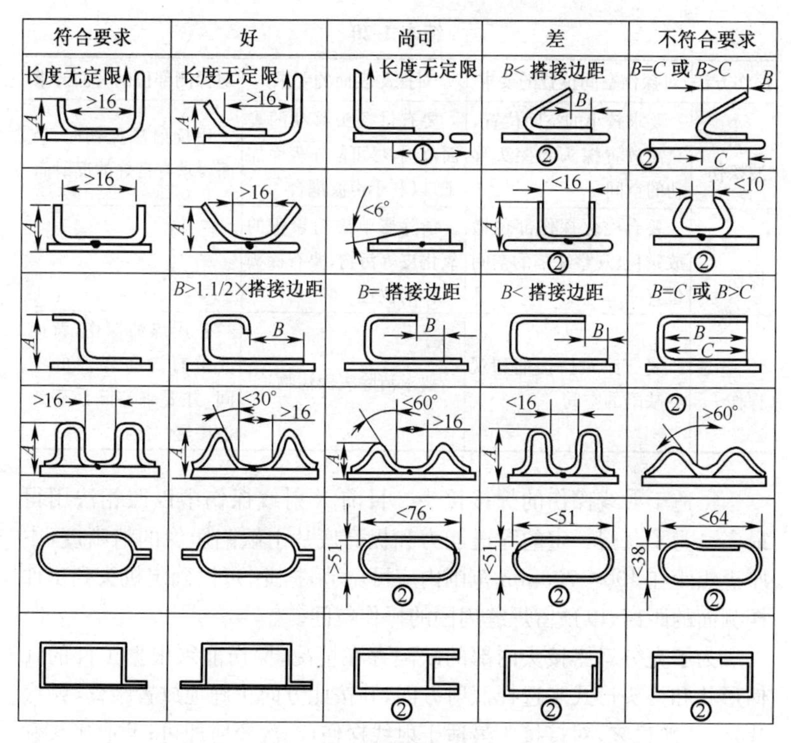

图 1-30　电阻焊接头的设计建议和典型尺寸限度

注：对于钢件 $A<76$，对于铝合金件 $A<102$。

①受点焊机机臂长所限；②不适用于缝焊或滚点焊。

2)焊缝质量检验的可达性。焊接结构上需要进行质量检验的焊缝，其周围必须创造可以探伤的条件，不同的探伤方法有不同的要求，各种探伤方法要求的条件见表 1-20。

表 1-20　各种探伤方法要求的条件

探伤方法	对探伤空间位置的要求	对探测表面的要求	对探测部位的背面要求
射线探伤	要有较大的空间位置，以满足射线机头的放置和调整焦距的要求	表面不需机械加工，只需清除影响显示缺陷的东西；要有放置铅字码、铅箭头和透度计的位置	能放置暗盒

续表 1-20

探伤方法	对探伤空间位置的要求	对探测表面的要求	对探测部位的背面要求
超声波探伤	要求较小的空间位置，只需放置探头和探头移动的空间	要有供探头移动的表面范围，尽可能作表面加工，以利于声波耦合	用反射法探伤时，背面要求有良好的反射面
磁粉探伤	要有磁化探伤部位撒放磁粉、观察缺陷的空间位置	清除影响磁粉聚积的氧化皮等污物，要有探头工作的位置	—
渗透探伤	要有涂布探伤剂和观察缺陷的空间	要求清除表面污物	若用煤油探伤，背面要求有涂布煤油的空间，并要求清除妨碍煤油渗透的污物

①适于射线探伤的焊接接头。目前 X 射线探伤中以照相法用得最多。为了获得一定的穿透能力和提高底片上缺陷影像的清晰度，中厚板焦距在 400～700mm 范围内应可调节，据此，可以确定机头到工件探测面的距离，以预留焊缝周围的操作空间。

为了充分暴露接头内部的缺陷存在情况，探伤前须根据工件的几何形状和接头形式来选择照射方向，并按此方向正确地放置暗盒(贴底片)。一般说来，对接接头最适于射线探伤，一次照射即可；T 形接头和角接接头的角焊缝往往需要从不同方向多次照射才不致漏检。考虑射线探伤的各种熔焊接头的正确选用如图 1-31 所示。图 1-31a 所示是插入式角焊缝接头，焊缝的下方既不能平放也不能弯曲放置胶片。图 1-31b 所示是底座与筒体之间的连接接头。图 1-31b_1 所示不宜射线探伤，图 1-31b_2 所示虽有改善，也不合适，只有图 1-31b_3 所示才适宜射线探伤。图 1-31c 所示为 T 形接头。图 1-31c_1 所示不宜射线探伤，图 1-31c_2 所示要通过一种代用件(锻件或铸件，经切削加工)，才能进行射线探伤。从构件断面过渡考虑，如图 1-31d_1 所示过渡陡峭，使射线探伤变得困难，图 1-31d_2 所示过渡平缓，但局部的壁厚差别仍会影响探伤，图 1-31d_3 所示将接头移到过渡段以外，虽然加工复杂，但最易于射线探伤。图 1-31e_1 所示是未熔透的对接接头，由于存在未熔合间隙，不可能进行射线探伤，只有图 1-31e_2 所示那样的溶透接头，才可进行射线探伤。图 1-31f 所示为三通式管接头，只有图 1-31f_2 所示的设计，才能便于进行射线探伤。如图 1-31g_1 所示为插入式接头，由于厚度差别加上空间曲率，也不宜进行射线探伤，改成如图 1-31g_2 所示的形式，探伤就

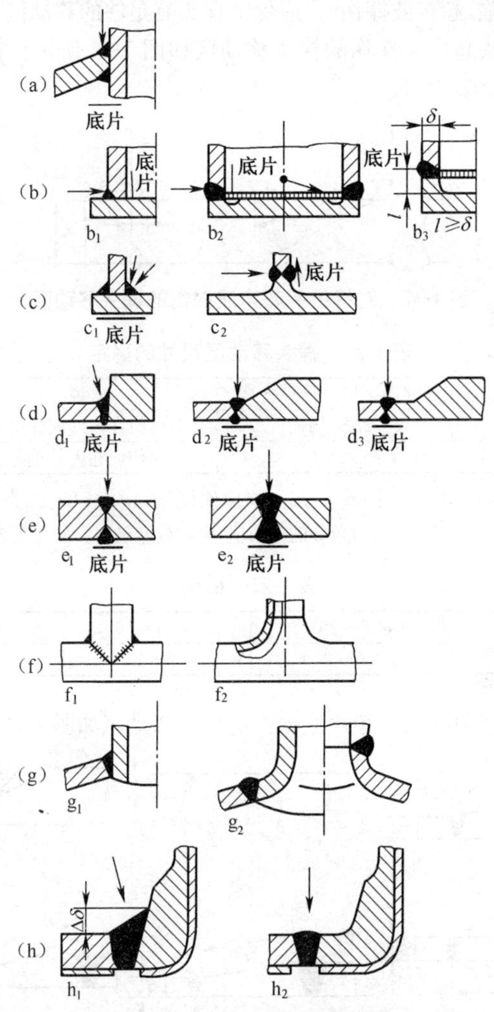

图 1-31　考虑射线探伤的各种熔焊接头的正确选用

注：左边不适宜，右边适宜，箭头为射线照射方向。

方便多了。如图 1-31h 所示的角焊缝接头，改成对接焊缝接头，就完全适宜于射线探伤。

②适于超声波探伤的焊接接头。为了保证能灵敏地探出焊接接头内的各种缺陷，超声波探伤时，应保证探头有足够的移动区。

对接接头超声波探伤的探头移动区如图 1-32 所示。探头移动区尺寸的确定见表 1-21。

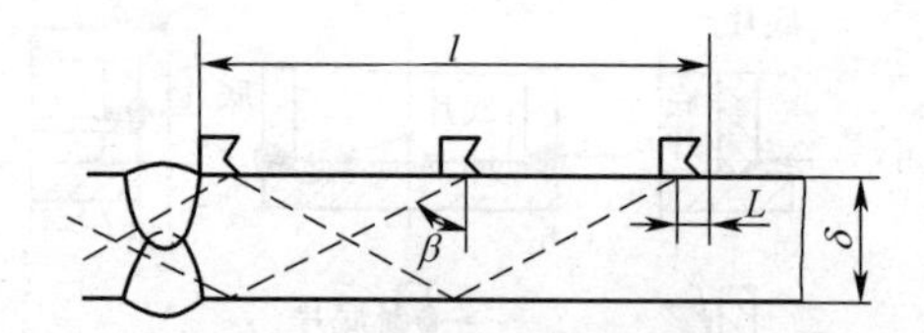

图 1-32　对接接头超声波探伤的探头移动区

表 1-21　探头移动区尺寸的确定

板厚范围/mm	探头移动区尺寸计算公式	说　明
8～46	$l \geqslant 2\delta K+L$	探伤面在内壁或外壁焊缝的两侧
>46～120	$l \geqslant \delta K+L$	探伤面在内外壁焊缝的两侧

注：l—探头移动区尺寸（mm）；δ—被探件厚度（mm）；L—探头长度，一般为 50mm；K—斜探头折射角 β 的正切值，可按板厚确定。K 值见表 1-22。

表 1-22　K 值

板厚 δ/mm	8～25	>25～46	>46～120
K 值	3.0～2.0	2.5～1.5	2.0～1.0

不同厚度对接接头超声波探伤的探头移动区如图 1-33 所示。不

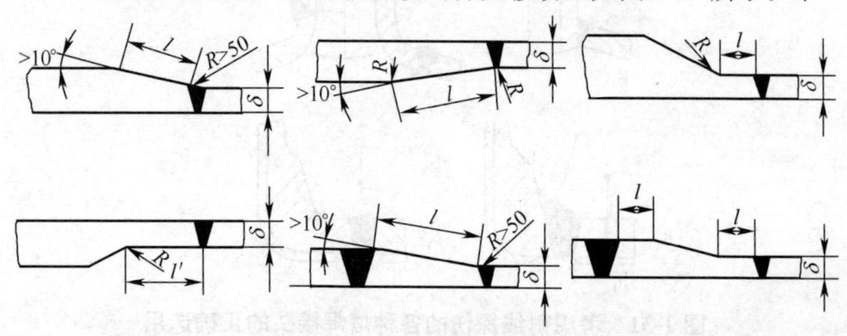

图 1-33　不同厚度对接接头超声波探伤的探头移动区

同厚度对接接头焊缝超声波探头移动区的最小尺寸由表 1-23 中的公式确定。

表 1-23　不同厚度对接接头焊缝超声波探伤探头移动区的最小尺寸

板厚/mm		$10 \leqslant \delta < 20$	$20 \leqslant \delta < 40$	$\delta \geqslant 40$
探头折射角		70°	60°	45°,60°
探头移动区/mm	$l_{外面}$	$5.5\delta + 30$	$3.5\delta + 30$	$3.5\delta + 50$
	$l_{里面}$	$0.7 l_{外面}$	$0.7 l_{外面}$	$0.7 l_{外面}$

压力容器筒体焊接接头超声波探伤的探头移动区如图 1-34 所示，压力容器筒体焊缝超声波探伤探头移动区最小尺寸见表 1-24。

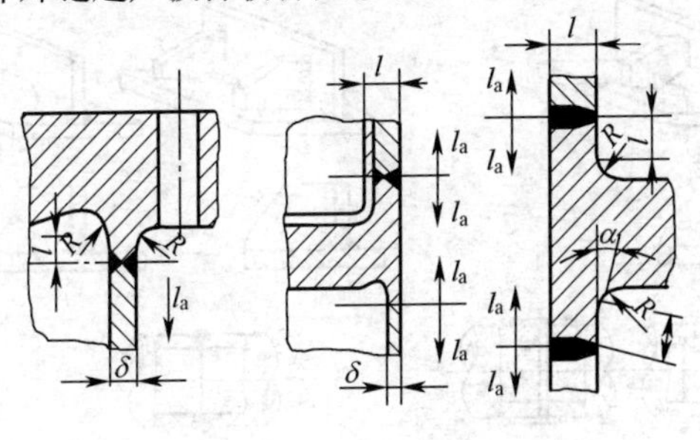

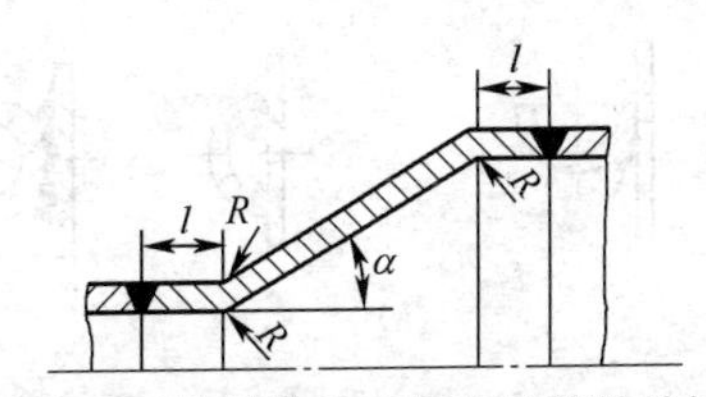

图 1-34　压力容器筒体焊接接头超声波探伤的探头移动区

表 1-24　压力容器筒体焊缝超声波探伤探头移动区最小尺寸

板厚 δ/mm	$R+l$	l	l_a
≤40	1.5δ	1.0δ	3δ
>40	1.0δ	0.7δ	2δ

(2)减少缝隙腐蚀接头的选用　腐蚀介质与金属表面直接接触时，在缝隙内和其他尖角处常常发生强烈的局部腐蚀，这种腐蚀与缝隙内

和尖角处积存的少量静止溶液和沉积物有关，故称为缝隙腐蚀。因此，需要有防止和减少缝隙腐蚀的方法。

①尽量采用对接焊，焊接时焊缝要焊透，不采用根部未焊透的单面焊接头。

②要避免接头缝隙及其形成的尖角和结构死区，要使液体介质能完全排放、便于清洗，防止固体物质在结构底部沉积。

为避免缝隙腐蚀，应尽量少用断续焊、单面焊、搭接焊，避免未焊透，难以避免的缝隙应加以密封。防止缝隙腐蚀的接头形式如图 1-35 所示。容器支架的合理设计如图 1-36 所示。

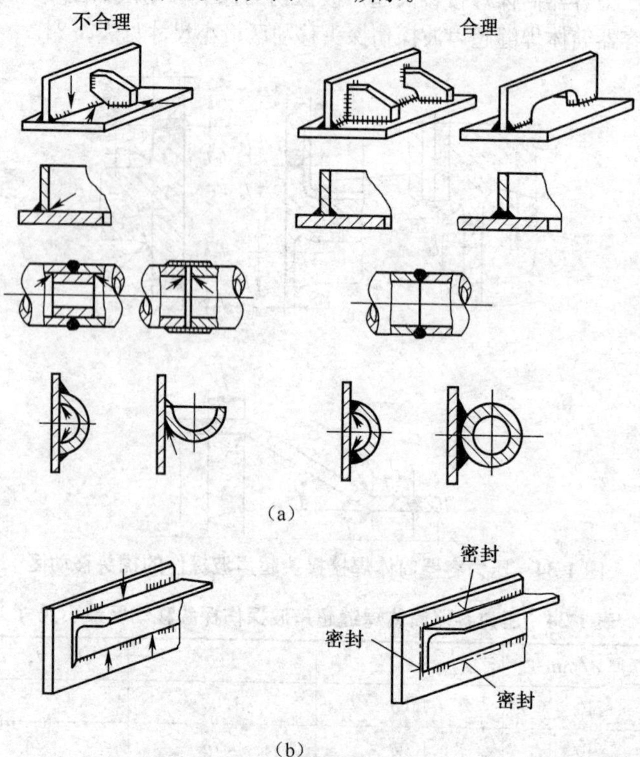

图 1-35　防止缝隙腐蚀的接头形式

(a)避免断续焊、单面焊、搭接焊、未焊透引起的缝隙(箭头指示处)

(b)断续焊缝未焊处的密封

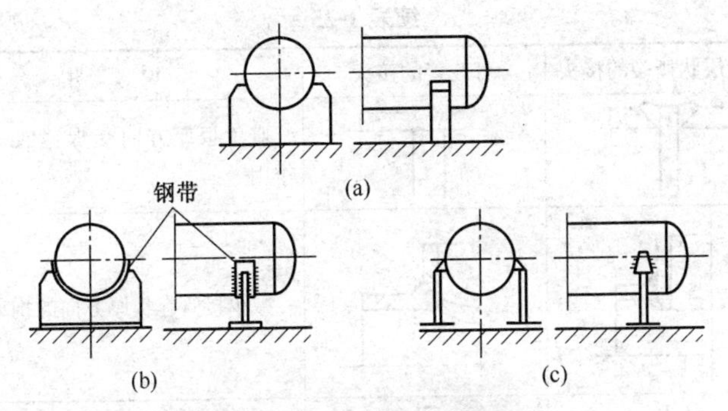

图 1-36　容器支架的合理设计

(a)松动放置的容器与鞍形架之间形成缝隙　(b)加钢带焊接
(c)四点焊接支架可减小支撑面

(3)防止层状撕裂接头的选用　大型或重型机器的焊接结构，常使用 30～100mm 甚至更厚的轧制钢板，利用这种厚板制造焊接结构时，要特别注意防止产生层状撕裂。层状撕裂是在焊接过程中产生的，主要发生在角接接头、T 形接头和十字形接头的焊接热影响区或远离热影响区的母材金属中。

防止层状撕裂的结构因素是减少或避免钢板厚度方向的拘束应力或应变，防止层状撕裂的接头形式见表 1-25。

表 1-25　防止层状撕裂的接头形式

易产生层状撕裂的接头	可改善的接头	说　　明
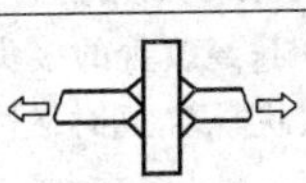	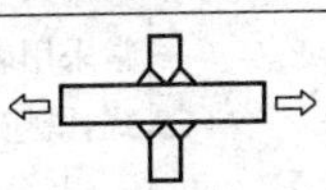	箭头所示的方向为焊接时可能出现拘束应力作用的方向
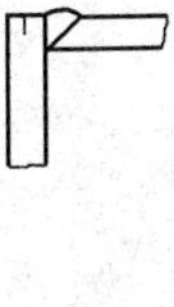	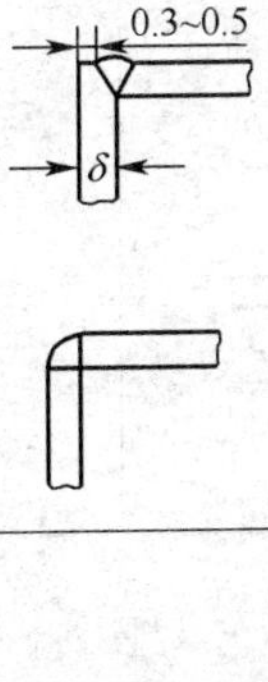	通过开坡口或改变焊缝的形状来减少厚度方向的收缩应力，一般应在承受厚度方向应力的一侧开坡口

续表 1-25

易产生层状撕裂的接头	可改善的接头	说　明
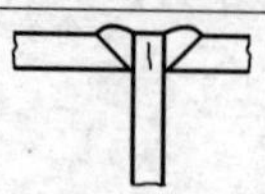	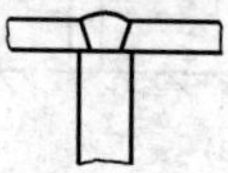	避免板厚方向受焊缝收缩力的作用
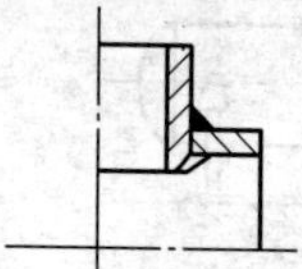	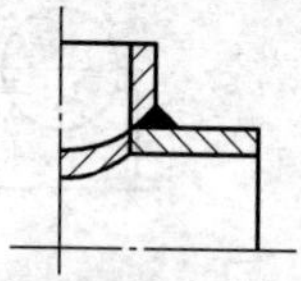	减少接管在板厚方向的拘束应力
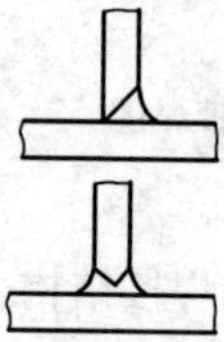	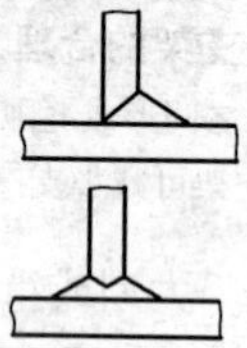	在保证焊透的前提下，坡口角度尽可能小，在不增加坡口角度的情况下，尽可能增大焊脚尺寸，以增加焊缝受力面积，降低板厚方向的应力值
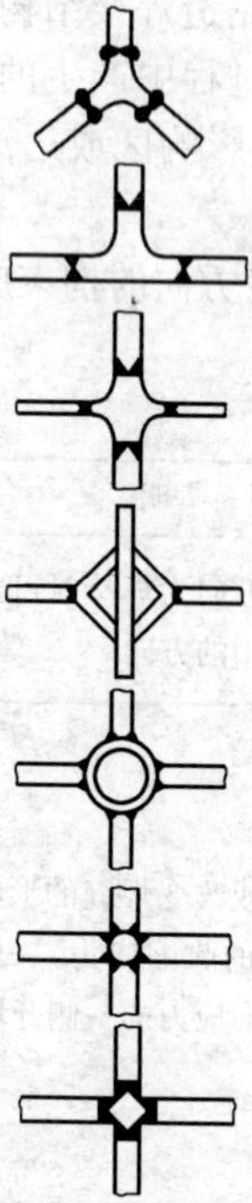		镶入没有层状撕裂的附加件，通常采用轧制型材；经改善的接头形式，既避免了层状撕裂，同时又避免了焊缝过于密集，减小了应力集中

续表 1-25

易产生层状撕裂的接头	可改善的接头	说　明
		这是压力容器中接管与壳体的连接,采用镶入件形成开孔补强的接头,同时可以减少层状撕裂和减小焊缝处的应力集中
	软质焊缝 软质焊缝	利用塑性好的软质焊缝来缓解母材金属在厚度方向上的应力;上图是在待焊面上堆焊软质金属过渡层,下图是在先焊侧焊一道软质金属焊缝

1.3.2 焊接位置及选择

(1)表示焊接位置的两个参数 熔焊时,焊接件接缝所处的空间位置称为焊接位置,一般用两个参数来表示。

①焊缝倾角如图 1-37 所示,是焊缝轴线与水平面之间的夹角。

②焊缝转角如图 1-38 所示,是通过焊缝轴线的垂直面与坡口的二等分平面之间的夹角。

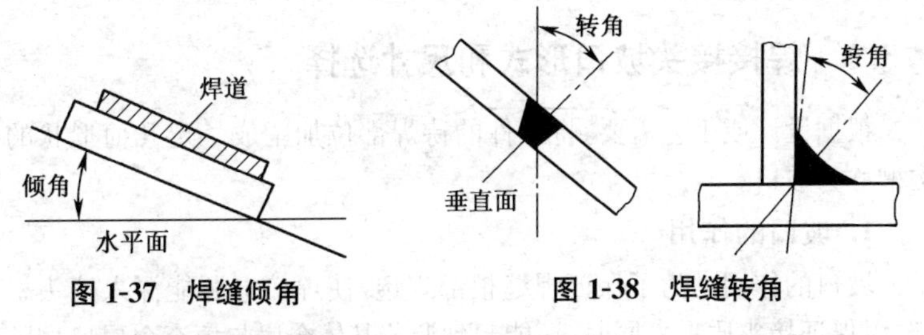

图 1-37 焊缝倾角　　**图 1-38 焊缝转角**

(2)常用的焊接位置

①平焊位置指焊缝倾角 0°～5°、焊缝转角 0°～10°的焊接位置。

②横焊位置指焊缝倾角 0°～5°、焊缝转角 70°～90°(对接焊缝),焊缝倾角 0°～5°、焊缝转角 30°～55°(角焊缝)的焊接位置。

③立焊位置指焊缝倾角 80°～90°、焊缝转角 0°～180°的焊接位置。

④仰焊位置指焊缝倾角 0°～15°、焊缝转角 165°～180°(对接焊缝),焊缝倾角 0°～15°、焊缝转角 115°～180°(角焊缝)的焊接位置。

常用焊接方法所适用的接头形式及焊接位置见表 1-26。

表 1-26　常用焊接方法所适用的接头形式及焊接位置

		焊条电弧焊	埋弧焊	电渣焊	GMAW				GTAW	等离子弧焊	气电立焊	电阻点焊	缝焊	凸焊	闪光对焊	气焊	扩散焊	摩擦焊	电子束焊	激光焊	钎焊
					喷射过渡	潜弧	脉冲喷射	短路过渡													
接头类型	对接	A	A	A	A	A	A	A	A	A	A	C	C	C	A	A	A	A	A	A	C
	搭接	A	A	B	A	A	A	A	A	A	C	A	A	A	C	A	A	C	B	A	A
	角接	A	A	B	A	A	A	A	A	A	B	C	C	C	C	A	C	C	A	A	C
焊接位置	平焊	A	A	C	A	A	A	A	A	A	C	—	—	—	—	A	—	—	A	A	—
	立焊	A	C	A	B	C	A	A	A	A	A	—	—	—	—	A	—	—	C	A	—
	仰焊	A	C	C	C	C	A	A	A	A	C	—	—	—	—	A	—	—	C	A	—
	全位置	A	C	C	C	C	A	A	A	A	C	—	—	—	—	A	—	—	C	A	—
设备成本		低	中	高	中	中	中	中	低	高	高	高	高	高	高	低	高	高	高	高	低
焊接成本		低	低	低	中	低	中	低	中	中	低	中	中	中	中	中	高	低	高	中	中

注:A 为好;B 为可用;C 为一般不用。

1.3.3　焊接接头坡口形式和尺寸选择

根据设计或工艺需要,将工件的待焊部位加工成一定几何形状的沟槽称为坡口。

1. 坡口的作用

坡口的作用是为了保证焊缝根部焊透,使焊接电源能深入接头根部,以保证接头质量。同时,还能起到调节基体金属与填充金属比例的作用。

2. 熔焊接头的坡口类型

①基本型坡口如图 1-39 所示。

②组合型坡口如图 1-40 所示。

③特殊型坡口如图 1-41 所示。

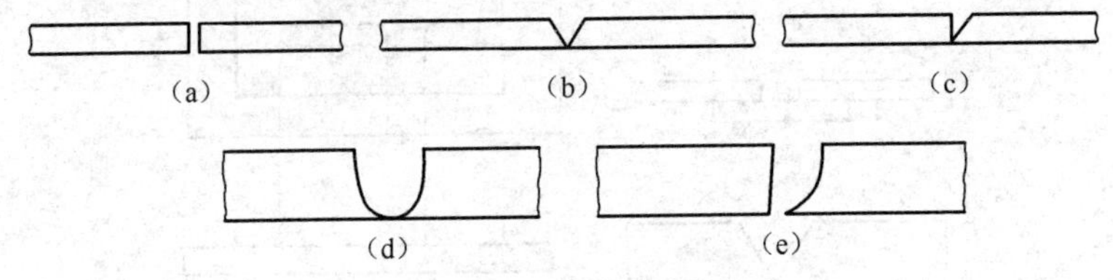

图 1-39　基本型坡口

(a)I 形坡口　(b)V 形坡口　(c)单边 V 形坡口　(d)U 形坡口　(e)J 形坡口

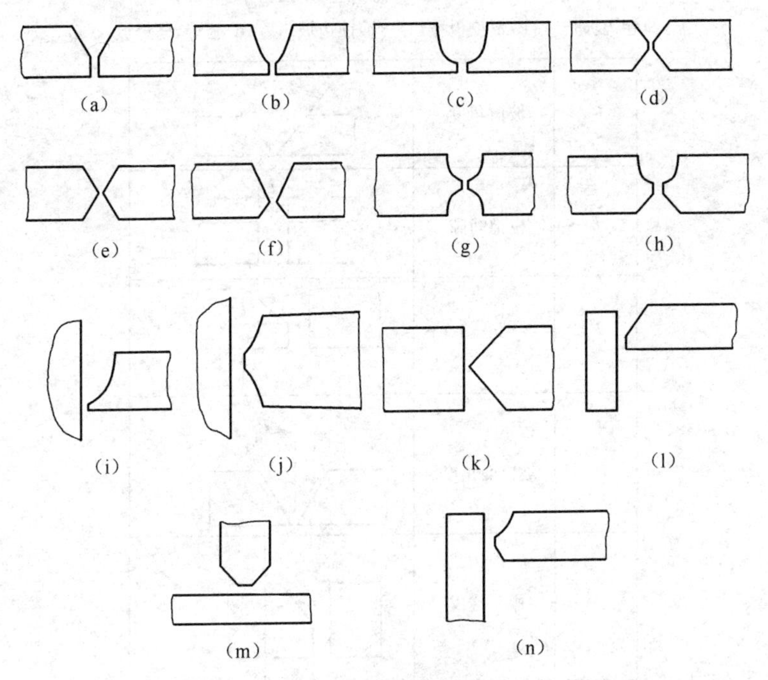

图 1-40　组合型坡口

(a)Y 形坡口　(b)V-Y 形坡口　(c)带钝边的 U 形坡口　(d)双 Y 形坡口　(e)双 V 形坡口　(f)2/3 双 V 形坡口　(g)带钝边双 U 形坡口　(h)U-Y 形坡口　(i)带钝边 J 形坡口　(j)带钝边双 J 形坡口　(k)双单边 V 形坡口　(l)带钝边单边 V 形坡口　(m)带钝边双单边 V 形坡口　(n)带钝边 J 形单边 V 形坡口

坡口尺寸符号如图 1-42 所示。但是我国现行有关标准中没有有关

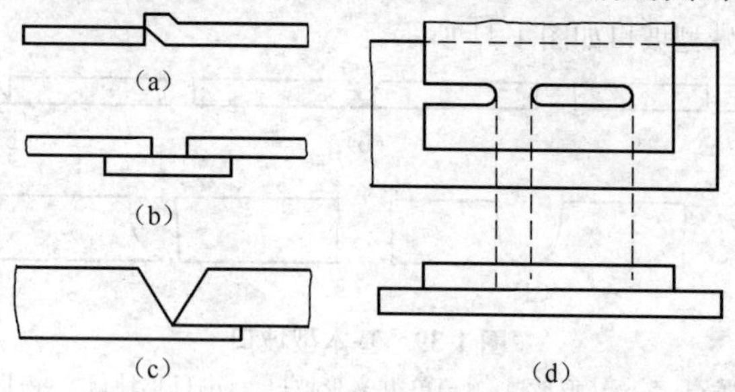

图 1-41　特殊型坡口

(a)卷边坡口　(b)带垫板坡口　(c)锁边坡口　(d)塞焊、槽焊坡口

符号	名称	示意图
α	坡口角度	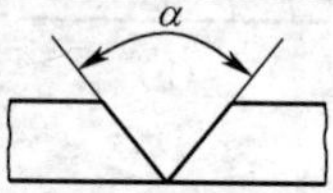 α
b	根部间隙	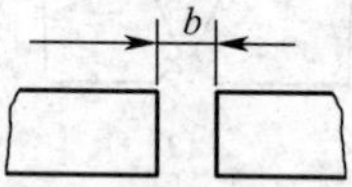 b
p	钝　边	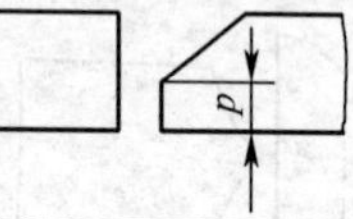 p
β	坡口面角度	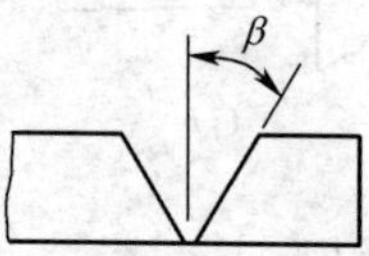 β
H	破口深度	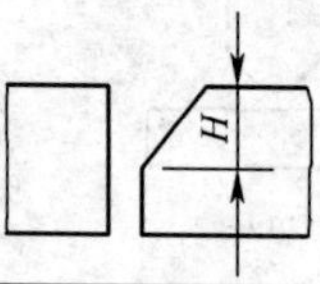 H
R	根部半径	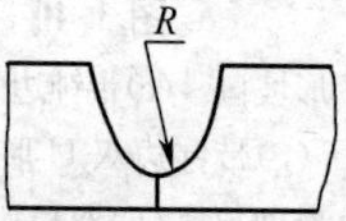 R

图 1-42　坡口尺寸符号

坡口尺寸加工精度的规定，如设计时需要规定坡口尺寸加工精度，可参阅国外有关标准中的规定。

3. 坡口形式的影响

坡口形式不合理时对焊接质量的影响，主要表现在：一是使母材在焊缝中的比例不当，引起焊接质量降低，例如，在焊接中碳钢时，为防止产生裂纹，要设法减少母材在焊缝中的比例，宜将坡口开成U型，若坡口开成V型，则使母材在焊缝中的比例增加，在焊缝中易产生热裂纹；二是不合理的坡口形式，易造成焊缝夹渣、未焊透和应力集中等缺陷，这些缺陷不仅使焊接接头强度降低，而且使焊缝金属脆化，导致产生裂纹，严重时会使结构发生断裂。

钝边的作用是为了防止烧穿。若钝边太厚，易使焊缝产生未焊透的缺陷；若钝边过小则易引起烧穿。这两种缺陷，都使焊缝强度显著下降，而且引起应力集中，易产生裂纹。

间隙的作用是为了保证焊缝根部能焊透。间隙过大或过小，都对焊接质量有较大影响。间隙太小时，易使焊缝根部未焊透，这是重要结构不允许产生的缺陷；间隙太大，不但容易烧穿，而且容易产生焊瘤和气孔等缺陷，有时会产生很大的应力集中，产生裂纹，当结构承载时引起断裂。气孔使焊缝有效工作断面减小，焊缝力学性能下降，而且破坏了焊缝的致密性，容易造成焊接结构泄漏。

4. 坡口的选择

①能够保证工件焊透（焊条电弧焊熔深一般为2～4mm），且便于焊接操作。如在容器内部不便焊接的情况下，应采用单面坡口，在容器的外面焊接。

②坡口形状应容易加工。

③尽可能提高焊接生产效率和节省焊条。

④尽可能减小焊后工件的变形。

5. 常用坡口形式和尺寸的选择

①气焊、焊条电弧焊、气体保护焊和高能束焊的单面、双面对接焊坡口和单面、双面角焊缝的接头形式与相应的焊接方法均可按国家标准GB/T 985.1—2008《气焊、焊条电弧焊、气体保护焊和高能束焊的推荐坡口》执行。气焊、焊条电弧焊、气体保护焊和高能束焊单面对接焊坡口的种类与焊接方法见表1-27。

表 1-27　气焊、焊条电弧焊、气体保护焊和高能束焊单面对接焊坡口　（mm）

序号	母材厚度 t	坡口/接头种类	基本符号	横断面示意图	尺寸				适用的焊接方法	焊缝示意图	备注
					坡口角 α 或坡口面角 β	间隙 b	钝边 c	坡口深度 h			
1	≤2	卷边坡口	 ⋀	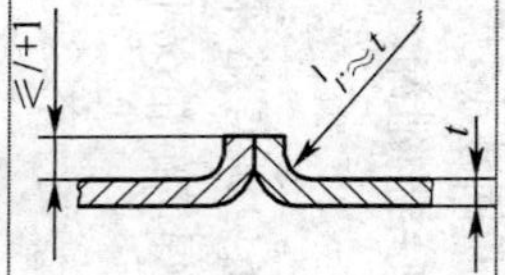	—	—	—	—	3 111 141 512		通常不填加焊接材料
2	≤4	I形坡口	‖	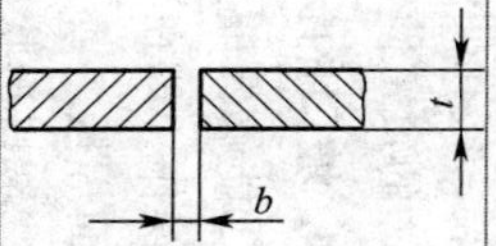	—	≈t	—		3 111 141		—
	3<t≤8					3≤b≤8			13		必要时加衬垫
						≈t			141①		
	≤15					≤1②			52		
						0					

续表 1-27

序号	母材厚度 t	坡口/接头种类	基本符号	横断面示意图	尺寸				适用的焊接方法	焊缝示意图	备注
					坡口角 α 或坡口面角 β	间隙 b	钝边 c	坡口深度 h			
3	≤100	I形坡口（带衬垫）	—		—	—	—	—	51		—
		I形坡口（带锁底）	—								
4	$3<t\leqslant10$	V形坡口	V		$40^\circ\leqslant\alpha\leqslant60^\circ$	≤4	≤2	—	3 111 13 141		必要时加衬垫
	$8<t\leqslant12$				$6^\circ\leqslant\alpha\leqslant8^\circ$	—			52②		

续表 1-27

序号	母材厚度 t	坡口/接头种类	基本符号	横断面示意图	尺寸				适用的焊接方法	焊缝示意图	备注
					坡口角 α 或坡口面角 β	间隙 b	钝边 c	坡口深度 h			
5	>16	陡边坡口		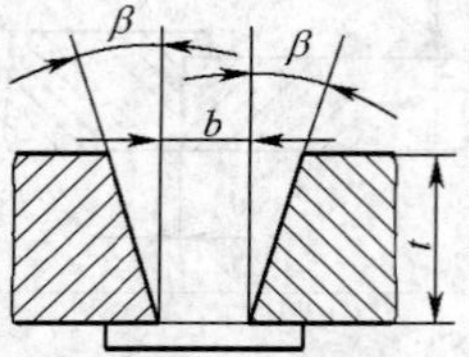	$5°\leqslant\beta\leqslant20°$	$5\leqslant b\leqslant15$	—	—	111 13	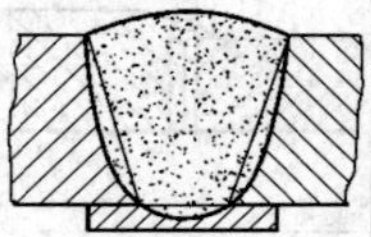	带衬垫
6	$5\leqslant t\leqslant40$	V 形坡口（带钝边）		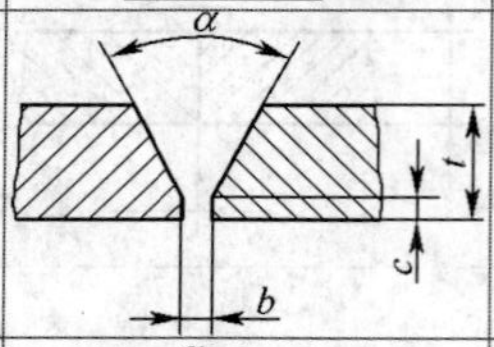	$\alpha\approx60°$	$1\leqslant b\leqslant4$	$2\leqslant c\leqslant4$	—	111 13 141	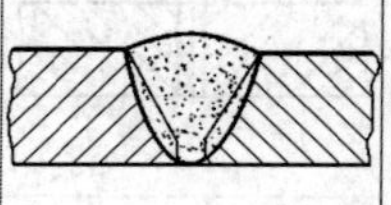	—
7	>12	U-V 形组合坡口		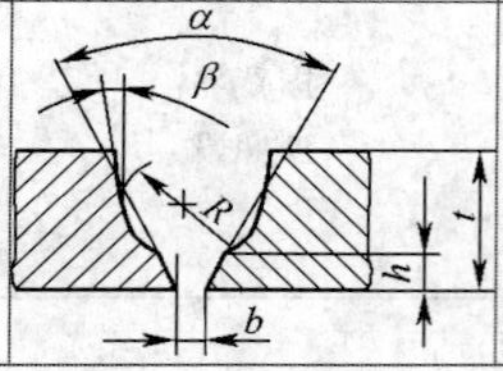	$60°\leqslant\alpha\leqslant90°$ $8°\leqslant\beta\leqslant12°$	$1\leqslant b\leqslant3$	—	≈4	111 13 141	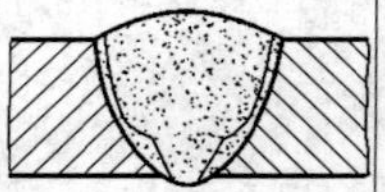	$6\leqslant R\leqslant9$

续表 1-27

序号	母材厚度 t	坡口/接头种类	基本符号	横断面示意图	尺寸				适用的焊接方法	焊缝示意图	备注
					坡口角 α 或坡口面角 β	间隙 b	钝边 c	坡口深度 h			
8	>12	V-V 形组合坡口		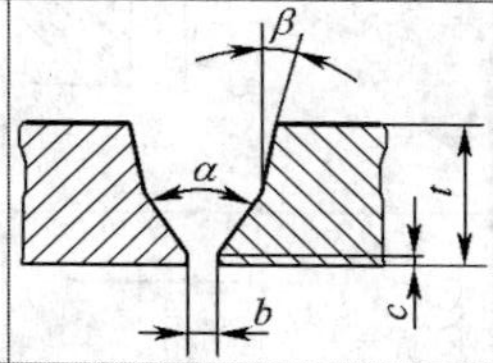	$60° \leqslant \alpha \leqslant 90°$ $10° \leqslant \beta \leqslant 15°$	$2 \leqslant b \leqslant 4$	>2	—	111 13 141	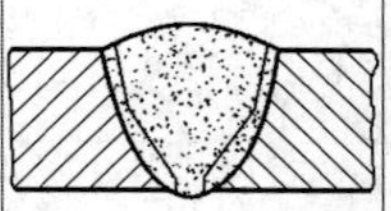	—
9	>12	U 形坡口		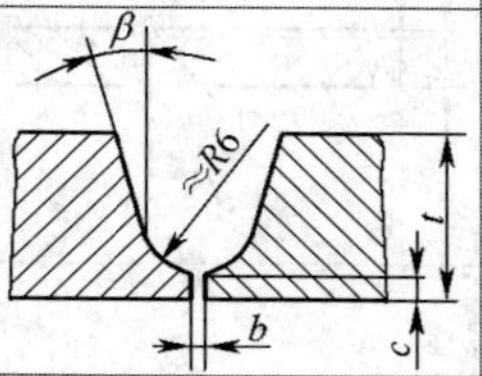	$8° \leqslant \beta \leqslant 12°$	$\leqslant 4$	$\leqslant 3$	—	111 13 141	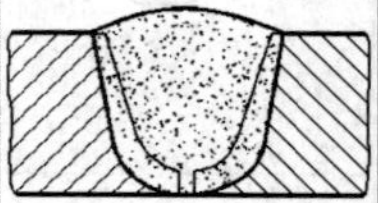	—
10	$3 < t \leqslant 10$	单边 V 形坡口		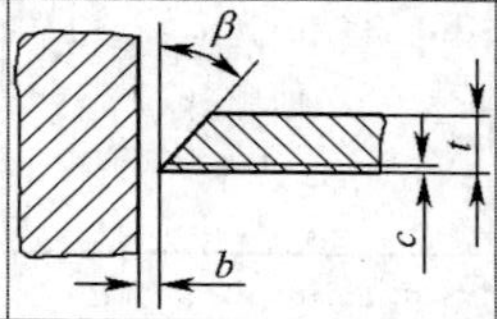	$35° \leqslant \beta \leqslant 60°$	$2 \leqslant b \leqslant 4$	$1 \leqslant c \leqslant 2$	—	111 13 141	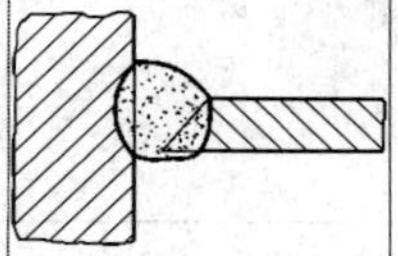	—

续表 1-27

<table>
<tr><th rowspan="2">序号</th><th rowspan="2">母材厚度
t</th><th rowspan="2">坡口/接头种类</th><th rowspan="2">基本符号</th><th rowspan="2">横断面示意图</th><th colspan="4">尺寸</th><th rowspan="2">适用的焊接方法</th><th rowspan="2">焊缝示意图</th><th rowspan="2">备注</th></tr>
<tr><th>坡口角 α 或坡口面角 β</th><th>间隙
b</th><th>钝边
c</th><th>坡口深度
h</th></tr>
<tr><td>10</td><td>$3<t\leqslant10$</td><td>单边V形坡口</td><td></td><td> 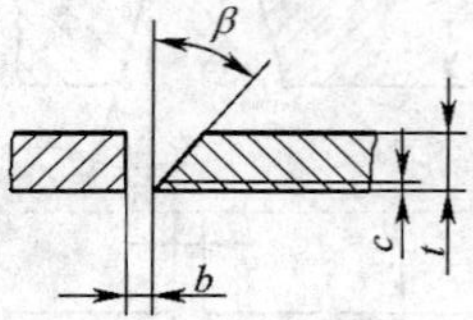</td><td>$35°\leqslant\beta\leqslant60°$</td><td>$2\leqslant b\leqslant4$</td><td>$1\leqslant c\leqslant2$</td><td>—</td><td>111
13
141</td><td> 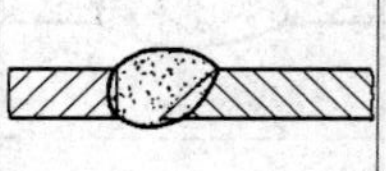</td><td>—</td></tr>
<tr><td rowspan="2">11</td><td rowspan="2">>16</td><td rowspan="2">单边陡边坡口</td><td rowspan="2"></td><td rowspan="2"> 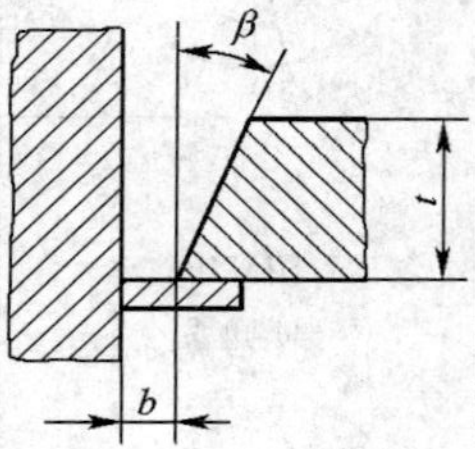</td><td rowspan="2">$15°\leqslant\beta\leqslant60°$</td><td>$6\leqslant b\leqslant12$</td><td rowspan="2">—</td><td rowspan="2">—</td><td>111</td><td rowspan="2"></td><td rowspan="2">带衬垫</td></tr>
<tr><td>≈12</td><td>13
141</td></tr>
</table>

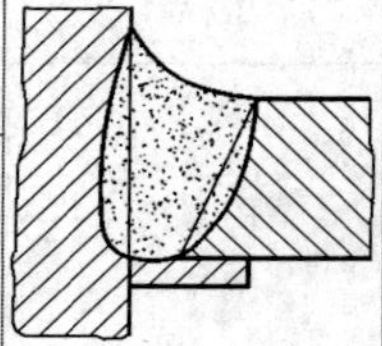

续表 1-27

序号	母材厚度 t	坡口/接头种类	基本符号	横断面示意图	尺寸：坡口角 α 或坡口面角 β	尺寸：间隙 b	尺寸：钝边 c	尺寸：坡口深度 h	适用的焊接方法	焊缝示意图	备注
12	＞16	J形坡口	ㄚ		$10° \leqslant \beta \leqslant 20°$	$2 \leqslant b \leqslant 4$	$1 \leqslant c \leqslant 2$	—	111 13 141		—
13	≤15	T形接头			—	—	—	—	52		—
	≤100								51		
14	≤15	T形接头			—	—	—	—	52		—
	≤100								51		

注：①该种焊接方法不一定适用于整个工件厚度范围的焊接；②需要添加焊接材料。

气焊、焊条电弧焊、气体保护焊和高能束焊双面对接焊坡口的种类与焊接方法见表 1-28。

表 1-28　气焊、焊条电弧焊、气体保护焊和高能束焊双面对接焊坡口的种类与焊接方法　　(mm)

序号	母材厚度 t	坡口/接头种类	基本符号	横断面示意图	尺寸：坡口角 α 或坡口面角 β	尺寸：间隙 b	尺寸：钝边 c	尺寸：坡口深度 h	适用的焊接方法	焊缝示意图	备注
1	≤8	I形坡口	‖		—	≈t/2	—	—	111 141 13		—
	≤15					0			52		
2	3≤t≤40	V形坡口	V ⌓		α≈60°	≤3	≤2	—	111 141		封底
					40°≤α≤60°				13		
3	>10	带钝边V形坡口 —	Y ⌓		α≈60°	1≤b≤3	2≤c≤4	—	111 141		特殊情况下可适用于更小的厚度和气体保护焊方法，注明封底
					40°≤α≤60°				13		

续表 1-28

序号	母材厚度 t	坡口/接头种类	基本符号	横断面示意图	尺寸				适用的焊接方法	焊缝示意图	备注
					坡口角 α 或坡口面角 β	间隙 b	钝边 c	坡口深度 h			
4	>10	双V形坡口（带钝边）			$\alpha\approx60°$	$1\leqslant b\leqslant4$	$2\leqslant c\leqslant6$	$h_1=h_2=\frac{t-c}{2}$	111 141		—
					$40°\leqslant\alpha\leqslant60°$				13		
5	>10	双V形坡口			$\alpha\approx60°$	$1\leqslant b\leqslant3$	$\leqslant2$	$\approx t/2$	111 141		—
					$40°\leqslant\alpha\leqslant60°$				13		

续表 1-28

序号	母材厚度 t	坡口/接头种类	基本符号	横断面示意图	尺寸				适用的焊接方法	焊缝示意图	备注
					坡口角 α 或坡口面角 β	间隙 b	钝边 c	坡口深度 h			
5	>10	非对称双V形坡口			$\alpha_1 \approx 60°$ $\alpha_2 \approx 60°$	$1 \leqslant b \leqslant 3$	$\leqslant 2$	$\approx t/3$	111 141		—
					$40° \leqslant \alpha_1 \leqslant 60°$ $40° \leqslant \alpha_2 \leqslant 60°$				13		
6	>12	U形坡口			$8° \leqslant \beta \leqslant 12°$	$1 \leqslant b \leqslant 3$	≈ 5	—	111 13		封底
						$\leqslant 3$			141[①]		

续表 1-28

序号	母材厚度 t	坡口/接头种类	基本符号	横断面示意图	尺寸				适用的焊接方法	焊缝示意图	备注
					坡口角 α 或坡口面角 β	间隙 b	钝边 c	坡口深度 h			
7	$\geqslant 30$	双 U 形坡口			$8° \leqslant \beta \leqslant 12°$	$\leqslant 3$	≈ 3	$\approx \frac{t-c}{2}$	111 13 141①		可制成与 V 形坡口相似的非对称坡口形式
8	$3 \leqslant t \leqslant 30$	单边 V 形坡口			$35° \leqslant \beta \leqslant 60°$	$1 \leqslant b \leqslant 4$	$\leqslant 2$	—	111 13 141①		封底

续表 1-28

序号	母材厚度 t	坡口/接头种类	基本符号	横断面示意图	尺寸				适用的焊接方法	焊缝示意图	备注
					坡口角 α 或坡口面角 β	间隙 b	钝边 c	坡口深度 h			
9	>10	K形坡口			$35° \leqslant \beta \leqslant 60°$	$1 \leqslant b \leqslant 4$	$\leqslant 2$	$\approx t/2$ 或 $\approx t/3$	111 13 141①		可制成与V形坡口相似的非对称坡口形式
10	>16	J形坡口			$10° \leqslant \beta \leqslant 20°$	$1 \leqslant b \leqslant 3$	$\geqslant 2$	—	111 13 141①		封底

续表 1-28

序号	母材厚度 t	坡口/接头种类	基本符号	横断面示意图	尺寸：坡口角 α 或坡口面角 β	尺寸：间隙 b	尺寸：钝边 c	尺寸：坡口深度 h	适用的焊接方法	焊缝示意图	备注
11	>30	双J形坡口			$10° \leqslant \beta \leqslant 20°$	$\leqslant 3$	$\geqslant 2$	$-\frac{t-c}{2}$	111 13 141①		可制成与V形坡口相似的非对称坡口形式
							<2	$\approx t/2$			
12	$\leqslant 25$	T形接头			—	—	—	—	52		—
	$\leqslant 170$								51		

注：①该种焊接方法不一定适用于整个工件厚度范围的焊接。

气焊、焊条电弧焊、气体保护焊和高能束焊角焊缝的接头形式(单面焊)与焊接方法见表 1-29。

表 1-29　气焊、焊条电弧焊、气体保护焊和高能束焊角焊缝的接头形式(单面焊)与焊接方法　(mm)

序号	母材厚度 t	接头形式	基本符号	横断面示意图	尺寸 角度 α	尺寸 间隙 b	适用的焊接方法[①]	焊缝示意图
1	$t_1>2$ $t_2>2$	T形接头			$70^\circ \leqslant \alpha \leqslant 100^\circ$	$\leqslant 2$	3 111 13 141	
2	$t_1>2$ $t_2>2$	搭接	◺		—	$\leqslant 2$	3 111 13 141	
3	$t_1>2$ $t_2>2$	角接			$60^\circ \leqslant \alpha \leqslant 120^\circ$	$\leqslant 2$	3 111 13141	

注:①这些焊接方法不一定适用于整个工件厚度范围的焊接。

角焊缝的接头形式(双面焊)与焊接方法见表 1-30。

表 1-30 角焊缝的接头形式(双面焊)与焊接方法 (mm)

序号	母材厚度 t	接头形式	基本符号	横断面示意图	尺寸		适用的焊接方法①	焊缝示意图
					角度 α	间隙 b		
1	$t_1>3$ $t_2>3$	角接		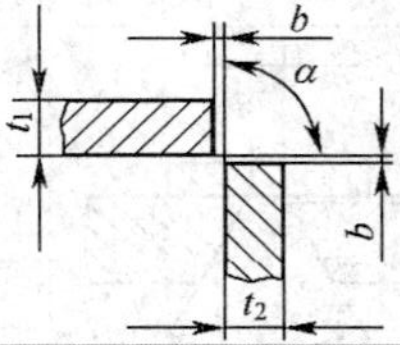	$70°\leqslant\alpha\leqslant100°$	$\leqslant2$	3 111 13 141	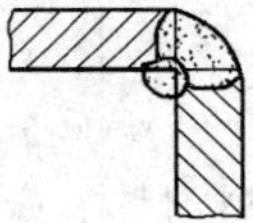
2	$t_1>2$ $t_2>5$	角接		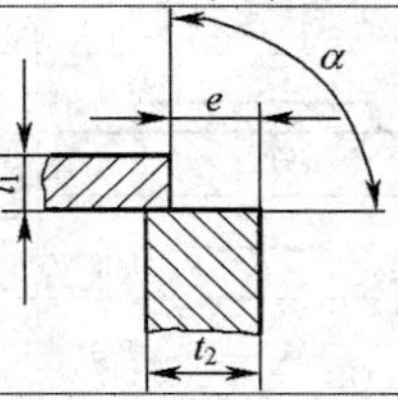	$60°\leqslant\alpha\leqslant120°$	—	3 111 13 141	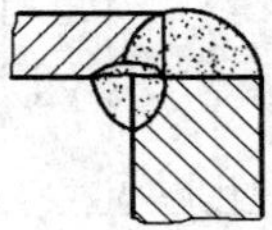
3	$2\leqslant t_1\leqslant4$ $2\leqslant t_2\leqslant4$	T形接头		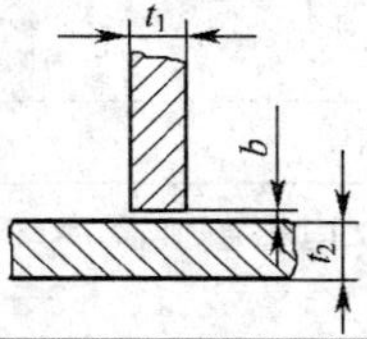	—	$\leqslant2$	3 111 13 141	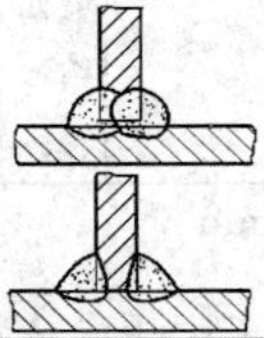
	$t_1>4$ $t_2>4$					—		

注:①这些焊接方法不一定适用于整个工件厚度范围的焊接。

②埋弧焊单面、双面对接焊坡口形式和尺寸执行国家标准 GB/T 985.2—2008《埋弧焊的推荐坡口》。埋弧焊单面对接焊坡口形式和尺寸见表 1-31。

表 1-31 埋弧焊单面对接焊坡口形式和尺寸 (mm)

序号	焊缝 工件厚度 t	焊缝 名称	焊缝 基本符号	焊缝 焊缝示意图	坡口形式和尺寸 横断面示意图	坡口形式和尺寸 坡口角 α 或坡口面角 β	坡口形式和尺寸 间隙 b、圆弧半径 R	坡口形式和尺寸 钝边 c	坡口形式和尺寸 坡口深度 h	焊接位置	备注
1	$3 \leqslant t \leqslant 12$	平对接焊缝	‖			—	$b \leqslant 0.5t$ 最大 5	—	—	PA	带衬垫，衬垫厚度至少 5mm 或 0.5t
2	$10 \leqslant t \leqslant 20$	V 形焊缝	V			$30° \leqslant \alpha \leqslant 50°$	$4 \leqslant b \leqslant 8$	$c \leqslant 2$	—	PA	带衬垫，衬垫厚度至少 5mm 或 0.5t
3	$t > 20$	陡边 V 形焊缝				$4° \leqslant \beta \leqslant 10°$	$16 \leqslant b \leqslant 25$	—	—	PA	带衬垫，衬垫厚度至少 5mm 或 0.5t

续表 1-31

序号	焊缝				坡口形式和尺寸					焊接位置	备注
	工件厚度 t	名称	基本符号	焊缝示意图	横断面示意图	坡口角 α 或坡口面角 β	间隙 b、圆弧半径 R	钝边 c	坡口深度 h		
4	$t>12$	双V形组合焊缝		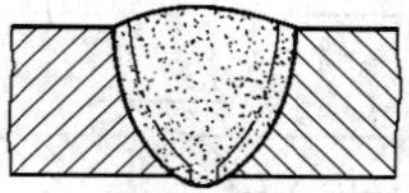	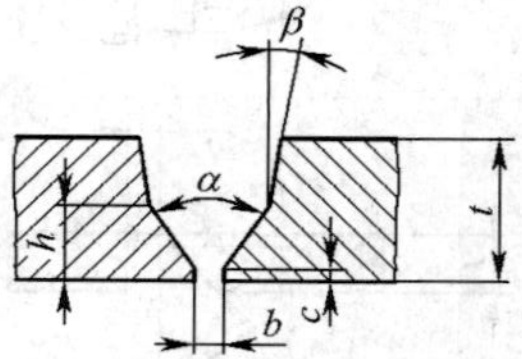	$60° \leqslant \alpha \leqslant 70°$ $4° \leqslant \beta \leqslant 10°$	$1 \leqslant b \leqslant 4$	$0 \leqslant c \leqslant 3$	$4 \leqslant h \leqslant 10$	PA	根部焊道可采用合适的方法焊接
5	$t \geqslant 12$	U-V形组合焊缝		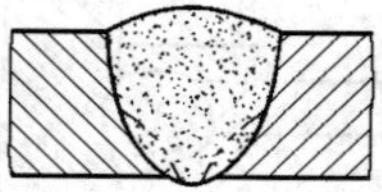	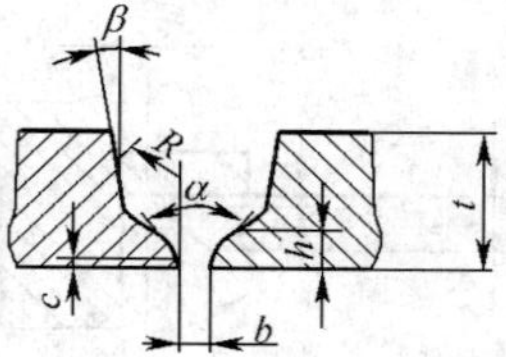	$60° \leqslant \alpha \leqslant 70°$ $4° \leqslant \beta \leqslant 10°$	$1 \leqslant b \leqslant 4$ $5 \leqslant R \leqslant 10$	$0 \leqslant c \leqslant 3$	$4 \leqslant h \leqslant 10$	PA	根部焊道可采用合适的方法焊接
6	$t \geqslant 30$	U形焊缝		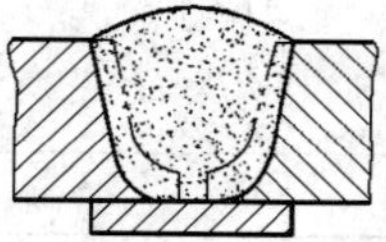	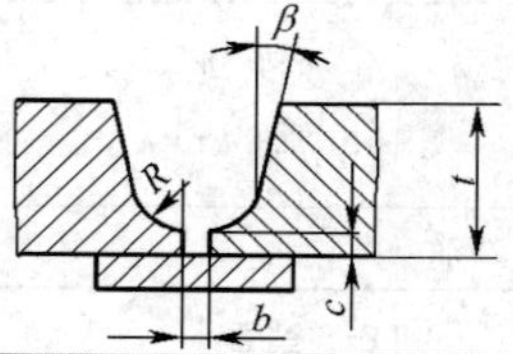	$4° \leqslant \beta \leqslant 10°$	$1 \leqslant b \leqslant 4$ $5 \leqslant R \leqslant 10$	$2 \leqslant c \leqslant 3$	—	PA	带衬垫，衬垫厚度至少5mm或0.5t

续表 1-31

焊缝					坡口形式和尺寸						
序号	工件厚度 t	名称	基本符号	焊缝示意图	横断面示意图	坡口角 α 或坡口面角 β	间隙 b、圆弧半径 R	钝边 c	坡口深度 h	焊接位置	备注
7	$3\leqslant t\leqslant 16$	单边V形焊缝	⁄	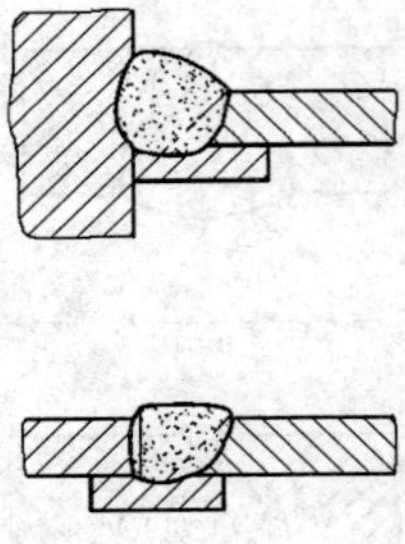	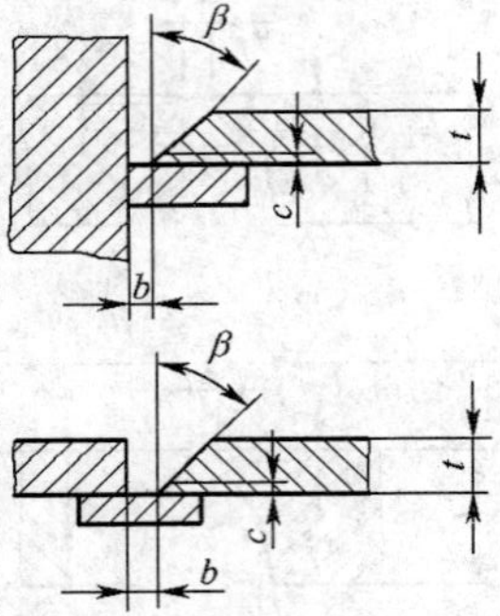	$30°\leqslant\beta\leqslant 50°$	$1\leqslant b\leqslant 4$	$c\leqslant 2$	—	PA PB	带衬垫，衬垫厚度至少5mm或0.5t
8	$t\geqslant 16$	单边陡边V形焊缝		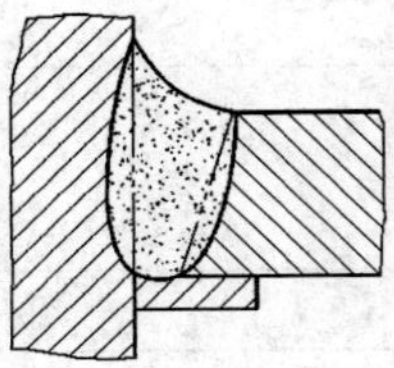	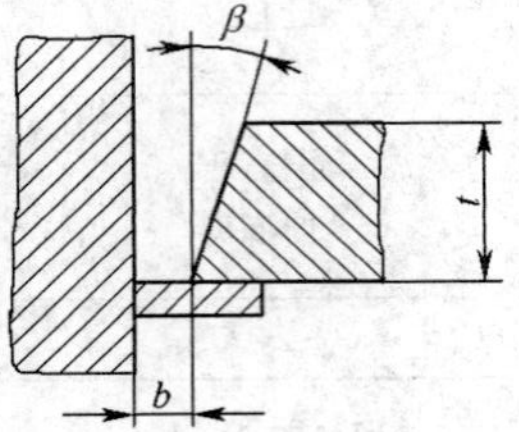	$8°\leqslant\beta\leqslant 10°$	$5\leqslant b\leqslant 15$	—	—	PA PB	带衬垫，衬垫厚度至少5mm或0.5t

续表 1-31

焊缝					坡口形式和尺寸						
序号	工件厚度 t	名称	基本符号	焊缝示意图	横断面示意图	坡口角 α 或坡口面角 β	间隙 b、圆弧半径 R	钝边 c	坡口深度 h	焊接位置	备注
9	$t \geqslant 16$	J形焊缝		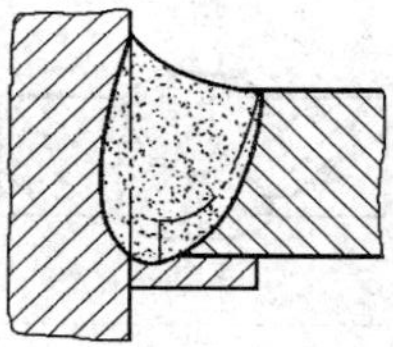	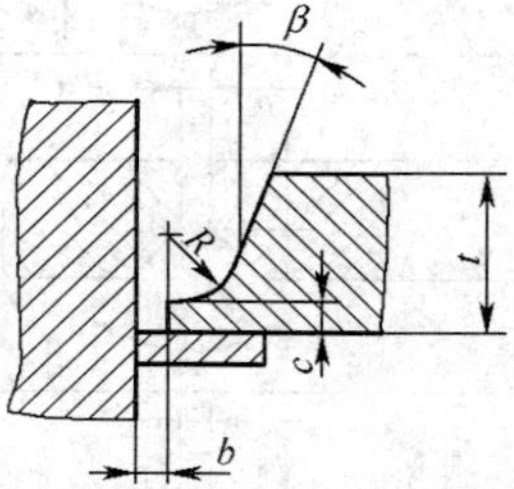	$4° \leqslant \beta \leqslant 10°$	$2 \leqslant b \leqslant 4$ $5 \leqslant R \leqslant 10$	$2 \leqslant c \leqslant 3$	—	PA PB	带衬垫，衬垫厚度至少 5mm 或 $0.5t$

表 1-32 双面对接焊坡口 (mm)

焊缝					坡口形式和尺寸						
序号	工件厚度 t	名称	基本符号	焊缝示意图	横断面示意图	坡口角 α 或坡口面角 β	间隙 b、圆弧半径 R	钝边 c	坡口深度 h	焊接位置	备注
1	$3 \leqslant t \leqslant 20$	平对接焊缝	 ‖	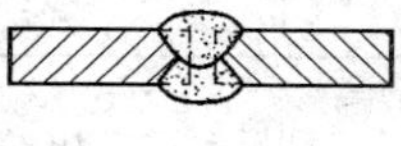	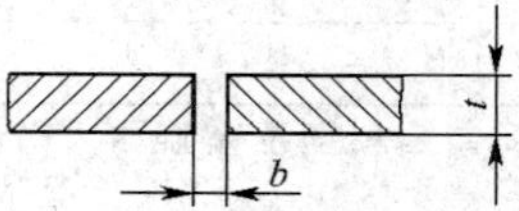	—	$b \leqslant 2$	—	—	PA	间隙应符合公差要求

埋弧焊双面对接焊坡口形式和尺寸见表 1-32。

表 1-32 埋弧焊双面对接焊坡口形式和尺寸

序号	工件厚度 t	焊缝			坡口形式和尺寸					焊接位置	备注
		名称	基本符号	焊缝示意图	横断面示意图	坡口角 α 或坡口面角 β	间隙 b、圆弧半径 R	钝边 c	坡口深度 h		
2	$10 \leqslant t \leqslant 35$	带钝边V形焊缝/封底				$30° \leqslant \alpha \leqslant 60°$	$b \leqslant 4$	$4 \leqslant c \leqslant 10$	—	PA	根部焊道可用其他方法焊接
3	$10 \leqslant t \leqslant 20$	V形焊缝/平对接焊缝				$60° \leqslant \alpha \leqslant 80°$	$b \leqslant 4$	$5 \leqslant c \leqslant 15$	—	PA	根部焊道可用其他方法焊接
4	$t \geqslant 16$	带钝边的双V形焊缝				$30° \leqslant \alpha \leqslant 70°$	$b \leqslant 4$	$4 \leqslant c \leqslant 10$	$h_1 = h_2$	PA	—

续表 1-32

序号	焊缝				坡口形式和尺寸					焊接位置	备注
	工件厚度 t	名称	基本符号	焊缝示意图	横断面示意图	坡口角 α 或坡口面角 β	间隙 b、圆弧半径 R	钝边 c	坡口深度 h		
5	$t \geqslant 30$	U形焊缝/封底焊缝				$5° \leqslant \beta \leqslant 10°$	$b \leqslant 4$ $5 \leqslant R \leqslant 10$	$4 \leqslant c \leqslant 10$	—	PA	—
6	$t \geqslant 50$	双U形焊缝				$5° \leqslant \beta \leqslant 10°$	$b \leqslant 4$ $5 \leqslant R \leqslant 10$	$4 \leqslant c \leqslant 10$	$h=0.5(t-c)$	PA	与双V形对称坡口相似，这种坡口可制成对称的形式

续表 1-32

序号	工件厚度 t	焊缝			坡口形式和尺寸					焊接位置	备注
		名称	基本符号	焊缝示意图	横断面示意图	坡口角 α 或坡口面角 β	间隙 b、圆弧半径 R	钝边 c	坡口深度 h		
7	$t \geqslant 12$	带钝边的K形焊缝		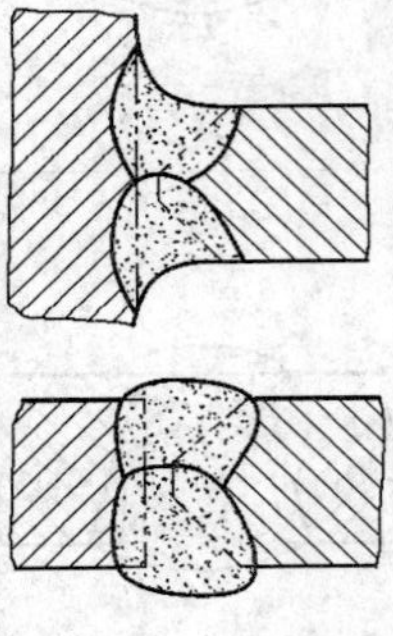	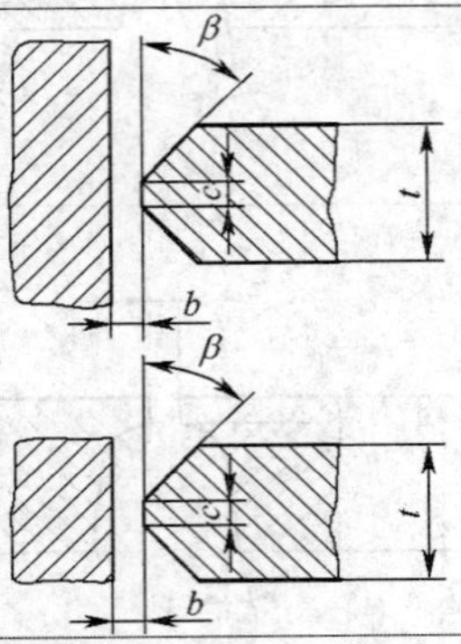	$30° \leqslant \beta \leqslant 50°$	$b \leqslant 4$	$4 \leqslant c \leqslant 10$	—	PA PB	与双V形对称坡口相似,这种坡口可制成对称的形式;必要时可进行打底焊
8	$t \geqslant 20$	J形焊缝/封底焊缝		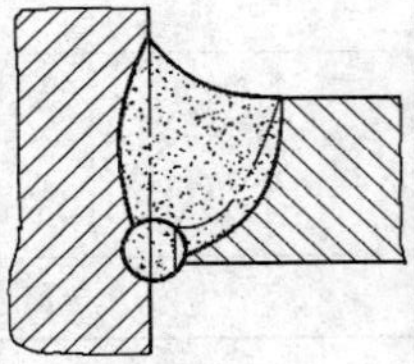	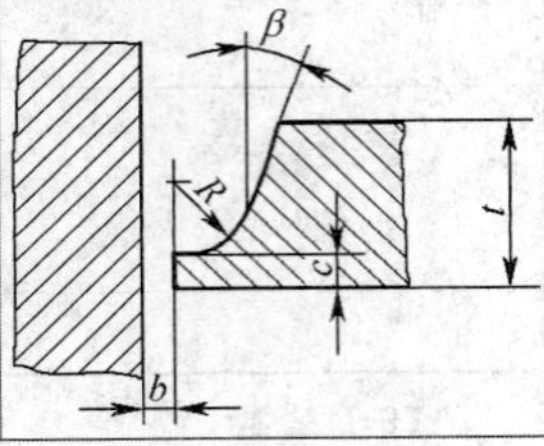	$5° \leqslant \beta \leqslant 10°$	$b \leqslant 4$ $5 \leqslant R \leqslant 10$	$4 \leqslant c \leqslant 10$	—	PA PB	必要时可进行打底焊接

续表 1-32

序号	工件厚度 t	焊缝			坡口形式和尺寸					焊接位置	备注
		名称	基本符号	焊缝示意图	横断面示意图	坡口角 α 或坡口面角 β	间隙 b、圆弧半径 R	钝边 c	坡口深度 h		
9	$t<12$	单边V形焊缝				$30°\leqslant\beta\leqslant50°$	$b\leqslant4$	$c\leqslant2$	—	PA PB	必要时可进行打底焊接
10	$t\geqslant30$	双面J形焊缝				$5°\leqslant\beta\leqslant10°$	$b\leqslant4$ $5\leqslant R\leqslant10$	$2\leqslant c\leqslant7$	—	PA PB	与双V形对称坡口相似，这种坡口可制成对称的形式；必要时可进行打底焊

续表 1-32

序号	焊缝				坡口形式和尺寸					焊接位置	备注
	工件厚度 t	名称	基本符号	焊缝示意图	横断面示意图	坡口角 α 或坡口面角 β	间隙 b、圆弧半径 R	钝边 c	坡口深度 h		
11	$t \leqslant 12$	双面J形焊缝		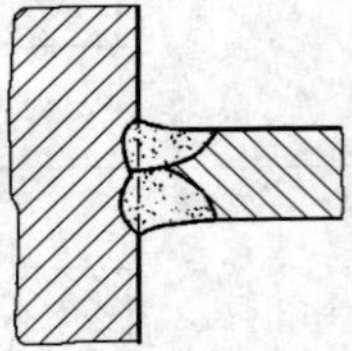	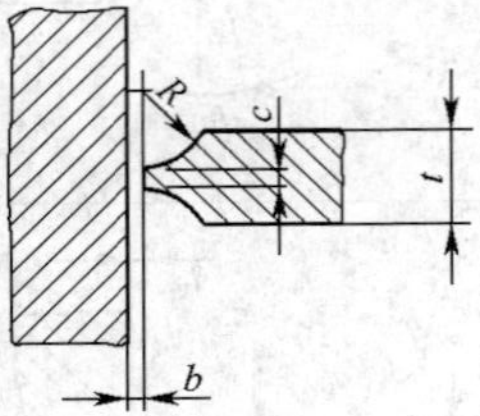	—	$b \leqslant 2$ $5 \leqslant R \leqslant 10$	$2 \leqslant c \leqslant 3$	—	PA PB	单道焊坡口
12	$t > 12$	双面J形焊缝		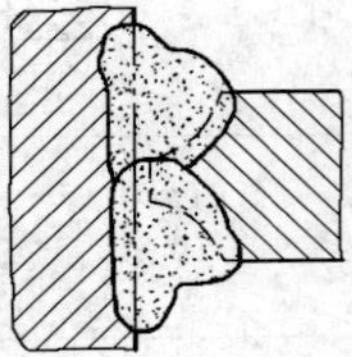	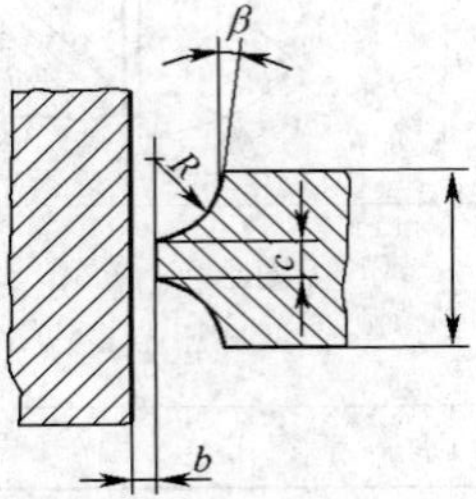	$5° \leqslant \beta \leqslant 10°$	$b \leqslant 4$ $5 \leqslant R \leqslant 10$	$2 \leqslant c \leqslant 7$	—	PA PB	多道焊坡口；必要时可进行打底焊接

③铝及铝合金气体保护焊和单面、双面对接焊坡口和T形接头的坡口形式、尺寸和焊接方法执行国家标准GB/T 985.3—2008《铝及铝合金气体保护焊的推荐坡口》。铝及铝合金气体保护炉单面对接焊坡口形式、尺寸和焊接方法见表1-33。

表1-33 铝及铝合金气体保护焊单面对接焊坡口形式、尺寸和焊接方法 (mm)

序号	工件厚度 t	焊缝 名称	焊缝 基本符号①	焊缝 示意图	坡口形式、尺寸 横断面示意图	坡口角 α 或坡口面角 β	间隙 b	钝边 c	其他尺寸	适用的焊接方法②	备注
1	$t \leqslant 2$	卷边焊缝	⋀		$\leqslant t+1$；$r \approx t$；t	—	—	—	—	141	
2	$t \leqslant 4$	I形焊缝	‖		b；t	—	$b \leqslant 2$	—	—	141	建议根部倒角
2	$2 \leqslant t \leqslant 4$	带衬垫的I形焊缝	‖		b；t	—	$b \leqslant 1.5$	—	—	131	

续表 1-33

序号	工件厚度 t	焊缝			坡口形式、尺寸					适用的焊接方法②	备　注
		名称	基本符号①	焊缝示意图	横断面示意图	坡口角 α 或坡口面角 β	间隙 b	钝边 c	其他尺寸		
3	$3\leqslant t\leqslant 5$	V 形焊缝		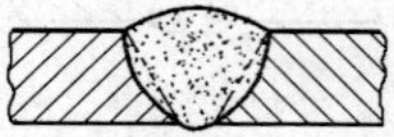	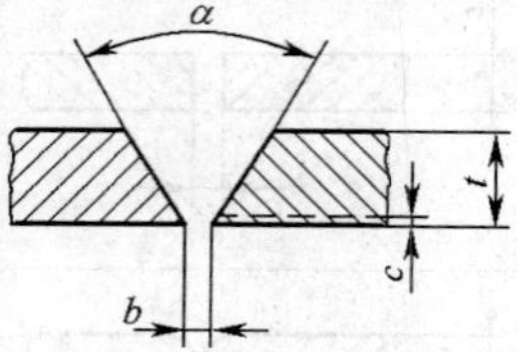	$\alpha\geqslant 50°$	$b\leqslant 3$	$c\leqslant 2$	—	141	
						$60°\leqslant\alpha\leqslant 90°$	$b\leqslant 2$			131	
		带衬垫的 V 形焊缝		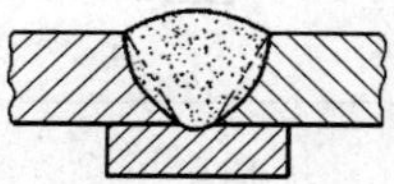	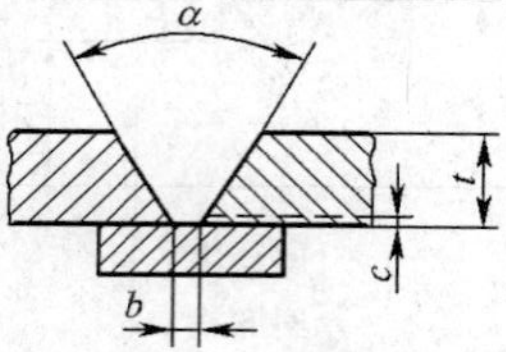	$60°\leqslant\alpha\leqslant 90°$	$b\leqslant 4$	$c\leqslant$	—	131	
4	$8\leqslant t\leqslant 20$	带衬垫的陡边焊缝		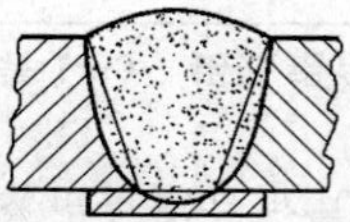	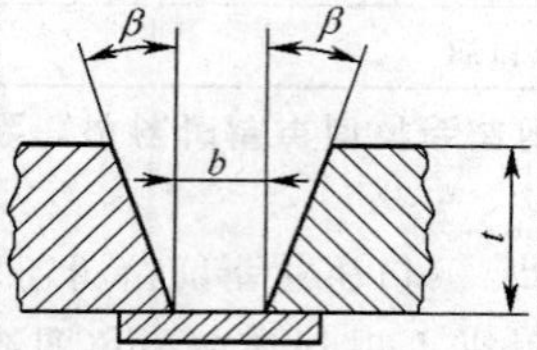	$15°\leqslant\beta\leqslant 20°$	$3\leqslant b\leqslant 10$	—	—	131	

续表 1-33

序号	焊缝				坡口形式、尺寸					适用的焊接方法②	备注
	工件厚度 t	名称	基本符号①	焊缝示意图	横断面示意图	坡口角 α 或坡口面角 β	间隙 b	钝边 c	其他尺寸		
5	$3 \leqslant t \leqslant 15$	带钝边V形焊缝	Y			$\alpha \geqslant 50°$	$b \leqslant 2$	$c \leqslant 2$	—	131 141	
	$6 \leqslant t \leqslant 25$	带钝边V形焊缝(带衬垫				$\alpha \geqslant 50°$	$4 \leqslant b \leqslant 10$	$c=3$	—	131	
6	板 $t \geqslant 12$ 管 $t \geqslant 5$	带钝边U形焊缝	U			$15° \leqslant \beta \leqslant 20°$	$b \leqslant 2$	$2 \leqslant c \leqslant 4$	$3 \leqslant r \leqslant 6$ $3 \leqslant f \leqslant 4$ $0 \leqslant e \leqslant 4$	141	
	$5 \leqslant t \leqslant 30$					$15° \leqslant \beta \leqslant 20°$	$1 \leqslant b \leqslant 3$	$2 \leqslant c \leqslant 4$		131	根部焊道建议采用TIG焊(141)

续表 1-33

序号	焊缝				坡口形式、尺寸					适用的焊接方法②	备注
	工件厚度 t	名称	基本符号①	焊缝示意图	横断面示意图	坡口角 α 或坡口面角 β	间隙 b	钝边 c	其他尺寸		
	$4 \leqslant t \leqslant 10$	单边V形焊缝			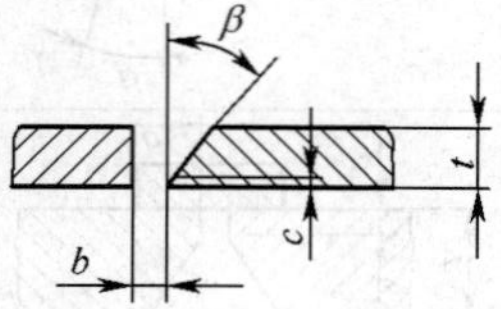	$\beta \geqslant 50°$	$b \leqslant 3$	$c \leqslant 2$	—	131 141	
7	$3 \leqslant t \leqslant 20$	带衬垫单边V形焊缝	⌵	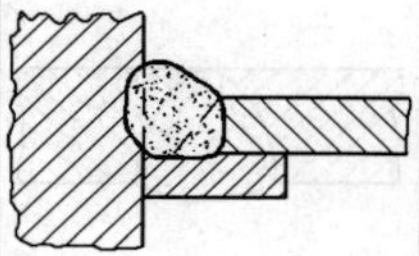 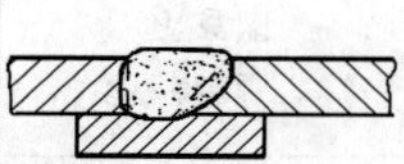	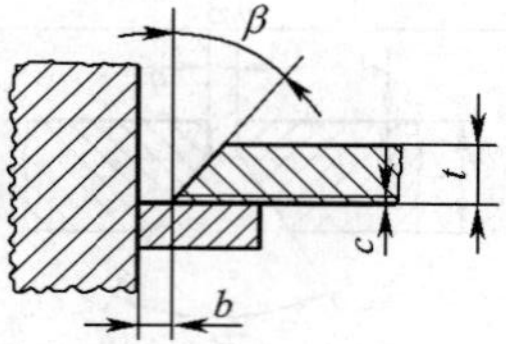 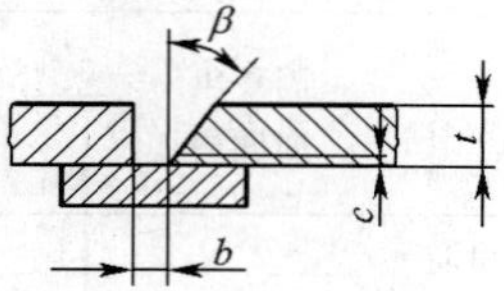	$50° \leqslant \beta \leqslant 70°$	$b \leqslant 6$	$c \leqslant 2$	—	131 141	

续表 1-33

焊缝					坡口形式、尺寸					适用的焊接方法[2]	备注
序号	工件厚度 t	名称	基本符号[1]	焊缝示意图	横断面示意图	坡口角 α 或坡口面角 β	间隙 b	钝边 c	其他尺寸		
8	$2 \leqslant t \leqslant 20$	锁底焊缝	—		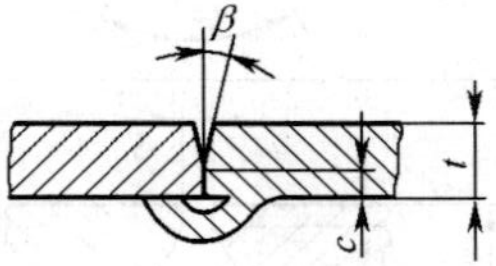	$20° \leqslant \beta \leqslant 40°$	$b \leqslant 3$	$1 \leqslant c \leqslant 3$	—	131 141	
9	$6 \leqslant t \leqslant 40$	锁底焊缝	—	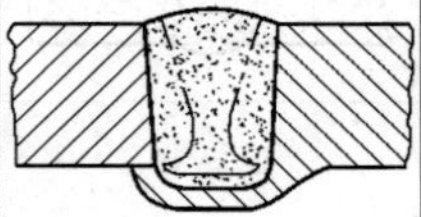	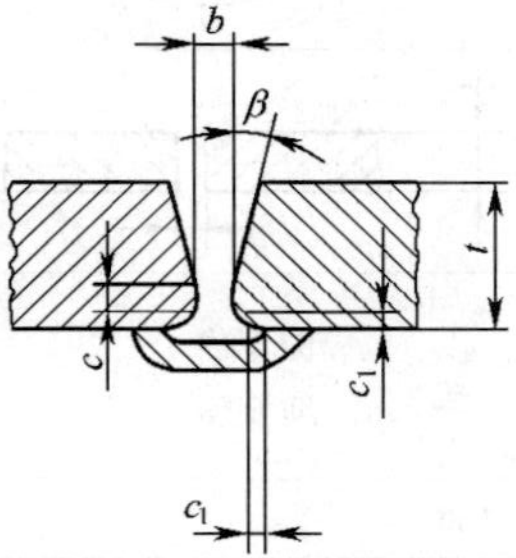	$10° \leqslant \beta \leqslant 20°$	$0 \leqslant b \leqslant 3$	$2 \leqslant c \leqslant 3$	$c_1 \geqslant 1$	131 141	

注：①基本符号参见 GB/T 324—2008；②焊接方法代号参见 GB/T 5185—2005。

铝及铝合金气体保护焊双面对接焊坡口形式、尺寸和焊接方法见表 1-34。

表 1-34　铝及铝合金气体保护焊双面对接焊坡口形式、尺寸和焊接方法　(mm)

序号	工件厚度 t	焊缝 名称	焊缝 基本符号①	焊缝 焊缝示意图	坡口形式、尺寸 横断面示意图	坡口形式、尺寸 坡口角 α 或坡口面角 β	坡口形式、尺寸 间隙 b	坡口形式、尺寸 钝边 c	坡口形式、尺寸 其他尺寸	适用的焊接方法②	备注
1	$6 \leqslant t \leqslant 20$	I形焊缝				—	$b \leqslant 6$	—	—	131 141	
2	$6 \leqslant t \leqslant 15$	带钝边V形焊缝封底				$\alpha \geqslant 50°$	$b \leqslant 3$	$2 \leqslant c \leqslant 4$	—	141 131	
3	$6 \leqslant t \leqslant 15$	双面V形焊缝				$\alpha \geqslant 60°$	$\leqslant 3$	$c \leqslant 2$	—	141	
	$t > 15$					$\alpha \geqslant 70°$		$c \leqslant 2$		131	

续表 1-34

焊缝					坡口形式、尺寸					适用的焊接方法②	备注
序号	工件厚度 t	名称	基本符号①	焊缝示意图	横断面示意图	坡口角 α 或坡口面角 β	间隙 b	钝边 c	其他尺寸		
4	$6 \leqslant t \leqslant 15$	带钝边双面V形焊缝		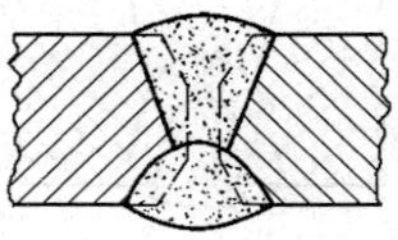	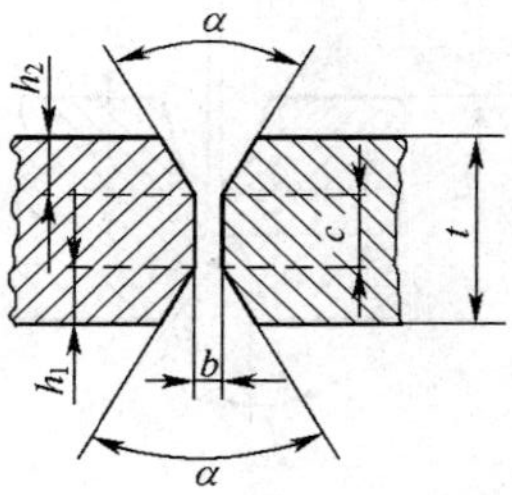	$\alpha \geqslant 50°$	$b \leqslant 3$	$2 \leqslant c \leqslant 4$	$h_1 = h_2$	141	
	$t > 15$					$60° \leqslant \alpha \leqslant 70°$		$2 \leqslant c \leqslant 6$		131	
5	$3 \leqslant t \leqslant 15$	单边V形焊缝封底		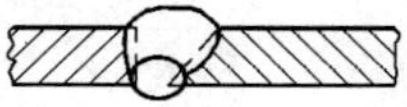	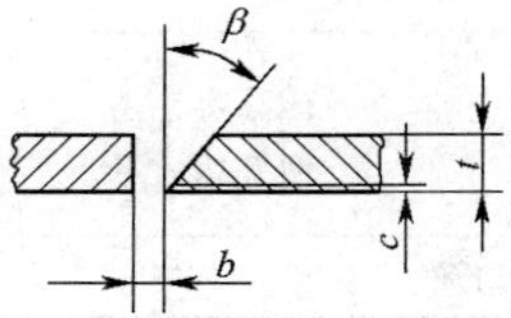	$\beta \geqslant 50°$	$b \leqslant 3$	$c \leqslant 2$	—	141 131	

续表 1-34

序号	工件厚度 t	焊缝			坡口形式、尺寸					适用的焊接方法②	备注
		名称	基本符号①	焊缝示意图	横断面示意图	坡口角 α 或坡口面角 β	间隙 b	钝边 c	其他尺寸		
6	$t\geqslant15$	带钝边双面U形焊缝		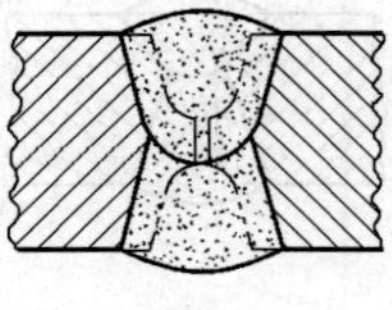	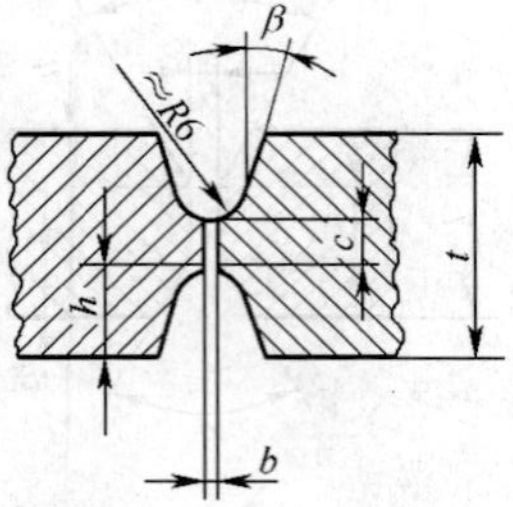	$15^\circ\leqslant\beta\leqslant20^\circ$	$b\leqslant3$	$2\leqslant c\leqslant4$	$h=0.5(t-c)$	131	

注：①基本符合参见 GB/T 324—2008。

②焊接方法代号参见 GB/T 5185—2005。

铝及铝合金气体保护焊 T 型接头坡口形式、尺寸和焊接方法见表 1-35。

表 1-35 铝及铝合金气体保护焊 T 型接头坡口形式、尺寸和焊接方法 （mm）

序号	焊缝				坡口形式及尺寸					适用的焊接方法②	备注
	工件厚度 t	名称	基本符号①	焊缝示意图	横断面示意图	坡口角 α 或坡口面角 β	间隙 b	钝边 c	其他尺寸		
1	—	单面角焊缝				$\alpha=90°$	$b\leqslant2$	—	—	141 131	
2	—	双面角焊缝				$\alpha=90°$	$b\leqslant2$	—	—	141 131	

续表 1-35

序号	工件厚度 t	焊缝			坡口形式及尺寸					适用的焊接方法②	备注
		名称	基本符号①	焊缝示意图	横断面示意图	坡口角 α 或坡口面角 β	间隙 b	钝边 c	其他尺寸		
3	$t_1 \geqslant 5$	单V形焊缝		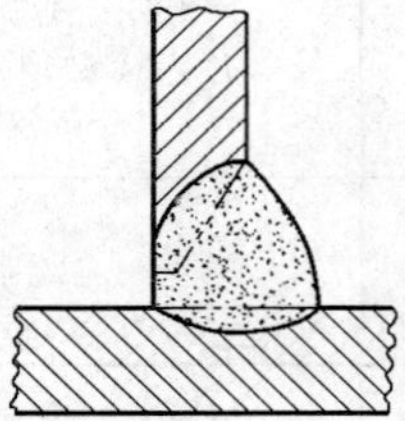	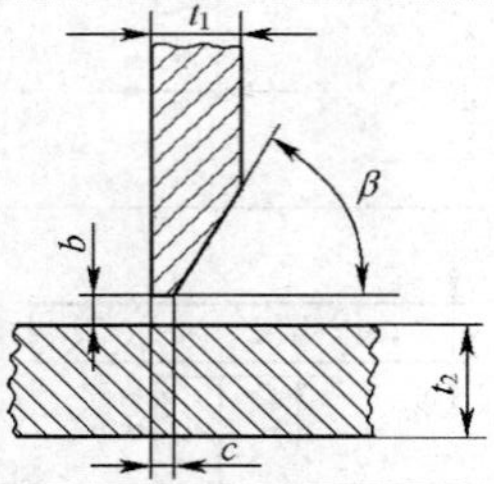	$\beta \geqslant 50^\circ$	$b \leqslant 2$	$c \leqslant 2$	$t_2 \geqslant 5$	141 131	
4	$t_1 \geqslant 8$	双V形焊缝	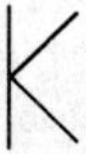	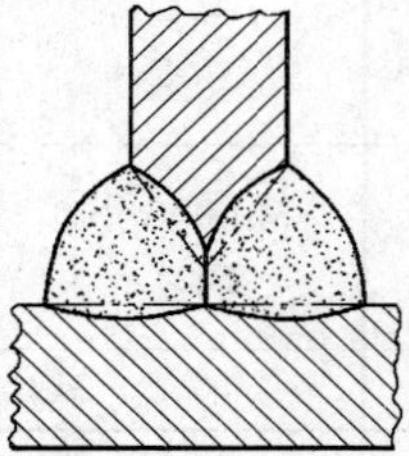	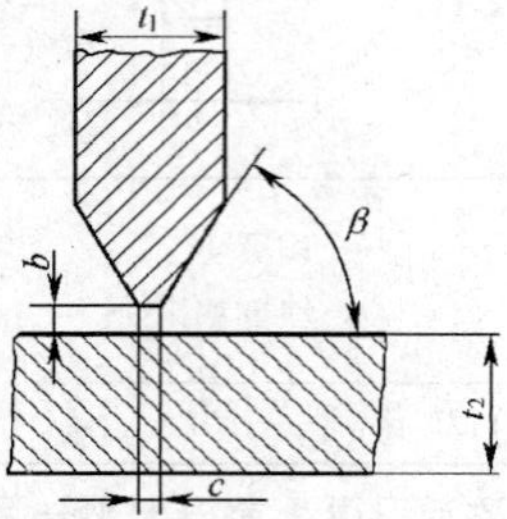	$\beta \geqslant 50^\circ$	$b \leqslant 2$	$c \leqslant 2$	$t_2 \geqslant 8$	141 131	采用双人双面同时焊接工艺时，坡口尺寸可适当调整

注：①基本符号参见 GB/T 324—2008；②焊接方法代号参见 GB/T 5185—2005。

④铜合金焊缝的坡口形式与尺寸。铜合金焊接方法很多，用各种焊接方法焊接不同板厚铜合金所选用的坡口形式与尺寸见表1-36。

表1-36 用各种焊接方法焊接不同板厚铜合金所选用的坡口形式与尺寸

焊接方法 / 板厚及坡口尺寸/mm / 坡口形式	氧乙炔气焊				焊条电弧焊			
	板厚	根部间隙 b	钝边 p	角度 α/(°)	板厚	根部间隙 b	钝边 p	角度 α/(°)
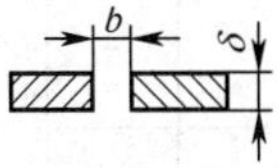 I形坡口（b，δ）	1～3	1.0～1.5	—	—	—	—	—	—
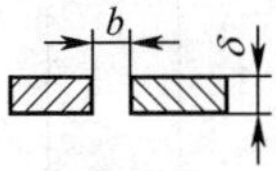 I形坡口（b，δ）	3～6	1～2	—	—	—	—	—	—
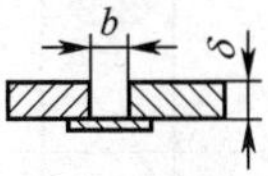 I形坡口带垫板（b，δ）	3～6	3～4	—	—	—	—	—	—
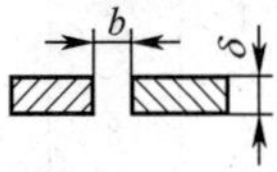 I形坡口（b，δ）	3	0～1.5	—	—	3～4	1	—	—
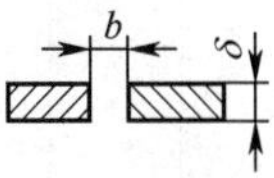 I形坡口（b，δ）	—	—	—	—	6	2.5	—	—
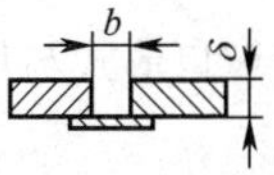 I形坡口带垫板（b，δ）	—	—	—	—	—	—	—	—
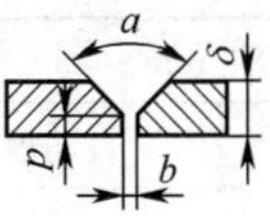 V形坡口（α，b，p，δ）	5～10	1～3	1.5～3.0	60～80	5～10	0～2	1～3	60～70
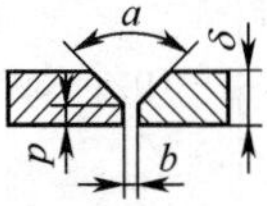 V形坡口（α，b，p，δ）	10～15	2～3	1.5～3.0	60～80	—	—	—	—

续表 1-36

	氧乙炔气焊				焊条电弧焊			
	板厚	根部间隙 b	钝边 p	角度 α/(°)	板厚	根部间隙 b	钝边 p	角度 α/(°)
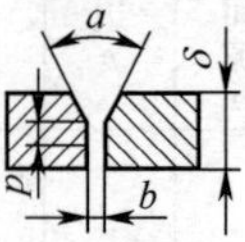	15～25	2～3	1～3	60～80	10～20	0～2	1.5～2	60～80
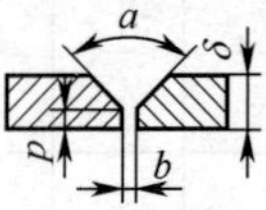	6	0～1.5	1.5	70～80	8～10	1～2	2.5～3.0	60～70
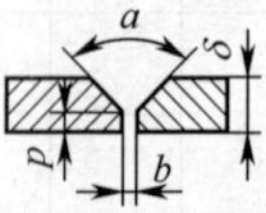	12～18	0～1.5	1.5～3.0	80～90	12	1～2	2～3	70～80
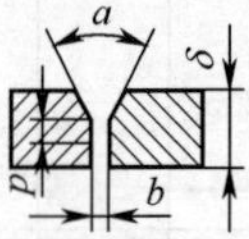	>24	0～1.5	1.5～3.0	80～90	—	—	—	—

⑤钛及钛合金坡口形式与尺寸。钛及钛合金焊接坡口形式与尺寸见表 1-37。

表 1-37　钛及钛合金焊接坡口形式与尺寸

名　称	接头形式	母材厚度 δ/mm	间隙/mm	
			手工焊	自动焊
无坡口对接	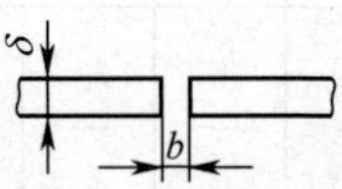	≤1.5	$b=(0\%\sim30\%)\delta$	$b=(0\%\sim30\%)\delta$
		1.6～2.0	$b=0\sim0.5$	

续表 1-37

名　称	接头形式	母材厚度 δ/mm	间隙/mm	
			手工焊	自动焊
单面V形坡口对接	50°～90°, δ, P, b	2.5～6.0	$b=0\sim0.5$ $P=0.5\sim1.0$	$P=1\sim2$ $b=0$
X形坡口	50°～90°, δ, P, b, 50°～90°	6～38	$b=0\sim0.5$ $P=0.5\sim1.0$	$b=0\sim0.5$ $P=1\sim2$
卷边接	2δ, δ, R, a	<1.2	$a=(1.0\sim2.5)\delta$ R 按图样	—
T形焊	δ, b	≥0.5	b:贴合良好，局部允许 1δ	—
无坡口角接	b, δ	≤1.5	$b=(0\%\sim30\%)\delta$	
		1.6～2.0	$b=0\sim0.5$	
V形坡口角接	50°～90°, P, δ, b	2.0～3.0	$b=0\sim0.5$ $P=0.5\sim1.0$	—
搭接	δ, b	0.5～1.5 1.6～3.0	$b=0\sim0.3$ $b=0\sim0.5$	—

⑥其他坡口形式及尺寸。

a. 管子的坡口形式与尺寸见表 1-38。

表 1-38 管子的坡口形式与尺寸

管壁厚度/mm	≤2.5	≤6	6～10	10～15
坡口形式	—	V形	V形	V形
坡口角度	—	60°～90°	60°～90°	60°～90°
钝边/mm	—	0.5～1.5	1～2	2～3
间隙/mm	1.0～1.5	1～2	2.0～2.5	2～3

注：采用右焊法时坡口角度为 60°～70°。

b. 不同厚度钢板的对接焊缝坡口形式与尺寸如图 1-43 所示。不同厚度的钢板对接接头的两板厚度差($\delta-\delta_1$)不超过表 1-39 规定时，则焊缝坡口的基本形式与尺寸按较厚板的尺寸数据来选取；否则，应在厚板上作出如图 1-43 所示的单面或双面削薄，其削薄长度 $L\geqslant3(\delta-\delta_1)$。

表 1-39 不同厚度钢板的对接接头两板允许厚度差 (mm)

较薄板的厚度 δ_1	2～5	>5～9	>9～12	>12
允许厚度差($\delta-\delta_1$)	1	2	3	4

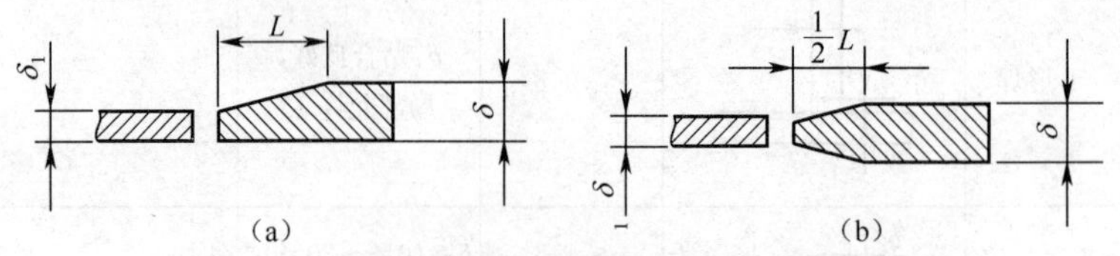

图 1-43 不同厚度钢板的对接焊缝坡口形式与尺寸

c. 不锈钢管-板焊缝坡口的形式和尺寸见表 1-40。

d. 压力容器焊接坡口形式和尺寸见表 1-41。

e. 蒸汽锅炉锅筒的对接焊缝坡口形式和尺寸见表 1-42。

6. 坡口的加工

①剪切。I形接头的较薄钢板，可用剪切机剪切。

②刨削和车削除能加工 I 形外，对 V 形、X 形和 U 形的坡口，也可采用刨床或刨边机对钢板边缘进行刨削。圆形工件或管子开坡口，可以采用车床或管子坡口机、电动车管机等对其边缘进行车削。

表 1-40 不锈钢管-板焊缝坡口的形式和尺寸

序号	坡口形式	焊接方法	尺寸/mm				
			d	δ	H	h	K
1	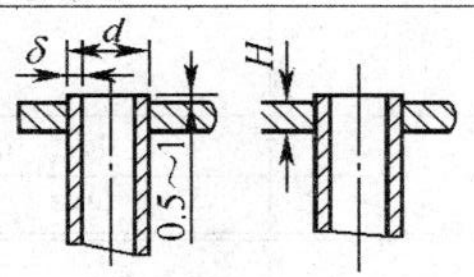	焊条电弧焊	≥14	2～3	≥0.8δ	—	—
		钨极氩弧焊	≥6	1～2	≥0.8δ	—	—
2	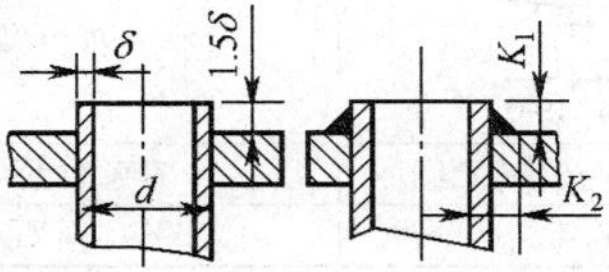	焊条电弧焊	≥25	≥2.5	—	—	$K_1 \approx \delta$ $K_2 \approx \delta+2$
		加焊丝钨极氩弧焊	≥19	≥1.5	—	—	
3	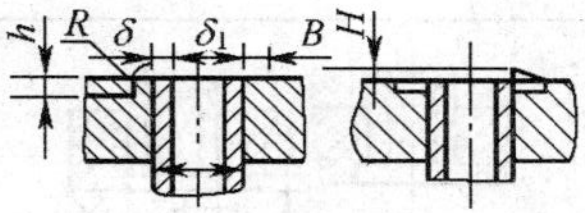	钨极氩弧焊	≥8	1～2.5 ($\delta_1=\delta$)且≤2	≥0.8δ	≥1.5δ ($B \approx 1.25\delta$; $R=B/3$)	—
4	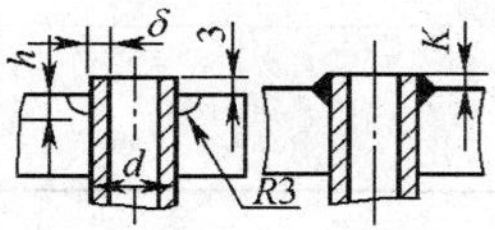	焊条电弧焊或钨极氩弧焊	≥16	2～3	—	2	≥1.5

续表 1-40

序号	坡口形式	焊接方法	尺寸/mm				
			d	δ	H	h	K
5	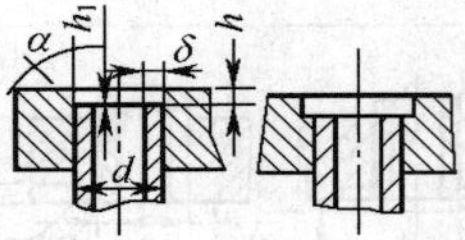	焊条电弧焊（不胀管）	≥32	2.5～4.0	—	δ+0.5（$h_1=\delta$）	$\alpha=35°\sim45°$

表 1-41　压力容器焊接坡口形式和尺寸

壁厚/mm	1.0	3.0～5.0		
焊接方法	微束等离子弧焊接	等离子弧焊接	钨极氩弧焊接	真空电子束焊接
坡口形式及尺寸/mm	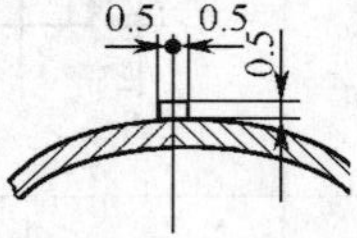	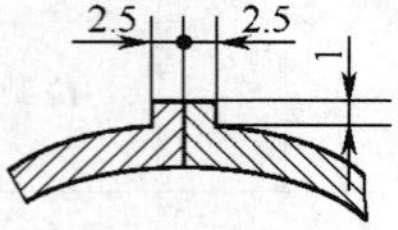	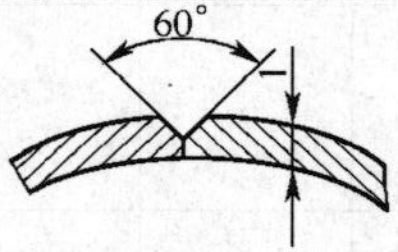	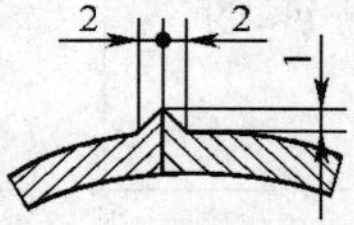

壁厚/mm	5.1～10.0	
焊接方法	等离子弧焊接	真空电子束焊接
坡口形式及尺寸/mm	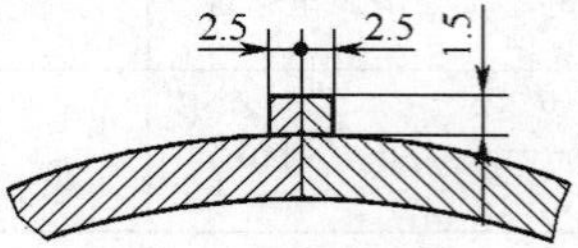	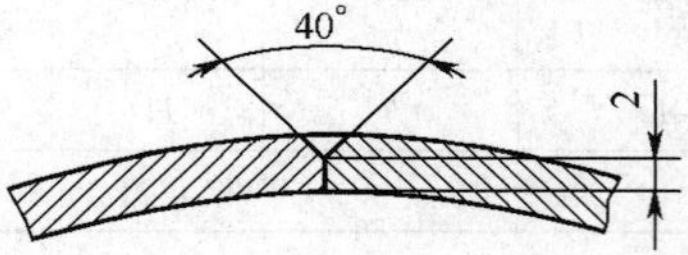

表 1-42 锅筒的对接焊缝坡口形式和尺寸

纵缝	厚度相同时	对缝的边缘偏差(错边)应≤0.1δ,且≤3mm
	厚度差超过厚板的0.1δ 或>3mm 时	将板厚两边均匀地削薄 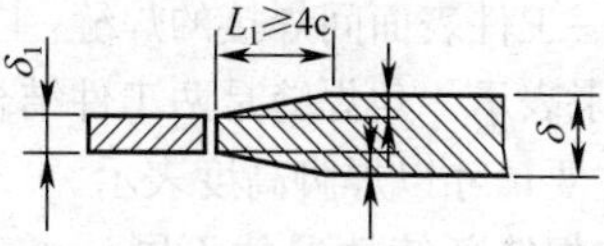 $L_1 \geqslant 4c$ δ_1 δ
环缝	厚度相同时	对缝的边缘偏差应≤0.1δ+1mm,且≤4mm
	厚度差超过 0.1δ+1mm,或>4mm 时	厚板边缘削薄 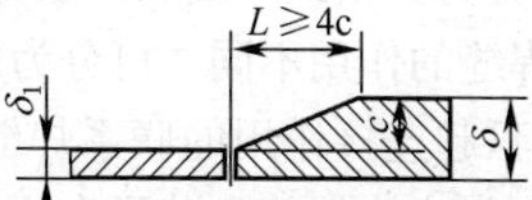 $L \geqslant 4c$ δ_1 c δ

注:工作压力≥100MPa 的锅炉,其锅筒或集箱与管子进行角焊缝连接时,必须在管端或锅筒、集箱上开坡口。

③铲削或磨削。可用手工或风动工具,如风铲铲削或使用砂轮机(或角向磨光机)磨削加工坡口,此法效率低,多用于缺陷返修时开坡口。

④气割。这是应用较广的坡口加工方法,能加工I形、V形和X形等类型坡口,手工气割工件的尺寸和形状精度较差,表面粗糙,应尽量采用半自动或自动化切割方法。

⑤等离子弧切割。用于一般气割方法不能加工的材料,如不锈钢、非铁金属及其合金等。

⑥碳弧气刨。用碳弧气刨枪加工坡口或挑焊根,比用风铲劳动条件好,效率高,缺点是要用直流弧焊电源,刨割时烟雾大。

1.3.4 焊缝与焊接符号及图样上的表示方法

焊缝是指焊后工件中所形成的结合部分。组成焊缝的金属即焊缝金属,焊缝的形状和质量将直接影响焊接构件和结构的性能。因此,焊接工作者应当了解焊缝的类型及其在工程图样上的表示符号。

1. 焊缝类型

(1)按焊缝在空间位置的不同 可分为平焊缝、立焊缝、横焊缝和仰焊缝 4 种形式。

(2)按焊缝结合形式不同　可分为对接焊缝和角接焊缝两大类。对接焊缝是构成对接接头的焊缝，是在工件的坡口面间或一工件的坡口面与另一工件表面间焊接的焊缝，主要尺寸以焊缝高度、焊缝宽度和熔池深度来表示。角焊缝是两工件结合面构成直角或接近直角所焊接的焊缝，主要尺寸以焊脚高度表示。

(3)按焊缝断续情况的不同　可分为连续焊缝和断续焊缝两种。断续焊缝只适用于对强度要求不高，以及不需要密闭的焊接结构。断续焊缝又可分为交错式焊缝和链状焊缝两种。

(4)按焊缝的作用不同　可分为用作承受载荷的承载焊缝，不直接承受载荷而只起连接作用的联系焊缝，主要用于防止流体渗漏的密封焊缝，以及在正式施焊前为装配和固定工件上接头的位置而焊接的长度较短的定位焊缝等。

(5)按焊缝的形状与在接头处的位置不同　可分为构成端接接头的端接焊缝；在工件卷边处施焊的卷边焊缝；两板件相叠，其中一块开有圆孔，然后在圆孔中焊接所形成的塞焊焊缝；沿球形或圆筒形工件环向分布的头尾相接的环形焊缝；以及焊缝表面经修磨后与母材表面齐平的削平焊缝等。

2. 焊缝符号与焊接及相关工艺方法代号

焊缝符号与焊接及相关工艺方法代号是供焊接结构图样上使用的统一符号或代号，也是一种工程语言。我国的焊缝符号和焊接方法代号执行国标 GB/T 324—2008《焊缝符号表示方法》和 GB/T 5185—2005《焊接及相关工艺方法代号》规定。

(1)焊缝符号　国标 GB/T 324—2008《焊缝符号表示方法》规定的焊缝符号适用于金属熔焊和电阻焊。标准规定，图样上的焊缝一般采用焊缝符号表示，但也可以采用技术制图方法表示。

完整的焊缝符号包括基本符号、指引线、补充符号、尺寸符号及数据等。为了简化在图样上标注焊缝，通常只采用基本符号和指引线，其他内容一般在有关的文件中(如焊接工艺规程等)明确。

①基本符号。基本符号表示焊缝横断面的基本形式或特征，焊接图形基本符号见表 1-43。

表 1-43 焊接图形基本符号(GB/T 324—2008)

序号	名称	图示	符号
1	卷边焊缝(卷边完全熔化)		 八
2	I形焊缝		‖
3	V形焊缝		 V
4	单边V形焊缝		 V
5	带钝边V形焊缝		 Y
6	带钝边单边V形焊缝		 Y
7	带钝边U形焊缝		 Y
8	带钝边J形焊缝	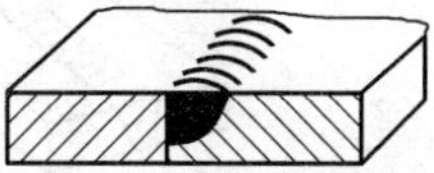	 Y
9	封底焊缝	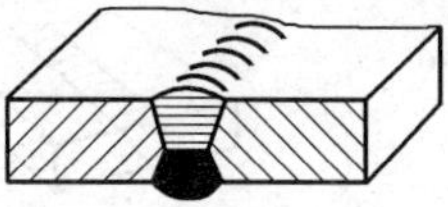	◡
10	角焊缝	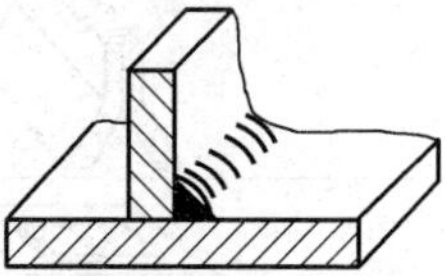	 ◺

续表 1-43

序号	名称	图　示	符号
11	塞焊缝或槽焊缝	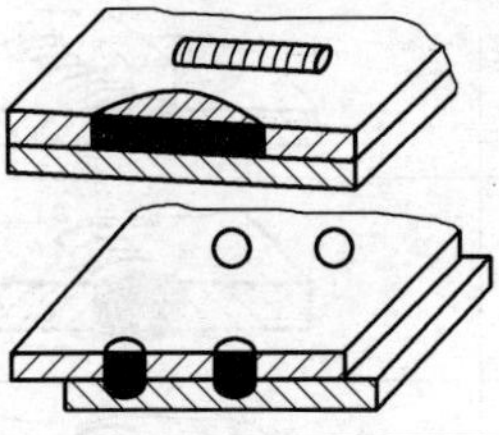	
12	点焊焊缝	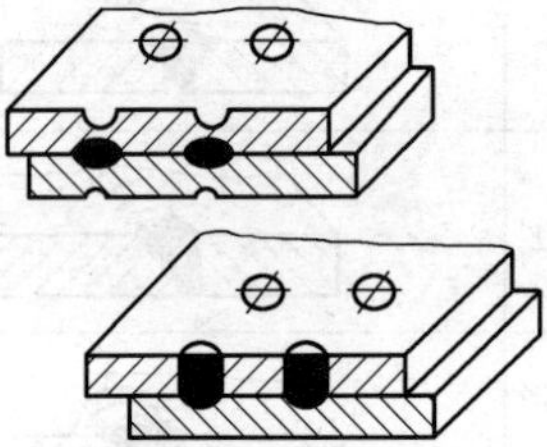	
13	缝焊焊缝	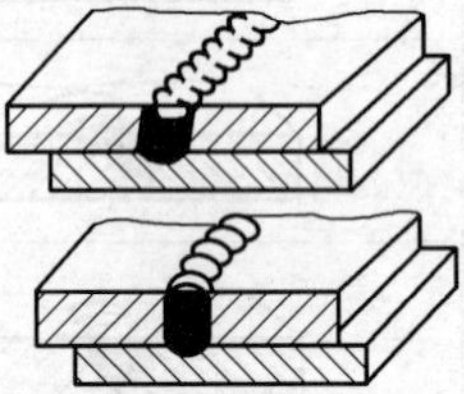	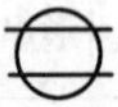
14	陡边V形焊缝	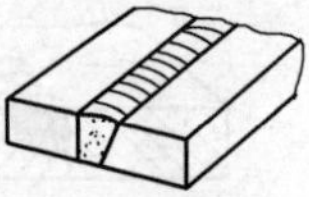	
15	陡边单V形焊缝	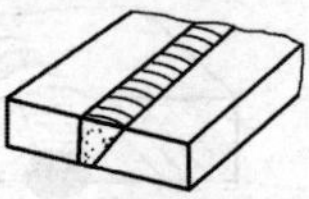	
16	端焊缝		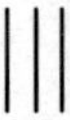
17	堆焊缝		

续表 1-43

序号	名称	图 示	符号
18	平面连接(钎焊)	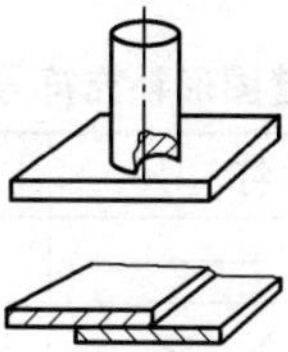	
19	斜面连接(钎焊)	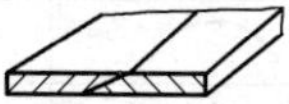	
20	折叠连接(钎焊)		

②基本符号的组合。标注双面焊焊缝或接头时,基本符号可以组合使用,基本符号组合见表 1-44。

表 1-44 基本符号组合(GB/T 324—2008)

1	双V形焊缝(X焊缝)	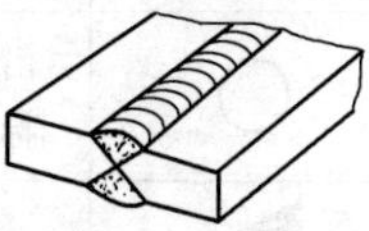	
2	双面单V形焊缝(K焊缝)	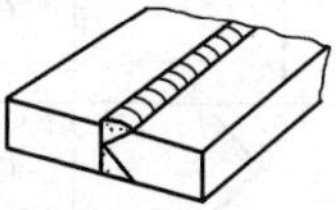	
3	带钝边的双面V形焊缝	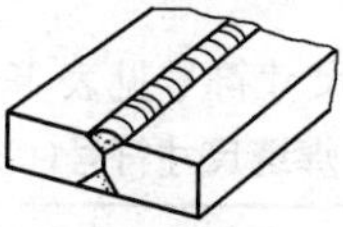	
4	带钝边的双面单V形焊缝	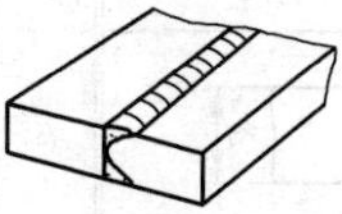	
5	双面U形焊缝	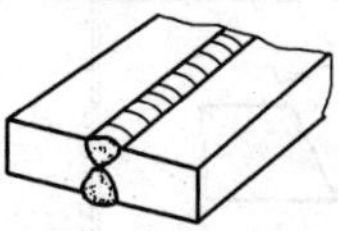	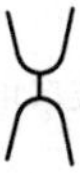

③补充符号。补充符号用来补充说明有关焊缝或接头的某些特征，如表面形状、补垫、焊缝分布、施焊地点等。焊缝图形补充符号见表1-45。

表 1-45　焊缝图形补充符号(GB/T 324—2008)

序号	名　称	符　号	说　　明
1	平面		焊缝表面通常经过加工后平整
2	凹面		焊缝表面凹陷
3	凸面		焊缝表面凸起
4	圆滑过渡		焊趾处过渡圆滑
5	永久衬垫	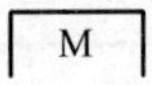 M	衬垫永久保留
6	临时衬垫	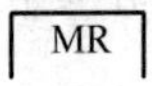 MR	衬垫在焊接完成后拆除
7	三面焊缝	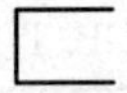	三面带有焊缝
8	周围焊缝		沿着工件周边旋焊的焊缝； 标注位置为基准线与箭头线的交点处
9	现场焊缝		在现场焊接的焊缝
10	尾部		可以表示所需的信息

④尺寸符号。焊缝尺寸符号见表1-46。

表 1-46　焊缝尺寸符号(GB/T 324—2008)

符号	名称	图　示	符号	名称	图　示
δ	工件厚度	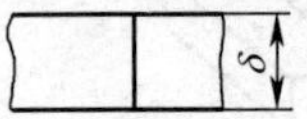 δ	b	根部间隙	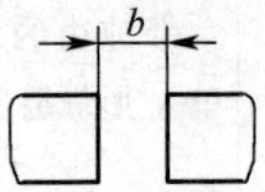 b
α	坡口角度	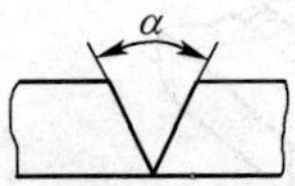 α	P	钝边	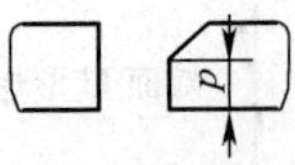 P

续表 1-46

符号	名称	图示	符号	名称	图示
c	焊缝宽度	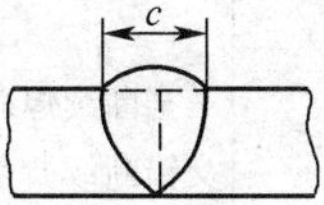 c	d	熔核直径	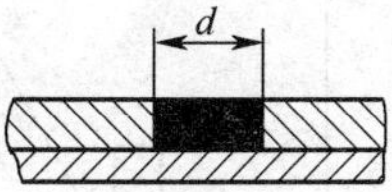 d
R	根部半径	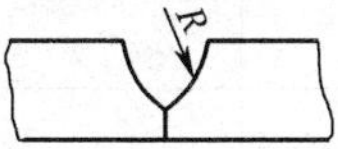 R	S	焊缝有效厚度	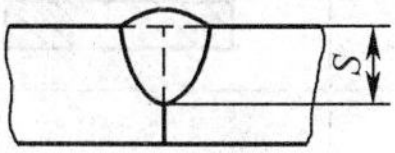 S
l	焊缝长度	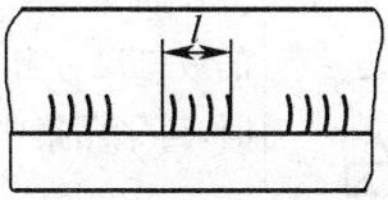 l	N	相同焊缝数量符号	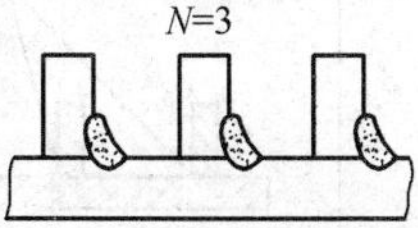 N=3
n	焊缝段数	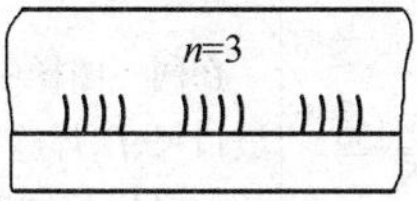 n=3	H	坡口深度	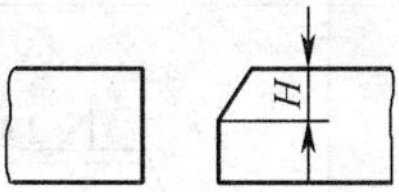 H
e	焊缝间距	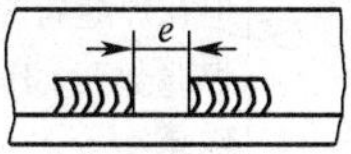 e	h	余高	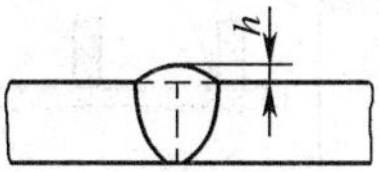 h
K	焊脚尺寸	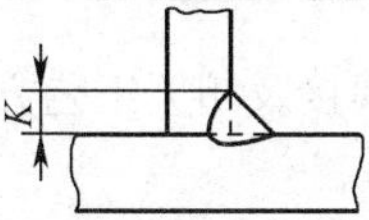 K	β	坡口面角度	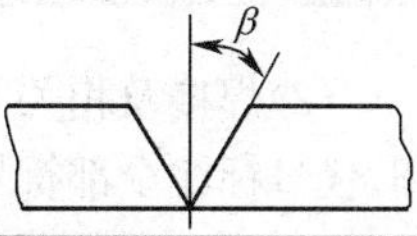 β

⑤焊缝符号的简化标注方法见表 1-47。

表 1-47 焊缝符号的简化标注方法(GB/T 12212—2012)

序号	示意图	说明
1	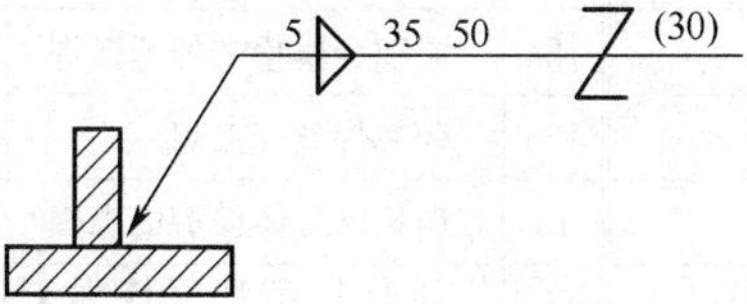 5 35 50 (30)	标注交错对称焊缝的尺寸时，允许在基准线上只标注一次

续表 1-47

序号	示　意　图	说　　明
2	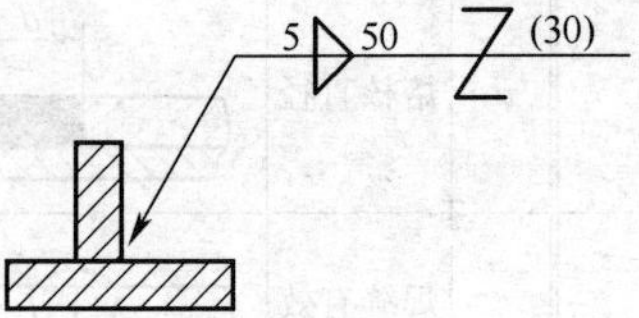	当断续焊缝、对称断续焊缝和交错断续焊缝的段数无严格要求时，允许省略焊缝段数
3	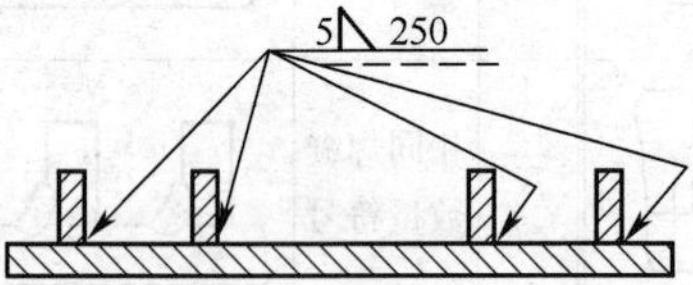	在同一图样中，当若干条焊缝的坡口尺寸和焊缝符号均相同时，可采用集中标注法
4	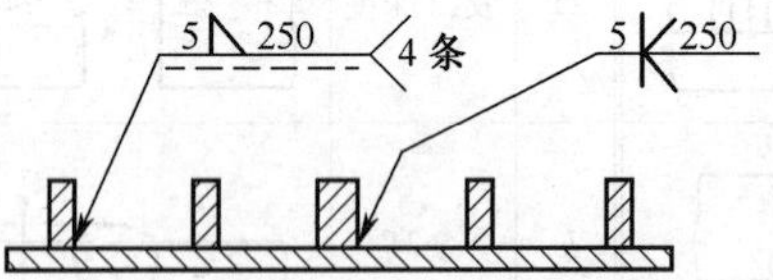	在同一图样中，若干条焊缝的坡口尺寸、焊缝符号和在接头中的位置均相同时，可标注一处，但在焊缝符号的尾部加注相同焊缝数量；其他焊缝仍需分别标注

(2)焊接及相关工艺方法代号　焊接及相关工艺方法代号见表 1-48，代号标注全部符号。

表 1-48　焊接及相关工艺方法代号(GB/T 5185—2005)

代号	焊 接 方 法	代号	焊 接 方 法
1	电弧焊	121	单丝埋弧焊
101	金属电弧焊	121	带极埋弧焊
11	无气体保护电弧焊	123	多丝埋弧焊
111	焊条电弧焊	124	添加金属粉末的埋弧焊
112	重力焊	125	药芯焊丝埋弧焊
114	自保护药芯焊丝电弧焊	13	熔化极气体保护电弧焊
12	埋弧焊	131	熔化极惰性气体保护电弧焊(MIG)

续表 1-48

代号	焊接方法
135	熔化极非惰性气体保护电弧焊(MAG)
156	非惰性气体保护的药芯焊丝电弧焊
137	惰性气体保护的药芯焊丝电弧焊
14	非熔化极气体保护电弧焊
141	钨极惰性气体保护电弧焊(TIG)
15	等离子弧焊
151	等离子弧 MIG 焊
152	等离子弧粉末堆焊
18	其他电弧焊接法
185	磁激弧对焊
2	电阻焊
21	点焊
211	单面点焊
212	双面点焊
22	缝焊
221	搭接缝焊
222	压平缝焊
225	薄膜对接缝焊
226	加带缝焊
23	凸焊
231	单面凸焊
232	双面凸焊
24	闪光焊
241	预热闪光焊
242	无预热闪光焊
25	电阻对焊
29	其他电阻焊方法
291	高频电阻焊
3	气焊
31	氧燃气焊
311	氧乙炔焊
312	氧丙烷焊
313	氢氧焊
4	压焊
41	超声波焊
42	摩擦焊
44	高机械能焊
45	扩散焊
47	气压焊
48	冷压焊
5	高能束焊
51	电子束焊
511	真空电子束焊
512	非真空电子束焊
52	激光焊
521	固体激光焊
522	气体激光焊
7	其他焊接方法
71	铝热焊
72	电渣焊
73	气电立焊

续表 1-48

代号	焊接方法	代号	焊接方法
74	感应焊	9	硬钎焊、软钎焊及钎接焊
741	感应对焊	91	硬钎焊
742	感应缝焊	911	红外线硬钎焊
75	光辐射焊	912	火焰硬钎焊
753	红外线焊	913	炉中硬钎焊
77	冲击电阻焊	914	浸渍硬钎焊
78	螺柱焊	915	盐浴硬钎焊
782	电阻螺柱焊	916	感应硬钎焊
783	带瓷箍或保护气体的电弧螺柱焊	918	电阻硬钎焊
784	短路电弧螺柱焊	919	扩散硬钎焊
785	电容放电螺柱焊	924	真空硬钎焊
786	带点火嘴的电容放电螺柱焊	93	其他硬钎焊
787	带易熔颈箍的电弧螺柱焊	94	软钎焊
788	摩擦螺柱焊	941	红外线软钎焊
8	切割与气割	942	火焰软钎焊
81	火焰气割	943	炉中软钎焊
82	电弧切割	944	浸渍软钎焊
821	空气电弧切割	945	盐浴软钎焊
822	氧电弧切割	946	感应软钎焊
83	等离子弧切割	947	超声波软钎焊
84	激光切割	948	电阻软钎焊
86	火焰气刨	949	扩散软钎焊
87	电弧气刨	951	波峰软钎焊
871	空气电弧气刨	952	烙铁软钎焊
872	氧电弧气刨	954	真空软钎焊
88	等离子气刨	956	拖焊

续表 1-48

代号	焊接方法	代号	焊接方法
96	其他软钎焊	971	气体钎接焊
97	钎焊接	972	电弧钎接焊

注:有些旧的焊接方法仍可能用于特殊场合,请参考旧标准 GB/T 5185—1985。

3. 焊缝在图样上的表示方法

(1)焊缝的图示法 国标 GB12212—2012《技术制图 焊接符号的尺寸、比例及简化表示法》规定:在图样中简易地绘制焊缝时,可用视图、剖视图或断面图表示,也可用轴测图示意地表示。

焊缝视图的画法如图 1-44a、b 所示,图中表示焊缝的一系列细实线允许徒手绘制,也可用粗线表示焊缝,如图 1-43c 所示。但在同一图样中,只允许采用一种画法。

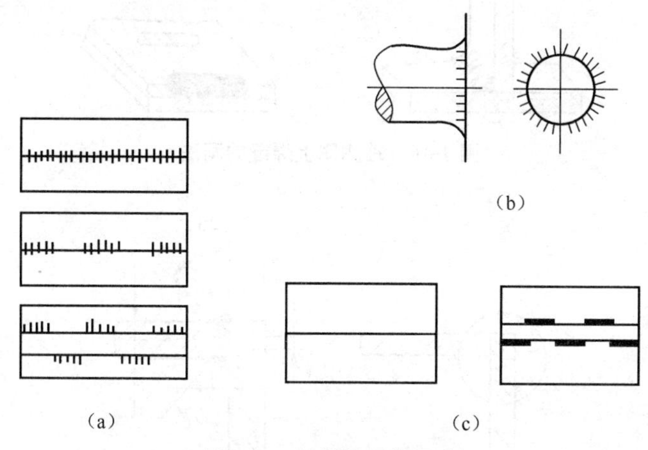

图 1-44 焊缝视图的画法

(a)用细实线表示焊缝 (b)用细实线表示的环形焊缝 (c)用粗实线表示焊缝

焊缝端面视图、剖视图和断面图的画法如图 1-45 所示。焊缝端面视图中,通常用粗实线绘出焊缝轮廓,必要时可用细实线同时画出坡口形状等,如图 1-45a 所示。在剖视图或断面图上,通常将焊缝区涂黑,如图 1-45b 所示。若同时需要表示坡口等的形状,可按图 1-45c 所示绘制。

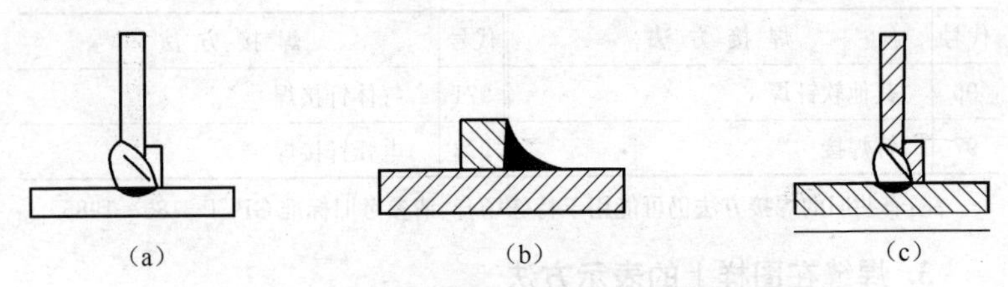

图 1-45　焊缝端面视图、剖视图和断面图的画法

(a)焊缝端面视图画法　(b)焊缝剖视图画法　(c)焊缝断面图画法

可用轴测图表示焊缝，轴测图上焊缝的画法如图 1-46 所示。必要时可将焊缝部位放大并标注焊缝尺寸符号或数字，焊缝的局部放大图如图 1-47 所示。

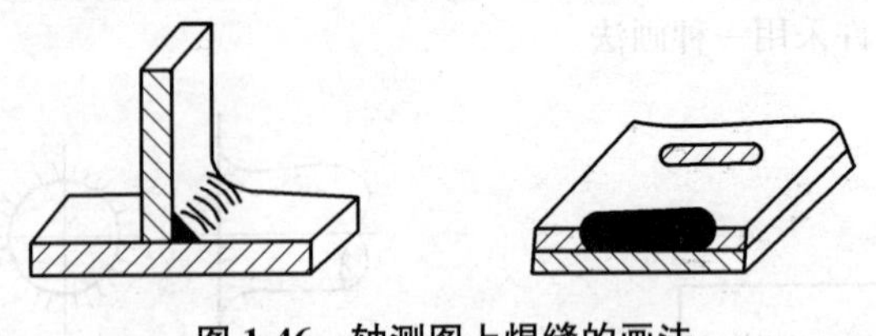

图 1-46　轴测图上焊缝的画法

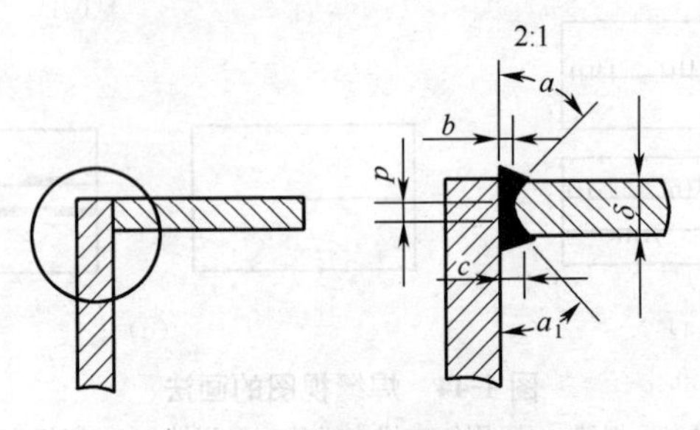

图 1-47　焊缝的局部放大图

(2)焊缝符号在图上的位置　完整的焊缝表示方法除了上述基本符号、辅助符号、补充符号外，还包括指引线、一些尺寸符号及数据。

指引线一般由带有箭头的指引线(简称箭头线)和两条基准线(一

条为实线，另一条为虚线）两部分组成，指引线如图 1-48 所示。

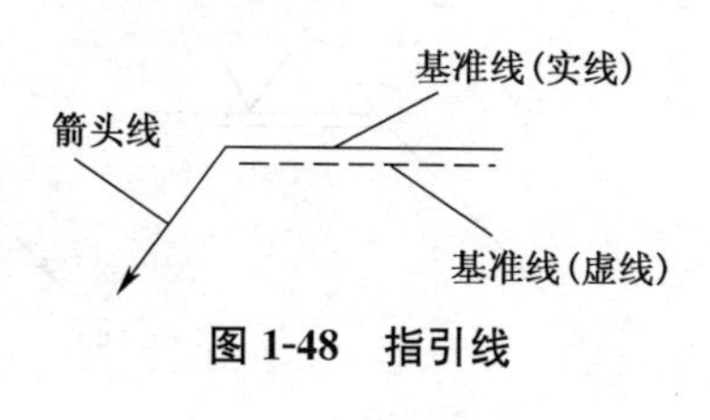

图 1-48　指引线

标注箭头线时，可指向接头焊缝或不指向焊缝，接头的“箭头侧”及“非箭头侧”示例如图 1-49 所示。

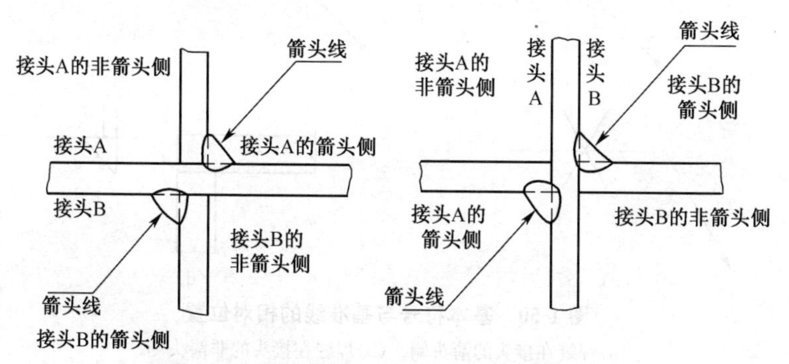

图 1-49　接头的“箭头侧”及“非箭头侧”示例

箭头线相对焊缝的位置一般没有特殊要求，但是在标注 V 形、单边 V 形、T 形等形状焊缝时，箭头应指向带有坡口一侧的工件。必要时允许箭头线弯折一次，基准线的虚线可以画在基准线的实线上侧或下侧，基准线一般应与图样的底边相平行，但在特殊情况下也可与底边相垂直。实线和虚线的位置可根据需要互换。若焊缝在接头的箭头侧，则基本符号应标在基准线的实线侧，如图 1-50a 所示。如果焊缝在接头的非箭头侧，则将基本符号标在基准线的虚线侧，如图 1-50b 所示。标注对称焊缝及双面焊缝时，不加虚线如图 1-50c、d 所示，必要时基本符号可附带有尺寸符号及数据。

(3)焊缝尺寸和数据的标注原则　如图 1-51 所示。

①焊缝横断面上的尺寸应标注在基本符号的左侧。

②焊缝长度方向的尺寸应标注在基本符号的右侧。

③坡口角度、坡口面角度、根部间隙等尺寸应标注在基本符号的上侧或下侧。

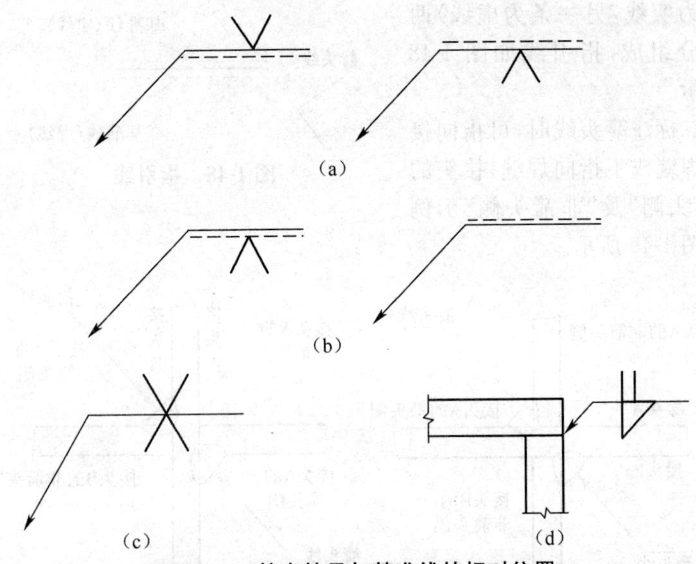

图 1-50　基本符号与基准线的相对位置

(a)焊缝在接头的箭头侧　(b)焊缝在接头的非箭头侧

(c)对称焊缝　(d)双面焊缝

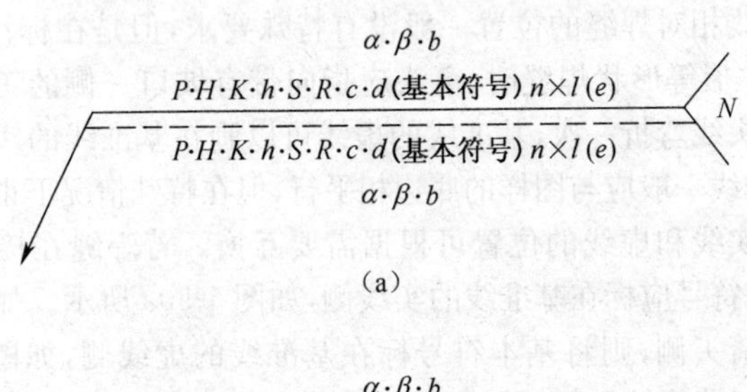

(a)

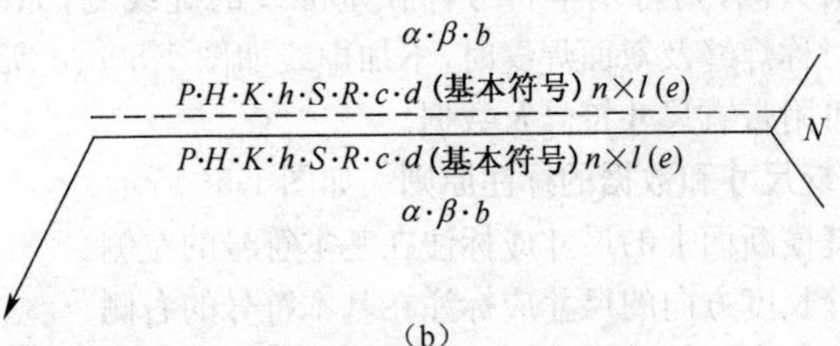

(b)

图 1-51　焊缝尺寸和数据的标注原则

④相同焊缝数量符号应标注在尾部。

⑤当需要标注的尺寸数据较多又不易分辨时，可在数据前面增加相应的尺寸符号。

(4)焊缝符号的尺寸和比例 国标 GB12212—2012 中规定：在图样中用作焊缝符号的字体和图线应符合 GB/T 14691—1993《技术制图 字体》和 GB/T 4457.4—2002《机械制图 图样画法 图线》的规定；在任意一图样中，焊缝图线符号的线宽、焊缝符号中字体的字形、字高和字体笔画宽度等应与图样中其他符号的线宽、尺寸字体的字形、字高和字体笔画宽度等相同，并且还规定了焊缝图线符号在基准线上的位置和比例关系。

(5)焊缝符号的应用示例

①基本符号的应用示例见表 1-49。

表 1-49 基本符号的应用示例

序号	符号	示意图	标注示例
1		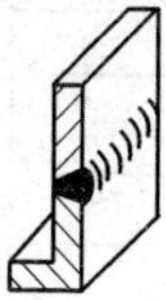	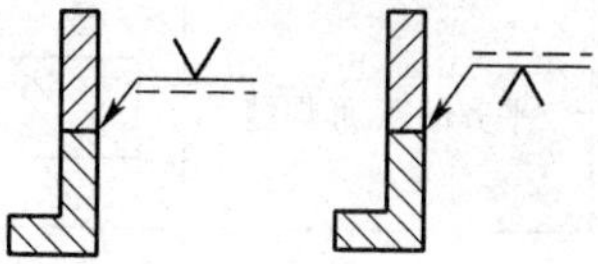
2		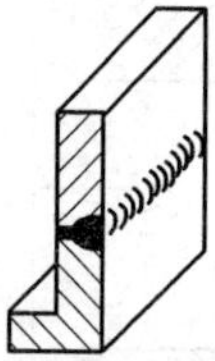	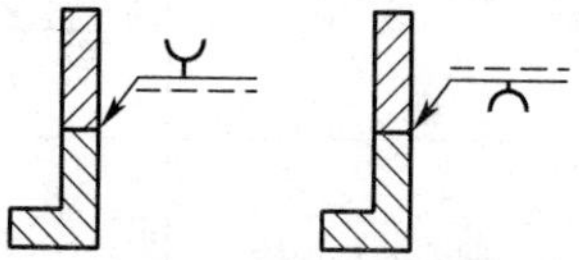
3		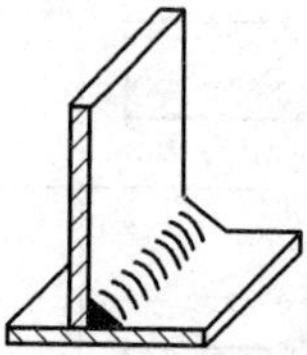	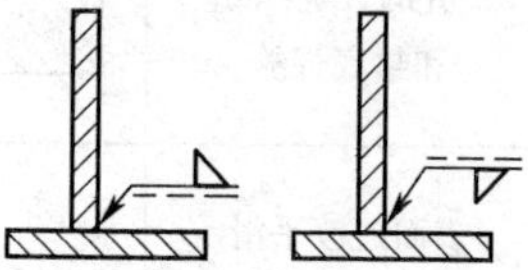

续表 1-49

序号	符号	示意图	标注示例
4			
5			

②补充符号应用示例见表 1-50。

表 1-50　补充符号应用示例

序号	名称	示意图	符号
1	平齐的 V 形焊缝		
2	凸起的双面 V 形焊缝		
3	凹陷的角焊缝		
4	平齐的 V 形焊缝和封底焊缝		
5	表面过渡平滑的角焊缝		

③补充符号的标注示例见表 1-51。

表 1-51 补充符号的标注示例

序号	符号	示意图	标注示例
1		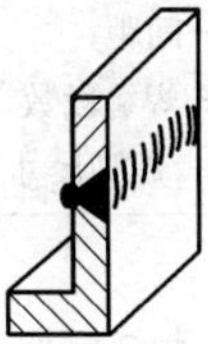	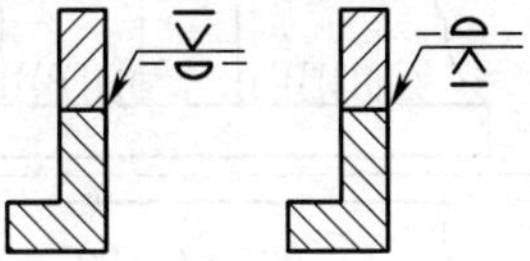
2		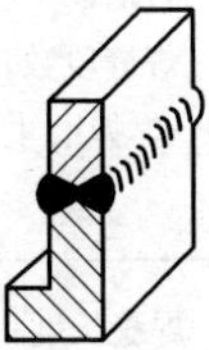	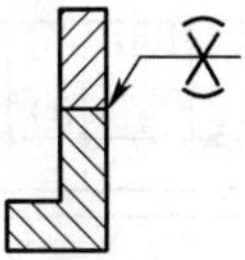
3		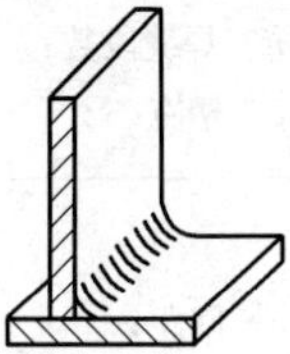	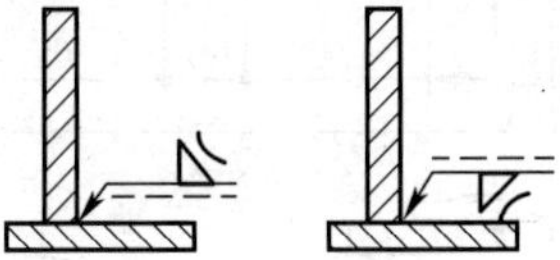

④尺寸标注的示例见表 1-52。

表 1-52 尺寸标注的示例

序号	名称	示意图	尺寸符号	标注方法
1	对接焊缝	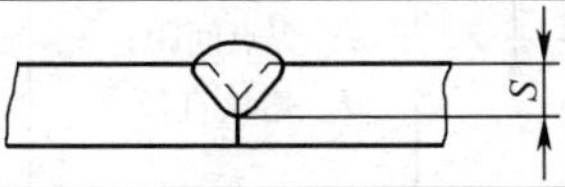 S	S—焊缝有效厚度	 S
2	连续角焊缝	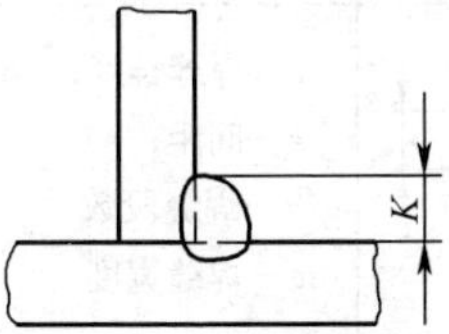 K	K—焊脚尺寸	 K

续表 1-52

序号	名称	示意图	尺寸符号	标注方法
3	断续角焊缝	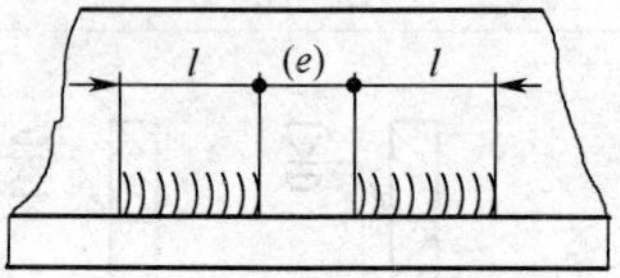	l—焊缝长度； e—间距； n—焊缝段数； K—焊脚尺寸	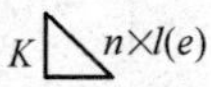 K ◺ $n \times l(e)$
4	交错连续角焊缝	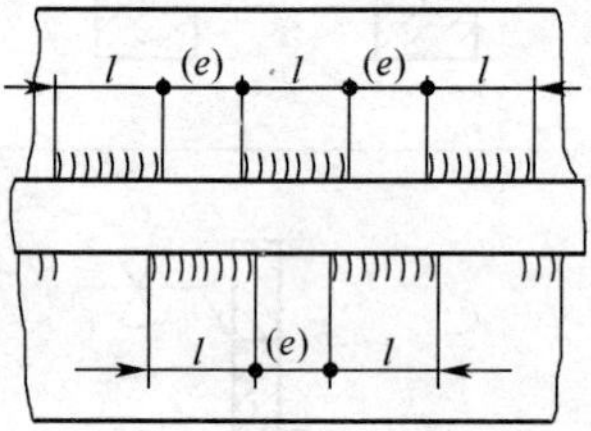	l—焊缝长度； e—间距； n—焊缝段数； K—焊脚尺寸	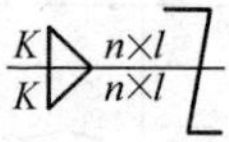 K $n \times l$ / K $n \times l$
5	塞焊缝或槽焊缝	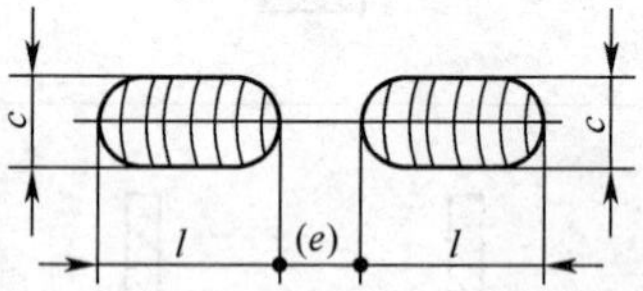	l—焊缝长度； e—间距； n—焊缝段数； c—槽宽	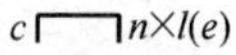 c ⊓ $n \times l(e)$
		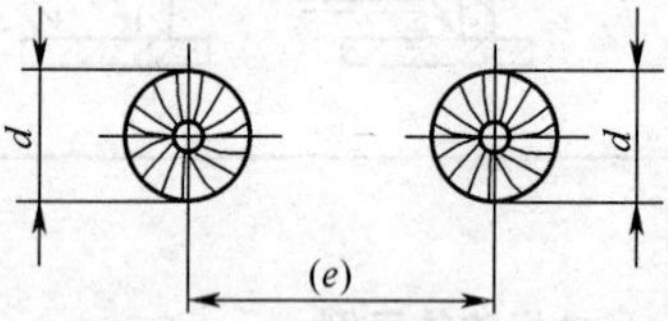	e—间距； n—焊缝段数； d—孔径	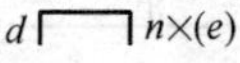 d ⊓ $n \times (e)$
6	点焊焊缝	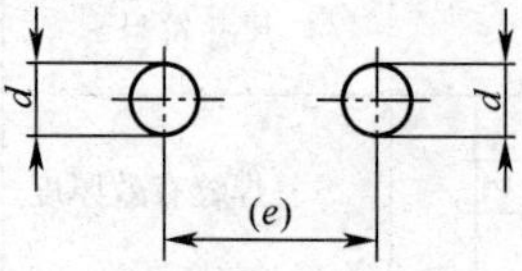	n—焊点数量； e—焊点间距； d—熔核直径	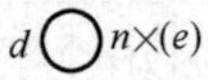 d ○ $n \times (e)$
7	缝焊焊缝	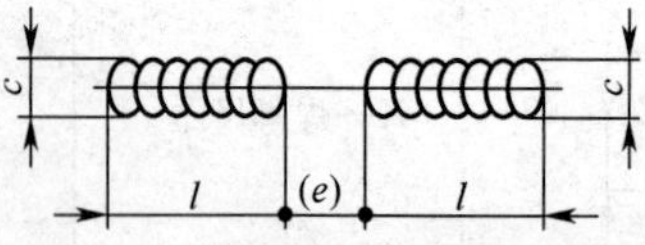	l—焊缝长度； e—间距； n—焊缝段数； c—焊缝宽度	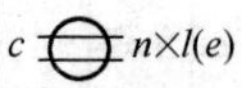 c ⊖ $n \times l(e)$

⑤特殊焊缝。如喇叭形焊缝、单边喇叭形焊缝、堆焊焊缝和锁边焊缝等。特殊焊缝的标注示例见表1-53。

表1-53　特殊焊缝的标注示例

符号	示意图	图示法	标注方法

(6)焊缝符号和焊接方法代号的标注示例　如图1-52所示。图1-52a所示为T形接头的交错断续角焊缝，焊脚尺寸为5mm，相邻焊缝的间距为30mm，焊缝为30段，每段焊缝长度是50mm。图1-51b所示为对接接头周围焊缝，由埋弧焊焊成的V形焊缝在箭头一侧，要求焊缝表面齐平；由焊条电弧焊焊成的封底焊缝在非箭头一侧，也要求焊缝表面齐平。

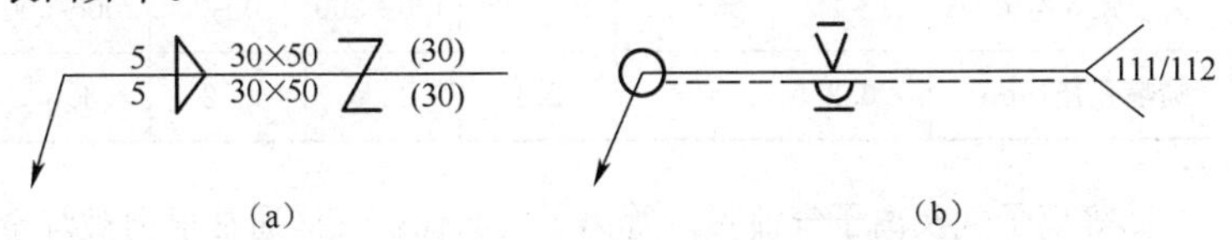

图1-52　焊缝符号和焊接方法代号的标注示例

1.3.5　焊接参数的选择

焊接参数的选定要考虑多方面的因素。

①深入地分析产品的材料及其结构形式，着重分析材料的化学成分和结构因素共同作用下的焊接性来选择焊接参数。

②考虑焊接热循环对母材和焊缝的热作用，这是获得合格产品及焊接接头最小的焊接应力和变形的保证。

③根据产品的材料、工件厚度、焊接接头形式、焊缝的空间位置、接缝装配间隙等，去查找各种焊接方法的有关标准、资料。

④通过试验确定焊缝的焊接顺序、焊接方向以及多层焊的熔敷顺序等。

⑤确定焊接参数不应忽视焊接操作者的实践经验。

焊条电弧焊、埋弧焊、气焊等普通焊接方法的焊接参数，在一般的焊工手册上都可查到，故本书不再赘述。现以常用特种焊接方法的焊接参数选择为例进行介绍。

1. 等离子弧焊焊接参数的选择

(1)穿透型等离子弧焊的焊接参数　大电流等离子弧焊接通常采用穿透型焊接技术。获得优良焊缝成形的前提是确保在焊接过程中形成稳定的穿透小孔，影响小孔形成的焊接参数主要有喷嘴孔径、焊接电流、离子气成分以及流量、焊接速度、喷嘴到工件距离、保护气体成分和流量等。

①喷嘴孔径。喷嘴孔径是选择其他焊接参数的前提，应首先选定。在焊接生产中一般根据工件厚度初步确定焊接电流的大致范围，然后按表 1-54 选择喷嘴孔径。

表 1-54　等离子弧焊电流与喷嘴孔径的关系

等离子弧焊电流/A	1～25	20～75	40～100	100～200	150～300	200～500
喷嘴孔径/mm	0.8	1.6	2.1	2.5	3.2	4.8

②等离子气及离子气流量。等离子气与保护气体通常根据被焊金属及电流大小来选择。大电流等离子弧焊接时，等离子气与保护气体通常采用相同的气体，否则电弧的稳定性将变差。大电流等离子弧焊气体见表 1-55。小电流等离子弧焊接通常采用纯氩气作为等离子气。这是因为氩气的电离电压较低，电弧引燃容易。

表 1-55 大电流等离子弧焊用气体①

金属	厚度/mm	焊接技术	
		穿透法	熔透法
碳钢(铝镇静钢)	<3.2	Ar	Ar
	>3.2	Ar	25%Ar+75%He
低合金钢	<3.2	Ar	Ar
	>3.2	Ar	25%Ar+75%He
不锈钢	<3.2	Ar 或 92.5%Ar+7.5%H_2	Ar
	>3.2	Ar 或 95%Ar+5%H_2	25%Ar+75%He
铜	<2.5	Ar	He 或 25%Ar+75%He
	>2.4	不推荐②	He
镍合金	<3.2	Ar 或 92.5%Ar+7.5%H_2	Ar
	>3.2	Ar 或 95%Ar+5%H_2	25%Ar+75%He
活性金属	<6.4	Ar	Ar
	>6.4	Ar+(50%~70%)He	25%Ar+75%He

注:表中气体成分所占百分比均为体积分数;①气体选择是指等离子气体和保护气体;②由于底部焊道成形不良,这种技术只能用于铜锌合金。

离子气流量直接决定了等离子流力和熔透能力。等离子气的流量越大,熔透能力越大。但等离子气流量过大会使小孔直径过大而不能保证焊缝成形。因此,应根据喷嘴直径、等离子气的种类、焊接电流及焊接速度选择适当的离子气流量。穿透型焊接参数匹配如图 1-53 所示。

利用熔透法焊接时,应适当降低等离子气流量,以减小等离子流力。

③焊接电流。焊接电流是根据板厚或熔透要求来选定的。焊接电流增加,等离子弧穿透能力增加,电流过小,不能形成小孔;电流过大,又将因小孔直径过大而使熔池金属坠落。此外,电流过大还可能引起双弧现象。为此,在喷嘴结构确定后,为了获得稳定的小孔焊接过程,焊接电流只能被限定在某一个合适的范围内,而且这个范围与离子气的流量有关。图 1-53 中 1 为圆柱形喷嘴,2 为穿透三孔型收敛扩散喷

嘴，后者降低了喷嘴压缩程度，因而扩大了电流范围，即在较高的电流下也不会出现双弧。电流上限提高时，采用这种喷嘴可提高工件厚度和焊接速度。

④焊接速度。焊接速度应根据等离子气流量和焊接电流来选择。其他条件一定时，焊接速度增加，焊接热输入减小，小孔直径也随之减小，最后消失。反之，如果焊接速度太低，母材过热，背面焊缝会出现下陷甚至熔池、池漏等缺陷。焊接速度的确定，取决于离子气流量和焊接电流。这三个焊接参数相互匹配关系如图 1-53b 所示。由图 1-53b 可见，为了获得平滑的小孔焊接焊缝，随着焊接速度的提高，必须同时提高焊接电流。如果焊接电流一定，增大离子气体流量就要增大焊接速度。若焊接速度一定时，增加离子气流量应相应减小焊接电流。

⑤喷嘴离工件的距离。距离过大，熔透能力降低；距离过小则造成喷嘴堵塞。喷嘴离工件的距离一般取 3～8mm。和钨极氩弧焊相比，喷嘴距离变化对焊接质量的影响不太敏感。

⑥保护气体流量。保护气体流量应根据焊接电流及等离子气流量来选择。在一定的离子气流量下，保护气体流量太大会导致气流的紊乱，影响电弧稳定性和保护效果。而保护气体流量太小，保护效果也不好，因此，保护气体流量应与等离子气流量保持适当的比例。穿透型焊接保护气体流量一般在 15～30L/min。

(2)熔透型等离子弧焊焊接参数　中、小电流(0.2～100A)(微束)等离子弧焊一般都采用熔透型焊接技术。其焊接参数与穿透型等离子弧焊相同，其主要参数的选定需注意熔透型等离子弧焊的工艺特点。关键是焊接时在熔池上不需要形成穿透小孔，其焊缝成形过程与 TIC 焊相似，只需考虑保证熔深和熔宽。故选定焊接参数的原则大体与 TIG 焊相同。所不同的是通常熔透型等离子弧焊采用联合型弧，焊接过程维弧(非转移弧)和主弧(转移弧)同时存在，且焊接电流的大小可分别调节。维弧的作用是引燃和稳定主弧，使主弧在很小的焊接电流(C<1A)下也能稳定燃烧。维弧的电弧在钨极末端和喷嘴孔道壁之间燃烧，其阳极斑点位于喷嘴孔道壁上，故维弧电流不能选得过大，一般取 3A 左右，避免喷嘴过热烧损。维弧的引燃可采用高频或小功率高压脉冲引弧方式。此外，小电流等离子弧焊焊接不锈钢、高温合金钢

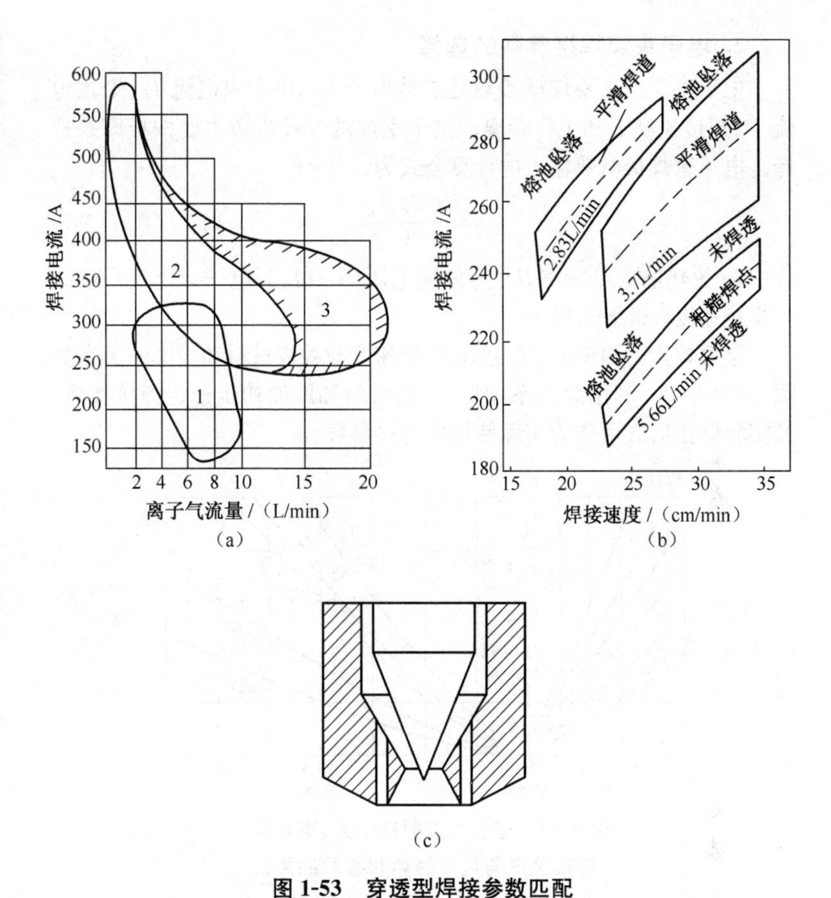

图 1-53 穿透型焊接参数匹配

1. 圆柱形喷嘴 2. 三孔型收敛扩散喷嘴 3. 加填充金属可消除咬肉的区域

(a)焊接电流-离子气流量匹配 (b)焊接电流-焊接速度-离子气流量匹配

(c)电极在收敛扩散型喷嘴中的相对位置

时，焊接速度越快，其保护效果越好，因此，在其他焊接参数不变和保证工件熔透要求的条件下，可提高焊接速度。

穿透型、熔透型等离子弧焊也可以采用脉冲电流焊接，借以控制全位置焊接时的焊缝成形，减小热影响区宽度和焊接变形。脉冲频率在15Hz以下。脉冲电源结构形式基本上和钨极脉冲氩弧焊的相似。

2. 电子束焊焊接参数的选择

电子束焊的主要焊接参数是加速电压 U_a、电子束电流 I_b、聚焦电流 I_f、焊接速度 v 和工作距离。电子束焊的焊接参数主要按板厚来选择。电子束焊接时热输入的计算公式为：

$$q=\frac{60U_b I_b}{v} \tag{1-7}$$

式中，q 为热输入(J/cm)；U_b为加速电压(V)；I_b为电子束电流(A)；v 为焊接速度(cm/min)。

穿透焊接时热输入、束功率、焊接速度与被焊材料和板厚的关系如图 1-54 所示。利用此关系，对被焊的材料和厚度初步选定焊接参数，经实验修正后方可作为实际使用的焊接参数。

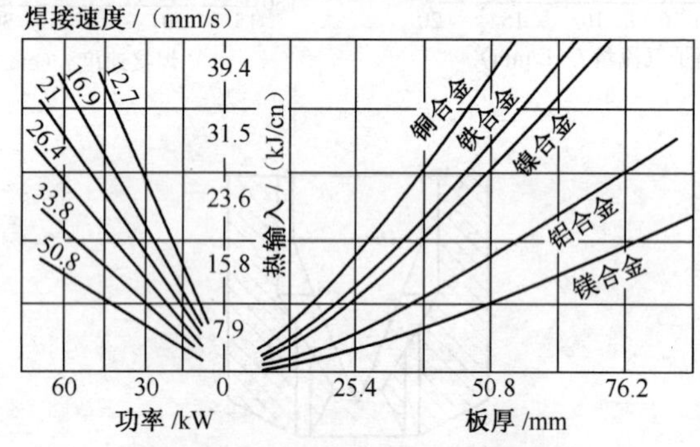

图 1-54　穿透焊接时热输入、束功率、焊接速度与被焊材料和板厚的关系

(1)加速电压　在大多数电子束焊中，加速电压参数往往不变，根据电子枪的类型通常选取某一数值。在相同的功率、不同的加速电压下，所得焊缝深度和形状是不同的。提高加速电压可增加焊缝的熔深，在保持其他参数不变的条件下，焊缝横断面深宽与加速电压成正比例。当焊接较厚的大件并要求得到窄而平的焊缝或电子枪与工件的距离较大时，可提高加速电压。

(2)电子束电流　电子束电流与加速电压一起决定着电子束的功率。若增加电子束电流，则熔深和熔宽都会增加。在电子束焊中，由于加速电压基本不变，所以为满足不同的焊接工艺的需要，常常要调整电子束电流值。

①在焊接环缝时,要控制电子束电流的递增、递减,以获得良好的起始、收尾搭接处质量。

②在焊接各种不同厚度的材料时,要改变电子束电流,以得到不同的熔深。

③在焊接厚的大件时,由于焊接速度较低,随着工件温度的增加,电子束电流需逐渐减小。

(3)焊接速度 焊接速度和电子束功率一起决定着焊缝的熔深、焊缝宽度,以及被焊材料熔池形状(冷却、凝固及焊缝熔合线形状)。增加焊接速度会使焊缝变窄,熔深减小。

(4)聚焦电流 电子束焊时,相对于工件表面而言,电子束的聚焦位置有上焦点、下焦点和表面焦点三种,焦点的位置对焊缝形状影响很大。可根据被焊材料的焊接速度、焊缝接头间隙等决定聚焦位置,进而确定电子束斑点大小。

当工件被焊厚度>10mm 时,通常采用下焦点焊,即焦点处于工件表面的下层,且焦点在焊缝熔深的30%处。当焊接厚度>50mm 时,焦点在焊缝熔深的50%~70%最合适。

电子束聚焦状态对熔深和焊缝成形影响很大,焦点变小可使焊缝变窄,熔深增加。调节电子束时可借助目视或倾斜试板来确定电子束焦点的位置。

(5)工作距离 工件表面与电子枪的工作距离影响到电子束的聚焦程度。工作距离变小时,电子束的压缩比增大,使电子束斑点直径变小,增加了电子束功率密度。但工作距离太小,会使过多的金属蒸气进入枪体造成放电。因而在不影响电子枪稳定工作的前提下,可以采用尽可能短的工作距离。

此外,还应考虑焊缝横断面,焊缝外形和防止产生焊缝缺陷等因素,综合选择和通过实验确定焊接参数。

3. 激光焊焊接参数的选择

(1)脉冲激光焊焊接参数的选择

①脉冲能量和宽度。脉冲激光焊时,脉冲能量主要影响金属的熔化量,脉冲宽度则影响熔深。脉冲宽度对不同材料熔深的影响如图1-

55 所示。从图 1-55 中可以看出,不同的材料各有一个最佳脉冲宽度使焊接时熔深最大。如焊铜时,脉冲宽度为$(1\sim5)\times10^{-4}$ s,焊铝时,为$(0.5\sim2)\times10^{-2}$ s,焊钢时,则为$(5\sim8)\times10^{-3}$ s(图 1-55 中未示出钢的曲线)。

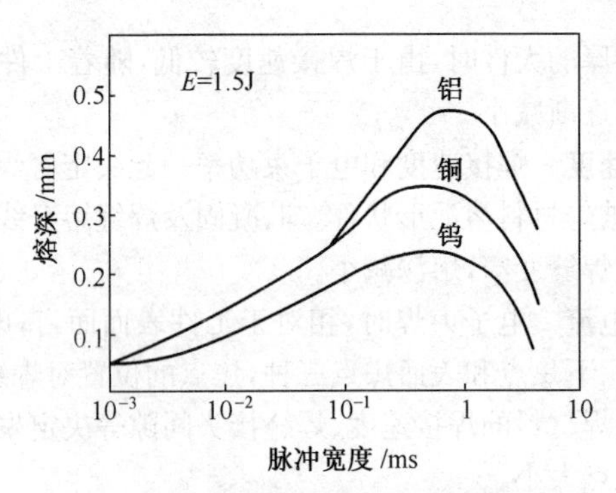

图 1-55　脉冲宽度对不同材料熔深的影响

脉冲能量主要取决于材料的热物理性能,特别是热导率和熔点。导热性好、熔点低的金属易获得较大的熔深。脉冲能量和脉冲宽度在焊接时有一定的关系,随着材料厚度与性质的不同而变化。

焊接时,激光的平均功率 P 由下式决定,即:

$$P=E/\tau \tag{1-8}$$

式中,P 为激光功率(W);E 为激光脉冲能量(J);τ 为脉冲宽度(S)。

由此可见,为了维持一定的功率,随着脉冲能量的增加,脉冲宽度必须相应增加,才能得到较好的焊接质量。同时焊接时所采用的接头形式也影响焊接的效果。

②功率密度。激光焊接时功率密度由下式决定:

$$\rho=\frac{4E}{\pi d^2 t_p} \tag{1-9}$$

式中,ρ 为激光光斑上的功率密度(W/cm^2);E 为激光脉冲的能量(J);d 为光斑直径(cm);t_p为脉冲宽度(s)。

点直径和深度完全由热传导决定。当 ρ 达到 10^6 W/cm^2 时,将产生小孔效应,形成深宽比>1 的焊点,金属略有汽化,但汽化量很小不影响焊点的形成。在前面两种功率密度之间焊接时，焊接过程不稳定，难以获得良好焊点。ρ 过大后，金属汽化得很激烈，导致汽化金属量过多，在焊点中形成一个不能被液态金属填满的小孔，因而不能形成牢固的焊点，镍及铜片焊接时脉冲能量与脉冲宽度的关系如图 1-56 所示。从图 1-56 中可以看出，E 和 t_p 呈直线变化，这表明当板厚一定时，焊接时所需的功率密度是一定的，它随焊接厚度的增加而增加。

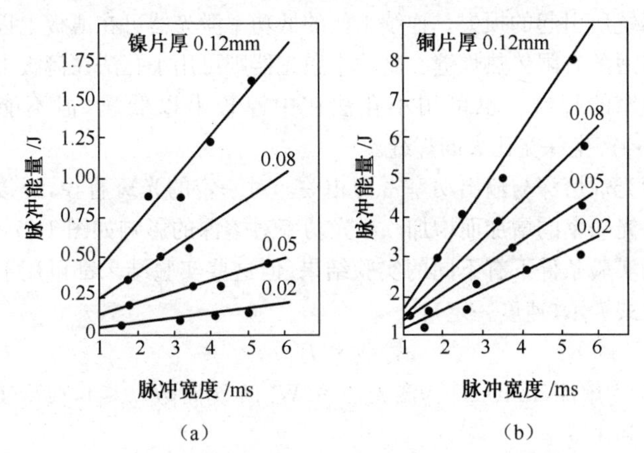

图 1-56　镍及铜片焊接时脉冲能量与脉冲宽度的关系

③离焦量。离焦量 F 是指焊接时工件表面离聚焦激光束最小斑点的距离(也称为入焦量)。激光束通过透镜聚焦后，有一个最小光斑直径，如果工件表面与之重合，则 $F=0$；如果工件表面在它下面，则 $F>0$，称为正离焦量；反之则 $F<0$，称为负离焦量。

改变离焦量，可以改变激光加热斑点的大小和光束入射状况。焊接较厚板时，采用适当的负离焦量可以获得最大熔深。但离焦量太大会使光斑直径变大，降低光斑上的功率密度，使熔深减小。

在使用脉冲激光焊时，还应注意，通常把反射率低、热导率大、厚度较小的金属选为上片；细丝与薄膜焊接前可先在丝端熔结直径为丝径 2～3 倍的球，以增大接触面和便于激光束对准；脉冲激光焊也可用于薄板缝焊，这时焊接速度为：

$$v=df(1-K) \tag{1-10}$$

式中，d 为焊点直径(mm)；f 为脉冲频率(Hz)；K 为重叠系数，依板厚取 0.3～0.9。

(2)连续激光焊焊接参数的选择　连续激光焊的焊接参数包括激光功率、焊接速度、光斑直径、焦点距离和保护气体的种类及流量。

①激光功率。激光功率是指激光器的输出功率，没有考虑导光和聚焦系统所引起的损失。连续工作的低功率激光器可在薄板上以低速产生普通的有限传热焊缝。高功率激光器则可用小孔法在薄板上以高速产生窄的焊缝。也可用小孔法在中厚板上以低速(但不能低于 0.6m/s)产生深宽比大的焊缝。

激光焊熔深与输出功率密切相关。对一定的光斑直径，焊接熔深随着激光功率的增加而增加。激光功率对熔深的影响如图 1-57 所示，不同的实验条件下有不同的实验结果，但这些实验结果都可用下面的经验公式表示(速度一定)：

$$h \infty P^{k} \tag{1-11}$$

式中，h 为熔深(mm)；P 为激光功率(W)；k 为常数，$k \leqslant 1$，典型实验值为 0.7 和 1.0。

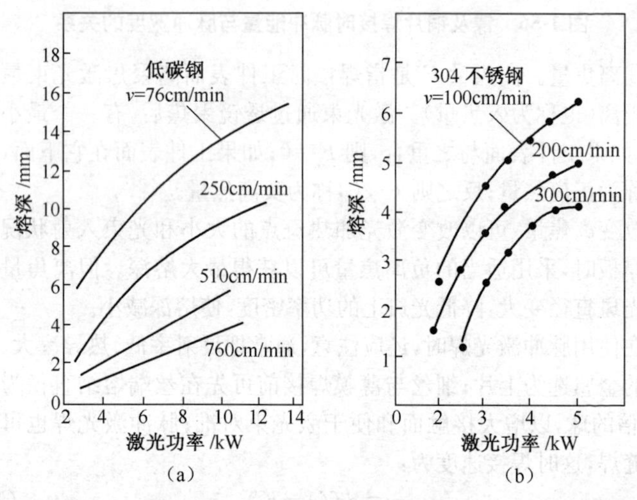

图 1-57　激光功率对熔深的影响

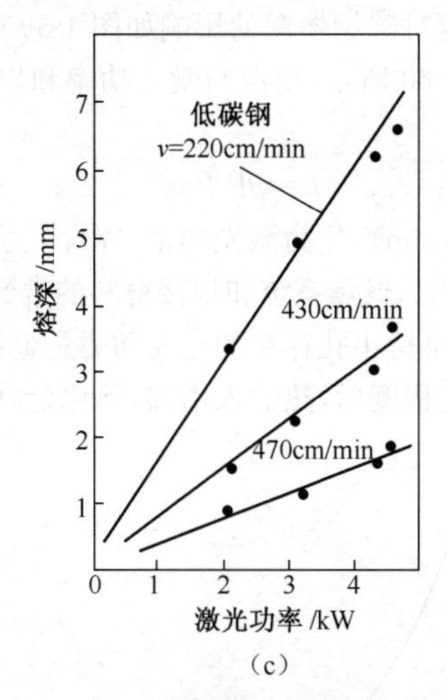

(c)

图 1-57　功率对熔深的影响(续)

(a)低碳钢,焊接速度 v=76～760cm/min　(b)不锈钢,焊接速度 v=100～300cm/min　(c)低碳钢,焊接速度 v=220～470cm/min

②焊接速度。在一定激光功率下,提高焊接速度,热输入下降,焊缝熔深减小。适当降低焊接速度可加大熔深,但若焊接速度过低,熔深却不会再增加,反而使熔宽增大。焊接速度对不锈钢焊缝熔深的影响如图 1-58 所示。由图 1-58 可见,当功率和其他参数保持不变时,焊缝熔深随着焊接速度加快而减小。

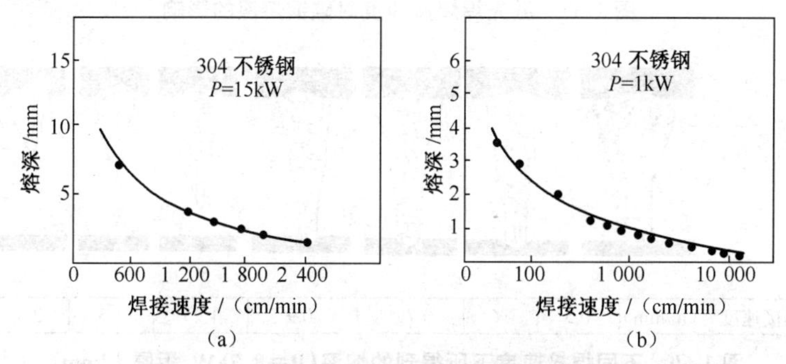

图 1-58　焊接速度对不锈钢焊缝熔深的影响

(a)不锈钢　(b)304 不锈钢

激光焊焊接速度对碳钢熔深的影响如图 1-59 所示，不同焊接速度下所得到熔深如图 1-60 所示，熔深与激光功率和焊接速度的关系可用下式表示，即：

$$h=\beta P^{1/2}v^{-r} \tag{1-12}$$

式中，h 为焊接熔深(mm)；P 为激光功率(W)；v 为焊接速度(mm/s)；β 和 r 为取决于激光源、聚焦系统和焊接材料的常数。

激光深熔焊时，维持小孔存在的主要动力是金属蒸汽的反冲压力。在焊接速度低到一定程度后，热输入增加，熔化金属越来越多，当金属

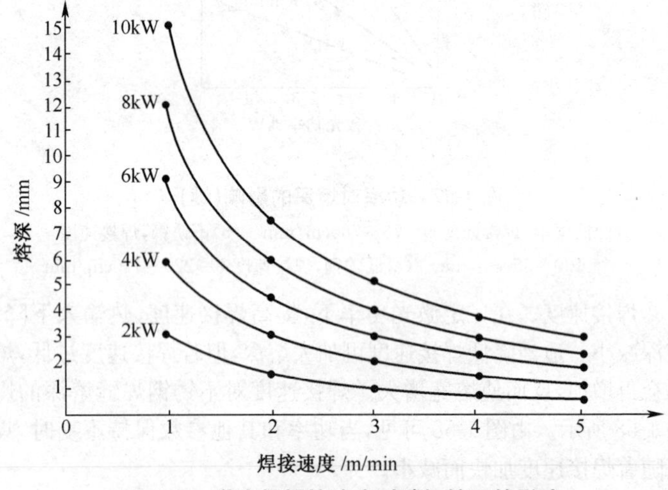

图 1-59 激光焊焊接速度对碳钢熔深的影响

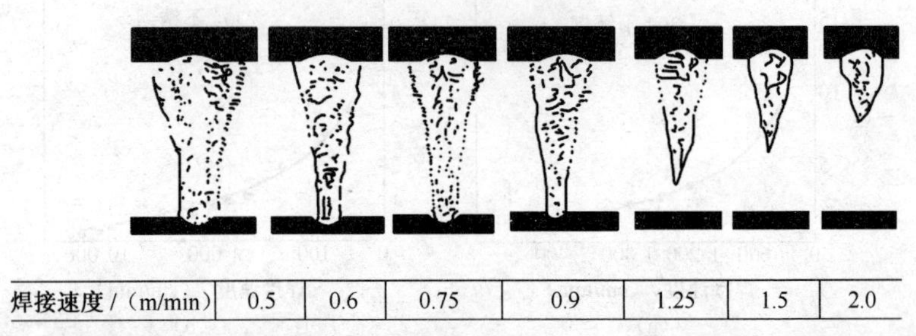

焊接速度 /（m/min）	0.5	0.6	0.75	0.9	1.25	1.5	2.0

图 1-60 不同焊接速度下所得到的熔深(P=8.7kW，板厚 12mm)

蒸汽所产生的反冲压力不足以维持小孔的存在时，小孔不仅不再加深，甚至会崩溃，焊接过程蜕变为传热型焊接，因而熔深不会再加大。随着金属汽化的增加，小孔区温度上升，等离子体的浓度增加，对激光的吸收增加，这些原因使得低速焊时，激光焊熔深有一个最大值。

③光斑直径。根据光的衍射理论，聚焦后最小光斑直径 $d_{\circ}$ 可以通过下式计算，即：

$$d_{\circ}=2.44\times\frac{f\lambda}{D}(3m+1) \tag{1-13}$$

式中，$d_{\circ}$ 为最小光斑直径(mm)；f 为透镜的焦距(mm)；λ 为激光波长(mm)；D 为聚焦前光束直径(mm)；m 为激光振动模态的阶数。

对于一定波长的光束，f/D 和 m 值越小，光斑直径越小。焊接时，为了获得深熔焊缝，要求激光光斑上的功率密度要高。为了进行熔孔型加热，焊接时激光焦点上的功率密度必须 $>10^6\,W/cm^2$。

要提高功率密度，有两个途径：一可以提高激光功率；二可以减小光斑直径 $d_{\circ}$。由于功率密度与前者之间仅是线性关系，而与光斑直径的平方成反比，因此，减小光斑直径比增加功率有效得多。

④离焦量 ΔF。离焦量是工件表面离激光焦点的距离，以 ΔF 表示。工件表面在焦点以内时为负离焦，与焦点的距离为负离焦量。反之为正离焦，$\Delta F>0$，离焦量 ΔF 如图 1-61 所示。离焦量不仅影响工件表面激光光斑的大小，而且影响光束的入射方向，因而对熔深和焊缝形状有较大影响。离焦量对焊缝熔深、熔宽和横断面积的影响如图 1-62 所示。可以看出熔深随 ΔF 的变化有一个跳跃性变化过程，在 $|\Delta F|$ 很大的地方，熔深很小，属于传热熔焊，当 $|\Delta F|$ 减少到某一值后，熔深发生跳跃性增加，此处标志着小孔产生。

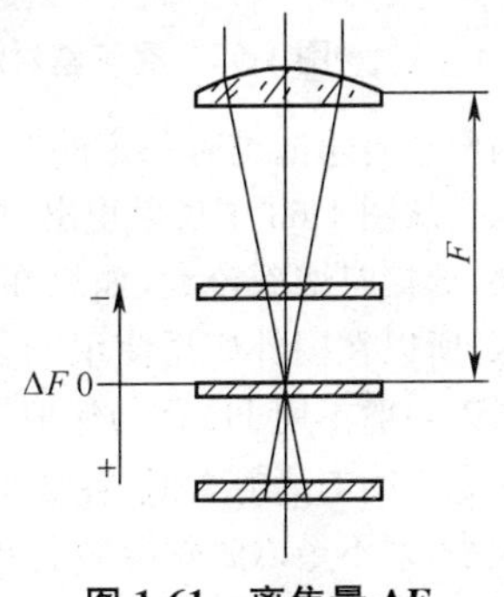

图 1-61　离焦量 ΔF

⑤保护气体。激光焊中使用的保护气体除了具有保护焊缝金属不受有害气体的侵袭以外，还有抑制激光焊过程中产生等离子云的作用，

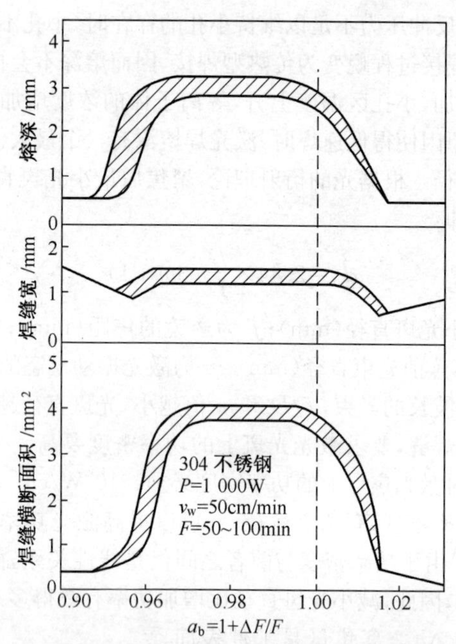

图 1-62　离焦量对焊缝熔深、熔宽和横断面积的影响

因而它对熔池也有一定的影响。保护气体对熔深的影响如图 1-63 所示。从图 1-63 中可以得出：He 具有优良的保护和抑制等离子云的效果，焊接时熔深较大，如果在 He 里加少量 Ar 或 O_2 可进一步提高熔深，所以在国外广泛使用 He 作为激光保护气。但国内 He 价格昂贵，所以一般不用 He 作为保护气。Ar 作为保护气焊缝熔深最小，主要原因是它的电离能太低，容易离解。气体流量对熔深也有一些影响，流量太小，则不足以驱除熔池上方的等离子云，因此，熔深是随气体流量的增加而增加的。但过大的气流容易造成焊缝表面凹陷，特别是薄板焊接时，过大的压力会吹落熔池金属液而形成穿孔。

不同气体流量下的焊缝熔深如图 1-64 所示。由该图可见，气体流量＞17.5L/min 以后，焊缝熔深不再增加。吹气喷嘴与工件的距离不同，熔深也不同。喷嘴到工件的距离与焊接熔深的关系如图 1-65 所示。

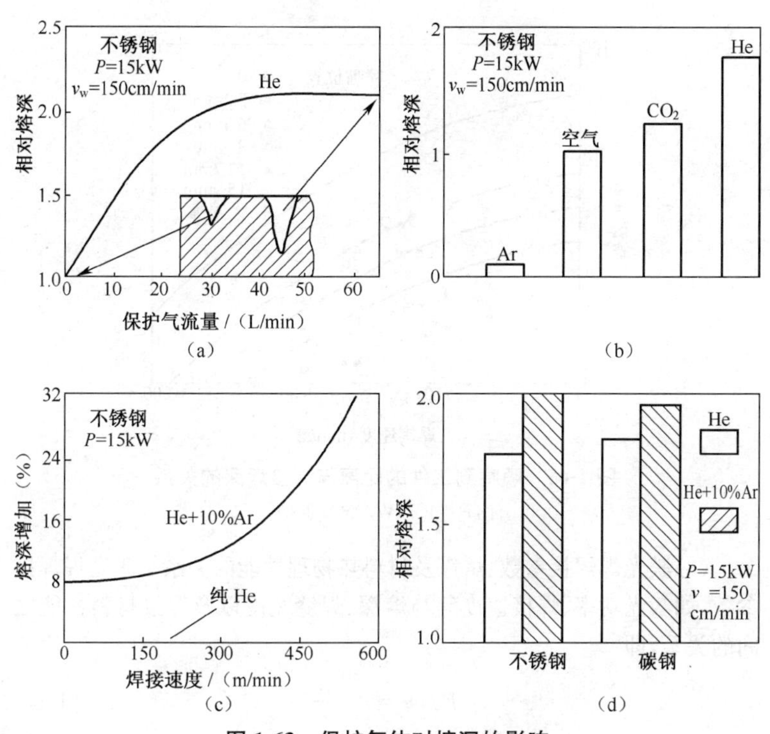

图 1-63 保护气体对熔深的影响

(a)气体流量的影响 (b)气体种类的影响

(c)混合气体的影响 (d)混合气体对不同材料的影响

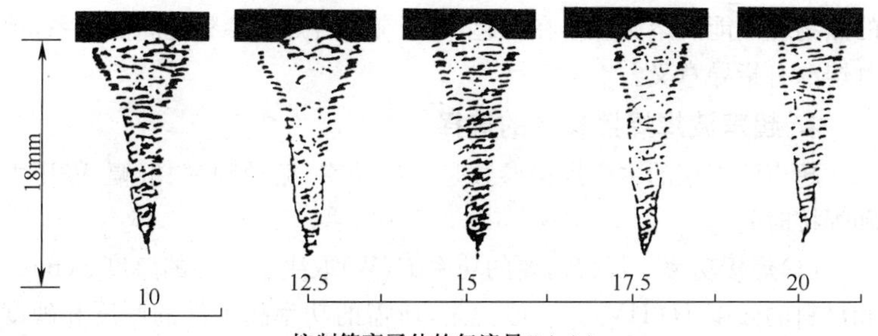

图 1-64 不同气体流量下的焊缝熔深

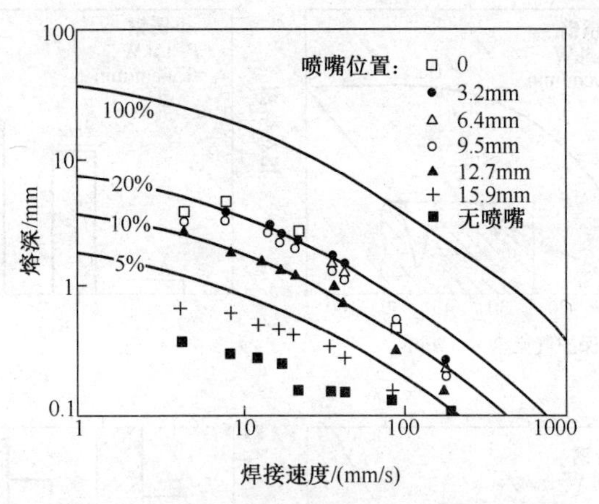

图 1-65 喷嘴到工件的距离与焊接熔深的关系

注：$P=1.7$kW，Ar 气保护。

(3)激光焊焊接参数、熔深及材料热物理性能的关系 激光焊焊接参数，如激光功率、焊接速度等与熔深、焊缝宽度以及焊接材料性能之间的关系，即：

$$P/vh=a+\frac{b}{r} \tag{1-14}$$

式中，P 为激光功率(kW)；v 为焊接速度(mm/s)；h 为焊接熔深(mm)；a 和 b 为参数(kJ/mm^2)；r 为回归系数。

图 1-66 所示为哈布兰(Hoblanian)图，它把激光焊焊接参数、材料的热物理性能和熔深联系在一起，对于考查各焊接参数之间的关系，预测熔深有指导意义。

4. 超声波焊焊接参数的选择

超声波焊接的主要焊接参数是焊接功率、振动频率、振幅、静压力和焊接时间等。

(1)焊接功率 焊接需要的功率 P(W)取决于工件的厚度 δ(mm)和材料的硬度 H(HV)。一般说来，所需的功率随工件的厚度和硬度而增加。并可按下式确定，即：

$$P=kH^{3/2}\delta^{3/2} \tag{1-15}$$

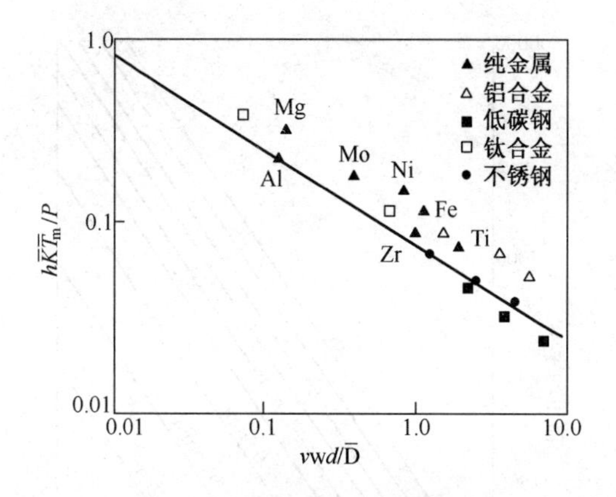

图 1-66　哈布兰(Hablanian)图

P—激光功率(W)　v_w—焊接速度(cm/s)　d—光斑直径(cm)　h—熔深(cm)
$\overline{K}$—材料的平均热导率[W/(℃·cm)]　$\overline{D}$ 平均热扩散率(cm^2/s)
$\overline{T}_m$—修正熔点,$\overline{T}_m = T_m + H_f\sqrt{\overline{C}_p}$　$\overline{C}_p$—平均比定压热容[J/(g·℃)]
T_m—熔点(℃)　H_f—熔化热(J/g)

式中,k 为系数。需用功率与工件硬度的关系如图 1-67 所示。几种材料超声波焊所需功率如图 1-68 所示。

(2)振动频率　超声波焊的谐振频率 f 在工艺上有两重意义,即谐振频率的选择以及焊接时的失谐率。谐振频率的选择以工件厚度及物理性能为依据,进行薄件焊接时,宜选用高的谐振频率(80kHz)。一般小功率超声波焊机(100W 以下)多选用 25～80kHz 的谐振频率。功率越小,选用的频率越高。但随着频率提高,振动能量在声学系统中的损耗将增大。所以大功率超声波焊机一般选用 16～20kHz 较低的谐振频率。

由于超声波焊在焊接过程中负载变化剧烈,随时可能出现失谐现象,从而导致接头强度的降低和不稳定。因此,焊机的选择频率一旦被确定以后,从工艺角度讲就需要维持声学系统的谐振,这是焊接质量及其稳定性的基本保证。

焊点抗剪强度与振动频率的关系如图 1-69 所示,材料的硬度越高,厚度越大,对偏离谐振频率(失谐)的影响也越显著。

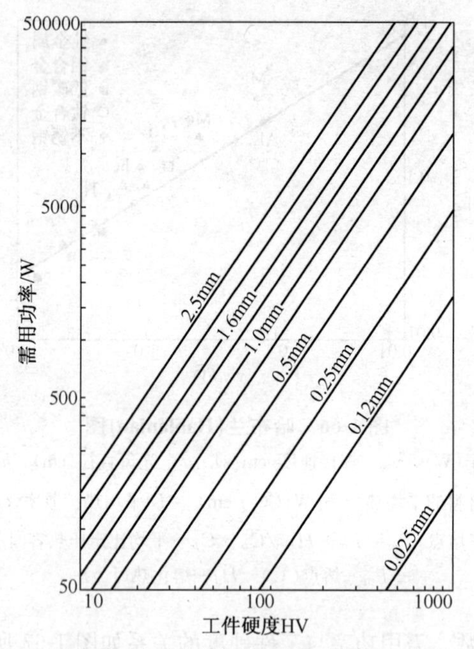

图 1-67　需要功率与工件硬度的关系

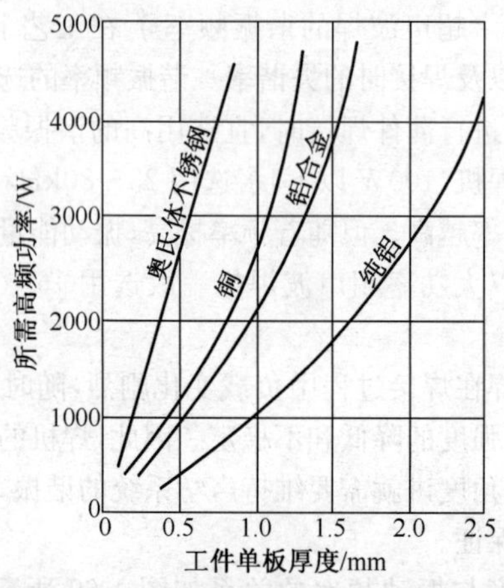

图 1-68　几种材料超声波焊所需功率

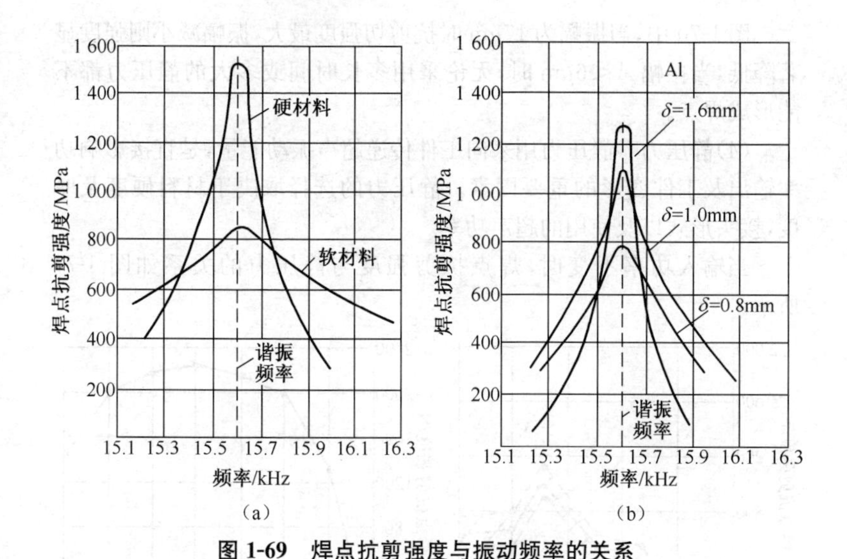

图 1-69 焊点抗剪强度与振动频率的关系

(a)不同硬度 (b)不同厚度

(3)振幅 超声波焊接的振幅大小,将决定摩擦功的数值、材料表面氧化膜的清除条件、塑性流动的状态以及结合面的加热温度等。由于实际应用中超声功率的测量尚有困难,因此,常常用振幅表示功率的大小。超声功率与振幅的关系可由下式确定,即:

$$P=\mu SFv=\mu Sf2A\omega/\pi=4\mu SFAf \tag{1-16}$$

式中,P 为超声功率(W);F 为静压力(N);S 为焊点面积(mm^2);v 为相对速度(mm/min);A 为振幅(μm);μ 为摩擦因数;ω 为角频率($\omega=2\pi f$);f 为振动频率(kHz)。

超声波焊机的振幅约在 5～25μm 内,由工件厚度和材质决定。随着材料厚度和硬度的提高,所需振动值也相应增大。大的振幅可以缩短焊接时间。但振幅有上限,当增加到某一数值后,接头强度反而下降,这与金属的内部和表面的疲劳破坏有关。

当换能器的材料及其结构按功率选定后,振幅值大小还与聚能器的放大系数有关。

调节发生器的功率输出,即可调节振幅的大小。铝镁合金超声波焊点抗剪强度与振幅的关系如图 1-70 所示。

图 1-70 中，当振幅为 17μm 时抗剪切强度最大，振幅减小则强度显著降低，当振幅 $A<6\mu m$ 时，无论采用多长时间或多大的静压力都不能形成焊点。

(4)静压力　静压力用来向工件传递超声振动能量，是直接影响功率输出及工件变形的重要因素。静压力的选择取决于材料硬度及厚度，接头形式以及使用的超声功率。

当输入功率不变时，焊点抗剪强度与静压力的关系如图 1-71 所示。

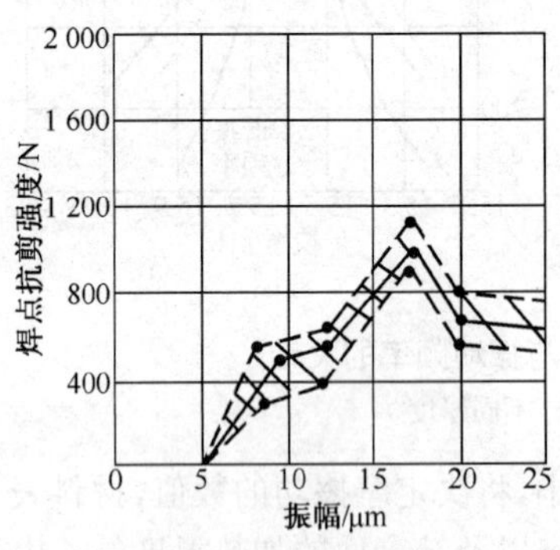

图 1-70　铝镁合金超声波焊点抗剪强度与振幅的关系

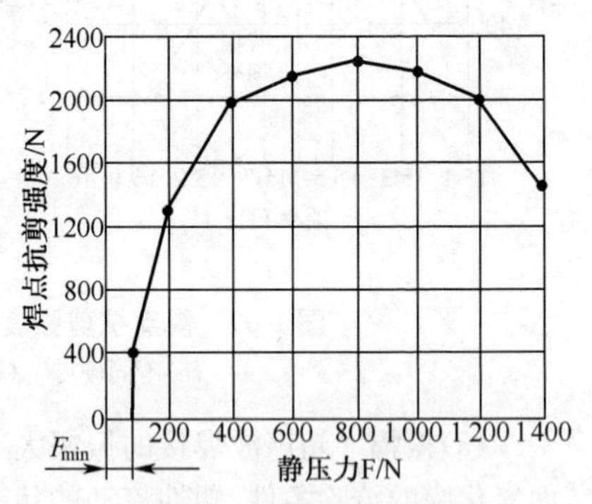

图 1-71　焊点抗剪强度与静压力的关系

静压力选的过低时，很多振动能量将损耗在上声极与工件之间的表面摩擦上。静压力过大时，除了增加需用功率外，还会因工件的压溃而降低焊点的强度，表面变形也较大。对某一待定产品，静压力可以与超声波焊对功率的要求联系起来加以确定。各种功率的超声波焊机的静压力范围见表 1-56。

表 1-56　各种功率的超声波焊机的静压力范围

焊机功率/W	静压力范围/N	焊机功率/W	静压力范围/N
20	0.04～1.70	1 200	270～2 670
50～100	2.3～6.7	4 000	1 100～14 200
300	22～800	8 000	3 560～17 800
600	310～1 780		

(5)焊接时间　焊接时间是指超声波能量输入工件的时间。每个焊点的形成有一个最小焊接时间，若小于该时间，则不足以破坏金属表面氧化膜而无法焊接。通常随时间增大，其接头强度也增加，然后逐渐趋于稳定值。若焊接时间过长，则因工件受热加剧，声极陷入工件，使焊点断面减小，从而降低接头强度，甚至引起接头疲劳破坏。

焊接时间的选择随材料性质、厚度及其他工艺参数而定，高功率和短时间的焊接效果通常优于低功率和较长时间的焊接效果。当静压力、振幅增加及材料厚度减小时，超声波焊接时间可取较低数值。对于细丝或薄箔，焊接时间为0.01～0.1s，对于厚板一般也不要超过1.5s。

5. 扩散焊焊接参数的选择

(1)加热温度　温度是扩散焊最重要的焊接参数，温度的微小变化会使扩散焊速度产生较大的变化。在一定的温度范围内，温度越高，扩散过程越快，所获得的接头强度也越高。从这点考虑，应尽可能选用较高的扩散焊温度。但加热温度受被焊工件和夹具的高温强度、工件的相变、再结晶等冶金特性所限制，而且温度高于一定值之后再提高时，接头质量提高不多，有时反而下降。对许多金属和合金来说，扩散焊温度为0.6～0.8T_m，T_m为母材熔点。一些金属材料的扩散温度与熔化温度的关系见表1-57。对出现液相的扩散焊，加热温度应比中间层材料熔点或共晶反应温度稍高一些。液相填充间隙后的等温凝固和均匀化扩散温度可略为下降。

表1-57　一些金属材料的扩散焊温度与熔化温度的关系

金属材料	扩散焊温度 T/℃	熔化温度 T_m/℃	T/T_m
银(Ag)	149	960	0.34
铜(Cu)	160	1 083	0.32
70黄铜	271	916	0.46
20钢	438	1 510	0.40
钛(Ti)	538	1 815	0.39
45钢	800	1 490	0.61
45钢	1 100	1 490	0.78
铍(Be)	950	1 280	0.78

续表 1-57

金属材料	扩散焊温度 T/℃	熔化温度 T_m/℃	T/T_m
2%铍铜	802	1 071	0.80
347 不锈钢	999	1 454	0.74
347 不锈钢	1 199	1 454	0.85
铌(Nb)	1 149	2 415	0.53
钽(Ta)	1 316	2 996	0.49
钼(Mo)	1 260	2 625	0.53

(2)压力　施加压力的主要作用是使结合面微观凸起的部分产生塑性变形,达到紧密接触,同时促进界面区的扩散以加速再结晶过程。在其他参数固定时,采用较高压力能产生较好的接头,焊接接头压强与压力的关系如图 1-72 所示。但过大的压力会导致工件变形,压力上限取决于工件总体变形量的限度、设备吨位等。对于异种金属扩散焊,采用较大的压力对减少或防止扩散孔洞有作用。除热等静压扩散焊外通常扩散焊压力在 0.5～50MPa。对出现液相的扩散焊可以选用较低一些的压力。压力过大时,在某些情况下可能导致液态金属被挤出,使接头成分失控。由于扩散压力对第二、三阶段影响较小,在固态扩散焊时允许在后期将压力减小,以便减小工件变形。

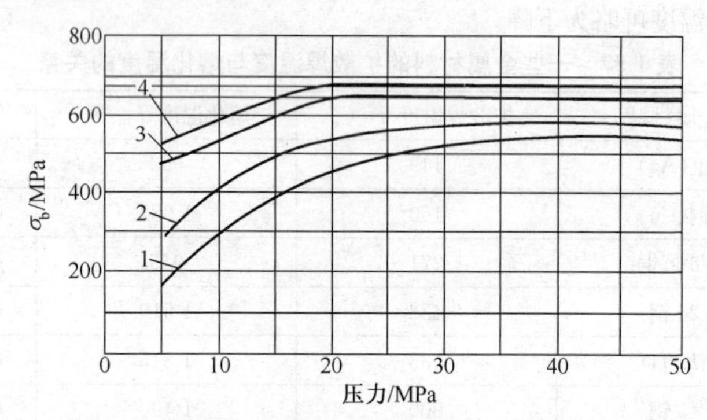

图 1-72　焊接接头强度与压力的关系(保温时间 5min)

1—T=800℃　2—T=900℃　3—T=1 000℃　4—T=1 100℃

(3)保温时间　保温时间(又称扩散时间)是指被焊工件在焊接温度下保持的时间。在该保温时间内必须保证扩散过程全部完成,达到所需的结合强度,扩散焊接头强度与保温时间的关系如图 1-73 所示。保温时间太短,扩散焊接头达不到稳定的与母材相等的强度。但高温、高压持续时间太长,对扩散接头质量起不到进一步提高的作用,反而会使母材的晶粒长大。对可能形成脆性金属间化合物的接头,应控制保温时间以控制脆性层的厚度,使之不影响接头性能。

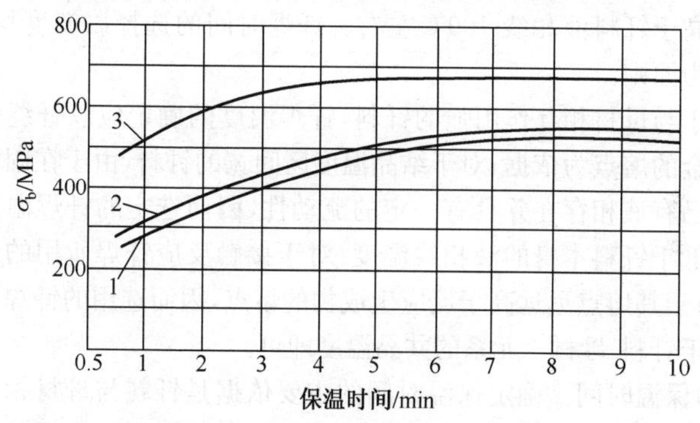

图 1-73　扩散焊接头强度与保温时间的关系(结构钢,压力 20MPa)

1—T=800℃　2—T=900℃　3—1 000℃

保温时间并非一个独立参数,它与温度、压力是密切相关的。温度较高或压力较大时,则保温时间可以缩短。在一定的温度和压力条件下,初始阶段接头强度随时间延长增加,但当接头强度提高到一定值后,便不再随时间而继续增加。对于加中间层的扩散焊,保温时间取决于中间层厚度和对接头成分组织均匀度的要求(包括脆性相的允许量)。实际焊接过程中,保温时间可在一个非常宽的范围内变化。采用某种焊接参数时,保温时间有数分钟即足够,而用另一种工艺参数时则需数小时。

(4)保护气氛　焊接保护气氛纯度、流量、压力或真空度、漏气率均会影响扩散焊接头质量。常用保护气体是氩气,常用真空度为(1～20)$\times10^{-3}$Pa。对有些材料也可用高纯氮、氢或氦气。在超塑成形和扩散焊组合工艺中常用氩气负压(低真空)保护金属板表面。

另外,冷却过程中有相变的材料以及陶瓷类脆性材料扩散焊时,加热和冷却速度应加以控制。有共晶反应的扩散焊，加热速度过慢，则会因扩散而使接触面上成分变化，影响熔融共晶生成。

6. 钎焊焊接参数的选择

(1)钎焊温度　钎焊温度是钎焊过程中最重要的焊接参数之一。确定钎焊温度的主要依据是所选用钎料的熔点。钎焊温度通常高于钎料熔点25℃～60℃，以保证钎料能填满间隙。若希望钎料与母材充分反应，钎焊温度应适当提高一些。如用镍基钎料焊接不锈钢时，焊接温度可以高于钎料液相线100℃左右。钎焊时间的选择以温度均匀、填满焊缝为原则。

对于与母材相互作用强的钎料，钎焊温度的确定应以钎缝中形成的新合金的熔点为依据；对于结晶温度区间宽的钎料，由于在固相线温度以上已有液相存在并具有一定的流动性，因而选定的钎焊温度可以等于或低于钎料本身的液相线温度；对于接触反应钎焊所用的纯金属钎料，由于其熔点远远高于反应生成物的熔点，因而选用的钎焊温度只要稍高于钎料-母材二元系的共晶温度即可。

(2)保温时间　确定保温时间的主要依据是钎料与母材相互作用的特性。当钎料与母材的相互作用具有强烈溶解、生成脆性相及引起晶间渗入等不利倾向时，应尽量缩短钎焊的保温时间；如果通过钎料和母材的相互作用能消除钎缝中脆性相或低熔组织时，应适当延长钎焊的保温时间。

确定保温时间还应考虑到工件尺寸和钎缝间隙等因素。大而厚的工件比小而薄的工件的保温时间要长，以保证工件受热均匀；大间隙的钎缝比小间隙的钎缝的保温时间要长，以保证钎料与母材能充分地相互作用。

(3)加热速度和冷却速度　在保证均匀加热的前提下，应尽量缩短加热时间，提高加热速度。对于厚大及导热性差的工件，加热速度不宜太快；在母材活性较强、钎料含有易挥发组元以及母材与钎料、钎剂之间存在有害作用时，应尽量提高加热速度。

冷却速度过慢，可能引起被钎焊母材的晶粒长大或析出强化相；加快冷却速度有利于细化钎缝组织并减小枝晶偏析，从而提高接头的强度。但冷却速度过快，可能使工件因形成过大的内应力而产生裂纹，也可能因钎缝迅速凝固使气体来不及逸出而形成气孔。因此，具体确定加热和冷却速度时，必须结合工件尺寸、母材种类和钎料特性等因素加以综合考虑。

1.3.6 工件的清理

1. 焊前清理

工件在组装前，应将待焊处表面或坡口两侧各20～50mm处的油、污、锈、垢和氧化膜等清除干净，以确保焊缝的焊接质量。

(1)脱脂清理 工件、焊丝上的油脂污垢，焊前清除不彻底，在焊接过程中会使焊缝产生气孔、裂纹等缺陷，所以，焊前必须对工件、焊丝的油脂、污垢进行脱脂清理。

①有机溶剂擦洗。工件待焊处、焊丝的油脂、污垢较少且厚度较薄，可用酒精、汽油、丙酮、二氯乙烷、三氯乙烯、四氯化碳等有机溶剂在油脂污垢处擦洗，该方法效率低，劳动强度大。

②在脱脂溶液中进行。将有油脂污垢的工件待焊处、焊丝放入装有脱脂溶液的槽中浸泡一定时间，油脂污垢就会清除干净。在脱脂溶液中脱脂是一种脱脂质量好、效率高的方法，适用于板材、焊丝焊前的脱脂。常用化学脱脂溶液的组成与脱脂规范见表1-58。

表1-58 常用化学脱脂溶液的组成与脱脂规范

材料	溶液组成(质量分数)	脱脂规范	
		温度/℃	时间/min
碳钢 结构钢 不锈钢 耐热钢	NaOH:90g/L Na_2CO_3:20g/L	—	—
铁、铜 镍合金	NaOH:10%;H_2O:90%	80～90	8～10
	Na_2CO_3:10%;H_2O:90%	100	8～10

续表 1-58

材料	溶液组成(质量分数)	脱脂规范	
		温度/℃	时间/min
铝及铝合金	NaOH:5% H_2O:95%	60~65	2
	Na_3PO_4:40~50g/L Na_2PO_3:40~50g/L Na_2SiO_3:20~30g/L	60~70	5~8

(2)**化学清理**　化学清理主要是用化学溶液与工件、焊丝表面的锈垢、氧化物发生化学反应,生成易溶物质,使工件待焊处表面、焊丝表面露出金属光泽,经化学溶液清理后的工件、焊丝还要经热水和冷水冲洗,以免残留的化学溶液腐蚀焊缝。常用化学清理溶液的组成与清理规范见表 1-59。

表 1-59　常用化学清理溶液的组成与清理规范

<table>
<tr><th rowspan="2">金属材料</th><th rowspan="2">溶液组成
(质量分数)</th><th colspan="2">清理规范</th><th rowspan="2" colspan="4">中和溶液</th></tr>
<tr><th>温度
/℃</th><th>时间
/min</th></tr>
<tr><td>碳素钢
耐热合金</td><td>HCl:100~150mL/L
H_2O:余量</td><td colspan="2">—</td><td colspan="4">先在40℃~50℃热水中冲净,然后用冷水冲洗</td></tr>
<tr><td>热轧低合金钢
热轧不锈钢</td><td>H_2SO_4:10%
HCl:10%</td><td>54~60</td><td>—</td><td colspan="4" rowspan="2">先在60℃~70℃、质量分数为10%的苏打溶液中浸泡,然后在冷水中冲洗干净</td></tr>
<tr><td>热轧耐热钢
热轧高温合金</td><td>H_2SO_4:10%</td><td>80~84</td><td>—</td></tr>
<tr><td>含铜量高的
铜合金</td><td>H_2SO_4:12.5%
Na_2SO_4:1%~3%</td><td>20~77</td><td>—</td><td colspan="4" rowspan="2">先在50℃的热水中浸泡,然后再用冷水冲洗</td></tr>
<tr><td>含铜量低的
铜合金</td><td>H_2SO_4:10%
$FeSO_4$:10%</td><td>50~60</td><td>—</td></tr>
<tr><td rowspan="2">纯铝</td><td>NaOH:15%</td><td>室温</td><td>10~15</td><td rowspan="3">冷水冲洗</td><td rowspan="3">HNO_3:30%
(质量分数)
室温浸泡
≤2min</td><td rowspan="3">冷水冲洗</td><td rowspan="3">先在100℃~110℃下烘干,然后再低温干燥</td></tr>
<tr><td>NaOH:4%~5%</td><td>60~70</td><td>1~2</td></tr>
<tr><td>铝合金</td><td>NaOH:8%</td><td>50~60</td><td>5~10</td></tr>
</table>

续表 1-59

金属材料	溶液组成 (质量分数)	清理规范		中和溶液
		温度/℃	时间/min	
镁及镁合金	150～200g/L 铬酸水溶液	20～40	7～15	在50℃热水中冲洗
钛合金	HF:10% HNO_3:30% H_2O:60%	室温	1	在冷水中冲洗

(3)**机械清理** 工件待焊处表面的金属氧化膜也可以用砂轮打磨、钢丝刷打磨、刮刀刮削和喷砂等方法清除，经机械清理后的工件待焊处端面及正背面还要用丙酮或酒精擦洗，以清除残留的污物或油污。

(4)**待焊处表面清理后至焊接结束的允许时间** 工件待焊处表面清理后，要尽快地焊接完毕，以免清理后的工件表面在存放过程中再次锈蚀或氧化而影响焊接质量。待焊处表面清理后至焊接结束的允许时间见表 1-60。

表 1-60 待焊处表面清理后至焊接结束的允许时间

金属材料	焊接方法	允许存放时间/h	
		机械清理	化学清理
钢	熔焊、钎焊、点焊、缝焊	<24	<24
铝及铝合金	熔焊、钎焊	2～3	<120
	点焊、缝焊	<2	<72

2. 焊后清理

工件焊完后，在对焊缝进行外观检查和无损检测之前，要及时对焊缝进行焊后清理，目的是防止焊渣和残留的焊剂腐蚀焊缝，避免工件在使用过程中因焊渣或金属飞溅物的脱落而造成不良的后果，准确查出焊接缺陷，及时对焊接缺陷进行修补，清除焊接事故隐患。工件常用的焊后清理方法见表 1-61。

表 1-61　工件常用的焊后清理方法

金属材料	焊接方法	清理方法	焊完至清理的时间间隔/h
钢	熔焊	机械清理(通常是喷砂清理)	<120
钢	软钎焊	1. 不溶于水的钎剂,用有机溶剂清洗,如酒精、汽油、三氯乙烯、异丙醇等; 2. 对于溶于水的腐蚀性钎剂及有机酸和盐组成的钎剂用热水冲洗; 3. 对碱金属和碱土金属的氯化物钎剂,用质量分数为2%的 HCl 溶液洗涤后,再用含少量 NaOH 的热水冲洗	<24
	硬钎焊	1. 对于硼酸、硼砂钎剂,可以用机械方法清理;在 HCl 溶液中清洗;在质量分数为 10%~15%的 H_2SO_4 溶液中清洗; 2. 对含有较多氟化钾或氟硼酸钾的硼酸、硼砂钎焊熔剂,用热水冲洗或在质量分数为 10%的热柠檬酸溶液中冲洗	<24
铜及铜合金	钎焊	与钢工件的清理方法相同	<24
铝及铝合金	气焊 电弧焊	在 60℃~80℃的热水中刷洗后,放入重铬酸钾($K_2Cr_2O_7$)或质量分数为 2%~3%的铬酐(Cr_2O_3)溶液中冲洗,然后再在 60℃~80℃的热水中洗涤,最后烘干	铝锰合金 ≤6 硬铝合金 ≤1
	钎焊	一般用热水冲洗即可,也可以在热水中洗涤后,再进行酸洗(如质量分数为 10%的 HNO_3 溶液)并钝化处理	≤1

1.3.7　工件的热处理

将金属加热到一定温度,在这个温度下保持一定时间,然后以一定的冷却速度冷却至室温,这个过程称为热处理。在冷却过程中,不同的冷却速度对金属的组织和性能变化将产生很大的影响。

1. 常用的热处理方法

热处理作为一种金属加工工艺在工业中得到广泛应用,每一种钢在不同的热处理以后能获得不同的组织和性能，以适应加工和使用的需要。常用热处理方法的工艺和应用见表1-62。

表1-62 常用热处理方法的工艺和应用

热处理方法		工艺内容	应用
退火	完全退火	加热到 Ac_3 以上 20℃～50℃，保温后随炉慢冷	降低硬度，细化晶粒，消除内应力，提高塑性和韧性，适用于亚共析钢
	球化退火	加热到 Ac_1 以上 10℃～30℃，保温后随炉慢冷	用于过共析钢，降低硬度，消除内应力，得到球状珠光体
	低温退火	加热到 500℃～600℃，保温后缓冷	消除内应力，适用于铸件、焊件
	再结晶退火	加热到 600℃～700℃，保温后空气中冷却	消除加工硬化，用于冷冲和冷拉件的中间加工
	均匀化退火	加热到 1 050℃～1 150℃，保温后缓冷	消除偏析，消除铸铁件的白口组织
正火		加热到 Ac_3（亚共析钢）或 Ac_1（过共析钢）以上 30℃～50℃保温后，在空气中冷却	细化晶粒，提高力学性能，常用于低碳钢以代替退火
淬火		加热到 Ac_3（亚共析钢）或 Ac_1（过共析钢）以上 30℃～50℃，保温后急速冷却	提高硬度和耐磨性
回火	低温回火	淬火后再加热到 150℃～250℃，保温后空冷或油冷	用于量具和刃具
	中温回火	淬火后再加热到 300℃～500℃，保温后空冷或油冷	用于弹簧和热锻模
	高温回火	淬火后再加热到 500℃～600℃，保温后空冷，也称调质处理	用于受复杂重载的机器零件
渗碳		加热到 900℃～940℃，使渗碳剂中的碳原子渗入钢件表层	使零件表层硬而耐磨，中心保持软韧
氮化		加热到 500℃～600℃，使由氨分解而得的活性氮原子渗入钢件表层	使零件表层硬而耐磨，中心保持软韧，且变形较小，表面较光洁
时效		加热至 80℃～200℃，保温 5～20h 或更长时间，空冷	稳定组织和尺寸，消除残留应力，消除氢脆倾向

2. 热处理工艺代号

热处理工艺分类及代号见表 1-63。

表 1-63　热处理工艺分类及代号(GB/T 12603—2005)

工艺总称	代号	工艺类型	代号	工艺名称	代号
热处理	5	整体热处理	1	退火	1
				正火	2
				淬火	3
				淬火和回火	4
				调质	5
				稳定化处理	6
				固溶处理;水韧处理	7
				固溶处理+时效	8
		表面热处理	2	表面淬火和回火	1
				物理气相沉积	2
				化学气相沉积	3
				等离子体增强化学气相沉积	4
				离子注入	5
		化学热处理	3	渗碳	1
				碳氮共渗	2
				渗氮	3
				氮碳共渗	4
				渗其他非金属	5
				渗金属	6
				多元共渗	7

3. 热处理工艺方法的选择

选择热处理工艺时,要考虑工件的设计要求、材料特性和工艺要求。工件常用的热处理方法见表 1-64。焊接过程的加热温度由材料性质、焊接方法、结构大小等因素确定。

表 1-64 工件常用的热处理方法

热处理方法			说明
分类	目的	名称	
焊前预备热处理	改善钢材的焊接性	高温退火	使原来晶粒粗大和化学成分不均匀的部件得以改善
		低温退火	使经过冷加工变硬的钢材发生再结晶而使组织得到改善。也可防止热影响区产生裂纹，消除母材焊前存在的内应力
		回火	用于焊前母材已经淬火的钢材，使组织趋于稳定，改善焊接性
焊接过程的加热	用缓慢加热和降低冷却速度来减小工件的温度差，从而减小产生裂纹的倾向	焊前预热	将工件预先加热到所需温度，立即焊接，最后在空气中冷却
		与焊接同时加热	先预热到一定温度，然后焊接，在整个焊接过程中保持等温加热
		焊后加热	焊完立即进行加热，使焊接接头缓冷
		联合加热	焊前进行预热焊后保温缓冷
焊后热处理	消除热影响区的有害影响，改善焊缝组织，提高接头性能，降低焊接残留应力	消氢处理	加热温度控制在250℃～350℃，保温2～6h，空冷，加速氢的扩散逸出
		消除应力退火	消除焊接应力
		高温回火	
		正火	改善组织，提高性能
		淬火加回火	提高接头的综合力学性能

2 碳钢焊接技术

碳钢是指含碳量(质量分数,下同)低于1%,并含有少量Mn、Si、S、P等元素的铁碳合金。按其含碳量不同,碳钢可分为工业纯铁[$w(c) \leqslant 0.04\%$]、低碳钢[$0.04\% < w(c) \leqslant 0.25\%$]、中碳钢$0.25\% < w(c) \leqslant 0.06\%$、高碳钢[$0.60\% < w(c) \leqslant 1.00\%$]。

碳钢的焊接难易程度主要取决于含碳量,随着含碳量的增加,淬硬倾向增加,焊接性逐渐变差。特别是中、高碳钢的焊接,其冷却速度越快,形成裂纹的倾向越大,焊接难度越大。

2.1 碳钢基本知识

碳钢按化学成分可分为低碳钢、中碳钢和高碳钢;按品质可分为普通钢、优质钢、高级优质钢;按用途可分为结构钢和工具钢;按钢材脱氧程度可分为沸腾钢、半镇静钢和镇静钢;按冶炼方法可分为平炉钢、转炉钢和电炉钢。

碳钢的力学性能主要取决于含碳量,随着含碳量的增加,硬度和强度提高,塑性下降。

2.1.1 碳素结构钢

碳素结构钢产量最大,用途最广,这类钢材一般不需经过热处理,在供货状态下(一般是热轧状态,特殊情况下也以正火热处理状态供货)使用。

(1)**碳素结构钢的牌号表示方法** 在牌号组成表示方法中,“Z”与“TZ”符号可以省略。碳素结构钢的牌号表示方法如图2-1所示。

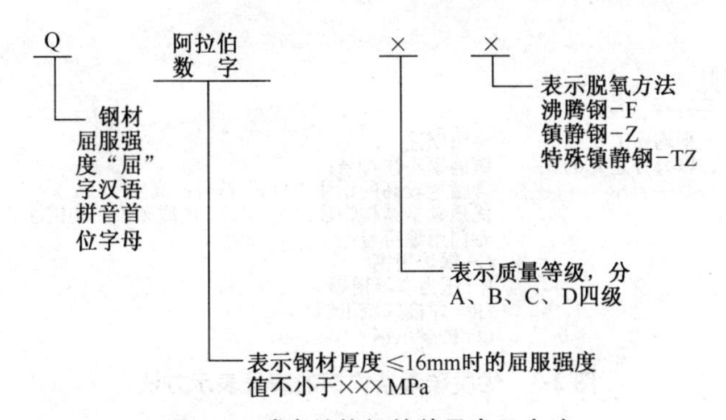

图 2-1 碳素结构钢的牌号表示方法

(2)碳素结构钢的牌号表示方法举例 如图 2-2 所示。

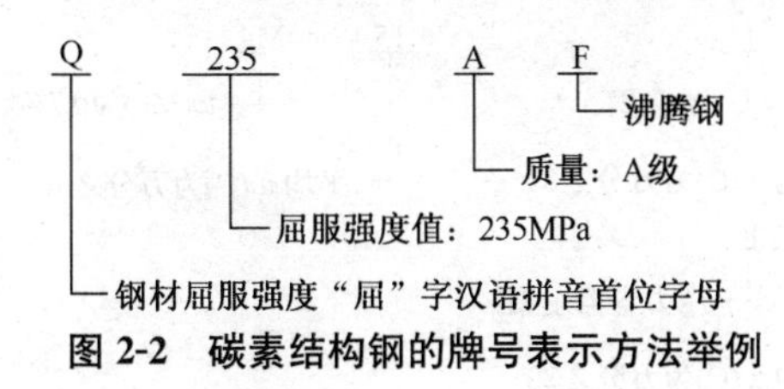

图 2-2 碳素结构钢的牌号表示方法举例

2.1.2 优质碳素结构钢

1. 优质碳素结构钢的分类

按照 GB/T 699—1999《优质碳素结构钢》规定，钢材等级按冶金质量等级分为优质钢、高级优质钢(A)、特级优质钢(E)三类。

优质碳素结构钢的质量等级、磷、硫含量和低倍组织要求见表 2-1。

表 2-1 优质碳素结构钢的质量等级、磷、硫含量和低倍组织要求

质量等级	杂质(质量分数,%)		疏松和偏析		
	w(P)	w(S)	一般疏松	中心疏松	锭型偏析
	不大于		级别,不大于		
优质钢	0.035	0.035	3.0	3.0	3.0
高级优质钢	0.030	0.030	2.5	2.5	2.5
特级优质钢	0.025	0.025	2.0	2.0	2.0

2. 优质碳素结构钢的牌号表示

(1)优质碳素结构钢的牌号表示方法 如图 2-3 所示。

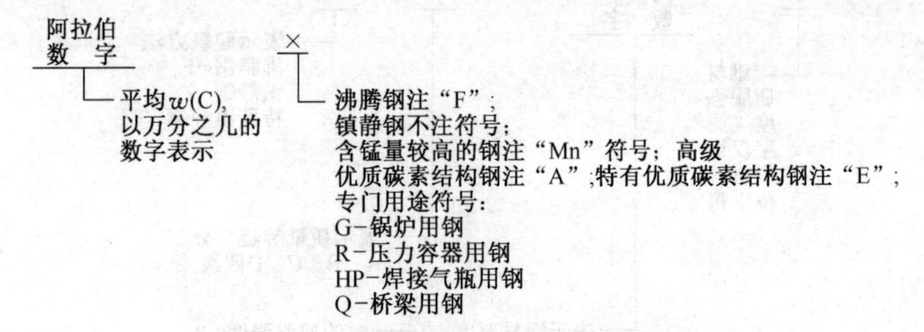

图 2-3　优质碳素结构钢的牌号表示方法

(2)优质碳素结构钢的牌号表示方法举例　如图 2-4 所示。

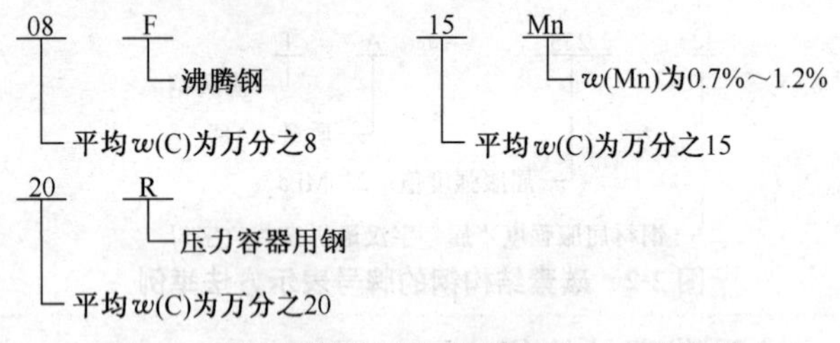

图 2-4　优质碳素结构钢的牌号表示方法举例

2.2　低碳钢的焊接

2.2.1　低碳钢的焊接特点

低碳钢由于含碳量和合金元素低、强度不高、塑性好,具有优良的焊接性。

①可以制成各种接头形式,适宜于全位置焊接。

②焊缝产生裂纹、气孔的倾向性小,只有当母材、焊接材料成分不合格,如碳、硫、磷含量偏高时,焊缝中才有可能产生热裂纹。在低温条件下焊接,裂纹倾向加大。

③低碳钢焊接通常不需要焊前预热、保持层间温度和后热,焊后也不需要热处理,只是在环境温度较低或结构刚度过大时,才考虑采取一

定的措施，如焊前预热、保持层间温度、采用低氢焊接材料等。

④当空气中的氧和氮侵入焊接熔池时，焊缝金属将被氧化或氮化。氧化亚铁的存在，可能会引起热裂纹。

⑤沸腾钢中含氧量较高，容易产生裂纹。硫和磷的含量偏高，也是使裂纹倾向增加的重要因素。

2.2.2 低碳钢的焊接工艺

1. 低碳钢焊条电弧焊

低碳钢焊条电弧焊适用于板厚在 2～50mm 的对接接头、T 形接头、十字形接头、搭接接头、堆焊等。

(1)焊接材料的选择 焊条选择的主要依据是等强原则，同时应考虑接头形式、板厚和焊接位置等。一般情况下，可选用 E43××系列的酸性焊条，特殊情况下，如大厚度工件或大刚度构件以及在低温条件下施焊等情况，才考虑采用碱性焊条。低碳钢焊接材料的选用见表 2-2。

表 2-2 低碳钢焊接材料的选用

钢号	焊条选用				说明
	一般结构		承受动载荷、复杂和厚板结构，压力容器和低温下焊接		
	国标型号	牌号	国标型号	牌号	
Q235	E4303、E4313、E4301、E4320、E4311	J421、J422、J423、J424、J425	E4316、E4315（E5016、E5015）	J426、J427（J506、J507）	一般不预热
Q275	E5016、E5015	J506、J507	E5016、E5015	J506、J507	厚板结构预热 150℃以上
08、10、15、20	E4303、E4301、E4320、E4311	J422、J423、J424、J425	E4316、E4315（E5016、E5015）	J426、J427（J506、J507）	一般不预热

续表 2-2

钢号	焊条选用				说明
	一般结构		承受动载荷、复杂和厚板结构，压力容器和低温下焊接		
	国标型号	牌号	国标型号	牌号	
25、30	E4316、E4315	J426、J427	E5016、E5015	J506、J507	厚板结构预热150℃以上
Q245R	E4303、E4301	J422、J423	E4316、E4315 (E5016、E5015)	J426、J427 (J506、J507)	一般不预热

注：括号内牌号表示可以代用。

焊条要严格按照焊条烘干说明书进行烘干和使用，防止产生气孔和氢致裂纹。烘干温度必须适中，常用焊条烘干温度与时间见表 2-3。

(2)焊接工艺要点

①焊前应清除工件表面铁锈、油污、水分等杂质，焊条必须烘干。

②为了防止空气侵入焊接区而引起气孔、裂纹，降低接头性能，应尽量采用短弧焊。

表 2-3　焊条烘干温度与时间

焊条药皮类型	烘干温度/℃	烘干时间/min
钛铁矿型	70～100	30～60
钛钙型	70～100	30～60
高氧化钛型	70～100	30～60
铁粉氧化铁型	70～100	30～60
低氢型	300～350	30～60
超低氢型	350～400	60

③热影响区在高温停留时间不宜过长，以免晶粒粗大。

④焊接角焊缝时，对接多层焊的第一道焊缝和单层单面焊缝要避免深而窄的坡口形式，以防止未焊透和夹渣等缺陷。

⑤多层焊时，应连续焊完最后一层焊缝，每层焊缝金属的厚度≤5mm。

⑥当工件的刚度较大、焊缝很长时，为避免在焊接过程中工件的裂纹倾向增加，宜采用焊前预热和焊后消除应力的热处理措施，低碳钢的加热规范见表 2-4。焊后热处理的工艺参数见表 2-5。

表 2-4　低碳钢的加热规范

钢号	材料厚度/mm	加热温度/℃	
		预热、道间	焊后回火
Q235A 10、15、20	≤50	—	—
	50～100	>100	600～650
25 Q245R	≤25	>50	600～650
	>25	>100	600～650

表 2-5　焊后热处理的工艺参数

钢　　号	材料厚度/mm	焊后回火/℃
Q235A、10、15、20	≤50	不需焊后回火
	50～100	600～650
25、Q245R	≤25	600～650
	>25	600～650

⑦当母材成分不合格，如硫、磷含量过高，工件刚度过大时，需采取预热措施。在环境温度低于－10℃下焊接厚壁构件时，应采用低氢碱性焊条，并对工件进行预热。预热温度见表 2-6。

表 2-6　预热温度

工作场所温度/℃	工件厚度/mm		预热温度/℃
	梁、柱、桁架类	导管、容器类	
－30 以下	30 以下	16 以下	100～150
－20 以下	—	17～30	
－10 以下	31～50	31～40	
0 以下	51～70	41～50	

(3)焊接参数 低碳钢、低合金钢焊条电弧焊的焊接参数见表2-7。

2. 低碳钢埋弧焊

埋弧焊生产效率比较高，所获得的焊缝光滑、美观，具有良好的综合力学性能。它可以焊接板厚在3～150mm之间的低碳钢，接头形式可以是对接接头、T形接头、十字形接头，尤其适用于焊缝比较规则的构件。

(1)焊接材料的选择 埋弧焊焊接材料包括焊丝和焊剂，两者必须合理配合使用才能获得良好的焊接效果。焊接低碳钢时，一般选用实心焊丝H08A或H08E与高锰、高硅低氟熔炼焊剂相配合，这种配合能够保证足够数量的Mn和Si过渡到熔池，从而保证焊缝脱氧良好和力学性能合格。另外，也可选用中锰、低锰或无锰的焊剂与含锰较高的焊丝(如H08MnA、H08Mn2等)相配合。近年来，烧结焊剂应用越来越广泛，可以采用SJ301、SJ401等与H08A配合焊接低碳钢，以获得优良的焊缝。低碳钢埋弧焊用的焊接材料见表2-8。

(2)焊接工艺要点

1)埋弧焊在焊接前必须做好准备工作，包括坡口及坡口附近20～50mm范围内的表面清理、工件的装配、焊丝表面的清理、焊剂的烘干等，否则会影响焊接质量。

①装配要求。间隙均匀，高低平整不错边；定位焊焊缝与正式焊缝等强度，定位焊缝一般在第一道焊缝背面，长度>30mm，且无气孔、夹渣等缺陷；直缝工件焊缝两端加装引弧板和引出板，焊后割掉。

②焊剂的烘干温度和时间见表2-9。

2)焊接场所环境温度低于0℃时，应将工件预热至30℃～50℃。

3)工件厚度>70mm时，应将工件预热至100℃～120℃。

4)定位焊的焊缝长度一般不<30mm，并应按照对主要焊缝的质量要求检查定位焊缝的质量。

5)第一层焊缝可采用焊条电弧焊或钨极氩弧焊打底。

6)当工件较厚或刚度较大时，或重要工件，如锅炉筒焊后应进行回火处理，回火温度为500℃～650℃。保温时间根据板厚确定，一般每毫米板厚保温1～2min，最短不少于30s，最长不超过3h。

表 2-7 低碳钢、低合金钢焊条电弧焊的焊接参数

焊缝空间位置	焊缝横断面形式	工件厚度或焊根尺寸/mm	第一层焊缝		其他各层焊缝		封底焊缝	
			焊条直径/mm	焊接电流/A	焊条直径/mm	焊接电流/A	焊条直径/mm	焊接电流/A
平对接焊缝		2.0	2.0	55～60	—	—	2.0	55～60
		2.5～3.5	3.2	90～120			3.2	90～120
		4.0～5.0	3.2	100～130			3.2	100～130
			4.0	160～200			4.0	160～210
			5.0	200～260			5.0	220～250
		5.0～6.0	4.0	160～210	—	—	3.2	100～130
							4.0	180～210
		≥6.0	4.0	160～210	4.0	160～210	4.0	180～210
					5.0	220～280	5.0	220～260
		≥12	4.0	160～210	4.0	160～210	—	—
					5.0	220～280		

续表 2-7

焊缝空间位置	焊缝横断面形式	工件厚度或焊根尺寸 /mm	第一层焊缝		其他各层焊缝		封底焊缝	
			焊条直径 /mm	焊接电流 /A	焊条直径 /mm	焊接电流 /A	焊条直径 /mm	焊接电流 /A
立对接焊缝		2.0	2.0	50～55	—	—	2.0	50～55
		2.5～4.0	3.2	80～110			3.2	80～110
		5.0～6.0	3.2	90～120			3.2	90～120
		7.0～10.0	3.2	90～120	4.0	120～160	3.2	90～120
			4.0	120～160				
		≥11	3.2	90～120	4.0	120～160	3.2	90～120
			4.0	120～160	5.0	160～200		
		12～18	3.2	90～120	4.0	120～160	—	—
			4.0	120～160				
		≥19	3.2	90～120	4.0	120～160		
			4.0	120～160	5.0	160～200		
横对接焊缝		2.0	2.0	50～55	—	—	2.0	50～55
		2.5	3.2	80～110			3.2	80～110
		3.0～4.0	3.2	90～120			3.2	90～120
			4.0	120～160			4.0	120～160

续表 2-7

焊缝空间位置	焊缝横断面形式	工件厚度或焊根尺寸/mm	第一层焊缝		其他各层焊缝		封底焊缝	
			焊条直径/mm	焊接电流/A	焊条直径/mm	焊接电流/A	焊条直径/mm	焊接电流/A
立角接焊缝		2.0	2.0	50～60	—	—	—	—
		3.0～4.0	3.2	90～120				
		5.0～8.0	3.2	90～120				
			4.0	120～160				
		9.0～12.0	3.2	90～120	4.0	120～160		
			4.0	120～160				
		≥7.0	3.2	90～120	4.0	120～160	3.2	90～120
			4.0	120～160				
仰角接焊缝		2.0	2.0	50～60	—	—	—	—
		3.0～4.0	3.2	90～120				
		5.0～6.0	4.0	120～160				
		≥7.0	4.0	120～160	4.0	140～160		
			3.2	90～120	4.0	140～160	3.2	90～120
			4.0	140～160			4.0	140～160

注：角焊缝船形焊可参照平角接焊缝的焊接参数。

表 2-8　低碳钢埋弧焊用的焊接材料

钢材牌号	埋弧焊焊接材料选用			
	熔炼焊剂与焊丝配合		烧结焊剂与焊丝配合	
	焊丝	焊剂牌号	焊丝	烧结焊剂
Q235R	H08A	HJ431 HJ430	H08A H08E	SJ401 SJ402(薄板、中等厚度板) SJ403
Q255	H08A	HJ431 HJ430		
Q275	H08MnA	HJ431 HJ430		
15、20	H08A H08MnA	HJ431 HJ430 HJ330	H08A H08E H08MnA	SJ301 SJ302 SJ501 SJ502 SJ503(中等厚度板)
25、30	H08MnA H10Mn2	HJ431 HJ430 HJ330		
Q245R	H08MnA H08MnSi H10Mn2	HJ431 HJ430 HJ330		

表 2-9　焊剂的烘干温度和时间

焊剂类型	烘干温度/℃	烘干时间/min
熔炼焊剂	＞150	60
烧结焊剂	200～300	60

7)焊后进行正火或退火热处理(即加热到 920℃～940℃,在空气中或炉中冷却),强度会明显下降,塑性增加。

8)焊丝 H08A 或 H08MnA 配合 HJ430,焊丝 HM10Mn2 配合 HJ330 可焊接重要的焊接件。

(3)焊接参数　下面的焊接参数不仅适用于低碳钢,对于中碳钢、低合金钢和不锈钢等,也可参照选用。

1)对接接头单面焊。厚度在 20mm 以下的对接接头,可采用单面焊。板厚在 14mm 以下,可以单面一次焊透。超过 14mm 时,应开坡口或留间隙。间隙在 5～6mm 时,可不开坡口一次焊透 20mm。应当指出,开坡口的目的并非完全是增大一次性焊透量,它还有控制熔合比和调节焊缝余高的作用。下面介绍几种单面焊焊接参数供选择时参考。

①电磁平台-焊剂垫上单面对接焊的焊接参数见表 2-10。

表 2-10 电磁平台-焊剂垫上单面对接焊的焊接参数

板厚/mm	装配间隙/mm	焊丝直径/mm	焊接电流/A	电弧电压/V	焊接速度/(cm/min)	电流种类	焊剂垫中焊剂颗粒	焊剂垫软管中的空气压力/kPa
2	0～1.0	1.6	120	24～28	73	直流(反接)	细小	81
3	0～1.5	1.6 2 3	275～300 275～300 400～425	28～30 28～30 25～28	56.7 56.7 117	交流	细小	81
4	0～1.5	2 4	375～400 525～550	28～30 28～30	66.7 83.3	交流	细小	101～152 101
5	0～2.5	2 4	425～450 575～625	32～34 28～30	58.3 76.7	交流	细小	101～152 101
6	0～3.0	2 4	475 600～650	32～34 28～32	50 67.5	交流	正常	101～152
7	0～3.0	4	650～700	30～34	61.7	交流	正常	101～152
8	0～3.5	4	725～775	30～36	56.7	交流	正常	101～152

②焊剂垫上单面对接焊的焊接参数见表 2-11。

表 2-11 焊剂垫上单面对接焊的焊接参数

板厚/mm	装配间隙/mm	焊接电流/A	电弧电压/V		焊接速度/(cm/min)
			交流	直流	
10	3～4	700～750	34～36	32～34	50
12	4～5	750～800	36～40	34～36	45
14	4～5	850～900	36～40	34～36	42
16	5～6	900～950	38～42	36～38	33
18	5～6	950～1 000	40～44	36～40	28
20	5～6	950～1 000	40～44	36～40	25

注:焊丝直径 5mm。

③焊剂铜垫板上单面对接焊的焊接参数见表 2-12。

④在永久性垫板上单面对接焊。当工件结构允许保留永久性垫板时,工件厚度在 12mm 以下的可采用永久性垫板法进行单面焊接,焊接参数可参照表 2-33 焊剂铜垫板上单面对接焊焊接参数进行调节确定。铜垫板尺寸与工件厚度之间的关系:工件厚度 δ 为 2～6mm 时,垫板厚度为 0.5δ,宽度为 $(4\delta+5)$mm;工件厚度为 6～10mm 时,垫板厚度为 $(0.3\sim0.4)\delta$,宽度仍为 $(4\delta+5)$mm。

表 2-12　焊剂铜垫板上单面对接焊的焊接参数

铜垫板形式	钢板厚度/mm	装配间隙/mm	焊丝直径/mm	焊接电流/A	电弧电压/V	焊接速度/(cm/min)	铜垫板开槽尺寸/mm		
							b	h	r
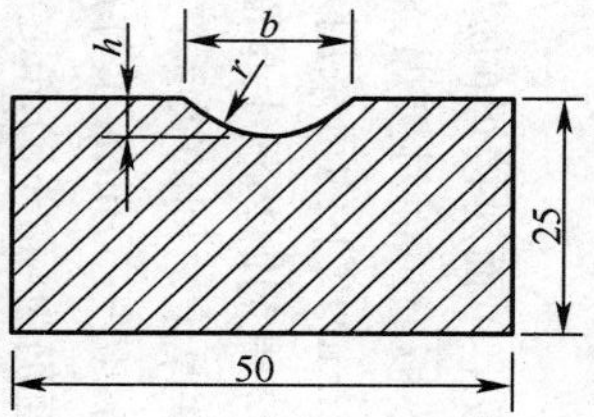	3	2	3	380～420	27～29	78.3	10	2.5	7.0
	4	2～3	4	450～500	29～31	68			
	5	2～3	4	520～560	31～33	63			
	6	3	4	550～600	33～35	63			
	7	3	4	640～680	35～37	58	12	3.0	7.5
	8	3～4	4	680～720	35～37	53.3			
	9	3～4	4	720～780	36～38	46	14	3.5	9.5
	10	4	4	780～820	38～40	46			
	12	5	4	850～900	39～41	38	—	—	—
	14	5	4	880～920	39～41	36			

⑤锁底接头单面对接焊。当工件厚度δ为10～30mm时，可采用锁底单面对接焊，锁底焊缝接头坡口形式如图2-5所示。焊接参数参照焊剂铜垫板上单面对接焊焊接参数进行调节确定。这种方法对小直径厚壁圆筒形工件的环缝焊接，可取得满意的效果。

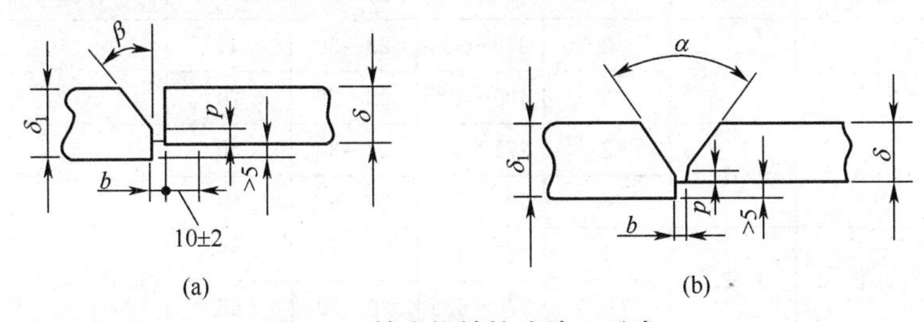

图2-5 锁底焊缝接头坡口形式

(a)$\beta=20°\sim40°, b=2\sim5mm, p=0\sim4mm$

(b)$\alpha=20°\sim40°, b=2\sim5mm, p=2\sim5mm$

2)对接接头双面焊。工件厚度>12mm时，为保证焊透，常采用双面焊；工件厚度<12mm时，为保证背面焊缝成形良好，也可采用双面焊。双面焊的第一道焊缝与单面焊一样，可以采用多种焊接方法，如悬空焊、焊剂垫上焊、临时衬垫上焊等。

①不开坡口留间隙双面埋弧焊的焊接参数见表2-13。

表2-13 不开坡口留间隙双面埋弧焊的焊接参数

工件厚度/mm	装配间隙/mm	焊接电流/A	焊接电压/V		焊接速度/(m/h)
			交流	直流(反接)	
10～12	2～3	750～800	34～36	32～34	32
14～16	3～4	775～825	34～36	32～34	30
18～20	4～5	800～850	36～40	34～36	25
22～24	4～5	850～900	38～42	36～38	23
26～28	5～6	900～950	38～42	36～38	20
30～32	6～7	950～1000	40～44	38～40	16

注：焊剂431，焊丝直径5mm；两面采用同一焊接参数，第一次在焊剂垫上施焊。

②焊剂垫上单面焊双面成形埋弧焊焊接参数见表2-14。

③焊剂垫上双面埋弧焊的焊接参数见表2-15。

表 2-14　焊剂垫上单面焊双面成形埋弧焊的焊接参数

工件厚度 /mm	装配间隙 /mm	焊丝直径 /mm	焊接电流 /A	电弧电压 /V	焊接速度 /(m/h)	焊剂垫压力 /MPa
2	0～1.0	1.6	120	24～28	43.5	0.08
3	0～1.5	2	275～300	28～30	44	0.08
		3	400～425	25～28	70	
4	0～1.5	2	375～400	28～30	40	0.10～0.15
		4	525～550	28～30	50	
5	0～2.5	2	425～450	32～34	35	0.10～0.15
		4	575～625	28～30	46	
6	0～3.0	2	475	32～34	30	0.10～0.15
		4	600～650	28～32	40.5	
7	0～3.0	4	650～700	30～34	37	0.10～0.15
8	0～3.5	4	725～775	30～36	34	0.10～0.15

表 2-15　焊剂垫上双面埋弧焊的焊接参数

工件厚度 /mm	接头形式	焊丝直径 /mm	焊接电流 /A	电弧电压 /V	焊接速度 /(m/h)
6		4	410～500	29～32	38～42
8			500～590	30～32	36～40
10			590～680	32～34	
12			680～770	34～36	
14		5	700～800	36～38	30～34
16					
25					
>40					

注：本表工件材料为碳素钢，当焊接低合金高强度钢时，焊接电流应降低 10%左右，坡口形式和详细尺寸执行 GB/T 985.2—2008。

④热固化焊剂垫双面埋弧焊的焊接参数见表 2-16。

⑤I 形坡口留间隙双面埋弧焊的焊接参数见表 2-17。

表 2-16 热固化焊剂垫双面埋弧焊的焊接参数

钢板厚度/mm	V形坡口		工件倾斜/(°)		焊道顺序	焊接电流/A	电弧电压/V	金属粉末高度/mm	焊接速度/(m/h)
	坡口角/(°)	间隙/mm	垂直	横向					
9.0	50	0~4	0	0	1	720	34	9	18
12	50	0~4	0	0	1	800	34	12	18
16	50	0~4	3	3	1	900	34	16	15
19	50	0~4	0	0	1	850	34	15	15
					2	810	36	0	
19	50	0~4	3	3	1	850	34	15	15
					2	810	36	0	
19	50	0~4	5	5	1	820	34	15	15
					2	810	34	0	
19	50	0~4	7	7	1	800	34	15	15
					2	810	34	0	
19	50	0~4	3	3	1	960	40	15	12
22	50	0~4	3	3	1	850	34	15	15
					2	850	36		12
25	50	0~4	0	0	1	1 200	45	15	12
32	45	0~4	0	0	1	1 600	53	25	12
22	40	2~4	0	0	前	990	35	12	18
					后	810	38		
25	49	2~4	0	0	前	960	35	15	15
					后	840	38		
28	40	2~4	0	0	前	990	35	15	15
					后	900	40		

注:采用双丝焊,“前、后”为焊丝顺序。

表 2-17　I 形坡口留间隙双面埋弧焊的焊接参数

工件厚度/mm	装配间隙/mm	焊接电流/A	电弧电压/V		焊接速度/(m/h)
			交流	直流(反接)	
10～12	2～3	750～800	34～36	32～34	32
14～16	3～4	775～825	34～36	32～34	30
18～20	4～5	800～850	36～40	34～36	25
22～24	4～5	850～900	38～42	36～38	23
26～28	5～6	900～950	38～42	36～38	20
30～32	6～7	950～1 000	40～44	38～40	16

注:焊剂 431,焊丝直径 5mm。

⑥开坡口的双面埋弧焊的焊接参数见表 2-18。

表 2-18　开坡口双面埋弧焊的焊接参数

工件厚度/mm	坡口形式	焊丝直径/mm	焊接顺序	焊接电流/A	焊接电压/V	焊接速度/(m/h)
14	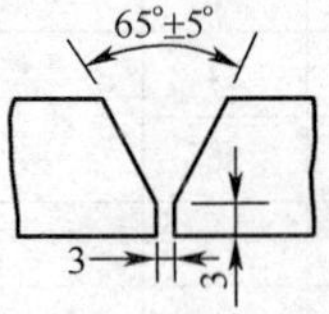	5	Ⅰ	830～850	36～38	25
			Ⅱ	600～620	36～38	45
16		5	Ⅰ	830～850	36～38	20
			Ⅱ	600～620	36～38	45
18		5	Ⅰ	830～860	36～38	20
			Ⅱ	600～620	36～38	45
22		6	Ⅰ	1 050～1 150	38～40	18
		5	Ⅱ	600～620	36～38	45
24	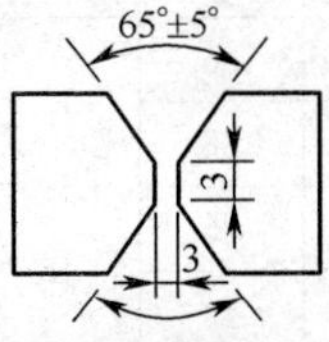	6	Ⅰ	1 050～1 150	38～40	24
		5	Ⅱ	800～840	36～38	26
30		6	Ⅰ	1 000～1 100	38～40	18
			Ⅱ	900～1 000	38～40	20

注:Ⅰ为正面焊缝,在焊剂垫上施焊;Ⅱ为反面焊缝,每面焊一层。

⑦ I形坡口无须留间隙悬空焊的焊接参数见表2-19。

表 2-19 I形坡口无须留间隙悬空焊的焊接参数

工件厚度/mm	焊丝直径/mm	焊接顺序	焊接电流/A	电弧电压/V	焊接速度/(m/h)
4.0	2.0	正	240～260	30～32	36～40
		反	300～340	32～34	
6.0	3.0	正	340～360	32～34	36～40
		反	460～480		
8.0	4.0	正	420～460	34～36	36～40
		反	520～580		
10	4.0	正	480～520	34～36	36～40
		反	640～680		
12	4.0	正	560～600	36～38	36～40
		反	700～750		
14	5.0	正	720～780	36～38	34～38
		反	820～880		
16	5.0	正	720～780	38～40	26～30
		反	820～860		
18	5.0	正	720～770	38～40	26～30
		反	820～870		
20～22	5.0	正	820～860	38～40	24～28
		反	900～950		

注：直流反接。当工件厚度≥16mm时，开60°V形坡口，钝边6～8mm。

3)厚、薄板埋弧焊焊接参数。

①厚板深坡口埋弧焊的焊接参数见表 2-20,厚板环焊缝坡口形式如图 2-6 所示。

②薄板焊接应采用细直径焊丝和细颗粒的焊剂,并装配焊剂或铜垫板,薄板埋弧焊的焊接参数见表 2-21。

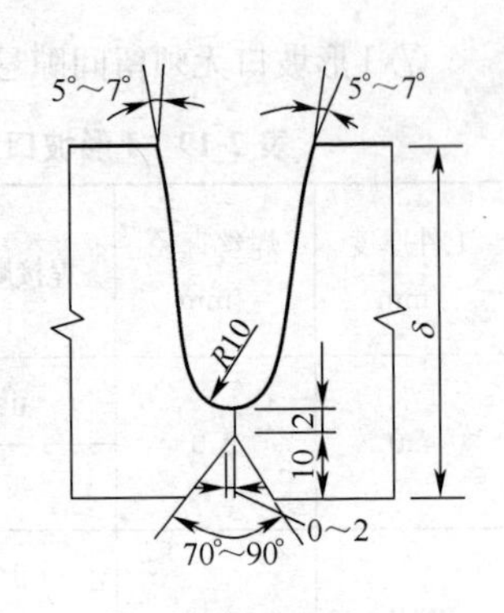

图 2-6 厚板环焊缝坡口形式

4)角焊缝埋弧焊。角焊缝最好采用船形焊,间隙为 1.0～1.5mm,间隙过大可用焊剂垫,角焊缝船形焊埋弧焊的焊接参数见表 2-22。平角焊时,单道焊的焊脚尺寸以 8mm 左右为宜,超过时,则采用多道焊,平角焊埋弧焊的焊接参数见表 2-23。

表 2-20 厚板深坡口埋弧焊的焊接参数

焊丝直径/mm	焊接电流/A	焊接电压/V		焊接速度/(m/h)
		交流	直流(反接)	
4	600～700	36～38	34～36	25～30
5	700～800	38～42	36～40	28～32

注:电流与电压由底层至外层可由下限至上限。

表 2-21 薄板埋弧焊的焊接参数(直流反接)

工件厚度/mm	装配间隙/mm	焊丝直径/mm	电弧电压/V	焊接电流/A	焊接速度/(m/h)
1.0	0～0.2	1.0	26	85～90	50
1.5	0～0.3	1.6	26	110～120	50～60
2.0	0～0.5	1.6	28	130	50
3.0	0～1.0	3.0	26～28	400～425	70

5)多丝埋弧焊。多丝焊是提高生产率、改善热循环的一种埋弧焊方法。常用的有双丝和三丝,为了特殊需要,焊丝可多至 14 根,甚至更多。用双丝或三丝时,每根焊丝单独供电,更多的焊丝可分组供电。熔深主要靠前导电弧,后续电弧主要起调节熔宽和改善成形的作用。为此,焊丝之间的距离和角度应严格控制。多丝单面埋弧焊焊接参数见表 2-24。

表 2-22 角焊缝船形焊埋弧焊的焊接参数

焊脚尺寸/mm	焊丝直径/mm	焊接电流/A	电弧电压/V		焊接速度/(m/h)
			交流	直流反接	
6.0	3.0	500～525	34～36	30～32	45～47
	4.0	575～600	34～36		52～54
8.0	3.0	550～600	34～36	32～34	28～30
	4.0	575～625	33～35		30～32
	5.0	675～725	32～34		30～32
10	3.0	600～650	33～35	32～34	20～23
	4.0	650～700	34～36		23～25
	5.0	725～775	34～36		23～25
12	3.0	600～650	34～36	32～34	12～14
	4.0	700～750	34～36		16～18
	5.0	775～825	36～38		18～20

表 2-23 平角焊埋弧焊的焊接参数

焊脚尺寸/mm	焊丝直径/mm	焊接电流/A	电弧电压/V	焊接速度/(m/h)
4.0	3.0	350～370	28～30	53～55
6.0	3.0	450～470	28～30	54～58
	4.0	480～500		58～60
8.0	3.0	500～530	30～32	44～46
	4.0	670～700	32～34	48～50

6)半自动埋弧焊。对于短小焊缝可采用半自动埋弧焊，焊接速度靠焊工手工移动焊把调节。这种焊接方法灵活方便，但受操作者的技术影响较大。一般用直径2mm以下的小盘焊丝，焊较薄工件的不规则短焊缝。半自动埋弧焊焊接参数见表2-25。

3. 低碳钢电渣焊

(1)焊接材料选择 低碳钢电渣焊焊接材料的选择见表2-26。

表 2-24　多丝单面埋弧焊的焊接参数

焊接方法	工件厚度/mm	焊丝直径为5mm	焊接电流/A	电弧电压/V	焊接速度/(cm/min)	坡口		
						θ/(°)	h_1/mm	h_2/mm
双丝	20	前	1 400	32	60	90	8	12
		后	900	45				
	25	前	1 600	32	60	90	10	15
		后	1 000	45				
	32	前	1 800	33	50	75	16	16
	35	后	1 100	45	43	75	17	18
三丝	20	前	2 200	30	110	90	11	9
		中	1 300	40				
	25	后	1 000	45	95	90	12	13
	32	前	2 200	33	70	70	17	15
		中	1 400	40				
	50	后	1 100	45	40	60	30	30

表 2-25　半自动埋弧焊的焊接参数(焊丝直径 2mm)

焊接方法	工件厚度/mm	焊接电流/A	电弧电压/V	焊接速度/(cm/min)	装配间隙/mm	允许错边/mm
对接接头熔剂垫上单面焊(交流电源)	3	275～300	28～30	67～83	≤1.5	≤0.5
	4	375～400	28～30	58～67	≤2	≤0.5
	5	425～450	32～34	50～58	≤3	≤1.0
	6	475	32～34	50～58	≤3	≤1.0
对接接头双面焊(配交流电源)	4	220～240	32～34	30～40	≤1.5	≤0.5
	5	275～300	32～34	30～40	≤1.5	≤0.5
	8	450～470	34～36	30～40	≤2	≤1.0
	12	500～550	36～40	30～40	≤2	≤1.0

续表 2-25

焊接方法	工件厚度/mm	焊接电流/A	电弧电压/V	焊接速度/(cm/min)	装配间隙/mm	允许错边/mm
船形焊	4	220～240	32～34	40～50	≤1.0	
	5	275～300	32～34	40～50	≤1.0	
	8	380～420	32～38	30～40	≤1.5	

注：工件厚度栏的数值为焊脚长度。

表 2-26　低碳钢电渣焊焊接材料的选择

钢　　号	电 极 材 料	焊　　剂[1]
Q235 10	H08MnA H10MnSi	HJ360 HJ431 HJ170[2]
15、20 25	H10MnSi H10Mn2	
Q245R	H10MnSi H08Mn2Si	

注：①埋弧焊焊剂 HJ250、HJ350、HJ430、HJ431 也广泛用于电渣焊。

②HJ170 在固态时具有一定的导电性，多用于电渣焊开始时建立渣池。一般情况下不采用。

(2)焊接工艺要点

①为防止产生裂纹和气孔，保证焊缝力学性能，应选用含有一定数量锰和硅元素的电极材料。

②由于冷却速度慢，焊接接头的熔合线附近和过热区易产生粗晶组织，故焊后应进行正火(900℃～940℃)加回火(600℃～650℃)的热处理。

③焊剂使用前应在 250℃烘箱内烘焙 1～2h。

④焊后热处理：正火 910℃～940℃，保温 1min/mm；回火 590℃～650℃，保温 2～3min/mm。

(3)焊接参数

①丝极电渣焊的焊接参数见表 2-27。

表 2-27　丝极电渣焊的焊接参数

钢号	工件厚度/mm	装配间隙/mm	焊丝根数	焊接电流/A	电弧电压/V	焊接速度≤/(m/h)	送丝速度/(m/h)	渣池深度/mm	说明
Q235 20	70	30	1	650～680	49～51	1.5	360～380	60～70	直焊缝
	120	33	1	770～800	52～56	1.0	440～460	60～70	
25	70	30	1	370～390	46～48	0.8	170～180	45～55	
	120	33	1	560～570	52～56	0.7	300～310	60～70	
	370	36	3	560～570	50～56	0.6	300～310	60～70	
	430	38	3	650～660	52～58	0.6	360～370	60～70	
25	80	33	1	400～420	42～46	0.8	190～200	45～55	环形焊缝，工件外圆直径为600mm
	120	33	1	470～490	50～54	0.7	240～250	55～60	
	120	33	1	520～530	50～54	0.7	270～280	60～65	环形焊缝，工件外圆直径为1200mm
	160	34	2	410～420	46～50	0.7	190～200	45～55	
	200	34	2	450～460	46～52	0.7	220～230	55～60	
	240	35	2	470～490	50～54	0.7	240～250	55～60	
	340	36	3	490～500	50～54	0.7	250～260	60～65	环形焊缝，工件外圆直径为2000mm
	380	36	3	520～530	52～56	0.6	270～280	60～65	
	420	36	3	550～560	52～56	0.6	290～300	60～65	

注：焊丝直径为3.0mm。

②熔嘴电渣焊的焊接参数见表2-28。

表 2-28　熔嘴电渣焊的焊接参数

钢号	结构形式	接头形式	工件厚度/mm	装配间隙/mm	熔嘴个数/个	电弧电压/V	焊接速度≤/(m/h)	送丝速度/(m/h)	渣池深度/mm
Q235 20	非刚性固定结构	对接	80	30	1	40～41	1	110～120	40～45
			120	32	1	42～46	1	180～190	40～55
		T形接	80	32	1	44～48	0.8	100～110	40～45
			120	34	1	46～52	0.8	160～170	45～55

续表 2-28

钢号	结构形式	接头形式	工件厚度/mm	装配间隙/mm	熔嘴个数/个	电弧电压/V	焊接速度≤/(m/h)	送丝速度/(m/h)	渣池深度/mm
Q235 20	刚性固定结构	对接	100	32	1	40～44	0.6	75～80	30～40
			150	32	1	44～50	0.4	90～100	30～40
		T形接	80	32	1	42～46	0.5	60～65	30～40
			120	34	1	44～50	0.4	80～85	30～40
25	非刚性固定结构	对接	80	30	1	38～42	0.6	70～80	30～40
			120	32	1	40～44	0.6	100～110	40～45
			200	32	1	46～54	0.5	150～160	45～55
		T形接	80	32	1	42～46	0.5	60～70	30～40
			120	34	1	44～50	0.5	80～90	30～40
	大断面结构	对接	400	32	3	38～42	0.4	65～70	30～40
			600	34	4	38～42	0.3	70～75	30～40
			800	34	6	38～42	0.3	65～70	30～40

注：焊丝直径为3mm，熔嘴板厚为10mm，熔嘴管规格为ϕ10mm×2mm。

③管极电渣焊的焊接参数见表2-29。

表 2-29 管极电渣焊的焊接参数

钢号	结构形式	接头形式	工件厚度/mm	装配间隙/mm	管极数/根	电弧电压/V	焊接速度≤/(m/h)	送丝速度/(m/h)	渣池深度/mm
Q235 20	非刚性固定结构	对接	40	28	1	42～46	2	230～250	55～60
			60	28	2	42～46	1.5	120～140	40～45
			80	28	2	42～46	1.5	150～170	45～55
			100	30	2	44～48	1.2	170～190	45～55
			120	30	2	46～50	1.2	200～220	55～60
		T形接	60	30	2	46～50	1.5	80～100	30～40
			80	30	2	46～50	1.2	130～150	40～45
			100	32	2	48～52	1.0	150～170	45～55

续表 2-29

钢号	结构形式	接头形式	工件厚度/mm	装配间隙/mm	管极数/根	电弧电压/V	焊接速度≤/(m/h)	送丝速度/(m/h)	渣池深度/mm
Q235 20	刚性固定结构	对接	40	28	1	42～46	0.6	60～70	30～40
			60	28	2	42～46	0.6	60～70	30～40
			80	28	2	42～46	0.6	75～80	30～40
			100	30	2	44～48	0.6	85～90	30～40
			120	30	2	46～50	0.5	95～100	30～40
		T形接	60	30	2	46～50	0.5	60～65	30～40
			80	30	2	46～50	0.5	70～75	30～40
			100	32	2	48～52	0.5	80～85	30～40

注：管极采用无缝钢管，规格为 ϕ12mm×3mm 或 ϕ14mm×4mm。

4. 气体保护焊

焊接低碳钢最常用的气体保护焊方法是二氧化碳气体保护焊和混合气体保护焊。二氧化碳气体保护焊生产效率高，焊接变形小，对油、锈不太敏感，操作简单，成本低，在工矿企业中应用广泛，比较适合于薄板的焊接。混合气体保护焊是在氩气中加入一定的二氧化碳和氧气，以改善纯氩时的电弧特性，飞溅小，焊缝成形好，可用于平焊、立焊、横焊和仰焊以及全位置焊接，该方法也适合于薄板的焊接。

(1)焊接材料选择 气体保护焊的焊接材料主要是保护气和焊丝。对于二氧化碳气体保护焊，其保护气是二氧化碳，纯度不低于99.5%，焊接材料的选择主要指焊丝的选择。焊丝可分为实心焊丝和药芯焊丝。二氧化碳气体保护焊焊接材料选择见表 2-30。

表 2-30 二氧化碳气体保护焊焊接材料选择

焊丝牌号	焊丝性能或用途
H08MnSi、H08MnSiA、H10MnSi	适用于一般低碳钢的焊接
H08Mn2SiA	具有良好的工艺性能和较高的力学性能
H04Mn2SiTiA、H04MnSiAlTiA	适用于对焊接质量要求较高的工件
YJ502、YJ507、YZ-J502、YZ-J506、YZ-J507	熔敷效率高，对焊接电源无特殊要求，调整合金成分方便，焊缝力学性能比较好，适用于中厚钢板平、横焊的半自动焊和自动焊

采用混合气体保护焊时，混合气体中所加的氧气和二氧化碳的比例不同，气体的氧化性也不同。从焊缝的强度考虑，焊丝成分应该与基本金属相适应。由于气体的氧化性不同，焊接过程中对合金的烧损也不同，选择焊丝成分时应考虑气体成分。焊丝中可以适当提高硅、锰等脱氧元素的含量，其他成分可以与母材相一致，也可以有若干差别。部分二氧化碳焊丝可以用于混合气体保护焊。碳钢焊接的混合气体选择见表 2-31。混合气体保护焊焊接钢时的典型焊丝成分见表 2-32。

表 2-31　碳钢焊接的混合气体选择

过渡形式	保护气体	主要特点
射流过渡（包括颗粒过渡）	Ar+1%～5%O_2 Ar+10%～20%CO_2	弧稳，熔池流动性好，飞溅小，改善成形，比纯氩保护可适当提高焊接速度
短路过渡	Ar+25%CO_2	适用于<3mm 薄板不焊透的高速焊，变形最小、飞溅最小
	Ar+50%CO_2	适用于>3mm 板材，飞溅小，在立焊及仰焊时控制熔池较好

表 2-32　混合气体保护焊焊接钢时的典型焊丝成分

（质量分数，%）

种类	C	Mn	Si	S	P	Ti	用途
A	0.08	1.58	0.99	0.016	0.013	—	供强氧化性气体用的高锰、高硅焊丝
B	0.08	1.53	0.8	0.008	0.020	0.18	
C	0.07	1.03	0.49	0.017	0.016	—	供富氩混合气体用的低锰、低硅焊丝
D	0.06	1.20	0.57	0.008	0.013	0.07	

(2)焊接工艺要点

①采用混合气体以及氧化气体作为保护气时，电弧气氛的氧化性比较强，因此，对于工件表面的锈、油污等污物不太敏感，对于一些不重要的构件，可不进行焊前清理。

②必须使用经过干燥的 CO_2 气体，采用硅胶或脱水硫酸铜作为干

燥剂。为减少 CO_2 气体中的水分，可将 CO_2 气瓶倒置 1～2h，瓶内水分沉积在瓶口处，开阀放水，每 0.5h 左右放水 1 次，2～3 次后将气瓶放正待用。使用前也要开阀放出潮湿的 CO_2 气体和杂质后，才能用于焊接。当气瓶中气体压力低于 1MPa 时，不可再用于焊接。

③焊接场所的风速应＜1m/s；否则应采取挡风的措施。

④定位焊焊缝长度和间距按母材厚度选定，母材厚度＜4mm 时，定位焊缝长约 10mm，间距 50～70mm；母材厚度＞6mm 时，定位焊缝长度 20～50mm，间距 100～500mm。应严格检查焊缝质量，定位焊缝上出现的裂纹、气孔或夹渣等焊接缺陷必须清除后补焊，再正式焊接。

⑤为使电弧稳定燃烧，应采用较高的电流密度，但电弧电压不宜过高。电弧电压过高将引起金属飞溅，并降低焊缝力学性能。

(3)焊接参数

①推荐的半自动和自动焊的焊接参数见表 2-33。

②细丝 CO_2 气体保护半自动焊的焊接参数见表 2-34。

③粗丝 CO_2 气体保护焊的焊接参数见表 2-35。

④角焊缝 CO_2 气体保护焊的焊接参数见表 2-36。

⑤药芯焊丝(ϕ2.4mm)CO_2 保护横向自动焊的焊接参数见表 2-37。

表 2-33　推荐的半自动和自动焊的焊接参数(JB/T 9186—1999)

<table>
<tr><th>接头形式</th><th>母材厚度/mm</th><th>坡口形式</th><th>焊接位置</th><th>垫板</th><th>焊丝直径/mm</th><th>焊接电流/A</th><th>电弧电压/V</th><th>气体流量/(L/min)</th><th>自动焊焊接速度/(m/h)</th><th>极性</th></tr>
<tr><td rowspan="9">对接接头</td><td rowspan="3">1～2</td><td rowspan="9">I形</td><td rowspan="2">F</td><td>无</td><td rowspan="2">0.5～1.2</td><td>35～120</td><td>17～21</td><td rowspan="2">6～12</td><td>18～35</td><td rowspan="9">直流反接</td></tr>
<tr><td>有</td><td>40～150</td><td>18～23</td><td>18～30</td></tr>
<tr><td>V</td><td rowspan="2">无</td><td>0.5～0.8</td><td>35～100</td><td>16～19</td><td>8～15</td><td>—</td></tr>
<tr><td rowspan="3">2.0～4.5</td><td rowspan="2">F</td><td>0.8～1.2</td><td>100～230</td><td>20～26</td><td rowspan="3">10～15</td><td rowspan="2">20～30</td></tr>
<tr><td>有</td><td>0.8～1.6</td><td>120～260</td><td>21～27</td></tr>
<tr><td>V</td><td rowspan="2">无</td><td>0.8～1.0</td><td>70～120</td><td>17～20</td><td>—</td></tr>
<tr><td rowspan="2">5～9</td><td rowspan="3">F</td><td rowspan="2">1.2～1.6</td><td>200～400</td><td>23～40</td><td>15～20</td><td>20～42</td></tr>
<tr><td>有</td><td>250～420</td><td>26～41</td><td>15～25</td><td>18～35</td></tr>
<tr><td>10～12</td><td>无</td><td>1.6</td><td>350～450</td><td>32～43</td><td>20～25</td><td>20～42</td></tr>
</table>

续表 2-33

接头形式	母材厚度/mm	坡口形式	焊接位置	垫板	焊丝直径/mm	焊接电流/A	电弧电压/V	气体流量/(L/min)	自动焊焊接速度/(m/h)	极性
对接接头	5～40	单边V形	F	无	1.2～1.6	200～450	23～43	15～25	20～42	直流反接
				有		250～450	26～43	20～25	18～35	
			V	无	0.8～1.2	100～150	17～21	10～15	—	
			H		1.2～1.6	200～400	23～40	15～25		
	5～50	V形	F			200～450	23～43		20～42	
				有		250～450	26～43	20～25	18～35	
			V	无	0.8～1.2	100～150	17～21	10～15	—	
	10～80	K形	F		1.2～1.6	200～450	23～43	15～25	20～42	
			V		0.8～1.2	100～150	17～21	10～15	—	
			H		1.2～1.6	200～400	23～40	15～25		
	10～100	X形	F			200～450	23～43		20～42	
			V		1.0～1.2	100～150	19～21	10～15	—	
	20～60	U形	F		1.2～1.6	200～450	23～43	20～25	20～42	
	40～100	双U形								
T形接头	1～2	I形	F	无	0.5～1.2	40～120	18～21	6～12	18～35	直流反接
			V		0.5～0.8	35～100	16～19		—	
			H		0.5～1.2	40～120	18～21			
	2.0～4.5		F		0.8～1.6	100～230	20～26	10～15	20～30	
			V		0.8～1.0	70～120	17～20		—	
			H		0.8～1.0	100～230	20～26			
	5～60		F		1.2～1.6	200～450	23～43	15～25	20～42	
			V		0.8～1.2	100～150	17～21	10～15	—	
			H		1.2～1.6	200～450	23～43	15～25		
	5～40	单边V形	F						20～42	
				有		250～450	26～43	20～25	18～35	

续表 2-33

接头形式	母材厚度/mm	坡口形式	焊接位置	垫板	焊丝直径/mm	焊接电流/A	电弧电压/V	气体流量/(L/min)	自动焊焊接速度/(m/h)	极性
T形接头	5～40	单边V形	V	无	0.8～1.2	100～150	17～21	10～15	—	直流反接
			H		1.2～1.6	200～400	23～40	15～25		
	5～80	K形	F			200～450	23～43		20～42	
			V		0.8～1.2	100～150	17～21	10～15	—	
			H		1.2～1.6	200～400	23～40	15～20		
角接接头	1～2	I形	F		0.5～1.2	40～120	18～21	6～12	20～35	
			V		0.5～0.8	35～80	16～18		—	
			H		0.5～1.2	40～120	18～21			
	2.0～4.5		F		0.8～1.6	100～230	20～26	10～15	20～30	
			V		0.8～1.0	70～120	17～20		—	
			H		0.8～1.6	100～230	20～26			
	5～30		F		1.2～1.6	200～450	23～43	20～25	20～42	
			V		0.8～1.2	100～150	17～21	10～15	—	
			H		1.2～1.6	200～400	23～40	15～25		
	5～40	单边V形	F			200～450	23～43		20～42	
				有		250～450	26～43	20～25	18～35	
			V	无	0.8～1.2	100～150	17～21	10～15	—	
			H		1.2～1.6	200～400	23～40	15～25		
	5～50	V形	F			200～450	23～43		20～42	
				有		250～450	26～43	20～25	18～35	
			V		0.8～1.2	100～150	17～21	10～15	—	
	10～80	K形	F	无	1.2～1.6	200～450	23～43	15～25	20～42	
			V		0.8～1.2	100～150	17～21	10～15	—	
					1.2～1.6	200～400	23～40	15～25		
搭接接头	1.0～4.5	—	H	—	0.5～1.2	40～230	17～26	8～15		
	5～30				1.2～1.6	200～400	23～40	15～25		

注：本表适用于碳钢、低合金钢二氧化碳保护焊工艺；焊接位置代号：F—平焊位置；V—立焊位置；H—横焊位置。

表 2-34　细丝 CO_2 气体保护半自动焊的焊接参数

工件厚度/mm	接头形式	装配间隙/mm	焊丝直径/mm	电弧电压/V	焊接电流/A	气体流量/(L/min)
≤1.2	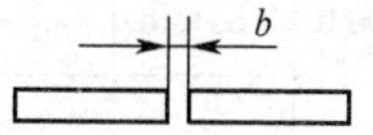	≤0.5	0.6	18～19	30～50	6～7
1.5		≤0.5	0.7	19～20	60～80	6～7
2.0	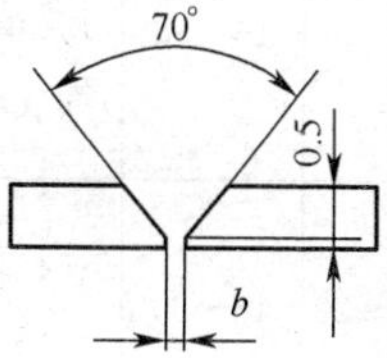	≤0.5	0.8	20～21	80～100	7～8
2.5		≤0.5	0.8	20～21	80～100	7～8
3.0		≤0.5	0.8～1.0	21～23	90～115	8～10
4.0		≤0.5	0.8～1.0	21～23	90～115	8～10
≤1.2	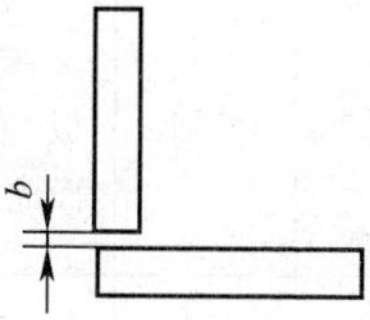	≤0.3	0.6	19～20	35～55	6～7
1.5		≤0.3	0.7	20～21	65～85	8～10
2.0		≤0.5	0.7～0.8	21～22	80～100	10～11
2.5		≤0.5	0.8	22～23	90～110	10～11
3.0		≤0.5	0.8～1.0	21～23	95～115	11～13
4.0		≤0.5	0.8～1.0	21～23	100～120	13～15

注：横焊、立焊、仰焊的电弧电压取表中下限值。

表 2-35　粗丝 CO_2 气体保护焊的焊接参数

工件厚度/mm	焊丝直径/mm	接头形式	焊接电流/A	电弧电压/V	焊接速度/(m/h)	气体流量/(L/min)	说明
3.0～5.0	1.6	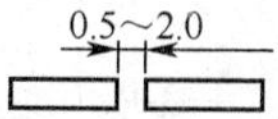	140～180	23.5～24.5	20～26	0～15	—
			180～200	28～30	20～22	0～15	焊接层数1～2
6.0～8.0	2.0	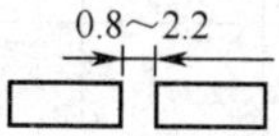	280～300	29～30	25～30	16～18	焊接层数1～2
8.0	1.6	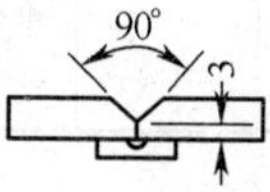	320～350	40～42	0～24	16～18	—

续表 2-35

工件厚度/mm	焊丝直径/mm	接头形式	焊接电流/A	电弧电压/V	焊接速度/(m/h)	气体流量/(L/min)	说明
8.0	1.6	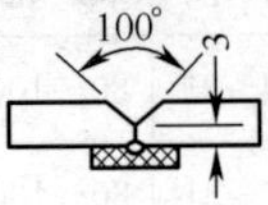 100°　3	0~450	0~41	0~29	16~18	采用铜垫板，单面焊双面成形
8.0	2.0	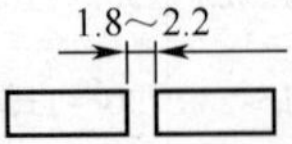 1.8~2.2	280~300	28~30	16~20	18~20	焊接层数2~3
8.0	2.0	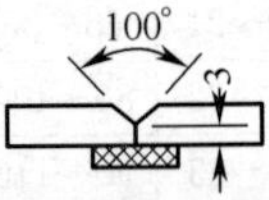 100°　3	450~460	35~36	24~28	16~18	采用铜垫板，单面焊双面成形
8.0	2.5	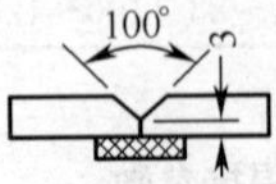 100°　3	600~650	41~42	24	0~20	采用铜垫板，单面焊双面成形
8.0~12.0	2.0	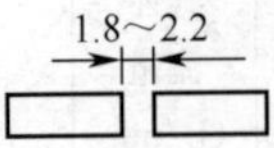 1.8~2.2	280~300	28~30	16~20	18~20	焊接层数2~3
16	1.6	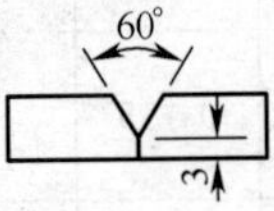 60°　3	320~350	34~36	0~24	0~20	—
22	2.0	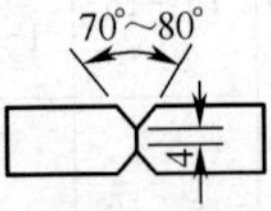 70°~80°　4	380~400	38~40	24	16~18	双面分层堆焊

注：焊接电流＜350A时，可采用半自动焊。

表 2-36 角焊缝 CO_2 气体保护焊的焊接参数

焊丝直径/mm	焊脚尺寸/mm	焊接层数	焊接电流/A	电弧电压/V	焊接速度/(m/h)	焊丝伸出长度/mm	气体流量/(L/min)
1.6	5～6	1	260～280	27～29	20～26	18～20	16～18
2.0	5～6	1	280～300	28～30	26～28	20～22	16～18
2.0	7～9	1～2	300～350	30～32	28～30	20～24	17～19
2.0	9～11	2	300～350	30～32	25～28	20～24	17～19
2.0	11～14	3	300～350	30～32	25～28	20～24	18～20
2.0	13～16	4～5	300～350	30～32	25～28	20～24	18～20
2.0	22～24	9	300～350	30～32	24～26	20～24	18～20
2.0	27～30	12	300～350	30～32	24～26	20～24	18～20
2.5	7～8	1	300～350	30～32	25～28	20～24	18～20

注：工件厚度≥5.0mm。

表 2-37 药芯焊丝(ϕ2.4mm)CO_2 保护横向自动焊的焊接参数

对接形式及坡口	焊接次序	焊接电流/A	电弧电压/V	焊接速度/(m/h)	焊丝倾角/(°)
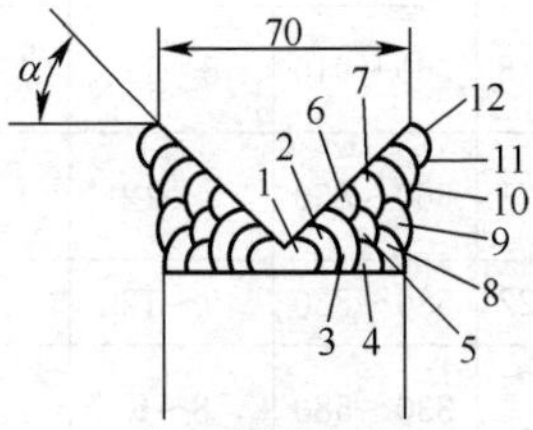 α 70 1 2 3 4 5 6 7 8 9 10 11 12 (α=43°～45°)	1	280	25	30	25
	2	350	29	22	20
	3	390	29	22	20
	4	340	28	14	20
	5	380	29	22	20
	6	350	27	22	20
	7	340	25	20	20
	8	300	26	22	20
	9	300	27	22	20
	10	300	27	22	20
	11	300	27	22	20
	12	280	25	25	10

低碳钢短路过渡、射流过渡时焊接电流的取值范围见表 2-38，碳钢脉冲焊焊接电流的取值范围见表 2-39。Ar＋25％CO_2混合气体保护立焊时的典型焊接参数见表 2-40。

表 2-38　低碳钢短路过渡、射流过渡时焊接电流的取值范围

保护气体	过渡形式	焊接电流/A				
		焊丝直径/mm				
		0.8	1.2	1.6	2.0	4.0
Ar＋20％～25％CO_2	短路过渡	70～220	100～330	140～440	160～520	—
	射流过渡	220～280	380～440	440～500	520～600	—
Ar＋5％O_2	射流过渡	140～260	190～320	250～450	270～530	400～700

表 2-39　碳钢脉冲焊焊接电流的取值范围

保护气体	焊接电流/A						
	焊丝直径/mm						
	0.8	1.0	1.2	1.6	2.0	3.0	4.0
Ar＋20％～20％CO_2	50～160	—	85～225	—	—	—	—
Ar＋5％O_2	45～160	60～200	75～210	110～300	140～320	160～400	190～420

表 2-40　Ar＋25％CO_2 混合气体保护立焊时的典型焊接参数

板厚/mm	坡口尺寸及形式	焊道层数	焊丝直径/mm	焊接电流/A	电弧电压/V	焊接速度/(mm/min)	气体流量/(L/min)	焊接方向
0.8～1.0	0~1	1	0.8～1.0	90～130	17～18	660～910	8～11	1
1.2～2.0			0.8～1.2	140～220	18～21	660～830	8～12	1
2～3			1.0～1.4	150～240	20～22	580～830	9～12	1
4～6	1.0~1.5	1	1.0～1.4	140～180	19.0～21.5	330～580	8～9	1
		2	1.0～1.4	160～260	20～23	330～660	8～9	1
8～10	1.0~1.5	1	1.2～1.4	160～200	19～21	330～500	9～10	1
		2～4	1.2～1.4	160～210	19.0～21.5	115～200	9～10	2

续表 2-40

板厚/mm	坡口尺寸及形式	焊道层数	焊丝直径/mm	焊接电流/A	电弧电压/V	焊接速度/(mm/min)	气体流量/(L/min)	焊接方向
16～20	60°	1	1.2～1.4	180～250	20.0～22.5	300～410	9～10	1
		2～4	1.2～1.4	160～220	20.0～21.5	115～170	9～10	2
20	1~2	1	1.2～1.4	180～250	20.0～22.5	300～410	9～10	1
		2	1.2～1.4	160～300	20～26	115～170	9～10	2
32	60°	1	1.2～1.4	180～250	20.0～27.5	280～380	9～10	1
		2～3	1.2～1.4	160～300	20～26	115～85	9～10	2

注：焊接方向一栏中1表示从上向下，2表示从下向上。

5. 气焊

(1)焊丝的选择　低碳钢气焊焊丝选择见表2-41。

表 2-41　低碳钢气焊焊丝选择

工件性质	一般工件	要求较高工件	中等强度工件	较高强度工件
焊丝牌号	H08、H08A	H08Mn、H08MnA	H15A	H15Mn

(2)焊接工艺要点

①气焊(氧乙炔焊)一般用于母材厚度≤6mm的工件。

②焊前应仔细除去焊丝和工件上的油污、铁锈、漆迹等，保证焊丝和工件的清洁。

③焊接选用中性火焰。

④为防止产生粗晶组织或过烧，在保证焊透和焊缝成形良好的情况下尽量加快焊接速度。

(3)焊接参数　低碳钢气焊的焊接参数见表2-42。

表2-42　低碳钢气焊的焊接参数

工件厚度 /mm	对接		T形接		搭接		端接	
	氧气压力 /MPa	焊丝直径 /mm	氧气压力 /MPa	焊丝直径 /mm	氧气压力 /MPa	焊丝直径 /mm	氧气压力 /MPa	焊丝直径 /mm
0.5+0.5	0.15	1.0	0.15	1.0	0.15	1.0	0.15	1.0
0.5+1.0	0.15	1.0	0.15	1.0	0.15	1.0	0.15	1.0
0.8+0.8	0.15	1.0	0.15	1.0	0.15	1.0	0.15	1.0
0.8+1.5	0.15	1.0	0.15	1.0～1.5	0.15	1.0	0.15	1.0
1.0+1.0	0.15	1.0～1.5	0.15	1.0	0.15	1.0～1.5	0.15	1.0
1.0+2.0	0.15	1.5	0.15	1.5	0.15	1.5	0.15	1.5
1.0+3.0	0.20	1.5	0.2	1.5	0.20	1.5	0.20	1.5
1.5+1.5	0.20	1.5	0.2	1.5	0.20	1.5	0.20	1.5
1.5+3.0	0.25	2.0	0.25	2.0	0.25	2.0	0.20	2.0
2.0+2.0	0.25	2.0	0.25	2.0	0.25	2.0	0.20	2.0
2.0+3.0	0.25	2.0	0.25	2.0	0.25	2.0	0.25	2.0
2.5+2.5	0.25	2.0	0.3	2.0	0.30	2.0	0.25	2.0
3.0+3.0	0.30	2.5	0.3	2.5	0.30	2.5	0.30	2.5

6. 电阻焊的点焊缝焊

(1)点焊　低碳钢具有良好的点焊和缝焊性能，对热循环敏感性差，不易产生焊接裂纹。可在普通点焊机和缝焊机上进行焊接，焊接时，电极压力不宜过大，硬规范焊接较薄的工件时，有时会引起淬硬现象。

1)点焊工艺要点。

①焊接前应清除工件表面的油、锈、氧化皮等污物，一般可采用机械打磨方法和化学清洗方法。

②工件装配。装配间隙一般为0.5～0.8mm；采用夹具或夹子将工件夹牢。

③焊接顺序与操作技术。所有焊点都尽量在电流分流值最小的条

件下进行点焊；焊接时，应先进行定位点焊，定位点焊应选择在结构最重要和难以变形的部位，如圆弧上、肋条附近等；尽量减小变形；当接头的长度较长时，点焊应从中间向两端进行。

④点焊过程。

a. 预压阶段。预压阶段的主要作用是使焊接工件紧密接触，形成良好的导电通路。一般情况下，预压力等于焊接压力。焊接开始时，预压力太小，接触电阻太大会引起强烈的焊前飞溅。为了提高生产效率，在预压力达到稳定的前提下，应尽量缩短预压时间。

b. 通电加热阶段。通电加热阶段又称焊接阶段。在通电加热的初始阶段，接触点扩大，固态金属因加热而膨胀，在焊接压力作用下，形成密封熔核的塑性金属环。塑性金属环使熔核金属与空气隔绝，防止空气中的气体与熔核中的金属发生冶金反应，得到成分基本不变的熔核金属。当塑性金属环破裂时，熔化金属会喷射出来，产生飞溅。

c. 冷却结晶阶段。冷却结晶阶段又称锻压阶段。切断电流后，熔核在电极压力作用下，以极快的速度冷却结晶。熔核结晶是在封闭的塑性金属环内进行的，结晶不能自由收缩，电极压力可以使正在结晶的组织变得致密，而不至于产生疏松或裂纹。

2)点焊焊接参数。

①低碳钢点焊的焊接参数见表 2-43。

②低碳钢板点焊的焊接参数见表 2-44。

③镀锌钢板点焊的焊接参数见表 2-45。

④低碳钢采用 2 组 A 类电极多脉冲单点焊的焊接参数见表 2-46。

(2)缝焊

1)缝焊工艺要点。

①焊前表面清理。焊前应对接头两侧附近宽约 20mm 处进行清理。

②缝焊的分类。

a. 搭接缝焊。以双面缝焊为最常见。此外，还有单面单缝缝焊，单面双缝缝焊、小直径圆周缝焊等。

b. 压平缝焊。其搭接量比一般缝焊时要小得多，为板厚的 1～1.5 倍，焊接时将接头压平，常用于食品容器和冷冻机衬套等产品的焊接。

表 2-43　低碳钢点焊的焊接参数

板厚/mm	电极		最小点距/mm	最小搭接量/mm	焊接参数(A类)					中等条件(B类)					普通条件(C类)				
	最大 d/mm	最小 D/mm			电极压力/kN	焊接时间/周	焊接电流/kA	熔核直径/mm	抗剪强度±14%/MPa	电极压力/kN	焊接时间/周	焊接电流/kA	熔核直径/mm	抗剪强度±17%/MPa	电极压力/kN	焊接时间/周	焊接电流/kA	熔核直径/mm	抗剪强度±20%/MPa
0.4	3.2	10	8	10	1.15	4	5.2	4.0	1.8	0.75	8	4.5	3.6	1.6	0.40	17	3.5	3.3	1.25
0.5	4.8	10	9	11	1.35	5	6.0	4.3	2.4	0.90	9	5.0	4.0	2.1	0.45	20	4.0	3.6	1.75
0.6	4.8	10	10	11	1.50	6	6.6	4.7	3.0	1.00	11	5.5	4.3	2.8	0.50	22	4.3	4.0	2.25
0.8	4.8	10	12	11	1.90	7	7.8	5.3	4.4	1.25	13	6.5	4.8	4.0	0.60	25	5.0	4.6	3.55
1.0	6.4	13	18	12	2.25	8	9.8	5.8	6.1	1.50	17	7.2	5.4	5.4	0.75	30	5.6	5.3	5.3
1.2	6.4	13	20	14	2.70	10	9.8	6.2	7.8	1.75	19	7.7	5.8	6.8	0.85	33	6.1	5.5	6.5
1.6	6.4	13	27	16	3.60	13	11.5	6.9	10.6	2.40	25	9.1	6.7	10.0	1.15	43	7.0	6.3	9.25
1.8	8.0	16	31	17	4.10	15	12.5	7.4	13.0	2.75	28	9.7	7.2	11.8	1.30	48	7.5	6.7	11.00
2.0	8.0	16	35	18	4.70	17	13.3	7.9	14.5	3.00	30	10.3	7.6	13.7	1.50	53	8.0	7.1	13.05
2.3	8.0	16	40	20	5.80	20	15.0	8.6	18.5	3.70	37	11.3	8.4	17.7	1.80	64	8.6	7.9	16.85
3.2	9.5	16	50	22	8.20	27	17.4	10.3	31.0	5.00	50	12.9	9.9	28.5	2.60	88	10.0	9.4	26.60

注：d—电极端面直径；D—电极主体直径；焊接时间栏内周数已按 50Hz 电源频率修正。

表 2-44 低碳钢板点焊的焊接参数

工件厚度/mm	焊接电流/A	通电时间/s	电极压力/N	电极工作表面直径/mm
0.3	3 000～4 000	0.06～0.20	300～400	3.0
0.5	3 500～5 000	0.08～0.30	400～500	4.0
0.8	5 000～6 000	0.10～0.30	500～600	5.0
1.0	6 000～8 000	0.20～0.50	800～900	5.0
1.5	7 000～9 000	0.30～0.70	1 400～1 600	6.0
2.0	8 000～10 000	0.40～0.80	2 500～2 800	8.0
3.0	12 000～16 000	0.80～1.50	5 000～5 500	10.0

表 2-45 镀锌钢板点焊的焊接参数

工件厚度/mm	焊接电流/A	通电时间/s	电极压力/N	电极工作表面直径/mm
0.5	9 000	0.12	1 400	4.8
0.7	10 500	0.20	2 000	4.8
0.9	11 000	0.24	2 600	4.8
1.0	12 500	0.28	2 900	5.2
1.5	15 500	0.40	4 500	6.4

表 2-46 低碳钢采用 2 组 A 类电极多脉冲单点焊的焊接参数

<table>
<tr><th colspan="2">板厚/mm</th><th rowspan="3">电极直径/mm</th><th rowspan="3">电极压力/kN</th><th rowspan="3">焊接电流/kA</th><th colspan="3">焊接脉冲数</th><th rowspan="3">单点抗切力/kN</th></tr>
<tr><th rowspan="2">δ_1</th><th rowspan="2">δ_2</th><th rowspan="2">单点</th><th colspan="2">焊点中心距/mm</th></tr>
<tr><th>25～50</th><th>50～100</th></tr>
<tr><td>3</td><td>3</td><td>11</td><td>8.2</td><td>16</td><td>3</td><td>5</td><td>4</td><td>20</td></tr>
<tr><td>3</td><td>5</td><td>11</td><td>8.2</td><td>16</td><td>3</td><td>5</td><td>4</td><td>20</td></tr>
<tr><td>3</td><td>6</td><td>11</td><td>8.2</td><td>16</td><td>3</td><td>5</td><td>4</td><td>20</td></tr>
<tr><td>5</td><td>5</td><td>13</td><td>8.9</td><td>19</td><td>6</td><td>18</td><td>12</td><td>45</td></tr>
<tr><td>5</td><td>6</td><td>13</td><td>8.9</td><td>19</td><td>6</td><td>18</td><td>12</td><td>45</td></tr>
<tr><td>5</td><td>8</td><td>13</td><td>8.9</td><td>19</td><td>6</td><td>18</td><td>12</td><td>45</td></tr>
<tr><td>6</td><td>6</td><td>14</td><td>9.2</td><td>21</td><td>10</td><td>20</td><td>15</td><td>67</td></tr>
<tr><td>6</td><td>8</td><td>14</td><td>9.2</td><td>21</td><td>10</td><td>20</td><td>15</td><td>67</td></tr>
<tr><td>8</td><td>8</td><td>16</td><td>11.0</td><td>25</td><td>13</td><td>27</td><td>20</td><td>91</td></tr>
</table>

注：球面电极半径 R200mm，圆锥电极锥度 160°；加热时每一脉冲通电 18 周，间隙 5 周。

c. 垫箔对接缝焊。这是解决厚板缝焊的一种方法。当板厚为3mm时,若采用常规的搭接缝焊,焊接速度很慢,焊接电流与电极压力都比较大,会造成工件表面过热及电极黏附。采用这种工艺方法时,先将工件边缘对接,在接头通过滚轮时,不断地将两条箔带铺垫于滚轮与板件之间。由于箔带增加了焊接区的电阻,使散热困难,因而有利于熔核的形成。使用的箔带尺寸为:宽4～6mm,厚0.2～0.3mm。

d. 铜线电极缝焊。这种工艺方法是解决镀层钢板缝焊时镀层黏附滚轮的有效方法。缝焊时,铜线不断输送到滚轮与板件之间,镀层仅黏附在铜线上,不会污染滚轮。这种方法焊接成本不高,主要应用于制造食品罐。如果先将铜线轧成扁平线再送入焊接区,搭接接头和压平缝焊一样。

③缝焊的每一个焊点与点焊类似,包括预压、通电加热和冷却结晶三个阶段,其三个阶段的区别不明显。

2)缝焊焊接参数。

①低碳钢密封缝焊的焊接参数见表2-47。

表2-47 低碳钢密封缝焊的焊接参数

工件厚度/mm	焊接电流/A	通电时间/s	每分钟通电次数	电极压力/N	滚轮宽度/mm	焊接速度/(m/min)
0.5	6 000～10 000	0.01	500～1 000	800～2 000	4.0	1.0～2.0
0.8	8 000～13 000	0.06	375～750	1 000～3 000	5.0	1.0～1.5
1.0	10 000～14 000	0.06	375～550	1 200～4 000	6.0	1.0～1.3
1.2	12 000～16 000	0.08	250～400	1 500～4 500	7.0	0.8～1.0
1.5	14 000～18 000	0.10	250～350	2 000～5 500	8.0	0.6～0.8
2.0	16 000～20 000	0.12	125～200	2 500～7 000	10	0.5～0.6

②低碳钢缝焊的焊接参数见表2-48。

表 2-48 低碳钢缝焊的焊接参数

板厚/mm	滚轮尺寸/mm			电极压力/kN		最小搭接量/mm		高速焊接				中速焊接				低速焊接			
	最小 b	标准 b	最大 b	最小	标准	最小 b	标准	焊接时间/周	休止时间/周	焊接电流/kA	焊接速度/(cm/min)	焊接时间/周	休止时间/周	焊接电流/kA	焊接速度/(cm/min)	焊接时间/周	休止时间/周	焊接电流/kA	焊接速度/(cm/min)
0.4	3.7	5.3	11	2.0	2.2	7	10	2	1	12.0	280	2	2	9.5	200	3	3	8.5	120
0.6	4.2	5.9	12	2.2	2.8	8	11	2	1	13.5	270	2	2	11.5	190	3	3	10.0	110
0.8	4.7	6.5	13	2.5	3.3	9	12	2	1	15.5	260	3	2	13.0	180	2	4	11.5	110
1.0	5.1	7.1	14	2.8	4.0	10	13	2	2	18.0	250	3	3	14.5	180	2	4	13.0	100
1.2	5.4	7.7	14	3.0	4.7	11	14	2	2	19.0	240	4	3	16.0	170	3	4	14.0	90
1.6	6.0	8.8	16	3.6	6.0	12	16	3	1	21.0	230	5	4	18.0	150	4	4	15.5	80
2.0	6.6	10.0	17	4.1	7.2	13	17	3	1	22.0	220	5	5	19.0	140	6	6	16.5	70
2.3	7.0	11.0	17	4.5	8.0	14	19	4	2	23.0	210	7	6	20.0	130	6	6	17.0	70
3.2	8.0	13.6	20	5.7	10	16	20	4	2	27.5	170	11	7	22.0	110	6	6	20.0	60

注:b 为滚轮接触面宽度。

③低碳钢压平缝焊的焊接参数见表 2-49。

表 2-49 低碳钢压平缝焊的焊接参数

板厚/mm	搭接量/mm	电极压力/kN	焊接电流/kA	焊接速度/(cm/min)
0.8	1.2	4	13	320
1.2	1.8	7	16	200
2.0	2.5	11	19	140

④低碳钢垫箔缝焊的焊接参数见表 2-50。

表 2-50 低碳钢垫箔缝焊的焊接参数

板厚/mm	电极压力/kN	焊接电流/kA	焊接速度/(cm/min)
0.8	2.5	11.0	120
1.0	2.5	11.0	120
1.2	3.0	12.0	120
1.6	3.2	12.5	120
2.3	3.5	12.0	100
3.2	3.9	12.5	70
4.5	4.5	14.0	50

(3)凸焊 凸焊是在一工件的贴合面上预先加工出一个或多个凸起点,使其与另一工件表面相接触,加压并通电加热,凸起点压塌后,使这些接触点形成焊点的电阻焊方法,凸焊如图 2-7 所示。

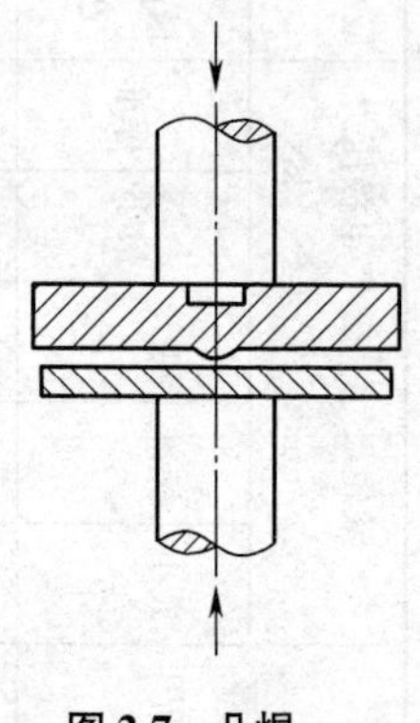

图 2-7 凸焊

1)凸焊工艺要点。

①表面清理。凸焊接头的表面清理与点焊相同。

②凸点、凸环的制备与检查。工件上的凸点形状如图 2-8 所示。以半圆形及圆锥形凸点应用最广。凸点形状和尺寸见表 2-51,凸点直径与高度的公差为±0.2mm。

a. 检查凸点的形状和尺寸(见表 2-51)及凸点有无异常现象。

b. 为保证各点的加热均匀性,凸点的高度差应≤±0.1mm。

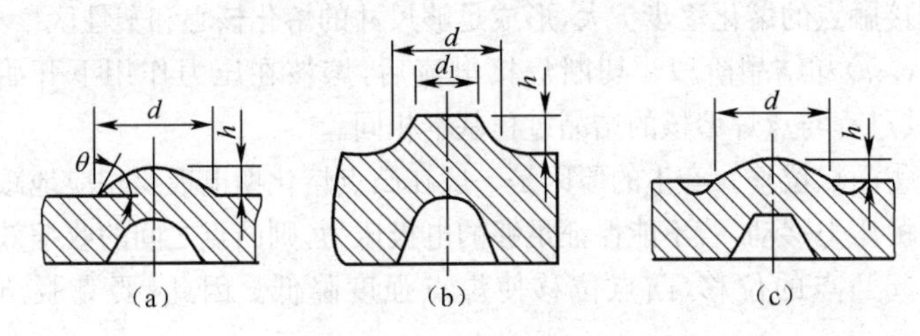

图 2-8　工件上的凸点形状

(a)半圆形　(b)圆锥形　(c)带溢出环形槽的半圆形

表 2-51　凸点形状和尺寸　　(mm)

图	δ	h	D	b	H	d
25°, R0.4, d, H, δ, h, D	0.6	0.6	2.6		0.6	
	1.0	1.0	3.0		0.9	
	1.5	1.0	4.0		1.2	
	2.0	1.2	4.5		1.6	
40°, d, H, δ, h, b, D	2.5	1.4	3.0	2.0	2.2	3.4
	3.0	1.4	3.0	2.0	2.5	3.5
	3.5	1.5	3.6	2.0	2.5	3.5
	4.0	1.5	4.5	2.0	2.5	4.0
	4.5	1.7	5.0	2.3	4.0	4.5
	5.0	1.7	5.0	2.3	4.5	5.0
	5.5	1.8	5.2	2.5	5.0	5.5
	6.0	1.8	5.2	2.5	5.5	6.0

c. 各凸点间及凸点到工件边缘的距离应≥$2D$。

d. 不等厚工件凸焊时,凸点应在厚板上。但厚度比超过 1∶3 时,凸点应在薄板上。

e. 异种金属凸焊时,凸点应在导电性和导热性较好的金属上。

③凸焊过程的三个阶段。

a. 预压阶段。在电极压力作用下,凸点与下板贴合面增大,使焊接区的导电通路面积稳定,破坏了贴合面上的氧化膜,形成良好的物理接触。

b. 通电加热阶段。该阶段由两个过程组成;压溃过程和成核过程。凸点压溃、两板贴合后形成较大的加热区,随着加热的进行,由于个别接触点的熔化逐步扩大,形成足够尺寸的熔化核心和塑性区。

c. 冷却结晶阶段。切断焊接电流后,熔核在压力作用下开始结晶,其过程与点焊熔核的结晶过程基本相同。

④凸点位移。产生的原因是一般在凸点熔化期电极要相应地跟随着电极压力移动,若不能保证足够的电极压力,则凸点之间的收缩效应将引起凸点的位移,凸点位移使焊点强度降低。因此,要克服凸点位移。

a. 凸点尺寸相对于板厚不应太小。为减小电流密度而使凸点过小,易造成凸点熔化而母材不熔化的现象,难于达到热平衡,甚至出现位移。因而,焊接电流不能低于某一限度。

b. 多点凸焊时凸点高度如不一致,最好先通预热电流使凸点变软。

c. 为达到良好的随动性,最好采用提高电极压力或减小加压系统可动部分质量的措施。

d. 凸点的位移与电流的平方成正比,因此,在能形成熔核的条件下,最好采用较低的电流值。

e. 尽可能增大凸点间距,但不宜大于板厚的 10 倍。

f. 要充分保证凸点尺寸、电极平行度及工件厚度等的精度是较困难的,因此,最好采用可转动电极,即随动电极。

2)凸焊焊接参数。

①低碳钢单点凸焊的焊接参数见表 2-52。

表 2-52 低碳钢单点凸焊的焊接参数

板厚/mm	凸点尺寸/mm		焊点最小间距/mm	电极压力/N		递增时间/周	焊接时间/周	焊接电流/kA	焊点拉切力/N
	直径	高度		焊接	锻压				
正常凸点									
4+4	8.5	1.65	45	9 560	19 000	12	54	15.8	34 700
5+5	10.5	2.13	51	13 000	26 000	17	82	18.8	50 000
6+6	12.5	2.60	61	16 700	33 400	25	121	23.3	76 900

续表 2-52

板厚/mm	凸点尺寸/mm		焊点最小间距/mm	电极压力/N		递增时间/周	焊接时间/周	焊接电流/kA	焊点拉切力/N
	直径	高度		焊接	锻压				
小 尺 寸 凸 点									
4+4	7.0	1.52	41	6 300	12 000	12	54	11.5	24 600
5+5	8.5	1.83	44	7 100	14 200	17	82	13.9	34 200
6+6	9.5	2.16	43	8 900	17 800	25	121	17.3	53 300

②低碳钢丝交叉接头凸焊的焊接参数见表 2-53。

表 2-53 低碳钢丝交叉接头凸焊的焊接参数

钢丝直径/mm	焊接时间/周	15%压下量时的参数			30%压下量时的参数		
		电极压力/N	焊接电流/kA	焊点拉切力/N	电极压力/N	焊接电流/kA	焊点拉切力/N
冷 拔 丝							
1.6	4	445	0.6	2 000	670	0.8	2 224
3.2	8	556	1.8	4 300	1 160	2.7	5 000
4.8	14	1 600	3.3	8 900	2 670	5.0	10 700
6.4	19	2 600	4.5	16 500	3 780	6.7	18 700
7.9	25	3 670	6.2	22 700	6 450	9.3	27 100
9.5	33	4 890	7.4	29 800	9 170	11.3	37 000
11.1	42	6 300	9.3	42 700	12 900	13.8	50 200
12.7	50	7 600	10.3	54 300	15 100	15.8	60 500
热 拔 丝							
1.6	4	445	0.8	1 600	670	0.8	1 780
3.2	8	556	2.8	3 300	1 160	2.8	3 800
4.8	14	1 600	5.1	6 700	2 670	5.1	7 500
6.4	19	2 600	7.1	12 500	3 780	7.1	13 400
7.9	25	3 670	9.6	20 500	6 450	9.6	22 300
9.5	33	4 890	11.8	27 600	9 170	11.8	30 300
11.1	42	6 300	14.8	39 100	12 900	14.8	42 700
12.7	50	7 600	16.5	51 200	15 100	16.5	55 170

注：压下量系电阻焊中一根钢丝压入另一根钢丝的量。

③低碳钢螺母凸焊的焊接参数见表 2-54。

表 2-54 低碳钢螺母凸焊的焊接参数

螺母的螺纹直径/mm	平板厚度/mm	A			B			接头抗扭力矩/N·mm
		电极压力/kN	焊接时间/周	焊接电流/kA	电极压力/kN	焊接时间/周	焊接电流/kA	
4	1.2	3.0	3	10	2.4	6	8	—
	2.3	3.2	3	11	2.6	6	9	
8	2.3	4.0	3	15	2.9	6	10	80.2
	4.0	4.3	3	16	3.2	6	12	
12	1.2	4.8	3	18	4.0	6	15	210
	4.0	5.2	3	20	4.2	6	17	

④低碳钢圆球和圆锥形凸焊的焊接参数见表 2-55。

表 2-55 低碳钢圆球和圆锥形凸焊的焊接参数

板厚/mm	电极接触面最小直径/mm	电极压力/kN	焊接时间/周	维持时间/周	焊接电流/kA
0.36	3.18	0.80	6	13	5
0.53	3.97	1.36	8	13	6
0.79	4.76	1.82	13	13	7
1.12	6.35	1.82	17	13	7
1.57	7.94	3.18	21	13	9.5
1.98	9.53	5.45	25	25	13
2.39	11.1	5.45	25	25	14.5
2.77	12.7	7.73	25	38	16
3.18	14.3	7.73	25	38	17

(4)对焊 对焊是将工件装配成对接接头,使其端面紧密接触,利用电阻热加热至热塑性状态,然后迅速施加顶锻力完成焊接的方法,也称对接电阻焊,其焊接面的端面形状应相同,圆棒直径、方棒边长和管

子壁厚之差不应超过15%。对焊如图2-9所示。对焊可分为电阻对焊和闪光对焊两种。

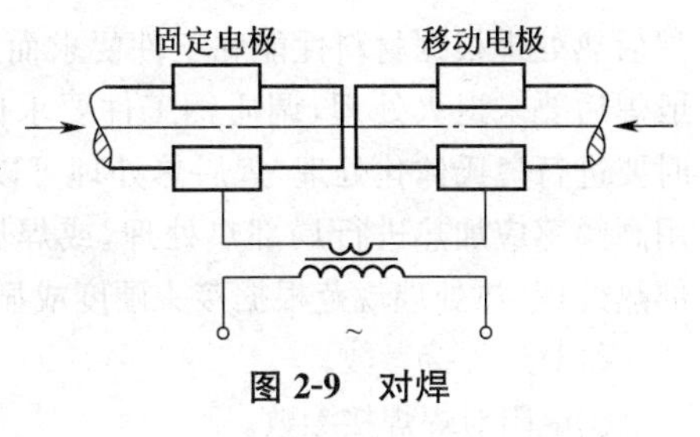

图2-9　对焊

1)对焊工艺要点。

①电阻对焊工艺要点。

a. 工件端面要求严格，必须按设计要求加工工件的端面。

b. 两工件的端面形状和尺寸应该相同，以保证两工件的加热和塑性变形一致。

c. 工件的端面以及与夹钳接触的表面必须进行严格清理。

②闪光对焊工艺要点。

a. 在工件下料时，应留出闪光和顶锻的烧损量，可采用冲剪、机加工、气割等方法加工成锥形或一定斜度的端面。

b. 焊接前对工件应进行加工和清理，并达到闪光对焊的要求且工件的端面状态和尺寸应相近。

c. 工件与电极接触面上的氧化皮和油污，必须清理干净，以防接触太大造成闪光困难或短路，甚至烧伤电极和工件。清理方法可视工件长短、量大、量小等因素合理选用。

d. 电极与工件的接触要紧密而稳定。

e. 闪光对焊分闪光和顶锻两个阶段，闪光阶段的主要作用是加热工件，闪光必须稳定而强烈；在闪光阶段结束时，立即对工件施加足够的顶锻力，接口间隙迅速减小，即进入顶锻阶段，以获得牢固接头。预热闪光对焊是在闪光阶段之前以断续的电流脉冲加热工件，然后再进入闪光和顶锻阶段。

f. 闪光对焊的焊后加工，应切除毛刺及多余的金属，进行零件矫形及焊后热处理。

g. 闪光对焊的焊后加工。切除毛刺及多余的金属时，通常采用机械方法，如车、刮、挤压等，一般在焊后趁热切除，焊大断面合金钢工件时，多在热处理后切除；零件的矫形，有些零件，如轮箍、刀具等，焊后需要矫形，矫形通常在压力机、压胀机及其他专用机械上进行；

焊后热处理根据材料性能和工件要求而定，焊接大型零件和刀具，一般焊后要求退火处理，调质钢工件要求回火处理，镍铬奥氏体钢，有时要进行奥氏体化处理，焊后热处理可以在炉中做整体处理，也可以用高频感应加热进行局部热处理，或焊后在焊机上通电加热进行局部热处理，热处理规范根据接头硬度或显微组织来选择。

2）对焊焊接参数。

①电阻对焊焊接参数。

a. 低碳钢棒材电阻对焊的焊接参数见表2-56。

表 2-56　低碳钢棒材电阻对焊的焊接参数

断面积/mm^2	伸出长度①/mm	焊接缩短量/mm		电流密度②/(A/mm)	焊接时间②/s	焊接压力/MPa
		有电	无电			
25	6+6	0.5	0.9	200	0.6	10～20
50	8+8	0.5	0.9	160	0.8	
100	10+10	0.5	1.0	140	1.0	
250	12+12	1.0	1.8	90	1.5	

注：①焊接淬火钢增加100%；②焊接淬火钢增加20%～30%。

b. 线材电阻对焊的焊接参数见表2-57。

表 2-57　线材电阻对焊的焊接参数

金属种类	直径/mm	伸出长度/mm	焊接电流/A	焊接时间/s	顶锻压力/N
碳钢	0.8	3	300	0.3	20
	2.0	6	750	1.0	80
	3.0	6	1 200	1.3	140
铜	2.0	7	1 500	0.2	100
铝	2.0	5	900	0.3	50
镍铬合金	1.85	6	400	0.7	80

注：顶锻留量等于线材直径，有电流顶锻量等于直径的0.2～0.3倍。

c. 小直径链环电阻对焊的焊接参数见表2-58。

表2-58 小直径链环电阻对焊的焊接参数

直径/mm	焊机额定功率/kV·A	次级电压/V	焊接时间/s		焊接链环数/(个/min)
			通电	断电	
19.8	250	4.4～4.55	4.5	1.0	6.4
16.7	250	3.4～3.55	5.0	1.0	6.4
15.0	175	3.8～4.0	3.0	1.0	6.6
13.5	175	3.8～4.0	2.5	1.0	8.8
12.0	175	2.8	1.5	0.8	8.6

d. 刀具对焊的焊接参数见表2-59。

表2-59 刀具对焊的焊接参数

直径/mm	面积/mm^2	次级电压/V	伸出长度/mm		留量/mm						
			工具钢	碳钢	预热	闪光	顶锻		总留量	工具钢留量	碳钢留量
							有电	无电			
8～10	50～80	3.8～4.0	10	15	1	2	0.5	1.5	5	3	2
11～15	80～180	3.8～4.0	12	20	1.5	2.5	0.5	1.5	6	3.5	2.5
16～20	200～315	4.0～4.3	15	20	1.5	2.5	0.5	1.5	6	3.5	2.5
21～22	250～380	4.0～4.3	15	20	1.5	2.5	0.5	1.5	6	3.5	2.5
23～24	415～450	4.0～4.3	18	27	2	2.5	0.5	2	7	4	3
25～30	490～700	4.3～4.5	18	27	2	2.5	0.5	2	7	4	3
31～32	750～805	4.5～4.8	20	30	2	2.5	0.5	2	7	4	3
33～35	855～960	4.8～5.1	20	30	2	2.5	0.5	2	7	4	3
36～40	1 000～1 260	5.1～5.5	20	30	2.5	3	0.5	2	8	5	3
41～46	1 320～1 660	5.5～6.0	20	30	2.5	3	1.0	2.5	9	5.5	3.5
47～50	1 730～1 965	6.0～6.5	22	33	2.5	3	1.0	2.5	9	5.5	3.5
51～55	2 000～2 375	6.5～6.8	25	40	2.5	3	1.0	3.5	10	6	3.5
58～80	2 640～5 024	7.0～8.0	25	40	2.5	4	1.5	4	12	7	5

②闪光对焊焊接参数。

a. 碳素钢与合金钢闪光对焊的焊接参数见表 2-60。

表 2-60　碳素钢与合金钢闪光对焊的焊接参数

钢类别	平均闪光速度/(mm/s)		最大闪光速度/(mm/s)	顶锻压力/MPa		顶锻速度/(mm/s)	焊后热处理
	预热闪光	连续闪光		预热闪光	连续闪光		
低碳钢	1.5～2.5	0.8～1.5	4～5	40～60	60～80	15～30	不需要
中、低碳钢	1.5～2.5	0.8～1.5	4～5	40～60	100～110	≥30	缓冷,回火
高碳钢	≤1.5	≤0.8	4～5	40～60	110～120	15～30	缓冷,回火
高合金钢	3.5～4.5	2.5～3.5	5～10	60～80	100～180	30～150	回火,正火
奥氏体钢	3.5～4.5	2.5～3.5	5～8	100～140	150～220	50～160	一般不需要

b. 低碳钢棒材闪光焊时间和留量见表 2-61。

表 2-61　低碳钢棒材闪光焊时间和留量

工件直径/mm	预热闪光对焊					连续闪光对焊			
	留量/mm			时间/s		留量/mm			时间/s
	总留量	预热与闪光	顶锻	预热	闪光与顶锻	总留量	闪光	顶锻	
5	—	—	—	—	—	6	4.5	1.5	2
10	—	—	—	—	—	8	6	2	3
15	9	6.5	2.5	3	4	13	10.5	2.5	6
20	11	7.5	3.5	5	6	17	14	3	10
30	16	12	4	8	7	25	21.5	3.5	20
40	20	14.5	5.5	20	8	40	35.5	4.5	40
50	22	15.5	6.5	30	10	—	—	—	—
70	26	19	7	70	15	—	—	—	—
90	32	24	8	120	20	—	—	—	—

C. 低碳钢钢板闪光和顶锻留量见表 2-62。

表 2-62　低碳钢钢板闪光和顶锻留量　(mm)

厚度	宽度	留量				
		总留量	闪光留量	顶锻留量		
				总留量	有电	无电
2	100	9.5	7	2	1	1
	400	11.05	9	2.5	1.5	—
	1 200	15	11	4	2	2
	2 000	17.5	15	4.5	2	2.5
3	100	12	9	3	2	1
	400	15	11	4	2.5	2
	1 200	16	13	5	2	3
	2 000	20	14	6	3	3
4～5	100	14	10	4	2	2
	400	17	12	5	2	2
	1 200	20	14	6	3	3
	2 000	21	15	6	3	3

d. 20 钢、12CrMoV 和 12Cr18Ni12Ti 钢管连续闪光焊的焊接参数见表 2-63。

表 2-63　20 钢、12Cr1MoV 和 12Cr18Ni12Ti 钢管连续闪光焊的焊接参数

钢种	尺寸 /mm	次级空载电压 /V	伸出长度 2L/mm	闪光留量 /mm	平均闪光速度 /(mm/s)	顶锻留量 /mm	有电流顶锻量 /mm
20	25×3	6.5～7.0	60～70	11～12	1.37～1.50	3.5	3.0
	32×3			11～12	1.22～1.33	2.5～4.0	3.0
	32×4			15	1.25	4.5～5.0	3.5
	32×5			15	1.0	5.0～5.5	4.0
	60×3			15	1.15～1.00	4.0～4.5	3.0
12Cr1MoV	32×4	6～6.5	60～70	17	1.0	5.0	4.0
12Cr18Ni12Ti	32×4	6.5～7.0	60～70	15	1.0	5.0	4.0

e. 大断面低碳钢管预热闪光对焊的焊接参数见表 2-64。

表 2-64　大断面低碳钢管预热闪光对焊的焊接参数

管子断面 /mm²	次级空载电压 /V	伸出长度 2L/mm	预热时间/s		闪光留量 /mm	平均闪光速度 /(mm/s)	顶锻留量 /mm	有电流顶锻量 /mm
			总时间	脉冲时间				
4 000	6.5	240	60	5.0	15	1.8	9	6
10 000	7.4	340	240	5.5	20	1.2	12	8
16 000	8.5	380	420	6.0	22	0.8	14	10
20 000	9.3	420	540	6.0	23	0.6	15	12
32 000	10.4	440	720	8.0	26	0.5	16	12

f. 锚链闪光对焊的焊接参数见表 2-65。

表 2-65　锚链闪光对焊的焊接参数

锚链直径 /mm	次级电压 /V	初级电流 /A		预热间断次数	焊接通电时间 /s	顶锻速度 /(mm/s)	闪光速度 /(mm/s)	留量/mm					
		闪光	短路					自然间隙	等速	加速	有电顶	无电顶	合计
28	9.27	420	550	2～4	19±1	45～50	0.9～1.1	1.5	4	2	1.0～1.5	1.5	10～11
31	10.3	450	580	3～5	22±1.5	45～50	0.9～1.1	2	4	2	1.0～1.5	1.5	10～11
34	10.3	460	620	3～5	24±2	45～50	0.8～1.0	2	4	2	1.5	1.50	11～12
37	8.85	480	680	4～6	28±2	30	0.8～1.0	2.5	5	2	1.5	1.5～2.0	12～13
40	10.0	500	720	5～7	30±2	30	0.7～0.9	2	5	2	1.5～2.0	2	12～13

2.2.3　低碳钢的焊接实例

1. 低压管道的焊条电弧焊

空压站压缩空气输送管道的安装工程，材料为 Q235A 的 ϕ108mm×4mm 管子，水平固定管道接焊如图 2-10 所示。

①管端坡口形状如图 2-10a 所示。

②距焊接坡口两侧各 100mm 的管口外壁和距坡口两侧 20mm 的内壁要除尽油污、漆、铁锈等。

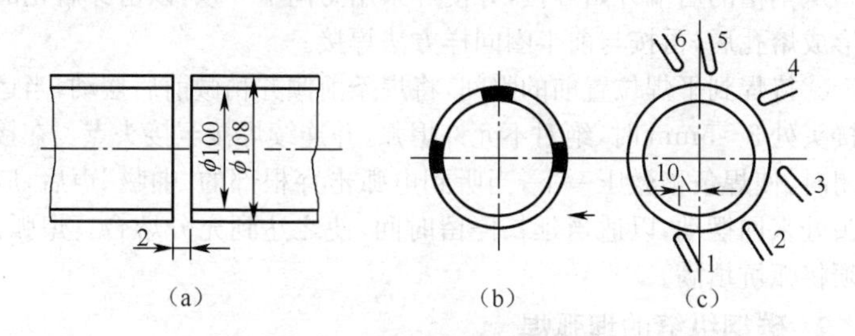

图 2-10　水平固定管道焊接

(a)管端坡口形式　(b)定位焊缝　(c)运条角度

③管口装配时应使错边＜2mm，并禁止强行装配。除留出对口间隙外，还应将上部间隙稍放大 0.5mm 作为反变形量。

④采用直径为 ϕ3.2mm 的 J427 焊条。焊条经 350℃高温烘干 2h 后，放在 150℃左右的烘箱内保温，随用随取。焊接电流选用 90～120A。

⑤定位焊的数目、位置，如图 2-10b 所示。为保证质量，如发现有未焊透、裂纹等缺陷，必须铲掉重焊。定位焊缝两头修成带缓坡的焊点，并清除熔渣、飞溅等。

⑥先焊管子下部，并以垂直中心线为界分两次焊完（只需单道焊缝即可）。前半圈应从仰焊部位中心线超前 10mm 左右处开始，操作是从仰焊缝的坡口面上引弧至始焊处，用长弧预热，当坡口内有似汗珠状铁液时，迅速压短电弧，靠近坡口边做极微小摆动，当坡口边缘之间熔化形成熔池时，即可进行不断弧焊接。焊接时，必须以半击穿焊法运条，将坡口两侧熔透造成反面成形。并按仰、仰立、立、斜平及平焊顺序将半个圆周焊完。应在超过水平最高点 10mm 处熄弧。焊接时的运条角度如图 2-10c 所示。焊接过程中注意焊缝表面成形应呈现圆滑过渡，并有适当余高。

⑦当运条至定位焊缝一端时，可用电弧熔穿根部，使其熔合良好。当运条至定位焊缝另一端时，焊条在焊接处稍停一下，使之熔合良好。

⑧后半圈起焊时，首先用长弧预热接头部分（前半圈起焊），待接头

处熔化时，迅速将焊条转成水平位置，用焊条端头对准熔化铁液，用力向前一推，将原焊缝端头熔化的铁液推掉 10mm 左右，形成缓坡形槽口。随即将焊条回到焊接时的位置，切勿熄弧，使原焊缝保持一定温度。从割槽的后端开始焊接，并使焊条用力向上一顶，以击穿熔化的根部形成熔孔后，再按与前半圈同样方法焊接。

⑨待焊到平焊位置前的瞬间，将焊条前倾并稍微前后摆动，当运条距接头处 3～5mm 时，绝对不允许熄弧，并连续焊接至接头点。在接头封闭时，使焊条稍微压一下，当听到电弧击穿根部的"啪嗞"声后，应在接头处来回摆动，以适当延长停留时间，使之达到充分熔合。熄弧前，必须将弧坑填满。

2. 碳钢纵缝的埋弧焊

现以 20mm 厚低碳钢(20 钢)对接纵缝的埋弧焊为例介绍其焊接工艺要点。

①为保证焊透，采用 Y 形坡口双面焊，坡口尺寸见表 2-18。

②清除坡口及其边缘的油污、氧化皮、铁锈等；对重要产品应在距坡口边缘 30mm 内打磨出金属光泽。

③用 J427 焊条在坡口面两端预焊长约 40mm 的装搭定位焊缝，大工件还应增加若干中间定位焊缝。装搭焊缝须有一定的熔深，以便整个工件的安全起吊。

④在接缝两端焊上与坡口断面相似的、100mm×100mm 的引弧板和引出板。

⑤将干燥纯净的 431 焊剂撒在槽钢上，作成简易的焊剂垫，并用刮板将焊剂堆成尖顶，纵向呈直线。

⑥将装搭好的工件起吊、翻身，置于焊剂垫上。起吊点应尽量接近接缝处，以免接缝因起吊点远而增大力矩造成断裂，工件的起吊、翻身及就位如图 2-11 所示。钢板安放时，应使接缝对准焊剂垫的尖顶线，轻轻放下，并用锤子轻击钢板，使焊剂垫实。为避免焊接时工件发生倾斜，在其两侧轻轻垫上木楔如图 2-11c 所示。

⑦在工件焊接位置上安置轨道和焊车，装上直径为 ϕ5mm 的 H08MnA(或 H08A)焊丝，放入经 250℃烘干的 431 焊剂。工件接上电源的负极。

⑧调整好焊丝和指针，所需的焊接参数选择见表 2-18。从引弧板

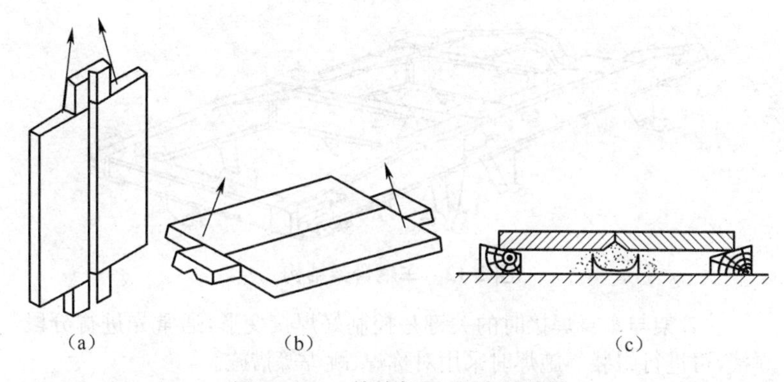

图 2-11　工件的起吊、翻身及就位

(a)翻身起吊　(b)翻身后平吊　(c)工件就位

上起弧,起弧后对焊接参数仍可作适当调整。焊接过程中,要保证焊丝始终指向焊缝中心,要防止因工件受热变形而造成工件与焊剂垫脱离以致烧穿的现象,尤其是焊缝末端更要防止出现这种现象。因此,在焊接过程中,应适时将工件两侧所垫木楔适当退出,从而保证焊缝背面始终紧贴焊剂垫。焊接过程必须在引出板上结束。

⑨将单面焊妥的工件吊起翻身,用碳弧气刨或快速砂轮去除焊根,特别要注意挑清装搭焊缝,并清理焊道。

⑩按前述方法进行坡口面的焊接,通常坡口面焊两层。第一层尽量使焊缝呈现圆滑下凹形,并保留坡口边缘线;第二层必须盖住第一道焊缝。焊接结束后,割去引弧板和引出板。

3. 车辆骨架与车身的 CO_2 气体保护焊

车辆骨架与车身构件的材料系普通碳素钢,厚度在 1～3mm 之间,车辆骨架结构如图 2-12 所示。

①焊接结构的接头与坡口形式见表 2-33。

②选用 H08Mn2SiA 焊丝,焊丝表面镀铜。若用不镀铜焊丝,则应用砂纸、丙酮严格擦洗。工件施焊区应清除水、锈、油等污物。

③采用 NBC-160 半自动 CO_2 焊机和拉丝式焊枪。焊机软管宜搁置在高处,以便使用时灵活拖动,同时可减轻焊工的劳动强度。焊接场地要避风和雨。

④骨架与车身的焊接参数见表 2-33。

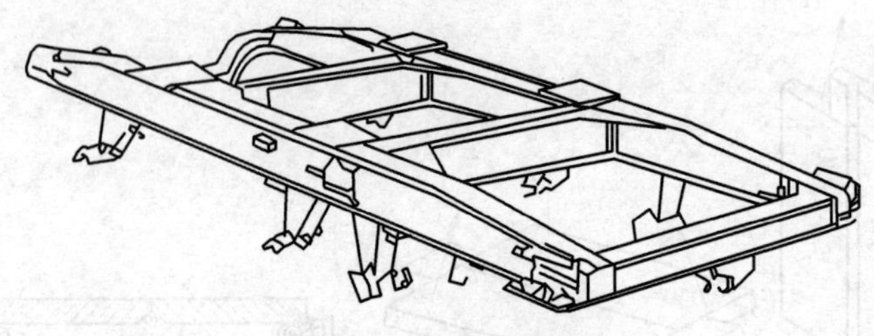

图 2-12　车辆骨架结构

⑤骨架与车身焊接时的关键是控制好焊接变形，通常先进行分段焊接，再进行组装。施焊时采用对称焊、跳焊等措施。

平焊和立焊的操作要领参见表 2-66 不同位置的焊接操作要点。

表 2-66　不同位置的焊接操作要点

焊接	示　图	操　作　要　点
平焊	平对接焊缝 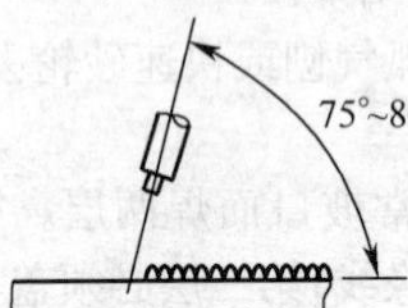 75°~80°	1. 焊枪与工件的夹角为 75°～80°。坡口角度、间隙小时，采用直线式右焊法；坡口角度大、间隙大时，采用小幅摆动左焊法； 2. 夹角不能过小，否则保护效果不好，易出气孔； 3. 焊接厚板时，为得到一定的焊缝宽度，焊枪可做适当的横向摆动，但焊丝不应插入接焊缝的间隙内； 4. 焊盖面焊之前，应使焊道表面平坦，焊道平面低于工件表面 1.5～2.5mm，以保证盖面焊道质量
	T 形接头横角焊缝 35°~50° 1~2	1. 单道焊时，最大焊脚为 8mm，焊枪指向位置如左图，采用左焊法，一般焊接电流应＜350A，技术不熟练者应＜300A； 2. 若采用长弧焊，焊枪与垂直板成 35°～50°（一般为 45°）的角度，焊丝轴线对准水平板处距角焊缝顶端 1～2mm； 3 若采用短弧焊，可直接将焊枪对准两板的交点，焊枪与垂直板的角度大约为 45°

续表 2-66

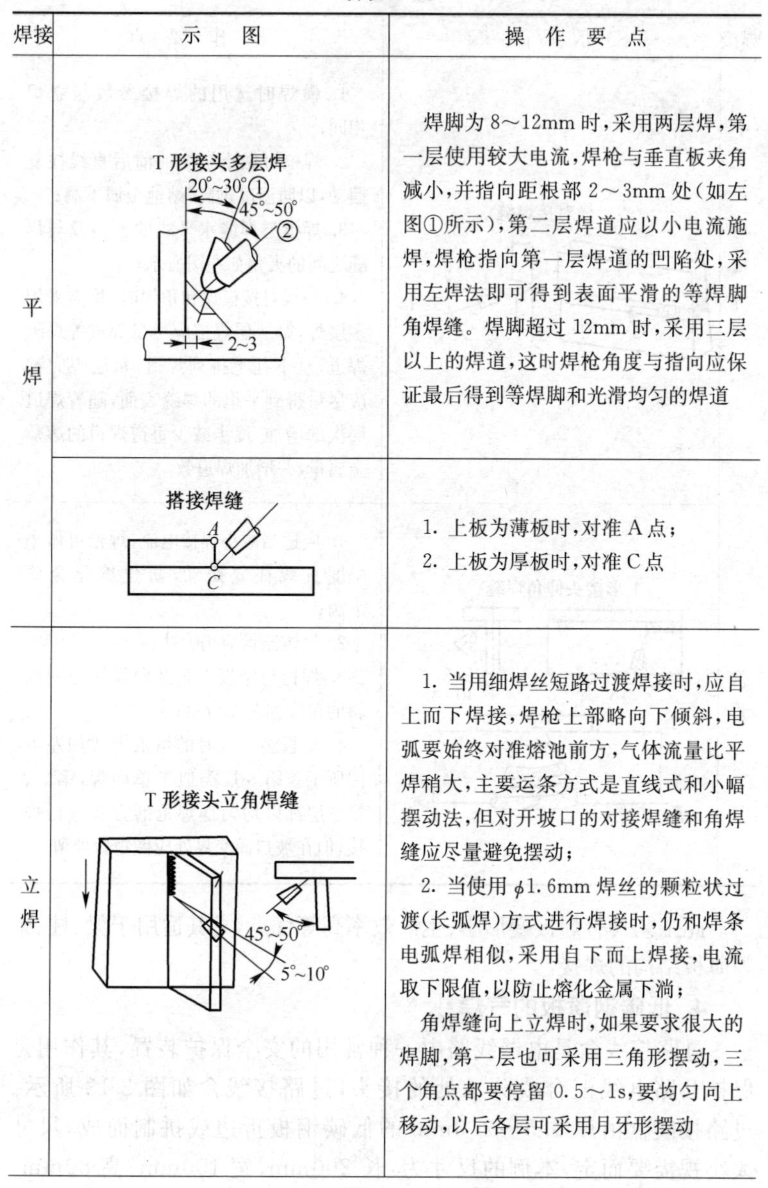

焊接	示图	操作要点
平焊	T形接头多层焊 20°~30° ① 45°~50° ② 2~3	焊脚为8～12mm时，采用两层焊，第一层使用较大电流，焊枪与垂直板夹角减小，并指向距根部2～3mm处（如左图①所示），第二层焊道应以小电流施焊，焊枪指向第一层焊道的凹陷处，采用左焊法即可得到表面平滑的等焊脚角焊缝。焊脚超过12mm时，采用三层以上的焊道，这时焊枪角度与指向应保证最后得到等焊脚和光滑均匀的焊道
	搭接焊缝 A C	1. 上板为薄板时，对准A点； 2. 上板为厚板时，对准C点
立焊	T形接头立角焊缝 45°~50° 5°~10°	1. 当用细焊丝短路过渡焊接时，应自上而下焊接，焊枪上部略向下倾斜，电弧要始终对准熔池前方，气体流量比平焊稍大，主要运条方式是直线式和小幅摆动法，但对开坡口的对接焊缝和角焊缝应尽量避免摆动； 2. 当使用 $\phi1.6$mm焊丝的颗粒状过渡（长弧焊）方式进行焊接时，仍和焊条电弧焊相似，采用自下而上焊接，电流取下限值，以防止熔化金属下淌； 角焊缝向上立焊时，如果要求很大的焊脚，第一层也可采用三角形摆动，三个角点都要停留0.5～1s，要均匀向上移动，以后各层可采用月牙形摆动

续表 2-66

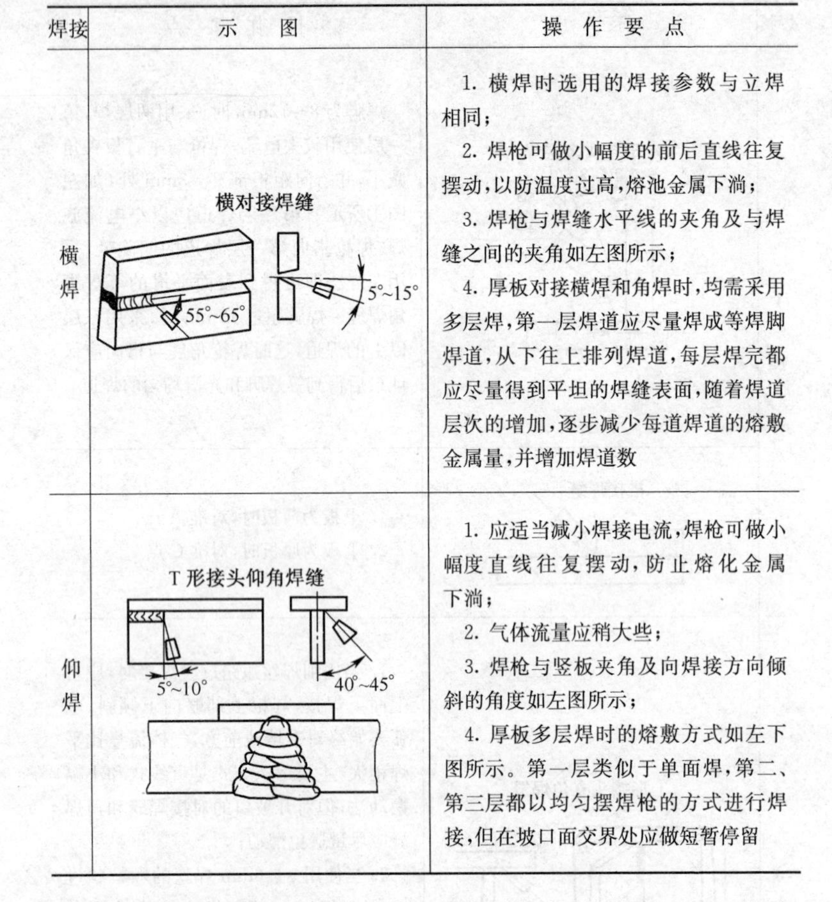

焊接	示　图	操　作　要　点
横焊	横对接焊缝 55°~65° 5°~15°	1. 横焊时选用的焊接参数与立焊相同； 2. 焊枪可做小幅度的前后直线往复摆动，以防温度过高，熔池金属下淌； 3. 焊枪与焊缝水平线的夹角及与焊缝之间的夹角如左图所示； 4. 厚板对接横焊和角焊时，均需采用多层焊，第一层焊道应尽量焊成等焊脚焊道，从下往上排列焊道，每层焊完都应尽量得到平坦的焊缝表面，随着焊道层次的增加，逐步减少每道焊道的熔敷金属量，并增加焊道数
仰焊	T 形接头仰角焊缝 5°~10° 40°~45°	1. 应适当减小焊接电流，焊枪可做小幅度直线往复摆动，防止熔化金属下淌； 2. 气体流量应稍大些； 3. 焊枪与竖板夹角及向焊接方向倾斜的角度如左图所示； 4. 厚板多层焊时的熔敷方式如左下图所示。第一层类似于单面焊，第二、第三层都以均匀摆焊枪的方式进行焊接，但在坡口面交界处应做短暂停留

此工艺具有焊接变形小、生产效率高等优点，尤其适用于梁、柱、架等薄板结构的焊接。

4. 低碳钢薄板的气焊

过路接线盒是电器线路中一种常用的安全保护装置，其作用是保护几路电线汇合或分叉处的接头，过路接线盒如图 2-13 所示。过路接线盒由厚 1.5～2.0mm 的低碳钢板折边或拼制而成，尺寸大小视需要而定，本例的尺寸为：长 200mm，宽 100mm，高 80mm。

下面介绍气焊工艺要点。

①焊前将被焊处表面用砂布打磨出金属光泽。

②采用直径为 2mm 的 H08A 焊丝，使用 H01-6 焊枪，配 2 号嘴，预热火焰为中性焰。

③定位焊必须焊透，焊缝长度为 5～8mm，间隔为 50～80mm。焊缝交叉处不准有定位焊缝。定位焊的焊接顺序如图 2-14 所示。

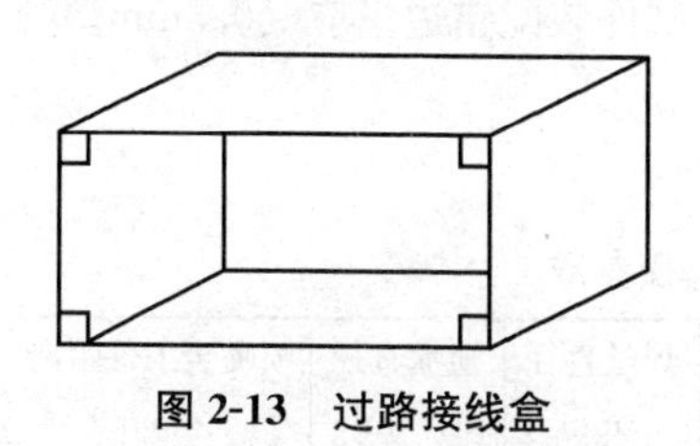

图 2-13 过路接线盒

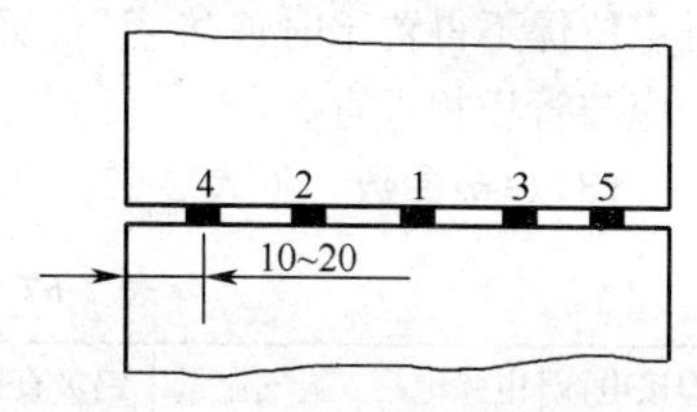

图 2-14 定位焊的焊接顺序

④采用左焊法，先焊短缝，后焊长缝，这样每条焊缝在焊接时都能自由地伸缩，以免接线盒出现过大的变形。

⑤焊接速度要快，注意焊嘴与熔池的距离，使焊丝与母材的熔化速度相适应。

⑥收尾时，火焰要缓慢离开熔池，以免冷却过快而出现缺陷。

5. 管-板 T 形接头、手工钨极氩弧焊、骑座式水平固定焊单面焊双面成形

(1)试件尺寸及要求

①试件材料为 20 钢。

②试件与坡口尺寸如图2-15所示。

③焊接位置与要求。水平固定，单面焊双面成形，$K=S+(3-6)$。

④焊接材料。使用 H08Mn2SiA，焊丝直径为 2.5mm。

⑤焊机为 NSA4-300，直流正接。

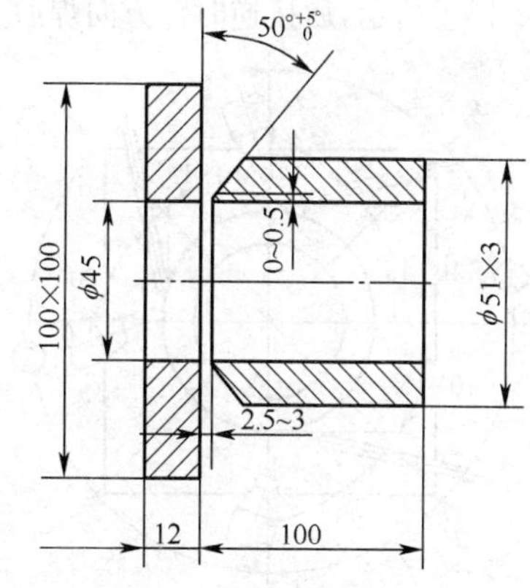

图 2-15 试件与坡口尺寸

(2)试件装配

①钝边为 0～0.5mm。

②除垢。清除坡口及其两侧 20mm 范围内的油、锈及其他污物，至露出金属光泽，并再用丙酮清洗该区域。

③装配。装配间隙为 2.5～3mm。采用 3 点定位焊固定，并均布于管子外圆周上，定位焊长度为 10mm 左右，要求焊透，不得有缺陷，并且定位焊不得置于时钟“6 点”位置。试件装配错边量应≤0.3mm。管子应与管板相垂直。

(3)焊接参数　见表 2-67。

表 2-67　焊接参数

焊接电流/A	电弧电压/V	氩气流量/(L/min)	钨极直径/mm	焊丝直径/mm	喷嘴直径/mm	喷嘴至工件距离/mm
80～90	11～13	6～8	2.5	2.5	8	≤12

(4)操作要点与注意事项　这是管-板接头形式中难度最大的项目，因它包含了平焊、立焊和仰焊 3 种操作技能。

为便于叙述，将试件按时钟面分成两个相同半周进行焊接，全位置焊时焊枪角度与焊丝位置如图 2-16 所示。分两层、两道焊接，先焊打底层，后焊盖面层，每层都分成两个半圈，先按顺时针方向焊前半周，如图 2-16①所示，后按逆时针方向焊后半圈如图 2-16②所示。

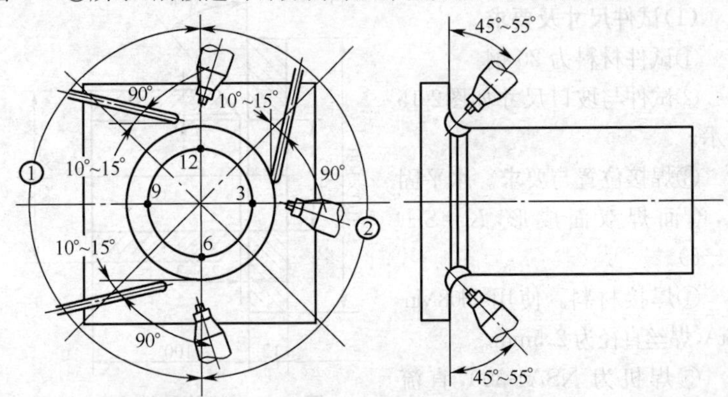

图 2-16　全位置焊时焊枪角度与焊丝位置

①打底焊。将试件管子轴线固定在水平位置“12”点处正上方。在“6”点左侧 10～15mm 处引弧，先不加焊丝，待坡口根部熔化，形成熔池和熔孔后，开始加焊丝，并按顺时针方向焊至“12”点左侧 10～20mm 处。然后从“6”点处引弧，先不加焊丝，待焊缝开始熔化时，按逆时针方向移动电弧，当焊缝前端出现熔池和熔孔后，开始加焊丝，断续沿逆时针方向焊接。焊至接近“12”点处暂停送焊丝，待原焊缝处开始熔化时，再迅速加焊丝，使焊缝封闭。这是打底焊道的最后 1 个接头，要防止烧穿或未熔合。

②盖面焊。焊接参数相同于打底焊，焊接顺序和要求也相同于打底层焊道，但焊枪摆动幅度稍大，注意防止焊缝两侧产生咬边缺陷。

6. 大直径厚壁管对接，水平转动组合焊单面焊双面成形

焊接方法有 TIG 焊打底、焊条电弧焊过渡、埋弧焊填充和盖面。

(1)试件尺寸与要求

①试件材料为 20 钢。

②试件与坡口尺寸如图 2-17所示。

③焊接位置与要求。水平转动，TIG 焊打底，焊条电弧焊过渡，埋弧焊填充并盖面，单面焊双面成形。

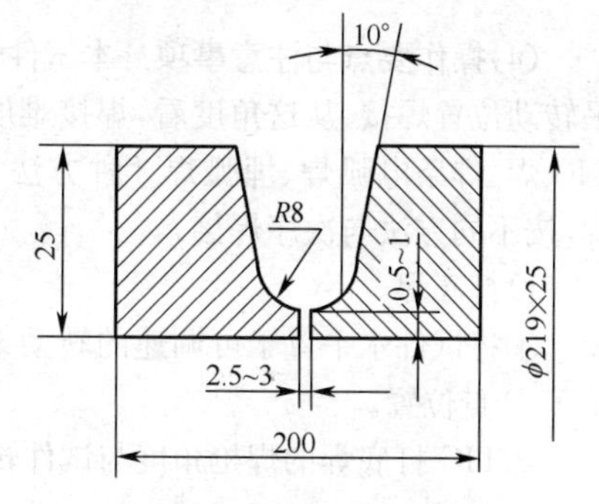

图 2-17　试件与坡口尺寸

④焊接材料。TIG 焊丝为 H08Mn2SiA，直径为 2.5mm；焊条为 E4303，直径为 3.2mm；埋弧焊丝为 H08MnA，直径为 4mm；焊剂为 HJ301。

⑤焊机为 NSA4-300、BX3-300、MZ-1000。

(2)试件装配

①钝边为 0.5～1mm。

②除垢。清除坡口及其两侧内外表面 20mm 范围内的油、锈及其他污物，至露出金属光泽，并再用丙酮清洗该区。

③装配。装配间隙为 2.5～3mm。定位焊采用 TIG 焊，3 点均布

定位固定，焊接材料为 H08Mn2SiA，ϕ2.5mm；焊点长度约 20mm，应保证焊透和无缺陷。试件错边量应≤0.5mm。

(3)焊接参数　见表 2-68。

表 2-68　焊接参数

焊接方法及层次	焊接材料及规格/mm	焊接电流/A	电弧电压/V	焊接速度/(m/h)	氩气流量/(L/min)	钨极直径/mm	喷嘴直径/mm	喷嘴至工件距离/mm
TIG 焊打底	H08Mn2SiAϕ2.5	90～95	10～12	—	8～10	2.5	8	≤8
焊条电弧焊过渡	E4303ϕ3.2	130～160	—	—	—	—	—	—
埋弧焊 填充/盖面	H08MnAϕ4HJ301	600～650	32～35	26～28	—	—	—	—

(4)操作要点与注意事项　本试件管子直径及壁厚都较大，且为水平转动位置焊接，从这角度看，焊接难度并不高，但要同时熟练地掌握 TIG 焊、焊条电弧焊、埋弧焊 3 种方法又相当困难。应采用多层多道焊，按不同方法与次序焊接。

1)打底焊。

①将试件水平置于可调速的转动架上，使小间隙及一个定位焊点位于 O 点位置。

②TIG 打底焊的焊枪角度与试件转动方向如图 2-18 所示。

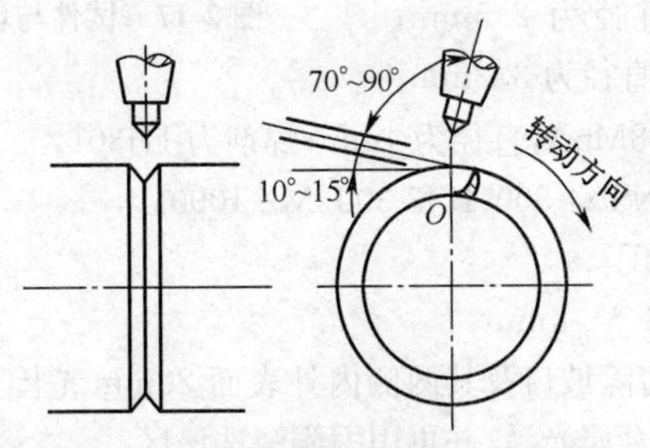

图 2-18　打底焊的焊枪角度与试件转动方向

③在 O 点处定位焊点上引弧，开始管子不转动也不加焊丝，待坡口和定位焊点熔化，并形成明亮的熔池和熔孔后，管子开始按图 2-18所示方向转动，并填加焊丝。

④焊接过程中，焊丝以往复运动方式间断地送入电弧中熔池前方，成滴状加入，送进要有规律，不能时快时慢。

⑤焊缝的封闭，应先停止焊丝送进和管子的转动，待原来焊缝端部开始熔化时，再填加焊丝，填满弧坑后断弧。

⑥焊接过程中应注意电弧始终保持在 O 点位置，并对准间隙，焊枪可做适当的横向摆动，管子的转动速度应与焊接速度相一致。

2)过渡焊。为防止埋弧焊时烧穿打底层焊道，故工艺上常采用焊条电弧焊焊接过渡层。

①修整打底层焊道局部凹凸处及氧化物。在 O 点位置引弧起焊，注意必须与打底层焊接接头错开。

②采用锯齿形或月牙形运条方法。施焊时的焊条倾角为80°～ 85°。

③焊条摆动到坡口两侧时，应稍做停顿，中间过渡稍快，以防焊缝与母材交界处产生夹角，焊接速度应均匀一致，保持填充焊道的平整。过渡层的焊道高度应＞3mm。

④更换焊条时的中间接头与最后收口接头的操作方法，主要注意两点：接头更换焊条要迅速，应在弧坑上方 10mm 处引弧，然后把焊条拉至弧坑处，填满弧坑，再按正常方法施焊，不得直接在弧坑处引弧焊接，以免产生气孔等缺陷；接头时，将其起始端焊渣敲掉 10～20mm，用角向磨光机把接头处磨成斜坡，焊缝收弧时填满弧坑。

3)填充焊。

①为防止第一道埋弧焊填充时将底层焊缝烧穿，应采用偏小一些的焊接电流，焊接参数见表 2-89。

②由于埋弧焊填充时，采用环缝多层多道不间断焊接，所以焊接时应特别注意焊丝的位置与坡口两侧的熔合情况，通常可通过对已焊部分清理渣壳来观察，并随时调整焊丝位置。

③每焊完 1 层，必须严格清渣，并将焊丝向上移 4～5mm。

④若焊接中出现坡口一侧形成较深沟槽，则需停止焊接，将沟槽熔渣清理干净，再焊接时应将焊丝偏向该处；当沟槽特别严重时（如已凹

入坡口面较深)，则应先用较大焊接参数的焊条电弧焊补焊后，才能用埋弧焊焊接。

④填充层焊接时，除控制好填充层总厚度应低于母材 1～2mm 和不得熔化坡口棱边外，还应使焊道表面平整或稍下凹。

⑤填充层从第 3 层起，采用 1 层两道焊，所以焊丝要偏移到坡口两侧，离坡口面 3～4mm 处，保证每侧的焊道与坡口面形成稍凹的圆滑过渡，使熔合良好，便于清渣。焊丝对中位置与层间焊道形状如图 2-19 所示。

4)盖面焊。盖面层的焊接应对埋弧焊焊接参数略加调整，应注意焊丝位置，以使焊缝对坡口的熔宽每侧为(3±1)mm，余高为 0～4mm。焊缝外形尺寸如图 2-20 所示。

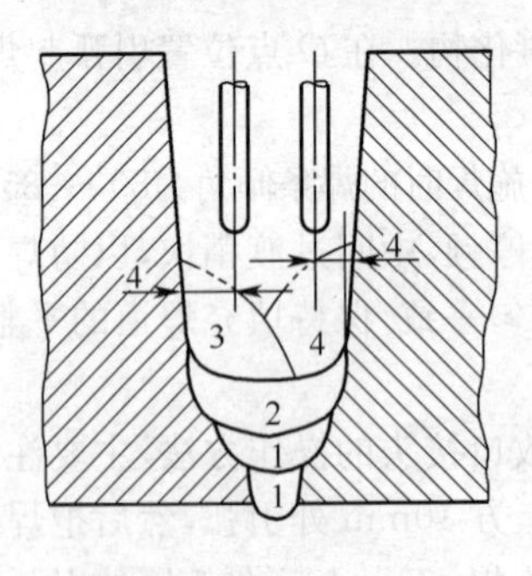

图 2-19 焊丝对中位置与层间焊道形状

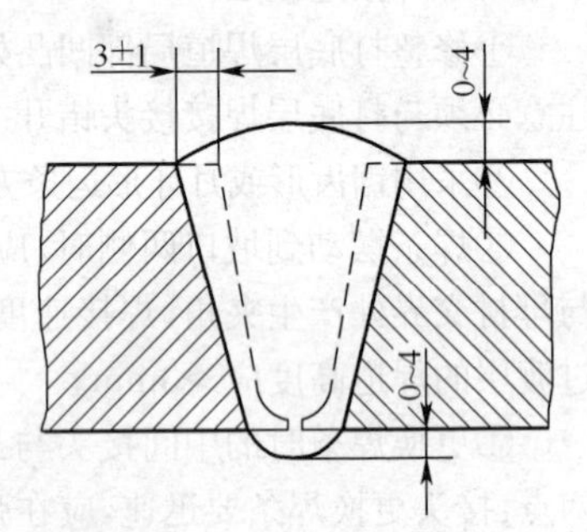

图 2-20 焊缝外形尺寸

2.3 中碳钢的焊接

2.3.1 中碳钢的焊接特点

①焊接中碳钢时，热影响区容易产生低塑性的淬硬组织，含碳量越高，板厚越大，淬硬倾向也越大。当工件刚度较大，冷却速度较快和焊接材料、焊接参数选择不当时，容易在淬硬区产生冷裂纹。

②多层焊时，焊接过程中有一部分母材要熔化到焊缝中去，尤其是第一层焊缝金属中的母材比例可达到 30%，使焊缝金属含碳量增高，

容易在焊缝金属中产生热裂纹，特别是在收弧时更为敏感。

③焊接过程中，焊缝金属中含碳量偏高，产生气孔的倾向性也随之增大，因此，要求焊接材料的脱氧性要好，对坡口的清理和焊接材料的烘干要求更加严格。

④焊接接头的塑性与抗疲劳强度较低。

2.3.2 中碳钢的焊接工艺

1. 焊条电弧焊

(1)焊条的选用 中碳钢焊接焊条的选用见表2-69。

表 2-69 中碳钢焊接焊条的选用

钢　号	焊　条　牌　号		说　明
	不要求等强构件	要求等强构件	
35　30Mn	E4303(J422) E4301(J423) E4316(J426) E4315(J427)	E5016(J506) E5015(J507) E5516-G(J556) E5515-G(J557)	—
35Mn　45	E4303(J422) E4301(J423) E4316(J426) E4315(J427) E5016(J506) E5015(J507)	E5516-G(J556) E5515-G(J557) E6016-D1(J606) E6015-D1(J607)	1. 采用碱性焊条，也可以不预热进行焊接，但要保证焊后缓冷； 2. 碱性焊条焊前必须烘干； 3. A102、A302、A307、A402、A407也可用于焊接中碳钢
40Mn　50 45Mn	E4303(J422) E4301(J423) E4316(J426) E4315(J427) E5016(J506) E5015(J507)	E6016-D1(J606) E6015-D1(J607)	
50Mn	E6016-D1(J606) E6015-D1(J607)	J656　J657	

(2)焊接工艺要点

①焊接坡口形式应考虑减少母材金属熔入焊缝中的比例。U形坡口较好，也可开成V形。焊前坡口和附近的油锈要清除干净。

②焊条使用前烘干，碱性焊条烘干温度一般为250℃，要求高时，烘干温度可提高到350℃～400℃，时间为1～2h。钨铁型等酸性焊条使用前一般不烘干。

③预热。预热可减小冷却速度，降低近缝区的淬硬倾向，防止冷裂纹的产生；还可改善中碳钢焊接接头的塑性，减小焊接的残留应力。预热温度的高低与焊接工件的含碳量、厚度、结构刚度、焊条类型、焊接参数等有关。中碳钢焊接预热和焊后高温回火温度见表2-70。

表2-70　中碳钢焊接预热和焊后高温回火温度

钢号	板厚/mm	操作工艺			
		预热和层间温度/℃	焊条	消除应力高温回火温度/℃	锤击
30	≤25	>50	低氢型	600～650	—
35、30Mn、35Mn、40Mn、45、45Mn、50Mn	25～50	>100	低氢型	600～650	要
		>150	—	600～650	要
	50～100	>150	低氢型	600～650	要
	≤100	>200	低氢型	600～650	要

注：局部预热的加热范围为焊口两侧150～200mm。

④多层焊时，必须仔细清除前一道焊缝表面上的焊渣，多层焊第一层焊接时应采用小直径焊条（ϕ3.2～ϕ4mm）、小电流慢速施焊，以免出现裂纹。

⑤焊接过程中采用锤击焊缝的方法减小焊接残留应力。

⑥焊后缓冷，必要时按表2-91中推荐的高温回火温度进行消除应力回火。

⑦最好采用直流反接，以减少工件的受热量，降低裂纹倾向，减少金属的飞溅和焊缝金属中的气孔。焊接电流应较低碳钢小10%～15%。

⑧焊缝较长时，应采用分段施焊法，焊接过程中宜采用逐步退焊法和短段多层焊法。

⑨收弧时电弧应慢慢拉长，一定要填满熔池，以免产生弧坑裂纹。

⑩焊补大型中碳钢构件，如预热有困难，为避免产生淬硬组织和冷裂纹，必须在操作上采取相应措施，如将工件置于立焊或半立焊位置，焊条做横向摆动，摆动幅度为焊条直径的5～8倍。

⑪如工件预热有困难，也可采用铬-镍奥氏体不锈钢焊条，如A102、A302、A402、A407等。

⑫焊接沸腾钢时，应加入含有足够数量脱氧剂的填充金属，以防止焊缝出现气孔。

⑬焊接参数可参考低碳钢的焊接参数下限值，焊接速度应慢。

2. 埋弧焊

(1)焊接材料的选用 中碳钢埋弧焊所用焊丝的含碳量应≤0.10%，通常采用焊丝H08A或H10Mn2和焊剂HJ431，焊丝H10Mn2和焊剂HJ350或HJ351，也可用SI301。

(2)焊接工艺要点

①焊接坡口形式采取U形或V形，以减少母材金属熔入焊缝金属中的比例。

②尽量采用小直径焊丝(一般为3.0mm)，焊接电流比焊接同样厚度的低碳钢时小些。

③也可在焊缝坡口边预先用H08A焊丝堆焊一层过渡层，然后再进行焊接。

④焊前预热和焊后回火与中碳钢焊条电弧焊相同(见表2-70)，工件厚度＜30mm时也可不进行预热处理。

⑤焊接参数可参照表2-10～表2-25。

3. 电渣焊

(1)焊接材料的选用 选用含碳量较低或含锰量较高的电极材料。对于35、45钢，可选用H08MnA、H08Mn2SiA、H10Mn2和HJ360。

(2)焊接工艺要点

①焊前进行150℃～250℃的预热。

②焊接过程中操作技术和焊接参数的调节，都应考虑到尽量减少母材金属熔入焊缝金属中的比例。

③由于焊缝金属在液态下停留时间较长，焊后要缓冷。

④焊后对于35、45等中碳钢要进行880℃±10℃的正火或580℃±20℃的回火处理。

(3)焊接参数

①铸钢丝极电渣焊焊接参数见表2-71。

表2-71　铸钢丝极电渣焊的焊接参数

钢　号	工件厚度/mm	焊丝/根	焊接电压/V	焊接电流/A	渣池深度/mm	焊丝摆动速度/(m/h)	送丝速度/(m/h)	焊丝与滑块距离/mm
ZG270-500	90	1	46～50	—	50～55	40	200	8～10
	133	2	43～46	250～320	40	40	90～110	8～10
	180	2	46～50	400～540	50～55	40	200	8～10
	350	3	54～57	400～480	55～60	40	200～220	8～10
ZG310-570	215	3	40～42	320～400	40～45	40	120～140	8～10

②中碳钢丝极电渣焊焊接参数见表2-72。

表2-72　中碳钢丝极电渣焊的焊接参数

钢号	工件厚度/mm	装配间隙/mm	焊丝数/根	焊接电流/A	电弧电压/V	焊接速度/(m/h)	送丝速度/(m/h)	渣池深度/mm	说明
35	50	30	1	320～340	40～44	～0.7	130～140	40～45	直焊缝
	120	33	1	520～530	52～56	～0.6	270～280	60～65	
	370	36	3	470～490	50～54	～0.5	240～250	55～60	
	430	38	3	560～570	50～55	～0.5	300～310	60～70	
	50	30	1	300～320	38～42	～0.7	120～130	40～45	环焊缝，外圆直径为600mm
	120	33	1	450～460	50～54	～0.6	220～230	55～60	
	240	35	2	420～430	50～54	～0.6	200～210	55～60	环焊缝，外圆直径为2 000mm
	400	36	3	460～470	52～56	～0.5	230～240	55～60	
45	70	30	1	320～340	42～46	～0.5	130～140	40～45	直焊缝
	100	33	1	360～380	48～52	～0.4	160～180	45～50	
	400	36	3	400～420	50～54	～0.3	190～210	55～60	
	450	38	3	470～490	50～55	～0.3	240～260	60～65	
	80	33	1	320～340	42～46	～0.5	130～140	40～45	环焊缝，外圆直径为1 200mm
	240	35	2	350～360	50～54	～0.4	155～165	45～55	
	380	36	3	360～380	52～56	～0.3	160～170	45～55	环焊缝，外圆直径为2 000mm
	450	38	3	410～420	52～56	～0.3	190～200	45～55	

注：焊丝直径为3.0mm。

③中碳钢熔嘴电渣焊的焊接参数见表 2-73。

表 2-73 中碳钢熔嘴电渣焊焊接参数

钢号	结构形式	接头形式	工件厚度/mm	装配间隙/mm	熔嘴数/个	电弧电压/V	焊接速度/(m/h)	送丝速度/(m/h)	渣池深度/mm
35	非刚性固定结构	对接	80	30	1	38～42	～0.5	50～60	30～40
			100	32	1	40～44	～0.5	65～70	30～40
			120	32	1	40～44	～0.5	75～80	30～40
			200	32	1	46～50	～0.4	110～120	40～45
		T 形接	80	32	1	44～48	～0.5	50～60	30～40
			100	34	1	46～50	～0.4	65～75	30～40
			120	34	1	46～52	～0.4	75～80	30～40
	大断面结构	对接	400	32	3	38～42	～0.4	65～70	30～40
			600	34	4	38～42	～0.3	70～75	30～40
			800	34	6	38～42	～0.3	65～70	30～40
			1000	34	6	38～44	～0.3	75～80	30～40

注：焊丝直径为 3.0mm，熔嘴板厚为 10mm，熔嘴管规格 ϕ10mm×2mm。

4. CO_2气体保护焊

(1)焊丝的选用 对于 30、35 钢，通常选用 H08Mn2SiA、H08MnSiA、H04Mn2SiTiA。这类焊丝含碳量较低，并含有较强脱氧能力和固氮能力的合金元素，对减少焊缝金属中的气孔有益。

(2)焊接工艺要点及焊接参数 见低碳钢 CO_2气体保护焊。

5. 气焊

(1)焊丝的选用 对于 30、35、40 钢，当要求焊缝与母材等强度时，焊丝中应含有 w(Mn)0.5%～0.6%，w(Cr)0.5%～1.0%；不要求与母材等强度时，一般选用 H08A、H08MnA、H10Mn 等。

(2)焊接要点 采用中性焰，火焰能率比焊低碳钢小 10%～15%，当母材厚度>3mm 时，预热可在炉内，也可采用火焰进行局部加热。一般预热温度为 250℃～300℃，焊后一般进行正火或用火焰加热使工件缓慢冷却。

6. 电阻焊的点焊、缝焊

(1)焊接要点 中碳钢进行电阻焊的点焊、缝焊时，在熔核和近缝区具有形成马氏体组织和裂纹的倾向，通常应采用较软的规范或附加二次脉冲电流进行焊接。二次脉冲电流的大小，应控制在能将热影响区加热到略低于Ac_1温度为宜。

(2)焊接参数 45钢点焊的焊接参数见表2-74，45钢双脉冲点焊的焊接参数见表2-75。

表2-74 45钢点焊的焊接参数

工件厚度/mm	焊接电流/A	电流脉冲时间/s	电极压力/N	电极工作表面直径/mm
0.5	2 500～4 000	0.5～0.7	300～500	3.5～4.0
0.8	3 000～5 000	0.6～0.8	500～800	4.0～4.5
1.0	4 000～6 000	0.8～1.2	700～1 000	5.0～6.0
1.5	5 000～7 000	1.0～1.5	1 200～1 800	6.0～7.0
2.0	6 000～8 000	1.4～2.0	2 000～3 000	7.0～9.0
3.0	9 000～12 000	2.0～2.5	3 500～5 000	9.0～10.0

表2-75 45钢双脉冲点焊的焊接参数

工件厚度/mm	第一次通电		通电间隔时间/s	第二次通电		电极压力/N	电极工作表面直径/mm
	电流/A	时间/s		电流/A	时间/s		
0.8	5 000	0.5	0.20	2 500	0.5	600	4.0～5.0
1.0	6 000	0.6	0.25	3 000	0.6	800	5.0～6.0
1.2	7 000	0.8	0.25	3 500	0.8	1 000	6.0～7.0
1.5	8 000	1.0	0.30	4 000	1.0	1 400	6.0～7.0
2.0	9 000	1.4	0.40	4 500	1.4	2 000	7.0～9.0
2.5	10 500	1.6	0.45	5 000	1.6	3 000	8.0～10.0
3.0	12 000	2.0	0.50	6 000	2.0	4 000	9.0～10.0

2.3.3 中碳钢的焊接实例

1. 中碳钢管的对接气焊实例

下面以ϕ38mm×2.5mm的45钢钢管为例介绍其对接气焊操作

步骤。

①将钢管两焊接端打磨成带钝边的V形坡口，单面坡口角度约35，留有钝边0.5～1mm，然后将钢管焊接处内外表面20～30mm范围内的水、铁锈、油污清除干净。

②在V形块上将两管对接，对接装配的间隙在1.5～2mm之间，然后进行2点定位焊。

③使用H01-6型焊枪，3号焊嘴，中性火焰，焊为$\phi3$，H08MnA，氧气压力0.35MPa，乙炔压力0.01MPa进行气焊。

④焊前用火焰将接头处稍微预热。

⑤焊缝分两层焊接。第一层采用"穿孔焊法"，以保证焊透。"穿孔焊法"是起焊前，对接缝隙处用火焰烧穿一个直径与焊丝直径相当的孔，然后再将此孔熔化起焊的方法。第二层焊接应沿管子的两个半圆周进行，前后两个半圆焊缝应重叠10～20mm。

⑥采用左焊法，火焰焰芯到熔池的距离应保持3～4mm，焊枪沿焊接方向作轻微往复摆动前移(不要做横向摆动)。

⑦起焊时，焊枪与钢管的切线方向的倾角约为45°，待形成焊缝后，焊枪倾角再减至30°，并以此角度连续焊接下去。

⑧焊丝应均匀快速填加，以减少母材金属的熔化量；焊接速度力求快捷，每层焊缝尽量做到一次焊完。

⑨焊接结束后，用火焰将接头周围均匀加热至暗红色(约600℃～650℃)，然后缓慢抬高焊枪，用外焰加热接头使其缓冷，消除残留应力。

对于其他中碳钢工件的焊接，尽管具体操作不尽相同，但焊前预热、焊后加热缓冷退火是两道必有的工序。

2. 中碳钢厚壁管高压管道TIG焊接

对于材质为45钢，规格为$\phi325mm\times45mm$，工作压力为25×10^6Pa，试验压力为$31\times10^6\sim35\times10^6Pa$，高压水除磷管道焊接，主要的焊接难度是碳当量高、管壁厚、管径大、焊接应力大，焊后极易出现根部裂纹，而且施工现场狭窄，管离地面和墙仅350mm左右，所有的近百个接头均为管水平固定焊。

(1)焊前准备

①坡口制备。采用机械加工，禁止火焰切割，坡口形式及尺寸如图

2-21 所示。

②坡口清理。将坡口内外 50mm 范围内用角向磨光机去除锈、污物，并使之露出金属光泽，然后用丙酮清洗。

③管子组对点固。将管子用 4 块连接板相距 90°并均匀分布定位焊（焊接连接板）。

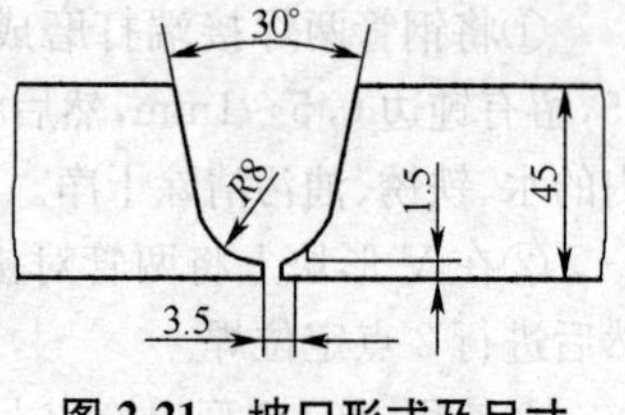

图 2-21　坡口形式及尺寸

④管子对口间隙如图 2-21 所示，需焊 15 层，每个焊层一条焊道。

(2)焊接工艺

1)焊接参数。

①第 1 层采用 TIG 焊。焊丝为 H08Mn2SiA，ϕ2mm，钨极为 ϕ2.5mm，焊接电流为 55～65A，电弧电压为 11～12V，喷嘴长度为 60mm，钨极伸出长度为 6mm，直流正接，预热温度为 200℃。

②第 2 至第 5 层采用焊条电弧焊。焊条为 E5015，ϕ3.2mm，焊接电流为 115～130A，电弧电压为 20～22V，预热温度为 200℃。

③第 6 至第 15 层采用焊条电弧焊。焊条为 E5015，ϕ4mm，焊接电流为 145～165A，电弧电压为 22～24V，预热温度为 200℃，层间控制温度为 100℃。

2)焊前预热。采用两把 H01-20 焊枪同时对称火焰进行预热，预热路线为 W 形，采用测温笔进行温度测定，预热时间大致为20～25min。

3)气体保护。采用纯度为 99.98%以上的氩气，单面保护（管内部不充氩）。

4)TIG 焊接工艺（焊第 1 层打底焊）。

①焊枪与焊丝变化角度如图 2-22 所示。引弧在仰位，过“6 点”位 10mm 处进行，钨极在坡口内高频起弧，引燃电弧后，电弧始终保持在间隙中心。

②焊接。电弧在如图 2-22a 所示位置引燃后起焊，角度逐渐变化至图 2-22b、c 所示位置。采用双人对称同时焊接。

③送丝。采用内部送丝法，即焊丝在管子内部递送，焊枪在管外。其优点是焊缝凹陷少、容易焊透，单面焊双面成形良好。右手握焊枪稍

做人字形摆动，注意左手握住的焊丝在运行中不要碰到钨极。焊丝滴送时要观察熔孔大小，熔孔太大则焊速太慢，内部焊缝成形过高；熔孔太小则焊速太快，内部焊缝成形过低。要始终保持熔孔大小基本一致。

④收弧。动作不应太快，焊枪从内部坡口处慢慢往外拉出，熄弧。

⑤接头。用角向磨光机将焊缝接头处磨成斜坡，再在未焊坡口前10mm 处引弧，直到把原焊缝 3～5mm 处熔化又形成新的熔孔，焊丝方可继续输送至整个打底层焊完。

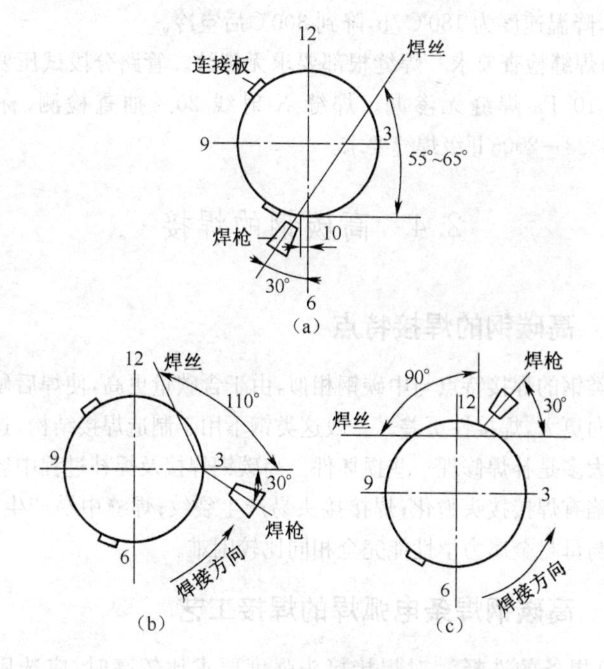

图 2-22 焊枪与焊丝变化角度

(a)仰位“7 点”位起焊处 (b)仰位上坡过渡至“3 点”位处

(c)立位上坡至“12 点”位处

5)焊条电弧焊工艺。焊填充层和盖面层第 2～15 层。

①第 1 层焊完应立即进行第 2 层焊接，如不能连续焊接时，要对第 1 层进行加固焊接，以防止应力太大引起开裂。加固焊沿管圆周均匀

分布3处，每处焊缝长度≥200mm，然后用石棉布包住缓慢冷却。

②其他各层的焊接。仰焊时，可将焊条弯曲成40°～50°。各层之间均应清渣，待层间温度达到要求后方可焊接。整个接头焊完后要用石棉布包扎住，使其缓慢冷却下来。

(3)焊后热处理　每个接头焊缝采用长度18～20m的绳形加热器缠绕，用硅酸铝棉层保温，保温层厚度为50mm，控温仪采用DJK-30B数字显示自动控温仪。热处理升温速度为240℃/h，升到680℃后保温220min，降温速度为180℃/h，降到300℃后空冷。

(4)焊缝检查要求　焊缝根部要求无裂纹。管路分段试压要求达到31×10^6 Pa焊缝无渗漏。焊缝X射线20%抽查检测，标准按GB/T 3323—2005Ⅱ级焊缝要求。

2.4　高碳钢的焊接

2.4.1　高碳钢的焊接特点

这类钢的焊接特点与中碳钢相似，由于含碳量更高，使焊后硬化和裂纹倾向更大，焊接性更差。一般这类钢不用于制造焊接结构，这类钢的焊接大多是补焊修理一些损坏件。高碳钢焊接及焊补过程中容易产生的缺陷有焊接接头脆化；焊接接头易产生裂纹；焊缝中易产生气孔；使焊缝与母材金属力学性能完全相同比较困难。

2.4.2　高碳钢焊条电弧焊的焊接工艺

(1)焊条的选择　对焊接接头强度要求比较高时，应选用焊条E7015-D2(J707)或E6015-D1(J607)；接头强度要求较低时，可选用E5016(J506)、E5015(J507)等焊条，焊前工件要预热，焊后要配合热处理。焊前工件不预热，可选用E308-16、E308-15、E309-16、E309-15、E310-16、E310-15焊条，也可以用E1-23-13-16(A302)或E1-23-13-15(A307)以及其他不锈钢焊条焊接；气焊时，对性能要求不高的，可采用低碳钢焊丝；要求高的，则采用与母材成分相近的焊丝。

(2)焊接工艺要点

①应选择合适的坡口形式,焊接坡口形式应尽量减少母材金属熔入焊缝中的比例,以降低焊缝金属中的含碳量,提高焊缝金属的韧性,降低产生冷裂的倾向。

②高碳钢焊前预热温度较高,一般在250℃~400℃,个别结构复杂、刚度较大、焊缝较长、板厚较厚的工件,预热温度高于400℃。焊前一般应经过退火处理,以减小冷裂倾向。

③仔细清除工件待焊处油、污、锈、垢。

④焊接时采用小电流施焊,焊缝熔深要浅。

⑤焊接前注意烘干焊条。

⑥焊接过程中要采用引弧板和引出板。

⑦锤击焊缝以减小焊接应力。

⑧尽可能先在坡口上用低碳钢焊条堆焊一层,然后再在堆焊层上进行焊接。

⑨气焊时为了防止过热,焊接速度应尽量快些。焊前先将焊口附近加热到较高温度(预热温度),可以有助于提高气焊速度。

⑩高碳钢多层焊接时,各焊层的层间温度应控制与预热温度等同。施焊结束后,应立即将工件送入加热炉中,加热至600℃~650℃,然后缓冷。

⑪焊接参数基本上同低碳钢焊接,但电流,焊接速度应取下限。

2.4.3 典型高碳钢的焊接

1. 钢轨的焊接

钢轨皆为高碳钢。铁路钢轨通常要尽可能建成无缝线路。钢轨的焊接是实现无缝线路的关键。我国目前主要采用3种焊接方法进行钢轨的铺设。

(1)气压焊 又称加压气焊,是利用氧乙炔气焊火焰,将钢轨端部待焊处加热到塑性状态,再沿着钢轨纵向施加压力,使两根钢轨的端都焊接成一体。钢轨的气压焊通常采用特殊的专用焊枪,形状与钢轨的断面相适应,用多个喷嘴,将钢轨端部快速、均匀地加热,然后加压连接在一起。气压焊由于不需用电力,因此,更适应于缺乏电力的野外现场施工。

(2)**热剂焊**　热剂焊设备简单，操作方便，易于搬动，不需要电力，所以适用于野外施工或焊接联合接头，或用于抢修。但焊接接头的质量低于气压焊和电阻焊。

(3)**电阻焊**　近年来，铁路无缝线路主要采用电阻焊。电阻焊效率高，机械化、自动化程度高，接头质量优良。我国已将电阻焊用于U74的60kg/m钢轨的焊接，效果良好。

2. 桥梁斜拉钢索的焊接

目前，我国正在大规模建设斜拉钢索桥。斜拉钢索为高碳钢材料，大多采用w(C)0.80%以上的直径5mm或7mm左右的优质高碳钢丝拧绞而成。为了将钢索拉紧，需要在钢索端部焊上钢索端头。焊接时，需在较高温度下预热，采用强度级别比钢索低的焊条进行焊接。焊接时，保持与预热温度相同的层间温度，焊后缓冷。

3 低合金钢焊接技术

3.1 低合金钢基本知识

在碳素钢基础上加入一定量的合金元素即构成低合金钢，又称低合金结构钢。低合金钢中合金元素的总含量一般不超过5%，以提高钢的强度并保证其具有一定的塑性和韧性。这类钢的主要特点是强度高，韧性、塑性也较好，广泛用于压力容器、工程机械、桥梁、舰船、飞机和其他钢结构。

3.1.1 低合金钢的分类

焊接中常用的低合金钢分为低合金高强度钢、低温钢、耐热钢、耐蚀钢和复层钢五大类。低合金高强度钢应最为广泛。

按照钢材的屈服强度的最低值可以分为345MPa，390MPa、440MPa、540MPa、590MPa、690MPa、980MPa等不同等级。

3.1.2 低合金钢的牌号表示

(1)低合金结构钢的牌号表示方法 如图3-1所示。

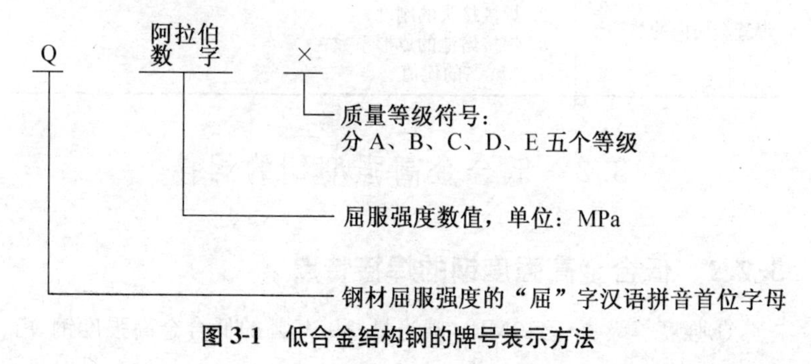

图3-1 低合金结构钢的牌号表示方法

(2)低合金结构钢的牌号举例　如图 3-2 所示。

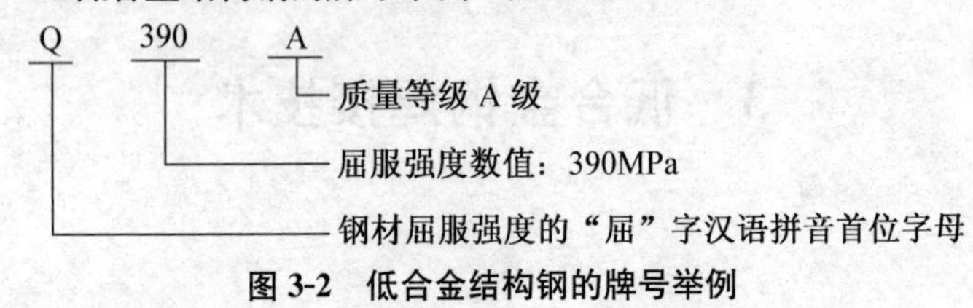

图 3-2　低合金结构钢的牌号举例

3.1.3　低合金钢的焊接性及影响因素

低合金钢之所以具有较高的强度和其他特殊性能，是由于在钢中加入了一定数量的合金元素，通过合金元素对钢的组织产生作用，使钢达到了一定性能（强度、塑性和韧性）要求，同时也在影响着钢的焊接性。低合金钢的焊接性及影响因素见表 3-1。

表 3-1　低合金钢的焊接性及影响因素

焊接性	影响因素
热影响区淬硬倾向	1. 碳当量越大，淬硬倾向也越大； 2. 冷却速度越大，则淬硬倾向越大
氢白点	1. 焊条烘干温度； 2. 焊丝与待焊处油、污； 3. 焊前预热温度，焊后热处理温度； 4. 大直径焊条、大电流连续施焊
冷裂纹	1. 焊缝金属内的氢； 2. 热影响区或焊缝金属的淬硬组织； 3. 焊接接头的拉应力
焊缝金属内的热裂纹	1. 焊缝金属的化学成分，如碳、硫、铜等元素的含量； 2. 焊接接头的刚度； 3. 焊接熔池的成形系数； 4. Mn/S 的比值

3.2　低合金高强度钢的焊接

3.2.1　低合金高强度钢的焊接特点

①强度等级 $\sigma_s \leqslant 410$MPa，碳当量≤0.40%的低合金高强度钢，由

于碳当量较低，强度不高，具有较好的韧性、塑性，焊接性能较好，接近于普通低碳钢，在一般情况下，焊接时不必采取特殊工艺措施。只有工件厚度较厚、接头刚度大以及焊接环境气温较低时，为防止冷裂纹，才进行预热和焊后热处理，其规范与低碳钢的预热和焊后热处理相当。

②强度等级 σ_s 为 420～540MPa，碳当量≤0.5%的低合金高强度钢，由于碳当量较高，焊接时有较明显的淬硬倾向，热影响区容易形成硬而脆的马氏体组织，使塑性和韧性下降，耐应力腐蚀性能恶化，冷裂倾向增加。焊接时应控制预热温度和焊接热输入，以降低热影响区的冷却速度。焊接时必须保持低氢条件。

③强度等级 σ_s≥600MPa，碳当量≤0.75%的低合金高强度钢，具有高的强度，较好的塑性和韧性，焊接性良好。焊前预热温度不要求很高，焊后一般也不进行热处理。为避免冷裂纹产生，焊接过程必须保持严格的低氢条件。为获得低碳马氏体或贝氏体组织，从奥氏体化的热影响区冷却下来时，应具有足够高的冷却速度。如果冷却速度太慢，奥氏体将转变成粗大的贝氏体，使焊接接头强度和韧性变差；若冷却速度过高，也会使焊接接头的抗裂性和塑性下降，因此，应控制适当的冷却速度。焊后应在高于或等于层间温度的条件下使焊缝继续保温一段时间，可加速焊缝中氢的扩散和逸出。

从以上低合金高强度钢的焊接特点，可以看出低合金高强度钢焊接时容易产生如下缺陷：热影响区具有淬硬倾向；易产生冷裂纹；某些低合金高强度钢还有热裂倾向；对于含 Cr、Mo、V、Ti、Nb 等元素的低合金高强度钢，热处理或再次高温加热时，在热影响区的粗晶区会产生晶间裂纹，即再热裂纹；低合金高强度的厚钢板结构件中易产生层状撕裂。

3.2.2 低合金高强度钢的焊接工艺

(1)焊接材料的选用

①对于要求焊缝金属与母材等强度的工件，焊缝的强度不仅取决于焊接材料的性能而且与工件厚度、接头形式、坡口形式、焊接热输入有关。对于焊接厚板达到等强度要求的焊条，用其焊接薄板焊缝强度就显得偏高。

②对于不要求焊缝金属与母材等强度的工件，为防止冷裂纹的产生，可选择强度等级较低的焊接材料。

③一般采用低氢型焊条，但对于强度等级为295MPa、345MPa的非重要结构合金钢也可采用酸性焊条。低合金高强度钢焊接用焊条见表3-2。

表3-2　低合金高强度钢焊接用焊条

钢材牌号（GB/T 1591—2008）	钢材牌号（GB/T 16270—1996）	强度级别/MPa	焊条牌号
Q345	16Mn 16MnCu 14MnNb	≥345	J503，J502，J502Fe J504Fe，J504Fe14 J505，J505MoD J507，J507H，J507X，J507DF，J507D J507RH，J507NiMA，J507TiBMA，J507R J507GR，J507NiTiB，J507FeNi J506，J506X，J506DF，J506GM J506R，J506RH，J506RK，J506NiMA J506Fe，J507Fe，J506LMA J506FeNE，J507FeNi
Q390	15MnV 15MnVCu 16MnNb	≥390	J503，J502，J502Fe J504Fe，J504Fe14 J505，J505MoD J507，J507H，J507X，J507DF，J507D J507RH，J507NiMA，J507TiBMA，J507R J507GR，J507NiTiB，J507FeNi J506，J506X，J506DF，J506GM J506R，J506RH，J506RK，J506NiMA J506Fe，J507Fe，J506LMA J506FeNE，J507FeNi J555G，J555 J557Mo，J557，J557MoV J556，J556RH，J556XG

续表 3-2

钢材牌号(GB/T 1591—2008)	钢材牌号(GB/T 16270—1996)	强度级别/MPa	焊条牌号
Q420	15MnVN 15MnVNCu 15MnVNRE	≥420	J555G,J555 J557,J557Mo,J557MoV J556,J556RH,J556XG J607,J607Ni,J607RH J606,J606RH
Q460	18MnMoNb 14MnMoV 14MnMoVCu	≥460	J557,J557Mo,J557MoV J556,J556RH,J556XG J607,J607Ni,J607RH J606,J606RH
Q500	HG60,HQ60 HQ500DB BHW60A JG590	≥500	J607,J607Ni,J607RH J606,J606RH J707,J707Ni,J707RH
Q550	HQ590DB DB590	≥550	J607Ni,J607RH J707,J707Ni,J707RH
Q620	DB685 HQ685DB	≥620	J707,J707Ni,J707RH J757,J757Ni
Q690	DB785 HQ785DB	≥690	J757,J757Ni J807,J807RH

④大刚度工件或铸锻件的焊接,在不允许预热,焊后又不能进行热处理,焊缝与母材又不要求等强度的条件下,可选用奥氏体不锈钢焊条。如 E2-26-21-15(A407)、E1-16-25、Mo6N-15(A507)焊条。

⑤低合金高强度钢气体保护焊用焊接材料见表 3-3。

⑥低合金高强度钢焊接用埋弧焊及电渣焊用焊丝、焊剂见表 3-4。

表 3-3　低合金高强度钢气体保护焊用焊接材料

钢材牌号	强度级别/MPa	焊　丝	保护气体
Q345	≥345	MG49-1,MG49-Ni MG49-G,MG50-3 MG50-6 YJ501-1,YJ501Ni-1 YJ502-1,YJ502R-1 YJ507-1,YJ507Ni-1 YJ507TiB-1	CO_2
		HS-50T,MG50-4 MG50-6,MG50-G	CO_2 Ar+CO_2
		YJ502R-2,YJ507-2 YJ507G-2,YJ507D-2	自保护
Q390	≥390	MG50-3,MG50-6 JY501-1,YJ501Ni-1 YJ502-1,YJ502R-1 YJ507-1,YJ507Ni-1 YJ507TiB-1	CO_2
		MG50-4,MG50-6 MG50-G,HS-50T	CO_2 Ar+CO_2
		YJ502R-2,YJ507-2 YJ507G-2, YG507D-2	自保护
Q420	≥420	MG50-3 YJ507-1,YJ507Ni-1 YJ507TiB-1	CO_2
		MG50-4 MG50-6	CO_2 Ar+CO_2
		HS-50T,MG50-G	Ar+CO_2
Q460	≥460	HS-60,MG59-G GFM-60,YJ607-1	CO_2
Q500	≥500	HS-60NiMo,GHS60N GFM-60Ni,YJ607-1	CO_2 Ar+CO_2
Q550	≥550	HS-70,GHS70 GFM-70,YJ607-1 YJ707-1	CO_2 Ar+CO_2
Q620	≥620	HS-70A,GHS70 GFM-70,YJ707-1	Ar+CO_2
Q690	≥690	HS-80 GHS80	Ar+CO_2

表 3-4 低合金高强度钢焊接用埋弧焊及电渣焊用焊丝、焊剂

屈服强度/MPa	钢号	埋弧焊		电渣焊	
		焊丝	焊剂	焊丝	焊剂
345	Q345	不开坡口对接 H08A,H08E 中板开坡口对接 H08MnA,H10Mn2 H10MnSi	HJ430 HJ431 SJ301 SJ501 SJ502	H08MnMoA H10Mn2 H10MnSi	HJ360 HJ431
390	Q390	不开坡口对接 H08MnA 中板开坡口对接 H10Mn2 H10MnSi H08Mn2Si	HJ430 HJ431 SJ301 SJ501 SJ502	H08Mn2MoVA H10MnMoVA	HJ360 HJ431 HJ170
390	Q390	厚板深坡口 H08MnMoA	HJ250 HJ350 SJ101	H08Mn2MoVA H10MnMoVA	HJ360 HJ431 HJ170
440	Q420 15MnVTiRE	H10Mn2	HJ431	H08Mn2MoVA H10Mn2NiMo H10Mn2Mo	HJ360 HJ431
		H08MnMoA H08Mn2MoA	HJ350 HJ250 HJ252 SJ101		
490	18MnMoNb 14MnMoV 14MnMoVCu	H10Mn2MoA H08Mn2MoVA H08Mn2NiMo	HJ250 HJ252 HJ350 SJ101	H10Mn2MoA H10Mn2MoVA H10Mn2NiMoA	HJ360 HJ431

(2)**焊前准备**

①焊条、焊剂使用前应严格烘干,焊丝严格除油、除锈。合金结构钢焊接用焊条、焊剂烘干温度见表 3-5。

表 3-5　合金结构钢焊接用焊条、焊剂烘干温度

焊接材料	母材强度等级 σ_s/MPa	烘干温度/℃	保温时间/h
碱性焊条	≥600	150～470	2
	440～540	400～420	2
	≤410	350～400	2
酸性焊条	≤410	150～250	1～2
熔炼焊剂	—	300～450	2

②焊丝应严格脱脂，为保证焊接过程的低氢条件，必要时应对焊丝进行真空除氢处理。

③如果 CO_2 气体含水分较多，则要进行干燥处理（参见低碳钢 CO_2 气体保护焊工艺要点）。

④坡口加工，采用机械加工或火焰切割、碳弧气刨。对强度级别较高，厚度大的钢材，火焰切割时，应按预热规范进行预热，对碳弧气刨的坡口应仔细清除余碳，坡口形式见表 1-27。

在坡口两侧约 50mm 范围内，应严格除去水、油、锈及脏物等。

(3)装配定位焊要求　装配间隙不能过大，要尽量避免强力装配定位焊。为防止定位焊焊缝裂开，要求定位焊焊缝应有足够的长度（一般≥50mm，对厚度较薄的板材不小于 4 倍板厚）和厚度。

定位焊应选用与焊接时同类型的焊接材料，也可选用强度等级稍低的焊条或焊丝。定位焊应与正式焊接一样采取预热措施。定位焊的顺序应能防止过大的拘束，允许工件有适当的变形，其焊缝应对称均匀分布在工件上。定位焊所用焊接电流稍大于正式焊接时的焊接电流。

(4)焊接热输入的选择　对于碳当量＜0.4%的低合金高强度钢一般对热输入不加以控制；对于低淬硬倾向的钢，碳当量为 0.4%～0.6%，焊接时对热输入要适当加以控制，不可过高也不可过低。

(5)预热

①预热温度的高低主要取决于钢材化学成分、钢板厚度、结构刚度与施焊环境温度。一般认为 σ_s＞490MPa，碳当量 CE＞0.45%，板厚 δ≥25mm 时，预热温度为 100℃以上，预热温度不可过高，一般在 200℃以下。

②在多层焊时，层间温度应等于预热温度。

③在焊接强度级别较高的低合金高强度钢时，一般应在焊后加热200℃～350℃，保温2～6h，促使氢扩散逸出，以防止延迟裂缝的发生。

几种低合金高强度钢的预热温度与焊后热处理温度见表3-6。

表3-6 几种低合金高强度钢的预热温度及焊后热处理温度

强度等级 σ_s/MPa	钢号	厚度/mm	预热温度/℃	焊后热处理温度/℃	
				电弧焊	电渣焊
345	Q345 EH32	≤40	不预热	不热处理或在600～650回火	900～930正火 600～650回火
	EH36 D36(36Z)	>40	≥100		
390	Q390 14MnMoNb EH40	≤32	不预热	不热处理或在530～580回火	950～980正火 560～590或 630～650回火
		>32	≥100		
440	Q420	≤32	不预热	—	—
		>32	≥100		
490	18MnMoNb	—	≥150	600～650回火	950～980正火 600～650回火

(6)焊接工艺要点

①焊接σ_s≥440MPa级别的钢制工件或重要工件。严禁在非焊接部位引弧。

②刚度大的焊接构件。对焊前不便预热，且焊后又不便进行热处理的部位，在不要求焊缝与母材等强度的条件下，可采用A307、A407、A507等焊条焊接。

③多层焊。其第一道焊缝需用小直径的焊条与小电流进行焊接，减少母材在焊缝金属中的比例。

④焊后立即轻轻锤击焊缝金属表面。以消除焊接应力，但不适用于塑性差的钢制工件。

⑤强度级别较高或厚度较大的工件。如焊后不能及时地进行热处理，则应立即在200℃～350℃保温2～6h，以便氢扩散逸出。

⑥含有一定数量钒、钛或铌的低合金高强度钢。若在600℃左右停留时间较长，会使韧性明显降低、塑性变差、强度升高，故应提高冷却速度，避免在此温度停留较长时间。

⑦含有一定数量铬、钼、钒、钛或铌的低合金高强度钢制工件。在进行消除应力退火时要注意防止产生再热裂纹。

⑧焊接含碳量质量分数 w(C)＝0.25％～0.45％的合金结构钢。用钨极氩弧焊为好，其次是熔化极氩弧焊，再次是焊条电弧焊和埋弧焊。某些钢材的薄板，如30CrMnSiA也可采用二氧化碳气体保护焊。

⑨强度级别较高或重要的焊接构件。应用机械方法将焊缝外形进行修整，使其平滑过渡到母材，减少应力集中。

⑩点焊、缝焊。焊接时，焊接电流稍大于焊接同样厚度低碳钢的焊接电流，并应适当加长焊接时间。点焊时，如通以二次脉冲电流，可提高焊接质量。

⑪气焊。低合金钢的可焊性良好，焊接时一般不用助熔剂，可采用与低碳钢相同的焊接规范进行焊接。冬季焊前可用气焊火焰稍微预热焊接区，并适当增加定位焊点数量或长度，防止产生裂纹，焊丝可选用H08A、H08Mn、H08MnA。

⑫焊后热处理。一般热轧状态的低合金高强度钢焊后不进行热处理。通常对板厚较大、焊接残留应力大、低温下工作、承受动载荷、有应力腐蚀要求或对尺寸稳定性有要求的结构，焊后才进行热处理。

⑬合金结构钢焊后热处理的要点。焊后回火温度一般应比母材回火温度低30℃～60℃；对有回火脆性的材料应避开出现脆性的温度区间。如含Mo、Nb的材料，应避开600℃左右保温；对含一定量Cr、Mo、V、Ti的低合金高强度钢，消除应力退火时，应注意防止产生再热裂纹。

⑭几种热轧及正火钢的预热和焊后热处理工艺参数见表3-7。

表3-7　几种热轧及正火钢的预热和焊后热处理工艺参数

强度等级 σ_s/MPa	典型钢种	预热温度	焊后热处理工艺参数	
			电弧焊	电渣焊
343	Q345	100℃～150℃ (δ≥16mm)	一般不进行热处理，或600℃～650℃回火	900℃～930℃正火 600℃～650℃回火

续表 3-7

强度等级 σ_s/MPa	典型钢种	预热温度	焊后热处理工艺参数	
			电弧焊	电渣焊
393	Q390	100℃～150℃ (δ≥28mm)	560℃～590℃或630℃～650℃回火	950℃～980℃正火 560℃～590℃或630℃～650℃回火
442	Q420	100℃～150℃ (δ≥25mm)	—	950℃正火 650℃回火
491	18MnMoNb	≥200℃	600℃～650℃回火	950℃～980℃正火 600℃～650℃回火

(7)焊接参数的选择

①低碳钢、低合金钢焊条电弧焊的焊接参数见表 2-7。

②Q345 钢对接、角接埋弧焊的焊接参数分别见表 3-8 和表 3-9。

③CO_2气体保护焊的焊接参数见表 3-10。

④手工钨极氩弧焊、自动钨极氩弧焊的焊接参数分别见表 3-11 和表 3-12，熔化极自动氩弧焊的焊接参数见表 3-13。

表 3-8 Q345 钢对接埋弧焊的焊接参数

接头形式	工件厚度/mm	焊缝次序	焊丝直径/mm	焊接电流/A	电弧电压/V	焊接速度/(m/h)	焊丝牌号
	8.0	正 反	4.0	550～580 600～650	34～36	34.5	H08A
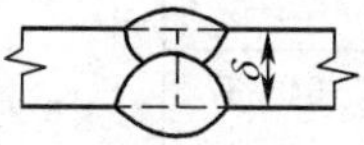	10	正 反	4.0	620～650 680～700	36～38	32	H08A
	12	正 反	4.0	680～700	36～38	32	H08A

续表 3-8

接头形式	工件厚度/mm	焊缝次序	焊丝直径/mm	焊接电流/A	电弧电压/V	焊接速度/(m/h)	焊丝牌号
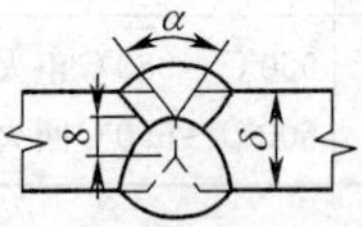	14 α=60°	正 反	4.0	600～640 620～660	34～36	29.5	H08A
	16 α=65°	正 反	4.0	600～640 640～680	34～36	29.5	H08A
	18 α=70°	正 反	4.0	680～700	36～38	27.5	H08MnA
	20 α=70°	正 反	4.0	680～700 700～720	36～38	27.5	H08MnA
	25 α=70°	正 反	4.0	700～720 720～740	36～38	21.5	H08MnA

表 3-9　Q345 钢角接埋弧焊的焊接参数

接头形式	腹板厚度/mm	焊缝层数	焊接电流/A	电弧电压/V	焊接速度/(m/h)	焊丝直径/mm
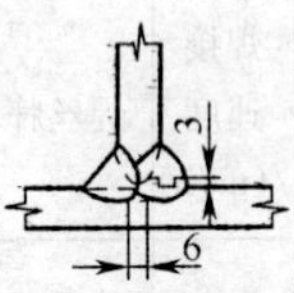	6.0	1	600～650	32～34	34～38	4.0
	8.0	1	680～720	32～34	34～38	
	10	1	700～740	34～36	30～34	
	12	1	720～760	35～38	27～30	
	14	1	760～780	34～38	23～27	
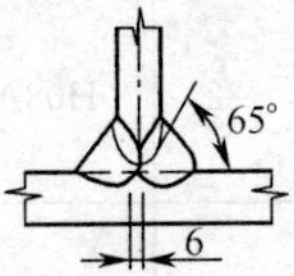	14	1	760～800	34～36	23～24	4.0
	16	1	760～800	34～36	—	
	18	2	700～740 760～820	32～34 36～38	34～37 27～29	
	20	2	700～740 760～820	32～34 36～38	34～37 27～27	

续表 3-12

接头形式	腹板厚度/mm	焊缝层数	焊接电流/A	电弧电压/V	焊接速度/(m/h)	焊丝直径/mm
	16	2	600～650 680～720	32～34 36～38	34～38 24～26	4.0
	18	2	600～650 680～720	32～34 36～38	34～38 24～26	
	20	2	600～650 720～740	32～34 36～38	30～34 24～26	4.0
	22	2	680～700 720～740	32～34 36～38	30～34 21～24	
	23	2	680～700 740～760	32～34 36～38	34～38 21～24	

表 3-10 CO_2 气体保护焊的焊接参数

焊接	焊丝直径/mm	保护气体	气体流量/(L/min)	预热或层间温度/℃	焊接参数			
					焊接电流/A	焊接电流/V	焊接速度/(cm/s)	焊接热输入/(kJ/cm)
单道焊	1.6	CO_2	8～15	～100	300～360	33～35	—	≤20
多道焊		CO_2	8～20	≤100	280～340	30～32	～0.5	≤20

表 3-11 手工钨极氩弧焊的焊接参数

工件厚度/mm	钨丝直径/mm	焊丝直径/mm	焊接电流/A	电弧电压/V	气体流量/(L/min)
1.0	1.5	1.6	35～70	11～15	3.5～4.0
1.5	1.5	1.6	45～80	11～15	4.0～5.0
2.0	2.0	2.0	75～120	11～15	5.0～6.0
3.0	2.0～2.5	2.0	110～160	11～15	6.0～7.0

表 3-12　自动钨极氩弧焊的焊接参数

工件厚度/mm	钨丝直径/mm	焊接电流/A	焊接电压/V	焊接速度/(m/h)	气体流量/(L/min)
2.5	2.0	140～150	11～13	20～22	7～9
3.5	2.5	210～220	11～13	18～20	8～10
4.0	2.5	270～290	11～13	12～14	9～11
5.0	2.5	270～290	11～13	8～10	10～11

表 3-13　熔化极自动氩弧焊的焊接参数

对接形式	工件厚度/mm	焊丝直径/mm	焊接电流/A	焊接电压/V	焊接速度/(m/h)	焊接层数	氩气流量/(L/min)
I形坡口	2.5	1.6～2.0	190～270	20～30	20～40	1	6～8
	3.0	1.6～2.0	220～320	20～30	20～40	1	6～8
	4.0	2.0～2.5	240～330	20～30	20～40	1	7～9
V形坡口	6.0	2.0～2.5	300～390	20～30	15～30	1～2	9～12
	8.0	2.0～3.0	350～430	20～30	15～30	2	11～15
	10	2.0～3.0	360～460	20～30	15～30	2	12～17

⑤Q345 钢对接熔嘴及 Q345 钢对接接头管状焊条熔嘴电渣焊的焊接参数分别见表 3-14 和表 3-15。

表 3-14　Q345 钢对接熔嘴电渣焊的焊接参数

工件厚度/mm	熔嘴数目/个	焊丝根数/根	焊接电压/V	渣池深度/mm	送丝速度/(m/h)	装配间隙/mm
50	1	2	36～38	40～50	120～150	28～32
80	1	2	36～38	40～50	140～160	28～32
100	1	2	38～40	40～50	180	28～32

表 3-15　Q345 钢对接接头管状焊条熔嘴电渣焊的焊接参数

工件厚度/mm	焊丝牌号	焊丝直径/mm	焊剂牌号	熔嘴数目	焊接电流/A	焊接电压/V	渣池深度/mm	送丝速度/(m/h)	焊接速度/(m/h)
30	H10Mn2	3.0	HJ431	1	650～850	38～42	50～60	260～280	2.8～3.0
40						40～44		280～300	2.5～2.8

3.2.3 典型低合金高强度钢的焊接

(1)Q345(16Mn)钢的焊接要点

①用气割、碳弧气刨开坡口,不影响焊接质量。

②允许热矫形,矫形加热温度低于900℃,一般加热至700℃~800℃。

③一般不预热,只有当工件厚度大、结构刚度大,低温下焊接时才需预热,Q345焊接预热规范见表3-16。

表3-16 Q345钢焊接预热规范

板厚/mm	不同环境温度的预热规范
<10	不低于-26℃不预热
10~16	不低于-10℃不预热,-10℃以下预热100℃~150℃
16~24	不低于-5℃不预热,-5℃以下预热100℃~150℃
25~40	不低于0℃不预热,0℃以下预热100℃~150℃
>40	均预热100℃~150℃

④在焊条电弧焊时,选用低氢型焊条J506与J507焊条。对大刚度重要结构或在低温下使用的结构,推荐采用超低氢焊条([H]<1mL/100g);对于厚度小,坡口窄的工件,可选用J426或J427焊条;对于板厚<14mm的非重要结构,可选用J502、J503等酸性焊条。

⑤采用埋弧焊时,当采用不开坡口的对接或角接时,选用H08A焊丝;当厚度大、坡口深时,选用H08MnA、H08Mn2焊丝,也可选用H10MnSi焊丝。焊剂为HJ430、HJ431、HJ433。CO_2保护焊选用H08Mn2Si、H10MnSi焊丝。

(2)Q390(15MnTi)钢的焊接要点

①板厚较大(>25mm)的热轧Q390钢板,焊前要检查剪切边缘上是否有剪切引起的小裂纹。发现有小裂纹时,应采用气割或碳弧气刨去掉有裂纹的边缘。气割或碳弧气刨下料,应不影响焊接质量。

②热成形和热矫形时,加热温度为850℃~1 100℃。

③板厚>25mm,环境温度在-5℃以下,可以考虑预热;板厚>32mm,必须预热100℃~150℃。

④板厚不大，坡口不深的焊缝选 J506、J507 焊条；较厚的钢板选 J557 焊条。

⑤选较软的焊接规范，以防止 Q390 钢对热的敏感性。

⑥焊后消除应力，选用 600℃～650℃消除应力退火。

⑦避免在工件上引弧，否则会产生淬硬组织。

⑧Q390 钢接头在 520℃～650℃时，有再热脆化趋势，其脆化敏感温度为 610℃左右。从防止脆化及消除残留应力效果综合考虑，Q390 钢焊接后消除应力热处理制度见表 3-17。

表 3-17 Q390 钢焊接后消除应力热处理制度

升温速度/(℃/h)	加热温度/℃	保温时间/h	降温温度/(℃/h)
60～80 (300℃以下不控制)	550±25	δ/25 (不小于 1.2h)	40～60 (300℃以下不控制)

(3)Q420(15MnVN)钢的焊接要点

①厚板大刚度条件下焊接，应注意防止点固焊开裂。

②对＞25mm 的厚板以及刚度大的结构，预热温度在 150℃以下，施焊环境温度低于－10℃时应预热。

③焊条电弧焊时，采用 J507、J557 或 J557MoV 焊条，推荐焊接参数为预热 150℃～200℃，层间温度＜200℃，焊接热输入 15～55kJ/cm，在低温下焊接时为 15～28kJ/cm。

(4)18MnMoNbR 钢的焊接要点

①18MnMoNbR 厚钢板，气割前应退火处理，否则气割边缘会出现严重裂纹。

②焊条电弧焊选 J707、J707Nb 焊条。

③埋弧焊选 H08Mn2MoA 焊丝，HJ250 焊剂。

④电渣焊选 H10Mn2MoA 焊丝，HJ250 或 HJ431 焊剂。

⑤工件装配点固前，应局部预热到 170℃以上，否则易产生微裂纹。

(5)14MnMoVBRE 钢的焊接要点

①厚度＜16mm 可冷剪下料；＞16mm 冷剪易产生微裂纹，应采用气割下料。气割也有较大的淬硬倾向，若有小裂纹，应去掉。

②焊条电弧焊选用J607、J707焊条。

③埋弧焊选用H08Mn2MoA、H08Mn2MoVA、H08Mn2NiMo焊丝，HJ250、HJ350焊剂。

④电渣焊选用H10Mn2MoVA、H10Mn2Mo焊丝，HJ360焊剂。

(6)低合金高强度钢的点焊 软参数焊接；减小熔核凝固速度，防止形成裂纹。降低冷却速度，以提高焊点的塑性。低合金高强度钢点焊的焊接通电时间是焊接同厚度低碳钢板的3～4倍。

3.2.4 低合金高强度钢的焊接实例

1. 2mm厚Q345钢板的平对接气焊

①焊前将待焊区20mm范围内的油污、铁锈和水渍清除干净。

②焊接参数。焊丝ϕ2mmH08MnA、选用H01-6焊枪和2号焊嘴、采用中性焰右焊法施焊。

③将待焊区用火焰预热到200℃～300℃。

④将钢板放平对齐，保持相对间隙约1.5mm，并从中间向两边进行间距为50mm左右的定位点焊。为防止变形，可采用路焊法施焊。

⑤焊接过程中，火焰要始终覆盖熔池，不做横向摆动(右焊法能很好地实现这一要求)，施焊中间不停顿，收尾时火焰离开熔池要缓慢。焊完后用火焰将接头处加热到暗红色(600℃～650℃)缓慢冷却。

2. Q345Q正火箱形梁的焊接

(1)焊条电弧焊定位焊工艺

①焊接材料。E5015ϕ4.0mm。

②烘干及保存条件。350℃～400℃保温1h，烘干后放于保温筒中，2h内使用。

③施焊环境。温度>5℃，湿度<80%。

④预热温度。板厚16～24mm，不预热；板厚32～40mm，预热温度≥60℃；板厚44～50mm，预热温度≥80℃。

⑤焊接参数。焊接电流160～200A；电弧电压23～26V。

(2)对接接头埋弧焊焊接工艺

①坡口形式。$\delta \leqslant$24mm采用X形坡口，预热温度70℃；$\delta \geqslant$32mm

采用双U形坡口，根部半径8mm。

②焊接材料。焊丝H08Mn2E；焊剂SJ101，使用前进行350℃保温2h烘干。

③预热及焊道间温度。不预热，焊道间温度不超过200℃。

④焊接参数。ϕ1.6mm焊丝，焊接电流320～360A，电弧电压32～36V，焊接速度21.5～25m/h；ϕ5.0mm焊丝，焊接电流660～700A，电弧电压32V，焊接速度21.5m/h。

⑤其他。焊丝伸出长度：ϕ1.6mm焊丝为20～25mm，ϕ5.0mm焊丝为35～40mm。第一道焊接时，背面用焊剂衬垫。翻身焊时，背面清根，翻身焊焊接方向与第一道焊接方向相反。

(3)开坡口角接头埋弧焊焊接工艺

①坡口形式。竖板开45°V形坡口。箱形梁结构如图3-3所示。

②施焊位置。船形焊，水平板与水平面夹角为67.5°。

③焊接材料。焊丝H08MnE；焊剂SJ101，使用前进行350℃保温2h烘干。

④预热及焊道间温度。打底焊预热温度≥50℃，焊道间温度不超过200℃。

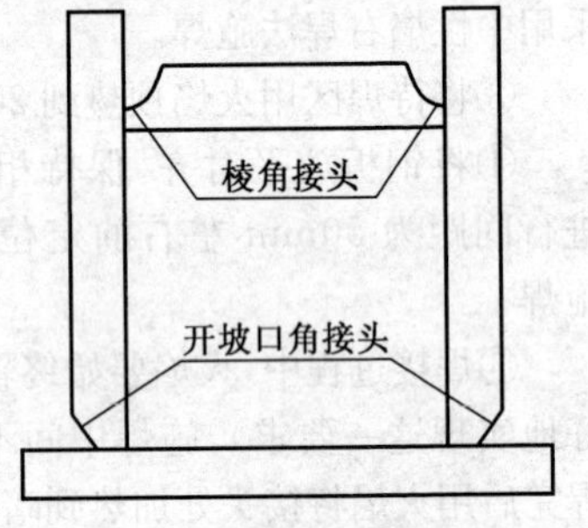

图3-3　箱形梁结构

⑤焊接参数。打底焊道采用ϕ1.6mm焊丝，焊接电流240～260A，电弧电压22～24V，焊接速度21.5m/h。其他焊道采用ϕ5.0mm焊丝，焊接电流680～700A，电弧电压30～32V，焊接速度18m/h。

⑥焊丝伸出长度。ϕ1.6mm焊丝，20～25mm，ϕ5.0mm焊丝，35～40mm。

(4)棱角接头埋弧焊焊接工艺

①坡口形式。水平板开半U形坡口，根部半径为10mm。

②施焊位置。平焊，焊丝与竖板之间的夹角保持在25°左右。

③焊接材料。焊丝H08Mn2E；焊剂SJ101，使用前进行350℃保温

2h 烘干。

④预热及焊道间温度。打底焊预热温度≥50℃,焊道间温度不超过 200℃。

⑤焊接参数。打底焊道采用 ϕ1.6mm 焊丝,焊接电流 240～260A,电弧电压 22～24V,焊接速度 21.5m/h。其他焊道采用 ϕ5.0mm 焊丝,焊接电流 680～700A,电弧电压 30～32V,焊接速度 18m/h。

⑥焊丝伸出长度。ϕ1.6mm 焊丝为 20～25mm,ϕ5.0mm 焊丝为 35～40mm。

3. S415(X60)天然气管线钢的焊接

S415(X60)钢具有优良的塑性、韧性,钢材的焊接性良好,焊接热影响区冷裂纹敏感性及脆化倾向不大,焊接时可以采用氢含量较高的纤维素型焊条。国内某天然气管线采用国外进口的 S415 管线钢,壁厚≤20mm,管外径>300mm。采用焊条向下立焊技术,成功地焊接了总长 1000 余公里的管线,焊接质量达到国际标准要求。

(1)焊接材料 采用奥地利某公司生产的 FOX CEL85(E8010-C)纤维素型向下立焊焊条及 FOX BVD85(E8010-C)碱性低氢型向下立焊焊条。

(2)坡口 坡口角度为 60°～70°,钝边为 1.0～1.5mm,间隙 1.0～1.5mm。最大错边量不应超过管外径的 3/1 000,且最大不超过 2mm。

(3)焊接参数 纤维素型焊条的焊接参数见表 3-18,低氢型焊条的焊接参数见表 3-19。

表 3-18 纤维素型焊条的焊接参数

焊层名称	层内焊道数	焊条直径/mm	焊条电流/A	焊层厚度/mm	焊接速度/(cm/min)
根部	1	3.2	70～120	2.0～2.5	6～20
填充	1～2 或>2	3.2,4.0	110～165	2.0～2.5	20～25
盖面	1～2 或>2	3.2,4.0	100～150	2.0～2.5	15～25

表 3-19　低氢型焊条的焊接参数

焊层名称	层内焊道数	焊条直径 /mm	焊条电流 /A	焊层厚度 /mm	焊接速度 /(cm/min)
根部	1	3.2	70～120	2.0～2.5	6～20
填充	1～2 或>2	3.2,4.0	115～155	2.0～2.5	20～25
盖面	1～2 或>2	3.2,4.0	115～165	2.0～2.5	15～25

(4)向下立焊的操作技术　向下立焊时的焊条要求不摆动或做很小摆动,因为摆动较宽时,不易控制熔化金属的成形,容易在焊缝中间造成缺陷。此外,宜采用短弧焊接,电弧长度不能太长,否则会造成焊缝成形不好或产生气孔。

4. 13MnNiMoNb(BHW35)钢厚板压力容器的焊接

(1)焊前准备　用火焰切割厚 80mm 的钢板时,在切割前起割点周围 100mm 处,应预热至 100℃以上。不做机械加工的切割边缘,焊前应做表面磁粉检测。采用碳弧气刨清根或制备焊接坡口,碳弧气刨前应将工件预热至 150℃～200℃,碳弧气刨后表面应采用砂轮打磨清理。

(2)焊条电弧焊工艺

①可采用 V 形或 U 形坡口。

②焊条。E6015(J607),E6016(J606)。

③焊条烘干温度。350℃～400℃,保温 2h。

④焊接参数。使用 ϕ4mm 焊条时,底层焊道焊接电流 140A、电弧电压 23～24V;填充焊道焊接电流 160～170A,电弧电压 23～24V;使用 ϕ5mm 焊条时,填充焊道焊接电流 160～170A、电弧电压 23～24V。

⑤焊前预热温度。板厚>10mm 时,应预热至 150℃～200℃,并保持焊道间温度不低于 150℃。

⑥焊后消氢处理。板厚>90mm 时,焊后应立即进行 350℃～400℃,保温 2h 的消氢处理。

⑦焊后消除应力热处理。对于厚度>30mm的承载部件,焊后需做消除应力热处理。任何厚度的受压部件不预热焊时和厚度>20mm的受压部件预热焊时,焊后必须作消除应力热处理。最佳的焊后消除应力热处理温度范围为600℃~620℃。

(3)埋弧焊工艺

①可采用T形、V形或U形坡口。

②焊丝。H08Mn2MoA。

③焊剂。HJ350,SJ101。

④焊剂烘干温度。HJ350:350℃~400℃,保温2h;SJ101:300℃~350℃,保温2h。

⑤焊接参数。焊丝直径ϕ4mm,焊接电流600~650A,电弧电压36~38V,焊接速度25~30m/h。

⑥焊前预热温度。板厚>20mm时,预热至150℃~200℃,并保持焊道间温度不低于150℃。

⑦消氢处理和焊后消除应力热处理同焊条电弧焊。

⑧焊后100%超声波检测并做25%的射线检测,所有焊缝及热影响区表面做磁粉检测。消除应力热处理后做超声波复检,表面磁粉检测抽查。

(4)电渣焊工艺

①焊缝间隙30^{+2}_{0}mm。

②焊丝。80mm以上厚板用H08Mn2NiMo;80mm以下钢板用H08Mn2Mo,焊丝直径3mm。

③焊剂。HJ360,HJ431。

④板厚30~60mm时使用单丝;板厚65~100mm时,使用双丝;板厚100mm以上时,使用三丝。

⑤焊接参数。焊接电流450~550A,电弧电压40~42V,焊接速度1~125m/h。

⑥焊后热处理。910℃~930℃,保温时间1min/mm,空冷。

⑦正火处理后进行超声波检测,合格后在610℃~630℃做回火处理。

3.3 低碳调质钢的焊接

低碳调质钢的抗拉强度(σ_b)一般为 600～1 300MPa,在调质状态下供货使用,属于热处理强化钢。这类钢既具有较高的强度,又有良好的塑性和韧性。随着科学技术的发展,低碳调质钢在工程焊接结构中的应用日益广泛,越来越受到工程界的重视。

金属学和热处理上把"淬火+高温回火"定义为调质处理,而焊接界则对钢材淬火后不论经高温回火或低温回火均称为"调质",凡经过"淬火+回火"热处理的钢均称为"调质钢"(QT 钢)。

低合金调质钢可分为低碳调质钢和中碳调质钢。

3.3.1 低碳调质钢的种类

①高强度结构钢(σ_b600～800MPa),如 14MnMoNbB,15MnMoVNRE、HQ60、HQ70、HQ80 等,这类钢主要用于工程焊接结构。

②高强度耐磨钢(σ_b1 000～1 300MPa),如 HQ100 钢和 HQ130 钢,主要用于高强度焊接结构要求耐磨和承受冲击的部位。

③高强度高韧性钢(σ_b600～800MPa),如 12Ni3CrMoV,10NiCrMoV 等,这类钢要求在高强度的同时,具有高韧性,主要用于高强度、高韧性焊接结构。

3.3.2 低碳调质钢的焊接特点

低碳调质钢焊接性能优于中碳调质钢,焊接冷裂纹倾向比中碳调质钢小。

(1)高强度结构钢 抗拉强度(σ_b)600MPa、700MPa 的低碳调质钢可直接在调质状态下焊接,焊后不要求进行调质处理,必要时可进行消除应力热处理。

14MnMoNbB 钢经焊接热循环作用后,淬硬倾向较大,热影响区硬度增高。为避免焊接冷裂纹产生的预热温度约为 150℃,采用较低的预热温度,但增加后热处理措施可获得同样效果。薄板(6mm)焊接时，如果环境温度＞14℃，采用焊条电弧焊可以在不预热条件下施焊。

14MnMoNbB钢对氢致裂纹比较敏感，但只要焊缝中扩散氢降至足够低，或提高预热温度，就可阻止裂纹产生。焊接热输入在16～23kJ/cm范围内时，该钢热影响区韧性较为理想；如采用超低氢高韧性焊条施焊，用较低预热温度加后热处理，可以避免焊接冷裂纹，并能得到满意的接头性能。

14MnMoNbB钢的焊接具有一定的再热裂纹倾向。焊前预热温度应不低于300℃，或焊前预热180℃，焊后立即采用250℃保温2h的后热处理措施，均可防止该钢焊后消除应力退火时引起的再热裂纹。

(2)高强度耐磨钢　钢材的强度级别越高，淬硬性越大，焊接性越差，对焊接工艺的要求越严格。高强度耐磨钢热裂倾向较小。这类钢通过调质获得强化效果，受焊接热循环影响，热影响区有时存在脆化和软化现象，强度级别越高的钢，软化现象越突出。解决的办法：一是焊后重新调质处理；二是焊后不再进行热处理，在焊接过程中严格限制焊接热量输入对母材的作用。

HQ100钢在焊条电弧焊条件下，拘束度较小的角接焊、厚度9mm以下钢板的对接焊及厚度20mm钢板的搭接焊，预热温度低于100℃可避免出现裂纹；但对于厚度20mm以上的中厚板的对接接头，无论采用焊条电弧焊还是富氩气体保护焊，焊前预热温度均不得低于100℃，才能避免出现裂纹。

(3)高强度高韧性钢　低合金调质高强度高韧性钢对焊接接头区强韧性要求较高，特别是对冲击韧度的要求高。这类钢对焊接热输入、预热温度、层间温度的控制更为严格，应采用较小焊接热输入的多层多道焊工艺。最合适的焊接方法是焊条电弧焊和气体保护焊，特别是Ar＋CO_2混合气体保护焊具有较广阔的应用前景。

高强度高韧性钢焊接热影响区中粗晶区是接头最脆弱的环节之一。热影响区粗晶区中的板条马氏体对韧性有很大的影响。随着板条马氏体数量的增加，热影响区缺口冲击韧度由低到高然后再下降，具有峰值。板条马氏体在某一含量范围有最佳冲击韧度，细小的板条组织比粗大的板条组织缺口冲击韧度高。焊接高强度高韧性钢时，应采用适当的预热、缓冷或焊后热处理等措施，以最大限度地减少焊缝和熔合区中的氢含量，防止出现低应力断裂。

12Ni3CrMoV钢是抗拉强度(σ_b)$\geqslant$740MPa的低合金调质高强度高韧性钢，这类钢通常是在调质状态下使用的。根据产品的制造工艺和对使用性能要求的不同，有时也在正火或正火加回火处理后使用。

12Ni3CrMoV钢不产生裂纹的临界预热温度分别为60℃和100℃。

对于低碳调质高强度高韧性钢，应采取严格限制焊接热输入的办法，以限制焊接热影响区的韧性下降。在焊接热输入变化不大的条件下，12Ni3CrMoV钢热影响区粗晶区的组织为低碳马氏体(ML)+下贝氏体(BL)，其中低碳马氏体含量不少于90%，这种ML+BL组织具有较好的缺口韧性。

10Ni5CrMoV钢采用超低氢J840专用焊条焊接时，焊缝金属中的扩散氢含量特别低，有利于防止焊接裂纹的产生。

3.3.3 低碳调质钢的焊接工艺

1. 焊接方法

低碳调质钢常用的焊接方法有焊条电弧焊、CO_2气体保护焊和混合气体保护焊等。对于屈服强度$\sigma_s<680$MPa的钢种，焊条电弧焊(SMAW)、埋弧焊(SAW)、MIG和TIG等都可采用；对于屈服强度$\sigma_s \geqslant$ 680MPa的低碳调质钢，熔化极气体保护焊，如CO_2气体保护焊或Ar+CO_2混合气体保护焊是较合适的焊接方法。

2. 焊接材料的选择

在选择焊接材料时要求焊缝金属具有接近母材的力学性能。在特殊情况下，对焊缝金属强度要求可低于母材，刚度很大的焊接结构，为了减少焊接冷裂纹倾向，可选择比母材强度低一些的焊接材料，即所谓的“低强匹配”。

(1)高强度结构钢 低碳调质高强度结构钢焊接材料选用见表3-20。

表 3-20 低碳调质高强度结构钢焊接材料选用

钢号	焊条电弧焊的焊条		埋弧焊		电渣焊		气体保护焊	
	型号	牌号	焊丝	焊剂	焊丝	焊剂	气体（体积分数）	焊丝
WCF-61 WCF-62 HQ60	E6015-D_1 E6015-G E6016-D_1 E6016-G	J607 J607Ni J607RN J606	H08MnMoA H10Mn2 H10Mn2Si H08MnMoTI	HJ431 SJ201 SJ101 HJ350 SJ104	H10Mn2MoVA	HJ360 HJ431	CO_2 或 Ar+$CO_2$20%	ER55-D_2 ER55-D_2Ti GHS-60 PK-YJ607
HQ70 14MnMoVN 12MnCrNiMoVCu 12Ni3CrMoV	E7015-D_2 E7015-G	J707 J707Ni J707RH J707NiW	HS-70A H08Mn2NiMoVA H08Mn2NiMo	HJ350 HJ250 SJ101	H10Mn2NiMoA H10Mn2NiMoVA	HJ360 HJ431	CO_2 或 Ar+$CO_2$20%	ER69-1 ER69-3 GHS-60N GHS-70 YJ707-1
14MnMoNbB 15MnMoVNRE WEL-TEN70 WEL-TEN80	E7015-D_2 E7015-G E7515-G E8015-G	J707 J707Ni J707RH J707NiW J757 J757Ni J807 J807RH	H0Mn2MoA H08Mn2Ni2CrMoA	HJ350	H10Mn2MoA H08Mn2Ni2 H08Mn2Ni2CrMo	HJ360 HJ431	Ar+$CO_2$20% 或 Ar+O_2 1%～2%	ER-76-1 ER83-1 H08MnNi2Mo GHS-80B、80C

续表 3-20

钢号	焊条电弧焊的焊条		埋弧焊		电渣焊		气体保护焊	
	型号	牌号	焊丝	焊剂	焊丝	焊剂	气体（体积分数）	焊丝
12NiCrMoV	E8015-G	J807RH J857 J857Cr J857CrNi	—	—	—	—	—	—
T-1	$E7015-D_2$ E7015-G E7515-G	J707 J707Ni J707RH J757 J757Ni	—	—	—	—		ER76-1 ER83-1 GHS-80B GHS-80C
HQ80	—	GHH-80	—	—	—	—	$Ar+CO_2$ 20%	GHQ-80
HQ100	—	J956	—	—	—	—	$Ar+CO_2$ 20%	GHQ-100

(2)高强度耐磨钢 低碳调质高强度耐磨钢焊接材料的选用见表3-21。

表3-21 低碳调质高强度耐磨钢焊接材料的选用

钢 号	强度级别 σ_b/MPa	焊 条	气体保护焊	
			焊 丝	保护气体
HQ100	1 000	E9015 E10015	H08Mn2Ni3SiCrMo	Ar+CO_2焊
HQ130	1 300	E10015-M	H08Mn2Ni3SiCrMo	Ar+CO_2焊

一般采用熔化极气体保护焊(MAG),MAG焊接的保护气体可以是CO_2,也可以是Ar+(5%~20%)CO_2。

(3)高强度高韧性钢 部分低合金调质高强度高韧性钢焊接材料的选用见表3-22。

表3-22 部分低合金调质高强度高韧性钢焊接材料的选用

钢种	强度等级 σ_s/MPa	焊条	气体保护焊	埋弧焊
[美]HY-80	≥540	E11018,E9018	Mn-Ni-Cr-Mo专用焊丝 Ar+2%CO_2保护气体	专用焊丝 中性焊剂
[美]HY-130	≥880	E14018	Mn-Ni-Cr-Mo专用焊丝 Ar+2%CO_2保护气体	—
12Ni3CrMoV	≥590	65C-1	H08Mn2Ni2CrMo Ar+CO_2保护气体	H10MnSiMoTiA H08MnNi2CrMoA+ HJ350
10Ni5CrMoV	≥785	840专用焊条	H08Mn2Ni3SiCrMoA Ar+CO_2保护气体	—
[日]NS-63	≥615	E6316	NSM63 Ar+CO_2保护气体	NSM63 中性焊剂
[日]NS-80	785~920	E8016	NSM80 Ar+CO_2保护气体	—

3. 焊接工艺要点

①接头设计。接头设计时，应考虑焊接操作和焊后检验方便。对接接头比角接接头易于检验，V形和U形坡口比半V形或T形坡口易于保证焊透。

②焊前准备。坡口加工和装配应符合设计要求。14MnMoNbB钢焊接组装时，应保证整个焊道内的根部间隙均匀，避免或尽量减少错边。焊丝使用前，应严格除油、除锈，最好进行250℃下保温1h的除氢处理。高强度高韧性钢，如10Ni5CrMoV施焊前焊条(J840专用焊条)必须在400℃～450℃下烘焙2h。烘干后的焊条应放置在不低于150℃的保温箱中，随用随取。

③预热。为了防止冷裂纹的产生，焊接低碳调质钢时常常需要采用预热，但必须注意防止由于预热而使焊接热影响区的冷却速度过于缓慢。当钢板厚度不大，接头拘束度较小时，可以采用不预热焊接工艺。如板厚<10mm的HQ60、HQ70钢，采用低氢型焊条焊条电弧焊、CO_2气体保护焊或Ar+CO_2混合气体保护焊时，可以进行不预热焊接。HQ80C钢焊接推荐的预热温度见表3-23。

表3-23　HQ80C钢焊接推荐的预热温度

试验方法	焊接方法	板厚/mm	焊接材料	扩散氢含量(mL/100g)	止裂预热温度/℃	生产中应采用的预热温度/℃
插销试验	焊条电弧焊	20	专用焊条	0.7	89	100
铁研试验	焊条电弧焊	20	专用焊条	0.7	75	100
	气体保护焊	20	专用焊丝	—	75	100

④焊接热输入控制。对于低碳调质低合金结构钢，焊接热输入要加以严格控制，应根据板厚、预热和层间温度来确定合适的焊接热输入。14NiCrMoCuVB钢的焊接热输入选用见表3-24；不同板厚的Welten80C钢最大热输入推荐值见表3-25；HY-130钢最大焊接热输入见表3-26；HQ系列钢的最大焊接热输入和预热温度见表3-27。

⑤低碳调质钢不宜采用大直径的焊条或焊丝施焊，应尽量采用多层多道焊工艺，最好采用窄焊道，不用横向摆动的运条技术。对于不同级别的低碳调质钢，每条焊缝均应两面连续焊接完成。限制焊道长度，

尽量不打焊渣连续施焊，中途不得停歇。双面施焊的焊缝，背面焊道应采用碳弧气刨清理焊根并打磨气刨表面后再进行焊接。

表 3-24 14NiCrMoCuVB 钢的焊接热输入选用

预热温度/℃	板厚/mm										
	6	8	10	12	16	20	25	30	36	40	50
	焊接热输入/(J/cm)										
20	7 500～16 000	10 000～19 500	14 000～23 500	21 500～29 000	17 500～46 000	抗裂性和塑性低					
100	热影响区冲击韧度差				16 000～3 000	22 500～36 000	24 000～45 000	26 000～57 500			
150						16 000～285 000	19 000～35 000	22 500～44 000	25 000～49 000	31 000～60 000	31 500～61 500
200								16 000～32 500	20 000～39 500	22 000～46 500	23 500～54 000

表 3-25 不同板厚的 Welten80C 钢最大热输入推荐值

(kJ/mm)

焊接方法	板厚 δ/mm			
	6≤δ<13	13≤δ<19	19≤δ<25	26≤δ
焊条电弧焊与熔化极气体保护焊	2.5	3.5	4.5	4.8
埋弧焊	2.0	2.5	3.5	4.0

表 3-26 HY-130 钢最大焊接热输入 (kJ/mm)

板厚/mm	10～16	16～22	22～35	35～102
焊条电弧焊	1.58	1.78	1.77	1.97
气体保护焊	1.38	1.58	1.77	1.97

表 3-27　HQ 系列钢的最大焊接热输入和预热温度热

钢号	板厚/mm	预热温度/℃			层间温度/℃	焊接热输入/(kJ/cm)
		焊条电弧焊	气体保护焊	埋弧焊		
HQ60	6≤δ<13	不预热	不预热	不预热	≤150	≤30
	13≤δ<26	40～75	15～30	25	≤200	≤45
	26≤δ<50	75～125	25	50	≤200	≤55
HQ70	6≤δ<13	50	25	50	≤150	≤25
	13≤δ<19	75	50	50	≤180	≤35
	19≤δ<26	100	50	75	≤200	≤45
	26≤δ<50	125	75	100	≤200	≤48
HQ80C	6≤δ<13	50	50	50	≤150	≤25
	13≤δ<19	75	50	75	≤180	≤35
	19≤δ<26	100	75	100	≤200	≤45
	26≤δ<50	125	100	125	≤220	48
HQ100	≤32	100～150	100～150	—	≤150	≤35

⑥焊后热处理。大多数低碳调质钢焊后一般不再进行热处理，只在下述情况下才进行焊后热处理：焊后或冷加工后钢的韧性过低；焊后需进行高精度加工，要求保证结构尺寸的稳定性；焊接结构承受应力腐蚀。

焊后热处理温度必须低于母材调质处理回火温度，以防母材的性能受到损害。一些常用低碳调质钢的热处理制度与组织见表 3-28。

表 3-28　一些常用低碳调质钢的热处理制度与组织

钢号或名称	热处理制度	组　织
07MnCrMoVR 07MnCrMoVDR 07MnCrMoV-D 07MnCrMoV-E	调质处理	回火贝氏体＋回火马氏体＋贝氏体
HQ60	980℃水淬＋680℃回火	回火索氏体
HQ70	920℃水淬＋680℃回火	亚共析铁素体＋球状渗碳体
HQ80	980℃水淬＋660℃回火	回火索氏体＋弥散碳化物

续表 3-28

钢号或名称	热处理制度	组　织
HQ100	920℃水淬+620℃回火（12mm以下板轧后空冷+620℃回火）	回火索化体
14MnMoNbB	920℃水淬+625℃回火	—
A533-B	843℃水淬+593℃回火	贝氏体+马氏体(薄板) 铁素体+贝氏体(厚板)
12NiCrMoV	880℃水淬+680℃回火	回火贝氏体+回火马氏体
HY-130	820℃水淬+590℃回火	回火贝氏体+回火马氏体

⑦焊后表面处理。对接接头焊后，应将余高打磨平才能使接头有足够的疲劳强度，角焊缝焊趾处的机打磨、TIG重熔或锤击强化都可以提高角接接头的疲劳强度。但必须选择适宜的打磨、重熔或锤击工艺。

4. 焊接参数的选择

(1)同等强度结构钢焊接

①HQ60钢、HQ70钢焊条电弧焊和气体保护焊的焊接参数见表3-29。

表 3-29　HQ60、HQ70钢焊条电弧焊和气体保护焊的焊接参数

焊材	直径/mm	保护气体(体积分数)	气体流量/(L/min)	焊接电流/A	焊接电压/V	热输入/(kJ/cm)	预热温度或层温/℃
E6015H	4	—	—	160～180	22～24	18～22	150
GHS-60N	1.6	80%Ar+20%CO_2	20	360	37	20	150
E7015G	4	—	—	160～180	22～25	18～22	室温
GHS-70	1.6	80%Ar+20%CO_2	20	350	35	20	室温

②14MnMoNbB钢焊条电弧焊和气体保护焊的焊接参数见表3-30。

③HQ80C钢焊条电弧焊的焊接参数见表3-31。

表 3-30　14MnMoNbB 钢焊条电弧焊和气体保护焊的焊接参数

焊材	直径/mm	电流/A	电压/V	焊速/(cm/s)	热输入/(kJ/cm)	预热温度/℃
E8015B	3.2	90～120	24～30	—	8～18	150℃
	4.0	130～160	24～30	—	9～25	150℃
H08Mn2Ni2CrMo+HJ350	3.0	400～500	32～37	0.64～0.75	17～30	—
	4.0	500～600	32～37	0.64～0.75	20～35	—

表 3-31　HQ80C 钢焊条电弧焊的焊接参数

焊条牌号	焊条直径/mm	焊条烘干	预热或层间温度/℃	焊接参数			
				焊接电流 A	焊接电压 V	焊接速度/(cm/s)	热输入/(kJ/cm)
HQ80C配套焊条	4	400℃×1h	≤100	150～160	23～25	12～13	≤20

④HQ80C 钢混合气体保护焊(MAG)的焊接参数见表 3-32。

表 3-32　HQ80C 钢混合气体保护焊(MAG)的焊接参数

焊接	焊丝及直径/mm	保护气体(体积分数)	气体流量/(L/min)	预热或层间温度/℃	焊接参数			
					电流/A	电压/V	焊速/(cm/s)	热输入/(kJ/cm)
单道焊	GHQ-80 ϕ1.6	80%Ar+20%CO_2	20	～100	340～360	33～35	—	21
多道焊		75%～80%Ar+20%～25%CO_2	25	≤100	300～320	30～32		≤20

⑤HQ100 钢焊条电弧焊和混合气体保护焊的焊接参数见表 3-33。

(2)不同强度级别钢焊接　HQ130+HQ70(或 HQ80)钢的焊接参数见表 3-34。

表 3-33 HQ100 钢焊条电弧焊和混合气体保护焊的焊接参数

焊接方法	焊接材料	预热及层间温度/℃	电流/A	电压/V	焊速/(cm/s)	热输入/(kJ/cm)
焊条电弧焊	J956(ϕ4)烘烤温度 400℃×1h	100～130	170～180	24～26	0.272～0.275	15～17
气保焊	CHQ-100 焊丝(ϕ1.2) 80%Ar+20%CO(体积分数)	100～130	300	30	0.45～0.90	10～20

表 3-34 HQ130+HQ70(或 HQ80)钢的焊接参数

焊接方法	保护气体	气体流量/(L/min)	焊接电压/V	焊接电流/V	焊接热输入/(kJ/cm)
GMAW	CO_2(实丝)	8～10	30～32	200～220	15.2～17.1
	CO_2(药丝)	8～10	31～34	210～240	15.5～18.3
	Ar+CO_2(体积比 80:20)	8～10	32～33	220～230	15.3～16.5

3.3.4 低碳调质钢的焊接实例

1. 40t 汽车起重机 HQ80C 钢活动支腿的焊接

HQ80C 钢采用 HS-80 焊丝、富氩混合气体保护焊，焊接 40t 汽车起重机的活动支腿。40t 汽车起重机的活动支腿结构断面如图 3-4 所示，40t 汽车起重机的 HQ80C 钢活动支腿焊接工艺见表 3-35。

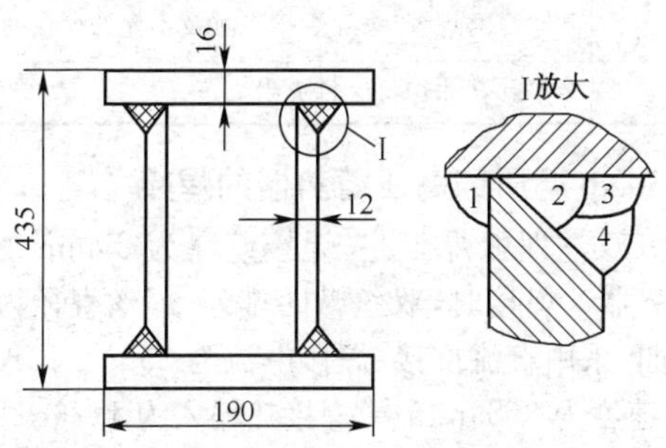

图 3-4 40t 汽车起重机的活动支腿结构断面

表 3-35　40t 汽车起重机的 HQ80C 钢活动支腿焊接工艺

<table>
<tr><td>焊前处理</td><td colspan="4">组装前经抛丸处理，去除钢板表面的氧化皮、油污及其他杂物</td></tr>
<tr><td>接头形式</td><td colspan="4">棱角接头</td></tr>
<tr><td>焊缝形式</td><td colspan="4">熔透焊缝</td></tr>
<tr><td>焊接位置</td><td colspan="4">平焊</td></tr>
<tr><td>焊道数</td><td colspan="4">四道</td></tr>
<tr><td>焊接顺序</td><td colspan="4">先焊四条内角缝，从外部清根至露出内角缝焊肉，再焊外角各焊缝</td></tr>
<tr><td>焊丝摆动</td><td colspan="4">施焊时焊丝不做横向摆动，焊道宽 8～12mm，焊缝高4～6mm</td></tr>
<tr><td>预热及焊道间温度/℃</td><td colspan="4">100～125，预热火焰头距板面不<50mm</td></tr>
<tr><td>焊丝</td><td colspan="4">HS-80(H08MnNi2MoA)ϕ1.2mm</td></tr>
<tr><td>保护气体</td><td colspan="4">Ar＋20%CO_2(体积分数)，严格控制 CO_2 气体中的水分</td></tr>
<tr><td>气体流量/(L/min)</td><td colspan="4">10～15</td></tr>
<tr><td>焊接电流/A</td><td rowspan="3">打底内角焊缝</td><td>120～150</td><td rowspan="3">填充和盖面焊缝</td><td>270～300</td></tr>
<tr><td>电弧电压/V</td><td>18～22</td><td>22～29</td></tr>
<tr><td>热输入/(kJ/mm)</td><td>约 1.0</td><td>约 1.5</td></tr>
<tr><td>焊后修磨</td><td colspan="4">每一道焊缝清理干净后，方可施焊下一焊道。焊后必须用砂轮修磨焊缝，去除焊接飞溅及不允许存在的外观缺陷</td></tr>
<tr><td>其他</td><td colspan="4">严禁在非焊接区打火引弧</td></tr>
</table>

2. 20MnMoNb 调质钢高压蓄势器的焊接

采用窄间隙双丝埋弧焊工艺，焊接壁厚为 85mm 的 20MnMoNb 调质钢高压蓄势器。焊接时，双丝纵向排列，焊丝直径为 3mm。前丝向坡口侧壁弯曲、采用直流反接，焊接电流为 350～420A，焊接电压为 32～34V，焊接速度为 8.89mm/s，焊接热输入为 1.26～1.6kJ/mm；后丝为直丝，采用方波交流电源，改善焊道成形，加大熔敷速度。这种工艺既可以提高熔敷效率，又避免了母材过分受热。焊后经消除应力热处理，焊接热影响区的韧性与母材基本相当。20MnMoNb 钢双丝窄间隙埋弧焊焊接接头冲击吸收能量见表 3-36。

表 3-36　20MnMoNb 钢双丝窄间隙埋弧焊焊接接头冲击吸收能量

位　置	A_{kv}/J
焊接热影响区	77　64　62　77
母材	79　76　70　72

3.4　中碳调质钢的焊接

中碳调质钢的屈服强度可达 880～1 176MPa。钢中的含碳量(0.25%～0.5%)较高，并加入合金元素，如 Mn、Si、Cr、Ni、B、Mo、W、V、Ti 等，以保证钢的淬透性，消除回火脆性，再通过调质处理可以获得综合性能较好的高强度钢。中碳调质钢的淬硬性比低碳调质钢高很多，热处理后达到很高的强度和硬度，但韧性相对较低，给焊接带来了很大的困难。

3.4.1　中碳调质钢的焊接特点

中碳调质合金钢含碳量高，热影响区和焊缝易形成硬而脆的高碳马氏体，冷裂纹倾向严重，同时焊接应力及氢的存在也促使冷裂纹产生。母材熔入焊缝金属中的碳和合金元素也较多，引起热裂纹的可能性也较大，尤其是多层焊第一层焊道及焊缝的收弧点，应严加注意。焊接接头还可能出现微裂纹，在焊后存放和使用过程中有继续扩散的趋势，焊后一定要严格检查。

3.4.2　中碳调质钢的焊接工艺

1. 焊接方法

常用的焊接方法有钨极氩(或氦)弧焊、熔化极气体保护焊、埋弧焊、焊条电弧焊及电阻点焊等。钨极氩(或氦)弧焊焊缝的氢含量极低，适合于焊接薄小且拘束应力较大的构件。熔化极气体保护焊焊缝的含氢量很低，有利于减小中碳调质钢焊接时产生冷裂纹的可能性。埋弧焊常用于那些焊后进行调质处理的构件，这时应选好焊丝、焊剂的组合，以保证经调质处理的焊缝金属具有满意的强度、塑性及韧性。

2. 焊接材料的选择

中碳调质钢焊接材料应采用低碳合金系统，并尽量降低焊缝金属的S、P杂质含量，以确保焊缝金属的韧性、塑性和强度，提高焊缝金属的抗裂性。对于焊后需要热处理的构件，焊缝金属的化学成分应与基体金属相近。应根据焊缝受力条件、性能要求及焊后热处理情况选择焊接材料。中碳调质钢焊接材料的选用见表3-37。

3. 焊接工艺要点

(1)接头设计与低碳调质钢相同　中碳调质钢的焊接坡口应采用机械方法加工，以保证装配精度，并应避免由热切割引起坡口处产生淬火组织。

(2)预热　预热是中碳调质钢的重要焊接工艺措施之一。是否预热以及预热温度的高低应根据工件结构和生产条件而定，除了拘束度小，构造简单的薄壁壳体或工件不用预热外，一般情况下，中碳调质钢焊接时，都要采取预热或及时后热，预热温度约为200℃～350℃。常用中碳调质钢的预热温度见表3-38。

(3)热输入的选择　中碳调质钢宜采用较低热输入，以降低热影响区淬火区的脆化程度。应尽可能采用机械化、自动化焊接，从而减少起弧及停弧次数，减少焊接缺陷和改善焊缝成形。

(4)焊后热处理　焊后热处理也是中碳调质钢的重要工艺措施之一。

如果产品焊后不能及时进行调质处理，则必须在焊后及时进行中间热处理，即在等于或高于预热温度下保温一定时间的热处理，如低温回火或650℃～680℃高温回火。若工件焊前为调质状态，其预热温度、层间温度及热处理温度都应比母材淬火后的回火温度低50℃。进行局部预热时，应在焊缝两侧100mm范围内均匀加热。常用中碳调质钢的焊后热处理制度见表3-39。

表 3-37 中碳调质钢焊接材料的选用

钢号	焊条电弧焊焊条牌号或型号	气体保护焊		埋弧焊		备注
		CO_2	Ar	焊丝	焊剂	
30CrMnSiA	E8515-G J107Cr HT-1(H08A 焊芯) HT-1(H08CrMoA 焊芯) HT-3(H08A 焊芯) HT-3(H18CrMoA 焊芯) HT-4(HGH41 焊芯) HT-4(HGH30 焊芯)	H08Mn2SiMoA H08Mn2SiA	H18CrMoA	H20CrMoA H18CrMoA	HJ431 HJ431 HJ260	HT 型焊条为航空用焊条 HT-4（HGH41）和 HT-4(HGH30)为用于调质状态下焊接的镍基合金焊条
30CrMnSiNi2A	HT-3(H18CrMoA 焊芯) HT-4(HGH41 焊芯) HT-4(HGH30 焊芯)		H18CrMoA	H18CrMoA	HJ350-1 HJ260	HJ350-1 为 HJ350 80%～82%和 1 号陶质焊剂 18%～20%的混合物
40CrMnSiMoVA	J107Cr HT-3(H18CrMoA 焊芯) HT-2(H18CrMoA 焊芯)					
35CrMoA	J107Cr		H20CrMoA	H20CrMoA	HJ260	
35CrMoA	E5515-B2-VN6 E8515-G		H20CrMoA			
34CrNi3MoA	E2-11MoVNiW-15 E8515-G		H20Cr3MoNiA			
4340			H25MnNiCrMoA			
H-11	E1-5MoV-15		HCr5MoA			

表 3-38　常用中碳调质钢的预热温度

钢号	预热温度/℃	说　明
30CrMnSiA	200～300	薄板可不预热
40Cr	200～300	—
30CrMnSiNi2A	300～350	预热温度应一直保持到焊后热处理

表 3-39　常用中碳调质钢的焊后热处理制度

<table>
<tr><th>钢号</th><th>焊后热处理/℃</th><th>说　明</th></tr>
<tr><td>30CrMnSiA</td><td>淬火＋回火:480～700</td><td rowspan="2">使焊缝金属组织均匀化,焊接接头获得最佳性能</td></tr>
<tr><td>30CrMnSiNi2A</td><td>淬火＋回火:200～300</td></tr>
<tr><td>30CrMnSiA</td><td rowspan="2">回火:500～700</td><td rowspan="2">消除焊接应力,以便于冷加工</td></tr>
<tr><td>30CrMnSiNi2A</td></tr>
</table>

(5)防止氢致冷裂纹的其他措施

①采用低氢或超低氢焊接材料和焊接方法。

②焊前仔细清理工件坡口周围及焊丝表面的油、锈等。

③严格执行焊条,焊剂的烘干及保存制度。

④避免在穿堂风、低温及高温环境下施焊,否则应采取挡风和进一步提高预热温度等措施。

⑤采用钨极氩弧焊对焊趾处进行重熔处理。

4. 焊接参数的选择

(1)工艺参数　中碳调质钢焊条电弧焊、埋弧焊、CO_2气体保护焊的焊接参数举例见表 3-40。

(2)中碳调质钢脉冲点焊

①30CrMnSiA、40CrNiMoA 及 45 钢的单脉冲点焊的焊接参数见表 3-41。

②30CrMnSiA 钢缓冷双脉冲点焊的焊接参数见表 3-42。

③30CrMnSiA、40CrNiMoA 及 45 钢的电极间热处理双脉冲点焊的焊接参数见表 3-43。

(3)中碳调质钢缝焊焊接参数　可淬硬钢(30CrMnSiA、40CrNiMoA)缝焊的焊接参数见表 3-44。

表 3-40 中碳调质钢焊条电弧焊、埋弧焊、CO_2 气体保护焊的焊接参数举例

焊接方法	试验用钢号	板材厚度/mm	焊丝或焊条直径/mm	焊接参数					说明
				电弧电压/V	焊接电流/A	焊接速度/(m/h)	送丝速度/(m/h)	焊剂或保护气流量/(L/min)	
焊条电弧焊	30CrMnSiA	4.0	3.5	20～25	90～110				
	30CrMnSiNi2A	10	3.0	21～32	130～140				预热 350℃，焊后680℃回火
			4.0		200～220				
埋弧焊	30CrMnSiA	7.0	2.5	21～38	290～400	27		HJ431	焊接层数:3
	30CrMnSiNi2A	26	4.0	30～35	280～450			HJ350 陶瓷 1 号①	焊接层数:13
			5.0						
CO_2 气体保护焊	30CrMnSiA	2.0	0.8	17～19	75～85		120～150		短路过渡
		4.0			85～110		150～180		

注:①陶瓷 1 号焊剂的组分(质量分数,%):CaF_2 20,$CaCO_3$ 38.9,TiO_2 20,电极石墨 0.4,Fe-Ti8.0,Fe-Mn1.7,Fe-Si(75 号)4.5,Fe-Cr2.5,镍粉 4.0。

表 3-41　30CrMnSiA、40CrNiMoA 及 45 钢的单脉冲点焊的焊接参数

板厚/mm	焊接电流/kA	焊接通电时间/s	电极压力/N	电极直径/mm
0.5	2.5～4.0	0.5～0.7	300～500	3.5～4.0
0.8	3.0～5.0	0.6～0.8	500～800	4.0～4.5
1.0	4.0～6.0	0.8～1.2	700～1 000	5～6
1.5	5.0～7.0	1.0～1.5	1 200～1 800	6～7
2.0	6.0～8.0	1.4～2.0	2 000～3 000	7～9
3.0	9.0～12.0	2.0～2.5	3 500～5 000	9～10

注:焊后一般不进行热处理;若焊后需进行整体热处理,点焊时应采取防变形措施。

表 3-42　30CrMnSiA 钢缓冷双脉冲点焊的焊接参数

板厚/mm	焊接脉冲		间隔时间 t_0/s	缓冷脉冲		电极压力/MPa	电极头端面直径/mm
	电流/A	通电时间/s		电流/A	通电时间/s		
2.0	8 000	0.3	0.02～0.04	6 000	0.3	3 000	7
2.5	9 000	0.4	0.02～0.04	6 000	0.4	4 000	8
3.0	10 000	0.4	0.04～0.06	7 000	0.4	5 000	10
4.0	12 000	0.5	0.04～0.06	9 000	0.5	8 000	12

注:焊后可进行整体热处理。

表 3-43　30CrMnSiA、40CrNiMoA 及 45 钢的电极间热处理双脉冲点焊的焊接参数

板厚/mm	第一脉冲		脉冲间歇时间/s	第二脉冲		电极压力/MPa	电极直径/mm
	焊接电流/kA	延时/s		焊接电流/kA	延时/s		
0.8	5	0.5	0.25	2.5	0.5	600	4～5
1.0	6	0.6	0.20	3.0	0.6	800	5～6
1.2	7	0.8	0.25	3.5	0.8	1 000	6～7
1.5	8	1.0	0.30	4.0	1.0	1 400	6～7
2.0	9	1.4	0.40	4.5	1.4	2 000	7～9
2.5	10.5	1.6	0.45	5.0	1.6	3 000	8～10
3.0	12	2.0	0.50	6.0	2.0	4 000	9～10

表 3-44 可淬硬钢(30CrMnSiA、40CrNiMoA)缝焊的焊接参数

板厚/mm		滚轮端面宽度/mm	焊接电流/kA	电流脉冲时间/s	脉冲间隔时间/s	电极压力/kN	焊接速度/(m/min)
软规范	0.8	5～6	6～8	0.12～0.14	0.06～0.08	2.5～3.0	0.6～0.8
	1.0	7～8	10～12	0.14～0.16	0.10～0.14	3.0～3.5	0.5～0.7
	1.2	7～8	12～15	0.16～0.18	0.14～0.20	3.5～4.0	0.5～0.7
	1.5	7～9	15～17	0.18～0.20	0.18～0.24	4～5	0.5～0.6
	2.0	8～10	17～20	0.20～0.24	0.20～0.26	5.5～6.5	0.5～0.6
	2.5	9～11	20～24	0.24～0.30	0.24～0.28	6.5～8.0	0.5～0.6
硬规范	0.5	—	7～8	0.10～0.12	0.12～0.16	3.0～3.5	0.8～0.9
	0.8	—	7.5～8.5	0.12～0.14	0.14～0.20	3.5～4.0	0.7～0.8
	1.0	—	9.5～10.5	0.14～0.16	0.18～0.24	5～6	0.6～0.7
	1.2	—	12.0～13.5	0.16～0.18	0.22～0.30	5.5～6.5	0.5～0.6
	1.5	—	14～16	0.18～0.20	0.26～0.32	8～9	0.5～0.6
	2.0	—	17～19	0.20～0.22	0.30～0.36	10.0～11.5	0.5～0.6
	2.5	—	20～21	0.20～0.24	0.32～0.44	12～14	0.4～0.5

注：建议采用硬规范，焊后炉中热处理以提高塑性；滚轮直径 150～160mm、硬规范时滚轮宽度参考软规范时数据。

3.4.3 中碳调质钢的焊接实例

1. 30CrMoA 及 35CrMoA 钢的焊接

30CrMo 及 35CrMo 钢是最常用的中碳调质钢，这种钢在热处理状态下既具有高强度，又具有较好的焊接性。几种常用中碳调质钢模拟焊接热影响区粗晶区的连续冷却组织转变的特征参数见表 3-45，从中可以看出，30CrMo 钢的 M_s 点较高，焊接热影响区的马氏体在随后的冷却过程中可受到一定程度的回火作用。当 $t_{8/3}>8s$ 时，焊接热影响区粗晶区的组织是马氏体与贝氏体的混合组织；当 $t_{8/5}>15s$ 时，其硬度则显著降低。因此，当构件的刚度不太大，采用熔化极气体保护焊时，无需采用预热及消除应力热处理，即可得到满意的焊接接头。35CrMo 钢组合齿轮的精加工焊接实例见表 3-46。35CrMo 钢组合齿

轮结构如图 3-5 所示。

表 3-45　几种常用中碳调质钢模拟焊接热影响区粗晶区的连续冷却组织转变的特征参数

钢号	M_s/℃	M_f/℃	t'_b/s	t'_M/s	t'_f/s	t'_p/s	HV_{max}
27SiMn	380	≈200	11.5①	45①		32①	550
30CrMo	370	≈220	8①	45①	240①	460①	600
40CrMnMo	320	≈140	95	300	1 800	2 300	675
40CrNi2Mo	300	≈120	140	320	2 000	2 800	800

注:①为 $t_{8/5}$,其他为 $t_{8/3}$。

表 3-46　35CrMo 钢组合齿轮的精加工焊接实例

焊接方法	实心焊丝熔化极气体保护焊	保护气体	CO_2
接头形式	对接	焊丝	H08Mn2SiA ϕ0.8mm
焊接位置	平焊	焊接电流/A	95～100
预热	无	电弧电压/V	21～22
焊后热处理	无	焊接速度/(mm/s)	7～8
夹具	特制的,实现自动焊		

2. 30CrMnSiA、40CrNiMoA 及 45 钢的焊接

(1)单脉冲点焊　工件焊前为退火状态,钢板厚度<3mm,可采用单脉冲软规范点焊,电极压力和焊接电流比焊低碳钢时要小,而焊接时间要长,约为焊相同厚度的低碳钢板的 3～4 倍。具体参数可参考表 3-40。

(2)缓冷双脉冲点焊　工件焊前为退火状态,采用这种方法可使熔核在凝固时受到补充加热,从而降低凝固速度,增强电极压力的压实效果,防止裂纹产生,具体参数见表 3-42。

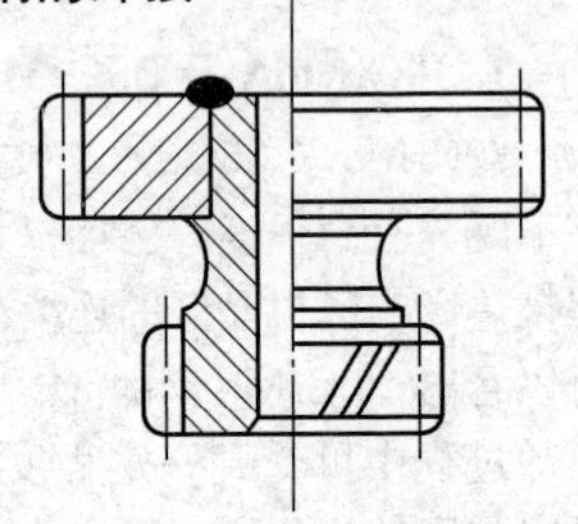

图 3-5　35CrMo 钢组合齿轮结构

(3)电极间热处理的点焊 这种方法是采用双脉冲焊接参数，而且两个脉冲之间的间歇时间较长。第一次加热后的焊点温度应降低到马氏体转变温度以下，产生淬火效果。第二脉冲的电流约为第一脉冲的50%，使再次加热时的焊点温度低于重结晶温度但超过马氏体转变温度，以产生回火效果，使焊点的塑性提高，具体参数见表3-43。

3.5 低合金耐蚀钢的焊接

随着石油、化工、海洋工程的快速发展，对耐腐蚀用钢的需求量日益增长。由于受环境、温度与介质等腐蚀条件的影响，耐腐蚀用钢的种类和特性也不同。常用的低合金耐蚀钢可分为：耐大气腐蚀钢（即耐候钢）、耐海水腐蚀用钢、耐石油腐蚀用钢等。前两种耐蚀钢有许多共同之处，基本上属于同一类型。

3.5.1 低合金耐蚀钢的焊接特点

低合金耐蚀钢一般含碳量都较低，合金元素含量不高（总量≤5%），其可焊性是良好的，焊接时不会产生热裂纹。除少数钢种外，薄板焊前不需预热，焊后也无需缓冷。

低合金耐蚀钢的焊接除与普通合金结构钢的焊接有相同点外，还具有一些不同的特点。

①低合金耐蚀钢所含的合金元素种类多。相配用的焊条、焊丝和焊剂等焊接材料，应保证焊缝金属得到种类和含量与母材大致相同的合金元素，以保证接头在工件介质中具有与母材相近的电极电位。

②为减低焊接接头熔合线部位的过热程度，一般采用小电流或小单位热输入进行弧焊。

③为获得均匀的焊接接头组织，并提高母材和接头的性能，有的钢种焊前需正火，有的焊后需热处理。

④强度级别为294～392MPa耐石油腐蚀用钢，具有良好的塑性和韧性，焊接过程中淬硬倾向很小，一般焊前不预热，焊后也不进行热处理，可按Q345钢的要求进行焊接。

3.5.2　低合金耐蚀钢的焊接工艺

1. 低合金耐蚀钢的焊接材料

低合金耐蚀钢大部分有相应配套的焊条供选用，有的钢无专用焊条，暂用Cr-Ni不锈钢焊条进行焊接，但由于焊缝与母材成分相差很大，可能引起接头局部集中腐蚀，或在焊后消除应力退火时，在熔合线附近可能产生脆化。与低合金耐蚀钢相配套的埋弧焊焊丝和焊剂不多，暂用H08A、H08MnA和H10Mn2等焊丝，配HJ431和SJ101等焊剂。焊接耐候、耐海水腐蚀用钢气体保护焊焊丝与埋弧焊焊丝、焊剂见表3-47。

2. 焊接工艺要点

①耐蚀钢焊接工艺与低碳钢类似，首先是清理工件与坡口表面的污物、铁锈等。对厚板、拘束度较大和强度级别较高的结构，焊前预热至100℃～150℃。

②选用的焊条、焊丝和焊剂等焊接材料应保证得到和母材合金成分大致相同的焊缝金属。

表3-47　焊接耐候、耐海水腐蚀用钢气体保护焊焊丝与埋弧焊焊丝、焊剂

屈服强度/MPa	钢　种	焊　条	气体保护焊焊丝	埋弧焊焊丝、焊剂
≥235	Q235NH Q295NH Q295GNH Q295GNHL	J422CrCu J422CuCrNi J423CuP	H10MnSiCuCrNiⅡ GFA-50W① GFM-50W① AT-YJ502D② PK-YJ502CuCr③	H08A＋HJ431 H08MnA＋HJ431
≥355	Q355NH Q345GNH Q345GNHL Q390GNH	J502CuP，J502NiCu J502WCu，J502CuCrNi J506NiCu，J506WCu J507NiCu，J507CuP J507NiCuP，J507CrNi J507WCu	H10MnSiCuCrNiⅡ GFA-50W GFM-50W AT-YJ502D PK-YJ502CuCr	H08MnA＋HJ431 H10Mn2＋HJ431 H10MnSiCuCrNiⅢ＋SJ101

续表 3-47

屈服强度/MPa	钢 种	焊 条	气体保护焊焊丝	埋弧焊焊丝、焊剂
≥450	Q460NH	J506NiCu，J507NiCu J507CuP，J507NiCuP J507CrNi	GFA-55W GFM-55W AT-YJ602D	H10MnSiCuCrNiⅢ＋SJ101

注：①GFA-50W、GFM-55W、GFM-55W 分别为哈尔滨焊接研究所开发的熔渣型和金属芯型药芯焊丝。

②AT-YJ502D、AT-JY602D 为钢铁研究总院开发的熔渣型药芯焊丝。

③PK-YJ502CuCr 为北京宝钢焊业有限责任公司开发的耐候钢药芯焊丝。

③焊接坡口形式一般与普通低合金钢相同。

④12CrMo 和 12Cr2Mo 钢焊前预热及层间温度为 200℃～350℃，焊后缓冷。

⑤含铝量<0.5%的低铝耐蚀钢，焊接时，可按 Q345 钢的焊接参数进行操作，无特殊要求。w(Al)1%～3%的铝耐蚀钢焊后，焊接接头的塑性和韧性下降，焊接时需选用较小直径焊条，以小规模、多层焊道焊接，焊后进行 650℃的高温回火。

⑥微碳纯铁 DT，含碳量低，熔点高，固液相共存区间极窄，熔深浅。焊接时，应注意防止焊缝增碳和产生气孔。焊前应认真清理油污，采用大电流短弧焊接。接头形式和坡口尺寸应能使焊条伸入根部，以保证焊透。

⑦耐蚀钢埋弧焊的焊接参数与低合金钢基本相同，但应当选择较小的焊接热输入。大的焊接热输入易使接头区过热，晶粒粗大，降低接头的冲击韧度。

⑧耐候钢、耐海水腐蚀用钢适于 CO_2 气体保护焊和 CO_2＋Ar 的混合气体保护焊，焊接工艺与焊接低合金钢基本相同，不同的是应选用具有耐大气或耐海水腐蚀性能的焊丝。如日本新日铁的 FGC-55 型的 Si-Mn-Cu-Cr 合金焊丝，可用于 402～490MPa 强度级别的耐候钢、耐海水及耐硫酸腐蚀用钢等焊接结构。

3.5.3　典型低合金耐蚀钢的焊接

1. Q355NH 耐候钢的焊接

该钢含碳量较低，以 Cu、P 为主要合金元素提高耐大气腐蚀性能。属于抗拉强度 490～630MPa 的低合金耐蚀钢，塑性和韧性优良，耐腐蚀性能比碳钢高出 1～1.5 倍。脆性转变温度在－50℃以下，具有较好的低温韧性和良好的抗裂性能。

采用的焊条为 J506CuP、J507CuP、J507CuPRE 等耐候钢焊条，接头强度可达到母材性能的要求（σ_b为 542～548MPa），焊缝金属的 σ_b为 510～578MPa；焊接熔合区的常温冲击值为 185.2～188.2J/cm²。－40℃的冲击值为 88.2～119J/cm²。采用 J507Cu 焊条时，－40℃的冲击值为 42.1～46J/cm²，比其他焊条低，但也大于标准指标 34.3J/cm²。

一般中厚板以上的 Q355NH 耐候钢焊接结构，采用碱性焊条，如 J507CuP、J506WCu、J507CrCu 和 J507CuPRE 等。埋弧焊时，采用具有耐候性的焊丝，如 H08AcuP、H08MnMoCuP，最好配合烧结焊剂，有时也采用 HJ431 焊剂。

Q355NH 钢所适应的焊接参数范围很宽。焊条电弧焊时合适的焊接热输入为 2～3.5kJ/cm，埋弧焊时为 3～4.5kJ/cm。

2. Q310GNH 耐候钢的焊接

该钢特点是含碳量低，Si、Mn 也控制在较低的含量，加入适量的耐大气腐蚀元素 Cu 和 P，同时加入合金元素 V 细化晶粒，提高了钢的韧性，改善了焊接性能。钢中加入稀土元素，以改善钢的强韧性，提高抗层状撕裂的能力。该钢的强度级别不高，具有良好的塑性和韧性。该钢焊接时的淬硬倾向很低，焊后接头具有良好的综合力学性能。接头金相组织稳定，表面硬度不高，焊接性良好。

选用 J507MoNb 焊条（Mn-Mo-Nb 合金系），药皮类型为低氢型，减少了焊缝金属的含氢量，降低了冷裂倾向。该钢焊前不预热，焊后不进行热处理也能获得满意的接头性能。

3. 12AlMoV 耐石油腐蚀用钢的焊接

12AlMoV 钢是在热轧状态下供货，具有较好的耐石油腐蚀性能。该钢可进行氧乙炔切割、钢板冷卷成形、热压成形，焊后用水火进行矫正,焊接过程中应用碳弧气刨等加工,具有良好的加工性,焊接性好。

12AlMoV 钢焊条电弧焊所选用的焊条为“抗腐 02”专用焊条,熔敷金属的化学成分为:w(C)0.055%、w(Mn)0.63%、w(Si)0.40%、w(Mo)0.81%、w(V)0.38%、w(RE)0.01%、w(S)≤0.010%、w(P)≤0.012%。焊条熔敷金属的力学性能为:$\sigma_b \geqslant 542MPa$、$\sigma_s \geqslant 441MPa$、$\delta_s \geqslant 24.3\%$。

3.5.4 低合金耐蚀钢的焊接实例

1. Q450NQRl 与 B450NbRE 高强度耐候钢的焊接。

25t 重新型运煤敞车车体,主要承载结构采用 Q450NQR1 钢板制造,梁与牵引梁采用 B450NbRE 钢制造。采用下面三种焊接工艺方法进行焊接,即 SF-80W 药芯焊丝气体保护焊、H10MnSiCuCrNiⅡ实心焊丝气体保护焊与 H10MnSiCuCrNiⅢ+SJ101 埋弧焊。三种焊接材料熔敷金属的耐腐蚀性能试验结果见表 3-48。根据试验结果,采用 SF-80W 药芯焊丝与 H10MnSiCuCrNiⅡ实心焊丝气体保护焊,在 −5℃不预热条件下焊接,焊接接头不产生焊接冷裂纹,表明两种钢的焊接性良好。Q450NQR1 与 B450NbRE 高强度耐候钢的焊接参数见表 3-49。焊接接头综合力学性能通过焊接工艺评定,按此工艺批量生产的 25t 重新型运煤敞车车体,经过实际运行考验,焊接质量达到了设计要求。

表 3-48 三种焊接材料熔敷金属的耐腐蚀性能试验结果

焊材牌号	腐蚀失重量 /(g/m^2)	腐蚀失重率 /[$g/(m^2 \cdot h)$]	相对腐蚀率 (%)
SF-80F(韩国现代)	72.5	1.02	3
H10MnSiCuCrNiⅡ	72	1.01	2
H10MnSiCuCrNiⅢ+SJ101	72	1.01	2
Q450NQR1 钢板	71.4	0.99	—
熔敷金属相对腐蚀率标准	—	—	<10

表 3-49　Q450NQR1 与 B450NbRE 高强度耐候钢的焊接参数

工艺方法	焊丝直径 /mm	焊接电流 /A	电弧电压 /V	焊接速度 /(cm/min)	保护气体流量 /(L/min)
药芯焊丝	1.2	210～280	27～31	20～50	18～20
实心焊丝	1.2	220～260	24～28	20～50	18～20
埋弧焊	4.0	550～650	32～38	35～60	—

2. Q345NHY3 钢的焊接

Q345NHY3 钢是屈服强度为 345MPa 级别的耐海水腐蚀用钢，采用 Cu-Cr-Mo 合金体系，焊接性能优良，$\delta=25$mm 以下板材可以不预热焊接。某深水港工程钢管桩采用 20～25mm 厚 Q345NHY3 钢焊制。螺旋管采用埋弧焊，焊接材料为某钢铁集团公司自行研制的 BH500NHY3 焊丝，配 SJ101 焊剂，埋弧焊焊接时，热输入量控制在 35～45kJ/cm；钢管对接采用焊条电弧焊工艺，焊条为 J507CrNi。钢管焊后不进行焊后热处理。

3.6　低温用钢的焊接

低温用钢是用来制造长期在低温下工作的构件的钢材。普通钢材在低温下工作时会发生脆性破坏，不能使用，而低温用钢在低温下有足够的韧性和塑性，不会出现脆断的问题。低温用钢被用于各种液体，如液氮、液氢储存，寒冷地区露天设备和建筑结构等。

按金相组织低温用钢可分为铁素体＋珠光体钢（－120℃～－40℃）、奥氏体钢（－253℃～－196℃）和低碳马氏体钢（Ni9 钢等）。结合目前我国低温用钢使用温度的不同，可将其暂分为－40℃、－70℃、－90℃、－120℃、－196℃、－253℃六个温度级别。

3.6.1　低温用钢的焊接特点

低温用钢由于含碳量低，淬硬倾向较小，不易形成冷裂纹，并具有较好的塑性和韧性，焊接性能也较好。含镍量质量分数 $w(\mathrm{Ni})>4\%$的奥氏体低温用钢，在焊接时易产生回火脆性和热裂纹。为避免工件的低应力脆性破坏，保证低温用钢工件在低温条件下工作的可靠性，要求焊接时所选用的焊接热输入不宜过大，以防止焊缝及热影响区晶粒长大，焊接结构应避免应力集中。

3.6.2 低温用钢的焊接工艺

(1)低温用钢焊接材料的选择 焊条电弧焊与埋弧焊材料的选择见表3-50。

(2)氩弧焊材料选择 氩弧焊常用的保护气体是纯氩气，还有Ar＋He、Ar＋O_2、Ar＋CO_2等混合气体。TIG焊时，氦的加入量可增加到60%，O_2加入量为2%，CO_2加入量为5%～10%。自动TIG焊焊丝的选用：对于C-Mn钢，可选用Ni-Mo焊丝；3.5%Ni钢可选用4NiMo焊丝。9%Ni钢可选用高镍焊丝，如Ni-Cr-Ti、Ni-Cr-NbTi、Ni-Cr-Mo-Nb等，即Incone192、Inconel82、Inconel625等焊丝；采用10Ni焊丝，所获得的焊缝金属屈服强度达784MPa，－196℃V形缺口冲击吸收能量达83.3J。

表3-50 焊条电弧焊与埋弧焊材料的选择

温度级别/℃	钢号	焊条电弧焊 焊条	埋弧焊	
			焊丝	焊剂
－40	Q345 (16MnDR)	J502Mo J507	H08A	HJ431
－70	09Mn2VDR 09MnTiCuREDR	W707、W0807 J557Mn	H08Mn2MoVA	HJ250
－90	06MnNbDR	W107Ni	—	—
	3.5Ni	W907Ni	—	—
－120	06AlNbCuN	W107Ni	—	—
－196	9Ni	W907Ni	—	—
－196	20Mn23Al	—	Fe-Mn-Al1	HJ173(新)
－253	15Mn26Al	A407	Fe-Mn-Al2	HJ173(新)

(3)焊接工艺要点

①焊接板厚为16mm以下的钢材时，一般不需预热和焊后热处理。厚板、大刚度结构，在低温环境下焊接时，应适当预热和焊后进行消除应力回火。

②3.5Ni钢和9Ni钢焊接前预热温度见表3-51。

表3-51　3.5Ni钢和9Ni钢焊接前预热温度

钢的类别	预热温度/℃
3.5Ni	100～150
9Ni	100～150

③仔细清除工件待焊处油、污、锈、垢。

④工件、焊条应保持在低氢状态。

⑤定位焊的焊缝长度应≥40mm。

⑥按钢材的温度级别、使用条件、结构刚度，合理制定焊接工艺。

⑦严格控制母材P、S、O、N杂质含量，尤其是含镍量质量分数w(Ni)>4%低温用钢，接头脆性大，要严格控制杂质含量。

⑧严格执行工艺规范。严格限制焊接热输入，采用小电流、快速焊，减小焊接区高温停留时间。焊条不做横向摆动。埋弧焊接电流为350～450A，焊接电压26～32V。埋弧焊时，焊接热输入应控制在25～45kJ/cm。对于－105℃～－40℃低合金铁素体低温钢，应将焊接热输入控制在20～25kJ/cm，对于－196℃低碳马氏体9Ni钢，应将焊接热输入控制在35～40kJ/cm。

⑨尽量采用多层焊，多层焊的焊道间温度应为200℃～300℃。

⑩必须在焊接处引燃电弧，非焊接部位严禁电弧碰伤，弧坑必须填满。

⑪焊接过程中出现焊接缺陷时，应尽量在焊接结束前采取工艺措施及时排除，焊缝与母材间应保持平滑过渡。

⑫对铁素体一珠光体型钢及3.5Ni钢，当工件厚度或其他因素引起工件存在残留应力时，应考虑焊后进行消除应力热处理。而对奥氏体型钢及9Ni钢，一般不必进行焊后消除应力的热处理。

⑬选用奥氏体型焊条焊接低温用钢时，焊接工艺可参阅本章奥氏体型耐热钢焊接工艺要点。

⑭埋弧焊一般采用 ϕ3mm 的焊丝，焊丝伸出长度一般为30～40mm。

⑮手工 TIG 焊时，应保持焊接速度均匀。尽量采用较快的焊接速度，保证接头的韧性不降低。根据低温用钢的结构特点，可采用自动送丝的 TIG 焊法。9%Ni 钢储罐板的立焊、仰焊，多采用自动 TIG 焊法，而且是单面焊，背面不再清根。

⑯熔化极氩弧焊(MIG 焊)的熔滴过渡形式有短路过渡，滴状过渡和射流过渡三种。采用射流过渡焊接低温钢时，应控制焊接热输入不宜太大。喷嘴直径及氩气流量比 TIG 焊大。常用的喷嘴直径为 22～30mm，氩气流量为 30～60L/min。若熔池较大而焊接速度又很快时，可采用附加喷嘴装置，或用双层气流保护，也可采用椭圆喷嘴。MIG 焊时，氦气的加入量一般不超过 10%，否则易产生飞溅。

MIG 焊焊丝直径一般在 3mm 以下。短路过渡时用小直径焊丝，射流过渡或滴状过渡时所用焊丝直径可稍大些。注意根部焊道的焊接参数不同于中间焊道和盖面层焊道。

⑰采用钨极脉冲氩弧焊时，一般采用较小的基值电流。TIG 脉冲焊一般采用直流进行焊接，常用正弦波脉冲电流，矩形波脉冲电流以及高频脉冲电流等波形。

⑱采用熔化极脉冲氩弧焊(MIG 脉冲焊)时，高的脉冲电流和低的基值电流相配合，加入 25%的氦气时既适用于短路过渡也适用于射流过渡，具有极好的适应性。

MIG 脉冲焊采用的脉冲电流波形较多，常用正弦波脉冲电流和矩形波脉冲电流。

(4)低温用钢焊接参数

①低温用钢焊条电弧焊和埋弧焊的焊接参数分别见表 3-52 和表 3-53。

表 3-52 低温用钢焊条电弧焊的焊接参数

焊缝金属类型	焊条直径/mm	焊接电流/A	焊缝金属类型	焊条直径/mm	焊接电流/A
铁素体-珠光体型	3.2	90～120	铁-锰-铝奥氏体型	3.2	80～100
	4.0	140～180		4.0	100～120

表 3-53 低温用钢埋弧焊的焊接参数

温度级别/℃	焊丝		焊剂	焊接电流/A	电弧电压/V
	牌号	直径/mm			
−40	H08A	2.0	HJ431	260～400	36～42
−40	H08A	5.0	HJ431	750～820	35～43
−70	H08Mn2MoVA	3.0	HJ250	320～450	32～38
−253～−196	铁-锰-铝焊丝	4.0	HJ173	400～420	32～34

②钨极氩弧焊(TIG 焊)焊接参数。手工 TIG 焊时一般采用直流正接。钨极直径,按工件厚度、焊接电流大小和电源极性来选择;焊接电流根据工件的材质、厚度和接头空间位置来选择,氩气保护时,不同电源极性和不同直径的钨极使用的电流范围见表 3-54;喷嘴直径一般为 8～20mm,钨极伸出长度为 3～10mm;喷嘴至工件间的距离为 5～12mm;气体流量为 3～30L/min。

表 3-54 不同电源极性和不同直径钨极使用的电流范围 (A)

钨极直径/mm	直流正接	直流反接	交流不平衡波		交流平衡波	
	钨和钍钨	钨和钍钨	钨	钍钨	钨	钍钨
0.508	5～20	—	5～15	5～20	10～20	5～20
1.016	15～80	—	10～60	15～80	20～30	20～60
1.59	70～150	10～20	50～100	70～150	30～80	60～120
2.4	150～250	15～30	100～160	140～235	60～130	100～180
3.26	250～400	25～40	150～210	225～325	100～180	160～250
4.0	400～500	40～55	200～275	300～400	160～240	200～320
4.8	500～700	55～80	250～350	400～500	190～300	290～390
6.35	750～1 000	80～125	325～450	500～630	250～400	340～525

焊接电流应根据工件厚度及对热输入的要求而定。

③自动 TIG 焊立焊的焊接参数为:焊丝 ϕ1.2mm,焊接电流 200～250A,焊接电压 11～13V,焊接速度 3～5cm/min,氩气流量 40L/min,

机头摆动周期15～30次/min，两端停留时间为0.3～0.6s；单面焊时，焊接电流为200～240A，焊接电压11～14V，焊接速度4.3～5cm/min，氩气流量40L/min，焊接热输入为32.2kJ/cm。

④熔化极氩弧焊（MIG焊）。9%Ni钢MIG焊的焊接参数见表3-55。

表3-55 9%Ni钢MIG焊的焊接参数

熔滴过渡形式	短路过渡		滴状过渡		射流过渡	
焊丝直径/mm	0.8	1.2	1.2	1.6	1.2	1.6
氩气流量/(L/min)	15	15	20～25	20～25	20～25	20～25
焊接电流/A	65～100	80～140	170～240	190～260	220～270	230～300
电弧电压/V	21～24	21～25	28～34	28～34	35～38	35～38

⑤钨极脉冲氩弧焊（TIG脉冲焊）。Cr-Ni奥氏体低温钢管TIG脉冲焊的焊接参数见表3-56。

表3-56 Cr-Ni奥氏体低温钢管TIG脉冲焊的焊接参数

管径/mm	3.2	12.7	19.1	25.4	38.1	50.8
壁厚/mm	1.7	2.8	2.9	3.4	3.7	3.9
电流脉冲速度/(脉冲/25.4mm)	13～25	12～24	11～23	10～22	10～21	10～20
焊接电流/A	15～45	20～65	27～90	30～100	35～115	42～120

⑥熔化极脉冲氩弧焊（MIG脉冲焊）。选择脉冲参数时，一般根据被焊钢材和工件厚度，选用合适的焊丝直径和脉冲频率。低频适用于薄板和细焊丝；高频适用于厚板和粗焊丝。然后根据焊丝直径，确定脉冲电流幅值。自动脉冲MIG焊的焊接参数为：焊丝（70Ni-Mo-W和60Ni-Mo-W）直径ϕ1.2mm，焊接电流70～100A，焊接电压20～21V，单面焊时的焊接速度为3.5～4.6cm/min，保护气体为Ar+5%CO_2的混合气体，流量为25L/min；双面焊的焊接速度为4.2～5.5cm/min；单面焊和双面焊的平均焊接热输入为9.9kJ/cm和25.2kJ/cm。

3.6.3 低温用钢的焊接实例

1. 乙烯蒸馏塔纵缝的埋弧焊

①工作温度：-70℃。

②工作压力：0.6MPa。

③板材：09Mn2V(正火)，δ=16mm。

④焊接材料：焊丝为H08Mn2MoVA，焊剂为HJ250，使用前300℃～350℃烘干，保温2h。

⑤坡口形式为Ⅰ形，根部间隙为4mm。

⑥采用直流电源反接。

⑦焊前将坡口两侧各50mm范围内的水分、油、污物清除干净，并清除锈及氧化皮，直至露出金属光泽。

⑧焊接定位焊缝时，采用W707焊条，焊前350℃烘干，保温1h。采用ϕ4mm焊条，焊接电流为140～180A。

⑨焊接第一层里面焊缝时采用焊剂垫，并使焊剂垫与筒体紧密贴合，不得有间隙。乙烯蒸馏塔筒体纵缝埋弧焊的焊接参数见表3-57。

表3-57　乙烯蒸馏塔筒体纵缝埋弧焊的焊接参数

焊层	焊接电流/A	电弧电压/V	焊接速度/(cm/min)
1(里面)	400	34	50
2(外面)	420	32	45

2. 3.5%Ni钢的焊接

3.5%Ni钢具有优良的低温韧性，被广泛用于乙烯、化肥、液化石油气及煤气工程中低温设备的制造。3.5%Ni钢一般为正火或正火＋回火状态使用，其低温韧性较稳定，显微组织为铁素体和珠光体，使用温度达－101℃。经调质处理，其组织和低温韧性得到进一步改善，最低使用温度为－110℃。为避免由于过热而使焊缝及热影响区的韧性恶化，焊接时焊条尽量不摆动，采用窄焊道、多道多层焊，并严格控制焊接预热及焊道间温度，一般控制在50℃～100℃范围内，同时应采用小热输入施焊，焊条电弧焊应控制在2.0kJ/mm以下，熔化极气体保护焊应控制在2.5kJ/mm以下。由于3.5%Ni钢中的含C量较低，所以其淬硬倾向不大，一般可以不预热，但板厚在25mm以上，或结构刚度较大时，焊前要在150℃左右预热，焊道间温度与预热温度相同。3.5%Ni钢有应变时效倾向，当冷加工变形量在5%以上时，要进行消除应力热处理以改善韧性。该类钢在焊后消除应力退火过程中，易产生回火脆性。为避免回火脆性,建议采用4.5%Ni-0.2%Mo系焊丝。用NB-3N焊条焊接时,建议采用表3-58规定的焊接电流,焊后进行600℃～625℃热处理,有利于改善焊接接头的低温韧性。

表3-58 NB-3N焊条的焊接电流

焊条直径/mm		2.6	3.2	4.0	5.0
焊接电流/A	平焊	55～85	90～130	130～180	180～200
	立焊或仰焊	50～80	80～115	100～170	—

3. 09MnNiDR钢的焊接

09MnNiDR为铁素体+珠光体型低温用钢,可用于-70℃工况。某厂生产的压缩机工作介质为氨水和氨冰,压缩机在低温下工作,压缩机的机壳采用09MnNiDR钢制造。压缩机的焊接机壳由上、下机壳组成,机壳的上壳体结构如图3-6所示。壳体最薄板为40mm,机壳的上法兰厚度达到220mm。根据机壳的结构特点,拟采用焊条电弧焊及富氩混合气体保护焊进行焊接。焊条电弧焊采用W707DRϕ4.0mm焊条,主要用于定位焊,气体保护焊采用H09MnNiDRϕ1.2mm焊丝,用于焊接机壳的全部焊缝。焊条焊前350℃保温1～2h烘干,使用时放入100℃～150℃焊条保温筒中,随用随取。定位焊参数为:焊接电流120～150A,电弧电压20～22V,焊接速度约240mm/min,气体保护焊保护气体采用80%Ar+20%CO_2,09MnNiDR机壳气体保护焊的焊接参数见表3-59。

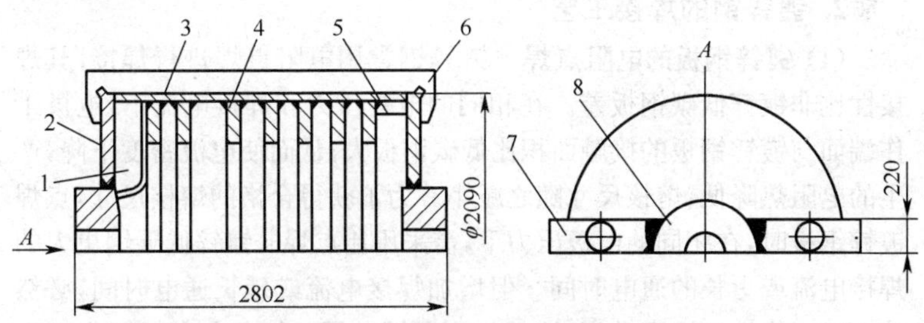

图3-6 机壳的上壳体结构

1. 分流板 2. 端板 3. 外壳板 4. 支撑环 5. 蜗室挡板 6. 肋板 7. 上法兰 8. 密封体

表 3-59　09MnNiDR 机壳气体保护焊的焊接参数

焊接电流/A	电弧电压/V	焊接速度/(mm/min)	伸出长度/mm	气体流量/(L/min)	焊道间温度/℃
150～200	24～28	250	10～15	25	110～150

3.7　低合金镀层钢的焊接

低合金镀层钢的镀层方法分为热镀和电镀。常用的镀层钢有镀锌钢、渗铝钢、镀铅钢、镀铝钢等。用于焊接结构的镀层钢以镀锌钢及渗铝钢为主，本节重点介绍这两种钢的焊接。

3.7.1　镀锌钢的焊接

1. 镀锌钢的特性及应用

镀锌钢可分为电镀锌钢板和热浸镀锌钢板两种，镀层厚度一般在 20μm 以下。一般情况下，电镀锌钢板的镀层比热浸镀锌钢板的镀层要薄，焊接性较好。镀锌钢板表面有闪灿花纹，闪灿花纹对焊接性没有影响。

镀锌钢板(CB/T 2518—2008)俗称白铁皮，厚度为 0.25～2.5mm，表面美观，有块状或树叶状锌结晶花纹，镀层牢固，有优良的耐大气腐蚀性能及良好的焊接性和冷加工成形性能。广泛用于建筑、包装、铁路车辆、农机制造及日常生活用品中。

2. 镀锌钢的焊接工艺

(1) 镀锌钢板的电阻点焊　镀锌钢常用电阻点焊进行焊接，其焊接性比非镀锌低碳钢板差。在相同的电极压力和焊接电流下，电极工作端面与镀锌钢板的接触面积比低碳钢板大，从而使电流密度下降，产生的电阻热降低，熔核尺寸随之减小。为了获得合格的熔核尺寸，点焊镀锌钢板时，在相同的电极压力下，需采用比点焊非镀锌低碳钢更大的焊接电流或更长的通电时间。但增加焊接电流或延长通电时间，必然使电极工作端面温度升高，这就加剧了镀锌层的熔化和电极工作端面的粘连。在保证镀锌钢板点焊质量的前提下，推荐采用锥头电极点焊镀锌钢，电极锥角为 120°～140°，电极直径为两工件中薄件厚度的 4～5

倍。电极头直径过大，所需要的焊接电流就大，这将降低电极使用寿命。采用 Cu-Cr 或 Cu-Zr 电极，可提高电极使用寿命。Cu-Cr 或 Cu-Zr 合金电极在其端面或周围也存在熔融锌堆积问题，应在规定时间内清理或更换电极。如果对焊点外貌要求很高而必须避免电极磨损时，可采用 Cu-Cd 电极材料。

国际焊接学会推荐的镀锌钢板的电阻点焊的焊接参数见表 3-60，可供参考。

(2)镀锌钢板的凸焊　可采用较小的焊接电流。用于凸焊的电极工作端面比点焊时大得多，与工件高温部分接触时间短，散热也快，电极自身变形小，因而使用寿命长，焊接质量高。所以凸焊是镀锌钢板焊接方法中操作困难小而质量又较好的一种方法。镀锌钢的凸焊的焊接参数见表 3-61，供参考。

表 3-60　国际焊接学会推荐的镀锌钢板的电阻点焊的焊接参数

板厚/mm	电极端头直径/mm	电极压力/N	时间/周	电流/A
0.5	4.8	1 370	6	9 000
0.7	4.8	1 960	10	10 250
0.9	4.8	2 550	12	11 000
1.00	5.2	2 840	14	12 500
1.25	5.7	3 630	18	14 000
1.50	6.4	4 410	20	15 500

表 3-61　镀锌钢的凸焊的焊接参数

凸点侧板厚/mm	板厚/mm	凸点尺寸/mm		时间/周	电流/A	电极压力/N	抗剪强度/MPa	焊核直径
		d	*h*					
0.7	0.4	4.0	1.2	7	3 200	490	—	—
	1.6	4.0	1.2	7	4 200	690	—	—
1.2	0.8	4.0	1.2	10	2 000	340	—	—
	1.2	4.0	1.2	6	7 200	590	—	—

续表 3-61

凸点侧板厚/mm	板厚/mm	凸点尺寸/mm		时间/周	电流/A	电极压力/N	抗剪强度/MPa	焊核直径
		d	*h*					
1.0	1.0	4.2	1.2	15	10 000	1 130	4 120	3.8
1.6	1.6	5.0	1.2	20	11 500	1 760	9 110	6.2
1.8	1.8	6.0	1.4	25	16 000	2 450	13 720	6.2
2.3	2.3	6.0	1.4	30	16 000	3 430	18 620	7.5
2.7	2.7	6.0	1.4	33	22 000	4 210	21 560	7.5

注：表中 d 为凸点直径，h 为凸点高度。

(3)镀锌钢板与镀铝、镀铅钢板的缝焊

①镀锌钢板的缝焊。镀锌钢板缝焊时，应注意防止产生裂纹，破坏焊缝的气密性。裂纹产生的原因是残留在熔核内和扩散到热影响区的锌使接头脆化，受应力作用而引起的。防止裂纹的方法是正确选择焊接参数。试验证明，焊透率越小(10%～26%)，裂纹缺陷就越少。缝焊焊接速度高时，散热条件差，表面过热、熔核大，则易产生裂纹。一般在保证熔核直径和接头强度的条件下，应尽量选择小电流、低焊接速度和强烈的外部水冷措施。

滚轮宜采用压花钢轮传动，以便随时修整滚轮尺寸并清理其表面。各种镀锌钢板缝焊的焊接参数见表 3-62。

表 3-62　各种镀锌钢板缝焊的焊接参数

镀层种类及厚度	板厚/mm	滚轮宽度/mm	电极压力/kN	时间/周		焊接电流/kA	焊接速度/(cm/min)
				焊接	休止		
热镀锌钢板(15～20μm)	0.6	4.5	3.7	3	2	16	250
	0.8	5.0	4.0	3	2	17	250
	1.0	5.0	4.3	3	2	18	250
	1.2	5.5	4.5	4	2	19	230
	1.6	6.5	5.0	4	1	21	200

续表 3-62

镀层种类及厚度	板厚/mm	滚轮宽度/mm	电极压力/kN	时间/周		焊接电流/kA	焊接速度/(cm/min)
				焊接	休止		
电镀锌钢板（2～3μm）	0.6	4.5	3.5	3	2	15	250
	0.8	5.5	3.7	3	2	16	250
	1.0	5.5	4.0	3	2	17	250
	1.2	5.5	4.3	4	2	18	230
	1.6	6.5	4.5	4	1	19	200
磷酸盐处理防锈钢板	0.6	4.5	3.7	3	2	14	250
	0.8	5.0	4.0	3	2	15	250
	1.0	5.0	4.5	3	2	16	250
	1.2	5.5	5.0	4	2	17	230
	1.6	6.5	5.5	4	1	18	200

②镀铝钢板的缝焊。第一类镀铝钢板缝焊的焊接参数见表 3-63。对于第二类镀铝钢板，和点焊一样，必须将电流增大 15%～20%。由于黏附现象比镀锌钢板还严重，因此，必须经常修整滚轮。

表 3-63　第一类镀铝钢板缝焊的焊接参数

板厚/mm	滚轮宽度/mm	电极压力/kN	时间/周		焊接电流/kA	焊接速度/(cm/min)
			焊接	休止		
0.9	4.8	3.8	2	2	20	220
1.2	5.5	5.0	2	2	23	150
1.6	6.5	6.0	3	2	25	130

③镀铅钢板的缝焊。镀铅钢板对汽油有耐蚀性，故常用作汽油油箱。镀铅钢板的缝焊与镀锌钢板一样，主要也是裂纹问题，镀铅钢板缝焊的焊接参数见表 3-64。

表 3-64　镀铅钢板缝焊的焊接参数

板厚/mm	滚轮宽度/mm	电极压力/kN	时间/周		焊接电流/kA	焊接速度/(cm/min)
			焊接	休止		
0.8	7	3.6～4.5	3	2	17	150
			5	2	18	250
1.0	7	4.2～5.2	2	1	17.5	150
			5	1	18.5	250
1.2	7	4.5～5.5	2	1	18	150
			4	1	19	250

(4)镀锌钢的等离子弧点焊　与电阻点焊相比，等离子弧点焊设备简单、操作灵活，可单面点焊，并可对大型结构进行现场点焊。该方法使用水冷铜喷嘴和等离子气保护钨极，确保钨极使用寿命；用加压喷嘴孔径控制锌层蒸发区的大小，飞溅大大减少；用阶梯变化焊接电流，消除焊点表面气孔。推荐的镀锌钢板等离子弧点焊的焊接参数见表 3-65。其他焊接参数为：离子气流量 150～250L/h；内喷嘴孔径为 3mm；加压喷嘴孔径为 9～10mm。

(5)镀锌钢的电弧焊　可以采用气体保护焊(CO_2气体保护焊或80%Ar+20% CO_2混合气体保护焊)，焊条电弧焊及埋弧焊焊接镀锌钢，其焊缝的力学性能与无镀层钢相当。CO_2气体保护焊及焊条电弧焊时，其焊接速度要比无镀层钢焊接时降低 10%～20%，以便使熔池前面的 Zn 蒸发，有利于降低焊缝中 Zn 的熔入量，避免因 Zn 的蒸发而产生气孔等缺陷。CO_2气体保护焊可采用低 Si-Mn 焊丝，低 Si 的焊缝金属，有利于消除 Zn 渗入晶间所造成的 Zn 渗透裂纹，而焊缝中 Zn 渗透裂纹的存在将使疲劳强度降低。焊条电弧焊可采用钛型或低氢型焊条，我国的高钛钾型 E4313(J421X)焊条可用于镀锌钢焊接。

表 3-65　推荐的镀锌钢板等离子弧点焊的焊接参数

板厚/mm(镀锌板+钢板)	预热时间/s	预热电流/A	焊接时间/s	焊接电流/A	后热时间/s	后热电流/A	焊点强度/MPa
0.5+4	2	130	2.5	200	1.5	130	400～500
0.75+2	2	130	2.0	200	1.0	130	500～600

续表 3-65

板厚/mm（镀锌板＋钢板）	预热时间/s	预热电流/A	焊接时间/s	焊接电流/A	后热时间/s	后热电流/A	焊点强度/MPa
0.75＋2	2	200	2.0	230	1.0	200	500～600
0.75＋3	3	130	4.0	200	1.0	130	500～600
0.75＋3	2	200	2.0	230	2.0	200	500～600
0.75＋4	4	200	4.0	230	1.0	200	500～600
0.75＋3①	4	130	5.0	200	1.0	130	500～600

注：①为镀锌板＋铜皮＋钢板。

3.7.2 渗铝钢的焊接

1. 渗铝钢的特性及应用

渗铝钢是碳钢和低合金钢经过渗铝处理，在钢材表面形成 0.2～0.5mm 铁铝合金层的新型复合钢铁材料。渗铝钢具有优异的抗高温氧化性和耐腐蚀性，具有十分显著的经济效益。与原来未渗铝的钢材相比，渗铝钢可明显地提高抗氧化性的临界温度约 200℃以上，在高温 H_2S 介质中的耐腐蚀性可提高数十倍以上。在美、日、英、德等工业发达国家，渗铝钢被广泛应用于石油、化工和电力等工业部门中。

近年来，渗铝钢也开始在我国一些工业部门，如锅炉、炼油容器、汽车工业等领域，得到了初步应用，并已显示出它的优越性。

2. 渗铝钢的焊接特性

(1)焊接裂纹倾向　焊缝金属或熔合区产生裂纹是渗铝钢焊接中的主要问题之一。铝是铁素体化元素，焊接时渗层中铝元素的熔入易使焊缝和熔合区韧性下降，所研制的专用焊条必须含有一定的合金元素，如 Cr、Mo、Mn 等，具有高的抗裂性，焊后不产生裂纹。

(2)熔合区耐蚀性下降　焊接区熔合不良或熔合区附近渗层中铝元素的降低，易导致渗铝钢焊接熔合区附近区域耐腐蚀性下降，影响渗铝钢焊接结构的使用寿命。焊接中应采用尽可能小的焊接热输入或采取必要的工艺措施，减小熔合区附近铝元素的降低。

渗铝钢管的焊接有它的复杂性，对于不同的渗铝工艺，如热浸铝法、固体粉末法、喷渗法等，渗铝钢管的焊接性能差异极大。解决渗铝钢焊接问题主要有两条途径：一是将接头处的渗铝层去掉，用普通焊条焊接，焊后在焊接区域再喷涂一层铝；二是采用不锈钢焊条或渗铝钢专用焊条进行焊接。

3. 渗铝钢的焊接工艺特点

(1)渗铝钢的焊条电弧焊工艺特点

①施焊前，在渗铝钢管对接接头内壁两侧涂敷焊接涂层，防止焊穿和确保焊缝背面熔合区熔合良好，达到提高焊接熔合区抗高温氧化性和耐蚀性的目的。在渗铝钢管焊接区域外侧涂敷白垩粉可以防止焊接飞溅，确保渗铝层质量。

②用坡口机在渗铝钢管对接接头处开单面V形坡口，坡口角度为60°～65°，钝边1mm以下，接头间隙为3mm左右。

③焊接装配时，应严格保证钢管接口处内壁平齐，错边量应小于壁厚的10%，最大不得超过1mm。定位焊焊点应尽可能小，定位焊后不得随意敲击。

④打底层施焊时，必须密切注视熔池动向，严格控制熔孔尺寸，使焊接电弧始终对准坡口内角并与工件两侧夹角成90°角。要求接头背面焊缝金属与两侧渗层充分熔合。

⑤更换焊条要迅速，应在焊缝热态下完成焊条更换，以防止焊条接头处出现背面熔合不良现象。

⑥封闭环缝时，应稍将焊条向下压，以保证根部熔合。

⑦盖面层焊接要求焊道表面平滑美观，两侧不出现咬边。

⑧在整个焊接过程中不能随意在渗铝钢管表面引弧，以免烧损渗铝层。

⑨焊后应立即将焊接区域缠上石棉，以防止空气硬化而导致微裂纹，特别是铬钼渗铝钢更应注意焊后缓冷。

⑩采用专用焊条或Cr25-Ni13奥氏体焊条，应严格按单面焊双面成形工艺进行焊接，试验中采用的焊接参数见表3-66。应确保渗铝钢焊缝金属与渗层熔合良好，焊接接头背面渗铝层从热影响区连续过渡到焊缝，基本金属不外露，保证渗铝钢管焊接区域具有良好的使用性能。

表 3-66 试验中采用的焊接参数

母 材	焊条	焊接次序	焊接电流/A	焊接电压/V	电源极性
碳素渗铝钢管（ϕ6mm×114mm）	E1-23-13-16（ϕ3.2mm）	打底层	85～95	25～28	交流
		盖面层	90～105	26～30	交流
Cr5Mo 渗铝钢管（ϕ10mm×114mm）	E1-23-13-16（ϕ3.2mm）	打底层	85～95	26～30	交流
		盖面层	90～110	26～32	交流

用 3%HNO_3酒精溶液侵蚀渗铝钢管试样断面，可使渗层与基体组织显露出来。只要渗铝钢管焊接接头处焊缝金属与渗铝层熔合良好，无咬边现象，即可保证良好的抗高温氧化性能。

(2)渗铝钢的电阻焊工艺特点 点焊、凸焊或缝焊是渗铝钢较好的焊接方法，应用比较广泛。

①焊前渗铝钢的渗铝层表面不应有脏物、油污等，可用熔剂清洗或用电动钢丝轻刷一遍。

②点焊、凸焊或缝焊时，上、下电极端部都应采用硬铜合金。每焊接 500 个点最好用细金刚砂修整电极，用水或其他方法冷却电极有助于延长其使用寿命。

③渗铝钢的焊接电流要比焊相同尺寸的非镀层钢高些。

④在电极顶端形成的镀铝层会影响焊接参数，因此，焊接一些工件后要调节焊接参数。

(3)其他焊接方法的工艺特点 采用熔化极气体保护电弧焊焊接渗铝钢可以获得满意的结果，氩、二氧化碳或其混合气体都可以作为保护气体。氩弧焊时，焊缝成形良好。二氧化碳气体保护焊焊接渗铝钢时，焊缝成分和致密性均可，但焊缝表面粗糙不平。Ar-CO_2混合气体保护焊常用于小尺寸工件的焊接。钨极惰性气体保护电弧焊时，氩气或氦气的保护可以有效地防止焊接区氧化。要尽量减少镀层中 Al 溶入焊缝，降低焊缝的塑性和韧性。惰性气体保护焊，应采用对接接头而不用卷边接头；焊前将坡口两侧的铝涂层去除掉；填加焊丝以降低焊缝含铝量，可用低碳钢焊丝或无镀层钢板剪条作为填充焊丝，钢焊丝中 w(Mn)为 1%、w(Si)为 0.25%为宜。一般情况下，宜采用电弧焊或电阻焊焊接渗铝钢。采用氧乙炔焊也可获得致密焊缝。采用焊接不锈钢的熔剂进行渗铝钢氧乙炔焊，可用无镀层钢剪条或钢焊丝[w(Mn)为1%、w(Si)为0.25%]作为填充材料。氧乙炔焊时，应尽可能采用最小的焊枪喷嘴，或者采用加速工件冷却的措施。此外，可以应用钎焊焊接渗铝钢，为了实现熔融钎料与涂层钢之间的良好润湿，应去除铝涂层表面的氧化膜。氧化膜的去除有多种方法，但最好还是采用熔剂，铝钎焊熔剂可以成功地钎焊渗铝钢或渗铝钢与铝的接头。

3.8 耐热钢的焊接

具有热稳定性和热强性的钢称为耐热钢。耐热钢与普通碳素钢相比较，有两个特殊的性能，即高温强度和高温抗氧化性。耐热钢按组织状态分类有珠光体耐热钢、奥氏体耐热钢、马氏体耐热钢和铁素体耐热钢。

3.8.1 珠光体型耐热钢的焊接

1. 珠光体型耐热钢的焊接特点

①加热后在空气中冷却，具有明显的淬硬倾向。

②焊接时在焊缝及热影响区易产生硬脆的马氏体组织，当工件刚度较大时，就会导致焊缝及热影响区裂纹。

③氢的扩散也会引起焊接裂纹。

生产过程中在有较大的拘束应力时，焊接前需预热。在焊后热处理过程中也应采取防止再热裂纹的措施。

2. 焊前准备

一般工件的坡口加工可以采用火焰切割法，但切割边缘的低塑性淬硬层往往成为后续加工过程中的开裂源。为了防止切割边缘的开裂，应采取一些工艺措施。

①对于2.25Cr-Mo～3Cr-Mo钢和厚度15mm以上的1.5Cr-Mo钢板，切割前应预热到150℃以上。切割边缘应做机械加工并用磁粉探伤法检查是否存在表面裂纹。

②对于厚度在15mm以下的1.5Cr-0.5Mo钢板和厚度在15mm以上的0.5Mo钢板，切割前应预热到100℃以上，切割边缘应做机械加

工并用磁粉探伤法检查是否存在表面裂纹。

③厚度在 15mm 以下的 0.5Mo 钢板，切割前不必预热，切割边缘最好经机械加工。焊前应对焊条和焊剂进行烘干。常用珠光体耐热钢焊条和焊剂的烘干制度见表 3-67。

表 3-67 常用珠光体耐热钢焊条和焊剂的烘干制度

焊条和焊剂牌号	烘干温度/℃	烘干时间/h	保存温度/℃
R102，R202，R302	150～200	1～2	50～80
R107，R207，R307，R317，R407，R347	350～400	1～2	127～150
HJ350，HJ250	400～450	2～3	120～150
SJ101，SJ301	300～350	2～3	120～150

3. 焊接工艺

(1)焊接工艺要点

①工件进行定位焊时，焊前仍应按预热规范进行预热（小薄壁管可不进行预热）。焊接过程中断，应使工件经保温后再缓慢均匀冷却，再施焊前重新按原要求预热。

②采用焊条电弧焊也可选用奥氏体型焊条，如 A202、A302、A307、A312 等，焊前按预热规范预热，焊后一般不进行回火热处理。奥氏体型焊条多用于母材含铬量较高，焊后又不进行热处理的工件。

③气焊用中性焰，焊道不宜太厚，宜采用右焊法施焊，保持较小的熔池，焊接结束后要逐渐移去火焰。

④焊接过程中，应保持工件的温度不低于预热温度，包括多层焊时的焊道间温度。焊接过程应尽量避免中断，不得已中断时，应保持工件缓慢冷却，重新施焊时焊前仍须预热。

⑤工件厚度较大时，可采用串级式操作方法，以减慢冷却速度。

⑥焊接完毕应将工件温度保持在预热温度以上数小时，然后再缓慢冷却。重要的结构件焊后还需经焊后热处理。

⑦为了简化焊后热处理，珠光体耐热钢补焊时常进行锤击和用氧乙炔焰加热，锤击应在不低于预热温度下进行。

⑧尽量减少对焊接接头的拘束度，以降低裂纹倾向。

⑨焊缝正面的余高不允许过大，以减少焊接接头的缺口敏感性。

⑩焊后必须尽快进行热处理，一般采用高温回火，有时采取正火＋回火。

(2)常用焊接参数　珠光体耐热钢焊接生产中最常用焊接方法是钨极氩弧焊封底、焊条电弧焊盖面和埋弧焊。珠光体耐热钢管子钨极氩弧焊封底焊接参数见表3-68，珠光体耐热钢焊条电弧焊盖面的焊接参数见表3-69，珠光体耐热钢埋弧焊的焊接参数见表3-70。

表3-68　珠光体耐热钢管子钨极氩弧焊封底的焊接参数

焊道数	钨极		填充丝直径/mm	焊接电流/A	电弧电压/V	氩气流量/(L/min)	喷嘴到工件距离/mm
	牌号	直径/mm					
1	WTh15	3.0	2～2.5	55～125	10～12	10～15	8～10

表3-69　珠光体耐热钢焊条电弧焊盖面的焊接参数

坡口形式	工件厚度/mm	焊道数	焊条直径/mm	焊接电流/A	电弧电压/V
对接（开90°V形坡口）	1.5～5.0	横焊位置（管子垂直固定）			
		2	2.5	70～90	21～24
		其余	3.2	105～125	21～24
		全位置（管子水平固定）			
		2	2.5	70～90	21～24
			3.2	95～110	21～24
对接（开90°V形坡口）	5～16	横焊位置（管子垂直固定）			
		2	3.2	85～105	21～24
		3～4	3.2	105～125	21～24
		其余	4.0	125～150	22～25
		全位置（管子水平固定）			
		2	3.2	85～105	21～24
		其余	3.2	95～110	21～24

续表 3-69

坡口形式	工件厚度/mm	焊道数	焊条直径/mm	焊接电流/A	电弧电压/V
对接（开U形坡口）	>30	横焊位置(管子垂直固定)			
		2～3	3.2	85～105	21～24
		4～6	3.2	105～125	21～24
		7～10	4.0	125～150	22～25
		其余	5.0	230～255	23～26
		面层	4.0	125～150	22～25
		全位置(管子水平固定)			
		2	3.2	85～105	21～24
		3～4	4.0	105～125	22～25
		其余	4.0	125～150	22～25

表 3-70 珠光体耐热钢埋弧焊的焊接参数

坡口形式	工件厚度/mm	焊丝直径/mm	焊接电流/A	电弧电压/V	焊接速度/(m/h)	备注
对接（不开坡口）	4～6	3	300～500	32～35	43～44	双面焊
	8～12	3	500～700	32～38	35～40	
		5	550～750	32～38	35～40	
	14～16	5	650～850	36～40	30～34	
对接（开65°V形坡口）	6～12	3	350～400	32～34	40～44	手工封底焊
		4	500～550	32～34	40～44	
	14～25	5	600～700	34～38	35～40	
对接（开65°双面V形坡口）	20～30	5	550～700	34～38	28～30	第一面多道焊
			650～800	36～40	32～34	第二面第一道
			600～650	34～38	30～36	中间多道焊
			650～700	36～40	36～40	盖面焊

续表 3-70

坡口形式	工件厚度 /mm	焊丝直径 /mm	焊接电流 /A	电弧电压 /V	焊接速度 /(m/h)	备　注
对接（开 65°双面 V 形坡口）	>30	5	550～700	34～38	28～30	第一面第一道
			650～800	36～38	32～34	第二面第一道
			550～650	34～36	30～36	中间多层焊
			650～700	36～40	28～30	盖面焊
对接（开 U 形坡口）	>30	5	450～650	36～40	30～35	手工封底多道焊

4. 焊接材料选择及预热、焊后热处理规范

珠光体耐热钢焊接材料选择及预热、焊后热处理规范围见表 3-71。

表 3-71　珠光体耐热钢焊接材料选择及预热、焊后热处理规范

钢　号	焊条电弧焊	埋弧焊		气焊	预热	焊后回火
	焊条	焊丝	焊剂	焊丝	℃	
12CrMo	R200 R202 R207	H10CrMo	HJ350 HJ430	H10CrMo	—	680～720
15CrMo	R302 R307	H08CrMo H13CrMo	HJ350 HJ250	H08CrMo H13CrMo	—	680～720
20CrMo	R207 R307	H08CrMo	HJ250 HJ251	H08CrMoV	250～350	650～680
12Cr1MoV	R317 R310 R312	H08MnMoV	HJ250 HJ251	H08CrMoV	250～350	710～750
12Cr3MoVSiTiB	R417	—	—	H08Cr2MoVNb	300～350	740～760
12Cr2MoWVTiB	R347	—	—	H08Cr2MoVNb	250～300	760～780

续表 3-71

钢　　号	焊条电弧焊	埋弧焊		气焊	预热	焊后回火
	焊条	焊丝	焊剂	焊丝	℃	
12MoVWBSiRE（无铬 8 号）	R317 R327	—	—	H08CrMoV	250～300	750～770
13SiMnWVB（无铬 7 号）	R317	—	—	—	250～300	750～770
ZG15CrMoV	R327 R337	—	—	—	350～400	720
ZG20CrMoV	R327 R317	—	—	—	350～400	690～710

注：12Cr1MoWVB、12Cr2MoWVTiB 钢的气焊接头焊后应做正火和回火处理。

5. 典型珠光体耐热钢的焊接

(1)12CrMo(0.5Cr～0.5Mo)钢的焊接　12CrMo 钢的最高工作温度为 535℃，在 480℃～540℃长期时效后，其力学性能和组织均有足够的稳定性，没有空淬倾向。温度超过 550℃时，蠕变强度开始明显下降。主要用于管壁温度＜540℃的锅炉受热面管以及蒸汽参数为 510℃的高、中压蒸汽导管等。12CrMo 钢具有良好的焊接性能，可采用焊条电弧焊、氧乙炔气焊、埋弧焊和气体保护焊等。

①焊接材料的选择。焊条电弧焊可采用 R202 和 R207 电焊条进行焊接。R202 为交、直流两用酸性焊条，能进行全位置焊接，可用来焊接工作温度 510℃以下的 12CrMo 珠光体耐热钢的蒸汽管道和过热器管等。R207 为碱性焊条，施焊时采用直流反接，短弧操作，可进行全位置焊接，可用来焊接工作温度 510℃以下的 12CrMo 珠光体耐热钢的高温高压锅炉管道、化工容器等构件。

采用气焊和埋弧焊时，应选用 H12CrMo 焊丝，焊前应将焊丝表面上的油污和铁锈等杂质清除干净。气焊时应注意选用中性焰。

②工件表面清理。焊前应将工件上的油污、铁锈和水分等杂质清除干净，否则会对接头金属性能产生一定的影响。

③预热。在0℃以上温度下焊接时，只有在壁厚>16mm时，才在150℃～200℃预热；在0℃以下焊接时，任何壁厚的结构均需预热到250℃～300℃。

④焊后热处理。焊条电弧焊后一般需要进行680℃～720℃保温15～60min的回火处理。回火处理后空冷到室温。气焊后的结构件最好先进行930℃～950℃保温15～30min的正火处理（正火时在无风条件下空冷），然后再进行回火处理。

(2)12Cr1MoV钢的焊接 12Cr1MoV钢是我国使用最广泛的珠光体耐热钢之一，主要用于制造壁厚温度<580℃的高压、超高压锅炉过热管、联箱和主蒸汽管道等。这种钢的焊接性良好，采用氧乙炔气焊、焊条电弧焊、埋弧焊和电阻焊等工艺施工均可取得良好的焊接质量。

①焊接材料的选择。焊条电弧焊一般采用R317碱性低氢型焊条，采用直流反接电源，尽量短弧操作。气焊时，采用H08CrMoV焊丝，气焊火焰应选择中性焰或轻微的碳化焰，以防止合金元素的烧损。埋弧焊选用H08CrMoV焊丝并配用焊剂350。氩弧焊时选用TIG-R31焊丝。

②工件表面处理。焊接前应将工件表面上的油污、铁锈和水分等杂质清除干净。

③预热。12Cr1MoV耐热钢焊前一般预热200℃～300℃，小口径薄壁管可以不预热。

④焊后热处理。一般情况下，用R317焊条焊条电弧焊后，需经720℃～750℃的回火处理。气焊接头焊后应做1 000℃～1 020℃的正火处理，然后再进行720℃～750℃的回火处理。

(3)12Cr2Mo钢的焊接 12Cr2Mo供货状态是940℃～960℃正火加740℃～760℃回火的调质状态，其组织为铁素体组织＋碳化物。这种钢具有良好的焊接性能，可以采用焊条电弧焊、氧乙炔气焊、埋弧焊、气体保护焊和闪光对焊等焊接工艺。

①焊接材料的选择。一般情况下，焊条电弧焊可选用R407焊条，也可以采用R317焊条。气焊时，采用H08CrMoV焊丝，选中性焰，以防止合金元素的烧损。气体保护焊时，一般选用TIG-R40焊丝。

②工件表面处理。焊接前应将工件表面上的油污、铁锈和水分等杂质清除干净。

③预热。12Cr2Mo 钢的预热温度为 250℃～300℃。

④焊后热处理。气焊后的焊接接头采用 940℃～960℃正火加 740℃～760℃回火的热处理工艺，回火保温时间为 30min。焊条电弧焊后的焊接接头应采用 740℃～760℃保温 40～60min 的回火处理。

3.8.2 奥氏体型耐热钢的焊接

1. 奥氏体型耐热钢的焊接特点

奥氏体型耐热钢焊接时，焊缝和热影响区易产生热裂纹，对于稳定型奥氏体耐热钢以及铸造奥氏体型耐热钢，还存在毗邻熔合线的近缝区裂纹。这些热裂纹，尤其是近缝区的裂纹防止非常困难，它们虽与焊接工艺有关，但更主要取决于母材的性能、组织、成分及纯度。焊接过程中的塑性损失程度，对产生热影响区裂纹也有重要作用。钢的晶粒越细，低熔点杂质及非金属夹杂物越少，出现热裂纹的倾向也越小。防止这些热裂纹的工艺方法与奥氏体型不锈钢相同。

2. 焊接材料的选择

奥氏体耐热钢常用焊条和焊丝见表 3-72。

表 3-72 奥氏体耐热钢常用焊条和焊丝

钢号	焊条		埋弧焊焊丝牌号	气体保护焊焊丝牌号
	国标型号	牌号		
06Cr19Ni10	E308-16	A101，A102	H0Cr19Ni9	H0Cr19Ni9
06Cr18Ni10Ti 06Cr18Ni11Nb	E347-16 E347-15	A132 A137	H0Cr19Ni10Nb	H0Cr19Ni9Ti H1Cr19Ni10Nb
06Cr18Ni13Si4	E316-16 E318V-16	A201，A202 A232	H1Cr19Ni11Mo3	H0Cr19Ni11Mo3
16Cr20Ni14Si2	E309Mo-16	A312	H1Cr24Ni13Mo2	H1Cr24Ni13Mo2
06Cr23Ni13	E309-16	A302	H1Cr24Ni13	H1Cr24Ni13

续表 3-72

钢号	焊条		埋弧焊焊丝牌号	气体保护焊焊丝牌号
	国标型号	牌号		
06Cr25Ni20	E310-16 E310Mo-16	A402 A412	H1Cr25Ni20	H1Cr25Ni20
06Cr17Ni12Mo2	E316-16	A201,A202	H0Cr19Ni11Mo3	H0Cr19Ni11Mo3
06Cr19Ni13Mo3	E317-16	A242	H0Cr25Ni13Mo3 焊剂 HJ-260 SJ-601,641	H0Cr25Ni13Mo3 保护气体 Ar, Ar+1%O_2 Ar+(2%～3%)CO_2, Ar+He

3. 奥氏体型耐热钢焊接工艺

(1)焊接工艺要点

①奥氏体型耐热钢可用于氩弧焊、埋弧焊以及点焊、缝焊,其焊接工艺可参阅 4.2 奥氏体不锈钢的焊接。

②焊接时,尽量采用低热输入的焊接参数。

③焊条电弧焊应采用短弧焊,焊条不做横向摆动。

④焊接过程中可以采取强迫冷却措施。

⑤具有裂纹倾向的钢种应尽量避免选用埋弧焊,因埋弧焊具有较大的热输入。

⑥焊后一般不进行热处理,对于刚度大的焊接件,可根据性能要求,选用奥氏体化退火(一般在钢的固溶温度)或 800℃～900℃稳定化处理。对于要求固溶+时效处理的耐热钢,宜在固溶状态下焊接,焊后再做固溶+时效处理。

(2)焊接参数的选择

①奥氏体耐热钢手工钨极氩弧焊推荐的焊接参数见表 3-73。

②奥氏体耐热钢的熔化极惰性气体保护典型的焊接参数见表 3-74。

③奥氏体耐热钢管纵缝等离子弧焊典型的焊接参数见表 3-75。

④高铬镍奥氏体钢工件的穿透型等离子弧焊典型的焊接参数见表 3-76。

表 3-73 奥氏体耐热钢手工钨极氩弧焊推荐的焊接参数

板厚/mm	接头及坡口形式	钨极直径/mm	焊接电流/A(直流正接)			焊接速度/(mm/min)	焊丝直径/mm	氩气流量/(m^3/h)
			平焊	立焊	仰焊			
1.6	I形直边对接	1.6	80~100	70~90	70~90	300	1.6	0.3
	搭接		100~120	80~100	80~100	250		
	角接		80~100	70~90	70~90	300		
	T形角接		90~100	80~100	80~100	250		
2.4	I形直边对接	1.6	100~120	90~110	90~110	300	1.6或2.4	0.3
	搭接		110~130	100~120	100~120	250		
	角接		100~120	90~110	90~110	300		
	T形角接		110~130	100~120	100~120	250		
3.2	I形直边对接	2.4	120~140	110~130	105~125	300	2.4	0.3
	搭接		130~150	120~140	120~140	250		
	角接		120~140	110~130	115~135	300		
	T形角接		130~150	115~135	120~140	250		
5.0	I形直边对接(留间隙)	2.4	200~250	150~200	150~200	250	2.4	0.5
	搭接	3.0	225~275	175~225	175~225	200		
	角接	3.0	200~250	150~200	150~200	250		
	T形角接	3.0	225~275	175~225	175~225	200		

续表 3-73

板厚/mm	接头及坡口形式	钨极直径/mm	焊接电流/A(直流正接)			焊接速度/(mm/min)	焊丝直径/mm	氩气流量/(m³/h)
			平焊	立焊	仰焊			
6.5	60°V形坡口对接	3.0	275～300	200～250	200～250	125	3.0	0.5
	搭接		300～375	225～275	225～275	125		
	角接		275～350	200～250	200～250	125		
	T形角接		300～375	225～275	225～275	125		

表 3-74 奥氏体耐热钢的熔化极惰性气体保护焊典型的焊接参数

板厚/mm	熔滴过渡形式	接头和坡口形式	焊丝直径/mm	焊接电流/A	电弧电压/V	焊接速度/(mm/min)	焊道数
3.2	喷射	I形坡口	1.6	200～250	25～28	500	1
6.4	喷射	60°V形坡口对接	1.6	250～300	27～29	380	2
9.5	喷射	60°V形坡口，1.6mm钝边	1.6	275～325	28～32	500	2
12.7	喷射	60°V形坡口，1.6mm钝边	2.4	300～350	31～32	150	3～4
19	喷射	90°V形坡口，1.6mm钝边	2.4	350～375	31～33	140	5～6
25	喷射	90°V形坡口，1.6mm钝边	2.4	350～375	31～33	120	7～8
1.6	短路	角接或搭接	0.8	85	21	450	1
1.6	短路	I形坡口对接	0.8	85	22	500	1
2.0	短路	角接或搭接	0.8	90	22	350	1
2.0	短路	I形坡口对接	0.8	90	22	300	1
2.5	短路	角接或搭接	0.8	105	23	380	1
3.2	短路	角接或搭接	0.8	125	23	400	1

表 3-75　奥氏体耐热钢管纵缝等离子弧焊典型的焊接参数

壁厚/mm	接头形式	焊接参数						备　注
		焊接电压/V	焊接电流/A	等离子气体/(L/min)	保护气体/(L/min)	喷嘴直径/mm	焊接速度/(mm/min)	
0.15	I形坡口直边对接	21	13	0.45	4	1.0	2 000	母材钢号(德国钢号):X5CrNi189 X10CrNiMoTi1810 等离子气:DIN 32526-11 保护气:DIN 32526-R2
0.2		26	120	0.40	20	2.0	8 200	
0.4		25	140	0.40	20	2.8	7 600	
0.63		25	165	0.50	20	2.8	6 900	
0.7		24	185	0.50	18	2.8	6 100	
0.8		23	200	0.60	18	2.8	5 000	
1.0		25	220	0.80	15	3.2	4 500	
1.5		25	240	1.00	15	3.2	3 000	
2.0		25	270	1.50	12	3.2	2 100	
3.0		25	300	2.50	12	3.2	1 200	

表 3-76　高铬镍奥氏体钢工件的穿透型等离子弧焊典型的焊接参数

壁厚/mm	接头形式	焊接电流/A	焊接速度/(mm/min)	等离子气体/(L/min)	保护气体/(L/min)	备　注
3.0	I形直边对接	160	650	5	20	等离子气:Ar 保护气体:Ar+5%H_2
4.0	I形直边对接	180	600	6	20	
5.0	I形直边对接	190	500	7	20	
6.5	I形直边对接	200	350	7	20	
7.5	I形直边对接	210	250	7	20	
10	Y形坡口对接	240	220	7	20	
12	Y形坡口对接	240	220	7	20	
16	Y形坡口对接	240	220	7	20	
20	X形坡口对接	240	220	7	20	

3.8.3　马氏体型耐热钢的焊接

1. 马氏体型耐热钢的焊接特点

焊接后易得到高硬度的马氏体和贝氏体组织，使接头脆性增加，残留应力较大，容易产生冷裂纹，含碳量越高，裂纹敏感性越大，焊接性能较差。焊前必须进行预热及层间保温，焊后尚未冷却前就应进行高温回火。焊后冷却速度不宜过慢，防止晶粒粗化，引起脆性。

2. 焊接工艺要点

①常采用焊条电弧焊、氩弧焊和埋弧焊，不适用于气焊。

②应严格做好工件的焊前清理工作，保证工件、焊接材料处于低氢状态。

③宜采用较大电流施焊，以减慢焊缝的冷却速度。

④必须进行预热。多层焊时，层间温度保持在预热温度以上，且焊后应缓冷。

⑤焊后应待焊接接头冷至100℃～150℃（对厚度＜10mm的工件，可冷至室温），保温1～2h，再进行高温回火。

⑥焊接参数可参阅4.3马氏体型不锈钢的焊接。

3. 焊接材料选择及预热、焊后回火规范

焊接材料选择及预热，焊后回火规范见表3-77。

表3-77　焊接材料选择及预热、焊后回火规范

钢号	焊接接头性能	焊　条	预热	焊后回火
			℃	
12Cr5Mo	与母材性能相等	R507	250～350	740～760
	与母材性能不等	A102 A107 A302 A307 A402 A407	—	—
12Cr12Mo	与母材性能相等	R402 R407 R707	300～400	730～750
14Cr11MoV		R807 R802	300～400	680～720
15Cr12WMoV		R817	350～450	740～760
21Cr12MoV		R827	350～450	740～760

3.8.4 铁素体型耐热钢的焊接

1. 铁素体型耐热钢的焊接特点

焊接时没有硬化，但在高温作用下，熔合线附近的晶粒会急剧长大，使钢脆化，且不能通过焊后热处理细化。焊后缓冷会产生“475℃”脆性和 σ 相析出脆化，当焊接接头刚度较大时，很容易产生裂纹。

2. 焊接工艺要点

①铁素体型耐热钢可采用焊条电弧焊，也可采用氩弧焊和埋弧焊焊接，但不宜采用气焊。

②用铬钢焊条焊接时，要求对母材低温预热，不超过 150℃。对含铬量较高的铁素体钢，预热温度相应提高一些，应为 200℃～300℃。

③可以选用与母材相近的铁素体铬钢焊条，也可以选用奥氏体钢焊条。

④选用较小的焊接电流，较快的焊接速度，焊条不做横向摆动。焊接时在高温停留的时间不应太长。

⑤多层焊必须严格控制焊道间温度，不可连续施焊，前一道焊缝冷却到预热温度后才允许焊下一道焊缝，以防止接头过热。

⑥焊接接头不得受到严重撞击。

⑦为了提高塑性和韧性，焊后可采用空冷的退火处理。一旦焊接接头出现了脆化，短时加热到 600℃后空冷可消除“475℃”脆性，加热到 930℃～950℃后急冷可以消除 σ 相脆性，得到均匀的铁素体组织。

3. 焊接材料选择及预热、焊后热处理规范

焊接材料选择及预热、焊后回火温度见表 3-78。

表 3-78 焊接材料选择及预热、焊后回火温度

钢号	焊接接头性能	焊条	预热	焊后回火
			℃	
01Cr17 Cr17Ti Cr17Mo2Ti	与母材性能相等	G 302 G 307 G 311	200	750～800
022Cr18Ti Cr25Ti Cr28	提高焊缝塑性、韧性	A 107 A 207 A 402 A 407 A 317 A 402 A 407	100～150	

3.8.5　耐热钢的焊接实例

1. 高压锅炉过热器换热管的气焊

焊接图样如图 3-7 所示。管材牌号为 12CrMoV；规格为 ϕ42mm×5mm；工作温度为 540℃；工作压力为 10MPa。其焊接工艺要点如下。

(1)坡口形式　采用 V 形坡口，管子 V 形坡口尺寸如图 3-8 所示。

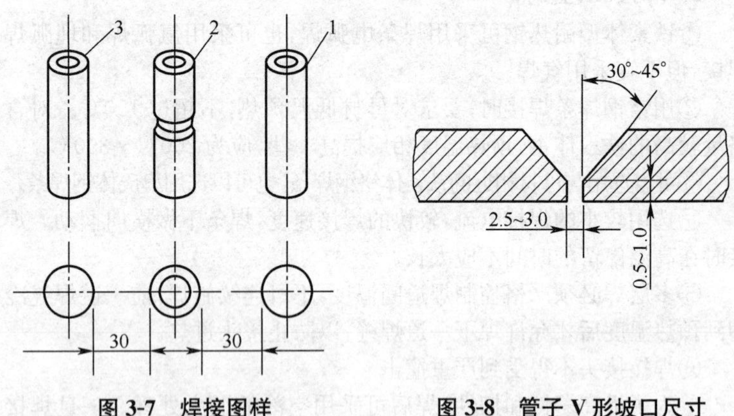

图 3-7　焊接图样

1、3—障碍物　2—工件

图 3-8　管子 V 形坡口尺寸

(2)清理表面　清除坡口处与坡口外 10～15mm 处管子内、外表面的油、锈等污物，直至露出金属光泽。

(3)焊丝及焊剂　焊丝选用 H08CrMoVA，ϕ3mm，焊剂选用 CJ101。

(4)焊枪与火焰　采用 H01-6 焊枪，使用略带轻微碳化焰的中性焰，不能用氧化焰，以免合金元素被氧化烧损。

(5)焊接方向　采用右焊法，火焰指向已形成的焊缝，能更好地保护熔化金属，并使焊缝金属缓慢冷却，火焰热量的利用率高。

(6)焊接操作　焊接过程中，保证坡口边缘熔合良好，焊丝末端不能脱离熔池，防止氧、氮渗入焊缝。采用两层焊接，第一层要求单面焊双面成形，每一层焊缝力求连续焊完。如需停焊时，火焰应逐渐撤离火口，当焊缝终了收尾时勿使火口冷却速度过快。

(7)焊后热处理 加热至680℃～720℃，保温30min，在空气中冷却。

(8)检验 焊缝外观经检验合格后，进行X射线探伤，按JB/T 4730.2—2005《承压设备无损检测 第2部分 射线检测》要求，I级为合格，否则予以返修。

2. 12Cr1MoV锅炉联箱环缝焊接

联箱环缝坡口形式如图3-9所示。采用焊条电弧焊打底和自动埋弧焊盖面；打底焊前，用定位块将联箱筒节固定在一起，沿圆周每隔200～300mm装一块定位块，并均匀分布；定位块焊接时，工件应预热至250℃。

严格控制坡口钝边厚度和装配间隙。钝边过大、间隙过小，易产生未焊透；钝边过小、间隙过大，则易烧穿。

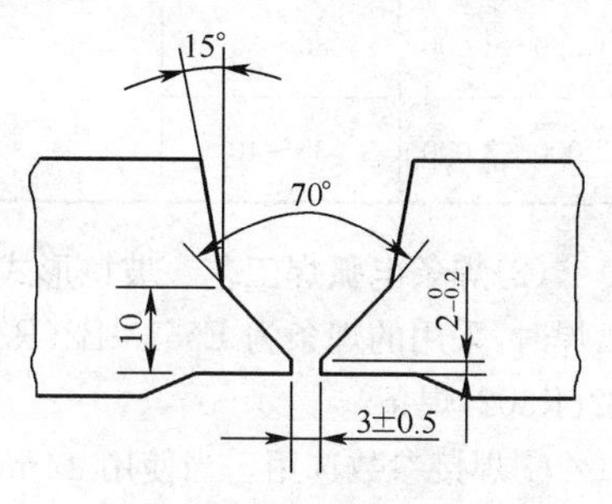

图3-9 联箱环缝坡口形式

联箱放在滚轮支架上，采用气焊火焰加热或感应加热法，将接头预热至300℃。打底焊时，从“时针10点半”位置开始进行下坡焊，焊接电流略比立焊时小些，ϕ3.2mm焊条选用电流100～110A；ϕ4mm焊条选用电流130～140A。随时观察熔池，判断熔透情况，并以合适的运条方法保证根部焊透。从第二层起，可在“时针11点45分”位置开始进行下坡焊，一直焊到10mm厚的焊缝为止，随后再进行自动埋弧焊。

环缝自动埋弧焊的焊丝偏心距见表3-79，焊丝直径4mm，焊接电流450～500A，电弧电压28～30V，焊接速度28～30m/h。

环缝焊完后，经外观检查、表面磁粉和射线或超声波检查合格后，进行710℃～750℃的焊后回火处理。

3. 15CrMo耐热钢的焊条电弧焊与埋弧焊

(1)边缘准备 采用火焰切割厚度＞60mm的轧态钢板，以及正火或高温回火热处理状态的厚度＞80mm的钢板，切割区周围均预热到100℃以上。切割后边缘应做表面磁粉探伤以检查裂纹。如采用碳弧气刨制备焊接坡口或清根时，气刨前应将气刨区域预热到200℃以上。气刨后表面应用砂轮打磨以彻底清除氧化物。

表3-79　环缝自动埋弧焊的焊丝偏心距

工件直径/mm	偏心距 d/mm
300～1 000	20～25
1 000～1 500	25～30
1 500～2 000	30～35
2 000～3 000	35～40

(2)焊条电弧焊工艺　坡口形式可采用V形或U形坡口。焊条电弧焊时，采用的焊条为E5515-B2(R307)，对不重要结构可采用E5503-B2(R302)焊条。

①焊接参数选用。当使用ϕ4mm的焊条时，底层焊道焊接电流为140A，电弧电压为23～24V；填充焊道焊接电流为160～170A，电弧电压为23～24V。如使用ϕ5mm的焊条焊接填充焊道时，焊接电流应为220～230A，电弧电压为23～24V。

②板厚>15mm的工件，焊前均需预热150℃～200℃，并保持层间温度不低于150℃。焊后做消除应力处理，钢结构厚度>30mm的承载部件，焊后需做640℃～680℃消除应力热处理，保温时间为4min/mm。对于受压容器和管道，不预热焊的任何厚度的接头和预热焊的厚度>10mm的接头，焊后均需做消除应力处理。

③焊接操作时，应采用多道多层焊、窄焊道工艺，焊条运动采用直线运条方式，若需要做摆幅运条，其焊道宽度不大于焊条直径的2.5倍。

(3)埋弧焊工艺　焊接坡口形式可采用I形、V形或U形。焊丝选用H08CrMoA，焊剂配用HJ350。

①焊接参数选用。当焊丝直径为ϕ4mm时，焊接电流为600～650A，电弧电压为36～38V；为ϕ2mm时，焊接电流为400～450A，电

弧电压为34～36V。焊接速度为25～35m/h。

②焊前预热要求。厚度＞20mm的接头，预热温度为150℃～200℃，层间温度不低于150℃。焊后消除应力处理工艺同焊条电弧焊。

上述两种焊接方法焊后接头应进行100％超声探伤＋25％射线检查。所有焊缝及热影响区表面都应做磁粉探伤。

4. 耐热钢管的焊接

耐热钢管为美国进口，相当于我国的CrMo耐热钢。工作状态为介质温度500℃，压力0.3×10^6Pa。设计要求对接焊缝进行100％的X射线探伤检查，并达到GB/T3323—2005标准的II级焊缝要求。

(1)耐热钢管的焊接性 焊接CrMo类耐热钢，过去多用异质奥氏体不锈钢焊条，施工中发现焊接接头的熔合区抗裂性能较差。同时，由于焊接接头的组织和性能的不均匀性，也大大降低了接头的高温使用性能。因此，设计中规定CrMo类耐热钢焊接采用同材质焊条焊接，以保证焊接接头的长期安全运行要求。

耐热钢中Cr、Mo等合金元素较多，淬硬倾向大，冷裂敏感，防止冷裂纹的产生是焊接中一个关键性问题。所以必须采取预热、后热、热处理等工艺措施来保证焊缝质量。

(2)焊接参数 ϕ159mm×12mm的耐热钢管焊接接头形式为60V形坡口，钝边1mm，装焊间隙为3mm。焊条型号选用E5MoV-15，规格ϕ3.2mm。焊接参数见表3-80。

表3-80 焊接参数

焊接位置	预热温度/℃	层间温度/℃	后热温度/℃	焊接电流/A	电弧电压/V	热输入/kJ/cm
管水平	300	300～350	250～300	90～120	20～22	15～32
管垂直	300	300～350	250～300	95～130	21～22	15～32

(3)焊接工艺措施

1)控制焊缝的含氢量。焊条使用前应严格烘焙，烘干温度为350℃，保温1.5h。应注意所用焊条烘焙时不要急热和急冷，以免药皮开裂，使用时把焊条放置在保温桶内，随用随取。焊前应严格清除坡口两侧的锈与油污，火焰切割的坡口应打磨光并进行着色检查。

2)严格控制焊前预热温度。焊前预热的主要作用是减缓焊接接头的冷却速度,降低接头的淬硬倾向,减少焊缝金属中扩散氢的含量,是防止冷裂纹的有效措施之一。预热温度为 300℃,加热的范围为坡口两侧 100mm 处。

3)提高定位焊质量。提高定位焊缝质量也是防止焊缝裂纹的一个途径。因为定位焊时,电弧极不稳定,冷却速度快,易产生微裂纹,正式焊接前如果不能彻底清除,往往会被残留在正式焊缝中,可能成为引起正式焊缝宏观裂纹的内因。因此,定位焊前除一定要严格按工艺要求预热外,还必须要用正式的焊接参数进行定位焊。

4)焊接环境的控制。耐热钢焊接受环境的影响较大,当风速过大,尤其是管内穿堂风过大时,易使焊接接头淬硬,含氢量也会增加,因此,施焊时,应尽可能把管线两端暂时堵死。

5)焊接参数的控制。焊接时,应严格控制焊接参数,不允许超出规定范围,垂直固定位置的横口焊接时最小热输入不允许＜20kJ/cm,否则应提高预热温度来进行补偿,以防止冷却速度过快。

6)后热消氢处理。焊后应立即进行消氢处理,温度为 250℃～300℃,保温 1h,如果焊后能及时进行热处理,可省去后热工艺,同样能达到消氢的目的。

7)焊后热处理。焊后热处理能消除焊接残留应力,改善焊缝组织和力学性能,并能降低接头的含氢量,是防止延迟裂纹的主要措施之一。热处理工艺为:自由升温到 300℃后,以 150～180℃/h 的温升速度升到 740℃±10℃,保温 50min 后,以 150～200℃/h 的速度降温,降至 300℃后,空冷降温;热处理方法为电加热法;加热宽度为坡口两侧 100mm,保温层宽度为 600mm,保温层厚度为 100mm。

8)注意事项。

①整个焊接过程尽量连续焊完,中断时应用石棉被包好缓冷。采用多层焊接,中间层温度不应低于预热温度。

②焊后 X 射线检测一定要在 24h 以后进行。

③耐热钢具有再热裂纹倾向,为了防止热处理过程中的再热裂纹漏检,建议无损探伤在热处理后进行,否则热处理后应进行 30%的探伤抽查。

④焊接过程中,如焊缝需返修,对碳弧气刨后的淬硬层必须彻底打磨净,并进行着色检查,确认缺陷彻底清除后方可进行补焊。返修时,预热温度为 350℃,其他工艺措施与正常焊接相同。

5. 15CrMo 钢压力容器筒体纵缝电渣焊

15CrMo 钢压力容器筒身纵缝电渣焊焊接工艺规程(实例)见表 3-81。

表 3-81　15CrMo 钢压力容器筒身纵缝电渣焊焊接工艺规程(实例)

焊接方法	电渣焊	母材	钢号:15CrMo 规格:80mm
坡口形式	32^{+2}_{0} 80	焊前准备	1. 清除坡口表面氧化皮; 2. 磁粉探伤坡口表面检查裂纹; 3. 装配 Π 形铁和引弧板; 4. 定位焊,拉紧焊缝采用 J507 焊条; 5. 焊接预热 150℃~200℃
焊接材料	焊条牌号:R307(E5515-B2)ϕ4mm,ϕ5mm,用于补焊 焊丝牌号:H13CrMo,ϕ3mm 焊剂牌号:HJ-431		
预热及层间温度	预热温度:— 层间温度:— 后热温度:—	焊后热处理参数	正火温度:930℃~950℃,保温 1.5h 回火温度:650℃±10℃,保温 4h 消除应力热处理:630℃±10℃,保温 3h
焊接参数	焊接电流:500~550A(每根焊丝)　熔池深度:50~60mm 焊接电压:41~43V　焊丝根数:2 焊丝伸出长度:60~70mm　焊接速度:1.4m/h		
焊接技术	焊接位置:立焊　焊接方向:自下而上 焊道层数:单层　焊丝摆动参数:不摆动		
焊后检查	正火处理后 100%超声波检测		

6. 2. 25Cr-1Mo 钢厚壁压力容器环缝埋弧焊

其焊接工艺规程见表 3-82。

表 3-82　2. 25Cr-1Mo 钢厚壁压力容器环缝埋弧焊工艺规程

焊接方法	焊条电弧焊封底＋埋弧焊	母材	钢号：A387-22 规格：90mm
坡口形式及尺寸	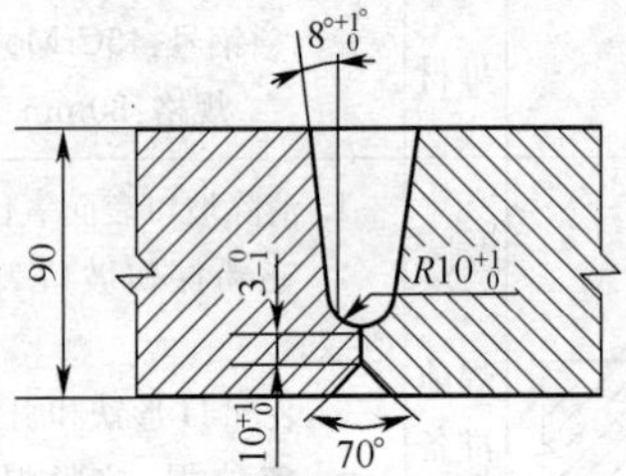 $8^{\circ}{}^{+1^{\circ}}_{0}$ 90 3^{0}_{-1} $R10^{+1}_{0}$ 10^{+1}_{0} 70°	焊前准备	1. 检查坡口尺寸和接缝错边是否符合图样要求； 2. 清理坡口两侧与焊丝表面的油污氧化皮； 3. 焊条和焊剂焊前 350℃保温 2h 烘干
		焊接顺序	1. 先用焊条电弧焊打底焊内环缝，连续焊满坡口； 2. 外环缝用埋弧焊，焊前无需清根，连续焊满
焊接材料	焊条牌号：E6015-B2(R407)　　规格：ϕ4mm，ϕ5mm 焊丝牌号：H08Cr3MoMnA　　规格：ϕ4mm 焊剂牌号：SJ101		
预热温度	预热温度：150℃～200℃ 层间温度：≥150℃ 后热温度：250℃保温 1h	焊后热处理参数	焊后消除应力处理 730℃±10℃，保温 4h
焊接参数	焊接电流：焊条电弧焊：180～240A 　　　　　埋弧焊：600～650A 电弧电压：焊条电弧焊：23～25V 　　　　　埋弧焊：35～36V 焊接速度：埋弧焊 25～28m/h 焊丝伸出长度：40～50mm 直流反接		
操作技术	焊接位置：平焊 焊道层数：多层多道 焊丝摆动参数：不摆动		
焊后检查	1. 焊接结束 48h 后 100％超声波检测＋25％射线检查； 2. 热处理前后，焊缝表面分别做 100％磁粉检测		

7. 高铬马氏体耐热钢焊接实例

大容量火电站锅炉蒸汽管道采用德国钢号 X20CrMoV12-1 马氏体耐热钢管制造。管子规格 φ114mm×12.5mm，其供货状态为 1050℃正火＋760℃回火。对接接头开 U 形坡口。采用手工氩弧焊封底，焊条电弧焊填充盖面，焊丝和焊条由奥地利 Boehler 公司生产。X20CrMoV12-1 高合金耐热钢管对接接头焊条电弧焊工艺规程见表 3-83。

表 3-83　X20CrMoV12-1 高合金耐热钢管对接接头焊条电弧焊工艺规程

母材	钢号	X20CrMoV12-1	焊材	牌号	焊条：Thermanit MTS4 (ECrMoWV12B42H5) φ4.0mm
	规格	φ114mm ×12.5mm		规格	TIG 焊丝：Thermani MTS4Si (WCrMoWV12Si) φ2.5mm
坡口形式及尺寸	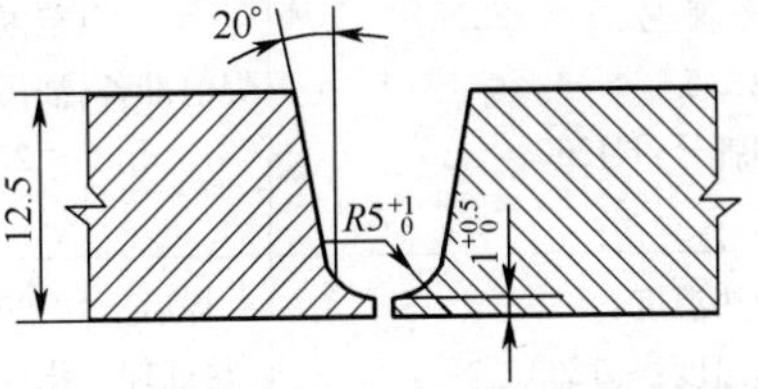 20°　12.5　$R5^{+1}_{0}$　$1^{+0.5}_{0}$				
预热及层间温度/℃	250℃～300℃		冷却参数	焊接结束后缓冷到 100℃～120℃	
焊接能量参数	焊接方法及层次	电流/A	电压/V	焊接速度/(mm/min)	Ar 气流量/(L/min)
	手工氩弧焊封底层	90	11～12	100	5～6
	焊条电弧焊 2～8 层	130～140	24～26	150	
焊后热处理	750℃保温 1h，冷却速度 200～250℃/h　焊后冷却程序结束后立即做焊后热处理				

8. 奥氏体耐热钢焊接实例

在奥氏体耐热钢中，18-8 型铬镍耐热钢的应用最为普遍。厚 13mm18-8 型铬镍耐热钢筒体纵缝埋弧焊工艺规程见表 3-84。

表 3-84　厚 13mm18－8 型铬镍耐热钢筒体纵缝埋弧焊工艺规程

<table>
<tr><td>焊接方法</td><td colspan="2">埋弧焊</td><td>母材</td><td>钢号：1Cr18Ni9Ti
规格：13mm</td></tr>
<tr><td>坡口形式
及尺寸</td><td colspan="2"> 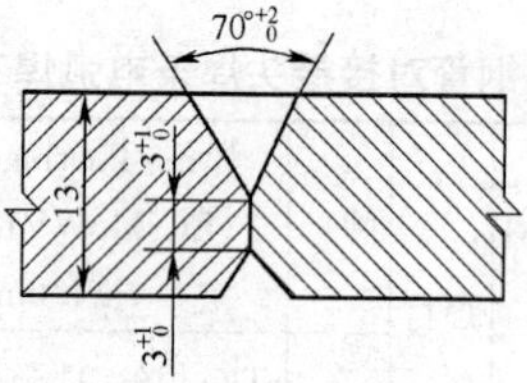$70^{\circ+2}_{\ 0}$；13；$3^{+1}_{\ 0}$；$3^{+1}_{\ 0}$</td><td>焊道层次</td><td> 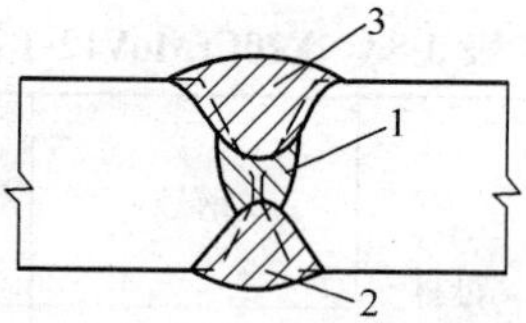3；1；2</td></tr>
<tr><td>焊接材料</td><td colspan="2">焊丝牌号：00Cr22Ni10　规格：$\phi 2.5$
焊剂牌号：HJ260</td><td>焊前准备</td><td>1. 坡口表面及两侧 20mm 范围内和焊丝表面用丙酮擦除油污；
2. 焊剂焊前 300℃～350℃ 烘干 2h</td></tr>
<tr><td>预热及
层间温度</td><td colspan="2">预热温度：—
层间温度：≤120℃</td><td>焊后
热处理</td><td>900℃±20℃，保温 1h 稳定化处理</td></tr>
<tr><td rowspan="4">焊接能量
参数</td><td>焊道层次</td><td>焊接电流/A</td><td>电弧电压/V</td><td>焊接速度/(mm/min)</td></tr>
<tr><td>1</td><td>400</td><td>26</td><td>500</td></tr>
<tr><td>2</td><td>420</td><td>28</td><td>600</td></tr>
<tr><td>3</td><td>450</td><td>32</td><td>460</td></tr>
<tr><td>操作技术</td><td colspan="4">1. 焊接位置：平焊；　2. 单道焊技术；
3. 焊丝伸出长度：30～32mm；　4. 焊道两侧边缘用薄片砂轮清渣</td></tr>
<tr><td>焊后检查</td><td colspan="4">100%射线照相检查</td></tr>
</table>

4 不锈钢焊接技术

耐蚀和耐热高合金钢统称为不锈钢。不锈钢含有 Cr(≥12%)、Ni、Mn、Mo 等元素,具有良好的耐腐蚀性、耐热性能和较好的力学性能。随着科学技术的进步,不锈钢的应用范围越来越广,被广泛应用在石油化工、电力、轻工机械、食品工业、医疗器械、纺织机械、建筑装饰等工业领域。

4.1 不锈钢基本知识

4.1.1 不锈钢的分类

不锈钢按成分可分为以铬为主和以铬镍为主两大类型;按金相组织又可分为奥氏体型、铁素体型、马氏体型、奥氏体-铁素体型和沉淀硬化型五种类型;按用途还可分为不锈钢、热稳定钢和热强钢等类型。

4.1.2 不锈钢的牌号表示

我国于 2007 年颁布并实施了国家标准 GB/T20878—2007《不锈钢和耐热钢牌号及化学成分》,对常用的不锈钢和耐热钢牌号作了较大改变,主要是把旧牌号中平均含碳量的标注方法改成和普通合金钢的标注方法一样。旧牌号前面标注含碳量的数值是取该钢平均含碳量的千分之几,而新牌号前面标注含碳量的数值是该钢平均含碳量的万之几,这样就和普通合金钢的标注方法一致了。

例如,旧标准牌号为 1Cr18Ni9 的不锈钢,它的平均含碳量实际是≤0.15%,新标准的牌号就改成 12Cr18Ni9;旧标准牌号为 0Cr18Ni9 的不锈钢,它平均含碳量实际是≤0.08%,新标准牌号就改成 06Cr19Ni10。

4.2　奥氏体不锈钢的焊接

4.2.1　奥氏体不锈钢的焊接特点

奥氏体不锈钢具有良好的耐蚀性，较好的塑性和高温性能，焊接性良好。

(1)焊接热裂纹　焊接奥氏体不锈钢时，主要是其枝晶方向性强，线胀系数大，焊缝冷却时收缩应力大，容易出现热裂纹，并且变形倾向大。生产中防止热裂纹的措施包括以下几个方面。

①采用焊缝金属为奥氏体一铁素体双相组织的焊条焊接奥氏体不锈钢。

②采用低氢焊条促使焊缝金属晶粒细化，减少焊缝中的有害杂质，以提高焊缝的抗裂性。

③采用小热输入，即小电流、快速焊，减少熔池过热，避免形成粗大柱状晶。

④采用快速冷却，减少偏析，提高抗裂性。

⑤多层焊，要控制层间温度，后道焊缝要在前焊道冷却到 60℃以下再施焊，以减小焊缝过热。

⑥焊接结束或中断时，收弧要慢，填满弧坑，防止弧坑裂纹。

(2)晶间腐蚀　当焊缝及热影响区在 450℃～850℃保持一定时间后，可能在晶界处会析出铬的碳化物，发生晶间腐蚀倾向。在焊接过程中，母材和焊缝金属的局部区域在此危险温度区间内停留时，会给焊接接头造成晶间腐蚀。有时焊后进行热处理也会造成晶间腐蚀。生产中防止晶间腐蚀的措施包括以下几个方面。

①选用超低碳或添加 Ti、Nb 等稳定元素的不锈钢焊接材料。

②采用小热输入，减少危险温度范围停留时间；采用小电流、快速焊、短弧焊，焊条不做横向摆动，焊缝可以强制冷却，减小焊接热影响区，多层焊，控制层间温度，后焊道要在前焊道冷却到 60℃以下再焊下一道。

③与腐蚀介质接触的焊缝最后焊接。

④尽量减少焊接接头在危险温度范围内的停留时间。

⑤焊后进行固溶处理。

(3)焊接接头的应力腐蚀裂纹 应力腐蚀裂纹大多发生在焊缝表面，深入焊接金属内部，尖部多分枝，主要穿过奥氏体晶粒，少量穿过晶界处的铁素体晶粒。影响奥氏体不锈钢焊接接头应力腐蚀的因素有：焊接区的残留拉应力，焊缝铸态组织以及在焊接区的碳化物析出等。另外，由于结构原因在焊接接头区存在局部浓缩和沉积的介质也是引起奥氏体不锈钢焊接接头出现应力腐蚀的原因。防止应力腐蚀的主要措施包括以下几个方面。

①合理调整焊缝成分，这是提高接头抗应力腐蚀的重要措施之一。

②进行焊接结构的合理设计，尽量减小接头的拘束度，合理安排焊接顺序，焊后进行消除应力处理。

③对敏化侧表面进行喷丸处理，使该区产生残留压应力，或对敏化表面进行抛光、电镀或喷涂等，以提高耐腐蚀性能。

④选用热源集中的焊接方法，小热输入以及快速冷却处理等措施，减少碳化物析出和避免接头组织过热。

⑤对于某些特殊的介质，可采用高铬不锈钢 00Cr25Ni25Si2VTi(Nb)、00Cr20Ni25Mo4.5C_v等。

(4)奥氏体不锈钢的焊接方法及其适用性 奥氏体不锈钢具有优良的焊接性，奥氏体不锈钢的熔焊方法及其适用性见表 4-1，此外，还可以采用钎焊和点焊的方法进行焊接。

表 4-1 奥氏体不锈钢的熔焊方法及其适用性

焊接方法	奥氏体钢	适用板厚/mm	焊接特点	说明
焊条电弧焊	适用	>1.5	热影响区小，易于保证焊接质量，适应各种焊接位置与不同板厚工艺要求；但合金过渡系数低，焊接时会使钛、硼或铝等元素烧损，易夹渣，更换焊条焊接中断时，易引起焊接参数的波动，从而影响焊接质量；为减小焊接变形，奥氏体不锈钢焊条电弧焊的坡口倾角和底部角度可相应小些；一般不需预热和后热，应控制较低的层间温度，与腐蚀介质接触的焊层应考虑最后焊接	1. 焊接材料通常采用钛钙型和低氢型焊条，钛钙型焊条尽可能采用直流反接进行焊接；低氢型焊条的工艺性能比钛钙型焊条差，只应用于厚板深坡口或低温结构等抗裂性要求高的场合； 2. 为了保证脱渣良好也可采用氧化钙型药皮焊条

续表 4-1

焊接方法	奥氏体钢	适用板厚/mm	焊接特点	说明
钨极氩弧焊	适用	0.5～3.0	一般用氩气保护,保护效果好,焊缝成形美观,合金过渡系数高,焊缝成分易控制,是最适合焊接奥氏体钢的焊接方法,厚度大的钢板可采用多道焊,但不经济,还可以用于管道、管板等的焊接	焊线一般长 1 000mm,直径为1～5mm;也可以不加填充金属;氩气的纯度不应低于 99.6%;钨极可以使用钍钨极或铈钨极
熔化极氩弧焊	适用	＞3	1. 有多种过渡形式,可以焊接薄板,也可以焊接厚板,适应性强,生产效率高;焊接厚板时,多采用较高电压和电流值的射流过渡,熔池流动性好,但只适于平焊和横焊;焊接薄板时,多采用电压和电流均较低的短路过渡焊接法,熔池温度较低,容易控制成形,适用于任意位置的焊接; 2. 为防止背面焊道表面氧化和保证良好成形,低层焊道的背面应附加氩气保护; 3. 设备复杂且昂贵,对焊接条件敏感	根据溶池不同的过渡形式,保护气体的种类也有所不同,射流过渡时,采用直流反接,并选用 $\phi1.2$～$\phi2.4$mm 焊丝,配合 98% Ar＋2% O_2 效果好;采用短路过渡形式时可用 Ar97.5%＋CO_2 2.5%的混合气体

续表 4-1

焊接方法	奥氏体钢	适用板厚/mm	焊接特点	说　明
埋弧焊	较适用	＞6	焊接工艺稳定，焊缝成分和组织均匀，表面光洁、无飞溅，接头的耐腐蚀性很高，但焊接热输入大、熔池大、HAZ 宽、冷却速度慢，促进了元素的偏析并使组织易过热，因而对热裂敏感性较大，对 25～20 型钢不适用	埋弧焊主要用于焊缝金属中允许含 δ 铁素体的奥氏体钢，其焊丝中含 Cr 量略高，配合 Mn 含量低的焊剂，以抑制热裂倾向；HJ260 工艺性能较好，并且可以过渡 Si，但抗氧化性差，不宜与含 Ti 的焊丝配合使用，HJ172 的工艺性能较差，但氧化性低，常用于焊接含 Ti、Nb 的钢，常用的还有 SJ601、SJ641
等离子弧焊	适用	2～8	采用熔透技术，适宜焊接薄板。该方法附带小孔效应时，热量集中，可不开坡口，单面焊一次成形，尤其适合于不锈钢管的纵缝焊接，焊接时，加入百分之几到十几的氢能增强等离子弧的热收缩效应，增加熔池热能并可防止熔池的氧化	利用穿孔技术，不加填充金属。若加填充金属，可以选用钨极氩弧焊用焊丝
气焊	适用	＜2	只适用于在没有合适的弧焊设备时选用	不加填充金属

4.2.2　奥氏体不锈钢的焊接工艺

1. 焊接材料的选用

奥氏体不锈钢焊接要求按“等成分原则”选择焊材，以满足奥氏体不锈钢特殊的使用性能，填充金属的选择主要考虑所获得的熔敷焊缝的显微组织。根据不同的焊接方法，常用奥氏体不锈钢焊接材料选用见表 4-2，奥氏体不锈钢气焊焊丝选择见表 4-3。

表 4-2　常用奥氏体不锈钢焊接材料选用

钢材牌号	焊条		氩弧焊焊丝	埋弧焊材料		使用状态
	型号	牌号		焊丝	焊剂	
06Cr19Ni10N	E0-19-10-16	A102	H0Cr21Ni10	H0Cr21Ni10	HJ260 HJ151	焊态或固溶处理
12Cr18Ni9	E0-19-10-15	A107				
06Cr17Ni12Mo2	E0-18-21-Mo2-16	A202	H0Cr19Ni12Mo2	H0Cr19Ni12Mo2		
06Cr19Ni13Mo3	E0-19-13-Mo2-16	A242	H0Cr20Ni14Mo3	—	—	
022Cr19Ni11	E00-19-10-16	A002	H00Cr21Ni10	H00Cr21Ni10	HJ172 HJ151	焊态或消除应力处理
022Cr17Ni12Mo2	E00-18-12-Mo2-16	A022	H00Cr19Ni2Mo2	H00Cr19Ni12Mo2		
1Cr18Ni9Ti	E0-19-10-Nb-16	A132	H0Cr20Ni10Ti H0Cr20Ni10Nb	H0Cr20Ni10Ti H0Cr20Ni10Nb		焊态或稳定化和消除应力处理
06Cr18Ni11Ti						
06Cr18Ni11Nb						
06Cr23Ni13	E1-23-13-16	A302	H1Cr24Ni13	—	—	焊态
16Cr23Ni13				—	—	
06Cr25Ni20	E2-26-21-16	A402	H0Cr26Ni21	—	—	
20Cr25Ni20			H1Cr21Ni21	—	—	

表 4-3　奥氏体不锈钢气焊焊丝选择

钢材牌号	焊丝牌号	焊丝直径/mm
06Cr18Ni10 06Cr18Ni10Ti	H0Cr19Ni9	1.5～2.0
1Cr18Ni11Nb	H0Cr20Ni10Nb	1.5～2.0
06Cr18Ni12Mo2Ti 06Cr17Ni12Mo2Ti	H0Cr19Ni11Mo3	1.5～2.0

2. 奥氏体不锈钢接头形式和坡口尺寸

对于不同的板厚,应根据不同的焊接方法设计接头的形式和坡口尺寸。奥氏体不锈钢典型的接头形式和坡口尺寸见表4-4。为了保证焊接质量,坡口两侧20～30mm范围内用丙酮清洗,并涂上石灰粉防止飞溅损伤钢材表面。工件表面不允许有机械损伤。

表4-4 奥氏体钢典型的接头形式和坡口尺寸

接头形式	焊接方法	板厚/mm	根部间隙/mm	钝边/mm	坡口角度/(°)
I形坡口单道焊	焊条电弧焊	1.0～3.3	0～1.0	—	—
	钨极氩弧焊	1.0～3.3	0～2.0	—	—
	熔化极氩弧焊	2.0～4.0	0～2.0	—	—
I形坡口两道焊	焊条电弧焊	3.00～6.35	0～2.0	—	—
	钨极氩弧焊	3.00～6.35	0～1.0	—	—
	熔化极氩弧焊	3.00～8.13	0～1.0	—	—
	埋弧焊	3.80～8.13	0	—	—
V形坡口	焊条电弧焊	3.00～12.7	0～2.0	1.5～3.0	60
	钨极氩弧焊	3.80～6.35	0～0.25	1.5～2.0	90
		6.35～16.00	0～0.51	1.0～1.5	70
	熔化极氩弧焊	3.8～12.7	0～2.0	1.5～3.0	60
	埋弧焊	7.9～12.7	0～2.0	1.5～4.0	60
X形坡口	焊条电弧焊	12.7～32.0	1.0～3.3	1.0～4.0	60
	熔化极氩弧焊	12.7～32.0	0～2.0	2.0～3.0	60
U形坡口	焊条电弧焊	12.7～19.0	0～2.0	2.0～3.0	15
双U形坡口	焊条电弧焊	＞32	1.0～2.0	2.0～3.0	10～15

3. 奥氏体型不锈钢的焊条电弧焊

(1)焊接工艺要点

1)焊前准备。采用机械加工或等离子弧切割方法下料和加工焊接坡口,铬镍奥氏体不锈钢焊条电弧焊接头形式与坡口尺寸见表4-5。定位焊装配用的焊条应与产品焊接用的焊条一致,但焊条直径应选用较细的，定位焊缝的长度和间距见表4-6。焊接坡口两侧20～30mm范围必须清理干净，可用汽油、丙酮或乙醇擦洗。对工件表面要求高的，可在坡口两侧涂上石灰水或专用的防飞溅剂，焊前对使用的焊条按要求进行烘干。

表4-5　铬镍奥氏体不锈钢焊条电弧焊接头形式与坡口尺寸

接头形式	板厚 δ/mm	间隙 a/mm	钝边 b/mm	坡口角度 α/(°)
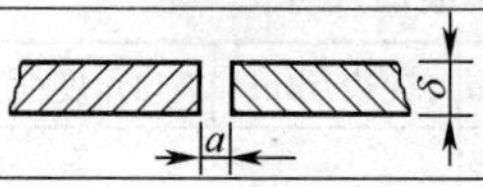	2	1.0～1.2	—	—
	3	1.4～1.8	—	—
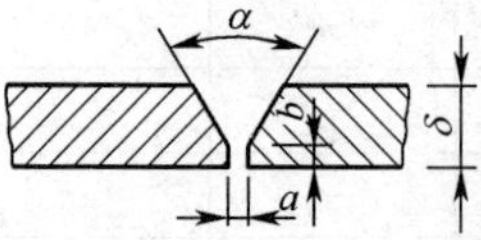	3.5	1.5	1.0	60^{+10}_{-5}
	4.0～4.5	2	1.0	60^{+10}_{-5}
	5～6	2	1.5	60^{+10}_{-5}
	7～10	2.5	1.5	60^{+10}_{-5}
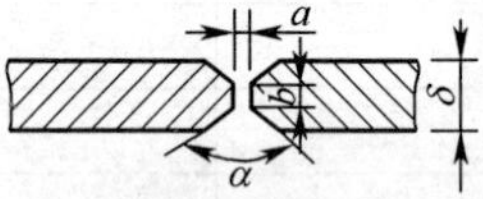	5～14	2	1.5	60±5
	16～35	3	2	60±5
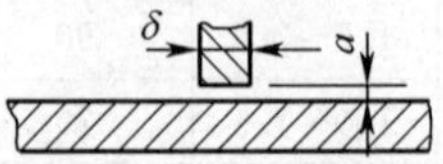	1～4	≤0.5	—	—
	5～12	≤1.0	—	—
	>12	≤1.5	—	—
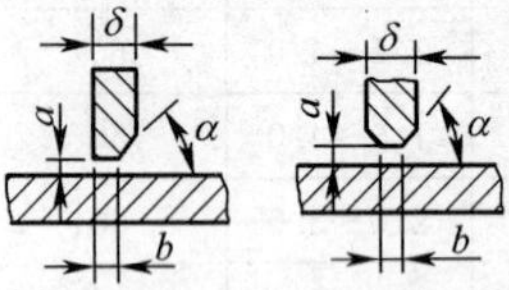	4～6	1.5	1.5±0.3	60±10
	7～12	2	1.5±0.3	60±10
	13～18	2	2±0.3	60±10
	>18	2	2.5±0.3	60±10

表4-6　定位焊缝的长度和间距　　(mm)

板厚	≤2	3～5	>5
定位焊缝长度	5～8	10～15	15～25
间距	40～50	80～90	200～300

2)选用直流反接电源，施焊时应用短弧焊、高焊接速度，尽量减少焊缝断面积，一次焊成的焊缝宽度不宜超过焊条直径的3倍，焊条不做横向摆动。

3)多层焊时，每焊完一道焊缝后，应彻底清除焊渣，焊道间温度不得高于60℃，与腐蚀介质接触的焊缝应在最后焊接。

4)焊接过程中可对焊接处采取强制冷却措施，以缩短焊接区在450℃～850℃的停留时间。

5)焊后热处理。为进一步改善耐腐蚀性能或消除应力，奥氏体不锈钢焊后热处理主要有焊后消除应力处理、固溶处理和稳定化处理。

①消除应力处理。对于18-8钢焊后消除应力处理规范为850℃～950℃保温后快速冷却；对于稳定化钢为850℃～900℃保温后空冷。常用Cr-Ni奥氏体不锈钢加工或焊后消除应力热处理方法的参考规范见表4-7。

表4-7 常用Cr-Ni奥氏体不锈钢加工或焊后消除应力热处理方法的参考规范

使用条件或进行热处理目的	热处理规范		
	022Cr19Ni10 00Cr18Ni12等 超低碳不锈钢	Cr18Ni10Ti Cr18Ni10Nb等含 Ti、Nb不锈钢	Cr18Ni10 Cr18Ni12等 一般不锈钢
苛刻的应力腐蚀介质条件	A、B	A、B	①
中等的应力腐蚀介质条件	A、B、C	A、B、C	C①
弱的应力腐蚀介质条件	A、B、C、D	B、A、C、E	C、D
消除局部应力集中	F	F	F
没有应力腐蚀破裂危险的条件	不必要	不必要	不必要
晶间腐蚀条件	A、C②	A、C、B②	C
苛刻加工后消除应力	A、C	A、C、	C
加工过程中消除应力	A、B、C	B、A、C	C③
苛刻加工后有残留应力以及使用应力高时和大尺寸部件焊后	A、C、B	A、C、B	C
不允许尺寸和形状改变时	F	F	F

注：A—完全退火，1 065℃～1 120℃缓冷；B—退火，850℃～900℃缓冷；C—固溶处理，1 065℃～1 120℃水冷或急冷；D—消除应力热处理，850℃～900℃空冷或急冷；E—稳定化处理，850℃～900℃空冷；F—尺寸稳定热处理，500℃～600℃。

①建议选用最适于进行焊后或加工后热处理的且含Ti、Nb的钢种，或超低碳不锈钢。

②多数部件不必进行热处理，但在加工过程中，不锈钢受敏化的条件下，必须进行热处理时，才进行此种处理。

③加工完后，在进行C规范处理的前提下，也能够用A、B或D规范进行处理。

②固溶处理。将工件加热到 1 000℃～1 180℃内的某一温度，然后快速冷却，必要时要用水淬，使晶界上的 $Cr_{23}C_6$ 溶入晶粒内部，形成均匀的奥氏体组织。

③稳定化处理。对含有钛、铌等稳定化元素的不锈钢，焊后可进行稳定化处理（850℃～950℃，保温 2h）。经固溶处理的焊接接头不能再经受 450℃～850℃的加热。

6）严禁在工件的非焊接部位引燃电弧，收弧时，必须将弧坑填满。

(2)焊接参数 奥氏体不锈钢焊条电弧焊对接焊缝焊接参数见表 4-8，奥氏体不锈钢焊条电弧焊角焊缝焊接参数见表 4-9。

4. 奥氏体不锈钢的埋弧焊

(1)焊接工艺要点

①不锈钢埋弧焊时，由于熔深较浅，坡口钝边宜小。

②焊接热输入的选择和焊丝伸出长度的确定，均应小于焊接低碳钢时的相应焊接参数。

③双面焊时，焊缝反面的清理工作应仔细进行。

④其他工艺要点参照焊条电弧焊的工艺要点。

(2)焊接参数 奥氏体不锈钢埋弧焊焊接参数见表 4-10。

5. 奥氏体不锈钢的氩弧焊

(1)焊接工艺要点

①钨极氩弧焊适用于厚度 4.0mm 以下的薄板焊接。焊接时，可不加焊丝。

②钨极氩弧焊也可用于管子接头和较厚板材焊接接头的打底焊。

③选用合适的手工钨极氩弧焊接头形式，手工钨极氩弧焊常用的接头形式见表 4-11。坡口准备一般采用机械加工方法进行，正面打底焊时应选择较大的坡口角度和较小的钝边，以确保焊透。焊前要将接头处定位焊或用夹具夹紧，接头两侧 20～30mm 内用丙酮或乙醇清洗干净。

④钨极氩弧焊的焊接电源选用直流正接，钨极采用铈钨极。

⑤可在工件背面垫铜板或钢板。垫板沿焊缝开槽，通氩气保护，或在焊缝背面涂 CJ101 气焊熔剂。

表 4-8 奥氏体不锈钢焊条电弧焊对接焊缝焊接参数

板厚/mm	坡口形式	焊接位置	层数	坡口尺寸			焊接电流/A	焊接速度/(mm/min)	焊条直径/mm	备注
				间隙 c/mm	钝边 f/mm	坡口角度/(°)				
2		平焊	2	0~1	—	—	40~60	140~160	2.5	背面清根
		平焊	1	2	—	—	80~110	100~140	3.2	垫板
		平焊	1	0~1	—	—	60~80	100~140	2.5	—
3		平焊	2	2	—	—	80~110	100~140	3.2	背面清根
		平焊	1	3	—	—	110~150	150~200	4	垫板
		平焊	2	2	—	—	90~110	140~160	3.2	—
5		平焊	2	3	—	—	80~110	120~140	3.2	背面清根
		平焊	2	4	—	—	120~150	140~180	4	垫板
		平焊	2	2	2	75	90~110	140~180	3.2	—

续表 4-8

板厚/mm	坡口形式	焊接位置	层数	坡口尺寸			焊接电流/A	焊接速度/(mm/min)	焊条直径/mm	备注
				间隙 c/mm	钝边 f/mm	坡口角度/(°)				
6	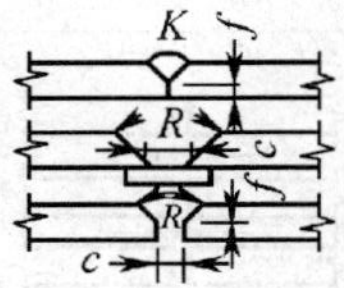	平焊	4	0	2	80	90～140	160～180	3.2,4	背面清根
		平焊	2	4	—	60	140～180	140～150	4,5	垫板
		平焊	3	2	2	75	90～140	140～160	3.2,4	—
9	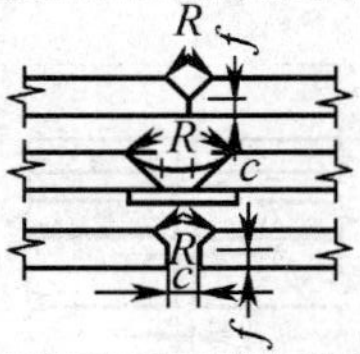	平焊	4	0	3	80	130～140	140～160	4	背面清根
		平焊	3	4	—	60	140～180	140～160	4,5	垫板
		平焊	4	2	2	75	90～140	140～160	3.2,4	—
12	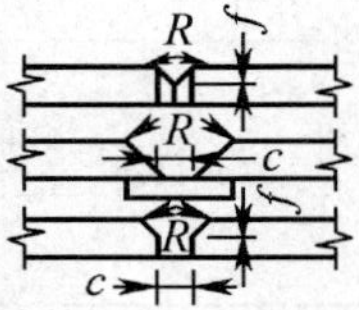	平焊	5	0	4	80	140～180	120～180	4,5	背面清根
		平焊	4	4	—	60	140～180	120～160	4,5	垫板
		平焊	4	2	2	75	90～140	130～160	3.2,4	—

续表 4-8

板厚/mm	坡口形式	焊接位置	层数	坡口尺寸			焊接电流/A	焊接速度/(mm/min)	焊条直径/mm	备注
				间隙 c/mm	钝边 f/mm	坡口角度/(°)				
16	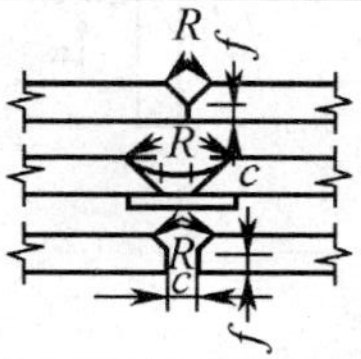	平焊	7	0	6	80	140～180	120～180	4,5	背面清根
		平焊	6	4	—	60	140～180	110～160	4,5	垫板
		焊焊	7	2	2	75	90～180	110～160	3.2,4,5	—
22	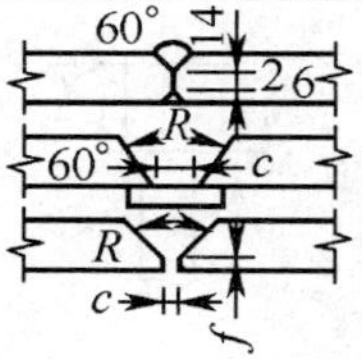	平焊	7	—	2	60	140～180	130～180	4,5	背面清根
		平焊	9	4	—	60	160～200	110～170	5	垫板
		平焊	10	2	2	45	90～180	110～160	3.2,4,5	—
32	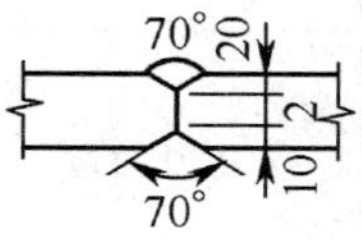	平焊	14	—	2	70	160～200	140～170	5	背面清根

表 4-9 奥氏体不锈钢焊条电弧焊角焊缝焊接参数

板厚/mm	坡口形式	焊脚 K/mm	焊接位置	焊接层数	坡口尺寸		焊接电流/A	焊接速度/(mm/min)	焊条直径/mm	备注
					间隙 α/mm	钝边 b/mm				
6		4.5	平焊	1	0～2	—	160～190	150～200	5	—
		6	立焊	1	0～2	—	80～100	60～100	3.2	—
9		7	平焊	2	0～2	—	160～190	150～200	5	—
12		9	平焊	3	0～2	—	160～190	150～200	5	—
		10	立焊	5	0～2	—	80～110	50～90	3.2	—
16		12	平焊	5	0～2	—	160～190	150～200	5	—
22		16	平焊	9	0～2	—	160～190	150～200	5	—
6		2	平焊	1～2	0～2	0～3	160～190	150～200	5	—
		2	立焊	1～2	0～2	0～3	80～110	40～80	3.2	—
12		3	平焊	8～10	0～2	0～3	160～190	150～200	5	—
		3	立焊	3～4	0～2	0～3	80～110	40～80	3.2	—
22		5	平焊	18～20	0～2	0～3	160～190	150～200	5	—
		5	立焊	5～7	0～2	0～3	80～110	40～80	3.2,4	—

续表 4-9

板厚 /mm	坡口形式	焊脚 K /mm	焊接位置	焊接层数	坡口尺寸		焊接电流 /A	焊接速度/(mm/min)	焊条直径 /mm	备注
					间隙 α /mm	钝边 b /mm				
12	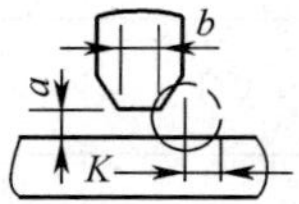	3	平焊	3～4	0～2	2～4	160～190	150～200	5	—
		3	立焊	2～3	0～2	2～4	80～110	40～80	3.2,4	—
22		5	平焊	7～9	0～2	2～4	160～190	150～200	5	—
		5	立焊	3～4	0～2	2～4	80～110	40～80	3.2,4	—
6	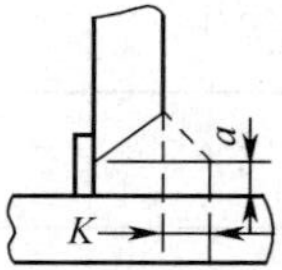	3	平焊	2～3	3～6	—	160～190	150～200	5	垫板
		3	立焊	2～3	3～6	—	80～110	40～80	3.2,4	垫板
12		4	平焊	10～12	3～6	—	160～190	150～200	5	垫板
		4	立焊	4～6	3～6	—	80～110	40～80	3.2,4	垫板
22		6	平焊	22～25	3～6	—	160～190	150～200	5	垫板
		6	立焊	10～12	3～6	—	80～100	40～80	3.2,4	垫板

表 4-10 奥氏体不锈钢埋弧焊焊接参数

工件厚度/mm	焊丝直径/mm	坡口形式	正面焊缝			反面焊缝		
			焊接电流/A	电弧电压/V	焊接速度/(m/h)	焊接电流/A	电弧电压/V	焊接速度/(m/h)
6.0	3.2	I	250～300	32～34	36	450	32～43	36
10	4.0	I	500～550	34～36	40	600	34～36	36
12	4.0	V	450～500	34～36	30～32	600	34～36	28～30
14	4.0	双V形	550～580	34～36	24～26	550～580	34～36	24～26
16	4.0	双V形	550～600	34～36	20～24	550～600	34～36	20～24
20	4.0	双V形	550～600	34～36	20～24	550～600	34～38	20～24
32	4.0	双V形	550～600	34～38	18～24	550～600	34～38	18～24
65	4.0	U	480～520	36～38	26～30	550～600	36～38	25～26

表 4-11　手工钨极氩弧焊常用的接头形式

工件厚度 s/mm	接头形式	焊接方法
1～3	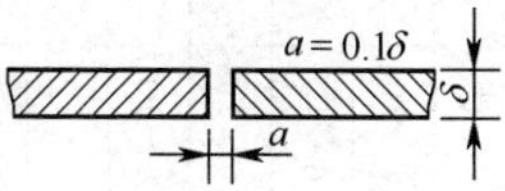 $a=0.1\delta$；a；δ	填加焊丝
≤1	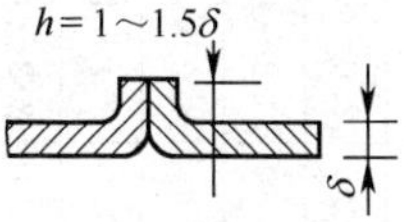 $h=1\sim1.5\delta$；δ	不填加焊丝

(2)氩弧焊的焊接参数选择　钨极氩弧焊多用直流电源正接，但也可以用交流电源焊接，工件厚度＞3mm 时，可采用熔化极氩弧焊。

1)钨极氩弧焊(TIG)。

①奥氏体不锈钢手工钨极氩弧焊对接焊的焊接参数见表 4-12。

②奥氏体不锈钢手工钨极氩弧焊角焊缝的焊接参数见表 4-13。

③不锈钢薄板手工钨极氩弧焊的焊接参数见表 4-14。

④奥氏体钢钨极氩弧焊(正接)的焊接参数见表 4-15。

⑤不锈钢机械化钨极氩弧焊的焊接参数见表 4-16。

⑥钨极自动 TIG 焊接管子和管板的焊接参数见表 4-17。

⑦不锈钢对接脉冲钨极氩弧焊的焊接参数见表 4-18。

⑧奥氏体不锈钢薄板钨极脉冲氩弧焊的焊接参数见表 4-19。

⑨脉冲 TIG 焊薄板对接装配间隙的允许值见表 4-20。

⑩脉冲 TIG 焊焊接管子和管板的焊接参数见表 4-21。

⑪奥氏体不锈钢管子钨极氩弧焊(悬空焊)的焊接参数见表 4-22。

⑫不锈钢厚壁管多层焊时打底焊缝的焊接参数见表 4-23。

2)熔化极氩弧焊(MIG 焊)。

①奥氏体不锈钢对接焊缝熔化极氩弧焊的焊接参数见表 4-24。

②不锈钢短路过渡熔化极氩弧焊的焊接参数见表 4-25。

③不锈钢射流过渡熔化极氩弧焊平焊缝的焊接参数见表 4-26。

④不锈钢射流过渡熔化极氩弧焊角焊缝的焊接参数见表 4-27。

⑤奥氏体不锈钢自动熔化极氩弧焊的焊接参数见表 4-28。

表 4-12 奥氏不锈钢手工钨极氩弧焊对接焊的焊接参数

板厚/mm	坡口形式	焊接位置	焊接层数	坡口尺寸		钨极直径/mm	焊接电流/A	焊接速度/(mm/min)	焊丝直径/mm	氩气流量/(L/min)	喷嘴直径/mm	备注
				间隙 α/mm	钝边 b/mm							
1		平焊	1	0	—	1.6	50～80	100～120	1	4～6	11	单面焊
		立焊	1	0	—	1.6	50～80	80～100	1	4～6	11	
2.4		平焊	1	0～1	—	1.6	80～120	100～120	1～2	6～10	11	单面焊
		立焊	1	0～1	—	1.6	80～120	80～100	1～2	6～10	11	
3.2		平焊	2	0～2	—	2.4	105～150	100～120	2.0～3.2	6～10	11	双面焊
		立焊	2	0～2	—	2.4	105～150	80～120	2.0～3.2	6～10	11	
4		平焊	2	0～2	—	2.4	150～200	100～150	3.2～4.0	6～10	11	双面焊
		立焊	2	0～2	—	2.4	150～200	80～120	3.2～4.0	6～10	11	
6		平焊	3(2+1)	0～2	0～2	2.4	150～200	100～150	3.2～4.0	6～10	11	背面清根
		立焊	2(1+1)	0～2	0～2	2.4	150～200	80～120	3.2～4.0	6～10	11	
		平焊	2(1+1)	0～2	0～2	2.4	180～230	100～150	3.2～4.0	6～10	11	垫板
		立焊	2(1+1)	0～2	0～2	2.4	150～200	100～150	3.2～4.0	6～10	11	
		平焊	3	0	2	2.4	140～160	120～160	—	6～10	11	气垫
		立焊	3	0	2	2.4	150～200	120～150	3.2～4.0	6～10	11	
							150～200	80～120		6～10	11	

续表 4-12

板厚 /mm	坡口形式	焊接位置	焊接层数	坡口尺寸 间隙 α /mm	坡口尺寸 钝边 b /mm	钨极直径 /mm	焊接电流 /A	焊接速度 /(mm/min)	焊丝直径 /mm	氩气流量 /(L/min)	喷嘴直径 /mm	备注
8	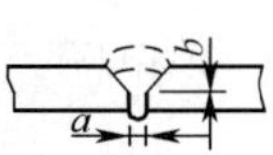	平焊	3	1.6	1.6～2.0	1.6 2.4	110～150 150～200	60～80 100～150	2.6～3.2	10～16	6～8	可熔镶块
		立焊	3	1.6	1.6～2.0	1.6 2.4	110～150 150～200	60～80 80～120	2.6～3.2	6～10	11	
	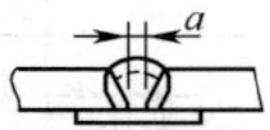	平焊	3	3～5	—	2.4	180～220	80～150	3.2～4.0	6～10	11	垫板
		立焊	3	3～5	—	2.4	150～200	80～150	3.2～4.0	6～10	11	
12	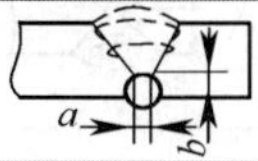	平焊	6(5+1)	0～2	0～2	2.4	150～200	150～200	3.2～4.0	6～10	11	背面清根
		立焊	8(7+1)	0～2	0～2	2.4	150～200	150～200	3.2～4.0	6～10	11	
	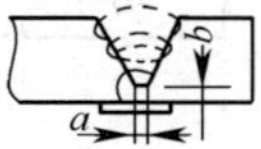	平焊	6	0～2	0～2	2.4 3.2	200～250	100～200	3.2～4.0	6～10	11～13	垫板
		立焊	8	0～2	0～2	2.4 3.2	200～250	100～200	3.2～4.0	6～10	11～13	
	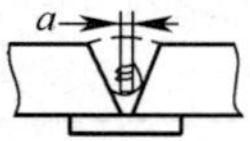	平焊	6	3～5	—	2.4	180～220	50～200	3.2～4.0	6～10	11	垫板
		立焊	8	3～5	—	2.4	150～200	50～200	3.2～4.0	6～10	11	

续表 4-12

板厚/mm	坡口形式	焊接位置	焊接层数	坡口尺寸 间隙 a/mm	坡口尺寸 钝边 b/mm	钨极直径/mm	焊接电流/A	焊接速度/(mm/min)	焊丝直径/mm	氩气流量/(L/min)	喷嘴直径/mm	备注
22		平焊	10(6+4)	0～1	—	2.4 3.2	200～250	100～200	3.2～4.0	6～10	11～13	背面清根
		立焊	12(8+4)	0～1	—	2.4 3.2	200～250	100～200	3.2～4.0	6～10	11～13	
38		平焊	18(9+9)	0～2	2～3	2.4 3.2	250～300	100～200	4～5	10～15	11～13	背面清根
		立焊	22(11+11)	0～2	2～3	2.4 3.2	250～300	100～200	4～5	10～15	11～13	

表 4-13 奥氏体不锈钢手工钨极氩弧焊角焊缝焊接参数

板厚/mm	坡口形式	焊脚 K/mm	焊接位置	焊接层数	坡口尺寸 间隙 a/mm	坡口尺寸 钝边 b/mm	钨极直径/mm	焊接电流/A	焊接速度/(mm/min)	焊丝直径/mm	氩气流量/(L/min)	喷嘴直径/mm	备注
6		6	平焊	1	0～2	—	2.4	180～220	50～100	3.2	6～10	11	—
			立焊	1				180～220	50～100	3.2	6～10	11	
12		10	平焊	2	0～2	—	2.4	180～220	50～100	3.2	6～10	11	—
			立焊	2				180～220	50～100	3.2	6～10	11	

续表 4-13

板厚/mm	坡口形式	焊脚 K/mm	焊接位置	焊接层数	坡口尺寸 间隙 a/mm	坡口尺寸 钝边 b/mm	钨极直径/mm	焊接电流/A	焊接速度/(mm/min)	焊丝直径/mm	氩气流量/(L/min)	喷嘴直径/mm	备注
6		2	平焊	3	0～2	0～3	2.4	180～220	50～100	3.2～4.0	6～10	11	—
			立焊	3				180～220	50～100	3.2～4.0	6～10	11	
12		3	平焊	6～7	0～2	0～3	2.4	200～250	80～200	3.2～4.0	8～12	13	—
			立焊	6～7			3.2	200～250	80～200	3.2～4.0	8～12	13	
22		5	平焊	18～21	0～2	0～3	2.4	200～250	80～200	3.2～4.0	8～12	13	—
			立焊	18～21			3.2	200～250	80～200	3.2～4.0	8～12	13	
12		3	平焊	3～4	0～2	2～4	2.4	200～250	80～200	3.2～4.0	8～12	13	—
			立焊	3～4			3.2	200～250	80～200	3.2～4.0	8～12	13	
22		5	平焊	6～7	0～2	2～4	2.4	200～250	80～200	3.2～4.0	8～12	13	—
			立焊	6～7			3.2	200～250	80～200	3.2～4.0	8～12	13	
6		3	平焊	2～3	3～6	—	2.4	180～220	80～200	3.2	6～10	13	垫板
			立焊	2～3				180～220	80～200	3.2	6～10	13	
12		4	平焊	6～7	3～6	—	2.4	200～250	80～200	3.2～4.0	8～12	13	垫板
			立焊	6～7			3.2	200～250	80～200	3.2～4.0	8～12	13	
22		6	平焊	25～30	3～6	—	2.4	200～250	80～200	3.2～4.0	8～12	13	垫板
			立焊	25～30			3.2	200～250	80～200	3.2～4.0	8～12	13	

表 4-14 不锈钢薄板手工钨极氩弧焊的焊接参数

板厚/mm	接头形式	钨极直径/mm	焊丝直径/mm	电流种类[①]	焊接电流/A	气体流量/(L/mm)	焊接速度/(cm/min)
1.0	对接	2	1.6	交流	35～75	3～4	15～55
1.0	对接	2	1.6	直流正接	7～28	3～4	12～47
1.2	对接	2	1.6	直流正接	15	3～4	25
1.5	对接	2	1.6	交流	8～31	3～4	13～52
1.5	对接	2	1.6	直流正接	5～19	3～4	8～32
1.0	搭接	2	1.6	交流	6～8	3～4	10～13
1.0	角接	2	1.6	交流	14	3～4	18
1.5	T形接	2	1.6	交流	4～5	3～4	7～8

注:①仅在无直流时采用交流。

表 4-15 奥氏体钢钨极氩弧焊(正接)的焊接参数

板厚/mm	接头形式	钨极直径/mm	焊丝直径/mm	焊接电流/A			焊接速度/(cm/min)	氩气流量/(L/min)
				平焊	立焊	仰焊		
1.6	I形对接,间隙＜板厚	1.6	1.6	80～100	70～90	70～90	30	5
	搭接			100～120	80～100	80～100	25	
	角接,间隙为零			80～100	70～90	70～90	30	
	T形双面,角接			80～100	80～100	80～100	25	
2.4	I形对接,间隙＜板厚	1.6	1.6或2.4	100～120	90～110	90～110	30	5
	搭接			110～130	100～120	100～120	25	
	角接,间隙为零			100～120	90～110	90～110	30	
	T形双面,角接			110～130	100～120	100～120	25	
3.2	I形对接,间隙＜板厚	1.6	2.4	120～140	110～130	105～125	30	5
	搭接			130～150	120～140	120～140	25	
	角接,间隙为零			120～140	110～130	115～135	30	
	T形双面,角接			130～150	115～135	120～140	25	

续表 4-15

板厚/mm	接头形式	钨极直径/mm	焊丝直径/mm	焊接电流/A			焊接速度/(cm/min)	氩气流量/(L/min)
				平焊	立焊	仰焊		
4.8	I型对接,间隙＜板厚	2.4	2.4或3.2	200～250	150～200	150～200	25	7.5
	搭接	2.4或3.2		225～275	175～225	175～225	20	
	角接,间隙为零	2.4		200～250	150～200	150～200	25	
	T形双面,角接	2.4或3.2		225～275	175～225	175～225	20	
6.4	V型对接,坡口60°	3.2	2.4～4.8	275～350	200～250	200～250	13	7.5
	搭接			300～375	225～275	225～275		
	角接,间隙为零			275～300	200～250	200～250		
	V形坡口角接			300～375	225～275	225～275		
12.7	X形对接	3.2或4.8	3.2～6.4	350～450	225～275	225～275	7.5	7.5
	搭接			375～475	230～280	230～280		
	V形坡口角接			375～475	230～280	230～280		

表 4-16 不锈钢机械化钨极氩弧焊的焊接参数

	电源极性	板厚/mm	钨极直径/mm	焊接电流/A	氩气流量/(L/min)	焊接速度/(mm/min)	焊丝直径/mm	备注
对接不加填充焊丝	直流正接	0.3	1	12～20	3～4	500～800	—	
		0.4	1	20～30	3～4	500～800	—	
		0.5	1.6	30～40	4～5			
		0.7	1.6	50～65				
		0.8	1.6	70～90				
		1	1.6	70～90				
		1.2	1.6	73				
		1.5	1.6	80～110	5～6	300～580		
		2	1.6	120～130	7～8			

续表 4-16

	电源极性	板厚/mm	钨极直径/mm	焊接电流/A	氩气流量/(L/min)	焊接速度/(mm/min)	焊丝直径/mm	备注
对接加填充焊丝	直流正接	0.3	1	30～45	5～6	580～750	0.6	电弧电压:11～15V
		0.5	1.6					
		0.8		60～80	6～8	580～750		
		1		80～100	6～8	580～750	0.8	
		1.5		100～130	8～10	400～600		
		2		120～140	10～12	300～580		
		3		125～135	14～16	300～400	1.6	

⑥熔化极脉冲氩弧焊的焊接参数见表 4-29。

⑦奥氏体不锈钢熔化极脉冲氩弧焊的焊接参数见表 4-30。

⑧熔化极脉冲氩弧焊短路过渡的焊接参数见表 4-31。

⑨角焊缝熔化极脉冲氩弧焊的焊接参数见表 4-32。

⑩熔化极脉冲氩弧焊单面焊双面成形的焊接参数见表 4-33。

6. 奥氏体不锈钢的气焊

(1)焊接工艺要点

①选用与母材相同牌号的焊丝,也可参考氩弧焊选择焊丝。

②使用 CJ101 气焊熔剂,要将其涂在焊丝上面和焊接接头的反面。

③气焊焊缝的耐蚀性较差,故气焊一般用于不要求耐蚀性或对耐蚀性要求不高的焊接构件。

④薄板采用左焊法,焊枪不做摆动,焊接速度要快。采用中性火焰,焰芯与熔池的距离应＞2mm,焊枪与工件的夹角要小,并应尽量避免焊接中断。焊缝收尾时,应缓慢拉开火焰,防止焊缝尾端裂纹。

⑤焊嘴规格一般比焊接同样厚度的低碳钢小些。

(2)奥氏体不锈钢气焊的焊接参数　见表 4-34。

表 4-17 钨极自动 TIG 焊接管子和管板的焊接参数

接头形式	管子尺寸/mm	坡口形式	钨极直径/mm	层数	焊接电流/A	电弧电压/(V)	焊接速度(s/周)	焊丝直径/mm	送丝速度/(mm/min)	氩气流量/(L/min)	
										喷嘴	管内
管子对接	ϕ18×1.25	扩口	2	1	60～62	9～10	12.5～13.5	—	—	8～10	1～3
	ϕ32×1.25		2	1	54～59	8～9	18.5～22.0	—	—	10～13	1～3
	ϕ32×3	V 型对接	2～3	1	110～120	10～12	24～28	—	—	8～10	4～6
			2～3	2～3	110～120	12～14	24～28	0.8	760～800	8～10	4～6
管子管板	ϕ13×1.25	管子开槽	2	1	65	9.6	14	—	—	7	—
	ϕ18×1.25		2	1	90	9.6	19	—	—	7	—

表 4-18 不锈钢对接脉冲钨极氩弧焊焊接参数

电流极性	极厚/mm	焊接电流/A		持续时间/s		脉冲频率/Hz	焊接速度/(m/h)	弧长/mm
		脉冲	维持	脉冲	维持			
直流正接	0.3	20～22	5～8	0.06～0.08	0.06	8	30～36	0.6～0.8
	0.5	55～60	10	0.08	0.06	7	33～36	0.8～1
	0.8	85	10	0.12	0.08	5	48～60	0.8～1
	0.95	60	5～7	0.3	1	5	40～44	0.8～1

表 4-19 奥氏体不锈钢薄板钨极脉冲氩弧焊焊接参数

电流种类	板材厚度/mm	双弯边接头(不加焊丝)		对接接头(加焊丝)	
		焊接电流/A	气体流量/(L/min)	焊接电流/A	气体流量/(L/min)
直流正接或交流	1.0	35~60	3.5~4	40~70	3.5~4.0
	1.5	45~80	4~5	50~85	4~5
	2.0	75~120	5~6	85~130	5~6
	3.0	100~140	6~7	120~160	6~7

注:电弧电压为11~15V。

表 4-20 脉冲 TIG 焊薄板对接装配间隙的允许值 (mm)

工件厚度 δ	0.6	0.5	0.36	0.25
装配间隙允许值	0.01~0.10	0.06~0.10	0.05~0.10	0.05~0.08

表 4-21 脉冲 TIG 焊焊接管子和管板焊接参数

接头形式	管子尺寸/mm	坡口形式	钨极直径/mm	层数	平均电流/A		频率/Hz	脉冲宽度(%)	焊接速度/(r/min)	氩气流量/(L/min)	
					基本	脉冲				喷嘴	管内
管子	ϕ8×1	扩口	1.6	1	9	36	2	50	0.08	6~8	1~3
管板	ϕ15×1.5		1.6	1	27	80	2.5	50	0.06	6~8	1~3
管子	ϕ13×1.25	管子	2	1	8	70~80	3~4	50	10~15	8~10	—
管板	ϕ25×2	开槽	2	1	25	100~130	3~4	50~70	11~17	8~10	—

表 4-22 奥氏体不锈钢管子钨极氩弧焊(悬空焊)的焊接参数

壁厚/mm	坡口形状	焊接电流/A	焊接速度/(mm/min)	备 注
1.5		100～110	460～480	用于圆管和方管的悬空焊,管内通氩气保护焊缝背面
2		120～130	400～410	
3		190～200	300～310	

注:直流正接。

表 4-23 不锈钢厚壁管多层焊时打底焊缝的焊接参数

焊丝直径/mm	钨极直径/mm	电流极性	焊接电流/A	电弧电压/V	焊接速度/(cm/min)	运条方法	保护气体	
							种类	流量/(L/min)
2.0(1.6)	1.6	直流正接	50～130	9～16	4～14	横向摆动	纯氩纯度>99.9%	8～15
2.4	2.4							

表 4-24 奥氏体不锈钢对接焊缝熔化极氩弧焊的焊接参数

板厚/mm	坡口形式	焊接位置	层数	坡口尺寸		焊接参数			焊丝		氩气流量/(L/min)	备注
				间隙/mm	钝边/mm	电流/A	电压/V	焊接速度/(mm/min)	直径/mm	送丝速度/(mm/min)		
3	对接,单面焊	平焊	1	0～2	—	200～240	22～25	400～550	1.6	3 500～4 500	14～18	加垫板
		立焊				180～220	22～25	350～500		3 000～4 000		
4	对接,单面焊	平焊	1	0～2	—	220～260	23～26	300～500	1.6	4 000～5 000	14～18	加垫板
		立焊				200～240	22～25	250～450		3 500～4 500		

续表 4-24

板厚/mm	坡口形式	焊接位置	层数	坡口尺寸		焊接参数			焊丝		氩气流量/(L/min)	备注
				间隙/mm	钝边/mm	电流/A	电压/V	焊接速度/(mm/min)	直径/mm	送丝速度/(mm/min)		
6	对接，双面焊	平焊	2	0～2	—	220～260	23～26	300～500	1.6	4 000～5 000	14～18	反面挑焊根
		立焊	2(1∶1)			200～240	22～25	250～450		3 500～4 500		
	对接，双面焊	平焊	2	0～2	—	220～260	23～26	300～500	1.6	4 000～5 000	14～18	加垫板
		立焊				200～240	22～25	250～450		3 500～4 500		
	对接（V形坡口）	平焊	2	0～2	0～2	220～260	23～26	300～500	1.6	4 000～5 000	14～18	反面挑焊根
		立焊	2(1∶1)			200～240	22～25	250～450		3 500～4 500		
	对接（V形坡口）	平焊	2	0～2	0～2	220～260	23～26	300～500	1.6	4 000～5 000	14～18	加垫板
		立焊				200～240	22～25	250～450		3 500～4 500		
	对接（V形坡口）	平焊	2	1～2	1～2	220～260	23～26	300～500	1.6	4 000～5 000	14～18	氩气垫可熔镶块 TIG
		立焊				200～240	22～25	250～450		3 500～4 500		
	对接（V形坡口）	平焊	2	3～5	—	220～260	23～26	300～500	1.6	4 000～5 000	14～18	加垫板
		立焊				200～240	22～25	250～450		3 500～4 500		

续表 4-24

板厚/mm	坡口形式	焊接位置	层数	坡口尺寸 间隙/mm	坡口尺寸 钝边/mm	焊接参数 电流/A	焊接参数 电压/V	焊接参数 焊接速度/(mm/min)	焊丝 直径/mm	焊丝 送丝速度/(mm/min)	氩气流量/(L/min)	备注
12	对接(V形坡口)	平焊	5(4∶1)	0～2	0～2	240～280	24～27	200～350	1.6	4 500～6 500	14～18	反面挑焊根
		立焊	6(5∶1)			220～260	23～26	200～400		4 000～5 000		
	对接(V形坡口)	平焊	4	0～2	0～2	240～280	24～27	200～350		4 500～6 500	14～18	加垫板
		立焊	6			220～260	23～26	200～400		4 000～5 000		
	对接(V形坡口)	平焊	4	3～5	—	240～280	24～27	200～350		4 500～6 500	14～18	加垫板
		立焊	6			220～260	23～26	200～400		4 000～5 000		
22	对接(双V形坡口)	平焊	11(7∶4)	0～1	—	240～280	24～27	200～350	1.6	4 500～6 500	14～18	反面挑焊根
		立焊	14(10∶4)			200～240	22～25	200～400		3 500～4 500		
38	对接(双V形坡口)	平焊	18(9∶9)	0～2	2～3	280～340	26～30	150～300	1.6	5 000～7 500	18～22	反面挑焊根
		立焊	22(11∶11)			240～300	24～28	150～300		4 500～7 000		

表 4-25 不锈钢短路过渡熔化极氩弧焊的焊接参数

板厚/mm	接头形式	直径/mm	焊接电流/A	电弧电压/V	焊接速度/(cm/min)	送丝速度/(cm/min)	气体流量/(L/min)	$t^{\cdot}$/(h/m)
1.6	(T形接头图)	0.8	85	15	42.5～47.5	460	7.5～10.0	0.036
2.0		0.8	90	15	32.5～37.5	480	7.5～10.0	0.046

续表 4-25

板厚/mm	接头形式	直径/mm	焊接电流/A	电弧电压/V	焊接速度/(cm/min)	送丝速度/(cm/min)	气体流量/(L/min)	t'/(h/m)
1.6		0.8	85	15	47.5～52.5	460	7.5～10.0	0.032
2.0		0.8	90	15	28.5～31.5	480	7.5～10.0	0.54

注：t'—每米焊缝所需时间。

表 4-26　不锈钢射流过渡熔化极氩弧焊平焊缝的焊接参数

板厚/mm	坡口形状	间隙/mm	层数	直径/mm	焊接电流/A	电弧电压/V	焊接速度/(cm/min)	气体流量/(L/min)	备注
3.2		0～1.2	1	1.2	150～170 200～220	18～19 22～23	30～40 60～65	15	最好加垫板
4.5		0～1.2	1	1.2	160～180 220～240	20～21 23～24	30～35 50～60	15	最好加垫板
6		0～1	1	1.2	280～300	28～30	40～40	20	最好加垫板
	60°　3	0	2	1.2	260～280	25～27	35～40	20	最好加垫板

续表 4-26

板厚/mm	坡口形状	间隙/mm	层数		直径/mm	焊接电流/A	电弧电压/V	焊接速度/(cm/min)	气体流量/(L/min)	备注
8	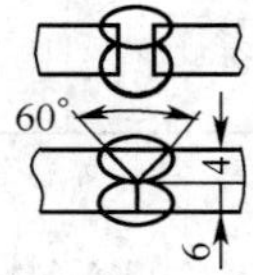	0～1	2		1.6	300～350	30～34	40～45	20	清根
		0～1	2	1 2	1.6	280～300 300～350	27～30 30～34	34～40 35～40	20 20	清根
10	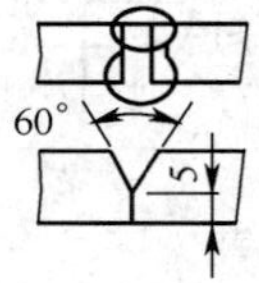	0～1	2		1.6	350～400	34～38	35～40	20	清根
		0～1	2	1 2	1.6	300～350 350～400	30～34 34～40	30～35 35～40	20	清根
12	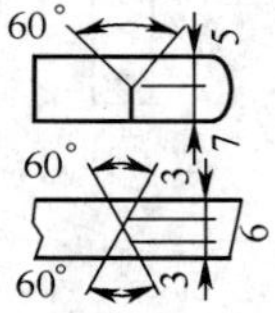	0～1	2	1 2	1.6	300～350 350～400	30～34 34～40	30～35 30～35	20	清根
		0～1	2	1 2	1.6	330～350 350～400	33～35 34～38	30～35 30～35	20	清根

注：保护气体为[Ar+(1%～3%)O_2]混合气。

表 4-27 不锈钢射流过渡熔化极氩弧焊角焊缝的焊接参数

板厚/mm	坡口形状	焊脚尺寸 K/mm	间隙/mm	层数	直径/mm	焊接电流/A	电弧电压/V	焊接速度/(cm/min)	气体流量/(L/min)
1.6		3～4	0	1	0.9	90～110	15～16	40～50	15
2.3		3～4	0～0.8	1	0.9	110～130	15～16	40～50	15
3.2		4～5	0～1.2	1	1.2	220～240	22～24	35～40	15
4.5		4～5	0～1.2	1	1.2	220～240	22～24	35～40	15
6		5～6	0～1.2	1	1.6	250～300	25～30	35～40	20
8		6～7	9～1.6	1	1.6	280～330	27～33	35～40	20
10 12	1～4, 45°		0～1.2	2～3	1.6	250～300	25～30	30～40	20

注：保护气体为[Al+(1%～3%)O^2]混合气。

表 4-28 奥氏体不锈钢自动熔化极氩弧焊的焊接参数

工件厚度/mm	坡口形式	焊丝直径/mm	焊接电流/A	电弧电压/V	焊接速度/(m/h)	焊接层数	氩气流量/(L/min)
2.5	I形	1.6～2.0	160～240	20～30	20～40	1	6～8
3.0	I形	1.6～2.0	200～280	20～30	20～40	1	6～8
4.0	I形	2.0～2.5	220～320	20～30	20～40	1	7～9

续表 4-28

工件厚度/mm	坡口形式	焊丝直径/mm	焊接电流/A	电弧电压/V	焊接速度/(m/h)	焊接层数	氩气流量/(L/min)
6.0	V形	2.0～2.5	280～360	20～30	15～30	1～2	9～12
8.0	V形	2.0～3.0	300～380	20～30	15～30	2	11～15
10	V形	2.0～3.0	320～440	20～30	15～30	2	12～17

表 4-29 熔化极脉冲氩弧焊的焊接参数

板厚/mm	坡口形式	层数	焊丝直径/mm	平均电流/A		电压/V		焊接速度/(m/h)	气体流量/(L/min)	
				基本	脉冲	脉冲	电弧		Ar	CO_2
6	I型对接	1～2(正反各1)	1.6	40～50	120～130	34	28～29	15～18	25～29	3.5～4.0
8	V形对接	1～2(正反各1)	1.6	40～50	130	36	32	14～18	25～29	3.5～4.0

注:脉冲频率50Hz。

表 4-30 奥氏体不锈钢熔化极脉冲氩弧焊的焊接参数

工件厚度/mm	接头形式			焊丝直径/mm	脉冲频率/Hz	平均焊接电流/A	电弧电压/V	气体流量/(L/min)			焊道数
	坡口	钝边/mm	间隙/mm					Ar	O_2	CO_2	
4.0	V形75°	1.0	0.5～1.0	1.6	50	140	24	25	0.25	—	2
6.0	V形75°	1.0～1.5	1.5～2.0	1.6	100	200	28	25	0.25	—	2
						210	28				

续表 4-30

工件厚度 /mm	接头形式			焊丝直径 /mm	脉冲频率 /Hz	平均焊接电流/A	电弧电压 /V	气体流量 /(L/min)			焊道数
	坡口	钝边 /mm	间隙 /mm					Ar	O_2	CO_2	
6.0	V形 75°	1.0～1.5	1.5～2.0	1.6	100	180～190	26～27	25	0.25	—	3(第3道为封底焊)
						200～210	27～28				
						220	28～29				
8.0	V形 75°	2.0	2.0～2.5	1.6	100	210	26～27	25	0.25	—	
						200～210	27～28				
						220～230	28～29				
8.0	V形 75°	2.0	2.0～2.5	1.6	100	200	30	25	—	1	3(第3道为封底焊)
						200	30				
						200	30				
16	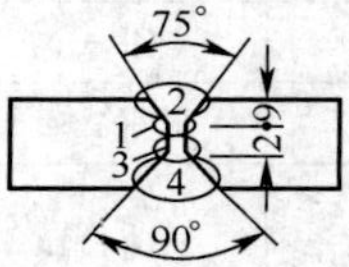			1.6	100	230	29	25	0.30	—	4
						245	30				
						250	31				

表 4-31 熔化极脉冲氩弧焊短路过渡的焊接参数

板厚/mm	接头形式	焊丝直径/mm	焊接电流/A	电弧电压/V	送丝速度/(mm/min)	焊接层数
1.5	角接、搭接	0.8	85	21	400	1
1.5	对接(I形坡口)	0.8	85	22	510	1
2.0	角接、搭接	0.8	90	22	360	1
2.0	对接(I形坡口)	0.8	90	22	300	1
2.5	角接、搭接	0.8	105	23	380	1
3.0	角接、搭接	0.8	125	23	400	1

表 4-32 角焊缝熔化极脉冲氩弧焊的焊接参数

板厚/mm	焊脚K/mm	位置	焊丝直径/mm	焊丝伸出长度/A	平均焊接电流/A	电弧电压/V	氩气流量(L/min)	焊接方向
1.5～2.0	2～3	平焊	1.2	8～12	65～130	18.0～20.5	10～12	自上而下
		立焊	1.2	8～12	60～100	18.0～19.0	10～12	
		仰焊	1.2	8～12	60～120	18.0～19.0	10～12	
3	3～4	平焊	1.2～1.6	10～14	90～140	19.0～21.5	12～14	自上而下
		立焊	1.2～1.6	10～14	80～110	18.5～19.5	12～14	
		仰焊	1.2～1.6	10～14	90～130	18.5～19.5	12～14	
4	4	平焊	1.6	14～17	130～170	19.6～22.0	14～16	自上而下
		立焊	1.6	14～17	120～140	19.0～20.0	14～16	
		仰焊	1.6	14～17	130～160	19.0～20.0	14～16	
5～6	5	平焊	1.6～2.0	16～20	160～210	20.0～22.5	16～18	自下而上
		立焊	1.6～2.0	16～20	140～160	19.0～20.5	16～18	
		仰焊	1.6～2.0	16～20	140～160	19.5～20.5	16～18	
7～8	5～6	平焊	2.0	18～22	200～280	20.5～23.0	18～20	自下而上
		立焊	2.0	18～22	150～180	20.0～21.0	18～20	
		仰焊	2.0	18～22	180～250	19.5～20.5	18～20	

注:脉冲频率 50Hz,焊丝 06Cr18Ni9Ti。

表 4-33 熔化极脉冲氩弧焊单面焊双面成形的焊接参数

板厚/mm	坡口尺寸	焊丝直径/mm	脉冲电流/A	基值电流/A	电弧电压/V	脉冲频率/Hz	焊接速度/(mm/min)	焊丝伸出长度/mm	保护气体流量/(L/min)
4		1.4	130～140	30	24	50	360	10	6/10
5		1.4	180	30	25	100	400～420	12	6/9
6		1.4	210	20	26	100	290	12	5/9
		1.6	160～180	50～55	26	50	250	12	9/16

表 4-34 奥氏体不锈钢气焊的焊接参数

接头形式	工件厚度 s/mm	坡口尺寸			焊接参数		
		间隙 a /mm	钝边 b /mm	坡口角度 α/(°)	焊丝直径 /mm	焊枪号	氧气压力 /MPa
	0.8	1.0	—	—	2	H01-2	0.2
	1.0	1.0	—	—	2	H01-2	0.2
	1.2	1.5	—	—	2	H01-2	0.2
	1.5	1.5	—	—	2	H01-2	0.2
	1.5	1.5	0.5	60	2	H01-2	0.2
	2.0	1.5	1.0	60	2	H01-2	0.2
	2.5	1.5	1.0	60	2	H01-2	0.25
	3.0	2.0	1.0	60	2	H01-2	0.25

7. 奥氏体不锈钢等离子弧焊接

(1)焊接工艺要点

①大电流等离子弧焊一般用于对接接头,材料厚度<8mm时可一次焊透,对接接头的装配间隙和错边量不得>0.5mm。

②焊接接头焊前应仔细清洗干净。当采用微束等离子弧焊时,对工件的清洗要求更加严格,工件越小、越薄,清洗要求越高。

③在背面的保护氩气中适量加入CO_2,能在熔池背面形成铬的氧化物,增加表面张力,防止熔池泄漏,也可采用水冷铜垫板防止熔池泄漏。

④多层焊的第一道焊缝采用穿透法焊接,然后可用熔透焊或其他焊接方法,如埋弧焊、熔化极气体保护焊等将焊缝焊完。

⑤当要求焊缝有余高时,须向熔池加入填充焊丝,焊丝的直径可在0.8~1.2mm之间选择。

(2)焊接参数

①大电流等离子弧焊的焊接参数见表4-35。

表4-35 大电流等离子弧焊的焊接参数

焊透方式	工件厚度/mm	焊接电流/A	电弧电压/V	焊接速度/(m/h)	离子气流量/(L/min)		保护气流量/(L/min)		孔道比 l/d /mm	钨极内缩/mm	说明
					基本气流	衰减气	正面	尾罩			
熔透法	1.0	60	—	1.62	0.5	—	3.5	—	2.5/2.5	1.5	悬空焊
穿透法	3.0	170	24	3.6	3.8	—	25	—	3.2/2.8	3.0	喷嘴带两个φ0.8mm小孔,间距6mm
	5.0	245	28	2.04	4.0	—	27	—	3.2/2.8	3.0	
	8.0	280	30	1.3	1.4	2.9	17	8.4	3.2/2.9	3.0	
	10	300	29	1.2	1.7	2.5	20	—	3.2/3.0	3.0	

②奥氏体不锈钢手工微束等离子弧焊的焊接参数见表4-36。

③奥氏体不锈钢自动微束等离子弧焊的焊接参数见表4-37。

④穿透型等离子弧焊的焊接参数见表4-38。

8. 奥氏体不锈钢的点焊、缝焊、凸焊

(1)焊接工艺要点

①采用较硬的焊接参数,焊接区可用水冷却。

表 4-36　奥氏体不锈钢手工微束等离子弧焊的焊接参数

材料	板厚/mm	接头形式	焊接电流/A	离子气流量/(L/h)	保护气流量及成分/(L/h)	喷嘴孔径/mm	填充丝直径/mm	钨极直径/mm	弧长 mm
07Cr19Ni11Ti	0.8	T形接头	8	17	566, $H_2$5%+Ar95%	0.8	1.1	1.0	6.4
	1.5	T形接头	22	23	566, $H_2$5%+Ar95%	1.2	1.1	1.5	6.4
	0.8	搭接	9	17	566, $H_2$5%+Ar95%	0.8	1.1	1.0	9.5
	1.5	搭接	22	23	566, $H_2$5%+Ar95%	1.2	1.4	1.5	9.5
	0.8	对接	15～22	17	180, Ar100%	0.8～1.0	1.5	—	—
	0.8	角接	18～26	19	180, Ar100%	0.8～1.0	1.5	—	—
	1	对接	20～28	19	180, Ar100%	0.8～1.0	1.5	—	—
	1	角接	24～30	26	180, Ar100%	0.8～1.0	1.5	—	—
	1.2	对接	22～30	26	180, Ar100%	0.8～1.0	1.5	—	—
	1.2	角接	28～36	26	180, Ar100%	0.8～1.0	1.5	—	—

注：保护气为体积分数。

表 4-37　奥氏体不锈钢自动微束等离子弧焊的焊接参数

材料	厚度/mm	接头形式	离子气流量/(L/h)	保护气流量及成分/(L/d)	喷嘴孔径/mm	焊接速度(mm/min)	电弧压力/V	焊接电流/A
不锈钢	0.025	卷边	14.2	566,Ar99%+$H_2$1%	0.8	127	—	0.3
	0.08	卷边	14.2	566,Ar99%+$H_2$1%	0.8	152	—	1.6
	0.13	端面接头	14.2	566,Ar99%+$H_2$1%	0.8	381	—	1.6
	0.25	对接	36	360,Ar100%	0.8	270	24	6.5
	0.50	对接	36	660,Ar100%	1.0	300	24	18
	0.75	对接	14.2	330,Ar99%+$H_2$1%	0.8	127	—	10
	1.0	对接	36	600,Ar100%	1.2	275	25	27

注:保护气体为体积分数。

表 4-38　穿透型等离子弧焊的焊接参数

厚度/mm	电流/A	电压/V	焊接速度/(m/h)	等离子气流量/(L/min)	保护气流量/(L/min)	喷嘴直径/mm
1.20	95	26	58.0	3.77②	18.9③	2.83
1.587	125	27	56.5	2.73②	18.9③	2.83
2.381	160	31	58.0	2.35②	16.5②	3.175
3.175	145	32	36.6	4.72②	18.9③	2.830
3.175	190	28	50.3	4.25②	18.9③	2.830
3.175	190①	33	50.3	4.25②	23.5②	2.830
4.762	165	36	24.4	6.14②	18.9③	2.46
5.556	210	28	30.5	6.60②	21.2②	3.46
5.955	270	31	21.3	7.10②	23.5②	3.46
6.35	240	28	21.3	8.10②	9.45③	3.46
12.9	320	26	10.6	4.72③		3.175

注:①用填充焊丝;②Ar92%+$H_2$8%(体积分数);③Ar100%,三孔喷嘴。

②适当加大电极压力，焊接电流略小于焊接相同厚度低碳钢的焊接电流。

③应选用电导率稍低、硬度较高的电极合金，如铍钴铜、铬锆铜等作为电极。

(2)点焊、缝焊焊接参数

①奥氏体不锈钢点焊的焊接参数(单相、交流)见表4-39。

表4-39　奥氏体不锈钢点焊的焊接参数(单相、交流)

板厚/mm	电极直径/mm		电极压力/N	焊接电流/kA		焊接时间/周	焊点最小间距/mm
	d	D		$\sigma_b \leqslant 1050$MPa	$\sigma_b \leqslant 1050$MPa		
0.3	2.8	>6	1 200	2.4	2.1	3	6
0.6	4.0	>10	2 200	4.7	3.6	4	11
1.0	5.0	>10	4 000	7.6	6.0	6	15
1.6	6.3	>10	7 000	11.5	9.0	9	25
2.0	7.0	>16	9 000	13.5	11.0	11	32
3.2	9.0	>19	15 500	19.0	15.5	17	50

注：d—电极端头直径；D—电极体部直径。

②三相低频焊机的奥氏体不锈钢点焊的焊接参数见表4-40。

表4-40　三相低频焊机的奥氏体不锈钢点焊的焊接参数

工件厚度/mm	电极直径/mm	电极压力N	焊接时间/周		焊接脉冲数/个	焊接电流A
			通	断		
0.3	3.0	2 040	1	1	2	3 500
0.5	4.0	2 040	1	1	2	4 300
0.8	4.5	3 400	3	1	2	5 700
1.0	5.5	4 080	4	1	2	6 600
1.2	6.0	5 450	5	2	2	8 100
1.5	6.5	6 800	5	2	2	9 500
2.0	7.5	8 620	5	2	3	11 400
2.5	8.0	11 350	5	2	4	13 000
3.0	9.0	18 160	5	2	4	16 000

③奥氏体不锈钢缝焊的焊接参数见表4-41。

表4-41 奥氏体不锈钢缝焊的焊接参数

工件厚度/mm	焊接电流/A	电流脉冲		滚轮压力/N	滚轮工件表面宽度/mm	焊接速度/(m/h)
		持续时间/s	每分钟脉冲数			
0.20	2 500～3 000	0.02～0.04	1 200～1 500	600～1 000	4.0	1.2～2.0
0.35	3 000～3 500	0.02～0.04	750～1 200	800～1 200	4.0	1.2～1.5
0.50	3 500～4 500	0.04～0.06	600～1 000	1 000～1 500	5.0	1.0～1.2
0.80	4 000～7 000	0.04～0.08	400～600	1 500～2 500	6.0	0.7～0.8
1.0	5 500～8 500	0.06～0.10	250～300	2 000～4 000	6.0	0.5～0.6
1.2	6 000～9 500	0.08～0.12	250～300	2 500～5 000	7.0	0.5～0.6
1.5	7 000～11 000	0.12～0.16	200～250	3 000～6 000	7.0	0.5～0.6
2.0	8 000～13 000	0.14～0.20	180～200	5 000～8 000	8.0	0.5～0.6

④三相低频焊机的奥氏体不锈钢缝焊的焊接参数见表4-42。

表4-42 三相低频焊机的奥氏体不锈钢缝焊的焊接参数

工件厚度/mm	滚轮宽度/mm	电极压力/N	焊接时间/周		焊接点数/(点/50mm)	焊接电流/A
			通	断		
0.40	4.8	2 700	2	2	36	7 000
0.60	6.4	4 100	3	3	30	9 500
1.0	6.4	6 100	3	4	26	13 000
1.6	8.0	8 600	4	5	24	15 500
2.0	8.0	10 700	4	6	22	16 500
2.4	9.6	12 000	5	6	20	17 000
2.8	9.6	13 500	5	7	20	18 000
3.2	9.6	15 800	5	8	18	19 500

⑤奥氏体不锈钢多脉冲点焊的焊接参数见表4-43。

表 4-43　奥氏体不锈钢多脉冲点焊的焊接参数

板厚/mm	电极直径/mm		电极压力/N	焊接电流/kA		焊接脉冲数/个	焊点最小间距/mm	熔核直径/mm
	d	*D*		$\sigma_b \leqslant 1\ 050MPa$	$\sigma_b > 1\ 050MPa$			
4	12.5	25	18 160	20.7	17.5	4	48	11
4.8	12.5	25	22 700	21.5	18.5	5	51	13
5.2	16	25	25 000	22.0	19.0	6	55	14
6.4	16	25	31 800	22.5	20.0	7	60	15

注：每一脉冲通电时间 13 周，间断 5 周。

⑥07Cr19Ni11Ti 不锈钢单点凸焊的焊接参数见表 4-44。

表 4-44　07Cr19Ni11Ti 不锈钢单点凸焊的焊接参数

每块板厚/mm	电极压力/N	焊接时间/周	焊接电流/kA	凸点尺寸/mm		搭边尺寸/mm
				直径	高度	
0.5	2 000	8	4.0	1.75	0.5	5
0.8	3 200	12	5.6	2.5	0.6	6
1.0	4 000	13	6.6	3.0	0.7	8
1.5	6 000	18	9.0	4.0	0.9	11
2.0	8 000	21	11.0	4.75	1.0	13
2.5	10 000	23	12.5	5.5	1.0	15
3.0	12 000	24	14.0	7.0	1.5	18

9. 奥氏体不锈钢管焊接

(1)焊接工艺要点　奥氏体不锈钢管焊接工艺要点见表 4-45。

(2) 焊接参数

①带熔化垫 07Cr19Ni11Ti 管的焊接参数见表 4-46。

②自动填丝式不锈钢管全位置脉冲自动焊的焊接参数见表4-47。

表 4-45 奥氏体不锈钢管焊接工艺要点

<table>
<tr><th>项目</th><th>内　容</th></tr>
<tr><td>焊条电弧焊</td><td>1. 焊条电弧焊焊壁厚 3～5mm 的管子时，选 V 形坡口，角度 60°，钝边 0.5～1.0mm，间隙 2.5～2mm。壁厚 5mm 以下，焊缝均要求一次内外成形；
2. 全位置焊时，定位焊点选择三点点固，其定位位置为“时钟 12 点，3 点和 9 点”三处；
3. 采用熄弧焊法，不能连续施焊。熄弧后的再引弧在熔敷金属熔池处于未凝固、焊渣尚在流动的状态下进行；
4. 严格掌握焊条角度，使电弧作用在管内壁，焊条角度如下图所示。从仰焊位置经立焊位置到平焊位置，在平焊位置时要加大电弧前后摆动范围，尽量不做横向摆动，增大熔池长度，同时延长熄弧后再引弧的时间。每次引弧必须在原熔池后部边缘外 1～2mm 处，然后经熔池将电弧向管内壁引伸，并做向前带引铁液动作后熄弧，待到熔池后半部金属凝固之后再引弧，如此前进；
5. 严格控制焊条熔滴方向，必须准确地落在熄弧时的原熔池中。更换焊条接头，动作要快。同时采取将停弧时的原熔池焊肉割掉的方法。在割掉焊肉的原熔池内做半圆形运条动作，使其形成新的熔池。在平面位置更换焊条时，只要及时引弧，并在原熔池做半圆形摆动，使电弧反吹，熔渣向后流动，即可使得熔敷金属与原熔池熔合后再前进；
6. 对直径 ϕ180mm 以下的管子尽量避免在平焊位置接头，应该选择爬坡立焊或立焊位置，采用割掉原熔池焊肉法接头
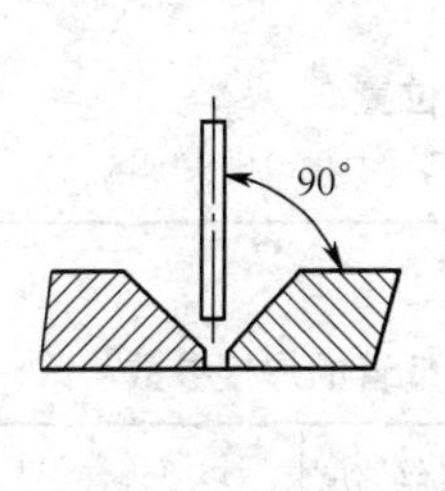

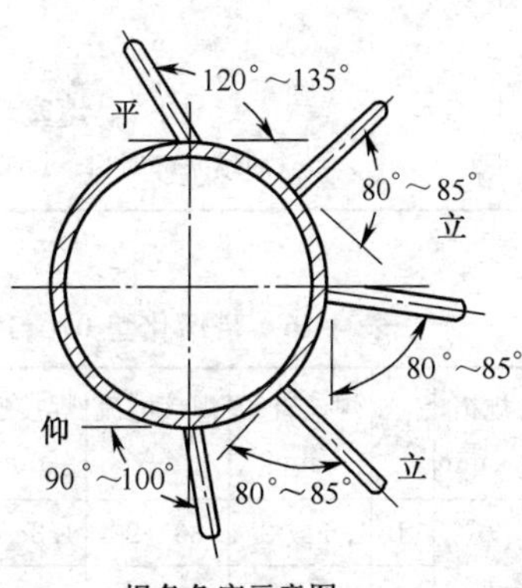

焊条角度示意图</td></tr>
</table>

续表 4-45

项目	内　　容
氩弧焊	1. 钨极氩弧焊电源采用直流正接或交流，熔化极氩弧焊电源采用直流反接。管子全位置自动焊时，一般采用脉冲电源。填丝或不填丝式脉冲钨极氩弧焊焊不锈钢管，采用全位置自动焊工艺时，一般用低频或高频直流脉冲电源； 2. 全位置自动焊，管壁厚在 3mm 以下时，对接接头一般不开坡口，不留间隙。管壁厚在 0.5mm 以下，采用卷边对接接头。带熔化垫的对接接头开无钝边的 V 形坡口。管壁厚≤4mm 时，坡口角度约为 70℃，管壁厚度>4mm 时，坡口角度应该选 40°～60°； 3. 对带熔化垫的接头装配，应先将垫圈两端锉成斜口 20°～30°，如图(a)所示。保持弹性，压紧于已清理好的管口上，然后再套上另一个管子，装配好的管子如图(b)所示。个别不贴合间隙≤1mm，垫圈对口间隙要<1mm。当焊接机头卡上时，垫圈对口位置一般不允许“A”段，如图(c)所示。若适当，也允许在此段内； 4. 操作时，对全位置自动焊，将机头夹紧在被焊管固定段上，使钨极对准接缝中心线，并使机头绕一周。观察钨极在整个坡口或接缝中心的情况，若偏移严重，则重新装卡，钨极至焊管表面距离为 0.8～1.0mm 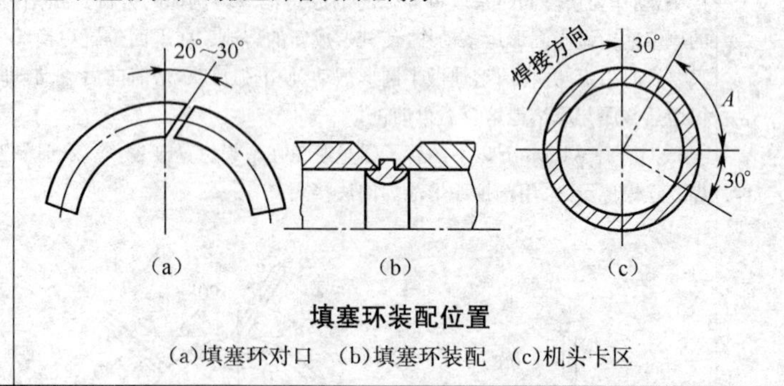 **填塞环装配位置** (a)填塞环对口　(b)填塞环装配　(c)机头卡区

表 4-46　带熔化垫 07Cr19Ni11Ti 管的焊接参数[1]

钢管规格 /mm×mm	层次	焊丝直径 /mm	焊接电流 /A	焊接速度 /(mm/s)	送丝速度 /(mm/s)	氩气流量/(L/min)	
						正面	反面
ϕ42×3	1	1.6 或 2.4	80～90	1.3～2.0	—	11.5～13.0	9.8～11.5
	2	—	95～105	2.45	13.5	12～14	10.5～12.0
	3	—	90～100	2.2	12	12～14	10.5～12.0

续表 4-46

钢管规格/mm×mm	层次	焊丝直径/mm	焊接电流/A	焊接速度/(mm/s)	送丝速度/(mm/s)	氩气流量/(L/min)	
						正面	反面
ϕ57×5	1	2.4 或 3.2	80～90	0.6～0.9	—	11.5～13.0	10.0～11.5
	2	—	120～130	1.7～3.3	12～16	11.5～13.0	9.8～11.5
	3	—	130～140	2.5～3.3	10～16	13～14	不充

注:①数值用 FG-1 型系列焊机获得。

表 4-47　自动填丝式不锈钢管全位置脉冲自动焊的焊接参数

钢管规格/mm×mm	层数	脉冲电流/A		脉冲频率/(次/s)	占空比(%)	焊接速度/(mm/s)	氩气流量/(L/min)	
		基值	脉冲值				正面	反面
ϕ6×1	1	7	20～22	6	50	2.28～1.14	3～4	1～2
ϕ8×1	1	7	20～22	6	50	2.28～1.14	3～4	1～2
ϕ12×1	1	7	22～25	6	50	2.28～1.14	3～4	2
ϕ16×1	1	7	22～25	5～6	60	2.28～1.14	3～4	2
ϕ22×1.5	1	7	25～30	5～6	60	2.58～2.28	3～4	2
ϕ27×1.5	1	7	25～30	5～6	70	2.58～2.28	3～4	2

注:①数值由 ZAD-1 型焊机、ZW-180 型机头焊接获得,焊丝直径为 0.5mm。

4.3　马氏体不锈钢的焊接

4.3.1　马氏体不锈钢的焊接特点

①马氏体不锈钢具有强烈的淬硬倾向,焊接时热影响区容易产生粗大的马氏体组织,母材含碳量越高,淬硬倾向越大。

②焊后残留应力较大,极易产生冷裂纹。焊接接头中氢的含量增加会加重冷裂纹倾向。

③马氏体不锈钢会产生较大的过热倾向,焊接接头中受热超过1 150℃的区域,晶粒长大显著,过快或过慢的冷却都可能引起接头脆化。另外,马氏体型不锈钢与铁素体型不锈钢一样也有 475℃时的脆性,焊前预热和焊后热处理都必须注意。

4.3.2　马氏体不锈钢的焊接工艺

(1)马氏体不锈钢的焊接方法与适用性　常用焊条电弧焊、气体保护焊和电阻焊等方法焊接马氏体不锈钢。马氏体不锈钢电弧焊方法与其适用性见表 4-48。

表 4-48　马氏体不锈钢电弧焊方法与适用性

焊接方法	适用性	适用板厚/mm	说　明
焊条电弧焊	很少应用	>1.5	薄板焊条电弧焊不易焊透，焊缝余高大
手工钨极氩弧焊	较适用	0.5～3.0	>3mm 可以用多层焊，但效率不高
自动钨极氩弧焊	较适用	0.5～3.0	>大于 4mm 可以用多层焊，<0.5mm 操作要求严格
熔化极氩弧焊	较适用	3～8	开坡口，可以单面焊双面成形
		>8	开坡口，多层焊
脉冲熔化极氩弧焊	较适用	>2	热输入低，焊接参数调节范围广

(2)焊接工艺要点

①工件应进行预热，焊接过程中应严格控制焊道间温度。

②正确选择焊接顺序。

③多层焊时，必须对每道焊缝进行严格的清渣工作，要保证焊透，厚度大的工件采用钨极氩弧焊打底焊。

④焊接材料应按相关技术要求严格进行清理、烘干、储存和使用，防止产生氢致裂纹。

⑤必须填满收弧弧坑，以避免产生弧坑裂纹。

⑥为了获得具有足够韧性的细晶粒组织，应在焊缝冷却到120℃～150℃时，保温 2h，使奥氏体的主要部分转变成马氏体，再进行高温回火处理。

⑦点焊、缝焊可采用软规范进行焊接。点焊时，还可采用具有二次脉冲电流的焊接参数，使焊点得到及时的回火处理。缝焊时，为避免淬硬面引起的裂纹，一般不用外部水冷。

⑧焊接马氏体不锈钢应优先选用氩弧焊或焊条电弧焊。

(3)焊接参数

①马氏体不锈钢对接焊缝焊条电弧焊的焊接参数见表4-49。

表4-49 马氏体不锈钢对接焊缝焊条电弧焊的焊接参数

板厚/mm	层数	坡口尺寸			焊接电流/A	焊接速度/(mm/min)	焊条直径/mm	备注
		间隙/mm	钝边mm	坡口角/(°)				
3	2	2	—	—	80～110	100～140	3.2	反面挑焊根 垫板
	1	3	—	—	110～150	150～200	4	
	2	2	—	—	90～110	140～150	3.2	
5	2	3	—	—	80～110	120～140	3.2	反面挑焊根 垫板
	2	4	—	—	120～150	140～180	4	
	2	2	2	76	90～110	140～180	3.2	
6	4	0	2	80	90～140	160～180	3.2,4	反面挑焊根
	2	4	—	60	140～180	140～150	4,5	垫板
	3	2	2	75	90～140	140～160	3.2,4	—
9	—	0	2	80	130～140	140～160	4	反面挑焊根
	3	4	—	60	140～180	140～160	4,5	垫板
	4	2	2	75	90～140	140～160	3.2,4	—
12	5	0	4	80	140～180	120～180	4,5	反面挑焊根
	4	4	—	60	140～180	110～160	4,5	垫板
	4	2	2	75	90～140	110～160	3.2,4	—
16	7	0	6	80	140～180	120～180	4,5	反面挑焊根
	6	4	—	60	140～180	110～160	4,5	垫板
	7	2	2	75	90～180	110～60	3.2,4,5	—
22	7	0	—	—	140～180	130～180	4,5	反面挑焊根
	9	4	—	45	160～200	110～170	5	垫板
	10	2	2	45	90～180	110～160	3.2,4,5	—
32	14	—	—	—	160～200	140～170	5	反面挑焊根

②点焊的焊接参数见表4-50。

表4-50　点焊的焊接参数

钢号	工件厚度/mm	焊接电流/A	焊接时间/s	电极压力/N	电极直径/mm
12Cr13	1.2	6 650	0.30	4 250	6.0
	1.5	7 250	0.36	5 250	6.5
14Cr17Ni2	1.2	7 000	0.38	5 800	6.0
	1.5	7 000	0.38	5 800	6.5
	2.0	10 500	0.38	7 500	7.5

③缝焊的焊接参数见表4-51。

表4-51　缝焊的焊接参数

钢号	工件厚度/mm	焊接电流/A	通电时间/s	休止时间/s	焊接速度/(m/h)	电极压力/N	滚轮宽度/mm
12Cr13	1.2	7 300	0.16	0.14	36	4 500	6.5
	1.5	8 300	0.16	0.18	30	5 000	7.0
14Cr17Ni2	1.5	8 500～11 000	0.22	0.10	18～24	7 350～7 840	6.0～7.0

(4)马氏体不锈钢的焊接材料及预热、焊后热处理　马氏体不锈钢的焊接材料及预热、焊后热处理规范见表4-52。

表4-52　马氏体不锈钢的焊接材料及预热、焊后热处理规范

钢号	焊接接头性能	焊条	焊丝	焊剂	预热、层间温度/℃	焊后热处理/℃
12Cr13	耐大气腐蚀	G202　G207	H0Cr14	HJ150	300～350	回火700～750
12Cr13 20Cr13	具有良好的塑性、韧性	A102　A107 A202　A207 A302　A307 A402　A407	H1Cr25Ni13 H1Cr25Ni20	HJ260 HJ260	可不预热或预热200～300	—

续表 4-52

钢号	焊接接头性能	焊条	焊丝	焊剂	预热、层间温度/℃	焊后热处理/℃
14Cr17-Ni2	耐蚀、耐热	C302 C307			300～350	回火 700～750
	具有良好的塑性、韧性	A102 A107 A302 A307 A402 A407	H1Cr25Ni13 H0Cr19Ni9	HJ260 HJ260	200～300	—

注：也可选用与母材成分相类似的焊丝，铬-镍奥氏体焊丝或含铬、镍量更高的焊丝。埋弧焊用焊剂为 HJ131。

4.4 铁素体不锈钢的焊接

4.4.1 铁素体不锈钢的焊接特点

①铁素体型不锈钢在加热和冷却过程中不发生相变，不会产生淬火硬化现象。

②被加热到 950℃以上的部分（焊缝及热影响区）晶粒长大倾向严重，且不能用焊后热处理的办法使粗大晶粒细化，接头韧性降低，增加冷裂倾向。

③焊缝及热影响区如在 400℃～600℃温度区间停留，容易出现 475℃脆性。在 650℃～850℃温度区间停留，则易引起 σ 相析出脆化。

④焊接时应注意在上述两个温度区间的加热和冷却速度。600℃以上短时加热后空冷可消除 475℃脆化；加热至 930℃～980℃急冷，可消除 σ 相析出脆化。

⑤焊前预热可防止裂纹产生。

4.4.2 铁素体不锈钢的焊接工艺

1. 常用焊接方法

普通高铬铁素体不锈钢通常采用焊条电弧焊、气体保护焊、埋弧焊、等离子弧焊、电子束焊等熔焊方法。而超高纯度高铬铁素体不锈钢熔焊主要采用氩弧焊、等离子弧焊、电子束焊等能获得良好保护的焊接方法。

2. 焊接工艺要点

(1)普通高铬铁素体不锈钢焊接工艺要点

①焊接时，采用小电流，快焊接速度，焊条不做横向摆动，尽量采用窄焊道施焊。

②多层焊时，要控制层间温度，待前条焊道冷却到预热温度后，再焊下一焊道。

③焊接厚度较大的工件时，每焊完一道焊缝，采用铁锤轻轻敲击焊缝表面，可改善焊接接头的性能。

(2)高纯铁素体不锈钢的焊接工艺要点　焊接方法应优先选用氩弧焊。

①增加熔池保护，如采用双层气体保护、用气体透镜、增大喷嘴直径、增加氩气流量(28L/min)等。填充焊丝时，要特别注意防止焊丝高温端离开保护区。

②用尾气保护，这对多层焊尤为必要。

③焊缝背面通氩气保护，最好采用通氩气的水冷铜垫板，减少过热，增加冷却速度。

④尽量减小热输入，多层焊时。控制层间温度低于 100℃。

3. 焊接参数

①铁素体不锈钢对接焊缝焊条电弧焊的焊接参数见表 4-53。

表 4-53　铁素体不锈钢对接焊缝焊条电弧焊的焊接参数

板厚/mm	坡口形式	层数	坡口尺寸			焊接电流/A	焊接速度/(mm/min)	焊条直径/mm	备注
			间隙/mm	钝边/mm	坡口角/(°)				
2	对接(不开坡口)	2	0～1	—	—	40～60	140～160	2.6	反面挑焊根
		1	2	—	—	80～110	100～140	3.2	垫板
		1	0～1	—	—	60～80	100～140	2.6	—
3	对接(不开坡口)	2	2	—	—	80～110	100～140	3.2	反面挑焊根
		1	3	—	—	110～150	150～200	4	垫板
		2	2	—	—	90～110	140～160	3.2	—

续表 4-53

板厚/mm	坡口形式	层数	坡口尺寸 间隙/mm	钝边/mm	坡口角/(°)	焊接电流/A	焊接速度/(mm/min)	焊条直径/mm	备注
5	对接（不开坡口）	2	3	—	—	80～110	120～140	3.2	反面挑焊根
	对接（不开坡口，加垫板）	2	4	—	—	120～150	140～180	4	垫板
	对接（开V形坡口）	2	2	2	75	90～110	140～180	3.2	—
6	对接（开V形坡口）	4	0	2	80	90～140	160～180	3.2,4	反面挑焊根
		2	4	—	60	140～180	140～150	4,5	垫板
		3	2	2	75	90～140	140～160	3.2,4	—
9	对接（开V形坡口）	4	0	3	80	130～140	140～160	4	反面挑焊根
		3	4	—	60	140～180	140～160	4,5	垫板
		4	2	2	75	90～140	140～160	3.2,4	—
12	对接（开V形坡口）	5	0	4	80	140～180	120～180	4,5	反面挑焊根
		4	4	—	60	140～180	120～160	4,5	垫板
		5	2	2	75	90～140	130～160	3.2,4	—
16	对接（开V形坡口）	7	0	6	80	140～180	120～180	4,5	反面挑焊根
		6	4	—	60	140～180	110～160	4,5	垫板
		7	2	2	75	90～180	110～160	3.2,4,5	—
22	对接（开双面V形坡口）	7	—	—	—	140～180	130～180	4,5	反面挑焊根
	对接（开V形坡口）	9	4	—	45	160～200	110～170	5	垫板
	对接（开V形坡口）	10	2	2	45	90～180	110～160	3.2,4,5	—
32	对接（开双面V形坡口）	14	—	—	—	160～200	140～170	5	反面挑焊根

②焊接铁素体不锈钢时，其他焊接参数可参照奥氏体不锈钢焊接时的相关焊接参数进行选定。

4. 铁素体不锈钢焊接材料选择及预热、焊后热处理

铁素体不锈钢焊接材料选择及预热、焊后热处理规范见表 4-54。

表 4-54　铁素体不锈钢焊接材料选择及预热、焊后热处理规范

钢号	焊接接头性能	焊条	焊丝	焊剂	预热及道间温度/℃	焊后热处理/℃
06Cr13Al	耐蚀、耐热	G302 G307	H0Cr14	HJ150 SJ601	—	回火:700～760
06Cr13Al	具有良好的塑性、韧性	A102 A107 A302 A307 A402 A407	H1Cr25Ni13 H1Cr25NI20 H0Cr19Ni9	HJ50 HJ260 SJ601	—	—
10Cr17	耐蚀、耐热	G302 G307	—	—	70～150	回火:700～760
10Cr17Mo	具有良好的塑性、韧性	A102 A107 A302 A307	H1Cr25Ni13 H1Cr19Ni9	HJ150 HJ260 SJ601	70～150	—
10Cr17 10Cr17Mo2Ti	耐蚀、耐热	G311	—	—	70～150	回火:700～760
	具有良好的塑性、韧性	A102 A107 A302 A307	H1Cr25Ni13 H1Cr19Ni9	HJ150 HJ260 SJ601	—	—

4.5　铁素体-奥氏体双相不锈钢的焊接

4.5.1　铁素体-奥氏体双相不锈钢的焊接特点

所谓铁素体-奥氏体双相不锈钢是指铁素体与奥氏体各占 50%的不锈钢。它的主要特点是屈服强度可达 400～550MPa,是普通不锈钢的2倍。

铁素体一奥氏体双相不锈钢具有良好的焊接性，在一般的拘束条件下，焊缝金属的热裂纹敏感性小，当双相组织的比例适当时，其冷裂纹敏感性也较低。这种双相不锈钢不预热或不后热施焊均不产生焊接裂纹。但对于无镍或低镍双相不锈钢，在热影响区经常出现单相铁素体及晶粒粗化的现象。

4.5.2 铁素体-奥氏体双相不锈钢的焊接工艺

1. 焊接工艺方法选择及坡口形式与尺寸

根据管、板厚度给出相应的焊接工艺方法选择及坡口形式与尺寸见表4-55。

表4-55 根据管板、板厚度绘出的相应的焊接工艺方法选择及坡口形式与尺寸

管子	平板	板厚(δ) 坡口形式与尺寸	焊接顺序	焊条电弧焊	钨极氩弧焊	气体保护焊		埋弧焊
						(实心)	(药芯)	
√	√	δ=2～15mm 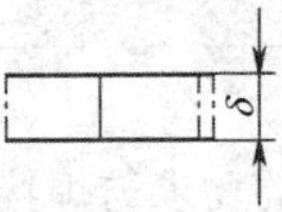	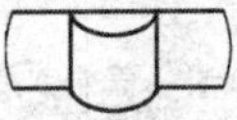 单面焊1层		√			
			 1～3层	√	√	√		
			 双面层1层	√	√	√	√	
			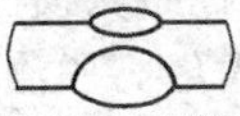 2～3层	√	√	√	√	
√	√	δ=3～10mm b=1～1.5 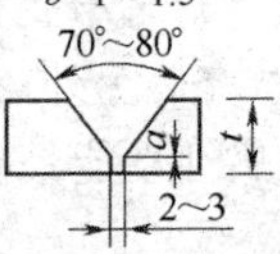 70°～80° 2～3	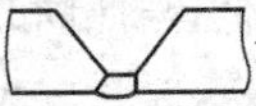 单面焊1层	√	√			
			 2层	√	√	√	√	
			 3层～盖面	√	√	√	√	√
	√	δ=3～10mm b=2～3 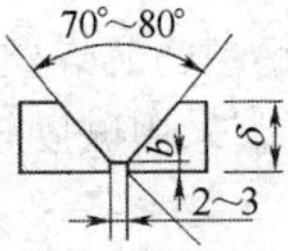 70°～80° 2～3	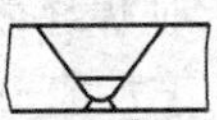 双面焊1层	√	√	√		
			 2层～盖面	√	√	√	√	
			 背面	√	√	√	√	

续表 4-55

管子	平板	板厚(δ) 坡口形式与尺寸	焊接顺序	焊条电弧焊	钨极氩弧焊	气体保护焊（实心）	气体保护焊（药芯）	埋弧焊
√		δ>10mm a=1.5 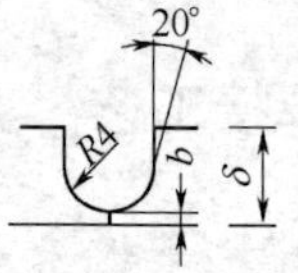 20° R4 b δ	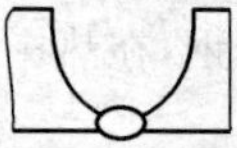 单面焊 1层		√			
			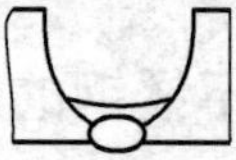 2层		√	√	√	
			 3层～盖面	√	√	√	√	√
	√	δ>10mm b=10 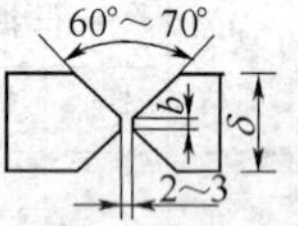 60°～70° b δ 2～3	 双面焊 1～2层	√	√	√	√	
			 2层～盖面,正面	√	√	√	√	√
			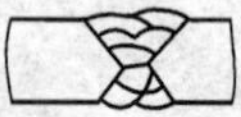 x层～盖面,背面	√	√	√	√	√

2. 焊接材料的选择

对于焊条电弧焊，根据耐腐蚀性、接头韧性的要求与焊接位置，可选用酸性或碱性焊条。采用酸性焊条时，脱渣优良，焊缝光滑，接头成形美观，但焊缝金属的冲击韧度较低，与此同时，为了防止焊接气孔与焊接氢致裂纹需严格控制焊条中的氢含量。当要求焊缝金属具有较高的冲击韧度，并需进行全位置焊接时应采用碱性焊条。另外，在根部封底焊时，通常采用碱性焊条。当对焊缝金属的耐腐蚀性能具有特殊要求时，还应采用超级双相钢成分的碱性焊条。

对于实心气体保护焊焊丝，在保证焊缝金属具有良好耐腐蚀性与力学性能的同时，还应注意其焊接工艺性能。对于药芯焊丝，当要求焊缝光滑，接头成形美观时，可采用金红石型或钛-钙型药芯焊丝；当要求较高的冲击韧度或在较大的拘束条件下焊接时，宜采用碱度较高的药芯焊丝。

对于埋弧焊丝，宜采用直径较小的焊丝，实现中小焊接参数下的多层多道焊，以防止焊接热影响区与焊缝金属的脆化。与此同时，应采用配套的碱性焊剂，以防止焊接氢致裂纹。各类型双相不锈钢焊接材料见表 4-56。

表 4-56 各类型双相不锈钢焊接材料

母材(板、管)类型	焊接材料	焊接工艺方法
Cr18 型	1. Cr22-Ni-Mo3 型超低碳焊条； 2. Cr22-Ni9-Mo3 型超低碳焊丝(包括药芯气体保护焊焊丝)； 3. 可选用的其他焊接材料：含 Mo 的奥氏体不锈钢焊接材料，如 A022Si(E316L-16)、A042(E309MoL-16)	1. 焊条电弧焊； 2. 钨极氩弧焊； 3. 熔化极气体保护焊； 4. 埋弧焊(与合适的碱性焊剂相匹配)
Cr23 无 Mo 型	1. Cr22-Ni9-Mo3 型超低碳焊条； 2. Cr22-Ni9-Mo3 型超低碳焊丝(包括药芯气体保护焊焊丝)； 3. 可选用的其他焊接材料：奥氏体不锈钢焊接材料，如 A062(E309L-16)焊条	
Cr22 型	1. Cr22-Ni99-Mo3 型超低碳焊条； 2. Cr22-Ni9-Mo3 型超低碳焊丝(包括药芯气体保护焊焊丝)； 3. 可选用的其他焊接材料：含 Mo 的奥氏体不锈钢焊接材料，如 A042(E309MoL-16)	
Cr25 型	1. Cr25-Ni5-Mo3 型焊条； 2. Cr25-Ni5-Mo3 型焊丝； 3. Cr25-Ni9-Mo4 型超低碳焊条； 4. Cr25-Ni9-Mo4 型超低碳焊丝； 5. 可选用的其他焊接材料：不含 Nb 的高 Mo 镍基焊接材料，如无 Nb 的 NiCrMo-3 型焊接材料	

3. 焊接工艺要点

(1)Cr18型双相不锈钢焊接 这种双相不锈钢含Cr量较低，有较小的475℃脆化和σ相脆化的倾向，双相组织较为稳定。这类钢在高温加热时具有晶粒长大倾向，但对脆化不敏感。与奥氏体不锈钢相比，具有较低的焊接热裂纹倾向，与铁素体不锈钢相比，焊后脆化倾向较低，即具有良好的焊接性。

①宜采用钨极氩弧焊，中厚板可采用焊条电弧焊。

②焊前不需预热，焊后也不需热处理。

③焊接时，应尽可能采用小热输入，以防止热影响区出现晶粒粗化和单相铁素体化；采用窄道多层焊，以防止焊缝和热影响区出现单相铁素体。

④钨极氩弧焊宜采用填充金属H00Cr18Ni14Mo2、H00Cr20-Ni12Mo3Nb、H00Cr25Ni13Mo3等。焊条电弧焊可采用A312、A022-Si等。

(2)Cr21型双相不锈钢的焊接 该类钢Cr当量与Ni当量比值适当，在高温加热后仍保留有较多的一次奥氏体组织，又可使二次奥氏体在冷却过程中生成，钢中奥氏体相总量在30％～40％，因此，具有良好的耐晶间腐蚀性能。

①薄板主要采用钨极氩弧焊，中厚板则采用焊条电弧焊。

②这类钢在焊接时裂纹倾向很低，不需预热和焊后热处理。

③钨极氩弧焊采用H00Cr18Ni14Mo2焊丝，焊条电弧焊采用E00-23-13Mo2焊条。

④尽量采用小热输入焊接，以防止近缝区晶粒粗化。

(3)Cr25型双相不锈钢的焊接 Cr25型双相不锈钢分为不含Mo的Cr25Ni5型，含Mo的Cr25Ni5Mo型和含Mo、N的Cr25Ni5MoN型三类。

在正常状态下Cr25Ni5型双相不锈钢镍当量较低，大约由30％～40％奥氏体相和60％～70％铁素体相组成。该类钢不宜作为要求耐应力腐蚀的焊接结构用料。但由于含Ti、Cr，因而可作为耐均匀腐蚀和耐晶间腐蚀的焊接结构用料。

对于Cr25Ni5Mo型钢，由于该类钢加入1%～3%的Mo，因而显著提高了钢的耐点蚀和耐缝隙腐蚀性能。然而加入Mo，使得高温加热或焊接后，有可能变为单相铁素体组织，具有明显的475℃脆化，也有σ相形成倾向。固溶温度低于1 000℃时，就可能出现σ相脆化，大大降低了钢的冲击韧度。

①焊接方法可采用钨极氩弧焊，也可采用焊条电弧焊。

②焊前不需预热，焊后也不需热处理。

③尽量采用小热输入。

④焊接时，可采用与母材同成分的填充材料，也可采用镍基焊丝或焊条。

4.6 典型不锈钢的焊接

4.6.1 奥氏体不锈钢的焊接

1. 奥氏体不锈钢的气焊

奥氏体不锈钢薄板对接。板材为12Cr18Ni9；规格为δ=1.5mm。焊接工艺要点以下几个方面。

①坡口形式。采用I形坡口，接头间隙为1.5mm。

②清理表面。使用丙酮将坡口两侧各10～15mm外表面油、污物清理干净。

③焊丝与焊剂。焊丝选用H0Cr18Ni9，ϕ1.5mm，熔剂选用CJ101。

④焊枪与火焰。采用H01-2焊枪，使用略带轻微碳化焰的中性焰。

⑤焊接方向。采用左焊法、火焰指向未焊坡口。喷嘴与工件成45°～50°角。

⑥焊枪的运动。焊接时，焊枪不得横向摆动，焰芯到熔池的距离<2mm为宜。焊丝末端与熔池接触，并与火焰一起沿焊缝移动。焊接速度要快，并防止过程中断。焊接终了时，使火焰缓慢离开火口。

2. 奥氏体不锈钢焊条电弧焊

合成塔筒体采用材料为12Cr18Ni9不锈钢制作，板厚为12mm，筒体直径为940mm，长为9000mm。工作压力为1.76MPa，工作温度≤530℃，筒体焊后要求焊缝总长的25%进行X射线检测。

(1)坡口加工　筒体纵缝、环缝的坡口形式均为V形，筒体结构与坡口尺寸如图4-1所示。坡口加工采用机械加工方法或用碳弧气刨刨成，气刨后的坡口表面要清除熔渣，并打磨光亮。筒体所有的纵、环焊缝坡口均开在筒内，钝边则留在筒外一侧。其优点是把焊根留在筒体外，便于碳弧气刨或角向磨光机进行清根操作，防止气刨过程人体在筒体内被烫伤和气刨产生的熔渣粘在筒体内壁上，保证筒体内表面光洁，提高容器耐腐蚀性。

(2)焊接工艺　筒体成形后装配定位焊纵缝，每隔200～250mm定位焊25mm，定位焊缝高度为4～5mm，施焊顺序如图4-2所示。先在筒体内焊接第1～2道，这两道焊缝的起焊和终止端应相反，然后在筒外清理焊根，再焊第3～4道，同样注意各焊道之间的起焊与终止端方向相反。这样焊道错开以免产生夹渣现象。焊条不做横向摆动，对准中心直线焊接。清理焊根时在筒外进行，当采用碳弧气刨时，碳棒直径为8mm，电流为250～300A，碳棒与焊缝夹角为45°，刨槽深4mm，将第1层焊道根部可能有缺陷的焊缝金属全部刨除，刨后清除熔渣(清根可采用ϕ150mm角向磨光机打磨开槽，质量要比碳弧气刨好，但人工费时较大)。当第3、4层焊道焊完之后，最后在筒体内焊接与腐蚀介质想接触的第5、6层焊道。

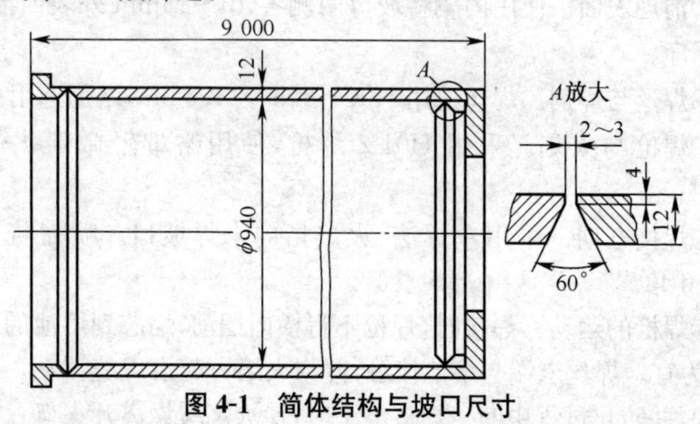

图4-1　筒体结构与坡口尺寸

环缝在筒体外部进行定位焊，定位焊牢固后将筒体吊放在转胎上，焊工在筒体内焊接，转胎转动的开关由焊工自己控制，速度快慢根据焊条燃烧速度确定，边焊边转，保持平焊位置，施焊次序与纵缝要求相同。第1道焊接时，采用焊条直径为4mm，电流为120～140A。其他各道电流为130～150A。焊条型号均选用E347-16(即A132)。

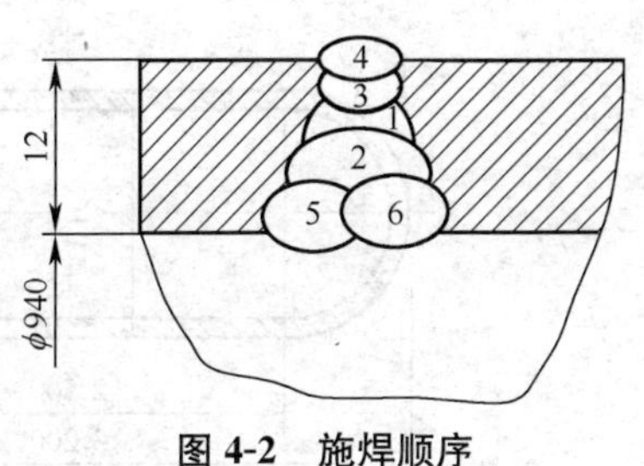

图4-2 施焊顺序

由于容器总长为9 000mm，共由5节筒体拼接而成，各环缝连接焊缝的焊接操作全部与上述相同。

3. 不锈钢筒体的等离子弧焊

化纤设备S441过滤器结构如图4-3所示。其材质为06Cr18Ni12-Mo2Co2。

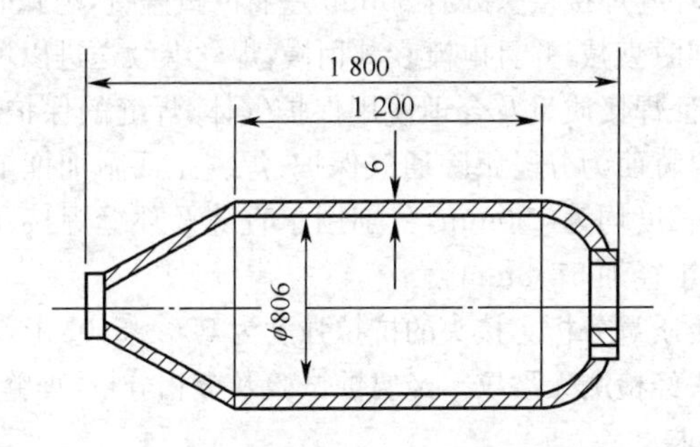

图4-3 化纤设备S441过滤器结构

GR-201高温高压染色机部件结构如图4-4所示。其材质为12C-18Ni9。

(1)焊接设备 采用LH-300型等离子弧焊机。焊枪为大电流等离子弧焊枪及对中可调式焊枪。使用的喷嘴为有压缩段的收敛扩散三孔型。

(2)焊接参数 等离子弧焊焊接参数见表4-35。

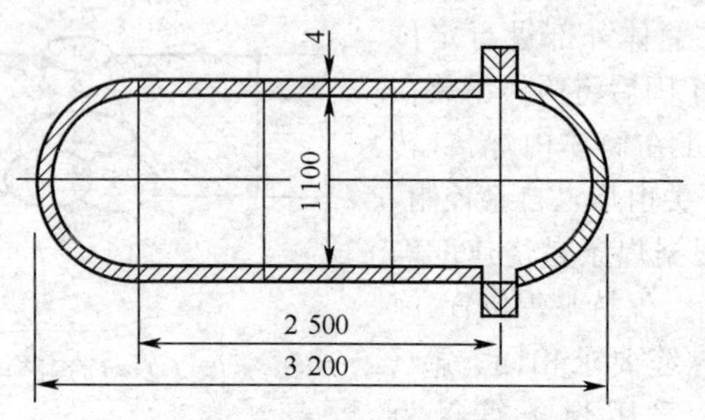

图 4-4　CR-201 高温高压染色机部件结构

(3)焊接工艺要点

①坡口形式为 I 形。板材经剪床下料，使用丙酮清除油污后即可进行装配、焊接。

②接头装配时，不留间隙，使剪口方向一致(剪口向上)，进行装配定位，定位焊缝间距≤300mm。

③直缝与筒体纵缝在焊接卡具中焊接，并装有引弧板及引出板。

④筒体环缝焊接接头处有 30mm 左右的重叠量，熄弧时工件停转，电流、气流同时衰减，并且电流衰减稍慢，焊丝继续送进以填满弧坑。

⑤为保证焊接质量及合理使用保护气体，焊缝的保护形式采用以下几种：焊缝背面为分段跟踪通气保护；焊缝正面附加拖罩保护；直形及弧形拖罩长度均为 150mm，分别用于直缝及环缝焊接，弧形拖罩的半径为工件半径加 5～8mm。

(4)焊接质量分析　接头的抗拉强度为 580～590MPa，冷弯角 $\sigma>$ 120℃。接头经检测无裂纹。经腐蚀试验及金相分析，焊缝质量达到产品的技术要求。

4. 30m³ 奥氏体不锈钢发酵罐埋弧焊

(1)技术条件　板材为 06Cr19Ni10N，板厚 $\delta=10$mm；筒体直径为 2 400mm，长为 9 896mm；工作压力为 0.25MPa；工作介质为发酵液蒸气；工作温度为 145℃。

(2)焊接规范　采用 I 形坡口，根部间隙为 4mm，坡口及两侧 50mm 范围内应清理干净，不得有油污及杂质；焊丝为 H0Cr21Ni10，并清理干净，直径为 ϕ4mm；焊剂为 HJ260，烘干规范为 250℃保温 2h；电源为直流反接，30m³ 不锈钢发酵罐的焊接参数见表 4-57。

表 4-57 30m³ 不锈钢发酵罐的焊接参数

正面焊缝			背面焊缝		
焊接电流（A）	电弧电压（V）	焊接速度（cm/min）	焊接电流（A）	电弧电压（V）	焊接速度（cm/min）
550	29	70	600	30	60

为防止 475℃脆化及 σ 脆性相析出，焊接过程中，采用反面吹风及正面及时水冷的措施，快速冷却焊缝。

焊后进行焊缝外观检验，外观检验合格后进行 20%的 X 射线探伤，应符合 JB/T 4730.2—2005《承压设备无损检测 第 2 部分 射线检测》Ⅱ级要求。同时对工艺进行检查，试板进行 X 射线探伤和力学性能试验，合格后进行整体水压试验，试验压力为 0.31MPa。

5. 奥氏体不锈钢回收分离器的埋弧焊

①分离器的规格。直径 3.4m，板厚 32mm；总质量 21t。

②材质。AISI321，相当于国产 06Cr18Ni11Ti 不锈钢。

③焊接工艺。埋弧焊，以提高焊接效率，保证焊接质量。

④焊前不预热，层间温度不＞60℃，为防止第一层焊穿，在背面衬焊剂垫。

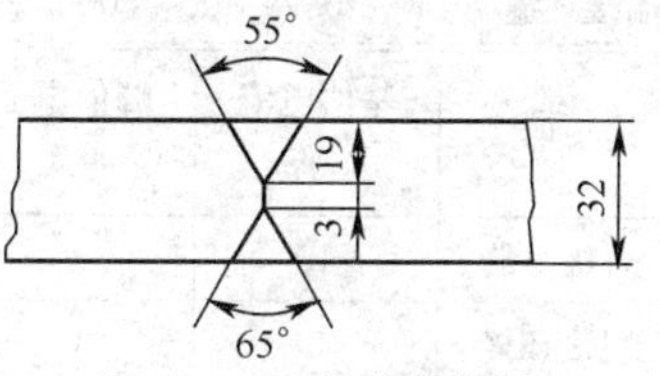

图 4-5 回收分离器焊接坡口形式与尺寸

⑤回收分离器焊接坡口形式与尺寸如图 4-5 所示。

⑥焊接参数。焊接电流 I＝500～600A，电弧电压 U＝36～38V，焊接速度 v＝26～33m/h。

⑦焊接材料。焊丝为 H00Cr19Ni9，ϕ4.0mm；焊剂为 HJ260。

⑧焊接工艺评定结果见表 4-58。

⑨产品检验结果。回收分离器共 11 道纵缝，4 道环缝，共拍 311 张 X 片，一次合格率达 99.4%，有两个局部缺陷采用焊条电弧焊返修。

分离器出厂三年多，使用正常。

表 4-58　焊接工艺评定结果

外观质量	X射线检测	抗拉强度/MPa	弯曲(180°)[①]	晶间腐蚀[②]
合格	Ⅰ级	611.5	合格	合格

注：①包括正弯、背弯、侧弯各两件。

②GB/T 4334—2008《金属和合金的腐蚀 不锈钢晶间腐蚀试验方法》。

6. 奥氏体不锈钢保温杯的微束等离子弧焊接

某厂生产的不锈钢保温杯，由内胆和外壳焊接而成，内胆和外壳上共有两条对接纵缝和三条端接环缝。材质为 12Cr18Ni9，内胆和外壳的壁厚均为 0.5mm。焊接工艺为微束等离子自熔焊接，不锈钢保温杯的微束等离子弧焊的焊接参数见表 4-59。

表 4-59　不锈钢保温杯的微束等离子弧焊的焊接参数

接头形式	焊接电流/A	焊接速度/(mm/min)	等离子气流量/(L/h)	保护气流量/(L/h)	喷嘴孔径/mm	孔外弧长/mm
对接纵缝	20～40	400	60	300	1.0	2
端接环缝	8～10	400～500	50	300	1.0	2～3

接头形式	基值电流/A	峰值电流/A	基值时间/ms	峰值时间/ms	焊接速度/(mm/min)
对接纵缝	10	30	20	20	400
端接环缝	5	15	20	20	400～500

为了保证焊缝质量，在合理选择焊接参数的同时，还必须保证纵缝与端接环缝的装夹精度达到表 4-60 的要求。产品检验结果：保温杯一次焊接成品率达 95%以上。

表 4-60　纵缝与端接环缝的装夹精度要求

接头形式	板厚/mm	最大间隙/mm	最大错边/mm	压板间距/mm	夹具外长度/mm
对接	0.5	0.05	0.05	7～14	—
端接	0.5	0.2	1	—	0.5～1.0

4.6.2　马氏体不锈钢高温风机叶轮修复

①叶轮尺寸为 1570mm×447.5mm。底盘厚度为 10mm，叶片厚度为 6mm。

②叶轮失效形式。叶片断裂，叶片与底盘间的焊缝完全开裂。

③材质。底盘材质为 20Cr13，叶片材质为 12Cr13。

④焊接工艺。焊条电弧焊，焊前不预热，焊后不回火。

⑤焊接参数。焊接电流 $I=160\sim180$A，焊接速度 $v=150\sim200$mm/min。

⑥焊接材料。E309(A307)焊条，焊条直径 4.0mm。

⑦修复效果。焊接接头着色检验无缺陷，运行两年多没有发现问题。

4.6.3　SAF2205 双相不锈钢管道的焊接

(1)管道尺寸　ϕ168×13mm。

(2)坡口形式与尺寸　60°单 V 形坡口，钝边为 2mm，根部间隙为 2mm。

(3)焊接工艺与焊接材料

①采用手工 TIG 焊封底，焊丝直径为 2.0mm。

②焊缝填充及盖面采用焊条电弧焊，焊条直径为 3.2mm。

③SAF2205 双相不锈钢管道焊接参数及焊接热输入见表 4-61。焊接接头的综合性能见表 4-62。

表 4-61　SAF2205 双相不锈钢管道焊接参数及焊接热输入

焊接参数	封底焊道	第一层道	第二层道	第三层道	盖面
焊接电流/A	190	105	105	105	105
焊接热输入/(kJ/cm)	13	8	12	12	14

表 4-62　焊接接头的综合性能

<table>
<tr><th>类别</th><th>接头横向抗拉强度/MPa</th><th>面弯</th><th colspan="2">冲击吸收能量 A_{KV}/J</th><th>硬度 HV</th><th>晶间腐蚀</th><th>点蚀</th></tr>
<tr><td>母线</td><td>760、770</td><td>合格</td><td colspan="2">—</td><td>238～257</td><td>合格</td><td>无</td></tr>
<tr><td rowspan="2">焊接接头</td><td rowspan="2">804、805</td><td rowspan="2">合格</td><td>0℃</td><td>53 57 63</td><td>220～276(面层)</td><td rowspan="2">合格</td><td rowspan="2">无</td></tr>
<tr><td>−20℃</td><td>48 51 55</td><td>272～284(根部)</td></tr>
</table>

5　铸铁焊接技术

铸铁是含碳量>2%的铁碳合金，它具有成本低、铸造性能好、容易进行切削加工等优点，它在机械制造业中得到广泛应用。铸铁的焊接主要应用于铸造缺陷的焊补、铸铁件损坏以后的焊补及铸铁件与钢件或其他金属材料的焊接。

5.1 铸铁的基本知识

5.1.1　铸铁的分类和牌号表示

1. 铸铁的分类

铸铁按碳的状态（化合物或游离石墨）及石墨的存在形式（片状、球状、蠕虫状、团絮状等）分为灰铸铁、球墨铸铁、蠕墨铸铁、可锻铸铁、白口铸铁和合金铸铁六大类，其中以灰铸铁和球墨铸铁应用最广。

2. 常用铸铁的牌号表示

(1)常用铸铁牌号表示方法　执行GB/T 5612—2008《铸铁牌号表示方法》。

①灰铸铁牌号表示方法如图5-1所示。

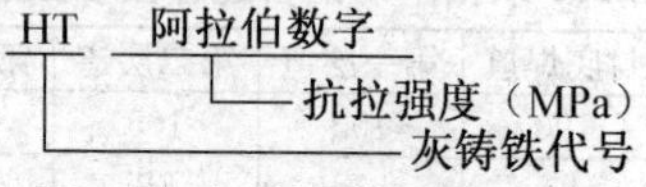

HT
阿拉伯数字
抗拉强度（MPa）
灰铸铁代号

图5-1　灰铸铁牌号表示方法

②球墨铸铁牌号表示方法如图5-2所示。

QT
阿拉伯数字 —
阿拉伯数字
伸长率(%)
抗拉强度(MPa)
球墨铸铁代号

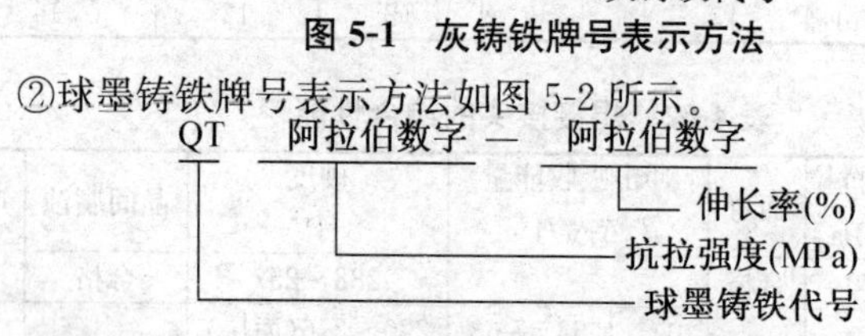

图5-2　球墨铸铁牌号表示方法

③可锻铸铁牌号表示方法如图 5-3 所示。

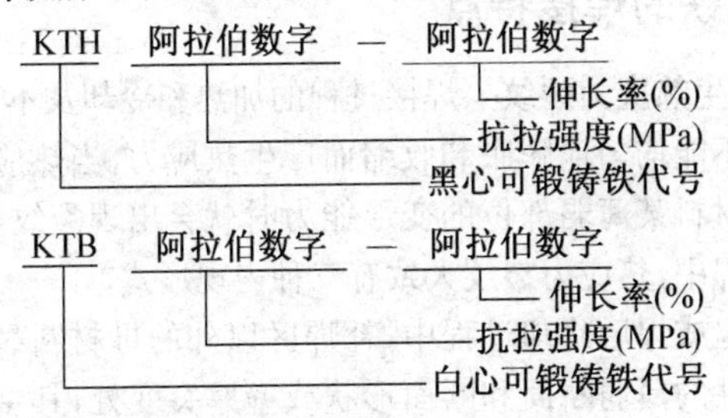

图 5-3 可锻铸铁牌号表示方法

(2)常用铸铁牌号表示方法举例

①灰铸铁牌号表示方法举例如图 5-4 所示。

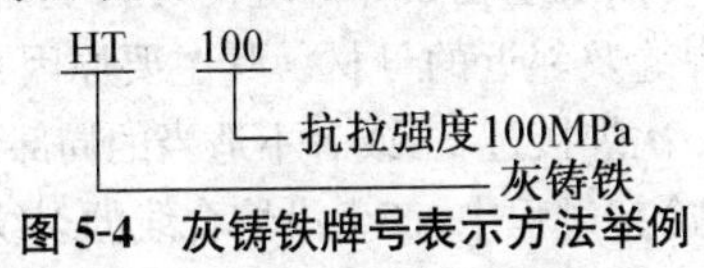

图 5-4 灰铸铁牌号表示方法举例

②球墨铁牌号表示方法举例如图 5-5 所示。

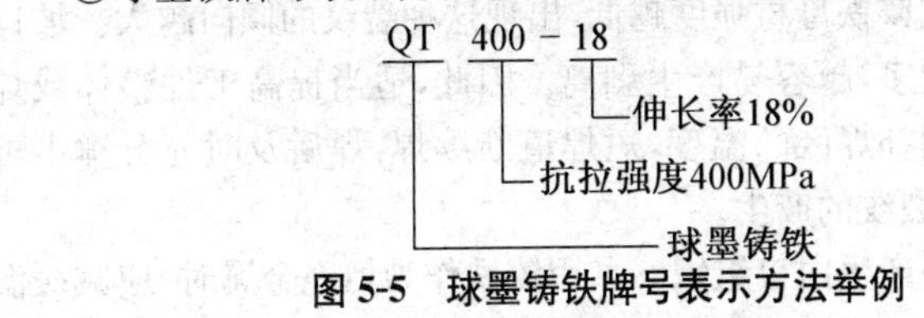

图 5-5 球墨铸铁牌号表示方法举例

③可锻铸铁牌号表示方法举例如图 5-6 所示。

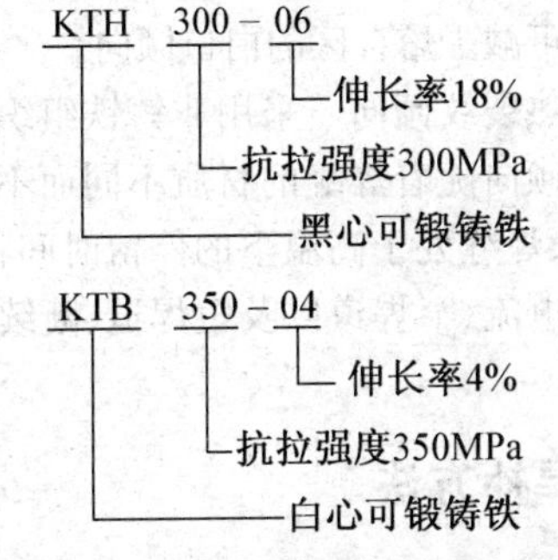

图 5-6 可锻铸铁牌号表示方法举例

5.1.2　铸铁的焊接特点

(1)**易产生热应力裂纹**　焊接过程的加热和冷却及不合理的预热，都会使工件不能均匀地膨胀和收缩而产生热应力，当热应力引起的拉伸应变超过材料某薄弱部位的变形能力时就会出现裂纹，即热应力裂纹。铸铁补焊中，热应力裂纹大致有三种表现形式。

①在升温或焊后冷却过程中，补焊区以外的母材断裂。其部位多发生在铸铁件的薄弱断面和断面形状或壁厚突变处，其主要原因是由不适当的局部预热或过大的焊接加热规范引起。

②在冷却过程中，焊缝或补焊区产生横向裂缝，其方向与熔合线相垂直。这种裂纹有时只发生在紧邻焊缝的母材上，有的与焊缝热裂纹相通，也有的横贯焊缝及邻近的母材。其主要原因是由不合理的操作引起，特别是焊缝一次焊接过长，或者不适当的局部预热所致。

③焊缝金属在冷却过程中，产生沿熔合线的裂纹，有时使焊缝与母材剥离。这种裂纹在采用非铸铁材质焊条冷焊时，比较容易出现，焊缝材质强度越高，或铸铁母材强度越低，出现这种裂纹的倾向越大。坡口越深，填充金属越多，越容易产生剥离。因此，适当提高工件整体或焊接环境温度，控制补焊区的温度，短焊道断续焊，焊后及时充分锤击可避免这种热应力裂纹的产生。

(2)**熔合区易产生白口组织**　采用铸铁作为填充金属时，应减缓温度(800℃以上)的下降速度，同时增加碳和硅含量，以提高焊缝石墨化的能力，可防止焊缝金属和熔合区产生白口组织。电弧焊冷焊时，采用高镍或纯镍焊条，也可减少熔合区的白口倾向。

(3)**焊缝金属的热裂纹倾向**　采用非铸铁组织的焊条或焊丝冷焊铸铁时，焊缝热裂纹倾向随着焊缝的材质不同而不同。焊缝中母材熔合比增加和过分延长焊缝处于高温下的停留时间将加大热裂纹倾向。底部圆滑的坡口、小电流、窄焊道以及短焊道、断续焊等能减少热裂纹倾向。

5.1.3　铸铁的焊补方法

铸铁焊补的各种焊接方法及其特点见表5-1。

表 5-1 铸铁焊补的各种焊接方法及其特点

焊接方法	焊接材料	母材	焊缝金属抗拉强度 σ_b/MPa	接头机械加工性能	接头致密性	热裂纹倾向	热应力裂纹倾向	备注
焊条电弧冷焊	EZNi(Z308)	灰铸铁	>280	较好①	较好	小	小	预热 200℃左右可进一步改善机械加工性；母材含磷高时焊缝易产生热裂纹
	EZNiFe (Z408)	灰铸铁、球墨铸铁、高强度灰铸铁	400～500	较好①	较好	小	较小	
	EZNiCu (Z308)	灰铸铁	—	较好①	稍差	较小	小	
	EZV(Z116,Z117)	灰铸铁、球墨铸铁	>400	稍差	好	较小	较小	多用于非加工面焊补
	铜钢焊条或奥氏体铁铜焊条	灰铸铁	—	较差	稍差	较小	小	
	EZFe(Z100)、E5015	灰铸铁、可锻铸铁，球墨铸铁	—	很差	较差	大	大	
焊条电弧半热焊	EZC(Z208、Z218)	灰铸铁	与母材等强度②	较好	好	不产生	较小	多用于小件修复
焊条电弧热焊	石墨化型药皮铸铁芯焊条	灰铸铁		很好(硬度分布均匀)	好		极小	劳动条件较差
铸铁芯焊条不预热电弧焊	石墨化型药皮铸铁芯焊条	灰铸铁		较好	好		刚度大的部位易裂	劳动条件好，刚度小的部位可代替热焊

续表 5-1

焊接方法	焊接材料	母材	焊缝金属抗拉强度 σ_b/MPa	接头机械加工性能	接头致密性	热裂纹倾向	热应力裂纹倾向	备　注
预热气焊	灰铸铁焊丝,球墨铸铁焊丝	灰铸铁、球墨铸铁	与母材等强度或接近	很好(硬度分布均匀)	好		极小	多用于中、小件
加热减应区法气焊	灰铸铁焊丝	灰铸铁	与母材等强度	很好	好	产生	加热不当时易裂	多用于汽车、拖拉机气缸体、气缸盖、齿轮箱、带轮等复杂结构、大刚度部位缺陷的焊补
不预热气焊	灰铸铁焊丝	灰铸铁	与母材等强度	很好	好		较小	用于小件或中小件边角部位焊补
钎焊	黄铜丝	灰铸铁、可锻铸铁	120～150	较好	较差	小	小	也可用于熔焊时不易熔合的铸铁,焊缝颜色与母材差别大
	银锡钎料	灰铸铁	—	很好	—	—	小	多用于导轨面研伤的修复,焊缝颜色与母材差别大

续表 5-1

焊接方法	焊接材料	母材	焊缝金属抗拉强度 σ_b/MPa	接头机械加工性能	接头致密性	热裂纹倾向	热应力裂纹倾向	备　注
钎焊	Cu-Zn-Ni-Mn 钎料	灰铸铁、可锻铸铁	240～280	很好	好	小	小	部分代替预热气焊。焊缝颜色与母材差别小
气电焊	高钒钢焊丝	球墨铸铁、灰铸铁	＞400	稍差	好	较小	较小	用于球墨铸铁轧辊辊颈堆焊及汽车传动轴焊接等，CO_2保护
	镍钛合金焊丝	球墨铸铁、高强度铸铁	400～500	较好	较好	小	小	氩气保护
	低碳低合金钢焊丝	灰铸铁、球墨铸铁	—	细丝较好	较好	较小	较小	CO_2保护
手工电渣焊	灰铸铁铁屑	灰铸铁	与母材等强度	很好	好	不产生	刚度大的部位易裂	用于特厚大件，劳动条件差

注：①Z308 加工性好，Z508 次之，Z408 再次之；②对于中等强度的灰铸铁，如 HT150、HT200 一般可达到等强度。

5.2 铸铁的焊接工艺

5.2.1 铸铁的焊接材料

①常用铸铁焊条的牌号和用途见表5-2。

表5-2 常用铸铁焊条的牌号和用途

牌号	焊条型号	药皮类型	焊接电源	焊芯主要成分	主要用途
Z100	EZG-1	氧化铁型	交直流	碳钢	一般用于不预热工艺，灰铸铁件非加工面的补焊
—	EZFe-1	—	—	纯铁	
—	EZFe-2	低氢型	直流	低碳钢	
J422	E4303	钛钙型	交直流	低碳钢	
J506	E5016	低氢钾型	交直流	低碳钢	
Z116	EZG-3	低氢钾型	直流	碳钢（高钒药皮）	高强度灰铸铁件与球墨铸铁件的补焊，可加工
Z117	EZG-3	低氢钠型	直流	碳钢（高钒药皮）	
Z112Fe	—	钛钙铁粉型	交直流	碳钢	一般灰铸铁件非加工面的补焊
Z208	EZG-2	石墨型	交直流	碳钢	
Z238	EZG-4	石墨型	交直流	碳钢（药皮加球化剂）	球墨铸铁件补焊
Z248	—	石墨型	交直流	铸铁	灰铸铁件补焊
Z308	EZNi	石墨型	交直流	纯镍	重要灰铸铁薄壁件和需加工面的补焊，切削性能良好
Z408	EZNiFe	石墨型	交直流	镍铁合金	高强度灰铸铁件与球墨铸铁件的补焊，切削性能尚好

续表 5-2

牌号	焊条型号	药皮类型	焊接电源	焊芯主要成分	主要用途
Z508	EZNiCu	石墨型	交直流	镍铜合金	强度要求不高的灰铸铁件补焊，切削性能尚好
—	EZNiFeCu	石墨型	交直流	镍铁铜合金	用于不预热工艺焊补重要灰铸铁、球墨铸铁件
Z607	EZCuFe	低氢型	直流	纯铜（药皮内含铁粉）	一般灰铸铁件非加工面的补焊，切削性能较差
Z612	EZCuFe	钛钙型	交直流	铜色铁芯	

②铸铁气焊焊丝牌号与成分见表 5-3。

表 5-3 铸铁气焊焊丝牌号与成分 （质量分数，%）

牌号＼成分	C	Si	Mn	S	P
HS401-A	3.0～3.6	3.0～3.5	0.5～0.8	≤0.08	≤0.5
HS401-B	3.0～4.0	2.75～3.50	0.5～0.8	≤0.5	≤0.5

③铸铁气焊熔剂牌号与组成见表 5-4。

表 5-4 铸铁气焊熔剂牌号与组成 （质量分数，%）

牌号＼组成	H_3BO_3	Na_2CO_3	$NaHCO_3$	MnO_2	$NaNO_3$
CJ201	18	40	20	7	15

④球墨铸铁气焊焊丝牌号与成分见表 5-5。

表 5-5 球墨铸铁气焊焊丝牌号与成分 （质量分数，%）

牌号＼成分	C	Si	Mn	S	P	钇基重稀土	稀土（轻）	Mg
HS402	3.8～4.2	3.0～3.6	0.5～0.8	≤0.05	≤0.5	0.08～0.15	—	—
自制	3～4	3.5～4.5	0.5～0.8	≤0.02	≤0.10	—	0.03～0.04	0.035～0.060

⑤铸铁钎焊用钎料牌号与成分见表5-6。

表5-6　铸铁钎焊用钎料牌号与成分　（质量分数，%）

牌号＼成分	Cu	Sn	Si	Fe	Mn	Ni	Al	Zn
HL103	52～56	—	—	—	—	—	—	余量
HS221	59～61	0.8～1.2	0.15～0.35	—	—	—	—	余量
HS222	57～59	0.7～1.0	0.05～0.15	0.35～1.20	0.03～0.09	—	—	余量
HS224	61～63	—	0.3～0.7	—	—	—	—	余量
铜锌镍锰	48～50	0.4～06	—	—	9～10	3.5～4.0	0.3～0.4	余量

⑥铸铁钎焊用的熔剂牌号与组成见表5-7。

表5-7　铸铁钎焊用的熔剂牌号与组成　（质量分数，%）

牌号（序号）＼组成	$Na_2B_4O_7$	H_3BO_3	$AlPO_4$	NaCl	Li_2CO_3	Na_2CO_3	NaCl+NaF（NaCl∶NaF=73∶27）
CJ301	16.5～18.5	76～79	4.0～5.5	—	—	—	—
1	100	—	—	—	—	—	—
2	50	50	—	—	—	—	—
3	70	10	—	20	—	—	—
铜锌镍锰相应熔剂	—	40～45	—	—	16～18	24～27	20～10

5.2.2　铸铁焊接的操作要点

1. 灰铸铁的焊接

(1)焊接前的准备

①焊前铲除缩孔、夹砂、裂纹等缺陷，并加工所需的坡口。

②为防止在焊补过程中裂纹继续扩张，在距裂纹两端3～5mm处钻止裂孔（$\phi5$～$\phi8$mm）。

③坡口角度尽量小，母材的熔化量尽量减小，以降低焊接应力和焊

缝中的碳、磷、硫含量，防止裂纹产生。

④铸件焊补处用碱水刷洗、汽油擦洗或用气焊火焰等方法清除油污等杂质。

(2)焊接方法与工艺要点 见表5-8。

表5-8 焊接方法与工艺要点

焊接方法	焊接材料	预热与焊后热处理	工艺要点
焊条电弧焊	Z248 Z208	600℃～700℃预热，焊后缓冷	1. 用大电流(约为焊条直径40～50倍)，长电弧焊接； 2. 焊接时，宜快速进行，不停顿，以免工件变冷
	Z308 Z116 Z408 Z117 Z508	不预热	1. 在保证电弧稳定和焊透情况下，采用最小的电流焊接； 2. 采用分段焊、断续焊、分散焊和焊后锤击焊缝等方法，以降低焊接应力，防止裂纹产生； 3. 裂纹条线多，或铸件厚度大，可采用镶块焊补法或多层焊补
	Z607 Z612	不预热，用于刚度大的非加工面	
	J422 Z100 J426	不预热，用于非加工面刚度不大的工件	
气焊	HS401-A HS401-B	600℃～700℃预热，焊后缓冷	1. 使用CJ201； 2. 根据缺陷位置，采用整体或局部预热
手工电渣焊	与母材成分相近的铸铁棒或铁屑	不预热	1. 使用HJ230； 2. 连续施焊； 3. 用碳电极加热，或直接用铸铁棒电极加热
CO_2气体保护焊	H08Mn2SiA	不预热	1. 采用小电流、低电压焊接； 2. 焊接速度10～12m/h
钎焊	BCu54Zn	不预热	采用硼作为钎剂
	铜锌镍锰钎料	不预热	采用铜锌镍锰相应熔剂

2. 球墨铸铁的焊接

焊接方法与工艺要点见表5-9。

表 5-9 焊接方法与工艺要点

焊接方法	焊接材料	预热及焊后热处理	工艺要点
电焊补焊	Z238	400℃～700℃预热，焊后退火或正火	大工件预热为700℃，小件预热400℃～500℃
	钢芯石墨球化通用铸铁焊条Z268	200℃～600℃预热，焊后550℃～600℃消除应力退火	刚度很大的部位应进行预热或采用加热减应区法，刚度不大的部位可采用不预热焊工艺焊较长的焊缝或较大的面积； 热焊后一般铸件缓冷，刚度较大的铸件应在700℃保温或进行相应的热处理
	Z408 Z116 Z117	不预热	采用严格的电弧冷焊工艺，球墨铸铁应先消除铸造应力后再进行焊接，电弧冷焊后不必进行消除应力退火
	08Mn2Si焊丝，高钒管状焊丝 CO_2保护	不预热	高钒管状焊丝的焊接参数为：焊丝直径为1.52mm，电弧电压为22～24V，焊接电流为120～140A，直流反接，焊接速度为11～12m/h，气体流量为12L/min
气焊	钇基重稀土球墨铸铁气焊焊丝(HS402)CJ201	200℃～600℃预热，焊后缓冷	焊后退火，连续焊接时间不宜超过30min，熔剂采用CJ201
	稀土镁球墨铸铁气焊焊丝CJ201		连续焊接时间不宜超过15min

3. 可锻铸铁补焊

补焊方法与工艺要点见表5-10。

4. 白口铸铁的补焊

白口铸铁常采用焊条电弧热焊或气焊，但对于重达几十吨的白口铸铁轧辊，多采用电弧冷焊法焊补白口铸铁。

表 5-10 补焊方法与工艺要点

焊接方法	焊接材料	工艺要点
钎焊	HS221 脱水硼砂 Cu-Zn-Ni-Mg 钎料及相应熔剂	母材不熔化，钎焊温度低于 1 000℃，用铜锌锰钎料进行较低温度钎焊，效果良好，主要用于磨损部分恢复尺寸和铸造缺陷焊补
电弧冷焊	J422、J506、Z116 不锈钢焊条、Z408	用小电流、多层焊，主要用于焊后不加工面，如需加工，采用 2mm 直径以下的奥氏体不锈钢焊条或镍基铸铁焊条，进行瞬间点焊辅满坡口底部后再用电弧冷焊填满坡口，Z408 焊条用于加工面焊补
不预热电弧焊	钢芯石墨珠化通 用铸铁焊条 Z268	小电流、多层连续焊，可用来焊补铸造缺陷及使用中产生的断裂

采用白口铸铁专用焊条及 BT-1 和 BT-2 相互配合使用，可以达到预期的焊补效果。

(1)焊前准备 清理缺陷，要清除干净原有的裂层。制备坡口，裂层较浅的坡口其侧面与底面成约 100°角断面坡口，有利于提高抗裂性。对于深度较大的缺陷，坡口斜度不宜太大，以减少表层熔合区产生的裂纹。

(2)焊接顺序 用 BT-1 焊条焊补底层，BT-2 焊条焊补工作层，使整个接头为“硬-软-硬”，既满足性能要求，又提高抗裂和剥落性能。

(3)焊接时采用“大电流，高温锤击” 用 BT-1 焊条打底时，焊接电流为正常焊接电流的 1.5 倍以上，或以选用焊条不明显发红为准（ϕ4.00mm 的 BT-1 焊条，$I=240$A），形成大熔深，使焊缝底部与母材形成曲折熔合面，增强焊缝与母材的熔合，有利于提高抗裂性和抗剥离能力。焊后必须采用锤击处理消除应力。锤击力一般为传统的铸铁冷焊工艺锤击力的 10～15 倍；锤击时机以在较高温度区间（400℃～800℃）为宜，温度低于 300℃时不宜再锤击，锤击次数应与锤击力大小相互联系，当采用的锤击力大时，应减少锤击次数，以 2 次/s 为宜。

(4)分块孤立堆焊 将清理后的缺陷用 BT-1 打底层，划分成 40mm×40mm 若干个孤立块，各块之间及孤立块与母材之间的间隙为 7～9mm。用 BT-2 分别在各孤立块内进行补焊，可以跳跃堆焊或分散堆焊,始终保留间隙,并且确保孤立块与母材之间的间隙,以减少焊接过程热应力作用于周边母材,导致裂纹的产生。每块焊到要求尺寸后,再将各孤立块间隙填满。

(5)焊缝与周边母材最后焊合 焊缝与周边母材的最后焊合是焊补成功的关键,可以先将周边分成 a、b、c 等若干段,每段长约 40mm,焊补顺序按 a→c→b…跳跃分散进行,层间用扁錾锤击焊缝一侧,切忌锤击在熔合区外的白口铸铁侧,以防止锤裂母材。焊接时采用大电流,电弧倾斜向焊缝,以防止母材过热。

(6)焊后 整个焊补面应高出周围母材 1～2mm,然后用手动砂轮磨平。

5. 蠕墨铸铁的焊接

(1)蠕墨铸铁的气焊工艺 蠕墨铸铁的气焊工艺与焊接接头性能见表 5-11。采用该工艺可使焊接接头的力学性能与蠕墨铸铁母材相匹配,并有满意的加工性能。

表 5-11 蠕墨铸铁的气焊工艺与焊接接头性能

方法	焊接材料	焊接接头性能				
		焊缝蠕墨化率(%)	基体组织	HBW	抗拉强度/MPa	伸长率(%)
氧乙炔中性焰	铸铁焊丝＋铸 201 焊剂	70	铁素体＋珠光体	230	370	1.7

(2)同质焊缝的电弧冷焊工艺 采用 H08 低碳钢芯,外涂强石墨化药皮,并加入适量的蠕墨化剂等元素,在缺陷直径＞40mm、缺陷深度＞8mm 的情况下,配合大电流连续焊工艺,可得到与蠕墨铸铁力学性能相匹配的接头。蠕墨铸铁电弧冷焊工艺与焊接接头性能见表 5-12。

表 5-12 蠕墨铸铁电弧冷焊工艺与焊接接头性能

方法	焊接材料	焊接接头性能				
		焊缝蠕墨化率(%)	基体组织	HBW	抗拉强度/MPa	伸长率(%)
电弧冷焊	H08	50	铁素体＋珠光体	270	390	1.5

(3)异质焊缝的电弧冷焊工艺　采用Z308纯镍焊条电弧冷焊铸铁时，具有良好的加工性，但其熔敷金属的抗拉强度仅为238MPa左右，达不到蠕墨铸铁力学性能。

5.2.3　铸铁的焊接参数

(1)气焊的焊接参数　见表5-13。

表5-13　气焊的焊接参数

铸件壁厚/mm	20～50	小于20
喷嘴孔径/mm	3	2
氧气压力/MPa	0.6～0.7	0.4～0.6

(2)焊条电弧焊(不预热)的焊接电流　见表5-14。

表5-14　焊条电弧焊(不预热)的焊接电流　(A)

焊条类型	焊条直径/mm					
	2.0	2.5	3.2	4.0	5.0	8.0
铜铁焊条	—	—	90～100	100～120	—	—
高钒焊条	40～60	60～80	80～100	120～160	—	—
氧化型钢芯焊条	—	—	80～100	100～120	—	—
镍铁焊条	—	60～80	90～100	120～150	—	—
铸铁芯焊条	—	—	—	—	250～350	380～600

(3)灰铸铁电弧冷焊的焊接电流　见表5-15。

表5-15　灰铸铁电弧冷焊的焊接电流　(A)

焊条类型	焊条直径/mm			
	2.0	2.5	3.2	4.0
氧化铁型焊条	—	—	80～100	100～120
高钒铸铁焊条	40～60	60～80	80～120	120～160
镍基铸铁焊条	—	60～80	90～100	120～150
低碳钢焊条	—	—	120～130	—

续表 5-15

焊条类型	焊条直径/mm			
	2.0	2.5	3.2	4.0
铜铁焊条	—	90①	90～110	—
	—	100②	100～120②	—

注:①直流反接;②交流。

(4)铜-铁焊条冷焊的焊接电流　见表 5-16。

表 5-16　铜-铁焊条冷焊的焊接电流

铜芯直径/mm		2.5	3.0～3.2
焊接电流/A	直接反流	90	90～110
	交流	100	100～120

(5)高钒焊条冷焊的焊接电流　见表 5-17。

表 5-17　高钒焊条冷焊的焊接电流

焊条直径/mm	2.0	2.5	3.2	4.0
焊接电流/A	40～60	60～80	80～120	120～160

(6)铸铁芯铸铁焊条不预热焊的焊接电流　见表 5-18。

表 5-18　铸铁芯铸铁焊条不预热焊的焊接电流

焊条直径/mm	5	8
焊接电流/A	250～350	380～600

5.3　铸铁的焊补

5.3.1　铸铁的焊补方法及焊接材料选择

①典型铸铁焊补方法与焊接材料选择见表 5-19。

表 5-19　典型铸铁焊补方法与焊接材料选择

缺陷名称	铸铁件名称	材质	特点或焊补要求	常用焊补方法及材料	
				焊接方法	焊接材料
研伤	机床	灰铸铁	要求焊后硬度较均匀,可机加工、变无形	电弧冷焊或稍加预热	EZNiCu、EZNi镍基铸铁焊条
				钎焊	银锡钎料
	大型转子铣床	灰铸铁	要求焊后硬度较均匀,可机加工、变无形	电弧冷焊	EZNi、EZNiCu镍基铸铁焊条
	龙门刨床	灰铸铁	要求焊后硬度较均匀,可机加工、变无形	电弧冷焊	EZNiCu
	镗床立面	灰铸铁	要求焊后硬度较均匀,可机加工、变无形	电弧冷焊	EZNi
断裂	机床床身压力机空气锤剪床冲床	灰铸铁	要求焊后焊缝与母材等强、变形小、残留应力小	电弧冷焊	EZNi、EZNiFe(可加工)或高钒铸铁焊条
				电弧冷焊(加栽丝、补板等)	EZNi、EZNiFe(可加工)或高钒铸铁焊条
				热焊(易预热、刚度不大铸件)	铸铁芯焊条

②拖拉机、汽车气缸体、气缸盖常见铸铁焊补方法与焊接材料选择见表 5-20。

表 5-20　拖拉机、汽车气缸体、气缸盖常见铸铁焊补方法与焊接材料选择

焊补部位		常用焊补方法及材料		也可用焊接方法及材料	
缺陷部位	特点	焊补方法	焊接材料	焊补方法	焊接材料
缸平面靠中部 缸孔内气门导管内,缸盖平面靠中部	刚度大,加工面	气焊热焊	铸铁焊丝	—	—
		电弧冷焊	EZNi、EZNiFe、EZNiCu镍基铸铁焊条		

续表 5-20

焊补部位		常用焊补方法及材料		也可用焊接方法及材料	
缺陷部位	特点	焊补方法	焊接材料	焊补方法	焊接材料
缸平面非正中部,缸盖平面非正中部	刚度较大,加工面	加热减应区气焊	铸铁焊丝	气焊预热	铸铁焊丝
		电弧冷焊	EZNi、EZNiFe、EZNiCu镍基铸铁焊条		
缸筒底部水道裂纹,变速箱、飞轮外壳等小件	刚度小,加工面	不预热气焊	铸铁焊丝	—	—
		电弧冷焊	EZNi、EZNiFe、EZNiCu镍基铸铁焊条		
缸体侧面裂纹,缸筒外壁裂纹等	非加工面	电弧冷焊	铜铁铸铁焊条EZFeCu或奥氏体铁铜焊条、高钒铸铁焊条(EZV)	电弧冷焊	EZFe铸铁焊条或普通焊条(E5016,E5017等),EZNi,EZ-NiFe,EZNiCu镍基铸铁焊条

③机床常见铸铁焊补方法与焊接材料的选择见表5-21。

5.3.2　铸铁的焊补实例

1. 铸铁轮辐断裂的焊补

HT150灰铸铁带轮轮辐断裂的焊补如图5-7所示。由于该铸件属于结构简单,刚度较大的情形,可采用加热减应法冷焊。

①焊前用钢丝刷将补焊处的污物清除干净,直至露出金属光泽。

②选用H01-12型焊枪,5号焊嘴,中性火焰加热减应区2。当轮辐1处的裂纹间隙达到2mm左右时,将焊枪移至1处,加热其周围部位,并交替加热减应区2处。

③当断裂处接近熔化时,应立即用气焊火焰开坡口,并快速将两面焊好(勿忘使用焊剂)。

④将焊枪移至2处,待减应区加热到暗红色,再撤离焊枪。

表 5-21 机床常见铸铁焊补方法与焊接材料的选择

焊补部位			常用焊补方法及材料		也可用焊接方法及材料	
缺陷部位		特点	焊补方法	焊接材料	焊补方法	焊接材料
导轨面	铸造毛坯	加工面，有加工余量	气焊热焊	铸铁焊丝	不预热电弧焊	铸铁芯焊条
			电弧冷焊	铸铁芯焊条	电弧冷焊或稍加预热	EZNi、EZNiFe、EZNiCu镍基铸铁焊条
					手工电渣焊(用于特厚大铸件)	铸铁屑
	已加工件	加工面，加工余量小	电弧冷焊	EZNi、EZNiFe、EZNiCu镍基铸铁焊条	不预热电弧焊	铸铁芯焊条
固定结合面	铸造毛坯	加工面，有加工余量	焊条电弧焊热焊	铸铁芯焊条	焊条电弧冷焊或稍加预热	EZNi、EZNiFe、EZNiCu镍基铸铁焊条
			气焊热焊	铸铁焊丝		
			不预热焊条电弧焊	铸铁芯焊条		
			手工电渣焊(特厚大铸件)	铸铁屑		
	已加工件	加工面，加工余量小	电弧冷焊或稍加预热	EZNi、EZNiFe、EZNiCu镍基铸铁焊条	不预热电弧焊	铸铁芯焊条
					钎焊	黄铜

续表 5-21

焊补部位			常用焊补方法及材料		也可用焊接方法及材料	
耐水压或密封部位	铸造毛坯	耐压、密封加工面，有加工余量	气焊热焊	铸铁焊丝	电弧冷焊	EZNiFe 或 EZNi
			电弧冷焊	铸铁芯焊条		
			不预热电弧焊	铸铁芯焊条		
	已加工件	耐压、密封加工面，加工余量小	电弧冷焊或稍加预热	EZNiFe 或 EZNi，耐压要求不高时可用 EZNiCu	不预热电弧焊	铸铁芯焊条
					钎焊	黄铜
非加工面		要求密封、耐压与母材等强	电弧冷焊（耐压要求不高）	EZFeCu，EZNiCu 或自制奥氏体铁铜焊条	电弧焊热焊	铸铁芯焊条
					气焊热焊	铸铁焊丝
			电弧冷焊或稍加预热（耐压要求较高）	EZNiFe，EZNi，EZV	不预热电弧焊	铸铁芯焊条
					钎焊	黄铜
		无密封、强度等要求	电弧冷焊	EZFeCu，E4303，E5016，E5017	其他任何铸铁焊接方法	—

2. 柴油发动机缸体裂纹的焊补

柴油发动机缸体裂纹的焊补如图 5-8 所示。焊前将清洗干净的缸体断口对好，并与下曲轴箱组装在一起，用螺栓固定，然后用錾子开坡口。由于结构复杂宜采用热焊法，采用加热炉对整个缸体均匀加热至 700℃左右，将待焊处置于水平位置进行补焊。气缸体内部与排气道裂纹的热焊如图 5-9 所示。

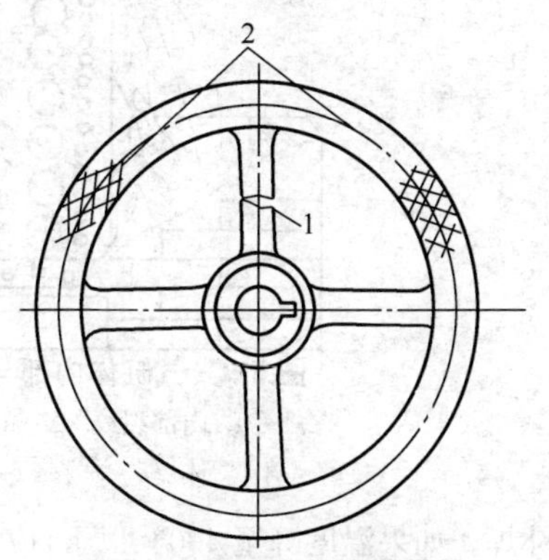

图 5-7 HT150 灰铸铁带轮轮辐断裂的补焊

1. 裂纹 2. 减应区

① 选用 HS401-A 焊丝，CJ201 焊剂。

②选用 H01-12 型焊枪，3 号焊嘴。

③砌一个木柴加热炉（图 5-9）。

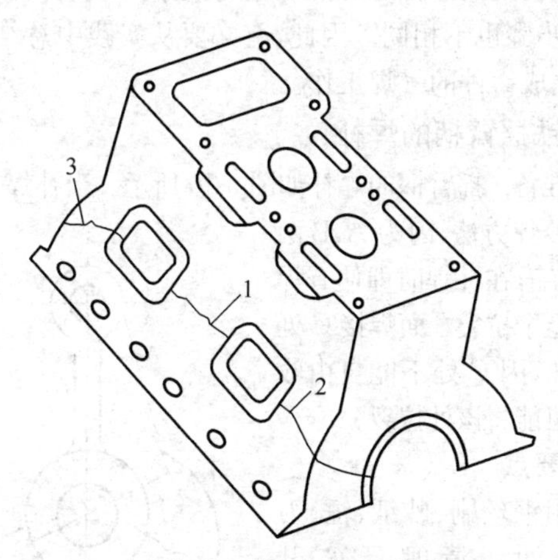

图 5-8 柴油发动机缸体裂纹的补焊

1、2、3 裂纹

④补焊顺利，从图 5-2 所示中部裂纹 1 开始补焊，依次对 2、3 两处

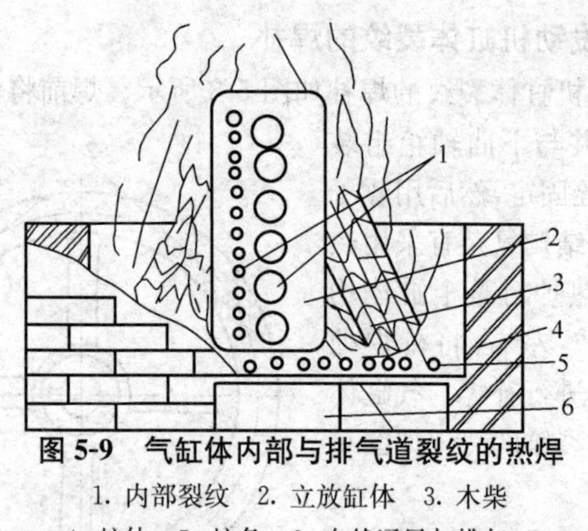

图 5-9　气缸体内部与排气道裂纹的热焊

1. 内部裂纹　2. 立放缸体　3. 木柴

4. 炉体　5. 炉条　6. 自然通风与排灰口

补焊。如果温度降至 400℃以下，应立即将缸体重新加热到 700℃再进行焊接。这一循环作业可能要经历几次，千万不可忽略。

⑤焊完后，将整体缸体加热到 700℃，仔细检查。若无缺陷，则可将缸体放在炉中，将炉封好，随炉缓冷。

上述实例仅是两个特殊的情形，即使是同一铸件，由于选择减应区不同，其操作步骤也不相同。因此，有必要从实践中总结更多的经验，才能更好地完成铸件的气焊工作。

3. 灰铸铁摇臂柄的焊补

(1)操作准备　摇臂柄的焊补如图 5-10 所示。当补焊 A、B 两处的裂纹时，可采用冷焊方法，因为 A、B 两处均可自由收缩，在补焊时即使有焊接应力，也不至于拉裂。而焊接 C 处裂纹时要预热，因 C 处不能自由收缩，焊接应力可能将该处拉裂。

(2)操作要点

①焊前用钢丝刷、砂纸、锤、刀等将裂纹处油污清理干净，开 90°～120°的坡口。

②用炉子或气焊火焰预热工作至 600℃～650℃。

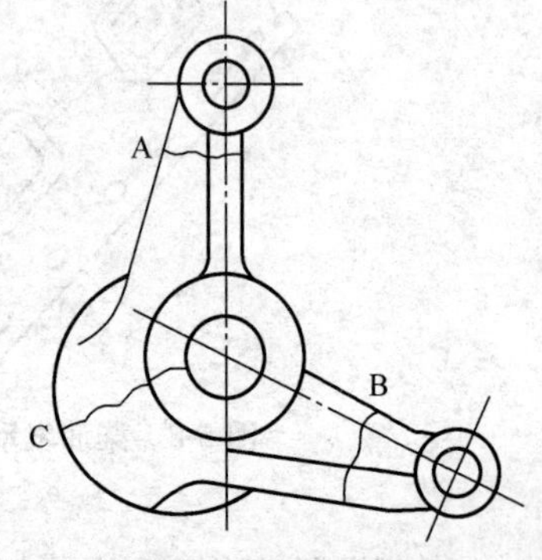

图 5-10　摇臂柄的补焊

③焊枪型号 H01-12 型，5 号焊嘴，中性焰，采用铸铁焊丝（丝 401—A）和气焊熔剂（气剂 201）。

④当工件加热至红热状态时，撒上气焊熔剂，在焊接时，用焊丝不断地搅动熔池，以便使熔渣浮在熔池表面，焊丝不应伸入火焰太深，以免大段熔化，降低熔池温度，产生白口。焊接应一次完成，中途不得中断，否则，会使铸铁白口化。

⑤为保持孔内光滑，避免焊后机加工，在焊前应在孔内塞上石棉绳或黏土，并防止预热时氧化，焊后必须将零件放在石棉灰中缓冷，待完全冷却后取出。

4. 铸铁齿轮的补焊

(1)操作准备　铸铁齿轮断齿或磨损后，采用气焊进行焊补，铸铁齿轮的补焊如图 5-11 所示。焊补铸铁齿轮，应选用铸铁焊丝 401A 和气焊熔剂（气剂 201），焊枪型号为 H01-12 型，4 号焊嘴。焊补前应将需修复的断面上的杂质用钢丝刷子清除干净。

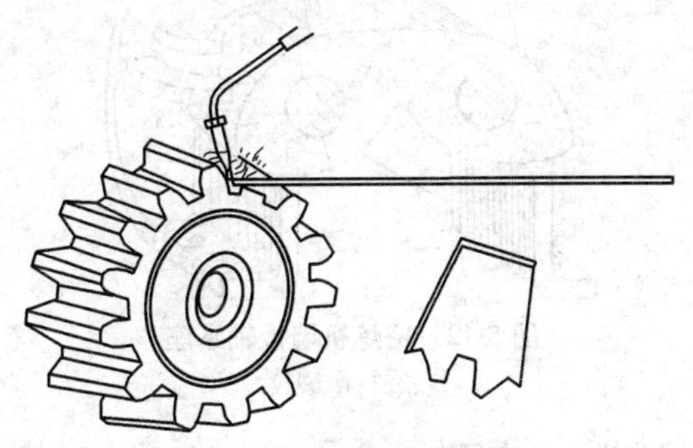

图 5-11　铸铁齿轮的补焊

(2)操作要点　如果焊后需要进行机加工，则应采用热焊法。首先将齿轮预热到 500℃～600℃，以后用中性焰焊接，并在红热前把熔剂撒在焊接处，焊完后立即埋入石棉灰或炉灰中，经过 10 多个小时的缓慢冷却，就可以进行机加工了。

补焊时，尤其是补焊第一层时，应时刻注意基本金属的熔透情况。在基本金属熔透后再加入焊丝的熔滴，为了确保熔敷金属与基本金属结合牢固，避免夹渣，加入熔剂的量要适当。一般只在开始熔化时加一些熔剂，而在正常焊接过程中就不再加了。补焊快要结束时，应进行适当整形。补焊工作应一次完成，即一次将堆焊层焊至所需要高度。为了减少焊缝热量，避免因合金元素烧损过多，而使铸铁性质变脆、变坏，要求焊接速度尽可能快。

对补焊后不需要进行机械加工的厚、大齿轮，可采用冷焊法，但要求每焊高10mm左右，应使用气焊火焰，烧烤侧面逸出的填充金属，待其熔化后，用焊丝的端部将其拔掉，进行整形，并要用样板对齿轮和齿厚进行校正，如图5-11所示。

5. 轴承座裂纹补焊

密炼机墙板轴承座如图5-12所示，其重1t，材质为HT200。由于超负荷工作，产生四条裂纹，位于厚60mm主轴套上的两条裂纹(2、3)沿轴向已裂透，裂纹长290mm，宽2～4mm，四条裂纹总长800mm。

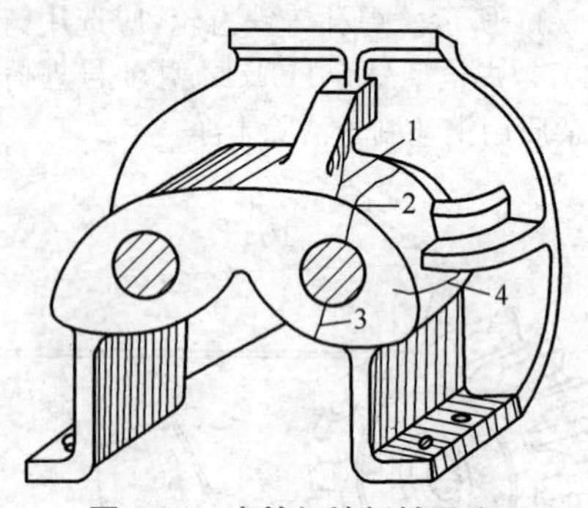

图5-12　密炼机墙板轴承座

1、2、3、4. 裂纹

焊条选用改进的大直径(ϕ5.8mm)Z208进行电弧冷焊。用ϕ4mm的E4303焊条电弧焊开坡口，为防止铁液流失，在坡口两侧和底部加石墨挡块和垫块。采用交流焊机，ϕ5.8mm直径焊条，电流为300～320A，分段(每段长60～80mm)多层多道连续焊，待熔池凝固后锤击焊缝消除应力，随后自然冷却。焊后无裂纹，并顺利通过机械加工，此设备经补焊后正常运行多年。

6. 铸铁汽轮机中压缸裂纹焊补

(1)焊接材料的选用　根据灰铸铁的焊接性以及汽轮机缸体的体积和形状，考虑到加热条件等因素，选用电弧冷焊法和纯镍铸铁焊条

(Z308)和 Z100 焊条进行补焊。

(2)焊前准备 为了使补焊获得成功并获得满意的焊接质量，焊接前应充分做好准备。

①首先落实补焊人员。为了能获得高质量的焊缝，使补焊过程中焊工不至于过分疲劳，应有 5～6 名焊工，在补焊时轮流施焊。

②准备 HT250 铸铁件一个，以便在模拟试验时使用。

③小锤若干把，锤头的圆弧为 1.5～2mm，锤击焊缝时用的锤头如图 5-13 所示。

④熟练钳工 5～6 名，钳工的任务主要是开坡口和焊工施焊时，配合焊工修磨锤头等。

⑤开坡口用电动角向砂轮若干，电钻若干（ϕ25～ϕ35mm）以及其他辅助工具。

⑥Z308 焊条，ϕ2.5mm 适量，ϕ3.2mm 适量，保温筒四个。

⑦直流焊机四台。

(3)坡口制备 开坡口的原则是宜小不宜大，宜简不宜繁。因此，在开坡口时，应根据裂纹的实际走向，进行细磨精钻，在正常情况下，应形成如图 5-14 所示的坡口形式。

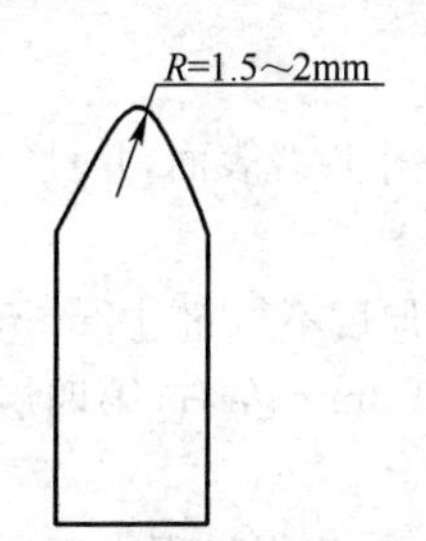

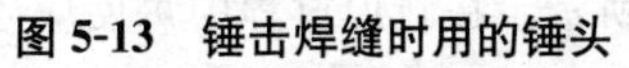

图 5-13 锤击焊缝时用的锤头

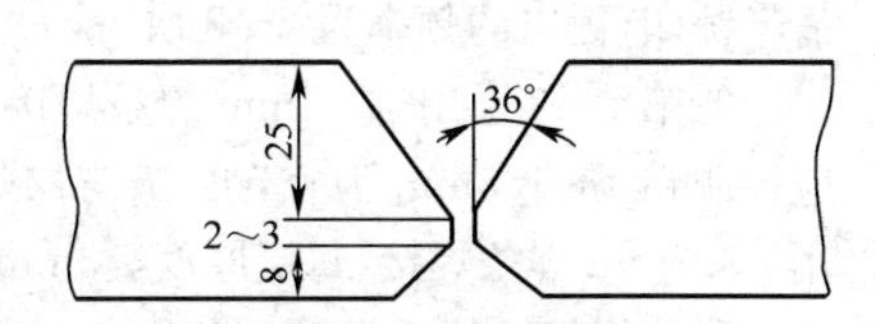

图 5-14 坡口形式

(4)在坡口内打孔和栽螺柱 为了增强结合强度，分散内应力，确保焊接质量，坡口内应打孔和栽螺柱如图 5-15 所示。裂纹清除后（经探伤确认）在原裂纹尖端处打上止裂孔。

(5)预热 在半熔化区中，由于该区冷却速度很大，在共析转变温度区间，可能出现奥氏体转变成马氏体的过程。马氏体会使铸铁补焊过程中在该区域出现裂纹。因此，选用预热来减慢该区的冷却速度，以避免马氏体

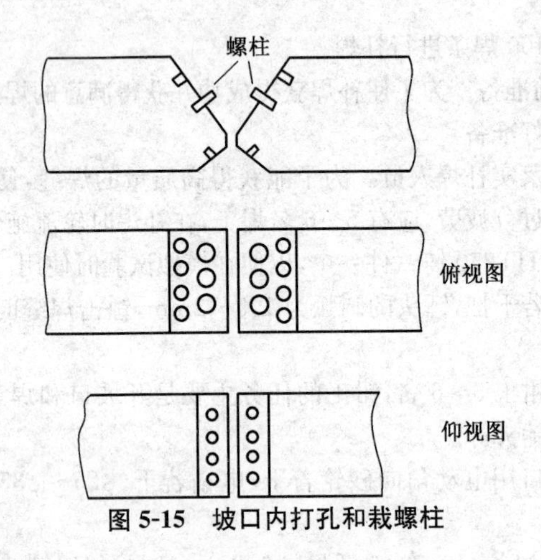

图 5-15　坡口内打孔和栽螺柱

的产生，而且预热也能减少白口的出现，预热的温度为 400℃～500℃。

(6)焊接工艺

①如第一层采用镍基焊条施焊效果不好时，即润湿性不好，应选用 Z100 焊条进行施焊。

②采用从中间向两头分段逆向焊法。

③每段焊缝长度不得超过 20mm。

④焊好后立即用小锤进行锤击，要锤遍整个焊缝表面，并且能看到清晰锤印，锤击的频率为 2～3 次/秒。

⑤第 1～3 层用 ϕ2.5mm 焊条焊接，每层厚度不得超过 2mm，正常应控制在 1～1.5mm 为宜，第二、三层焊缝厚 2mm 左右，第四层开始用 ϕ3.2mm 焊条焊接，每层厚度≤3mm。

⑥每层焊道的施焊顺序如图 5-16 所示。在施焊过程中每层应先把螺柱孔周围焊好，再分段退后焊接。

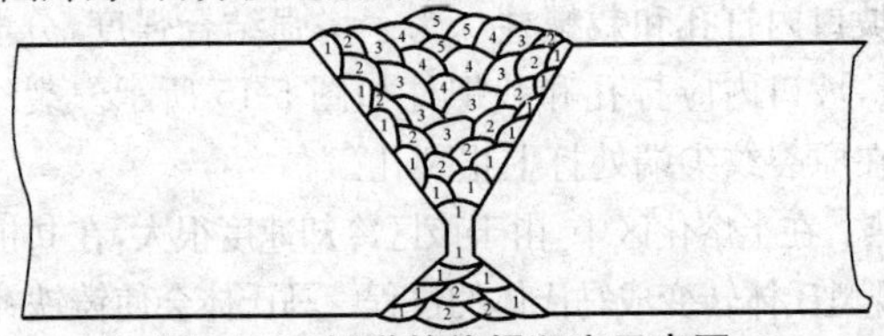

图 5-16　焊道的施焊顺序示意图

⑦焊缝焊好后，应即立进行焊后热处理，温度比预热和层间温度高50℃左右。

7. 大型电动机机壳破裂的补焊

焊补大型电动机机壳，破裂裂纹长约300mm，电动机机壳裂纹如图5-17所示。

①裂纹终端前方钻直径为4mm的止裂孔，并在裂纹处开60°X形坡口，钝边3mm。

②将电动机机壳放入加热炉中预热至500℃出炉。

③将电动机机壳底座垫高，使裂纹处于平焊位置，先焊外部坡口。

④选用Z208直径为3.2mm的焊条。

⑤焊接电流选用90A左右，且连续施焊。

⑥外部坡口填满后，翻转机壳，使内坡口处于平焊位置。

⑦焊接内坡口，焊接电流较焊接外坡口时大，选用110～120A。

⑧焊补后，电动机机壳用石棉粉覆盖，使其缓冷。

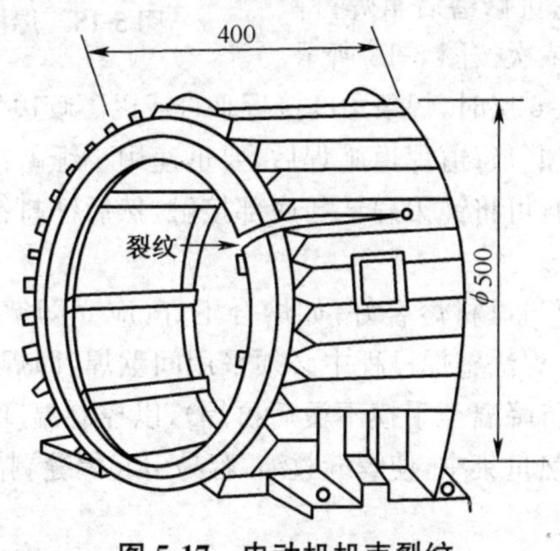

图5-17　电动机机壳裂纹

8. 汽车缸体进排气气门裂纹的补焊

汽车缸体进排气门裂纹常用电弧冷焊法焊补，多以镍基铸铁焊条，如铸308等为焊补材料，从效果上看，加工性好，焊缝强度能满足使用要求。与气焊相比，则具有工艺简单、操作方便，劳动强度低，工件基本不变形等优点，但焊缝质量不如气焊的好。

(1)焊前准备

①清除油污,详细检查裂纹,找到裂纹终点,打上止裂孔。

②根据裂纹情况开U形坡口,如果进排气门口是活门,一定要先开出坡口,因为此处面积小。

③焊接材料。选用镍基铸308焊条。使用前,焊条在150℃温度下烘焙2h。

(2)焊接工艺

①焊接电流。ϕ3.2mm焊条选择100～120A;ϕ4mm焊条选择120～160A。

②焊接电源为交直流焊机均可。

③焊接顺序如图5-18所示。

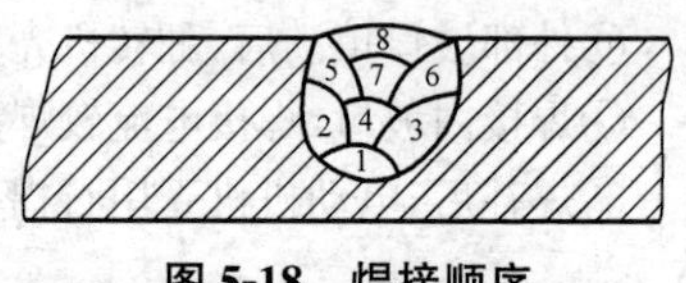

图5-18　焊接顺序

铸铁焊接顺序极为重要,焊第一层时,多出现气孔或结合不良现象(大部分是油污所致),应用扁铲或角向磨光砂轮机修磨后重焊;待第一层焊好后,依次按图5-13所示施焊;待焊至5～6层时,焊条角度接近垂直或以不咬边为宜。

(3)注意事项　每道焊道施焊后,要迅速用小锤敲击整个焊道,焊道底部锤击不便,可将钝刃扁铲与底部接触,然后锤打钝刃扁铲,以消除焊接应力。

焊道一定要与母材熔合好,如熔合不好,应立即铲除,重新焊补。同时铸铁电弧冷焊法施焊过程中必须采用间歇焊(即焊长度50mm左右为单位,停下待降温至手摸不烫后再焊),以控制温度。因温度一旦过高,就会产生热量集中,使焊缝收缩,容易引起焊缝剥离。

6 非铁金属材料焊接技术

非铁金属产品分为冶炼产品、加工产品和铸造产品三大部分。

非铁冶炼产品是指以冶炼方法得到的各种纯金属或合金。纯金属冶炼产品按纯度分为工业纯度和高纯度两类，合金冶炼产品是按铸造非铁合金的成分配比而生产的一种原始铸锭。

以压力加工方法生产出来的各种管、棒、线、型、板、箔、条、带等非铁金属及其合金半成品材料，按金属及合金系统可分为铝及铝合金、镁及镁合金、铜及铜合金(纯铜、黄铜、青铜、白铜)、镍及镍合金、钛及钛合金等。

铸造方法制造的铸件和铸锭，按不同的合金系统可分为铸造铝合金、铸造镁合金、铸造黄铜、铸造青铜等。

6.1 铝及铝合金的焊接

铝及铝合金具有优良的物理特性和力学特性，其密度小、比强度高、抗腐蚀性好、电导率及热导率高。因此，在航空、航天、机械制造、化学工业、电工电子等领域里都得到了广泛的应用。

6.1.1 铝及铝合金的基本知识

1. 铝及铝合金的分类

铝是银白色的轻金属，密度为 2.7kg/m³；铝的熔点较低，为658℃；铝的电导率较高，仅次于金、银、铜。纯铝的热导率比钢大，铝的热容量大、熔化潜能高，铝还具有耐热性好、低温下能保持良好的力学性能等优点。

纯铝的强度较低，为了提高强度，常加入一些合金元素，如纯铝在退火状态下的强度为 80MPa，而加入铜、镁、锌元素的超硬铝合金的强度可达 600MPa。

铝合金按化学成分和制造工艺分为变形铝合金和铸造铝合金。按强化方式，分为非热处理强化铝合金和热处理强化铝合金，其中非热处理强化铝合金不能通过热处理来提高力学性能，而只能用冷作变形来强化；热处理强化铝合金则既可用热处理强化，也可变形强化。铝合金还可以按照性质和用途不同，分为纯铝、防锈铝、硬铝、超硬铝、锻铝和特殊铝合金等几类。

铝合金的分类与常用铝合金牌号如图 6-1 所示。

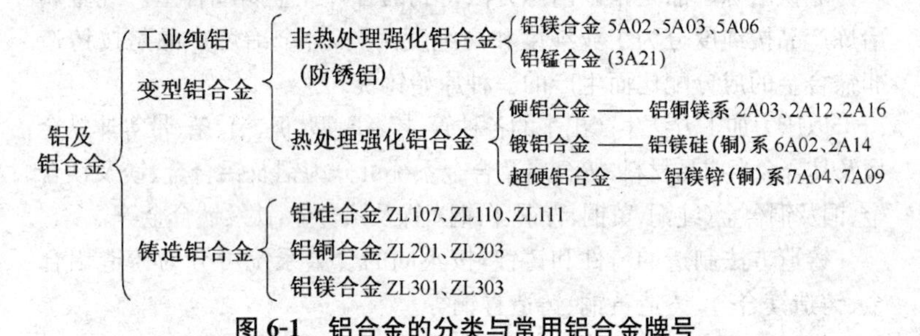

图 6-1　铝合金的分类与常用铝合金牌号

2. 铝及铝合金常用牌号的表示

(1)变形铝及铝合金的牌号表示方法　见表 6-1。

表 6-1　变形铝及铝合金的牌号表示方法(GB/T 16474—2011)

组　别	牌号系列
纯铝(铝质量分数不＜99.00%)	1×××
以铜为主要合金元素的铝合金	2×××
以锰为主要合金元素的铝合金	3×××
以硅为主要合金元素的铝合金	4×××
以镁为主要合金元素的铝合金	5×××
以镁和硅为主要合金元素并以 Mg_2Si 相为强化相的铝合金	6×××
以锌为主要合金元素的铝合金	7×××
以其他元素为主要合金元素的铝合金	8×××
备用合金组	9×××

注：1. 牌号的第一位数字表示铝及铝合金的组别。

2. 牌号的第二位字母表示原始纯铝或铝合金的改型情况。如果字母是 A，则表示为原始纯铝或原始合金。如果是 B～Y 的其他字母，则表示已改型。

3. 牌号的最后两位数字用以标识同一组中不同的铝合金或表示铝的纯度。

(2)铸造铝合金的牌号表示方法 如图 6-2 所示。

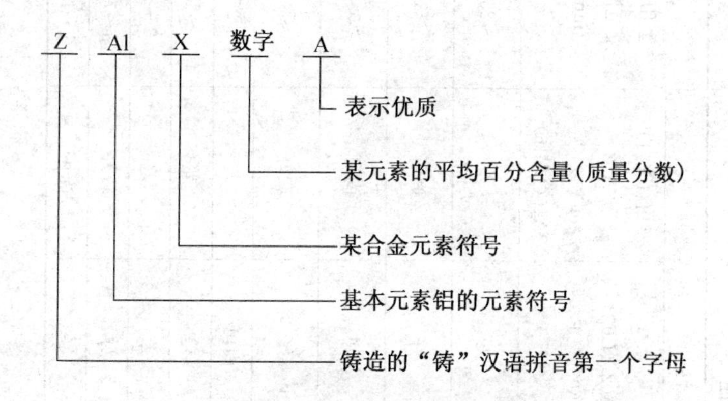

图 6-2 铸造铝合金的牌号表示方法

(3)铝及铝合金常用牌号的表示方法举例

①变形铝及铝合金牌号的表示方法举例。

1A97:原始纯铝,w(Al)为 99.97%。

2A01:以铜为主要合金元素的原始铝合金,排序为 1,属硬铝。

3A21:以锰为主要合金元素的原始铝合金,排序为 21,属防锈铝。

4A17:以硅为主要合金元素的原始铝合金,排序为 17,属特殊铝。

6A02:以镁和硅为主要合金元素,并以 Mg_2Si 相为强化相的铝合金,属锻铝。

②铸造铝合金牌号的表示方法举例。

ZAlSi12:铸造铝合金,w(Si)为 12%。

ZAlMg5Si1:铸造铝合金,w(Mg)为 5%,w(Si)为 5%。

3. 铝及铝合金的焊接性

工业纯铝,非热处理强化变形铝镁和铝锰合金,以及铸造铝合金中的铝硅和铝镁合金具有良好的焊接性;可热处理强化变形铝合金的焊接性较差,如超硬铝合金 7A04,因焊后热影响区变脆,故不推荐弧焊,铸铝合金 ZL101、ZL401 焊接性较差。几种铝和铝合金的可焊性见表 6-2。

表 6-2 几种铝和铝合金的焊接性

焊接方法	材料牌号及其相对焊接性					适用厚度范围/mm
	1070A、1060、1050A、1035、1200、8A06(L1～L6)②	3A21(LF21)②	5A05、(LF5)②、5A06、(LF6)②	5A02、(LF2)②、5A03、(LF3)②	2A11(LY11)②、2A12(LY12)②、2A16(LY16)②	
钨极氩弧焊(手工、自动)	好	好	好	好	差	1～25①
熔化极氩弧焊(半自动、自动)	好	好	好	好	尚可	≥3
熔化极脉冲氩弧焊(半自动、自动)	好	好	好	好	尚可	≥0.8
电阻焊(点焊、缝焊)	较好	较好	好	好	较好	≤4
气焊	好	好	差	尚可	差	0.5～25.0①
碳弧焊	较好	较好	差	差	差	1～10
焊条电弧焊	较好	较好	差	差	差	3～8
电子束焊	好	好	好	好	较好	3～75
等离子焊	好	好	好	好	尚可	1～10

注:①厚度>10 mm时,推荐采用熔化极氩弧焊;②纯铝牌号,括号内为旧牌号。

6.1.2　铝及铝合金的焊接工艺

1. 焊接材料的选用

铝及铝合金的焊接材料主要指焊丝、焊条和熔剂。

(1)**焊丝**　焊接铝及铝合金时，一般可选用与母材化学成分相同的同质焊丝，或可从母材金属上截取窄条代用。较为通用的是铝硅合金焊丝 SAlSi-1(HS311)，该种焊丝一般常用于除铝镁合金以外的其他各种铝合金。在焊接铝镁合金时，考虑到镁在焊接过程中的烧损，可选用含镁量比基本金属要高1%～2%的铝镁焊丝。

铝及铝合金同种材料焊接用焊丝的型号、主要化学成分和用途见表6-3。异种铝及铝合金焊接用焊丝见表6-4。针对不同的材料和性能要求选择焊丝合金见表6-5。焊丝直径可根据工件厚度进行选择，工件厚度与焊丝直径的关系见表6-6。但是补焊铝铸件的焊丝，其化学成分应与基本金属相同，直径可适当粗些，一般为5～8mm。焊前应对焊丝表面进行清洗。

表6-3　铝及铝合金同种材料焊接用焊丝的型号、主要化学成分和用途

类别	型号	牌号	化学成分(质量分数,%)					用途及特性
			Si	Cu	Mn	Mg	Al	
纯铝	SAl-1	—	Fe+Si1.0	0.05	0.05	—	≥99.0	焊接纯铝及对接头性能要求不高的铝合金。塑性好，耐蚀、强度较低
	SA1-2	—	0.20	1.40	0.03	0.03	≥99.7	
	SA1-3	HS301	0.30	—	—	—	≥99.5	
铝镁	SA1Mg-1	—	0.25	0.10	0.5～1.0	2.40～3.0	余量	焊接铝镁合金和铝锌镁合金、焊补铝镁合金铸件，耐蚀、抗裂、强度较高
	SA1Mg-2	—	Fe+Si0.45	0.05	0.01	3.10～3.90		
	SA1Mg-3	—	0.40	0.10	0.50～1.00	4.30～5.20		
	SA1Mg-5	HS331	0.40	—	0.20～0.60	4.70～5.70		

续表 6-3

类别	型号	牌号	化学成分(质量分数,%)					用途及特性
			Si	Cu	Mn	Mg	Al	
铝铜	SA1Cu	—	0.20	5.8～6.8	0.20～0.40	0.02	余量	焊接铝铜合金
铝锰	SA1Mn	HS321	0.60	—	1.0～1.6	—	余量	焊接铝锰及其他铝合金,耐蚀、强度较高
铝硅	SA1Si-1	HS331	4.5～6.0	0.30	0.05	0.05	余量	焊接除铝镁合金以外的铝合金,抗裂
	SA1Si-2	—	11.00～13.00	0.30	0.15	0.10		

表 6-4　异种铝及铝合金焊接用焊丝

母材组合	填充焊丝
1060(L2),1050A(L3),1035(L4),1200(L5),8A06(L6)与3A21(LF21)	3A21(LF21)或SA1Si-1(HS311)
3A21(LF21)与5A02(LF2)	5A03(LF3)或SA1Mn(HS321),SA1Mg-5(HS331)
3A21(LF21)与5A03(LF3)	5A05(LF5)或SA1Mg-5(HS331)
5A06(LF6)与5A05(LF5)	5A06(LF6)
5A03(LF3)与5A05(LF5)	5A05(LF5)
1070A(L1),1060(L2),1050A(L3),1035(L4),1200(L5),8A60(L6)与5A02(LF5),5A03(LF3)	SA1Mg-5(HS331)

表 6-5　针对不同的材料和性能要求选择焊丝合金

材料	按不同的性能要求推荐的焊丝				
	要求高强度	要求高延性	要求焊后阳极化后颜色匹配	要求抗海水腐蚀	要求焊接时裂纹倾向低
1100	SA1Si-1	SA1-1	SA1-1	SA1-1	SA1Si-1
2A16	SA1Cu	SA1Cu	SA1Cu	SA1Cu	SA1Cu

续表 6-5

材料	按不同的性能要求推荐的焊丝				
	要求高强度	要求高延性	要求焊后阳极化后颜色匹配	要求抗海水腐蚀	要求焊接时裂纹倾向低
3A21	SA1Mn	SA1-1	SA1-1	SA1-1	SA1Si-1
5A02	SA1Mg-5	SA1Mg-5	SA1Mg-5	SA1Mg-5	SA1Mg-5
5A05	LF14	LF14	SA1Mg-5	SA1Mg-5	LF14
5083	ER5183	ER5356	ER5356	ER5356	ER5183
5086	ER5356	ER5356	ER5356	ER5356	ER5356
6A02	SA1Mg-5	SA1Mg-5	SA1Mg-5	SA1Si-1	SA1Si-1
6063	ER5356	ER5356	ER5356	SA1Si-1	SA1Si-1
7005	ER5356	ER5356	ER5356	ER5356	X5180
7039	ER5356	ER5356	ER5356	ER5356	X5180

表 6-6 工件厚度与焊丝直径的关系 (mm)

工件厚度	<1.5	1.5～3.0	3～5	5～10	10～20
焊丝直径	1.5～2.0	2～3	3～4	4～5	5～6

(2)焊条 铝及铝合金焊条电弧焊用的焊条，其药皮应能溶解氧化物，密度要小，熔渣应具有良好的流动性，其主要组成物是氟盐和氯盐。由于药皮组成物为盐类，易吸潮，应放在干燥处，使用前应经 150℃烘干 1～2h。常用铝及铝合金焊条型号、焊芯化学成分与用途特性见表 6-7。

表 6-7 常用铝及铝合金焊条型号、焊芯化学成分与用途特性

型号	牌号	焊芯的化学成分(质量分数,%)							用途、特性
		Cu	Si	Mn	Fe	Zn	Al	其他	
TA1	L109	≤0.20	≤0.5	≤0.05	≤0.5	≤0.1	99.5	≤0.15	焊接纯铝及要求不高的铝合金，耐蚀性较低

续表 6-7

型号	牌号	焊芯的化学成分(质量分数,%)							用途、特性
		Cu	Si	Mn	Fe	Zn	Al	其他	
TA1Si	L209	≤0.30	4.5～6.0	≤0.05	≤0.8	≤0.1	余量	≤0.15	焊接铝板、铝硅铸件及一般铝合金(除铝镁合金)锻铝、硬铝,抗裂性良好
TA1Mn	L309	≤0.20	≤0.5	1.0～1.5	≤0.5	≤0.1	余量	≤0.15	焊接铝板、铝锰铸件及一般铝合金,焊缝强度较纯铝高,耐蚀性与纯铝相当

(3)熔剂(铝熔剂、焊剂)　熔剂应具有熔点低、流动性好、能改善熔化金属的流动性、使焊缝成形良好,同时又能去除铝的氧化膜及其他杂质的特性。铝气焊和碳弧焊时,可自行配制熔剂或购买配制好的瓶装熔剂。焊接铝及铝合金用的熔剂组成配方见表 6-8。

(4)保护气体　焊接铝及铝合金的惰性气体有氩气(Ar)和氦气(He)。氩气的技术要求为 Ar>99.9%(体积分数),氧<0.005%,氢<0.005%,水分<0.02mg/L,氮<0.015%。氧、氮增多,均恶化阴极雾化作用。氧>0.3%则使钨极烧损加剧,超过 0.1%使焊缝表面无光泽或发黑。

表 6-8　焊接铝及铝合金用的熔剂组成配方　　(质量分数,%)

序号＼成分	铝水晶石	氟化钠	氯化钙	氯化钠	氯化钾	氯化钡	氯化锂	特性
1(CJ401)	—	7.5～9.0	—	27～30	49.5～52.0	—	13.5～15.0	熔点约 560℃
2	—	8	—	35	48	—	9	—
3	—	—	4	19	29	48	—	—
4	20	—	—	30	50	—	—	—
5	45	—	—	40	15	—	—	—

①TIC焊。交流加高频焊接选用纯氩气，适用大厚板；直流正极性焊接选用氩气＋氦气或纯氦。

②MIG焊。当板厚＜25mm时，采用纯氩气。当板厚为25～50mm时，采用添加10%～35%氦气的氩气＋氦气混合体。当板厚50～75mm时，宜采用添加10%～35%或50%氦气的氩气＋氦气混合体。当板厚＞75mm时，推荐用添加50%～75%氦气的氩气＋氦气混合气体。

(5)电极 钨极氩弧焊时用的电极材料有纯钨、钍钨、铈钨、锆钨，纯钨极、钍钨极、铈钨的成分和特点见表6-9。锆钨极不易污染基体金属，电极端易保持半球形，适于交流氩弧焊。

表6-9 纯钨极、钍钨极、铈钨的成分和特点

钨极牌号		化学成分(质量分数,%)							特点
		W	ThO_2	CeO	SiO	Fe_2O_3＋Al_2O_3	MnO	CaO	
纯钨极	W_1	＞99.92	—	—	0.03	0.03	0.01	0.01	熔点和沸点高，要求空载电压较高，承载电流能力较小
	W_2	＞99.85	—	—	(总含量≤0.15)				
钍钨极	WTh-10	余量	1.00～1.49	—	0.06	0.02	0.01	0.01	加入了氧化钍，可降低空载电压，改善引弧、稳弧性能，增大许用电流范围，但有微量放射性，不推荐使用
	WTh-15	余量	1.5～2.0	—	0.06	0.02	0.01	0.01	
铈钨极	WCe-20	余量	—	2.0	0.06	0.02	0.01	0.01	比钍钨极更易引弧，钨极损耗更小，放射性剂量低，推荐使用

钨极许用的电流范围见表 6-10。

表 6-10　钨极许用的电流范围

电极直径/mm	直流/A				交流/A	
	正接(电极－)		反接(电极＋)			
	纯钨	钍钨、铈钨	纯钨	钍钨、铈钨	纯钨	钍钨、铈钨
0.5	2～20	2～20	—	—	2～15	2～15
1.0	10～75	16～75	—	—	15～55	15～70
1.6	40～130	60～150	10～20	10～20	45～90	60～125
2.0	75～180	100～200	15～25	15～25	65～125	85～160
2.5	130～230	170～250	17～30	17～30	80～140	120～210
3.2	160～310	225～330	20～35	20～35	150～190	150～250
4.0	275～450	350～480	35～50	35～50	180～260	240～350
5.0	400～625	500～675	50～70	50～70	240～350	330～460
6.3	550～675	650～950	65～100	65～100	300～450	430～575
8.0	—	—	—	—	—	650～830

2. 铝及铝合金的焊接特点

①铝极易氧化生成氧化铝(Al_2O_3)薄膜，厚度为 0.1～0.2μm，熔点高(约为 2025℃)，组织致密。焊接时它对母材与母材之间、母材与填充材料之间的熔合起阻碍作用，影响操作者对熔池金属熔化情况的判断，还会造成焊缝金属夹渣和气孔等缺陷，影响焊接质量。

②铝热导率比钢大，要达到与钢相同的焊接速度，焊接热输入应为钢的 2～4 倍。铝的导电性好，电阻焊时比焊钢需更大功率的电源。

③铝及铝合金熔点低，高温时强度和塑性低(纯铝在 640℃～656℃的伸长率＜0.69%)，高温液态无显著颜色变化，焊接操作不慎时会出现烧穿、焊缝反面焊瘤等缺陷。

④铝及铝合金线胀系数(23.5×10^{-6}/℃)和结晶收缩率大，焊接时变形较大；对厚度大或刚度较大的结构，大的收缩应力可能导致焊接接头产生裂纹。

⑤液态铝可大量溶解氢，而固态铝几乎不溶解氢。氢在焊接熔池快速冷却和凝固过程中易在焊缝中聚集形成气孔。

⑥铝及铝合金焊接性良好,可以采用各种熔焊、电阻焊和钎焊等方法进行焊接,只要采取合适的工艺措施,完全能够获得性能良好的焊接产品。

⑦冷硬铝和热处理强化铝合金的焊接接头强度低于母材,给焊接生产造成一定困难。

3. 气焊

(1)焊接工艺要点

①焊前要对工件待焊处进行清理或清洗。铝及铝合金常用的焊前清理与清洗方法见表 6-11,除有特殊要求外,其他焊接方法也适用。

②主要用于焊接纯铝、铝-锰合金(3A21)、含镁量较低的铝-镁合金(5A02)和铸造铝合金,以及铝合金铸件的焊补。

③焊接火焰应选用中性焰,严禁使用氧化焰。

④焊接薄板零件或较小尺寸的零件时,不必预热。当零件厚度≥15mm,或结构较复杂时,应进行焊前预热,预热温度为 200℃～300℃。

⑤工件厚度≤3mm,一般采用左焊法,当工件厚度≥4mm 时,可以采用右焊法。

⑥长焊缝应进行定位焊,定位长度为 15mm(金属厚度为 1～1.5mm)和 35～40mm(金属厚度为 4～5mm)。

⑦焊接薄板结构时,常采用卷边接头及防止翘曲的特殊措施,如沿焊缝方向压成波棱形以提高刚度。

⑧焊补铸铝件缺陷时,焊前也要预热到 300℃,并且焊后需要进行退火。

⑨喷嘴与工件的夹角一般为 10°～45°。夹角的大小,随材料厚度,工件温度的改变,应做相应的改变。

⑩焊丝与喷嘴的夹角,一般为 80°～100°。焊接薄板时,焊丝轻划熔池表面;焊接厚板、堆焊或焊补铸件时,焊丝应搅动熔池,以促使液态金属的良好熔合和杂质浮出。

⑪整条焊缝应尽量一次焊完。焊缝连接处应重叠 15～20mm。切忌采用在原焊缝上重熔一次的办法来改善焊缝外形。

⑫焊接非封闭焊缝时,应在距端头 30～80mm 处开始焊接,然后与原焊缝重叠 15～20mm 逆向焊完。

表 6-11 铝及铝合金常用的焊前清理与清洗方法

<table>
<tr><th>目的</th><th colspan="11">清理内容与方法</th></tr>
<tr><td>去油污</td><td colspan="11">1. 去氧化膜之前，将待焊处坡口及两测各 30mm 范围内的油、污、脏物清洗掉。可以用汽油、丙酮、醋酸乙酯或四氯化碳等溶剂进行清洗；
2. 用工业磷酸三钠 40～50g、碳酸纳 40～50g、水玻璃 20～30g、水 1L，加温 60℃～70℃ → 对坡口除油（5～8min）→ 30℃热水冲洗（2min）→ 在冷水中冲洗（2min）</td></tr>
<tr><td rowspan="5">去除氧化膜</td><td>机械清理</td><td colspan="10">用丝径≤0.03mm 的不锈钢丝轮或刮刀将待焊处表面清理干净；用于对清洗要求不高，尺寸较大，不易用化学清洗的工件，以及化学清洗后又被局部沾污的工件</td></tr>
<tr><td rowspan="4">化学清洗</td><td rowspan="2">被清洗的材料</td><td colspan="3">碱洗</td><td rowspan="2">冷水冲洗时间 /min</td><td colspan="3">中和清洗</td><td rowspan="2">冷水冲洗时间 /min</td><td rowspan="2">烘干温度 /℃</td></tr>
<tr><td>NaOH 溶液（体积分数，%）</td><td>温度 /℃</td><td>时间 /min</td><td>HNO_3 溶液（体积分数，%）</td><td>温度 /℃</td><td>时间 /min</td></tr>
<tr><td>纯铝</td><td>6～10</td><td>40～50</td><td>10～20</td><td>2</td><td>30</td><td>室温</td><td>2～3</td><td>2</td><td>风干或 100～150</td></tr>
<tr><td>铝合金</td><td>6～10</td><td>50～60</td><td>5～7</td><td>2</td><td>30</td><td>室温</td><td>2～3</td><td>2</td><td>风干或 100～150</td></tr>
</table>

⑬认真做好在焊后1～6h之内的清理工作。铝及铝合金常用的焊后清洗方法见表6-12，除有特殊要求外，其他焊接方法也适用。

表6-12　铝及铝合金常用的焊后清洗方法

清洗方案编号	清洗内容与方法
1	在60℃～80℃热水中用硬毛刷将焊缝正背两面仔细刷洗
2	重要焊接结构：在60℃～80℃热水中用硬毛刷仔细刷洗焊缝正背两面；用体积分数为2%～3%的60℃～80℃稀铬酸水溶液浸洗5～10min，热水冲洗；干燥
3	在60℃～80℃热水中刷洗，用体积分数为50%的硝酸和体积分数为2%的重铬酸混合液清洗5min；热水冲洗；干燥
4	用体积分数为10%的硝酸溶液，在15℃～20℃下浸洗10～20min；用体积分数为10%的硝酸溶液在60℃～65℃浸洗5～16min；冷水冲洗；干燥

(2)焊接参数

①焊枪型号、焊嘴孔径与焊丝直径匹配见表6-13。

表6-13　焊枪型号、焊嘴孔径与焊丝直径匹配

板厚/mm	1.2	1.5～2.0	3.0～4.0	5.0～7.0	7.0～10.0	10.0～20.0
焊枪型号	H01～6	H01～6	H01～6	H01～12	H01～12	H01～20
焊嘴号	1	1～2	3～4	1～3	1～4	4～5
焊嘴孔径/mm	0.9	0.9～1.0	1.1～1.3	1.4～1.8	1.6～2.0	3.0～3.2
焊丝直径/mm	1.5～2.0	2.0～2.5	2.0～2.5	4.0～5.0	5.0～6.0	5.0～6.0
乙炔消耗量/L/h	75～150	150～300	300～500	500～1 400	1 400～2 000	～2 500

②3A21铝合金气焊的焊接参数见表6-14。

表6-14　3A21铝合金气焊的焊接参数

板厚/mm	氧力压力/MPa	乙炔耗量/(L/h)	对接焊缝层数
≤1.5	0.15	50～100	1
1.5～3.0	0.15～0.20	100～200	1
3.0～5.0	0.20～0.25	200～400	1～2
>5.0	0.25～0.60	400～1 200	>1

4. 焊条电弧焊

(1)焊接工艺要点

①铝焊条的药皮极易受潮，用前应在150℃下烘干1～2h。

②采用直流反接，焊时不宜做横向摆动，可沿焊缝方向往返运动，焊条垂直于焊接表面，电弧尽量短。

③焊接厚度或尺寸较大的零件时，焊前进行预热，预热温度为100℃～300℃。大厚度工件预热温度为400℃。

④采用对接接头形式，尽量避免搭接和T形接头。

⑤工件厚度≤3mm时，可采用不开坡口双面焊；当工件厚度>4mm时，应开V形坡口；当工件厚度>8mm时，应开X形坡口。

⑥其他工艺要点参见铝及铝合金气焊焊接工艺要点。

(2)焊接参数　铝及铝合金焊条电弧焊的焊接参数见表6-15。

表6-15　铝及铝合金焊条电弧焊的焊接参数

板厚/mm	焊条直径/mm	焊接电流/A	焊接速度/(mm/min)	焊接层数	预热温度/℃
2.0	3.2	60～80	420	1	室温
3.0	3.2	80～100	370	1	室温
4.0	4.0	110～130	350	1	100～200
5.0	4.0	130～150	330	1	100～200
6.0	5.0	150～200	300	1	200～300
12.0	5.0	270～320	300	1	200～300

5. 氩弧焊

(1)钨极氩弧焊(TIG焊)

1)钨极氩弧焊工艺要点。

①手工钨极氩弧焊适用于焊接厚度为0.5～5.0mm的铝及铝合金；机械化钨极氩弧焊可焊接厚度为1～12mm规则的环缝和纵缝。厚度<3mm时，通常在钢垫板上用单道焊进行焊接；厚度为4～6mm时，常用双面焊进行焊接；厚度>6mm时，需要开坡口(V形或X形

坡口)。

②采用铈钨棒作为电极,电弧容易点燃,电弧燃烧稳定,且有较大的许用电流,电极损耗小。

③工件厚度>5mm、体积大的铸件焊补或焊接工作环境温度低于-10℃时,焊前应全部或局部(用氧乙炔焰或电弧)预热,预热温度为150℃~250℃,大型或复杂的铸件应预热至420℃。

④采用交流电源,手工钨极氩弧焊焊接厚度<5mm的工件时,应采用直径为1.5~5mm钨动。最大焊接电流由电极直径确定,$I=(60\sim65)d$,焊接速度为8~12m/h。

⑤填充焊丝与电极之间的角度为90°左右,焊丝以瞬间往复运动方式送进。钨极不能做横向摆动。弧长一般为1.5~2.5mm。对接时,钨极伸出喷嘴长度为1~1.5mm;T形接头时,为4~8mm。

⑥一般采用陶质喷嘴,以免击伤工件。喷嘴圆柱段的长度应不小于直径的1.5倍。

⑦焊接熔池越小越好,一般采用左焊法,焊接速度应与焊接电流、电弧电压和氩气流量相适应。氩气的压力规定为0.01~0.5MPa,引弧时,提前3~5s通入氩气;熄弧时,滞后6~7s停气。

⑧焊接厚度<10mm的铝及铝合金时,常采用钨极脉冲氩弧焊进行焊接。

2)钨极氩弧焊焊接参数。

①纯铝、铝镁合金手工钨极氩弧焊(对接交流)的焊接参数见表6-16。

表6-16 纯铝、铝镁合金手工钨极氩弧焊(对接交流)的焊接参数

板厚/mm	坡口形式	焊接层数(正面/反面)	钨极直径/mm	焊丝直径/mm	预热温度/℃	焊接电流/A	氩气流量/(L/min)	喷嘴孔径/mm
1	卷边	正1	2	1.6	—	45~60	7~9	8
1.5	卷边或I形	正1	2	1.2~2.0	—	50~80	7~9	8
2	I形	正1	2~3	2.0~2.5	—	90~120	8~12	8~12

续表 6-16

板厚/mm	坡口形式	焊接层数（正面/反面）	钨极直径/mm	焊丝直径/mm	预热温度/℃	焊接电流/A	氩气流量/(L/min)	喷嘴孔径/mm
3	V形	正1	3	2～3	—	150～180	8～12	8～12
4		1～2/1	4	3	—	180～200	10～15	8～12
5		1～2/1	4	3～4	—	180～240	10～15	10～12
6		1～2/1	5	4	—	240～280	16～20	14～16
8		2/1	5	4～5	100	260～320	16～20	14～16
10		3～4/1～2	5	4～5	100～150	280～340	16～20	14～16
12		3～4/1～2	5～6	4～5	150～200	300～360	18～22	16～20
14		3～4/1～2	5～6	5～6	180～200	340～380	20～24	16～20
16		4～5/1～2	6	5～6	200～220	340～380	20～24	16～20
18		4～5/1～2	6	5～6	200～240	360～400	25～30	16～20
16～20	双Y形	2～3/2～3	6	5～6	200～260	300～380	25～30	16～20
22～25		3～4/3～4	6～7	5～6	200～260	360～400	30～35	20～22

②薄板铝及铝合金手工钨极氩弧焊直流反接的焊接参数见表6-17。

表 6-17 薄板铝及铝合金手工钨极氩弧焊直流反接的焊接参数

板厚/mm	钨极直径/mm	焊接电流/A	焊丝直径/mm	氩气流量/(L/min)
0.5	3～4	40～55	0.5	7～9
0.75	5	50～65	0.5～1	7～9
1	5	60～80	1	12～14
1.2	5	70～80	1～1.5	12～14
1.5	5	80～95	1～1.5	12～14

③铝合金管对接手工钨极氩弧焊的焊接参数见表6-18。

表 6-18　铝合金管对接手工钨极氩弧焊的焊接参数

管子尺寸		衬环厚度/mm	工件位置	焊接层数	焊接电流/A	钨极直径/mm	焊丝直径/mm	氩气流量/(L/min)	喷嘴直径/mm
外径/mm	壁厚/mm								
25	3	2.0	水平旋转	1～2	100～115	3.0	2	10～12	12
			水平固定		90～100			12～16	
			垂直固定		95～115			10～12	
50	4	2.5	水平旋转	1～2	125～150		3	12～14	14
			水平固定	1～2	120～140			14～18	
			垂直固定	2～3	125～145			12～14	
60	5	2.5	水平旋转	2	140～180		3～4	12～14	16
			水平固定	2	130～150			14～18	
			垂直固定	3～4	135～155			12～14	
100	6	3.0	水平旋转	2	170～210	4.0	4	14～16	18
			水平固定	2	160～180			16～20	
			垂直固定	3～4	165～185			14～16	
150	7	4.5	水平旋转	2	210～250			14～16	18
			水平固定	2	195～205			16～20	
			垂直固定	3～5	200～220			14～16	
300	10	5.0	水平旋转	2～3	250～290	5.0	4～5	14～16	20
			水平固定	2～3	245～255			16～20	
			垂直固定	3～5	250～270			14～16	

注:采用交流电。

④常用铝及铝合金机械化钨极氩弧焊的焊接参数见表 6-19。

表 6-19　常用铝及铝合金机械化钨极氩弧焊的焊接参数

板厚/mm	钨极直径/mm	焊接电流/A	焊丝直径/mm	焊接速度/(m/h)	氩气流量/(L/min)	送丝速度/(m/h)
2	3～4	170～180	2	19	16～18	—
3	4～5	200～220		15	18～20	20～24
4		210～235		11		
6		230～260		8		20～26
6～8	5～6	280～320	3	8～7	18～24	22～28
8～12	6	300～340	3～4	8～5		24～32
1.8	3～3.5	155～160	2.5	26.6	10	32～49

⑤铝及铝合金交流脉冲 TIG 焊的焊接参数见表 6-20。

表 6-20　铝及铝合金交流脉冲 TIG 焊的焊接参数

<table>
<tr><th>母材材质</th><th>板厚/mm</th><th>板厚/mm</th><th>焊丝直径/mm</th><th>电弧电压/V</th><th>脉冲电流/A</th><th>基值电流/A</th><th>脉宽比(%)</th><th>气体流量/(L/min)</th><th>频率/Hz</th></tr>
<tr><td>5A03</td><td>1.5</td><td rowspan="4">3</td><td rowspan="2">2.5</td><td>14</td><td>80</td><td>45</td><td rowspan="3">33</td><td rowspan="3">5</td><td>1.7</td></tr>
<tr><td>5A03</td><td>2.5</td><td>15</td><td>95</td><td>50</td><td>2</td></tr>
<tr><td>5A06</td><td>2</td><td rowspan="2">2</td><td>10</td><td>83</td><td>44</td><td>2.5</td></tr>
<tr><td>2A12</td><td>2.5</td><td>13</td><td>140</td><td>52</td><td>36</td><td>8</td><td>2.6</td></tr>
</table>

(2)熔化极氩弧焊(MIG 焊)

1)熔化极氩弧焊工艺要点。

①熔化极氩弧焊适用于厚度较大的铝及铝合金制件的焊接,多采用喷射过渡,因电流大、电弧热量集中,故熔深大。

②熔化极氩弧焊采用直流电源反接,有利于氧化薄膜破碎。

③熔化极氩弧焊采用直径大于 1.2～1.5mm 的焊丝,可以克服因刚度不足给焊接造成的困难。

④氩气工作压力与钨极氩弧焊相同。焊枪喷嘴与工件表面的距离保持 5～15mm。

⑤焊接大厚度工件时采用氩气与氦气的混合气体(70%He)。

⑥对中厚铝板可不进行焊前预热。当板厚＞25mm 或环境温度低于－10℃时,则应预热工件至 100℃,以保证开始焊接时能焊透。

⑦使用熔化极脉冲氩弧焊时,可焊接厚度至 1mm 的薄板。

⑧可采用焊丝送进速度达 400m/h 的普通焊车和焊接机头进行自动焊或半自动焊。

⑨为了提高生产率,在焊接厚板时希望使用大电流,即在喷射过渡的基础上,再继续大大地提高焊接电流密度,以形成大电流熔化极氩弧焊。

2)熔化极氩弧焊焊接参数。

①手工熔化极氩弧焊的焊接参数见表 6-21。

②机械化熔化极氩弧焊的焊接参数见表 6-22。

表 6-21 手工熔化极氩弧焊的焊接参数

板厚/mm	焊丝直径/mm	喷嘴直径/mm	焊接电流/A	电弧电压/V	氩气流量/(L/min)	焊接层数(正面/反面)
8	2.0	20	180～280	20～27	25	2/1
10	2.0	20	280～300	27～29	25	2/1
12	2.0	20	280～310	27～30	25	1/1
14	2.5	20	300～320	29～31	30	1/1
16	2.5	20	320～350	30～33	30	1/1
18	2.5	20	350～400	32～36	40	1/1
20	2.5	20	400～450	36～38	50	1/1
22	2.5	20	430～470	36～42	50	1/1

注：表列数据适用于纯铝，焊接铝-镁、铝-锰合金时，电流降低 20～40A，电压降低 2～4V，氩气流量增加 10～15L/min。

表 6-22 机械化熔化极氩弧焊的焊接参数

板厚/mm	焊丝直径/mm	喷嘴直径/mm	焊接电流/A	电弧电压/V	氩气流量/(L/min)	焊接速度/(m/h)	焊接层数(正面/反面)
8	2.5	22	300～320	28～30	30～33	25～18	1/1
10	3.0	22	300～330	25～27	30～33	15～28	1/1
12	3.0	28/17	310～330	26～28	30～33	15～18	1/1
16	4.0	28/17	380～420	28～32	35～40	15～20	1/1
20	4.0	28/17	480～520	28～32	35～40	15～20	1/1
25	4.0	28/17	490～550	29～32	40～60	15～20	1/1
28	4.0	28～30	550～580	30～32	40～60	13～15	1/1

注：表列数据适用于纯铝，焊接铝-镁、铝-锰合金时，电流增加 20～40A，氩气流量增加 10～15L/min；表中"喷嘴直径"栏，分母为分流套直径；坡口形式，厚度＜16mm 时，为Ⅰ形坡口；厚度＞16mm 时，采用大钝边 90°双 V 形坡口，钝边高约为板材厚度的 1/2。

③短路过渡 MIG 焊的焊接参数见表 6-23。

表 6-23　短路过渡 MIG 焊的焊接参数

板厚/mm	接头形式/mm	焊接次数	焊接位置	焊丝直径/mm	焊接电流/A	电弧电压/V	焊接速度/(cm/min)	送丝速度/(cm/min)	气体流量/(L/min)
2	0~0.5	1	全	0.8	70~85	14~15	40~60	—	15
		1	平	1.2	110~120	17~18	120~140	590~620	15~18
1	0~2	1	全	0.8	40	14~15	50	—	14
2		1	全	0.8	70	14~15	30~40	—	10
					80~90	17~18	80~90	950~1 050	14

④铝合金大电流 MIG 焊的焊接参数见表 6-24。

⑤角接接头大电流 MIG 焊的焊接参数见表 6-25。

⑥喷射过渡及亚射流过渡 MIG 焊焊接参数见表 6-26。

(3)脉冲 MIG　脉冲 MIG 焊可以将熔池控制得很小，容易进行全位置焊接，尤其焊接薄板、薄壁管的立焊缝、仰焊缝和全位置焊缝，是一种较理想的焊接方法。

熔化极脉冲氩弧焊电源是直流脉冲，脉冲 MIG 的电源是交流脉冲。它们的焊接参数基本相同。纯铝、纯镁合金半自动熔化极脉冲氩弧焊的焊接参数见表 6-27，2A14(LD10)铝合金熔化极脉冲氩弧焊的焊接参数见表 6-28。

(4)氩弧点焊

①工艺要点。氩弧点焊可分为钨极氩弧点焊和熔化极氩弧点焊，熔化极氩弧点焊可焊接厚度为 0.5~6.0mm 的铝合金。有熔透焊点和不熔透焊点两种形式，熔化极氩弧点焊焊点形式如图 6-3 所示。当 $\delta_1 > 3$mm 时，应预先钻制小孔；当 $\delta_1 < 0.7$mm 时，应加垫板。

②熔化极氩弧点焊的焊接参数见表 6-29。

6. 碳弧焊

(1)铝及铝合金碳弧焊工艺要点

①碳弧焊所用焊丝、熔剂，接头形式以及焊前准备、焊后清理等与气焊基本相同。

②一般采用直流正接，使电弧稳定，便于操作。

表 6-24 铝合金大电流 MIG 焊的焊接参数

板厚/mm	坡口形状				焊接材料		层数	焊接条件			
	图示	θ/(°)	a/mm	b/mm	焊丝直径/mm	气体		焊接电流/A	电弧电压/V	焊接速度/(cm/min)	气体流量/(L/min)
15		—	—	—	2.4	Ar	2	400～430	28～29	40	80
20		—	—	—	3.2	Ar	2	440～460	29～30	40	80
25		—	—	—	3.2	Ar	2	500～550	29～30	30	100
25		90	—	5	3.2	Ar	2	480～530	29～30	30	100
25		90	—	5	4.0	Ar+He	2	560～610	35～36	30	100
35		90	—	10	4.0	Ar	2	630～660	30～31	25	10
45		60	—	13	4.8	Ar+He	2	780～800	37～38	25	150
50①		90	—	15	4.0	Ar	2	700～730	32～33	15	150
60①		60	—	10	4.8	Ar+He	2	820～850	38～40	20	180
50①		60	30	9	4.8	Ar+He	2	760～780	37～38	20	150
75①		80	40	12	5.6	Ar+He	2	940～960	41～42	18	180

注：①Ar+He；内侧喷嘴 50%Ar+50%He，外侧喷嘴 100%Ar，喷嘴上倾 5°。

表 6-25　角接接头大电流 MIG 焊的焊接参数

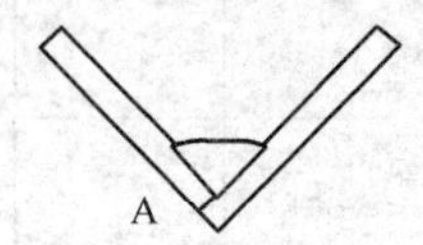

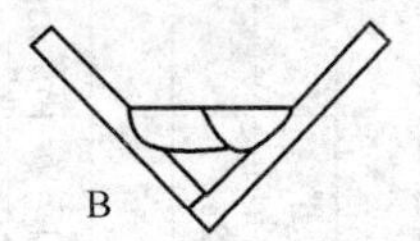

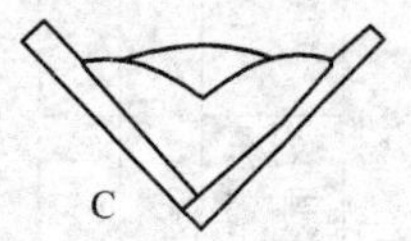

角焊缝尺寸/mm	焊道类型（见上图）	焊道数	焊丝直径/mm	电弧电流（直流反接）/A	电弧电压①/V	焊接速度/(cm/min)
12	A	1	4	525	22	30
12	A	1	4.8	550	25	30
16	A	1	4	525	22	25
20	A	1	4	600	25	25
20	A	1	5	625	27	20
20	A	1	6	625	22	20
25	B	1 2、3	4 4	600 555	25 24	30 25
25	B	1 2、3	5 5	625 550	27 28	20 30
25	A	1	6	675	23	15
32	B	1 2、3	4 4	600 600	25 25	25 25
32	B	1 2、3	5 5	625 600	27 28	20 25
32	B	1 2、3	6 6	625 625	22 22	20 25
38	C	1 2～4	6 6	650 650	23 23	15 25

注：氩气作为保护气体，流量为 47L/min，①为由导电嘴至试板间测出的电压。

表 6-26 喷射过渡及亚射流过渡 MIG 焊的焊接参数

板厚 /mm	坡口尺寸 /mm	焊道顺序	焊接位置	焊丝直径 /mm	电流 /A	电压① /V	焊接速度 /(cm/min)	送丝速度① /(cm/min)	氩气流量/ (L/min)	备注
6	c=0～2 α=60°	1	水平	1.6	200～250	24～27 (22～26)	40～50	590～770 (640～790)	20～24	使用垫板
		1 2(背)	横、立、仰		170～190	23～26 (21～25)	60～70	500～560 (580～620)		
8	c=0～2 α=60°	1 2	水平	1.6	240～290	25～28 (23～27)	45～60	730～890 (750～1000)	20～24	使用垫板，仰焊时增加焊道数
		1 2 3～4	横、立、仰		190～210	24～28 (22～23)	60～70	560～630 (620～650)		
12	c=1～3 α_1=60°～90° α_2=60°～90°	1 2 3(背)	水平	1.6 或 2.4	230～300	25～28 (23～27)	40～70	700～930 (750～1000) 310～410	20～28	仰焊时增加焊道数
		1 2 3 1～8 (背)	横、立、仰	1.6	190～230	24～28 (22～24)	30～45	560～700 (620～750)	20～24	

续表 6-26

板厚 /mm	坡口尺寸 /mm	焊道顺序	焊接位置	焊丝直径 /mm	电流 /A	电压[①] /V	焊接速度 /(cm/min)	送丝速度[①] /(cm/min)	氩气流量/ (L/min)	备注
16	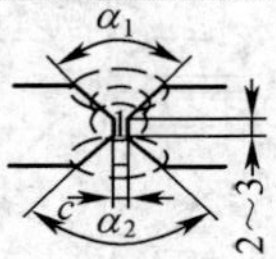 c=1～3 α_1=90° α_2=90°	4 道	水平	2.4	310～350	26～30	30～40	430～480	24～30	焊道数可适当增加或减少，正反两面交替焊接，以减少变形
		4 道	横、立、	1.6	220～250	25～28 (23～25)	15～30	660～770 (700～790)		
		10～12 道	仰	1.6	230～250	25～28 (23～25)	40～50	700～770 (720～790)		
25	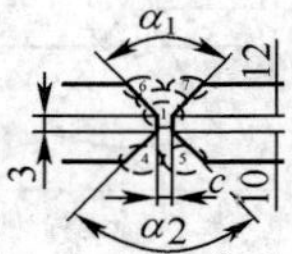 c=2～3 (7道时) α_1=90° α_2=90°	6—7 道	水平	2.4	310～350	26～30	40～60	430～480	24～30	
		6 道	横、立、	1.6	220～250	25～28 (23～25)	15～30	660～770 (700～790)		
		约 15 道	仰	1.6	240～270	25～28 (23～26)	40～50	730～830 (760～860)		

注：①括号内所给值适用于亚射流过渡。

表 6-27 纯铝、铝镁合金半自动熔化极脉冲氩弧焊的焊接参数

合金牌号	板厚/mm	焊丝直径/mm	基值电流/A	脉冲电流/A	电弧电压/V	脉冲频率/Hz	氩气流量/(L/min)	备注
1035	1.6	1.0	20	110～130	18～19	50	18～20	喷嘴孔径16mm；焊丝牌号L4
	3.0	1.2		140～160	19～20		20	焊丝牌号L4
5A03	1.8	1.0	20～25	120～140	18～19		20	喷嘴孔径16mm；焊丝牌号LF3
5A05	4.0	1.2		160～180	19～20		20～22	喷嘴孔径16mm；焊丝牌号LF5

表 6-28 2A14(LD10)铝合金熔化极脉冲氩弧焊的焊接参数

板厚/mm	焊丝直径/mm	基本电流/A	叠加脉冲电流/A	脉冲频率/Hz	焊接速度/m/h	电弧电压/V	氩气流量/(L/min)
4.5	2.0	85	35	50	9	28	14～17
5.5	2.5	110	35	50	9	29	17～20
6.0	2.5	120	37	50	9	30	20～24
7.0	2.5	130	42	50	9	31	24～30

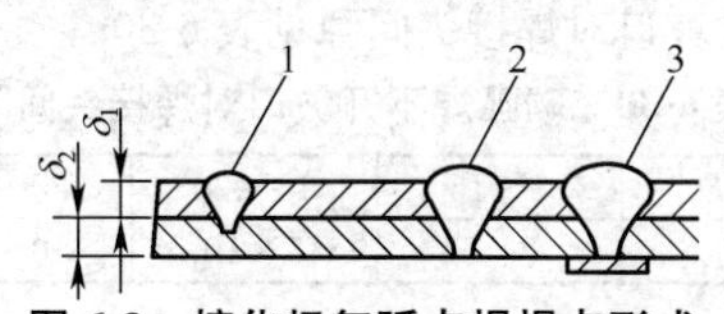

图 6-3 熔化极氩弧点焊焊点形式

1. 不熔透焊点 2. 熔透焊点 3. 带垫板

表 6-29 熔化极氩弧点焊的焊接参数

板厚(mm)		不熔透				熔透			
上板	下板	空载电压/V	焊接电流/A	送丝速度/(m/h)	焊接时间/s	空载电压/V	焊接电流/A	送丝速度/(m/h)	焊接时间/s
0.5	0.8	—	—	—	—	28	150	450	0.3
0.8	0.8	25.5	143	428	0.3	28	165	495	0.3
0.8	1.6	30	180	540	0.3	31	225	675	0.3

续表 6-29

板厚(mm)		不熔透				熔透			
上板	下板	空载电压/V	焊接电流/A	送丝速度/(m/h)	焊接时间/s	空载电压/V	焊接电流/A	送丝速度/(m/h)	焊接时间/s
1.6	1.6	32	210	630	0.4	32	275	825	0.5
1.6	3.2	32.5	325	975	0.5	34.5	337	1 015	0.5
1.6	6.4	39	387	1 162	0.5	41	400	1 200	0.5
3.2	3.2	39.5	400	1 200	0.5	41	425	1 275	0.6
3.2	6.4	41	450	1 350	1.0	—	—	—	—

注:焊丝直径为1.2mm。

③电极采用碳或石墨,石墨电极允许电流密度为200～600A/cm²,碳电极为100～200A/cm²。电极尖端的角度为45°～70°。在工作方便的前提下,电极伸出导电部分尽量短。

④工作厚度为2～2.5mm时,不开坡口,大厚度工件对接时,中间应留有间隙或开坡口,坡口角度为70°～90°。

⑤焊接厚铝板时,一般采用双面焊,焊接过程中如发现焊缝温度过高,需停顿一下,等温度降至400℃以下,再进行焊接。

(2)碳弧焊焊接铝的焊接参数

①碳弧焊不开坡口对焊接头间隙见表6-30。

表 6-30　碳弧焊不开坡口对焊接头间隙　　(mm)

铝板厚度	1～8	8～15	15～20	20～30	30～40
间隙	0	2～5	5～10	10～12	12～17

②碳弧焊焊接电流的选择见表6-31。

表 6-31　碳弧焊焊接电流的选择

板厚/mm	焊接电流/A	碳极直径/min	石墨极	
			圆形直径/mm	长×宽/mm×mm
1～3	100～200	10	8	8×8
3～5	200～250	12.5	10	10×10
5～10	250～400	15	12.5	12×12
10～15	350～550	18	15	14×14
15～20	500～800	25	20	18×18
20～30	700～1 000	—	25	22×22

7. 点焊和缝焊

(1)焊接工艺要点

①目前点焊或缝焊多用来焊接搭接板总厚度为4mm以下的构件。点焊时，焊前所装配的板件应紧密贴合，每100mm长之间的间隙不得超过0.3mm。

②焊接热处理强化的铝合金和厚度较大的(如2.0mm+2.0mm)非热处理强化的铝合金时，为了消除熔核出现裂纹和缩孔的倾向，应选取有锻压和二次脉冲电流的焊接参数。

③点焊刚度较大的结构时，应该选有预压力的焊接参数。

④铝合金板的焊点最小间距一般大于板厚的8倍，铝合金点焊最小的搭边宽度、焊点间距和排间距离见表6-32。

表6-32 铝合金点焊最小的搭边宽度、焊点间距和排间距离(mm)

板厚	最小搭边宽度	焊点最小间距	排间最小距离
0.5	9.5	9.5	6
1.0	13	13	8
1.6	19	16	9.5
2.0	22	19	13
3.2	29	32	16

⑤缝焊焊接铝及铝合金时，在焊接回路中必须保证通过很大的焊接电流；滚轮电极的压力与焊接同样厚度的低碳钢时的压力相接近；焊接速度比焊接钢的速度低(v=0.5～1.0m/min)，焊接速度随被焊工件厚度的增加而减小。

⑥焊接塑性较好的铝及铝合金应采用较小的焊接压力。

⑦为防止飞溅，可以适当增加焊接压力和焊接时间(较软的规范)。

(2)点焊和缝焊的焊接参数

①铝及铝合金单相交流点焊的焊接参数见表6-33。

表6-33 铝及铝合金单相交流点焊的焊接参数

焊接厚度/mm	电极直径/mm	球面电极半径/mm	电极压力/N	焊接电流/kA	通电时间/s	焊点核心直径/mm
0.4+0.4	16	75	1 470～1 764	15～17	0.06	2.8
0.5+0.5	16	75	1 764～2 254	16～20	0.06～0.10	3.2

续表 6-33

焊接厚度/mm	电极直径/mm	球面电极半径/mm	电极压力/N	焊接电流/kA	通电时间/s	焊点核心直径/mm
0.7+0.7	16	75	1 960～2 450	20～25	0.08～0.10	3.6
0.8+0.8	16	100	2 254～2 842	20～25	0.10～0.12	4.0
0.9+0.9	16	100	2 646～2 940	22～25	0.12～0.14	4.3
1.0+1.0	16	100	2 646～3 724	22～26	0.12～0.16	4.6
1.2+1.2	16	100	2 744～3 920	24～30	0.14～0.16	5.3
1.5+1.5	16	150	3 920～4 900	27～32	0.14～0.16	6.0
1.6+1.6	16	150	3 920～5 390	32～40	0.18～0.20	6.4
1.8+1.8	22	200	4 018～6 860	36～42	0.20～0.22	7.0
2.0+2.0	22	200	4 900～6 860	38～46	0.20～0.22	7.6
2.3+2.3	22	300	5 390～7 644	42～50	0.20～0.22	8.4
2.5+2.5	22	200	4 900～7 840	56～60	0.20～0.24	9.0

②铝合金 3A21、5A03、5A05 点焊的焊接参数见表 6-34。

表 6-34　铝合金 3A21、5A03、5A05 点焊的焊接参数

板厚/mm	电极球面半径/mm	电极压力/kN	焊接时间/周	焊接电流/kA	锻压压力/kN
0.8	75	2.0～2.5	2	25～28	—
1.0	100	2.5～3.6	2	29～32	—
1.5	150	3.5～4.0	3	35～40	—
2.0	200	4.5～5.0	5	45～50	—
2.5	200	6.0～6.5	5～7	49～55	—
3.0	200	8	6～9	57～60	22

③铝合金 2A12-T4、7A04-T6 点焊的焊接参数见表 6-35。

表 6-35　铝合金 2A12-T4、7A04-T6 点焊的焊接参数

板厚/mm	电极球面半径/mm	电极压力/kN	焊接时间/周	焊接电流/kA	锻压压力/kN	锻压滞后断电时刻/周
0.5	75	2.3～3.1	1	19～26	3.0～3.2	0.5
0.8	100	3.1～3.5	2	26～36	5.0～8.0	0.5

续表 6-35

板厚/mm	电极球面半径/mm	电极压力/kN	焊接时间/周	焊接电流/kA	锻压压力/kN	锻压滞后断电时刻/周
1.0	100	3.6～4.0	2	29～36	8.0～9.0	0.5
1.3	100	4.0～4.2	2	40～46	10.0～10.5	1
1.6	150	5.0～5.9	3	41～54	13.5～14.0	1
1.8	200	6.8～7.3	3	45～50	15～16	1
2.0	200	7.0～9.0	5	50～55	19.0～19.5	1
2.3	200	8.0～10.0	5	70～75	23～24	1
2.5	200	8.0～11.0	7	80～85	25～26	1
3.0	200	11～12	8	90～94	30～32	2

④2A12CZ 和 7A04CZ 铝合金在直流冲击波焊机上的点焊的焊接参数见表 6-36。

表 6-36 2A12CZ 和 7A04CZ 铝合金在直流冲击波焊机上的点焊的焊接参数

板厚/mm	焊接电流/A	通电时间/s	焊接压力/N	锻压力/N	电极球面半径/mm
1.5	38 000	0.16	5 000～6 000	2 000	75
2.0	47 000	0.22	6 500～7 000	22 500～25 000	100
3.0	56 000	0.30	8 000～8 500	25 000～30 000	100
3.5	64 000	0.35	9 000～9 500	30 000～35 000	100
4.0	75 000	0.35	9 500～11 000	40 000～45 000	150

注：2A12CZ 和 7A04CZ 为淬火自然时效状态。

⑤3A21 铝合金在交流焊机上的缝焊的焊接参数见表 6-37。

表 6-37 3A21 铝合金在交流焊机上的缝焊的焊接参数

板厚/mm	焊接电流/A	通电时间/s	每分钟脉冲数	滚轮压力/N	滚轮边缘球面半径/mm	焊接速度/(m/min)
0.5	21 000	0.02～0.04	500～750	2 500	75	0.8～1.2
0.8	25 000	0.02～0.04	375～600	3 000	75	0.8～1.2
1.0	29 000	0.04～0.06	375～600	3 500	75	0.8～1.2

续表 6-37

板厚/mm	焊接电流/A	通电时间/s	每分钟脉冲数	滚轮压力/N	滚轮边缘球面半径/mm	焊接速度/(m/min)
1.2	33 000	0.04～0.08	300～500	4 000	75	0.8～1.2
1.5	38 000	0.04～0.08	300～500	4 500	100	0.8～1.2
2.0	41 000	0.06～0.10	250～375	5 000	100	0.8～1.2

⑥铝合金在直流脉冲缝焊机上的缝焊的焊接参数见表 6-38。

表 6-38　铝合金在直流脉冲缝焊机上的缝焊的焊接参数

板厚/mm	滚轮圆弧半径/mm	步距（点距）/mm	3A21、5A03、5A06				2A12、7A04			
			电极压力/kN	焊接时间/周	焊接电流/kA	每分钟点数	电极压力/kN	焊接时间/周	焊接电流/kA	每分钟点数
1.0	100	2.5	3.5	3	49.6	120～150	5.5	4	48	120～150
1.5	100	2.5	4.2	5	49.6	120～150	8.5	6	48	100～120
2.0	150	3.8	5.5	6	51.4	100～120	9.0	6	51.4	80～100
3.0	150	4.2	7.0	8	60.0	60～80	10	7	51.4	60～80
3.5	150	4.2	—	—	—	—	10	8	51.4	60～80

⑦镀铝钢板缝焊的焊接参数见表 6-39。

表 6-39　镀铝钢板缝焊的焊接参数

每块板厚/mm	焊接电流/kA	焊接速度/(m/min)	滚轮工作面宽度/mm	电极压力/N	焊接时间/周	
					脉冲	休止
0.9	20	2.2	4.8	3 800	2	2
1.2	23	1.5	5.5	5 000	2	2
1.6	25	1.3	6.5	6 000	3	2

⑧铝镁合金缝焊的焊接参数（单相、交流）见表 6-40。

表 6-40 铝镁合金缝焊的焊接参数(单相、交流)

工件板厚/mm	脉冲时间+休止时间/周	焊接速度/(m/min)	脉冲时间/周		电极压力/N	焊接电流/kA	焊缝宽度/mm
			最小	最大			
0.5	5	1.00	1	2	2 500	24	2.5
1.0	9	0.88	2	3	3 500	32	3.5
1.6	13	0.80	3	4	4 400	38	4.8
2.0	18	0.64	4	6	4 900	41	5.5
3.2	34	0.46	7	11	6 100	45	8.0

8. 铝合金的电渣焊

铝合金的电渣焊主要是用于电力工业中的大断面铝线的焊接。铝板板极电渣焊的焊接参数见表 6-41。铝板电渣焊用的焊剂配方见表 6-42。

表 6-41 铝板板极电渣焊的焊接参数①

铝板厚度/mm	80	100	120	160	220
电弧电压/V	30~33	30~35	30~35	31~35	32~35
焊接电流/A	3 200~3 500	4 500~5 000	5 500~6 000	8 000~8 500	10 000~11 000
板极断面/$\frac{A}{mm}\times\frac{B}{mm}$	30×60	30×70	30×90	29×140	29×190
装配间隙/mm	50~55	50~60	50~65	55~65	60~65
始焊时加入焊剂量/g	500	700	800	1 250	1 600
焊接速度/m/h	4.00	4.00	3.75	3.75	3.70

注:①焊接过程中,为补充焊剂损耗,保证渣池深度不变,应不断添加一定量的焊剂。

表 6-42 铝板电渣焊用的焊剂配方(质量分数,%)

成分	NaCl	KCl	Na_3AlF_6	LiF	SiO_2	NaF	$MgCl_2$	MgF_2	备注
国内	30	50	20	—	—	—	—	—	工业纯
国外	50	—	—	25	—	25	—	—	化学纯
	—	30	—	30	—	—	30	10	
	50	—	—	42	8	—	—	—	
	15~35	35~60	15~30	1~10	—	—	—	—	

9. 钎焊

由于铝及铝合金表面氧化物的化学稳定性很强，所以不易清除。因此，在钎焊时，应当采用活性极强的钎剂或真空钎焊等方法。常用的铝及铝合金材料的钎焊性见表 6-43。

表 6-43　常用的铝及铝合金材料的钎焊性

牌号	熔化温度范围/℃	主要成分(质量分数,%)	软钎焊性	硬钎焊性
1070A、1060	−660	Al>99	优	优
3A21	643～654	Mnl. 3，余量 Al	优	优
5A01	634～654	Mgl，余量 Al	良	优
5A02	627～652	Mg2. 5，Mn0. 3 余量 Al	困难	良
5A03	—	Mg3. 5，Mn0. 45 余量 Al	困难	差
5A05	568～638	Mg4. 7，Mn0. 45 余量 Al	困难	差
2A11	515～641	Cu4. 3，Mg0. 6，Mn0. 6，余量 Al	差	差
2A12	505～638	Cu4. 3，Mgl. 5，Mn0. 6，余量 Al	差	差
6A02	593～651	Cu0. 4，Mg0. 7，Si0. 8，余量 Al	良	良
7A04	477～638	Cul. 7，Mg2. 4，Zn6，Mn0. 4，Cr0. 2，余量 Al	差	差
ZA1Si12	577～582	Sil2，余量 Al	差	困难
ZA1Cu5MnA	549～582	Cu5，Mn0. 8，Ti0. 25，余量 Al	良	困难
ZA1Mg10	525～615	Mg10. 5，余量 Al	差	差

(1)钎料　采用软钎料钎焊铝，例如用锌基钎料时，所得到的接头耐腐蚀性较差、强度低。铝的软钎料特点与选用见表 6-44。铝及铝合金硬钎料的适用范围见表 6-45。

表 6-44 铝的软钎料特点与选用

钎料	熔点范围/℃	钎料成分	可操作性	润湿性	强度	耐腐蚀性	对母材的影响
低温软钎料	150～260	Sn-Zn 系 Sn-Pd 系 Sn-Zn-Cd 系	容易	较差	低	差	无影响
中温软钎料	560～370	Zn-Cd 系 Zn-Sn 系	中等	优秀 良好	中	中	热处理合金有软化现象
高温软钎料	370～430	Zn-A1 Zn-A1-Cu	较难	良好	好	好	热处理合金有软化现象

表 6-45 铝及铝合金硬钎料的适用范围

钎料牌号	钎焊温度/℃	钎焊方法	可钎焊的铝及铝合金
B-Al92Si	599～621	浸渍,炉中	1 060～8A06,3A21
B-Al90Si	588～604	浸渍,炉中	1 060～8A06,3A21
B-Al88Si	582～604	浸渍,炉中,火焰	1 060～8A06,6A02
B-Al86SiCu	585～604	浸渍,炉中,火焰	1 060～8A06,3A21,5A02,6A02
B-Al76SiZnCu	562～582	火焰,炉中	
B-Al67CuSi	555～576	火焰	1 060～8A06,3A21,5A02,6A02 2A50,ZL102,ZL202
B-Al90SiMg	599～621	真空	1 060～8A06,3A21
B-Al88SiMg	588～604	真空	1 060～8A06,3A21, 6A02
B-Al86SiMg	582～604	真空	1 060～8A06,3A21, 6A02

(2)**钎剂** 钎焊铝及铝合金用软钎剂的成分与用途见表 6-46,铝及铝合金用硬钎剂组分与用途见表 6-47。对于铝及铝合金钎焊,应当注意钎焊后必须清除残渣。否则,钎焊接头在使用过程中容易腐蚀破坏。

表 6-46　铝及铝合金用软钎剂的成分与用途

牌　号	组分(质量分数,%)	钎焊温度/℃	用　途
QJ201(钎剂 201)	KCl 47～51, LiCl 31～35, $ZnCl_2$ 6～10, NaF 9～11	450～620	火焰钎焊、炉中钎焊铝及铝合金，应用较广
QJ203(钎剂 203)	$ZnCl_2$ 27～80, NH_4 53～58, Br13～16, NaF1.7～2.8	270～380	常用于铝芯电缆接头的软钎焊
QJ207(钎剂 207)	KCl 43.5～47.5, NaCl 18～22, LiCl 25.5～29.5, $ZnCl_2$ 1.5～2.5, ZnF_2 1.5～2.5, LiF 2.5～4	560～620	火焰钎焊，炉中钎焊铝及铝合金

表 6-47　铝及铝合金用硬钎剂组分与用途

牌号	组分(质量分数,%)	钎焊温度/℃	用　途
211	KCl 47, NaCl 27, LiCl 14, $CdCl_2$ 4, $ZnCl_2$ 3, AlF_3 5	>550	火焰钎焊，炉中钎焊
YJ17	KCl 51, LiCl 41, AlF_3 4.3, KF 3.7	>500	浸渍钎焊
YJ17	KCl 44, LiCl 34, NaCl 12, KF-AlF_3 共晶(46%KF, 54%AlF_3)10	>560	浸渍钎焊
QJ201	KCl 50, LiCl 32, $ZnCl_2$ 28, NaF 10	460～620	火焰钎焊，某些钎料炉中钎焊
QJ202	KCl 28, LiCl 42, $ZnCl_2$ 24, NaF 6	460～620	火焰钎焊
H701	KCl 46, LiCl 12, NaCl 26, KF-AlF_3 共晶 10, $ZnCl_2$ 1.3, $CdCl_2$ 4.7	>560	火焰钎焊，炉中钎焊
1712B	KCl 47, LiCl 23.5, NaCl 21, AlF_3 3, $ZnCl_2$ 1.5, $CdCl_2$ 20, TlCl 2	>500	火焰钎焊，炉中钎焊
QF	KF·$2H_2O$ 42～44, AlF_3 31, $2H_2O$ 56～58	>570	炉中钎焊

6.1.3　典型铝及铝合金的焊接

1. 冷凝器端盖的气焊

气焊铝冷凝器端盖如图 6-4 所示，材料为 5A06。

①采用化学清洗的方法(见表6-11),将接管、端盖、大小法兰盘、焊丝清洗干净。

②焊丝选用SAlMg5Ti,ϕ4mm。熔剂选用CJ401。用气焊火焰将焊丝加热,在熔剂槽内将焊丝蘸满CJ401备用。

③采用中性焰,右焊法焊接,气焊铝及铝合金时焊枪的运动方式如图6-5所示。焊枪选用H01-12,选用3号焊嘴。

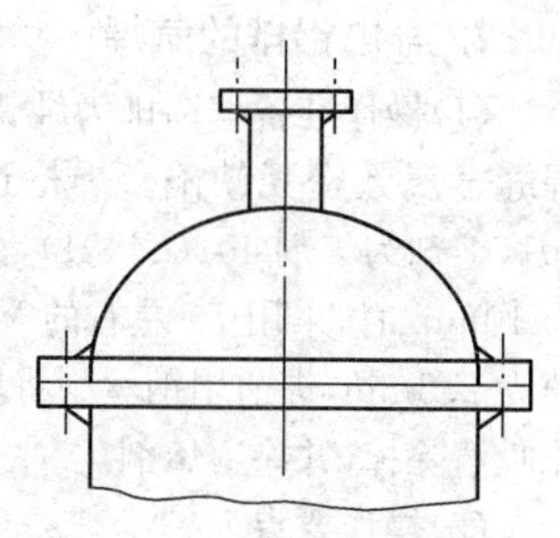

图6-4　气焊铝冷凝器端盖

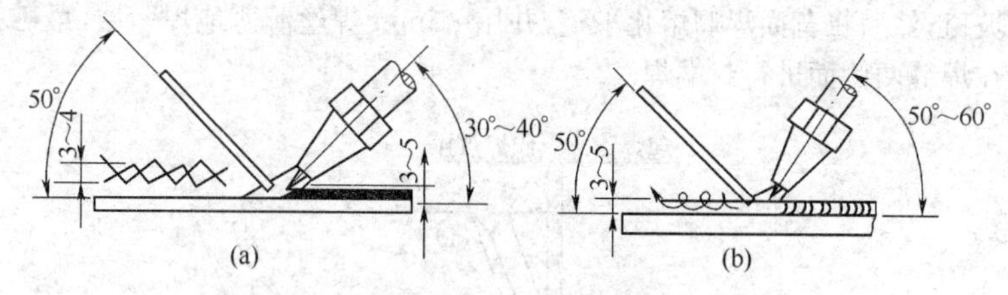

图6-5　气焊铝及铝合金时焊枪的运动方式

(a)上下跳动前进　(b)平直前进

④焊接小法兰盘与接管。用气焊火焰对小法兰盘均匀加热,待温度达250℃左右时组焊接管。定位焊两处,从第三点进行焊接。为避免变形和为了隔热,在预热和焊接时小法兰盘放在耐火砖上。

⑤焊接端盖与大法兰盘。切割一块与大法兰盘等径厚度20mm的钢板,并将其加热到红热状态,将大法兰盘放在钢板上,用两把焊枪将其预热到300℃左右,快速将端盖组合到大法兰盘上。定位三处,从第四点施焊。焊接过程中保持大法兰盘的温度,并且不能中断焊接。

⑥焊接接管与端盖焊缝,预热温度为250℃。

⑦焊后清理。先在60℃~80℃热水中用硬毛刷刷洗焊缝及热影响区,再放入60℃~80℃、质量分数为2%--3%的铬酐水溶液中浸泡5~10min,再用毛刷刷洗,然后用热水冲洗干净并风干。

2. 导电铝排的气焊

(1)操作准备　铝排为纯铝材料，为保证焊后导电性能良好，要求焊缝金属致密无缺陷。焊枪选用 H01－12 型，3 号焊嘴，焊丝选用301，熔剂为气剂 401(CJ401)，火焰性质为中性焰或轻微碳化焰。板厚为 10mm 时，采用 70°左右的 V 形坡口，钝边为 2mm，受热后的组对间隙为 2.5mm，焊前用钢丝刷将坡口及坡口边缘 20～30mm 范围内的氧化膜清除掉，并涂上熔剂。

(2)操作要点

①正面分两层施焊。第 1 层用 ϕ3mm 焊丝焊接，为防止起焊处产生裂纹，焊接第 1 层的铝排接头及起焊点如图 6-6 所示，即从 A 处焊至端头①，再从 B 处向相反方向焊至端头②；第 2 层用 ϕ4mm 焊丝，焊满坡口；然后将背面焊瘤熔化平整，并用 ϕ3mm 焊丝薄薄地焊一层，最后在焊缝两侧面进行封端焊。

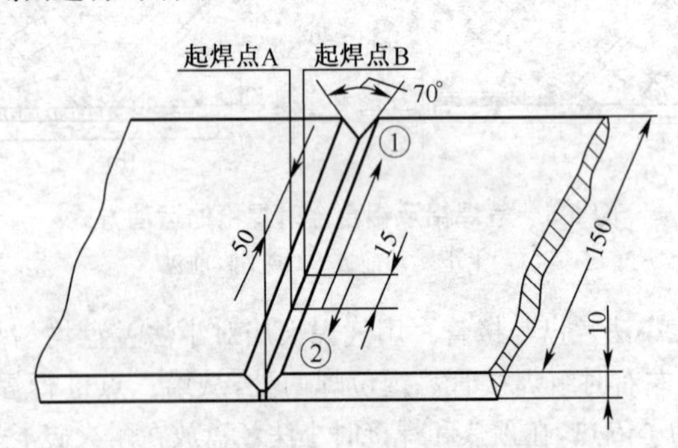

图 6-6　焊接第 1 层的铝排接头及起焊点

②焊枪的操作方式(焊枪平移前进)如图 6-7 所示。

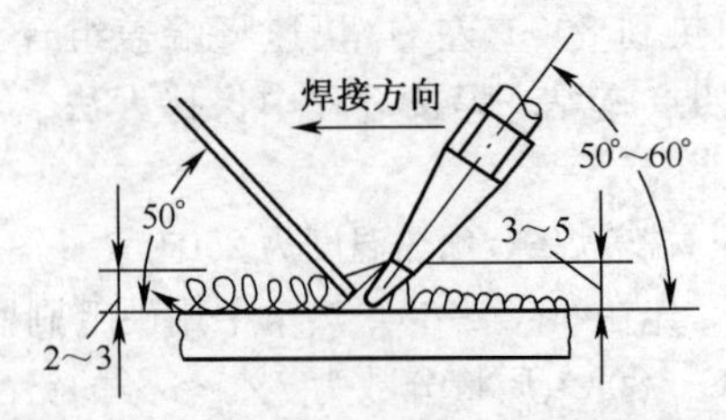

图 6-7　焊枪的操作方式(焊枪平移前进)

③焊枪用60℃～80℃热水和硬毛刷冲洗熔渣及残留的熔剂，以防残留物腐蚀铝金属。

3. ϕ110mm×4mm纯铝管的水平转动气焊

(1)操作准备 用化学清洗方法或用直径为0.2～0.5mm的钢丝刷，清除铝管接缝端面及内外表面20～30mm范围内的氧化物。选用H01－6型号焊枪，3号焊嘴，直径为3mm的HS301焊丝，CJ401熔剂。先用砂布清除焊丝表面的氧化物，然后用丙酮去除砂粒及粉尘。在焊丝表面和铝管端部焊接处涂上用蒸馏水调制的糊状熔剂。组装时两管对接间隙保持1.5mm。

(2)操作要点

①定位焊点位置如图6-8所示，在A处起焊，并将铝管放在转台上，以便于水平转动施焊。

②用中性焰将接缝处两侧预热到300℃～350℃(用划蓝色粉笔法判断)后，再加热起焊点A。当接缝外铝管边棱消失时，应迅速用焊丝挑破两侧熔化金属的氧化膜，使两侧的液体金属熔合在一起形成熔池。继续加热，待该处熔透时再填加焊丝。

③焊接时，焊嘴应始终处于如图6-8所示的上坡焊位置，并保持与铝管切线方向成60°～80°倾角不变，而焊丝必须快速上下跳动，并要不断地将氧化物挑出，这样就可以避免烧穿、焊瘤和夹渣等缺陷的产生。

④收尾处应和已焊焊缝重叠15～20mm。收尾时，应待熔坑填满后再慢慢地提起焊枪，焊枪等熔池完全凝固后才可撤离焊接区。

(3)焊后处理 焊后用80℃～100℃的热水或蒸汽，将铝管内外残留的熔剂和焊渣冲刷干净。

4. 多股铝线与接线板的气焊

(1)操作准备

①将电线端头的绝缘层剥去110mm左右，然后用单根细铁丝把端头铝线扎紧，多股线与接线板的气焊如图6-9所示。

②在细铁丝上部10mm处用钢锯将铝线锯平，然后用氢氧化钠溶液清除铝线端头的氧化膜和污物，并用清水冲洗干净。

③在细铁丝的下部装夹一个可以分开的石墨或铁制模子，也可以如图6-9b所示，缠上浸水的石棉绳，以防焊接时烧坏绝缘体。

④选用 H01－6 型号焊枪，2 号焊嘴，直径为 2mm 的 HS301 焊丝和 CJ401 熔剂。

⑤焊丝需经化学清理，或用砂布打磨去除氧化物和污物。

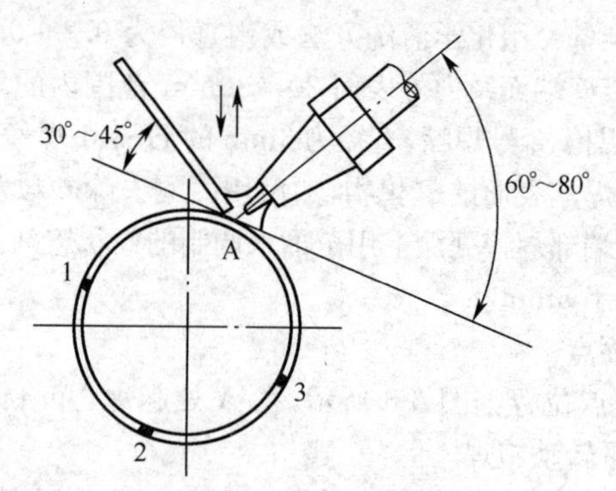

图 6-8 定位焊点位置

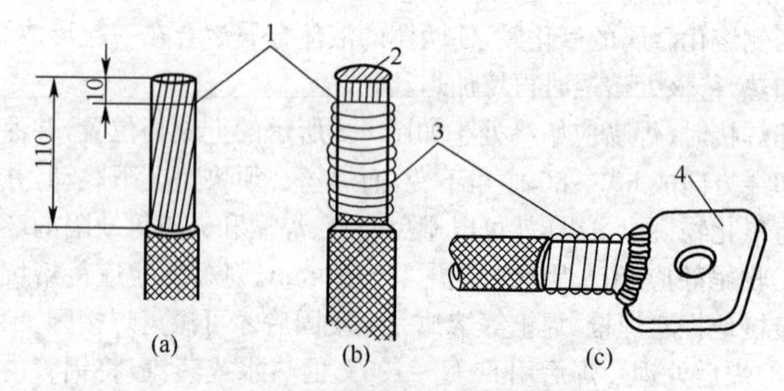

图 6-9 多股线与接线板的气焊

(a)剥去绝缘层捆扎端头 (b)封端焊 (c)铝线和接线板的焊接

1. 细铁丝 2. 封端焊(蘑菇状) 3. 浸水石棉绳 4. 连接板

(2)操作要点

①将多股铝线置于垂直位置，用中性焰或轻微碳化焰从断面中心开始依次向外圆施焊。施焊时，先用火焰使每根铝线端部熔化，但不得漏焊，不要向熔化处填加焊丝。

②当多股铝线的每根铝线都熔合在一起后，再填加蘸有熔剂的焊丝，直至端部焊成蘑菇状，即为封端焊，如图 6-9b 所示。封端焊要一次

完成，中途不得停顿。

③将连接板清理后在焊接处涂上一层糊状熔剂，使铝线封端焊一端和连接板处于如图 6-9c 所示的水平位置。用较大的火焰能率加热连接板和铝线端头，待熔化后即可填加焊丝进行施焊。填丝时，应用焊丝端部搅拌熔池，使杂质能尽快浮出。每个接头应一次焊完。

(3)焊后处理 焊后应用 60℃～80℃的热水或硬毛刷，将残渣和熔剂冲刷干净。

5. 2A12 铝合金冷凝器 TIG 焊

(1)冷凝器焊接要求 冷凝器主要由筒体、封帽、隔板、网板法兰和 78 根冷却管组成。材质均为 2A12 铝合金，状态为 O 状态。冷凝器尺寸结构如图 6-10 所示。

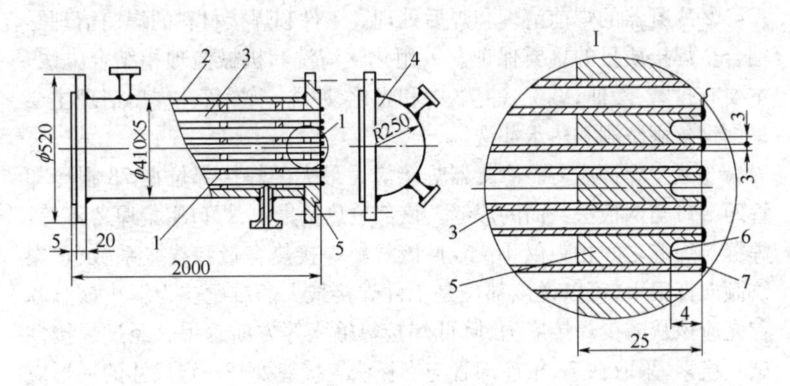

图 6-10 冷凝器尺寸结构

1. 隔板(5 块) 2. 筒体 3. ϕ25×3 冷却管(78 根)
4. 封帽 5. 网板法兰 6. R1.5 应力槽 7. 管与法兰卷边接头

①焊接接头形式。筒体采用 60°V 形坡口对接接头，筒体、封帽与网板法兰采用 55°单 V 形坡口 T 形接头，冷却管与网板法兰采用卷边接头。

②冷凝器检验要求。冷凝器除焊后保证尺寸外，焊缝表面不允许有裂纹、气孔、未熔合、弧坑、咬边等缺陷，冷凝器致密性检验采用水压试验，压力要求 0.5MPa，保压 5min，不降压为合格。

(2)2A12 铝合金材质焊接性分析　2A12 属于热处理强化铝合金，虽然具有密度小、质量轻、抗腐蚀、导电导热性好、一定的强度等特点，但该材料的焊接性是很差的。其主要表现在焊接时易出现热裂纹，广义上说，在焊接结构中一般很少应用。因为产品设计的需要，才选用该材料作为焊接结构。另外，该材料焊接时还存在易氧化、导电性高，热容量和线胀系数大，熔点低以及高温强度小，容易产生氢气孔和变形等特性。

(3)2A12 铝合金焊接工艺

①采取 TIG 焊。TIG 工具有焊缝质量高、电弧热量集中、气体保护效果好、焊缝美观、热影响区小、操作灵活、焊接变形量小等特点。

②冷凝器的焊前清理和焊后处理。工件和焊接材料的焊前清理是铝合金焊接质量的重要保证。采用化学清洗和机械清理相结合方法，主要有打磨、除油、碱洗、冲洗、中和光化、冲洗、干燥等。焊后清理主要是细钢丝刷洗刷和热水冲洗、烘干。

③减少焊接应力。冷凝器焊接应力最大的焊接部位在 78 根冷却管两端口与网板法兰面的焊缝。该部位热量集中、焊口密集厚薄不等，焊缝与焊缝之间相距仅 4mm，且该材料焊接热容量和线胀系数、热裂纹倾向都很大，可以说该部位是工件焊接最大的难题。为解决该难题首先应该从减少焊接应力、降低焊接热输入等方面着手。经过焊接性试验摸索，采取在 78 根冷却管与网板法兰接缝处开一定尺寸的环形应力槽的措施，如图 6-10 中的 I 局部放大图所示。开这环形应力槽的主要目的是减少焊缝之间的相互应力，解决接缝的厚薄不均，减少焊接应力和变形，同时可适当降低焊接热输入及材料的热膨胀，最终达到防止产生热裂纹的目的。

④焊接参数。TIG 焊的焊接设备是采用美国某公司生产的 SYNGROWAV・E300(S)AC/DC 两用氩弧焊机。冷凝器各接头焊接选用的焊丝牌号为 HS311。冷凝器 TIG 的焊接参数见表 6-48。

(4)操作技术　以网板法兰上卷边接头为例。

①预热。网板法兰由于厚度大，在施焊前必须进行预热，预热温度为 150℃左右。

表 6-48 冷凝器 TIG 的焊接参数

焊缝接头形式	焊丝直径/mm	钨极直径/mm	焊嘴直径/mm	电流种类	氩气流量/(L/min)	焊接电流/A	焊接速度/(cm/min)	衰减时间/s	滞后断气时间/s
V形对接接头	3	3.5	12	AC	8	170	7	5	20
单V形T形接头	4	3.5	14	AC	10	280	4	10	30
卷边接头	2	2.5	10	AC	8	130	10	5	15

②钨极。钨极磨成锥形后，用大于焊接电流 1/3 的电流把钨极端熔化成小球形，钨极端长出焊嘴口 7mm 为宜，焊接时始终保持钨极端清洁无氧化。

③引弧。调整所需焊接参数，打开焊枪手控开关 2s 后小电弧高频起弧，对中焊点位置 1s 后自动升到焊接所需电流，开始正常的焊接。在引弧中注意钨极不允许接触焊缝区，以免产生夹钨和焊接面受污染。

④焊接。采用左焊法和等速的送丝技术，利用支点支撑保持电弧长度稳定性，提高气体保护效果，即控制焊枪角度。焊接顺序按中间向外扩展原则交叉分区进行焊接。

⑤收弧。关闭焊枪手控开关，焊接电流按预先调节顺序自动进行衰减至零位，保护气体在规定的时间内滞后断气。衰减时注意焊缝收弧处填满弧坑，并使焊缝在保护气氛中保护一定时间，以防止空气侵入熔池。

⑥目视检查。焊接完毕要严格进行目视检查，对发现的缺陷应及时进行补焊返修，保证焊接质量。

6. 87m³ 纯铝浓硝酸储槽 MIG 焊

该储槽结构的直径为 2.8m，总长度为 14.78m，槽体壁厚为 28mm，封头壁厚为 30mm，材料为 1060 纯铝。槽体纵、环焊缝要求做 20%的 X 射线探伤检测，87m³ 纯铝浓硝酸储槽结构如图 6-11 所示。

在制造该储槽时，采用了自动熔化极氩弧焊工艺。制造前先用厚度为 28～30mm 的 1060 牌号纯铝板进行工艺性试验，在试验成功的基

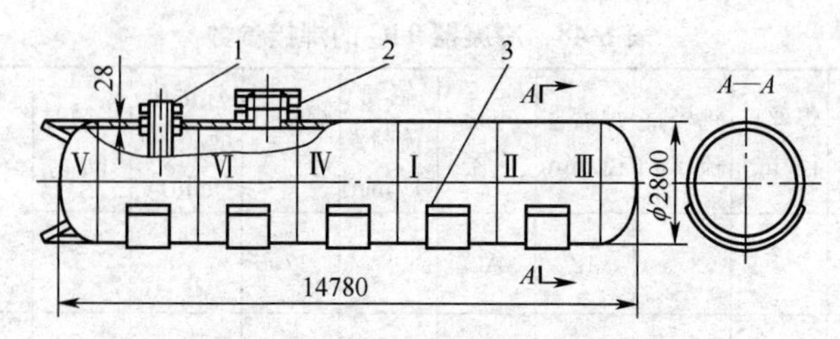

图 6-11　87m³ 纯铝浓硝酸储槽结构

1. 接管　2. 人孔　3. 支座板

础上投入生产。

(1)焊接设备　所用设备是经改装的 MZ－1000 型埋弧焊机。电源为 2～3 台并联的 ZXG－500 型直流弧焊机。焊机上加装了特制的焊枪。为使该焊机能够达到一定的送丝速度及保持送丝的稳定性，可增大原 MZ－1000 型焊机上的送丝齿轮减速比。原送丝齿轮的齿数可由 17/68 改为 22/63；送丝轮由单主动轮改为双主动轮；主动轮的槽子加工成半圆形，槽深 1.5mm，槽底半径 2mm；另外，从减少送丝阻力考虑，也可以使开式焊丝盘的位置略作升高，并增设焊丝导向轮。

(2)焊前准备　纯铝储槽筒体的坡口形式如图 6-12 所示。坡口可用刨边机刨削，单节筒体端部坡口在大型立车上车削，这样可保证坡口的装配间隙保持在 0.5mm 以内。

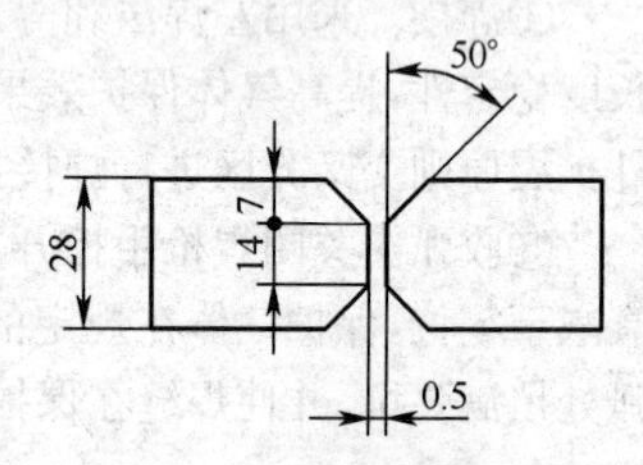

图 6-12　纯铝储槽筒体的坡口形式

焊前在坡口两侧各 100mm 处用氧乙炔焰加热至 100℃以上，然后用质量分数为 10％的氢氧化钠水溶液擦拭，以去除铝板表面的 Al_2O_3 薄膜，再用质量分数为 30％的硝酸水溶液进行光化处理。施焊时，再用不锈钢丝轮打磨坡口内部及其两侧。

焊丝选用牌号 HS301 纯铝焊丝，直径为 4mm。喷嘴孔径选择 26mm，氩气流量调节到 50～60L/min。

(3)纵缝、环缝焊接　储槽筒体按纵缝及环缝两部分进行焊接。

①纵缝的拼接。储槽筒体直径达 2.8mm，制作该筒体需用两大张

(1m×3m)铝板拼接起来。拼接时先在坡口背面用 NBA1－500 型半自动氩弧焊机进行定位焊，定位焊缝的长度 50～60mm，间距 400～500mm。将经过定位焊的纯铝工件置于 3mm 厚的不锈钢垫板(垫板表面未开槽)上焊接，焊接电流为 560～570A，电弧电压 29～31V，焊接速度 13～15m/h，氩气流量 50～60L/min，焊枪前倾角 15°，喷嘴端部与工件间的距离保持在 10～15mm。

拼接成的长方形铝板，在专用的卷板机上卷成直径 28m 的筒体，焊接顺序是先焊内缝再焊外缝。筒体的内、外纵缝焊接时分别将焊机置于筒体内、外端的钢制轨道上，由焊机沿轨道自动行走进行 MIG 焊接。

②环缝的焊接。整个储槽筒体上计有 6 条环缝接头，其焊接顺序如图 6-11 中的Ⅰ～Ⅳ所示。在分别焊接完成Ⅰ、Ⅱ、Ⅲ环缝及Ⅳ、Ⅴ环缝后进行 X 射线透视检验，然后将已经焊成的两个半只储槽定位焊合拢，再焊接最后一条(第Ⅵ条)环缝。

最后一条环缝的内缝焊接时，由于筒体两侧均已装上封头，已无法伸进臂进行焊接，可将焊机上的部分组件拆开，从 ϕ500mm 的入孔中放入，在筒体内组装后进行内环缝焊接。

各纵缝、环缝单面焊接后，反面全部进行铲除焊根处理，然后再进行填充焊接。

③附件的焊接。接管、入孔、加强板、支座板等部件的焊接，均可采用半自动熔化极氩弧焊。焊接电流为 320～340A，电弧电压为 29～30V，焊丝直径为 2.2mm，焊枪前倾角为 10°～20°，喷嘴与工件的距离为10～20mm。

7. 铝合金轿车门的点焊

轿车门材料为 5A03 防锈铝(德国 DIN1725 标准 AlMg3 材料)，工件为 1.2mm 厚的冲压件。铝合金材料的特点是散热快、电导率高。因此，在制定焊接工艺方案时，应当保证在短时间内形成优质的熔核，点焊时需要更大的能量。基于以上考虑，选用大功率二次整流点焊机进行操作。

铝合金轿车门点焊工艺所使用的焊接设备是 DZ－100 型二次整流点焊机。该型焊机的特点是输出功率大、热效率高，DZ 系列二次整流点焊机是在焊接变压器的二次侧用二极管进行全波整流的新型焊机。由于它的二次侧为直流，所以在二次侧回路中不存在感抗（或感抗很小），因此，该焊机与交流焊机相比具有功率因数高，在焊接同样厚度材料时功率消耗较小的优点。此外，该焊机的加压系统装有压力补偿装置，它能及时补偿因工件熔化而引起的压力变化，从而使焊接质量得到可靠的保证。

铝合金轿车门点焊的焊接参数见表6-49。为了减少工件的接触电阻，应当对5A03材质冲压件进行清洗，用碱液除油，用酸液处理氧化膜，清洗好的工件应在72h内焊接完毕。在焊接过程中，必须对电极进行强制水冷，水流量应当在6L/min以上，水温应低于30℃。下电极直径为12mm，端面为平面。上电极直径为8mm，端面半径为50mm的球面。这样可以保证电极与工件之间的压力稳定、减少飞溅。小直径的电极对电流有压缩作用，增大电流密度可以保证熔核的质量。

表6-49　铝合金轿车门点焊的焊接参数

次级电压/V	8.26	焊接时间/s	3
电极压力/N	3000	维持时间/s	40
预压时间/s	40	休止时间/s	99

焊后应检查焊点质量。从外观上要求配合面的压痕深度≤0.1mm，用扁铲将焊点剥离来检验焊点强度，要求熔核直径为4～5mm。

总之，对5A03材质的工件应采用强参数点焊，才能配合适当的电极，才可获得优质的焊接产品。

8. 大型铝板换热器的盐浴浸渍钎焊

铝板翅片换热器由于具有传热效率高、结构轻巧紧凑等特点，被广泛应用于石油、化工、制冷、交通、冶金等工业领域，并且逐渐取代铜管式换热器。典型的铝板翅式换热器钎焊结构如图6-13所示。它由隔板、波纹板、封条等组成。其材质全部为3A21铝合金。钎料为HlAl-Si7.5，熔化温度范围为577℃～612℃。钎料可制成箔状铺放在隔板上，但是较多的情况是采用轧制方法将钎料复合于隔板上制成双金属板，从而简化装配工艺。

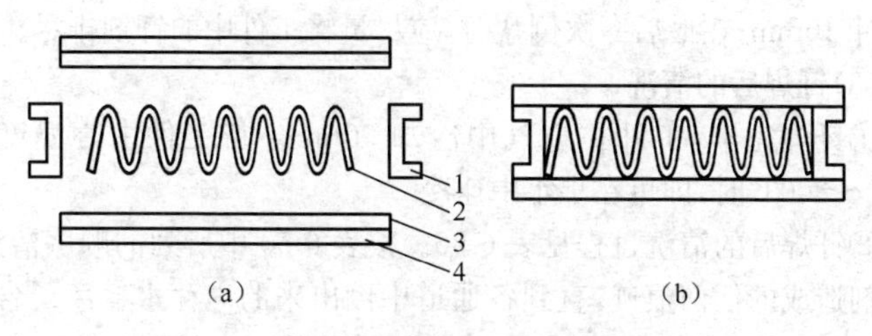

图 6-13 典型的铝板翅式换热器钎焊结构

(a)钎焊前 (b)钎焊后

1. 封条 2. 波纹板 3. 钎料 4. 隔板

(1)钎焊前的准备

①零件先在质量分数 $w(Na_2CO_3)$3%～5%与 601 洗涤剂 2%～6%的混合液中去油。

②在质量分数 $w(NaOH)$5%～10%溶液中去除氧化物。

③用体积分数 $\varphi(HNO_3)$20%～40%溶液进行中和处理。

④用流动的清水洗净并烘干零件。

⑤在夹具中装配成所要求的结构。外形尺寸为 710mm×750mm×210mm,共计 66 层。

⑥将装配好的结构在功率为 150kW、温度为 560℃的预热炉中预热 3h。预热的目的是提高工件进入盐浴炉的温度;防止钎剂凝固阻塞工件通道;缩短钎焊时间。

(2)钎焊工艺过程

①预热完毕的工件应立即浸入恒温在 615℃的盐浴槽中钎焊。盐液既是导热的介质,可把工件加热到钎焊温度,又是钎焊过程中的钎剂。钎剂成分(质量分数):$w(KCl)$44%,$w(NaCl)$12%,$w(LiCl)$34%,$w(KF\cdot AlF_3)$10%,熔点为 480℃～520℃。盐浴槽为电极式盐浴电阻炉,盐浴槽的尺寸为 3 200mm×1 300mm×1 400mm,功率为 250kW。

②钎焊时采用三次浸渍工艺:第一次工件以 30°角左右倾斜浸入,浸入的速度适当慢一些,以利空气排出;待工件全部浸入时,再把工件放平,保持 4min 以后,工件从另一端以 30°角吊起离开盐浴面,待钎剂大部分排出后,再第二次浸入;如此顺序进行三次浸渍,浸渍的保持时间是第一次 4min,第二次 2min,第三次 4min,工件在盐浴中的加热时

间共计 10min；在最后一次倒盐时，应尽量将工件中的钎剂排尽。

(3)钎焊后的清洗

①钎焊完毕，工件在空气中冷却 90min。待工件中心温度降至 200℃～300℃时，即可在沸水中速冷。

②钎焊后的清洗过程见表 6-50。按表 6-50 中所列的顺序清洗，去除钎剂造成的任何痕迹，直到各通道中倒出来的内存水氯离子含量通过“盐迹试验”。

表 6-50　钎焊后的清洗过程

工序	清洗液	时间/min	温度/℃
1	浸入热水槽速冷	2～5	＞80
2	循环水冲洗	4～8h	＞60
3	草酸[1] 2%～4%，氟化钠[2] 1%～2%，601 洗涤剂[2] 2%～4%(烷基磺酸钠)	5～20	室温
4	循环水冲洗	10～30	＞60
5	硝酸[1] 10%～20%	5～10	室温
6	循环水冲洗	5～30	＞60
7	铬酸[2] 1.1%，硼酸[2] 1.9%，氟硅酸钠[2] 1.9%	1～5	室温
8	循环水冲洗	10～30	＞60

注：①百分数为体积分数；②百分数为质量分数。

(4)渗漏检验

①用热空气干燥。

②进行渗漏检验。该换热器的设计压力为 0.6MPa，经检验达到质量要求即完成制造过程。

6.2　铜及铜合金的焊接

6.2.1　铜及铜合金的基本知识

1. 铜及铜合金的分类

纯铜呈紫红色，俗称紫铜。在纯铜的基础上加入不同的合金元素，可以成为不同性能的铜合金，常用的铜及铜合金分类见表 6-51。

表 6-51 常用的铜及铜合金的分类

类别	主要元素	合金元素	合金元素的含量(质量分数,%)与颜色的关系					
纯铜	Cu	—	紫红色					
黄铜	Cu	Zn	0～3	10	15	20	30～35	55
			红色	黄红色	淡黄色	绿黄色	金黄色	淡黄色
锡青铜	Cu	Sn	11	15	20		50	
			红黄色	橙黄色	苍白黄色		带黄色苍白色	
铝青铜	Cu	Al	—					
硅青铜	Cu	Si	—					
锰青铜	Cu	Mn	—					
白铜	Cu	Ni	—					

2. 铜及铜合金牌号、代号表示

(1)纯铜代号表示方法 如图 6-14 所示。

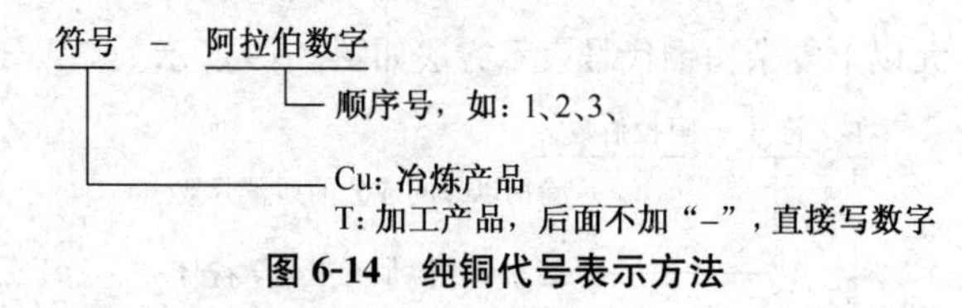

图 6-14 纯铜代号表示方法

(2)黄铜代号表示方法

①普通黄铜代号表示方法如图 6-15 所示。

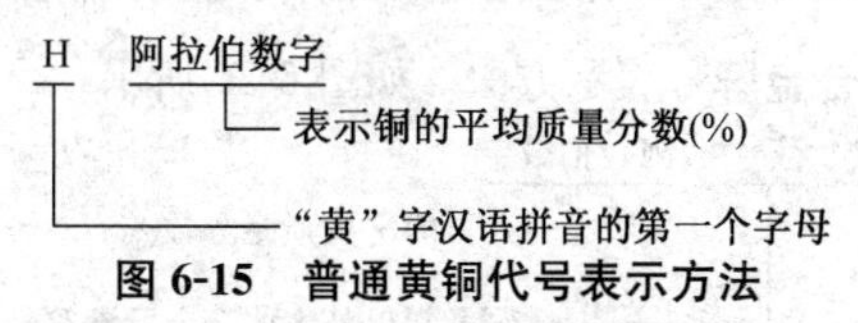

图 6-15 普通黄铜代号表示方法

②三元以上复杂黄铜代号表示方法如图 6-16 所示。

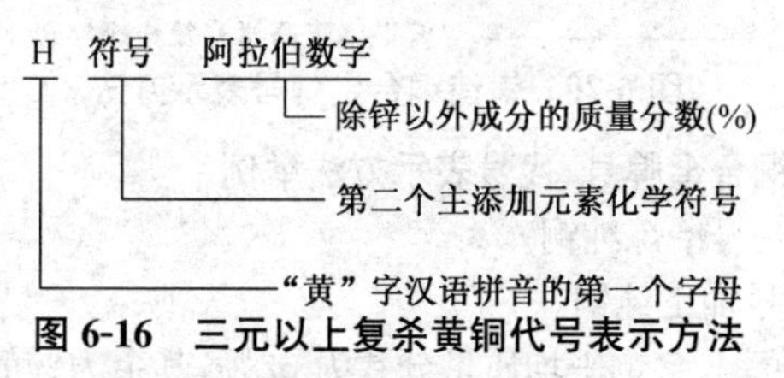

图 6-16 三元以上复杂黄铜代号表示方法

(3)青铜代号表示方法 如图 6-17 所示。

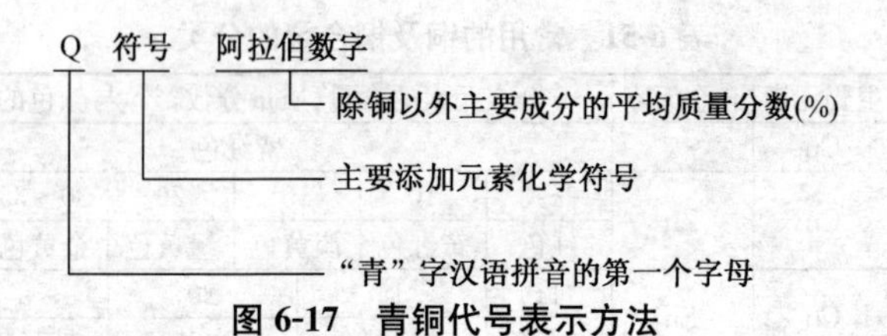

图 6-17　青铜代号表示方法

(4)白铜代号表示方法

①普通白铜代号表示方法如图 6-18 所示。

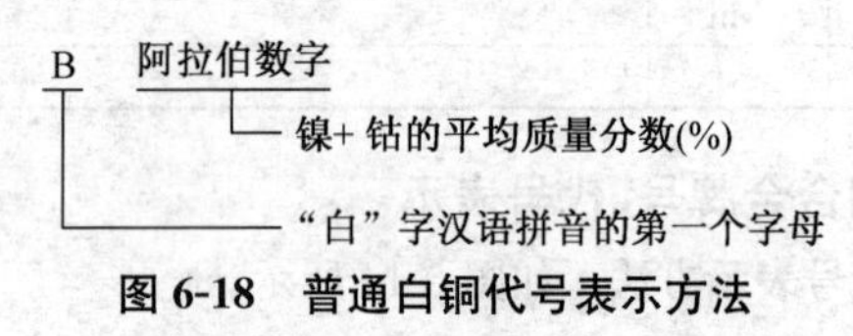

图 6-18　普通白铜代号表示方法

②三元以上复杂白铜代号表示方法如图 6-19 所示。

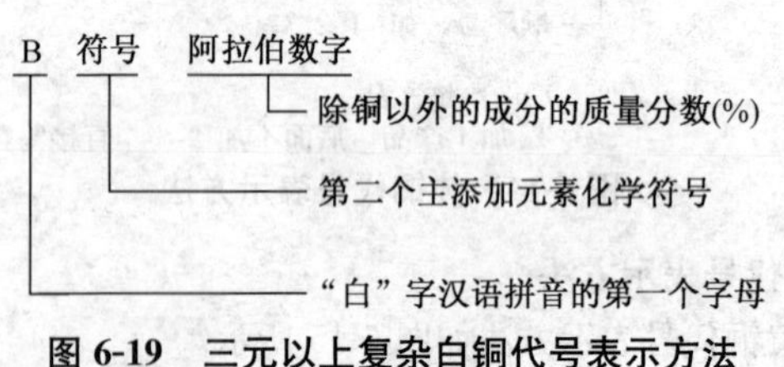

图 6-19　三元以上复杂白铜代号表示方法

(5)铸造铜合金牌号表示方法　如图 6-20 所示。

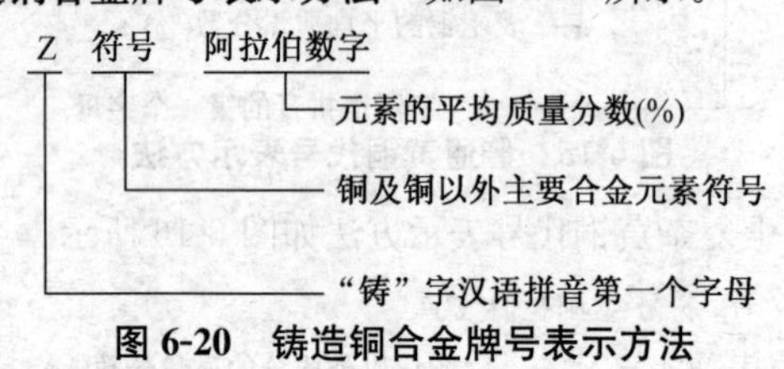

图 6-20　铸造铜合金牌号表示方法

(6)铜及铜合金牌号、代号表示方法举例

①Cu-1：一号冶炼纯铜。

②T1：一号加工纯铜。

③H62：黄铜，含铜平均质量分数为 62%，其余为锌的质量分数。

④QSn4-3：锡的平均质量分数为 4%；锌的平均质量分数为 3%的

青铜。

⑤B5:镍+钴的平均质量分数为5%的白铜。

3. 铜及铜合金的焊接性

铜及铜合金随成分不同,其导热性和导电性差异较大,焊接性也不同,铜及铜合金的相对导热性、导电性与焊接性见表6-52。含铅的铜合金一般不用于焊接。

表6-52 铜及铜合金的相对导热性、导电性与焊接性

<table>
<tr><th colspan="2" rowspan="2">名称</th><th rowspan="2">主要成分(质量分数,%)</th><th rowspan="2">相对①导热性(%)</th><th rowspan="2">相对②导电性(%)</th><th colspan="8">相对焊接性</th></tr>
<tr><th>钨极气电焊</th><th>熔化极气电焊</th><th>焊条电弧焊</th><th>埋弧焊</th><th>碳弧焊</th><th>等离子弧焊</th><th>气焊</th><th>点焊</th></tr>
<tr><td rowspan="4">纯铜</td><td>无氧铜</td><td>99.95Cu</td><td>100</td><td>101</td><td>较好</td><td>较好</td><td rowspan="4">不推荐</td><td rowspan="4">较好</td><td rowspan="4">尚可</td><td rowspan="2">较好</td><td rowspan="4">不推荐</td><td rowspan="4">差</td></tr>
<tr><td>电解铜</td><td>99.9Cu,0.04O_2</td><td>100</td><td>101</td><td>尚可</td><td>尚可</td></tr>
<tr><td rowspan="2">磷脱氧铜</td><td>99.9Cu,0.008P</td><td>99</td><td>97</td><td>好</td><td>好</td><td rowspan="2">尚可</td></tr>
<tr><td>99.0Cu,0.02P</td><td>87</td><td>85</td><td>好</td><td>好</td></tr>
<tr><td rowspan="8">黄铜</td><td rowspan="2">低锌黄铜</td><td>95Cu,5Zn</td><td>60</td><td>56</td><td>较好</td><td>较好</td><td rowspan="8">不推荐</td><td rowspan="8">尚可</td><td rowspan="8">尚可</td><td rowspan="2">较好</td><td rowspan="8">较好</td><td>差</td></tr>
<tr><td>80Cu,20Zn</td><td>36</td><td>32</td><td>较好</td><td>较好</td><td>尚可</td></tr>
<tr><td rowspan="2">黄铜</td><td>70Cu,30Zn</td><td>31</td><td>28</td><td rowspan="6">尚可</td><td rowspan="6">尚可</td><td rowspan="6">尚可</td><td rowspan="2">较好</td></tr>
<tr><td>60Cu,40Zn</td><td>31</td><td>28</td></tr>
<tr><td>锡黄铜</td><td>71Cu,28Zn,1Sn</td><td>28</td><td>25</td><td>尚可</td></tr>
<tr><td>锰黄铜</td><td>58.5Cu,39Zn,1.4Fe,1Sn,0.1Mn</td><td>27</td><td>24</td><td>好</td></tr>
<tr><td>铝黄铜</td><td>77.5Cu,20.5Zn,2Al</td><td>26</td><td>23</td><td>尚可</td></tr>
<tr><td>镍黄铜</td><td>65Cu,25Zn,10Ni</td><td>12</td><td>9</td><td>好</td></tr>
</table>

续表 6-52

名称		主要成分（质量分数，%）	相对①导热性（%）	相对②导电性（%）	相对焊接性							
					钨极气电焊	熔化极气电焊	焊条电弧焊	埋弧焊	碳弧焊	等离子弧焊	气焊	点焊
青铜	锡磷青铜	98.7Cu，1.3Sn（0.2P）	53	48	较好	较好	尚可	—	—	尚可	不推荐	尚可
青铜	锡磷青铜	90Cu，10Sn（0.2P）	13	11	较好	较好	尚可	—	—	尚可	—	好
青铜	铝青铜	89Cu，7Al，3.5Fe	14	12	较好	好	较好	—	—	较好	不推荐	—
青铜	硅青铜	98.5Cu，1.5Si	15	12	好	好	尚可	—	—	好	—	好
青铜	高导电铍青铜	96.9Cu，0.6Be，2.5Co	53～56	45	尚可	尚可	尚可	—	—	尚可	—	尚可
青铜	高强度铍青铜	98.1Cu，1.9Be	27～33	22	较好	较好	较好	—	—	较好	—	好
白铜	镍白铜	70Cu，30Ni	8	46	好	好	好	—	—	好	—	好
白铜	镍白铜	88.6Cu，10Ni 1.4Fe，1.0Mn	12	9	好	好	较好	—	—	好	—	尚可

注：①以无氧铜的导热性为 100%计算，碳钢的导热性为 13%，可作比较；②相对 LACS（国际退火铜标准）的比值。

6.2.2　铜及铜合金的焊接工艺

1. 焊接材料的选择

（1）不同焊接方法的焊接材料选择　铜及铜合金的焊接材料选择见表 6-53。

表 6-53 铜及铜合金的焊接材料选择

焊接方法	焊接材料	母材				
		纯铜	黄铜	锡青铜	铝青铜	白铜
气焊	焊丝	HS201、HS202或与母材同	HS221、S222、S224	与母材同	与母材同	—
	熔剂	CJ301	硼砂 20%、硼酸 80%或硼酸甲酯 75%、甲醇 25%	CJ301	CJ401	—
焊条电弧焊	电焊条	T107、T237、T227、T207	T207、T227、T237	T227	T237	T237
碳弧焊	焊丝	HS201、HS202或与母材同	HS221、HS222、HS224	—	与母材同	—
	熔剂	CJ301	硼砂 94%、镁粉 4%	—	氯化钠 20%、冰晶石 80%	—
钨极氩弧焊	焊丝	HS201、HS202或含 Si、P 的纯铜丝	HS221、HS222、HS224 或 QSi3-1	与母材同	与母材同	与母材同
熔化极氩弧焊	焊丝	含 Si、P 的纯铜丝	高锌黄铜采用锡青铜为焊丝，低锌黄铜采用硅青铜为焊丝	与母材同	与母材同	与母材同
埋弧焊	焊丝	HS201、HS202或磷脱氧铜	H62 黄铜采用 QSn4-3	—	HSCuAl	—
	焊剂	HJ431、HJ150、HJ260	HJ431、HJ150、J260	—	HJ431 HJ150	—

(2)异种铜及铜合金焊接时焊接材料的选择 异种铜及铜合金焊条选择见表 6-54。

表 6-54 异种铜及铜合金焊条选择

铜及铜合金类别	纯铜	黄铜	硅青铜	锡青铜
铝青铜	T207、T227	T207、T227、T237	T207、T237	T227、T237
锡青铜	T107、T227	T227、T237	T207、T227	—
硅青铜	T107、T227	T207、T237	—	—
黄铜	T207、T227	—	—	—

2. 焊接特点

①铜的热导率大，焊接时有大量的热量被传导损失，容易产生未熔合和未焊透等缺陷，因此，焊接时必须采用大功率热源，工件厚度＞4mm 时，要采取预热措施。

②由于线胀系数大，凝固时收缩率也大，焊接构件易产生变形，当工件刚度较大时，则有可能引起焊接裂纹。

③铜在液态时易氧化，生成的氧化亚铜（Cu_2O）和铜形成低熔点共晶体，分布在晶界，易引起热裂纹。用于焊接的纯铜含氧量一般应≤0.03％，重要件应≤0.01％。

④铜在液态时能溶解大量的氢，在凝固冷却过程中，溶解度大大减小，过剩的氢来不及逸出，就在焊缝和熔合区聚集，形成气孔。同时氢还能和氧化亚铜反应，生成水气（H_2O），易引起气孔。

⑤由于铜的热导率高，要获得成形均匀的焊缝宜采用对接接头，而 T 形接头和搭接接头不推荐。

⑥焊接黄铜时，由于锌沸点低（906℃），易蒸发和烧损，会使焊缝中的含锌量降低，从而降低接头的强度和耐蚀性。向焊缝中加入硅和锰，可减少锌的损失。

⑦铜及铜合金在熔焊过程中，晶粒会严重长大，使接头塑性和韧性显著下降。

⑧液态铜表面张力小，流动性较大，成形较困难。

⑨焊接过程中会产生锰、锌及氧化亚铜等蒸汽，对工人健康有影响，应严加预防。

3. 气焊

(1)气焊工艺要点

①焊前应仔细清除焊丝和被焊工件的氧化膜、水和油污脏物。其他焊接方法也应进行焊前清理,清除方法见1.5所述。

②工件装配时应沿焊接方向每隔100mm增大0.5～1.0mm预留根部间隙。

③焊接时可在背面放置经预热干燥的石墨或石棉垫板。

④一般均采用左焊法施焊,焊接厚度较大的纯铜构件时,也可采用右焊法施焊。

⑤采用大能率的火焰,焊接铜件厚度为3～4mm时,火焰能率按1mm厚气体流量为150～175L/h进行确定;焊接厚度为8～10mm的金属时,火焰能率按每1mm厚气体流量为175～225L/h确定。厚板进行上坡焊,倾斜角度为7°～8°。

⑥焊接纯铜和青铜用中性焰,火焰应覆盖熔池。焊接纯铜时,焰芯距熔池表面3～5mm,焊接黄铜时,焰芯距熔池表面5～10mm,焊接青铜时焰芯距熔池表面7～10mm。焊接不能中断,尽可能采用最大的焊接速度。不允许重复加热焊缝金属。

⑦薄纯铜件焊缝不预热,焊后立即锤击,中等厚度的纯铜焊缝预热到500℃～600℃,也可进行锤击,锤击后再进行热处理(加热到500℃～600℃后水冷)可改善焊接接头的力学性能。

⑧气焊铜及铜合金时气焊火焰性质、预热温度与焊后热处理见表6-55。

表6-55 气焊火焰性质、预热温度与焊后热处理

母材	火焰性质	预热温度/℃	焊后处理/℃
纯铜	中性	400～500(中、小件) 600～700(厚、大件)	500～600 水韧处理
黄铜	中性或弱氧化性	1. 薄板不预热; 2. 一般工件预热400～500; 3. 板厚>15mm,预热550	退火:270～560
锡青铜	中性	300～400	焊后缓冷
铝青铜	中性	500～600	焊后锤击或退火

(2)焊接参数　纯铜气焊的焊接参数见表6-56。焊接时采用中性火焰、右焊法，使用CJ301气焊熔剂和HS201或HS202焊丝。

表6-56　纯铜气焊的焊接参数

板厚/mm	焊丝直径/mm	焊嘴号数	乙炔流量/(L/h)
≤1.5	1.5	H01-2,4.5号嘴	150
>1.5～2.5	2	H01-6,3.4号嘴	350
>2.5～4	3	H01-12,1.2号嘴	500
>4～8	5	H01-12,2.3号嘴	750
>8～15	6	H01-12,3.4号嘴	1000

黄铜气焊的焊接参数见表6-57。焊接时采用轻微的氧化焰或中性焰，左焊法，在操作中应尽量避免高温焰芯与熔池金属直接接触，以防黄铜中锌的氧化烧损和有害气体的溶解。焊接时应使用HJ301气焊熔剂和HS221、HS222、HS224焊丝。

表6-57　黄铜气焊的焊接参数

<table>
<tr><th rowspan="2">板厚/mm</th><th rowspan="2">焊丝直径/mm</th><th rowspan="2">焊枪型号</th><th colspan="2">乙炔流量/(L/h)</th><th rowspan="2">焊缝层数</th></tr>
<tr><th>焊嘴</th><th>预热嘴</th></tr>
<tr><td>1～2.5</td><td>2</td><td>H01-2</td><td>100～150</td><td>—</td><td>1</td></tr>
<tr><td>3～4</td><td>3</td><td>H01-2</td><td>100～350</td><td>—</td><td>2</td></tr>
<tr><td>4～5</td><td>4</td><td>H01-6</td><td>225～350</td><td>225～350</td><td>2</td></tr>
<tr><td rowspan="3">6～10</td><td>4</td><td rowspan="3">H01-12</td><td rowspan="3">500～700</td><td rowspan="3">500～750</td><td>1</td></tr>
<tr><td>6～8</td><td>1</td></tr>
<tr><td>8</td><td>正面1,反面1</td></tr>
<tr><td rowspan="4">>12</td><td>6</td><td rowspan="4">H01-12</td><td rowspan="4">700～1 000</td><td rowspan="4">750～1 000</td><td>1</td></tr>
<tr><td>8</td><td>2</td></tr>
<tr><td>8</td><td>3</td></tr>
<tr><td>9</td><td>正面2,反面1</td></tr>
</table>

4. 碳弧焊

(1)焊接工艺要点

①碳极电弧焊适用于焊接厚度<15mm的铜件。石墨极电弧焊能

焊接大厚度的工件，且效果较好。电极应修磨成圆锥形，顶角 20°～30°，采用直流正极性。

②焊接纯铜时，选用大的焊接电流和高的焊接速度，焊剂可涂在填充焊丝上，也可撒在坡口中。为了避免锌的烧损，宜采用埋弧焊进行焊接。

③焊接黄铜时，采用短弧、高焊接速度，根据母材导热性选择焊接电流值，导热性好则电流值应大。

④采用长弧时，填充焊丝与工件成 30°角，距离熔池表面为 5～6mm。碳电极与被焊工件成 90°角。

⑤根据金属厚度不同，选用不同接头形式。厚度为 1～2mm 的金属，采用卷边接头，厚度为 5～6mm 的金属，采用不开坡口的对接接头；大厚度金属，采用开 V 形坡口的对接接头，坡口角度为 60°～80°，钝边为 2～3mm。

⑥焊接时主要采用平焊，或者在带有沟槽的石墨板上使工件呈稍微倾斜的位置进行焊接，也可以用钢垫板。

(2)碳弧焊焊接参数　铜及铜合金碳弧焊的焊接参数见表 6-58。

表 6-58　铜及铜合金碳弧焊的焊接参数

母材	厚度/mm	焊丝直径/mm	碳极直径/mm	电源极性	焊接电流/A	电弧电压/V	预热温度/℃
纯铜	2.0～5.0	5.0	10～12	直流正接	250～350	32～40	200～400
	6.0～8.0		14～16		350～450	32～45	
	9.0～10		18～20		450～600	35～45	
黄铜	16～20	3.5	8.0～9.0	直流正接	240～300	弧长：25～30mm	300～500
铝青铜	<12	5.0～6.0	10	直流正接	200～280	20～25	150～300
	>12	7.0～8.0	12		200～350	20～25	

5. 焊条电弧焊

(1)焊接工艺要点

①使用直流反极性进行焊接，采用短弧，焊条一般不做横向摆动，但应做直线往复运动。

②焊接对接接头时，需使用金属垫板或石棉垫板。纯铜工件厚度>3mm，需预热（400℃～500℃），黄铜工件厚度>14mm 时，需预热（250℃～350℃）；锡青铜厚件或刚度大的工件需预热（150℃～200℃）；含铝<7%的铝青铜厚件需预热（<200℃），含铝>7%的铝青铜厚件需预热（<620℃）；硅青铜、白铜不预热。

③更换焊条或焊接过程中断时，应尽快恢复焊接，保持焊接区有足够的温度。长焊缝采用分段退焊法施焊，快焊接速度。多层焊必须彻底清除焊道间焊渣。

④纯铜和青铜焊后也可采用锤击焊缝方法来改善焊接接头的力学性能。

⑤厚度<4mm 的铜件，焊接时不开坡口；厚度达 10mm 时，开单面坡口，坡口角度为 60°～70°。钝边为 1.5～3mm；焊接大厚度工件时，开 X 形坡口。

⑥焊条 T207 和 T227 焊前烘干温度为 200℃～250℃，保温 2h。

⑦对铜和大多数铜合金的焊接，由于其接头性能较差，故一般不推荐采用焊条电弧焊。铜及铜合金焊条电弧焊的预热与焊后热处理见表 6-59。

表 6-59　铜及铜合金焊条电弧焊的预热与焊后热处理

母材	预热与焊后热处理
纯铜	母材厚度>3mm，预热 400℃～500℃
黄铜	预热 250℃～350℃，重要工件不推荐采用焊条电弧焊
锡青铜	预热 150℃～200℃，焊道间温度<200℃，焊后加热至 480℃，并快速冷却
铝青铜	母材 $w(Al)<7\%$，厚件预热<200℃，焊后不热处理
	母材 $w(Al)>7\%$，厚件预热<620℃，焊后有时 620℃退火
硅青铜	不预热，焊道间温度<100℃
白铜	不预热，焊道间温度<70℃

(2)焊条电弧焊焊接参数　铜及铜合金焊条电弧焊的焊接参数见表 6-60。

表 6-60　铜及铜合金焊条电弧焊的焊接参数

材料	板厚/mm	坡口形式/mm	焊条直径/mm	焊接电流/A	备　注
纯铜	2	I	3.2	110～150	铜及铜合金焊条电弧焊所选用的电流一般可按公式 $I=(35\sim45)d$（其中 d 为焊条直径）来确定： 1. 随着板厚增加，热量损失增大，焊条电流选用高限，甚至可能超过直径5倍； 2. 在一些特殊情况下，工件的预热受限制，也可适当提高焊接电流予以补充
	3	I	3.2～4.0	120～200	
	4	I	4	150～220	
	5	V	4～5	180～300	
	6	V	4～5	200～350	
	8	V	5～7	250～380	
	10	V	5～7	250～380	
黄铜	2	I	2.5	50～80	
	3	I	3.2	60～90	
铝青铜	2	I	3.2	60～90	
	4	I	3.2～4.0	120～150	
	6	V	5	230～250	
	8	V	5～6	230～280	
	12	V	5～6	280～300	
锡青铜	1.5	I	3.2	60～100	
	3	I	3.2～4.0	80～150	
	4.5	V	3.2～4.0	150～180	
	6	V	4～5	200～300	
	12	V	6	300～350	
白铜	6～7	I	3.2	110～120	平焊
	6～7	V	3.2	100～115	平焊和仰焊

6. 埋弧焊

(1)焊接工艺要点

①铜及铜合金埋弧焊坡口形式见表 6-61。

②采用直流反接，焊丝伸出长度 30～40mm。

表 6-61　铜及铜合金埋弧焊坡口形式

材料厚度/mm	3～4	5～6	8～10	12～16	21～25	≥20	35～40
坡口形式	I		V			X	U
坡口角度/(°)	—	—	60～70	70～80	80	60～65	5～15
钝边/mm	—	—	3～4	3～4	4	2	1.5～3.0
根部间隙/mm	1.0	2.5	2～3	2.5～3.0	1～3	1～2	1.5

③被焊接头处和焊丝必须仔细进行清理，直至露出金属光泽。焊接材料，如焊剂、石墨垫板在焊前要烘干。

④厚度＜2mm 的铜及铜合金可不预热和不开坡口进行单面焊或双面焊，大厚度最好开 U 形坡口，钝边为 5～8mm。

⑤为了防止液态金属的流失和获得理想的焊缝反面成形，应采用石墨垫板或焊剂垫。

⑥焊接黄铜时采用青铜丝或黄铜丝作为焊丝。厚度接近 20mm 的黄铜，可不开坡口，采用两面焊进行焊接；厚度＜12mm 的黄铜，采用单道进行焊接；在厚度＞14mm 时，应开 V 形或 X 形坡口。

⑦焊接青铜时，为了改善焊缝成形消除焊缝表面的缺陷，焊剂层应有一定的厚度，采用大颗粒的焊剂(2.3～3.0mm)。

(2)埋弧焊焊接参数　铜及铜合金埋弧焊的焊接参数见表 6-62。

表 6-62　铜及铜合金埋弧焊的焊接参数

材料	板厚/mm	接头，坡口形式	焊丝直径/mm	焊接电流/A	电弧电压/V	焊接速度/(m/s)	备　注
纯铜	5～6	对接不开坡口	—	500～550	38～42	45～40	—
	10～12		—	700～800	40～44	20～15	—
	16～20		—	850～1 000	45～50	12～8	—
	25～30	对接 U 形坡口	—	1 000～1 100	45～50	8～6	—
	35～40		—	1 200～1 400	48～55	6～4	—
	16～20	对接单面焊	—	850～1 000	45～50	12～8	—
	25～30	角接 U 形坡口	—	1 000～1 100	45～50	8～6	—
	35～40		—	1 200～1 400	48～55	6～4	—
	45～60		—	1 400～1 600	48～55	5～3	—

续表 6-62

材料	板厚/mm	接头,坡口形式	焊丝直径/mm	焊接电流/A	电弧电压/V	焊接速度/(m/s)	备注
黄铜	4	—	1.5	180～200	24～26	20	单面焊
	4	—	1.5	140～160	24～36	25	双面焊
	8	—	1.5	360～380	36～38	20	单面焊
	8	—	1.5	260～300	29～30	22	封底焊缝
	12	—	2.0	450～470	30～32	25	单面焊
	12	—	2.0	360～375	30～32	25	封底焊缝
	18	—	3.0	650～700	32～34	30	封底焊缝
	18	—	3.0	700～750	32～34	30	第二道
铝青铜	10	V形坡口	焊剂层厚度25	450	35～36	25	双面焊
	15	V形坡口	25	550	35～36	25	第一道
	15	V形坡口	30	650	36～38	20	第一道
	15	V形坡口	30	650	36～38	25	封底焊缝
	26	X形坡口	30	750	36～38	25	第一道
	26	X形坡口	30	750	36～38	20	第二道

7. 氩弧焊

(1)焊接工艺要点

1)钨极氩弧焊(TIC焊)。

①厚度<3mm的工件,可用I形坡口,大厚度的铜件开V形或X形坡口,坡口角度60°～70°。

②电弧的引燃在石墨板或不锈钢板上进行,当电弧稳定燃烧后再移至焊接处。

③采用短弧(3～5mm)焊接,工件反面加垫板,采用左焊法,电极向前倾斜,与工件成80°～90°角,填充焊丝倾斜角度为10°～15°。钨极伸出长度为5～7mm。

④焊嘴不摆动,开始焊接速度应较小,多层焊时第一层焊缝不宜太大。

⑤焊接黄铜时，由于锌的蒸发会影响氩气的保护效果。故应适当加大喷嘴直径和氩气流量。

2)熔化极氩弧焊(MIG焊)。

①厚度＞12mm的工件，一般采用熔化极氩弧焊，工件反面均应加垫板。

②采用直流反接，铜件最好开V形或X形坡口。

③焊接黄铜时，使用含铝和含磷的青铜作为焊丝，并采用低电压和小电流防止锌蒸发。

④流动性较差的铜合金，如铝青铜、硅青铜、镍白铜等，可用细丝熔化极氩弧焊，并使焊缝处于立焊或仰焊位置。

(2)焊接参数

①铜及铜合金钨极氩弧焊的焊接参数见表6-63。

表6-63　铜及铜合金钨氩弧焊的焊接参数

母材	工件厚度/mm	坡口形式	焊丝直径/mm	钨极		焊接电流/A	电源极性	氩气流量/(L/min)
				材料	直径/mm			
纯铜	＜1.5	I形	2.0	铈钨极	2.5	140～180	直流正接	6～8
	2.0～3.0		3.0		2.5～3.0	160～280		6～10
	4.0～5.0	V形	3.0～4.0		4.0	250～350		8～12
	6.0～10.0		4.0～5.0		5.0	300～400		10～14
黄铜	1.2	端接	—		3.2	185	直流正接	7
锡黄铜	2.0	V形				180		
锡磷青铜	＜1.6	I形	1.6～4.0		3.2	90～150	直流正接	7～14
	1.6～3.2					100～220		
铝青铜	＜1.6	I形	1.6		1.6	25～80	交流	9～13
	3.2		4.0		4.5	210		
	9.5	V形				210～330		13
硅青铜	1.6	I形	1.6		1.6	100～120	交流	7
	3.2					130～150		
	6.4		3.2		3.2	250～350	直流正接	9
	9.5	V形				230～280		
	12.7					250～300		
镍白铜	＜3.2	I形	3.2		4.7	300～310	直流正接	12～14
	3.2～9.5	V形						

注：纯铜厚度4～5mm，预热100℃～150℃；6～10mm，预热300℃～500℃。

②铜合金机械化钨极氩弧焊的焊接参数见表 6-64。

③铜及铜合金熔化极氩弧焊的焊接参数见表 6-65。

表 6-64 铜合金机械化钨极氩弧焊的焊接参数

母材	板厚/mm	电源种类及极性	焊接电流/A	焊接速度/(m/h)	氩气流量/(L/min)	备注
硅青铜	0.3～1.2	直流正接	80～140	54～72	6～17	—
	1.5～3.0		90～210	42～54		
	3		250	45～50	6～17	加填充焊丝
白铜	3	直流正接	310～320	37～45	12～17	加填充焊丝

表 6-65 铜及铜合金熔化极氩弧焊的焊接参数

母材	工件厚度/mm	坡口			焊丝直径/mm	焊接电流(直流反接)/A	电弧电压/V	氩气流量/(L/min)	预热温度/℃
		形式	钝边/mm	间隙/mm					
纯铜	3.2	I形	—	0	1.6	310	27	14	—
	6.4				2.4	460	26		93
		V形	3～2	0～3.2	1.6	400～425	32～36	14～16	200～260
	12.7		0～3.2			425～450	35～40		425～480
			6.4	0	2.4	600	27	14	200
低锌黄铜	3.2～12.7	V形	—	0	1.6	275～285	25～28	12～13	—
高锌黄铜(锡、镍黄铜等)	3.2	I形	—	0	1.6	275～280	25～28	14	—
	9.5～12.7	V形	0	3.2					
铝青铜	3.2	I形	—	0	1.6	280～290	27～30	14	—
	9.5～12.7	V形	0	3.2					可稍加热
硅青铜	3.2	I形	—	0	1.6	260～270	27～30	14	—
	9.5～12.7	V形		3.2					
白铜	3.2	I形	—	0	1.6	280	27～30	14	—
	9.5～12.7	V形	0～0.08	3.2～6.4					

8. 点焊、缝焊

(1)焊接工艺要点

①纯铜的点焊、缝焊困难较大，生产中很少应用。

②黄铜和低合金青铜的点焊、缝焊，要求使用硬规范和高的电流密度，电流强度和通电时间与铝合金的焊接参数相近，焊接压力则与焊接低碳钢时相近。

③在电极和被焊工件表面放置绝热垫板或在工件接触的表面镀一层银，可提高点焊焊缝的质量。

(2)焊接参数

①0.9mm 厚铜合金板点焊的焊接参数见表 6-66。

表 6-66　0.9mm 厚铜合金板点焊的焊接参数

牌号	名称	电极压力/N	焊接时间/周	焊接电流/kA
H85	85 黄铜	1 820	5	25
H80	80 黄铜	1 820	5	24
H70	70 黄铜	1 820	4	23
H60	60 黄铜	1 820	4	22
H59	59 黄铜	1 820	4	19
QSn7-0.2	7-0.2 锡青铜	2 320	5	19.5
QAl10-3-1.5	10-3-1.5 铝青铜	2 320	4	19
QSil-3	l-3 硅青铜	1 820	5	16.5
QSi3-1	3-1 硅青铜	1 820	5	16.5
HMn58-2	58-2 锰黄铜	1 820	5	22
HA177-2	77-2 铝青铜	1 820	4	22

注：电极材料为 ISOA 组 1 类，锥角 30°的锥形平面电极，电极端面直径 5mm。

②用复合电极点焊黄铜的焊接参数见表 6-67。

表 6-67　用复合电极焊点黄铜的焊接参数

板厚/mm	电极压力/kN	焊接时间/周	焊接电流/kA	抗切力/kN
0.4	0.6	5	8	1
0.6	0.8	6	9	1.2
0.8	1.0	8	9.5	2
1.0	1.2	11	10	3

③缝焊焊接 H62 黄铜的焊接参数见表 6-68。

表 6-68 缝焊焊接 H62 黄铜的焊接参数

板件厚度/mm	滚轮宽度/mm	滚轮压力/N	焊接电流/A	需用功率/kW
0.5+0.5	3	2 451.6	22 300	110
0.5+0.5	3~4	2451.6	25 500	140
1.0+1.0	4~5	3 720.5	27 000	160

9. 钎焊

铜及铜合金的钎焊性见表 6-69。铜及铜合金的表面氧化物主是 Cu_2O、CuO，还有一些其他合金元素的氧化物。由于其化学性稳定性较差，因此，容易被还原、清除。几乎所有的钎焊方法都可采用。

表 6-69 铜及铜合金的钎焊性

名称	牌号	主要成分(质量分数，%)	钎焊性
铜	T2	Cu>99.9	优
无氧铜	TUl	Cu>99.97	优
黄铜	H90	Zn10，余量 Cu	优
	H68	Zn32，余量 Cu	优
	H62	Zn38，余量 Cu	优
铅黄铜	HPb59-1	Zn40，Pb1.5，余量 Cu	良
锰黄铜	HMn58-2	Zn40，Mn2，余量 Cu	良
	HMn57-3-1	Zn39，Mn3，All，余量 Cu	困难
铝黄铜	HA160-1-1	Zn40，All，Fel，Mn0.35，余量 Cu	困难
锡青铜	QSn4-3	Sn4，Zn3，余量 Cu	优
	QSn6.5-0.1	Sn6.5，P0.1，余量 Cu	良
铝青铜	QA19-2	A19，Mn2，余量 Cu	差
	QAl10-4-4	Al16，Fe4，Ni4，余量 Cu	差
铬青铜	QCr0.5	Cr0.75，余量 Cu	优
镉青铜	QCd1	Cd1，余量 Cu	优
铍青铜	QBe2	Be2，Ni0.35，余量 Cu	良

续表 6-69

名称	牌号	主要成分(质量分数,%)	钎焊性
硅青铜	QSi3-1	Si3, Mnl,余量 Cu	良
锰白铜	BMn40-1.5	Ni40, Mnl,余量 Cu	优
锌白铜	BZn15-20	Ni15,Zn20,余量 Cu	优

(1)钎料选用　软钎焊时,采用锡铅、镉基、锌基钎料。硬钎焊时,采用铜基、铜磷、银基钎料,具体可根据工件的结构、性能和用途选用。软钎料钎焊铜及黄铜的接头强度见表 6-70。硬钎料并焊铜及黄铜的接头强度见表 6-71。

表 6-70　软钎料钎焊铜及黄铜的接头强度

钎料牌号	抗拉强度/MPa		抗剪强度/MPa		钎料牌号	抗拉强度/MPa		抗剪强度/MPa	
	铜	H62黄铜	铜	H62黄铜		铜	H62黄铜	铜	H62黄铜
HL601	86	94	38	38	HL605	83	89	38	38
HL602	78	88	37	38	HLAgPb97	51	60	34	35
HL603	78	80	37	46	HL503	89	90	45	47
HL604	90	91	46	45	HL506	92	98	49	56

表 6-71　硬钎料钎焊铜及黄铜的接头强度

钎料牌号	抗拉强度/MPa		抗剪强度/MPa		钎料牌号	抗拉强度/MPa		抗剪强度/MPa	
	铜	H62黄铜	铜	H62黄铜		铜	H62黄铜	铜	H62黄铜
HL101	150	—	135	—	HL302	172	322	170	188
HL102	170	—	157	—	HL303	185	332	181	220
HL103	175	—	165	—	HL304	178	335	175	213
HL201	165	180	175	289	HL306	181	341	175	215
HL202	175	190	170	280	HL307	189	328	170	203
HL203	163	200	191	270	HL308	181	—	168	—
HL204	212	275	187	401	HL312	183	346	171	198
HL205	184	213	183	369	HL313	215	383	181	231
HL301	120	320	161	164					

(2)钎剂选用 软钎焊铜及铜合金时，采用氯化锌溶液、氯化铵溶液、钎剂膏、松香型、活化松香型等软钎剂，硬钎焊铜及铜合金时，铜基钎料配用硼砂、硼酸类、粉 301 等钎剂，银基钎料或含磷钎料配用 QJ101、QJ102、QJ104。

10. 等离子弧焊

(1)焊接工艺要点

①对 6～8mm 厚的铜件可不预热不开坡口一次焊成，接头质量可达到母材水平。

②厚度>8mm 的可采用留大钝边、开 V 形坡口的等离子弧焊与 MIG 焊联合工艺，即选用不填丝的等离子弧焊焊底层，然后用熔化极或填丝钨极氩弧焊焊满坡口。

③微束等离子弧焊接 0.1～1mm 的超薄工件可使工件的变形减到最小的程度。

④等离子弧焊接采用直流正接转移弧，一般采用非穿透法而不用小孔法。为了获得更高的能量，还可在采用单一氩气作为离子气的基础上改用掺入 5%H_2或 30%He 的混合气体。

(2)焊接参数 铜及铜合金大功率等离子弧焊接的焊接参数见表 6-72。

6.2.3 典型铜及铜合金的焊接

1. 纯铜圆管的水平转动对接气焊

图 6-21 所示为 ϕ57mm×4mm 纯铜管水平转动对接气焊。

(1)操作准备

①将铜管接头端用车床车削成 30°～35°坡口，留钝边 1mm。

②用砂布打磨坡口内外侧及焊丝表面，露出金属光泽。

③选用 H01-12 型焊枪、3 号焊嘴，直径 4mm 的 HS201 焊丝，CJ301 熔剂。

④在 V 形块上，圆管对接气焊装配如图 6-22 所示，装配间隙为 3mm。为防止热量散失，在铜管和 V 形块间垫一块石棉垫，用中性火焰对图 6-21 中所示 1、2 两点进行定位焊。

表 6-72 铜及铜合金大功率等离子弧焊接的焊接参数

材料	板厚/mm	钨极直径/mm	钨极内缩量/mm	喷嘴孔径/mm	保护罩与工件距离/mm	保护气流量/(L/min)	聚焦气流量/(L/min)	离子气流量/(L/min)	焊接电流/A	送丝速度/(cm/min)	备注
纯铜	6	5	3.0～3.5	4	8～10	12～14	—	正 4.0～4.5 反 4.0～4.5	正 140～170 反 160～190	—	不开坡口对接，正反面各焊一层
	10	5	3.0～3.5	4	8～10	20～22	—	正 4.0～4.5 反 4.0～4.5	正 210～220 反 220～240	—	V 形坡口 60°，钝角边 2mm ± 0.5mm，正反面各焊三层
	16	5	3.0～3.5	4	8～10	21～23	—	5.0～5.5	正 210～240 反 240～260	—	正面焊四层，反面焊三层
纯铜	8	6	10.2	—	—	10	33.3	11.6	670	7.2	焊接速度 48cm/min，氩气压力 15N/cm²，喷嘴端部与聚焦孔间距 4～5mm
黄铜	6	—	3	—	—	正 25 反 10	—	4.0～4.5	280～290	—	无坡口，无间隙，不加丝，不预热

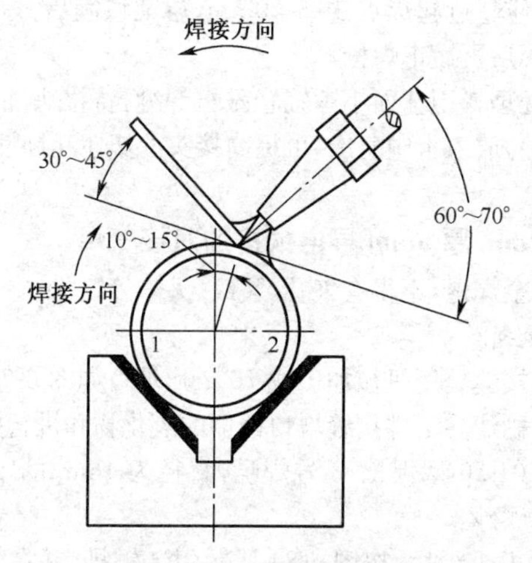

图 6-21 ϕ57mm×4mm 纯铜管水平转动对接气焊

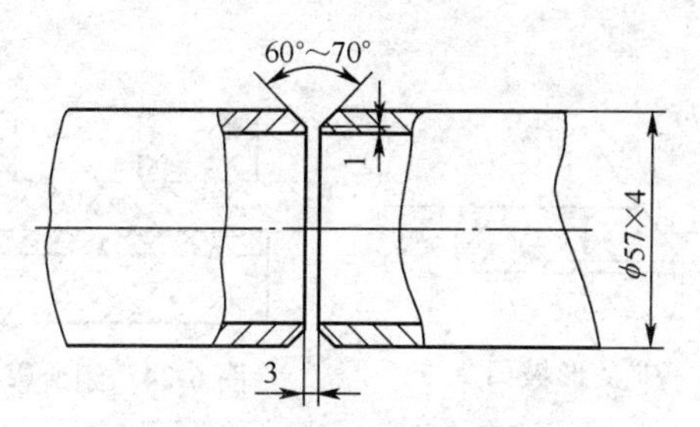

图 6-22 圆管对接气焊装配

⑤用火焰加热焊丝,然后把焊丝放入熔剂槽中蘸上一层熔剂。

(2)操作要点

①对如图 6-21 所示的 10°～15°位置进行预热,预热温度为 400℃～500℃,看到坡口处氧化,表明已达到预热温度。

②预热后,应压低焊嘴,使焰芯距铜管表面 4～5mm,焊嘴与管子切线方向成 60°～70°夹角。同时均匀转动铜管加热,加热到坡口处铜液冒泡现象消失时,说明已达到焊接温度,应迅速填加蘸有熔剂的焊丝。

③施焊时,焊嘴应做画圈动作,以防铜液四散和焊缝成形不良。

④收尾点应超过起焊点 10～20mm，熔池填满后方可慢慢抬起焊嘴，待熔池凝固后再撤走焊枪。

(3)焊后处理 用球面小锤轻轻敲击焊缝，将接头加热到 500℃～600℃（暗红色），放入水中急冷，可提高接头的塑性和韧性，取出后清除表面残渣。

2. 宽 80mm、厚 6mm 导电铜排的对接气焊

要求焊缝全焊透，不得有气孔、裂纹、夹渣等缺陷。

(1)操作准备

①把工件接缝处用机械加工成 70°Y 形坡口如图 6-23 所示。

②用铜丝刷清除工件接缝坡口两侧的氧化物和进行脱脂处理。

③选用 H01-20 型焊枪，3 号焊嘴，直径为 4mm 的 HS201 特制纯铜焊丝及脱水硼砂。

④将石棉板烘干后，按图 6-24 所示组装铜排，并在焊缝终端进行定位焊。

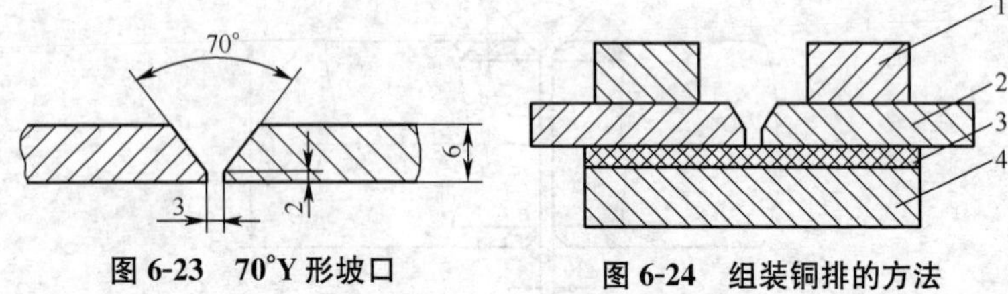

图 6-23 70°Y 形坡口

图 6-24 组装铜排的方法

1. 压铁 2. 铜排 3. 石棉板 4. 衬垫

(2)操作要点 工件预热时，火焰焰芯与工件表面的距离要大些，一般为 20～30mm，当预热温度达到 500℃左右时，可向接头处撒上一层熔剂。

1)采用双面焊的操作要点。

①首先加热起焊处，此时焰芯距工件表面应保持 3～6mm，使钝边熔化，同时填加焊丝形成熔池。待熔池扩大到一定程度后立即抬起焊枪，使熔池凝固形成第一个焊点，然后继续加热该焊点的 1/3 处，使其重新熔化并形成熔池，双面焊操作方法如图 6-25 所示。待熔池不冒泡时填加焊丝，然后再抬起焊枪使熔池凝固，这样又形成了一个焊点。如

此反复操作，直至焊完整条焊缝为止。

②焊接开始时，焊嘴和工件表面的倾角一般为 70°～80°，焊丝与工件表面的倾角为 30°～45°。焊丝的末端应置于溶池边缘，填丝时动作要均匀协调，并不断蘸取熔剂，将熔剂送往熔池。

③施焊过程中，焊嘴移动要稳，一般不要左右摆动，只做上下跳动和前后摆动。控制熔池温度主要通过调节焊嘴与工件表面距离及焊嘴倾角来实现。

④焊接收尾时，焊嘴和工件表面的倾角应小些，一般为 50°～60°，并应填满熔坑。待熔池凝固后，焊枪才可以慢慢地离开。

⑤下面焊好后翻转工件，用扁铲清根，并用铜丝刷清除氧化物，随后继续采用上述的操作方法焊接反面。

2)采用单面焊双面成形的操作要点。

①必须在成形垫块上进行焊接，单面焊双面成型方法如图 6-26 所示。成形垫块是由耐火砖制成的，根据铜排宽度，在其平面上开一条半径为 2mm 的圆弧槽，成形垫块需经烘干后才可使用。

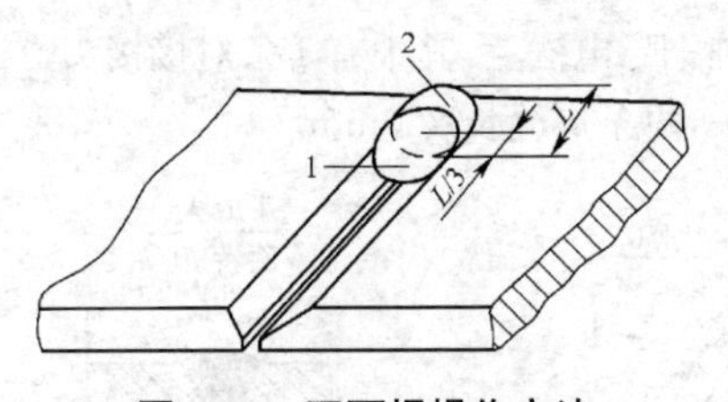

图 6-25　双面焊操作方法

1. 熔池　2. 焊点

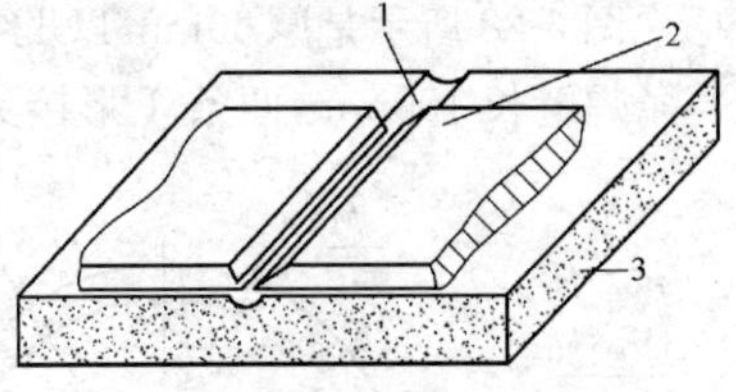

图 6-26　单面焊双面成型方法

1. 圆弧槽　2. 导电铜排　3. 成形垫块

②焊接应分两层完成。焊第 1 层时，先加热起始端，焊嘴和焊件表面的倾角为 80°～90°，火焰焰芯与工件表面的距离为 4～6mm。当起始端钝边熔化后，应立即向坡口两侧填加焊丝，同时应增大焊嘴的倾角，缩短焰芯到工件表面的距离，利用火焰的吹力使熔化的铜液迅速流入成形垫块的圆弧槽内。

③熔化金属流入成形垫块的圆弧槽后，焊嘴前移，继续做熔化钝边、填加焊丝、强迫铜液流入圆弧槽等动作，直到焊完第 1 层。

④焊第 1 层时，焊枪只做上、下、前、后的摆动，一般不应做较大的

横向摆动。

⑤焊第2层前，应用铜丝刷仔细地清除第1层焊缝的焊接缺陷和氧化物，必要时还需进行返修。

⑥焊第2层的操作方法与双面焊操作相同。

(3)焊后处理 焊后应用圆头小锤从焊缝中间向两端捶击焊缝，焊后处理方法如图6-27所示，并将焊渣去除干净。

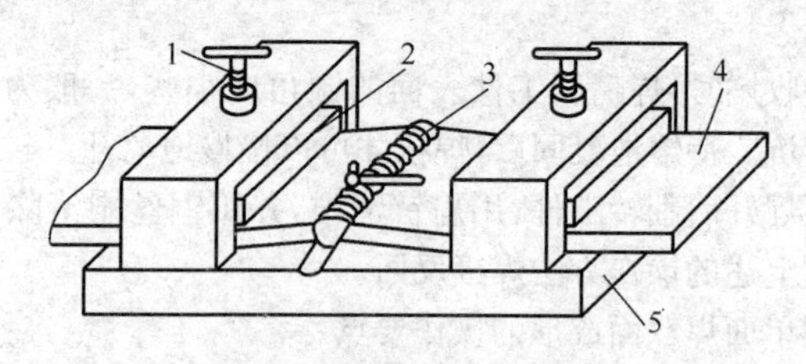

图6-27 焊后处理方法

1. 压紧螺钉 2. 钢垫板 3. 焊缝 4. 导电铜排 5. 成形垫块

3. 厚纯铜法兰的碳弧焊

图6-28所示是厚50mmTUl纯铜导电法兰，其中有4条对接接头，每条焊缝长100mm，两条T形接头，每条焊缝长260mm。

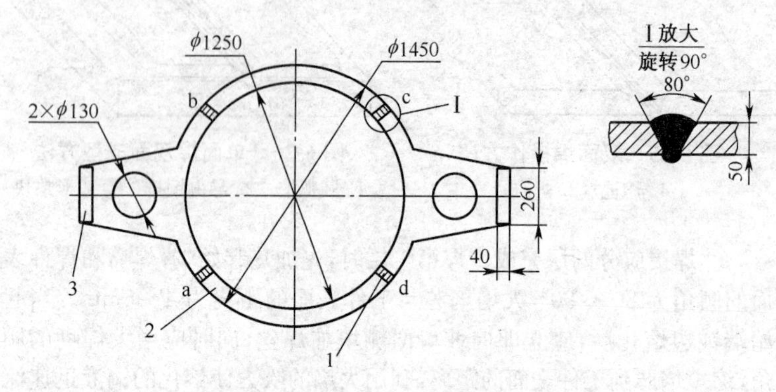

图6-28 厚50mm TU1纯铜导电法兰

1. 对接焊缝 2. 导电法兰 3. 连接板

根据对焊接纯铜的几种工艺（埋弧焊、气焊、焊条电弧焊、碳弧焊）分析比较，如采用气焊，由于热量少，能量不集中，不宜焊大厚度的纯铜板；焊条电弧焊，也不能胜任；采用埋弧焊，两端要搭引弧板，焊缝短，使用不方便；而碳弧焊则可以选择适当直径的电极，采用大参数，获得大能量来进行焊接。为此，确定采用碳弧焊方法，以 ϕ15mmHSCu201 特制纯铜焊丝、CJ301 铜气焊熔剂作为焊接材料。

(1)坡口制备

①坡口形式选择。铜法兰有对接接头与 T 形接头两种形式，因此，选择合适的坡口形式是焊好铜法兰的关键。考虑到碳弧焊的焊接特点，坡口形式选择 V 形坡口，焊接时在背面加衬垫，以避免铜液渗出。

②对接接头。开 80°V 形坡口不留钝边，焊接时，在坡口底下垫碳砖，碳砖上开宽 20mm、深 3mm 的圆弧槽，并在焊缝两侧和两端放置碳砖，防止铜液流溢。

③T 形接头。为保证焊透，选择 K 形坡口，T 形接头的 K 形坡口如图 6-29 所示。这种坡口在纯铜板碳弧焊时，有两个不利因素，即在一侧施焊时，另一侧焊缝要用碳砖垫住，否则铜液流溢，焊缝填不满；另一不利因素就是辅助工作多，碳砖要用刨床按坡口尺寸加工成特定形状。T 形接头施焊时，工件放在船形位置，同样焊缝两侧都要用碳砖挡住，才能保证铜液不渗溢，焊缝成形美观。

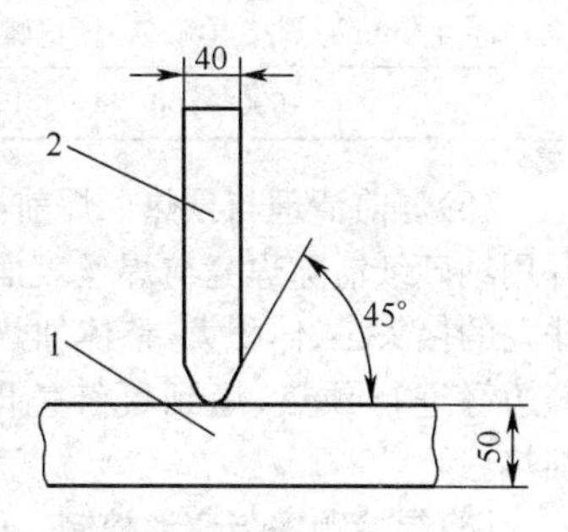

图 6-29　T 形接头的 K 形坡口

1. 导电法兰　2. 连接板

(2)电极的选择　碳弧焊用的电极有两种，即炭精电极与石墨电极。与精碳电极相比石墨电极能使用较大的焊接电流，因此，选用石墨电极。电极直径为 30mm，电极端头加工成 27°～30°顶角。顶角过小，电极易烧损；顶角过大，造成电弧不稳。

(3)焊接准备

①由于纯铜的导热性好，碳弧焊时需要大功率直流弧焊机，可选用 ZPG－1000 型的硅整流弧焊机，直流正接。

②焊钳可用普通手工电焊钳改装，即加装水冷系统。为了导电可靠，将焊钳口加工成半径为 15mm 的圆弧。

(4)焊接工艺

①纯铜法兰焊接，采用右向长弧焊方法(弧长 30～40mm)，对防止气孔有利。焊第 1 层时，不加填充金属，用碳棒在坡口底部做直线运动，保证焊缝反面成形；从第 2 层开始加填充金属，第 2～4 层都做直线运动；第 5 层采用环形方法盖面，使焊缝成形美观。

②采用以下两个措施防止电弧偏吹：工件的接线位置应尽量靠近焊接部位；保持石墨电极顶角为 27°～30°，发现电极顶角烧损应立即更换。

③采用大电流、快速焊，以减少铜的氧化和接头金属晶粒长大。焊接参数见表 6-73。

表 6-73　焊接参数

母材厚度/mm	焊接电流/A	电弧电压/V	焊丝直径/mm	电极直径/mm
50	600～700	40～50	15	30

(5)焊前清理与预热　焊前需对焊缝两侧 50mm 区域内进行清理，并用细砂纸清除焊缝与焊丝表面的氧化膜、油等其他脏物。由于导电法兰的接头小、体积大，整体加热有困难，可用 3 把大号焊枪集中在焊缝边缘进行预热，烤到樱红色即可。施焊时，焊枪在焊缝两侧继续加热。

(6)焊接顺序与变形控制　由于纯铜的线胀系数大，若焊接顺序不当，会引起较大的应力与变形。为了固定和夹持工件，防止焊接变形，装设了和工件形状相似的工作台。焊接时，先焊 T 形接头，然后再焊 4 条对接接头，对接接头的焊接是交叉进行的，即先焊 a、c，再焊 b、d，以减少变形。

(7)焊后处理

①焊后用铁锤轻轻锤击焊缝和边缘，第 1 次锤击在 800℃左右，第 2 次在 200℃～300℃，使焊缝致密，减少变形和应力，防止裂纹的产生，提高接头的塑性及强度。

②焊后不要马上搬动工件，因为铜有高温脆性(400℃～700℃)，应让其在空气中自然冷却。

4. 黄铜板的对接焊条电弧焊

(1)材料选择　H62，工件尺寸(厚×长×宽)为 14mm×300mm

×150mm。

(2)坡口形式 V形坡口,坡口角度不应小于60°～70°。坡口角度与焊缝层数如图6-30所示。

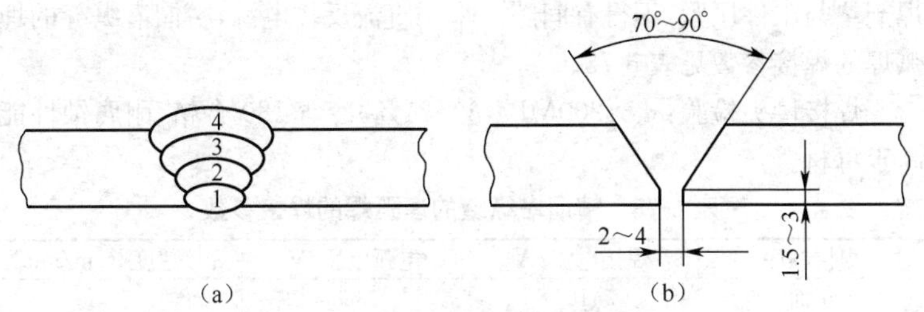

图6-30 坡口角度与焊缝层数

(a)焊缝层数 (b)坡口角度

(3)焊条选择 ECuSn-B(青铜芯焊条),直径为3.2mm。

(4)焊机选择 ZX5-400型焊机,直流反接,焊条接正极。

(5)焊前预热 为了抑制锌在焊接过程中蒸发,焊前预热至220℃。

(6)焊接参数 H62板对接焊条电弧焊的焊接参数见表6-74。

表6-74 H62板对接焊条电弧焊的焊接参数

焊接层次	焊接电流/A	焊接速度/(m/min)
1层(打底层)	90～130	0.2～0.3
2～3层(填充层)	95～140	
4层(盖面层)	85～125	

(7)焊接操作 焊前应仔细清理待焊处的油、污、锈、垢。打底层焊接时,采用短弧焊接,焊条不做横向摆动,电弧沿焊缝做直线移动,小电流、高速焊,尽量使焊缝薄而窄。填充层焊接时,焊条可稍微做横向摆动,但是摆动的范围不应超过焊条直径的2倍。盖面层的焊接,焊接电弧以直线移动为主,每道焊缝要与前一道焊缝搭接1/3。由于黄铜液体流动性很大,所以黄铜板在焊接过程中应放在水平位置。有倾角的也要≤15°。黄铜焊接时,会产生严重的烟雾,注意加强通风,排除烟尘和有害气体。

5. 精馏塔纵缝的埋弧焊

板材为TU1,$\delta=10$mm;焊丝为HS201,直径为ϕ2.5mm;焊剂为

HJ431；坡口形式为V形，坡口角度为60°，钝边为4mm，腰部间隙为1～3mm。

采用双面焊，焊正面时背部采用焊剂垫，焊背面时也采用焊剂垫，焊剂垫与工件压紧，不得有间隙。采用直流反接电源，精馏塔纵缝的埋弧焊的焊接参数见表6-75。

焊接接头检验：$\sigma_b>200MPa$，$\delta>24\%$，冷弯180°合格，耐腐蚀性能高于母材。

表6-75　精馏塔纵缝的埋弧焊的焊接参数

焊接顺序	焊接电流/A	电弧电压/V	焊接速度/(cm/min)
正面	410	35	58
铲除焊根			
背面	410	35	58

6. 纯铜板的对接手工钨极氩弧焊

(1)材料选择　选用Tl(一号铜)纯铜板，尺寸(长×宽×厚)为300mm×100mm×2mm，I形坡口。

(2)焊丝选择　选用HS201(特制纯铜焊丝)，直径为2.4mm。

(3)钨极选择　选用铈钨极，直径为2mm。

(4)保护气体选择　选用氩气。

(5)焊接操作　为了提高焊接接头的质量，焊前应在工件的坡口处涂上一层铜焊熔剂(CJ301)，但是为防止在引弧时产生烧穿缺陷，在工件引弧处的10～15mm不要涂铜焊熔剂。然后，在专用焊接夹具的石棉垫板上，铺设6～8mm的埋弧焊剂(HJ431)，由埋弧焊剂衬垫来控制焊缝的背面成形。

引弧时，不要将钨极直接与工件接触，防止钨极粘在工件上，使焊缝产生夹钨。应将钨极先与碳块或石墨块接触，起动高频振荡器引弧，在电弧引燃并燃烧稳定后，再移至焊接坡口处开始焊接。

焊接时，用WS—400型焊机，直流正接(工件接正极)，采用左焊法(即自右向左焊)。在焊接操作过程中，注意保持焊枪、焊丝、工件之间的角度。一定要控制焊丝既不能离开熔池的氩气保护区，使焊丝端部氧化，降低焊缝力学性能，也不能与钨极接触，使钨极表面粘上铜，影响电弧的稳定。纯铜手工钨极氩弧焊焊枪、焊丝、工件之间的角度如图6-

31 所示，纯铜手工 TIG 焊的焊接参数见表 6-76。

7. 海底充油电缆软接头 TIG 焊试验

随着电力工业的发展，电缆生产急需开发新产品，特别在电缆的断面、功率、长度等方面，都提出了更新、更高的要求，110kV 海底充油电缆就是其中之一。由于受到电缆制造设备的限制，其长度远远不能满足需要，所以必须采用焊接的方法进行连接，以达到电缆长度的要求。

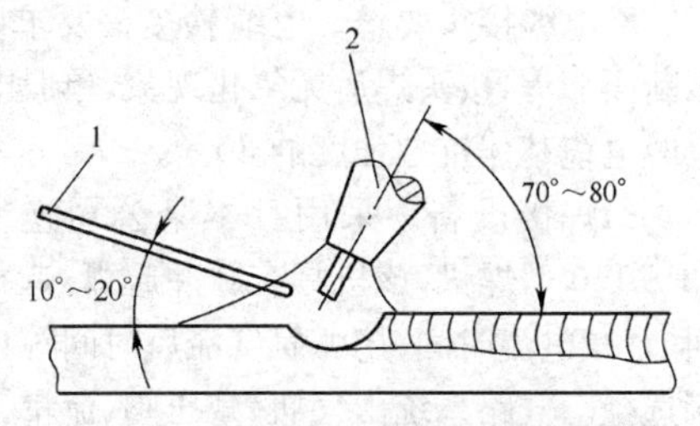

图 6-31 纯铜手工钨极氩弧焊焊枪、焊丝、工件之间的角度

1. 焊丝 2. 焊枪喷嘴

表 6-76 纯铜手工 TIG 焊的焊接参数

板厚/mm	钨极直径/mm	焊丝直径/mm	焊接电流/A	电弧电压/V	焊接速度/(m/h)	氩气流量/(L/min)	喷嘴直径/mm	喷嘴距工件距离/mm
2	2	2.4	150～220	18～20	12～18	10～12	10～14	10～15

电缆连接一般都采用氧乙炔火焰银钎焊的焊接方法，主要是因为连接方法简单，技术易掌握。但是，这种氧乙炔火焰银钎焊的电缆接头抗拉强度比较低，接头是硬接头状态，不易弯曲，尤其是电缆接头氧化程度很高，所以不适用于大断面、大功率施焊，特别是海底充油电缆高标准高清洁度要求的电缆接头的连接。根据 110kV 海底充油电缆软接头的连接要求，对 TIG 焊接电缆软接头的焊接性进行了探索研究，经过一系列焊接性试验，采用该种焊接方法，可以满足 110KV 海底充油电缆软接头的技术要求。

(1)试验条件

1)试验材料与规格。

①截面积为 400mm^2 的 TUI 无氧铜光电缆，外层由单股直径为 2.68mm 铜丝、31 股组成，内层由单股直径 2.68mm 铜丝、25 股组成，电缆内孔有厚 1mm、长 8mm 的螺旋衬垫。电缆断面如图 6-32 所示。

②焊丝选择 TUI 无氧铜，ϕ1.2mm；氩气纯度为 99.99%；钨极选择 WCe20，ϕ1.6mm；清洗冷却剂为汽油、丙酮。

2)电缆接头要求。电缆软接头要求以单股为单位连接,各焊点要求断面相等,接头焊后无氧化现象,单股电缆焊接接头抗拉强度大于原单股电缆基体抗拉强度的80%。

3)焊接设备。采用日本某公司逆变钨极惰性气体保护焊DT-NPS-150型焊机,该机具有脉冲起弧,起始电流时间、起弧氩气超前时间、衰减电流时间、熄弧氩气滞后时间等功效,可进行中频、低频脉冲焊接选择。气路系统由气瓶、减压阀、流量计等组成。

4)焊接参数和电缆接头坡口尺寸。电缆软接头的焊接为手工单股全位置焊接。内、外层电缆的焊接参数见表6-77,单股电缆接头坡口尺寸如图6-33所示。

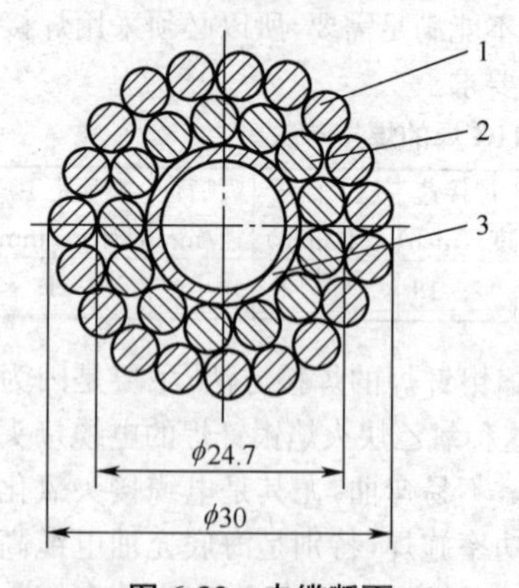

图6-32　电缆断面

1. 电缆外层　2. 电缆内层　3. 螺旋衬垫

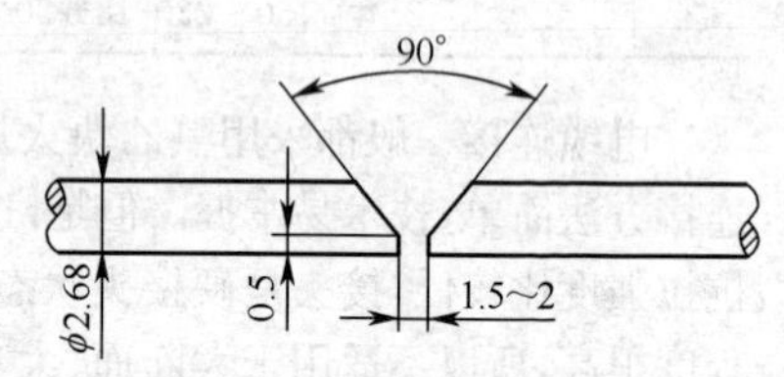

图6-33　单股电缆坡口尺寸

表6-77　内、外层电缆的焊接参数

层次	氩气流量/(L/min)	焊接电流/A	电弧电压/V	焊接速度/(cm/min)	充氩流量/(L/min)	钨极直径/mm	焊嘴直径/mm
内层	9	110～120	19～20	6～7	14	1.6	10
外层	8	80～90	18～19	5～6	—	1.6	10

(2)试验结果

①焊缝处查成形和质量。按表6-77内、外层焊接参数焊接的电缆试样,外观检查均无咬边、气孔和裂纹。反面焊透成形良好,焊点均匀,

焊缝区域无氧化现象。

②焊接接头抗拉强度及弯曲试验。电缆焊接试样焊后抽出平、立、仰不同施焊位置各 1 根单股接头电缆,分别与无焊点单股电缆进行抗拉强度对比试验及弯曲试验,单股电缆试样抗拉强度及弯曲试验结果见表 6-78。

表 6-78 单股电缆试样抗拉强度及弯曲试验结果

序号	抗拉强度/MPa		弯曲试验		序号	抗拉强度/MPa		弯曲试验	
	无焊点	有焊点	面弯(90°)	背弯(90°)		无焊点	有焊点	面弯(90°)	背弯(90°)
1	262	230	合格	合格	3	262	227	合格	合格
2	264	250	合格	合格					

(3)焊接工艺措施分析

①电缆软接头的接头形式、保护气体与焊缝质量的关系。以单股电缆为单位,交叉错开分布焊点是保证整体电缆软接头性能的关键,各焊点相互不应连接,使每股电缆间可以在弯曲时自由移动是提高电缆软接头质量的途径之一。

每股电缆接头坡口形式均采用单面 90°角坡口,可以保证焊点的焊透率。坡口加工质量的优劣将直接影响电缆的焊接质量,考虑到坡口加工质量一致性,应采用日本进口的单面坡口一次成形弹簧切断钳加工。

保护气体纯度是 TIG 焊保证焊接质量的主要参数,气体保护效果与氩气的纯度、流量有关,氩气的纯度应达 99.99%。其流量的大小应根据相应的焊接参数来确定,选择不当将出现保护气体的紊流现象,从而影响焊接电弧的稳定性。

②焊缝的充氩保护和冷却效果与焊缝氧化程度的关系。TU1 无氧铜焊接时引起焊接性不良的重要原因是铜的氧化。当焊接温度超过 300℃时,铜的氧化能力开始增大,温度接近熔点时,铜的氧化能力即达到极限,其结果是生成氧化亚铜。焊缝结晶时,氧化亚铜和铜形成低熔点(1 046℃)的共晶,分布在铜的晶界上,产生气孔、热裂纹等缺陷,降低接头的力学性能。鉴于无氧铜焊接的不良倾向,所以在 110kV 海底充油电缆软接头的焊接过程中,应首先考虑在焊接中产生的氧化问题。

在 TU1 材料电缆软接头焊接过程中,除焊缝正面由焊枪喷嘴流出的氩气保护外,采用焊缝两边直射式充氩保护装置进行充氩保护,同时每焊1根电缆接头焊点后,应及时用丙酮进行擦抹冷却,这样可以有效防止焊缝区域的温度升高,使电缆接头始终控制在200℃以下,即控制在铜氧化能力开始增大的临界温度以下。而未采取充氩保护和未采取焊点间冷却措施的焊接接头,则氧化程度就很高,且焊点的抗拉强度也明显下降。

③单股基体电缆与单股有焊点电缆的抗拉强度比较。根据表6-78试验结果比较,单股无焊点基体电缆抗拉强度的平均值为262.6MPa,而设计要求单股有焊点电缆焊后的抗拉强度≥基体强度的80%,即为210 MPa。实测单股有焊点电缆的抗拉强度平均值为227.3MPa,已经达到基体电缆强度的86.5%。通过试验结果表明,采用TIG焊接方法以及采取一定特点的工艺措施来焊接110kV海底充油电缆软接头,是完全可以符合设计规定的要求的。

8. 铜管翅式散热器的软钎焊

铜管翅式散热器用于汽车散热,铜管翅式散热器的结构如图6-34所示。散热器由扁形铜管与铜片焊接而成,工作状况为铜管内通水冷却,翅片为空冷散热用。

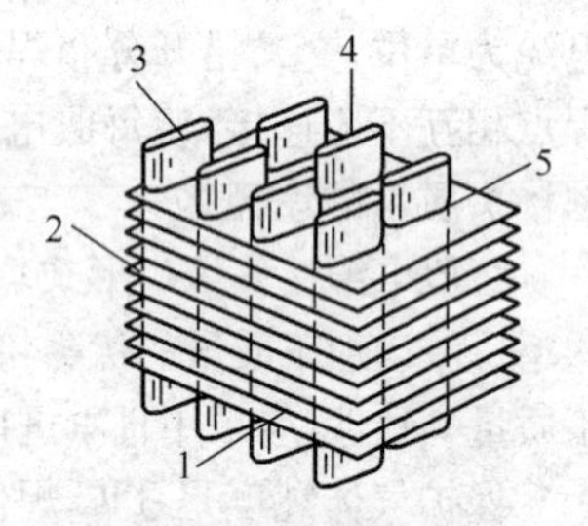

图6-34　铜管翅式散热器的结构

1. 空冷　2. 翅片(纯铜)　3. 管(黄铜)　4. 水冷　5. 软钎焊

(1)钎焊前的准备

①将黄铜带材表面热浸涂软钎料,钎料为锡铅钎料(HL603)。所用钎剂为氯化锌水溶液,成分为4.5L溶液含氯化锌3.5kg。黄铜带材表面浸涂钎料的厚度为0.015～0.025mm。

②将涂有钎料的黄铜带材卷绕成管,卷管工艺过程如图6-35所示,并切断成规定的长度。

③按照散热器图样要求,将管子插入翅片,装配成工件。间隙为0.025～0.5mm。

(2)钎焊工艺过程

①将装配好的工件浸入上述钎剂中。

②工件在炉中(或烘箱中)加热,使钎料熔化填入管子卷边接缝及

管子与翅片的间隙中,即完成散热器的软钎焊。

(3)钎焊后清洗 工件出炉后,在 φ(HCl)2%的热溶液中浸泡、洗涤,去除钎剂残渣。最后用热水洗净工件。

以上生产过程,在散热器的批量生产中已实现机械化及自动化。

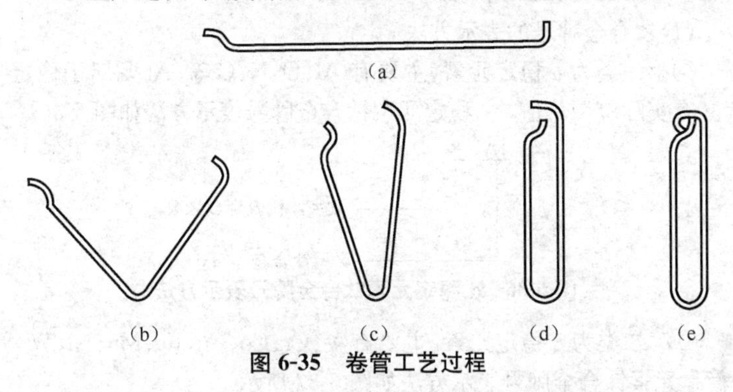

图 6-35 卷管工艺过程

6.3 钛及钛合金的焊接

6.3.1 钛及钛合金的基本知识

钛被誉为第三金属,仅次于铁和铝。钛及钛合金作为结构材料有许多特点:密度小(约为 4.5g/cm^3),抗拉强度高(441～1470MPa),比强度高(强度极限与密度之比为比强度),而比强度是评价航空及宇航工业用材料的一个重要指标;另外,在 300℃～350℃高温下,钛合金仍具有足够高的强度,而铝合金及镁合金只能在 150℃～250℃下作为结构材料。钛及钛合金还具有良好的耐热性、低温冲击韧度和可加工性,在海水及大多数酸、碱、盐介质中具有比较优良的耐腐蚀性能。因此,在航空、航天、火箭、人造卫星、化工、造船、冶金、食品等工业中及医学上日益获得广泛的应用。用钛及钛合金替代不锈钢和镍基合金制造各种构件,可以使构件的使用寿命延长,生产率提高,同时减轻了构件的质量,从而获得显著的经济效益。

1. 钛及钛合金的分类

钛及钛合金的分类方法有很多,按照生产工艺特性分类,可分为变形、铸造和粉末冶金三大类钛及钛合金。按照钛的同素异构体或退火组织，又可分为：α型（用TA代表牌号类型）、β型（用TB代表牌号类型）、α+β型（TC代表牌号类型）三类钛及钛合金。

2. 钛及钛合金的牌号

（1）钛合金牌号的表示方法

①第一类为α稳定元素，主要有Al、O、N、C等，Al既属于稳定元素又有实际应用价值。α稳定元素钛合金牌号表示方法如图6-36。

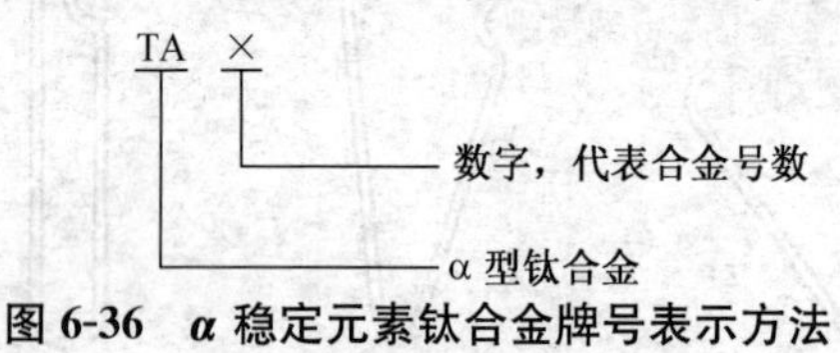

图6-36　α稳定元素钛合金牌号表示方法

②第二类为β稳定元素，主要有V、Cr、Co、Cu、Fe、Mn、Ni、W等。β稳是元素钛合金牌号表示方法如图6-37所示。

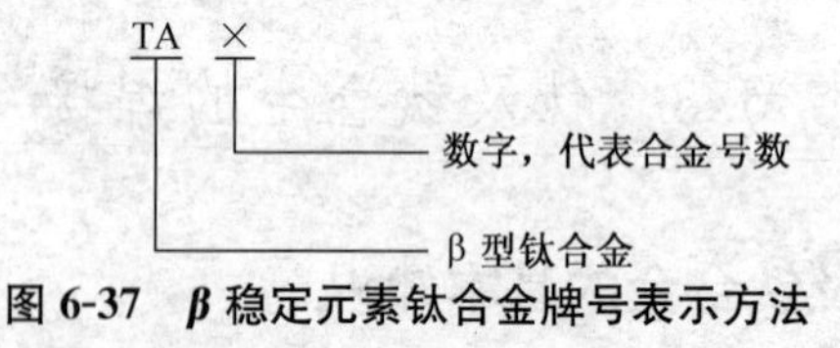

图6-37　β稳定元素钛合金牌号表示方法

③第三类为α+β中性元素，主要有Sn、Zr、Hf等。α+β中性元素钛合金牌号表示方法如图6-38所示。

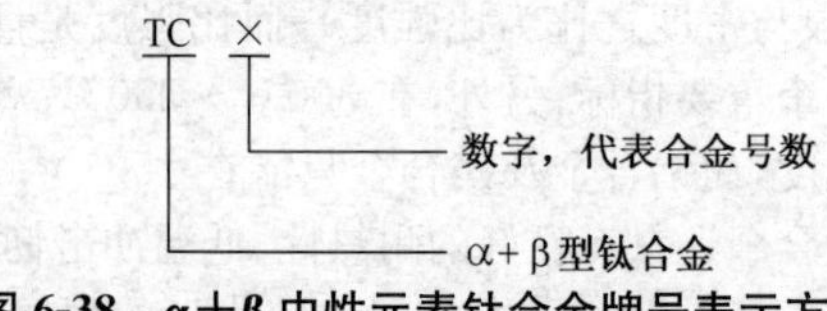

图6-38　α+β中性元素钛合金牌号表示方法

（2）钛及钛合金牌号举例　工业纯钛的牌号、性能及用途见表6-79。α型钛合金的牌号、性能及用途见表6-80，α+β型钛合金的牌号、性能及用途见表6-81。

3. 钛及钛合金的焊接性

钛及钛合金焊接的主要问题是氧等气体杂质引起的接头脆化、裂纹和气孔等。

表 6-79　工业纯钛的牌号、性能及用途

牌号	材料状态	力学性能(退火状态)				用　途
		σ_b/MPa	δ_5(%)	弯曲角度 α/(°)	a_k /(J/cm²)	
TA1	板材	370～530	30～40	130～140	—	机械:350℃以下工作的受力较小零件及冲压件,压缩机气阀、造纸混合器; 造船:耐海水腐蚀的管道、阀门泵水翼、柴油机活塞、连杆、叶簧; 化工:热交换器、泵体、蒸馏塔、搅拌器; 航空:飞机骨架、蒙皮、发动机部件
	棒材	350	25	—	82	
TA2	板材	440～620	25～30	90～100	—	
	棒材	450	20	—	72	
TA3	板材	540～720	20～25	80～90	—	
	棒材	550	15	—	51	

表 6-80　α 型钛合金的牌号、性能及用途

牌号	化学组成	材料状态	力学性能(退火状态)		用　途
			σ_b/MPa	δ_5(%)	
TA6	Ti-5Al	板材	685	12～20	飞机蒙皮、骨架、零件、压气机壳体、叶片,在 400℃以下工作的焊接零件
TA7	Ti-5Al-2.5Sn	棒材	735～930	12～20	500℃以下长期工作的结构和各种模锻件

表 6-81　α+β 型钛合金的牌号、性能及用途

牌号	化学组成	材料状态	力学性能(退火状态)		用　途
			σ_b/MPa	δ_5(%)	
TC1	Ti-2Al-1.5Mn	板材	590～735	20～25	400℃以下工作的板材冲压和焊接零件
TC2	Ti-4Al-1.5Mn	板材	685	12～15	500℃以下工作的焊接件、模锻件和经弯曲加工的零件

续表 6-81

牌号	化学组成	材料状态	力学性能(退火状态)		用　途
			σ_b/MPa	δ_5(%)	
TC4	Ti-6Al-4V	板材	895	10～12	400℃以下长期工作的零件、结构用的锻件、各种容器、泵、低温部件、舰艇耐压壳体、坦克履带
			淬火+时效 1170	淬火+时效 8	
TC5	Ti-5Al-2.5Cr	板材	895	10～12	350℃以下工作的零件
TC10	Ti-6Al-6V-2Sn-0.5Cu-0.5Fe	板材	1 058	10	450℃以下工作的零件，如飞机结构零件、起落架、导弹发动机外壳等

钛及钛合金按其室温组织可分为：α、β和α+β三类。工业纯钛(组织为α)及α钛合金焊接性好。α+β钛合金中，只有那些β形成元素含量较低的焊接性尚好，其中 Ti-6Al-4V 应用最广，其焊接接头既可在焊态下使用，又可通过焊后固溶和时效处理进一步强化。大多数的α+β与β钛合金焊接性较差，焊态接头塑性低，具有冷裂倾向。钛及钛合金焊接性见表 6-82。

表 6-82　钛及钛合金的焊接性

焊接性	钛及钛合金
好	各类工业纯钛：TA1；TA2；TA3； α钛合金：Ti-5Al-2.5Sn(杂质含量低)；Ti-2.5Cu；Ti-5Al-5Sn-5Cr；Ti-8Al-1Mo-1V； α+β钛合金：Ti-2Al-1.5Mn；Ti-4Al-1.5Mn；Ti-6Al-4V(杂质含量低)
较好	α钛合金：Ti-5Al-2.5Sn(杂质含量正常)；Ti-7Al-12Zn； α+β钛合金；Ti-6Al-4V(杂质含量正常)； β钛合金：Ti-3Al-13V-11Gr
尚可	α+β钛合金：Ti-8Mn；Ti-7Al-4Mo；Ti-4Al-3Mo-1V；Ti-2.5Al-16V；Ti-5Al-1.25Fe-2.75Cr；Ti-6Al-6V-2Sn-0.5Cu-0.5Fe；Ti-6.5Al-3.5Mo-0.25Si
差	α+β钛合金：Ti-2Fe-2Cr-2Mo； β钛合金：Ti-1Al-8V-5Fe

6.3.2 钛及钛合金的焊接工艺

1. 焊接材料的选择

钛及钛合金钨极或熔化极氩弧焊填充材料，可选用与母材同成分的焊丝。常用的焊丝牌号有：TA1、TA2、TA3、TA4、TA5、TA6、TC3等，也可从工件上剪下窄条（其宽度与板厚相同）作为焊丝代用。有时为提高焊缝金属塑性，也可选用强度稍低的焊丝，如焊接Ti-5Al-2.5Sn或Ti-6Al-4V可用纯钛焊丝。含铝焊丝对产生气孔较敏感。

2. 保护气体

(1)氩气或氦气 钛及钛合金焊接时，多采用氩气作为保护气体，其纯度为[ϕ(Ar)]=99.99%，露点在-40℃以下，杂质总质量分数<0.02%，相对湿度<5%，水分<0.001mL/L。只有在深熔焊和进行仰焊位置焊接时，为了增加熔深和改善保护效果，可以选择氦气作为保护气体。

(2)Ar+He混合气体 Ar+He两种气体体积分数的比例为Ar+(50%～70%)He，其混合气体的特点是焊接电弧燃烧得非常稳定，焊接电弧的温度也较高，焊缝熔透深度、焊接速度大约是氩弧焊的2倍。

3. 钛及钛合金的焊接特点

①钛的化学活性大，不仅在熔化状态，即使在400℃以上的高温固态，也极易和空气中的氧、氮、氢及碳等元素发生化学反应；当温度超过600℃则反应剧烈。反应后所生成的化合物使焊接接头的塑性和韧性降低，并易引起气孔。因此，焊接时对熔池、焊缝及温度超过400℃的热影响区都要妥善保护。

②钛的熔点高、热容量大、电阻率大、导热性差，焊接接头容易过热，晶粒粗大，尤其是β钛合金，焊接接头塑性下降最为明显。而在焊接接头冷却较快时，又易生成不稳定的钛马氏体α'相，使焊接接头变脆。因此，对焊接热输入要控制，宜用小电流、快速焊。

③在氢和焊接残留应力作用下，可导致冷裂纹。对焊接接头的含氢量要控制，对复杂的焊接结构需要做消除应力处理。

④钛及钛合金焊接时,最常见的缺陷是气孔。在焊接热输入较大时,气孔一般位于熔合线附近;在热输入较小时,气孔则位于焊缝中部。

⑤钛的弹性模量约比钢小一半,焊接变形大,矫形困难。

4. 焊前清理与焊后热处理

钛及钛合金焊前,待焊处及其周围和焊丝必须仔细进行清理或清洗,去除油污、锈、垢并保持干燥。

钛制结构焊后一般不进行消除应力退火处理,但对于形状复杂的工件或在应力腐蚀环境下工作的工件,焊后应进行消除应力退火处理。在空气中消除应力处理常在500℃～650℃下保温45～60min;在氩气或真空中完全退火常在700℃～750℃下保温30～60min。尽量采用电炉加热,用火焰炉时,应采用微氧化性火焰,防止火焰直接接触工件,也可采用涂料保护。热处理后表面的吸气层或无保护气氛中热处理所产生的表面吸气层应清洗掉,处理温度不超过600℃时,用氢氟酸水溶液清洗;超过600℃时,先用熔融碱液或液体喷砂,然后酸洗。

5. 焊接过程中的保护措施

焊接钛及钛合金时,应根据工件形状和大小采取不同的保护措施焊接钛及钛合金的保护措施见表6-83。局部保护措施如图6-39所示。保护效果可由焊接区正反面的颜色作大致评定。焊接区颜色与质量的关系见表6-84。但在多道焊时,需检查正、反面的弯曲角和维氏硬度才能确定保护效果,弯曲角降低和硬度提高标志污染程度增大。

6. 焊接工艺要点

(1)氩弧焊

①焊前准备。坡口形状与不锈钢相似,原则上用机械加工或用氧乙炔火焰切割后再机械加工。用机械方法(细砂纸)或酸洗法清除焊接区和焊丝表面氧化物、污垢等杂质。通常用硝酸洗后以热水冲洗、晾干。清理后放置时间不宜过长,焊前再用丙酮擦洗工件焊接区和焊丝。焊接场地应洁净,尽量避免使用铁制工具。

表 6-83 焊接钛及钛合金的保护措施

保护类别	保护位置	保护措施	用途及特点
局部保护	熔池及其周围	采用保护效果好的圆柱形或椭圆形焊嘴，相应增加氩气流量	适用于焊缝形状规则、结构简单的工件，灵活性大、操作方便
	温度≥400℃的焊缝及热影响区	1. 附加保护罩或双层焊嘴； 2. 焊缝两侧吹氩气； 3. 采用适应工件形状的各种限制氩气流动的挡板	
	温度≥400℃的焊缝背面及热影响区	1. 通氩气的垫板或工件内充氩气； 2. 局部通氩气； 3. 紧靠金属板	
充氩箱	整个工件	1. 柔性箱体（尼龙薄膜、橡胶等），不抽真空，用多次充氩气提高箱内气氛的纯度，焊接时仍采用焊嘴加以保护； 2. 刚性或柔性箱体带附加刚性罩，抽真空（133.322×10^{-2}～133.322×10^{-4}Pa），再充氩气	适用于结构、形状复杂的工件，焊接可达性较差
增强冷却	焊缝及热影响区	1. 冷却块（通水或不通水）； 2. 采用适应工件形状的工装导热； 3. 减小热输入	配合其他保护措施以增强保护效果

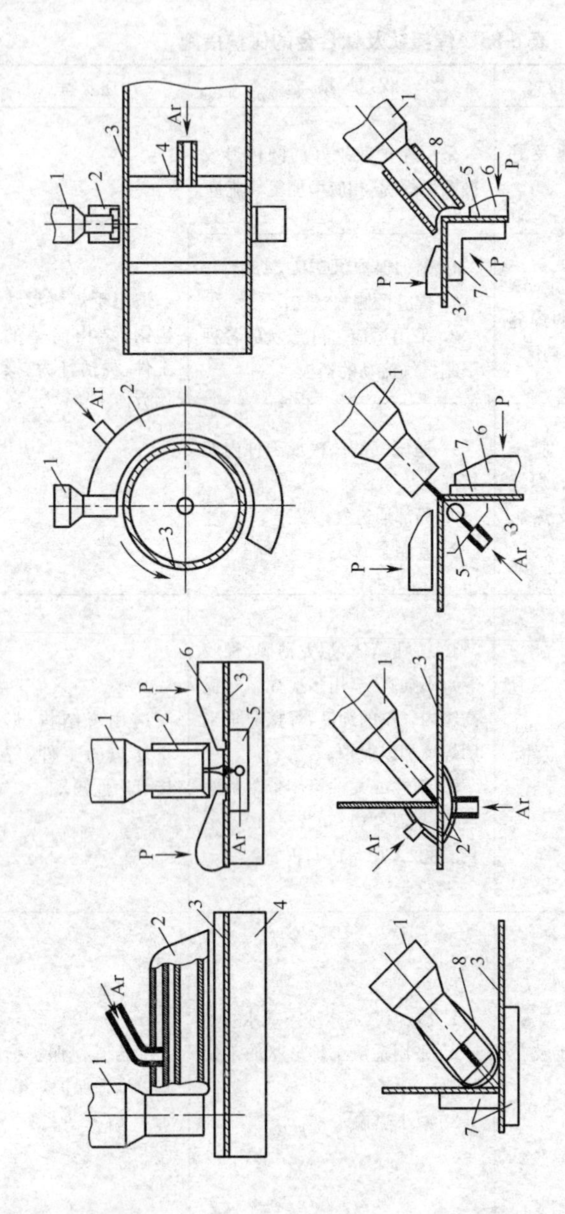

图 6-39　局部保护措施

1. 焊枪　2. 气体保护罩　3. 工件　4. 挡板　5. 气体保护垫板
6. 压板　7. 冷却块　8. 玻璃罩　P—压力

表 6-84 焊接区颜色与质量的关系

焊接区颜色	银白①	金黄①	紫①	蓝①	灰①	暗灰	白	黄白
保护效果	好	→						差
污染程度	小	→						大
质量	良好	合格	合格	合格	不合格	不合格	不合格	不合格

注:①均呈现金属光泽。

②板厚<3mm 的工件采用钨极氩弧焊;板厚>3mm 的工件采用机械化熔化极氩弧焊。结构复杂、焊缝短、尺寸又小的焊接构件,可在真空充氩箱中焊接。推荐用高频引弧的方法引燃电弧。由于熔化极氩弧焊有飞溅现象,易使焊接处受到污染,操作时必须严加注意。

③氩弧焊焊接钛及钛合金时,关键在于对温度处在 400℃以上的区域要进行保护,焊枪主喷嘴的气体保护要比焊接铝或不锈钢时严格,且喷嘴直径应适当加大,以扩大保护区域。

④手工或自动钨极氩弧焊采用直流正接。钨极手工氩弧焊时,焊枪的移动要均匀,焊枪与工件表面的夹角为 70°～80°,不做摆动。焊丝与工件的夹角保持 10°～15°,焊丝末端不得移出氩气保护范围,可采用引弧板引弧,尽量一次连续焊完整条焊缝。

⑤机械化钨极氩弧焊焊接板厚为 3mm 以下的工件,可用 I 形坡口,不加焊丝。

(2)埋弧焊 埋弧焊使用无氧焊剂。焊前,焊剂应在 200℃～300℃烘干 1.5～2h,可使用交流或直流反接焊接电源。焊后待焊缝冷却到 300℃以下,方可进行清渣工作。

(3)等离子弧焊 焊接板厚 3～12mm 的工件时,采用小孔效应法可使焊接过程稳定,焊接参数调节范围大,焊缝的正面和反面的成形均较为美观。由于等离子弧焊的热输入较大,因此,焊接时应加强焊接区的冷却和保护。

熔透法多用于 2～3mm 以下的工件的焊接,以及卷边焊和多层焊缝的第二层和各层焊缝的焊接。

(4)点焊、缝焊 钛及钛合金的导热性和导电性接近于不锈钢的导热性和导电性。然而，钛及钛合金的高温强度较低，故使用的点焊、缝焊焊接参数接近于低碳钢的焊接参数，只是电流密度应较点焊、缝焊低碳钢时小 30%～40%。点焊使用球面电极，并对电极加强冷却或进行直接水冷。钛合金点焊焊点边距和间距见表 9-85。

表 6-85　钛合金点焊焊点边距和间距　(mm)

钛板的总厚度	最小边距	最小间距	钛板的总厚度	最小边距	最小间距
＞0～0.2	6.3	6.3	4.6～5.0	11.1	25.4
2.1～2.5	6.3	9.5	5.1～6.0	12.7	30.1
2.6～3.0	7.9	12.7	6.1～7.0	14.0	36.5
3.1～3.5	7.9	15.8	7.1～8.0	15.8	42.5
3.6～4.0	9.5	19.0	8.1～9.0	15.8	49.0
4.1～4.5	9.5	22.2	9.1～9.5	15.8	55.5

(5)闪光对焊　钛及钛合金闪光对焊可在普通闪光焊机上进行，接头设计与钢类似，同断面焊接所需功率和顶锻力比焊钢小，为减少焊接时空气接触工件，应尽量采用快的闪光速度和短的闪光时间。焊接时，最好附加氩气保护装置，特别是非实心工件焊接时更是如此。

(6)电渣焊　钛合金 TC4(Ti-6Al-4V)采用熔嘴电渣焊，使用的焊剂为 CaF_2，其纯度 $w(CaF_2)$必须高达 99.99%，辅以氩气保护。当焊接 25～50mm 厚的钛合金板时，可获得与母材等强度接头，并且能保证接头的塑性及韧性。

(7)扩散焊　钛及钛合金扩散焊一般要在真空或氩气保护下进行。焊接压力从 2MPa 到 30MPa，焊接温度低时用较大压力，焊接温度高时，用较小的压力，在不损伤母材性能的条件下焊接温度可选高些。对于 α+β 钛合金而言，焊接温度一般选低于 β 转变温度 40℃～50℃，例如，TC4 合金 β 转温度为 996℃，扩散焊温度可选 950℃。

(8)高频焊　用于管材和型材焊接，焊接时内外表面需用氩气保护。

(9)钎焊　真空钎焊的真空度应达到 $1.33\times10^{-2}\sim133\times10^{-3}$ Pa。

用氩气保护时，气体露点应低于−57℃。可采用银基、铝基、金基、钛基等钎料。常用的钎料有银－铜、银－铝－锰和钛－铜－镍等。

(10)真空电子束焊 真空电子束焊焊接时，常用的加速电压范围为30～15kV，电子束流为20～1 000mA，电子束焦点直径为0.1～1mm，电子束功率密度为10^6W/cm^{2}以上。

真空电子束焊接应注意选用合适的装配间隙。装配间隙对真空电子束焊焊缝强度的影响见表6-86。

表6-86 装配间隙对真空电子束焊焊缝强度的影响

装配间隙/mm	焊缝强度/MPa	装配间隙/mm	焊缝强度/MPa
0.003	850	0.1	765
0.005	801	0.13	712
0.008	798	0.15	565

注：焊缝金属的母材强度为862MPa，板材厚度为0.5mm。

为预防钛及钛合金真空电子束焊焊缝出现气孔，焊前要认真将待焊处进行酸洗和机械加工。为改善焊缝向母材的过渡，可将焊缝分为两道焊接，第1道焊缝为高功率密度的深熔焊，第2道焊缝为低功率密度的修饰焊，经过两道焊缝焊接，可以极大地提高焊接接头的疲劳强度。此外，在真空电子束焊接过程中，电子束焊枪与工件的距离也会影响电子束功率密度，即电子束焊枪距工件的距离越大，电子束的功率密度越小，电子束焊枪距工件的距离越小，电子束的功率密度越大。焊接时，电子束焊枪的摆动可以改善焊缝成形，细化晶粒和减少气孔并提高接头力学性能。

(11)激光焊 用于激光焊焊接的激光器主要有：以CO_2激光器为代表的气体激光器和以YAC激光器为代表的固体激光器两大类。激光焊接的能量密度与真空电子束焊相当，聚焦后的功率密度可达10^5～10^7W/cm^2，甚至于更高。

激光焊时，在焊缝的正面和背面都要用惰性气体保护，不仅是为了防止空气的污染，用惰性气体(最好是氦气)还能吹散焊缝熔池上方的金属离子云，消除金属蒸汽的电离作用，避免激光束扩散及妨碍焊接的进行。

与电子束焊一样，激光焊也可以采用熔透式或小孔技术进行焊接。当采用小孔技术时，激光能量吸收率可达到 90%，而采用熔透技术时，能量吸收率将大大降低。

5. 焊接参数

①钛及钛合金手工钨极氩弧焊的焊接参数见表 6-87。

表 6-87　钛及钛合金手工钨极氩弧焊的焊接参数

板厚/mm	接头形式	钨极直径/mm	焊丝直径/mm	焊道数	焊接电流/A	氩气流量/(L/min)		
						喷嘴	保护罩	背面
0.5		1	1	1	20～30	6～8	14～18	4～10
1		1	1	1	30～40	8～10	16～20	4～10
2		2	1.6	1	60～80	10～14	20～25	6～12
3		3	1.6～3.0	2	80～110	11～15	25～30	8～15
5		3	3	3	100～130	12～16	25～30	8～15
10		3	3	6	120～150	12～16	25～30	8～15

②钛及钛合金自动钨极氩弧焊的焊接参数见表 6-88。

表 6-88　钛及钛合金自动钨极氩弧焊的焊接参数

焊接参数		不加焊丝			加焊丝		
板厚	/mm	0.8	1.5	2.0	1.5	2.5	3.0
钨极直径		1.6	1.6	1.6～2.4	1.6	1.6～2.4	2.4～3.2
焊丝直径		—	—	—	1.6	1.6～2.0	1.6～2.3
焊嘴直径		14～16	14～16	16～20	14～16	16～20	16～20
焊接电流/A		25～30	90～100	190～200	120～130	200～210	220～230
电弧电压/V		10	10	12	10	12	12

续表 6-88

焊接参数		不加焊丝			加焊丝		
焊接速度	/(m/min)	0.25	0.25	0.25	0.3	0.3	0.25
送丝速度		—	—	—	0.055	0.055	0.05
氩气流量(L/min)	焊枪	7	7	10	7	10	10
	拖罩	10	14	23	18	23	23
	衬垫	2	2	2.5	2.5	3	3
衬垫材料		铜、钢	铜、钢	铜、钢	铜、钢	铜、钢	铜、钢
垫槽尺寸/$\frac{长}{mm}\times\frac{宽}{mm}$		7×1.5	7×1.5	10×1.5	7×1.5	10×1.5	10×1.5
电源极性		直流正接	直流正接	直流正接	直流正接	直流正接	直流正接

③工业纯钛等离子弧焊的焊接参数见表 6-89。

表 6-89 工业纯钛等离子弧焊的焊接参数

板厚/mm	焊嘴直径/mm	钨极直径/mm	焊接电流/A	电弧电压/V	焊接速度/(m/min)	送丝速度/(m/min)	氩气流量/(L/min)			
							离子气	熔池	水冷保护滑块	背面
5.0	3.8	1.9	200	29	0.333	1.5	5	20	25	25
10	3.2	1.2	250	25	0.15	1.5	6	20	25	25

④钛及钛合金压力容器等离弧焊的焊接参数见表 6-90。

表 6-90 钛及钛合金压力容器等离弧焊的焊接参数

壁厚/mm	焊接方法	电流/A	电压/V	极性	焊接速度/(m/h)	氩气流量(L/min)			
						离子气	保护气	后托保护	背面保护
1	小等离子弧焊	35	20	正接	12	0.5	10	10	2
4	等离子弧焊	160	24	正接	20	3	20	25	3
8	等离子弧焊	210	26	正接	20	4	20	30	3

⑤钛及钛合金钨极脉冲氩弧焊的焊接参数见表6-91。

表 6-91　钛及钛合金钨极脉冲氩弧焊的焊接参数

板厚/mm	钨极直径/mm	焊接电流/A		持续时间/s		电弧电压/V	弧长/mm	焊接速度/(cm/min)	氩气流量/(L/min)
		脉冲	基值	脉冲电流	基值电流				
0.8	2	55～80	4～5	0.1～0.2	0.2～0.3	10～11	1.2	30～42	6～8
1		66～100		0.14～0.22	0.20～0.34				
1.5	3	120～170	4～6	0.16～0.24	0.20～0.36	11～12	1.2	27～40	8～10
2		160～210	6～8				1.2～1.5	23～27	10～12

⑥钛板微束等离子弧焊的焊接参数见表6-92。

表 6-92　钛板微束等离子弧的焊的焊接参数

板厚/mm	焊接电流(直流正接)/A	保　护　气		焊接速度/(mm/min)
		配合比(体积分数,%)	流量/(L/ min)	
0.2	5.0	Ar100	5	127
0.38	5.8	Ar100	5	127
0.56	10	He75＋Ar25	5	178

⑦钛及钛合金的点焊的焊接参数见表6-93。

表 6-93　钛及钛合金的点焊的焊接参数

材料	板材厚度/m	焊接电流/A	通电时间/s	电极压力/N	电极/mm	
					核点直径	球径
工业纯钛(TA1、TA2、TA3)	0.8＋0.8	5 500	0.10～0.15	2 000～2 500	4.0	50～75
	1.0＋1.0	6 000	0.15～0.20	2 500～3 000	5.0	75～100
	1.2＋1.2	6 500	0.20～0.25	3 000～3 500	5.5	75～100
	1.5＋1.5	7 500	0.25～0.30	3 500～4 000	6.0	75～100
	1.7＋1.7	8 000	0.25～0.30	3 750～4 000	6.5	75～100
	2.0＋2.0	10 000	0.30～0.35	4 000～5 000	7.0	100～150
	2.5＋2.5	12 000	0.30～0.40	5 000～6 000	8.0	100～150
	3＋2	15 500～16 000	0.16～0.17	6 800	上极16 下极24	正70下平面
	3＋3	16 500～17 000	0.18～0.22	6 800	上极16 下极24	正70下平面

续表 6-93

材料	板材厚度/m	焊接电流/A	通电时间/s	电极压力/N	电极/mm	
					核点直径	球径
钛合金①（TC4）	0.508	5 000	0.10	5 440	3.81	254
	0.889	5 500	0.14	2 720	5.71	76.2
	1.277	8 500	0.14	4 080	9.11	101.6
	1.574	10 600	0.08	6 800	8.89	76.2
	1.600	11 000	0.20	3 800	8.89	250
	1.778	11 500	0.24	7 710	9.93	76.2
	2.360	12 500	0.26	10 880	10.90	76.2
	3.175	15 500～16 000	0.28	10 430	10.79	254

注:①TC4 钛合金点焊用板材的厚度为两板的总厚度值。

⑧工业纯钛缝焊的焊接参数见表 6-94。

表 6-94 工业纯钛缝焊的焊接参数

板厚/mm	滚轮工作表面半径/mm	焊接电流/A	通电时间/s	断电时间/s	电极电压/N	焊接速度/(m/h)	焊缝宽度/mm
0.6+0.6	50～75	6 000	0.08～0.10	0.10～0.16	2 000～2 500	45～50	3.5
0.8+0.8	50～75	6 500	0.10～0.12	0.16～2.00	2 500～3 000	42～48	4.0
1.0+1.0	75～100	7 500	0.12～0.14	0.20～0.28	3 000～3 500	36～42	5.0
1.2+1.2	75～100	8 500	0.14～0.18	0.28～0.36	3 500～4 000	33～39	5.5
1.5+1.5	75～100	9 000	0.18～0.24	0.36～0.48	4 000～4 500	30～36	6
1.7+1.7	75～100	10 000	0.18～0.24	0.36～0.48	4 500～5 000	30～36	6.5
2.0+2.0	100～150	11 500	0.20～0.28	0.40～0.50	5 000～6 000	30～36	7.0
2.5+2.5	100～150	14 000	0.28～0.32	0.60～0.80	6 500～7 500	20～25	8.0

⑨钛的闪光对焊的焊接参数见表 6-95。

表 6-95　钛的闪光对焊的焊接参数

工件断面/mm²	熔化或预热电流/A	压力/kN	伸出电极长度/mm	余量/mm		熔化速度/(m/h)	
				熔化	加压	开始	终止
150	1 500～2 000	3	25	8	3	0.5	6.0
250	2 500～3 000	5～8	25～40	10	6	0.5	6.0
500	5 000～7 000	10～15	45	10	6	0.5	6.0
1 000	5 000 预热	20～25	50	12	10	0.5	5.0
2 000	10 000 预热	40～100	65	18	12	0.5	5.0
4 000	20 000 预热	150～300	110	24	15	0.5	4.0
6 000	30 000 预热	350～500	140	28	15	0.5	3.5
8 000	40 000 预热	350～600	165	35	15	0.5	3.0
10 000	50 000 预热	500～1 000	180～200	40	15	0.5	2.5

⑩钛及钛合金真空电子束焊的焊接参数见表 6-96。

表 6-96　钛及钛合金真空电子束焊的焊接参数

工件厚度/mm	焊接束流/mA	加速电压/kV	焊接速度/(m/min)
1	50	13	2.1
2	90	18.5	19
3	95	20	0.8
5	170	28	2.5
16	260	30	1.5
50	450	45	0.7

6.3.3　典型钛及钛合金的焊接

1. 纯钛外冷器的手工钨极氩弧焊

用于制碱工业生产的大型纯钛外冷器的主要技术参数与外形尺寸见表 6-96。

外冷器的全部焊缝均采用手工钨极氩弧焊施焊。焊道要求呈银白色和少量的浅黄色，焊缝标准分别为：对接缝符合 GB/T 3323—2005Ⅲ

级 X 射线探伤检查,角缝、端接缝符合着色探伤检查。

表 6-96 用于制碱工业生产的大型纯钛外冷器的主要技术参数与外形尺寸

技术参数名称	指标	
	管内	管间
操作压力/MPa	0.03～0.15	0.1～0.2
操作温度/℃	8～10	−2～6
物料名称	MZ_4CI 母线	卤水

技术参数名称	指标
换热面积/m^2	480(按平均直径计算)
筒体尺寸/mm(直径×壁厚×长)	ϕ1 600×8×6 000
管板尺寸/m	δ=28,ϕ1717×28
列管尺寸/mm(直径×壁厚×长)	ϕ51×2×6 000,共 511 根

(1)保护措施与焊前准备

1)焊枪结构的改进。为提高焊枪的保护性能,使由喷嘴喷出的保护气流呈层流状态,并有一定的挺度,将焊枪改为径向进气结构。这种枪体有较长的光滑气室和较大的呈圆锥状的光滑出气孔,在喷嘴内上方装有两层 0.152mm×0.152mm(100 目)的铜丝网,使气流进行再分配,从而使其变得更加均匀和稳定。

2)保护拖罩和夹具。由于钛在焊接过程中,其高温区易氧化,为此,必须在工件的正面、背面(有的在侧面)用拖罩保护。拖罩的结构和尺寸由工件的几何形状和尺寸来确定。一般由 0.8mm 厚的纯铜板制成,其上方装有水腔,分配管的上方有一排直径为 1mm 的小孔(间距为 6mm),罩内下部设有 2～3 层 0.152mm×0.152mm(100 目)的铜丝网,拖罩结构如图 6-40 所示。在用拖罩进行保护时,氩气由引入管通到分配管内,经上方喷出,得以均匀分布和缓冲。当气流经过铜丝网时,便又得到了再次分配,使气流更加稳定地保护着焊缝,从而取得良好的保护效果。

因工业纯钛在焊接时收缩变形较大,变形后的矫正较困难,所以在焊前必须根据产品的结构和尺寸制作固定夹具。夹具一般设有铜垫板,可较快地将热量传导出去。连续焊时,夹具的下保护部分应设有水冷装置,正确合理设计与应用夹具,有控制变形、促进冷却和控制保护气流的作用。

3)焊前准备。钛板在焊前要仔细清理。

①采用机械加工坡口。

②在坡口两侧 30mm 区域内用钢丝刷刷净，直至露出金属光泽。

③在坡口及其两侧 40～50mm 处用丙酮清洗 2～3 遍。

④在坡口面上用丙酮擦洗之后，再在个别地方做铁离子污染抽查。具体方法是将质量分数为 36%的 HCl 滴入坡口处，1～2min 之后再滴入质量分数为 10%的铁氰化钾，如坡口表面未呈现蓝色方为合格。

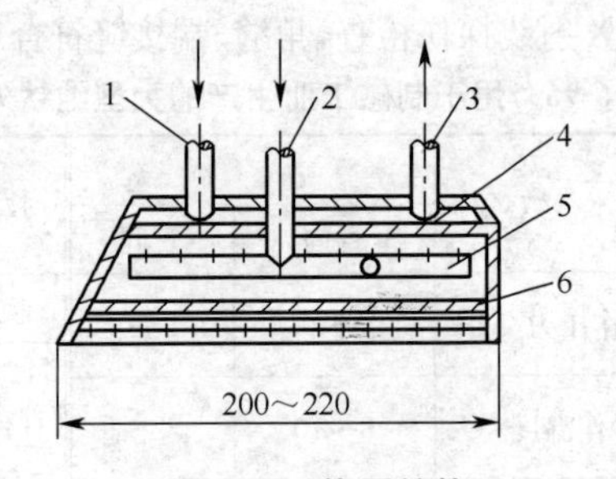

图 6-40　拖罩结构

1. 进水口　2. 氩气进口　3. 出水口
4. 水套　5. 孔(若干)　6. 铜丝网(2～3 层)

⑤用电热吹风机充分干燥坡口面，随后焊接方可开始。

4)手工钨极氩弧焊用的焊丝原则上是选择与基体金属成分相同的钛丝，所有焊丝均以真空退火状态供应。真空退火的工艺参数：真空度为 0.13～0.013Pa，退火温度为 900℃～950℃，保温时间为 4～5h；TA1、TA2、TA3 纯钛焊丝的纯度为 99.9%，如标准牌号的焊丝短缺时，可从与基体金属相同牌号的薄板上剪取窄条作为填充焊丝，宽度类似焊丝直径。焊丝的清洗可用质量分数为 8%～15%的 NaOH 碱液来清洗，温度为 60℃～70℃，时间保持 2～3min，取出后用水冲洗，干燥，用细砂布(要求不含铁质)打磨后，再用丙酮洗一遍即可使用。

5)保护气体一定要采用一级纯氩气(99.99%)，露点为-45℃。当氩气瓶中的压力降至 0.981MPa 时，应停止使用，以防影响纯钛焊接接头的质量。

(2)焊接参数选择　焊接设备为 NSA2-300-1 型交直流两用氩弧焊机，配用 ZXG3-300-1 型硅整流电源，采用直流正接法。焊接电流与焊接速度是主要的焊接参数，在手工氩弧焊时，既要考虑到坡口面的充分熔透，又要照顾到拖罩的跟踪，故施焊速度不宜太快。当板厚为 8mm 时，焊接速度为 8～11cm/min、电流为 180～200A 较为适宜。电流如过大会使焊缝晶粒粗大且热影响区保护变坏；电流过小，熔化不充分，易产生气孔。保护气体的流量与喷嘴、拖罩的结构尺寸有关，当喷嘴直径为19mm时，流量为20L/min，背面、正面的保护辅助氩气的流量大约为20L/min和35L/min。

当外冷器管子与管板焊接时，选择自熔焊，管子伸出管板1.5～2mm的高度，焊前在距钛管焊端30～50mm处塞进一团棉纱线作为管子内部的气体保护措施。焊接参数选择：电流120～140A，喷嘴孔径为16mm，氩气流量为14～16L/min。

(3)焊接注意事项

①焊枪的喷嘴应始终垂直于工件的表面（或稍微向前倾斜一点），尤其在填丝时，喷嘴不得向前倾斜过大，避免气流偏吹。喷嘴至工件表面距离以7～10mm为宜，在不影响填丝与可见度的情况下应尽量压低电弧，焊丝熔化填进时，焊丝端始终在氩气的保护之中。

②焊枪钨极始终要对中，否则会造成背面局部未熔合的缺陷。

③施工现场要保持清洁、干燥，室温一般要在20℃以上。在焊接中，正面与背面的保护要密切配合，熔池与受热区绝对禁水。

④多层焊时，层间温度≤60℃，在生产过程中，各种保护罩均需通水冷却。

2. 厚1mm钛合金板的平对接手工钨极氩弧焊

(1)焊前准备

①焊机。选用WSE5-160交流方波/直流钨极氩弧焊机1台。

②填充焊丝。采用不加焊丝的工艺方法。

③工件。TA2（工业钝钛），板厚为1mm。厚1mmTA2板手工钨极氩弧焊试板如图6-41所示。

④氩气。要求一级纯度[φ(Ar)为99.99%]，露点在－40℃以下。

⑤钨丝。选择WCe－13，直径为1.5mm的钨丝。

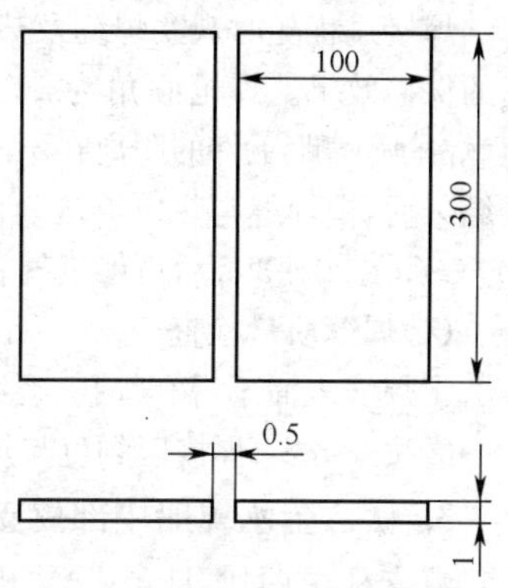

图6-41　厚1mm TA2板手工钨极氩弧焊试板

⑥辅助工具和量具。不锈钢钢丝刷、不锈钢丝轮、锤子、钢直尺、划

针、焊缝万能量规、带拖罩的焊枪(拖罩长 100mm)、焊缝背面氩气保护装置。

(2)焊前装配定位

①准备试件。用不锈钢丝轮打磨待焊处两边各 20mm 范围内的油、污、氧化皮。

②装配定位。按图 6-41 所示进行工件定位焊,定位焊缝长度为 10～15mm,定位焊间距为 100mm。装配定位焊时,严禁用铁器敲击和划伤钛板表面。厚 1mm 钛合金板平对接手工 TIG 焊的焊接参数见表 6-97。

表 6-97 厚 1mm 钛合金板平对接手工 TIG 焊的焊接参数

坡口形式	钨极直径/mm	焊接层数	焊接电流/A	喷嘴孔径/mm	氩气流量/(L/min)			备注
					主喷嘴	拖罩	背面	
I形	1.5	1	30～50	10	8～10	14～16	6～8	间隙为 0.5mm

(3)焊接操作 将工件平放在焊缝背面氩气保护装置上,接通氩气,焊接电源为直流正接(工件接正极),这种接法焊接电流容易控制,不仅焊缝熔深大,而且焊缝与热影响区窄。按表 6-97 选择焊接参数,由焊缝一端向另一端焊接。

焊接过程随时观察焊缝及热影响区表面颜色的变化,及时提高氩气的保护效果。焊枪倾角为 10°～20°,焊接过程不做摆动,不添加焊丝,焊枪喷嘴距工件的距离在不断弧、不影响操作的情况下尽量小。焊接结束后,视焊缝与热影响区表面颜色(与温度有关,表面温度要低于 400℃),在 20～30s 后再停氩气。

(4)焊缝质量检查

①焊缝表面不得有气孔、裂纹、焊漏等缺陷。

②按表 6-84 焊接区颜色与焊接质量的关系,检查焊缝保护情况。

3. 钛合金水翼船中部翼支柱手工钨极氩弧焊

翼支柱由两块 Ti-6Al-4V 机械加工件组成,长约 2 800mm,宽约 300mm。在装有四个焊接窗口的充氩金属箱内,用手工钨极氩弧焊方法焊接这些装配件,水翼船中部翼支柱分段装配件如图 6-42 所示。金属箱用稍呈正压的氩气气流净化。将待焊工件装在图 6-42 右下部所示的焊接夹具 3 中，再将夹具装在变位器上，它可使工件转动 360°，也可移动工件便于所有窗口施焊。采用手工焊是因为工件外形和断面变化。因产量小，不宜采用自动焊。工艺条件见表 6-98。

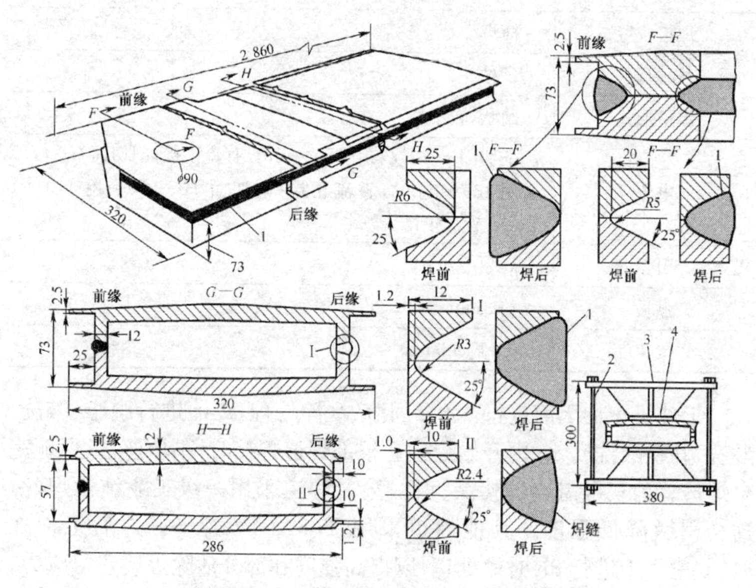

图 6-42　水翼船中部翼支柱分段装配件

1. 焊缝　2. 螺栓　3. 焊接夹具　4. 中央翼支柱分段组合件

注：根部焊道不加填充金属；第 1 焊道用 ERF1；其他焊道用 ERTi-6Al-4V。

表 6-98　工艺条件

接头形式	对　接
保护气体	氩气，7L/min
焊枪喷嘴，焊接箱内	氩气，用稍呈正压的氩气流净化
电极(EWT－2)	直径：剖切面 $F—F$ 和 $G—G$，2.4mm；剖切面 $H—H$，1.6mm
焊枪	350A，水冷
填充金属	根部焊道不用；第二焊道采用直径 2.4 或 3mm 的 ERTi-1；其他焊道采用直径 2.4 或 3mm 的 ERTi-6A-4V

续表 6-98

接头形式	对　接
喷嘴尺寸	内径 14～20mm
焊接位置	横焊
焊道数	多种
焊道形式	凸状,较窄
电流	剖切面 $F—F$,采用 150～160A 直流正接;剖切面 $G—G$,采用 130～140A,直流正接;剖切面 $H—H$,采用 110～120A,直流正接
引弧	高频
弧长	约 3mm
焊接速度	5～10cm/min

工件机械加工前进行 950℃固溶、水淬处理,焊前进行脱脂、碱洗、酸洗,并在酸洗后 4h 内开始焊接。根部焊道焊接时,不填丝,以保证完全焊透。为获得需要的接头韧性,第二焊道采用一级工业纯钛焊丝。这会稍微降低强度。其他焊道采用 Ti-6Al-4V 焊丝。焊后工件在 510℃氩气中进行 8h 时效处理,以提高强度和部分消除焊接残留应力。所有焊缝都要进行目视、着色和射线法检验。典型试样还需经力学性能试验和金相检验,以进一步检查焊接质量。

4. 厚 0.8mm 钛合金板的平对接低频脉冲钨极氩弧焊

(1)焊前准备

①焊机。选用 WSM-160 型低频脉冲钨极氩弧焊焊机 1 台。

②添充焊丝。采用不加焊丝的工艺方法。

③工件。选用 TA2(工业纯钛),板厚为 0.8mm 的工件。厚 0.8mmTA2 板平对接低频脉冲钨极氩弧焊的试板如图 6-43 所示。

④氩气。要求一级纯度[$\varphi(Ar)=99.99\%$],露点在－40℃以下。

⑤钨丝。选用 WCe-13,直径为 2mm 的钨丝。

⑥辅助工具和量具。不锈钢钢丝刷、不锈钢丝轮、锤子、钢直尺、划针、焊缝万能量规、带拖罩的焊枪(拖罩长 100mm)、焊缝背面氩气保护装置。

(2)**焊前装配定位**

①准备试件。用不锈钢丝轮打磨待焊处两边各 20mm 范围内的油、污、氧化皮。

②装配定位。按图 6-43 所示进行工件定位焊，定位焊缝长度为 10～15mm，定位焊间距为 100mm。装配定位焊时，严禁用铁器敲击和划伤钛板表面。定位焊缝的焊接参数见表 6-97。

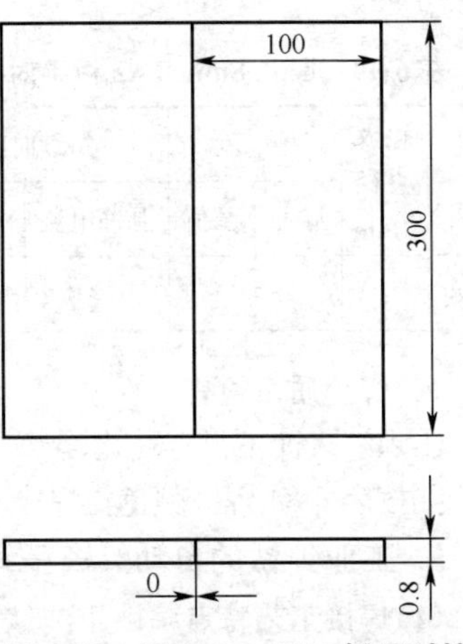

图 6-43 厚 0.8mmTA2 板平对接低频脉冲钨极氩弧焊的试板

(3)**焊接操作** 低频脉冲氩弧焊机，电流频率为 0.1～15Hz，这是目前应用最广泛的一种脉冲 TIG 设备，电弧稳定性好，特别适用于薄板焊接。脉冲氩弧焊机对工件加热集中，热效率高，焊透同样厚度的工件所需要的平均电流比一般钨极氩弧焊低 20%。焊缝热影响区窄，焊接变形容易控制。此外，脉冲氩弧焊的焊缝质量好，这是因为钨极脉冲氩弧焊焊缝是由焊点相互重叠而成，后焊的焊点热循环对前一个焊点具有退火作用。同时，脉冲电流对点状的熔池具有强烈的搅拌作用，使熔池的冷却速度加快，在高温停留的时间缩短，因此，所得的焊缝组织细密，力学性能好。

将工件平放在焊缝背面氩气保护装置上，接通氩气，焊接电源为直流正接(工件接正极)，这种接法的焊接电流容易控制，按表 6-97 选择焊接参数，由焊缝的一端向另一端焊接。

焊接过程随时观察焊缝与热影响区表面颜色的变化，及时提高氩气的保护效果。

焊枪倾角为 10°～20°，焊接过程不做摆动。不添加焊丝，焊枪喷嘴距工件的距离在不断弧、不影响操作的情况下尽量小些。焊枪移动要均匀，在引弧板上引弧，尽量一次焊完焊缝。焊接结束后，视焊缝与热影响区表面颜色(与温度有关，表面温度要低于 400℃)，在 20～30s 后再停氩气。厚 0.8mmTA2 板平对接低频脉冲钨极氩弧焊的焊接参数见表6-99。

表6-99　厚0.8mm TA2板平对接低频脉冲钨极氩弧焊的焊接参数

板厚/mm	钨极直径/mm	焊接电流/A		持续时间/s		电弧电压/V	弧长/mm	焊接速度/(cm/min)	氩气流量/(L/min)
		脉冲	基值	脉冲电流	基值电流				
0.8	2	55～80	4～5	0.10～0.20	0.2～0.3	10～11	1.2	30～42	6～8

(4)焊缝质量检查

①焊缝表面不得有气孔、裂纹和焊漏等缺陷。

②按表6-84焊区颜色与焊接质量的关系，检查焊缝保护情况。

5. 工业纯钛的自动等离子弧焊接

(1)焊接工艺特点　由于纯钛在液态下的表面张力大，因此，适宜采用小孔效应等离子弧焊，常用来焊接10mm以内的纯钛板。

等离子弧焊法的热输入大、热量集中，在焊接过程中需加强焊接区的保护和冷却效果。

纯钛等离子弧焊时的气体保护方式与钨极氩弧焊法相同。等离子弧焊枪应合理进行设计，要求能将焊接熔池及其周围处于350℃以上的金属得到良好的保护。

为了降低保护气体的流速，使氩气流形成层流层，从而达到良好的气体保护效果，建议在焊枪底部放置3～4层叠制的、0.152mm×0.152mm(100目)的铜丝网。

在焊接过程中，应严防由于穿堂风吹散氩气流，而使焊缝的气体保护效果变坏。如果发现焊缝表面的颜色变蓝，应立即停止焊接，进行气体保护性能试验，以获得气体保护效果最佳的氩气流量。

焊枪的气体保护性能试验完成后，装上拖罩，进行实际焊接模拟实验。此时，焊机需做自动行走，并调节不同的拖罩气流量，焊后，检查焊缝表面的保护效果，从而得出合适的拖罩气流量。

等离子弧焊时，焊接速度的选择也很重要，焊接速度太慢，工件易被烧穿；焊接速度增快，焊缝变窄。焊接速度超过400mm/min时，气体保护效果明显减弱。工业纯钛的自动等离子弧焊的焊接参数见表6-100。

表 6-100 工业纯钛的自动等离子弧焊的焊接参数

板厚/mm	喷嘴直径/mm	钨极直径/mm	焊接电流/A	电弧电压/V	氩气流量/(L/min)			焊接速度/(m/h)	焊丝直径/mm	备注
					离子气流	主喷嘴气流	反面保护气流			
0.8	1.6	2.0	35	18	0.1	13	10	15.6	—	喷嘴与工件间距离为3～6mm
2	2.5	3.0	70～80(脉冲电流)	—	1.8	18	12	—	—	拖罩气流为24L/min，基值电流为20～30A
5	3.8	5.0	200	—	5	20	25	20.0	1.0	送丝速度为1.5m/min，钨极内缩1.9mm
6	6.0	4.0	180～220	18～20	—	11～12	6～8	12.0～21.5	—	钨极与工件间距离为4mm，采用两层焊接
8	6.0	4.0	180～220	18～20	—	11～12	6～8	10～12	—	钨极与工件间距离为4mm，采用两层焊接
10	6.0	5.0	180～300	18～20	—	8～9	8～10	8～12	—	钨极与工件间距离为4mm，采用两层焊接
10	3.8	5.0	250	25	6	20	25	9	1.0	送丝速度为1.5m/min，钨极内缩2.5mm

(2)TA2工业纯钛板自动等离子弧焊接实例　金属阳极电解槽底部设置了一块尺寸为1.7m×1m、厚度为2mm的TA2工业纯钛板，由于整张钛板的宽度不够，需要拼接。为满足单面焊双面成形的技术要求及减少焊接变形量，采用小孔效应等离子弧焊工艺。

①焊前准备。焊前将钛板待焊边缘一侧在龙门刨床上进行加工，并用丙酮擦洗。钨棒需在磨床上研磨圆整，以防出现因钨棒与喷嘴中心线的同心度不够而烧损喷嘴现象。为使焊机行走过程中电弧不偏离焊缝中心，焊机上的橡胶轮改用铁轮。

②焊接设备与工装。钛板焊接时，采用LH-250型等离子弧焊机的控制系统及焊机行走机构，配以ZX5-160型晶闸管式弧焊整流器。并设计制造一专用的气动焊接夹具，压板由两排琴键式小压块组成，夹具底部的纯铜垫板上开有一排ϕ1.0mm的小孔，以实现反面气体保护。为防止焊接过程中发生严重的变形及引起烧穿，除采用焊接夹具、焊前定位焊外，还安装了一个晶闸管脉冲断续器，进行脉冲等离子弧焊接。

③焊接参数。2mmTA2工业纯钛板的焊接参数如下：钨极直径为3mm，喷嘴孔径为2mm，脉冲电流为70～80A，维弧电流为20～30A，脉冲通电时间为0.06～0.8s，休止时间为0.12～0.14s，离子气流量为1.8L/min，喷嘴保护气流量为1.8L/min，反面保护气流量为12L/min，拖罩气流量为24L/min(拖罩外形尺寸180mm×40mm)。焊后，焊缝表面呈鱼鳞纹，熔宽均匀，表面色泽为金黄色。

④焊接注意事项。在焊接操作过程中，应随时注意焊接参数和气体流量的变化。当发现焊缝背面的颜色发蓝时，应调节反面的氩气流量及分析反面的气体保护条件。一般反面保护用的氩气由单独的氩气供应，此外，最好在纯铜垫板两端用棉花絮困塞住，防止气流散失，以使焊缝反面得到充分的保护。氩气瓶中的气体压力降至0.98MPa时，应停止操作，重新更换一瓶气体。

6. 大断面钛框构件的闪光对焊

大断面钛框断面形状如图6-44所示。Ⅰ、Ⅱ断面的面积约为620mm^2，Ⅲ、Ⅳ断面的面积约为850mm^2。

焊机采用LM-150型对焊机。该焊机适用于650mm^{2}的工件闪光

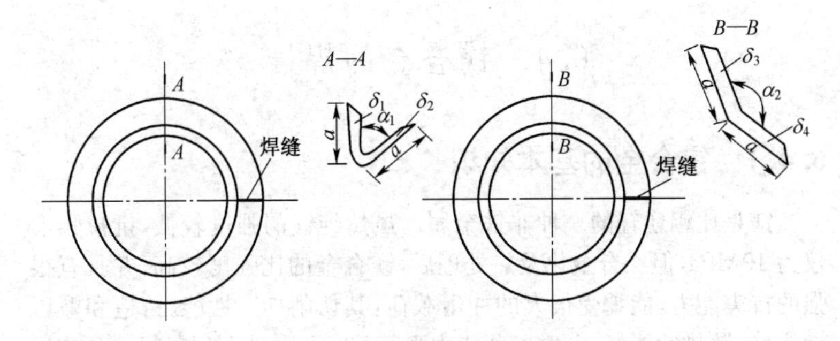

图 6-44 大断面钛框断面形状

注：δ_1=6mm δ_2=5mm 为Ⅰ断面；δ_1=8mm δ_2=7mm 为Ⅱ断面；δ_3=6mm δ_4=5mm 为Ⅲ断面；δ_3=8mm δ_4=7mm 为Ⅳ断面。（δ 为工件厚度）。

对焊，对于 850mm² 断面闪光对焊却有困难。因此，将对焊机进行了改进，重新设计了凸轮使焊接快速进行。

钛框构件的闪光对焊的焊接参数见表 6-101。钛框闪光对焊接头的力学性能见表 6-102。经产品质量分析，接头强度达到基本金属的 90%，而弯曲角为基本金属的 60%。

表 6-101 钛框构件的闪光对焊的焊接参数

断面积代号	伸出长度/mm	烧化留量/mm	顶锻留量/mm		变压器级数	凸轮转速/(r/min)
			带电	无电		
Ⅰ	50	17.3	4.5	8.7	15	3.18
Ⅲ	50	17.3	4.5	8.7	16	3.18
Ⅱ、Ⅳ	50	26	7	7	14	2.63

表 6-102 钛框闪光对焊接头的力学性能

接头部位	抗拉强度/MPa	冷弯角
基本金属	943	30°55′
Ⅰ，Ⅲ	880～955，918	24°45′～34°，29°5′
Ⅱ，Ⅳ	930～1 130，980	24°55′～25°，25°5′

6.4　镁合金的焊接

6.4.1　镁合金的基本知识

镁是比铝还轻的一种非铁金属。虽然纯镁的强度较低，抗拉强度仅为19MPa，但经合金化及热处理后，镁合金的比强度较高，并具有很强的抗震能力，能承受很大的冲击载荷，其切削加工性能、铸造和锻压性能好，散热性能好，电磁屏蔽能力强，因此，是一种有利于减重和节能的材料，在航空、航天、汽车、电子、电信工业中具有重要的应用价值。目前，镁及镁合金材料的应用研究已成为世界性的新热点。

1. 镁合金的分类

纯镁强度低，工业上多应用镁合金。镁合金通常分为变形镁合金和铸造镁合金两大类。一般以镁-锰、镁-铝-锌、镁-锌-锆、镁-稀土金属等系列的合金形式应用。

2. 镁合金的牌号表示

镁合金的牌号由“字母-数字-字母”三部分组成和表示。第一部分由两种主要合金元素的代码组成，按两元素含量高低顺序排列。元素的代码分别为：铝-A、锌-Z、锰-M、镁-g、混合稀土-E、锆-K、锂-L、硅-S、铁-F、铜-C、镍-N、钍-H、镉-D、铋-B、锡-T、铬-R、银-Q、钇-W、锑-Y、铅-P。第二部分由这两种元素的质量分数组成，按元素代码顺序排列。第三部分由指定的字母组成，如A、B和C等，表示合金发展的不同阶段。

3. 镁合金牌号表示法示例

AZ91D，表明该合金为含主要合金元素铝和锌的镁合金，铝的含量w(A1)约为9%，锌的含量w(Zn)约为1%，D表示该合金是第4次登记的具有该成分的镁合金。

6.4.2　镁合金的焊接工艺

1. 镁合金的焊接特点

①焊接时，镁与空气中的氧极易形成高熔点的氧化物 MgO

(2 500℃)，焊缝易产生夹渣。镁与空气中的氮形成脆性氮化物后，使接头性能变坏。

②熔低点，且工件表面有高熔点的氧化膜覆盖，操作较困难，焊接处易烧穿。焊接时，液态金属容易下坠。

③由于液态镁的流动性大，在固-液状态下金属没有强度，所以要获得良好的焊缝成形必须使用垫板。

④焊接时易产生局部过热，甚至烧穿，且极易产生变形。

⑤在结晶温度范围比较大的镁铝锌合金焊缝金属中，极易产生裂纹。

⑥对工件表面、保护气体和焊剂中存在的水分敏感，焊接时，焊缝极易形成“蜂窝”状气孔。

⑦导热性好，应采用大功率的焊接热源。

⑧焊接时镁合金产生强烈弧光、氧化镁烟雾和臭氧，须采取防护措施；焊接时的飞溅，还可导致起火(可用干砂或 2 号防火溶剂灭火，严禁用水灭火)。

2. 焊接材料的选用

许多镁合金焊接时可采用与母材成分相同的填充金属(焊丝)。有时，为了降低焊缝热裂倾向，也可采用与母材成分不同的镁合金作为填充金属。

选用填充金属时，必须首先考虑待焊的两种镁合金的焊接性，两种镁合金焊接时填充金属的选择原则见表 6-103。

焊丝直径按母材板厚选用 $\phi 1.5 \sim \phi 6$mm，气焊用较粗焊丝。

3. 钎料与钎剂的选用

镁合金钎焊用的钎料见表 6-104。镁合金钎焊用的钎剂见表 6-105。

4. 镁合金的焊前准备与焊后热处理

①镁合金的接头形式可参考钢工件，但镁合金焊接头上的尖角要修成圆角，毛刺要去掉，因尖角与毛刺易形成焊缝线状氧化镁夹渣。

②焊前必须彻底清除氧化膜和其他油污。工件坡口边缘 20～30mm 处及焊丝的表面可用直径 0.08～0.15mm 的不锈钢丝(或铜、铝)刷、刮刀等进行机械清理，清理后 2～3h 内焊接，镁及镁合金化学清洗方法见 6-106，清理后妥善保存并在 72h 内进行焊接。

表 6-103　两种镁合金焊接时填充金属的选择原则

母材	填充金属								
	AM100A	AZ10A	AZ31，AZ31C	AZ61A	AZ63A	AZ80A	AZ81A	AZ91C	AZ92A
AM100A	AZ92A，AZ101	—	—	—	—	—	—	—	—
AZ10A	AZ92A，AZ32A	AZ61A	—	—	—	—	—	—	—
AZ31B，AZ31C	AZ92A	AZ61A，AZ92A	AZ61A，AZ92A	—	—	—	—	—	—
AZ61A	AZ92A	AZ61A，AZ92A	AZ61A，AZ92A	AZ61A，AZ92A	—	—	—	—	—
AZ63A	①	①	①	①	AZ92A	—	—	—	—
AZ80A	AZ92A	AZ61A，AZ92A	AZ61A，AZ92A	AZ61A，AZ92A	①	AZ61A，AZ92A	—	—	—
AZ81A	AZ92A	AZ92A	AZ92A	AZ92A	①	AZ92A	AZ92A，AZ101	—	—
AZ91C	AZ92A	AZ92A	AZ92A	AZ92A	①	AZ92A	AZ92A	AZ92A，AZ101	—
AZ92A	AZ92A	AZ92A	AZ92A	AZ92A	①	AZ92A	AZ92A	AZ92A	AZ101
EK41A	AZ92A	AZ92A	AZ92A	AZ92A	①	AZ92A	AZ92A	AZ92A	AZ92A
EZ33A 或 HK31A	AZ92A	AZ92A	AZ92A	AZ92A	①	AZ92A	AZ92A	AZ92A	AZ92A
K1A 或 HZ32A	AZ92A	AZ92A	AZ92A	AZ92A	①	AZ92A	AZ92A	AZ92A	AZ92A
M1A，MG1	AZ92A	AZ61A，AZ92A	AZ61A，AZ92A	AZ61A，AZ92A	①	AZ61A，AZ92A	AZ92A	AZ92A	AZ92A
ZE41A	②	②	②	②	①	②	②	②	②
ZK21A	AZ92A	AZ61A，AZ92A	AZ61A，AZ92A	AZ61A，AZ92A	①	AZ61A	AZ92A	AZ92A	AZ92A
ZK51A，ZK60A，ZJ61A	①	①	①	①	①	①	①	①	①

续表 6-103

母材	填充金属									
	EK41A	EZ33A 或 HK31A	KIA 或 HK32A	LA141A	M1A，MG1	QE22A	ZE10A	ZE41A	ZK21A	ZK51A，ZK60A，ZK61A
AM100A	—	—	—	—	—	—	—	—	—	—
AZ10A	—	—	—	—	—	—	—	—	—	—
AZ31B，AZ31C	—	—	—	—	—	—	—	—	—	—
AZ61A	—	—	—	—	—	—	—	—	—	—
AZ63A	—	—	—	—	—	—	—	—	—	—
AZ80A	—	—	—	—	—	—	—	—	—	—
AZ81A	—	—	—	—	—	—	—	—	—	—
AZ91C	—	—	—	—	—	—	—	—	—	—
AZ92A	—	—	—	—	—	—	—	—	—	—
EK41A	EZ33A	—	—	—	—	—	—	—	—	—
EZ33A 或 HK31A	EZ33A	EZ33A	—	—	—	—	—	—	—	—
K1A 或 HZ32A	EZ33A	EZ33A	EZ33A	—	—	—	—	—	—	—
M1A MG1	AZ92A	AZ92A	AZ92A	②	AZ61A，AZ92A	—	—	—	—	—
ZE41A	EZ33A	EZ33A	EZ33A	②	②	EZ33A	②	EZ33A	—	—
ZK21A	AZ92A	AZ92A	AZ92A	②	AZ61A，AZ92A	AZ61A，AZ92A	AZ61A，AZ92A	AZ92A	AZ61A	—
ZK51A，ZK60A，ZJ61A	①	①	①	①	①	①	①	①	①	EZ33A

注：①一般不用于焊接结构；②无试验数据。

表 6-104　镁合金钎焊用的钎料

牌号	化学成分(质量分数,%)					熔化温度/℃	
	Al	Mn	Zn	Be	Mg	固相线	液相线
BMg-1	8.3～9.7	≤0.15	1.7～2.3	0.0002～0.0008	余量	443	599
BMg-2a	11～13	—	4.5～5.5	0.0002～0.0008	余量	140	620

表 6-105　镁合金钎焊用的钎剂

钎焊方法	钎剂成分(质量分数,%)	近似熔点/℃
火焰钎焊	KCl=45 NaCl=26 LiCl=23 NaF=6	538
火焰钎焊 浸沾钎焊 炉中钎焊	KCl=42.5 NaCl=10 LiCl=37 NaF=10 $AF_3 \cdot 3NaF$=0.5	388

表 6-106　镁及镁合金化学清洗方法

序号	工作内容	槽液成分/(g/L)	槽液温度/℃	清洗时间/min
1	除油	NaOH　10～25 Na_3PO_4 40～60 Na_2SiO_3 20～30	60～90	5～15 将零件在槽液中抖动
2	热水冲洗	—	50～90	2～3
3	流动冷水冲洗		室温	2～3
4	槽液中腐蚀	NaOH350～450	MB8:70～80 MB3:60～65	2～3 5～6
5	热水冲洗	—	50～90	2～3

续表 6-106

序号	工作内容	槽液成分/(g/L)	槽液温度/℃	清洗时间/min
6	冷水冲洗	—	室温	2～3
7	铬酸中和处理	CrO_3 150～250	室温	5～10或将锈除尽为止
8	冷水冲洗			2～3
9	热水冲洗		50～90	1～3
10	用压缩空气吹干		50～70	吹干为止

③薄断面、拘束度小的工件，一般可不预热；厚断面拘束度大的接头，特别是高锌镁合金常需对工件进行焊前预热和焊后热处理，常见铸造镁合金的焊前预热和焊后热处理制度见表6-107。

有些镁合金及其焊接接头有产生应力腐蚀倾向，但其结构件不适合焊后进行完全热处理（固溶淬火人工时效），则这种结构件焊后需进行消除残留内应力退火，以防止在其服役过程中发生应力腐蚀开裂。镁合金焊后去应力退火工艺参数见表6-108。

表 6-107 常见铸造镁合金的焊前预热和焊后热处理制度

合金	合金热处理状态①		最大预热温度②③/K	焊后热处理③
	焊前	处理后		
AZ63A	T4	T4	448～653	0.5h/663K
	T4或T6	T6	448～653	0.5h/663K+5h/493K
	T5	T5	533④	5h/493K
AZ81A	T4	T4	448～673	0.5h/688K
AZ91C	T4	T4	448～673	0.5h/688K
	T4或T6	T6	448～673	0.5h/688K+4h/488K⑤
AZ92A	T4	T4	448～673	0.5h/683K
	T4或T6	T6	448～673	0.5h/683K+4h/533K
AM100A	T6	T6	448～673	0.5h/688K+5h 493K
EK30A	T6	T6	533④	16h/478K

续表 6-107

合金	合金热处理状态①		最大预热温度②③ /K	焊后热处理③
	焊前	处理后		
EK41A	T4 或 T6	T6	533④	16h/478K
	T5	T5	533④	16h/478K
EQ21	T4 或 T6	T6	573	1h/778K⑥＋16h/473K
EZ33A	F 或 T5	T5	533④	2h/618K⑦＋5h/488K
HK31A	T4 或 T6	T6	533	16h/478K 或 1h/588K＋16h/478K
HZ32A	F 或 T5	T5	533	16h/588K
K1A	F	F	—	—
QE22A	T4 或 T6	T6	533	8h/803K⑥＋8h/478K
WE43	T4 或 T6	T6	573	1h/783K⑥＋16h/523K
WE54	T4 或 T6	T6	573	1h/783K⑥⑧＋16h/523K
ZC63	F 或 T4	T6	523	1h/698K⑥＋16h/453K
ZE41A	F 或 T5	T5	588	2h/603K＋16h/448K⑦
ZH62A	F 或 T5	T5	588	16h/523K 或 2h/603K＋16h/450K
ZK51A	F 或 T5	T5	588	2h/603K＋16h/448K⑦
ZK61A	F 或 T5	T5	588	48h/423K
	T4 或 T6	T6	588	2～5h/773K＋48h/403K

注：①T4—固溶处理；T6—固溶处理＋人工时效；T5—人工时效；F—铸态。

②大型件和不受拘束件通常无需预热（或只局部预热）；薄件和受拘束件有必要预热到表中推荐温度以避免焊缝开裂。当表中所给温度为单值时，预热温度可从 273K 到给出值之间选择。448K～653K 仅适用于薄件和受拘束件。

③单值温度为最大允许值，必须采取炉中控制措施以保证温度不超过此值。当温度＞643K 时，推荐采用 SO_2 或 CO_2 保护气氛。

④时间最长 1.5h。

⑤可以采用 443K/16h 代替 488K/4h。

⑥二次热处理前在 333K～378K 进行水淬。

⑦热处理阶段较为理想，可以诱发大量的应力释放。EZ33A 由于在 618K 时发生应力释放，其高温蠕变强度可能有些降低。

⑧二次热处理后空冷。

表 6-108 镁合金焊后去应力退火工艺参数(表中应力消除 70%)

合金		温度/K	时间
板材	AZ31B-O①	533	15min
	AZ31B-H24①	423	1h
	ZE10A-O	503	30min
	ZE10A-H24	408	1h
挤压件	AZ10A-F	533	15min
	AZ31B-F①	533	15min
	AZ61A-F①	533	15min
	AZ80A-F①	533	15min
	AZ80A-T5①	478	1h

合金		温度/K	时间
铸件②	AM100A	533	1h
	AZ63A	533	1h
	AZ81A	533	1h
	AZ91C	533	1h
	AZ92A	533	1h
	EZ33	603	2～4h
	EQ21	778	1h
	QE22	778	1h
	ZE41	603	2～4h
	ZC63	698	1h
	WE43	783	1h
	WE54	783	1h

注:①要求焊后热处理以避免应力腐蚀开裂;②要求焊后热处理以获得最大强度,焊后热处理工艺参数见表 6-107。

5. 焊接工艺要点

①焊接处不允许有尖角和毛刺,以防止产生氧化膜夹杂。

②一般采用交流电源,工件厚度<4.5mm 时,也可采用直流反接电源。

③钨极氩弧焊时,对接厚度为 2～6mm 的工件可不开坡口,进行单道焊;厚度>6mm 的工件需开坡口。

④钨极氩弧焊时,应采用大电流、快焊接速度,尽量减少热影响区,但应保证焊缝成形良好和焊透。板厚 5mm 以上通常采用左焊法,>5mm 通常采用右焊法。平焊时,焊枪轴线与已成形的焊缝成 70°～90°角。焊枪和焊丝轴线所在的平面与工件表面垂直。焊丝应贴近工件表面送进,焊丝与工件间的夹角为 5°～15°。焊丝端部不得浸入熔池,以防止在熔池内残留氧化膜。焊丝应做前后不大的往复运动,但不做横向摆动,这样可借助焊丝端头对熔池的搅拌作用,破坏熔池表面的氧化

膜并便于控制焊缝余高。

焊接时电弧长度控制在 2mm 左右，焊接过程尽可能不中断，焊缝背面的余高应均匀。机械化钨极氩弧焊的电弧长度应控制在 0.6mm 以下。

⑤焊接镁合金时，会产生大量的氧化物覆盖在焊缝和近缝区表面，需用金属刷清除掉，在多层焊时，每一层都必须仔细进行清理。

⑥熔化极氩弧焊使用直流反极性，焊接电流比一般钨极氩弧焊高，一般采用引出板防止弧坑裂纹。焊丝直径和焊接参数不同，金属熔滴通过电弧的过渡形式也不同，在焊接大厚度镁合金时，采用能形成射流过渡的焊接参数。

⑦气焊时，采用中性焰，焰芯距熔池 3～5mm，应尽量将焊缝置于水平位置。采用 CJ401，焊后将残余熔渣清除干净。

⑧真空电子束焊时要加强工件表面清理，控制焊接电源；降低焊接速度，利用电子束对溶化金属熔池按一定图形进行扫描搅拌，以利气体从熔池内逸出。必要时可实行对焊缝的电子束重熔。

⑨激光焊时，焊前应加强零件表面清理；镁合金激光焊接头装配要求见表 6-109，装配后必须用适当的夹持方式，保证装配精度在焊接过程中不致发生变化。焊接时应减小热输入，降低焊接速度等。

表 6-109　镁合金激光焊接头装配要求

接头形式	最大允许间隙	最大允许上、下错边量
对接接头	0.10d	0.25d
角接接头	0.10d	0.25d
T 形接头	0.25d	—
搭接接头	0.25d	—
卷边接头	0.10d	0.25d

注：d 为厚板。

⑩电阻点焊用的电极应选用高导电性的铜合金，电极端部需打磨光滑，打磨时，应注意及时清理落下的铜屑，不同板厚镁合金点焊时，厚板一侧采用直径较大的电极。多层板点焊时焊接电流和电极压力等参数可比两层板点焊时大。应防止电极上的铜渣熔入镁合金表面发生腐

蚀,应采用机械方法去除零件表面铜痕。

⑪火焰钎焊加热前,钎料应放在接头处,并涂上钎剂;炉中钎焊时,钎料预先放在接头上,接头间隙宜为0.10～0.25mm,沿接头喷撒干粉钎剂。炉中钎焊时,应严格控制钎焊温度和钎焊时间,通常在钎焊温度下保温1～2min足够完成钎焊过程;浸渍钎焊时,接头间隙为0.10～0.25mm,钎料预先放置好,用不锈钢夹具组装好部件。在450℃～480℃炉中预热,以驱除湿气并防止热冲击。在钎剂槽中零件加热很快,1.6mm厚的基体金属浸渍时间约为30～45s,质量较大并带有夹具的大型组件,浸渍时间需1～3min。

6. 焊接参数

(1)镁合金的气焊的焊接参数 见表6-110。

表6-110 镁合金的气焊的焊接参数

板厚/mm	焊枪型号	焊丝/mm		乙炔耗量/(L/h)	氧气压力/MPa
		圆形(直径)	方形		
1.5～3.0	H01-6	3	3×3	100～200	0.15～0.20
3～5	H01-6	5	4×4	200～300	0.20～0.22
5～10	H01-12	5～6	4×6	300～600	0.22～0.27
10～20	H01-12	8	8×8	600～1 200	0.27～0.34

(2)变形强化镁合金手工钨极氩弧焊的焊接参数 见表6-111。

表6-111 变形强化镁合金手工钨极氩弧焊的焊接参数

板材厚度/mm	接头形式	钨极直径/mm	焊丝直径/mm	焊接电流/A	喷嘴孔径/mm	氩气流量/(L/min)	焊接层数
1.0～1.5	不开坡口对接	2	2	60～80	10	10～12	1
1.5～3.0		3	2～3	80～120	10	12～14	1
3～5		3～4	3～4	120～160	12	16～18	2
6	V形坡口对接	4	4	140～180	14	116～18	2
18		5	4	160～250	16	18～20	2
12		5	5	220～260	18	20～22	3
20	X形坡口对接	5	5	240～280	18	20～22	4

(3)镁合金熔化极氩弧焊的焊接参数　见表6-112。

表6-112　镁合金熔化极氩弧焊的焊接参数

过渡形式	板厚/mm	坡口形式	间隙/mm	焊丝直径/mm	送丝速度/(m/h)	焊接电流/A	电弧电压/V	氩气流量/(L/min)
短路过渡	0.6	I	0	1.0	210	25	13	18～28
	1.0		0	1.0	345	40	14	18～28
	1.6		0	1.6	278	70	14	18～28
	3.2		2～3	2.4	202	115	14	18～28
	5.0		2～3	2.4	307	175	15	18～28
脉冲射流过渡	1.0	I	0	1.0	540	50	21	18～28
	3.2		0	1.6	420	110	24	18～28
	5.0		0	1.6	708	175	25	18～28
	6.4	V形60°	0	2.4	435	210	29	18～28
射流过渡	6.4	V形60°	0	1.6	795	240	27	24～36
	9.5		0	2.4	428～465	320～350	24～30	24～36
	12.7		0	2.4	480～540	360～400	24～30	24～36
	16.0	双V形60°	0	2.4	495～555	370～420	24～30	24～36
	25.4		0	2.4	495～555	370～420	24～30	24～36

注：V形坡口均留钝边1.6mm，双V形坡口均留钝边3.2mm，焊接速度为36～54m/h；板厚＜10mm焊道焊缝，12～16mm焊两道焊缝，25.4mm焊四道焊缝。

(4)镁合金的自动钨极氩弧焊的焊接参数　见表6-113。

表6-113　镁合金的自动钨极氩弧焊的焊接参数

板厚/mm	接头形式	焊丝直径/mm	氩气流量/(L/min)	焊接电流/A	送丝速度/(m/h)	焊接速度/(m/h)	备注
2	不开坡口对接	2	8～10	75～110	50～60	22～24	反面用垫板，单面单层焊接
3	不开坡口对接	3	12～14	150～180	45～55	19～21	
5	不开坡口对接	3	16～18	220～250	80～90	18～20	
6	不开坡口对接	4	18～20	250～280	70～80	13～15	
10	V形坡口对接	4	20～22	280～320	80～90	11～12	
12	V形坡口对接	4	22～25	300～340	90～100	9～11	

(5)镁合金的电阻点焊的焊接参数 见表6-114。

表6-114 镁合金的电阻点焊的焊接参数

板厚/mm	电极直径/mm	电极端部半径/mm	电极压力/N	通电时间/s	焊接电流/kA	焊点直径/mm	最小剪切力/N
0.4+0.4	6.5	50	1 372	0.05	16~17	2.0~2.5	313.6~617.4
0.5+0.5	10	75	1 372~1 568	0.05	18~20	3.0~3.5	421.4~784.0
0.65+0.65	10	75	1 568~1 764	0.05~0.07	22~24	3.5~4.0	578.2~960.4
0.8+0.8	10	75	1 764~1 960	0.07~0.09	24~26	4.0~4.5	784.0~1 195.6
1.0+1.0	13	100	1 960~2 254	0.09~0.10	26~28	4.5~5.0	980~1 519
1.3+1.3	13	100	2 254~2 450	0.09~0.12	29~30	5.3~5.8	1 323~1 911
1.6+1.6	13	100	2 450~2 646	0.10~0.14	31~32	6.1~6.9	1 695.4~2 401.0
2+2	16	125	2 842~3 136	0.14~0.17	33~35	7.1~7.8	2 205~3 038
2.6+2.6	19	150	3 332~3 528	0.17~0.20	36~38	8.0~8.6	2 793~3 822
3.0+3.0	19	150	4 214~4 410	0.20~0.24	42~45	8.9~9.6	3 528~4 802

6.4.3 典型镁合金的焊接

1. 镁合金铸件的补焊

镁合金制件不论是铸件、锻件毛坯或焊接件，都可能存在着某些缺陷而需要补焊。往往一个大的工件由于一两处个别缺陷焊不好而报废，造成不应有的损失。因此，补焊是镁合金焊接中的重要环节。

补焊时，对焊工的操作技术与焊接参数选择比焊接时要求更高。补焊一般有两种情况，一是变形镁合金焊接件，经检查发现存在外观或内部的缺陷而需要补焊；二是铸件、锻件毛坯在机械加工过程中出现的铸造、锻造缺陷需要补焊。

由于镁合金易过热，故补焊时应尽量选用小的焊接热输入，以缩短熔池处于高温下的停留时间与减少热影响区的宽度。这对于铸件焊补尤其重要，因为铸件一般是经淬火时效的，并往往是经机加工后才发现缺陷而进行补焊的。铸件补焊后因体积较大，或因对变形有要求而不便进行热处理时，最好采用氩弧冷焊补焊。

(1)铸造镁合金铸件在淬火时效状态下补焊 对于铸造镁合金铸件在淬火时效状态下补焊，宜采用小电流、小直径的焊丝、小体积的熔敷金属进行补焊，并尽可能采用多层焊，焊接几层后停下来冷却一下，以防止金属产生过热倾向。采取上述措施可获得较满意的结果，焊缝金属晶粒细小，接头硬度和抗拉强度均符合铸件本身的技术要求。

铸造镁合金铸件在淬火时效状态下手工氩弧焊的补焊的焊接参数见表6-115，预热的工件焊接参数选用表中的下限值，不预热的工件选用上限值。

(2)变形镁合金的补焊 变形镁合金的补焊操作大体与焊接时相似，补焊电流根据补焊处厚度和散热条件而定，通常要比同等厚度的工件小1/3～1/2。

表6-115 铸造镁合金铸件在淬火时效状态下手工氩弧焊的补焊的焊接参数

材料厚度/mm	缺陷深度/mm	焊接电流/A	钨极直径/mm	喷嘴直径/mm	焊丝直径/mm	氩气流量/(L/min)	氩气压力/MPa	焊接层数
<5	≤5	60～100	2～3	8～10	3～5	7～9	0.2～0.3	1
5.1～10.0	≤5	90～130	3～4	8～10	3～5	7～9	0.2～0.3	1
	5.1～10.0							1～3
10.1～20.0	≤5	100～150	3～5	8～11	3～5	8～11	0.2～0.3	1
	5.1～10.0							1～3
	10.1～20.0							2～5
20.1～30.0	≤5	120～180	4～6	9～13	5～6	10～13	0.2～0.3	1
	5.1～10.0							1～3
	10.1～20.0							2～5
	20.1～30.0							3～8
>30.1	≤5	150～250	5～6	10～14	5～6	10～15	0.2～0.3	1
	5.1～10.0							1～3
	10.1～20.0							2～5
	20.1～30.0							3～8
	>30.1							6以上

2. 气密舱门挤压件自动氩弧焊

航天飞行器上的气密舱门由 AZ31B-H24 镁合金面板与 AZ31B 镁合金框架挤压件焊接而成，框架为舱门加强件，其上有气密槽，其内将放置密封件。面板与框的连接采用锁底对接形式，有 A、B 两种选择方案，气密舱门自动钨极氩弧焊如图 6-38 所示。锁底对接焊缝采用钨极自动氩弧焊，但锁底边搭接不必施焊。

焊接前，用铬酸、硫酸等溶液清理零件表面，再按图 6～45 中附表规定的工艺条件进行焊接。

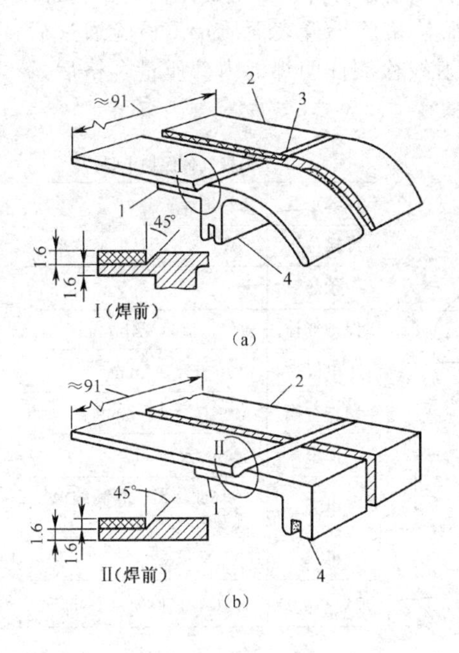

自动钨极气体保护电弧焊

接头形式	锁底对接
焊缝形式	单边 V 形坡口
焊前清理	酪酸-硫酸溶液清洗
焊接位置	平焊
预热	无
保护气体	氩气，A 接头 8.5L/min B 接头 7.6L/min
电极	EWP 直径 3mm
填充金属	ER AZ61A 直径 1.6mm
焊枪	水冷
电源	300A，交流（高频稳弧）
电流（交流）	A 接头用 175A，B 接头用 135A
送丝速度	145cm/min
焊接速度	A 接头用 51cm/min B 接头用 38cm/min
焊后热处理	177℃×1.5h +215℃×4h

图 6-45　气密舱门自动钨极氩弧焊

(a)接头 A　(b)接头 B

1. 锁底边　2. 板件（合金 AZ31B-H24 薄板）

3. 1.6 单面斜坡口焊缝　4. 框架（合金 AZ31B 挤压件）

3. 飞机轮圈铸件焊补

飞机轮圈材料为 AZ91C-T4 镁合金。轮圈铸件在机加工后发现一处小砂眼，飞机轮圈铸件补焊如图 6-46 所示。补焊前，将缺陷部位加工出深 3mm，宽 12mm 的凹槽，用磨削工具将凹槽打磨圆滑，用着色检验法证明缺陷已被完全清除后，再按图 6-46 附表内规定的工艺条件进行补焊。补焊时，填充金属可用与母材同成分的 AZ91C，但也可用标准填充金属 ERAZ92A 或 ERAZ101A。

补焊时，在凹槽底部引弧，然后电弧沿凹槽壁做圆周方向移动，直至完全填满凹槽。补焊后，当磨削补焊的焊缝的余高高出铸件表面 0.8mm 时，再用着色检验法检验焊缝表面质量。检验通过后，将铸件做 T6 热处理，经 X 射线检测证明焊缝内部质量合格后，铸件可交付验收。

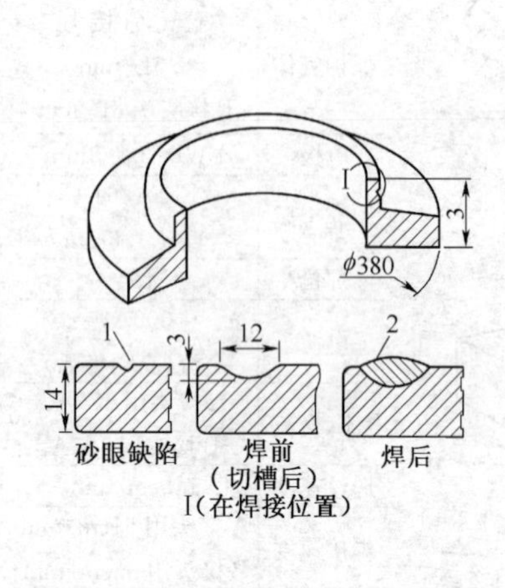

手工钨极气体保护电弧焊	
焊缝形式	修补堆焊
焊接位置	平焊
预热	无
保护气体	氦气，流量 9.4L/min
电极	EWP 直径 2.4mm
填充金属	AZ91C 直径 3.2mm
焊枪	300A，水冷
电源	400A变压器，有高频稳弧装置
电流	60A，交流
焊后热处理	415℃×0.5h+216℃×4h

图 6-46　飞机轮圈铸件补焊

1. 砂眼　2. 焊缝金属

4. 喷气发动机铸件焊补

在大修喷气发动机过程中，通过荧光渗透检验，发现在邻近压缩机轴套（AZ92A-T6 镁合金）铸件上的一条加强肋处有一条长 75mm 的裂纹,裂纹处断面厚度为 5～8mm,此缺陷允许补焊。压缩机轴套铸件补焊如图 6-47 所示。

首先对铸件进行蒸汽除油,再在市售除漆液中浸泡,然后用标志器标出裂纹位置,再使铸件在 240℃×2h 条件下消除应力。在裂纹附近的法兰上开通槽至周边以清除裂纹,槽的切口两边加工至与垂直方向约成 30°夹角,从而形成 60°的 X 形坡口。用机动的不锈钢钢丝刷清理待焊表面,然后进行手工钨极氩弧补焊,焊前不用预热,补焊工艺条件如图 6-47 中附表所示。

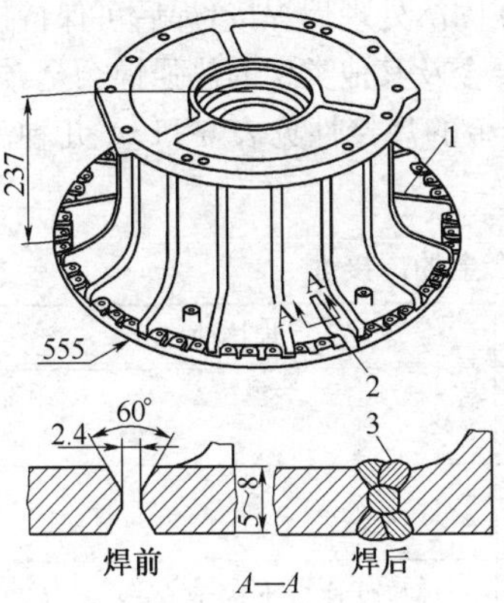

手工钨极气体保护电弧焊

接头形式	对接
焊缝形式	60°X 形坡口,补焊
保护气体	氩气,流量 9.4L/min①
电极	EWTh-2,直径 1.6mm
填充金属	AZ101A,直径 1.6mm
焊枪	水冷
电源	300A 变压器(采用高频引弧)
电流	70A 以下,交流②
焊后消除应力热处理	204℃×2h③
检验	荧光渗透检验

注:① 也用于背面保护;② 用脚踏开关调节电流;③ 也用于焊前消除应力热处理。

图 6-47 压缩机轴套铸件补焊

1. 肋板(16 条) 2. 焊补焊缝长 6mm(近似) 3. 焊缝金属

补焊时,保持小电流(低于 70A),将电弧指向母材,将填充金属熔敷于坡口两侧面。熔敷由里向外进行,对焊缝熔池稍加搅拌。焊完槽的一面后,翻转铸件,磨削槽的另一面,充分清除过大的焊漏和可能存在的未焊透,然后采用同样的工艺补焊槽的另一面。完成两面补焊后,铸件在 204℃×2h 条件下消除应力,最后进行荧光渗透检验。

6.5　镍及镍合金的焊接

6.5.1　镍及镍合金的基本知识

1. 镍及镍合金的分类

镍及镍合金包括工业纯镍和镍合金。镍合金可分为耐蚀合金、抗氧化合金和热强合金，后两种又称为高温合金。

2. 镍及镍合金的焊接性

工业纯镍及固溶强化的镍合金焊接性良好。多数耐蚀镍合金及抗氧化镍合金属于固溶强化合金，一般在固溶处理后焊接，焊后可保持抗蚀性能。以铝、钛为主的沉淀硬化镍合金及其他类型的热强镍合金，焊接性不如固溶强化镍合金。镍及镍合金的焊接性见表 6-116。几种高温合金的焊接性见表 6-117。

表 6-116　镍及镍合金的焊接性

合金类别	合金举例	焊接性
耐蚀合金	工业纯镍、蒙乃尔(Ni-Cu)、Ni-Cr、Ni-Mo、Ni-Cr-Mo 合金	好
抗氧化合金	GH30、GH39、GH44、GH128 等	好
热强合金	以铝、钛强化的变形合金 GH33、GH145、GH141 等	焊接性比以上固溶合金差，易产生应变一时效裂纹和显微裂纹，随铝、钛含量增加，裂纹倾向增加，铝、钛总量超过 6%时难焊
热强合金	以铌强化的变形合金 GH169	焊接性良好(某些批号易产生显微裂纹，敏感性随晶粒度增大而增大)
热强合金	铸造沉淀硬化合金 K17(M17)、K18、In738	焊接性很差，极易产生显微裂纹，不用于焊接结构；采用高的预热温度及缓冷、小规范适合焊丝、焊前、焊后热处理可对小零件进行补焊及修复

表 6-117　几种高温合金的焊接性

牌号	焊接性						
	电弧焊	氩弧焊	钨极脉冲氩弧焊	点焊	缝焊	火焰焊	真空钎焊
GH3030	好	好	好	好	好	好	好
GH3039	—	好	好	好	好	好	好
GH3044	—	好	好	较好	较好	—	好
GH1140	—	较好	好	较好	较好	好	好

3. 镍及镍合金的焊接特点

①氧、氢和二氧化碳在液态镍中的溶解度相当大，但冷却时溶解度减小，所以在焊缝中易产生气孔。

②镍及镍合金易被硫和铅脆化，沿晶界开裂、产生裂纹。必须严格控制焊接材料的硫、铅含量。

③工艺纯镍及 Ni-Cu 合金易产生焊接气孔。一般是由于氧过多地溶入熔池，与氢化物形成水蒸气气孔。防止措施是增加焊丝或涂料中的脱氧剂，通常采用铝和钛，Al＋Ti 的总量在 2.5％～3.5％时效果最佳。

④镍对磷、硫有很大的化学亲和力，结晶时形成低熔点共晶体，使焊缝强度减弱并容易产生结晶裂纹。

⑤镍铬合金熔焊时形成难熔的氧化铬薄膜，阻碍焊缝成形并形成夹杂。

⑥以铝、钛为主要合金元素的沉淀硬化镍合金，若焊后的残留应力较大，在时效过程中或工作温度高于时效温度时，易产生应变一时效裂纹。

⑦有些耐热合金易产生热影响区显微裂纹。

⑧镍及镍合金流动性差，熔深小，又不能采用大电流，为此坡口角度及根部圆弧半径均应大些。

⑨工件表面上残余焊渣在高温（接近焊渣的熔点）条件下，会产生腐蚀作用。在含硫的还原气氛中，残渣还会使硫向残渣富集，可能引起

焊接接头的脆化。

⑩焊接镍及镍合金时，焊缝金属只有在复合合金化的条件下，才能获得优质的焊接接头。

6.5.2　镍及镍合金的焊接工艺

(1)焊接材料

①氩气：$\varphi(Ar) \geqslant 99.95\%$。

②焊丝的选择见表 6-118。

表 6-118　焊丝的选择

母材类别	焊　　丝
高钝镍	与母材成分相同
工业纯镍、蒙乃尔合金	采用含铝、钛的焊丝，焊缝金属中母材熔入量不超过 50%（质量分数）
变形合金	与母材成分相近或添加合金元素
沉淀硬化合金	与母材成分相近，有时为防止应变－时效裂纹，可用含铝、钛较低的焊丝

(2)焊前清理　焊前必须清除工件表面灰尘、油脂、油漆、蜡等含硫和铅的杂物，并用机械或化学方法清除表面氧化膜。

(3)焊接坡口　坡口角度和根部圆弧半径不宜太小。

(4)焊前做退火处理　以铝、钛为主的沉淀硬化镍合金，若经强烈成形加工，焊前应先做退火处理。焊时拘束度要小，尽量采用小的热输入。多道焊时采用窄焊道，焊后在进行沉淀硬化处理前应先做固溶处理，加热时应尽快通过时效温度区间。

(5)焊后清理　焊后必须仔细清除残余熔渣，多焊道时，每道焊缝焊接后均应仔细地进行清渣。

(6)焊接工艺要点

①氩弧焊。钨极氩弧焊广泛用于焊接薄板，也是焊接沉淀硬化镍合金的主要方法，如采用钨极脉冲氩弧焊则可获得更好的效果。中厚板(厚度＞10mm)可采用熔化极氩弧焊，但根部焊道仍应采用钨极氩

弧焊进行打底焊。

为了保证钨极氩弧焊获得良好的焊缝质量，须使用含有脱氧剂和能形成氮化物的填充焊丝。使用直流正极性，焊接时需用氩气保护好焊缝反面，需采用特殊结构的气体喷嘴，采用短电弧和大电流进行焊接。手工氩弧焊时采用左焊法，尽量来用大的焊接速度。焊接时，电极需做微小的横向摆动。焊枪与焊缝中心线的倾角<60°，钨极伸出长度为12～5mm。填充焊丝与焊缝中心线成20°～30°角，向焊接区送进。多道焊时，应在前道焊缝完全冷却、清除渣壳和脱脂之后再焊下道焊缝。承受腐蚀介质作用的焊缝，最后进行焊接。

②焊条电弧焊。焊条电弧焊是纯镍及固溶强化镍合金常用的焊接方法，适用于板厚>1mm的工件，采用直流反接，宜短弧焊，小热输入，焊条不横向摆动，必须摆动时，摆幅小于3倍焊条直径，层间温度要低。厚度>15mm时，应将被焊接头预热到200℃～250℃，厚度<4mm时，不开坡口。对于大厚度工件，在采用多层焊时，必须仔细清理前一焊道氧化皮。长焊缝需分段进行焊接，且每段之间间隔不能太长。一般在铜垫板上进行焊接。焊后825℃～900℃正火处理，可改善焊接接头的质量。

③气焊。氧乙炔气焊适于焊纯镍、Ni-Cu、Ni-Cr合金板，不宜焊Ni-Mo、Ni-Cr-Mo和沉淀硬化合金。采用中性焰或轻微还原焰并加适当熔剂。严格限制乙炔气中的硫和磷含量。清除残余熔渣的工作应在工件处于高温时进行。

焊接时，焰芯距熔池表面为3～4mm，不要用焊丝搅拌熔池。焊接薄的镍板使用左焊法。焊接大厚度板材，使用右焊法。采用尽可能大的焊接速度，焊接过程不能中断。避免多层焊和焊缝重叠，以防止晶粒长大和产生裂纹。焊接接头在825℃～900℃进行正火处理，可提高接头的塑性和韧性。气焊易使焊缝增碳，选用时应慎重考虑。

④碳极电弧焊。主要用于焊接镍合金，为了提高焊缝金属的质量，在气焊熔剂中还可加铝粉、钛铁粉和钒铁粉。采用直流正接进行焊接，但在焊镍铬丝或加热构件的板条时可使用交流电源。焊接镍铝合金时，为了防止产生裂纹，应进行650℃的预热。焊接中镍铝合金不能过热，否则会使合金失去磁性。

⑤电子束焊。能解决一些难焊合金的焊接问题,电子束焊接接头力学性能等于或超过钨极氩弧焊。

⑥电阻焊。镍合金点焊、缝焊时,采用最小的焊接电流,采用大的电极压力。在焊接耐热镍合金时,对焊接区进行强制冷却。使用高硬度的球面电极或平头圆锥电极。

⑦钎焊。可根据工件的工作温度(包括焊后热处理温度),工作介质和强度的要求,分别选用铜基、银基或镍基钎料。为防止熔融的钎料使母材出现应力裂纹,必要时在钎焊前进行退火处理。沉淀强化的镍合金对应力裂纹更敏感,故应特别注意防止合金氧化。常用的钎焊方法有火焰、炉内、感应及电阻钎焊、真空钎焊。

(7)焊接参数

①焊条电弧焊焊接镍及镍合金的焊接参数见表6-119。

表6-119　焊条电弧焊焊接镍及镍合金的焊接参数

厚度/mm	焊条直径/mm	焊条长度/mm	焊接电流/A	厚度/mm	焊条直径/mm	焊条长度/mm	焊接电流/A
≤2	2	150～200	30～50	3～5	3～4	250～300	80～140
2.0～2.5	2～3	200～225	40～80	5～8	4	300	90～100
2.5～3.0	3	225～250	70～100	8～12	4～5	300～400	100～165

②手工钨极氩弧焊对接焊缝的焊接参数见表6-120。

表6-120　手工钨极氩弧焊对接焊缝的焊接参数

母材	板厚/mm	钨极直径/mm	焊接电流/A	焊丝直径/mm	喷嘴直径/mm	氩气流量/(L/min)	备注
纯镍	0.8	2	35～60	1	10～12	正面:10 背面:2～3	—
	1	2	40～70	1.6	10～12	正面10～12 背面2～3	
	1.5	2	60～90	1.6	10～12	正面10～12 背面2～3	

续表 6-120

母材	板厚/mm	钨极直径/mm	焊接电流/A	焊丝直径/mm	喷嘴直径/mm	氩气流量/(L/min)	备注
纯镍	2	2	80～130	2	12～14	正面:12～14 背面:3～4	—
	3	3	90～160	2	12～14	正面:12～16 背面:3～4	
	4	3～4	120～170	3	14～16	12～16	
GH3030	1	1.6	40～70	1.0～1.6	10～12	4～6	焊丝:HGH3030
	1.5	2	60～90	1.6～2.0	10～12	5～7	
	1.8	2	70～110	1.6～2.0	10～12	6～8	
GH3039	0.8	1.2	45～50	0.8～1.0	10～12	4～6	焊丝:HGH3039
	1	1.6～2.0	50～55	1.0～1.2	10～12	4～6	
	1.2	1.6～2.0	60～65	1.2～1.6	10～12	6～8	
	1.5	2	70～85	1.6～2.4	10～12	6～8	
	2	2	90～100	2.0～2.5	10～12	8～12	
GH3044	1.2	1.6～2.0	65～75	1.2～2.0	10～12	5～6	焊丝:HGH3044
	1.5	2	75～85	1.5～2.0	10～12	5～6	
	2	2	80～100	1.5～2.0	12～14	6～10	
GH1140	0.8	1.0～1.6	35～45	0.8～1.0	10～12	3～5	焊丝:HGH1140
	1	1.6	45～60	1.0～1.2	10～12	3～5	
	1.2	1.6	50～70	1.2～1.6	10～12	4～6	
	1.5	1.6～2.0	70～85	1.6～2.4	10～12	5～8	
	2	2	85～100	2.0～2.5	12～14	8～10	
	2.5	2	90～110	2.0～2.5	12～14	8～10	
	3	2.5	110～135	2.0～2.5	12～14	8～10	

③手工钨极氩弧焊角焊缝的焊接参数见表 6-121。

表 6-121　手工钨极氩弧焊角焊缝的焊接参数

母材	板厚/mm	钨极直径/mm	焊接电流/A	焊丝直径/mm	喷嘴直径/mm	氩气流量/(L/min)	备注
纯镍	4	3～4	140～180	3	14～16	12～16	
GH3030	3	2	80～110	2	18～20	12～14 角接	焊丝：HGH3030
电弧电压	3	2	70～110	1.6～2.0	18～20	6～8T 形接	
10～15V	1.2+1.5	2	50～70	1.6～2.0	10～12	5～7 搭接	

④机械化钨极氩弧焊对接焊缝的焊接参数见表 6-122。

表 6-122　机械化钨极氩弧焊对接焊缝的焊接参数

母材	板厚/mm	钨极直径/mm	焊接电流/A	焊丝直径/mm	喷嘴直径/mm	氩气流量/(L/min)		焊接速度/(m/min)	送丝速度/(m/min)	备注
						正面	背面			
GH3030	0.8	3	100～120	—	18～20	10～12	2～3	0.7	—	电弧电压为 10～12V
	1.5		120～160			12～14	3～4	0.37～0.40		
	1.8		150～180			12～14	3～4	0.4		
GH3039	1	3	150～160	—	18	14～16	4～5	0.66～0.69	—	电弧电压为 12V
	1.2		100～115			8～12	4～6	0.4		电弧电压为 10～12V
GH3044	1.2	2～3	100～115		18～20	8～12	4～6	0.4		
	2		180～200			10～15		0.42～0.52		
GH1140	0.8	3	50～60	—	18	5～6	2～3	0.45～0.55	—	电弧电压为 11V
	1		70～90					0.5～0.6		
	1.2		95～115			5～8	2～4	0.45～0.55		
	1.5		110～125			6～10	3～5			
	2		140～160					0.40～0.45		

续表 6-122

母材	板厚/mm	钨极直径/mm	焊接电流/A	焊丝直径/mm	喷嘴直径/mm	氩气流量/(L/min)		焊接速度/(m/min)	送丝速度/(m/min)	备注
						正面	背面			
GH3039	0.8	3	85~90	1.6	18	8~10	4~5	0.52	0.38	HGH3030、HGH3039 电弧电压为12V
GH3044	0.8	2~3	60~75	1.0~1.6	18	6~10	3~5	0.4~0.6	0.25~0.45	HGH3044
GH1140	0.8	3	60~70	1.6	18	5~6	2~3	0.45~0.55	0.45~0.55	
	1		90~110			5~8	2~4	0.45~0.65	0.5~0.6	HGH3030、HGH3039、HGH3044、HGH1140 电弧电压为11V
	1.2		115~125					0.5~0.6		
	1.5		130~150			6~10	3~5		0.45~0.55	
	2		160~180					0.40~0.45	0.35~0.40	

⑤熔化极自动氩弧焊的焊接参数见表 6-123。

表 6-123 熔化极自动氩弧焊的焊接参数

母材厚度/mm	焊丝直径/mm	焊接电流/A	电弧电压/V	焊接速度/(m/h)	氩气流量/(L/min)
3.0	1.6	200~280	20~22	20~40	7~9
4.0	1.6	220~320	22~25	20~40	7~9
6.0	1.6~2.0	280~360	23~27	15~30	9~12

⑥镍基合金的熔化极气体保护电弧焊的典型焊接参数见表 6-124。

⑦镍基合金采用小孔法的自动等离子弧焊使用的典型焊接参数见表 6-125。

表 6-124　镍基合金的熔化极气体保护电弧焊的典型焊接参数

母材牌号	焊丝类型	过渡类型	焊丝直径 /mm	送丝速度 /(mm/s)	保护气体	焊接位置	电弧电压/V		焊接电流 /A
							平均值	峰值	
200	ERNi-1	S	1.6	87	Ar	平	29～31	—	375
400	ERNiCu-7	S	1.6	85	Ar	平	28～31	—	290
600	ERNiCr-3	S	1.6	85	Ar	平	28～30	—	265
200	ERNi-1	PS	1.1	68	Ar 或 Ar+He	垂直	21～22	46	150
400	ERNiCu-7	PS	1.1	59	Ar 或 Ar+He	垂直	21～22	40	110
600	ERNiCr-3	PS	1.1	59	Ar 或 Ar+He	垂直	20～22	44	90～120
200	ERNi-1	SC	0.9	152	Ar+He	垂直	20～21	—	160
400	ERNiCu-7	SC	0.9	116～123	Ar+He	垂直	16～18	—	130～135
600	ERNiCr-3	SC	0.9	114～123	Ar+He	垂直	16～18	—	120～130
B-2	ERNiMo-7	SC	1.6	78	Ar+He	平	25	—	175
G	ERNiCrMo-1	SC	1.6	—	Ar+He	平	25	—	160
C-4	ERNiCrMo-7	SC	1.6	—	Ar+He	平	25	—	180

注：S—喷射过渡；PS—脉冲喷射过渡；SC—短路过渡；母材为美国镍合金牌号。

表 6-125　镍基合金采用小孔法的自动等离子弧焊使用的典型焊接参数

合金牌号	母材厚度 /mm	离子气流量 /(L/min)	保护气流量 /(L/min)	焊接电流 /A	电弧电压 /V	焊接速度 /(mm/s)
200	3.2	5	21	160	31.0	8
	6.0	5	21	245	31.5	6
	7.3	5	21	250	31.5	4
400	6.4	6	21	210	31.0	6
600	5.0	6	21	155	31.0	7
	6.6	6	21	210	31.0	7

续表 6-125

合金牌号	母材厚度/mm	离子气流量/(L/min)	保护气流量/(L/min)	焊接电流/A	电弧电压/V	焊接速度/(mm/s)
800	3.2	5	21	115	31.0	8
	5.8	6	21	185	31.5	7
	8.3	7	21	270	31.5	5

注：喷嘴直径：3.5mm；离子气和保护气：Ar＋5％ H_2（体积分数）；背面保护气：Ar；合金牌号为美国镍合金牌号。

⑧镍基合金埋弧焊的典型焊接参数见表 6-126。

表 6-126 镍基合金埋弧焊的典型焊接参数

母材牌号	焊丝类型	焊剂牌号	焊丝直径/mm	焊丝伸出长度/mm	焊接电流/A	电压/V	焊接速度/(mm/min)
200	ERNi-1	Flux6	1.6	22～25	250	28～30	250～300
400	ERNiCu-7	Flux5	1.6	22～25	260～280	30～33	200～280
600	ERNiCr-3	Flux4	1.6 2.4	22～25	250 250～300	30～33	200～280

注：600 合金的焊接参数也适用于 800 合金；接头完全拘束；焊剂为 Inco Alloys Intenational，Inc 生产的专用焊剂；电源类型为直流恒压；焊丝极性为接正极；母材为美国镍合金牌号。

⑨镍基合金在钢上埋弧堆焊典型焊接参数见表 6-127。

表 6-127 镍基合金在钢上埋弧堆焊典型焊接参数

焊丝与焊剂组合	焊丝直径/mm	焊接电流/A	电压/V	焊接速度/(mm/min)	摆动频率/(周/min)	摆动宽度/mm	焊丝伸出长度/mm
ERNiCr-3 和 Flux4	1.6	240～260	32～34	89～130	45～70	22～38	22～25
	2.4	300～400	34～37	76～130	35～50	25～51	29～51
ERNiCu-7 和 Flux5	1.4	260～280	32～35	89～150	50～70	22～38	22～25
	2.4	300～400	34～37	76～130	35～50	25～51	29～51
	1.6	260～280	32～35	180～230	没有用	—	22～25
	2.4	300～350	35～37	200～250	没有用	—	33～38

续表 6-127

焊丝与焊剂组合	焊丝直径/mm	焊接电流/A	电压/V	焊接速度/(mm/min)	摆动频率/(周/min)	摆动宽度/mm	焊丝伸出长度/mm
ERNi-1 和 Flux6	1.6	250～280	32～34	89～130	50～70	22～38	22～25
ERNiCr-3 和 Flux6	1.6	240～260	32～34	76～130	45～70	22～38	22～25
	2.4	300～400	34～37	76～130	35～50	25～51	29～51
ERNiCr-3 和 Flux6	1.6	240～260	32～34	89～130	50～60	22～38	22～25

注:采用直流焊丝接负接。

⑩镍及镍合金点焊的焊接参数见表 6-128。

表 6-128　镍及镍合金点焊的焊接参数

母材		焊前状态	电极直径/mm	焊接参数		
牌号	厚度/mm			焊接电流/A	通电时间/s	电极压力/N
GH3030	1.0	固溶	4.0	6 000～6 500	0.24～0.26	4 700～5 100
GH3030	1.2	固溶	5.0	6 000～7 000	0.28～0.32	5 500～5 800
	1.5			6 500～7 200	0.26～0.30	5 800～6 400
	1.8		5.0～6.0	6 700～7 500	0.28～0.32	6 500～7 000
GH3039	1.3	固溶	6.5	7 000～7 500	0.26～0.28	5 000～5 400
GH3044	1.2	1 200℃ 10min 空冷	5～6	5 600～6 000	0.28～0.32	6 500～7 100
	1.5		6～7	6 500～8 000	0.34～0.38	6 500～7 500
GH2132	1.5	固溶时效	5.5～6.0	8 500～8 800	0.30～0.32	5 500～6 500
	2.0				0.36～0.40	7 800～8 500
	2.0	时效		一次脉冲 9 500 二次脉冲 5 000	一次脉冲 0.36 二次脉冲 1.60	
	2.0+2.5	时效		10 000	0.32	8 230
	2.0+3.0					

续表 6-128

母材		焊前状态	电极直径/mm	焊接参数		
牌号	厚度/mm			焊接电流/A	通电时间/s	电极压力/N
GH1140	0.8	固溶	5.0	6 200～6 400	0.22～0.24	3 200～4 200
	1.0			6 200～6 500	0.26～0.30	4 200～5 000
	1.2		5.5～6.0	7 000～7 500	0.30～0.34	4 500～5 600
	1.5		6.5～7.0	8 300～8 800	0.38～0.44	5 200～6 500
	1.7		7.5	8 400～8 900	0.44～0.48	6 200～7 200
	2.0		8.0	9 200～9 400	0.44～0.50	7 200～8 200
	2.5		8.5	9 400～9 600	0.50～0.52	8 200～9 200

⑪镍及镍合金缝焊的焊接参数见表 6-129。

表 6-129　镍及镍合金缝焊的焊接参数

母材		焊前状态	滚轮宽度/mm		焊接参数				
牌号	厚度/mm		上	下	焊接电流/A	通电时间/s	休止时间/s	焊接速度/(m/min)	滚轮压力/N
GH3030	1.0+1.0	固溶	5.0	5.0	6 500	0.16	0.10	0.6	5 500
	1.5+1.5				7 700	0.18	0.14	0.5	6 800
GH3039	1.3	固溶机械抛光	6～7		7 500～8 500	0.28～0.32	0.28～0.30	0.23	7 000～7 500
GH3044	1.2+1.5	固溶机械抛光	6.0	6.0	5 600～6 000	0.18～0.24	0.16～0.22	0.35～0.45	7 000～7 500
	1.5		5～6		5 800～7 200	0.22～0.26	0.18～0.24	0.3～0.4	7 200～8 000
GH1140	0.8	固溶	5.0	6.0	6 800～7 200	0.08～0.12	0.08～0.10	0.5～0.6	5 000～6 000
	1.0		5.5	6.0	6 800～7 300	0.10～0.12	0.10～0.12	0.4～0.5	6 000～7 300
	1.2				7 600～8 000	0.14～0.16			6 000～7 500
	1.5		6.0	7.0	7 800～8 200	0.16～0.18	0.14～0.16	0.3～0.4	7 300～8 400
	0.8+1.0				6 800～7 000	0.14	0.18	0.6	5 000～5 500
	1.0+1.5		6.0	8.0	7 600～8 000		0.16	0.5	7 000～7 500
	1.2+2.0		7.0	8.0	7 800～8 500	0.22	0.22	0.45	8 000～8 500

⑫镍基合金棒材闪光焊的典型焊接参数见表 6-130。

表 6-130　镍基合金棒材闪光焊的典型焊接参数

合金牌号	直径/mm	顶锻电流时间/s	顶锻留量/mm	输入能量/J	接头效率(%)
200	6.35	1.5	3.17	7 740	89
	9.52	2.5	3.68	17 530	98
400	6.35	1.5	3.17	6 950	97
	9.52	2.5	3.68	19 980	95
K-500	6.35	1.5	3.17	7 270	94
	9.52	2.5	3.68	17 240	100
600	6.35	1.5	3.17	7740	92
	9.52	2.5	3.68	18 680	96

注:闪光留量为 11.2mm,闪光时间为 25s;具有 110°夹角的锥形端头。

6.5.3　典型镍及镍合金的焊接

1. 纯镍管与板的焊接

在蒸发器设备制造中,常会遇到纯镍管与管板的焊接,这种焊接接头要求密封性好,并能耐整体腐蚀及应力腐蚀。ϕ18mm×2mm 纯镍管与 6mm 厚纯镍管板的焊接接头形式如图 6-48 所示。由于对焊接接头的质量要求高,需采用手工钨极氩弧焊焊接。所用的填充焊丝直径为 2.5mm,焊丝成分(质量分数)Ti 为 0.08%、Nb 为 1.31%、Al 为 1.24%、Mn 为 1.07%、Si 为≤0.05%、C 为≤0.024%、Mg 为 0.08%、P 为 0.002%、S 为 0.002%。

焊接参数选择分别为:钨极直径为 3.2mm、焊接电流为 140～150A、氩气流量为 7L/min。停弧时采取焊接电流衰减措施,并充分填满弧坑。在操作过程中应注意防止在管板侧出现未熔合缺陷。

用上述焊接参数焊成的焊缝,表面成形良好。经着色检验,管子、管板接头中均无裂纹、气孔等缺陷出现。对焊接接头做破坏性解剖检查,用 25 倍放大镜观察其断面,经测定:焊缝的熔深为 1mm 左右,在试验、生产过程中对图 6-48a、b 所示的两种接头进行比较,发现图 6-48a 所示的接头容易产生根部裂纹，所以建议采用图 6-48 所示的接头形式。

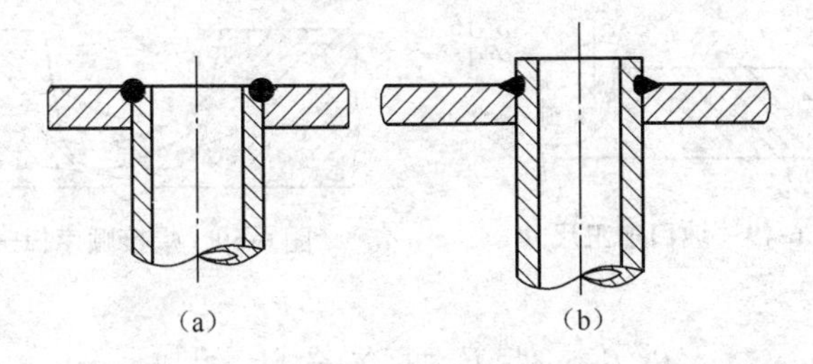

图 6-48　ϕ18mm×2m 纯镍管子与 6mm 厚纯镍管板的焊接接头形式

(a)角接单边 Y 形坡口形式　(b)T 形接单边 Y 形坡口形式

2. 蒙乃尔合金的焊接

ϕ520mm 筒体是由厚度为 16mm 的两块蒙乃尔合金板拼焊而成的。加工顺序是：平板对接焊、加工滚圆前压头、滚圆、焊筒体纵缝。

蒙乃尔合金焊接采用钨极氩弧焊工艺，电极为铈钨极，直径为 4mm，端部磨成锥形。焊丝直径选择 3mm，成分(质量分数)为：Al 为 0.2%～0.4%、Ti 为 1.5%～3.0%、Mn 为 1.2%～1.8%，焊接电源为直流，正接。

坡口加工尺寸如图 6-49 所示。焊前将坡口两侧 40mm 区域用砂轮打磨清理干净，将焊丝用砂纸打磨干净，每根切成 1mm 左右长度，用丙酮擦洗焊接区和焊丝表面。

焊接工艺：第 1 层打底焊，焊接电流为 90～100A，反面加纯铜垫板(带圆弧槽)并通氩气保护，氩气流量为焊枪保护 12L/min，垫板保护 8L/min，焊接时，焊丝压向间隙，要求焊透；第 2 层焊接电流为 120～130A；第 3 层焊接电流为 130～140A；第 4 层及以后各层焊接电流全部为 180～200A，焊枪保护 12L/min；焊 1～3 层时，工件处于平焊位置，焊完第 4 层以后，将工件纵缝尾端垫起 20°～30°，进行上坡焊，以造成熔化液态金属向后流；焊接顺序如图 6-50 所示，每焊一层用角向磨光机仔细打磨焊缝表面，以去除表面氧化物和夹杂物，且温度冷却至 80℃～100℃时再焊下一层焊缝，每层焊道表面须呈凹形，焊接过程中，焊枪不能在某一点停留时间过长，中间换焊丝和灭弧时，应关闭焊枪手控开关，但应继续提供保护气体，焊枪在原地进行适当时间的停留，待熔池保护 10s 左右方可离开。

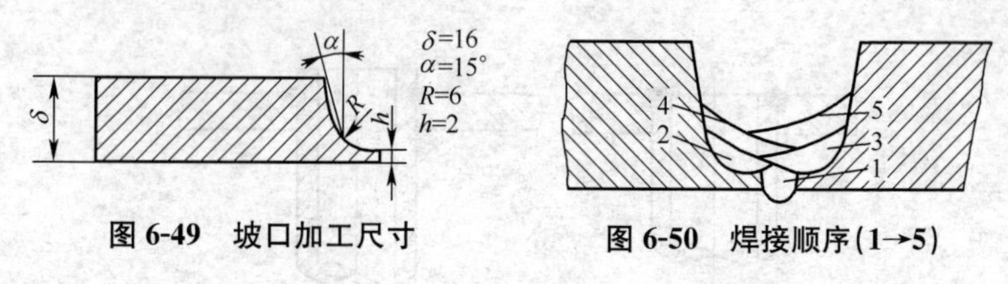

图 6-49　坡口加工尺寸　　　　图 6-50　焊接顺序(1→5)

6.6　铅及铅合金的焊接

6.6.1　铅及铅合金的基本知识

1. 铅的主要性质和适用范围

铅是一种塑性较好、强度低、耐蚀性高的非铁金属,它对振动、声波、X 射线和 γ 射线都具有很大的衰减能力,在空气中呈灰黑色。

①铅的物理性能。熔点为 327℃,沸点为 1 619℃,密度为 11.34g/cm^3,热导率为 34.75W/(m·K),线胀系数为 10^{-6}/K。

②铅的化学性能。铅在 150℃、浓度为 70%～80%(体积分数,下同)的硫酸中能保持稳定的化学性质,在浓度不超过 10%的盐酸、亚硫酸、砷酸、磷酸、氢氟酸中也能保持稳定性,但是能与硝酸钾起强烈的化学反应。

③铅的耐蚀性能。铅对大气、淡水、海水和蒸馏水具有很高的耐蚀性,但当水中有氧或二氧化碳气体存在时腐蚀明显增加,铅对各种溶液的耐蚀性见表 6-131。

表 6-131　铅对各种溶液的耐蚀性

溶液	耐　蚀　情　况
硫酸	当硫酸浓度(体积分数)不超过 80%,温度不高于 50℃时,铅对硫酸有极好的耐蚀性,当硫酸浓度(体积分数)超过 80%或温度升高铅会被腐蚀
硝酸	铅极易被硝酸腐蚀,硝酸浓度(体积分数)约为 28%时,对铅的腐蚀速度最快
盐碱	铅在盐酸中不够稳定,当盐酸浓度(体积分数)<10%时,则能保持稳定

续表 6-131

溶液	耐蚀情况
碱性溶液	铅在强碱性溶液中的腐蚀不如在盐酸中激烈，而在碱土金属氢氧化物水溶液中的腐蚀速度又比在碱金属氢氧化物水溶液中的腐蚀速度快得多

④铅阻止射线性能。铅具有很强的阻止各种射线透射的能力。

⑤铅的适用范围。铅在国防、化肥、农药、化纤、造船、电气等领域用作放射性防护用品。

2. 铅的焊接特点

①熔融状态铅的热导率低，焊接时要求选择能率小、温度低的热源。否则，易使金属过热而造成下塌或烧穿。

②铅的熔点低、密度大、流动性好，焊接时容易下塌，使操作困难，所以立焊时需要采用特殊的焊接工艺，如弯卷接头边缘，采用脉冲电弧焊等。

③铅晶粒极易长大，因此，工业纯铅焊缝金属的组织粗大、塑性差。为了提高焊缝的塑性，母材和填充焊丝中应加变质剂，如钙、锡、硒等。

④铅具有很高的变形能力，焊后不存在显著的焊接应力，焊接接头的裂纹和变形倾向很小。

⑤铅的沸点低，焊接时铅蒸气与空气中的氧化合，生成有毒性的氧化物。因此，在焊接场所应加强防止铅中毒的措施。

3. 焊接材料的选择

①焊丝应与母材同牌号，焊接不同材料的工件时，应选择其中纯度较高或强度较高的材料作为焊丝。铅焊丝的规格见表 6-132。

表 6-132 铅焊丝的规格

焊丝号	特	1	2	3	4	5
规格 ϕmm×L/mm	(2～3)×220	5×230	8×250	11×280	14×300	18×320

②通常均自制焊丝，即将熔化状态的铅的表面熔渣撇除干净，浇入铁模型(或以 20mm×20mm 的角铁作模型)中，冷却后作为焊丝，也可从铅板剪下条料作为焊丝。

③焊丝表面应呈亮光、平滑、无疙瘩。

④使用焊棒时，焊棒直径应大于被焊铅板的厚度。

对于厚度不同的工件和位置不同的焊缝，应选用不同牌号的焊丝，铅焊丝的选用见表 6-133。

表 6-133 铅焊丝的选用

焊缝位置 / 焊丝号 / 板厚/mm	平焊	坡焊(坡口 30°)	横焊	立焊	仰焊
1～2	1	1	特	特	特
3～4	2	1	特	特	特
5～7	3	2	1	1	特
8～10	4	3	2	4(用挡模)	—
12～15	5	4	3	5(用挡模)	—

4. 铅焊接的专用工具

专用工具有刮刀、熔勺、钢锯、挡模、木拍板、大剪刀等。刮刀用以刮除铅表面氧化膜；熔勺供熔化铅材后浇注焊丝用；钢锯与木工粗齿大锯相似，可割制铅板下料，加工坡口等。木拍板用于敲击铅板接头和焊后拍击焊缝，矫形及消除焊接应力。

5. 铅的焊前准备

(1)工件焊接边缘的准备 工件焊接边缘两侧的油脂、砂泥和污垢等必须清除净；工件对接接头两侧或工件坡口内及两侧表面的氧化铅薄膜应用刮刀刮削净，露出铅的金属光泽。刮净后立即施焊。刮净宽度视工件厚度而定。厚度为 5mm 以下，宽度为 20～25mm；厚度为5～8mm，宽度为 30～35mm；厚度为 9～12mm，宽度为 35～40mm。

当长焊缝焊接时，采取边刮、边焊的方法，防止火焰中氧与铅化合，再次产生氧化铅薄膜。

(2)定位焊 工件装配时，需用定位焊缝固定，以防焊接变形而引起错边。厚度 5mm 以内的平对接接头，定位焊缝长度为 10～20mm，间距为 250～300mm。管子对接接头的定位焊缝间距，一般相隔 120°，如果管径较大时，间距则为 90°，定位焊缝需要完全焊透。

(3)填充金属 卷边对接焊时，不需要填充金属。其他形式接头的填充金属，选用与母材相近的材料，异种铅材焊接时所用的焊丝，其成分按强度较高一侧铅材选用。填充金属可以用母材板料剪切或专门浇注的铅条。

6. 气焊

(1)焊接热源的选择 见表6-134。

(2)焊接参数的选择 见表6-135。

表6-134 焊接热源的选择

工件厚度/mm	热源性质	说明
<8	氢氧焰 中性	工件厚度>4mm，可采用碳弧焊；天然气、液化石油等与氧混合形成的火焰，均可用于焊接铅
≥8	氧乙炔焰 中性	

(3)接头形式 如图1-20所示，可进行搭接和对接。厚度<1.5mm的铅板在对接时不开坡口，最好采用卷边接头，卷边高度等于母材的厚度；厚度<4mm也可以不开坡口、不留间隙进行焊接；在焊接规定壁厚管件时，需用搭接代替对接；焊接大厚度板件需开坡口(60°～90°)，不留间隙。

表6-135 焊接参数的选择

工件厚度/mm	平焊		坡焊		横焊		立焊		仰焊	
	火焰长度/mm	焊嘴号	火焰长度/mm	焊嘴号	火焰长度/mm	焊嘴号	火焰长度/mm	焊嘴号	火焰长度/mm	焊嘴号
1.0～3.0	50～75	2～3	40～50	2	25～40	1～2	25～35	1	25～35	1
4.0～7.0	90～110	4～5	55～65	3～4	50～60	2～3	35～45	2	30～40	2
8.0～11.0	110～140	6	70～80	4～5	65～85	4	110～140	6	—	—
12～15	140～170	7	90～100	5	90～100	5	140～170	7	—	—

注：平焊时为对接焊缝；横、立、仰焊为搭接接头；坡焊的坡度为30°；火焰长度指纯氢焰长度；8～15mm厚工件的焊接参数，为挡模立焊时的数据。

(4)焊缝加高 不同厚度铅板的焊缝宽度与余高数据见表6-136，硬铅余高应比纯铅略大。

表 6-136　不同厚度铅板的焊缝宽度与余高数据　(mm)

铅板厚度	1.5	2	3	4	5	6	7	8	9	10	11	12
焊缝宽度	8	10	12	14	16	18	19	20	21	22	23	24
余高	1	1	1.5	2	2.5	3	3	3.5	3.5	4	4	4

(5)操作技术

①平对接焊。焊缝背面一般应增加垫板。板厚在 1.5mm 以下时，可一次性焊完焊缝。焊接厚度＞3mm 的铅件对接焊时，其焊缝需分几层进行焊接。采用左焊法，不要沿接头形成连续的焊接熔池，焊缝应由单独的彼此叠加的焊段组成。焊接薄铅板时，是用填充焊丝形成单个熔滴滴入熔池实现的，熔滴逐滴叠加。采用大焊接速度，焊炬与焊缝的倾角为 50°～60°，焊丝与焊缝成 40°～50°角。多层焊的第 1 层焊缝应少加焊丝，火焰主要对着下部接口，使其熔透。在焊接第 2 层焊缝前，应刮去前一层焊缝表面的氧化层。

②坡焊。上坡焊可以加大熔深，减少多层焊的层数。如坡度角为 30°时，厚度在 6mm 以下的工件可以一次焊成。

③立焊和横焊。搭接立焊时焊丝直径与焊嘴尺寸的选择见表 6-137。对接立焊时，为了防止液体金属的下坠，必须采用小号喷嘴和小的火焰长度。由下向上焊，送丝要准确稳定，焊枪呈月牙式前进。立焊图如图 6-51 所示。工件厚度＜7mm 时，常采用不加焊丝的搭接立焊如图 6-51a 所示。8mm 以上的常用挡模对接立焊如图 6-51b 所示。挡模立焊时，在加挡模前应先将底部焊缝堆焊到 20～30mm 高，然后再把挡模横跨在焊缝上。挡模焊满并冷凝后，用小锤在挡模下部向上敲打，使挡模向上移动的距离为挡模高度的 1/2，不宜过大。每次施焊，应先将模内的铅熔化，再加焊丝，以免产生夹杂。

表 6-137　搭接立焊时焊丝直径与焊嘴尺寸的选择　(mm)

工件厚度	焊丝直径	氢氧焰的焊嘴直径	氧乙炔焰的焊嘴直径	焊接方法
1.5～3.0	不加焊丝或 2～3	0.5～1.0	0.50	直接法
3～6	2～4	1.0～1.5	0.60	直接法
6～12	3～5	1.5～2.5	0.75	—
12～25	4～6	—	1.25	用挡模法

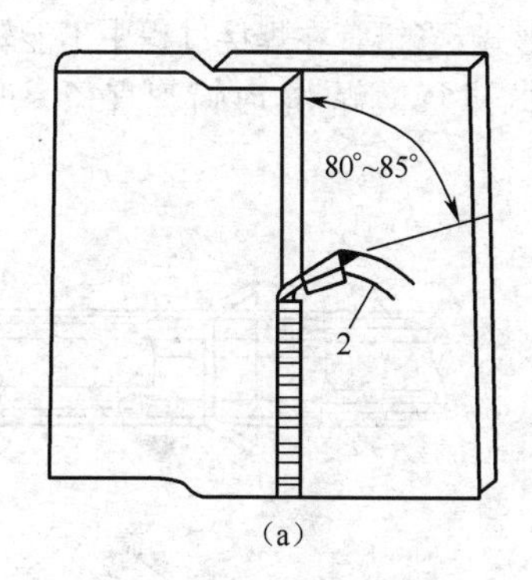

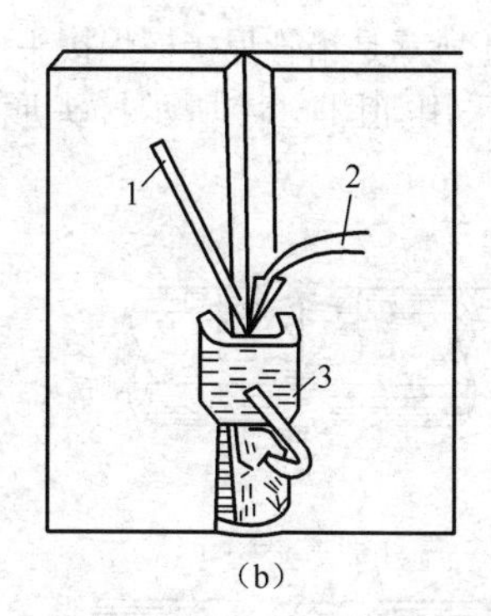

图 6-51 立焊

(a)搭接立焊 (b)挡模对接立焊

1. 焊丝 2. 焊枪 3. 挡模

横焊多采用搭接形式，也可对接，但比较困难。搭接焊时，焊前将搭接处打靠贴合，再轻轻撬起 1.5～2.0mm，并靠火焰侧面的温度熔化上部铅板，以免咬边。横对接焊多用于硬铅板和厚度较大的铅板的焊接。

④仰焊。仰焊操作的困难很大，应尽量避免。不可避免时，则接头形式一律采用搭接，板厚以6mm以下为宜。操作时，必须迅速准确，加焊丝的时间是在母材刚开始熔化时，若动作太慢，当熔池表面张力的作用克服不了重力的作用时，液态铅就会下落。

角接焊时，可采用船形位置焊、折边角焊或用挡模进行立焊，对接角接焊时挡板模式如图 6-52 所示。

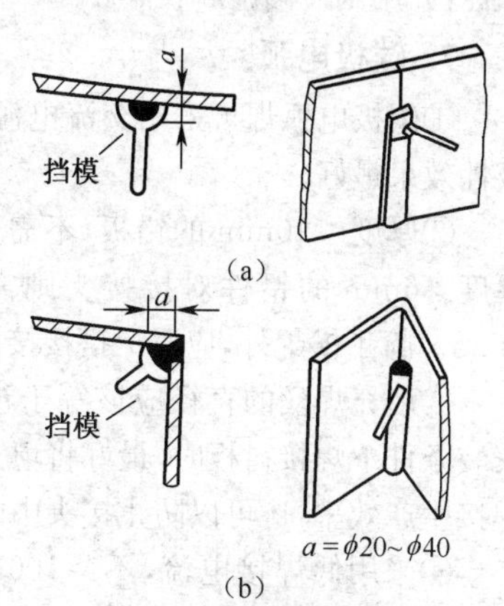

图 6-52 对接角接焊时挡板模式

铅及铅合金焊接中，铅管焊接是工业生产中常见的问题，图 6-53 所示是铅管焊接接头的两种形式。

图 6-54 所示是铅管焊接横焊接头形式，当铅管在焊接过程中不能转动时，可采用如图 6-54 所示接头形式进行横焊，这时铅管直径一般在 20～100mm。

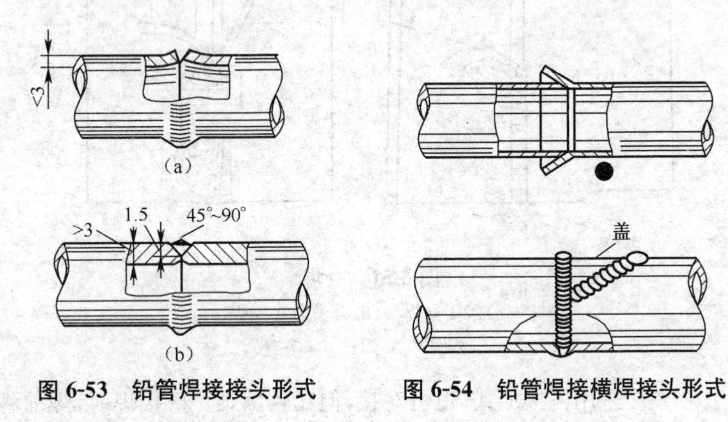

图 6-53　铅管焊接接头形式　　**图 6-54　铅管焊接横焊接头形式**

(6)焊缝缺陷与修补　常见的缺陷有未焊透、咬边、夹渣、夹层、气孔、烧穿和焊瘤等。对上述缺陷，可用气焊火焰将有缺陷的焊缝金属清除掉，并用刮刀修整后补焊。

7. 碳极电弧

①碳极电弧焊可采用交流电源，也可采用直流电源。使用直流正极性效果最好。

②厚度＜10mm 的铅板，不需开坡口，当要求单面完全焊透时，对厚度＞6mm 的铅件对接接头则需开坡口，坡口角度为 70°，钝边＜4mm。除了横焊外，应避免搭接接头。

③填充焊丝的直径应该等于被焊金属的厚度(但不＞8mm)。在安装条件下焊接衬板时，最好将填充焊丝放入接头的间隙中，可以提高焊接生产效率，还可以防止接头中的液态金属往下淌。

④采用低焊接电流，不＞100A。电弧电压 10～12V。焊接比气焊大。

⑤厚度＜4mm 的铅板，采用单道焊对接，大厚度采用两或三道焊对接。焊第一道时，不加填充金属。碳极(或石墨极)与被焊工件呈垂直状态，填充焊棒与工件倾角为 30°～45°。最好使用脉冲电弧，即随电

极移动的同时，使电极沿垂直方向做微小的振动。焊接开始电弧不动，预热起始部位，整个焊接过程中电弧不中断，当偶尔中断时，必须清整焊口直至露出金属光泽后才能接着焊。

8. 钨极氩弧焊

①可用于焊接各种位置的焊缝结构。焊接厚度<3mm 的铅件，采用钨极氩弧焊，使用直流正极性、小电流和短电弧进行焊接。钨极氩弧焊焊接薄铅板的焊接参数见表 6-138。

表 6-138 钨极氩弧焊焊接薄铅板的焊接参数

焊缝位置	钨极直径/mm	焊接电流/A	电弧长度/mm	氩弧流量/(L/min)
平　焊(对接)	1.5	12～15	1.5	1.5～2.0
立焊和仰焊(对接)	1	8～10	1	1.5
横　焊(搭接)	1.5	12～15	1.5	1.5～2.0
立　焊(搭接)	1	8～10	1	1.5

②钨极脉冲氩弧焊焊接 3～5mm 厚的铅件效果最好，可不加填充金属焊接立搭接接头和加填充金属焊接平对接接头。钨极脉冲氩弧焊焊接铅件的焊接参数见表 6-139。

表 6-139 钨极脉冲氩弧焊焊接铅件的焊接参数

焊缝位置	接头形式	厚度/mm	脉冲电流/A	脉冲电压/V	维持电弧的电流/电压/(A/V)	脉冲间歇时间/(s)	焊接速度/(m/h)	说　明
立焊	搭接	3	20～22	17～18	4～5/15～18	0.12～0.15 0.48～0.60	11～13	
立焊	搭接	5	38～40	17～18	4～5/15～18	0.12～0.15 0.48～0.60	11～13	
横焊	搭接	3	18～20	17～18	—	—	20～24	
横焊	搭接	5	Ⅰ 20～22	17～18	—	—	32～36	第一道不加填充金属
			Ⅱ 22～24	17～18			15～18	第二道加填充金属
仰焊	搭接	3	15～18	17～18	4～5/15～18	0.12～0.15 0.50～0.58	10～12	

续表 6-139

焊缝位置	接头形式	厚度/mm	脉冲电流/A	脉冲电压/V	维持电弧的电流/电压/(A/V)	脉冲间歇时间/(s)	焊接速度/(m/h)	说　明
仰焊	搭接	5	20～22	17～18	4～5/15～18	0.12～0.15 0.60～0.70	8～10	
平焊	对接	3	14～16	18～19	—	—	16～18	加填充金属焊接
平焊	对接	5	Ⅰ16～18	18～19	—		30～32	第一道不加填充金属
			Ⅱ30～33	18～19			30～32	第二道加填充金属
平焊	对接	3	Ⅰ18～20	18～19	—		30～32	两道都不加填充金属
			Ⅱ18～20	18～19				
平焊	对接	5	Ⅰ25～28	18～19	—		30～36	两道都加填充金属
			Ⅱ25～28	18～19			45～50	

注：电极直径为 1.4mm；氩气流量为 3～4L/min；Ⅰ为第一道焊缝；Ⅱ为第二道焊缝。

9. 软钎焊

铅与铅、铅与铜、黄铜的软钎焊主要是用铅锡钎料，以刮擦钎焊方法进行。一般应选用液-固相区间较大的钎料，如 Sn(30～35)－Pb(70～65)；铅制电缆接头可用 ω(Sn)＝34.5%，ω(Sb)＝1.25%，ω(As)＝0.11%的铅基纤料；铅板软钎焊采用 Sn50-Pb50 钎料。如果需要用钎剂则可用活性松香、硬脂酸或动物脂。

钎焊前必须对工件刮刷清理，加热方法可用烙铁、喷灯或焊枪等。

6.6.2　典型铅材料的焊接

1. 铬酸电镀池铅衬板气焊

铬酸电镀池铅衬板的气焊如图 6-55 所示。铬酸电镀池内壁衬铅板，具有抗酸腐蚀的作用，铅板厚 6mm，铅衬板形状和尺寸如图 6-55a 所示。铅板搭接接头如图 6-55b 所示。有平焊、横焊和立焊三种位置的焊缝。

①焊丝可选用母材剪条，或将母材边料熔化，消除表面熔渣后浇在

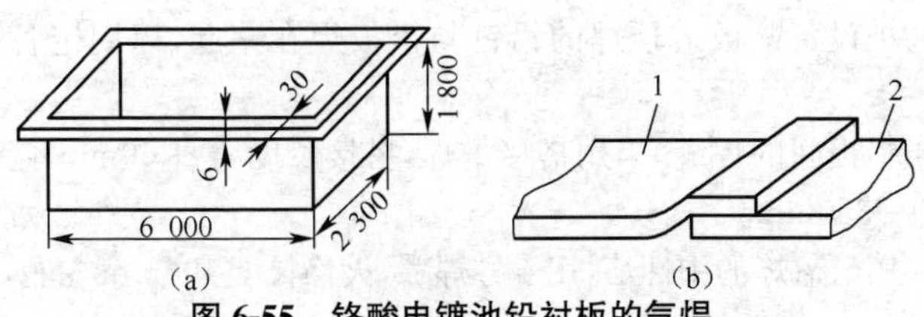

图 6-55 铬酸电镀池铅衬板的气焊

(a)铅衬板形状和尺寸 (b)铅板搭接接头

1. 板 1 2. 板 2

角钢中制取。焊丝表面用砂布擦至发亮、光滑。

②氧气瓶和乙炔瓶均使用气割用剩后调换下来的压力极低的气瓶。

③用特小号焊枪，立焊和横焊配 1 号嘴，平焊配 2 号嘴，火焰选用中性焰。

④铅板装配时，用木槌敲打电镀池外壁。

⑤用钢丝刷清除接头边缘 20mm 范围内的油脂、污物等，随焊随清。

⑥定位焊缝间距为 300～350mm。

⑦因接头采用搭接形式，焊接时，火焰可偏向板 2 处，如图 6-55b 所示，并稍微摆动，使焊丝熔滴滴在板 2 上，与板 1 边缘连接良好。

⑧平焊时，焊枪与焊缝保持 50°～70°夹角，焊丝与焊枪的夹角约为 80°。焊丝稍微抬起，前后递送。根据熔池温度，焊枪做适当的月牙形摆动，以防止过热、烧穿。

⑨立焊与横焊时，为防止液态金属下淌，尽量采用小的火焰，焊丝准确地送入熔池。焊完后再用焊枪对焊缝从头至尾做月牙形摆动加热，使之成形。

2. 圆罐铅板衬的气焊

5mm 厚的铅板衬，直径 1m，高 2m 的圆罐。具体操作包括以下几个方面。

①把罐体吊装在转台上，并在罐内按要求预焊铅钉，其直径为20～30mm。

②把下好的料板卷成 U 形吊入罐中，并用木槌打靠在罐体上。

③把设备壁板上预焊的铅钉与铅板焊在一起，以固定各铅板的位置。

④铅板间的焊缝，采用搭接平焊，搭接长度 40～50mm，定位焊距离 300～350mm。

⑤用氢氧焰的中性焰，用 4 号焊嘴，火焰长度 100mm 左右，分两遍焊完。

3. 铅管的焊接

铅管由铅板卷制或用硬铅铸而造成。铅的熔点很低，仅为 327℃，密度为 11.34kg/m³。铅管焊接用的设备一般与气焊所用的差不多。

(1)水平铅管的焊接　水平铅管的焊接可采用管子转动的平对接焊接头或开孔接头。

①管子转动的平对接焊接头。一般适用于可转动的较短管道，焊前先将两短管的焊接接头对齐，用木拍板把接头敲打平整，接头处不得存在错边，然后用定位焊缝固定。

焊接过程中铅管处于水平位置，并以一定的焊接速度连续转动，按平对接焊的操作方向施焊。管壁厚度在 4mm 以下的接头焊 1 层焊缝；管壁厚度＞4mm 的，需加工坡口，进行多层焊，盖面层应高出管子表面 2～3mm。

②开孔接头。用于管道较长而不能拆卸或不便于转动的管道焊接，先将两铅管对接接头的上部各割去一块，使其成为方形开口，然后进行管内下半部环缝的焊接，并经检验合格后再将上部盖板对准，施以焊接，固定管子开孔接头焊接法如图 6-56 所示。

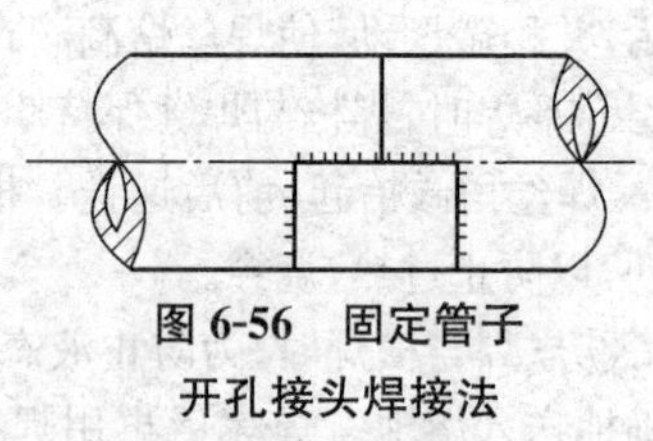

图 6-56　固定管子开孔接头焊接法

(2)水平固定管子套接焊　管子不能转动时，可用套接一接头的方法焊接。套接的方法有两种。

①两根不同管径管子的焊接。大管的内径稍大于小管的外径，则可将大管套在小管上进行全位置搭接焊。

②将两根管子插入内径稍大于被焊管子外径的套管内，用搭接焊方法焊接。当套管长度为 200mm 左右时，操作时从管子下部起焊，从

右向上焊到管子顶部；再回到管子下部，从左向上焊到管子顶部，并与另一侧焊缝的弧坑相接，管子套接焊法如图 6-57 所示。

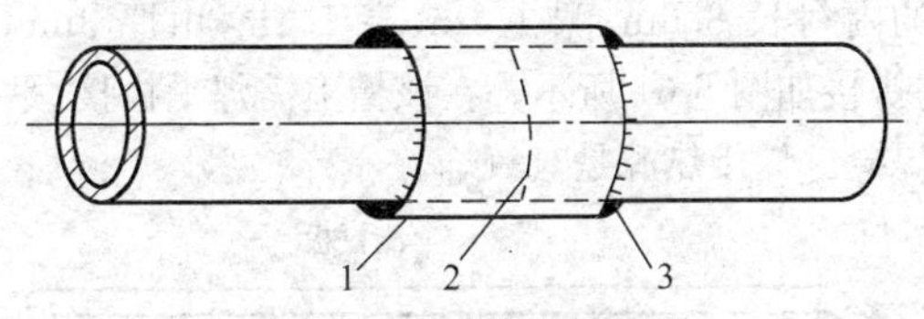

图 6-57 管子套接焊法

1. 套管 2. 接头 3. 搭接焊缝

(3)垂直固定管子的焊接 垂直固定管子的焊接可采用环形板连接接头或环形承插接头。

①环形板连接接头如图 6-58 所示，一般用于硬铅管的焊接。在下一段铅管顶上焊一圆环，再将上一段管子对正后进行焊接。

②环形承插接头如图 6-59 所示，常用于软铅管的焊接。先将下一段铅管用木槌敲打胀大成喇叭口形，再将上段铅管插好后焊接。

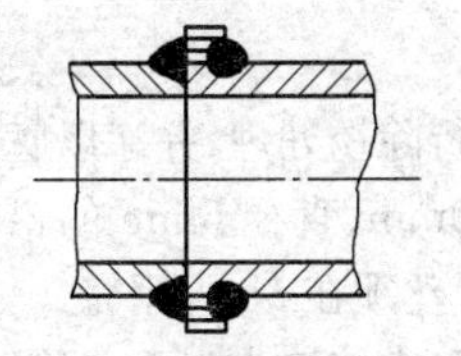

图 6-58 环形板连接接头

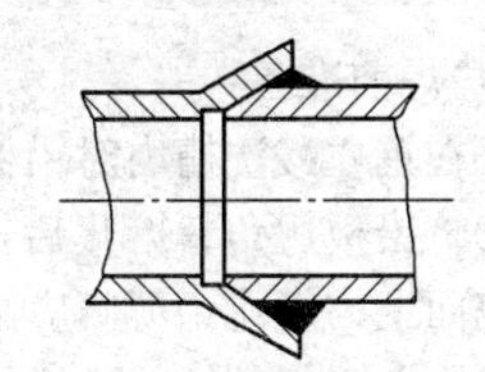

图 6-59 环形承插接头

某些铅管由于耐磨、耐压或其他原因需要表面增强，可采用表面加焊硬铅层的焊法。其施焊方法与平焊法相同，只是焊道并排，并布满整个工件表面，铅管的加硬如图 6-60 所示。焊丝可选用含锑量适当的硬铅焊丝。

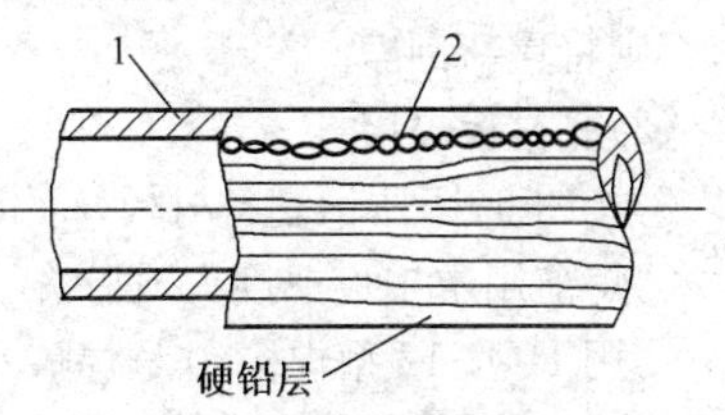

图 6-60 铅管的加硬

1. 铅管 2. 焊缝

铅管焊接必须认真做好焊前准备工作，对焊条直径的匹配、焊接火焰功率的选择、焊接操作过程中的焊枪角度选择都要求规范，并应掌握熟练的气焊基本功。具体焊接工艺及措施可参照下例钢质酸洗槽铅内衬焊接所叙。

4. 钢质酸洗槽铅内衬的焊接

酸洗槽的内衬长 8.6m、宽 1.1m、高 1.4m，由厚 3mm 的铅板组成，底衬板的拼接如图 6-61 所示。在该槽上需焊平搭接、平对接、平角接和立搭接焊缝。焊接热源是氢氧焰。

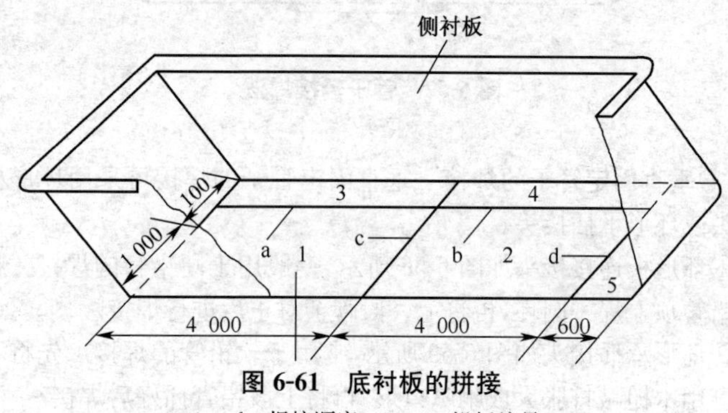

图 6-61　底衬板的拼接

a～d—焊接顺序　1～5—铅板编号

(1)焊前准备

①在钢质酸洗槽内对铅板的外表面进行除锈处理，并涂以底漆。

②将铅板边角料熔化后，浇制成长 300mm、直径 6mm 的铅焊丝。焊丝表面上的氧化铅薄膜应刮净，刮净的焊丝须在 3h 内用完。

③用剪刀修整铅板边缘。将接头边缘和搭接接头表面上的氧化铅薄膜刮除，以露出铅的金属光泽，最好随刮随焊，刮净处须在 3h 内焊完，否则将重新刮净。

(2)底衬板焊接

①按图 6-61 所示制备衬板，将铅板吊装入槽内的底板上。

②焊前用木拍板把接头拍平整，使其与底板贴合、贴紧。

③用 HO2-12 型焊枪(0 号焊嘴)和稍大的火焰功率进行平对接接头的焊接。施焊时采用左焊法，操作时，由火焰焰芯加热、熔化铅板边缘，当焊枪向前移开后，熔池就冷却，凝固成焊缝。焊枪做直线往复摆动，频率一般为 80～100 次/min，摆动时焰芯向左提高约为 4mm 左右，焰芯向右返回时，使接头底部的金属熔化，此时立即加入焊丝，以补充熔化金属形成焊缝。焊枪除沿焊缝做往复摆动外，视熔池熔化情况

也可做适当的横向摆动，以使接头两侧金属充分熔化，防止出现焊缝夹渣和咬边等缺陷。焊嘴与铅板夹角一般控制在50°～70°，焊丝与铅板的夹角为45°左右。底衬板接头可先焊接铅板1与铅板3的接缝a。其他各接缝的焊接按图6-61中所示的b、c、d顺序进行。当焊完一条焊缝后，用木拍板把整块底衬板打拍平整，要求铅衬板紧贴在槽板上。

(3)侧衬板的焊接

①侧衬板的拼接如图6-62所示。将铅板6吊装入槽内，先将该铅板的上缘包住酸洗槽的槽口角钢，然后用木条和木槌把铅板下缘按折边线敲击，折成直角，使折边端与底板相互贴紧。

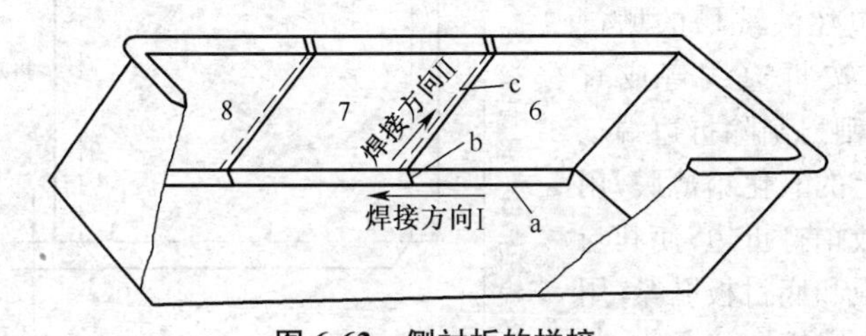

图6-62 侧衬板的拼接

a～c. 焊接顺序 6～8. 铅板编号

②用刮刀刮除立搭接接头正反面表面上的氧化铅薄膜，并进行定位焊。

③铅板7和铅板8先后吊装入槽内，按上述①、②项所述的方法对铅板进行定位焊。

④对面的侧衬板也依次吊装入槽内，进行定位焊。

⑤焊接侧衬板折边端与底衬板之间的平搭接接头a，共焊两层。若酸洗槽纵向两侧有高低偏差，则焊接方向应从低处向高处施焊。

⑥平搭接接头焊完后再焊接两块相邻拼板折边端间的对接接头b，当焊到折角处时，应多加些焊丝，可获得较饱满的焊缝。

⑦撬动搭接接头边缘，使其留出0.5～1.0mm的间隙。采用0号焊嘴和小功率的火焰焊接铅板6、7之间的立搭接接头。施焊时，火焰首先对着下部母材，当开始熔化后，立即抬起火焰并烧熔上部母材焊缝边缘，同时用火焰随即将熔铅带下，使之与下部的熔铅相熔合，形成熔池，再抬起火焰烧熔上部母材焊缝边缘，增高焊道。这样连续操作，就

形成一条完整的焊缝。操作中，火焰要准确稳健，焊枪可稍做锯齿形摆动。如熔池温度太高，应把火焰抬起，待其温度降低后再焊，或增大焊枪摆动的幅度，以使热量分散。焊枪除了应与焊道保持 80°前倾角外，还与板面倾斜 15°左右(指铅板搭接立焊)。焊接时可不添加或少添加焊丝。用同样的工艺焊接其余几条立搭接接头。

(4)封头衬板的焊接

①按图 6-63 所示制作两块封头衬板，并吊装入酸洗槽内。先将衬板上缘包住酸洗槽的槽口角钢，按折边线弯成直角，用刮刀刮除折边端正反面上的氧化铅薄膜，用木拍板拍打折边，使其与侧衬板和底衬板贴紧，用定位焊定位。

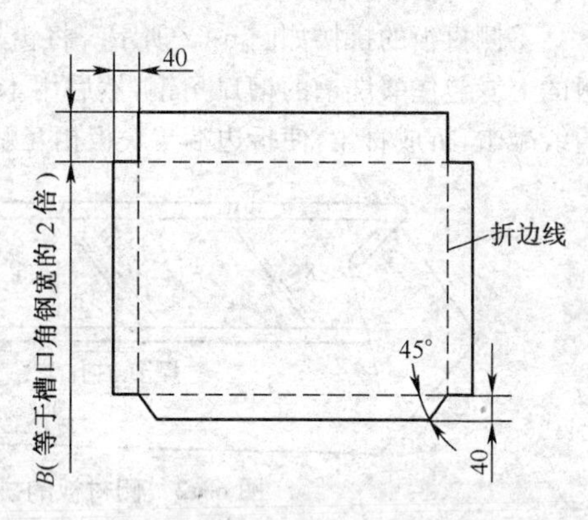

图 6-63　封头衬板

②封头衬板的焊接如图 6-64 所示。先焊接封头衬板的折边端与底衬板相连接的平搭接接头 a，然后焊接侧衬板折边端与封头衬板折边端的平对接接头 b。在焊接侧衬板与封头衬板交角处时，应注意防止产生烧穿缺陷。接着焊接封头衬板立向折边端(下端部)与侧衬板折边端相连接的平角接接头 c，此时火焰功率可稍大，并按平角焊的操作方法进行焊接。最后焊接封头衬板折边端与侧衬板相连接的立搭接接头 d。

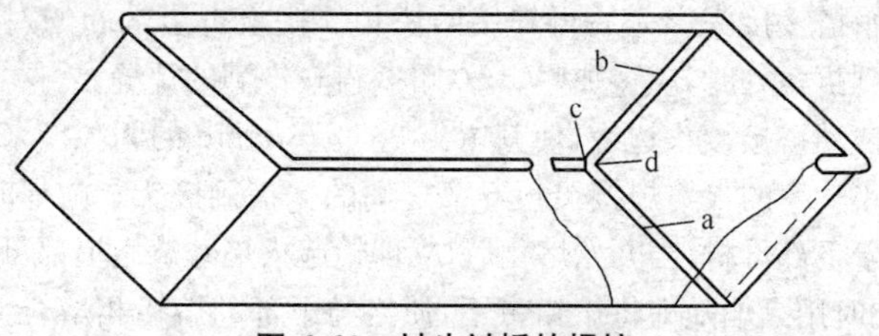

图 6-64　封头衬板的焊接

a～d—焊接顺序

6.7 锆及锆合金的焊接

6.7.1 锆及锆合金的基本知识

1. 锆及锆合金的主要性质及适用范围

锆为银白色金属,有良好综合性能。

(1)锆的物理性能 熔点为1 852℃±2℃,密度为6.15g/cm^3,比热容为0.2759J/kg·K,热导率为(25℃)3.7W/cm·K(晶形锆、电弧熔炼),线胀系数为5.8×10^{-6}/℃,相变点为862℃。

(2)锆的化学性能 锆是高温活泼金属之一。锆和所有的锆合金对环境气体中的氮、氢等气体都有很强的亲和力。在高温下锆容易与上述气体反应,大约在315℃氢气中,锆会吸收氢而导致氢脆;在550℃以上与空中的氧反应生成多孔的脆性化膜,在700℃以上,锆吸收氧使材料严重脆化。氮在600℃可与锆生成ZrN。

锆及锆合金主要用于反应堆材料、储氢除气材料、外科手术材料、闪光材料与燃烧剂材料等。

2. 锆及锆合金的焊接特点

①锆与氧、氮等气体反应生成脆性化合物,使焊接接头的塑性和韧性明显变差。

②工件在冷却过程中,其焊接热影响区有可能析出复杂的化合物,如$Zr(Fe、Cr)_2$、(Zr、Fe)、氧化物、氮化物等,这会使焊缝与热影响区的性能变坏。

③当锆母材金属中的含碳量质量分数$w(C)>0.1\%$时,便会形成锆的碳化物,降低焊接接头的耐蚀性。

④氢、氮是造成锆与锆合金气孔的有害气体,焊接过程中必须严加防护。

6.7.2 锆及锆合金的焊接工艺

1. 锆及锆合金的焊前准备

锆及锆合金焊前必须仔细地清除工件、焊丝上的灰尘,氧化物及其他杂物，防止焊缝受污染引起气孔等缺陷。

焊前清理一般采用机械法清理，也可进行酸洗。酸洗试剂成分为(体积分数，下同)30% HNO_3 +5% HF+65% H_2O。在55℃～60℃时，酸洗时间不超过2min。酸洗后将工件置入含有15%硝酸铝[$Al(NO_3)_3 \cdot 9H_2O$]+85% HNO_3溶液的容器中进行光泽处理。光泽处理后用流水冲洗，并在200℃进行烘干。

2. 焊接工艺要求

(1)非熔化极气体保护焊 在可调控的惰性气体密封室中进行焊接，充气前，室内真空度为 133.322×10^{-2}～133.322×10^{-4} Pa。采用的高纯度惰性气体需通过硅胶、铝胶和900℃～1 000℃的钛胶进行净化和干燥。通常采用氦气或73%氦+27%氩的混合气体作为保护气体。

在空气中利用气流保护进行焊接时，对于厚度<12.5mm的金属，通入喷嘴保护焊接区和焊接接头冷却段的氦气流量为24L/min，保护焊缝反面时为8L/min。焊缝必须一直保护，直到冷却到370℃。在焊接速度<25m/h时，焊枪后面的拖罩长应≥27mm。

填充焊丝一般与被焊材料成分相同或相近。焊丝外表面应圆整、光滑，不允许存在毛刺、皱褶、裂纹、偏析和夹杂等缺陷。焊前必须严格按规定进行烘干。常采用锆锡合金丝作为填充焊丝。

焊后进行750℃～850℃退火(工业纯锆)或在水中冷却(Zr-Nb系合金)，可提高抗蚀性。

(2)点焊、缝焊 点焊应在氩气保护下进行。若在大气中进行点焊，则要求选择合理的焊接参数，严格操作，也可获得满意的焊接接头力学性能及良好的耐高温水腐蚀性能。

缝焊可在氩气中进行焊接，也可在水中进行焊接，焊缝浸入水中的深度<20mm，在水中焊接热影响区小。厚度为2mm的锆合金缝焊焊接参数：焊接电流为15kA；电极压力为6 500N；焊接速度为50m/h；电极直径为145mm；接触表面宽度为8mm。

(3)压力扩散焊 多用于锆合金与不锈钢、钛等异种金属的焊接。由于温度条件不同，一般分为热压扩散焊(700℃～900℃)和冷挤压焊(室温)。采用压力扩散焊方法连接的锆合金板，以及锆与不锈钢等合金管的接头，通常不出现脆性相，接头性能与母材相近。

3. 焊接参数

①不开坡口在氦气中用非熔化极焊接锆的焊接参数见表6-140。

表6-140　不开坡口在氦气中用非熔化极焊接锆的焊接参数

工件厚度/mm	电极直径/mm	焊丝直径/mm	焊接电流/A	工件厚度/mm	电极直径/mm	焊丝直径/mm	焊接电流/A
0.8	1.6	—	45	2.3	3.2	2.0	60
1.6	3.2	1.25	50	3.0	3.2	2.0	94

②在氦气密封室中焊接带有坡口的锆及锆合金的焊接参数见表6-141。

表6-141　在氦气密封室中焊接带有坡口的锆及锆合金的焊接参数

<table>
<tr><th>工件厚度/mm</th><th>坡口形式</th><th>焊接电流/A</th><th>电弧电压/V</th><th>焊接速度/(m/h)</th><th>焊道数</th></tr>
<tr><td>3</td><td>单焊道，V形坡口，α＝60°，钝边为3mm</td><td>70</td><td>16.5</td><td>15</td><td>1</td></tr>
<tr><td>6</td><td></td><td>100</td><td>16.5</td><td>15</td><td>2</td></tr>
<tr><td rowspan="4">57</td><td rowspan="4">双面焊，U形坡口，α＝60°，钝边为8mm</td><td colspan="2">第一道</td><td rowspan="4">12～15</td><td rowspan="4">32</td></tr>
<tr><td>300</td><td>20</td></tr>
<tr><td colspan="2">填充焊丝</td></tr>
<tr><td>175</td><td>15</td></tr>
</table>

注：直流正极性，钨极和填充焊丝直径为3.2mm。

③钨极氩弧焊的焊接参数见表6-142。

④点焊的焊接参数见表6-143。

4. 锆蛇形管冷却器的焊接

锆蛇形管冷却器直径为1 900mm，锆管口径ϕ40mm、厚度2mm，换热面积16m²。由于锆的化学性质特别活泼，尤其是在焊接过程中熔融锆的吸气性比较强，气体保护稍不慎，容易导致焊接部位变硬、变脆，甚至出现焊缝的氧化。还由于锆具有熔点高而导热性差的特点，因而焊接时高温区不能维持过长，否则会因晶粒长大而使焊接部位性能(特别是塑性)下降。此外,在刚度较强的情况下,还会因应力的作用而导致锆材变形或出现裂纹。

表 6-142　钨极氩弧焊的焊接参数

板厚/mm	钨极直径/mm	焊丝直径/mm	焊嘴孔径/mm	焊接电流/A	氩气流量/(L/min)			焊接速度/(m/h)	说　明
					主焊嘴	拖罩	背面		
0.8	1.6	1.2	10	45～55	8～10	—	6～8	—	1. 手工钨极氩弧焊焊接参数; 2. 板厚为6.0mm焊接两层; 3. 板厚为12.0mm焊接4～5层
1.6	2.0	1.6	10	50～66	8～10	14～16	6～8	—	
2.0	3.0	2.0	12	60～70	8～10	14～16	6～8	—	
3.0	3.0	2.0	14	95～120	12～14	16～18	12～14	—	
4.0	4.0	2.0	16	140～150	12～14	16～18	12～14	—	
5.0	4.0	2～3	18～20	165～175	12～14	16～18	12～14	—	
6.0	4.0	2～3	18～20	150～170	14～16	16～18	14～16	—	
12.0	4.0	3.0	18～20	170～200	18～20	20	14～16	—	
0.5	1.6	1.2	10	40～50	8～16	—	6～8	40～56	自动钨极氩弧焊焊接参数
1.0	2.0	1.2	12	60～70	8～10	—	6～8	38.4	
1.6	3.0	1.6	14	70～80	8～10	14～16	6～8	38.4	

表 6-143　点焊的焊接参数

材料牌号	板厚/mm	电极压力/N	焊接时间/s	焊接电流/kA	焊点核心直径/mm	压痕深度/mm	接头剪力/N
纯锆	0.7+0.7	2 254	0.10	8～9	3.5	0.06	4 900
	1.0+1.0	2 940	0.12	10～11	5.0	0.09	6 860
	1.3+1.3	3 528	0.14～0.16	11～12	6.0	0.12	8 330
	1.6+1.6	4 116	0.16～0.18	11～13	7.0	0.15	10 780
	1.9+1.9	4 802	0.20～0.22	14～15	7.3	0.18	12 740
	2.2+2.2	5 488	0.22～0.24	15～16	7.6	0.22	14 700
Zr-2	0.7+0.7	2 254	0.16	8～9	3.8	0.06	5 880
	1.0+1.0	2 940	0.12	10～11	5.2	0.09	7 840
	1.3+1.3	3 528	0.14～0.16	11～12	6.0	0.11	10 780
	1.6+1.6	4 116	0.16～0.18	13～14	7.0	0.13	17 640
	1.9+1.9	4 802	0.20～0.22	14～15	7.5	0.15	21 560
	2.2+2.2	5 488	0.22～0.24	15～16	8.0	0.17	29 400
	2.8+2.8	—	0.22～0.24	12～16	—	—	—

(1)焊前准备 将锆管焊缝两侧各 40mm 区域及焊丝酸洗 3～5min,使其呈现出银白色的金属光泽,然后进行水洗。焊前,将被焊部位用酒精或丙酮等擦拭后方可进行焊接,严禁用手或脏手套触摸,以免使油污或纱布纤维留在焊道上而影响焊缝质量。为减少价格昂贵的锆材浪费,可将几根连接成一根整管,然后弯制,这样也便于焊接操作,提高焊缝的质量。

(2)焊接设备和辅助保护工装 锆蛇形管冷却器焊接设备采用惰性气体保护焊 NSA1-300-1 型钨极氩弧焊机,极性为正接法。保护气体用纯度 99.9%的工业纯氩。电极采用铈钨棒。

辅助保护工装拖罩用 0.5～0.8mm 的纯铜钎焊制成,用 ϕ8mm 的纯铜管作为进气管,管下开三排 ϕ1.0mm 的孔。用氩气拖罩保护的手工氩弧焊施焊如图 6-65 所示。

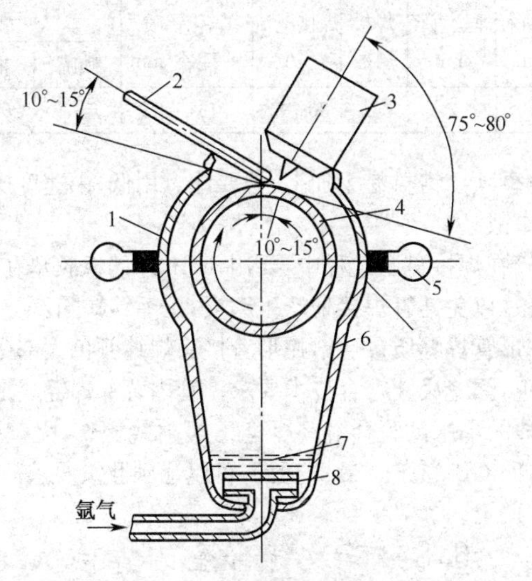

图 6-65 用氩气拖罩保护的手工氩弧焊施焊

1. 上拖罩 2. 锆焊丝 3. 焊枪 4. 锆管 5. 钢夹(4 只)
6. 下拖罩 7. 钢丝布(3 层) 8. 进气喷嘴(下开 ϕ1 孔三排)

(3)焊接参数 焊接时将锆管放在胎具上,管口对接间隙为 1～

1.5mm,管内通氩气5～10s(长管对接时管内贴水溶纸),排净管内空气。然后定位焊,校直后加上拖罩,用手试转管子察看与拖罩是否有摩擦,否则不仅给操作带来不便,还会由于焊接时间过长,热影响区增大,焊缝增宽而导致出现气孔,使焊缝的塑性下降,甚至使保护区域的焊缝色质剧变,焊缝出现氢脆。

氩弧焊枪钨极伸出长度以3～4mm为宜,焊接时每个接头分两次进行焊接,即焊完1/2圈后再焊另1/2圈,管子的转动由另一名辅助焊工操作。为防止扩大热影响区和增加焊接应力,尽量采用小的热输入,用断续送丝法,切勿使焊丝的熔融部位伸出保护区,一旦发现,即应将色变的焊丝端部剪掉。焊接中,焊嘴不做任何摆动,用短弧直线操作。锆蛇形管冷却器的焊接参数见表6-144。

表6-144　锆蛇形管冷却器的焊接参数

管子规格/mm	钨极直径/mm	焊丝直径/mm	焊接层数	焊接电流/A	氧化铝喷嘴直径/mm	氩气流量/(L/min)		
						喷嘴	拖罩	管内
ϕ40×2	2	2	1	80～85	16～18	1.5～1.8	20～25	5～10

(4)注意事项　锆材易于加工,但要注意用低、中速度操作,以免引起切屑着火事故。

锆蛇形管在焊接盘制过程中,要用8mm厚的橡胶垫在管接头与胎具的接触部位,以免锆管焊接处产生磨损、拉毛等缺陷。

(5)锆蛇形管焊缝质量　锆蛇形管接头焊缝颜色大部分是银白色,少量是金黄色,焊缝尺寸符合技术要求。管内背部焊缝成形美观,制成后经0.4MPa的水压试验合格。焊缝经X射线探伤,无气孔、夹渣、裂纹等缺陷,参照GB 3323—2005标准,可以达到Ⅱ级要求。

6.8　锌及锌合金的焊接

6.8.1　锌及锌合金的基本知识

1. 锌的主要性质与适用范围

纯锌是蓝灰色金属,有低的熔点(419.5℃)和沸点(907℃)。未合金化的锌的强度和硬度大于锡或铅，但明显小于铝或铜。纯锌抗蠕变性能低，不能在受力情况下使用。纯锌在室温下变形后会迅速再结晶，因此，在室温下不能加工硬化。其再结晶温度和抗蠕变性能可以通过合金化提高。锌有粗晶组织特征，它在室温下相当脆，但在100℃～200℃下却是韧性的，可以轧制，也可拉成丝。锌常常需要制成合金，才能达到所要求的强度。

在完全干燥的空气中，锌很稳定；在潮湿的大气条件下，它的表面会生成不溶性的氧化锌或碳酸锌薄层，大大减轻了腐蚀。这种性质对它在建筑物中的应用，如屋顶材料、防雨板和沟槽都是很有价值的。

从电化学性质看，锌的还原性比铁强，因此，它可作为钢铁的耐腐蚀镀层使用，此处它起到阳极作用。锌的电学性质使它在蓄电池中成为常用的电极材料。

锌具有较好的耐腐蚀性和较高的力学性能，可压力加工成板、带等，应用在电池、印刷等工业领域，锌合金还用作五金制品，甚至可作为黄铜的代用品。

2. 锌及锌合金的焊接性分析

锌及锌合金的焊接性和钎焊性较好，但在锌及锌合金的熔焊时，要注意防止锌的蒸发。

6.8.2　锌及锌合金的焊接工艺

1. 气焊

锌及锌合金的气焊工艺与铅气焊工艺相似。锌气焊时，必须用焊剂，含Al的锌合金、锌铸件气焊或补焊时，所选用的焊剂应与铅气焊焊剂类似。

锌气焊时宜用较小的焊枪，例如，适合于气焊0.8mm铜板的焊枪可用于焊接3mm的锌板。焊接时，大多采用中性焰或轻微碳化焰。气焊火焰应与工件表面成15°～45°角。锌板气焊条件见表6-169。

为了使焊缝金属晶粒细化，改善力学性能，可以在95～150℃温度范围内锤击；如果在室温或150℃～170℃以上温度锤击，则可能产生裂纹。

表 6-145 锌板气焊条件

板厚/mm	焊剂(质量分数)	备注
≤0.8	$ZnCl_2$50%+NH_4Cl50%	对接,不需焊丝
1.0~3.2		I形坡口或搭接接头
≥3.5		70°~90°V形坡口

2. TIG焊

TIG焊的焊接材料与气焊的焊接材料相同,在工艺方面TIG焊的焊丝不可过于接近电弧,宜选用交流钨极氩弧焊,其工艺要求与气焊相同。TIG锌铝合金时,可满足一般锌铝合金铸件缺陷修复的需要。TIG焊与气焊的组织基本相同,但钨极氩弧焊焊接接头比气焊接头的熔合区和热影响区窄。TIG焊焊接接头的力学性能与气焊接头基本相同,在硬度方面两者的差别主要取决于焊接方法、工艺条件和焊丝状况,包括成分、变质处理情况等。同质材料焊接以TIG焊焊缝区硬度为最高。TIG焊焊接接头的耐磨损性能也高于气焊接头。

3. 钎焊

锌及锌合金钎焊前必须清洗,盐酸或盐酸氯化锌可去除锌的表面氧化物ZnO。含铝的锌合金用浓NaOH水溶液清洗。

锌及锌合金软钎焊用钎料见表6-146。锡基钎料或镉锌钎料可以钎焊锌及锌铜合金。镉锌共晶钎料(Cd82.5-Zn17.5)钎焊锌铝合金时不用钎剂或用40%NaOH水溶液作为钎剂,可获得较好的接头强度。钎料中加入Sn、Pb可降低钎料熔点。一般锌及锌合金钎焊钎剂可用氯化锌、氯化锌一氯化铵或氯化锌盐酸溶液。含铝的锌合金还可用铝反应钎剂($ZnCl_2$88、NHC110、NaF_2),钎焊温度330℃~385℃。

钎焊方法主要有炉中钎焊。炉中钎焊焊前工件要进行清洗和打磨,其次要对加热炉进行预热,并控制钎焊的温度和保温时间,钎焊完成后要空冷,最后要将残留的钎剂用清水清洗掉并吹干。对于火焰钎焊,则要用氧乙炔火焰的碳化焰对工件进行加热。火焰在加热过程中围绕钎焊区域不停地转动,每隔30~60s移开火焰,并停止加热30s,然后重新加热。钎焊完毕后进行空冷,待完全冷却后对工件进行清洗并吹干。

表 6-146 锌及锌合金软钎焊用钎料

<table>
<tr><th rowspan="2">牌号</th><th colspan="5">成分(质量分数,%)</th><th rowspan="2">熔点/℃</th><th rowspan="2">用途</th></tr>
<tr><th>Sn</th><th>Zn</th><th>Pb</th><th>Cd</th><th>Sb</th></tr>
<tr><td>Sn90Pb10</td><td>89～91</td><td>—</td><td>余量</td><td>—</td><td>≤0.15</td><td>183～222</td><td rowspan="3">锌及锌铜合金软钎焊</td></tr>
<tr><td>SnPb39</td><td>59～61</td><td>—</td><td>余量</td><td>—</td><td>≤0.8</td><td>183～185</td></tr>
<tr><td>Sn40Pb58Sb2</td><td>39～41</td><td>—</td><td>余量</td><td>—</td><td>1.5～2.0</td><td>183～235</td></tr>
<tr><td>Zn17Cd83</td><td>—</td><td>17±1</td><td>—</td><td>83±1</td><td>—</td><td>266～270</td><td rowspan="3">锌、锌铜、锌铝合金软钎焊</td></tr>
<tr><td>Sn90Zn10</td><td>90</td><td>10</td><td>—</td><td>—</td><td>—</td><td>200</td></tr>
<tr><td>Sn70Zn30</td><td>70</td><td>30</td><td>—</td><td>—</td><td>—</td><td>183～331</td></tr>
<tr><td>Sn40Zn58Cu2</td><td>40±2</td><td>58±2</td><td>—</td><td>—</td><td>Cu2±0.5</td><td>200～350</td><td>—</td></tr>
</table>

锌铸件的缺陷可用 Sn61Pb39 作为钎料,不加钎剂补焊。铸件缺陷经修光或扩孔后,两侧预热到 330℃以上,利用钎料棒在孔壁上镀覆钎料,然后用火焰熔化钎料填补孔槽,完成补焊。

4. 锌合金铸件的补焊

汽车上的锌合金铸件很多,如化油器、汽油泵、车门把手等,在使用中经常出现螺纹滑扣、裂纹、破碎等缺陷。由于锌合金的熔点低(420℃),补焊厚度又较薄,给补焊工作带来很大困难,稍有不当,就会使工件塌陷或阻塞。

(1)焊前准备

①焊条。将废旧锌合金铸件熔化(熔液表面一层暗灰色的氧化皮及杂质去掉),浇注成直径为 3mm 左右呈银白色的焊条。

②工具。氧乙炔焊设备一套,小号焊枪,根据被焊工件大小、厚薄选择焊嘴型号,越小越好。

③将待焊处表面的氧化层、油污等用刮刀、锉刀或砂布清理干净,露出金属光泽。

④由于锌合金铸件的熔点低,工件一般较小而且又薄,为防止在

补焊过程中塌陷或堵塞，应在不妨碍施焊的情况下，用耐火泥或黄土泥先将喉管、螺纹孔等堵塞，用湿棉纱将施焊处两侧及其他部位缠裹。

⑤为防止变形或塌陷，被焊工件必须放平垫牢，施焊部位不得悬空，置平焊位置最好。

(2)施焊

①由于锌合金施焊时易氧化，铸件又较薄，一般不需开坡口。施焊时，应一边加热一边用 $\phi3.2$ 焊条尾端或钢丝推刮出焊缝坡口，并焊好打底层。

②使用轻微还原的中性焰，要求焰芯要尖，火焰轮廓要正。火焰引出方向应朝向工件较厚或湿棉纱缠裹的地方，如条件允许，减小焊枪角度，使火焰喷向工件外面，以免烧坏工件。

③焊嘴与被焊面的角度是保证施焊顺利的关键，稍有不当就会造成补焊失败，焊嘴距被焊工件表面 20mm 左右，焊丝、焊嘴的施焊角度如图 6-66 所示。

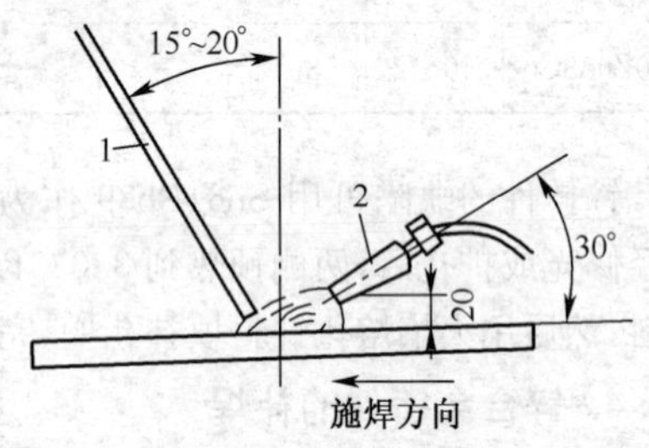

图 6-66　焊丝、焊嘴的施焊角度

1. 焊丝　2. 焊嘴

④施焊时要密切注意熔池温度状况。由于锌合金铸件加热熔化时，不易从颜色上区分，看到表面有微小细粒渗出来或表面稍有起皱现象，应立即用焊条把表面那层氧化层拔掉，露出银白色熔液，然后再填加锌焊条。

⑤施焊中要控制焊接温度，如发现温度过高，应冷却一会再继续焊接，否则熔池金属易氧化造成不熔合或塌陷缺陷。

⑥工件没有完全冷却的情况下，严禁翻动。

⑦施焊时，焊工应站在上风处或戴口罩，因氧化锌的烟气有毒，易使人产生恶心，呕吐现象。

⑧焊后进行修整，补焊的螺纹应重新钻孔攻螺纹。

⑨对氧化、腐蚀严重的锌合金铸件不宜焊接。

6.9 钨、钼、铌、钽及其合金的焊接

6.9.1 钨、钼、铌、钽及其合金的基本知识

1. 焊接特点

除钽外，其他金属材料存在着随温度降低而产生的从延性到脆性的转变。接头的脆性转变温度一般高于母材。焊缝脆性转变温度及脆性程度又与熔池中气体杂质的侵入和焊接热过程的影响有关。

①化学活性很高，高温时极易吸收气体和其他杂质，焊后冷却过程中会析出氧化物、氮化物、碳化物，使焊缝与热影响区强化，塑性下降。为此，焊接和焊后退火过程中均要求严格防止污染（多数是在高真空或超高纯度惰性气体保护的条件下进行）。此外，焊前须经化学清洗。

②对焊接热过程敏感。为此应尽量采用钨极脉冲氩弧焊或高能量、密度的高压电子束焊或电容焊等焊接方法。

③钨、钼金属弹性模量大，焊接应力大。当杂质含量高，拘束较大时，极易产生裂纹。

④要控制母材中气体杂质的含量。焊接性对母材气体杂质含量要求见表 6-147。

表 6-147 焊接性对母材气体杂质含量的要求 （10^{-6}）

合金种类	O	N	H
钨、钼及其合金	<10	<10	—
钽、铌	<600	<300	<150
钽、铌合金	<250	<250	<10

2. 焊接方法的选择与焊接性

钨、钼、钽、铌及其合金焊接方法的选择与焊接性见表 6-148。

表 6-148 钨、钼、钽、铌及其合金焊接方法的选择与焊接性

焊接方法	合金的焊接性		
	钨及钨合金	钼及钼合金	钽、铌及其合金
局部保护钨极氩弧焊	差	差	可焊

续表 6-148

焊接方法	合金的可焊性		
	钨及钨合金	钼及钼合金	钽、铌及其合金
箱内钨极氩弧焊	可焊	可焊	优良
箱内等离子弧焊	可焊	可焊	优良
真空电子束焊	可焊	可焊	优良
电阻焊	差	差	良好
电容储能扩散焊	—	良好	优良
爆炸焊①	—	良好	优良
挤压焊②	—	—	—
真空扩散焊	良好	良好	优良
真空钎焊	良好	良好	良好

注：①制作复合材料的方法；②用于异种材料的焊接。

6.9.2　钨、钼、铌、钽及其合金的焊接工艺

1. 焊前准备

补焊接头需进行仔细的机械清理和酸洗。酸洗液成分见表 6-149。

表 6-149　酸洗液成分

合金种类	酸洗液成分(体积分数,%)				
	HF	HNO_3	H_2SO_4	H_2O	其他
钨及钨合金	9	1	—	—	
钼及钼合金	—	5	—	5	
铌及铌合金	1.5	2	1	5.5	
钽及钽合金	1	4	1	4	

注：1. 酸洗后，需在水中进行冲洗并烘干，焊前需直接用酒精或丙酮对被焊接头进行除油和脱水。

2. 钼及钼合金酸洗后放入 1 000mL 水中加入 12g 铬酸、3ml H_2SO_4 配制的溶液中，浸泡后再用水冲洗。

2. 焊接工艺要点

(1)熔焊

①焊接性。焊接性分类见表 6-150。

表 6-150 焊接性分类

焊接性级别	合 金 举 例
优良可焊	Nb、Nb-1Zr、Nb-10Hf-0.7Zr-1Ti；Ta、Ta8W-2Hf；Zr、Zr-2、Zr-4
良好可焊	Ta-10W；Nb-10W-2.5Zr、Nb-10W-10Ta、Nb-10W-10Hf-0.1Y、Nb-10W-28Ta-1Zr
条件可焊	Mo(熔炼的及高纯烧结钼)、Mo-0.5Ti；W、W-25Re
不推荐熔焊	工业纯烧结钼

注：举例中包含锆及锆合金，以示比较。

②材料选择。选择与母材同牌号的焊丝。

③焊接。通常应采用箱内钨极氩弧焊，并对箱内保护气体有严格要求，箱内进行钨极氩弧焊时对保护气体的纯度要求见表 6-151。焊接工业纯烧结钼薄板(0.3mm)时，箱内充 Ar+5%H_2混合气，焊接接头可获得较好的室温塑性。

表 6-151 箱内进行钨极氩弧焊时对保护气体的纯度要求

合金种类	焊接时箱内气体纯度($\times 10^{-6}$)					要求条件
	允许杂质总量	H_2	O_2	N_2	H_2O	
钨、钼及其合金	≤5～10	—	—	—	—	抽真空到压力$<10^{-4}$ Pa后充 99.999%Ar，焊接时用微量气体分析仪，定量地监视气体成分变化
钽、铌及其合金	<100	<2	<5	<15	<20	

④熔焊接头。通常需要进行不高于再结晶温度的真空退火处理(真空度 133.322×10^{-7} Pa)，以消除应力和恢复接头塑性。在 133.322×10^{-4}～133.322×10^{-5} Pa 退火时，工件还需包上清洗洁净的难熔金属箔或在炉内放入清洗洁净的锆屑等吸气材料，防止焊缝被污染。

⑤真空电子束焊。钨最难焊。如能使焊缝处于受压缩状态，焊接及焊后冷却时不受拘束力，则效果较好，否则易裂。焊接时，真空度要求在 133.322×10^{-2}～133.322×10^{-3} Pa，一般选用低热输入的高速焊来控制焊缝金属与热影响区的晶粒长大，如采用脉冲电子束或摆动电子束(频率 60Hz，摆幅 2.5mm)可减小晶粒长大。

真空电子束焊接时，焊前需要进行真空除气热处理，加热温度为

870℃～900℃，保温 1h。焊接板厚超过 1mm 或为 T 形接头时，焊后需在 133.322×10^{-2}Pa 的真空中，870℃～980℃的温度下进行消除应力处理。

钼抗热应力裂纹稍好于钨。焊板厚 1.2～2.5mm 的 Mo-0.5Ti 的典型焊接参数为：预热 320℃；电压为 135kW；焊接速度为 40.5m/h；电子束摆动频率为 60Hz，摆幅为 0.12mm。深度比为 4，热影响区的深宽比为 2.2。

铌、钽焊接性比钨、钼好，但由于热导率大，工件厚度>1.6mm 时，须迅速加热焊接，并利用铜冷却块加速冷却以防变形。

(2)非熔化极惰性气体保护焊 钨、钼及其合金在可调控的惰性气体密封室中进行非熔化极电弧焊。要求非常纯的惰性气体气氛[$\varphi(O_2)=1\times10^{-4}\%$、$\varphi(N_2)=5^{-4}\times10\%$、$\varphi(H_2O)=2\times10^{-4}\%$]，在充惰性气体前焊接用密封容器应达到 1.33×10^{-2}Pa 的真空度。焊接可采用氩气，也可采用氦气。在氦气中进行焊接时，焊前应预热，预热时应根据焊接结构的尺寸形状及裂纹敏感性决定具体的预热温度和层间温度。焊接夹具必须采用水冷或在其表面复合一种不熔化和不能与工件反应结合的材料。为防止熔化，可在夹具与工件相接触的部位，装上钼、铈、钨基合金或陶瓷镶片。焊接时，注意工件不受拘束，并采用引弧板。

钨极惰性气体保护焊时，采用铈钨电极直流正接。将钨极端部磨成 20°～30°锥形，以利于控制电弧。电极直径应根据焊接电流来确定。熔化同样厚度的金属，焊接电流比在氩气中进行焊接时小 1/3。钨极氩弧焊焊接钛时所用的工艺方法和设备也同样适合于钽、铌及其合金的焊接。焊接一般在真空充氩容器内进行。钽、铌及其合金厚度>1mm 时，最好采用氦或氩气与氦气的混合气体。采用不开坡口的对接接头，基本不采用搭接和 T 形接头。

焊接钽、铌及其合金，焊前需严格清理。工件坡口及其正、反两表面 25mm 宽度范围内用磨削或机加工方法去除氧化皮，然后用去垢剂或合适的溶剂洗去污垢，再用酸洗液进行酸洗。酸洗后必须用水冲洗、蒸馏水漂清和强风吹干。

钽、铌及其合金在空气中用保护气流保护进行焊接时，保护气体的供给必须使工件冷却至200℃。对于1～2mm厚的金属，用于保护焊接区和冷却段的氩气流量为16L/min；用于保护焊缝反面的氩气流量为5L/min。

惰性气体保护焊必须采用直流正接，为避免钨极对焊缝的污染，必须采用高频引弧，钨极应是钍钨型。

(3)电阻焊 钨、钼采用常规的电阻焊、闪光焊都会产生严重的脆性。带保护气体的电容储能焊可以获得一定塑性的接头。带有抗高温氧化涂层的钼合金薄板，难以采用熔焊，但电容储能扩散点焊，可获得性能良好的接头。

钽、铌、锆及其合金的电阻焊、闪光焊通常在惰性保护气体中进行，接头性能良好。电容储能焊也可在大气中进行。电极头部材料应采用钨或钼并加强冷却，以防电极与钽、铌表面黏结。带有高温抗氧化涂层的钽、铌合金板，难以采用熔焊，可用电容储能扩散焊进行连接。

对于薄钼板件，通常采用接触点焊进行焊接。焊前应认真清理、酸洗表面。焊接时，采用短脉冲。在电极和工件之间应放置垫片，如钛箔片，对电极进行强烈冷却。

(4)钎焊 钨、钼及其合金可采用炉中钎焊、火焰钎焊、电阻钎焊及感应钎焊。钨、钼及其合金的炉中钎焊必须在惰性气氛(氦气或氩气)、还原性气氛(氢气)中或真空室内进行。真空钎焊时，应使钎料所含元素的蒸汽压与钎焊温度及真空度相适应。钎料可用Ag、Au、Cu、Ni、Pt及Pd等纯金属，也可用各类合金钎料。钨、钼钎焊用钎料见表6-152。低温下使用的焊接构件，可选用银基和铜基钎料，高温下使用的构件应选用金、钯和铂钎料，活性金属及熔点比钼低的难熔金属，应注意在接头设计时，通常将接头间隙控制在0.05～0.125mm。

表6-152 钨、钼钎焊用钎料

钎料组成	液相线温度/℃
Au-6Cu	990
Au-50Cu	971
Au-35Ni	1 077
Au-8Pd	1 241
Au-13Pd	1 304

续表 6-152

钎料组成	液相线温度/℃
Au-25Pd	1 410
Au-25Pt	1 410
Cr-25V	1 752
Pd-35Co	1 235
Pd-40Ni	1 235
Au-15.5Cu-3Ni	910
Au-20Ag-20Cu	835
Mo-20Ru	1 900
Ag-Cu-Zn-Cd-Mo	618
Ag-Cu-Mo	779
Ag-Mn	971
Ni-Cr-B	1 066
Ni-Cr-Fe-Si-C	1 066
Ni-Cr-Mo-Mn-Si	1 149
Ni-Ti	1 288
Ni-Cr-Mo-Fe-W	1 304
Ni-Cu	1 349
Ni-Cr-Fe	1 427
Ni-Cr-Si	1 121
Ti-V-Cr-Al	1 649
Ti-Cr	1 482
Ti-Si	1 427

钎焊时，应在无应力状态下组装零件。必须避免钨与石墨夹具接触以防止生成脆性的碳化钨。用镍基钎料钎焊时，应尽量降低钎焊温度。

用氧乙炔焰钎焊钼时，可采用银基或铜基钎料及适宜的钎剂。为了更充分地进行保护，也可采用组合钎剂，该钎剂由一种工业用硼酸盐为基的钎剂或银钎剂加一种含氟化钙的高温钎剂所组成。钎焊时，首先在钼工件上涂一层工业用银钎剂，再覆一层高温钎剂，用还原性气氛钎焊纯钼时，允许氢的露点到 27℃，但在 1 204℃下，钎焊含钛的钼合金时，氢的露点需在－10℃以下。

用于 Mo-0.5Ti 钼合金的钎料有 V-35Nb 和 Ti-30V。真空钎焊参数分别为真空度 1.33×10^{-3} Pa、钎焊温度 1 650℃、5min 和 1.33×10^{-3} Pa、1 870℃、5min。以 Ti-25Cr-13Ni 为钎料，真空钎焊温度为 1 260℃时，TZM 钎焊接头的再熔化温度最高，T 形接头和搭接接头的再熔化温度达到 1 740℃。

钽、铌及其合金的钎焊应在真空中或惰性气体(氩或氦)的可控气氛保护下进行。钎焊前应严格进行酸洗，必须去除所有的活性气体(氧、一氧化碳、二氧化碳、氨、氢及氮)，避免钽、铌与这些气体生成氧化物、碳化物、氢化物和氮化物，使接头延性降低。

钎料及钎焊温度应根据焊接构件的用途及其使用环境选择。Au、Cu、Ag-Cu、Au-Cu 及 Ni-Cr-Si 钎料可用于低温钎焊，其中 Ni-Cr-Si 钎料易出现脆性金属间化合物，含 Au40%(质量分数)以上的 Au-Cu 钎料也有可能出现脆性相。Ta-V-Ti 及 Ta-V-Nb 等合金钎料可用于高温钎焊，其使用环境可达 1 370℃以上。用 Hf-No、Hf-Ta、Ti-Cr 等合金钎料，钎焊的接头可在更高的环境温度下使用。钽、铌及其合金用钎料见表 6-153。

表 6-153 钽、铌及其合金用钎料

材料	钎料成分	钎焊温度/℃	接头使用温度上限/℃
钽及钽合金	10Ta-40V-50Ti	1 760	1 370
	20Ta-50V-30Ti	1 760	1 370
	25Ta-55V-20Ti	1 843	1 370
	30Ta-65V-5Ti	1 843	1 370
	5Ta-65V-50Nb	1 815	1 370
	25Ta-50V-25Nb	1 870	1 370
	30Ta-65V-5Nb	1 870	1 370
	30Ta-40V-30Nb	1 927	1 930
	93Hf-7Mo	2 093	1 930①
	60Hf-40Ta	2 193	1 930
	66Ti-34Cr	1 482	1 930②
	66Ti-30V-4Be	1316	1 930③

续表 6-153

材料	钎料成分	钎焊温度/℃	接头使用温度上限/℃
铌及铌合金	48Ti-48Zr-4Be	1 050	—
	75Zr-19Nb-6Be	1 050	—
	66Ti-30V-4Be	1 288～1 316	—
	91.5Ti-8.5Si	1 371	—
	73Ti-13V-11Cr-3Al	1 620	—
	67Ti-33Cr	1 455～1 482	—
	90Pt-10Ir	1 815	—
	90Pt-10Rh	1 900	—

注：①保温 1min 后进行 2 038℃，30min 扩散处理；②保温 1min 后进行 1 427℃，16h 扩散处理；③保温 1min 后进行 1 121℃，4.5h＋1 316℃，16h 双重扩散处理。

(5)扩散焊　钨、钼真空扩散焊可采用微米厚的金属箔片作为中间层。常用的中间层材料有 Zr、Ni、Ti、Cu、Ag 等，也可在母材上镀上一层 Ni 或 Pd 金属薄层。图 6-67 所示是镀 Pd(0.25μm 厚)后扩散时间对钨接头拉伸载荷的影响，其搭接尺寸为 3.2mm×6.4mm，板厚为 0.13mm，扩散温度为 1 100℃。从图 6-67 中可知，扩散时间太短时，界面扩散不充分，接头强度不高；扩散时间过长时，接头的再结晶严重，也使接头脆化，强度降低。图 6-68 所示是不同中间层金属与扩散温度对钼接头抗拉强度的影响。烧结钼板材尺寸为 10mm×10mm，两块钼板的搭接长度为 3mm，压力为 500N，扩散时间为 15min，真空度为 0.04Pa，中间层金属箔的厚度均为 2.5μm。

钽、铌及其合金真空扩散焊，焊接面要精加工(研磨)到 $Ra=0.2\mu m$，焊接室真空度应高于 1.33×10^{-3}Pa。为了降低焊接温度，防止晶粒长大，可采用加中间金属层或在连接面上涂上几十纳米厚的金属层进行扩散焊接。

3. 焊接参数

①箱内钨极氩弧焊的焊接参数见表 6-154。

②熔化极焊接薄钼合金板件的焊接参数见表 6-155。

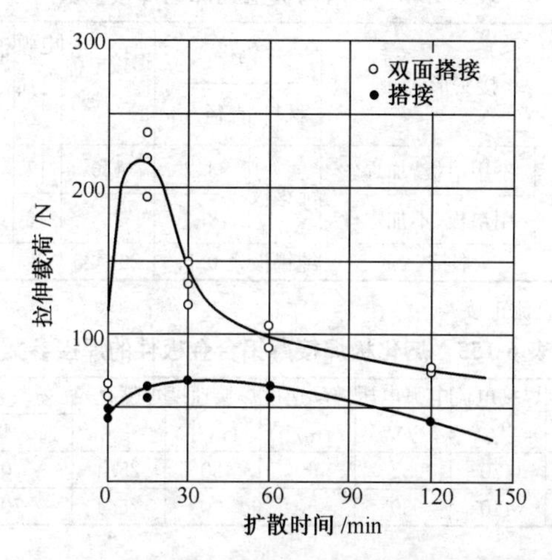

图 6-67 镀 Pd(0.25μm 厚)后扩散时间对钨接头拉伸载荷的影响

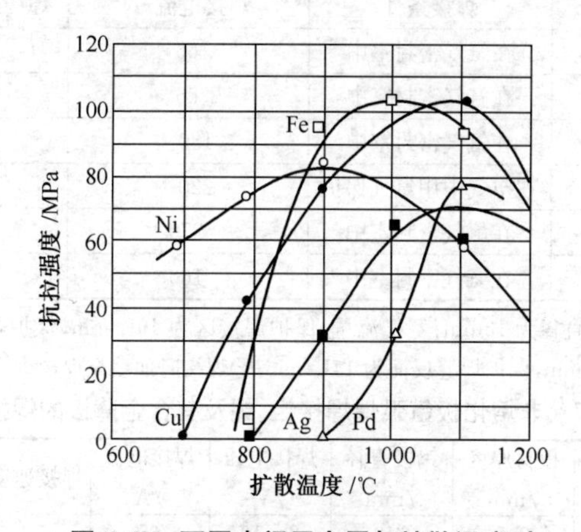

图 6-68 不同中间层金属与扩散温度对钼接头抗拉强度的影响

③机械化非熔化极惰性气体保护焊焊接钼合金的焊接参数见表 6-156。

④非熔化极氩弧焊焊接钽、铌及合金薄板的焊接参数见表 6-157。

表 6-154　箱内钨极氩弧焊的焊接参数

合金类别	板厚/mm	接头形式		钨极		焊接电流/A	电弧电压/V	焊接速度/(m/h)	预热/℃
				材料	直径/mm				
Mo-0.5Ti	1.0	I形	不用垫板,加焊丝	铈钨极	3.2	150	17	—	约650
			用垫板,不加焊丝		2.4	225	16	—	—
Nb-1Zr	0.15	端接		纯钨极	0.5	20～25	8	6.5	—

注:电源为直流正接。

表 6-155　熔化极焊接薄钼合金板件的焊接参数

工件厚度/mm	焊道数	焊接电流/A	电弧电压/V	送丝速度/(m/h)	焊接速度/(m/h)	焊嘴直径/mm	氦气流量/(L/min)	
							通入焊枪	通入拖罩
3.2	1	470	32	60	30	25.4	70	70
6.4	2	440	30	50	30	25.4	70	70

表 6-156　机械化非熔化极惰性气体保护焊焊接钼合金的焊接参数

工件厚度/mm	焊接条件	焊接电流/A	焊接速度/(m/h)
1.0	在氦气密封室中	65	18
1.0	在氩气密封室中	55	16
1.5	在氩气密封室中	180①	9.5
1.6	在空气中用氦气保护	220②	18
2.0	在氩气密封室中	270	16
3.2	在氦气密封室中	160	12

注:①焊嘴直径为16mm;氦气流量:保护焊接区为19L/min,保护焊缝冷却段为14L/min,保护焊缝反面为14L/min;②焊接时加填充焊丝。

表 6-157　非熔化极氩弧焊焊接钽、铌及其合金薄板的焊接参数

材料牌号	板材厚度/mm	钨极直径/mm	焊接电压/V	焊接电流/A	焊接速度/(mm/min)
Ta	0.5	1.0	8～10	65	420
	1.0	1.0	8～10	140	385
	1.0	1.6	14	50～60	250
	1.5	1.0	9～11	200	342
	2.0	1.5	10～12	235	275
	2.5	2.0	10	250	242

续表 6-157

材料牌号	板材厚度/mm	钨极直径/mm	焊接电压/V	焊接电流/A	焊接速度/(mm/min)
Nb	0.5	—	8～10	70～80	500～583
	1.0	—	14	50	250
	1.0	—	10	150～160	672
	2.0	—	10	240	252
Nb-10Hf-1Ti	1.0	—	12～15	110	540
Nb-10W-2.5Zr	0.9	—	12	87	762
Nb-10W-1Zr	0.9	—	12	114	762
Nb-10W-10Ta	0.9	—	12	83	381

⑤钨、钼及其合金的电子束焊的焊接参数见表 6-158。

表 6-158 钨、钼及其合金的电子束焊的焊接参数

板材厚度/mm		加速电压/kV	电子束流/mA	焊接速度/(mm/min)
W	0.5	20	25	220
	1.0	22	80	200
	1.5	23	120	240
Mo	1.0	18～20	70～90	1 000
	1.5	96	26	600
	1.5	50	45	1 000
	2.0	20～22	100～120	670
	3.0	20～22	200～250	500
Mo-0.5Ti	2.0	90	57	120

⑥钨、钼及其合金典型结构的电子束焊的焊接参数见表 6-159。

表 6-159 钨、钼及其合金典型结构的电子束焊的焊接参数

典型结构	接头种类	材料厚度/mm	加速电压/kV	电子速流/mA	焊接速度/(mm/min)	聚焦点位置	备注
钨热管	凸缘对接，穿透焊	2.5	100	6	750	表面	预热 800℃
钨坩埚	立端接，穿透焊	2.0	100	10	1 500	表面以上	预热 800℃

续表 6-159

典型结构	接头种类	材料厚度/mm	加速电压/kV	电子速流/mA	焊接速度/(mm/min)	聚焦点位置	备注
钼热管	阶梯接,局部熔透	1.6	125	25	750	表面	高频(3kHz)椭圆偏转
Mo-TZM合金热保护屏	平板对接,全穿透	1.6	125	15	750	表面上	焊后热处理改善韧性
Mo-13Re实验反应管	—	0.8	100	7	750	—	焊缝成形好
ϕ9.5钼管	管和凸缘圆周接头	1.27	120	5	354	—	不预热,焊接时管子回转1.25周
ϕ27.6钼管	管和凸缘圆周接头	3.05	120	23	354	—	用11mA电子束流预热6周,焊接时管子回转1.25周
钼管	同直径管子对接	2.39	150	25	840	—	用12mA电子束流预热6周,焊接时管子回转1.25周

⑦钽、铌及其合金的电子束焊的焊接参数见表 6-160。

表 6-160　钽、铌及其合金的电子束焊的焊接参数

材料牌号	板材厚度/mm	加速电压/kV	电子束流/mA	焊接速度/(mm/min)
Ta	0.4	20	20～35	240
Ta	0.5	18	60	433
Ta	1.0	19	65	250
Ta-10W	0.3	15	60	200
Ta-10W	0.5	20	25	240
Ta-10W	0.6	20	35	250
Ta-10W	0.9	150	3.8	381

续表 6-160

材料牌号	板材厚度/mm	加速电压/kV	电子束流/mA	焊接速度/(mm/min)
Ta-10W	1.0	25	60	250
Ta-10W	1.2	22	85～90	200
Ta-10W	1.8	20	95	130
Nb	0.8	23	40	433
Nb	1.0	17～17.5	65～70	500
Nb	1.5	27	85	500
Nb-10Hf-1Ti	1.0	20	45～50	250
Nb-10W-1Zr	1.0	20	50	250
Nb-10W-1Zr	35	140	110	130
Nb-10W-2.5Zr	1.0	20	45～60	260
Nb-10W-2.5Zr	2.3	30	64	170
Nb-10W-2.5Zr	2.5	22	120	240
Nb-10W-12.5Zr	0.9	150	3.3	381

⑧点焊焊接钼合金板件的焊接参数见表 6-161。

表 6-161 点焊焊接钼合金板件的焊接参数

工件厚度/mm	能量/kW·s	最终压力/MPa	电极直径/mm
0.5	1.5	784.8	3.8
1.0	3.5	490.5	5.6
1.5	5.5	392.4	7.4
2.0	8.8	343.4	9.1
2.5	12.0	343.4	11.2

⑨点焊焊接铌及铌合金的焊接参数见表 6-162。

表 6-162 点焊焊接铌及铌合金的焊接参数

工件厚度/mm	焊接时的单位压力/MPa	焊点直径/mm
0.5	82.4	3.8
1.0	515.0	5.0
1.5	412.0	7.5
2.5	343.4	10.0

⑩铌及铌合金缝焊的焊接参数见表 6-163。

表 6-163　铌及铌合金缝焊的焊接参数

板厚/mm	电极压力/N	焊接电流/A	通电时间/s		电压/V	
			焊接	间歇	空载	电路闭合时
0.125	112.8	1 100	3	2	0.8	0.7
0.25	225.6	3 300	3	2	1.3	1.05
0.5	225.6	4 000	3	2	1.6	1.25

⑪钨、钼真空扩散焊的焊接参数见表 6-164。

表 6-164　钨、钼真空扩散焊的焊接参数

被焊金属	温度/℃	时间/min	压力/N	真空度/Pa
W	2 200	15	19.6	7×10^{-3}
Mo	1 700	10	9.8	7×10^{-3}

⑫钽、铌及其合金扩散焊的焊接参数见表 6-165。

表 6-165　钽、铌及其合金扩散焊的焊接参数

材料牌号	温度/℃	压力/N	时间/min	中间层金属	真空度/Pa
Ta	1 650	11.8	20	—	$>1.33\times10^{-2}$
Nb	1 250	14.7	15	—	$>1.33\times10^{-2}$
Nb	1 000	19.6	30	Ni	$>1.33\times10^{-2}$
Nb-10W-2.5Zr	1 065～1 093	15	420～300	Ti(0.025mm)	$>1.33\times10^{-2}$

4. 钨棒的氩弧钎焊

随着 TIG 焊应用的增多，作为电极使用的钨棒消耗量也逐渐增加。目前使用的钨棒大多数是铈钨(WCe20)电极，每支长 150mm，使用到 50mm 左右时，焊枪已无法夹持。钨及钨合金是贵重金属材料，通过钎焊方法，可以把弃之的钨棒再次利用。

(1)钎焊工艺　钨的熔点高，化学活性低，当温度超过 400℃时极易氧化，这表明钨不能用一般的熔焊方法焊接。

经试验，采用氩弧钎焊可成功地连接钨棒。焊接电源一般是直流氩弧焊机，正极性。钨极直径选择 3mm，喷嘴口径选择 16mm，氩气流量为 12L/min。

①钎料。采用 Cu-Mn-Zn-Si 钎料或 ERNi-1 镍基焊丝，直径为 2mm。熔化温度范围为 1 410℃～1 455℃。

②夹具。选择纯铜板，厚度为 3mm，尺寸为 150mm×100mm(1 块)，80mm×40mm(2 块)。

③接头准备。将待钎接钨棒端部磨平，细纱布擦净，纯铜板全部擦净，并用丙酮清擦钨棒和纯铜板，晾干。

④组对。钨棒氩弧钎焊组对如图 6-69 所示。按图 6-69 所示将钨棒放置于纯铜工作垫板上和两块纯铜夹板之间，留对接间隙 1.5mm(图中所示为直径 3mm 钨棒)。

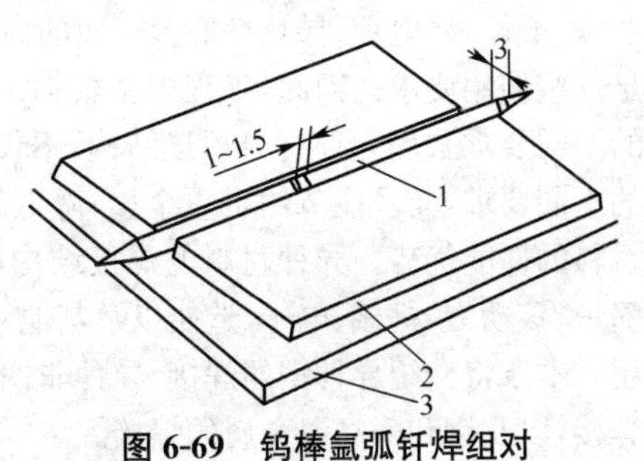

图 6-69 钨棒氩弧钎焊组对

1. 钨棒 2. 纯铜夹板 3. 纯铜工作垫板

⑤操作技术。焊接电流调至 90～100A，高频或脉冲起弧，电弧稍拉长，画小环圈将钨棒两端均匀加热，至钨棒接头红热时，迅速压低电弧，并及时加入钎料，熔滴很快填满间隙。熄弧后，焊枪不能移开，做氩气延时保护至钨棒钎点冷却。观察钨棒接头背面，如未填满或钎透则重复上述过程。

⑥焊后处理。钨棒接头处如装配组对不良造成不直，须在暗红色之前，在氩气保护下用小锤轻轻敲直。若在冷却之后矫直，则易断。接头如遇凸起，可用细砂轮磨削或锉平。

(2)注意事项

①太短的钨棒在钎接前最好预先磨出所需的电极端部形状。

②钨棒从开始钎接直至冷却，包括趁热矫直，均须用氩气保护，氩气流量为 10～12L/min。

③经钎焊的钨棒，使用时水冷效果必须良好。钨极接头在喷嘴内距离端部越短，则电流承载能力越小，电压越低。经测试，直流正极性时，不超过一般规范下使用，钎焊钨棒接头处最短可用至长度 16mm。

7 异种金属材料焊接技术

随着科学技术的发展,现代工业对焊接构件提出了更高的要求,除常规力学性能之外,还要求有高温强度、耐磨性、耐蚀性、低温韧性、抗辐照性、磁性、导电性、导热性等多方面的性能,单种金属材料很难同时满足这些使用要求。因此,工程中常根据结构不同部位对材料使用性能的不同要求采用异种材料焊接结构,不仅能满足不同工作条件对材质的不同要求,而且能节约贵重金属,降低结构整体成本,充分发挥不同材料的性能优势。异种材料的焊接结构在航空、航天、石油化工、电站锅炉、核动力、机械、电子、造船以及其他一些领域获得了越来越多的应用。本章将介绍异种钢的焊接、异种非铁金属的焊接、钢与非铁金属的焊接,以及钢和耐高温金属的焊接。

7.1 异种金属材料焊接的基本知识

7.1.1 异种金属材料的焊接性

(1)**异种金属材料熔焊的焊接性** 熔焊的焊接性主要是指焊接区是否会形成对力学性能及化学性能等有较大影响的不良组织和金属间化合物;能否防止产生焊接裂纹及其他缺陷;能否会由于熔池混合不良形成溶质元素的宏观偏析及熔合区脆性相;在焊后热处理和服役中熔合区是否会发生不利的组织变化等。图 7-1 所示为异种金属的熔焊焊接性,图 7-2 所示为异种金属的电子束焊焊接性,图 7-3 所示为异种金属的激光焊焊接性,可在选用时参考。一般来讲,可以根据合金相图进行分析,焊接性好的异种金属组合才有可能在合适的熔焊工艺下获得高质量的接头。

(2)**异种金属压焊的焊接性** 异种金属常用的压焊方法有电阻焊、冷压焊、扩散焊、摩擦焊等。压焊的工艺特点有利于防止和控制受焊金属在高温下相互作用形成脆性的金属间化合物,有利于控制和改善焊

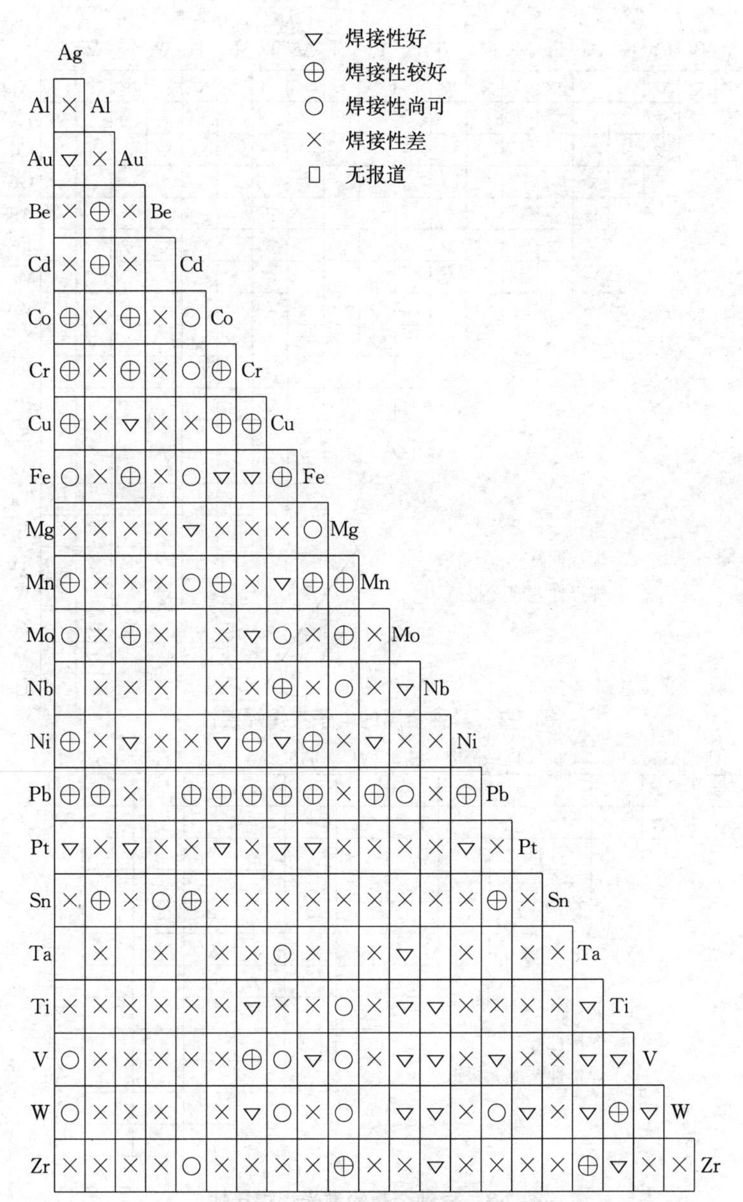

图 7-1 异种金属的熔焊焊接性

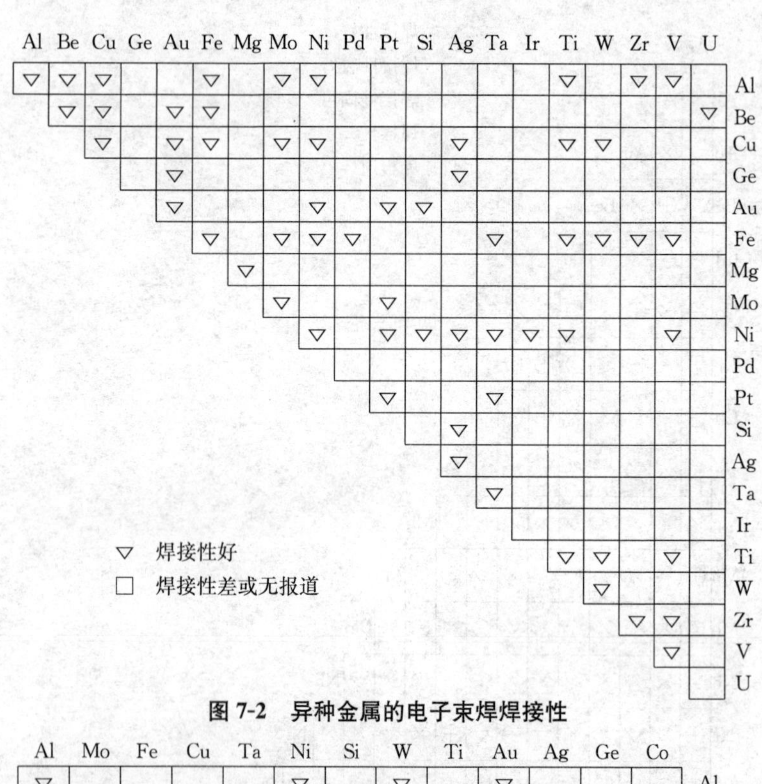

	Al	Be	Cu	Ge	Au	Fe	Mg	Mo	Ni	Pd	Pt	Si	Ag	Ta	Ir	Ti	W	Zr	V	U
Al	▽	▽	▽			▽		▽	▽							▽		▽	▽	
Be		▽	▽		▽	▽														▽
Cu			▽		▽	▽		▽	▽				▽			▽	▽			
Ge					▽								▽							
Au					▽				▽		▽	▽								
Fe						▽		▽	▽	▽				▽		▽	▽	▽	▽	
Mg							▽													
Mo								▽			▽									
Ni									▽		▽	▽	▽	▽	▽	▽			▽	
Pd																				
Pt											▽			▽						
Si													▽							
Ag													▽							
Ta														▽						
Ir																				
Ti																▽	▽		▽	
W																	▽			
Zr																		▽	▽	
V																			▽	
U																				

▽　焊接性好

□　焊接性差或无报道

图 7-2　异种金属的电子束焊焊接性

	Al	Mo	Fe	Cu	Ta	Ni	Si	W	Ti	Au	Ag	Ge	Co
Al	▽					▽		▽		▽			
Mo		▽			▽								
Fe			▽	▽	▽								
Cu				▽	▽	▽	▽						
Ta					▽	▽							
Ni						▽		▽		▽	▽	▽	
Si										▽			
W								▽					
Ti									▽				
Au												▽	▽
Ag											▽		
Ge													
Co													▽

▽　焊接性好

□　焊接性差或无报道

图 7-3　异种金属的激光焊焊接性

接接头的金相组织和性能，且焊接应力较小，许多熔焊时极为难焊的异种金属，采用压焊却可以获得满意的焊接接头。

图 7-4 所示为异种金属的冷压焊焊接性，图 7-5 所示为异种金属的爆炸焊焊接性，图 7-6 所示为异种金属的摩擦焊焊接性，图 7-7 所示为异种金属的扩散焊焊接性，可供选用时参考。

Ti	Cd	Be	Pd	Pt	Sn	Pb	W	Zn	Fe	Ni	Au	Ag	Cu	Al	
▽									▽				▽	▽	Ti
	▽				▽	▽									Cd
															Be
								▽			▽				Pd
				▽	▽	▽		▽		▽	▽	▽	▽	▽	Pt
					▽	▽									Sn
						▽		▽		▽	▽	▽	▽	▽	Pb
													▽		W
									▽	▽	▽	▽	▽	▽	Zn
									▽	▽			▽	▽	Fe
										▽	▽	▽	▽	▽	Ni
											▽	▽	▽	▽	Au
												▽	▽	▽	Ag
													▽	▽	Cu
														▽	Al

▽ 焊接性好

▭ 焊接性差或无报道

图 7-4 异种金属的冷压焊焊接性

(3)异种金属钎焊的焊接性 钎焊是异种材料连接常用的方法，在此基础上又进一步出现了熔焊-钎焊（也称熔钎焊）技术，即对低熔点母材一侧为熔焊，对高熔点母材一侧为钎焊，而且常以与低熔点母材相同的金属或合适成分的焊丝为钎料，低熔点母材属于熔焊，钎料与高熔点母材之间则是钎焊。过渡液相扩散焊也是常用的钎焊方法，可分为在异种金属界面之间加低熔点中间层的扩散焊和界面反应生成液相的两种类型。加低熔点中间层扩散焊时，在界面形成低熔点共晶液，凝固后实现连接。

7.1.2 异种金属材料的焊接方法

异种金属材料的焊接方法很多，归纳起来有熔焊、压焊和钎焊三大类，异种金属的焊接方法如图 7-8 所示。

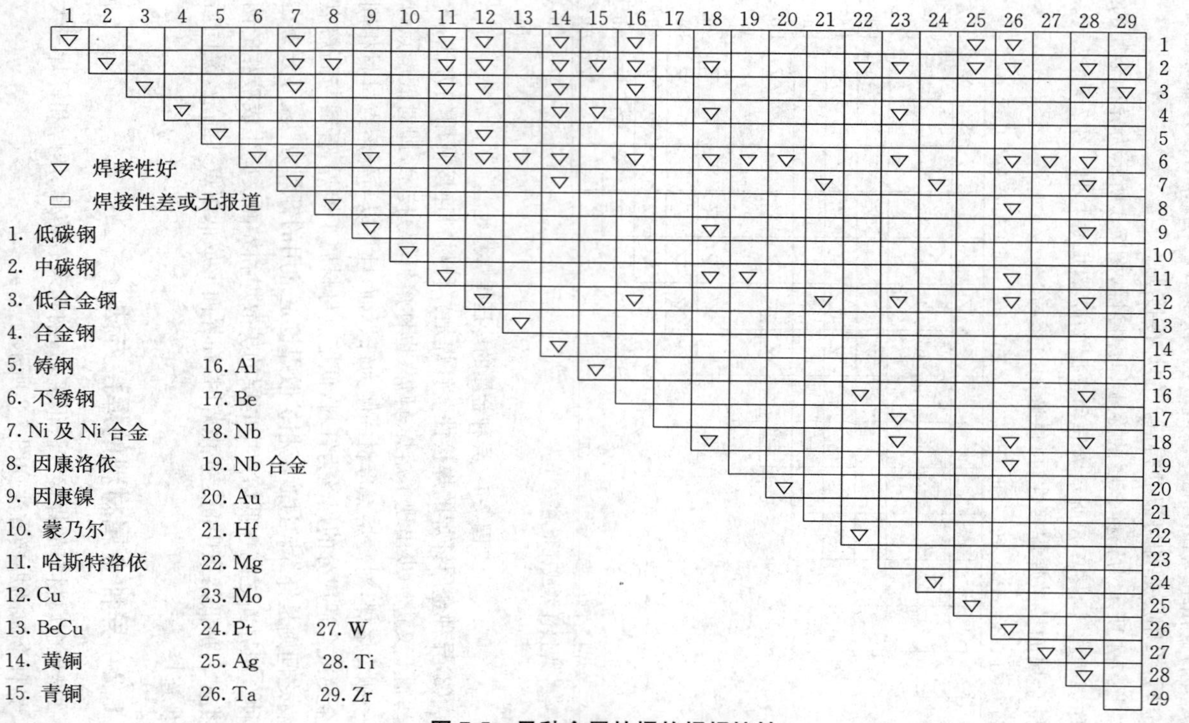
▽ 焊接性好
□ 焊接性差或无报道
1. 低碳钢
2. 中碳钢
3. 低合金钢
4. 合金钢
5. 铸钢
6. 不锈钢
7. Ni 及 Ni 合金
8. 因康洛依
9. 因康镍
10. 蒙乃尔
11. 哈斯特洛依
12. Cu
13. BeCu
14. 黄铜
15. 青铜
16. Al
17. Be
18. Nb
19. Nb 合金
20. Au
21. Hf
22. Mg
23. Mo
24. Pt
25. Ag
26. Ta
27. W
28. Ti
29. Zr

图 7-5 异种金属的爆炸焊焊接性

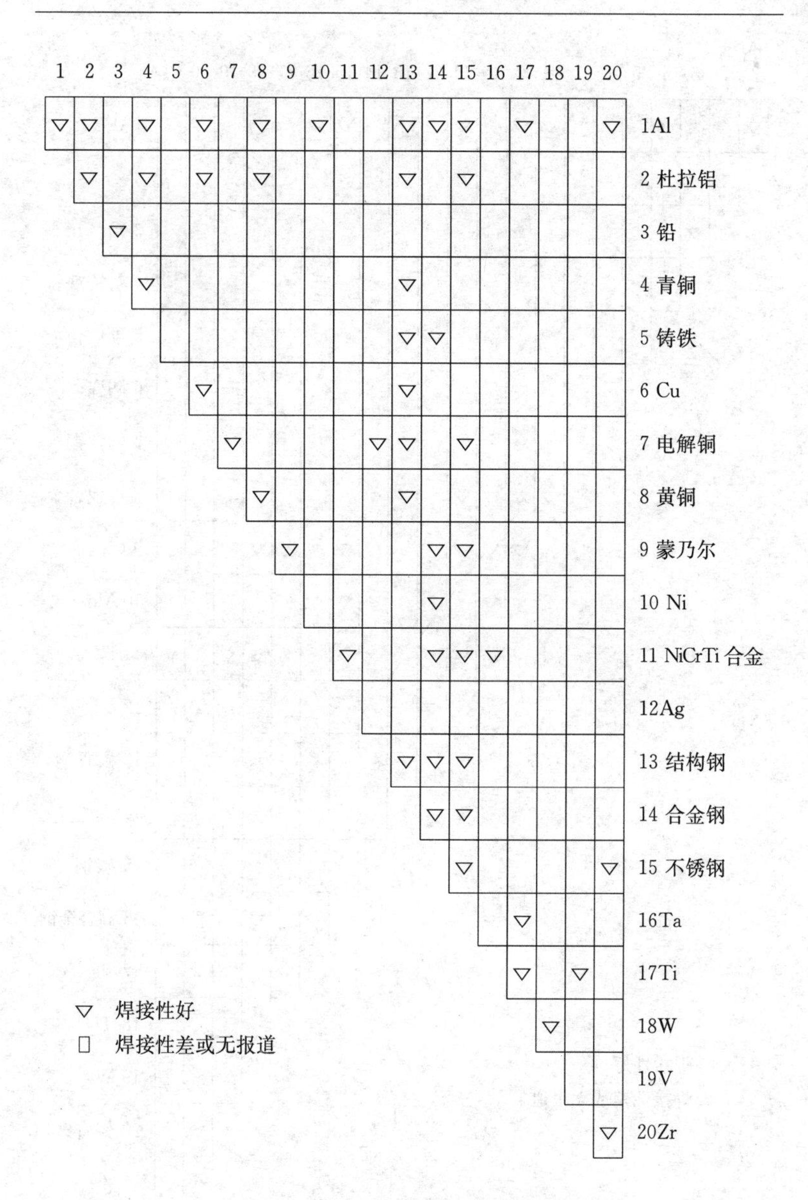

	1	2	3	4	5	6	7	8	9	10	11	12	13	14	15	16	17	18	19	20
1Al	▽	▽		▽		▽		▽		▽			▽	▽	▽		▽			▽
2 杜拉铝		▽		▽		▽		▽					▽		▽					
3 铅			▽																	
4 青铜				▽									▽							
5 铸铁													▽	▽						
6 Cu						▽							▽							
7 电解铜							▽					▽	▽		▽					
8 黄铜								▽					▽							
9 蒙乃尔									▽					▽	▽					
10 Ni														▽						
11 NiCrTi 合金											▽			▽	▽	▽				
12Ag																				
13 结构钢													▽	▽	▽					
14 合金钢														▽	▽					
15 不锈钢															▽					▽
16Ta																	▽			
17Ti																	▽		▽	
18W																		▽		
19V																				
20Zr																				▽

▽　焊接性好

□　焊接性差或无报道

图 7-6　异种金属的摩擦焊焊接性

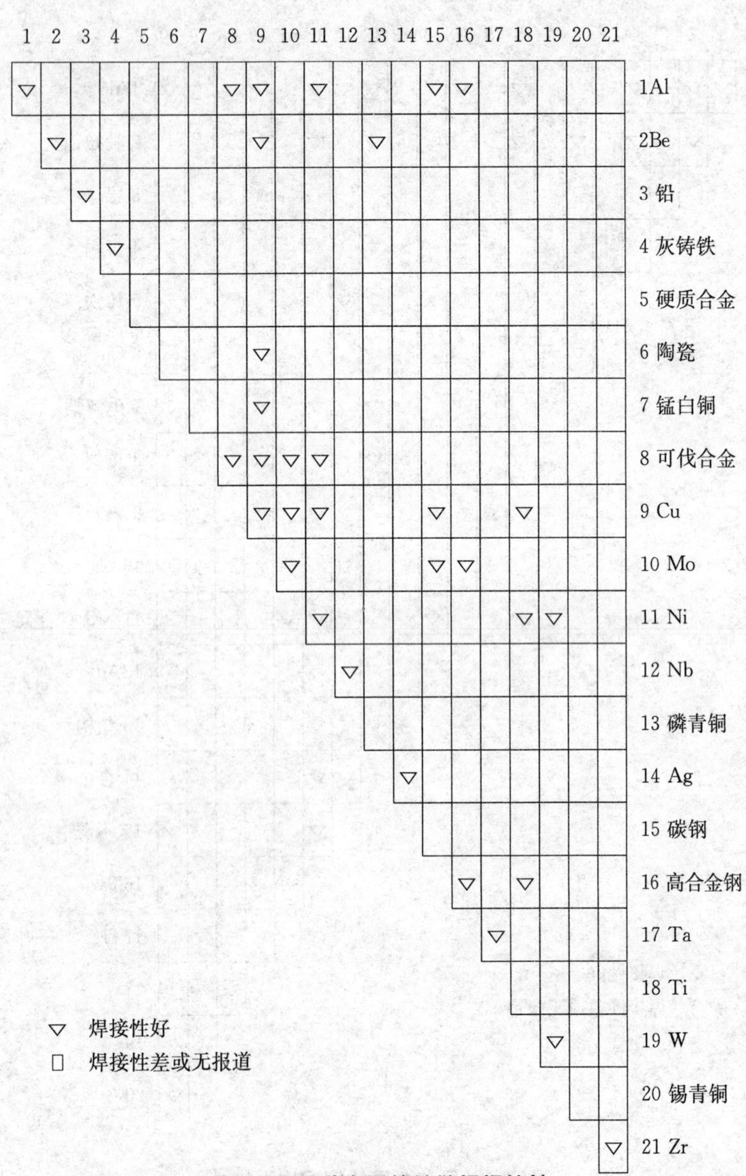

图 7-7 异种金属的扩散焊焊接性

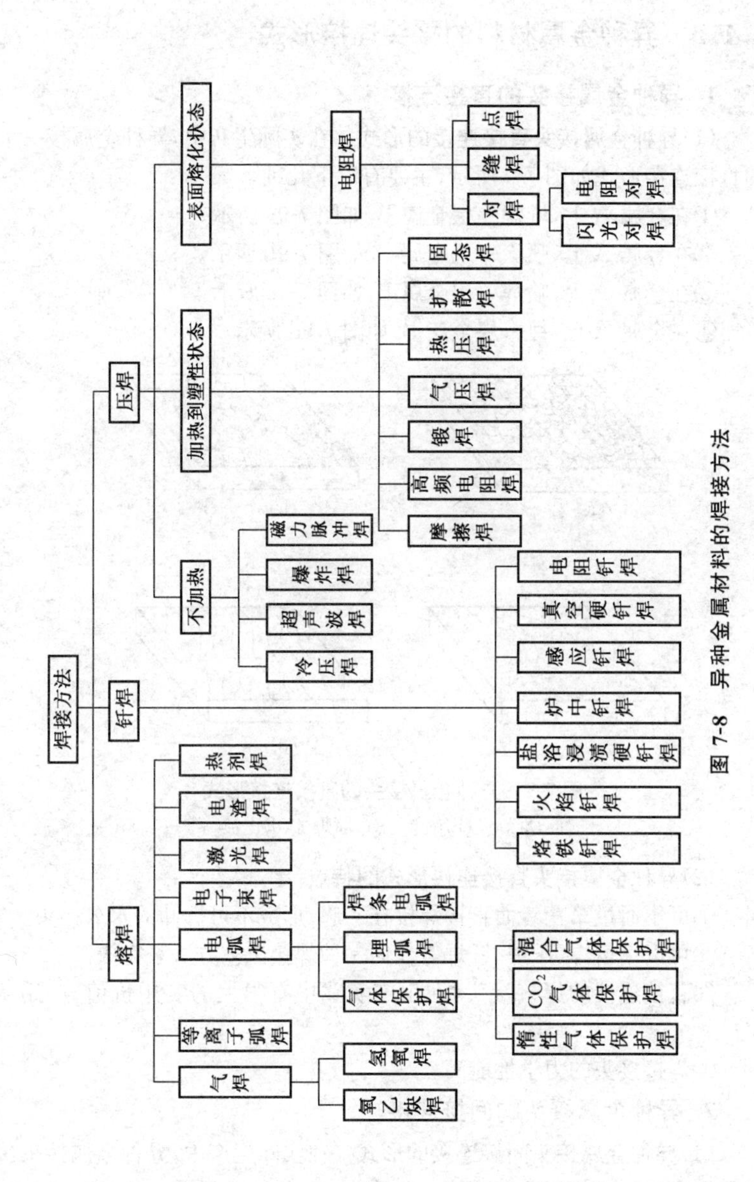

图 7-8 异种金属材料的焊接方法

7.1.3　异种金属材料的接头连接形式

1. 异种金属接头的直接连接

(1)异种金属接头直接连接的形式　在实际生产中,异种金属接头的直接连接形式如图 7-9 所示,主要有以下几种。

①在金属 A 上,堆焊一层金属 B,如图 7-9a 所示。

②在金属 A 上,喷涂一层金属 B,如图 7-9b 所示。

③在金属 A 上,喷焊一层金属 B,如图 7-9c 所示。

④在金属 A 上,镀一层金属 B,如图 7-9d 所示。

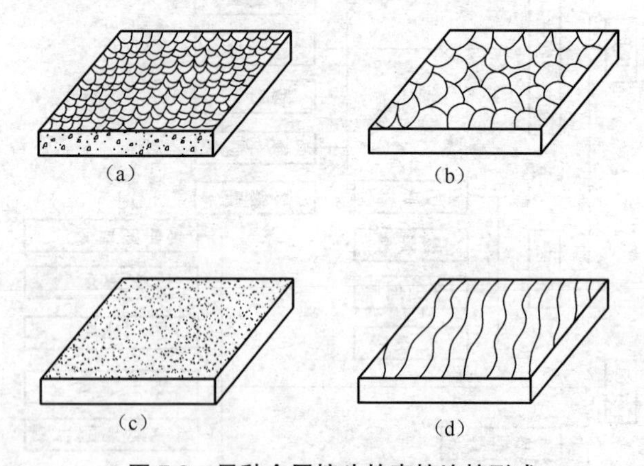

图 7-9　异种金属接头的直接连接形式

(a)堆焊　(b)喷涂　(c)喷焊　(d)电镀

(2)异种金属接头直接连接形式的特点

①可不通过第三者而直接焊接在一起,形成不可拆卸的永久接头。

②可以用熔焊、压焊、钎焊等任何一种焊接工艺方法来完成。

③直接连接的焊接接头,在生产实践中有很大的实用价值,应用很广。

④焊接接头的力学性能高。

2. 异种金属接头的间接连接

(1)异种金属接头间接连接的形式　在实际生产中,异种金属接头的间接连接形式如图 7-10 所示,主要有以下几种。

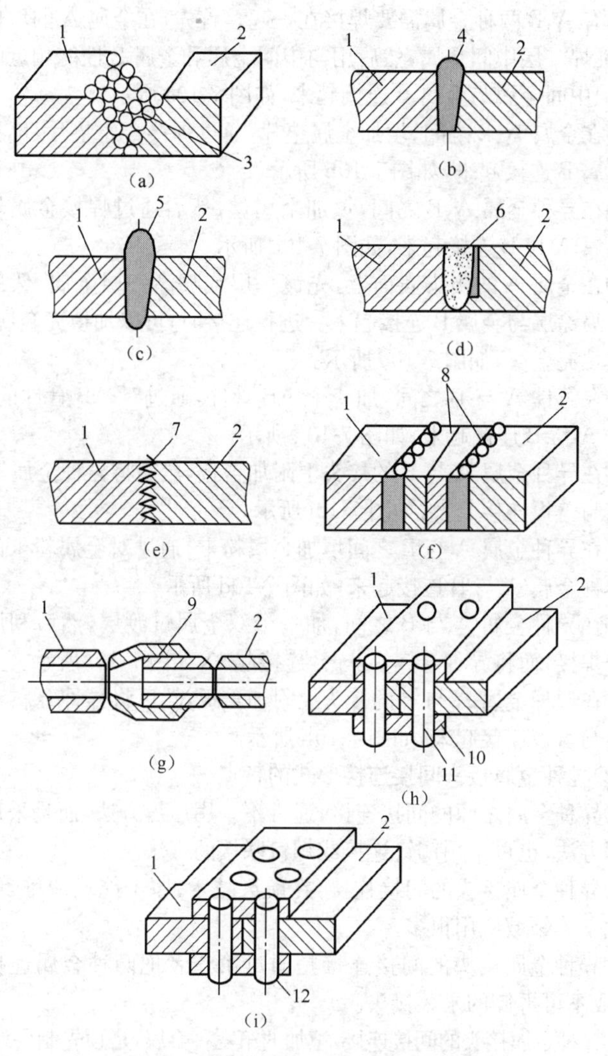

图 7-10　异种金属接头的间接连接形式

1. 金属 A　2. 金属 B　3. 堆焊层　4. 金属垫片　5. 金属丝　6. 金属粉末　7. 喷涂或镀层　8. 双金属过渡层　9. 双金属管件　10. 盖板　11. 螺栓　12. 铆钉

①有 A、B 两种金属需要焊接在一起。首先，在金属 A 的坡口表面上，先堆焊一层中间金属，然后用与中间金属和金属 B 性能相近的填充金属，把中间金属与金属 B 连接起来，如图 7-10a 所示。

②在金属 A、B 之间，填加金属垫片，通过焊接金属垫片，可将金属 A 与金属 B 连接起来，如图 7-10b 所示。

③在异种金属 A、B 之间，填加金属丝，然后通过焊接金属丝而使异种金属 A 与 B 连接起来，如图 7-10c 所示。

④在金属 A 的接头表面上，先镀一层或喷涂一层金属，然后再将镀层或喷涂层与金属 B 连接起来。进行连接时，可以加填充金属，也可以不加填充金属，如图 7-10e 所示。

⑤在管件 A 与 B 之间，加一个 AB 管件，通过对 AB 管件的焊接，把管件 A 与 B 连接起来，如图 7-10g 所示。

⑥在异种金属 A 与 B 的接头上附加盖板，然后将异种金属 A 与 B 用铆钉与盖板连接起来，如图 7-10i 所示。

⑦在异种金属 A 与 B 之间填加金属粉末，通过对金属粉末的焊接而将异种金属 A 与 B 连接起来，如图 7-10d 所示。

⑧在异种金属 A 与 B 之间，加一个双金属过渡层，然后利用对过渡层的焊接，而将异种金属 A 与 B 连接起来，如图 7-10f 所示。

⑨在异种金属 A 与 B 的接头上附加盖板，然后将异种金属 A 与 B 用螺栓与盖板连接起来，如图 7-10h 所示。

(2)异种金属接头间接连接形式的特点

①异种金属之间的间接连接，通常不采用压焊方法，而是采用熔焊和钎焊方法，也可采用铆钉连接或螺钉联接的方法。

②异种金属接头的间接连接，在航天技术、原子能反应堆、航海及石油化工等领域应用很多。

③异种金属接头的间接连接是通过第三者把两种金属连接在一起，形成不可拆卸的永久接头。

④异种金属接头的间接连接，填加的第三种金属，是预先制备好的丝、板、垫片、棒、粉末或过渡段等。连接的工艺比较复杂，要求操作水平高。

7.1.4 异种金属材料的分类和组合

异种材料的组合在工程实践中是多种多样的，从材料角度看，异种材料的焊接主要有：异种钢的焊接、异种非铁金属的焊接、钢与非铁金属的焊接及金属与非金属的焊接四种情况。常见异种金属材料组合、焊接方法及焊缝中形成物见表 7-1。

表 7-1 常见异种金属材料组合、焊接方法及焊缝中形成物

被焊金属	焊接方法		焊缝中的形成物	
	熔焊	压焊	溶液（质量分数）	金属间化合物
钢+Al 及 Al 合金	电子束焊、氩弧焊	冷压焊、电阻焊、扩散焊、摩擦焊、爆炸焊	在 α-Fe 中 Al% ~33%	FeAl，Fe_2Al_3，Fe_2Al_7
钢+Cu 及 CuW 合金	氩弧焊、埋弧焊、电子束焊、等离子弧焊、电渣焊	摩擦焊、爆炸焊	在 γ-Fe 中 Cu0%~8%；在 α-Fe 中 Cu 0%~14%	—
钢+Ti	电子束焊、氩弧焊	扩散焊、爆炸焊	在 α-Ti 中 Fe 0.5%；在 β-Ti 中 Fe0%~25%	FeTi，Fe_3Ti
钢+Mo	—	扩散焊	在 α-Fe 中 Mo 可达 6.7%	FeMo，Fe_3Mo_2，Fe_7Mo_8
钢+Nb	—	扩散焊	在 α-Fe 中 Nb 可达 1.8%；在 γ-Fe 中 Nb 可达 1.0%	FeNb，Fe_2Nb，Fe_5Nb_5
钢+V	—	扩散焊	连续系列	V_nC_m 型碳化物
钢+Ta	电子束焊	扩散焊	有限溶解	Fe_2Ta
Al+Cu	氩弧焊 埋弧焊	冷焊、电阻焊、爆炸焊、扩散焊	Al 在 Cu 中 9.8%以下	$CuAl_2$
Al+Ti	氩弧焊 埋弧焊	扩散焊、摩擦焊	Al 在 α-Ti 中 6%以下	TiAl，$TiAl_3$

续表 7-1

被焊金属	焊接方法		焊缝中的形成物	
	熔　焊	压　焊	溶液(质量分数)	金属间化合物
Ti+Ta	电子束焊 氩弧焊	—	连续系列	—
Ti+Cu			Cu 在 α-Ti 中 2.1%,在 β-Ti 中 17%以下	Ti_2Cu, TiCu, Ti_2Cu_3, $TiCu_2$, $TiCu_3$
Cu+Mo	电子束焊	扩散焊	—	—
Cu+Ta				

7.1.5　异种金属材料的焊接工艺

异种金属焊接接头除了在设计和结构上必须合理以外,接头本身还应满足多种要求,如强度、真空致密性、热稳定性、耐磨性、耐腐蚀性、导电性和尺寸精度等。为获得优质的异种金属焊接接头,通常可以采取下列一些工艺措施。

①尽量缩短被焊金属在液态下相互接触的时间,以防止或减少生成金属间化合物。熔焊时,可以利用热源偏向被工件一方(通常偏向熔点高的工件)的方法来调节被焊材料的加热和接触时间;电阻焊时,可以采用断面和尺寸不同的电极,或者采用快速加热等方法来调节。

②采用与两种被焊金属都能很好焊接的中间层或堆焊中间过渡层,以防止生成金属间化合物。

③在焊缝中加入合金元素,阻止金属间化合物相的产生和增长。

7.1.6　异种金属焊接的缺陷及防止措施

异种金属焊接的主要缺陷是指气孔、裂纹及熔合区内的成分和组织不均匀等,常见异种金属焊接缺陷的产生原因和防止措施见表 7-2。

表 7-2 常见异种金属焊接缺陷的产生原因和防止措施

异种金属组合	焊接方法	焊接缺陷	产生原因	防止措施
06Cr19Ni10不锈钢+2.25CrlMo	电弧焊	综合区产生裂纹	生成马氏体组织	控制母材金属熔合比,采用过渡层,过渡段
022Cr19Ni10+碳素钢	焊条电弧堆焊	熔合区塑性下降,出现淬硬组织	生成马氏体组织	严格控制马氏体组织数量,控制焊后热处理温度
06Cr19Ni10+022Cr19Ni10	焊条电弧焊对接	覆层侧塑性下降,高温裂纹	生成马氏体组织,焊接应力大,形成低熔点共晶的液态薄膜	控制铁素体的含量,采用“隔离焊缝”控制焊后热处理温度
1Cr28+碳素钢	焊条电弧堆焊	焊缝延迟裂纹	低熔点共晶体产生	合理制定焊接工艺;焊前预热;焊后进行热处理
15Cr+碳素钢	焊条电弧焊角接	焊接裂纹,热影响区硬化	碳的迁移	采用中间过渡段焊接;采用过渡层焊接
1Cr25+Ti+Q235	焊条电弧焊对接	焊缝根部产生裂纹	因母材稀释生成γ相,母材生成马氏体组织	焊前要有预热措施;焊接时温度不能过高;焊后缓冷
2Cr23Ni13+Cr15Mo	焊条电弧堆焊	焊缝高温裂纹,熔合区塑性下降	碳的迁移,脆性层的产生,母材稀释率低	控制母材熔合比;采用过渡层、过渡段焊接;选用含镍高的填充材料
022Cr17Ni12-Mo2+碳素钢	焊条电弧堆焊	焊缝晶间裂纹	低熔点共晶体的产生	控制焊缝熔合比;焊前预热,焊后热处理

续表 7-2

异种金属组合	焊接方法	焊接缺陷	产生原因	防止措施
奥氏体不锈钢＋碳素钢	MIG焊	焊缝产生气孔，表面硬化	保护气体不纯，母材金属、填充材料受潮，碳迁移	焊前母材金属、填充材料清理干净，保护气体纯度要高，填充材料要烘干，采用过渡层
奥氏体不锈钢＋碳素钢	焊条电弧堆焊	熔合区塑性下降，出现淬硬组织	在熔合区产生脆性层	采用过渡层，过渡段焊接，选用含镍高的填充材料
Cr-Mo钢＋碳素钢	焊条电弧焊	熔合区产生裂纹	回火温度不合适	焊前预热，选塑性好的填充材料，焊后选合适的热处理温度
镍合金＋碳素钢	TIG焊	焊缝内部气孔、裂纹	焊缝含镍高，晶粒粗大，低熔点共晶物积聚，冷却速度快	通过填充材料向异质焊缝加入变质剂Mn、Cr，控制冷却速度，把接头清整干净
铜＋铝	电弧焊	产生氧化、气孔、裂纹	与氧亲和力大，氢的析出聚集产生压力，生成低熔点共晶体，高温吸气能力强	接头及填充材料严格清理并烘干，最好选用低温摩擦焊、冷压焊、扩散焊
锆＋钛	电弧焊	氧化、裂纹、塑性下降	对杂质裂纹敏感性大，生成氧化膜，产生焊接变形	清理接头表面，预热、缓冷，采用夹具，选用惰性气体保护焊、电子束焊、扩散焊
耐热铸钢＋碳素钢	焊条电弧焊对接	碳素钢侧热影响区强度下降	热影响区出现脱碳层	在铸钢上预先堆焊过渡层，选择塑性好的填充材料

续表 7-2

异种金属组合	焊接方法	焊接缺陷	产生原因	防止措施
钢＋铸铁	焊条电弧焊对接	产生白口组织，焊缝出现裂纹、气孔	焊缝含碳量高，冷却速度快，填充材料不干净、潮湿，气体侵入熔池	选择合适的焊接方法，严格控制化学成分、冷却速度；选择镍基或高钒焊条；填充材料要烘干；焊前接头及填充材料要清理干净

7.2 异种钢铁材料的焊接

7.2.1 异种钢铁材料的基本知识

异种钢铁材料的焊接通常是指高合金钢，如铬镍奥氏体钢与中、低合金钢，如珠光体耐热钢的焊接或与普通碳钢的焊接。

1. 异种钢铁材料的分类

异种钢铁材料的分类见表 7-3。

表 7-3 异种钢铁材料的分类

类别	种别	钢 号
珠光体钢	Ⅰ	低碳钢：Q195、Q215A、Q235A、08、10、15、20、25 破冰船用低温钢，锅炉钢 Q245R、22g
	Ⅱ	中碳钢和低合金钢：Q275、15Mn、20Mn、25Mn、30Mn、30、15Cr、20Cr、30Cr、Q345、Q390、18MnMoNb
珠光体钢	Ⅲ	潜艇用特殊低合金钢：AK125、AK127、AK128、AJ15
	Ⅳ	高强度中碳钢和低合金钢：35、40、45、50、55、35Mn、40Mn、45Mn、50Mn、40Cr、45Cr、50Cr、35Mn2、40Mn2、45Mn2、50Mn2、30CrMnTi、40CrMn、40CrV、25CrMnSi、30CrMnSi、35CrMnSiA

续表 7-3

类别	种别	钢号
珠光体钢	Ⅴ	铬钼热稳定钢：15CrMo、30CrMo、35CrMo、38CrMoAlA、12CrMo、20CrMo、
	Ⅵ	铬钼钒、铬钼钨热稳定钢：12CrlMoV、25Cr1MoV
铁素体、铁素体-马氏体钢	Ⅶ	高铬不锈钢：06Cr13、12Cr13、20Cr13、30Cr13
	Ⅷ	高铬耐酸耐热钢：14Cr17Ni2
	Ⅸ	高铬热强钢：1Cr11MoVNb、1Cr12WNiMoV、1Cr11MoV
奥氏体、奥氏体-铁素体钢	Ⅹ	奥氏体耐酸钢：022Cr19Ni10、06Cr19Ni10、12Cr18Ni9、17Cr18Ni9
	Ⅺ	奥氏体高强度耐酸钢：0Cr18Ni、12TiV、Cr18Ni22W2Ti2
	ⅩⅡ	奥氏体高耐热钢：0Cr23Ni13、14Cr23Ni18、TP304、P347H、4Cr14Ni14W2M
	ⅩⅢ	奥氏体热强钢：45Cr14Ni14W2Mo
	ⅩⅣ	铁素体-奥氏体高强度耐酸钢：12Cr21Ni5Ti

2. 异种钢铁材料的焊接特点

异种钢铁材料的焊接特点见表 7-4。

表 7-4 异种钢铁材料的焊接特点

材料类型		焊接特点
金相组织相同的异种钢	不同牌号的珠光体型钢	由于它们之间的热物理性能没有太大的差异，焊接时应尽量选择接近合金成分含量较少钢材的焊条或焊丝，以免焊缝出现裂纹和其他缺陷。焊接工艺和预热温度的制定则应参考合金成分含量较多的钢种的有关要求
	高铬马氏体、铁素体、铁素体-奥氏体型钢	这类钢中含有强烈形成碳化物元素（铬），在熔化区中不会出现明显的扩散层。焊接材料的选择主要应考虑到焊缝中出现裂纹和脆性的倾向，按钢种分别选择适当的预热温度和焊后热处理规范

续表 7-4

材料类型		焊 接 特 点
金相组织相同的异种钢	奥氏体型与铁素体-奥氏体型钢	奥氏体型异种钢材之间的焊接,重要的是对焊接材料的选择,必须考虑到奥氏体型钢焊缝在合金成分与最佳含量略有出入的情况下,就容易产生裂纹这一因素,焊后应根据不同的要求进行热处理
金相组织不同的异种钢	高合金钢(如铬镍奥氏体型钢)与中、低合金钢(如珠光体耐热型钢)或碳钢的焊接	1. 焊缝金属被母材稀释。如采用 12Cr18Ni9 奥氏体型焊条焊接低碳钢时,焊缝金属中母材熔入量≤13%,焊缝金属可以保持奥氏体-铁素体组织;当熔入的母材量超过 20%时,焊缝金属将得到奥氏体-马氏体型组织,有出现裂纹的危险; 2. 奥氏体焊缝金属紧邻熔合线处在一个窄的低塑性带,宽度一般为 0.2~0.6mm,其化学成分和组织不同于焊缝的其他部分,通常称为熔合区脆性交界层,会降低其冲击韧度; 3. 焊接接头在焊后热处理或在高温条件下工作时,焊缝的熔合线附近会出现碳的扩散迁移现象,即在熔合线的珠光体一侧产生脱碳层,而在相邻的铬镍奥氏体焊缝中产生增碳层,使接头变脆,会降低接头的高温持久强度和耐蚀性; 4. 由于存在线胀系数的差别(奥氏体钢的线胀系数比珠光体钢大 30%~50%),会在焊后的冷却、热处理和使用过程中产生热应力。在周期性加热和冷却条件下工作时,还可能在熔合区珠光体一侧产生热疲劳裂纹,引起接头断裂

7.2.2 异种钢铁材料的焊接工艺

1. 焊接材料的选用、预热和焊后热处理

①焊接异种钢推荐用的焊接材料见表 7-5。

②异种珠光体钢的组合及其焊接材料、预热和热处理工艺见表 7-6。

③异种珠光体钢气体保护焊的焊接材料见表 7-7。

表 7-5 焊接异种钢推荐用的焊接材料

类别	接头钢号	焊条电弧焊		埋弧焊		
		焊条		牌号		推荐用焊剂与焊丝匹配
		型号	牌号	焊丝	焊剂	牌号
Ⅰ+Ⅱ	Q235A+Q345	E4303	J422	H08 H08Mn	HJ431	HJ401 H08A
	20、Q245R+Q345R、Q345RC	E4315	J427	H08MnA	HJ431	HJ401-H08A
		E5015	J507			
	Q245R+20MnMo	E4315	J427	H08MnA	HJ431	HJ401-H08A
		E5015	J507			
	Q235A+18MnMoNbR	E4315	J427	H08A	HJ431	HJ401-H08A
		E5015	J507	H08MnA	HJ350	HJ402-H10Mn2
Ⅱ+Ⅱ	Q345R+18MnMoNbR	E5015	J507	H10Mn2 H10MnSi	HJ431	HJ401-H08A
	Q390R+20MnMo	E6015	J507	H08MnMoA	HJ431	HJ401-H08 A
		E5515-G	J557	H10Mn2 H10MnSi	HJ350	HJ402-H10 Mn2
	20MnMo+18MnMoNbR	E5015	J507	H10Mn2 H10MnSi	HJ431	HJ401-H08 A
		E5515-G	J557		HJ350	HJ402-H10Mn2

续表 7-5

类别	接头钢号	焊条电弧焊		埋弧焊		
		焊条		牌号		推荐用焊剂与焊丝匹配
		型号	牌号	焊丝	焊剂	牌号
Ⅰ+Ⅴ	Q235A+15CrMn	E4315	J427	H08Mn H08MnA	HJ431	HJ401-H08A
Ⅱ+Ⅴ	Q345R+15CrMo	E5015	J507	—	—	—
Ⅱ+Ⅴ	15MnMoV+ 12CrMo、15CrMo	E7015-D2	J707	—	—	—
Ⅰ+Ⅵ	20、Q245R、Q345R+ 12Cr1MoV	E5015	J507	—	—	—
Ⅱ+Ⅵ	15MnMoV+ 12Cr1MoV	E7015-D2	J707	—	—	—
Ⅰ+Ⅹ	Q235A+ 0Cr18Ni9Ti	E1-23-13-16 E1-23-13 Mo2-16	A302 A312	—	—	—
Ⅰ+Ⅹ	Q245R+0Cr18Ni9Ti	E1-23-13-16	A302	—	—	—
		E1-23-13 Mo2-16	A312			
Ⅱ+Ⅹ	Q345R+ 0Cr18Ni9Ti	E1-23-13-16	A302	—	—	—

续表 7-5

类别	接头钢号	焊条电弧焊		埋弧焊		
		焊条		牌号		推荐用焊剂与焊丝匹配
		型号	牌号	焊丝	焊剂	牌号
Ⅱ+Ⅹ	Q345R+0Cr18Ni9Ti	E1-23-13Mo2-16	A312	—	—	—
	20MnMo+0Cr18Ni9Ti	E1-23-13-16	A302	—	—	—
		E1-23-13Mo2-16	A312			
	18MnMoNbR+0Cr18Ni9Ti	E2-26-21-16	A402	—	—	—
		E2-26-21-15	A407			

表 7-6　异种珠光体钢的组合及其焊接材料、预热和热处理工艺

被焊钢材组合	焊接材料		预热温度/℃	回火温度/℃	其他要求
	牌号	型号①			
Ⅰ+Ⅰ	J421,J423 J422,J424	E4313,E4301 E4303,E4320	不预热或100～200	不回火或600～640	壁厚≥35mm 或要求保持机加工精度时必须回火,C≤0.3%可不预热
	J426	E4316			
Ⅰ+Ⅱ	J427,J507	E4315,E5015			

续表 7-6

被焊钢材组合	焊接材料		预热温度/℃	回火温度/℃	其他要求
	牌号	型号①			
Ⅰ+Ⅲ	J426,J427	E4316,E4315	150～250	640～660	壁厚≥35mm 或要求保持机加工精度时必须回火,C≤0.3%可不预热
	A507	E1-16-25Mo6N-15 (E16-250MoN-15)	不预热	不回火	
Ⅰ+Ⅳ	J426,J427 J507	E4316,E4315, E5015	300～400	600～650	焊后立即进行热处理
	A407	E2-26-21-15(E310-15)	200～300	不回火	焊后无法热处理时采用
Ⅰ+Ⅴ	J426,J427 J507	E4316,E4315, E5015	不预热或 150～250	640～670	工作温度在 450℃以下,C≤0.3%不预热
Ⅰ+Ⅵ	R107	E5015-A1	250～350	670～690	工作温度≤400℃
Ⅱ+Ⅱ	J506,J507	E5016,E5015	不预热或 100～200	600～650	—
Ⅱ+Ⅲ	J506,J507	E5016,E5015	150～250	640～660	—
	A507	E1-16-25Mo6N-15 (E16-250MoN-15)	不预热	不回火	—
Ⅱ+Ⅳ	J506,J507	E5016,E5015	300～400	600～650	焊后立即进行回火
	A407	E2-26-21-15(E310-15)	200～300	不回火	不能热处理情况采用
Ⅱ+Ⅴ	J506,J507	E5016,E5015	不预热或 150～250	640～670	工作温度≤400℃,C≤0.3%,δ≤35mm 不预热

续表 7-6

被焊钢材组合	焊接材料		预热温度/℃	回火温度/℃	其他要求
	牌号	型号①			
Ⅱ+Ⅵ	R107	E5015-A1	250～350	670～690	工作温度≤350℃
Ⅲ+Ⅲ	A507	E1-16-25Mo6N-15 (E16-250MoN-15)	不预热或 150～200	不回火	—
Ⅲ+Ⅳ	A507	E1-16-25Mo6N-15 (E16-250MoN-15)	200～300	不回火	工作温度≤350℃
Ⅲ+Ⅴ	A507	E1-16-25Mo6N-15 (E16-250MoN-15)	不预热或 150～200	不回火	工作温度≤400℃,C≤0.3%不预热
Ⅲ+Ⅵ	A507	E1-16-25Mo6N-15 (E16-250MoN-15)	不预热或 200～250	不回火	工作温度≤450℃,C≤0.3%可不预热
Ⅳ+Ⅳ	J707,J607	E7015-D2,E6015-D1	300～400	600～650	焊后立即进行回火处理
	A407	E2-26-21-15(E310-15)	200～300	不回火	无法热处理时采用
Ⅳ+Ⅴ	J707	E7015-D2	300～400	640～670	工作温度≤400℃,焊后立即回火
	A507	E1-16-25Mo6N-15 (E16-250MoN-15)	200～300	不回火	无法热处理时采用,工作温度≤350℃

续表 7-6

被焊钢材组合	焊接材料		预热温度/℃	回火温度/℃	其他要求
	牌号	型号①			
Ⅳ＋Ⅳ	R107	E5015-A1	300～400	670～690	工作温度≤400℃
Ⅳ＋Ⅵ	A507	E1-16-25Mo6N-15	200～300	不回火	无法热处理时采用，工作温度≤380℃
Ⅴ＋Ⅴ	R107，R407 R207，R307	E5015-A1，E6015-B3 E5515-B1，E5515-B2	不预热或 150～250	660～700	工作温度≤530℃，C≤0.3%可不预热
Ⅴ＋Ⅵ	R107，R207 R307	E5015-A1，E5515-B1 E5515-B2	250～350	700～720	工作温度 500℃～520℃，焊后立即回火
Ⅵ＋Ⅳ	R317 R207，R307	E5515-B2-V E5515-B1，E5515-B2	250～350	720～750	工作温度≤550℃～560℃，焊后立即回火

注：①括号内为 GB/T 983—2012 型号。

表 7-7　异种珠光体钢气体保护焊的焊接材料

母材组合	焊接方法	焊接材料的选用		热处理工艺/℃
		保护气体(体积分数)	焊　丝	
Ⅰ＋Ⅱ Ⅰ＋Ⅲ	CO_2 保护焊	CO_2	ER49-1 (H08Mn2SiA)	预热 100～250 回火 600～650
	TIG 焊 MAG 焊	Ar＋(1%～2%)O_2 或 Ar＋20%CO_2	H08A H08MnA	
Ⅰ＋Ⅳ	CO_2 保护焊	CO_2	ER49-1 (H08Mn2SiA)	预热 200～250 回火 600～650
	TIG 焊 MAG 焊	Ar＋(1%～2%)O_2 或 Ar＋20%CO_2	H08A H08MnA	
			H1Gr21Ni10Mn6	不预热、不回火
Ⅰ＋Ⅴ	CO_2 保护焊	CO_2 或 CO_2＋Ar	ER55-B2 H08CrMnSiMo GHS-CM	预热 200～250 回火 640～670
Ⅰ＋Ⅵ	CO_2 保护焊	CO_2 或 CO_2＋Ar	H08CrMnSiM ER55-B2	
Ⅱ＋Ⅲ	CO_2	CO_2	ER49-1 ER50-2 ER50-3	预热 150～250 回火 640～660
Ⅱ＋Ⅳ	CO_2 保护焊	CO_2	GHS-50 PK-YJ507 YJ507-1	预热 200～250 回火 600～650
	TIG MAG	Ar＋O_2 或 Ar＋CO_2	H1Cr21Ni10Mn6	不预热 不回火
Ⅱ＋Ⅴ	CO_2 保护焊	CO_2	ER49-1 ER50-2 ER50-3 GHS-50 PK-YJ507 YJ507-	预热 200～250 回火 640～670
Ⅱ＋Ⅵ	TIG MAG	Ar＋O_2 或 Ar＋CO_2	ER55-B2-MnV H08CrMoVA	预热 200～250 回火 640～670
	CO_2 保护焊	CO_2	YR307-1	

续表 7-7

母材组合	焊接方法	焊接材料的选用		热处理工艺/℃
		保护气体	焊 丝	
Ⅲ+Ⅳ Ⅲ+Ⅴ Ⅲ+Ⅵ	CO_2 保护焊	CO_2	GHS-50 PK-YJ507 ER49-1 ER50-2、3	预热 200～250 回火 640～670
Ⅳ+Ⅴ Ⅳ+Ⅵ	TIG MAG	Ar+20%CO_2	ER69-1 GHS-70	预热 200～250 回火 640～670
	CO_2 保护焊	CO_2	YJ707-1	
Ⅴ+Ⅵ	TIG MAG	Ar+O_2 或 Ar+CO_2	H08CrMoA ER62-B3	预热 200～250 回火 700～720

④Q235 钢与 Q345 钢对接焊接的预热温度见表 7-8。

表 7-8 Q235 钢与 Q345 钢对接焊接的预热温度

板厚 δ/mm	环境温度/℃	预热温度/℃
<10	−15℃以下	200～300
10～6	−10℃以下	150～250
18～24	−5℃以下	100～200
25～40	0℃以下	100～150
>40	任何温度	100～150

⑤异种低合金钢的焊接材料和预热温度见表 7-9。

⑥珠光体钢与铁素体-马氏体钢焊接的焊接材料及预热和回头温度见表 7-10。

⑦珠光体钢与铁素体-马氏体钢气体保护焊的焊接材料见表 7-11。

⑧Q235+铁素体不锈钢的焊接工艺见表 7-12。

⑨Q235+马氏体不锈钢的焊接工艺见表 7-13。

⑩奥氏体钢与珠光体钢的焊条、预热及焊后热处理温度的选择见表 7-14。

⑪奥氏体钢与珠光体钢气体保护焊焊接材料的选择见表 7-15。

表 7-9　异种低合金钢的焊接材料和预热温度

异种钢号	焊条电弧焊焊条型号	CO_2 焊焊丝	埋弧焊		预热处理/℃
			焊丝	焊剂	
Q345+Q245R	E4303,E4315	H08Mn2Si	H08A、H08MnA	焊剂 431	100～150(焊条电弧焊 δ>10mm)
			H10Mn2	焊剂 230 焊剂 130	
Q345+Q390	E5016,E5015	H08Mn2Si	H08MnA,H10Mn2A	焊剂 431	不预热
Q345+15MnTi	E5016,E5003	H08Mn2Si	H08MnA,H10Mn2A	焊剂 431	不预热
Q345+20MnMo	E5016,E5003	H08Mn2Si	H08MnA,H10Mn2A	焊剂 431	100
Q345+15MnVN	E5003,E5015	H08Mn2Si	H10Mn2A	焊剂 431	100
Q345+40Cr	E5001,E5015	H08Mn2Si	H10Mn2	焊剂 230	200
Q345+12Cr2MoAlV	E5015	H08CrNi2MoA	H08CrNi2MoA	焊剂 431	150
Q235A+Q345	E5003,E5016,E5015	H08Mn2Si,H10MnSi	H08A,H08MnA,H10Mn2	焊剂 431	不预热
			H10Mn2	焊剂 230 焊剂 130	100～150(焊条电弧焊厚件)
Q245R+20MnMo	E5015	H08Mn2Si	H08A,H08MnA,	焊剂 431	200(焊条电弧焊)
			H10Mn2	焊剂 230	

续表 7-9

异种钢号	焊条电弧焊焊条型号	CO_2 焊焊丝	埋弧焊		预热处理/℃
			焊丝	焊剂	
Q390＋20MnMo	E5503,E5515-G	H08CrNi2MoA	H10Mn2	焊剂 431	200
14MnMoV＋20MnMo	E5501-G	H08CrNi2MoA	H08MnMoA	焊剂 350	200
Q390＋14MnMoV	E6015-D1	H08CrNi2MoA	H08MnMoA	焊剂 350	200
14MnMoV＋18MnMoNb	E6015-D1，E7015-D2	H08CrNi2MoA	H08Mn2MoA	焊剂 350	200
			H08Mn2MoVA	焊剂 250	
12MoAlV＋12Cr2MoAlN	E5515-B2	H12Cr3MnMoA	H12Cr3MnMoA	焊剂 350	200～250
15CrMo＋20CrMo9	E5515-B2	H12Cr3MnMoA	H12Cr3MnMoA	焊剂 350	200～250
20CrMo9＋Cr5Mo	E6015-B3	H12Cr3MnMoA	H12Cr3MnMoA	焊剂 350	200～350
20CrMo9＋18MnMoNb	E7015-D2	H08CrNi2MoA	H08Mn2Mo	焊剂 350	200

表 7-10　珠光体钢与铁素体-马氏体钢焊接的焊接材料及预热和回火温度

母材组合	焊条		预热温度/℃	回火温度/℃	备注
	牌号	型号(GB)			
Ⅰ+Ⅶ	G207	E410-15	200～300	650～680	焊后立即回火
	A302 A307	E309-16 E309-15	不预热	不回火	—
Ⅰ+Ⅷ	G307	E430-15	200～300	650～680	焊后立即回火
	A302 A307	E309-16 E309-15	不预热	不回火	—
Ⅱ+Ⅶ	G207	E410-15	200～300	650～680	焊后立即回火
	A302 A307	E309-16 E309-15	不预热	不回火	—
Ⅱ+Ⅷ	A302 A307	E309-16 E309-15	不预热	不回火	—
Ⅲ+Ⅶ	A507	E16-25MoN-15	不预热	不回火	—
Ⅲ+Ⅷ	A507 A207	E16-25MoN-15 E316-15	不预热	不回火	工件在侵蚀性介质中工作时，在 A507 焊缝表面堆焊 A202
Ⅳ+Ⅶ	R202 R207	E5503-B1 E5515-B1	200～300	620～660	焊后立即回火
Ⅳ+Ⅷ	A302 A307	E309-16 E309-15	不预热	不回火	—
Ⅴ+Ⅶ	R307	E5515-B2	200～300	680～700	焊后立即回火
Ⅴ+Ⅷ	A302 A307	E309-16 E309-15	不预热	不回火	—
Ⅴ+Ⅸ	R817 R827	E11MoVNiW-15 —	350～400	720～750	焊后保温缓冷并回火

续表 7-10

母材组合	焊条		预热温度/℃	回火温度/℃	备注
	牌号	型号(GB)			
Ⅵ＋Ⅶ	R307 R317	E5515-B2 E5515-B2-V	350～400	720～750	焊后立即回火
Ⅵ＋Ⅷ	A302 A307	E309-16 E309-15	不预热	不回火	—
Ⅵ＋Ⅸ	R817 R827	E11MoVNiW-15 —	350～400	720～750	焊后立即回火

表 7-11 珠光体钢与铁素体-马氏体钢气体保护焊的焊接材料

母材组合	焊接方法	焊接材料的选用		热处理工艺/℃	
		保护气体	焊丝	预热	回火
Ⅰ＋Ⅶ Ⅱ＋Ⅶ	TIG,MIG	Ar	H1Cr13,H0Cr14	200～300	650～680
			H0Cr24Ni13,H1Cr24Ni13	不预热	不 回火
Ⅰ＋Ⅷ	TIG,MIG	Ar	H1Cr17	200～300	650～680
			H0Cr24Ni13,H1Cr24Ni13	不预热	不回火
Ⅱ＋Ⅷ	TIG,MIG	Ar	H0Cr24Ni13,H1Cr24Ni13	不预热	不回火
Ⅲ＋Ⅷ	TIG,MIG	Ar	H0Cr19Ni12Mo2, H0Cr18Ni12Mo2	不预热	不回火
Ⅳ＋Ⅶ	CO_2 焊	CO_2	H08CrMnSiMo,GHS-CM	200～300	620～660
Ⅳ＋Ⅷ Ⅴ＋Ⅶ	TIG,MIG	Ar	H0Cr24Ni13,H1Cr24Ni13	不预热	不回火
Ⅴ＋Ⅶ	CO_2 保护焊	CO_2	GHS-CM,YR307-1	200～300	680～700
Ⅵ＋Ⅶ	CO_2 保护焊	CO_2 或 CO_2＋Ar	GHS-CM,YR307-1, H08CrMnSiMoVA	350～400	720～750
Ⅵ＋Ⅷ	TIG MIG	Ar	H0Cr24Ni13,H1Cr24Ni13	不预热	不回火

表 7-12　Q235＋铁素体不锈钢的焊接工艺

异种金属	焊接方法	焊接材料 型号①	焊接材料 牌号	预热温度/℃	焊后热处理/℃
Q235＋06Cr13	焊条电弧焊		铬 207	不预热	650～680 回火
Q235＋Cr17	焊条电弧焊		铬 302	不预热	680～700 回火
Q235＋1Cr17Ti	焊条电弧焊	E1-23-13-16（E309-16），E1-23-13-15（E309-15）	A302、A307	不预热	750～800 回火
Q235＋1Cr25Ti	焊条电弧焊	E1-23-13-16（E309-16），E1-23-13-15（E309-15）	A302、A307	100～150	760～780 回火
Q235＋Cr25Ni5TiMoV	焊条电弧焊	E1-23-13-15（E309-15）E2-26-21-16（E310-16）	A307、A402	100～150	760～780 回火
Q235＋06Cr13	埋弧焊	H10CrMoA＋HJ431		不预热	650～700 回火
Q235＋06Cr13	CO_2 焊	H08CrNi2MoA H08CrMoVA		不预热	650～680 或 680～700 回火

注：①括号内为 GB/T 983—2012 型号。

表 7-13　Q235＋马氏体不锈钢的焊接工艺

异种金属	焊接方法	焊接材料 型号①	焊接材料 牌号	预热温度/℃	焊后热处理/℃
Q235＋12Cr13	焊条电弧焊	E1-23-13-15（E309-15）E1-23-13-16（E309-16）E5003，E5015 E1-11MoVNi-16（E11MoVNi-16）E1-11MoVNi-15（E11MoVNi-15）	A307 A302 J502，J507	150～300	700～730 回火
Q235＋20Cr13				150～300	700～730 回火
Q235＋14Cr11MoV				300～400	冷至 100～150，升温至 700 上回火
Q235＋20Cr13	埋弧焊	H10MoCrA		焊剂：HJ431	650～700 回火
Q235＋30Cr13		H10MoCrA			冷至 100～150，升温至 680 上回火
Q235＋40Cr13		H10CrMoVA		150～350	650～680 回火

续表 7-13

异种金属	焊接方法	焊接材料		预热温度/℃	焊后热处理/℃
		型号①	牌号		
Q235+Cr11MoV	CO_2 焊	H08CrNi2MoA		300～400	650～680 回火
Q235+15Cr12WV		H08CrMoVA		350～400	冷至 100～150，升至 680～700 回火
Q235+15Cr12WMoV		H08CrNi2MoA		300～400	冷至 100～150，升至 700 上回火

注：①括号内为 GB/T 983—2012 型号。

表 7-14　奥氏体钢与珠光体钢的焊条、预热及焊后热处理温度的选择

母材组合	焊条		焊前预热/℃	焊后回火/℃	备注
	型号①	牌号			
Ⅰ+Ⅹ	E2-26-21-16(E310-6) E2-26-21-15(E310-15)	A402 A407	不预热	不回火	不耐晶间腐蚀，工作温度不超过 350℃
	E1-16-25Mo6N-16 (E16-25MoN-16) E1-16-25Mo6N-15 (E16-25MoN-15)	A502 A507			不耐晶间腐蚀，工作温度不超过 450℃
	E0-18-12Mo2-16 (E316-16)	A202			不耐晶间腐蚀，工作温度不超过 350℃
Ⅰ+Ⅺ	E1-16-25Mo6N-16 (E16-25MoN-16) E1-16-25Mo6N-15 (E16-25MoN-15)	A502 A507			用来覆盖 E1-16-25Mo-6N-15 焊缝，可耐晶间腐蚀
	E0-18-12Mo2Nb-16 (E318-16)	A212			用来覆盖 A502 焊缝，可耐晶间腐蚀
Ⅰ+ⅩⅢ	E1-16-25Mo6N-16 (E16-25MoN-16) E1-16-25Mo6N-15 (E16-25MoN-15)	A502 A507			不得在含硫气体中工作，工作温度不超过 450℃
	AWS ENiCrFe-1	Ni307			用来覆盖 A507 焊缝，可耐晶间腐蚀

续表 7-14

母材组合	焊条		焊前预热/℃	焊后回火/℃	备注
	型号①	牌号			
Ⅰ+ⅩⅥ	E1-16-25Mo6N-16 (E16-25MoN-16) E1-16-25Mo6N-15 (E16-25MoN-15)	A502 A507	不预热	不回火	不耐晶间腐蚀，工作温度不超过350℃
Ⅱ+Ⅹ	E2-26-21-16(E310-16) E2-26-21-15(E310-15)	A402 A407			不耐晶间腐蚀，工作温度不超过350℃
	E1-16-25Mo6N-16 (E16-25MoN-16) E1-16-25Mo6N-15 (E16-25MoN-15)	A502 A507			不耐晶间腐蚀，工作温度不超过450℃
Ⅱ+Ⅺ	E0-18-12Mo2-16 (E316-16) E0-18-12Mo2Nb-16 (E318-16)	A202 A212			用A402，A407，A502，A507覆盖的焊缝表面可以在腐蚀性介质中工作
Ⅱ+ⅩⅢ	E1-16-25Mo6N-16 (E16-25MoN-16) E1-16-25Mo6N-15 (E16-25MoN-15)	A502 A507			工作温度不超过450℃
	AWS ENiCrFe-1	Ni307			在淬火珠光体钢坡口上堆焊过渡层
Ⅱ+ⅩⅣ	E1-16-25Mo6N-16 (E16-25MoN-16) E1-16-25Mo6N-15 (E16-25MoN-15)	A502 A507			不耐晶间腐蚀，工作温度不超过300℃
Ⅲ+Ⅹ					不耐晶间腐蚀，工作温度不超过500℃
Ⅲ+Ⅺ	E0-18-12Mo2-16 (E316-16)	A202			覆盖A502，A507焊缝，可耐晶间腐蚀
Ⅲ+ⅩⅢ	E1-16-25Mo6N-16 (E16-25MoN-16) E1-16-25Mo6N-15 (E16-25MoN-15)	A502 A507			不耐晶间腐蚀，工作温度不超过500℃
Ⅲ+ⅩⅣ					不耐晶间腐蚀，工作温度不超过300℃

续表 7-14

母材组合	焊条 型号[①]	焊条 牌号	焊前预热 /℃	焊后回火 /℃	备注
Ⅳ+Ⅹ	E1-16-25Mo6N-16 (E16-25MoN-16) E1-16-25Mo6N-15 (E16-25MoN-15)	A502 A507	200～300	不回火	不耐晶间腐蚀，工作温度不超过450℃
Ⅳ+Ⅺ	AWS ENiCrFe-1	Ni307	200～300	不回火	在淬火珠光体钢坡口堆焊过渡层
Ⅳ+ⅩⅢ	E1-16-25Mo6N-16 (E16-25MoN-16) E1-16-25Mo6N-15 (E16-25MoN-15)	A502 A507	200～300	不回火	不耐晶间腐蚀，工作温度不超过450℃
Ⅳ+ⅩⅢ	AWS ENiCrFe-1	Ni307	200～300	不回火	在淬火珠光体钢坡口上堆焊过渡层
Ⅳ+ⅩⅣ	E1-16-25Mo6N-16 (E16-25MoN-16) E1-16-25Mo6N-15 (E16-25MoN-15)	A502 A507	200～300	不回火	不耐晶间腐蚀，工作温度不超过300℃
Ⅳ+ⅩⅣ	AWS ENiCrFe-1	Ni307	200～300	不回火或720～750	在淬火珠光体钢坡口上堆焊过渡层
Ⅴ+Ⅹ	E1-23-13-16(E309-16) E1-23-13-15(E309-15)	A302 A307	不预热或200～300	不回火	工作温度不超过400℃，含碳量<0.3%者，焊前可不预热
Ⅴ+Ⅹ	E1-16-25Mo6N-16 (E16-25MoN-16) E1-16-25Mo6N-15 (E16-25MoN-15)	A502 A507	不预热或200～300	不回火	工作温度不超过450℃，含碳量<0.3%者，焊前可不预热
Ⅴ+Ⅺ	AWS ENiCrFe-1	Ni307	不预热或200～300	不回火	用于珠光体钢坡口上堆焊过渡层，工作温度不超过500℃
Ⅴ+Ⅺ	E0-18-12Mo2Nb-16 (E318-16)	A212	不预热	不回火	如要求A502、A507、A302、A307的焊缝耐腐蚀，用A212焊一道盖面焊道

续表 7-14

母材组合	焊条 型号[①]	焊条 牌号	焊前预热/℃	焊后回火/℃	备注
Ⅴ+ⅩⅢ	E1-23-13-16(E309-16) E1-23-13-15(E309-15)	A302 A307	不预热或200～300	不回火	不耐硫腐蚀，工作温度不超过450℃
	E1-16-25Mo6N-16 (E16-25MoN-16) E1-16-25Mo6N-15 (E16-25MoN-15)	A502 A507			不耐硫腐蚀，工作温度不超过500℃
	AWS ENiCrFe-1	Ni307			工作温度不超过550℃，在珠光体钢坡口上堆焊过渡层
Ⅴ+ⅩⅣ	E1-16-25Mo6N-16 (E16-25MoN-16) E1-16-25Mo6N-15 (E16-25MoN-15)	A502 A507			不耐晶间腐蚀，工作温度不超过350℃
Ⅵ+Ⅹ或Ⅵ+Ⅺ	E1-23-13-16(E309-16) E1-23-13-15(E309-15)	A302 A307			不耐晶间腐蚀，工作温度不超过520℃，含碳量＜0.3%可不预热
	E1-16-25Mo6N-16 (E16-25MoN-16) E1-16-25Mo6N-15 (E16-25MoN-15)	A502 A507			不耐晶间腐蚀，工作温度不超过550℃，含碳量＜0.3%可不预热
	AWS ENiCrFe-1	Ni307			工作温度不超过570℃，用来堆焊珠光体钢坡口上的过渡层
	E08-18-12Mo2Nb-16 (E318-16)	A212	不预热		用来在A302、A307、A502、A507焊缝上堆焊覆面层，可耐晶间腐蚀
Ⅵ+ⅩⅢ	E1-23-13-16(E309-16) E1-23-13-15(E309-15)	A302 A307	不预热或200～300	不回火	不耐晶间腐蚀，工作温度不超过520℃，含碳量＜0.3%可不预热

续表 7-14

母材组合	焊条		焊前预热/℃	焊后回火/℃	备注
	型号①	牌号			
Ⅵ+ⅩⅢ	E1-16-25Mo6N-16 (E16-25MoN-16) E1-16-25Mo6N-15 (E16-25MoVN-15)	A502 A507			工作温度不超过550℃
	AWS ENiCrFe-1	Ni307	不预热或200～300	不回火	工作温度不超过570℃，用来堆焊珠光体钢坡口上的过渡层
Ⅵ+ⅩⅣ	E1-16-25Mo6N-16 (E16-25MoN-16) E1-16-25Mo6N-15 (E16-25MoN-15)	A502 A507			不耐晶间腐蚀，工作温度不超过300℃

注：①括号内为 GB/T 983—2012 型号。

表 7-15 奥氏体钢与珠光体钢气体保护焊焊接材料的选择

母材组合	焊接方法	焊接材料的选用		热处理工艺	
		保护气体	焊丝	预热	回火
Ⅰ+Ⅹ Ⅰ+Ⅺ			H0Cr26Ni21， H1Cr25Ni20 H0Cr19Ni12Mo2， H00Cr19Ni12Mo2		
Ⅰ+Ⅻ Ⅰ+ⅩⅢ			H00Cr19Ni12Mo2， ERNiCrFe-5 ERNiCrMo-6		
Ⅱ+Ⅹ(Ⅺ) Ⅱ+Ⅻ(ⅩⅢ)	TIG MIG	Ar	H0Cr26Ni21， H1Cr25Ni20 H0Cr19Ni12Mo2， H00Cr19Ni12Mo2	不预热	不回火
Ⅲ+Ⅹ(Ⅺ) Ⅲ+Ⅻ(ⅩⅢ)			H0Cr19Ni12Mo2 H00Cr19Ni12Mo2		

续表 7-15

母材组合	焊接方法	焊接材料的选用		热处理工艺	
		保护气体	焊　丝	预热	回火
Ⅳ+Ⅹ(Ⅺ) Ⅳ+ Ⅻ(ⅩⅢ) Ⅳ+ⅩⅣ	TIG MIG	Ar	ERNiCrFe-5 ERNiCrMo-6	不预热或 150℃～ 200℃	不回火或 680℃～710℃
Ⅴ+Ⅹ(Ⅺ) Ⅴ+ Ⅻ(ⅩⅢ)			H0Cr24Ni13, H0Cr24Ni13 H00Cr19Ni12Mo2, ERNiCrFe-5 ERNiCrMo-6		
Ⅶ+Ⅹ(Ⅺ) Ⅵ+ Ⅻ(ⅩⅢ)			H0Cr24Ni13, H0Cr24Ni13 H00Cr19Ni12Mo2, ERNiCrFe-5 ERNiCrMo-6	不预热或 150℃～ 200℃	不回火或 730℃～770℃

⑫Q235+奥氏体不锈钢的焊接方法及焊接材料的选择见表 7-16。

表 7-16　Q235+奥氏体不锈钢的焊接方法及焊接材料的选择

异种金属	焊接方法	焊　接　材　料	
		焊丝或焊条型号①	焊剂或焊条牌号
Q235+12Cr18Ni9	焊条电弧焊	E1-23-13-16(E309-16), E1-23-13-15(E309-15)	A302,A307
Q235+07Cr19Ni11Ti	焊条电弧焊	E0-19-10Nb-16(E347-16), E0-19-10Nb-15(E347-15) E1-23-13-16(E309-16), E1-23-13-15(E309-15)	A132,A137 A302,A307
Q235+12Cr18Ni9	埋弧焊	H1Cr25Ni13、H1Cr20Ni10Mn6	陶质焊剂
Q235+ 1Cr17Ni13Mo12Ti	埋弧焊	H1Cr25Ni13	烧结焊剂
Q235+ 1Cr16Ni13Mo12Nb	埋弧焊	H1Cr20Ni10Mo	烧结焊剂
Q235+12Cr18Ni9	MIG 焊	H1Cr20Ni10Mn6	—
Q235+Cr25Ni13Ti	TIG 焊	H1Cr20Ni17Mn6Si2	—

注:①括号内为 GB/T 983—2012 型号。

⑬异种马氏体-铁素体钢的焊接材料及预热、回火温度见表7-17。

表7-17　异种马氏体-铁素体钢的焊接材料及预热、回火温度

母材组合	焊条型号①		预热温度/℃	回火温度/℃	备注
	GB/T983—2012	牌号			
Ⅶ+Ⅶ	E410-15(E1-13-15)	G207	200～300	700～740	接头可在蒸馏水、弱腐蚀性介质、空气、水气中使用，工作温度为540℃，强度不降低，在650℃时热稳定性良好，焊后必须回火，但06Cr13可不回火
Ⅶ+Ⅷ	E410-15(E1-13-15)	G207	200～300	700～740	
	E309-15(E1-23-13-15)	A307	不预热或150～200	不回火	工件不能热处理时采用。焊缝不耐晶间腐蚀。用于无硫气氛中，在650℃时性能稳定
Ⅶ+Ⅸ	E410-15(E1-13-15)	G207	350～400	700～740	焊后保温缓冷后立即回火处理
	E309-15(E1-23-13-15)	A307	不预热或150～200	不回火	—
Ⅷ+Ⅶ	E309-15(E1-23-13-15)	A307	不预热或150～200	不回火	焊缝不耐晶间腐蚀，用于干燥侵蚀性介质
Ⅷ+Ⅸ	E430-15(E0-17-15)	G307	350～400	700～740	焊后保温缓冷后立即回火处理
	E309Mo-16(E1-23-13Mo2-16)	A312	—	—	—

注：①括号内为GB/T 983—2012的型号。

⑭异种奥氏体钢焊接用的焊条及焊后热处理工艺见表7-18。

⑮铁素体钢与奥氏体钢焊接用焊条、预热温度和回火温度见表7-19。

⑯铁素体钢与奥氏体钢气体保护焊的焊接材料及预热、回火工艺见表7-20。

⑰异种奥氏体钢和奥氏体-铁素体钢焊接的焊接材料、预热及热处

理工艺见表 7-21。

表 7-18　异种奥氏体钢焊接用的焊条及焊后热处理工艺

焊条	焊后热处理	备　注
E316-16(A202)	不回火或 950℃～1 050℃稳定化处理	用于 350℃以下非氧化性介质
E347-15(A137)	不回火或 870℃～920℃回火	用于氧化性介质,在 610℃以下有热强性
E318-16(A212)		用于无侵蚀性介质,在 600℃以下具有热强性
E309-16 E309-15(A302、A307)		在不含硫化物或无侵蚀性介质中,1 000℃以下具有热稳定性,焊缝不耐晶间腐蚀
E347-15(A137)		不含硫的气体介质中,在 700℃～800℃具有热稳定性
E16-25Mo6N-15(A507)		适用于含 w(N)＜35％又不含 Nb 的钢材,700℃以下具有热强性

表 7-19　铁素体钢与奥氏体钢焊接用焊条、预热温度和回火温度

母材组合	焊　条		热处理工艺/℃		备　注
	型　　号①	牌号	预热	回火	
Ⅶ＋Ⅹ	E1-23-13-16(E309-16) E1-23-13-15(E309-15)	A302 A307	不预热或 150～250	720～760	在无液态侵蚀介质中工作,焊缝不耐晶间腐蚀,在无硫气氛中工作温度可达 650℃
Ⅶ＋Ⅺ	E0-18-12-Mo2-16 (E316-16)	A202	150～250	不回火	侵蚀性介质中的工作温度≤350℃
	E0-18-12-Mo2Nb-15 (E318-15)	A217			
	E0-18－12-Mo2V-15 (E318V-15)	A237		720～760	无液态侵蚀性介质,焊缝不耐晶间腐蚀,在无硫气氛中工作温度可达 650℃

续表 7-19

<table>
<tr><th rowspan="2">母材组合</th><th colspan="2">焊　条</th><th colspan="2">热处理工艺/℃</th><th rowspan="2">备　注</th></tr>
<tr><th>型　号①</th><th>牌号</th><th>预热</th><th>回火</th></tr>
<tr><td rowspan="2">Ⅶ＋ⅩⅢ</td><td>E1-16-25Mo6N-15
(E16-25MoV-15)</td><td>A507</td><td rowspan="2">不预热或
150～250</td><td rowspan="2">720～760</td><td>含 w(Ni)为 35%而不含 Nb 的钢，不能在液态侵蚀性介质中工作，工作温度可达 540℃</td></tr>
<tr><td>E0-19-10Nb-15
(E347-15)</td><td>A137</td><td>w(Ni)≤16%的钢，可在液态侵蚀介质中工作，焊后焊缝不耐晶间腐蚀，温度可达 570℃</td></tr>
<tr><td>Ⅶ＋ⅩⅣ</td><td>—</td><td>A122</td><td>250～300</td><td>750～780</td><td>在液态侵蚀性介质中的工作温度可达 300℃，回火后快速冷却的焊缝耐晶间腐蚀</td></tr>
<tr><td>Ⅷ＋Ⅹ</td><td>—</td><td>A122</td><td rowspan="4">不预热</td><td>720～750</td><td>回火后快速冷却焊缝耐晶间腐蚀，但不耐冲击载荷</td></tr>
<tr><td>Ⅷ＋Ⅺ</td><td>E0-18-12-Mo2-16
(E316-16)</td><td>A202</td><td rowspan="2">不回火</td><td>回火后快速冷却，焊缝耐晶间腐蚀，但不耐冲击载荷</td></tr>
<tr><td>Ⅷ＋Ⅻ</td><td>E1-23-13-16(E309-16)
E1-23-13-15(E309-15)</td><td>A302
A307</td><td>无液态侵蚀性介质，焊缝不耐晶间腐蚀，在无硫气氛中工作温度可达 1 000℃</td></tr>
<tr><td>Ⅷ＋ⅩⅢ</td><td>E1-16-25Mo6N-15
(E16-25MoN-15)</td><td>A507</td><td>不回火</td><td>含 w(Ni)为 35%而不含 Nb 的钢，不能在液态侵蚀性介质中工作，不耐冲击载荷</td></tr>
</table>

续表 7-19

母材组合	焊条		热处理工艺/℃		备　注
	型号①	牌号	预热	回火	
Ⅷ+ⅩⅢ	E0-19-10Nb-15 (E347-15)	A137	不预热	不回火或 720～780	含 w(Ni)＜16%的钢，可在侵蚀性介质中工作，焊后焊缝耐晶间腐蚀，但不耐冲击载荷
Ⅷ+ⅩⅣ	—	A122		720～760	在液态侵蚀性介质中的工作温度可达300℃，回火后快速冷却，焊缝耐晶间腐蚀，不能承受冲击载荷
Ⅸ+Ⅹ	E1-23-13-16(E309-16) E1-23-13-15(E309-15)	A302 A307	150～250	750～780	不能在液态侵蚀性介质中工作，焊缝不耐晶间腐蚀，工作温度可达 580℃
Ⅸ+Ⅺ	E0-18-12-Mo2-16 (E316-16)	A202		不回火	在液态侵蚀性介质中的工作温度可达 360℃，焊态的焊缝耐晶间腐蚀
	E0-18-12-Mo2Nb-15 (E318-15)	A217			
	E0-18-12-Mo2V-15 (E318V-15)	A237		720～760	
Ⅸ+Ⅻ	E1-23-13-16(E309-16) E1-23-13-15(E309-15)	A302 A307		720～760	不能在液态侵蚀介质中工作，不耐晶间腐蚀，在无硫气氛中工作温度可达650℃
Ⅸ+ⅩⅢ	E1-16-25Mo6N-15 (E16-25MoN-15)	A507			含 w(Ni)＞35%而不含 Nb 的钢，不能在液态侵蚀性介质中工作，工作温度可达 580℃

续表 7-19

母材组合	焊条		热处理工艺/℃		备 注
	型号[①]	牌号	预热	回火	
Ⅸ+ⅩⅢ	E0-19-10Nb-15 (E347-15)	A137	150～250	750～800	含 w(Ni)<16%的钢,可在侵蚀性介质中工作,焊态的焊缝耐晶间腐蚀
Ⅸ+ⅩⅣ	—	A122	250～300	750～800	在液态侵蚀性介质中的工作温度可达 300℃,回火后快速冷却焊缝耐晶间腐蚀

注:①括号内为 GB/T 983—2012 型号。

表 7-20 铁素体钢与奥氏体钢气体保护焊的焊接材料及预热、回火工艺

母材组合	焊接方法	焊接材料的选用		热处理工艺/℃	
		保护气	焊 丝	预 热	回 火
Ⅶ+Ⅹ(Ⅺ)	TIG MIG	Ar	H0Cr24Ni13, H1Cr24Ni13	不预热或150～200	720～760
Ⅶ+Ⅻ(ⅩⅢ)			H0Cr19Ni12Mo2, H00Cr19Ni12Mo2, H0Cr20Ni10Nb, H00Cr18Ni12Mo2	不预热或150～250	不回火或720～760
Ⅶ+ⅩⅣ			H0Cr21Ni10	200～250	750～800
Ⅷ+Ⅹ(Ⅺ)			H0Cr20Ni10	不预热	720～750
Ⅷ+Ⅻ(ⅩⅢ)			H0Cr19Ni12Mo2, H00Cr19Ni12Mo2 H0Cr24Ni13, H1Cr24Ni13 ERNiCrFe-5, ERNiCrMo-6	不预热	不回火
			H0Cr20Ni10Nb	不预热	不回火或720～800

续表 7-20

母材组合	焊接方法	焊接材料的选用		热处理工艺/℃	
		保护气	焊　丝	预　热	回　火
Ⅷ＋ⅩⅣ	TIG MIG	Ar	H0Cr21Ni10	不预热	720～760
Ⅸ＋Ⅹ(Ⅺ)			H0Cr24Ni13, H1Cr24Ni13	150～200	750～800
Ⅸ＋Ⅻ(ⅩⅢ)			H0Cr19Ni12Mo2, H00Cr19Ni12Mo2	150～200	不回火或 720～760
			H0Cr24Ni13, H1Cr24Ni13	150～200	720～760
			H0Cr20Ni10Nb	50～200	750～800
			ERNiCrFe-5, ERNiCrMo-6	150～200	不回火
Ⅸ＋ⅩⅣ			H0Cr21Ni10	200～250	750～800

表 7-21　异种奥氏体钢和奥氏体-铁素体钢焊接的焊接材料、预热及热处理工艺

母材组合	焊　条		热处理温度/℃		备　注
	型　号①	牌号	预热	焊后回火	
Ⅹ＋Ⅹ	E0-18-12Mo2-15 (E318-15)	A217	不预热	不回火或 950～1 050 奥氏体稳定化处理	在无侵蚀液介质或非氧化性介质中可在 360℃以下使用,焊后经奥氏体稳定化处理晶间腐蚀可通过 T 法试验。在不含硫的气体介质中,能耐 750℃～800℃高温
	E0-18-12Mo2-16 (E318-16)	A212			在 360℃以下,在无氧化性液体介质中,焊后不做敏化处理和奥氏体稳定化处理,晶间腐蚀可通过 T 法试验

续表 7-21

母材组合	焊条		热处理温度/℃		备注
	型号①	牌号	预热	焊后回火	
Ⅹ+Ⅹ	E0-18-12Mo2Nb-16 (E318Nb-16)	—	不预热	不回火或950～1 050奥氏体稳定化处理	可在无氧化性过热蒸汽(500℃)下使用。经过奥氏体稳定化处理后，必须进行晶间腐蚀试验
	E0-19-10Nb-15 (E347-15)	A137		不回火或在870～920回火	可用于氧化性侵蚀液介质中，焊后不经敏化处理，可通过T法试验。焊后经870℃～920℃奥氏体稳定化处理，敏化后可通过T法试验。1 000℃～1 150℃奥氏体稳定化处理后可通过X法试验
Ⅹ+Ⅻ	E0-18-12Mo2V-15 (E318V-15)	—		不回火或780～920回火	在不含硫的气体介质中，在750℃～800℃具有热稳定性，需要消除焊接残留应力时才回火
Ⅹ+ⅩⅢ	E0-18-12Mo2-16 (E318-16)	A212	不预热	不回火或950～1 050奥氏体稳定化处理	用于温度在360℃以下的非氧化性液体介质中，焊后状态或奥氏体稳定化处理后，具有抗晶间腐蚀性能
	E0-19-10Nb-15 (E347-15)	A137		不回火或在870～920回火	用于氧化性液体介质中，经过奥氏体稳定化处理后，可以通过X法试验。在610℃以下具有热强性能
	E0-18-12Mo2V-15 (E318V-15)	—			用于无侵蚀性的液体介质中，在600℃以下具有热强性能

续表 7-21

母材组合	焊条		热处理温度/℃		备　注
	型号①	牌号	预热	焊后回火	
Ⅻ＋Ⅻ	E1-23-13-16 (E309-16) E1-23-13-15 (E309-15)	A302 A307	不预热	不回火或在 870～920 回火	在不含硫化物的介质中，在 1 000℃以下具有热稳定性
Ⅻ＋ⅩⅢ	E1-23-13-16 (E309-16) E1-23-13-15 (E309-15)	A302 A307			在不含硫化物的介质中，或无侵蚀性的液体介质中，在 1 000℃以下具有热稳定性，焊缝不耐晶间腐蚀
	E0-19-10Nb-15 (E347-15)	A317			用于 w(Ni)＜16%的钢材。在 650℃以下具有热强性。在不含硫的气体介质中，温度在 750℃～800℃具有热稳定性
	E0-18-12Mo2V-15 (E318V-15)	—			用于 w(Ni)＜16%的钢材。在 650℃以下具有热强性。在不含硫的气体介质中，温度在 750℃～800℃具有热稳定性
	E1-16-25Mo6N-15 (E16-25MoN-15)	A507			适用于含 w(Ni)为 35%以下，而又不含 N 的钢材。700℃下具有热强性能
ⅩⅢ＋ⅩⅢ	E0-18-12Mo2V-15 (E318V-15)	—		870～920	600℃以下具有热强性
	E0-19-10Nb-15 (E347-15)	A317		870～920	用于 w(Ni)为 16%的钢材。在 650℃以下具有热强性
	E1-16-25Mo6N-15 (E16-25MoN-15)	A507		870～920	用于含 w(Ni)为 35%以下而不含 N 的钢，700℃以下具有热强性能，可使用于−150℃条件

注：①括号内为 GB/T 983—2012 型号。

⑱Q235A 钢与马氏体不锈钢焊接方法与热处理规范见表 7-22。

表 7-22 Q235A 钢与马氏体不锈钢焊接方法与热处理规范

相焊钢材	焊接方法	预热温度/℃	热处理规范
Q235A+12Cr13	焊条电弧焊	150～300	700℃～730℃回火
Q235A+20Cr13		150～300	700℃～730℃回火
Q235A+14Cr11MoV		300～400	焊后冷至 100℃～150℃，之后升温至 700℃以上回火
Q235A+20Cr13	埋弧焊	150～300	650℃～680℃回火
Q235A+30Cr13		150～300	焊后冷至 100℃～150℃，之后升温至 680℃以上回火
Q235A+40Cr13		150～350	680℃～700℃回火
Q235A+14Cr11MoV	CO_2 气体保护焊	300～400	650℃～680℃回火
Q235A+15Cr12WMoV		300～400	焊后冷至 100℃～150℃，之后升温至 700℃以上回火
Q235A+15Cr12WMoV		300～400	焊后冷至 100℃～150℃，之后升温至 680℃～700℃回火

注：Q235A+12Cr13 钢焊前也可不预热。

⑲异种奥氏体钢和奥氏体-铁素体钢气体保护焊的焊接材料见表 7-23。

表 7-23 异种奥氏体钢和奥氏体-铁素体钢气体保护焊的焊接材料

焊接方法	焊接材料的选用		热处理工艺
	保护气体	焊 丝	
TIG MIG	Ar	H0Cr18Ni12Mo2 H00Cr18Ni12Mo2 H0Cr19Ni12Mo2 H00Cr19Ni12Mo2	用于 350℃以下非氧化性介质，不预热，不回火或 950℃～1050℃稳定化处理
		H0Cr24Ni13 H1Cr24Ni13 H00Cr24Ni13	在不含硫化物或无侵蚀介质中，1 000℃以下，具有热稳定性，不耐晶间腐蚀

2. 焊接工艺要点

①为减少母材熔入焊缝金属中的比例，应尽可能采用小的焊接电

流。用奥氏体焊条焊接异种钢时，一般不预热或只用较低的温度预热。焊后一般不热处理。

②为了有效地阻止碳迁移和减小热应力或热疲劳应力的影响，也可用高镍奥氏体焊条先在珠光体型钢或碳钢坡口上堆焊6～8mm厚的过渡层，然后焊接。

③被焊的两种钢材之一是淬硬钢时，必须按焊接性差的钢材选择预热温度。

④装配定位焊断面不能太小。复杂结构按部件组装焊比整体组装焊有助于减小焊接应力及刚度。

⑤奥氏体不锈钢与其他钢材焊接时，可在非不锈钢一侧的坡口边缘预先堆焊一层高铬高镍的金属，然后再用相应的奥氏体不锈钢焊条焊接。

⑥焊接过程中断或收尾时，必须仔细填满弧坑，还要防止焊缝冷作硬化。

3. 焊接参数

①Q235钢与Q345钢焊条电弧焊的焊接参数见表7-24。

表7-24　Q235钢与Q345钢焊条电弧焊的焊接参数

板厚/mm	焊条		焊条直径/mm	焊接电流/A	电弧电压/V	电源极性
	牌号	型号				
3+3	J422	E4303	3.2	90～110	25	交流
5+5	J422	E4303	3.2	90～110	25	交流
8+8	J426	E4316	4	120～160	26	交、直流
10+10	J427	E4315	4	120～170	26	直流反接
12+12	J427	E4315	4	120～170	26	直流反接
15+15	J427	E4315	4	120～170	26	直流反接
20+20	J427	E4315	4～5	160～180	24	直流反接

②Q245R钢与Q345钢焊条电弧焊的焊接参数见表7-25。

③采用CO_2气体保护焊焊接碳素钢与低合金结构钢对接接头的

焊接参数见表 7-26。

表 7-25　Q245R 钢与 Q345 钢焊条电弧焊的焊接参数

接头形式	板厚/mm	焊条		焊接电流/A	电弧电压/V	焊接速度/(m/h)	预热温度/℃
		型号	牌号				
V 形对接	20	E4316，E4315	J426，J427	180～230	32～34	150	150～200

表 7-26　采用 CO_2 气体保护焊焊接碳素钢与低合金结构钢对接接头的焊接参数

母材金属厚度/mm	焊丝牌号	焊丝直径/mm	焊接电流/A	电弧电压/V	焊接速度/(m/h)	送丝速度/(m/h)	焊丝伸出长度/mm	气体流量/(L/h)
{2+2, 4+4	H08Mn2Si	0.8	80～120	20～22	47	300	10～12	1 000～1 100
	H10MnSi	1.0	100～150	20～24	46	300	10～14	1 000～1 100
{6+6, 8+8	H08Mn2Si	1.0	150～200	23～25	45	300～360	12～16	1 100～1 200
	H10MnSi	1.0	200～250	24～26	43	320～370	12～16	1 100～1 200
{10+10, 12+12	H08Mn2Si	1.2	250～260	25～27	40	340～370	14～16	1 200～1 300
	H10MnSi	1.2	260～280	26～28	40	350～380	15～18	1 200～1 300
{14+14, 16+16	H08Mn2Si	1.6	280～300	30～32	38	360～380	16～18	1 300～1 500
	H10MnSi	1.6	300～320	32～34	38	350～380	16～18	1 300～1 500
{20+20	H08Mn2Si	2.0	340～350	36～38	36～38	350～360	18～20	1 500～1 600
	H10MnSi	2.0	350～360	33～38	36～38	360～370	18～20	1 500～1 600

注：表中焊接参数是用 NBC-500 型手工 CO_2 气体保护焊机测定的。

④Q235+Q345 钢的 CO_2 气体保护电弧焊平焊的焊接参数见表 7-27。

表 7-27 Q235+Q345 钢的 CO_2 气体保护电弧焊平焊的焊接参数

板厚/mm	接头形式	间隙/mm	焊丝直径/mm	焊丝伸出长度/mm	焊接电流/A	电弧电压/V	焊接速度/(cm/min)	气体流量/(L/min)	备注
1	带垫板对接接头	0~0.5	0.8	8~10	60~65	20~21	50	7	垫板厚 1.5mm
	对接接头	0~0.3	0.8	6~8	35~40	18.0~18.5	42	7	单面焊双面成形
1.5	带垫板对接接头	0.5~0.8	1.0	10~12	110~120	22~23	45	8	垫板厚 2mm
	对接接头	0~0.5	1.0	10~12	60~70	20~21	50	8	单面焊双面成形
			0.8	8~10	65~70	19.5~20.5	50	7	
	对接接头双面焊	0~0.3	0.8	8~10	45~50	18.5~19.5	52	7	—
					55~60	19~20			
2	对接接头	0.5~1.0	1.2	12~14	120~140	21~23	50	8	—
	带垫板对接接头	0~0.8	1.2	12~14	130~150	22~24	45	8	垫板厚 2mm
	对接接头	0~0.5	1.2	12~14	85~95	21~22	50	8	单面焊，双面成形（反面放铜垫）
			1.0	10~12	85~95	20~21	45	8	
			0.8	8~10	75~85	20~21	42	7	

续表 7-27

板厚/mm	接头形式	间隙/mm	焊丝直径/mm	焊丝伸出长度/mm	焊接电流/A	电弧电压/V	焊接速度/(cm/min)	气体流量/(L/min)	备注
2	对接接头双面焊	0～0.5	1.0	10～12	50～60	19～20	50	8	—
					60～70				
			0.8	8～10	55～60	19～20	50	7	
					65～70				
3	对接接头双面焊	0～0.8	1.2	12～14	95～105	21～22	50	8	—
					110～130				
		0～0.8	1.0	10～12	95～105	21～22	42	8	—
					100～110				
4	对接接头双面焊	0～0.8	1.2	12～14	110～130	22～24	50	8	—
					140～150				
6	对接接头双面焊	0～1	1.2	15	190	19	25	15	—
					210	20			
9	对接接头双面焊	0～1.5	1.6	15	340	33.5	45	20	—
					360	34			
12	对接接头双面焊	0～1.5	1.6	20	360	36	50	20	—
					490	39			
	60°X形坡口	—	1.2	15	310	32	50	20	—
					330	33			

⑤Q245R 钢与 Q345 钢对接焊缝 CO_2 焊的焊接参数见表 7-28。

表 7-28　Q245R 钢与 Q345 钢对接焊缝 CO_2 焊的焊接参数

工件厚度/mm	坡口几何尺寸				焊接参数		
	坡口形式	坡口角度 α/(°)	间隙 δ /mm	钝边 β /mm	焊道数	焊接电流/A	电弧电压/V
8	对接接头	—	1±0.5	—	2	280～300	28～30
	带垫板对接接头	—	3～4	—	1	260～280	28～30
12	Y形坡口	60	1±0.5	6	2	380～400	30～32
						280～300	28～30
	X形坡口	60	1±0.5	3～4	2	380～400	30～32
20	X形坡口	60	1±0.5	3～4	2	440～460	30～32
25		60	1±0.5	3～4	4	420～440	30～32
50	X形坡口	60	1±0.5	3～4	14	280～300	28～30①
						380～400	30～32②

注：焊丝 H08Mn2Si；焊丝直径 2mm；气体消耗量 1 100～1 300L/h；①每面第一层；②其余各层。

⑥碳素钢与低合金结构钢埋弧焊的焊接参数见表 7-29。

表 7-29　碳素钢与低合金结构钢埋弧焊的焊接参数

接头形式	母材厚度/mm	焊剂牌号	焊丝牌号	焊接参数①			
				焊丝直径/mm	焊接电流/A	电弧电压/V	焊接速度/(m/h)
对接 I 形坡口	12+12	HJ431	H08A	4	700～750	30～32	32
		HJ431	H08MnA	4	700～750	30～32	32
		HJ431	H10Mn2	4	700～750	30～32	32
对接 I 形坡口	16+16	HJ431	H08A	5	750～780	31～33	30
		HJ431	H08MnA	5	750～780	31～33	30
		HJ431	H10Mn2	5	750～780	31～33	30

续表 7-29

接头形式	母材厚度/mm	焊剂牌号	焊丝牌号	焊接参数①			
				焊丝直径/mm	焊接电流/A	电弧电压/V	焊接速度/(m/h)
对接V形坡口	16+16	HJ130	H10Mn2	4	650~700	36~38	18~20
		HJ230	H10Mn2	4	650~700	36~38	18~20
T形接头	20+20	HJ431	H08A	5	640~680	30~32	25
		HJ431	H08MnA	5	640~680	30~32	25
		HJ431	H10Mn2	5	640~680	30~32	25

注:①表中焊接参数是用 MZ-1000 型焊机测定的。

⑦低碳钢与低合金钢在焊剂垫上双面埋弧焊的焊接参数见表7-30。

表 7-30 低碳钢与低合金钢在焊剂垫上双面埋弧焊的焊接参数

工件厚度/mm	根部间隙/mm	焊丝直径/mm	焊接电流/A	焊接速度/(cm/min)	电弧电压/V
10~12	2~3	4	600~700	50~60	33~35
14~16	3~4	5	650~750	40~50	34~36
18~20	4~5		750~850	35~45	36~39
22~24			850~900	32~42	38~41
26~28	5~6		900~950	28~38	39~42
30~32	6~7		950~1000	22~32	40~44

⑧Q245R 钢与 Q345 钢埋弧焊的焊接参数见表 7-31。

表 7-31 Q245R 钢与 Q345 钢埋弧焊的焊接参数

接头形式	板厚/mm	焊丝	焊剂	焊丝直径/mm	焊接电流/A	电弧电压/V	焊接速度/(m/h)
无坡口对接	12+12	H08A	焊剂 431	4	700~750	30~32	32
V形对接多层	14+14	H08A	焊剂 431	4	760~800	32~34	30
T形角接多层	16+16	H08A	焊剂 431	4~5	760~800	32~34	30
T形角接多层	20+20	H08A	焊剂 431	5	750~800	32~36	25
T形角接多层	30+30	H08A	焊剂 431	5	720~800	32~36	25

⑨碳素钢与马氏体不锈钢采用熔化极混合气体保护焊推荐的焊接参数见表7-32。

表7-32　碳素钢与马氏体不锈钢采用熔化极混合气体保护焊推荐的焊接参数

母材厚度/mm	接头形式	焊丝直径/mm	焊接电流/A	电弧电压/V	送丝速度/(m/min)	焊接速度/(mm/min)	气体流量/(L/min)
1.6+1.6	T形接头	0.8	85	15	4.6	425～475	15
2.0+2.0			90	15	4.8	325～375	
1.6+1.6	对接接头		85	15	4.6	375～525	
2.0+2.0			90	15	4.8	285～315	

注:采用短路过渡形式;混合保护气体为Ar+体积分数1%～3%的CO_2。

⑩碳素钢(Q235)与铁素体不锈钢(10Cr17Mo)的焊接参数见表7-33。

表7-33　碳素钢(Q235)与铁素体不锈钢(10Cr17Mo)的焊接参数

母材厚度/mm	接头形式	坡口形式	焊接层数	焊条直径/mm	焊接电流/A	电弧电压/V	焊接速度/(m/min)
4+4	对接	V形	1	3	70～80	23～25	230～240
6+6			2	4	120～140	31～33	300

⑪异种不锈钢焊条电弧焊的焊接参数见表7-34。

表7-34　异种不锈钢焊条电弧焊的焊接参数

钢的牌号	母材金属厚度/mm	焊条直径/mm	焊接空间位置		
			平焊焊接电流/A	立焊焊接电流/A	仰焊焊接电流/A
12Cr13+07Cr19Ni11Ti	0.5+0.5	2	30～50	45～65	50～70
	1.0+1.0	2	40～55	50～75	60～80
10Cr17+07Cr18Ni11Nb	1.0+1.0	2	45～60	60～75	65～75
	1.5+1.5	3	50～80	55～75	60～80

续表 7-34

钢的牌号	母材金属厚度/mm	焊条直径/mm	焊接空间位置		
			平焊焊接电流/A	立焊焊接电流/A	仰焊焊接电流/A
1Cr28+12Cr18Ni9	1.5+1.5	3	55～75	60～75	55～80
	2.0+2.0	3	80～140	65～120	75～130
12Cr13+1Cr17Ti	1.5+1.5	3	60～80	55～70	65～80
	2.0+2.0	3	80～150	65～120	80～130
	3.0+3.0	4	90～150	80～130	90～150
20Cr13+12Cr18Ni9	2.0+2.0	3	80～140	65～120	80～120
	4.0+4.0	4	90～160	80～140	90～150
	5.0+5.0	5	100～170	90～150	100～160
	6.0+6.0	5	120～180	100～160	120～160

⑫异种钢摩擦焊的焊接参数见表 7-35。

表 7-35 异种钢摩擦焊的焊接参数

被焊钢号	焊接压力/MPa		顶锻量/mm		加热时间/s	转速/(r/min)	工件直径/mm	用于顶锻地伸出长度/mm
	加热	顶锻	加热	总计				
20 钢+30 钢	50	100	3.5	5.6～5.8	7	1 000	20	—
20 钢+45 钢	50	100	3.5	5	10	1 000	20	—
15Mn+20 钢	50	100	3.5	6	6～7	1 000	20	—
25Mn+45 钢	50	150	3	5	7	1 000	20	—
50Mn+20 钢	50	150	3.5	5	7	1 000	20	—
50Mn+45 钢	50	150	3.5	4.5～5.0	7～8	1000	20	—
20Cr+20 钢	50	120	3	5.5	8	1 000	20	—
20Cr+45 钢	50	120	3	5	8	1 000	20	—
40Cr+20 钢	50	100	3.5	5.0～5.5	12	1 000	25	—

续表 7-35

被焊钢号	焊接压力/MPa		顶锻量/mm		加热时间/s	转速/(r/min)	工件直径/mm	用于顶锻地伸出长度/mm
	加热	顶锻	加热	总计				
W9Cr4V2+45钢	80	160	—	2.5	11	1 000	20	—
W9Cr4V2+40Cr	100	200	—	2.2	8	1 000	18	2
W18Cr4V+CrWMn	100	200	—	3	20	1 000	30	8
W18Cr4V+45钢	100	200	—	2.5	12	1 000	22	2
W18Cr4V+40Cr	100	200	—	2.2	9	1 000	18	2
W18Cr4V+9SiCr	120	240	3	3	15	1 000	30	2.0～2.5
42Cr9Si2+40Cr	40	80	3	3.5	3.6	1 000	12	—
GCr15+20钢	50	140	2.5	6.0～6.5	8～9	1000	25	—
GCr15+45钢	50	140	3	5～6	7～8	1 000	22	—
3Cr19Ni9Mo-NbTi+40Cr	60	210	—	2.3	9	1 000	20	2
Cr18Ni9Ti +20钢	60	210	—	3.2	9	1 000	25	2
14Cr17Ni2+Cr18Ni12Mo2Ti	60	210	—	4	9	1000	20	2～3

⑬异种不锈钢手工钨极氩弧焊的焊接参数见表7-36。

表7-36　异种不锈钢手工钨极氩弧焊的焊接参数

母材厚度/mm	对接接头不加焊丝			对接接头加焊丝			喷嘴直径/mm
	焊接电流/A	电弧电压/V	氩气流量/(L/min)	焊接电流/A	电弧电压/V	氩气流量/(L/min)	
0.5+0.5	30～50	10～18	3～4	35～60	10～18	3～4	6～12
0.8+0.8	40～55	10～18	3～4	40～70	10～18	3～4	
1.0+1.0	45～60	11～20	3～4	45～75	10～20	3～4	
1.5+1.5	50～80	11～20	4～5	55～85	11～20	4～5	
2.0+2.0	75～120	11～21	5～6	80～125	11～21	5～6	
2.5+2.5	80～130	11～22	6～7	85～135	12～22	6～7	
3.0+3.0	100～140	12～22	6～7	110～150	12～22	6～7	

注:采用直流正接或反接。

⑭异种不锈钢自动钨极氩弧焊的焊接参数见表7-37。

⑮异种不锈钢熔化极氩弧焊的焊接参数见表7-38。

表7-37　异种不锈钢自动钨极氩弧焊的焊接参数

母材厚度/mm	接头形式	焊接电流/A	电弧电压/V	焊接速度/(m/h)	氩气流量/(L/min)	喷嘴直径/mm	电源种类
0.5+0.5	对接接头	30～40	11～15	25	5～6	8～15	直流正接
0.8+0.8		55～60	11～15	30	6～7		
1.0+1.0		65～70	11～15	30	7～8		
1.2+1.2		80～90	11～16	30	8～9		
1.5+1.5		95～105	12～17	30	9～10		
2.0+2.0		120～130	12～17	28	10～12		
2.5+2.5		130～140	12～18	25	12～13		
3.0+3.0		160～235	14～18	25	13～16		

表 7-38　异种不锈钢熔化极氩弧焊的焊接参数

母材厚度/mm	接头及坡口形式	焊丝直径/mm	焊接电流/A	电弧电压/V	焊接层数	焊接速度/(m/h)	氩气流量/(L/min)
2.5+2.5	对接接头Ⅰ形坡口	1.6	160～240	20～30	1	20～40	6～8
3.0+3.0		2.0	200～280			20～40	6～8
4.0+4.0		2.0～2.5	220～320			25～40	7～9
6.0+6.0	对接接头V形坡口	2.0～2.5	280～360	22～32	1～2	15～30	9～12
8.0+8.0		2.0～3.0	300～380		2	15～30	11～15
10+10		2.0～3.0	320～400		2	15～30	12～18

注:喷嘴直径为 12～20mm。

4. 堆焊及其适用范围

堆焊是用焊接方法在零件表面堆敷一层具有一定性能材料的工艺过程。其目的在于增加零件的耐磨、耐热、耐腐蚀等方面的性能。采用的工艺方法主要是焊条电弧焊、熔化极堆焊,其中包括实心焊丝 MAG 堆焊、药芯焊丝 MAG 堆焊、药芯焊丝自保护堆焊、药芯焊丝埋弧堆焊和带极埋弧堆焊。堆焊主要应用在制造新零件和修复旧零件两方面。用堆焊工艺可制成双金属零件。由于堆焊零件具有耐磨、耐热、耐蚀等性能的表面层,使用寿命可提高几倍甚至几十倍,并能大大减少贵重金属的消耗。修复旧零件如轧辊、轴类、工模具、农机零件和采掘机零件等易磨损零件,都采用堆焊工艺修复。

(1)热锻模的堆焊　可采用焊条电弧焊方法来堆焊制造热锻模与修复旧锻模。

1)焊条电弧堆焊制造热锻模工艺。

①模体坯料有两种材料。当为 45Mn2 铸钢时,堆焊层有效厚度应为 5～10mm;当为 40～60 铸钢或锻钢时,应为 10～15mm。

②坯料的加工。应注意将堆焊部位所有尖角都铣成圆角(R 为2～3mm),深而窄的型槽应适当加大,并将垂直立面改为 10°～15°斜度,以保证便于堆焊,避免产生夹渣、未焊透等缺陷。

③预热温度应为 450℃,并使模体温度在整个堆焊过程中保持不低于 300℃,否则需再次加热。加热方法可用火焰或专用电加热炉等。

④焊接材料为 EDCrMnMo-15(D397)焊条,须经 250℃烘焙 1h。烘后存放时间不宜过长,随用随取,采用直流反接。

⑤焊接工艺。堆焊时要采用较小的热输入,尽量减小熔深,以减少熔化的母材对堆焊层的稀释作用。对于较大的堆焊面积应采用分区分层堆焊法。由最深处开始堆焊,逐层向上,并将各层之间的引弧、收尾等接头处错开。焊接电流选取以 30～40 倍焊条直径为宜。堆焊一道焊缝后应彻底清渣。堆焊时可使各层间堆焊焊缝相交成一定角度,以使堆焊层厚度均匀并减少夹渣。操作中焊条应稍做横向摆动,应避免在夹角和狭窄处引弧和熄弧。堆焊层厚度应有 3～5mm 加工余量。

⑥焊后热处理。焊后应立即放入炉中退火,或在 250℃以上炉中保温后退火。退火温度为 850℃±10℃,保温时间以 1.5～2min/mm 计算,然后将炉温降至 680℃进行等温退火,保温时间按 1min/mm 计算,再随炉冷却至 400℃出炉。退火后堆焊层硬度应＜32HRC。

⑦机械加工时发现的表面缺陷处理。对于直径 0.5～1mm 的个别气孔和夹渣可不处理;对于直径＞1mm,但不超过 4mm 的气孔和夹渣,可以在淬火、回火处理后用奥氏体不锈钢焊条进行不预热焊补;对于非工作面(储料槽和分槽面)的气孔和夹渣,当直径＜2.5mm 时可不处理;对模槽内裂纹,若长度为 6～8mm 且较分散,也可不进行处理。

2)焊条电弧堆焊修复旧锻模工艺。对于 5CrMnMo 和 5CrNiMo 等材料的锻模使用后产生的型槽塌边、尺寸涨大、裂纹等缺陷,可以区别情况,采用 EDCrMnMo-15(D397)焊条进行堆焊修复。

①先用高温回火(650℃～690℃)或退火降低模体硬度,然后将型槽损坏部分用机械加工方法去除,使待焊部位呈斜坡口或带圆角的沟槽。其余步骤同堆焊制造锻模的工艺。

②不用高温回火和退火,直接用砂轮清理缺陷和待堆焊修复处,在 250℃～400℃预热或局部预热后进行堆焊,焊后缓冷后进行回火处理。最后采用砂轮打磨出所需外形后即可投入使用,此法适用于修复量不大的旧锻模。

(2)主轴的堆焊 主轴的材料大部分选用中碳优质碳素结构钢或合金结构钢,如 45、40Cr 等,在使用过程中工作表面或轴颈磨损后,需采用堆焊方法进行修复。

①工件焊前准备。焊前应对堆焊表面进行清理,去除油、锈等污物,对特别深、大或尖锐的沟槽,应先车削成平缓的坡口,并且其底部应成为圆弧形。

②工件的固定。为便于预热和堆焊,应将工件放置于带动力的转胎或滚轮架上。

③焊前预热。应按主轴的焊接性选择预热温度,通常应不小于200℃～300℃。预热方法可采用火焰局部加热。

④焊接材料。主轴对表面的硬度有要求,可选用 EDPMn2-15(D107)、EDPMn3-15(D127)、EDPCrMo-Al-03(D112)、EDPCrMo-A2-03(D132)及 EDPMn4-16(D146)等,若无表面硬度要求,也可采用相应强度等级的碳素结构钢焊条。

⑤焊接工艺。堆焊时,应先将局部沟槽填平,再从中间向两端进行,以减少轴的变形。当主轴的焊接性较差、堆焊层又较厚时,为防止产生裂纹,可采用焊接性较好的 E4315(J427)或 E5015 作为过渡层,然后再用要求的堆焊焊条施焊,为不使表层硬度因母材稀释而降低,此时堆焊层应不低于两层。

第一层应选用较小的焊接电流,以减小熔合比。堆焊时,应保持焊道间温度为 150℃～200℃。堆焊层厚度应有 3～5mm 加工余量。

⑥焊后热处理。通常主轴堆焊后表面硬度可达 22～30HRC,一般不进行退火即可加工,但焊后必须立即进行消氢处理,以防冷裂。

(3)阀门密封面的堆焊　阀门密封面除了受到不同温度的金属间磨损外,还受到冲蚀、疲劳和热腐蚀。阀门基体材料为 35 铸钢的耐高温高压阀门,工作温度可达 650℃,且耐磨性和耐腐蚀要求很高。可采用钴基硬质合金堆焊焊条 EDCoCr-A-03(D802)及 EDCoCr-B-03(D812)。

1)焊前准备工作。

①工件表面的锈、油污、毛刺等应仔细清除。工件表面不得有裂纹、剥落、孔穴、凹坑等缺陷,棱角处应有圆角,圆角半径应稍大些。

②修复磨损件表面时应把磨损的沟槽痕迹全部机械加工掉。如堆焊厚度过厚时,要先用和母材相同的材料堆焊打底层。

③为防止堆焊合金或基体金属产生裂纹和为了减小变形,零件在

堆焊前需进行 500℃～600℃预热。

2)堆焊时,焊条可做横向摆动,使堆焊焊道宽度达到 30mm 左右。堆焊电流的选择不应过大,以保护焊边两侧不产生咬边。在堆焊焊道的一侧搭焊另一焊道时,第二道应盖上前一道宽度的 1/3 左右,保证堆焊表面平滑美观。焊后在 600℃炉中均热 30min 后随炉冷却。

7.2.3 典型异种钢铁材料的焊接

1. 40Cr 钢与 35 钢的焊接

由异种钢焊成的承受压力为 9.8MPa 的气缸是卷板机上的重要构件之一,气缸结构尺寸如图 7-11 所示。该气缸的缸体为 40Cr 钢,两端的法兰板为 35 钢。因为在焊后需对气缸内孔及其两端法兰板进行机械加工,所以在焊接过程中,既要为保证承受压力而避免焊接缺陷,又要为保证焊缝及其热影响区的焊后机械加工性而选择适宜的焊接材料和焊后的热处理措施。

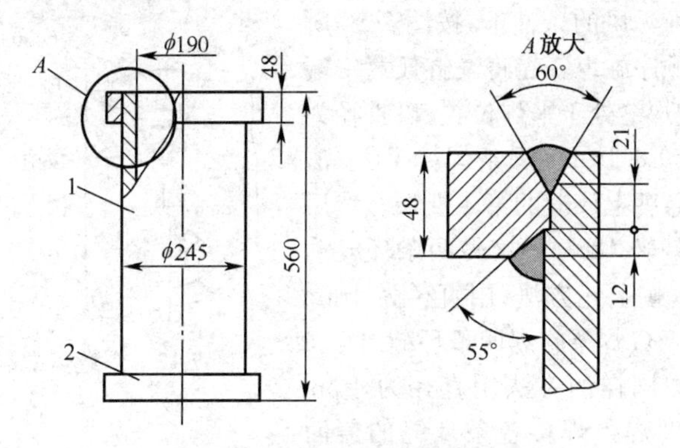

图 7-11 气缸结构尺寸

1. 缸体 2. 法兰

根据上述情况,全部采用焊条电弧焊,具体工艺措施及焊接参数如下。

①根据 40Cr 钢与 35 钢的焊接特点及其技术要求,选择的坡口形式和尺寸如图 7-11 中 A 部放大图所示。选择的三种焊条为:第一、二层选用伸长率、冲击韧度、强度等综合性能较高的 E6016-D1 焊条;第

三、四层选用高强度的 E8515-G 焊条；盖面层选用强度与硬度均低的 E4303 焊条。将选用的直径为 4mm 焊条分别在 250℃和 350℃条件下烘焙 2h。

②各种焊条的焊接参数见表 7-39 所示。

表 7-39　各种焊条的焊接参数

焊条牌号	焊条直径/mm	焊接电流/A	焊接极性	层间温度/℃
E6016-D1	4	180	直流正接	120
8515-G	4	180	直流反接	120
E4303	4	200	直接正接	120

③用钢丝刷清理坡口，将气缸体立置于两法兰之间，进行装配。

④先用三把 H01-20 焊枪对气缸接头位置进行预热，预热温度为 200℃（如温度低于 21℃时，预热温度应为 300℃），然后再以直径为 4mm 的 E6016-D1 焊条在接头处进行定位焊。

⑤在无风的条件下，按图 7-12 所示熔敷顺序施焊。先将气缸任意一端朝上，使焊缝处于平焊位置，以直径为 4mm 的 E6016-D1 焊条焊接上、下法兰板两条朝上环缝的第 1、2 层。然后将气缸翻转 180°，焊接另两条环缝第 1、2 层。按上述方法，用直径为 4mm 的 E8515-G 焊条施焊四条环缝第 3、4 层。再以同样的方法用直径为 4mm 的 E4303 焊条焊接各条环缝的盖面层。

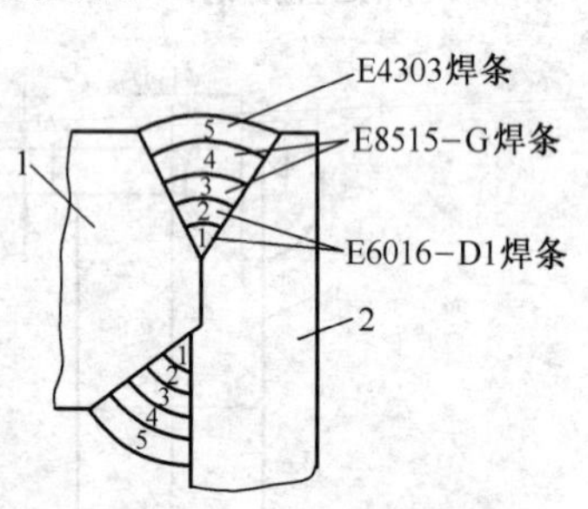

图 7-12　焊缝熔敷顺序

1. 法兰板　2. 气缸壁

⑥施焊时，要控制缸体（40Cr 钢）的熔化量，只要能熔合就可以，否则易产生裂纹。

⑦焊后立即将工件入炉进行退火处理，其温度为 500℃，保温 2.5h，随炉冷至 250℃出炉。

2. 中厚板异种钢对接横焊焊条电弧焊

(1)操作要点　横焊时由于熔化金属受重力作用，会下淌至下坡口面上，容易形成未熔合和层间夹渣，并且在坡口上边缘易产生咬边，下边缘易形成液态金属下坠，但液态金属和熔渣较易分清，操作时焊工可以看清熔池的形态，因此能较好地控制熔池。采用多层多道焊时，能较容易地防止液态金属下淌。

操作时，焊工的左手或胳膊最好有依托，以保持身体稳定，引弧点应是焊工的正视部位。当焊完1根焊条后，焊工就需要移动一下位置，为保持能始终正视焊缝，焊工上部身体应随电弧同时向前移动，但眼睛仍需与电弧保持一定的距离。

(2)试板装配和焊接参数 试板材料为07Cr19Ni11Ti＋Q235A，板厚为8～12mm。装配时考虑到横向收缩，试板末端根部间隙应略大于始端间隙，横焊时，由于焊接层数较多，易产生较大的反变形，所以试板应预留较大的反变形角，通常为10°左右，对接横焊试板的装配尺寸如图7-13所示。试板板面应垂直固定，保证焊缝呈水平位置，坡口上缘与焊工的视线相平齐，操作时，正面站立，两腿稍叉开。

采用灭弧焊和连弧焊进行试板横焊的打底焊，板对接横焊打底层的焊接参数见表7-40。

第二层仍可采用直径为3.2mm的A302(A307)焊条，焊接电流为100～110A，其余各层可采用直径为4mm的A302或A307焊条，焊接电流为150～170A。

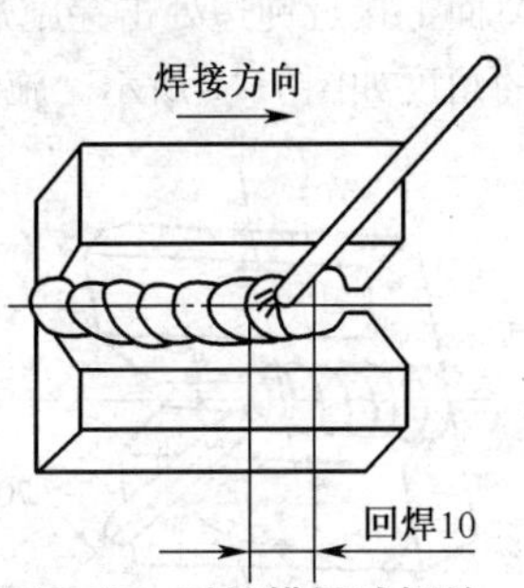

图7-13 对接横焊试板的装配尺寸

(3)打底层的焊接操作 横焊打低层的操作可以分别采用灭弧焊或连弧焊。

表7-40 板对接横焊打底层的焊接参数

焊接参数 / 操作方法	试板厚度/mm	焊条牌号	焊条直径/mm	焊接电流/A
灭弧焊	8～12	A302、A307	3.2	90～100
连弧焊	8～12	A302、A307	3.2	80～85

①打底层的灭弧焊操作要领。焊接打底层时，由于过渡熔滴受重力影响，容易偏离焊条轴线，向下倾斜。因此，在短弧施焊的基础上，除保持一定的下倾角 80°～90°外，还需与工件的水平轴线倾斜 70°～80°，板对接横焊打底层采用灭弧焊时的焊条倾角如图 7-14 所示。由于焊条的倾斜以及上、下坡口面角度的影响，使电弧对上、下坡口面的加热不均，上坡口面受热较好，下坡口面受热较差。同时熔池金属因受重力作用下坠，极易造成下坡口面熔合不良，甚至冷接。为此，应先击穿下坡口面，后击穿上坡口面，并将击穿位置相互错开一定距离，使下坡口面击穿熔孔在前、上坡口面击穿熔孔在后。起焊时，首先在定位焊缝前 10～15mm 处的坡口面上划擦引弧，然后将电弧迅速回拉到定位焊缝中心部位处加热坡口，当见到坡口两侧金属即将熔化时，将熔滴金属送至坡口根部，并压一下电弧，使熔滴与熔化的定位焊缝和母材金属熔合成第一个熔池。当听到背面电弧的穿透声时，表明已形成了明显可见的熔孔，这时使焊条与工件保持成一定的倾角，依次在下坡口面和上坡口面上接近钝边处击穿施焊，板对接横焊打底层采用灭弧焊击穿施焊的角度如图 7-15 所示。施焊时，电弧不要抬得过高，保持短弧焊接。

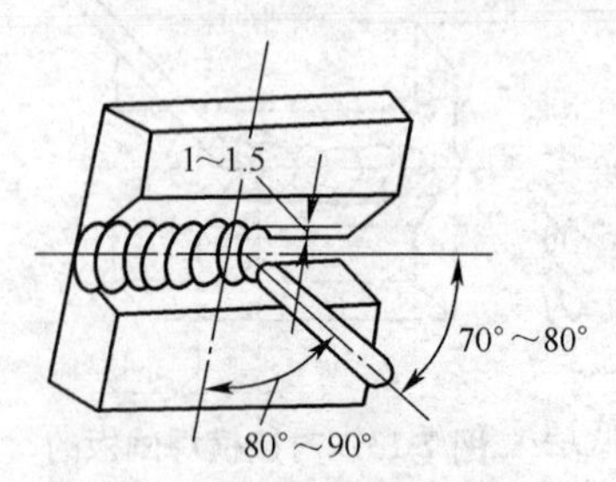

图 7-14　板对接横焊打底层采用灭弧焊时的焊条倾角

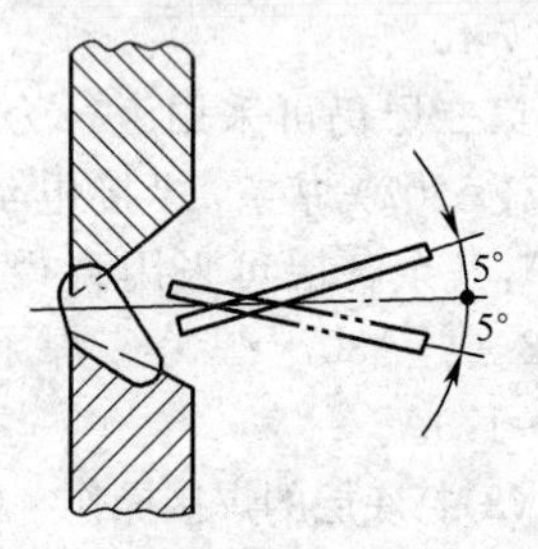

图 7-15　板对接横焊打底层采用灭弧焊击穿施焊的角度

板对接横焊打底层采用灭弧焊的操作手法如图 7-16 所示，当电弧穿透坡口根部时，应使每侧坡口面熔化 1～1.5mm，且下坡口面的熔孔要始终比上坡口面的熔孔超前(指焊接方向)0.5～1 个的熔孔直径，这样有利于减小上部熔池金属的下坠倾向，防止熔合不良或冷接。板对接横焊打底层采用灭弧焊时的焊缝形状及熔孔如图 7-17 所示。施焊时，应使焊道背面熔化金属有稍微下坠。如果控制电弧燃烧时间，使之不产生下坠，则焊缝上部易出现气孔。原因是气体向上逸出时，受到母材金属横断面的阻挡，逸出受阻；而且熔池存在时间过短。

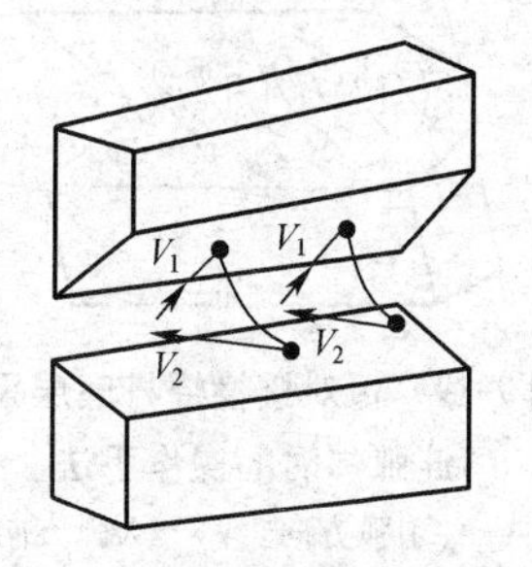

图 7-16　板对接横焊打底层采用灭弧焊的操作手法

V_1—引弧方向　V_2—灭弧方向

·—表示电弧稍做停留

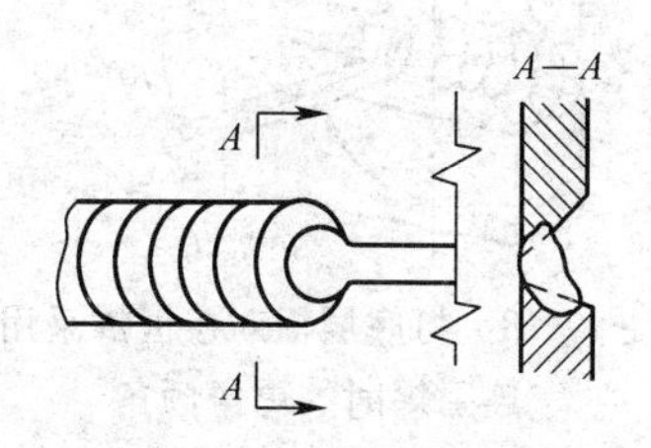

图 7-17　板对接横焊打底层采用灭弧焊时的焊缝形状及熔孔

更换焊条熄弧前，必须向熔池背面多补充几次熔滴，然后将电弧拉到侧后方熄弧。更换焊条时速度要快，换好焊条后应立即在熔池处再引弧，利用电弧的加热和吹力，重新击穿坡口钝边，压低电弧施焊；或者在收尾熔池处，加热 1～2s，使之熔化，然后立即引弧击穿焊接，以保证根部焊透，接头光滑。

横焊打底层采用灭弧焊法施焊时，工件背面弧长应保持约 1/2 弧柱长度。

②打底层的连弧焊操作要领。先在始焊部位的上坡口面引弧，待根部钝边熔化后，再将液态金属带到下侧钝边，形成第一个熔池，然后击穿熔池，并立即采用斜椭圆形运条法运条。从坡口上侧向下侧的运条速度要慢一些，防止产生夹渣以及保证填充金属与工件熔合良好。从下侧向上侧的运条速度要快一些，以防止液态金属下淌。

打底层板对接横焊采用连弧焊时的焊条倾角如图 7-18 所示。焊接过程中要采用短弧将液态金属送到坡口根部，收弧时，应将电弧带到坡口上侧并向后方提起收弧，板对接横焊打底层采用连弧焊时的操作手法如图 7-19 所示。

打底层横焊采用连弧焊施焊时，工件背面弧长应保持 2/3 弧柱长度。

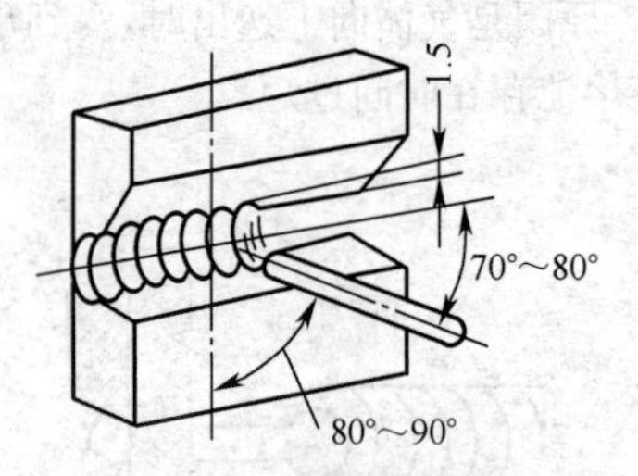

图 7-18　打底层板对接横焊采用连弧焊时的焊条倾角

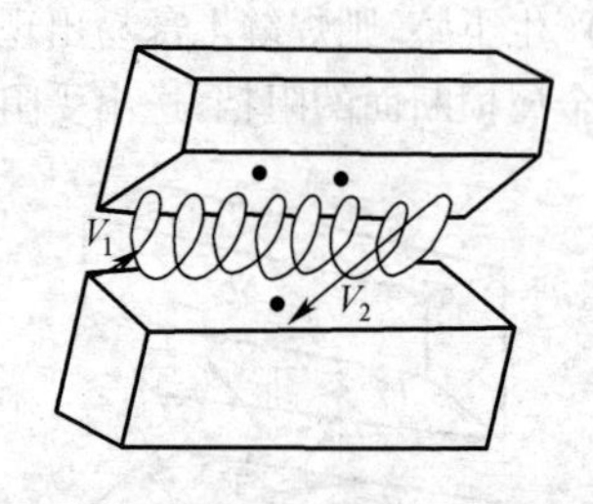

图 7-19　板对接横焊打底层采用连弧焊时的操作手法

V_1—引弧方向　V_2—灭弧方向

·—表示电弧稍做停留

(4)其余各层的焊接操作　其余各焊层的焊接均采用多道焊。每道焊缝采用横拉(稍做往复)直线运条法。每条焊道都要对准前一焊层形成的沟槽处,一道一道地由下向上排列施焊,以防液态金属下滑影响成形,板对接横焊时焊层(道)的排列如图 7-20 所示。

(5)盖面层焊缝的焊接　边缘焊道施焊时,运条应稍快,中间焊道运条稍慢,这样有利于焊缝两侧圆滑过渡,获得良好的表面成形。当焊到盖面层最后一条焊道时,焊条需相对水平轴线上倾 15°左右(采用碱性焊条施焊,焊条应下倾约 40°),以防止产生咬边。板对接横焊盖面层施焊时的焊条角度如图 7-21 所示。盖面层焊缝需压上、下中间层焊缝边缘各 1.5mm 左右。应该指出的是,施焊每一焊层时,前一焊道表面的焊渣不要除掉,应在焊渣覆盖的情况下焊接,这样有利于焊道之间圆滑过渡,减小焊道之间形成的沟槽,使焊缝外表光滑美观。

3. 中厚板异种钢对接立焊焊条电弧焊

(1)操作要点　立焊时,熔池金属和熔滴因受重力作用具有下坠趋势,容易产生焊瘤。但由于熔渣的熔点低,流动性强,熔池金属和熔渣容易分离,操作中焊工可以清晰地观察到熔池的形状和形态,因此能较好地控制熔池。由于熔池部分脱离了熔渣的保护,如果操作或运条角度不当,容易产生气孔。操作过程中,有时可看到熔池内部会发生轻微抖动,这是熔池内部气体的作用所致。因此,操作时应注意保持电弧长度和运条角度,并密切地注视熔池的动态。

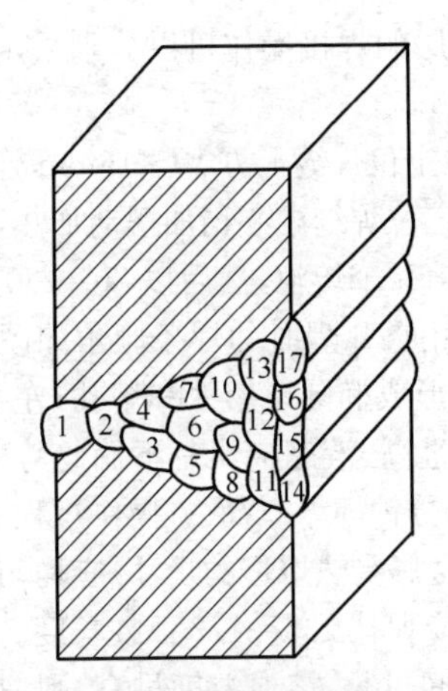

图 7-20　板对接横焊时焊层(道)的排列

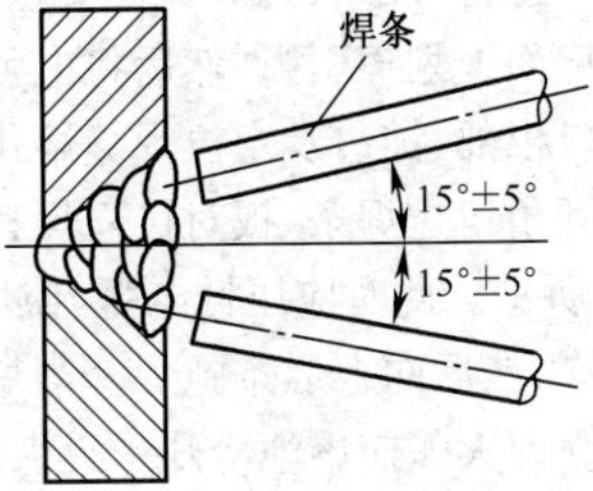

图 7-21　板对接横焊盖面层施焊时的焊条角度

(2)试板装配和焊接参数　试板材料为 07Cr19Ni11Ti＋Q235A，板厚为 8～12mm，试板对接立焊的装配尺寸如图 7-22 所示。试板应垂直固定，高度以试板的上缘与焊工两腿稍叉站立时的视线齐平为宜。

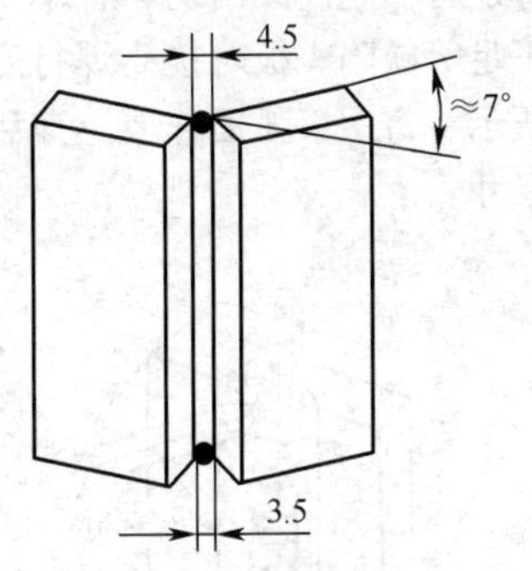

图 7-22　试板对接立焊的装配尺寸

采用灭弧焊和连弧焊的板对接立焊打底层的焊接参数见表 7-41。

其余各层均采用直径为 3.2mm 的 A302(A307)焊条，焊接电流为 80～100A，立焊时不能采用粗直径焊条，因为这些焊条熔化的液态金属和熔渣太多，将会引起操作上的困难。

表 7-41　板对接立焊打底层的焊接参数

焊接参数 操作方法	试板厚度	焊条牌号	焊条直径/mm	焊接电流/A
灭弧焊	8～12	A302(A307)	3.2	70～90
连弧焊	8～12	A302(A307)	3.2	65～75

(3)打底层的焊接操作　立焊打底层的焊接操作可以分别采用灭弧焊或连弧焊。

①打底层灭弧焊操作要领。首先在定位焊缝上方10～15mm处的坡口面上划擦引弧，然后将电弧拉回至定位焊缝中心稍加摆动加热，使坡口根部、钝边及定位焊缝熔化并形成第一个熔池，然后以70°～80°的下倾角运送焊条，板对接立焊打底层采用灭弧焊时的焊条倾角如图7-23所示。此时应压低电弧，使坡口根部形成椭圆形熔池和熔孔，左、右击穿，然后向上运条施焊。当熔池温度过高、液态金属有下淌趋势时，应立即灭弧使熔池冷却。灭弧频率约每分钟50～60次。操作过程中，要求坡口根部两侧的击穿尺寸(即母材金属受热熔透的尺寸)应均匀地保持在1.5～2.5mm范围内，工件背面应保持1/3～1/2弧柱长度。如果坡口根部的缺口过大，即电弧燃烧时间过长，熔池温度过高，则液态金属体积迅速增大，当重力大于表面张力时，液态金属即开始下坠，使焊道背面超高或出现焊瘤；反之，缺口过小，则会产生焊不透或熔透度不足等缺陷。板对接立焊打底层采用灭弧焊时的操作手法如图7-24所示。每次灭弧动作要迅速果断，不要拉长弧，以减小连接处的熔孔尺寸。

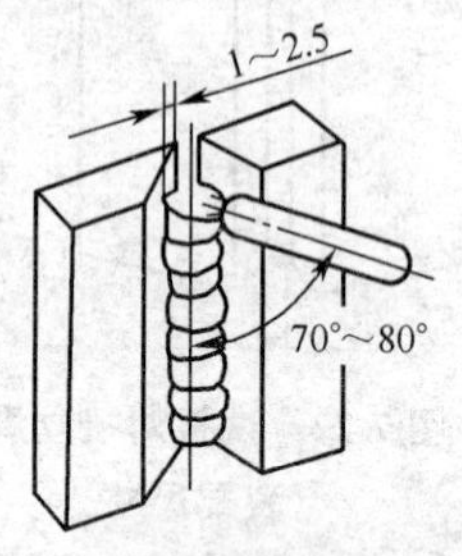

图7-23　板对接立焊打底层采用灭弧焊时的焊条倾角

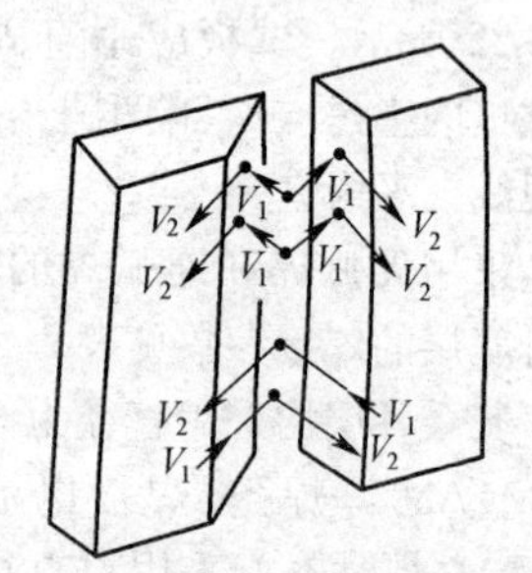

图7-24　板对接立焊打底层采用灭弧焊时的操作手法

V_1—引弧方向　V_2—灭弧方向

·—表示电弧稍做停留

更换焊条时，可预先在熔池最前边缘或背侧连续断弧2～3次，即给2～3滴液态金属，然后将焊条向下(后)斜拉至坡口的一侧，再迅速灭弧，以防止产生冷缩孔。更换焊条后，在坡口的一侧上方距熄弧

10～15mm处划擦引弧，再将电弧拉回至熄弧处对熔池根部加热。加热后将电弧稍向坡口根部一压，听到背面“噗”的击穿声后，表示已经焊透，接头完成，即可转为正常施焊，但需注意新的熔池形成及温度的变化。通常新的熔池形成后，在液态金属和固态金属间会产生一条白亮的交界线，应待交界线消失后，方可运条施焊。

②打底层连弧焊操作要领。焊条与试板的下倾角为45°～60°，板对接立焊打底层采用连弧焊时的焊条倾角如图7-25所示。做击穿动作时，焊条的下倾角应>90°，出现熔孔后立即恢复到原角度。操作过程中的熔孔应保证每侧坡口面熔化1～1.5mm，并做横向摆动，但摆动时向上的幅度不宜过大，否则易产生咬边。在保证背面成形良好的前提下，焊道越薄越好，如果焊道过厚，则易产生气孔。焊道接头时，须先用角向砂轮机或扁铲将其端部修磨成缓坡之后再进行接头操作，以利于接头处的背面成形。施焊时工件背面应保持1/2的弧柱长度。

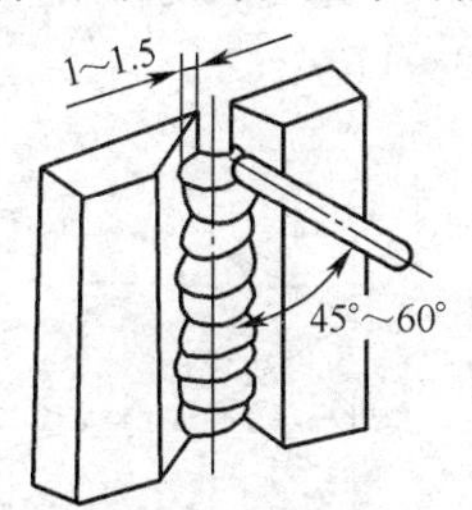

图7-25　板对接立焊打底层采用连弧焊时的焊条倾角

(4)其余各层次的焊接操作　焊接填充层与盖面层焊缝时，为保证焊层之间、焊道和坡口面两侧之间有良好的熔合，应清理干净前一焊层的焊渣，以及采用合适的运条方法。填充层焊道的焊接可采用两种运条手法，板对接立焊填充层的运条手法如图7-26所示。无论采用哪种运条手法，焊条摆动到两侧时都要停顿或上、下稍做摆动，中间速度加快，以均衡熔池温度，使两侧熔合良好。以后各填充层施焊时，可采用锯齿形、月牙形或8字形的运条法，但均应注意保持焊层厚薄均匀。盖面层焊接可采用锯齿形运条法，焊接电流可略小于中间各层，以防止产生咬边或因熔池温度过高使钢液下淌，形成焊瘤。盖面焊缝应能和母材金属圆滑过渡，边缘整齐，并且有良好的成形。

4. 中厚板异种钢对接仰焊焊条电弧焊

(1)操作要点　仰焊时，熔滴过渡形式主要是短路过渡，即靠电弧吹力和熔化金属的表面张力作用过渡于熔池。焊条金属熔滴过渡的重力妨碍熔滴过渡，熔池金属也受自身重力作用产生下坠。由于熔池温度越高，表面张力越小，因此，仰焊时极易在焊道背面产生凹陷，正面出现焊瘤。仰焊时一定要采用短弧操作，同时还应控制熔池的体积和温度，焊层要薄。

(2)试板装配和焊接参数　试板材料为07Cr19Ni11Ti＋Q235A，板厚为8～12mm，装配时末端间隙应略大于始端间隙，并预留适当的反变形量，试板对接仰焊的装配尺寸如图7-27所示。为了保证熔滴能顺利过渡至试件背面，应采用较大的根部间隙。

采用灭弧焊和连弧焊手法对接仰焊位置打底层的焊接参数见表7-42。

其余各层均采用直径为3.2mm的A302(A307)焊条，焊条电流为90～110A。

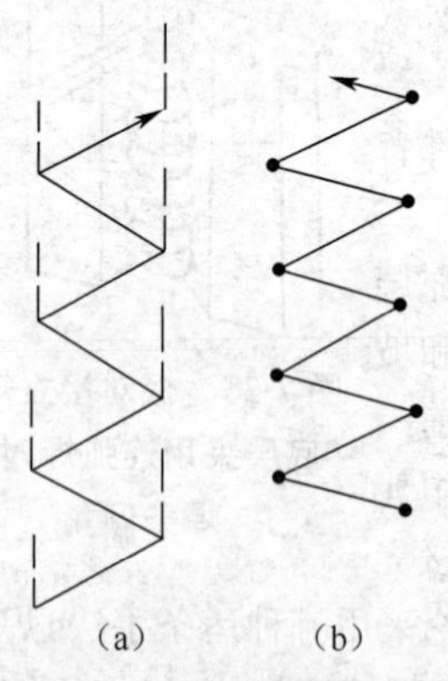

图7-26　板对接立焊填充层的运条手法

(a)两侧稍做上、下摆动　(b)两侧稍做停留

↕—上、下摆动　·—停顿

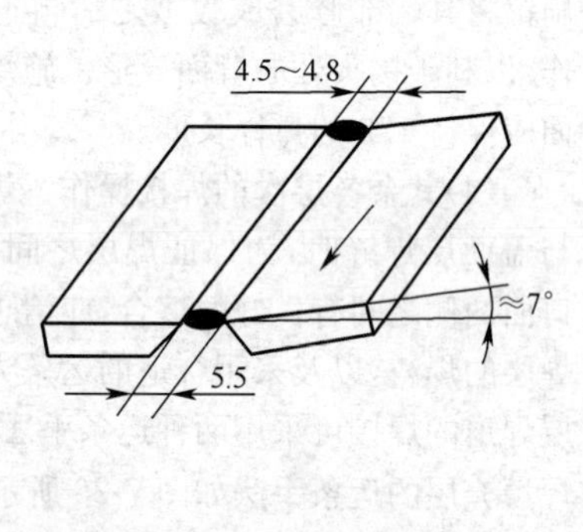

图7-27　试板对接仰焊的装配尺寸

表7-42　对接仰焊位置打底层的焊接参数

焊接参数 / 操作方法	试板厚度/mm	焊条牌号	焊条直径/mm	焊接电流/A
灭弧焊	8～12	A302(A307)	3.2	80～100
连弧焊	8～12	A302(A307)	3.2	70～80

(3)打底层的焊接操作　仰焊打底层的操作可以分别采用灭弧焊

或连弧焊。

①打底层的灭弧焊操作要领。打底层仰焊时易在焊缝背面产生塌陷，为达到单面焊双面成形的目的，使背面焊缝成形良好，仰焊打底层的操作具有较大的难度。板对接仰焊打底层采用灭弧焊时的焊条倾角如图 7-28 所示。开始焊接时，首先在距定位焊缝 10～15mm 处的坡口一侧引弧，然后将电弧拉回至定位焊缝中心，加热坡口根部，再压低电弧将熔滴送到定位焊缝根部，并借助电弧吹力作用尽量向坡口、根部、背面输送熔滴，同时将其稍向左、右摆动，以便于形成熔池和熔孔。仰焊时，第一个熔池形成后立即熄弧以冷却熔池。再引弧时，在第一个熔池前一侧坡口面上，即在熔孔的边缘用接触法引弧。电弧引燃后，控制焊条不要摆动，使电弧燃烧 0.8～1s，并保持弧柱长度的 1/2 穿过熔孔，然后急速拉向侧后方熄弧。

板对接仰焊打底层采用灭弧焊时的操作手法如图 7-29 所示。电弧燃烧时焊条不应做大幅度摆动，运条速度要快。如果焊条摆动幅度过大，液态金属受电弧的吹力就减小，且力的作用位置发生改变，将使熔池金属下坠倾向增大。熄弧动作应迅速利落，以免焊道背面产生塌陷，正面出现焊瘤。施焊过程中，工件背面应保持焊缝凸起，穿透熔孔的位置要准确，每侧坡口穿透尺寸应为 1.5～2mm。

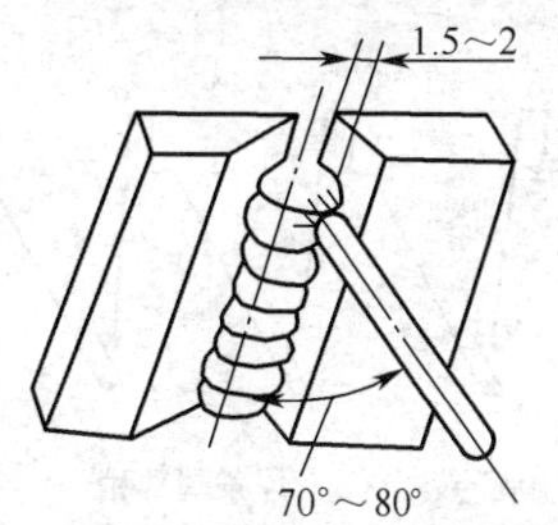

图 7-28 板对接仰焊打底层采用灭弧焊时的焊条倾角

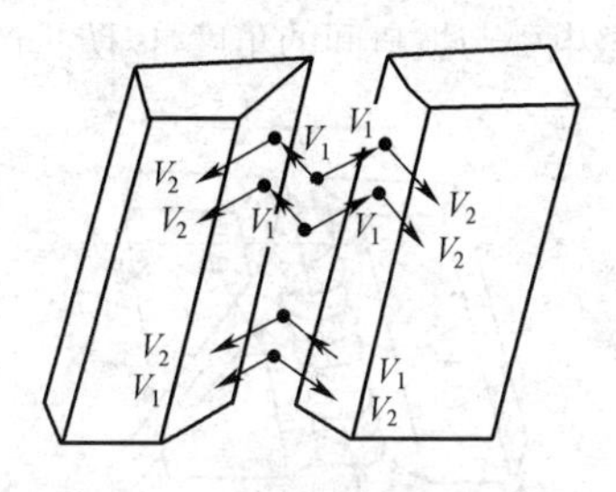

图 7-29 板对接仰焊打底层采用灭弧焊时的操作手法

V_1—引弧方向 V_2—灭弧方向

·—表示电弧稍做停留

如果采用碱性焊条 A307 施焊，为了得到良好的焊缝成形，不能像酸性焊条 A302 那样靠灭弧或挑弧控制熔池温度，必须采用短弧焊，否则，容易产生气孔。

更换焊条熄弧前，要在熔池边缘部位迅速向背面补充 2～3 滴液态金属，然后向后侧衰减灭弧。

接头时，动作要快，最好在熔池尚处于红热状态下引弧施焊，接头位置应选在熔池前缘。当听到试板背面电弧穿透声后，焊条立即做稳弧、旋转动作，再运条前进。

②打底层的连弧焊操作要领。对接仰焊打底层采用连弧焊时的焊条倾角如图 7-30 所示。为防止背面焊道产生塌陷，应采取如下措施：采用短弧焊，利用电弧吹力托住液态金属，并将一部分液态金属送至工件背面；焊接速度要适当加快，使熔池断面积减小，形成薄焊层，以减轻焊肉自重；保持适当的焊条倾角。施焊时，工件背面应保持 2/3 弧柱长度。

(4)其余各层的焊接操作 施焊填充层和盖面层前，要严格清理前一焊层的焊渣、飞溅，尤其是焊道两侧的焊渣必须清理干净，防止焊接时产生夹渣。接头处焊道凸起部分或焊瘤应该用电弧将其吹掉，板对接仰焊的大锯齿形运条法如图 7-31 所示。焊接时用短弧操作，弧长最好控制在 3mm 以下，以防止产生气孔。如果前一层焊道表面较整齐、光滑，则后一层焊道可采用 8 字形或大月牙形运条法施焊。操作时要注意坡口两侧的熔合情况，运条至坡口两侧时，焊条可做适当偏转，调整电弧与坡口间的角度，以防止产生咬边。

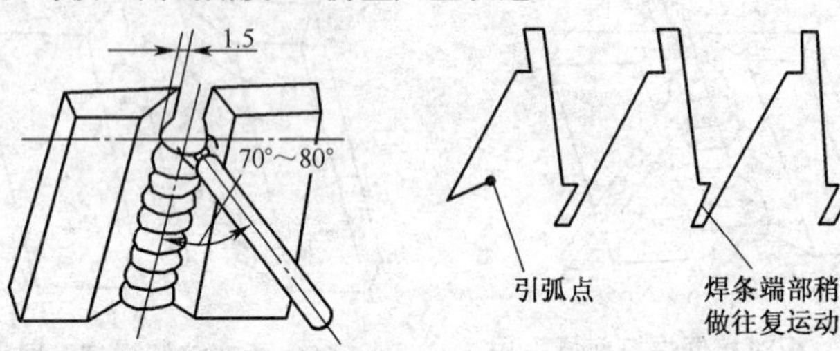

图 7-30 对接仰焊打底层采用连弧焊时的焊条倾角

图 7-31 板对接仰焊的大锯齿形运条法

5. 薄板异种钢的板-板对接横焊位置手工 TIG 焊

(1)基本条件及要求

①试件材质为 Q235＋07Cr19Ni11Ti。

②试件尺寸及坡口角度如图 7-32 所示。

③焊接材料为 06Cr18Ni11Ti，焊丝直径 ϕ2.5mm。

④焊机为 WP4-300。

⑤要求单面焊双面成形。

(2)试件清理及装配

①清除坡口正、背面及两侧 20mm 范围内的油、锈及其他污物，使之露出金属光泽，可用丙酮清洗坡口处。

②装配。装配间隙：始焊端为 2mm，终焊端为 3mm。定位焊采用 06Cr18Ni11Ti，ϕ2.5mm 焊丝，并点固于试件正面坡口内两端，焊缝长度为 10～15mm，厚 3～4mm。并将试件固定于固定架，焊缝坡口呈水平，其坡口上缘与视线相平齐。小间隙端置右侧，采用左焊法。预置反变形量为 3°。错边量≤0.6mm。

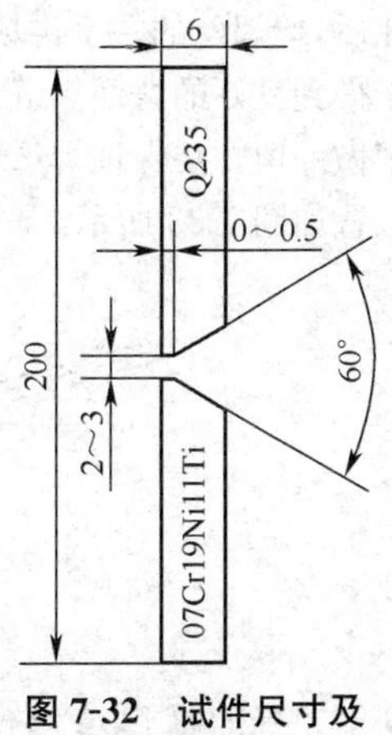

图 7-32 试件尺寸及坡口角度

(3)焊接参数 见表 7-43。

表 7-43 焊接参数

<table>
<tr><th>焊接层数</th><th>焊接电流/A</th><th>电弧电压/V</th><th>氩气流量/(L/min)</th><th>钨极直径/mm</th><th>焊丝直径/mm</th><th>喷嘴直径/mm</th><th>钨极伸出长度/mm</th><th>喷嘴至工件距离/mm</th><th>极性</th></tr>
<tr><td>打底焊(1)</td><td>85～95</td><td rowspan="3">12～16</td><td rowspan="3">7～10</td><td rowspan="3">2.0</td><td rowspan="3">2.5</td><td rowspan="3">8</td><td rowspan="3">4～8</td><td rowspan="3">≤10</td><td rowspan="3">正接</td></tr>
<tr><td>填充焊(2)</td><td>100～110</td></tr>
<tr><td>盖面层(3,4)</td><td>100～110</td></tr>
</table>

(4)操作要点及注意事项 横焊时要避免上部咬边，由于熔化金属受重力作用，下部焊道易凸出下坠，电弧热量要偏向坡口下部，防止上部坡口过热，母材熔化过多。采用三层四道左焊法。

①打底焊。利用非接触高频或高压脉冲引弧，焊枪在试件右端定位焊缝处引弧，先不加焊丝，引弧后稍作停留，控制电弧长度以 3mm 为

宜，对定位焊端头进行 2～3s 的加热，待坡口根部熔化并形成熔池和熔孔后，握焊丝的左手再填丝并向左开始焊接。焊丝要送到坡口根部，便于得到良好的背面焊缝成形。焊枪做小幅度锯齿形摆动，在坡口两侧稍做停留。要保证焊透，坡口两侧熔合良好。打底层焊枪角度与焊丝位置如图 7-33 所示。

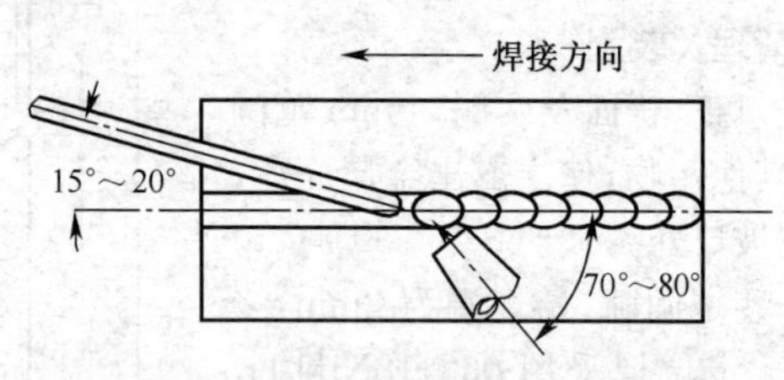

图 7-33　打底层焊枪角度与焊丝位置

正确的横焊填丝位置如图 7-34 所示。注意焊丝熔头不要移出保护区外，以防氧化。操作中严禁焊丝碰撞钨极。

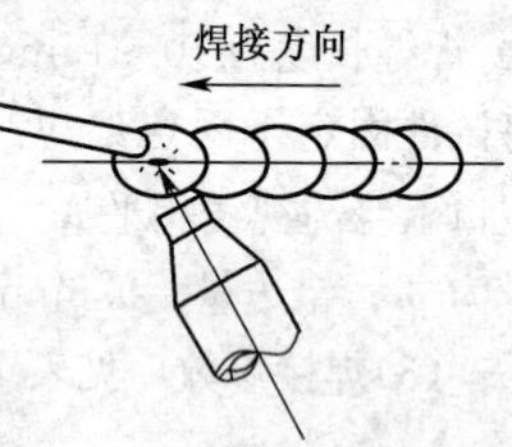

图 7-34　正确的横焊填丝位置

②填充层。填充层除焊枪摆动幅度稍大以外，焊接顺序、焊枪角度、填丝的位置都与打底层焊相同。焊接电流按表 7-43 中焊接参数进行调整。

③盖面层。盖面层焊道分上、下两道排列，盖面层焊枪角度如图 7-35 所示。

首先焊下面焊道，然后焊上面焊道。焊下面盖面层焊道时，电弧做月牙形摆动，使熔池的上边缘在填充层焊道的 1/2～2/3 处，熔池的下边缘熔化坡口下棱边 0.5～1.5mm，保证坡口下侧熔合良好。

焊上面的焊道时，电弧做月牙形摆动，使熔池的上边缘超过坡口上棱边 0.5～1.5mm。熔池的下边缘与下面盖面层焊道均匀过渡，保证盖面层焊道表面平整。

6. 小直径管异种钢对接的水平固定位置焊接

(1)基本条件及要求

①试件材质：07Cr19Ni11Ti＋20 钢。

②试件尺寸及坡口角度如图 7-36 所示。

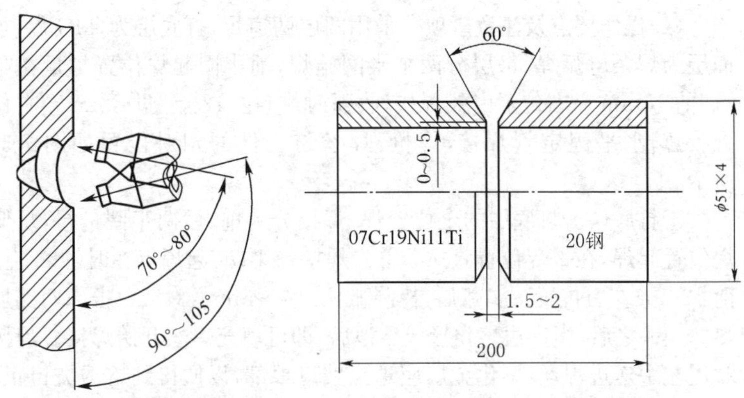

图 7-35　盖面层焊枪角度　　　　图 7-36　试件尺寸及坡口角度

③焊接材料选择 06Cr18Ni11Ti，ϕ2；E309-16（A302），焊丝直径 ϕ2.5mm。

④焊机选择 WP4-300。

⑤手工 TIG 焊打底，焊条电弧焊盖面，要求单面焊双面成形。

(2)试件清理及装配

①清除坡口及其两侧内外表面 20mm 范围内的油、锈及其他污物，使之露出金属光泽，并用丙酮清洗坡口处。

②装配。试件的装配采用一点定位焊固定，定位焊缝位置在"12点"处，间隙为 2mm。定位焊采用 TIG 焊，焊接材料为 06Cr18Ni11Ti，ϕ2，焊缝长度 10mm 左右，要求焊透，并不得有焊接缺陷。将试件水平固定于焊接架上。试件错边量≤0.4mm，达到两管同心。

(3)焊接参数　见表 7-44。

表 7-44　　焊接参数

焊接层数	焊丝、焊条型号	焊丝、焊条直径/mm	焊接电流/A	电弧电压/V	氩气流量/(L/min)	钨极直径/mm	喷嘴直径/mm	喷嘴至工件距离/mm	极性
TIG焊打底	06Cr18Ni11Ti	2	90～100	12～14	7～10	2.0	8	≤10	正接
焊条电弧焊盖面	E309-16(A302)	2.5	65～75	22～26	—	—	—	—	反接

(4)操作要点及注意事项　采用两层两道焊，打底层为 TIG 焊，盖面层为焊条电弧焊，每层分两个半圈施焊，前半圈起焊位置尽量在"6点"前 10mm 左右位置引弧焊接，收弧时，应在"12 点"过 8mm 左右位置收弧，水平固定管焊接，焊枪、焊丝与工件的相对位置如图 7-37 所示。

①打底层。打底层的全位置焊，焊接分为前、后两半圈进行，从仰焊位置起焊，在平焊位置收弧。首先焊接前半圈，起焊点在时钟"6 点"前 10mm 左右位置。引弧后，控制弧长为 2～3mm，对坡口根部两侧加热 2～3s 之后，当钝边熔化形成熔池后，即可填充焊丝开始焊接。焊接时用左手送进焊丝，熔化金属应送至坡口根部，以便得到熔透坡口正、

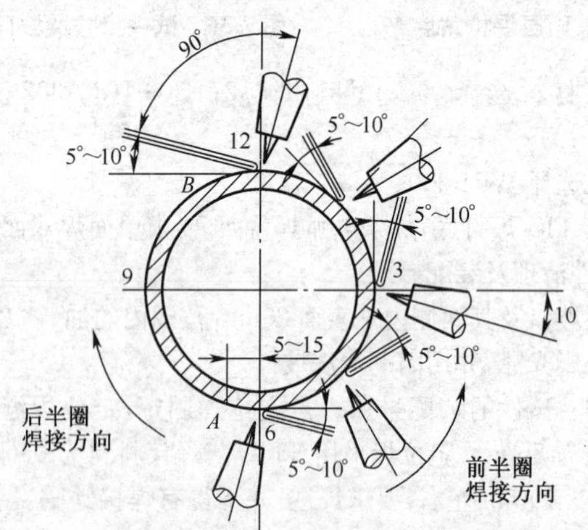

图 7-37　水平固定管焊接，焊枪、焊丝与工件的相对位置

背两面的焊缝。焊接过程采取电弧交替加热坡口根部和焊丝端头的操作方法。焊枪与管子该焊点法线成 5°～15°夹角，夹角不宜过大，否则会降低氩气的保护效果。焊丝与焊枪的夹角一般为 90°，焊接过程中应注意观察、控制坡口两侧，使之熔透均匀，以保证焊缝内壁成形均匀。前半圈焊到平焊位置时，应减薄填充金属量使焊缝扁平，以便后半圈接头平缓。前半圈应在焊过"12 点"约 8mm 处灭弧，灭弧时，用氩弧把熔池逐渐减小移至坡口的一侧熄灭，防止背面出现缩孔。灭弧后应用角向磨光机或锯条将灭弧处的焊缝金属磨削掉一些，以消除可能存在的气孔。

后半圈的起焊位置应在前半圈起焊位置“6点”往后约4～5mm，以保证焊缝重叠。焊接方法同前半圈，焊接结束时，应与前半圈焊缝重叠4～5mm。一般打底层焊缝的厚度为3mm左右。

②盖面层。TIG焊打底后，清理和修整焊道，方可进行焊条电弧焊盖面，可采用小摆幅的月牙形或锯齿形运条方式施焊。要求摆动稍慢而平稳，焊条摆动到坡口两侧时，要稍作停留，并熔化坡口边缘各1～2mm，以防咬边。前半圈收弧时，给弧坑的熔滴不应过多，要使弧坑呈斜坡状，以利于后半圈收弧接头。

7. 异种钢管-板T形接头水平固定位置焊条电弧焊

(1)基本条件及要求

①试件材质：07Cr19Ni11Ti＋20钢。

②试件尺寸及坡口角度如图7-38所示。

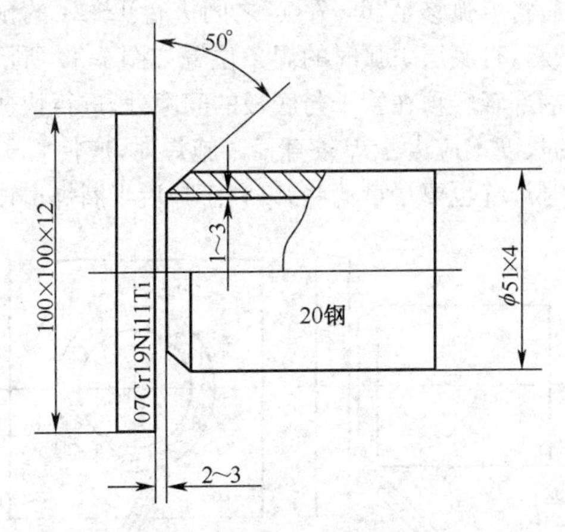

图7-38　试件尺寸及坡口角度

③焊接材料选择：E309-16(A302)、焊丝直径ϕ2.5mm，ϕ3.2mm。

④焊机选择：ZX7-400S。

⑤要求单面焊双面成形。

(2)试件清理及装配

①清除坡口及其两侧20mm范围内油、锈及其他污物，使之露出金属光泽，并用丙酮清洗坡口处。

②装配。装配间隙为 2～3mm。定位焊采用两点定位焊固定，均匀布于管子外圆周上，焊缝长度为 10mm 左右，要求焊透，不得有缺陷。试件错边量≤0.3mm，达到管与底板同心。管子应与底板相垂直。

(3)焊接参数　见表 7-45

表 7-45　焊接参数

焊接层次	焊条型号	焊条直径/mm	焊接电流/A	极性
打底层	E309-16(A302)	2.5	80～90	正接
盖面层	E309-16(A302)	3.2	95～110	反接

(4)操作要点及注意事项　管-板水平固定焊，为全位置角焊缝，采用两层两道焊，分成前半圈和后半圈两部分进行焊接。

①打底层。引弧时，在管子与底板的连接处“5～6 点”位置以划擦法引弧，引弧后将电弧移至“6～7 点”之间进行 1～2s 的预热。再将焊条向右下方倾斜，打底层引弧时的焊条位置如图 7-39 所示。然后压低电弧，将焊条端部轻轻顶在管子与底板的间隙处，进行快速施焊。正常燃烧时电弧的长度不应大于焊条直径。施焊时，应使管子与底板达到充分熔合，同时焊缝也要尽量薄些，以利于与后半圈焊道连接平整。

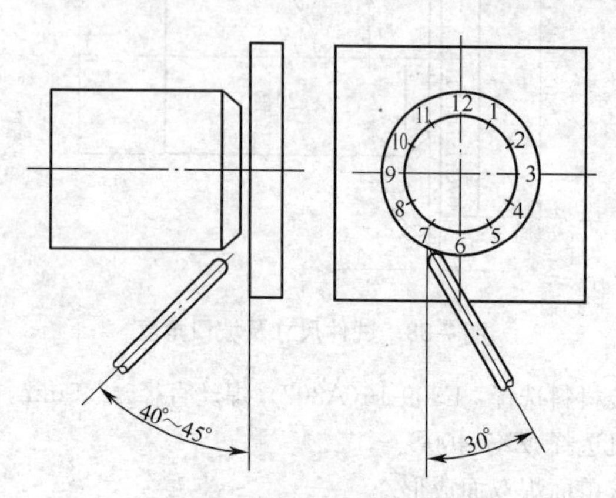

图 7-39　打底层引弧时的焊条位置

操作时要采用短弧焊，以便在电弧吹力使用下，能托住下坠的熔池金属。在“6～5 点”位置时，采用斜锯齿形运条方式，焊条端部摆动的

倾斜角度应逐渐地变化。在“6 点”位置时，焊条摆动的轨迹与垂直水平线倾角呈 30°；当焊至“5 点”时，倾角变为 0°。运条时，向斜下方摆动要快，焊到底板面(即熔池斜下方)时要稍做停留；向斜上方摆动相对要慢，到管壁处稍做停留，使电弧在管壁一侧的停留时间要比在底板一侧略长些，可增加管侧的焊脚尺寸。

在“5 点”至“2 点”位置时，为控制熔池温度和形状，使焊缝成形良好，可采用断弧法。当熔敷金属将熔池填满，使熔池形状欲向下变长时，握焊枪的手腕应迅速向上摆动，挑起焊条根部熄弧，待熔池中的液态金属将凝固时，焊条端部要迅速靠近弧坑，引燃电弧，再将熔池填充饱满。引弧、熄弧，循环进行，每熄弧 1 次的步进距离约为 1.5～2mm。

进行断弧焊时，如果熔池产生下坠趋势，可采用横向摆动或扁椭圆形运条方式，以增加电弧在熔池两侧的停留时间，使熔池横向面积扩大，把熔敷金属均匀地分布于熔池上，会使焊缝成形平整。为使熔渣能自由下淌，电弧可稍拉长些。

在“2 点”至“12 点”位置时，为避免因熔池金属在管壁一侧的聚集而造成低焊脚或咬边，应将焊条端部偏向底板一侧，做短弧锯齿形运条，并使电弧在底板侧停留时间稍长些，如采用断弧做 2～4 次摆动之后，灭弧 1 次。当施焊至“12 点”位置时，在熔池处多给 2～3 滴熔滴再断弧或用挑弧法填满弧坑后收弧。打底层前半圈焊缝及接头焊条倾角如图 7-40 所示。

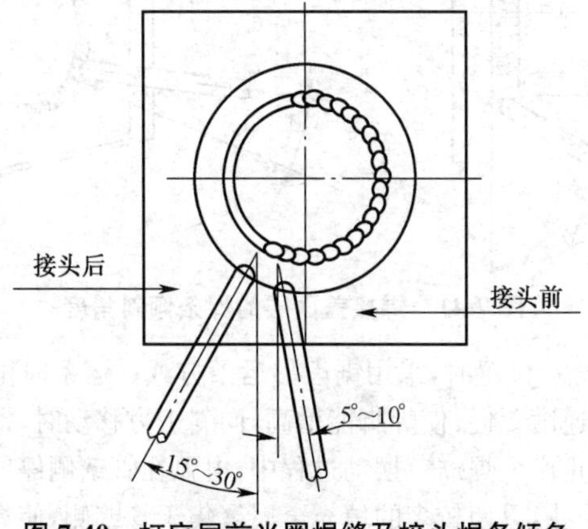

图 7-40　打底层前半圈焊缝及接头焊条倾角

后半圈的焊接操作。在施焊前应将前半圈焊缝始、末端的熔渣清理干净。当焊道处过高或有焊瘤、飞溅物时，必须进行清除和整修加工平整。注意焊道始端的连接，焊条角度如图 7-39 所示。引弧由“8 点”处向右下方以划擦法引弧，将引燃的电弧移到前半圈焊缝的始端（即“6 点”处）进行 1～2s 的预热，然后压低电弧，以快速小斜锯齿形运条，由“6 点”向“7 点”处进行施焊，但焊道不宜过厚。当焊道于“12 点”处与前半圈焊道相连接时，须以挑弧焊或断弧焊施焊。当弧坑被填满后，可挑起焊条熄弧。其他位置的焊接操作与焊前半圈的相同。

②盖面层。操作时也按前、后两个半圈进行焊接，第二层焊接方向与第一层方向相反，接头要错开。焊前必须将打底层焊道上的焊渣、飞溅物全部清理干净。

在前半圈的焊接操作时，引弧由“4 点”处的打底层焊道表面向“6 点”处用划擦法引弧。电弧引燃后，将弧长保持在 5～7mm 之间并迅速移至“5 点”至“6 点”处之间，进行 1～2s 的预热，然后再将焊条向右下方倾斜，焊接盖面层的焊条倾斜角度如图 7-41 所示，且将焊条端部轻轻地顶在“5 点”至“6 点”处的打底层焊道上，以直线运条法施焊，焊道要薄，以利于与后半圈焊道连接平整。

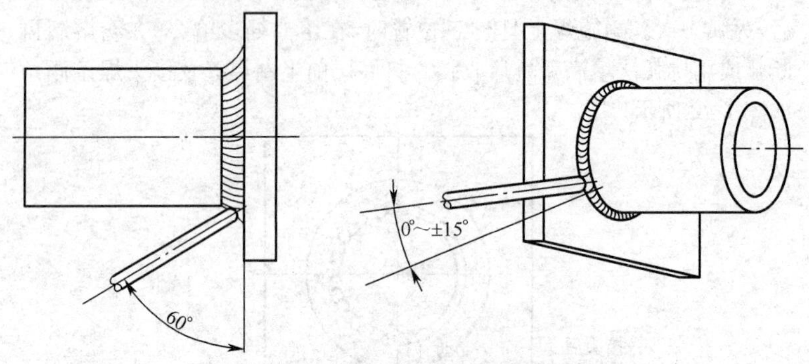

图 7-41 焊接盖面层的焊条倾斜角度

在“6～7 点”位置时，采用锯齿形运条方式。运条时由斜下方管壁侧开始，摆动速度要慢，使焊脚能增高，向斜上方移动时，摆动速度要相对快些，以防止产生焊瘤。摆动过程中，电弧在管壁侧停留的时间比在底板侧要长一些，以使较多的填充金属聚集于管壁侧，使焊脚增大。当焊条摆动到熔池中间时,应使焊条的端部尽可能靠近熔池,利用短弧的吹力托住液态金属,并使焊道边缘熔合良好,成形平整。焊接过程中,如发现熔池金属下坠或管子边缘有未熔合现象时,可增加电弧在焊道边缘停留的时间,尤其要增加电弧在管壁侧的停留时间,并增加焊条摆动的速度。当采取上述措施仍不能控制熔池的温度和形状时,可采用断弧法施焊。

在"7～10点"位置时,由于此处的温度局部增高,施焊过程中,电弧吹力起不到上托熔敷金属的作用,而且还容易促进熔敷金属下坠,因此,应采用断弧焊。当熔敷金属将熔池填满并欲下坠时,挑起焊条灭弧;当熔池凝固时,迅速在其前方15mm处的焊道边缘处引弧,切不可直接在弧坑上引弧,以免因电弧的不稳定而使该处产生密集气孔。紧接着再将引燃的电弧移到底板侧的焊道边缘上停留片刻,当熔池金属覆在被电弧吹成的凹坑上时,将电弧向下倾斜,并通过熔池向管壁侧移动,使其在管壁侧再停留片刻。

当熔池金属将前弧坑覆盖2/3以上时,迅速将电弧移到熔池中间灭弧。一般情况下,灭弧时间为1～2s,燃弧时间为3～4s,相邻熔池的重叠间距为1～1.5mm。

在"10～12点"位置时,由于熔敷金属在重力作用下,易向熔池低处(即管壁侧)聚集,而处于焊道上方的底板侧又易被电弧吹成凹坑,产生咬边,难以达到所要求的焊脚尺寸。所以应首先采用由后半圈管壁侧向前半圈底板侧运条的间断灭弧焊,即焊条端部先在距原熔池10mm处的管壁侧引弧,然后将电弧缓慢地移至熔池下侧停留片刻,待形成新熔池后再通过熔池将电弧移到熔池斜上方,以短弧填满熔池,再将焊条端部迅速向后半圈的左侧挑起灭弧。当焊至"12点"时,将焊道端部靠在打底层焊道的管壁处,以直线运条至"12～1点"之间处收弧,以便为后半圈焊道末端的接头打好基础。施焊过程中,焊条可摆动2～3次再灭弧一次,但焊条摆动时向斜上方要慢,向下方要稍快,施焊过程中,更换焊条的速度要快。再燃弧后,焊条倾角须比正常焊接时多向下倾斜一些,并使第一次燃弧时间稍长,以免接头处产生凹坑。

焊缝始端的连接:在"4点"处的打底层焊道表面以划擦法引弧后,将引燃的电弧拉到前半圈"6点"处的焊缝始端进行1～2s的预热,然后压低电弧，在“5～6 点”处以反锯齿运条，逐渐加大摆动幅度，保证连接处平整。

焊道收尾的连接：当施焊至“12 点”处时，做几次挑弧动作，将熔池填满即可收弧，后半圈与前半圈的焊接操作相同。

8. 异种钢管-板 T 形接头垂直固定俯位焊位置，焊条电弧焊

(1)基本条件及要求

①试件材质：06Cr19Ni10＋Q345

②试件尺寸及坡口角度如图 7-42 所示。

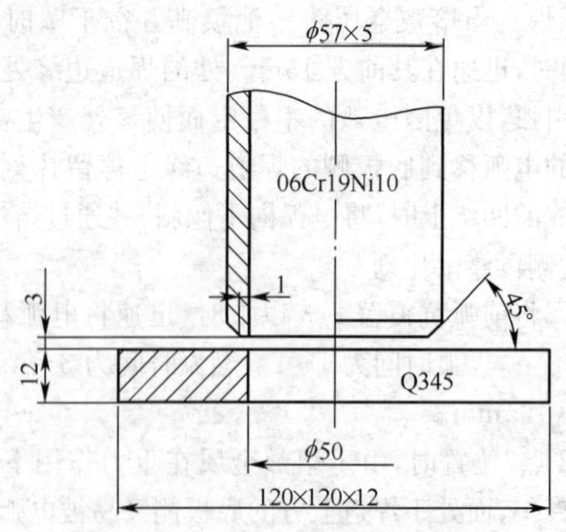

图 7-42　试件尺寸及坡口角度

③焊接材料选择 E309-16(A302)，焊条直径 ϕ2.5、ϕ3.2，焊前烘干 150℃。

④焊机选择 ZX7-400S。

⑤要求单面焊双面成形。

(2)试件清理及装配

①清除坡口范围内及底板上孔边缘 15～20mm 处的水、油、锈及其他污物，至露出金属光泽后，可用丙酮清洗坡口处。

②装配。装配间隙为 2.5～3.0mm。定位焊采用两点定位固定，均布于管子外圆周上，焊缝长度为 10mm 左右，要求焊透，不得有缺陷。试件错边量≤0.5mm，达到管、板同心。管子应与底板相垂直。

(3)焊接参数　异种钢管-板焊接参数见表 7-46。

表 7-46 异种钢管-板焊接参数

层次	焊条型号	焊条直径/mm	焊接电流/A	极性
1	E309-16(A302)	2.5	80～90	正接
2		3.2	90～100	反接
3		—	—	—

(4)操作要点及注意事项 采用三层四道焊。焊接电流选取通常比碳钢焊接电流小约10%。

①打底层。采用断弧法，焊条与底板之间的角度为30°～35°，打底层焊条角度如图7-43所示。引弧后，焊条稍向坡口背面压弧和稍作停留，可以看到底板孔边缘与管坡口根部边缘被电弧击穿形成熔化缺口的熔孔，其熔化的尺寸在0.5～1mm，焊接过程只要保持这一圆形熔孔形状，就可得到良好的背面成形。焊接电弧压低一些，焊条稍摆动向前施焊，间距不宜过大，焊条运至底板孔边缘时可稍做停留，焊接电弧1/3弧长穿过管内，避免产生背面未熔合、未焊透、凹坑等缺陷。在收弧前，将焊条向焊接反方向回拉约8mm熄弧，以避免产生缩孔等缺陷，保证焊接接头的质量。更换焊条时，可采用快速热接法或用砂轮将接头处打磨成斜坡形的冷接法。接头时要在收弧处前端10mm引弧并将电弧移到收弧处，电弧由坡口根部向里压低稍做停留，形成熔孔后，再向待焊接坡口推进。当工件打底层焊至斜坡处时，焊条向坡口处向里压低且稍做停顿，超过斜坡与焊缝重叠约10mm左右熄弧，这样可以保证接头质量，避免缩孔和未焊透等缺陷。打底层焊完后，要彻底清理焊缝上的熔渣、飞溅物，可用钢丝刷子清理焊缝，直至露出金属光泽。

②填充层和盖面层。对填充层施焊时可一层焊完，且焊条角度为45°～55°，填充及盖面层焊条角度如图7-44所示。尤其注意上、下两侧的熔化情况，采用短弧焊接法，焊接速度要均匀，填充焊缝要平整，焊缝不能过高或超宽，给盖面层施焊打好基础。盖面层可采取两道焊，施焊时，应注意底板与管上下熔合情况，运条要均匀，避免管壁咬边。上一道焊缝熔化金属应覆盖下一道焊缝约1/2为好，既可以保证质量，又降低了焊道间温度。焊道间温度不能过高，最好焊道间温度冷却到60℃以下，再焊下一道。不允许在管和底板上乱起弧，以免划伤影响抗晶间腐蚀性能，缩短工件使用寿命。

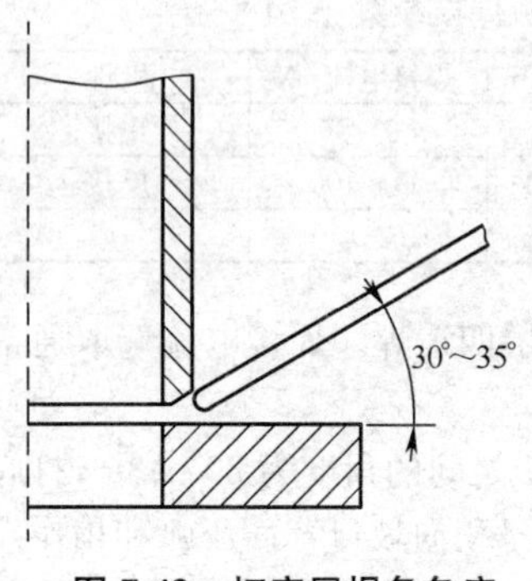

图 7-43　打底层焊条角度

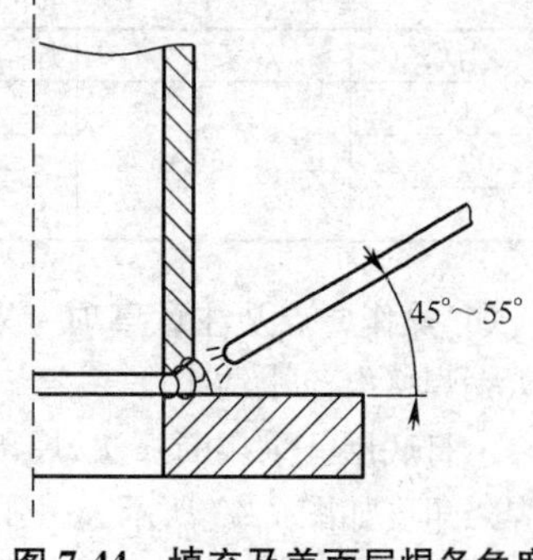

图 7-44　填充及盖面层焊条角度

7.3　钢与铸铁的焊接

7.3.1　钢与铸铁的焊接特点

钢与铸铁的焊接，主要指碳钢与灰铸铁、可锻铸铁及球墨铸铁的焊接。钢与铸铁的焊接性很差，在焊接过程中困难较多，必须采取一定的措施，选择合适的焊接方法和焊接材料，才能获得满意的焊接接头。钢与铸铁焊接时，常出现以下现象。

①钢与铸铁按化学成分的不同，会出现不同程度的白口及淬硬组织。

②钢与铸铁焊接，焊缝和热影响区都极易产生裂纹。当焊缝厚度增大层数增多时，裂纹的敏感性就越大，甚至母材与焊缝发生剥离。

③焊缝在冷却过程中，气体来不及逸出，残存于焊缝中形成气孔。

④钢与铸铁焊接时，在熔合线附近出现白口组织，当白口组织厚度在 0.2～0.5mm 时，尚可以进行机械加工；若厚度>0.5mm，则不能进行机械切削加工。

目前，钢与铸铁常用的焊接方法有：氧乙炔气焊、焊条电弧焊（冷焊法、热焊法）、CO_2 气体保护焊、钎焊（硬钎焊、软钎焊），此外，还可采用真空扩散焊。

7.3.2　碳钢与铸铁的焊接工艺

1. 焊前准备

铸铁一侧的坡口尺寸，应给焊接过渡层和中间层留出一定的余量。厚度较大的或受力较大的工件，可以在坡口两侧或只在铸铁一侧装配螺钉，灰铸铁接头的螺钉位置如图 7-45 所示。螺钉与母材厚度的关系见表 7-47。

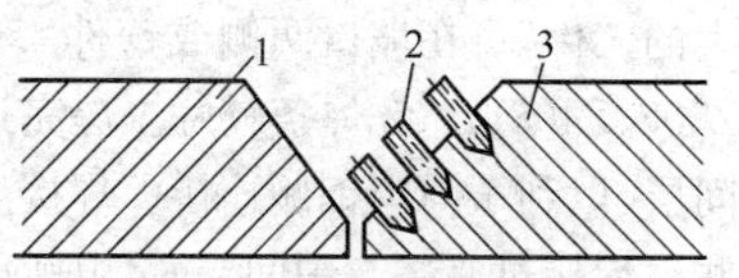

图 7-45　灰铸铁接头的螺钉位置

1. 低碳钢　2. 螺钉　3. 灰铸铁

2. 焊接工艺要点

(1)气焊

①先对碳钢进行焊前预热，焊接时气焊火焰应偏向碳钢一侧。

②采用铸铁焊丝和气焊熔剂使焊缝组织获得灰铸铁组织。

③气焊火焰为中性焰或轻微碳化焰。焊后缓冷。

表 7-47　螺钉与母材厚度的关系　(mm)

母材	接头形式	母材厚度	螺钉长度	螺钉间距	螺钉深度	螺钉外露长度
低碳钢＋灰铸铁	对接	10	3～5	8～10	15～20	5～8
		14	10～12	15～20	20～25	8～12
		16	12～14	20～25	30～35	15～20
		20	16～18	28～30	35～40	25～28

(2)焊条电弧焊

①电弧冷焊。冷焊前，接头表面应处理干净，焊接坡口应在铸铁侧开得大些，一般应比碳钢侧大 15°～20°为宜。装配间隙要尽量小一点。对接焊缝冷焊时，先在铸铁件坡口上用碳钢焊条堆焊 4～5mm 过渡层，焊条直径为 ϕ3.2mm；焊接电流为 70～110A。如果焊缝较长，过渡层要分段留出间隔，交错焊。冷却后再进行装配定位焊。堆焊时，每焊 30～40mm 后，用锤击焊缝法消除应力。当焊缝冷至 50℃～70℃时再继续焊接。

下一段对焊缝质量要求不高时可用 J422 焊条。对力学性能有要求时，宜采用 J506、J507 焊条焊接。当用铸铁焊条焊接时，采用 Z208

焊条先在碳钢上堆焊一层，然后与铸铁件定位焊接。采用 Z100 焊条应先在铸铁件上堆焊一层，然后与碳钢件定位焊接。厚度较大或受力较大的工件，可在坡口两侧或铸件一侧装置螺钉。铸铁侧的过渡层采用 Z308、Z408、Z508 焊条较好。焊完过渡层后，要用 Z408 焊条焊一层中间层，以利于与碳钢侧连接。焊接规范可与过渡层相同，但电流可稍大些。焊接过渡层与中间层时，电弧应始终指向铸铁侧，焊条与铸铁件面的夹角为 30°～35°与碳钢侧则是 35°～45°。分段焊时，每段焊道间距为 20～40mm，最后用 J507 焊条焊完连接层。安装螺钉的接头，应先用镍基焊条将螺钉与母材焊合，选用直流反接法较好。焊接过程中，铸铁件的温度不宜太高，焊后注意缓冷。

碳钢与可锻铸铁焊接过程中，应严格控制 850℃以上停留时间，以免出现白口淬硬组织和裂纹。

②电弧热焊。用电弧热焊时，工件预热 300℃～600℃，焊后对于灰铸铁与碳钢，需 600℃～620℃保温后缓冷，对于球墨铸铁与碳钢，焊后应立即放入 590℃～650℃加热炉中，升温到 900℃保温 2～4h，冷却到 700℃保温 5h，再炉冷至 590℃，然后空冷。

焊接过程中，铸铁母材的温度，应保持不低于 400℃。焊后保温，缓慢冷却，以防止白口组织的产生。

焊接材料一般可选用钢芯石墨焊条，常用的焊条如 Z208、Z248 等，直径为 4mm，电弧长度为 3～5mm，焊接电流为 120～150A。焊接电流过大，会使母材熔化过多，对焊缝的石墨化形成不利。焊接时，坡口端部及边缘都应控制温度。注意不要用电弧直接加热，热量应通过熔化的铁液过渡到坡口。这样可以保证焊缝的熔合比，避免出现熔合不良、咬边等现象。

采用小电流、短板、小热输入、窄焊道、短焊道、锤击焊道以松弛应力等工艺措施。

(3)钎焊　钢与铸铁的熔焊至今未获得满意的质量，采用钎焊能获得满意的结果。

钎焊采用氧乙火焰加热，钎焊有铜基钎料（HS221、HS222）和银基钎料（HL315）两类。铜基钎料钎焊时，钎剂采用硼砂或硼砂加硼酸的混合物。用氧化焰加热可提高钎焊强度，并减少锌的蒸发。采用银基钎料配 CJ301 或 CJ201,用中性焰加热。钎焊按以下工艺措施进行。

①钎焊前,仔细清理工件表面的油、水、污物和氧化膜。

②钎焊薄件时,控制好温度,防止母材熔化;厚件则在钎焊前将工件预热至 800℃左右,加入钎剂和钎料,再加热至钎焊温度,使钎料填满接头间隙。

③施行分段焊,每段以 800mm 长为宜,第一段填满后待温度下降到 300℃以下时,再焊第二段。

④为提高钎焊焊缝强度,钎焊后可在 700℃～750℃时,进行 20min 退火处理,使钎料扩散,结合良好。

(4)CO_2气体保护焊　采用 CO_2气体保护焊法焊接可锻铸铁,能获得良好的接头。细丝 CO_2气体保护焊,电弧热量集中,焊接小,一般约在 10KJ/cm。这对防止可锻铸铁过热及高温停留时间长有利,能使焊缝热影响区变窄,防止产生白口组织及裂纹。

碳钢与球墨铸铁焊接采用细丝 CO_2焊时,可选用 H08Mn2Si 实心焊丝或高钒药芯焊丝。高钒的过渡能有效地消除白口组织、改善焊接接头性能。

(5)真空扩散焊　采用真空扩散焊法,焊接碳钢与灰铸铁时,不需要采取特殊的工艺措施,即可获得良好的焊接接头。而且焊接质量稳定。但由于真空扩散焊需要在真空炉中进行,工件尺寸受到限制。

3. 焊接参数

过渡层的焊接参数见表 7-48,镍基焊条的电流选择见表 7-49,35 钢与可锻铸铁 CO_2 气体保护焊工艺规范见表 7-50。

表 7-48　过渡层的焊接参数

焊条直径/mm	焊接电流/A
2.5	50～70
3.0	70～110

表 7-49　镍基焊条的电流选择

焊条材质	焊条直径/mm	焊接电流/A
镍铁或镍铜	2.0	50～60
	2.5	60～90
	3.2	100～120
	4.0	120～150

表 7-50　35 钢与可锻铸铁 CO_2 气体保护焊工艺规范

材料	工艺规范								
	空载电压/V	电弧电压/V	焊接电流/A	焊接速度/(cm/min)	焊丝牌号	焊丝直径/mm	气体流量/(L/h)	压力/MPa	焊丝伸出长度/mm
35+KTH-350-10	26	26	100	7.2	H08Mn-2Si	1.0	66	0.1	8～12
	26.5	21	80					0.15	
	27	22	90					0.2	

7.3.3　不锈钢与铸铁材料的焊接

不锈钢与铸铁焊接易在焊缝不锈钢侧出现腐蚀脆化现象；铸铁侧则白口、裂纹倾向增大。因此，当采用焊条电弧焊、电阻焊等方法焊接时，都不易获得满意的接头质量。而采用真空扩散焊接焊接接头的质量很好。不锈钢与铸铁真空扩散焊的工艺规范见表 7-51。

表 7-51　不锈钢与铸铁真空扩散焊的工艺规范

材　料	工艺规范			
	焊接温度/℃	焊接时间/min	压力/MPa	真空度/MPa
12Cr18Ni9+HT150	900	10	14.7	1.33×10^{-7}
17Cr18Ni+HT300	850	7	29.4	
14Cr17Ni2+HT150	850	15	14.7	

7.4　钢与非铁金属材料的焊接

7.4.1　碳钢与铜及铜合金材料的焊接

1. 焊接特点

钢与铜的焊接性尚好。焊接主要存在以下问题。

①对规范敏感性较大的铜一侧熔合区易产生气孔和母材晶粒长

大，具有较大的裂纹倾向；钢一侧熔合区易产生铜的铁中过饱和固溶体的硬脆合金层，并导致裂纹。要求这一合金层尽量薄。

②热影响区产生铜的渗透裂纹，特别是在铜及铜合金与不锈钢的焊接时更为敏感。

③焊缝金属塑性随铁的含量增加而降低，要求铁的含量＜20％，铜母材含氧量尽可能低。通常焊前要预热。

④焊接接头力学性能降低。

2. 钨极氩弧焊

(1)焊接材料选择 焊丝的选择见表7-52。

表7-52 焊丝的选择

母 材	焊 丝
纯铜与碳钢	HS202 QSi3-1
纯铜与不锈钢	B30 或 QA19-2

(2)焊接工艺要点

①焊前要求对铜件进行酸洗，钢件脱脂，必要时铜件应预热。

②采用直流电源反接法。

③电弧引燃后，应迅速移到铜件焊接处进行局部预热(范围不要过大)，电弧不做大幅度横向摆动，以免处于高温的铜母材超过氩气保护范围。

④焊接过程中，电弧中心应偏向铜母材一侧，确保两种母材的受热情况达到均衡。

⑤焊接过程中，电弧加热使工件上的温度逐渐升高，应相应加快焊接速度。

3. 自动化熔化极氩弧焊

(1)焊接材料选用 选用HS201焊丝。

(2)焊接工艺要点

①焊前清理。铜母材和铜焊丝进行酸洗，钢母材可吹砂清理。

②坡口制备。铜-钢采用自动化熔化极氩弧焊的坡口制备如图7-46所示。

③预热。纯铜的导热性较好，当工件的尺寸较大时，焊前必须预热，焊后要求缓冷。一般可采用气焊火焰局部加热的方法进行预热，预热温度为 600℃～700℃。焊后在焊缝区覆盖石棉使其缓冷。

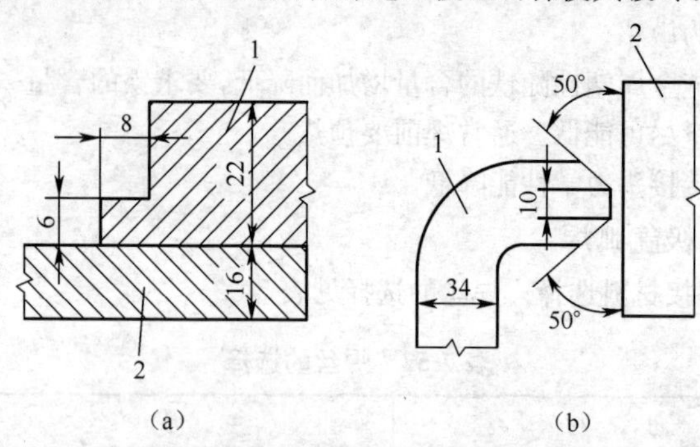

图 7-46　铜-钢采用自动化熔化极氩弧焊的坡口制备

(a)搭接　(b)T 形接

1. 纯铜　2. Q235A

④焊接顺序。纯铜-碳钢焊接顺序如图 7-47 所示。碳钢一侧以小焊接参数先推焊一层过渡层焊道Ⅰ，然后将工件置于船形位置焊接焊道Ⅱ。焊后在焊缝区覆盖石棉使其缓冷。

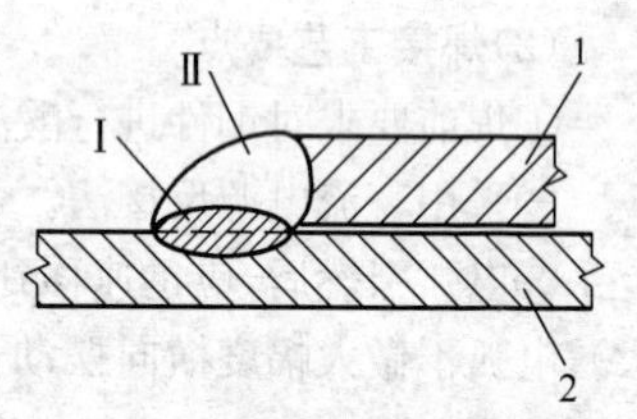

图 7-47　纯铜-碳钢焊接顺序

1. 纯铜　2. 碳钢

⑤焊接参数。纯铜-碳钢自动化熔化极氩弧焊的焊接参数见表 7-53。

表 7-53　纯铜-碳钢自动化熔化极氩弧焊的焊接参数

焊道	焊丝直径 /mm	焊接电流 /A	电弧电压 /V	焊接速度 /(m/h)	氩气流量 /(L/min)	预热温度 /℃
Ⅰ	4.0	450～500	27～28	—	50～60	不预热
Ⅱ	4.0	750～800	32～34	≈20	60～70	600～700

4. 焊条电弧焊

(1)焊接材料选择　碳钢与纯铜焊接时，可选择 J422 低碳钢焊条，或选用纯铜或镍铜焊条作为填充金属，例如，Q235 钢与 T2 纯铜焊接，选用铜107焊条。

(2)焊接工艺要点

①焊前,焊条应进行150℃～200℃烘干,工件用氧乙炔焰预热,温度为400℃～500℃。

②低碳钢板厚度＜4mm时,一般不开坡口,厚度＞4mm时,都要开V形坡口,坡口角度为60°～70°,钝边为1～2mm,可不留间隙。

③焊接时,先拉长电弧,并将电弧移至纯铜侧再预热。当温度约为650℃～700℃时,压低电弧进行短弧施焊。层间温度应不低于650℃。

④焊接铜-钢套管,如结晶器铜内壁($\delta=14$mm)与钢套管($\delta=3$mm)T形接头,焊前预热至750℃～800℃,用ϕ4mm,T107焊条,直流反接,焊单道角焊缝,焊条偏向铜侧。尽量减少钢套管一侧熔化。

⑤焊后要立即锤击焊缝的周边,以清除残留应力。

(3)焊接参数

①碳钢与纯铜焊条电弧焊的焊接参数见表7-54。

表7-54　碳钢与纯铜焊条电弧焊的焊接参数

金属牌号	接头形式	母材金属厚度/mm	焊条牌号	符合国标型号	焊条直径/mm	焊接电流/A	电弧电压/V
Q235A＋T1	对接	3＋3	T107	TCu	3.2	120～140	23～25
Q235A＋T1	对接	4＋4	T107	TCu	4.0	150～180	25～27
Q235A＋T2	对接	2＋2	T107	TCu	2.0	80～90	20～22
Q235A＋T2	对接	3＋3	T107	TCu	3.0	110～130	22～24
Q235A＋T3	T形接头	3＋8	T107	TCu	3.2	140～160	25～26
Q235A＋T3	T形接头	4＋10	T107	TCu	4.0	180～210	27～28

②低碳钢与铜焊条电弧焊对接的焊接参数见表7-55。

表7-55　低碳钢与铜焊条电弧焊对接的焊接参数

异种金属	厚度/mm	接头形式	焊条牌号	焊条直径/mm	焊接电流/A
低碳钢板＋铜板	3＋3	对接不开坡口	J422	2.5	66～70
低碳钢板＋铜板	4＋4	对接不开坡口	J422	3.2	70～80

续表 7-55

异种金属	厚度/mm	接头形式	焊条牌号	焊条直径/mm	焊接电流/A
低碳钢板＋铜板	5＋5	对接开V形坡口	J422	3.2	80～85
低碳钢管＋铜管	12＋1	对接不开坡口	J422	3.2	80～85
低碳钢管＋铜管	1＋1	对接不开坡口	J422	2.5	75～80
低碳钢管＋铜管	2＋2	对接不开坡口	J422	3.2	75～80
低碳钢管＋铜管	3＋3	对接不开坡口	J422	3.2	80～85

③低碳钢与铜焊条电弧焊的焊接参数见表7-56。

表 7-56 低碳钢与铜焊条电弧焊的焊接参数

异种金属	厚度/mm	接头形式	焊条	焊条直径/mm	焊接电流/A	电弧电压/V
低碳钢＋T2	3＋3	对接	Cu107	3.2	120～140	23～25
低碳钢＋T4	4＋4	对接	Cu107	4.0	150～180	25～27
低碳钢＋TUP	2＋2	对接	Cu107	2.0	80～90	20～22
低碳钢＋ TUP	3＋8	T形	Cu107	3.2	140～160	25～26
低碳钢＋ TUP	4＋10	T形	Cu107	4.0	180～210	27～28
低碳钢＋ TUP	3＋10	T形	Cu207	3.2	140～160	25～26
低碳钢＋ TUP	4＋10	T形	Cu207	4.0	180～220	27～29

④低碳钢与白铜焊条电弧焊的焊接参数见表7-57。

表 7-57 低碳钢与白铜焊条电弧焊的焊接参数

异种金属	厚度/mm	接头形式	焊条牌号	焊条直径/mm	焊接电流/A	电弧电压/V
低碳钢＋白铜	3＋3	对接	Cu227	3.0	120	24
低碳钢＋白铜	4＋4	对接	Cu227	3.2	140	25
低碳钢＋白铜	5＋5	对接	Cu227	4.0	170	26
低碳钢＋白铜	3.5＋12	T形	Cu227	4.0	280	30
低碳钢＋白铜	5＋12	T形	Cu227	4.0	300	32
低碳钢＋白铜	8＋12	T形	Cu227	4.0	320	33

⑤Q325 钢与硅青铜的焊接参数见表 7-58。

表 7-58 Q325 钢与硅青硐的焊接参数

母材	接头形式	板厚/mm	焊条牌号	焊条直径/mm	焊接电流/A	焊接电压/V
Q235＋TUP	对接	2＋2	T207 或 T237	2.0	80～90	20～21
		3＋3		3.2	110～130	22～24
	角接	3＋8		3.2	140～160	25～26
		4＋10		4.0	180～210	27～28

注:用直流正极性。

5. 埋弧焊

当焊接厚度＞10mm 的铜-钢结构件时,可采用埋弧焊。典型的钢与铜埋弧焊接头坡口形式与装配尺寸如图 7-48 所示

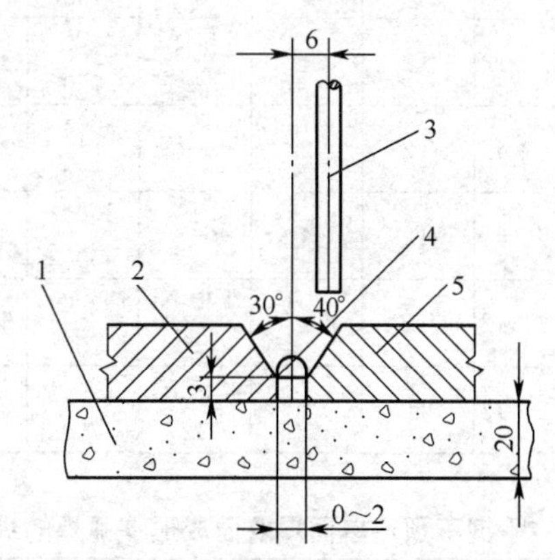

图 7-48 钢与铜埋弧焊接头坡口形式与装配尺寸

1. 焊剂 2. Q235A 钢 3. 焊丝 4. 填充铝丝 5. 铜板

(1)焊接材料选择 埋弧焊选用纯铜焊丝,在坡口内添加适量的铝丝或镍丝。

(2)焊接工艺要点 对于厚度＞10mm 的铜-钢结构件,可采用埋弧焊焊接,开 V 形坡口,坡口角度为 60°～70°,铜一侧角度稍大于钢一侧,可为 40°,钝边为 3mm,间隙为 0～2mm,焊丝偏向铜一侧,距离焊缝中心 5～8mm,以减少钢的熔化量。焊接坡口内可以放置铝丝或镍

丝，作为添加焊丝。

(3)埋弧焊的焊接参数　低碳钢与铜埋弧焊的焊接参数见表 7-59。铜-钢不预热单面焊双面成形埋弧焊的焊接参数见表 7-60。

表 7-59　低碳钢与铜埋弧焊的焊接参数

异种材料	接头形式	板厚/mm	填充焊丝	焊丝直径/mm	增加材料	焊接电流/A	电弧电压/V	焊接速度/(m/min)
Q235＋T2	对接V形	10＋10	T2	4	1根Ni丝	600～660	40～42	0.2
Q235＋T2	对接V形	12＋12	T2	4	2根Ni丝	650～700	42～43	0.2
Q235＋T2	对接V形	12＋12	T2	4	2根Al丝	600～650	40～42	0.2
Q235＋T2	对接V形	12＋12	T2	4	3根Al丝	660～750	42～43	0.2
Q235＋T2	对接V形	12＋12	T2	4	3根Al丝	700～750	42～43	0.19
Q235＋T2	对接	4＋4	T2	2	—	300～360	34～42	0.55
Q235＋T2	对接V形	6＋6	T2	4	—	450～500	34～36	0.32
Q235＋T2	对接V形	12＋12	T2	4	1根Ni丝	650～700	40～42	0.2
Q235＋T2	对接V形	12＋12	T2	4	2根Ni丝	700～750	42～43	0.2

表 7-60　铜-钢不预热单面焊双面成形埋弧焊的焊接参数

母材		焊丝		焊剂	焊接电流/A	电弧电压/V	焊接速度/(m/min)	焊丝伸出长度/mm	电源极性
牌号	厚度/mm	牌号	直径/mm						
Q235A＋T2	12	T1加填充	4.0	HJ431	650～700	40～42	0.2	35～40	直流反接
	12	纯铝丝	3.0						

6. 电阻焊

闪光对焊时，钢的伸出长度 L 要比黄铜大 2～3 倍，比纯铜大 2～

3.5 倍,并且要加强顶锻力以将接口处液体金属全部挤出。接口处产生一定塑性变形,有利于接口结合。

电阻对焊时,端面要求平齐而清洁,钢伸出长度 L 仍比铜大(铜 $L=2.5d$ 时,黄铜 $L=1.0d$,纯铜 $L=1.5d$,d 为工件直径,单位为 mm),焊接时必须提高顶锻速度。低碳钢与铜闪光对焊和电阻对焊的焊接参数见表 7-61。

表 7-61 低碳钢与铜闪光对焊和电阻对焊的焊接参数

异种金属	焊接方法	钢件伸出长度 L_1/mm	黄铜伸出长度 L_2/mm	纯铜伸出长度 L_3/mm	顶锻压力 /MPa
低碳钢+黄铜	闪光对焊	$3.5d$	$1.5d$	—	9.8~14.7
低碳钢+紫铜	闪光对焊	$3.5d$	—	d	9.8~14.7
低碳钢+黄铜	电阻对焊	$2.5d$	d	—	9.8~14.7
低碳钢+紫铜	电阻对焊	$2.5d$	—	$1.5d$	9.8~14.7

注:d 为工件直径,单位为 mm。

低碳钢薄板与铜合金薄板也可进行点焊或凸焊,焊接参数要大,焊前进行表面清理,黄铜或纯铜还需要脱脂处理。为提高点焊质量,可在铜电极与铜之间放置 0.6mm 钼片。

7. 真空扩散焊

真空扩散焊焊接碳钢与铜,可获得满意的焊接质量。

(1)扩散层材料要求

①扩散层应具有良好的塑性,且不应有不良的冶金反应。

②扩散层应能完全扩散到两种母材中,对母材金属没有有害作用。

③扩散层材料可以是纯金属,也可以是含有活化元素或降低熔点元素的合金。

(2)焊前准备 真空扩散焊焊前接头表面要仔细清整,并进行脱脂处理。

(3)扩散焊工艺要点 碳钢与铜的真空扩散焊,在真空度为 $1.29\times10^{-5}\sim1.29\times10^{-6}$Pa 的密封室中进行,为了克服接触区形成脆性接头,采用中间扩散层。如铜镍合金[w(Cu)为 80%,w(Ni)为 20%]与碳钢[w(C)=0.32%~0.38%]焊接接头,用镍[w(Ni)为 99.9%]作为中间扩散层。扩散厚度要根据具体情况确定，一般由 1μm 到几百微米。中间扩散层越厚，接头组织的均匀化处理时间越长。但过薄则强度降低，焊接后接头在 700℃～1 000℃进行稳定退火后，能保持高的强度。

中间扩散层的形成方法包括以下几方面。

①预先将扩散层材料加工成符合需要的厚度，夹在接头中间。

②采用真空蒸镀或用等离子弧喷镀，将中间扩散层材料镀到被焊金属表面。

③采用粉状涂料涂敷，将中间扩散层的材料涂在被工件表面。

真空扩散焊时，焊接温度、焊接时间以及压力等参数，对接头的应力有较大的影响。应力过大时，易产生裂纹。因此，这些参数要合理选择。

(4)焊接参数　10 钢与青铜真空扩散焊工艺规范见表 7-62。

表 7-62　10 钢与青铜真空扩散焊工艺规范

<table>
<tr><th>材料名称</th><th>接头形式</th><th>中间扩散层材料</th><th>焊接温度/℃</th><th>压力/MPa</th><th>真空度/MPa</th><th>焊接时间/min</th></tr>
<tr><td rowspan="4">10 钢+青铜</td><td rowspan="4">对接</td><td rowspan="4">镍</td><td>600</td><td rowspan="4">4.9
7.35
9.8
1.96
4.9
7.35</td><td rowspan="4">1.3332×10⁻⁸～6.666×10⁻⁹</td><td rowspan="2">10～13</td></tr>
<tr><td>700</td></tr>
<tr><td>750</td><td rowspan="2">5～20</td></tr>
<tr><td>800</td></tr>
</table>

8. 摩擦焊

摩擦焊也适用于铜-钢焊接，如铝青铜与 20 钢的摩擦焊、黄铜与 20 钢的摩擦焊，铜合金-钢摩擦焊的焊接参数见表 7-63。

表 7-63　铜合金-钢摩擦焊的焊接参数

被焊金属	工件直径/mm	相对旋转速度/(r/min)	单位压力/MPa		顶锻量/mm	焊接时间/s
			加热时	顶锻时		
QA19-2+20 钢	20	1 500	24.5	24.5	6～8	8～9
HMn58-2+20 钢	30	1 500	24.5	24.5	6～8	8

9. 爆炸焊

爆炸焊主要用于生产铜-钢、黄铜-钢等的复合金属板。爆炸焊焊接铜-钢(碳钢或低合金钢)的爆燃速度最好为2.8～3.5km/s;黄铜-钢最好为2.5～3.0km/s。在铜的原始强度σ_b=196.2～206MPa时,用爆炸焊焊接铜-钢,可获得牢固的焊接接头(σ_b=274.7～284.5MPa)。对铜-钢爆炸焊工件在500℃～550℃保温1～2h回火时,可使铜产生再结晶并部分清除钢的加工硬化。采用爆炸焊的低合金结构钢-铜的焊接接头具有较高的力学性能(σ_b=404.2 MPa,δ=28.3%)。

7.4.2　不锈钢与铜及铜合金材料的焊接

不锈钢与铜及铜合金的焊接性尚好,与碳钢比较还有一定的有利因素,其焊接工艺方法也与碳钢相差不多,故容易进行焊接。不锈钢与铜及铜合金的焊接,还应注意以下问题:焊接时,若采用奥氏体不锈钢作为填充金属材料,很容易出现热裂纹,当用蒙乃尔合金作为填充金属材料时,可以减少铜的有害作用,使热裂纹倾向降低,虽然如此,但晶间还会有少量的低熔点共晶铜,焊接接头仍存在热裂纹倾向;采用某些铜合金(如铝青铜)和纯铜作为填充金属材料时,热裂纹倾向较小,但在不锈钢一侧,热影响区中仍可能产生渗透裂纹,所以只有在对接头力学性能要求不高时,才可以采用这类填充金属材料。

1. 焊条电弧焊

(1)焊前准备　焊前应认真清理焊接接头表面,彻底清除油、水、灰尘等污物及氧化皮,使表面露出金属光泽。

焊前预热可在炉中加热或用氧乙炔焰加热。不锈钢侧应比铜的预热温度低100℃～150℃。

(2)焊接材料选择　不锈钢与铜及铜合金焊接时,最好选用镍基合金焊条或蒙乃尔焊条w(Ni)为70%,w(Cu)为30%,也可选用铜基焊条(T237)。焊前应将焊条进行150℃～200℃,2h烘干。

(3)焊接工艺要点　焊接时通常采用直流反极性,小电流、快速焊、不摆动的短弧施焊,且电弧指向铜一侧,以免焊接工件产生渗透裂纹,焊后应采取保温缓冷措施。不锈钢与T2纯铜焊条电弧焊的焊接参数见表7-64。

表 7-64　不锈钢与 T2 纯铜焊条电弧焊的焊接参数

母材	接头形式	厚度/mm	焊条牌号	焊条直径/mm	焊接电流/A	焊接电压/V
Q235＋T2	对接	10＋3	T107	3.2	140～160	24～26
		10＋4		4.0	180～200	27～29

2. 埋弧焊

(1)清理　焊前要彻底清理坡口及焊丝表面的氧化层，并应用丙酮做脱脂处理。焊接坡口尺寸和形状可按图 7-48 所示制备。为防止焊穿和实现单面焊双面成形，焊道背面应设置熔剂垫或强制成形水冷垫板，埋弧焊坡口及冷却垫板如图 7-49 所示。

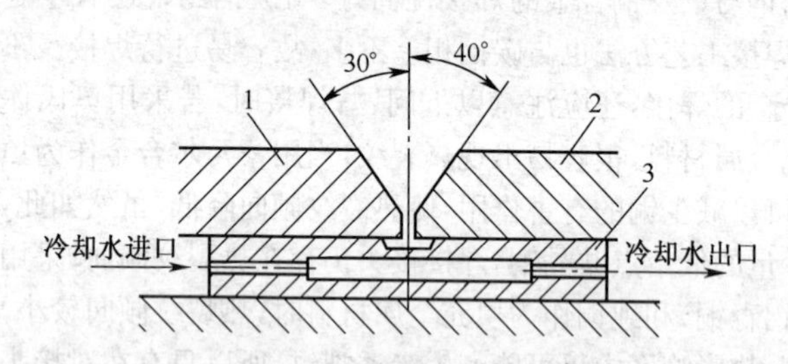

图 7-49　埋弧焊坡口及冷却垫板

1. 不锈钢母材　2. 铜母材　3. 冷却垫板

(2)焊接材料　通常埋弧焊可采用 HJ431 焊剂，也可用烧结型焊剂 SJ401 等，但焊前都必须经 200℃，2h 烘干。焊丝一般选择铜焊丝，并在坡口内放置 1～3 根镍丝或 Ni-Cu 合金丝。

(3)焊接工艺要点　应采用大的热输入进行施焊。并让焊丝中心偏向纯铜母材一侧约 5～6mm。不锈钢与纯铜埋弧焊的焊接参数见表 7-65。

3. 气焊

(1)焊接材料　气焊焊接，通常采用黄铜焊丝作为填料。例如，焊接不锈钢与纯铜接头，选用 HS222 或 223 等焊丝。若用 HS224 或 225JF，则可提高焊缝强度。上述焊丝均可配用焊粉 301，也可以焊粉与硼砂配合使用。

表 7-65 不锈钢与纯铜埋弧焊的焊接参数

异种金属	接头形式	厚度/mm	焊丝直径/mm	焊接电流/A	电弧电压/V	焊接速度/(m/h)	送丝速度/(m/h)
12Cr18Ni9+T2	对接，开V形坡口	10+10	4	600～650	36～38	23	139
12Cr18Ni9+T2	对接，开V形坡口	12+12	4	650～680	38～42	21.5	136
12Cr18Ni9+T2	对接，开V形坡口	14+14	4	680～720	40～42	20	134
12Cr18Ni9+T2	对接，开V形坡口	16+16	4	720～780	42～44	18.5	130
12Cr18Ni9+T2	对接，开V形坡口	18+18	5	780～820	44～45	16	128
12Cr18Ni9+T2	对接，开V形坡口	20+20	5	820～850	45～46	15.5	126

注：焊剂为HJ431，焊丝为T2，坡口中添加直径为2mm的Ni丝两根。

(2)焊接工艺要点

①施焊前，铜母材侧应适当预热，且要防止不锈钢母材过热。

②气焊时，应选用中性焰，焊嘴的大小可根据工件厚度确定。

③焊接过程中，焊接速度要快，火焰始终偏向铜的一侧。如发现不锈钢有不粘合现象，则是不锈钢母材的温度过高，需停止施焊，等温度降低后再焊接。为防止不锈钢过热，可用石棉布浸水后覆盖散热。

如果不锈钢件厚度较大或焊缝太长时，可在接头表面先堆焊上一层黄铜的过渡层，然后再进行连接焊。这样有利于焊缝成形，效果比较好。不锈钢与纯铜的气焊工艺规范见表7-66。

4. 钨极氩弧焊(TIG焊)

氩弧焊可有效地保护熔池，焊缝金属不产生氧化现象，焊缝质量很高。

(1)焊前准备 工件接头形式有对接、角接两种，铜一侧可不开坡口，不锈钢一侧最好开半V形坡口。焊前清理表面，正反面涂上熔剂[$w(H_3BO_3)70\%$，$w(Na_2B_4O_2)21\%$，$w(CaF_2 9\%)$]，并烘干后施焊。

表 7-66　不锈钢与纯铜的气焊工艺规范

材料种类	板厚/mm	接头形式	火焰种类	焊丝牌号	焊粉牌号	焊接方法
18-8+T2	2+2	不开坡口对接	中性焰	丝 222	粉 101	右焊法
	3+3					
	4+4	开坡口对接		丝 224		
	5+5			丝 225		
	6+6	X 形坡口对接				
	8+8					
	10+10					
	12+12					
	14+14					
	16+16					
	18+18					

(2)焊接材料　焊丝尽量选用 Ni-Cu 合金焊丝(蒙乃尔合金)和含硅铝的铜合金焊丝,如 QA19-2,QA19-4,QSi3-1。

(3)焊接工艺要点

①焊接时,可直接用电弧对铜母材进行预热,温度为 300℃～450℃。

②焊接过程中,采用短弧、快速、不摆动的焊法。钨极电弧必须偏离不锈钢一侧,指向铜一侧,距坡口中心线为 5～8mm,以控制不锈钢的熔化量。

③采用氩弧焊-钎焊的工艺,尽量减少不锈钢一侧的熔化量。对不锈钢来说是钎焊,而对铜来说属于熔焊。

④焊缝结尾要加快焊接速度、提高电弧、填满弧坑。

⑤焊后要采取缓冷措施,并通氩气保护,防止氧化和裂纹。

不锈钢与纯铜的手工钨极氩弧焊规范见表 7-67。

5. 钎焊

(1)焊前清理　焊前,不锈钢及铜母材表面均应采用化学酸洗法进行清理。清理的方法为:不锈钢酸洗→水冲洗→中和→水冲洗→干燥;

铜及铜合金在10%H_2SO_4溶液中浸洗1～2min，用水冲洗后在70℃～80℃热水中煮几分钟，然后用水冲洗、干燥。

表7-67　不锈钢与纯铜的手工钨极氩弧焊规范

母材厚度/mm	预热温度/℃	焊丝直径/mm	钨极直径/mm	焊接电压/V	焊接电流/A	氩气流量/(L/min)
4.0	300～350	3	4	12～14	220～260	16～20
6.0	400～500	4	4	14～18	280～360	20～22
10	500～600	4	5	16～20	340～400	22～26

(2)钎料　不锈钢与铜或铜合金的钎焊，一般选择银基钎料。这种钎料湿润性好，焊接接头强度高，具有良好的工艺性能。

银基钎料可根据工件的性能要求选用，配合钎剂QJ102或者103使用，这两种钎剂可清除工件表层的氧化物，增加钎料的流动性。

(3)钎焊间隙　钎焊预留的间隙直接影响着接头质量。间隙不当时，会产生夹杂阻碍钎料流动，影响钎料扩散。

(4)钎焊工艺　钎焊铜与不锈钢接头，一般应在充入氩气的炉中进行，炉中加热工件受热比较均匀。但对质量要求不高的接头，也可用氧乙炔火焰加热。

钎焊时应采用硬规范，即升温速度快、钎焊温度高、保温时间短。

图7-50所示是不锈钢与纯铜钎焊的加热规范。

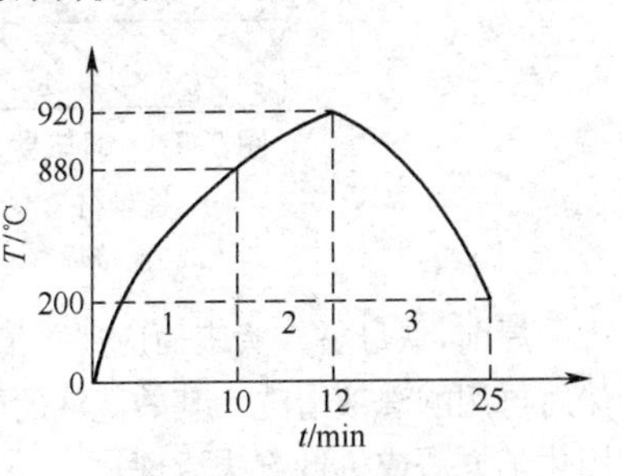

图7-50　不锈钢与纯铜钎焊的加热规范

1. 加热　2. 保温　3. 冷却

6. 真空扩散焊

用真空扩散焊法焊接不锈钢与纯铜及铜合金，不存在金属氧化问题，对接头的力学性能有较大的提高。在电子工业中，常用12Cr18Ni9Ti不锈钢与纯铜进行真空扩散焊，不锈钢与纯铜的真实扩散焊工艺规范见表7-68。

表 7-68　不锈钢与纯铜的真空扩散焊工艺规范

母材牌号	接头形式	焊接温度/℃	焊接时间/min	压力/MPa	真空度/kPa
12Cr18Ni9Ti+TU1	对接	900	20	9.8	1.33×10^{-8}
12Cr18Ni9Ti+TU2		900			
12Cr18Ni9Ti+TU1		650	40	17.64	1.33×10^{-11}
12Cr18Ni9Ti+TU2		650			

7.4.3　钢与钛及钛合金材料的焊接

钢与钛直接熔焊，因产生金属间化合物，使接头严重脆化，因此无法实现焊接。一般采用间接熔焊办法，即加过渡段后进行同种材料的焊接。

(1)钨极手工氩弧焊　碳素钢与工业纯钛采用氩弧焊时，钢与钛的焊缝结构如图 7-51 所示。

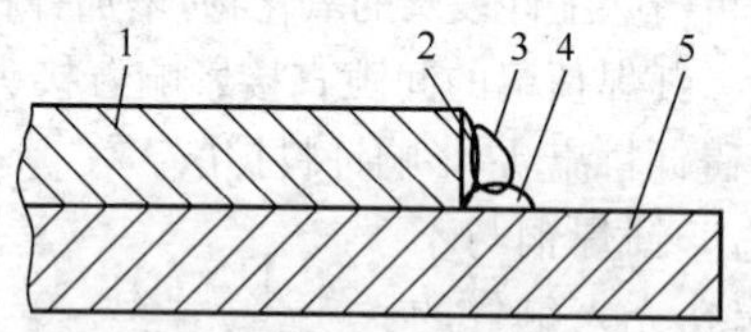

图 7-51　钢与钛的焊缝结构示意

1. 钛母材　2、4. 过渡层焊缝
3. 连接焊缝　5. 碳钢母材

焊前，钛母材接头表面应严格清理。通常是先用不锈钢丝轮打磨，然后再用酸洗液清洗。其酸洗液的配比见表 7-69。钢制零件的待焊面用化学方法或机械方法清理。

表 7-69　酸洗液的配方

配　方	酸洗液成分	酸洗时间	效　果
1	HCl：350mL/L HNO_2：60mL/L H_2F：50mL/L	室温 3min 左右	氧化膜、油污杂物等全部清除干净
2	HF：10% HNO_3：30% H_2O：60%		

氩弧焊用焊接材料见表 7-70。

表 7-70 氩弧焊用焊接材料

焊层	焊接材料	化学成分(质量分数,%)				
		Cu	Ag	Sn	Si	Mn
钢过渡层	纯铜	余量	—	1.2	0.5	0.5
钛过渡层	银	—	99	—	—	—
表面层	银铜	50	30	—	—	—

碳钢与钛钨极手工氩弧焊原理如图 7-52 所示。过渡层可用爆炸焊方法制成钛-钢复合件,然后两端分别与钛或钢进行同种材料的焊接。焊接参数见表 7-71。

钢与钛的焊接也可用多种中间层金属轧制成两侧分别为钢和钛合金的过渡段(钛合金-钒-铜-钢),然后两端采用焊缝宽很小的电子束焊接方法进行熔焊。利用过渡段焊接钛-钢管件如图 7-46 所示。

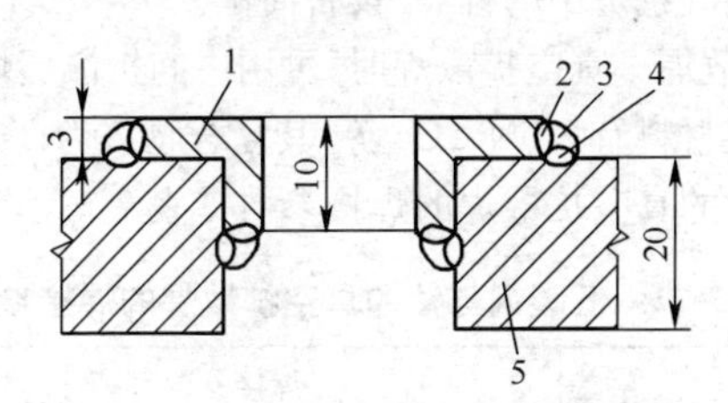

图 7-52 碳钢与钛钨极手工氩弧焊原理

1. TA2 2. 钛过渡层焊道 3. 连接焊道
4. 钢过渡层焊道 5. Q235A 钢

表 7-71 焊接参数

焊道	钨极		焊丝直径/mm	焊接电流/A	电弧电压	氩气流量/(L/min)		电源极性
	材料	直径/mm				喷嘴	拖罩	
1	铈钨	3.0~4.0	3.0	165	15~20	15	—	直流反接
2		3.0		60~75			25	
3		3.0~4.0		150~165				

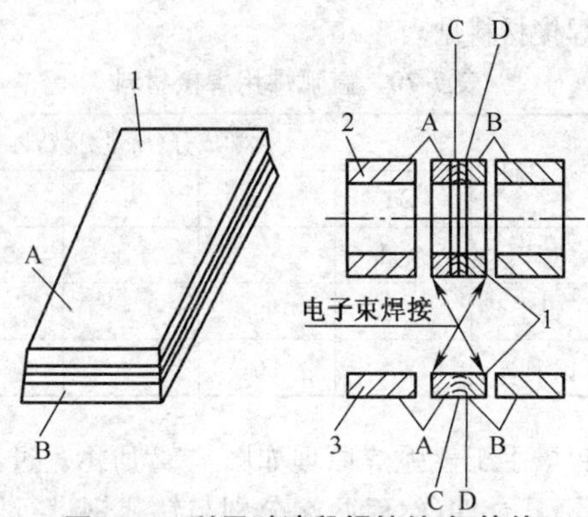

图 7-53　利用过渡段焊接钛-钢管件

1. 多层轧制件　2. 管件过渡段　3. 板材过渡段

A—钛合金　B—钢　C—钒　D—铜

(2)钎焊　通常在真空或氩气保护气氛中钎焊，此时可不使用钎剂。特别是氩气气氛炉中的钎焊，设备简单。

(3)真空扩散焊　真空扩散焊时，可用中间扩散层填充物复合等方法。中间扩散层材料有 V、Nb、Co 等，其复合物多为 Ta 以及青铜等。

低碳钢与钛的真空扩散焊的焊接参数见表 7-72。

表 7-72　低碳钢与钛的真空扩散焊的焊接参数

材料	扩散层材料	焊接参数				效果
		焊接温度/℃	焊接时间/min	压力/MPa	真空度/MPa	
06Cr18Ni11Ti+TA7	V	900	15	0.99	1.33×10^{-8}	接头间形成金属间化合物
06Cr18Ni11Ti+TA7	V+Co+Ni	1 000	15	4.9		

7.4.4　钢与铝及铝合金材料的焊接

钢与铝及铝合金焊接时的焊接性很差，主要表现在以下几个方面。

①钢的熔点比铝及铝合金的熔点高很多，当铝及铝合金完全熔化时，钢仍处于固态之中。此外，铝及铝合金熔化后表面会形成一层熔点

很高的氧化物(Al_2O_3),直接妨碍与钢的熔合。

②钢与铝及铝合金的热物理性能不同,特别是热膨胀系数与热导率相差很大,所以焊接时会引起较大的热应力。

③当铝合金中铁的质量分数达到1.8%时,会形成又硬又脆的Al+$FeAl_3$共晶体。随着铁的含量增加和温度的提高,不可避免地会产生脆性的金属间化合物。该化合物的显微硬度极高,大大降低了铝合金的塑性,使焊缝变脆。

1. 钨极氩弧焊

氩弧焊可用中间过渡层焊接(实际上是钎-熔焊,即钢侧为钎焊铝侧为熔焊)方法进行钢与铝的焊接。焊前先在钢件的待焊边缘30mm范围内的表面,镀一层30~40μm厚的锌层作为过渡层。用铜锌或镍铜锌合金作为过渡层时,可改善焊接接头的质量。为提高接头的承载能力,可以加大钢件一侧的坡口角度,铝-钢氩弧焊的焊接参数见表7-73。

表7-73　铝-钢氩弧焊焊接参数

工件材料牌号	工件厚度/mm	电极材料、直径/mm	焊接电流/A	电弧电压/V	焊接速度/(m/h)	填充金属化学成分(质量分数,%)
Q235+5A06	3	钨极 $\phi 3$	160~180	16	6.5~8.0	Ni3.5,Zn7,Si4~5,Al余量

增大钢板坡口角度,增大焊接接头处的断面积(堆焊的办法增大余高及宽度)及钢件表面浸渍镀铝等,可使接头的静载或疲劳承载能力达到铝或5A06母材的水平。

2. 气焊

焊前将工件清理干净,平整,无镀层,按气焊铝方法焊接。铝-钢气焊的焊接参数见表7-74。只熔化铝边,长焊缝宜分段焊,接头强度达73MPa。

表7-74　铝-钢气焊的焊接参数

工件材料	工件厚度/mm	火焰	熔剂牌号	填充金属化学成分(质量分数,%)
软铝+Q235	1~2	中性焰	粉401	A188,Zn5,Sn7
较硬铝+Q235	1~2	中性焰	粉401	A187,Zn5,Sn8

3. 铸焊

钢螺母、钢质气缸套电镀0.02～0.05mm厚的锌层，浇注前把镀锌钢件加热，放入铸型中，浇注铝合金，浇注温度为700℃～750℃，铝-钢结合牢固，气密性尚可。

4. 摩擦焊

尽可能缩短接头加热时间并施加较大的挤压力，使可能形成的金属间化合物挤出接头区。但加热时间不能过短，以免塑性变形量不足而不能形成完全结合。低碳钢与纯铝的摩擦焊的焊接参数和接头性能见表7-75。

表7-75　低碳钢与纯铝的摩擦焊的焊接参数和接头性能

工件直径/mm	钳口处起始伸出长度/mm	转速/(r/min)	压力/MPa		加热时间/s	顶锻量/mm		接头弯曲角度/(°)
			加热	顶锻		加热时	总量	
30	15	1 000	50	120	4	10	11	180
30	16	750	50	50	4.5	10	15	180
40	20	750	50	50	5	12	13	180
50	26	400	50	120	7	10	15	100～180

5. 冷压焊

焊前必须彻底清理钢及铝的连接表面，清除氧化物及薄膜。要实现冷压结合，必须保证接头处变形量在70%～80%。碳钢-纯铝冷压焊接头强度可达80～100MPa。

6. 楔焊

楔焊是钢与铝焊接效果最好的一种方法，也是一种冷压焊，适用于塑性较好的异种金属连接。楔焊的原理是采用比较硬的钢，将工件加工成尖锐的楔形，在固定的共晶温度上、下，在压力的作用下，压下较软的铝工件，形成一个坚固的接头，楔焊装置如图7-54所示。

钢与铝的楔焊可为两种：第一种在共晶温度以上进行焊接；第二种在共晶温度以下进行焊接。

用第一种焊接方法可以选在645℃～660℃温度下进行，但温度较难控制。焊前也可先在钢件上镀铜，当铜在 645℃～660℃下压入铝件时，铜与铝很容易产生共晶体而形成接头。除镀铜外，也可以镀银或锌。

钢与铝楔焊的第二种形式，曾用于不锈钢 07Cr19Ni11Ti 与防锈铝 5A06 之间的焊接。当温度升至 520℃～570℃时加压，使钢件尖锐楔形压入铝件中，此时铝件产生塑性变形，并且使接触处铝的氧化膜被破碎掉，从而形成具有一定强度的接头。

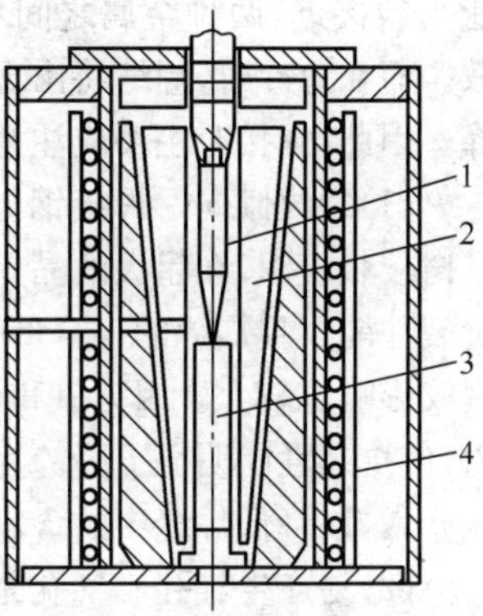

图 7-54 楔焊装置

1. 钢工件 2. 夹具
3. 铝工件 4. 马弗炉

7. 真空扩散焊

钢与铝扩散焊常用镍、铜作为中间扩散层材料，用电镀方法获得。

钢与铝的焊接温度一般不高于 550℃，否则，焊缝金属会形成脆性化合物，影响接头质量。钢与铝真空扩散焊的焊接参数见表 7-76。

表 7-76 钢与铝真空扩散焊的焊接参数

材料	扩散层材料	焊接温度/℃	焊接时间/min	压力/MPa	真空度/MPa
Q235+1060	Ni	350	5	2.85	1.33×10^{-7}
		400	10	4.90	
		450	15	9.80	

8. 爆炸焊

钢与铝的连接，可利用爆炸焊制造钢-铝过渡段，然后过渡段两头的钢和铝便可分别与同种金属进行焊接。钢-铝焊接接头在焊后加工或使用过程中，温度不得超过 300℃～350℃，因为钢-铝接头长时间处于高温下会激活扩散形成脆性的金属间化合物，除非能在中间加钝化的(第三种金属)隔离层。

7.4.5 钢与镍及镍合金材料的焊接

钢与镍及镍合金焊接，焊缝金属主要成分是铁和镍。镍的结晶性能与铁接近，两种金属之间不产生化合物，在焊接熔合区也不形成扩散。而在急冷时，焊缝将出现马氏体组织，接头的塑性和韧性会急剧下降。因此，焊接时主要应注意以下两种现象。

(1)裂纹倾向　焊接钢与镍时，由于焊缝金属含镍量较高，冷却时呈树枝状组织，在粗大的晶界上存在低熔点共晶体，从而降低了焊缝的抗裂性能。且焊缝的镍合量越高，热裂纹倾向就越大。此外，氧对焊缝裂纹影响也较大。因为氧和镍会产生 NiO 共晶体，削弱晶间的结合能力，使抗裂性能明显下降。为此常在焊接材料中加入铝或钛等强制脱氧元素，以降低焊缝中的含氧量。

(2)易产生气孔　气孔是 H_2O 和 CO 未从熔池中逸出而形成的。由于低碳钢熔化时，有较多的碳过渡到焊缝中，使焊缝中产生 CO。含碳量越高，或含氧量多，则焊缝产生的气孔就越多。

为防止产生气孔，可以向焊缝中加入 Mn、Cr、Mo、Al 及 Ti 等元素。Mo、Al、Ti 有较强的脱氧作用；而 Cr、Mn 可提高气体在金属中的溶解度，从而减少气孔的产生。

(3)焊接工艺　低碳钢与镍及镍合金焊接时，应严格控制焊缝中的氧及硫、磷含量。

①焊前，母材要仔细清理，露出金属光泽。

②减小钢与镍的温差，焊前镍母材预热 100℃～300℃，以防止裂纹倾向。

③焊接时尽量减少钢的熔化量，降低焊缝中含铁量。

④焊接以软规范进行，尽量减小热影响区。防止热影响区形成的组织晶粒粗大，引发热裂纹产生。

7.4.6　不锈钢与铅材料的焊接

由于不锈钢的熔点与铅的熔点相差很大，所以它们之间的焊接实质上是钎-熔焊。

①用刮刀清除铅管焊接处的氧化膜，不锈钢管的待焊处用砂布清理并涂上焊药，插入铅管的连接孔内，采用气焊中性火焰(或轻微的碳化焰)加热不锈钢管至 320℃～350℃，再用火焰靠近铅管，加入焊丝。焊缝应适当宽些和厚些。

②不锈钢管的待焊表面用砂布清理，涂上焊药，置于图 7-55 所示的不锈钢-铅浇 Pb-Sn 合金焊接模型中，并加热至 320℃～350℃，然后浇入熔化的铅锡合金(质量分数各为 50%)。如发现不锈钢管与铅锡合金交界处有凹缝，则应加热不锈钢管，直至凹缝消失。冷却后将浇有铅锡合金的不锈钢管插入铅管上的连接孔内，再用铅锡合金焊丝焊接。

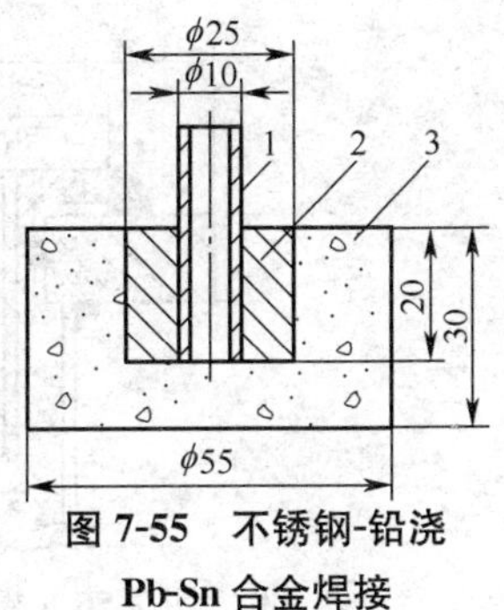

图 7-55 不锈钢-铅浇 Pb-Sn 合金焊接

1. 不锈钢管 2. 铅锡合金 3. 泥模型

③不锈钢-铅焊接用焊药与焊丝见表 7-77。

表 7-77 不锈钢-铅焊接用焊药与焊丝

焊接实例	焊　药	焊　丝
1	$w(ZnCl_2)$80%+$w(SnCl_2)$15%+NH_4Cl(糊状)	Pb
2	$ZnCl_2$(糊状)	w(Pb)、w(Sn) 各 50%

注：w 为质量分数符号。

7.4.7 钢与非铁金属材料的焊接

1. TA2 钛板与 Q235 钢板的 TIG 焊接

处理铬酸废水用的蒸发器由花板、列管和筒体组成。使用温度为 120℃，承受工作压力为 0.4MPa。蒸发器花板与筒体法兰结构如图 7-56 所示。

(1)焊前准备 焊前清除 Q235 钢上的油污、铁锈，并用丙酮擦洗待焊处；TA2 钛板待焊处用不锈钢钢丝刷清除污物，并用丙酮擦洗干净。

(2)焊接工艺 焊接顺序是先焊图 7-56 中 a 处和 b 处(手工钨极氩弧焊)，然后焊图 7-56 中 c 处(焊条电弧焊)，最后焊花板上所有列管 d_1～d_6(手工钨极氩弧自熔焊)。

其中 a 处和 b 处异种材料结构焊接参数为：用 HSCu201 特制纯铜焊丝先焊 Q235 钢侧的过渡层；用质量分数为 99%的纯银钎料焊 TA2 钛板侧的过渡层；最后用 B-Ag34SCuZnSn 银钎料焊俩过渡层中的结合

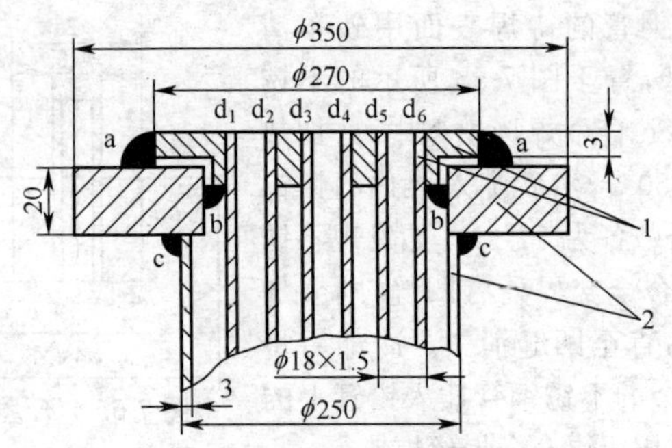

图 7-56　蒸发器花板与筒体法兰结构

1. TA2　2. Q235

a、b—氩弧焊　c—焊条电弧焊

d_1～d_6—自熔焊

层焊缝。

c 处为一般结构钢焊缝，焊条采用 E4303 型号，焊接参数按常规选用。

花板与列管自熔焊，焊接参数按常规选用。TA2 钛板与 Q235 钢板 TIG 焊的焊接参数见表 7-78。

表 7-78　TA2 钛板与 Q235 钢板 TIG 焊的焊接参数

层次	Q235 钢侧过渡层	TA2 侧过渡层	俩过渡结合层
填充材料	HSCu201 特制纯铜焊丝(φ3mm)	银钎料(φ2mm)	B-Ag34CuZnSn 银钎料(φ3mm)
氩气流量/(L/min)	15(喷嘴)	15(喷嘴)；25(拖罩)	15(喷嘴)；25(拖罩)
电流/A	165	65～75	150～165
电弧电压/V	15～20	15～20	15～20
电源极性	直流正接	直流正接	直流正接
电极材料	铈钨丝(φ3mm)	铈钨丝(φ2mm)	铈钨丝(φ3mm)

2. E5015 焊条外缠纯铜丝焊接铜与钢

电解阴极导电板是由纯铜板 T2 和碳钢板 Q235 两种材料焊接而成的，导电板接头形式如图 7-57 所示，焊缝长度为 800mm。

由于铜与钢在物理性能上的差异，铜与钢焊接时的主要问题是铜侧难熔合，焊缝易产生热裂纹。

要使焊缝不产生裂纹，必须要采用T2焊芯的电焊条，使焊后焊缝金属中的铁的质量分数低于43%。因施工现场没有T2铜芯焊条，则采取在E5015焊条上缠绕ϕ1.25mm纯铜丝的方法自制焊条来焊接电解阴极导电板焊缝接头。经试件试焊测定，焊缝金属中铁的质量分数可控制在10%～43%，焊缝无开裂现象，完全可以满足接头要求。

①选用E5015焊条，焊前经350℃烘焙2h，降至100℃时保温，外缠绕ϕ1.25mm或ϕ1.5mm纯铜丝，如是漆包线，必须除去绝缘层的漆。根据焊缝中的含Cu量，决定缠绕的疏密程度，焊条外缠铜丝如图7-58所示，其间距s为1～3mm。铜丝不得与焊条芯及焊枪夹口相接触。

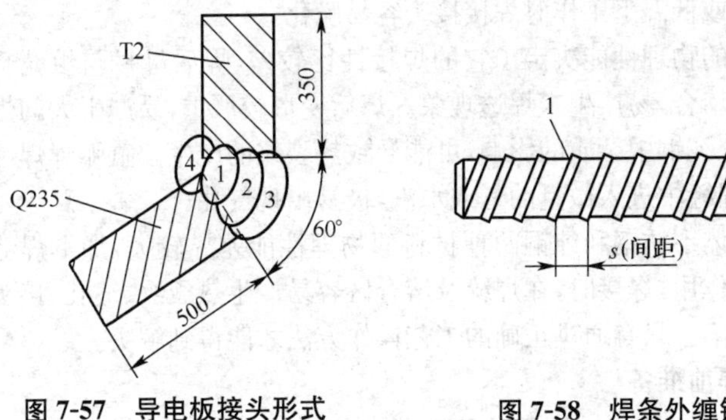

图7-57　导电板接头形式

图7-58　焊条外缠铜丝

1. T2铜丝　2. 焊条

②铜板一侧焊前经氧乙炔焰预热，预热温度为650℃～700℃。焊接过程中应保持其温度，随焊随加热，可保证铜侧熔合良好。如发现铜侧未熔合，说明铜板温度过低，必须停焊加热。加热温度也不能过高，否则会产生烧穿、塌陷缺陷。

③采用直流反接，ϕ3.2mm焊条使用140～150A电流，ϕ4mm焊条使用190～200A电流，焊接速度为5～9cm/min，热输入量较大，主要用以补偿铜侧的高热导率。

④焊接时，电弧偏离坡口中心线，主要作用在铜板一侧，在铜板侧停留

时间略长，焊接速度略慢。在电弧力的搅拌下，使铜与铁充分均匀混合。

⑤为保证根部焊透，提高电导率，第一层打底焊尽可能焊透，待坡口内全部填充满后，反面用角向磨光机打磨清根后再封底焊。

⑥避免焊接接头刚性固定，焊后能自由收缩，不得锤击。导电板焊后如产生变形，待冷却至室温后再进行矫正。

3. T3 铜管与 07Cr19Ni11Ti 不锈钢板的 MIG 焊

换热器设备，用 T3 纯铜作为换热管，用 07Cr19Ni11Ti 不锈钢作为壳体。由于两种材料各有一些特殊的物理性能，这就涉及上述异种金属的熔化极氩弧焊的工艺操作方法。

(1)材料的焊接性分析　奥氏体不锈钢具有一定的淬硬倾向，且具有特殊的物理性能，焊后容易产生残留应力，导致热裂纹的产生。同时焊接中有害杂质的偏析形成液态夹层，也增大了裂纹倾向，奥氏体不锈钢在高温或低温下工作时焊接接头容易脆化。

纯铜的物理性能决定了它的焊接性比较差，焊后母材与填充金属不能很好熔合，易产生未焊透现象。焊后变形较严重，易产生大的焊接应力，加上纯铜中杂质的影响，可能导致热裂纹的产生。氩弧焊焊纯铜时，如果焊缝中进入微量的氢或水汽，极易出现气孔。

奥氏体不锈钢和纯铜两种材料的物理性能差异较大，加上焊缝化学成分的作用，焊接时，在焊缝及熔合区容易产生热裂纹、气孔、接头不熔合等缺陷。只有通过正确的工艺操作方法才能得到解决。

(2)焊前准备

①不锈钢板与纯铜管均不开坡口，纯铜管外伸端与不锈钢板距离为1mm，便于焊接。T3 管与不锈钢板接头形式如图 7-59 所示。

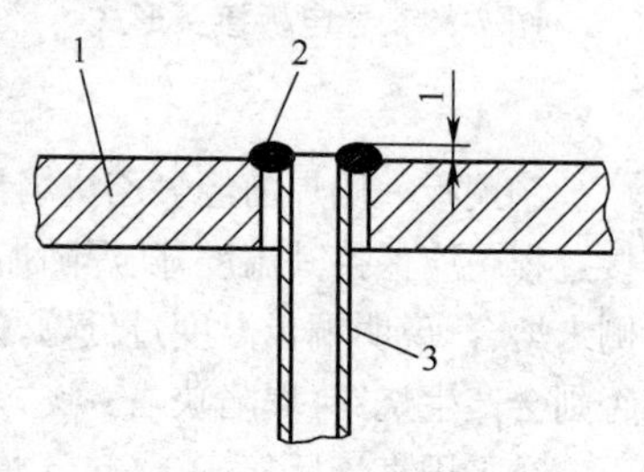

图 7-59　T3 管与不锈钢板接头形式

1. 不锈钢板　2. 焊接接头
3. 纯铜管

②将工件表面的油污、水分等杂质清理干净。

③用丙酮擦洗不锈钢，并用白垩粉涂于表面(焊缝处除外)，以避免表面被飞溅损伤。

④焊丝应去除油污、水分等杂

质。

⑤使焊接接头处于平焊位置。

(3)焊接参数的选择

①焊丝。由于镍无论在液态和固态都能与铜无限互溶,焊接时用纯镍作填充材料,能很好地排除铜的有害作用,有效地防止裂纹,所以选用纯镍焊丝,直径为2mm。

②喷嘴口径及气体流量。熔化极氩弧焊对熔池的保护要求较高,保护不良,焊缝表面起皱皮,所以喷嘴口直径为20mm,氩气流量为35~45L/min。

③电源极性。为保证电弧稳定性,选用较好的直流熔化极焊机,反极性,焊接电流为90~120A。

(4)焊接工艺操作方法

①在引弧板上引弧后,待电弧稳定后慢慢移向焊缝。

②焊枪倾角为70°~85°,喷嘴至工件距离为5~8mm。

③焊嘴运作方式为电弧先移向纯铜管,待纯铜管熔化后再移向不锈钢,保持电弧中心稍偏向纯铜管。

④在焊接过程中,根据电流波动大小密切注意焊接速度与焊缝熔合的相互关系,及时调整焊枪环形移动速度,使熔池得到充分的保护。收弧时要填满弧坑。

⑤一道焊缝完成一条焊缝后,应用小锤锤击焊缝附近区域,以消除焊接应力。

⑥工件焊接完毕,清除表面白垩粉残渣,用钢丝刷清理焊接表面。

4. T2与07Cr19Ni11Ti糊化锅的埋弧焊

生产啤酒的直径为3.2m糊化锅,是一个夹套式的压力容器,糊化锅的埋弧焊如图7-60所示。锅底内套采用纯铜T2制造,筒体是不锈钢,最外层为低碳钢。锅底与筒体的焊接接头为环形对接。接头与Q235钢板的装配间隙≤2mm,夹层内的加热介质是105℃的蒸汽,压力为0.147MPa。

(1)焊前准备 糊化锅中纯铜与不锈钢的焊接采用MZ1-100型埋弧焊机(配直流电源)。焊接材料选用ϕ4mm的HSCu纯铜焊丝和HJ431或HJ350焊剂。焊接坡口的形式及尺寸如图7-61所示,焊接坡口角度为70°，钝边为4mm，对接间隙为1.5mm。焊接时，先在坡口底部预先放置1根ϕ3.2mm的纯镍丝，以保证焊缝金属具有一定的含镍量。焊前用砂布擦去焊丝和坡口表面的氧化物及脏物，背面的Q235钢板要除锈，并用丙酮清洗坡口后待焊。

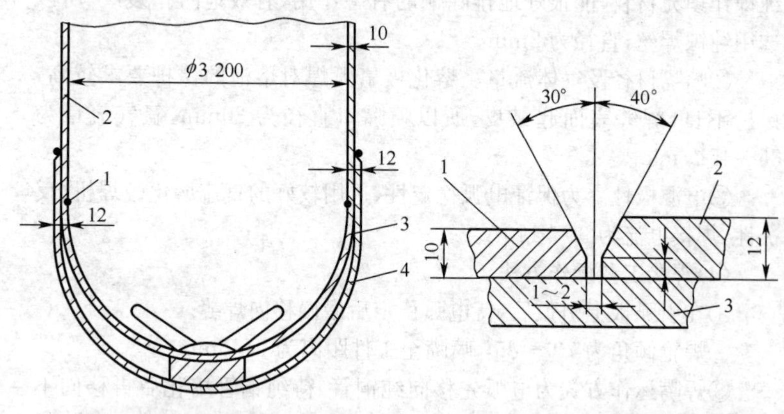

图7-60　糊化锅的埋弧焊

1. 异型接头　2. 07Cr19Ni11Ti　3. T2　4. Q235

图7-61　坡口的形式及尺寸

1. 1Cr18Ni9Ti　2. T2　3. Q235

(2)焊接工艺　由于铜散热较快，故可以采用较大的焊接热输入，以使焊缝获得良好的成形。

(3)焊接参数　以T2与1Cr18Ni9Ti焊接为例，焊接参数如下：焊接电流为600～680A，电弧电压为42～46V，焊接速度为18～21m/h，送丝速度为139m/h。

按此焊接参数焊接的糊化锅，其焊接接头的抗拉强度可达323～382MPa，高于纯铜的抗拉强度(200MPa)，冷弯角达到120°时仍未开裂，完全满足产品要求。

5. 钛-钢环钎焊

钛-钢环钎焊结构如图7-62所示，上环为纯TA2，下环为Q235钢。钛环加工凹槽，钢环加工凸台，两环要求有适当配合。

(1)钢环焊前的准备

①清除零件的边角毛刺和表面氧化物，并用丙酮清洗除油。

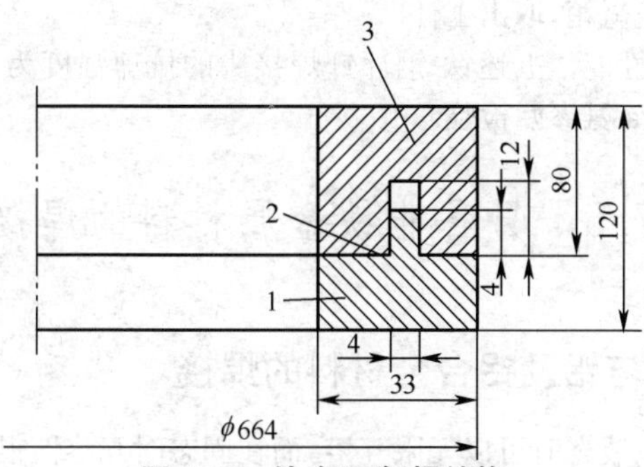

图 7-62　钛-钢环钎焊结构

1. 钢环　2. 钎缝　3. 钛环

②在凸台旁垫两层 0.10mm 厚的箔片钎料，以控制凸台和凹槽之间的间隙，将 ϕ4mm 丝状钎料放置在凸台上，装配后以夹具夹紧。所用钎料为 HL313 银基钎料。

(2)钎焊工艺

①钎焊装置为砂封的充氩箱，充氩箱结构如图 7-63 所示。充氩箱由进气管、出气管和箱体组成，箱体上有两层盖板和砂封槽。加热炉为 H-75 型箱式电炉，功率为 74kW。

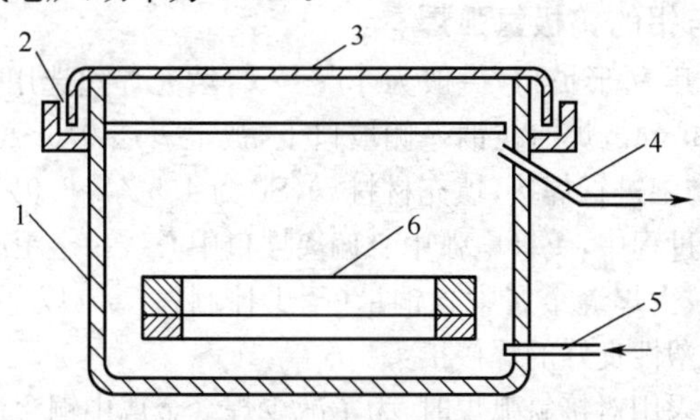

图 7-63　充氩箱结构

1. 箱体　2. 砂封槽　3. 顶盖　4. 氩气出口　5. 氩气进口　6. 工件

②工件装入充氩箱后，预充氩气 45～60min，以便排除箱内空气。

③将充氩箱放入炉温保持在 900℃的箱式电炉内加热。

④焊件达到钎焊温度 800℃～830℃后，保温 20min。

⑤充氩箱出炉后，降温至 200℃以下停止通氩。

⑥打开充氩箱，取出工件。

(3)接头性能　上述钛-钢环钎焊接头的抗剪强度为 98MPa，并且通过 0.05MPa 氦渗漏检验。

7.5　异种非铁金属材料的焊接

7.5.1　铜与铝及铝合金材料的焊接

铜与铝在液态时可以无限互溶，而在固态时互溶性很小，铜与铝在高温下能生成多种金属化合物，同时发生强烈氧化生成多种难熔的氧化物。在物理性能方面铜与铝存在较大差异，熔点相差 400℃以上，线胀系数相差 40%以上，电导率也相差 70%以上。铝与氧易形成氧化膜(Al_2O_3)，而铜与氧以及铅、铋、硫等杂质易形成多种低熔点共晶组织。548℃时，铜在铝中最大溶解度为 5.7%(质量分数)，<5.7%时形成固溶体，>5.7%时，在晶界上存在固溶体和 $CuAl_2$ 的脆性共晶体。铝在铜中的含量超过 9.5%时，形成 $CuA1_4$，变脆，焊接性变差。因此，铜与铝的焊接不宜用熔焊法，可采用钎-熔焊、钎焊及各种压焊。

1. 铜与铝的钨极氩弧焊

铜侧可开 V 形坡口，一般为 45°～75°，填充焊丝选用 8A06 纯铝，直径为 2～3mm。焊前在铜一侧坡口上，镀上一层 0.6～0.8mm 的银钎料，然后与铝进行焊接，填充材料 w(Si)为 4.5%～6.0%的铝焊丝。

在焊接过程中，钨极电弧中心偏离坡口中心线一定距离，指向铝的一侧，尽量减少焊缝金属中含铜量(至少控制在 10%以下)，这样就可获得强度和塑性良好的焊接接头。

铜与铝采用对接氩弧焊时，为了减少焊缝金属中铜含量，增加铝的成分(铜与铝的焊接应是以铝以主组成的焊缝)，可将铜侧加工成 V 形或 K 形坡口，并在坡口表面镀上一层锌，厚度约为 60μm。

铜与铝钨极氩弧的焊接参数见表 7-79。

2. 熔化极氩弧焊

铝与铜氩弧焊时，要将电弧向铜的一侧偏移约的厚度 1/2 距离，以达到均匀熔化，必须控制金属间化合物区的厚度，使其减小到低于 1μm

才不致影响强度。在焊缝中加入锌、镁，能限制铜向铝中过渡，加入硅、锌能减少金属间化合物。

表 7-79　铜与铝钨极氩弧的焊接参数

被焊金属	焊丝	焊丝直径/mm	焊接电流/A	钨极直径/mm	氩气流量/(L/mm)
Cu+Al	Al-Si 丝	3	260～270	5	8～10
	Al-Si 丝	3	190～210	4	7～8
	铜丝	4	290～310	6	6～7

在铜的待焊表面用气焊火焰搪一层厚 0.8mm 左右的银钎料(HL313)，再用 SA1Si-2 铝焊丝作为电极，进行熔化极氩弧焊，焊接搭接和 T 形接头，可获得满意结果。

3. 埋弧焊

实践证明，铜铝合金中铜的质量分数在 13%以下时，综合性能最好，所以采用铝焊丝。铜铝接头的埋弧焊如图 7-64 所示。埋弧焊时，焊丝应偏离铜板坡口上缘 0.5～0.6δ(δ 为焊件厚度)。铜侧开半 U 形坡口，铝侧为直边，坡口中预置 ϕ3mm 的铝焊丝。焊后，焊缝金属中铜的质量分数为8%～10%，符合要求。铜与铝埋弧焊的焊接参数见表 7-80。

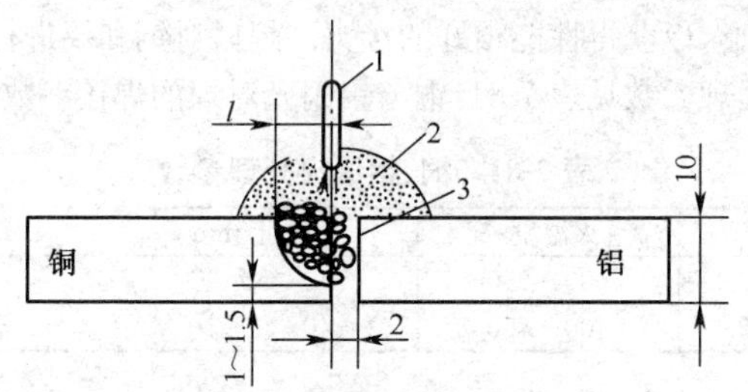

图 7-64　铜铝接头的埋弧焊

1. 铝焊丝　2. 铝焊剂　3. 预置铝焊丝

表 7-80　铜与铝埋弧焊的焊接参数

板厚/mm	焊接电流/A	焊丝直径/mm	焊接电压/V	焊接速度/(cm/s)	焊丝偏离/mm	焊剂层/mm		层数
						宽	高	
8	360～380	2.5	35～38	0.68	4～5	32	12	1

续表 7-80

板厚/mm	焊接电流/A	焊丝直径/mm	焊接电压/V	焊接速度/(cm/s)	焊丝偏离/mm	焊剂层/mm		层数
						宽	高	
10	380～400	2.5	38～40	0.60	5～6	38	12	1
12	390～410	2.6	39～42	0.60	6～7	40	12	1
20	520～550	3.2	40～44	0.2～0.3	8～12	46	14	3

4. 纤-熔焊

铜待焊面先搪一层锌基钎料，用气剂 401，纯铝丝进行气焊，只熔化铝一侧。或在铜的待焊面镀锡、锌、银层，然后用钨极填丝氩弧焊进行钎-熔焊。

5. 铜与铝的闪光对焊

铜、铝件的尺寸要精确，形状要平直，焊前先要清理表面污物和氧化物，并在铜的表面上镀上锌、铝或银钎料。闪光对焊采用大电流、高送料速度，高压快速顶锻（100～300mm/s）和极短的通电顶锻时间（0.02～0.04s）。使脆性化合物和氧化物挤出接头，并使接触处产生较大的塑性变形，以获得性能很好的接头。焊后对铜和铝进行退火处理，铜、铝退火处理参数见表 7-81，铜与铝闪光对焊的焊接参数见表 7-82。

表 7-81　铜、铝退火处理参数

材料	退火温度/℃	保温时间/min	冷却条件
铜	600～650	40～60	水
铝	400～450	40～60	空气

表 7-82　铜与铝闪光对焊的焊接参数

焊接参数		焊接断面/mm			
		棒材直径		带材	
		20	25	40×10	50×10
电流最大值/kA		63	63	58	63
伸出长度/mm	铜	3	4	3	4
	铝	34	28	30	36

续表 7-82

焊接参数	焊接断面/mm			
	棒材直径		带材	
	20	25	40×10	50×10
烧化留量/mm	17	20	18	20
闪光时间/s	1.5	1.9	1.6	1.9
平均闪光速度/(mm/s)	11.3	10.5	11.3	10.5
顶锻留量/mm	13	13	6	8
顶锻速度/(mm/s)	100～120	100～120	100～120	100～120
顶锻压力/MPa	190	270	225	268

采用直流闪光焊烧化过程特别稳定，在闪光过程中不易氧化，故夹渣较少。在第二阶段的顶锻中，能够将高温形成的 γ_2 相(Cu_9Al_4)挤出焊缝以外，形成同电容储能焊相同的细密结合的焊缝，铜铝管(ϕ8mm×0.8mm)接头的抗拉强度可达 295～310MPa。

6. 摩擦焊

摩擦焊有高温摩擦焊和低温摩擦焊两种。

高温摩擦焊时，高速旋转(可达 0.58m/s 以上)的接触面的温度可达铝的熔点(660℃)，完全超出了铜铝共晶点的温度(548℃)。在这种高温下，铜铝原子发生扩散结合。

高温摩擦焊方法是事先将铜端面加工成 90°锥角，并对铜与铝件进行退火处理，铜-铝退火工艺参数见表 7-83。

表 7-83 铜-铝退火工艺参数

材料	加热温度/℃	保温时间/min	冷却方式	退火后硬度(HBW)
T1	600～620	45～60	水冷	≤50
T2	600～620	45～60	水冷	≤50
1 070A	400～450	45～60	水冷或空冷	≤26
1 060	400～450	45～60	水冷或空冷	≤26

退火处理后的铜-铝件表面一定要清理干净，特别是工件的接触端头，形状要规整，尺寸要符合要求。

铜-铝高温摩擦焊的焊接参数见表7-84，采用表7-84中焊接参数焊成的接头性能较差，易断裂。这种摩擦焊方法适于接头质量要求不高的结构。

表7-84 铜-铝高温摩擦焊的焊接参数

工件直径/mm	转数/(r/min)	外圆线速度/(m/s)	摩擦压力/MPa	摩擦时间/s	顶锻压力/MPa	铜件轴角/(°)	接头断裂特征
8	1 360	0.58	19.6	10～15	147	90	脆断
10	1 360	0.71	19.6	5	147	60	
12	1 360	0.75	24.5	5	147	70	
14	1 500	1.07	24.5	5	156.8	80	
15	1 500	1.07	24.5	5	166.6	80	
16	1 800	1.47	31.26	5	166.6	90	
18	2 000	1.51	34.3	5	176.4	90	
20	2 400	1.95	44.1	5	176.4	95	
22	2 500	2.52	49	4	205.8	100	
24	2 800	2.61	54.2	4	245	100	
26	3 000	3.11	60	3	350	120	

目前，为了克服高温摩擦焊存在的问题，都在推行低温摩擦焊。低温摩擦焊接头的温度能控制在铜-铝共晶点温度以下，即548℃以下，在460℃～480℃温度范围内完成铜-铝摩擦焊接。由于接头不产生脆性金属层，使其不产生脆断。

460℃～480℃温度是低温摩擦焊接的最佳温度范围，该温度范围能获得最令人满意的铜-铝接头。不同直径工件铝-铜摩擦焊的焊接参数见表7-85。

表7-85 不同直径工件铝-铜摩擦焊的焊接参数

工件直径/mm	6	8	10	12	14	16	18	20	22	24	26	30	36	40
主轴转速/(r/min)	1 030	840	540	450	385	320	300	270	245	225	208	180	170	160
摩擦压力/MPa	137	147	167	176	186	196	216	235	245	265	274	294	323	343
摩擦时间/s	4	4	4	4	4	4	4	4	4	4	4	4	4	4
顶锻压力/MPa	588	490	441	392	392	392	392	392	392	392	392	392	392	392
持压时间/s	2	2	2	2	2	2	2	2	2	2	2	2	2	2

续表 7-85

工件直径/mm	6	8	10	12	14	16	18	20	22	24	26	30	36	40
铜出模量/mm	10	10	13	13	20	20	20	20	20	24	24	24	26	28
铝出模量/mm	1	1	2	2	2	2	2	2	2	2	2	2	2	2
床轴进给速度/(mm/s)	1.4	1.4	2.1	2.1	3.2	3.2	3.2	3.2	3.2	3.7	3.7	3.7	3.7	3.7
焊前预压力/MPa	2～3	2～3	4～5	5～6	7～8	9～10	11～12	13～14	15～16	17～18	19～20	21～22	23～24	25～26

7. 电容储能焊

电容储能焊是利用储存在电容中的能量对焊接处突然放电的脉冲电流进行焊接的，放电时间短，电流峰值高，波形陡峭，加热与冷却速度快，对铜铝的焊接较为合适。焊后经检验，无脆性相存在，结合良好。缺点是电解电容器的电容量随着使用时间的增长而减少，导致焊接参数不稳定，增加了操作的复杂性。

8. 真空扩散焊

铝-铜真空扩散焊接焊接参数：真空度为 133×10^{-5}Pa，焊接温度为500℃～520℃，压力为9.8MPa，时间为10min。不加中间过渡层。

铝-铜过渡接头在以后的焊接（如铝端与铝、铜端与铜焊接）及使用中，接缝处受热应＜300℃，受热时间应尽量短。

9. 几种铝-铜焊接方法的比较

常用铝-铜焊接方法的比较见表 7-86。

表 7-86　常用铝-铜焊接方法的比较

焊接方法	闪光焊	摩擦焊	储能焊	冷压焊	钎焊
焊接质量	好（有脆性层，但不影响使用）	很好（无脆性层）	好（有脆性层，但不影响使用）	很好（无脆性层）	尚好（注意接头腐蚀问题）
常焊面积	250～160mm²	ϕ6～ϕ40mm	0.5～10mm²	0.5～200mm²	—
断面形状	矩形	焊接时：圆形棒料	线材	不限	不限

续表 7-86

焊接方法	闪光焊	摩擦焊	储能焊	冷压焊	钎焊
生产率(平均)	60 件/h	80～120 件/h	自动 300 件/h，半自动 150 件/h	自动 120 件/h	较低（包括准备时间）
焊前准备工作	须严格退火，表面清理一般，端面要求不高	须退火，端面要求平整，不能有油污，水等脏物	硬铜线须退火，清理要求也较高	硬铜线要退火，表面清理一般，端面要求不高	去漆，去氧化膜，准备钎剂、钎料等工作较多
焊后工作	去毛刺加工量不太大	车削去飞边，通常须锻扁或机械加工	锉去或砂轮磨去飞刺	—	须仔细清理残留钎剂和反应产物
材料消耗	铜烧掉 4.5～6mm； 铝烧掉 15～18mm； 不易收回	铜约 6～7mm； 铝约 4～10mm； 能收回	铝：线径的 1～1.5 倍； 铜：线径的 1.5～2 倍； 不易收回	约为工件直径或厚度的 2.5～3 倍 易收回	搭接时有一定消耗，不收回
附加设备	电源变压器、空压机、抽风机	锻压机、机械加工设备	砂轮机	—	抽风机，坩埚电炉
主要应用场合	由专业厂或车间制造大断面铝-铜过渡接头	由专业厂或车间制造中型断面铝-铜过渡接头	适于线材铝-铜过渡接头或直接焊接铜引出线	适于制造相当于 $\phi 2$～$\phi 13$mm 的铝-铜过渡接头	适于铝线（包括多股或单股）与接线或铜接头的连接
常用设备	1. UN9-200 型铝铜闪光对焊机； 2. LQ-200 型对焊机； 3. LQ-300 型对焊机改装 MCMY-150 型闪光对焊机	自制设备	1. 各厂自制设备 UR2-800 型电容储能自动对焊机； 2. UR3-1200 型电容储能半自动对焊机	1. LHJ-15 型冷压焊机； 2. QL-25 型冷压焊机手焊枪	SRTC-3-9 号式坩埚电炉

7.5.2 铜与钛及钛合金材料的焊接

铜与钛的互溶性有限,具有很大的形成金属间化合物和共晶体的倾向,使接头性能不能满足要求。铜与钛对氧的亲和力很大,常温和高温下极易氧化。高温液体状态下,吸收氢、氮、氧的能力很强,在熔合线处有形成氢气孔的倾向。另外,铜与钛焊接时,靠铜一侧的熔合区及焊缝金属热裂纹敏感性较大。

1. 钨极氩弧焊

铜与钛进行氩弧焊时,加入钼、铌或钽的钛合金过渡层,可以使$\alpha=\beta$相转变温度降低,从而获得与铜的组织相近的单相β组织钛合金。这类过渡层的成分(质量分数),如 Ti+Nb30%或 Ti+Al3%+Mo(6.5%~7.5%)+Cr(9%~11%)等。这时的焊接接头抗拉强度可达216~221MPa,冷弯角140°~180°。

铜与钛合金钨极氩弧焊的焊接参数和接头力学性能见表7-87。

表7-87 铜与钛合金钨极氩弧焊的焊接参数及接头力学性能

被焊材料	板厚/mm	焊接电流/A	焊接电压/V	填充材料		电弧偏离/mm	抗拉强度σ_b/MPa	冷弯角/(°)
				牌号	直径/mm			
TA2+T2	3.0	250	10	QCr0.8	1.2	2.5	177.4~202.9	—
	5.0	400	12	QCr0.8	2	4.5	157.2~220.5	90
Ti-3Al-37Nb+T2	2.0	260	10	T4	1.2	3.0	113.7~138.2	90
	5.0	400	12	T4	2	4.0	218.5~231.3	90~120

在焊接过程中,不能指向钛材一边,要有一定距离,电弧要直接指向铜材一侧,可以获得良好的焊接接头。

2. 真空扩散焊

真空扩散焊有直接扩散焊接和加入中间过渡层的扩散焊接两种方法。前者焊后接头强度较低(低于铜母材的强度),后者强度较高,并有一定塑性。

铜与钛进行扩散焊时，中间加入过渡金属层钼和铌，它可以阻止焊接时产生金属间化合物和低熔点共晶体，从而使焊接接头的质量得到很大提高。扩散焊焊接参数：焊接温度810℃，保温时间10min，真空度为$(133.3\times10^{-2})\sim(6.67\times10^{-4})$Pa，焊接压力为3.4～4.9MPa。在铜(T2)与钛(TC2)中间加入过渡层钼和铌进行焊接，铜(T2)与钛(TC2)扩散焊的焊接参数及焊接接头力学性能见表7-88。

表7-88 铜(T2)与钛(TC2)扩散焊的焊接参数及焊接接头力学性能

中间层材料	焊接参数			抗拉强度 σ_b/MPa	加热方式
	焊接温度/℃	保温时间/min	压力/MPa		
不加中间层	800	30	4.9	62.7	高频感应加热
	800	300	3.4	144.1～156.8	电炉加热
钼(喷涂)	950	30	4.9	78.4～112.7	高频感应加热
	980	300	3.4	186.2～215.6	电炉加热
铌(喷涂)	950	30	4.9	70.6～102.9	高频感应加热
	980	300	3.4	186.2～215.6	电炉加热
铌(0.1mm箔片)	950	30	4.9	94.1	高频感应加热
	980	300	3.4	215.6～266.6	电炉加热

从表7-88中可以看出，采用电炉加热，时间较长，获得的接头强度明显高于高频感应加热时间较短的接头强度。

3. 钎焊

钎焊时采用的钎料多是银钎料，如料308，当银钎料含w(Ag)为72%时，其熔点为779℃，在钎料熔化过程中，钛与铜都将向熔化的钎料液体中溶解，并在钎料液体中形成铜与钛间的化合物相。为了避免产生金属间化合物，必须严格控制温度和时间参数，要尽量缩短焊接时间。

7.5.3 铝与钛及钛合金材料的焊接

铝与钛极易氧化，焊接加热温度越高，氧化越严重。钛在焊缝内易形成中间脆性层，塑性、韧性下降；而铝在焊缝中易产生夹渣，增加脆性，使焊接难以进行。铝的热导率和线胀系数分别是钛的16倍和3倍，在焊接应力作用下易产生裂纹。钛在铝中的溶解度极小，钛与铝形成金属间化合物的速度很快，两金属熔合形成焊缝十分困难，所以若采用熔焊，焊缝中含有大量脆性相，接头无法使用。焊接时可利用钛与铝熔点不同这一特性，采用熔焊-钎焊工艺，铝一侧为熔焊，钛一侧为钎焊。

1. 铝与钛的氩弧焊

铝和钛的熔焊-钎焊可以应用手工钨极氩弧焊。图7-65所示是铝与钛间接熔焊-钎焊。在惰性气体的保护下，加热后的钛板只部分地熔化而不熔透，其热量能将背面的铝板熔化，形成填充金属——钎缝。铝与钛的熔焊-钎焊的熔池温度须保持不超过850℃，要求严格的焊接工艺，但这实际上是很难做到的，因此产生了在钛坡口上渗铝等工艺方法。

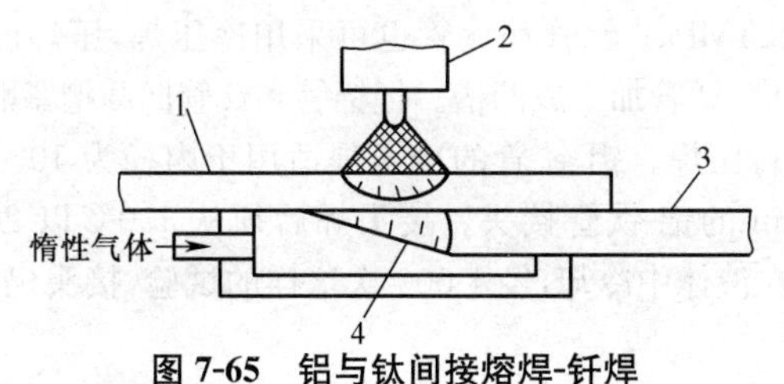

图7-65 铝与钛间接熔焊-钎焊

1. 钛板 2. 钨极氩弧焊枪 3. 铝板 4. 钎缝

2. 铝与钛的扩散焊

钛与铝镁合金直接进行扩散焊，接头塑性和强度都很低，必须用工业纯铝作为中间层。有两种方法，一是采用厚度不同的1035铝箔，二是把钛表面浸入铝熔池中镀铝。

TA7+5A03扩散焊的焊接参数和接头强度见表7-89。

表7-89 TA7+5A03扩散焊的焊接参数和接头强度

镀铝焊接参数		中间层		焊接参数		抗拉强度/MPa	破断部位
温度/℃	时间/s	厚度/mm	材料	温度/℃	时间/s		
780～820	35～70	—	—	520～540	30	$\frac{202\sim224}{214}$	镀层上，5A03上

续表 7-89

镀铝焊接参数		中间层		焊接参数		抗拉强度/MPa	破断部位
温度/℃	时间/s	厚度/mm	材料	温度/℃	时间/s		
—	—	0.4	1035	520～550	60	182～191 185	1035 中间层上
—	—	0.2	1035	520～550	60	216～233 225	1035 中间层上 5A03 上

3. 铝与钛的冷压焊

铝与钛可采用冷压焊进行焊接，在焊接温度 450℃～500℃，保温时间 5h 时，铝-钛结合面上不会产生金属间化合物，焊接接头比使用熔焊方法有利，且能获得很高的接头强度。冷压焊铝-钛接头的抗拉强度可达 298～324MPa。铝管和钛管也可采用冷压焊，压焊前，必须把铝管加工成凸槽，钛管加工成凹槽。把铝管和钛管凹凸槽紧贴在一起，通过挤压力进行压焊。铝-钛管的冷压焊适用于内径为 10～100mm，壁厚为 1～4mm 的铝-钛管接头。接头焊后须从 100℃以 200～450℃/min 的速度在液体中冷却，经 1 000 次这样的试验，接头仍能保持其密封性。

7.5.4 钛与铌材料的焊接

钛与铌不生成脆性化合物，可以无限固溶，不难焊接，通常采用氩弧焊、等离子弧焊、真空电子束焊等焊接方法。采用真空电子束焊质量最好。钛与铌焊接时，要用惰性气体进行保护，如能在充满惰性气体的焊箱中进行焊接，其焊接质量最稳定，可防止或减少由于保护不好而造成的接头性能下降。由于受真空室尺寸限制，大型焊接结构件难以施焊。铌的熔点比钛高约 800℃，故焊接时电弧或电子束应偏向铌一侧，以免钛合金烧穿。

7.5.5 典型异种非铁金属材料的焊接

1. 铝与钛钨极氩弧焊

由铝和钛材组焊成的电解槽。铝材牌号(1035)厚度为 8mm，钛材(TA2)厚度为2mm,填充材料为2A50焊丝,$\phi=3$mm,接头形式有对接、搭接和角接,在接口的钛材一侧覆盖一层铝粉(或做渗铝)。

焊接要点:一定要防止钛的熔化,主要熔化铝一侧,在保证焊缝成形的前提下,焊接速度要尽量快速连续焊接,同时背面也要做氩气保护焊后得到了良好的焊接接头,铝(1035)与钛(TA2)钨极氩弧焊的焊接参数见表7-90。

表7-90　铝(1035)与钛(TA2)钨极氩弧焊的焊接参数

接头形式	板厚/mm		焊接电流/A	氩气流量/(L/min)	
	Al	Ti		焊枪	背面保护
角接	8	2	270～290	10	12
搭接	8	2	190～200	10	15
对接	8～10	8～10	240～285	10	8

2. 铝及铝合金与异种非铁金属的钎焊

铝及铝合金能与铜、镍、钛等钎焊,与镁钎焊比较困难。铝与异种金属的钎焊除了要选择能与两种金属互相作用的钎料外,还要选择能与它们的氧化物起有利作用的钎剂。

(1)钎焊方法的选择　钎焊时所用钎料为易熔低温钎料,如Zn、Zn-Cu、Zn-Sn、Zn-Cd等,钎剂为金属氯化物和氟化物。但由于易熔低温钎料本身强度不高,故钎缝的强度和抗腐蚀性都比较差,特别在温度高于100℃使用时,钎缝强度下降30%。

选用的钎料是熔点高于450℃的铝基钎料,钎剂为金属氯化物和氟化物。用铝基钎料直接钎焊铝和异种金属材料时,必须解决钎焊时钎缝中形成脆性易熔共晶体的问题。例如,铝和铜钎焊时,钎缝中形成脆性的易熔共晶体Al-$CuAl_2$;同样,铝和钛钎焊时,也形成塑性很差的脆性层,直接影响着钎缝强度,保证不了钎缝质量。

为了提高钎缝强度,避免形成脆性层,可在焊接前将铜涂上银,镍涂上铝。这样不但预防了脆性层的形成,而且也简化了钎焊工艺。

(2)钎焊工艺　用火焰钎焊铝和异种金属时,其钎焊工艺与铝合金钎焊基本相同,因此首先要掌握铝合金钎焊的工艺和特点。

①钎焊前严格清除氧化膜(Al_2O_3),因氧化膜的熔点高达2 100℃,

而铝及铝合金的熔点是650℃,氧化膜的存在会影响钎焊的正常进行。

②钎焊时的热源严禁用氧乙炔火焰,因乙炔气体易和钎剂反应,而降低钎缝强度;可用喷灯或石油气加空气或氧气,煤气加空气,汽油雾化气加空气等可燃气体作为热源。

③钎焊时,由于铝合金加热到钎焊温度时无颜色变化,给操作带来一定困难,但是仔细观察,发现铝合金的颜色为灰褐色时,已接近钎接温度。操作不熟练者,可用试焊法,即将钎料沾上少量钎剂放在钎缝上。当发现钎剂迅速漫流,则表明基本金属已达到钎焊温度。

④在施加钎料时,应先将钎料预热,沾上干钎剂。严禁先将钎剂用水调成糊状,再涂在钎缝上,因为钎剂熔点较低,接触火焰后失效,反而弄脏钎缝,阻碍钎料漫流,影响钎缝的致密性和强度。

⑤操作时,加热时间要短,加钎料要果断,动作迅速,钎焊完时收火焰要慢。

⑥钎焊好的零件应放在空气中自然冷却,严禁立即放入冷水中冷却,以免造成钎缝发脆。

⑦钎剂中含有腐蚀性较强的金属氯化物和氟化物,所以焊后必须清洗干净。

8 金属基复合材料焊接技术

复合材料是指由两种或两种以上的物理、化学性能不同的材料，按一定方式、比例及分布方式制造出来的材料。通过良好的增强相/基体组配及适当的制造工艺，就可充分发挥各组分的长处，弥补其短处，使得到的复合材料具有单一材料无法达到的优良综合性能。根据该定义，有些合金也可以看做是复合材料，例如，珠光体钢就是软而韧的铁素体和硬而脆的渗碳体层状相间而成的复合材料。但近代的复合材料概念主要是指人工特意制造的复合材料，而不包括天然复合材料、多相合金和陶瓷。

复合材料一般有两个基本相：一个是连续相，称为基体；另一个是分散相，称为增强相。复合材料的性能不但取决于各相的性能、比例，而且与两相界面性质和增强相的几何特征（包括增强相的形状、尺寸、在基体中的分布方式等）有着密切的关系。

根据基体的不同，复合材料可分为金属基复合材料、树脂基复合材料与陶瓷基复合材料等。本章主要介绍金属基复合材料及其焊接问题。

8.1 金属基复合材料的基本知识

8.1.1 金属基复合材料的特点

金属基复合材料是20世纪60年代初应航天、航空发展的需要而产生的，是由高强度、高模量的耐热陶瓷与高韧性的金属复合而成的材料，或由两种性能不同的金属合成的材料。这种复合材料具有比强度高、比模量大、高的韧性及冲击性能，耐磨、耐疲劳，热膨胀系数小、尺寸稳定，耐高温，导电、导热性好，性能再现性好等特点。

8.1.2　金属基复合材料的分类及性能

按增强方式的不同，金属基复合材料又可分为层压复合材料 、钎料增强金属基复合材料和非连续增强金属基复合材料等。

1. 层压复合材料

层压复合材料是由两层或多层不同金属构成的材料。层压复合材料的制备方式有轧合法、双金属挤压法、爆炸焊法及钎焊法。通过精心选择不同的金属层，可使层压复合材料在以下几个方面具有比各组成金属更好的性能；抗腐蚀性、抗磨性、韧性、硬度、强度、导热性、导电性等。

最常见的层压复合材料是覆层钢板，主要有不锈钢、镍基合金、铝基合金、镁基合金、钛合金、铜合金覆层钢板等，覆层厚度可占厚度的5%～50%，一般为10%～20%。基层的作用是保证结构强度及刚度，覆层的作用是提高耐蚀性、导电性等。还有一种耐蚀层压复合材料是纯铝覆层铝合金板。覆层钢板的耐蚀性主要是利用了覆层的性能。而纯铝包覆铝合金复合材料是利用两种材料的不同阳极电位来保护内层材料。

2. 钎维增强金属基复合材料

与非连续(颗粒增强、短钎维或晶须)增强的金属基复合材料相比，连续钎维增强的金属基复合材料在钎维方向上具有特别高的强度和模量。因此，它对结构设计很有利，是宇航领域中的一种理想的结构材料。但其制造工艺复杂、价格昂贵，而且焊接性比非连续增强的金属基复合材料差得多。

常用的纤维有硼纤维、石墨纤维、SiC 纤维、Al_2O_3纤维、B_4C纤维、钨纤维、不锈钢丝等，这些纤维具有很高的强度、模量及很低的密度，用于增强金属时，可使强度显著提高，而密度变化不大。常用增强纤维及性能见表 8-1。常用的金属基复合材料有铝、钛、镁、铜及镍等。纤维增强金属基复合材料的主要制造方法包括扩散结合法、熔融金属渗透法、铸造法、等离子喷涂法、电镀法及挤压法等。

3. 非连续增强金属基复合材料

非连续增强金属基复合材料既保持了连续纤维增强金属基复合材

料的优良性能，又具有价格低廉、生产工艺和设备简单、各向同性等优点，而且可采用传统的金属二次加工技术和热处理强化技术进行加工。因此，在民用工业中比纤维增强金属基复合材料具有更大的竞争力。目前这种材料发展迅速，应用较为广泛。

非连续增强金属基复合材料包括晶须增强金属基复合材料、颗粒增强金属基复合材料、短纤维增强金属基复合材料等几种。其增强相包括单质元素（如石墨、硼、硅等）、氧化物（如 Al_2O_3、TiO_2、SiO_2、ZrO_2 等）、碳化物（SiC、B_4C、TiC、VC、ZrC 等）、氮化物（Si_3N_4、BN、AlN 等）的颗粒、晶须及短纤维（分别以下标 P、W、sf 表示）。

非连续增强金属基复合材料的基体金属包括 Al、Mg、Ti 等轻金属，Cu、Zn、Ni、Fe 等重金属及金属间化合物，用得最多的是轻金属（主要是 Al），这是因为轻金属基复合材料的性能更能体现复合材料的高比强度、高比模量的性能特点。

非连续增强金属基复合材料的制备方法有：粉末冶金法、铸造法（又分为半固态铸造法、浸渗铸造法、液态搅拌铸造法）和喷射雾化共沉积法等。

非纤维增强金属基复合材料中发展最早、研究最多和应用最广的是 Al 基复合材料，目前发展的重点为颗粒增强的复合材料。

8.2 层压复合材料的焊接

本节主要介绍复合钢板的焊接。复合钢板是以不锈钢、镍基合金、铜基合金或钛板为覆层，珠光体钢为基层，并用焊接的方法制成的双金属板材。复合钢板焊接的主要问题是如何保证接头仍具有复合钢板的综合性能，防止焊缝金属的耐腐蚀性、抗裂性和导电性的降低。一般情况下应对基层、覆层分别进行焊接，焊接材料、工艺等应分别按照基层、覆层来选择，并应注意焊接顺序。

8.2.1 不锈复合钢板的焊接

不锈复合钢板由不锈钢覆层和碳钢或普通低合金钢基层联合轧制而成的双金属板。其中覆层不锈钢保证耐腐蚀性，基层结构钢保证强度。一般覆层占总厚度的10%～20%。

1. 焊接特点

焊接材料选择不当或焊接参数不对时，不锈钢覆层的焊缝可能严重稀释，形成马氏体淬硬组织；或者由于铬、镍强烈渗入碳钢基层而引起严重脆化，并产生裂纹；而在复合钢板的过渡区，由于在焊接高温下碳的扩散，从而在复合钢板一侧交界区形成高硬度的富碳层和基板一侧的低硬度的脱碳层，富碳层内产生脆性组织，使焊接接头塑性下降。同时，也使焊接接头的耐蚀性下降。

2. 接头准备

(1)下料　氧乙炔切割时，覆层向下，材料变质部分为6～10mm。等离子弧切割时，覆层向上，材料变质部分为0.5～1mm。

(2)坡口形式和尺寸　不锈复合钢板对接焊坡口形式和尺寸见表8-1。

表8-1　不锈复合钢板对接焊坡口形式和尺寸

序号	适用厚度/mm	坡口形式	尺寸/mm
1	4～6	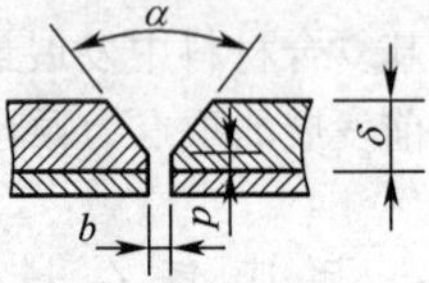 α, δ, p, b	$b=2$ $p=2$ $\alpha=70°$
2	8～12	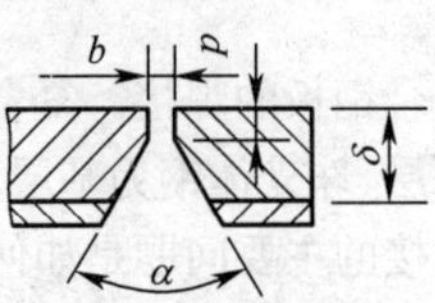 b, p, δ, α	$b=2$ $p=2$ $\alpha=60°$
3	14～25	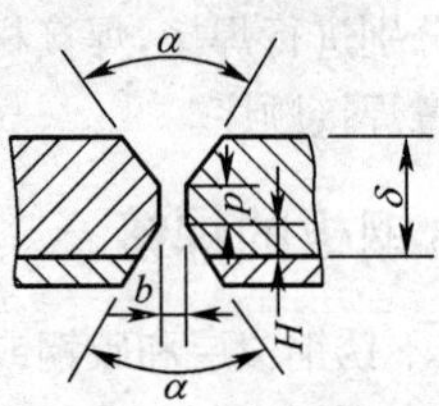 α, δ, p, b, H, α	$b=2$ $p=2$ $H=8$ $\alpha=60°$

续表 8-1

序号	适用厚度/mm	坡口形式	尺寸/mm
4	26～32	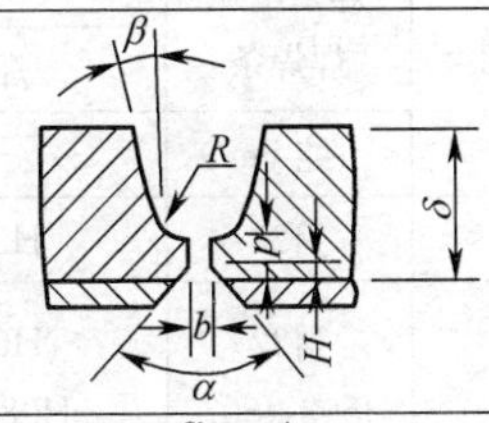	$b=2$ $p=2$ $H=8$ $R=6$ $\alpha=60°$ $\beta=15°$
5	$\delta=100$ $\delta_1=15$	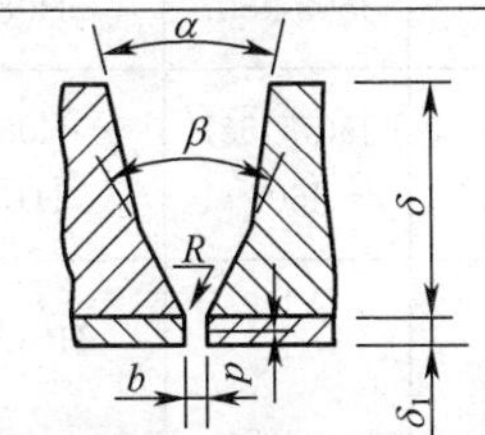	$b=2$ $p=2$ $R=5$ $\alpha=60°$ $\beta=40°$

注：适用于焊条电弧焊或焊条电弧焊封底自动焊接的复合板平板对接和筒体纵、环焊缝。

(3)试件清理及装配

①基层与覆层都应分别使用专用的砂轮和钢丝刷等工具，基层必须使用碳钢钢丝刷，而覆层则必须使用不锈钢的钢丝刷且不得划伤。清除坡口及其两侧内外表面 200mm 范围内的油、锈及其他污物，至露出金属光泽，并用丙酮清洗坡口处。

②装配。装配间隙为 0～0.5mm。定位焊要以覆层不锈钢为基准对齐，严格控制错边量。不锈钢层的错边量：纵缝≤0.5mm；环缝≤1.0mm；采用 E4303、ϕ3.2mm 焊条在基层 Q235 钢的坡口内定位焊，焊缝长度为 15～20mm，焊缝接头端应修磨成斜坡，以利接头。预置反变形为 3°～5°。

3. 焊接材料选择

①不锈复合钢板单面焊焊接材料的选择见表 8-2。

表 8-2 不锈复合钢板单面焊焊接材料的选择

母材		焊条电弧焊焊条	埋弧焊		说明
			焊丝	焊剂	
覆层	06Cr18Ni11Ti 1Cr18Ni9Ti 06Cr13	A102 A107 A002	—	—	—

续表 8-2

母材		焊条电弧焊焊条	埋弧焊		说明
			焊丝	焊剂	
过渡层	—	纯 Fe	—	—	—
基层(有过渡层)	Q235A,20	J422	H08A	HJ431	
	Q245R	J422 J502,J507	H08A H08MnA	HJ431	
	Q345 Q390	J507,J557 J607	H08MnA H10Mn2	HJ431	
基层(无过渡层)	Q235A,20 Q245R Q345 Q390	A302 A307	HCr25Ni13 H00Cr29Ni12TiA1	HJ260	
基层	Q235A,20	J422	H08,H08A	HJ431	
	20 Q245R	J422 J502,J507	H08A,H08MnA H08Mn2SiA	HJ431	开始两层可用焊条电弧焊，其余埋弧焊
	Q345 Q390	J502,J507 J557 J607	H08MnA H10Mn2 H08Mn2SiA	HJ431	
覆层	07Cr19Ni11Ti 06Cr18Ni11Ti 06Cr13	A102,A107 A132,A137 A202,A207	H0Cr19Ni9Ti H00Cr29Ni12TiA1	HJ260	
	06Cr18Ni12Mo2Ti 06Cr17Ni12Mo2Ti	A202,A207 A212	H0Cr18Ni12Mo2Ti H0Cr18Ni12Mo3Ti H00Cr29Ni12TiA1	HJ260	
	过渡层	A302,A307, A312	H00Cr29Ni12TiA1	HJ260	

4. 焊接工艺

(1)焊接工艺要点

①焊前预热,常用复合钢板的预热温度见表 8-3。

表 8-3 常用复合钢板的预热温度

复合钢板组合	基层厚度/mm	预热温度/℃
Q235+06Cr13Q245R	30	>50
06Cr19Ni10 Q235+06Cr17Ni12Mo2 Q245R+022Cr17Ni12Mo2	30~50	50~80
	50~100	100~150
Q345R+06Cr13	30	>100
06Cr19Ni10 Q345R+06Cr17Ni12Mo2 022Cr17Ni12Mo2	30~50	100~150
	>50	>150
15CrMoR+06Cr13	>10	150~200
06Cr19Ni10 15CrMoR+06Cr17Ni12Mo2 022Cr17Ni12Mo2	>10	150~200

注:覆层材料为 06Cr13 时,预热温度应按基层预热温度,焊条应采用铬镍奥氏体焊条。

②在覆层一侧施焊(单面焊接)时,应在覆层表面(坡口两侧各 150mm 范围内)及坡口上涂一层防飞溅涂料。先从基层一侧进行打底焊,焊满基层后从覆层一侧用风铲清除焊根。经 X 光检查合格后,再焊接过渡层及覆层焊缝。

③焊接过渡层时,在确保焊透的前提下,尽量采用短弧、小电流和减小焊条的摆动幅度,力求使基层熔深较浅。过渡层焊缝要盖满基层焊缝,超过基层与覆层交界线约 1mm,并保持焊缝平滑。

④基层、覆层、过渡层的焊条不能用错。不锈钢复合钢板焊接顺序如图 8-1 所示。

⑤基层定位焊,必须采用碳钢焊条。若定位焊点靠近覆层,应适当控制焊接电流和定位焊点尺寸。

⑥焊后热处理主要是消除应力,最好在基层焊完后进行,热处理后

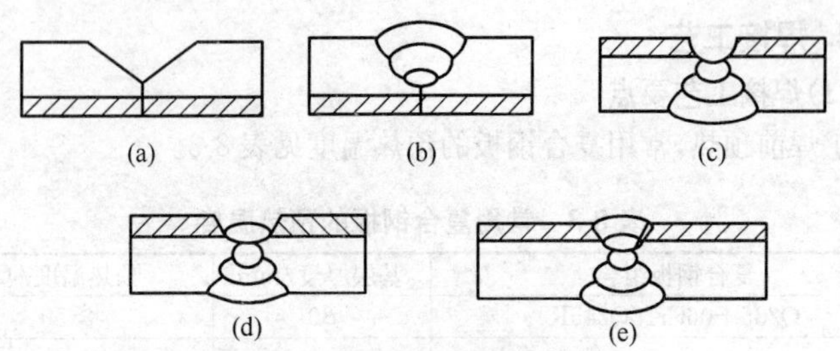

图 8-1　不锈钢复合钢板焊接顺序

(a)装配复合板，间隙平焊为 0，立焊为 0～1.6mm　(b)焊基层焊缝，力求不熔化覆层　(c)覆层侧清根　(d)焊过渡焊缝　(e)焊覆层焊缝

再焊过渡层和覆层。如需整体进行热处理，应考虑覆层的耐蚀性和异种钢过渡区组织的不均匀性。复合钢板焊后热处理温度选择见表 8-4。焊后对覆层进行喷丸处理，使材料表面产生残留压应力，以消除原有的残留拉应力。

表 8-4　复合钢板焊后热处理温度选择

覆层材料		基层材料	温度/℃
不锈钢	铬系	低碳钢	600～650
	奥氏体系(稳定化，低碳)		600～650
	奥氏体系	低合金钢	＜550
	奥氏体系	Cr-Mo 钢	620～680

注：1. 覆层材料如果是奥氏体系不锈钢，在这个温度带易析出 σ 相和 Cr 碳化物，故尽量避免做焊后热处理。
2. 对于用 405 型或 410S 型复合钢板焊制的容器，当采用奥氏体焊条焊接时，除设计要求外，可免做焊后热处理。

(2)焊接参数　见表 8-5。

表 8-5　焊接参数

焊接层次		焊接顺序图示	焊条型号	焊条直径/mm	焊接电流/A	电弧电压/V
基层	打底焊		E4303(J422)	3.2	90～105	22～26
	填充及盖面(2,3)(4)			4	170～190	

续表 8-5

焊接层次	焊接顺序图示	焊条型号	焊条直径/mm	焊接电流/A	电弧电压/V
过渡层(5)		E309-16(A302)	3.2	85～95	22～26
覆层(6)		E347-16(A132)	3.2	95～110	22～26

8.2.2　钛复合钢板的焊接

1. 焊接特点

焊钛复合钢时,基层的低碳钢不能直接和钛相熔合,因为钛受到铁稀释时,钛与铁形成脆性金属间化合物,使焊缝韧性降低,会产生裂纹。

2. 焊接工艺

(1)接头形式　钛覆层复合钢板的焊接如图 8-2 所示。

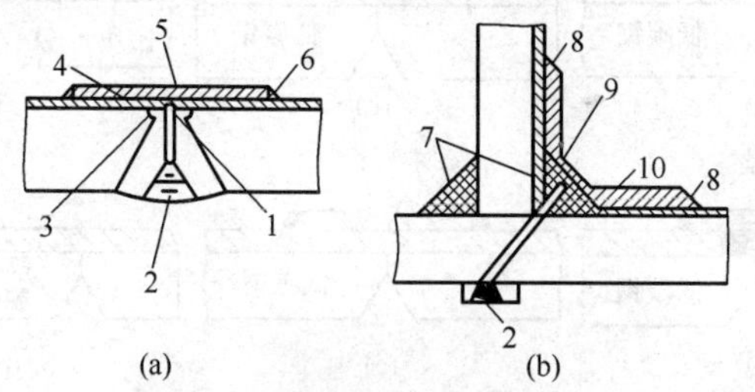

图 8-2　钛覆层复合钢板的焊接

(a)对接焊缝　(b)角接焊缝

1. 填充板的气体通道　2. 驱气用通气孔　3. 磨平钢背面焊缝　4. 钛填充板　5. 钛盖板　6. 角焊缝　7. 钢焊缝　8. 钛焊缝　9. 钛衬板　10. 钛板

(2)焊接方法及顺序

①首先焊接基层钢焊缝,焊后将焊根清理至呈现出致密的焊缝金

属，然后再从覆层侧焊接基层金属的背面焊缝，焊后将焊缝表面修理至与基层板齐平。

②覆层利用钨极氩弧焊进行焊接。在基层与覆层之间形成的沟槽中安装一钛填充板，并通过定位焊将钛填充板与钛覆层焊接在一起。定位焊焊道的间距为100～150mm。定位焊焊缝不得熔透至基板。

③将钛盖板安装到适当的位置，如图8-2a所示。在钢焊缝中打孔并在钛填充板中开槽，以将保护气体引入到钛盖板的背面。

④利用钨极氩弧焊焊接钛盖板与钛覆层间的角焊缝。

(3)工艺要点

①应选用足够大的保护气流量，最好在焊枪上安装后拖保护罩，以充分保护熔池处于高温的焊缝及焊丝的端部。

②角焊缝应选用多层多道焊。

3. 焊接注意事项

①焊钛复合钢时，基层的低碳钢不能直接和钛进行熔焊，可按图8-3b、c、d、e所示的方法切去钛材，然后低碳钢处才可进行焊接。也可按图8-3f所示的方法在低碳钢处切去钛材。用图8-3b、c、d、e所示方法焊接压力容器时，需对低碳钢焊接处进行X射线检查，合格后，才能使用。

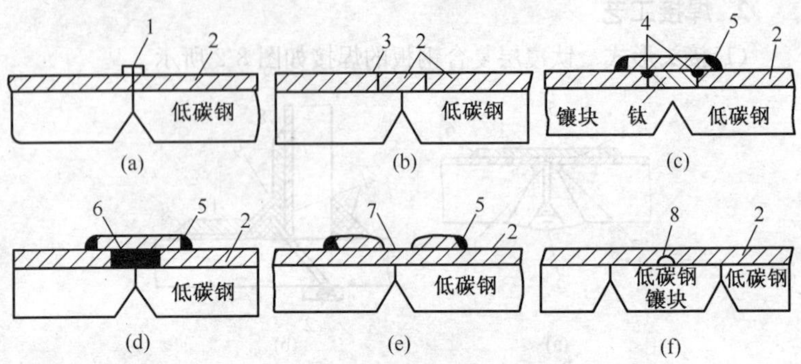

图8-3　钛复合钢的焊接方法

(a)对焊法　(b)用镶块对焊法　(c)用镶块和搭板对焊法
(d)用填充容易熔化的材料和搭板对焊法
(e)把搭板改变成一定形状镶块的对焊法　(f)在低碳钢处镶块的对焊法
1. 坡口两层焊　2. 钛　3. 熔深浅的对焊　4. 不用镶块焊接　5. 角焊
6. 填入容易熔化的材料　7. 镶块成形的钛　8. 坡口

②在钛侧焊接时，由于反向密封的要求，可在钛材焊接处搭板。若接头处不具备使用搭板的条件，则要求对钛材焊接处进行 X 射线检查。

③必须注意镶块的低碳钢与基层焊接时，容易引起熔深不够和焊缝根部间隙过小钛不能很好熔化的缺陷。钛复合层和整体钛材焊接时，应与空气隔开，采用密封焊等方法。

8.2.3 铜-碳钢复合板的焊接

1. 焊接特点

①铁对过渡层焊缝的稀释，不但会使覆层的导电性降低，还会使焊缝产生气孔、裂纹等缺陷。

②如果保护不好，铜氧化并形成 CuO-Cu 的低熔点共晶体，分布在晶界上，使焊缝塑性降低，也是焊缝产生裂纹的原因。

③覆层与基层金属的热物理性能差异悬殊，铜的热导率是钢的 8 倍，铜的线胀系数是钢的 150%，容易使焊缝产生裂纹和未焊透。

2. 焊接材料的选择

基层焊接所用的焊丝应保证接头具有要求的力学性能。过渡层焊丝一般选用镍丝或镍铜焊丝，覆层焊丝可选用纯铜焊丝。常用过渡层及覆层焊丝或焊条见表 8-6。

表 8-6 常用过渡层及覆层焊丝或焊条

覆层金属	过渡层		覆层	
	焊条	焊丝	焊条	焊丝
铜	ENiCu-7	ERNiCu-7		ERCu
	ECuAl-A2	ERCuAl-A2		
	ENi-1	ERNi-1		
铜镍	ENiCu-7	ERNiCu-7	ECuNi	ERCuNi
		ERNi-1		
铜铝	ECuAl-A2	ERCuAl-A2	ECuAl-A2	ERCuAl-A2
铜硅	ECuSi	ERCuSi-A	ECuSi	ERCuSi-A

续表 8-6

覆层金属	过渡层		覆层	
	焊条	焊丝	焊条	焊丝
铜镀	ECuAl-A2	ERCuAl-A2	ECuAl-A2	ERCuAl-A2
		RBCuZn-C①		RBCuZn-C①
铜-锡-锌	ECuSn-A	ERCuSn-A	ECuSn-A	ERCuSn-A

注：①采用氧乙炔进行熔敷。

3. 焊接工艺

(1)坡口形式　首先在基层金属上开坡口，薄件可采用 I 形坡口，厚件可采用 V 形、U 形、X 形以及 V 和 U 联合形坡口，焊接坡口如图 8-4 所示。为了防止铜向基层焊缝中渗透，应去除接头附近的覆层金属。

(2)焊前清理　焊前清理方法见表 8-7。

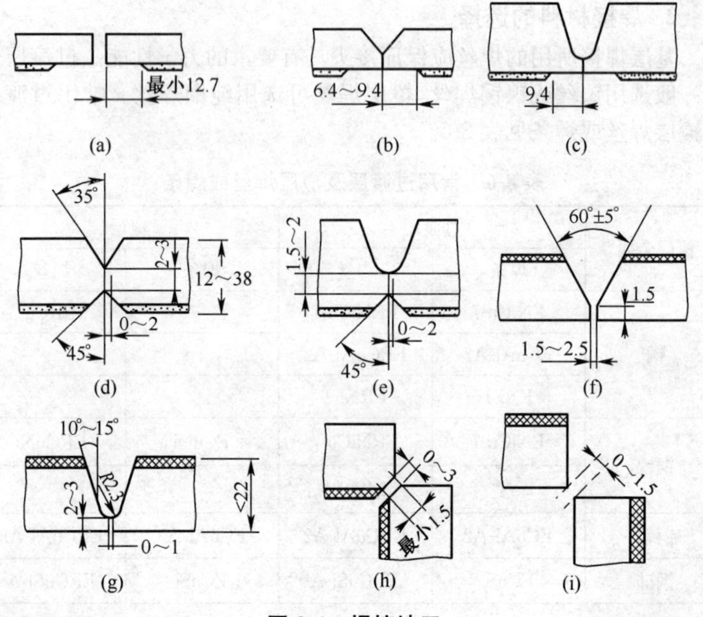

图 8-4　焊接坡口

表 8-7 焊前清理方法

材料	脱脂	表面清理
覆(铜)层	用汽油或其他有机溶剂擦洗	用砂布清除表面氧化物
纯镍焊丝		在 $\varphi(HCl)$ 30%～40%的热溶液中浸洗,水洗,烘干
铜焊丝		在 $\varphi(H_2SO_4)$ 20%的热溶液中浸洗 10～20min,水洗,烘干

注:φ 为体积分数符号。

(3)焊接顺序 一般情况下,先焊接基层,第一道焊缝中应注意不要熔入覆层金属,以防焊缝脆化及焊接裂纹。除了将焊缝附近的覆层金属去除外,还需要采用适当的接头设计。焊完基层后,首先对基层焊道清理焊根,再焊接一层或多层过渡层,最后再焊接覆层。过渡层金属应与基层金属及覆层金属均具有良好的相容性。

焊接角接接头时,无论覆层位于内侧还是外侧,均应先焊接基层。覆层位于内侧时,焊接过渡层以前应先从内部清理基层焊根。覆层位于外侧时,也应对最后的基层焊道进行清理,然后再焊接过渡层。

不能进行双面焊时,应开如图 8-4f 或图 8-4g 所示的坡口。

(4)焊接工艺要点

①覆层的最佳焊接方法是气体保护焊。利用 25%Ar+75%He(体积分数)混合气体进行保护焊。覆层较厚时需要预热,预热时应严格控制预热温度,避免铁进入覆层熔池中。

②为防止气孔、裂纹等缺陷和提高焊缝的冷弯性能,应选用温度高、热量集中的焊接热源。

③如果采用焊条电弧焊进行焊接,则宜采用小直径焊条及窄焊道。

④焊接过渡层前,应清除基层根部焊道中的所有异物。

⑤焊后需要通过热处理消除残留应力,应考虑覆层与基层间的物理性能差异,并设法避免在热处理的冷却过程中产生新的残留应力。

(5)焊接参数 氦-氩混合气体保护焊的焊接参数见表 8-8。

表 8-8　氦-氩混合气体保护焊的焊接参数

焊缝层次	焊接电流/A	电弧电压/V	焊接速度/(mm/min)	送丝速度/(mm/min)	气体流量/(m³/h)
过渡层	360～380	17～18	100	900	0.25＋0.25
覆(铜)层	380～400	18	100	1600	0.3＋0.3

(6)焊后处理　无氧铜-碳钢复合板焊后热处理规范如图 8-5 所示。

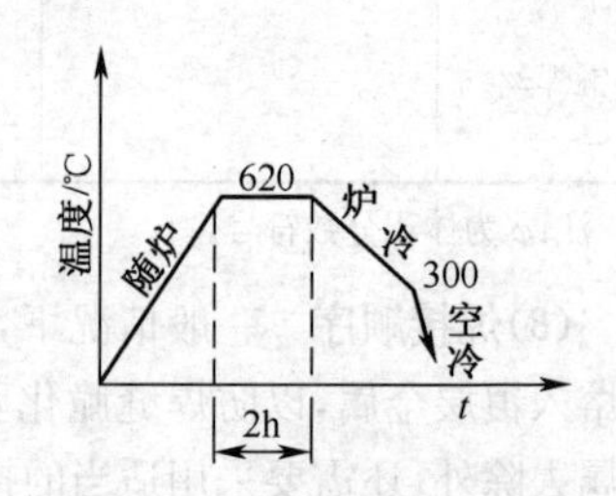

图 8-5　无氧铜-碳钢复合板焊后热处理规范

8.2.4　B30-Q235 复合板的焊接

(1)材质　B30-Q235 复合板为爆炸成形板材，覆层为 B30［w(Mn) 0.81％、w(Fe) 0.76％、w(Ni)30.35％、余量 Cu］，厚 2mm 钢。基层为 Q235 钢，厚 16mm。

(2)坡口形式　B30-Q235 复合板对接接头的坡口形式如图 8-6 所示。

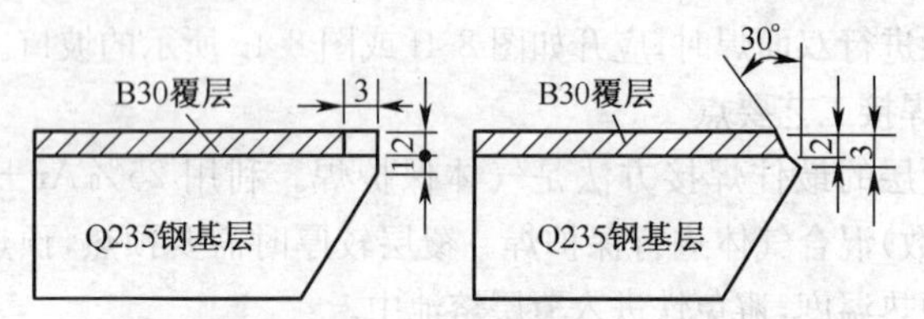

图 8-6　B30-Q235 复合板对接接头的坡口形式

(3)过渡层焊接材料的选择　采用镍作为过渡层材料。

(4)焊接方法及焊接顺序　焊接顺序如图 8-7 所示。先用经 250℃烘干的 E4303(J422)焊条将基层 Q235 钢焊好，如图 8-7a 所示。焊接第一道时必须倍加小心，既要保证焊透又要避免污染覆层。焊好基层后翻转工件，清根，彻底清除未焊透、夹杂、气孔、裂纹等缺陷。然后用 TIG 焊焊接过渡层。这层焊缝要求熔化钢 Q235 与 B30 的交界处，如

图 8-7b 所示，但不高出覆层的外表面。焊后检查过渡层是否有宏观缺陷，并用角向磨光机磨掉表面缺陷及脏物。最后，用 TIG 焊焊接覆层焊缝，使焊缝略高出表面，如图 8-7c 所示。

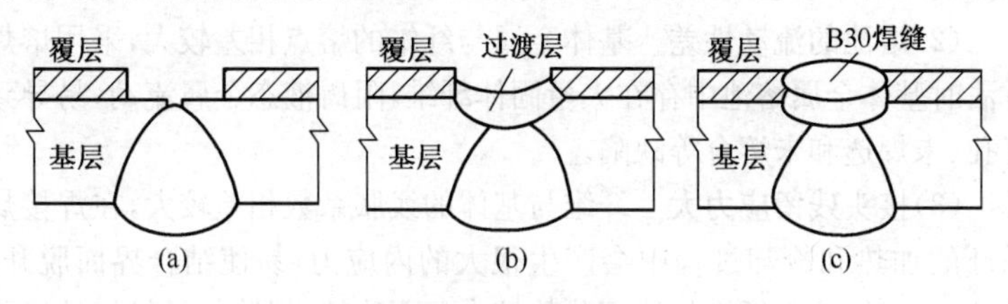

图 8-7 焊接顺序

(5)焊接参数 基层用 J422 焊条进行焊条电弧焊。覆层及过渡层均用 TIG 焊，直流正接。覆层及过渡层 TIG 焊的焊接参数见表 8-9。覆层焊接时采用与覆层 B30 成分相同的 ϕ3mm 或 ϕ4mm 焊丝。

表 8-9 覆层及过渡层 TIG 焊的焊接参数

焊缝位置	焊接电流/A	焊丝直径/mm	氩气流量/(L/min)
过渡层	250～300	3～4	15
覆层	240～280	3～4	15

8.3 连续纤维增强金属基复合材料的焊接

8.3.1 焊接特点及接头设计

1. 焊接特点

连续纤维增强金属基复合材料由基体金属及增强纤维组成，其焊接性很差，焊接这类材料时遇到一些问题。

(1)界面反应 在较高的温度下，复合材料中金属基体与增强纤维之间通常是热力学不稳定的，两者的接触界面上易发生化学反应，生成对材料性能不利的脆性相，这种反应通常称为界面反应。例如，B_f/Al 复合材料加热到 700K 左右时，B 纤维与 Al 就发生反应，生成 AlB_2 反应层，使界面强度下降。C_f/Al 复合材料加热到 850K 左右时就发生反应，生成脆性针状组织 Al_4C_3，使界面强度剧烈下降。焊接时通过控制加热温度和时间来避免或限制反应的进行。例如，采用固态焊工艺或低热输入熔焊工艺可限制 SiC_f/Al 复合材料的界面反应。

(2)熔池的流动性差　基体金属与纤维的熔点相差较大，采用熔焊方法时基体金属熔池中存在大量固体纤维，阻碍液态金属流动，易导致气孔、未焊透和未熔合等缺陷。

(3)接头残留应力大　纤维与基体的线胀系数相差较大，在焊接热循环的加热和冷却过程中会产生很大的内应力，易使结合界面脱开。此外，由于焊缝中纤维的体积分数较小且不连续，焊缝与母材间的线胀系数相差也较大，在熔池的结晶过程中易引起较大的残留应力，因此，这种材料的热裂纹敏感性较大。

(4)纤维的分布状态被破坏　压焊时，如果压力过大，增强纤维将发生断裂；电弧焊时，在电弧力的作用下，纤维不但会发生偏移，还可能发生断裂。

(5)接头中的纤维的不连续　两块被焊接工件中的纤维几乎是无法对接的，因此，在接头部位增强纤维是不连续的，接头的强度及刚度比母材低得多。

(6)熔化的基体金属对纤维的润湿性问题　利用熔焊焊接纤维增强金属基复合材料时，金属与金属之间的焊接为熔焊机制，金属与纤维之间的结合属于钎焊机制，因此，要求基体金属对钎维具有良好的润湿性，当润湿性较差时，应添加能改善润湿性的填充金属。

2. 接头设计

一些典型金属基复合材料的接头形式如图 8-8 所示。最理想的接

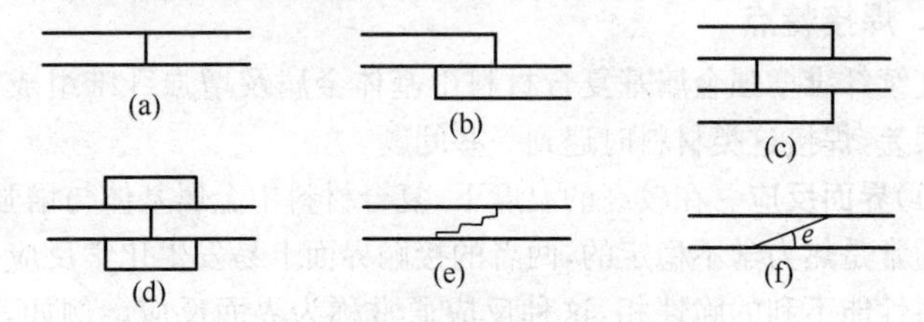

图 8-8　金属基复合材料的接头形式

(a)对接　(b)单搭接　(c)双搭接　(d)双盖板对接

(e)台阶式对接　(f)斜口对接

头形式是台阶式和斜坡式对接接头，这两种接头最大特点是将不连续的纤维分散到不同的断面上，如图 8-8e、f 所示。台阶的数量和斜口的角度可根据受力情况以及所用的焊接方法进行设计。

8.3.2 焊接工艺

1. 电弧焊

焊前工件应开 60°～90°的坡口，并留根部间隙。有时甚至背面也需开半圆形的坡口，进行双面焊接。除平焊位置外，熔池的高黏度则有利于进行立焊或其他非平焊位置的焊接。

对于厚度为 0.64mm 的 50%B_f/6061Al 硼纤维增强铝基复合材料，手工交流 TIG 焊焊接参数：电流为 20A，电压为 16.5V，焊接速度为 1.67mm/s，并使用直径为 1.6mm 的 4043Al 作为焊丝。焊枪装配 1.0mm 直径的钍钨极，并使用纯度为 100%的氩气保护。上述低热输入的焊接参数使熔池温度达到最低，并形成外表满意的焊缝。但反应产物 AlB_2 仍可在焊缝中被观察到。TIG 焊 B_f/6061A1 复合材料研究表明，严格控制焊接工艺，并采用含 Si 量高的铝合金焊丝，可以减少对纤维的破坏。这类材料的电弧焊通常采用脉冲 GTAW 焊进行焊接，通过严格控制热输入、缩短熔池存在时间来抑制界面反应。通过添加适当的填充焊丝，可降低电弧对纤维的直接作用，降低对纤维的破坏程度。

2. 激光焊

利用激光焊焊接纤维增强金属基复合材料的关键是严格控制激光束的位置，使纤维处于激光束照射范围之外，即熔池中的“小孔”之外。例如，焊接 SiC_f/Ti-6Al-4V 复合材料与钛合金 Ti-6Al-4V 的异种材料接头时，应将激光束适当偏向钛合金一侧，图 8-9 所示是激光束位置，使 SiC 纤维处于熔池中的小孔之外。当焊接 SiC_f/Ti-6Al-4V 接头时，应在两复合材料焊接界面之间夹一层厚度大约等于小孔孔径 2 倍(约 300μm)的 Ti-6Al-4V 箔，使两个工件中的纤维均处于小孔之外(图 8-9b)，通过热传导将复合材料熔化并与夹层熔合在一起形成接头。

SiC_f/Ti-6Al-4V 复合材料与钛合金 Ti-6Al-4V 间的激光焊接头强度，主要取决于焊接参数及激光束中心与复合材料边缘之间的距离(X)。激光焊焊接参数一定时，有一最佳距离 X，在该最佳距离下，接

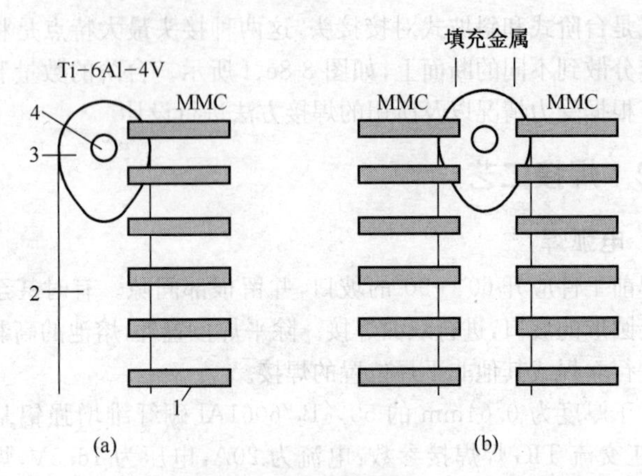

图 8-9　激光束位置

(a)复合材料与均质金属　(b)复合材料与复合材料

1. 纤维　2. 焊道　3. 熔池　4. 匙孔

头抗拉强度达到最大值。激光束位置对 Ti-6Al-4V-SiC_f/Ti-6Al-4V 接头性能的影响如图 8-10 所示。从图 8-10 可看出，在 CO_2 激光焊的功率为 1.5kW、焊接速度为 50mm/s 的条件下，$X=250\mu m$ 时，接头抗拉强度达到最大，为 991MPa。当 X 在 225～280μm 时，接头抗拉强度高于 850 MPa。对于 X 超出该范围的焊接接头，通过焊后热处理（1 173K 下保温 1h）可提高抗拉强度，使接头抗拉强度达到 850 MPa 的激光束位置范围扩大为 190～310μm。

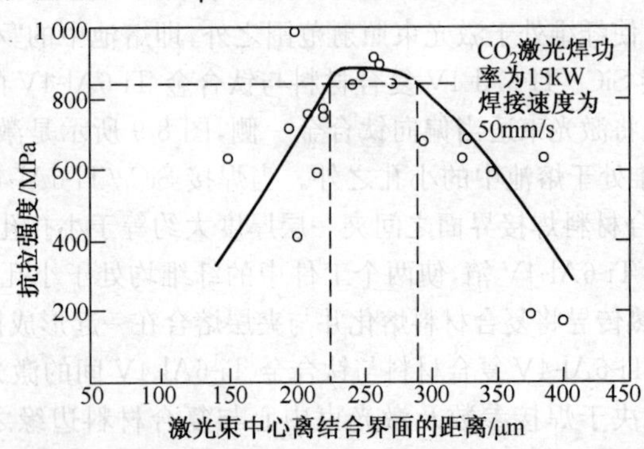

图 8-10　激光束位置对 Ti-6Al-4V-SiC_f/Ti-6Al-4V 接头性能的影响

当中间层厚度确定后，SiC_f/Ti-6Al-4V 复合材料接头的强度主要取决于激光功率。当中间层金属厚度一定时，有一最佳激光功率，在该功率下接头强度达到最大。在激光功率较小时或过大时接头强度均降低。

3. 扩散焊

(1)接头设计 纤维增强金属基复合材料的接头形式应设计成斜口接头，图 8-11 所示为加中间层的 SiC_f-30%/Ti-6Al-4V 固态扩散焊斜口接头。图 8-12 所示为斜角 θ 对 SiC_f-30%/Ti-6Al-4V 接头强度的影响（中间层 Ti-6Al-4V 厚度为 80μm）。当斜角 θ = 90°时，斜口接头变为对接接头，此时的强度最低，为 850 MPa；随着 θ

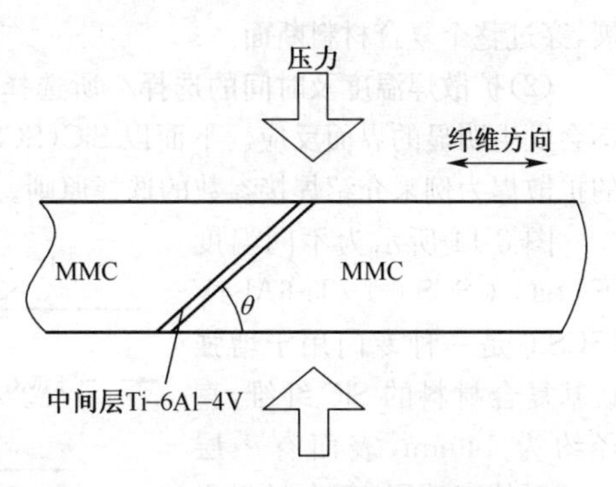

图 8-11 加中间层的 SiC_f-30%/Ti-6Al-4V 固态扩散焊斜口接头

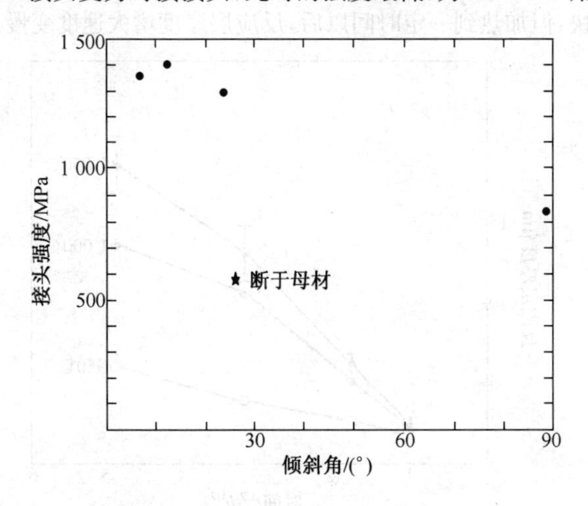

图 8-12 斜角 θ 对 SiC_f-30%/Ti-6Al-4V 接头强度的影响

（中间层 Ti-6Al-4V 厚度为 80μm）

角的减小，接头强度增大，当 θ 角＜12°时，接头最大抗拉强度为 1 380 MPa；接头强度系数约为 80％，SiC_f-30％Ti-6Al-4V 固态扩散焊斜口接头断裂过程如图 8-13 所示，断裂起始于接头表面上 SiC 纤维不连续的位置（图 8-13 中的 A 点），起裂后裂纹沿垂直于拉伸方向向前扩展，穿过整个复合材料断面。

（2）扩散焊温度及时间的选择　所选择的焊接温度及时间应确保不会发生明显的界面反应。下面以 $SiC(SCS\text{-}6)_f$/Ti-6Al-4V 复合材料的扩散焊为例来介绍焊接参数的选择原则。

图 8-14 所示为不同温度下 $SiC(SCS\text{-}6)_f$/Ti-6Al-4V（SCS-6 是一种专门用于增强钛基复合材料的 SiC 纤维，直径约为 140μm，表面有一层 3μm 厚的富碳层）复合材料界面反应层厚度与加热时间之间的关系。由图 8-14 可以看出，加热温度越高，反应层的增大速度越快，但加热到一定时间以后，反应层厚度增大速度变慢。

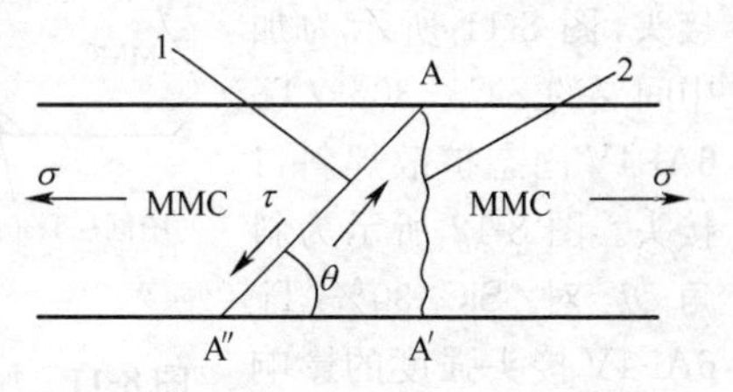

图 8-13　SiC_f-30％/Ti-6Al-4V 固态扩散焊斜口接头断裂过程

1. 连接界面　2. 断裂途径

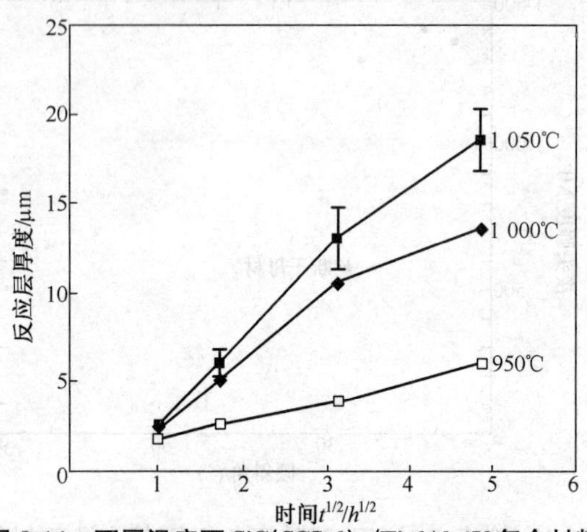

图 8-14　不同温度下 $SiC(SCS\text{-}6)_f$/Ti-6Al-4V 复合材料界面反应层厚度与加热时间之间的关系

研究表明，当反应层的厚度超过 1.0μm 时，SiC_f/Ti-6Al-4V 复合材料的抗拉强度将显著下降。图 8-15 所示为不同温度下反应层达到 1.0μm 时所需的时间。对 SiC_f/Ti-6Al-4V 复合材料进行扩散焊时，焊接温度和保温时间所构成的点应位于图 8-15 所示的曲线下面。

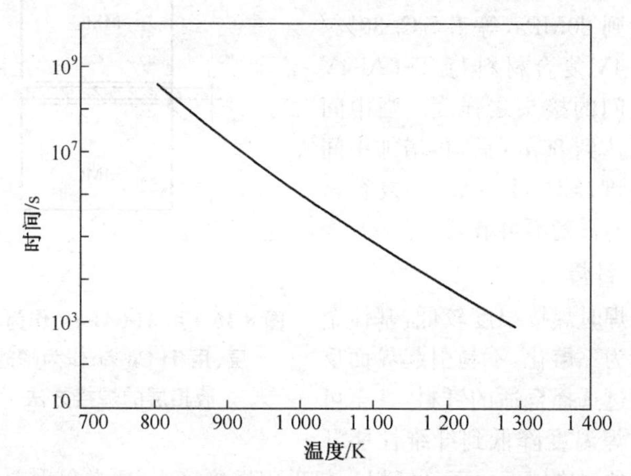

图 8-15 不同温度下反应层达到 1.0μm 时所需的时间

(3)中间层及焊接压力 焊接 SiC_f/Ti-6Al-4V 与钛合金 Ti-6Al-4V 的异种材料接头时，利用直接扩散焊及瞬时液相扩散焊均能较容易地实现扩散连接。但是利用直接扩散焊时所需的压力仍较大，钛合金一侧的变形过大；而采用瞬间液相扩散时，所需的焊接压力较低，钛合金一侧的变形也较小。例如，为使接头强度达到 850MPa，直接扩散焊所需的焊接压力为 7MPa，焊接时间为 3h；而采用 Ti-Cu-Zr 作为中间层进行瞬时液相扩散焊时，所需的焊接压力仅为 1MPa，焊接时间为 30min。同时钛合金一侧的变形量也由固态直接扩散焊时的 5%降到瞬时液相扩散时的 2%。

而纤维增强金属基复合材料自身的直接扩散焊应在被连接的复合材料中间插入一中间层，使连接面上避免出现纤维与纤维的直接接触。采用瞬时液相法，一般在利用瞬时液相层的同时，还要在结合界面上加入厚度适当的基体金属作为中间过渡层。

用 Ti-6Al-4V 作为中间层、用 Ti-Cu-Zr 作为瞬时液相层的焊接方法如图 8-16 所示。图 8-17 所示为 Ti-6Al-4V 钛合金中间层厚度对

SiC_f-30%/Ti-6Al-4V 复合材料瞬时液相扩散焊接头强度的影响。由图 8-17 可知，当中间层厚度超过 80μm 时，所得复合材料接头抗拉强度达到 80MPa，等于 SiC_f-30%/Ti-6Al-4V 复合材料与$_f$ Ti-6Al-4V 钛合金间的接头之强度。当中间层厚度达到 80μm 后，再增加中间层的厚度，SiC_f/Ti-6Al-4V 复合材料接头的强度不再增大。

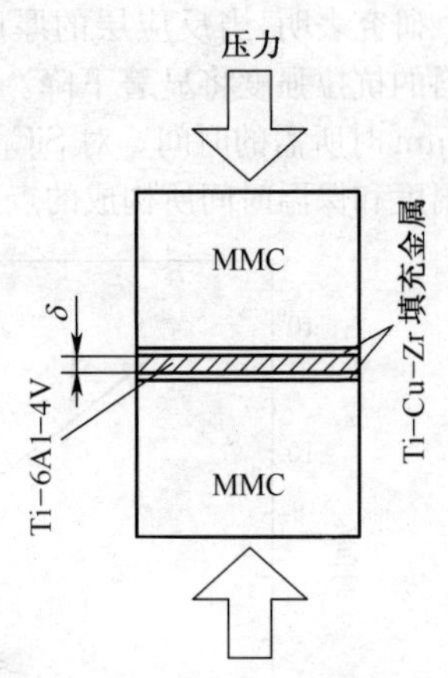

图 8-16　用 Ti-6Al-4V 作为中间层、用 Ti-Cu-Zr 作为瞬时液相层的焊接方法

4. 钎焊

钎焊时焊接温度较低，基体金属一般为不熔化，不易引起界面反应。通过选择合适的钎料，甚至可以将钎焊温度降低到纤维性能开始变差的温度以下。而且钎焊一般采用搭接接头，这在很大程度上把复合材料的连接简化为基体自身的连接，因此这种方法是比较适合于复合材料焊接的，已成为金属基复合材料的主要焊接方法之一。

(1)纤维增强铝基复合材料的钎焊

①硬钎焊。硬钎焊可采用浸沾钎焊和真空钎焊两种工艺。浸沾钎焊焊接的接头强度较高(T 形接头断裂强度可达 310～450MPa)，但抗蚀性较差；真空钎焊焊接的接头强度较低(T 形接头断裂强度在 235～280MPa 之间)，抗蚀性较好。

采用真空钎焊方法可将单层 Borsic/Al 复合材料带制造成多层的平板或各种断面的型材。例如，将单层的 Borsic/Al 复合材料带之间夹上 Al-Si 钎料箔，密封在真空炉中加热到 577℃～616℃，并施加 103～1 380MPa的压力，保温一定时间后就可得到平板。断面复杂的构件更适合于在热等静压容器中进行钎焊。

研究表明，利用钎焊焊接 SiC_f/Al 复合材料时，存在一最佳钎焊温度，在该温度下焊接的接头强度最高。焊接温度低于该温度时，断裂发生在焊缝上；焊接温度高于该温度时断裂发生在母材上。

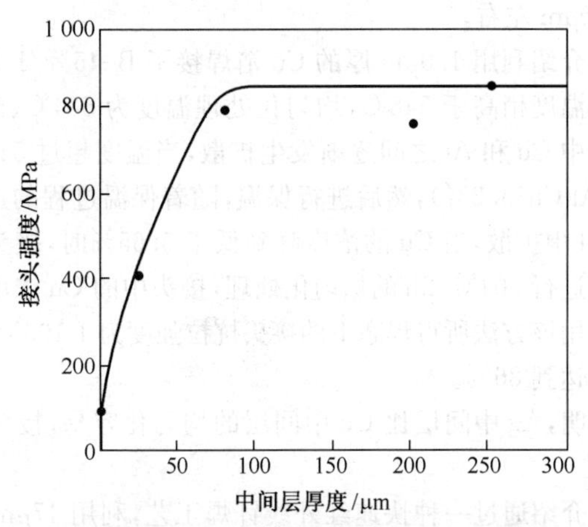

图 8-17　Ti-6Al-4V 钛合金中间层厚度对 SiC_f-30%/Ti-6Al-4V 复合材料瞬时液相扩散焊接头强度的影响

②软钎焊。可利用 95%Zn-5%Al、95%Cd-5%Ag 及 82.5%Cd-17.5%Zn 三种钎料对 B_f/Al 或 Borsic/Al 进行软钎焊，这些钎料的熔化温度分别为 656K、672K 及 538K。软钎焊时，复合材料的表面处理形式对接头强度具有很大的影响，在 B_f/Al 的焊接表面上镀一层 0.05mm 厚的 Ni，可显著改善润湿性并提高结合强度。采用化学镀时，接头强度比采用电镀时提高 10%～30%。钎焊工艺采用加熔剂的氧乙炔火焰钎焊。用 95%Zn-5%Al 钎料焊接的接头具有较高的高温强度，接头工作温度达 589K，但钎焊工艺较难控制；用 95%Cd-5%Ag 钎料焊接的接头具有较高的低温强度(366K 以下)，而且焊缝成形好，焊接工艺易于控制；用 82.5%Cd-17.5%Zn 钎料焊接的接头非常脆，冷却过程中就可能发生断裂。

③共晶扩散钎焊。共晶扩散钎焊的工艺过程是：将焊接表面镀上中间扩散层或在焊接表面之间加入中间层薄膜，加热到适当的温度，使母材基体与中间层之间相互扩散，形成低熔点共晶液层，经过等温凝固以及均匀化扩散等过程后形成一个成分均匀的接头。适用于 Al 基复合材料共晶扩散钎焊的中间层有：Ag、Cu、Mg、Ge 及 Zn，它们与 Al 形成共晶的温度分别为 839K、820K、711K、697K、655K。中间层的厚度

应控制在 10μm 左右。

有文献介绍利用 1.0μm 厚的 Cu 箔焊接了 B_f-45%/1 100Al 复合材料。加热温度稍高于 548℃，均匀化处理温度为 504℃、时间为 2h。在加热过程中 Cu 和 Al 之间逐渐发生扩散，当温度超过 548℃时形成共晶液相(Al-Cu33.2%)，然后进行保温，随着保温过程的进行，Cu 不断向基体 Al 中扩散，当 Cu 的浓度降到低于 5.65%时，接头就等温凝固。然后再进行 504℃、2h 的均匀化处理，接头中的 Cu 浓度梯度进一步降低。采用该方法所得焊态下的接头抗拉强度为 1 103MPa，接头强度有效系数达到 86%。

研究表明，Ag 中间层比 Cu 中间层的均匀化容易，接头性能更高一些。

有文献介绍通过一种快速红外线钎焊工艺，利用 17μm 厚的非晶态钎料 Ti-Cu15，对 CSC-6/β21S 钛合金基复合材料进行了共晶扩散钎焊。在通 Ar 气的红外炉中进行加热，升温速度为 50℃/s。在 1 100℃下加热 30s、120s 和 300s 时，反应层厚度分别为 0.19μm、0.44μm、0.62μm。但加热 30s 时未能形成等温凝固接头；加热 120s 后接头已扩散均匀化。因此，理想的焊接温度及时间参数为 1 100℃、120s。在 650℃和 815℃下，对利用该参数焊接的接头进行了剪切试验。结果表明，利用该参数焊接的接头均未断在结合面上。

(2)纤维增强钛基复合材料的钎焊　钎焊热循环一般不会损伤钛基复合材料的性能。通常使用的钎料有 Ti-Cu15-Ni15 及 Ti-Cu15 非晶态钎料，还可以利用由两片纯钛夹一片 50%Cu-50%Ni 合金轧制成的复合钎料。采用复合钎料时钎焊温度较高，保温时间较长，因此扩散层厚度较大。

有文献介绍利用 Ti-Cu15-Ni15 钎料及由两片纯钛夹一片 50%Cu-50%Ni 合金轧制成的复合钎料焊接了 CSC-6/β21S。β21S 是一种成分为 Ti-Mo15-Nb2.7-A13-Si0.25(质量分数，%)的钛合金。室温和高温(649℃和 816℃)拉伸试验结果表明，钎焊过程并未降低 CSC-6/β21S 复合材料的拉伸性能，在大多数情况下，工件的强度还稍有提高。

5. 电阻焊

电阻焊加热时间短，可控性好，能有效防止界面反应，而且通过施加压力还可防止裂纹及气孔。通过采用搭接接头，可把纤维增强金属基复合材料间地焊接在很大程度上变为Al与Al间的焊接，因此，这种方法是很适于焊接纤维增强金属基复合材料(FRM)的。

对于厚度为0.5mm，体积分数为50%的硼纤维1100Al基复合材料进行电阻缝焊时，搭接接头的抗剪强度为477MPa，相当于复合材料屈服强度的40%。点焊时，对于直径为5mm的焊点，沿径向搭接剪切测试时，具有高于75%的接头系数。使用多路脉冲点焊机(额定功率150kV·A)焊接B/Al复合材料电阻点焊的焊接参数见表8-10。

表8-10 使用多路脉冲点焊机(额定功率150kV·A)焊接B/A1复合材料电阻点焊的焊接参数

参数	数值	参数	数值
电极尺寸	半径200mm	电流衰减	4周波
电极压力	4 408N	相位	25%
电流	6周波	锻压	2.4周波
相位	50%	锻压力	8 006N

研究表明，纤维的体积分数对其电阻焊焊接性影响很大，随着纤维体积分数的增大，熔核中熔化金属的流动性变差，致使接头强度下降。例如，纤维体积分数从35%上升到50%时，接头强度可下降10%。

8.4 非连续增强金属基复合材料的焊接

8.4.1 焊接特点

非连续增强金属基复合材料主要有SiC_p/Al、SiC_w/Al、Al_2O_3p/Al、Al_2O_{3sf}/Al、B_4C_p/Al等。

焊接是一个加热或加压过程，鉴于复合材料的性能特点，焊接时很可能会存在以下问题。

1. 界面反应

大部分金属基复合材料的基体与界面之间在高温下会发生交互作

用(即界面反应),在界面上生成脆性化合物,降低复合材料的性能。防止或减轻界面反应的方法包括以下几方面。

①采用含 Si 量较高的 Al 合金作为基体或采用含 Si 量高的焊丝作为填充金属,以提高熔池中的含 Si 量。

②采用低热输入的焊接方法,严格控制热输入,降低熔池的温度并缩短液态 Al 与 SiC 接触时间。

③增大坡口尺寸,减少从母材进入熔池中的 SiC 量。

④也可采用一些特殊的填充金属,其中应含有与 C 的结合能力比 Al 与 C 的结合能力强,而且不生成有害碳化物的活性元素,如 Ti。

Al_2O_{3sf}/Al、B_4C/Al 等复合材料的界面较稳定,一般不易发生界面反应。

2. 增强相的偏聚

粒子增强型复合材料在重熔后,增强相粒子易发生偏聚,如果随后的冷却速度较慢,粒子又被前进中的液/固界面所推移,致使焊缝中的粒子分布不均匀,降低了粒子的增强效率。

3. 熔池的黏度大、流动性差

复合材料熔池中存在未熔化的增强相,这大大增加了熔池的黏度,降低了熔池金属的流动性,不但影响了熔池中的传热和传质过程,还增大了气孔、裂纹、未熔合和未焊透等缺陷的敏感性。通过采用高 Si 焊丝或加大坡口尺寸(减少熔池中 SiC 或 Al_2O_3 增强相的含量)可改善熔池的流动性,此外,采用高 Si 焊丝还可以改善熔池金属对 SiC 颗粒的润湿性。采用高 Mg 焊丝有利于改善熔池金属对 Al_2O_3 润湿作用,并能防止颗粒集聚。

4. 气孔、结晶裂纹的敏感性大

焊缝及热影响区的气孔敏感性很高。一般需在焊前对材料进行真空除气处理。焊缝与母材的热膨胀系数不同,焊缝中的残留应力较大,这进一步加重了结晶裂纹的敏感性。

5. 接头区的不连续性

目前尚无复合材料专用焊丝,电弧焊时一般使用基体金属用焊丝,这使焊缝中增强相的含量大大下降,破坏了材料的连续性,即使是避免了上述几个问题，也难以实现等强焊接。

8.4.2　焊接工艺

1. 电弧焊

可用于焊接非连续增强金属基复合材料的电弧焊方法主要有 TIG 焊和 MIG 焊。对于厚度为 3.18mm 的 SiC_w/6061Al 非连续增强铝基复合材料的 TIG 焊，板料应开 90°的坡口机 1.6mm 根部钝边，焊接电流为 140～160A，焊接电压为 12～14V，焊丝材料为 4043Al，送丝速度为 2.5～3.4mm/s，氩气纯度为 100%，氩气流量为 5.7～7.1L/min。如热输入选择不当，将会引起严重的界面反应，生成针状 Al_4C_3。因此，最好采用脉冲 TIG 焊和 MIG 焊，以减小热输入，减轻或抑制界面反应。焊前必须进行真空去氢处理。处理工艺是在 1.33×10^{-4}Pa 的真空下，加热到 500℃，并保温 24～48h。基体金属含 Si 量较低时，宜选用含 Si 量较高的焊丝焊接，以避免界面反应，提高接头的强度。与 SiC_p/Al 复合材料不同，用电弧焊焊接 Al_2O_{3p}/Al 复合材料时，采用含 Mg 量较高的填充材料可增加熔池流动性并改善熔池金属对 Al_2O_3 增强相的润湿性。

2. 钎焊

颗粒增强金属基复合材料是一种非连续增强复合材料。

体积分数为 15%，经 T6 处理的 Al_2O_3 颗粒增强 6061Al 基复合材料的钎焊的焊接参数与接头力学性能见表 8-11。由于颗粒与晶须增强复合材料在制备时增强相弥散均匀地分布于基体中，因此，在焊接性试验时多采用对接而不必采用搭接接头。试件为圆柱状，直径为 19mm，高为 76mm，用一弹簧夹具夹持两试件端部进行对接，夹持力为 68kPa，真空度为 10^{-3}torr(0.133Pa)，钎料成分为两种。

表 8-11　经 T6 处理的 Al_2O_3 颗粒增强 6061Al 基复合材料的钎焊的焊接参数与接头力学性能

钎料	厚度/μm	焊接温度/℃	焊接时间/min	$\sigma_{0.2}$/MPa	σ_b/MPa
银	25	580	120	323	341
BAlSi-41	27	585	20	321	336

体积分数为10%的SiC/Al(纯铝基)颗粒增强的铝基复合材料，采用对接接头，板条试样(30mm×6mm×4mm)，使用0.1mm厚的Al-Si-Mg铝箔作为钎料，试样和钎料通过一个特殊卡具固定，焊接温度为590℃，焊接时间为10min，真空度为5×10^{-3} Pa。该试验条件下，钎焊接头抗拉强度达78MPa。

在钎焊这类复合材料时，必须对钎焊参数进行优化设计，正确匹配钎焊温度和保温时间。

3. 摩擦焊

摩擦焊是利用摩擦产生的热量及顶锻压力下产生的塑性流变来实现焊接的焊接方法，整个焊接过程中母材不发生熔化，因此，它是一种焊接SiC_p/Al、Al_2O_{3p}/Al等颗粒增强型复合材料的理想方法。

对于颗粒增强金属基复合材料，焊接过程一般不会改变粒子的分布特点。焊缝中粒子分布非常均匀，体积分数与母材中粒子的体积分数极为相近，而且由于在摩擦焊过程中界面上的颗粒被相互剧烈碰撞所破碎，焊缝中增强相颗粒还会变细，增强效果加强。研究表明，母材的加工状态及焊后的热处理规范对接头的强度具有很大影响，对于经T6处理的SiC_p/357Al复合材料，由于焊接过程中β-Mg_2Si粒子的大量溶解，焊缝的强度及硬度明显下降，但经焊后T6热处理后，焊缝强度及硬度又恢复到母材的水平。而对于经T3回火处理的SiC_p/357Al复合材料，由于晶粒的细化及位错密度的提高，焊缝的强度及硬度反而比母材有所提高。例如，对于壁厚为1.78mm、外径为25mm的质量分数为10%的Al_2O_{3p}/6061Al-T6管材惯性摩擦焊，飞轮转速为2 625～3 280r/min，转动时轴向压力(摩擦压力)为3.8MPa，接头强度可达280～294MPa，接头强度系数为79%～83%(母材强度为355MPa)。所有的失效均断在距离结合面2～5mm的热影响区内。

对于直径为45mm、质量分数为14%的SiC_p/2618Al-T6复合材料棒材同种材料旋转摩擦焊，转速为950r/min，摩擦压力为120MKPa，顶锻压力为180MPa，顶锻变形量为8mm，顶锻变形速度为1.7mm/s。在焊态条件下，接头抗拉强度为382MPa(接头强度系数为84%)，伸长率为2%，在结合面附近断裂。

4. 扩散焊

Al 基复合材料的直接扩散焊是很困难的，需要较高的温度、压力和真空度，因此多采用加中间层的方法进行。加中间层后，不但可在较低的温度和较小的压力下实现扩散焊连接，而且可将原来结合界面上的增强相-增强相(P-P)接触改变为增强相-基体(P-M)接触，从而提高接头强度。加中间层前后的界面结合情况如图 8-18 所示。

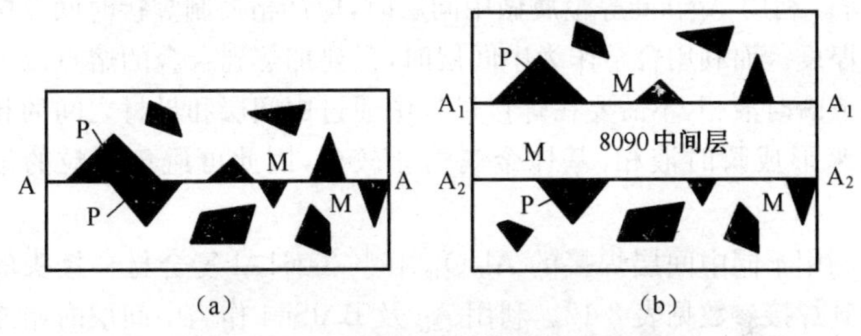

图 8-18 加中间层前后的界面结合情况

(a)无中间层 (b)有中间层

根据所选用的中间层，扩散焊方法有采用中间层的固态扩散焊接和瞬时液相扩散焊接两种。

(1)采用中间层的固态扩散焊接 选择中间层的原则是中间层能够在较小的变形下去除氧化膜，易于发生塑性流变，且与基体金属及增强相不会发生不利的相互作用。可用作中间扩散层的金属及合金有 Al-Li(AA8090)合金、Al-Cu(suprol100)合金、Al-Mg、Al-Cu-Mg、Ag 等。利用 Li 焊接 SiC_w/2124Al 时，在较低的变形量(<20%)下就能得到强度较高(70.7MPa)的接头。Al-Cu 合金对基体 Al 的润湿性较差，接头只有在较大的变形量(>40%)下才能取得较高的强度。Ag 作为中间扩散层时，焊缝与母材间的界面上会形成一层稳定的金属间化合物 δ 相，δ 相的形成有利于破碎氧化膜，促进焊接界面的结合。但 δ 相含量较大时，特别是当形成连续的 δ 层时，接头将大大脆化，使强度降低。当中间扩散层足够薄时(2～3μm)，可防止焊缝中形成连续的 δ 化合物，接头的强度仍较高。例如，将焊接表面镀上 3μm 的一层 Ag 时进行扩散焊(470℃～530℃，1.5～6MPa，60min)，得到的接头之抗剪强度为 30MPa。

(2)瞬时液相扩散焊接

①中间层的选择。瞬时液相扩散焊的中间层材料选择原则是应能与复合材料中的基体金属生成低熔点共晶体或者熔点低于基体金属的合金，易于扩散到基体中并均匀化，且不能生成对接头性能不利的产物。Al 基复合材料的瞬时液相扩散焊可用的中间层金属有 Ag、Cu、Mg、Ge、Zn、Ga 等，可用的中间层合金有 BAlSi、Al-Cu、Al-Mg、Al-Cu-Mg 等。利用 Ag、Cu 等金属做中间层时，应严格控制焊接时间及中间层的厚度。而利用合金作为中间层时，只要加热到合金的熔点以上就可形成瞬时液相，不需要在焊接过程中通过中间层和母材之间的相互扩散来形成瞬时液相，基体金属熔化较少，因此可避免颗粒的偏聚问题。

利用不同中间层焊接的 Al_2O_{3p}-15%/6061Al 复合材料接头的强度及其焊接参数见表 8-12。利用 Ag 及 BAlSi-4 作为中间层时始终能获得较高的接头强度。用 Cu 作为中间层时对焊接温度敏感，接头强度不稳定。

表 8-12　利用不同中间层焊接的 Al_2O_{3p}-15%/6061Al 复合材料接头的强度及其焊接参数

中间层		焊接参数			强度/MPa		
材质	厚度/μm	温度/℃	压力/MPa	时间/s	剪切	屈服	抗拉
Al_2O_{3p}-15%/6061Al（母材）	—	—	—	—	—	317	358
Ag	25	580	—	130	193	323	341
Cu	25	565	—	130	186	85	93
BAlSi-4	125	585	—	70	193	321	326
Sn-5Ag	125	575	—	70	100	—	—

利用不同中间层焊接的 Al_2O_{3sf}-15%/6063A1 复合材料接头的强度及其焊接参数见表 8-13。不加中间层时，尽管也能也得到强度较高的接头，但焊接参数的选择范围非常窄。而利用 Cu、2027Al 或 Ag 作为中间扩散层时，在宽广的焊接参数范围内均能得到接近母材性能的

接头。

表 8-13 利用不同中间层焊接的 Al_2O_{3p}-15%/6063Al 复合材料接头的强度及其焊接参数

中间层		焊接参数			抗拉强度/MPa	断裂位置
材质	厚度/μm	温度/℃	压力/MPa	时间/s		
无	—	873	2	—	98 978	—
Ag	16	873	2	1 800	188	焊接界面
				1 800	145	焊接界面
Cu	5	883	1	1 800	125	焊接界面
		873	2	1 800	179	母材
					181	焊接界面
			1	1 800	162	焊接界面
		823	1	1 800	119	焊接界面
Al-Cu-Mg（A2017）	75	883	1	1 800	161	焊接界面
		873	2	1 800	184	母材
				1 800	181	母材
			1	1 800	173	焊接界面
Al-Cu-Mg（A2017）	30	883	1	1 800	177	焊接界面
		873	2	1 800	187	焊接界面

②焊接温度。Ag、Cu、Mg、Ge、Zn、Ga 与 Al 形成共晶体的温度分别为 839K、820K、711K、697K、655K、420K。焊接时温度不宜太高，在保证出现焊接所需液相的条件下，尽量采用较低的温度，以防止高温对增强相的不利作用。从表 8-13 可看出，在同样的条件下，温度过高时，强度反而下降。

③焊接时间过短时，中间层来不及扩散，结合面上残留较厚的中间层，限制了接头抗拉强度的提高。随着焊接时间的增大，残余中间层逐渐减少，强度就逐渐增加。当焊接时间增大到一定程度时，中间层基本消失，接头强度达到最大，继续增加焊接时间，接头强度不但不再提高，反而降低。

例如，有文献介绍用0.1mm厚的Ag作为中间层，在580℃的焊接温度、0.5MPa的压力下焊接Al_2O_{3pf}-30%/Al复合材料。当焊接时间为20s时，接头中间残留较多的中间层，接头的抗拉强度的平均值约为56MPa。当焊接时间为100s时，抗拉强度达到最高值，约95MPa。当焊接时间为240s时，接头的抗拉强度降到72MPa左右。

④焊接压力太小时塑性变形小，接头中会产生未焊合的孔洞，降低接头强度。焊接压力过高时可将液态金属自结合界面处挤出，造成增强相偏聚，液相不能充分润湿增强相，因此也会形成孔洞。例如，用0.1mm厚的Ag作为中间层，在580℃的焊接温度下焊接Al_2O_{3pf}-30%/Al时，压力<0.5MPa及压力达到1MPa时，结合界面上均存在明显的孔洞，接头强度较低。在1MPa、120s条件下焊接的接头强度<60MPa，而在0.5MPa，120s条件下焊接的接头抗拉强度约为90MPa。

⑤中间层厚度。中间层厚度太薄时，接头强度不会很高。中间层太厚时，也限制了接头强度的提高，中间层太厚时还可能会形成对接头性能不利的金属间化物。

⑥焊接表面的处理方式。常用的处理方式有电解抛光、机械切削以和用钢丝刷刷三种。利用电解抛光处理时接头强度最高，利用机械切削处理时降低接头强度，利用钢丝刷刷时接头强度低。电解抛光时，纤维会露出基体表面。若时间太长时，纤维露头变长，焊接时在压力的作用下会断裂，阻碍基体金属接触，降低接头的性能。

5. 高能量密度焊接

电子束和激光束等高能量密度焊具有加热及冷却速度快、熔池小且存在时间短等特点。这对金属基复合材料的焊接特别有利，但是由于熔池的温度很高，焊接SiC_p/Al或SiC_w/Al复合材料时很难避免SiC与Al基体间的反应。特别是激光焊，很难用于焊接SiC/Al复合材料。在用激光焊焊接Al_2O_3/Al复合材料时，虽然增强相与基体之间没有反应，但由于Al_2O_3的过热熔化形成黏渣，破坏了过程的稳定性。

电子束焊和激光焊的加热机制不同，电子束可对基体金属及增强相均匀加热，因此适当控制焊接参数可将界面反应控制在很小的程度上。利用这种方法焊接SiC颗粒增强的Al-Si基复合材料时效果较好，由于基体中的Si含量高，界面反应更容易抑制。利用电子束焊接Al_2O_3颗粒增强的Al-Mg基或Al-Mg-Si基复合材料也可获得较好的效果。

6. 其他焊接方法

电容放电焊接是焊接金属基复合材料的最佳焊接方法。焊接时虽然界面也发生熔化，但由于放电时间短(0.4s)，熔核的冷却速度快(10^6℃/s)，且少量熔化金属全部被挤出，因此能够成功地避免界面反应。而且焊缝中也不会出现气孔、裂纹、纤维断裂等缺陷，所以这种方法焊接的接头强度很高。这种方法的缺点是焊接面积很小，应用范围有限。

电阻点焊加热时间短，熔核小，可控性好，能有效地防止界面反应。特别是通过采用搭接接头，可把纤维增强金属基复合材料间地焊接在很大程度上变为Al与Al间的焊接，因此，这种方法适于焊接复合材料。但焊接非连续增强金属基复合材料时，熔核中易引起增强相的严重偏聚，焊接时应通过减小熔核尺寸来减轻这种现象。

8.5 典型金属基复合材料的焊接

8.5.1 不同焊接方法的比较

可用于焊接非连续增强金属基复合材料的各种焊接方法的优点与缺点见表8-14。

表8-14 可用于焊接非连续增强金属基复合材料的各种焊接方法的优点与缺点

焊接方法		优点	缺点
熔焊	TIG焊 MIG焊	1. 可通过选择适当的焊丝来抑制界面反应，改善熔池金属对增强相的润湿性； 2. 焊接成本低，操作方便，适用性强	1. 增强相与基体间发生界面反应的可能性较大； 2. 采用均质材料的焊丝焊接时，焊缝中颗粒的体积分数较小，接头强度低； 3. 气孔敏感性较大

续表 8-14

<table>
<tr><th colspan="3">焊接方法</th><th>优点</th><th>缺点</th></tr>
<tr><td rowspan="3">熔焊</td><td colspan="2">电子束焊</td><td>1. 不易产生气孔；
2. 焊缝中增强相分布极为均匀；
3. 焊接速度快</td><td>1. 焊接参数控制不好时增强相与基体间会发生界面反应；
2. 焊接成本较高</td></tr>
<tr><td colspan="2">激光焊</td><td>不易产生气孔，焊接速度快</td><td>难以避免界面反应</td></tr>
<tr><td colspan="2">电阻点焊</td><td>加热时间短，熔核小，焊接速度快</td><td>熔核中易发生增强相偏聚</td></tr>
<tr><td rowspan="3">固相焊</td><td rowspan="2">扩散焊</td><td>固态扩散焊</td><td rowspan="2">1. 通过利用中间层可优化接头性能，基体与增强相间不会发生界面反应；
2. 可焊接异种材料</td><td rowspan="2">生产率低、成本高，参数选择较困难</td></tr>
<tr><td>瞬时液相扩散焊</td></tr>
<tr><td colspan="2">摩擦焊</td><td>1. 通过焊后热处理可获得与母材等强度的接头；
2. 可焊接异种金属；
3. 不会发生界面反应</td><td>只能焊接尺寸较小、形状简单的部件</td></tr>
<tr><td colspan="3">钎焊</td><td>1. 加热温度低，界面反应的可能性小；
2. 可焊接异种金属及复杂部件</td><td>需要在惰性气氛或真空中焊接，并需要进行焊后热处理</td></tr>
</table>

8.5.2　金属基复合材料的焊接实例

1. 不锈钢复合钢板的埋弧焊

不锈复合钢板的基层材料为碳素钢，总厚度为 21mm，不锈钢复合钢板的规格与组成见表 8-15，对接接头采用埋弧焊焊接工艺要点包括以下几方面。

表 8-15 不锈复合钢板的规格与组成

层别	基层	覆层
厚度/mm	18	3
材料牌号	Q245(R)	07Cr19Ni11Ti

①焊缝坡口形式见表 8-1。坡口全部采用刨削加工，覆层坡口两侧各刨削去 3mm，以免焊接基层时稀释覆层。坡口区域须严格清理。

②不锈复合钢板对接接头的装配要求比普通钢板高，错边量不宜超过 1mm。定位焊缝应焊在基层一侧的接缝处。焊条为 J427。

③焊缝施焊顺序如图 8-1 所示。基层焊缝采用单丝埋弧焊，过渡层焊缝与覆层焊缝采用双丝(并列)埋弧焊。

④焊接基层焊缝时，焊道高度以略低于碳钢坡口线为宜。然后背面用碳弧气刨或砂轮清根，注意以刨清焊根为限，不宜过深。过渡层与覆层焊接时，双丝焊的两根焊丝沿焊缝横向并列，并列双丝焊如图 8-19 所示。焊机由同一电源供电，并由一台电动机送丝，双丝送丝轮如图 8-20 所示。焊接时两根焊丝有时同时起弧，有时略有间隔分别起弧。在操作技术上，双丝焊与单丝焊相比无特殊困难。不锈复合钢板埋弧焊的焊接参数见表 8-16，焊机极性均为直流反接。

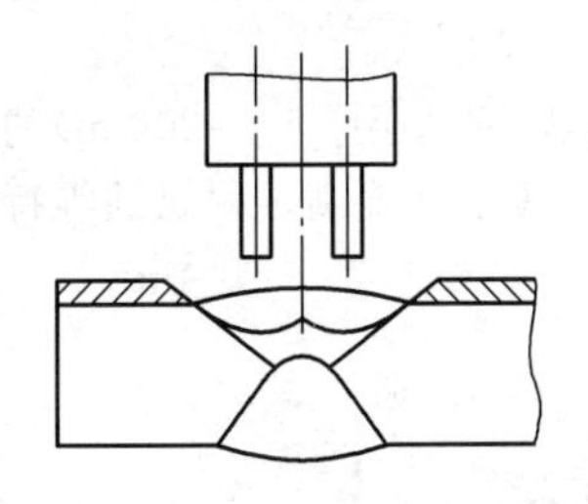

图 8-19 并列双丝焊

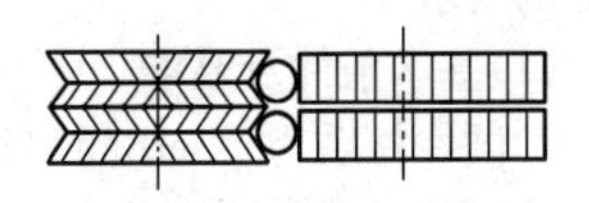

图 8-20 双丝送丝轮

表 8-16 不锈复合钢板埋弧焊的焊接参数

焊层	焊丝牌号	焊丝直径/mm	焊丝间距/mm	焊剂牌号	焊接电流/A	电弧电压/V	焊接速度/(m/h)
1	H08MnA	4	—	HJ431	650～680	34～36	28～30

续表 8-16

焊层	焊丝牌号	焊丝直径/mm	焊丝间距/mm	焊剂牌号	焊接电流/A	电弧电压/V	焊接速度/(m/h)
2	H08MnA	4	—	HJ431	600～650	34～36	28～30
3	H08MnA	4	—	HJ431	680～720	36～38	28～30
4	00Cr29Ni12	3(双丝)	8	HJ260	400～450	33～35	23
5	0Cr19Ni9Si2	3(双丝)	8	HJ260	550～600	38～40	23

覆层采用双丝埋弧焊后,可获得平坦光滑的焊缝外形,内在质量可靠,覆层焊缝可通过180°弯曲试验和晶间腐蚀试验。这是一种优质高效的工艺方法。此外,覆层也可采用窄带极(0.5mm×30mm)埋弧焊。采用带极埋弧焊时,由于稀释率较小,可不进行过渡层的焊接,使焊接工艺有所简化,覆层带极埋弧焊的焊接参数见表8-17。

表 8-17 覆层带极埋弧焊的焊接参数

焊带牌号	焊带尺寸/mm	焊剂牌号	焊接电流/A	电弧电压/V	焊接速度/(m/h)
00Cr28Ni11	0.5×30	HJ260	500～550	35～37	11～12

2. 不锈复合钢板的焊条电弧焊

奥氏体不锈钢(不锈钢覆层厚2mm,碳钢基层厚14～20mm)的焊接,采用焊条电弧焊,平板对接,双面焊。覆层面要满足耐腐蚀等特殊性能的要求。

(1)基本条件及要求

①试件材质为1Cr18Ni9Ti+Q235。

②试件尺寸与坡口角度如图8-21所示。

③焊接材料选择基层为E4303(J422),焊条直径为ϕ3.2mm,ϕ4mm;过渡层为E309-16(A302),ϕ3.2mm;覆层为E347-16(A132),ϕ3.2mm的材料。焊前烘干。

④焊机选择ZX7-400S。

(2)试件清理与装配

①基层与覆层都应分别使用专用的砂轮和钢丝刷等工具清理。基

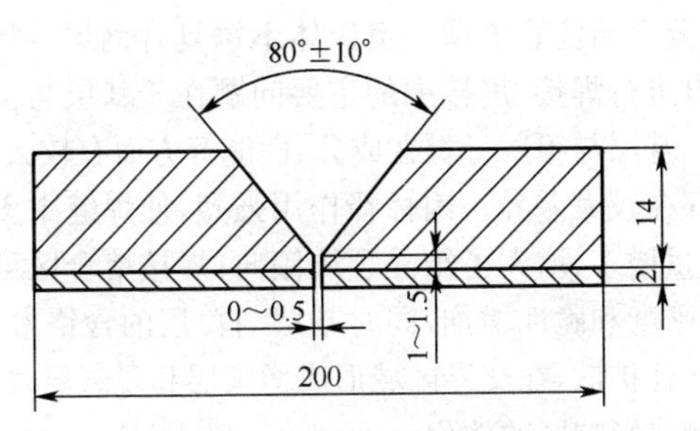

图 8-21 试件尺寸与坡口角度

层必须使用碳钢钢丝刷，而覆层则须使用不锈钢的钢丝刷且不得划伤焊接表面。清除坡口及其两侧内外表面 20mm 范围内的油、锈及其他污物，至露出金属光泽，并用丙酮清洗坡口处。

②装配。装配间隙为 0～0.5mm。定位焊要以覆层不锈钢为基准对齐，装配错边量应≤0.5mm；采用 E4303、ϕ3.2mm 焊条在基层 Q235 钢的坡口内定位焊，焊缝长度为 15～20mm，焊缝接头端应修磨成斜坡，以利接头。预置反变形量为 3°～5°。

(3)焊接参数 见表 8-18。

表 8-18 焊接参数

焊接层次		焊接顺序图示	焊条型号	焊条直径/mm	焊接电流/A	电弧电压/V
基层	打底焊		E4303(J422)	3.2	90～105	22～26
	填充及盖面(2,3)(4)			4	170～190	
过渡层(5)			E309-16(A302)	3.2	85～95	22～26
覆层(6)			E347-16(A132)	3.2	95～110	22～26

(4)操作要点与注意事项　奥氏体不锈复合钢焊接特点是覆层与基层分开各自进行焊接，焊接中的主要问题在于基层与覆层交界处的过渡层焊接。基层与覆层母材在成分、性能等方面有较大的差异，焊接材料也同样存在较大差异。因稀释作用强烈，使焊缝中奥氏体形成元素减少，含碳量增多，增大了结晶裂纹倾向；焊接熔合区可能出现马氏体组织，导致硬度和脆性增加；同时基层与覆层的含铬量差别较大，促使碳向覆层迁移扩散，在交界区域形成增碳层和脱碳层，加剧熔合区的脆化或另一侧热影响区的软化。

施焊过程中的具体操作手法与平焊位置的焊接基本相同，但也应注意一些主要不同点。

①基层的焊接。焊接共分四层四道焊，以 ϕ3.2mm 焊条打底，焊接电流不宜过大，不要熔透到不锈钢覆层。然后以 ϕ4 焊条填充两层和最后一层盖面焊，焊前要做好前一焊道熔渣及飞溅物的清理工作，要求各层焊道无焊接缺陷，盖面层焊缝表面平整光滑。

②过渡层的焊接。采用单层单道焊。首先对基层焊缝进行清理和检查，符合要求后再采用机械加工或角向磨光机打磨等方法在不锈钢覆层面清根，铲削成圆弧，且至基层打底层，采用从不锈钢向碳钢焊缝的过渡方式。

将已清根、修磨后的试件进行过渡层的焊接，采用 E309-16(A302)的 ϕ3.2 不锈钢焊条，其含铬、镍量较高，在保证焊透的情况下，应采用小电流、快焊接速度，焊条不允许做横向摆动，力求使基层一侧熔深浅以防止熔敷金属的稀释。要求过渡层的焊缝要熔化到覆层不锈钢板一定厚度，要高出基层与覆层界线约 1mm。焊缝平滑不可凸起。

③覆层的焊接。焊条为 ϕ3.2mm 的(A132)E347-16 的不锈钢焊条。该焊条抗晶间腐蚀性强，用于重要耐腐蚀、含钛稳定的不锈钢的焊接。其操作要点是:焊条不应做横向摆动，采用小电流，快速焊。

3. 纯镍与低碳钢复合板的焊接

纯镍具有良好的耐腐蚀性，在有机酸和其他强腐蚀介质中抗腐蚀性很高，特别是在强碱介质中更为突出。但镍是贵重金属，在我国资源较少，因此节约金属镍具有很高的经济价值。

纯镍与低碳钢复合板是由覆层镍和碳素钢基层复合轧制而成的双

金属板。用覆层获得耐腐蚀性能，基层钢获得结构强度。覆层厚度通常为 2～3mm，基层厚度根据结构强度而定。

(1)基层与覆层的焊接 纯镍与低碳钢复合板焊接时，应将基层与覆层分开，用不同的工艺进行焊接。

①基层低碳钢的焊接。焊接基层低碳钢时，所用的材料和焊接工艺与焊接一般的低碳钢相同。但必须注意，在焊接时，应避免镍覆层熔化，否则，镍渗入碳素钢焊缝会使硬度增加、塑性降低，严重时甚至可能产生裂纹，另一方面，镍覆层焊缝处的有效厚度减少将影响使用寿命。为此必须合理地设计坡口形式，低碳钢基层焊条电弧焊的坡口形式如图 8-22 所示。图 8-22a 中所示的 Δp 可控制在 0 ～1mm。

②覆层镍的焊接。覆层的焊接应以保证覆层焊缝有足够高的含镍量，而又不损害其力学性能为原则。焊接覆层时，不可避免地要熔化基层低碳钢，而使焊缝中的镍稀释。为了提高焊缝中镍的浓度，通常采用两种措施：采用图 8-22a 所示的坡口和增加镍覆层的焊接层次。

(2)焊接材料 纯镍焊接时极易产生气孔，原因是母材金属、焊条及保护气体中的氮、一氧化碳、氢和硫。因此，为防止气孔的产生，必须联合脱氧、脱氮、定碳、去硫。通常采用的办法是在焊丝或焊条中加入一定量的合金元素，如 Al、Ti、Mg、Si、Mn 等。纯镍焊接用焊丝和焊条的化学成分见表 8-19。

表 8-19 纯镍焊接用焊丝和焊条的化学成分

（质量分数，%）

名称	C	Si	Mn	S	P
氩弧焊焊丝	0.005～0.010	0.001～0.003	0.001～0.005	0.001	0.001
NIB 焊条(日本)	0.01～0.06	0.02～0.80	0.20～0.75	≤0.025	—

名称	Ni	Fe	Al	Ti	Mg
氩弧焊焊丝	余量	0.002～0.007	1.20～2.00	2.2～3.0	0.030～0.045
NIB 焊条(日本)	>92.0	0.20～0.70	0.10～0.50	1.0～2.0	—

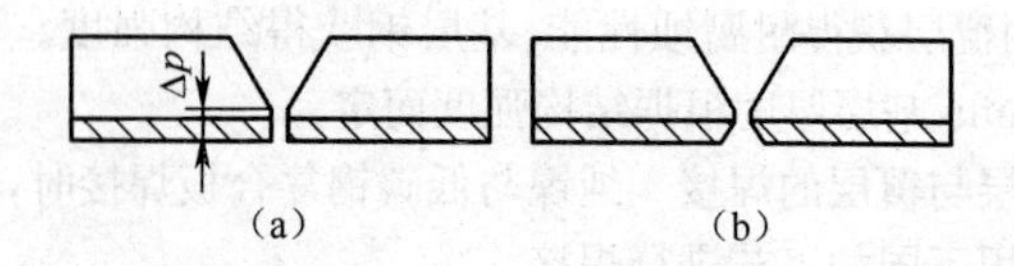

图 8-22　低碳钢基层焊条电弧焊的坡口形式

(3)焊接层次　复合板焊接时,应先焊低碳钢基层焊缝,后焊镍覆层焊缝,纯镍与低碳钢复合板的焊接层次如图 8-23 所示。

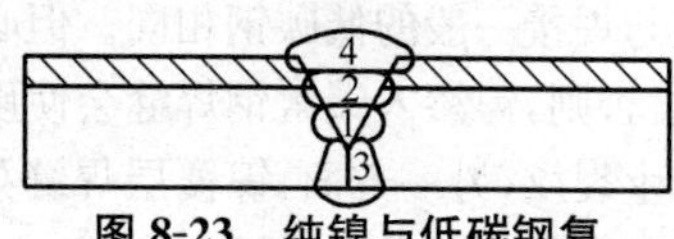

图 8-23　纯镍与低碳钢复合板的焊接层次

4. 复合钢板焊缝的返修

以复合钢板厚为 14mm 的容器为例。首先用碳弧气刨刨削返修部位的焊缝,应尽量采用小直径的碳棒,一般为 6mm,气刨时的电流强度在 250～270A 内调节,压缩空气的压力以有打手的感觉为宜。为将细微的气孔、夹渣和未焊透的返修点准确地清除,在气刨时,应尽量减少刨层的厚度,逐层刨削。如果电流强度和刨层的厚度较大,就会使不存在缺陷的焊缝金属也被刨削掉。

在复合钢板焊缝的返修过程中,最大的失误是往往在气刨前没有准确地找出焊缝中的缺陷就盲目地进行气刨。当刨削的深度超过 8mm 之后,就应停止使用碳弧气刨,以防向母材金属大量地渗碳。这时要改用砂轮子进行打磨。

复合钢板焊缝的返修工艺要点主要包括以下几方面。

①在返修时,应将坡口的基层钢板、过渡层和覆层钢板两面磨透,并确定缺陷已完全去除。在逐层进行碳弧气刨时,要尽量采用小电流、轻趟。在尽量减小刨层厚度的同时,可边趟边上提碳棒,利用碳弧的强大弧光来查找气孔、夹渣、裂纹和未焊透等缺陷。一旦发现细小的缺陷时应立即停止刨削,然后根据发现的问题进行判断,确定是否需要继续刨削或是用砂轮打磨。

②如果发现焊缝中存在裂纹,则一定要进行返修。若刨削很难发现上述缺陷时,可采用边砂轮打磨、边着色探伤的方法,在有条件时还应采取 X 射线探伤的方法。

③对于复合钢板过渡层和覆层钢板部分的返修,最好采用砂轮打

磨的方法，并尽量避免返修的范围过大，使多层焊道连续焊接造成熔池温度过高和多种焊条所形成的熔池相互熔合。这种情况比较严重时，会发生晶间腐蚀，使过渡层和覆层钢板变脆而产生裂纹。

④在复合钢板容器的返修中，由于罐内、罐外的返修条件不同，有时要采取在罐外一侧从基层钢板的焊缝上查找返修点。如果基层钢板的焊缝没有问题，应继续在过渡层和覆层钢板的焊缝上查找。特别是在过渡层焊层上进行返修时，一定要控制好焊接电流的强度、熔池的温度和焊层的厚度。在施焊时，应采用小直径焊条，如 E309-16(A302)、E309MoL-16(A042)型焊条，直径为 ϕ3.2mm，水平焊缝的焊接电流强度在 110～125A。如果坡口较深，药皮焊渣上浮较困难，可根据实际情况采用分段爬坡的焊接方法。在过渡层的焊接中，要掌握好过渡层和覆层钢板的分界线，同时应注意过渡层的焊接电流强度不同于基层钢板焊接的电流强度。如果处理得不好，也会出现晶间腐蚀并产生裂纹。

⑤在进行基层钢板的焊接时，还容易出现过渡层和基层钢板焊层之间的未熔合现象。为了避免这种情况的发生，在过渡层焊接完成之后要用砂轮打磨，并在可能的情况下，尽量采用两面焊接的方法，即在基层焊接完成之后，再从罐外返到罐里进行过渡层和覆层钢板的焊接。在返修的焊接中，通过电弧的横向摆动，实现过渡层与基层钢板在分界处的良好熔合。

5. 复合材料超高真空度的焊接

高频腔体是电子同步辐射加速器中的一个重要部件，是由一个焊接件构成的真空室。高频腔体是一个外形为圆柱的容器，其外径为 650mm，高为 490mm。它主要由一个主圆筒与几个大小不等的法兰及上、下盖板组焊而成。该腔体在正常工作运行时，其内腔在超高真空状态下工作，而且内壁通以较强的高频电流，温度很高，外壁接触大气。

鉴于高频腔体的特殊要求，该容器选择的本体材料为 TU1-07Cr19Ni11Ti 复合材料。材料复合程度：TU1 厚度为 5mm，07Cr19Ni11Ti 厚度为 15mm。高频腔体的内壁为 TU1 材料，外壁为 07Cr19Ni11Ti。

高频腔体焊接设计要求：腔体的真空度、电导率全部由 TU1 材料承担；腔体内壁必须在全部精加工完毕后，表面粗糙度 Ra 为 0.40μm 情况下进行焊接；腔体焊接变形必须控制为筒体圆度≤0.50mm、上、下盖板平行度≤0.50mm；腔体 TU1 焊缝的真空度≤1.33×10^{-8}Pa；腔体的 TU1 焊缝电导率不小于母材基体的 95%；腔体的 TU1 焊缝焊透程度要求控制在高出母材 0.5～1mm，即保证 TU1 焊缝单面焊双面成形；腔体外壁冷却水槽均为密封焊缝；承受 0.6MPa 水压；外壁的其他镶块焊缝为强度焊缝。

(1)焊接可行性分析　一般复合材料焊接均是先焊基体，后焊过渡层，对于该高要求的腔体，这样焊接首先是电导率达不到要求，其次是焊缝在复合层交界的过渡层中非常容易产生裂纹等焊接缺陷，造成容器的真空度达不到要求。要保证高频腔体的电导率、超高真空度，控制焊接变形量，必须使 TU1 材料焊接成为单一焊缝，只有这样，才有可能焊接该容器。要使复合材料中的 TU1 复合层成为单一材料焊缝，首先要解决的就是 TU1 材料在高温下的氧化问题，焊缝的接头形式和焊接方法的选择。经过大量的试验、摸索，决定通过对焊缝接头形式的改变，对焊接方法的改进以及严格的工艺措施来完成该高频腔体高要求焊缝的焊接。

(2)对接头形式的改变　高频腔体的圆筒是复合板下料后，加工纵向焊接坡口，然后滚压成圆筒。腔体筒体和法兰筒体也是经加工后组装焊接。腔体筒体和上、下盖板的环焊缝是在筒体纵向焊缝完工后，法兰筒体组焊完、全部检漏合格后进行组装焊接的。根据腔体焊缝布置的特点及要求，把圆筒的纵焊焊缝放在筒体内施焊，在焊缝背面加工出 5mm×10mm 的空间槽，腔体纵向焊缝对接接头形式如图 8-24 所示。各大小不等的法兰筒体和腔体接缝也是安排在腔体圆筒内壁施焊，其接头形式也是在焊缝背面加工出一定空间槽，腔体和法兰筒体典型接头形式如图 8-25 所示。腔体和上、下盖板的焊缝，安排在圆筒的外面，有利于角接环焊缝的焊接和保证了上、下盖板之一必须放在外面焊接的特定要求。为满足焊枪喷嘴的焊接位置要求，减小 TU1 材料的导热程度以及避免在焊接过程中 07Cr19Ni11Ti 基体渗入到 TU1 焊缝中去，在组焊前应先加工掉一定尺寸的 07Cr19Ni11Ti 材料，腔体和上、下盖板接头形式如图 8-26 所示。然后等此条环缝焊完，检漏全部合格后，再安装上镶块环，保证腔体的一定刚度和强度。

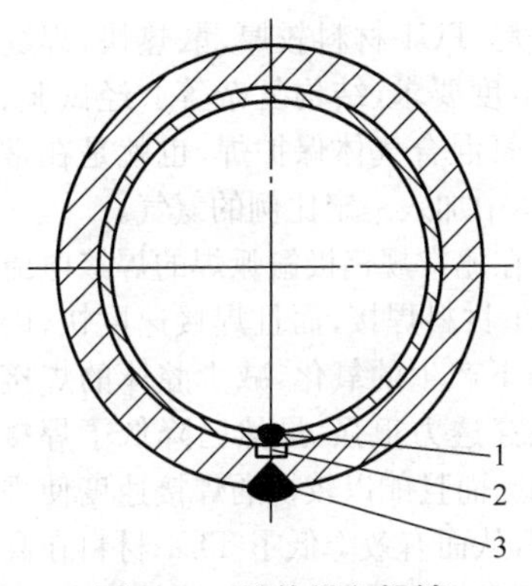

图 8-24 腔体纵向焊缝对接接头形式

1. V形TU1真空焊缝 2. 空间槽 3. V形07Cr19Ni11Ti加强焊缝

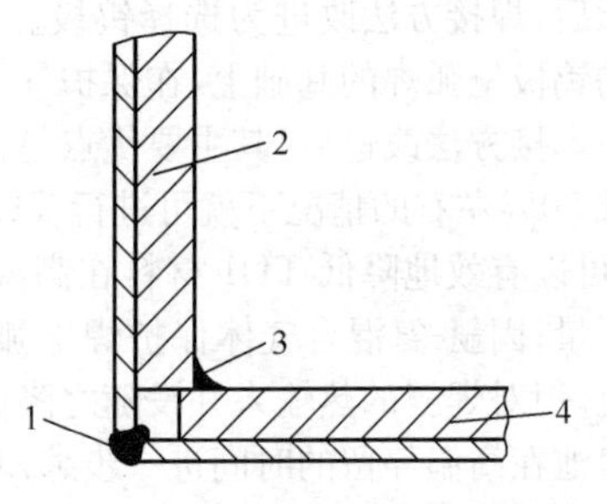

图 8-25 腔体和法兰筒体典型接头形式

1. 角接TU1真空焊缝 2. 法兰筒体 3. 角接07Cr19Ni11Ti加强焊缝 4. 腔体

采用这样的焊缝接头形式其优点是：首先把不同热胀系数的两种异型材料较复杂的焊接工艺方法简化为单一焊缝，使两种材料互不渗透，避免了稀释现象，减少了两种材料的热膨胀系数的影响，防止了产生热裂纹等缺陷，从而保证了TU1材料焊缝的电导率要求和焊缝超高真空度的要求；其次因为该接头形式在TU1材料的焊缝背面和焊缝区两侧均为单一TU1材料，可以降低焊接电流，防止大功率电流造成TU1材料焊接高温产生氧化而出现气孔；最后由于有了背面的空间槽，使TU1焊缝背面能保证一定的焊透高度，提高了焊缝的电导率和质量。

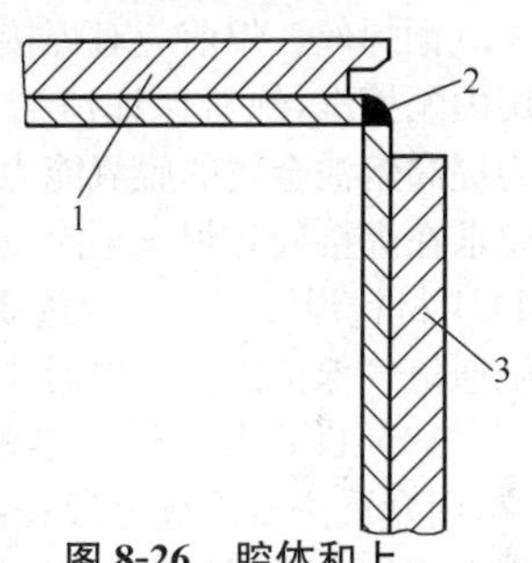

图 8-26 腔体和上、下盖板接头形式

1. 腔体盖 2. 角接TU1真空焊缝 3. 腔体筒体

(3)对焊接方法的改进 高频腔体上所有的TU1材料的焊缝都必须满足电导率和真空度要求，而且工件结构又是复合材料，要求焊接变形量又非常小，如果按一般的焊接方法（如焊条电弧焊、碳弧焊、钨极常规氩弧焊）是完全达不到设计要求的。所以，应对焊接方法加以改进。虽然腔体在接头形式上实现了复合材料焊接单一化，但腔体的TU1材料焊接仍旧存在很多困难，如工件较大、TU1 材料较厚、散热快，焊缝必须保证 95%基体电导率和超高真空度要求，结构复杂等。经试验、摸索后，焊接方法改进为选择钨极氩-氦混合气体保护焊，也就是在常规的钨极氩弧焊的基础上，在保护气体中加入一定比例的氦气。

焊接方法改进后，其主要优点是：在比常规钨极氩弧焊的焊接电流降低 50%左右的情况下就可进行 TU1 材料焊接，而且焊接速度快，因此，可以有效地降低 TU1 材料在高温下产生的氧化，减少腔体的焊接变形量；因氩-氦混合气体保护焊电弧穿透力很强，虽然已降低了焊接电流，但对焊缝的热输入并没随之降低，而且能以较快的焊接速度使焊缝熔池在高温停留的时间进一步缩短，从而有效降低了 TU1 材料在高温下产生氧化的程度，防止了氧化亚铜和铜形成低熔点的共晶体，提高了焊接接头的力学性能，减少了热裂纹的产生；由于该焊接方法能获得较高的焊接热输入，所以对腔体的 TU1 材料焊接过程可以不进行预热，简化了焊接工艺的复杂程序，工作条件得到了改善；而且焊缝的焊透率容易保证，最终满足了高频腔体的焊接设计要求。

(4)工艺措施及参数　要保证焊缝高的电导率要求，应采用 TU1 无氧铜焊丝。焊前应对焊接处及焊丝进行表面除油、除氧化皮处理，并用丙酮擦洗，绝对保证清洁度。施焊场地的相对湿度要求严格控制。为提高熔池金属的脱氧能力并防止 TU1 无氧铜在焊接过程中被氧化，要求在焊接处和焊丝上涂以经无水酒精稀释的 CJ301 铜焊粉。为保证 TU1 材料焊缝背面的焊透质量，所有 TU1 焊缝焊接时，焊缝背面均实施通氩气保护措施。焊后应对焊缝进行认真清理，去除熔剂残渣。除 07Cr19Ni11Ti 复合层焊缝外，TU1 复合层焊缝全部采用氦质谱检漏仪，用盒罩法沿焊缝逐段按技术要求进行检漏。TU1 焊缝电导率，采用涡流导电仪逐点进行测定。焊接参数见表 8-20。

表 8-20　焊接参数

母材		焊接材料		钨极直径/mm	焊接电流/A	气体流量/(L/min)		喷嘴直径/mm
厚度/mm	牌号	直径/mm	牌号			氩:氦	充氩保护	
5	TU1	2	TU1(特制)	3	240～260	6:4	12	12

腔体外壁 07Cr19Ni11Ti 材料的焊接，主要为冷却水槽密封焊缝和腔体强度焊缝，无特定工艺要求，内容省略。

9　金属材料焊接应力、变形、缺陷及其控制

由于金属具有热胀冷缩性能，构件在焊接加热和冷却过程中，将会不停地改变自己的形状。构件受电弧的局部加热作用，使各处的变形不一致。构件内部的相互牵制，造成了焊后在构件内部存在残留应力和各种形式的变形。这对构件的使用性能和尺寸精度都很不利。焊接应力及变形是同时出现、又不能完全避免的两个难题。本章仅从生产实用角度简述一些应力与变形的类型，着重介绍一部分锅炉压力容器防止和矫正变形及消除残留应力的内容。

9.1　焊接应力、变形及其控制

9.1.1　焊接应力与变形的基本知识

1. 基本概念

用一根平直的钢板条自由地放置在两个支点上，从一端向另一端堆焊一层焊道，焊接过程中，受热部位要膨胀，降温冷却的部位要收缩，待整个板条冷却到室温之后，产生了凹向的变形。钢板条堆焊的变形过程如图 9-1 所示。在焊接过程中构件在不停地发生变形，如果没有力的作用，构件是不会变形的。这种变形过程的作用力称为焊接应力(单位面积上受的内力称为应力)。焊接结束后，构件不能恢复原状，也就是说，焊后构件出现了残余变形。图 9-2 所示为能自由伸缩的钢棒的受热变形图，如果把焊后的钢板条在未堆焊的一侧用机械加工方法去掉一层，它的弯曲变形量就会改变，这说明减去掉的那层金属内存在着力。由此可见，构件焊接后，不仅产生了残留变形，同时内部也存在有残留应力，这就是通常所说的焊接变形和焊接应力。

在焊接过程中，随时间而变化的内应力为焊接瞬时应力。焊后

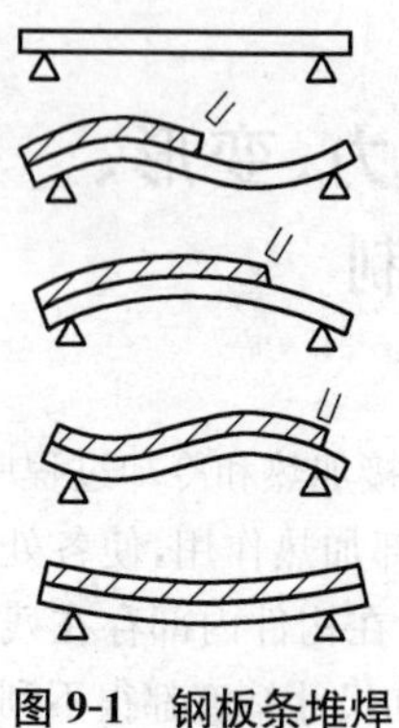

图 9-1　钢板条堆焊的变形过程

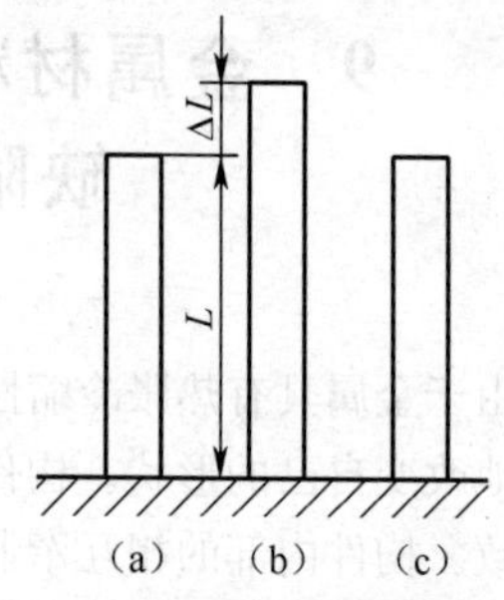

图 9-2　能自由伸缩的钢棒的受热变形图

(a)未加热　(b)加热　(c)冷却后

残存于工件中的内应力为焊接残留应力,焊后残留于工件上的变形为焊接残余变形。

2. 焊接应力的危害性

①焊接应力是形成各种焊接裂纹(热裂纹、冷裂纹和再热裂纹)的因素之一。发现宏观裂纹的焊接结构则需要返修或报废。

②在腐蚀介质中工作的焊接构件,如果具有拉伸残留应力,就会造成该构件应力腐蚀开裂、应力腐蚀和低应力脆断。

③由于存在焊接应力,降低了结构的承载能力,当焊接应力超过材料的屈服强度时,将使材料的塑性受到损失。

④具有焊接应力的焊接构件,如果经过焊后机械加工则会破坏内应力的平衡,引起焊接构件的变形,影响加工尺寸的稳定性。

3. 焊接变形的危害性

①由于工件存在焊接变形,会造成尺寸及形状的技术指标超差,降低焊接结构的装配质量与承载能力。

②发生焊接变形的构件需要矫正,因此浪费了大量的工时及材料。当工件变形过大,而且难以矫正时,会导致产品报废,造成经济损失。

4.影响焊接应力与变形的因素

影响焊接应力与变形的因素很多,其中根本的原因是工件在焊接过程中经受了不均匀的受热，其次是由于焊缝金属的收缩，金相组织的变化及工件的刚度不同所致。另外，焊缝在焊接结构中的位置、装配焊接顺序、焊接电流与焊接方向等对焊接应力与变形也有一定的影响。

(1)工件受热不均造成残留应力 焊接热源作用于工件，会产生不均匀温度场，使材料不均匀膨胀。处于高温区域的材料在加热过程中的膨胀量大，因受到周围温度较低、膨胀量较小材料的限制而不能自由膨胀，于是在工件中产生内应力，使高温区的材料受到挤压，产生局部压缩塑性应变。在冷却过程中，已经受压缩塑性应变的材料，由于不能自由收缩而受到拉伸，于是在工件中又出现一个与焊接加热时方向大致相反的内应力场，使工件产生了残留应力和残余变形，其大小和分布取决于工件的形状、尺寸、焊接热输入量和材料本身的物理性能，如线胀系数、屈服极限、热导率、密度等。

(2)焊缝金属的收缩 焊缝金属冷却过程中，当由液态凝固为固态时，其体积要收缩。由于焊缝金属与母材是紧密连接的，因此，焊缝金属并不能自由收缩。这将引起整个工件的变形，同时在焊缝中引起残留应力。另外，一条焊缝是逐步形成的，焊缝中先结晶的部分要阻止后结晶部分的收缩，由此也会产生焊接应力与变形。

(3)金属组织的变化 钢在加热及冷却过程中发生相变，可得到不同的组织。这些组织的比体积也不一样，由此也会造成焊接应力与变形。

(4)工件的刚度和拘束 工件的刚性和拘束对焊接应力和变形也有较大的影响。刚性是指工件抵抗变形的能力；而拘束是工件周围物体对工件变形的约束。工件自身的刚性及受周围的拘束程度越大，焊接变形越小，焊接应力越大；反之，工件自身的刚性及受周围的拘束程度越小，则焊接变形越大，而焊接应力越小。

9.1.2 焊接应力及其控制

1. 焊接应力的分类

焊接应力的分类如图 9-3 所示。当构件上承受局部载荷或经受不均匀加热时，都会在局部区域产生塑性应变，当局部外载撤去以后或热源离去，构件温度恢复到原始的均匀状态时，由于在构件内部发生了不

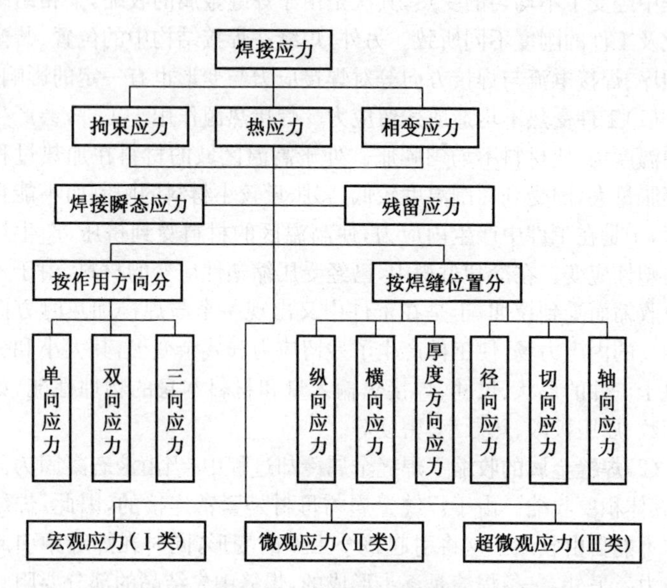

图 9-3　焊接应力的分类

能恢复的塑性变形，因而产生了相应的内应力，即称为残留应力。构件中残留下来的变形，即称为残余变形。

图 9-3 中所示的热应力、相变应力、拘束应力、残留应力为常见内应力。

2. 焊接残留应力的分布

一般厚度不大的焊接结构，残留应力是双向的，即纵向应力 σ_x 和横向应力 σ_y。残留应力在焊接上的分布是不均匀的，分布状况与工件的尺寸、结构和焊接工艺有关。长板上纵向应力 σ_x 的分布如图 9-4 所示，纵向应力 σ_x 引起的横向应力 σ_y 的分布如图 9-5 所示，不同尺寸平板对焊时 σ_y 的分布如图 9-6 所示。

中厚板(厚度在 16～20mm)对接直线焊缝的焊接结构中焊接残留应力分布如图 9-7 所示。在焊接残留应力分布图中 σ_x 表示沿 x 轴方向的纵向应力，σ_y 表示沿 y 轴方向的横向应力，圆圈内“－”代表压应力，圆圈内“＋”代表拉应力。

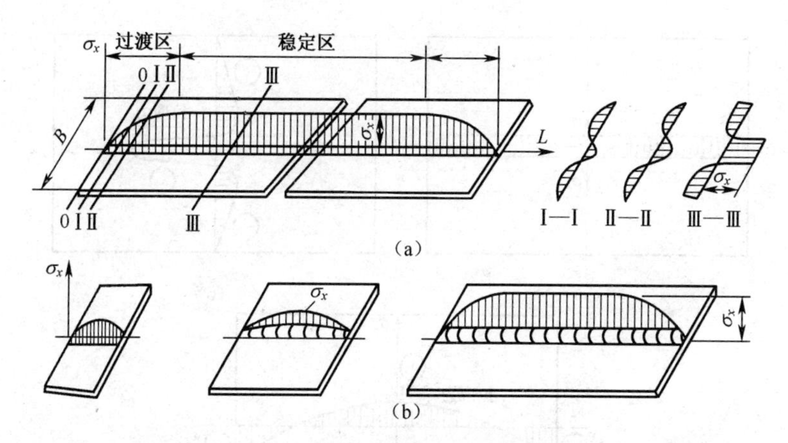

图 9-4 长板上纵向应力 σ_x 的分布

(a)焊缝各断面中 σ_x 的分布 (b)不同长度焊缝中 σ_x 的分布

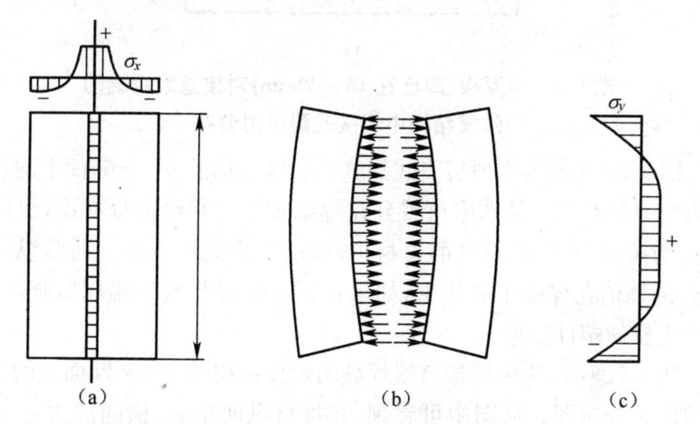

图 9-5 纵向应力 σ_x 引起的横向应力 σ_y 的分布

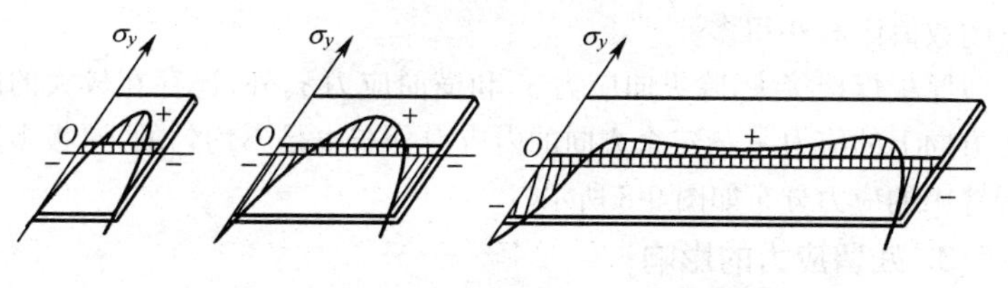

图 9-6 不同尺寸平板对焊时 σ_y 的分布

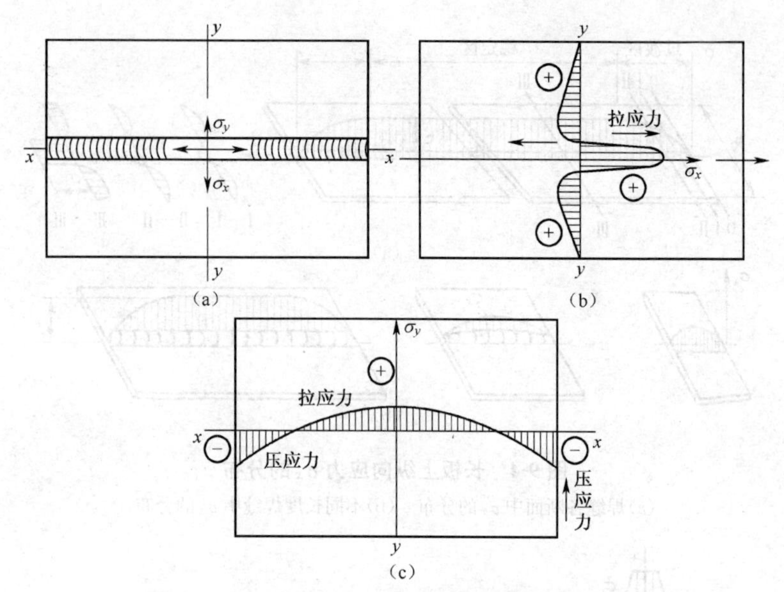

图 9-7　中厚板(厚度在 16～20mm)对接直线焊缝的焊接结构中焊接残留应力分布

图 9-7b 所示为中厚板直线焊缝的焊接结构的 $y—y$ 断面上的焊接残留应力分布图。从图中可看到在焊缝和邻近焊缝的母材中，纵向应力 σ_x 为拉应力，远离焊缝的母材中，纵向应力为压应力。通常纵向应力 σ_x 的峰值在焊缝中心线上，如果达到或超过材料室温屈服强度时，会产生拉伸塑性变形。

图 9-7c 所示为中厚板直线焊缝的焊接结构的 $x—x$ 断面上的焊接残留应力分布图。从图中可看到：在母材纵向中心，横向应力 σ_y 为拉应力，母材两侧为压应力，σ_y 的分布规律与 σ_x 的分布规律基本相同，但 σ_y 的数值比 σ_x 小得多。

厚板焊接接头，除纵向应力 σ_x 和横向应力 σ_y 外，还存在较大的厚度方向上的应力 σ_z。三个方向的内应力分布也是不均匀的，厚板多层焊缝中的应力分布如图 9-8 所示。

3. 残留应力的影响

①对静载强度的影响。当材质的塑性和韧性较差处于脆性状态

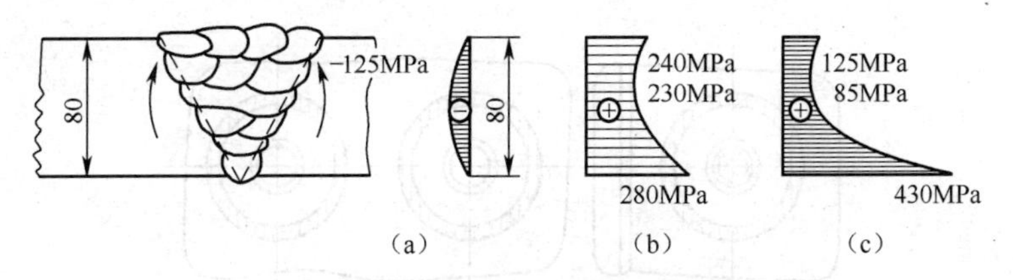

图 9-8 厚板多层焊缝中的应力分布

(a)σ_z在厚度上的分布 (b)σ_x在厚度上的分布 (c)σ_y在厚度上的分布

时，则拉伸应力与外载叠加可能使局部应力首先达到断裂强度，导致结构早期破坏。

②对结构刚度的影响。当外载产生的应力σ与结构中某局部的内应力之和达到屈服强度时，就使这一区域丧失了进一步承受外载的能力，造成结构的有效断面积减小，结构刚度也随之降低，使结构的稳定性受到破坏。

③如果在应力集中处存在拉伸内应力，就会使构件的疲劳强度降低。

④构件中存在的残留应力，在机械加工和使用过程中，由于内应力发生了变化，而可能引起结构的几何形状或尺寸改变，从而影响加工精度和工件的工作效能。某些有时效作用的材料，其内应力随时间延续而发生变化，将使结构尺寸失去稳定性。

⑤在腐蚀介质中工作的结构，在拉伸应力区会加速腐蚀而引起应力腐蚀的低应力脆断。在高温工作的焊接结构(如高温容器)残留应力又会起加速蠕变的作用。

4. 控制焊接应力的措施

(1)设计措施

①尽量减少焊缝的数量和尺寸，采用填充金属少的坡口形式。

②焊缝布置应避免过分集中，焊缝间应保持足够的距离。容器接管焊缝布置如图 9-9 所示。尽量避免三轴交叉的焊缝，并且不把焊缝布置在工作应力最严重的区域，工字梁肋板接头如图 9-10 所示。

③采用刚度较小的接头形式，使焊缝能够自由地收缩，焊接管连接如图 9-11 所示。

④在残留应力为拉应力的区域内，应尽量避免几何不连续性，以免内应力在该处进一步增高。

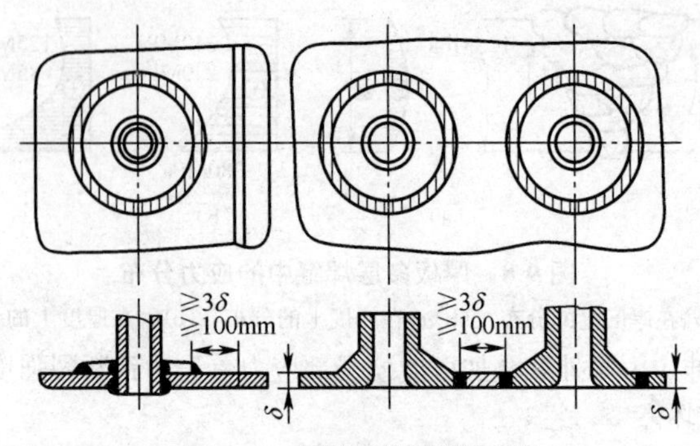

图 9-9　容器接管焊缝布置

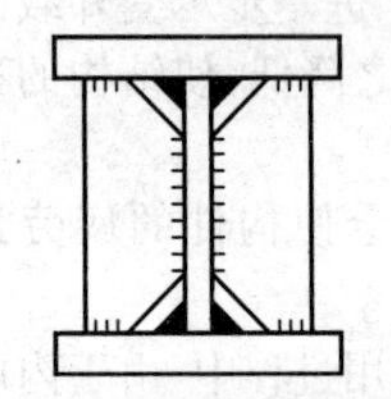

图 9-10　工字梁肋板接头

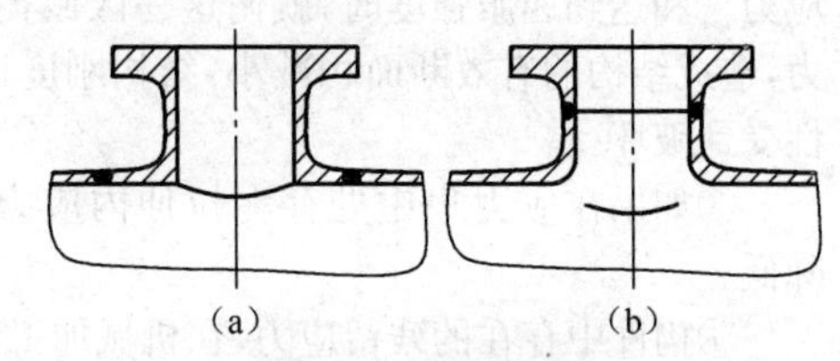

图 9-11　焊接管连接

(a)嵌入式　(b)翻边式

⑤使用热输入小、能量集中的焊接方法。

⑥制定合理的消除应力热处理规范。

(2)工艺措施

1)采用合理的焊接顺序和方向。合理的焊接顺序就是能使每条焊缝尽可能地自由收缩。

①按收缩量大小确定焊接顺序如图 9-12 所示，在具有对接及角焊缝的结构中，应先焊收缩量较大的对接焊缝 1，使焊缝能较自由地收缩，后焊角焊缝 2。

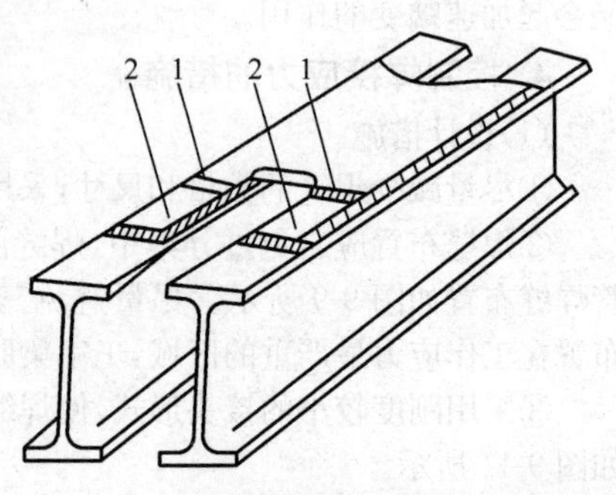

图 9-12　按收缩量大小确定焊接顺序

1.对接焊缝　2.角焊缝

②拼板对选择合理的焊接顺序如图 9-13 所示，拼板焊时，先焊错开的短焊缝 1、2，后焊直通长焊缝 3，使焊缝有较大的横向收缩余地。

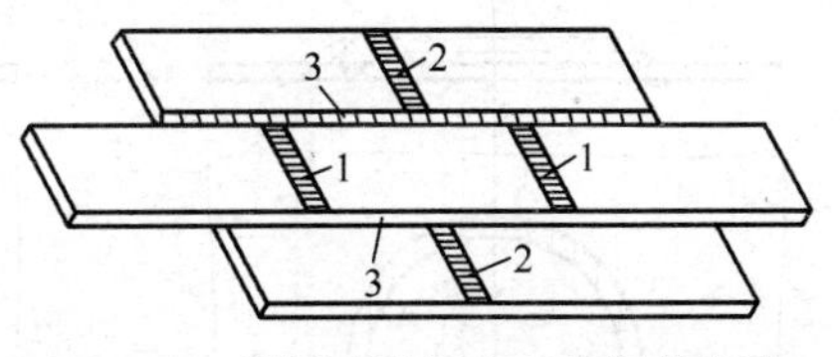

图 9-13 拼板时选择合理的焊接顺序

③工字梁拼接时，先焊在工作时受力较大的焊缝，使内应力合理分布。接受力大小确定焊接顺序如图 9-14。在接头两端留出一段翼缘角焊缝不焊，先焊受力最大的翼缘对接焊缝 1，然后再焊腹板对接焊缝 2，最后焊翼缘预留的角焊缝 3。这样，焊后可使翼缘的对接焊缝承受压应力，而腹板对接焊缝承受拉应力，角焊缝最后焊可保证腹板有一定收缩余地，这样焊成的梁疲劳强度高。

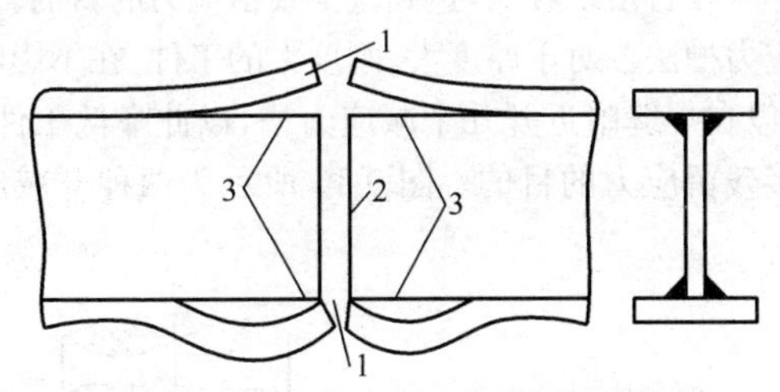

图 9-14 按受力大小确定焊接顺序

④焊接平面上的焊缝时，应使焊缝的收缩比较自由，尤其是横向收缩更应保证自由。对接焊缝的焊接方向，应当指向自由端。

2)预热法。预热法是在施焊前，预先将工件局部或整体加热到 150℃～650℃。对于焊接或焊补那些淬硬倾向较大的材料的工件，以及刚度较大或脆性材料的工件时，为防止焊接裂纹，常常采用预热法。

3)冷焊法。冷焊法是通过减少工件受热来减少焊接部位与结构上其他部位间的温度差。具体做法有：尽量采用小的热输入方法施焊，选用小直径焊条，小电流，快速焊及多层多道焊；另外，应用冷焊法时，环境温度应尽可能高，防止裂纹的产生。

4)留裕度法。焊前，留出工件的收缩裕度，增加收缩的自由度，以此来减少焊接残留应力。留裕度法应用实例如图 9-15 所示，图中的封闭焊缝，为减少其切向应力峰值和径向应力，焊接前可将外板进行扳边

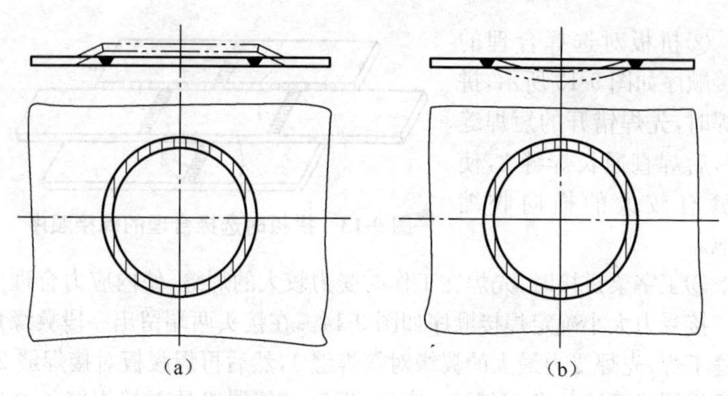

图 9-15　留裕度法应用实例

(图 9-15a)或将镶块作成内凹形(图 9-15b),使之储存一定的收缩裕度,可使焊缝冷却时较自由地收缩,达到减少残留应力的目的。

5)开减应力槽法。对于厚度大、刚度大的工件,在不影响结构强度的前提下,可以在焊缝附近开几个减应力槽,以此降低工件局部刚度,达到减少焊接残留应力的目的。图 9-16 所示为两种开减应力槽法的应用实例。

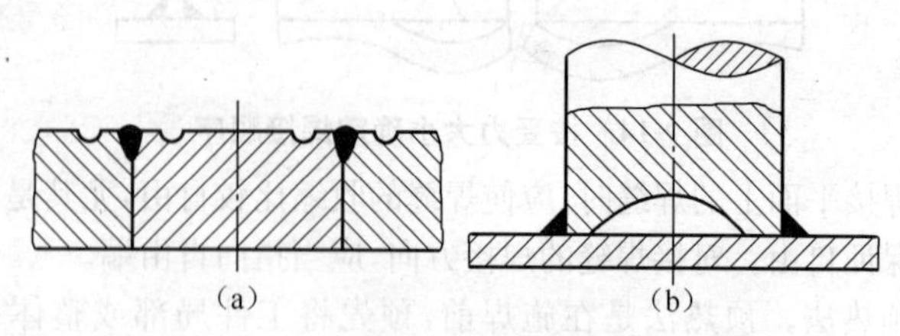

图 9-16　两种开减应力槽法的应用实例

6)锤击焊缝。焊后可用头部带有小圆弧的工具锤击焊缝,使焊缝得到延展,从而降低内应力。锤击应保持均匀适度,避免锤击过分,以防止产生裂缝。一般不锤击第一层和表面层。

7)加热"减应区"法。在焊接结构的适当部位加热,使之伸长,加热区的伸长带动焊接部件,使它产生一个与焊缝收缩方向相反的变形;局部加热以降低轮辐、轮缘断口焊接应力如图 9-17 所示,在冷却时,加热区的收缩与焊缝的收缩方向相同,焊缝就可以比较自由地收缩,从而减少内应力。

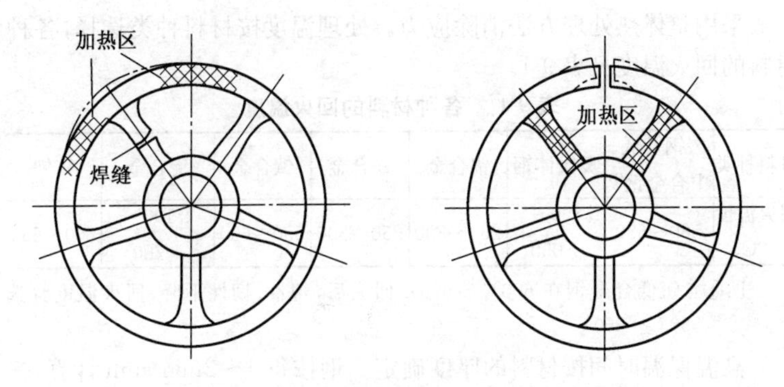

图 9-17 局部加热以降低轮辐、轮缘断口焊接应力

8)预拉伸法补偿焊缝收缩。焊接前,采用机械拉伸或加热拉伸法使构件焊接区母材局部伸长,焊接过程中可补偿焊缝的收缩,达到减小焊接应力的目的。

9)低应力无变形焊接法(LSND)。该方法适用于薄板件的焊接。在焊缝区加铜垫板对焊缝进行冷却,焊缝的两侧有加热元件,对近缝区加热,形成一个预置温度场,产生预置的拉伸效应,焊缝两侧采用固定装置固定。预置温度场可以在焊缝中形成压应力,使残留应力场重新分布。在焊接过程中,随着焊缝中拉应力水平的降低,焊缝两侧的压应力水平也在降低。采用该方法,残留应力的峰值可降低至原来的 2/3,焊后的工件焊接残留应力很小,并保持焊前的平直状态。

低应力无变形焊接法适用于铝合金、不锈钢、钛合金等。预置温度场的温度因材料和结构的不同而不同,一般在 100℃～300℃。预置温度场还有利于改善高强度铝合金等材料焊接接头的性能。

5.消除焊接残留应力的方法

鉴于焊接应力对构件的影响,可能发生脆断的大断面厚壁结构、标准上有规定的锅炉和压力容器、焊后机加工面多及加工量大的构件、尺寸精度要求高的结构、有应力腐蚀倾向的结构,应考虑消除焊接应力。

(1)热处理方法消除焊接应力

①整体热处理,也称整体高温回火,即按一定规则将工件整体加热到一定温度并保温,达到松弛焊接应力的目的。要求较高的焊接构件

一般采用整体热处理方法消除应力。处理温度按材料种类选择,各种材料的回火温度见表 9-1。

表 9-1 各种材料的回火温度

材料种类	碳钢及低、中合金钢①	奥氏体钢	铝合金	镁合金	钛合金	铌合金	铸铁
回火温度/℃	580～680	850～1 050	250～300	250～300	550～600	1 100～1 200	600～650

注:①含钒低合金钢在 600℃～620℃回火后,塑性、韧性下降,回火温度宜选 550℃～560℃。

高温保温时间按材料的厚度确定。钢按每 1～2min/mm 计算,一般不少于 30min,不高于 3h。为使板厚方向上的温度均匀地升高到所要求的温度,当板材表面达到所要求的温度后,还需要一定的均温时间。

热处理一般是将工件整体放在加热炉中加热,加热炉可以是电炉也可以是燃气炉。对于大型容器,也可以采用在容器外壁覆盖绝热层,而在容器内部用火焰或电阻加热的办法来处理。整体热处理可将残留应力消除 80%～90%。

②局部热处理,称局部高温回火,是将焊缝及其附近应力较大的局部区域加热到高温回火温度,然后保温、缓慢冷却,以消除焊接区的残留应力。局部热处理一般多用于比较简单,拘束度较小的接头,如管道接头、长的圆筒容器接头,以及长构件的对接接头等。局部热处理可以采用电阻、红外线、火焰和工频感应加热等方法。

局部热处理难以完全消除残留应力,但可降低其峰值使应力的分布比较平缓。消除应力的效果取决于局部区域内温度分布的均匀程度。为了取得较好的降低应力效果,应保持足够的加热宽度。例如,圆筒接头加热区宽度一般采取 $B=\sqrt[5]{R\delta}$,长板的对接接头取 $B=W$,局部热处理的加热区宽度如图 9-18 所示。R 为圆筒半径,δ 为管壁厚度,B 为加热区宽度,W 为对接构件的宽度。

③温差拉伸法,也称为低温消除应力法,即在焊缝两侧各用一个适当宽度的氧乙炔焰炬加热,在焰炬后一定距离外喷水冷却。温差拉伸法如图 9-19 所示,焰炬和喷水管以相同速度向前移动(图 9-19)。由此,可造成一个两侧高、焊缝区低的温度场。两侧的金属因受热膨胀,

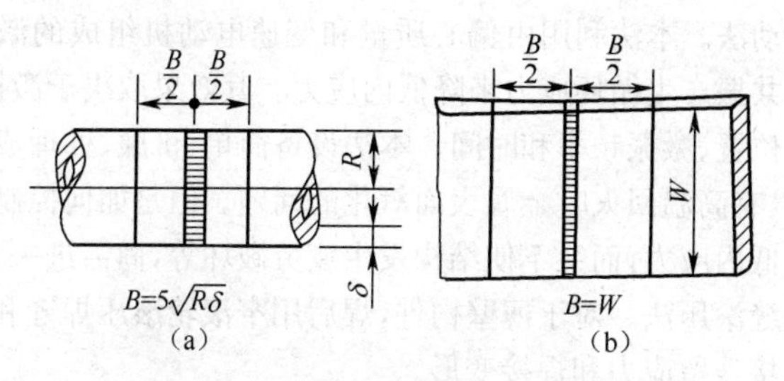

图 9-18 局部热处理的加热区宽度

(a)环焊缝 (b)长构件对接焊缝

对温度较低的焊接区进行拉伸，使之产生拉伸塑性变形，以抵消原来的压缩塑性变形，从而消除内应力。本法对焊缝比较规则，厚度不大（<40mm）的容器、船舶等板、壳结构具有一定的实用价值，如果工艺参数选择适当，可取得较好的消除应力效果。

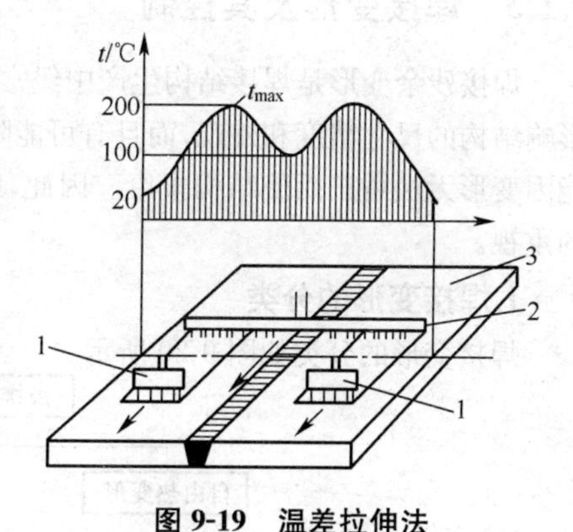

图 9-19 温差拉伸法

1.火焰加热炬 2.喷水排管 3.工件

(2)利用机械方法消除焊接残留应力

①机械拉伸法。焊后对焊接构件加载，使具有较高拉伸残留应力的区域产生拉伸塑性变形，卸载后可使焊接残留应力降低。加载应力越高，焊接过程中形成的压缩塑性变形就被抵消得越多，内应力也就消除得越彻底。

机械拉伸消除内应力对一些焊接容器特别有意义。它可以通过在室温下进行过载的耐压试验来消除部分焊接残留应力。

②锤击焊缝法。一般用于中厚板焊接应力的调整。具体方法是：在焊后用锤子或一定直径半球形风锤锤击焊缝，可使焊缝金属产生延伸变形，能抵消一部分压缩塑性变形，起到减少焊接应力的作用。锤击时注意施力应适度，以免施力过大而产生裂纹。

③振动法。本法利用由偏心质量和变速电动机组成的激振器，使结构发生共振产生循环应力来降低内应力。其效果取决于激振器和构件支点的位置、激振频率和时间。本法设备简单、价廉、处理成本低、时间短，也没有高温回火时金属表面氧化的问题。但是如何控制振动，使之既能降低内应力，而又不使结构发生疲劳破坏等，尚需进一步研究。

④焊缝滚压法。对于薄壁构件，焊后用窄滚轮滚压焊缝和近缝区，可消除焊接残留应力和焊接变形。

⑤爆炸法。爆炸的冲击波使金属产生塑性变形，松弛残留应力。

9.1.3　焊接变形及其控制

焊接残余变形是焊接结构生产中经常出现的问题。残余变形不仅影响结构的尺寸精度和外观，而且有可能降低结构的承载能力，甚至可能因变形无法矫正而使结构报废。因此，应对焊接残余变形引起足够的重视。

1.焊接变形的分类

焊接变形的分类如图 9-20 所示。

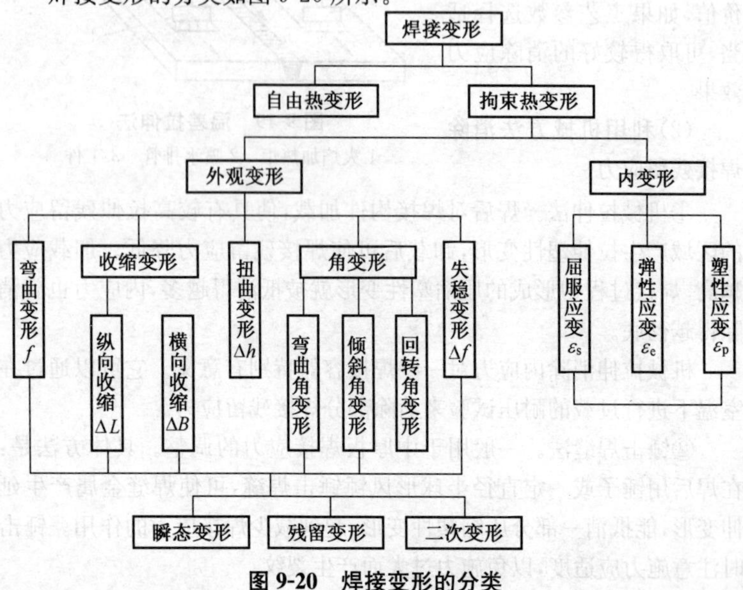

图 9-20　焊接变形的分类

纵向、横向收缩变形如图 9-21。常见的焊接残余变形有如下几类。

(1)纵向收缩变形 构件焊后在焊缝方向发生的收缩，如图 9-21 中所示的 ΔL。

(2)横向收缩变形 构件经过焊接以后在垂直焊缝方向发生的收缩，如图 9-21 中所示的 ΔB。

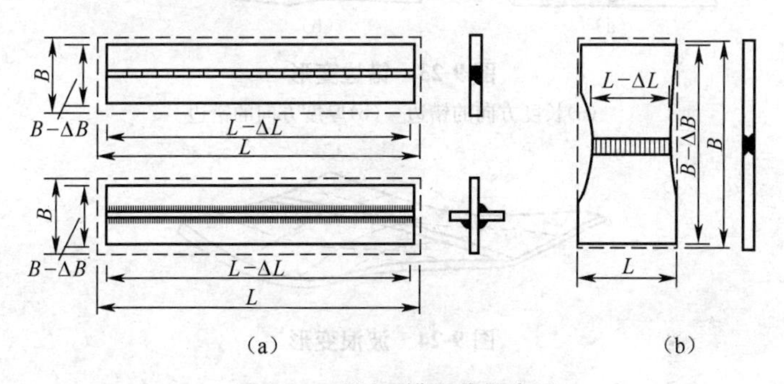

图 9-21 纵向、横向收缩变形

(a)纵向收缩 (b)横向收缩

(3)角变形 如图 9-22 所示，焊后构件的平面围绕焊缝发生的角位移。

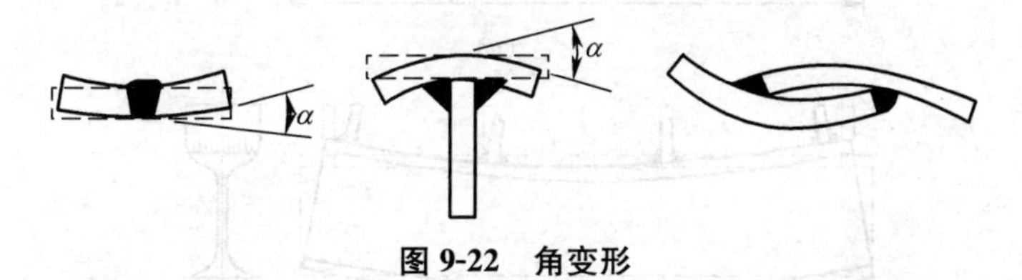

图 9-22 角变形

(4)错边变形 如图 9-23 所示，焊接过程中，由于两块板材的热膨胀不一致，可能引起长度方向或厚度方向上的错边，如图 9-23 所示。

(5)波浪变形 如图 9-24 所示，焊后工件呈波浪形。这种变形在平面薄板焊接时最易发生。

(6)挠曲变形 如图 9-25 所示。构件焊后所发生的挠曲变形。挠曲变形可以由焊缝的纵向收缩引起，如图 9-25a 所示；也可以由焊缝的横向收缩引起，如图 9-25b 所示。

(7)螺旋变形 如图 9-26 所示焊后在结构上出现的扭曲变形。

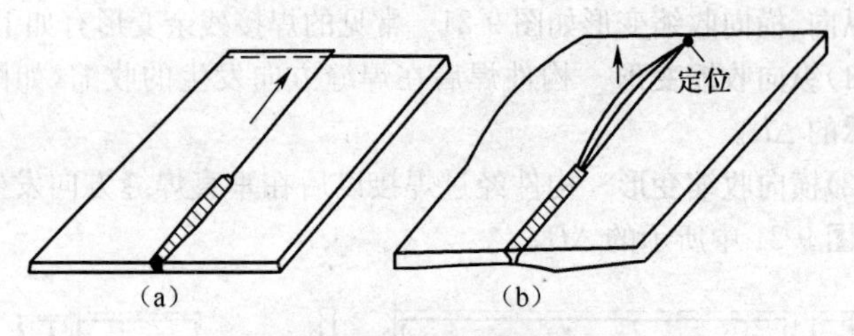

图 9-23　错边变形

(a)长度方向的错边　(b)厚度方向的错边

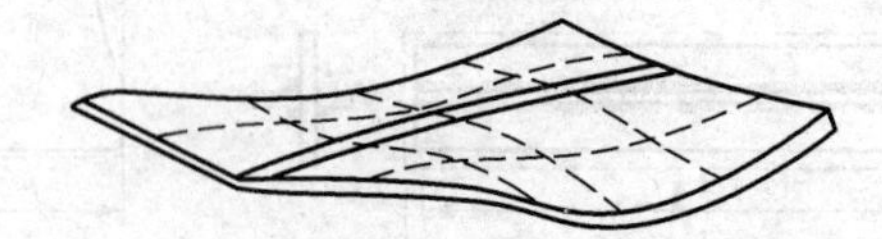

图 9-24　波浪变形

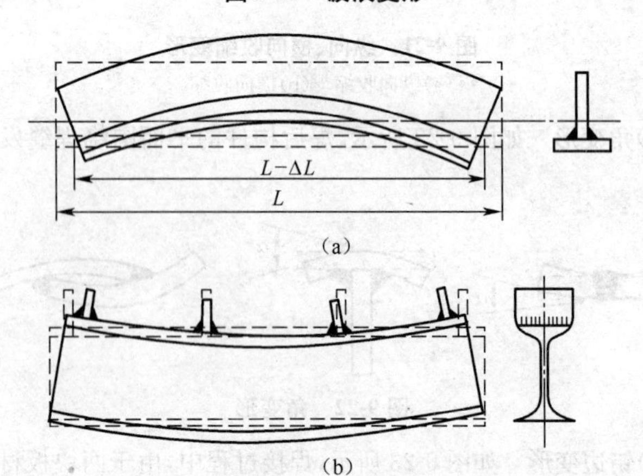

图 9-25　挠曲变形

(a)由纵向收缩引起的挠曲　(b)由横向收缩引起的挠曲

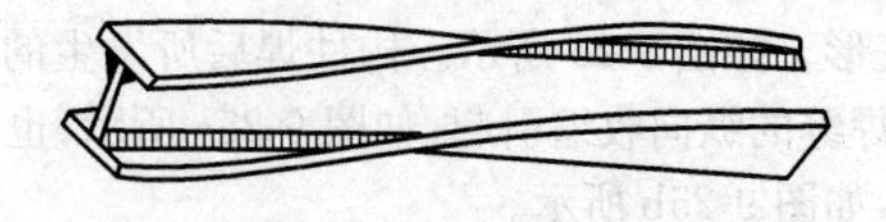

图 9-26　螺旋变形

2.焊接残余变形的估算

焊接变形量的影响因素很多，计算起来比较繁琐。为此，人们在长期的生产实践中，不断摸索，由理论—实践—理论的反复过程，不断地总结经验，推导出变形量估算公式，能够迅速而较准确地推算出焊接变形值，供解决焊接变形参考。

(1)纵向收缩量的估算

①对接焊缝纵向收缩量的计算公式：

$$\Delta L = 0.006 \times \frac{l}{\delta} \tag{9-1}$$

式中，ΔL 为纵向收缩量(mm)；l 为焊缝长度(mm)；δ 为板厚(mm)。

例：板厚为 10mm 的工件，对接焊缝长 10m，试估计工件焊完后，其纵向收缩量为多少？

已知：$l=10\ 000\text{mm}$；$\delta=10\text{mm}$

解：$\Delta L = 0.006 \times \frac{l}{\delta} = 0.006 \times \frac{10\ 000\text{mm}}{10\text{mm}} = 6(\text{mm})$

答：焊缝纵向收缩量为 6mm。

②角焊缝纵向收缩量的计算公式：

$$\Delta L = 0.05 \times \frac{A_W l}{A} \tag{9-2}$$

式中，ΔL 为焊缝纵向收缩量(mm)；A_W 为焊缝断面积(mm^2)；A 为工件断面积(mm^2)；l 为焊缝长度(mm)。

例：某工件长 7 500mm，角焊缝长 5 000mm；焊缝断面积 $A_W=2.6\text{mm}^2$，工件断面积 $A=250\text{mm}^2$。试求角焊缝的纵向收缩量。

已知：$A_W=2.6\text{mm}^2$；$A=250\text{mm}^2$；$l=5\ 000\text{mm}$

解：$\Delta \text{L} = 0.05 \times \frac{A_W l}{A} = 0.05 \times \frac{2.6\text{mm}^2 \times 5\ 000\text{mm}}{250\text{mm}^2} = 2.6(\text{mm})$

答：角焊缝纵向收缩量为 2.6mm。

(2)横向收缩量的估算

①板对接焊缝的横向收缩量计算公式：

$$\Delta B = 0.18 \times \frac{A_W}{\delta} + 0.05b \tag{9-3}$$

式中，ΔB 为横向收缩量（mm）；δ 为板厚（mm）；A_W 为焊缝断面积（mm^2）；b 为根部间隙（mm）。

例：已知板厚为 14mm，焊缝断面积预测为 42 mm^2，当焊缝对接根部间隙为 3.2mm 时，试求该焊缝的横向收缩量。

已知：$A_W=42\ mm^2$；$\delta=14mm$；$b=3.2mm$

解：$\Delta B=0.18\times\dfrac{A_W}{\delta}+0.05b=0.18\times\dfrac{42mm^2}{14mm}+0.05\times3.2mm$
$=0.7(mm)$

答：该焊缝横向收缩量为 0.7mm。

②角焊缝的横向收缩量计算公式：

$$\Delta B=C\frac{K^2}{\delta} \tag{9-4}$$

式中，ΔB 为横向收缩量（mm）；C 为系数，单面焊时 $C=0.075$，双面焊时 $C=0.083$；K 为焊脚尺寸（mm）；δ 为翼板厚度（mm）。

例：某工字钢翼板厚度 10mm，采取双面角焊，焊脚尺寸为 8mm，试求该焊缝焊后的横向收缩量。

已知：$\delta=10mm$；$K=8mm$；双面焊接时 $C=0.083$

解：$\Delta B=C\dfrac{K^2}{\delta}=0.083\times\dfrac{(8mm)^2}{10mm}=0.083\times6.4mm=0.53(mm)$

答：该角焊缝焊后横向收缩量 0.53mm。

(3)弯曲变形的估算　弯曲变形的大小以挠度 f 度量。由焊缝纵向收缩所造成的挠度 f 可按下式估算：

$$f=0.86\times10^{-6}\times\frac{eq_vL^2}{8I} \tag{9-5}$$

式中，e 为焊缝塑性变形区中心（一般可取焊缝中心）与断面中性轴的距离（cm）；L 为构件长度（焊缝与构件等长）（cm）；f 为挠度（cm）；I 为构件截面惯性矩（$kg\cdot m^2$）；q_v 为焊接热输入(J/cm)。

$$q_v=\frac{\eta UI}{\nu}$$

式中，U 为焊接电压(V)；I 为焊接电流(A)；η 为电弧热效率（焊条电弧焊为 0.7～0.8，埋弧焊为 0.8，CO_2 焊为 0.7）；ν 为焊接速度（cm/s）。

(4)角变形的估算　角变形可根据图 9-27 所示的 T 形接头角变形

与板厚 δ 及焊脚尺寸 K 的关系进行估算。

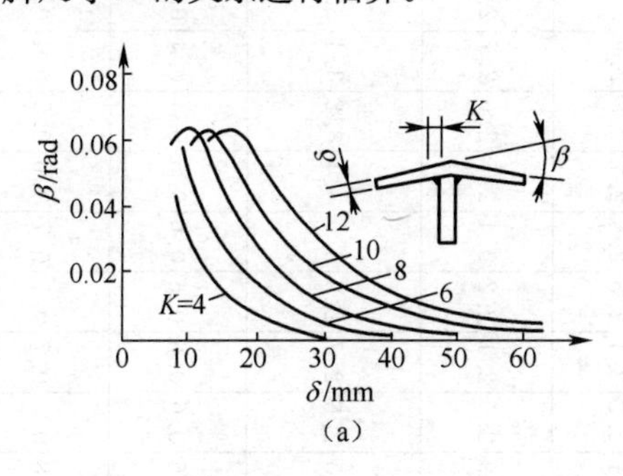

(a)

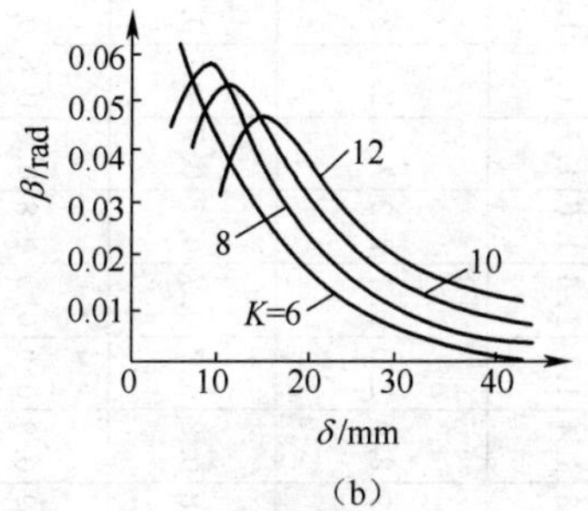

(b)

图 9-27 T 形接头角变形与板厚 δ 及焊脚尺寸 K 的关系

(a)低碳钢 (b)铝镁合金

3.焊接残余变形的经验数据

①低碳钢焊缝纵向收缩变形量 ΔL 的经验值见表 9-2,适用于中等厚度,以及宽厚比约为 15 的板件。

表 9-2 低碳钢焊缝纵向收缩变形量 ΔL 的经验值

(mm/m)

对接焊缝	连续角焊缝	间断角焊缝
0.15～0.30	0.2～0.4	0～0.1

注:表中所表示的数据是在宽度大约为 15 倍板厚的焊缝区域中的纵向收缩量,适用于中等厚度的低碳钢板。

②低碳钢焊缝横向收缩变形量 ΔB 的经验值见表 9-3。

表 9-3　低碳钢焊缝横向收缩变形量的经验值　(mm)

接头类型 \ 横向收缩量 \ 钢板厚		5	6	7	8	9	10	11	12	13	14	15	16	17	18	19	20	21	22	23	24
V 形坡口对接焊缝	S	1.3	1.3	1.4	1.4	1.5	1.6	1.7	1.8	1.8	1.9	2.0	2.1	2.2	2.4	2.5	2.6	2.7	2.8	2.9	3.1
双 V 形坡口对接焊缝	S	1.2	1.2	1.2	1.3	1.3	1.4	1.5	1.6	1.6	1.7	1.8	1.9	2.0	2.1	2.2	2.4	2.5	2.6	2.7	2.8
单面坡口十字形角焊缝	S	1.6	1.7	1.7	1.8	1.9	2.0	2.0	2.1	2.2	2.3	2.4	2.5	2.6	2.7	2.9	3.0	3.1	3.2	3.4	3.5
单面坡口角焊缝	S	0.8	0.8	0.8	0.8	0.8	0.8	0.7	0.7	0.7	0.7	0.7	0.6	0.6	0.6	0.6	0.6	0.5	0.4	0.4	0.4
无坡口单面角焊缝	S	0.9	0.9	0.9	0.9	0.9	0.9	0.9	0.9	0.8	0.8	0.8	0.8	0.8	0.7	0.7	0.7	0.6	0.5	0.4	0.4
双面间断角焊缝	S	0.4	0.3	0.3	0.3	0.25	0.25	0.2	0.2	0.2	0.2	0.2	0.2	0.2	0.2	0.2	0.2	0.2	0.2	0.2	0.2

注：表中所列数据是结构处在自由状态下焊条电弧焊时，焊缝横向收缩的经验值。

③低碳钢对接接头横向收缩变形见表 9-4。

表 9-4 低碳钢对接接头横向收缩变形

接头横断面	焊接方法	横向收缩/mm
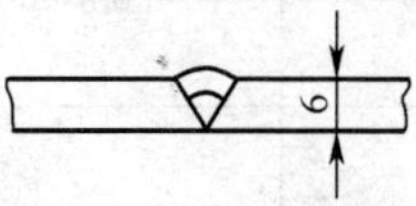 6	焊条电弧焊两层	1.0
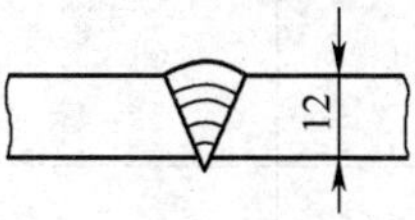 12	焊条电弧焊 5 层	1.6
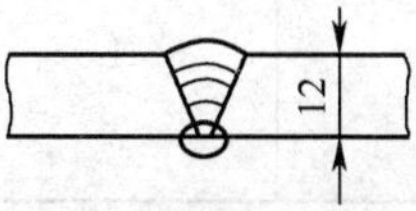 12	焊条电弧焊正面 5 层 背面清根后焊两层	1.8
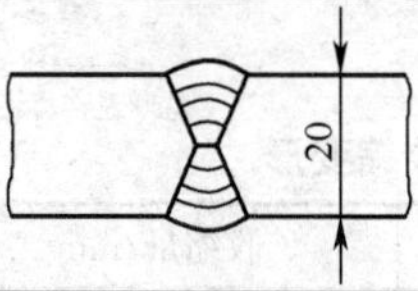 20	焊条电弧焊正、背面各焊 4 层	1.8
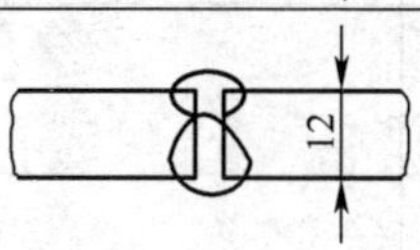 12	焊条电弧焊(深熔焊条)	1.6
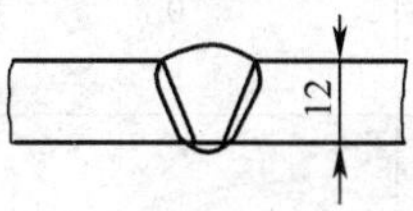 12	右焊法气焊	2.3
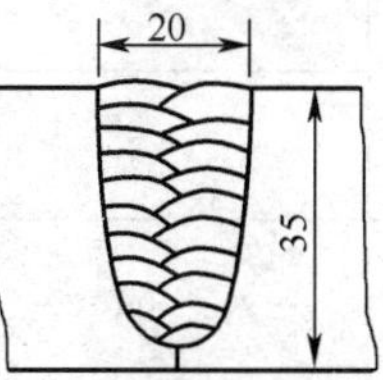 20 35	焊条电弧焊 20 道，背面未焊	3.2
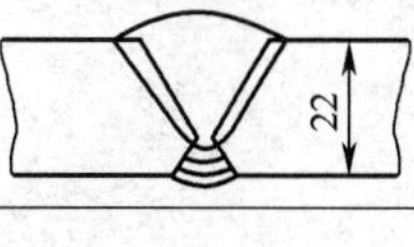 22	1/3 背面焊条电弧焊，2/3 埋弧焊 1 层	2.4

续表 9-4

接头横断面	焊接方法	横向收缩/mm
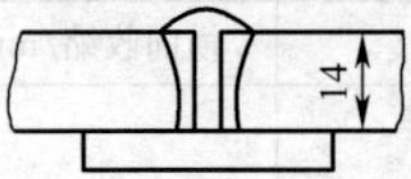 14	铜垫板上埋弧焊 1 层	0.6
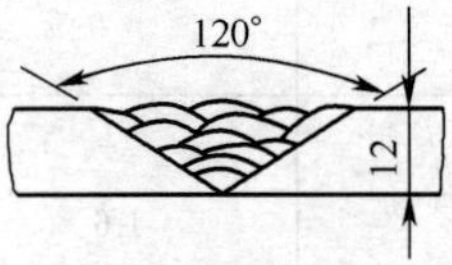 120° 12	焊条电弧焊	3.3
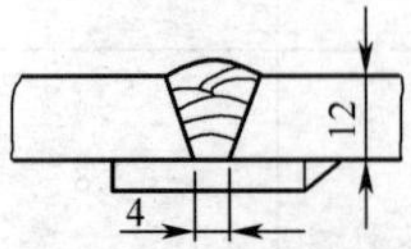 12 4	焊条电弧焊 （加垫板单面焊）	1.5

④低碳钢角接接头的横向收缩变形见表 9-5。

表 9-5 低碳钢角接接头的横向收缩变形

接头断面	焊接方法	收缩量/mm
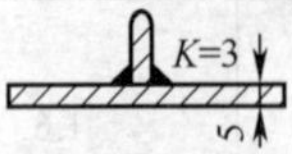 K=3 5	焊条电弧焊	0.5
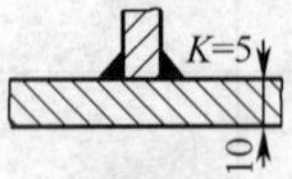 K=5 10	焊条电弧焊两层	0.3
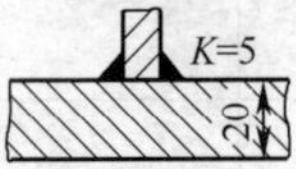 K=5 20	焊条电弧焊两层	0
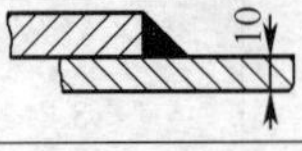 10	焊条电弧焊两层	0.5
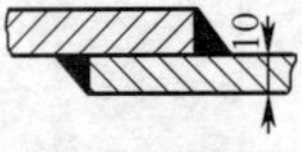 10	焊条电弧焊两层	0.6
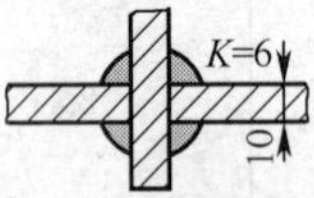 K=6 10	焊条电弧船形焊两层	1.0

续表 9-5

接头断面	焊接方法	收缩量/mm
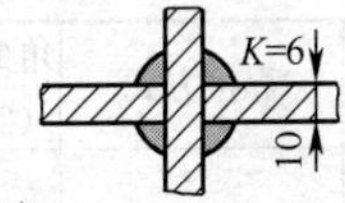 K=6 10	焊条电弧立焊两层	1.3
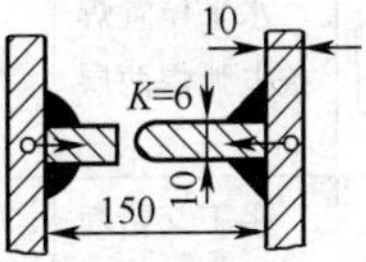 10 K=6 10 150	焊条电弧焊两层	0
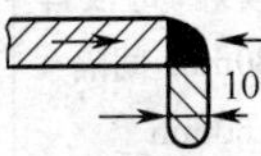 10	焊条电弧焊两层	0

⑤低碳钢的对接接头角变形量见表 9-6。表中的角变形数值是在自由状态下对接焊后测得的。

表 9-6 低碳钢的对接接头角变形量

接头横断面	焊接方式	角变形（2α）	接头横断面	焊接方式	角变形（2α）
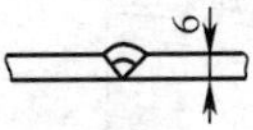 6	焊条电弧焊两层	1°	 20	焊条电弧焊 8 层	7°
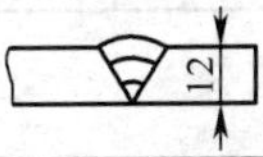 12	光焊条焊条电弧焊	1.4°	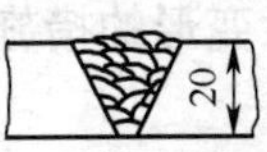 20	焊条电弧焊 22 层	13°
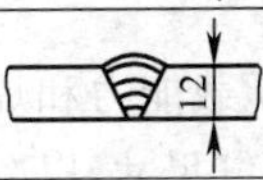 12	单面焊条电弧焊 5 层	3.5°	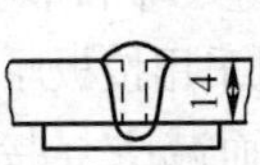 14	铜垫板上埋弧焊一层	0°
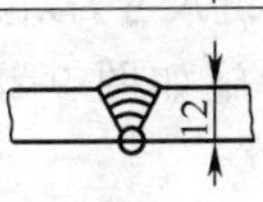 12	正面焊条电弧焊 5 层，背面清根焊 3 层	0°	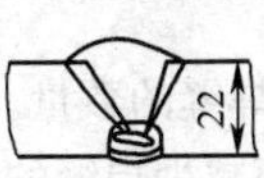 22	焊条电弧焊 13 层，埋弧焊 23 层	2°
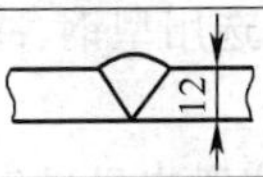 12	右焊法气焊	1°	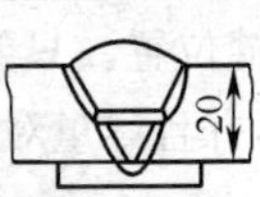 20	钢垫板上埋弧焊两层	5°
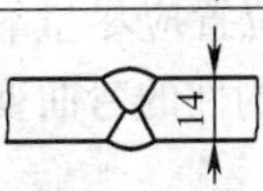 14	两面同时垂直气焊	0°			

⑥低碳钢 T 形接头和搭接接头的角变形量见表 9-7。

表 9-7　低碳钢 T 形接头和搭接接头的角变形量

接头横断面	焊接方式	角变形（2α）	接头横断面	焊接方式	角变形（2α）
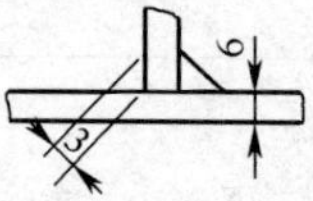	焊条电弧焊	3°	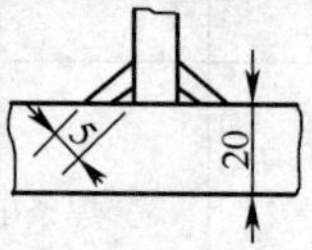	水平位置焊条电弧焊两层	1°
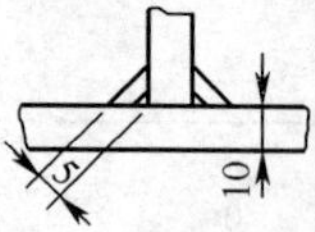	水平位置焊条电弧焊两层	3°	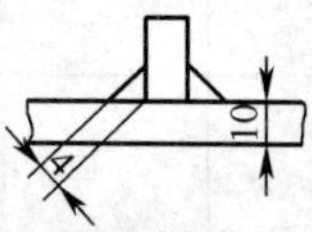	手工交错断续焊，每段焊 80mm，间隔 160mm	0°
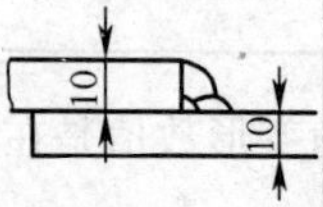	焊条电弧焊 3 层	2°	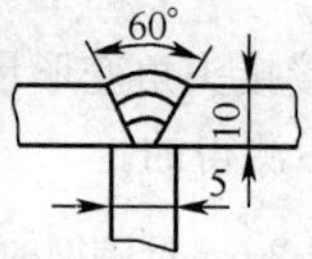	焊条电弧焊 3 层	1°
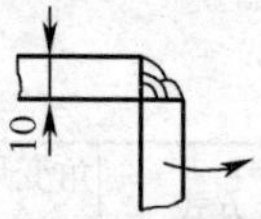	焊条电弧焊 4 层	1.5°		埋弧焊 1 层	0°
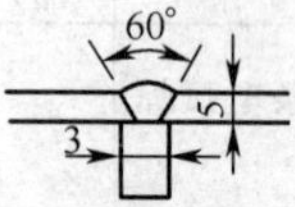	焊条电弧焊 1 层	0°	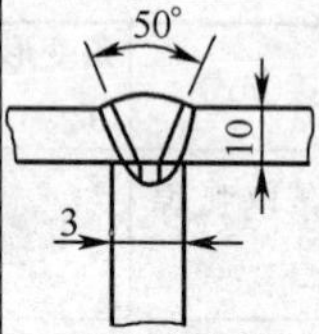		

4.控制焊接残余变形的措施

(1)设计措施

①选用合理的焊缝尺寸和形状，在保证构件有足够承载能力和焊缝质量的前提下，尽量采用按板厚在工艺上可能最小的焊缝尺寸，以减少熔敷金属总量，从而减少焊接变形。控制变形的措施如图 9-28 所示。

②尽可能地减少焊缝的数量。如图 9-28a 所示，尽量选用型钢、冲压件代替焊接件，从而减少焊缝的数量。

③合理地安排焊缝位置。只要结构上允许，焊缝的位置应尽量靠近构件断面的中性轴，并且尽量对称于该中性轴，以减少构件的弯曲变形，如图 9-28b 所示。

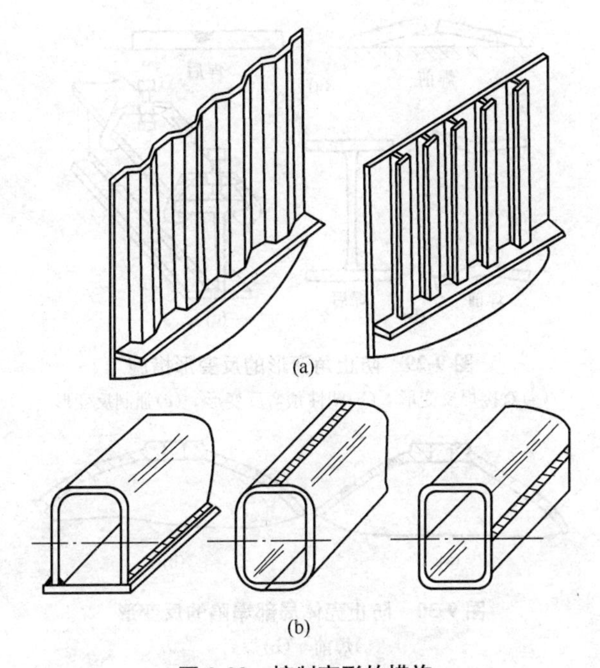

(a)

(b)

图 9-28 控制变形的措施

(a)减少焊缝数量减少焊接变形 (b)合理安排焊缝位置

(2)工艺措施

1)留余量法。此法即在下料时,将零件的长度或宽度尺寸比设计尺寸适当加大,以补偿工件的收缩。余量的多少根据前面所介绍的公式并结合生产经验来确定,留余量法主要是用于防止工件的收缩变形。

2)反变形法。焊前在构件装配时给予一个相反方向的变形,以与焊接后的变形相抵消,使焊后的构件能达到设计要求,反变形的大小应以能抵消焊后形成的变形为准。防止角变形的反变形措施如图 9-29 所示,防止壳体局部塌陷的反变形如图 9-30 所示。

3)刚性固定法。采用适当的办法来增加工件的刚度和拘束度,可以达到减少其变形的目的,这就是刚性固定法。常用的刚性固定法有以下几种。

①将工件固定在刚性平台上。薄板焊接时,可将其用定位焊缝固

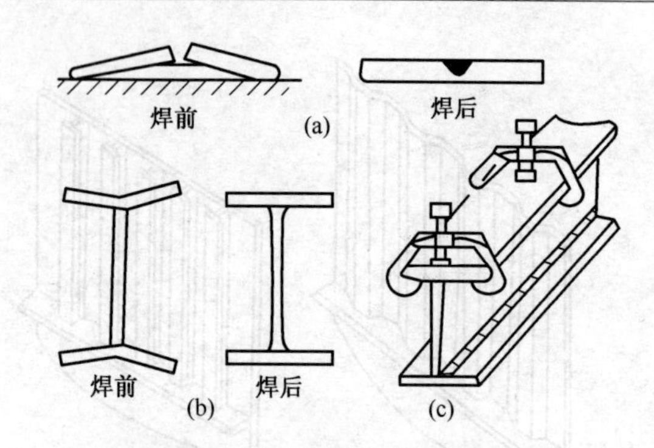

图 9-29 防止角变形的反变形措施

(a)对接焊反变形 (b)塑性预弯反变形 (c)强制反变形

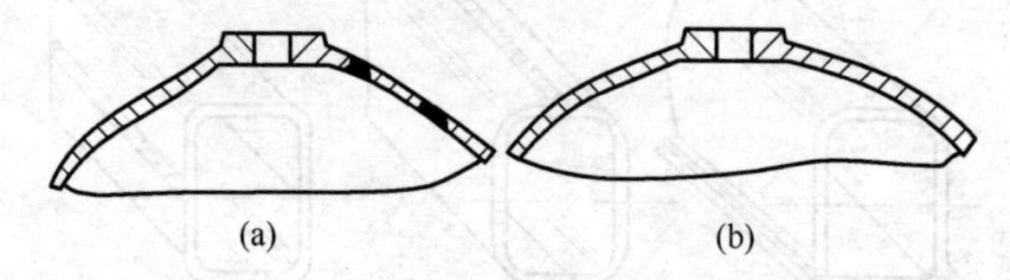

图 9-30 防止壳体局部塌陷的反变形

(a)焊前 (b)焊后

定在刚性平台上，并且用压铁压住焊缝附近，待焊缝全部焊完冷却后，再铲除定位焊缝，这样可避免薄板焊接时产生波浪变形。薄板拼接时的刚性固定如图 9-31 所示。

②将工件组合成刚度更大或对称的结构。如 T 形梁焊接时容易产生角变形和弯曲变形，可将两根 T 形梁组合在一起，使焊缝对称于结构断面的中性轴，同时也大大地增加了结构的刚度，并配合反变形法（如图 9-32 中所示采用的垫铁），采用合理的焊接顺序，对防止弯曲变形和角变形有利。T 型梁的刚性固定与反变形如图 9-32 所示。

③利用焊接夹具增加结构的刚度和拘束。图 9-33 所示为利用夹紧器固定工件，以增加构件的拘束，防止构件产生角变形和弯曲变形的应用实例。

④利用临时支撑增加结构的拘束。单件生产中采用专用夹具，在经济上不合理。因此，可在容易发生变形的部位焊上一些临时支撑或拉杆增加局部的刚度，能有效地减少焊接变形。图 9-34 所示是防护罩

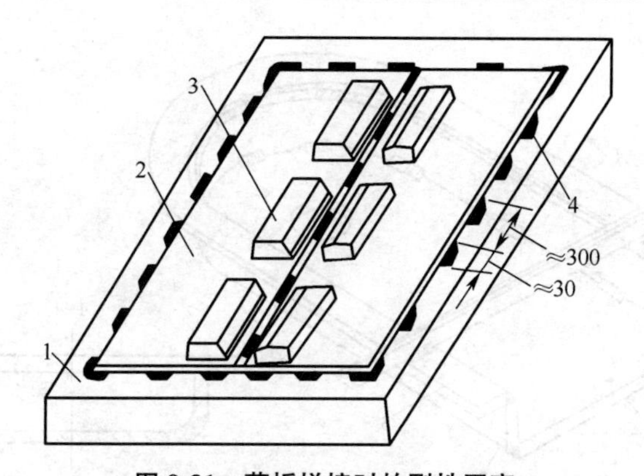

图 9-31 薄板拼接时的刚性固定

1.平台 2.工件 3.压铁 4.定位焊

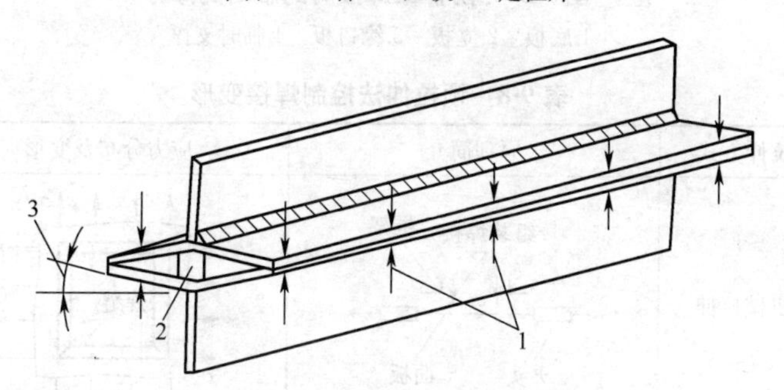

图 9-32 T 形梁的刚性固定与反变形

1.夹具夹紧的位置 2.垫铁 3.角反变形

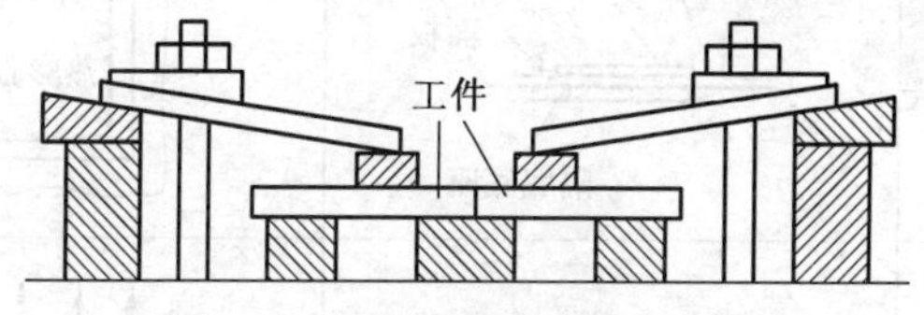

图 9-33 对接拼板时的刚性固定

焊接时的临时支撑。

4)预拉伸法。焊接薄件前,采用机械、加热或机械和加热并用的方法,使焊接件得到预先的拉伸和伸长,然后与刚性架或肋条装配焊接,可以很好地防止波浪变形,预拉伸法控制焊接变形见表 9-8。

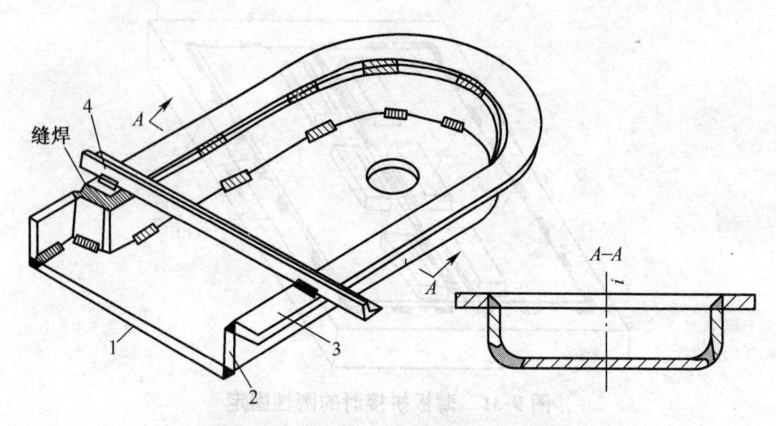

图 9-34　防护罩焊接时的临时支撑

1.底板　2.立板　3.缘口板　4.临时支撑

表 9-8　预拉伸法控制焊接变形

拉伸方式	原理简介	应力分布及变形
机械拉伸	组装焊接　框架 夹头　面板	σ　σ 焊缝 σ　σ
加热拉伸	组装焊接　加热器　框架 面板 隔底底座	热膨胀
机械拉伸 ＋ 加热拉伸	组装焊接　加热器 框架 夹头　面板	σ　σ 拉伸 ＋ 热膨胀 σ　σ

5)选择合理的装配焊接顺序。前面已经介绍,装配焊接顺序对焊接结构变形的影响是很大的,因此,可以利用合理的装配焊接顺序来控制焊接变形。为了控制和减少焊接变形,装配焊接顺序的选择应遵守以下原则。

①正在施焊的焊缝应尽量靠近结构断面的中性轴。桥式起重机主梁防止下挠弯曲变形的反变形法如图 9-35 所示。如图 9-35a 所示的桥式起重机的主梁结构要求具有一定的上拱度。为了达到这一要求,除了左右腹板预制上拱度外,还应选择最佳的装配焊接顺序,使下挠的弯曲变形最小。

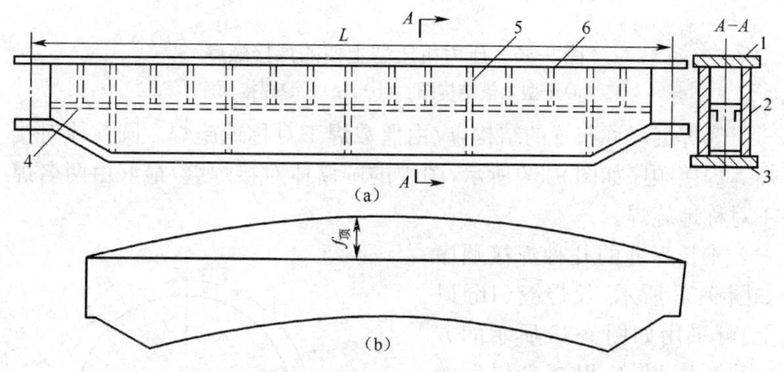

图 9-35 桥式起重机主梁防止下挠弯曲变形的反变形法

(a)主梁结构 (b)主梁腹板下料预测上拱度

1.上盖板 2.腹板 3.下盖板 4.水平物 5.大肋板 6.小肋板

②对于焊缝非对称布置的结构,装配焊接时应先焊焊缝少的一侧。压力机压型上模的焊接顺序如图 9-36 所示。图 9-36a 所示是压力机的压型上模结构图,断面中性轴以上的焊缝多于中性轴以下的焊缝,若装配焊接顺序不合理,最终将产生下挠的弯曲变形。解决的办法是先由两人对称地焊接 1 和 1′焊缝(图 9-36b),此时将产生较大的上拱弯曲变形 f_1 并增加了结构的刚度;再按图 9-36c 所示的位置焊接焊缝 2 和 2′,产生下挠弯曲变形 f_2;最后按图 9-36d 所示的位置焊接 3 和 3′,产生下挠弯曲变形 f_3。这样操作使 f_1 近似等于 f_2 与 f_3 的和,并且方向相反,弯曲变形基本相互抵消。

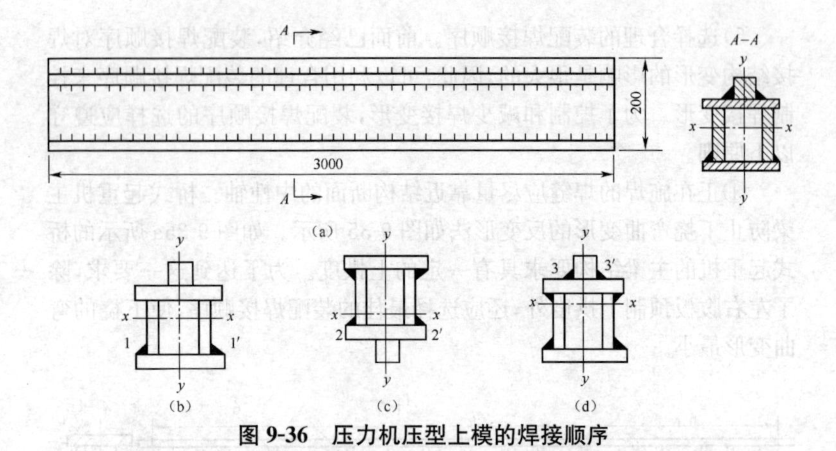

图 9-36　压力机压型上模的焊接顺序

(a)压型上模结构图　(b)、(c)、(d)焊接顺序

③焊缝对称布置的结构，应由偶数焊工对称地施焊。圆筒体对接焊缝焊接顺序如图 9-37 所示，图中的圆筒体对接焊缝，最好由两名焊工对称地施焊。

④长焊缝的几种焊接顺序如图 9-38 所示，长焊缝（1m 以上）可采用如图 9-38 所示的方向和顺序焊接，以减少焊后的收缩变形。

⑤相邻两条焊缝的焊接方向和顺序如图 9-39 所示。

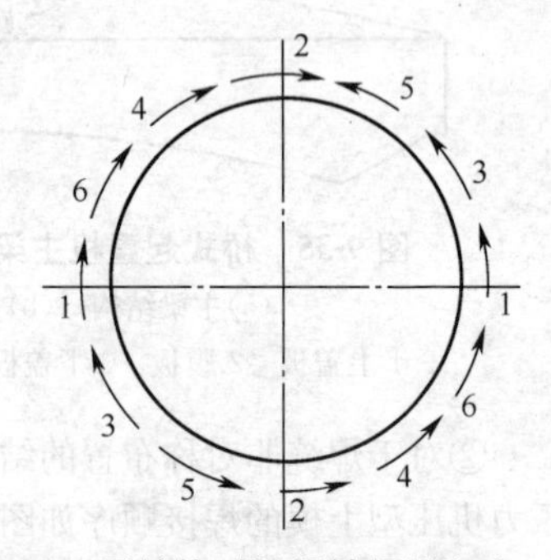

图 9-37　圆筒体对接焊缝焊接顺序

6)选用合理的焊接方法及焊接参数。各种焊接方法的热输入不相同，因而产生的变形也不一样。选用能量比较集中的焊接方法，可减少焊接变形。如用 CO_2 保护焊、等离子弧焊代替气焊和焊条电弧焊进行薄板焊接；用真空电子束焊焊接经过精加工的产品，以控制变形量。利用真空电子束焊焊接齿轮如图 9-40 所示。

7)通过调整焊接方向，减小焊接变形。可采用跳焊、退焊、分段焊、对称焊的方法来减小焊接变形，各种焊法的焊接方向如图 9-41 所示。

图中箭头方向为焊接方向。

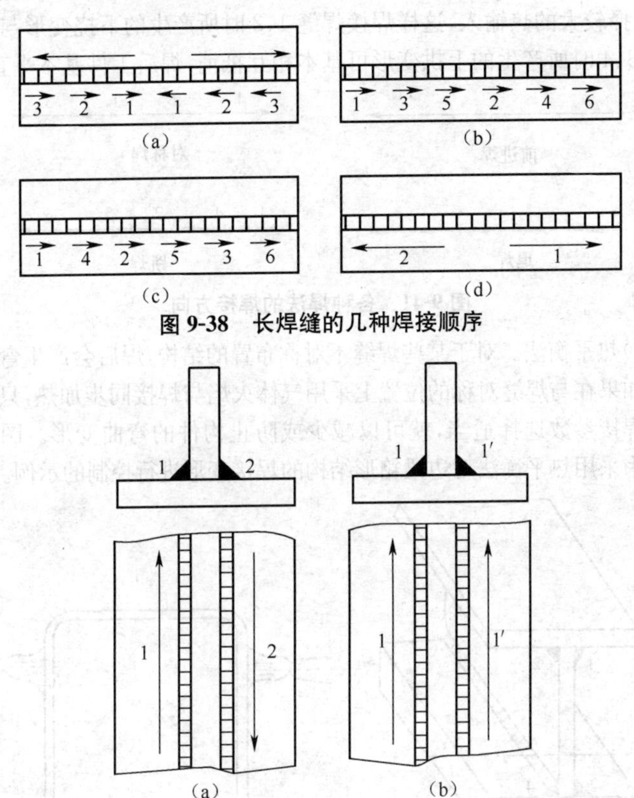

图 9-38　长焊缝的几种焊接顺序

图 9-39　相邻两条焊缝的焊接方向和顺序

(a)不正确　(b)正确

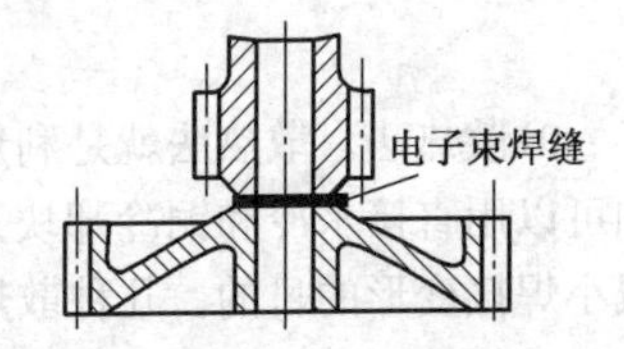

图 9-40　利用真空电子束焊焊接齿轮

同一结构上不同部位的焊接,选用不同的工艺参数,可以达到控制和调节焊接变形的目的。如图 9-42 所示为非对称断面结构的焊接,因焊缝 1、2 离结构断面中性轴的距离 s 大于焊缝 3、4 到中性轴的距离 s',所以焊后会产生下挠的弯曲变形。如果在焊接 1、2 焊缝时，采用多层焊，每层选择较小的热输入，焊接 3、4 焊缝时，采用单层焊，选择较大的热输入，这样焊接焊缝 1、2 时所产生的下挠变形与焊接焊缝 3、4 时所产生的上拱变形可基本相互抵消，焊后工件基本平直。

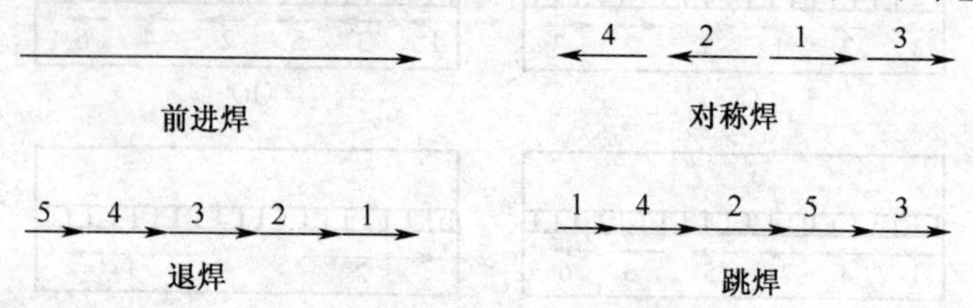

图 9-41 各种焊法的焊接方向

8）热平衡法。对于某些焊缝不对称布置的结构，焊后会产生弯曲变形。如果在与焊缝对称的位置上采用气体火焰与焊接同步加热，只要加热的焊接参数选择适当，就可以减少或防止构件的弯曲变形。图 9-43 所示为采用热平衡法对边梁箱形结构的焊接变形进行控制的示例。

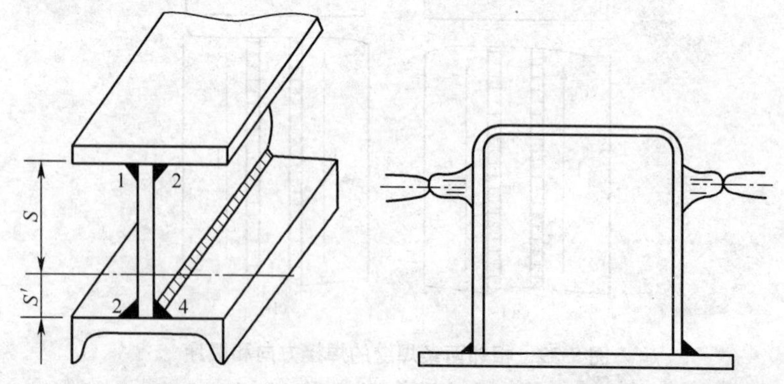

图 9-42 非对称断面结构的焊接 图 9-43 采用热平衡法对边梁箱形结构的焊接变形进行控制的示例

9）散热法。散热法就是利用各种办法将施焊处的热量迅速散走，如可以用直接水冷和铜冷却块来限制和缩小焊接热场的分布，以达到减小焊接变形的目的。几种散热法如图 9-44 所示。注意，对淬硬性较高的材料慎用。

10）低应力无变形焊接法。采用低应力无变形焊接法，可消除焊接变形。

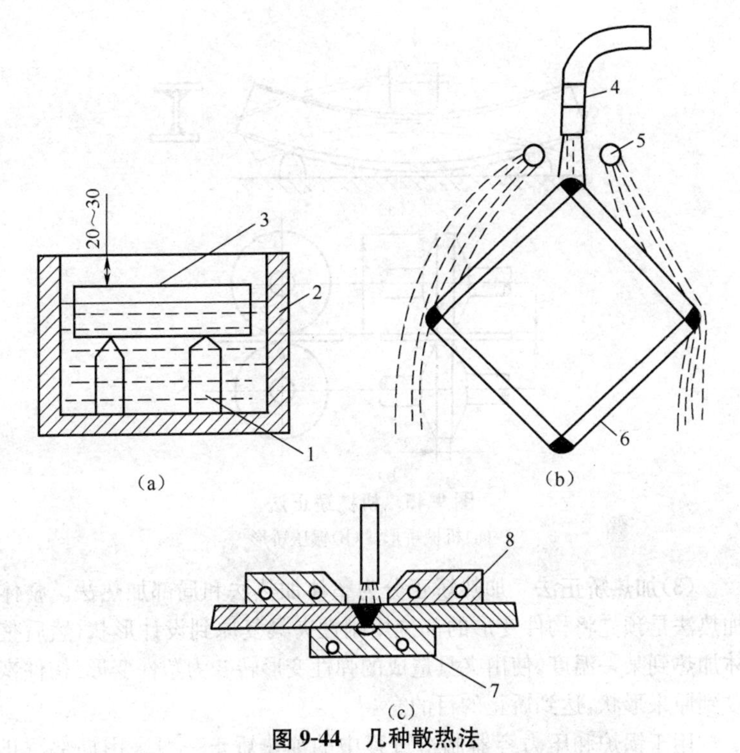

图 9-44　几种散热法

(a)水浸法散热　(b)喷水法散热　(c)采用纯铜板中钻孔通水的散热垫法散热

1.支撑架　2.水槽　3、6.工件　4.焊枪　5.喷水管　7、8.纯铜板

在焊接结构的实际生产过程中,应充分估计各种变形,分析各种变形的变形规律,根据现场条件选用一种或几种方法,有效地控制焊接变形。

5.矫正焊接变形的方法

(1) 手工矫正法　手工矫正法就是利用锤子、大锤等工具锤击工件的变形处。这种方法主要用于一些小型简单工件的弯曲变形和薄板的波浪变形。

(2) 机械矫正法　通常采用油压机、千斤顶、专用矫正机等进行矫正。利用外力使构件产生与焊接变形方向相反的塑性变形,使两者相互抵消。此法比较简单,效果好,应用较普遍,一般适用于塑性比较好的材料及形状简单的工件。机械矫正法如图 9-45 所示,但对高强度钢采用此法应慎重。

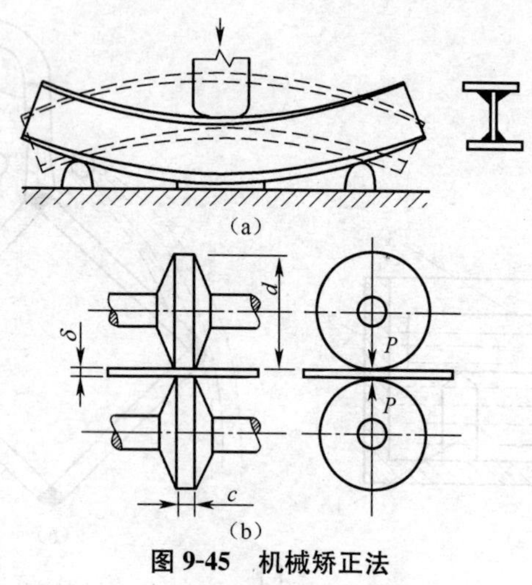

图 9-45　机械矫正法

(a)机械矫形　(b)辗压矫形

(3)加热矫正法　加热矫正分为整体加热法和局部加热法。整体加热法是预先将构件变形的部位用刚性夹具复原到设计形状,然后整体加热到某一温度,使由夹具造成的弹性变形转变为塑性变形,构件恢复到原来形状,达到矫正的目的。

用于锅炉和压力容器制造过程中的加热矫正一般采用局部矫正法,用火焰作为热源加热。将变形构件的特定区域局部加热,产生塑性变形,使焊接过程中伸长的金属冷却后缩短来消除变形。通常对碳钢和低合金钢的矫正温度为 600℃～800℃。对于合金含量较高的材料应经过具体分析,在保证加热对材料性能没有影响的情况下方可使用加热矫正法。

根据加热的区域不同,加热方法可分为点状加热法、线状加热法、三角加热法等。加热矫正焊接变形的方法与注意事项见表 9-9。

火焰矫正焊接变形的实例如图 9-46 所示。

(4)电磁锤矫正法　把一个由绝缘圆盘形线圈组成的电磁锤放置于待矫正处,从已充电的高压电容向其放电,于是在线圈与工件的间隙中出现一个很强的脉冲电磁场,由此产生一个比较均匀(与机械锤相比)的压力脉冲,使得该处产生反向的变形,从而达到矫正变形的目的。

本方法主要适用于铝、铜等材料板壳结构的矫形。

表 9-9　加热矫正焊接变形的方法与注意事项

<table>
<tr><th colspan="2">名称</th><th>方法内容</th><th>注意事项</th></tr>
<tr><td rowspan="4">加热矫正方法</td><td>点状加热</td><td>根据变形情况，可在一点处或多点处加热 $d=15\sim30$mm，$a=50\sim100$mm</td><td rowspan="4">1.一般用氧乙炔中性焰；
2.被矫正材料的性质；
3.工作场所环境温度；
4.矫正薄板需锤击时用木槌；
5.先视变形情况再拟订加热位置和加热步骤；
6.对于已经过热处理的高强度钢，加热温度不应超过其回火温度；
7.当采用水冷配合火焰矫正时，应在钢材冷到失红态时再浇水；
8.加热过程的颜色变化所表示的相应温度见表 9-10</td></tr>
<tr><td>线状加热</td><td>火焰沿直线方向移动，也可同时在宽度方向做横向摆动，加热宽度为0.5～2倍板厚</td></tr>
<tr><td>三角形加热</td><td>在被矫正钢材的边缘，加热范围呈三角形，三角形顶端朝内</td></tr>
<tr><td>热、水、力混合使用</td><td>加热矫正薄板结构时，可同时用水冷却或施加外力，以提高矫正效果</td></tr>
</table>

注：d 为加热点直径；a 为加热点间距。

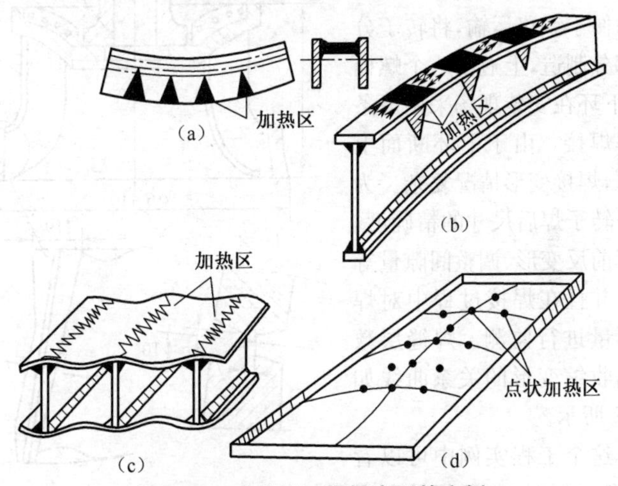

图 9-46　火焰矫正焊接变形的实例

(a)非对称冂形钢的旁弯　(b)非对称工字钢的上挠变形
(c)T 形接头的角变形　(d)中薄板的波浪变形

表 9-10　加热过程的颜色变化所表示的相应温度

颜色	温度/℃	颜色	温度/℃
深褐红	550～580	樱红	770～800
褐红	580～650	淡樱红	800～830
暗樱红	650～730	亮樱红	830～900
深樱红	730～770	橘红	900～1 050

在工程中，控制焊接变形和焊接应力的实例很多，特别是在锅炉和压力容器制造过程中，控制焊接变形的措施随处可见。

9.1.4　控制焊接应力与变形的工程实例

1.大型水轮机转子的工地拼焊

大型水轮机转子的外径为 6 110mm，高 3 116mm，材质为 2G20Mn 钢，整体铸造，质量约 95t。它由上冠、下环及 14 个翼片组成。大型水轮机转子的拼焊如图 9-47 所示。

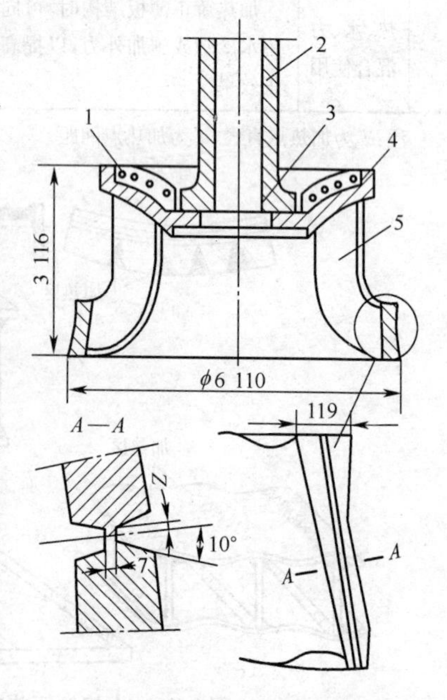

图 9-47　大型水轮机转子的拼焊

1.上冠联接螺孔　2.轴　3.上冠法兰　4.上冠　5.翼片

为便于铁路运输，将转子分为两部分制造，上冠由八个螺栓联接，下环在安装现场采用焊条电弧焊焊接。由于下环断面上厚下薄，焊接变形情况复杂。为了保证转子焊后尺寸的精确度，采用焊前反变形、调整间隙量等措施。并且在焊接过程中对焊接变形量进行监测。焊缝层数与横向收缩变形的关系曲线如图 9-48 所示。

从这个工程实例中可以看出：在多层焊时，各层焊缝所引起的横向收缩变形，以第一层的变形量最大，以后则逐层减少，

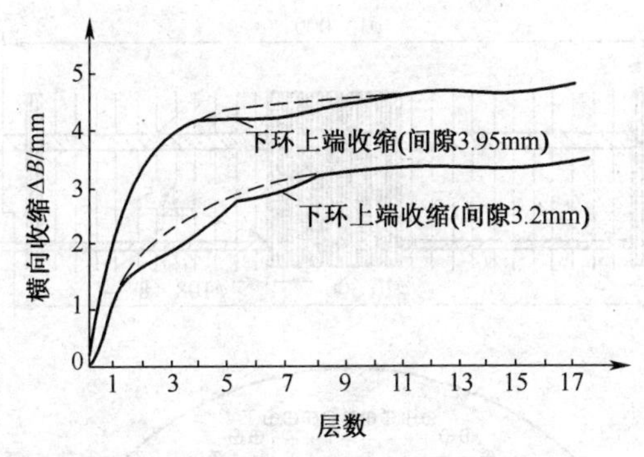

图 9-48　焊缝层数与横向收缩变形的关系曲线

到第五层以后的每一层焊后收缩都很小,此时结构总的收缩变形量逐渐趋于稳定,造成这种现象的原因就是随着焊接层数的增加,结构的刚度也在不断增大,所以每层焊道所引起的横向收缩变形量也就随之减少;总之,厚板焊接时的横向变形,基本上由最初几层焊缝决定,换句话说,控制厚板焊接时的横向变形的技术关键在于控制最初几层焊缝的焊接。

2.大型管板盒状结构的焊接

大型管板盒状结构如图 9-49 所示,上栅板直径为 13 000mm,下栅板直径为 10 300mm,上、下栅板的材质均为 Q235 钢板。在栅板上焊接 2 000 多根不锈钢管。由于工程上的使用要求,规定在不锈钢管焊接以后,必须满足两个技术条件。

①上栅板、下栅板的径向收缩≤8mm。

②上栅板、下栅板回转变形量≤3.5mm。

对于焊接了许多管子的大型结构,要保证达到上述焊接变形量的要求,在技术上是具有一定难度的。在进行了深入的技术分析及大量的模拟试验后,制定出合理的装配焊接顺序,最终获得了满足技术要求的焊接构件。

(1)焊接条件

①焊接方法:熔化极自动氩弧焊。

②焊接设备:NZA—300 型专用焊机。

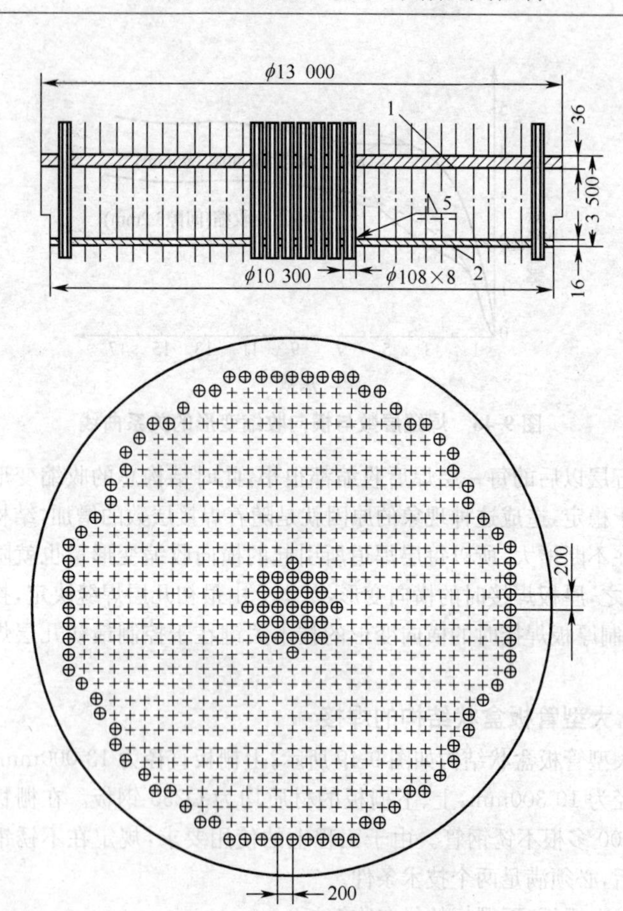

图 9-49　大型管板盒状结构

1.上栅板　2.下栅板

③焊接电流：240～300A。

④电弧电压：19～21V。

⑤焊接速度：24～26m/h。

⑥送丝速度：290～350m/h。

⑦氩气流量：20～25L/min。

⑧焊丝伸出长度：18～20mm。

(2)合理的装配焊接顺序

①在上、下栅板之间相对应的位置上同时焊接。

②先焊接构件内的中心管。

③装配定位焊通过中心管的十字垂线上的两排管子。

④为增加下栅板的刚度，应将该板边缘均布的32根管子先行焊接完毕。

⑤在下栅板下面焊接8个径向滑槽，使下栅板在焊接过程中，只能径向收缩、不能周向回转，以防止其回转变形过大。

⑥使用4台焊机，同时跳焊通过中心管的十字垂线上的管子，其焊接位置顺序如图9-50所示。

⑦以构件的十字中心线为准，将构件分为4个象限，焊接方式如图9-51所示。4个象限中的管接头分别、同时按图9-50所示的顺序进行逐个焊接。

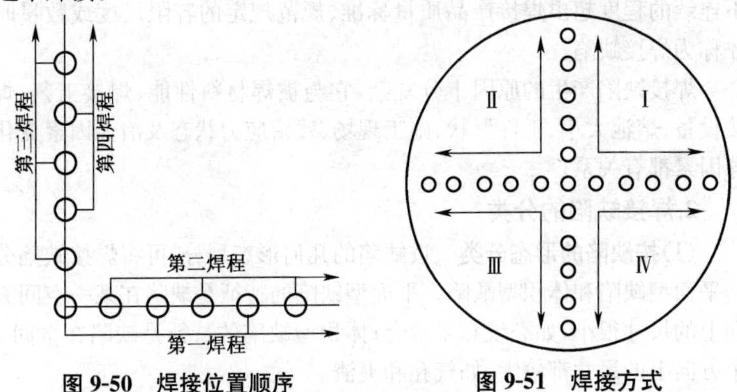

图9-50　焊接位置顺序　　**图9-51　焊接方式**

(3)焊接变形值　上述大型管板盆状结构的焊接变形值见表9-11，从表9-11中可以看出，该结构的焊接变形量符合技术要求的规定。

表9-11　上述大型管板盆状结构的焊接变形值　(mm)

部件	径向收缩		回转变形		挠曲变形	
	最大值	平均值	最大值	平均值	最大值	平均值
上栅板	1.12	0.62	0.6(逆时针)	0.19(逆时针)	1.0(上挠)	1.0(上翘)
下栅板	4.06	2.70	4.0(顺时针)	1.60(顺时针)	15.0(上挠)	13.8(上翘)

9.2　焊接缺陷及其返修

9.2.1　焊接缺陷的基本知识

1.焊接缺陷的概念

与金属的正常结晶不同，由于焊接熔池小、结晶速度快、受外界影响大，焊缝金属在结晶过程中，晶体结构中常常会出现差异的区域，这种晶体结构差异的区域称为焊接缺陷。焊接缺陷的存在，使金属的显微组织、物理化学性能以及力学性能显示出不连续性。焊接不连续是指焊接过程中在焊接接头区域造成的不连续性。这种不连续达到一定的尺度或数量，就会严重影响焊接结构的使用功能。当然只是当焊接不连续的程度超出焊接产品质量标准、规范规定的容限尺度或数量时才称为焊接缺陷。

焊接缺陷产生的原因十分复杂，它与被焊材料性能、焊接工艺、焊接设备、熔池大小、工件形状、施工现场、残留应力状态及冶金因素变化等因素都有关系。

2.焊接缺陷的分类

(1)按缺陷的形态分类　按缺陷的几何形态划分，可将焊接缺陷分为平面型缺陷和体积型缺陷。平面型缺陷的特征是缺陷在某一空间方向上的尺寸很小，如裂纹和未熔合；体积型缺陷的特征是缺陷在空间3个方向上的尺寸都较大，如气孔和夹渣。

(2)按缺陷出现的位置分类　按缺陷出现的位置划分，可将焊接缺陷分为表面缺陷和内部缺陷。表面缺陷通过外观或表面无损检测方法便可发现；内部缺陷只能用解剖、金相或内部无损检测方法才能发现。表面缺陷和内部缺陷举例见表9-12。

表9-12　表面缺陷和内部缺陷举例

缺陷类别	缺陷举例
表面缺陷	1.坡口形状或装配等不符合要求； 2.焊缝形状、尺寸符合要求，工件变形； 3.咬边、表面气孔、夹渣、裂纹等

续表 9-12

缺陷类别	缺陷举例
内部缺陷	1.焊缝或接头内部的各种缺陷,如气孔、夹杂物、裂纹、未熔合等; 2.焊缝或接头内出现偏析、显微组织不符合要求等

(3)按缺陷的尺寸分类　按缺陷尺寸的大小划分,可将焊接缺陷分为宏观缺陷和微观缺陷。用目测或放大镜便可发现的焊接缺陷称为宏观缺陷;在金相显微镜下才能看到的缺陷称为微观缺陷。

(4)按缺陷的性质分类

①焊缝形状与尺寸缺陷。这类缺陷可以通过外观和尺寸测量检查发现,并可用补焊修磨方法消除。

②焊接工艺性缺陷。此类缺陷包括裂纹、未熔合、未焊透、气孔、夹渣等。它们可通过无损检测方法发现,并可用局部返修补焊方法消除。

③接头性能缺陷。焊接接头的力学性能或物理化学性能不符合要求称为接头的性能缺陷。性能缺陷不能通过局部返修的方法消除,只有通过选择合适的焊接材料,采用合理的焊接工艺并辅以其他加工工艺(如热处理工艺)才能消除。

3.不同焊接方法易产生的各种焊接缺陷

不同的焊接方法产生焊接缺陷的种类、概率不同,焊接缺陷所处的焊接区域也不相同,掌握不同焊接方法易产生各种焊接缺陷的规律,可以采取有效措施,防止或减少焊接缺陷的产生,提高焊接工程的质量。不同熔焊方法易产生的各种焊接缺陷见表 9-13。不同压焊方法易产生的各种焊接缺陷见表 9-14,不同钎焊方法易产生的各种焊接缺陷见表 9-15。

4.焊接缺陷的危害

焊接接头的主要失效形式有疲劳失效、脆性失效、应力腐蚀开裂、泄漏、失稳、过载屈服、腐蚀疲劳等。其中疲劳失效所占比例最大(约为70%),脆性断裂、过载屈服和应力腐蚀开裂都是常见的失效形式。焊接缺陷对接头性能的影响见表 9-16。

表 9-13　不同熔焊方法易产生的各种焊接缺陷

焊接方法 焊接缺陷代号	焊条电弧焊	TIG焊	MIG焊	埋弧焊	等离子弧焊	电子束焊	激光焊	电渣焊	水下焊接
100									
1001		×	×	×	×	×	×	×	
101	×	×	×					×	×
1011	×		×					×	
1012	×	×	×				×		
1013	×	×	×					×	×
1014		×	×						
102	×	×	×					×	×
1021	×	×	×					×	×
1023	×	×	×					×	×
1024		×							
103	×		×					×	×
1031	×		×					×	×
1033	×		×					×	×
1034		×	×						
104	×	×	×	×					×
1045	×	×	×	×					×
1046	×	×	×	×					×
1047	×	×	×	×					×
105	×								×
1051	×								×
1053	×								×
1054									
106	×	×							×
1061	×	×							×

续表 9-13

焊接方法 / 焊接缺陷代号	焊条电弧焊	TIG焊	MIG焊	埋弧焊	等离子弧焊	电子束焊	激光焊	电渣焊	水下焊接
1063	×	×							×
1064		×							
200									
201	×	×	×	×	×	×		×	×
2011	×	×	×	×				×	×
2012	×								
2013	×	×	×		×			×	
2014	×	×	×		×				
2015	×	×	×					×	×
2016	×		×					×	×
2017	×		×			×		×	
202									
2021									
2024	×	×					×		
2025	×		×						
203									
2031									
2032									
300									
301	×		×	×				×	
3011	×		×	×				×	
3012	×		×	×				×	
3014	×		×	×				×	
302				×					
3021				×					

续表 9-13

焊接方法 / 焊接缺陷代号	焊条电弧焊	TIG焊	MIG焊	埋弧焊	等离子弧焊	电子束焊	激光焊	电渣焊	水下焊接
3022				×					
3024				×					
303		×							
3031		×							
3032		×							
3033		×							
3034									
304		×							
3041		×							
3042									
3043									
401	×		×	×		×		×	×
4011	×		×	×		×		×	×
4012	×		×	×		×		×	×
4013	×		×	×		×		×	×
402	×	×	×	×				×	×
4021	×	×	×	×				×	×
403									
500									
501	×	×			×	×	×		×
5011	×	×			×	×	×		
5012		×			×	×	×		
5013									
5014	×	×							
5015									

续表 9-13

焊接方法 焊接缺陷代号	焊条电弧焊	TIG焊	MIG焊	埋弧焊	等离子弧焊	电子束焊	激光焊	电渣焊	水下焊接
502	×		×					×	×
503	×							×	
504	×								×
5041	×								×
5042	×								×
5043	×								×
505	×								×
506	×		×						×
5061	×		×						×
5062	×		×						×
507	×								
5071	×								
5072	×								
508	×								
509	×								
5091	×								
5092	×								
5093	×								
5094	×								
510			×	×					×
511								×	×
512									×
513	×							×	×
514	×							×	×
515									

续表 9-13

焊接方法 焊接缺陷代号	焊条电弧焊	TIG焊	MIG焊	埋弧焊	等离子弧焊	电子束焊	激光焊	电渣焊	水下焊接
516									
517		×							
5171									×
5172		×							×
520									×
521									×
5211									×
5212									×
5213								×	×
5214									×
600									
601	×	×	×						
602	×		×				×		
6021		×							
603									
604									
605									
606									
607									
6071									
6072									
608									
610									
613									
614				×					
615	×			×					
617									
618									

注:“×”表示某种焊接方法易出现的焊接缺陷。

表 9-14 不同压焊方法易产生的各种焊接缺陷

焊接缺陷代号＼焊接方法	点焊	搭接缝焊	压平缝焊	薄膜对接缝焊	凸焊	闪光焊	电阻对焊	高频电阻焊	超声波焊	摩擦焊	锻焊	爆炸焊	扩散焊	气压焊	冷压焊	电弧螺柱焊	电阻螺柱焊	感应焊
P100																		
P1001	×	×	×	×	×	×	×	×	×	×	×	×	×	×	×	×	×	×
P101																		
P1011		×	×	×		×	×	×	×			×	×		×			×
P1013		×	×	×		×	×	×	×			×	×					×
P1014			×								×	×	×		×			×
P102																		
P1021		×	×	×		×	×	×	×			×	×		×			×
P1023		×	×	×		×	×	×	×			×	×		×			×
P1024			×									×			×			
P1100	×	×			×											×	×	
P1200	×				×												×	
P1300	×	×			×			×										
P1400	×	×	×	×	×	×	×	×			×	×			×		×	×
P1500	×	×	×	×	×	×	×	×						×				
P1600	×	×	×		×	×	×	×		×	×	×		×	×			
P1700						×	×	×			×			×	×			
P200																		
P201																		
P2011	×	×		×	×	×		×		×		×		×		×	×	×

续表 9-14

焊接缺陷代号＼焊接方法	点焊	搭接缝焊	压平缝焊	薄膜对接缝焊	凸焊	闪光焊	电阻对焊	高频电阻焊	超声波焊	摩擦焊	锻焊	爆炸焊	扩散焊	气压焊	冷压焊	电弧螺柱焊	电阻螺柱焊	感应焊
P2012	×	×		×	×	×		×		×	×	×		×		×	×	×
P2013	×	×		×	×	×		×		×	×			×		×	×	×
P2016		×		×										×				×
P202	×	×	×	×	×	×								×		×	×	
P203	×	×																
P300																		
P301						×	×	×			×			×		×	×	×
P303	×	×	×	×	×	×		×		×	×		×	×		×	×	×
P304	×	×	×	×	×	×	×	×	×	×	×			×	×	×	×	×
P306						×												
P400																		
P401	×	×	×	×	×	×	×	×	×	×	×	×	×	×	×	×	×	×
P403	×	×	×	×	×	×	×	×	×	×	×	×	×	×	×	×	×	×
P404				×														
P500																		
P501	×	×	×	×		×	×	×								×	×	×
P502						×	×	×		×	×			×	×			×
P503			×															

续表 9-14

焊接方法 焊接缺陷代号	点焊	搭接缝焊	压平缝焊	薄膜对接缝焊	凸焊	闪光焊	电阻对焊	高频电阻焊	超声波焊	摩擦焊	锻焊	爆炸焊	扩散焊	气压焊	冷压焊	电弧螺柱焊	电阻螺柱焊	感应焊
P507			×			×	×	×		×	×			×	×			×
P508			×			×	×	×		×	×			×	×			×
P520	×	×	×	×		×	×	×		×	×	×	×	×		×	×	×
P521																		
P5211	×	×				×	×	×		×	×			×	×	×	×	×
P5212	×				×													
P5213	×				×													
P5214	×				×													
5215	×	×	×	×	×	×	×	×	×	×	×	×	×	×	×	×	×	×
P5216	×				×													
P522	×	×		×	×	×	×	×								×		
P523	×	×															×	×
P524	×	×	×	×	×	×	×	×		×	×			×		×	×	×
P525	×	×		×	×												×	
P526																	×	×
P5261	×	×		×	×				×									
P5262	×	×	×	×	×				×									×
P5263	×	×	×	×	×				×									

续表 9-14

焊接方法 / 焊接缺陷代号	点焊	搭接缝焊	压平缝焊	薄膜对接缝焊	凸焊	闪光焊	电阻对焊	高频电阻焊	超声波焊	摩擦焊	锻焊	爆炸焊	扩散焊	气压焊	冷压焊	电弧螺柱焊	电阻螺柱焊	感应焊
P5264																		
P52641	×	×		×	×				×									
P52642	×	×		×	×				×									
P52643	×	×		×	×				×									
P5265				×														
P5266	×	×	×	×	×	×	×	×								×	×	×
P5267						×	×	×		×				×	×		×	
P5268	×	×	×	×	×				×									
P527		×																×
P528			×			×	×	×		×	×			×	×			×
P529				×														
P530						×	×	×		×				×				×
P600																		
P602	×	×	×		×	×										×		×
P6011	×	×	×	×	×	×	×	×		×	×		×	×		×	×	×
P6012	×	×		×	×													

注:"×"表示某种焊接方法易出现的焊接缺陷。

表 9-15 不同钎焊方法易产生的各种焊接缺陷

焊接缺陷代号＼焊接方法	火焰钎焊	感应钎焊	炉中钎焊	电阻钎焊	烙铁钎焊	波峰钎焊	载流钎焊
1AAAA	×		×				
1AAAB	×		×				
1AAAC							
1AAAD	×						
1AAAE			×				
2AAAA	×			×			
2BAAA	×	×	×	×			
2BGAA	×	×		×			
2BGMA	×	×		×			
2BGHA	×	×		×			
2LIAA	×		×				
2BALF	×			×			
2MGAF	×			×			
3AAAA							
3DAAA	×	×	×	×			
3FAAA	×	×	×	×			
3CAAA		×	×	×			
4BAAA	×	×	×		×	×	×
4JAAA	×	×	×				
4CAAA	×	×	×		×	×	×
6BAAA	×	×					
5AAAA			×				
5EJAA			×				
5BAAA			×				
5FABA	×						
7NABD	×						
7OABP	×		×				
6GAAA							
5HAAA							

续表 9-15

焊接缺陷代号＼焊接方法	火焰钎焊	感应钎焊	炉中钎焊	电阻钎焊	烙铁钎焊	波峰钎焊	载流钎焊
6FAAA					×	×	×
5GAAA							
7AAAA							
4VAAA							
7CAAA	×						
7SAAA	×				×	×	×
7UAAC							
9FAAA							
7QAAA	×						
9KAAA							

注："×"表示某种焊接方法易出现的焊接缺陷。

表 9-16　焊接缺陷对接头性能的影响

焊接缺陷＼接头性能		力学				环境		
		静载强度	延性	疲劳强度	脆断	腐蚀	应力腐蚀开裂	腐蚀疲劳
形状缺陷	变形	○	◎	◎	◎	△	◎	◎
	余高过大	△	△	◎	△	○	◎	◎
	焊缝尺寸过小	◎	◎	◎	◎	◎	◎	◎
	形状不连续	○	○	◎	◎	◎	◎	◎
表面缺陷	气孔	△	△	○	△	△	△	△
	咬边	△	○	◎	△	△	△	△
	焊瘤	△	△	◎	△	△	△	△
	裂纹	◎	◎	◎	△	△	△	△
内部缺陷	气孔	△	△	△	△	△	△	△
	孤立夹渣	△	△	○	△	△	△	△
	条状夹渣	○	○	○	○	△	△	△
	未熔合	◎	◎	◎	◎	○	○	○
	未焊透	◎	◎	◎	◎	○	○	○
	裂纹	◎	◎	◎	◎	○	○	○

续表 9-16

焊接缺陷＼接头性能		力学				环境		
		静载强度	延性	疲劳强度	脆断	腐蚀	应力腐蚀开裂	腐蚀疲劳
性能缺陷	硬化	△	△	○	○	○	△	○
	软化	○	◎	○	○	○	△	△
	脆化	△	◎	△	◎	△	△	△
	剩余应力	○	◎	○	◎	○	◎	○

注：◎—有明显影响；○—在一定条件下有影响；△—关系很小。

焊接缺陷对于锅炉、压力容器及其他焊接物件能否安全运行及其使用寿命的影响很大。焊缝的咬边、未焊透、气孔、夹渣、焊接裂纹等不仅能减小焊缝的断面积，削弱焊缝的强度，降低承载能力，更严重的是在焊缝或焊缝附近将形成缺口。缺口的存在不仅导致产生应力集中，而且使缺口处的受力状态发生改变，产生三向应力状态。三向应力不利于材料的塑性变形，易于引发裂纹甚至导致脆性破坏。

锅炉、压力容器在运行过程中承受低频脉动载荷。如果存在的缺陷超过一定界限，经过一定时间的低频应力循环后，将导致缺陷的扩展和在缺陷尖锐缺口处引起裂纹，直至引起结构断裂。如某公司一液化石油气球罐，由于安装、组焊质量不好，在“温带”环缝上存在一处80mm的未焊透。在使用中此缺陷不断扩展，导致破裂，引起火灾和爆炸事故，损失甚为严重。

焊接缺陷中危害最大的是裂纹、未焊透、未熔合、咬边等。

焊接缺陷还会造成容器壳体几何形状的不连续性，如凹凸不平、余高过高等，这些不连续性会使壳体产生附加弯曲应力，造成过高的局部应力，影响到结构的使用寿命，甚至造成结构的破坏。有些缺陷，如气孔等还会破坏焊缝的致密性，引起泄漏事故。

9.2.2　焊接缺陷的分类标准

根据 GB/T 6417.1—2005 和 GB/T 6417.2—2005 的规定，熔焊和压焊的焊接缺陷可根据其性质、特征分为 6 种类型，包括裂纹、孔穴、固体夹杂、未熔合、形状和尺寸不良、其他缺陷。每种缺陷又可根据其位置和状态进行分类，为了便于使用，一般应采用缺陷代号表示各种焊接缺陷。

①金属熔焊接头缺陷的代号、分类与说明见表 9-17。

表 9-17　金属熔焊接头缺陷的代号、分类与说明

代号	名称与说明	示意图
	第 1 类　裂纹	
100	裂纹： 一种在固态下由局部断裂产生的缺陷，它可能源于冷却或应力效果	
1001	微观裂纹： 在显微镜下才能观察到的裂纹	
101 1011 1012 1013 1014	纵向裂纹： 基本与焊缝轴线相平行的裂纹，它可能位于： 1.焊缝金属； 2.熔合线； 3.热影响区； 4.母材	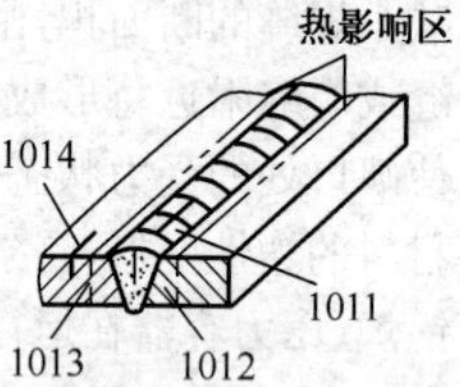 热影响区 1014 1011 1013 1012
102 1021 1023 1024	横向裂纹： 基本与焊缝轴线相垂直的裂纹，它可能位于： 1.焊缝金属； 2.热影响区； 3.母材	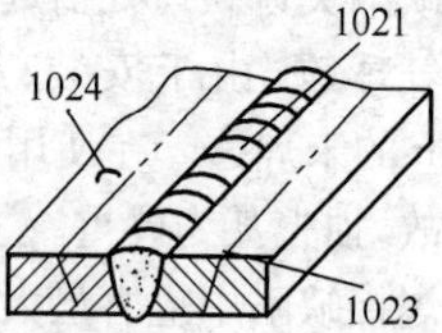 1021 1024 1023
103 1031 1033 1034	放射状裂纹： 具有某一公共点的放射状裂纹，它可能位于： 1.焊缝金属； 2.热影响区； 3.母材 注：这种类型的小裂纹被称为“星形裂纹”	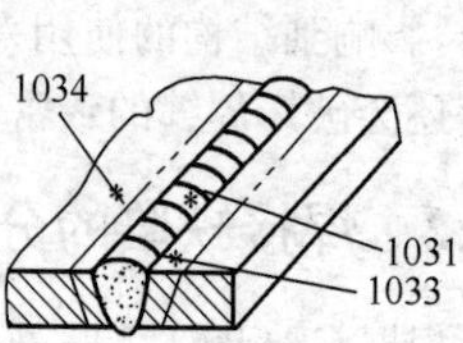 1034 1031 1033

续表 9-17

代号	名称与说明	示意图
104 1045 1046 1047	弧坑裂纹： 在焊缝弧坑处的裂纹，可能是： 1.纵向的； 2.横向的； 3.放射状的(星形裂纹)	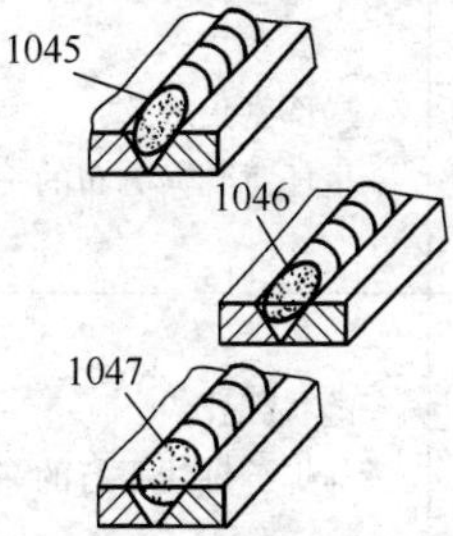 1045 1046 1047
105 1051 1053 1054	间断裂纹群： 一群在任意方向间断分布的裂纹，可能位于： 1.焊缝金属； 2.热影响区； 3.母材	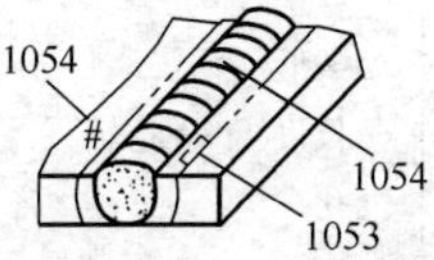 1054 # 1054 1053
106 1061 1063 1064	枝状裂纹： 源于同一裂纹并连在一起的裂纹群，它和间断裂纹群(105)及放射状裂纹(103)明显不同，枝状裂纹可能位于： 1.焊缝金属； 2.热影响区； 3.母材	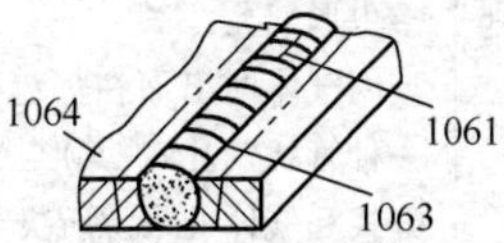 1064 1061 1063
第2类　孔穴		
200	孔穴	
201	气孔： 残留气体形成的孔穴	
2011	球形气孔： 近似球形的孔穴	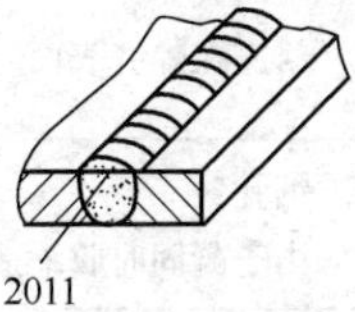 2011
2012	均布气孔： 均匀分布在整个焊缝金属中的一些气孔；有别于链状气孔(2014)和局部密集气孔(2013)	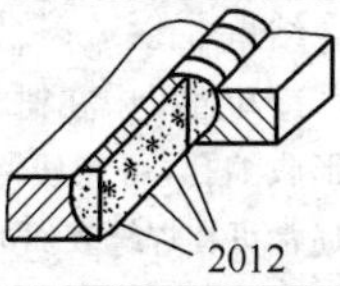 2012

续表 9-17

代号	名称与说明	示意图
2013	局部密集气孔： 呈任意几何分布的一群气孔	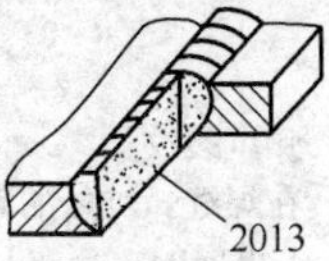 2013
2014	链状气孔： 与焊缝轴线平行的一串气孔	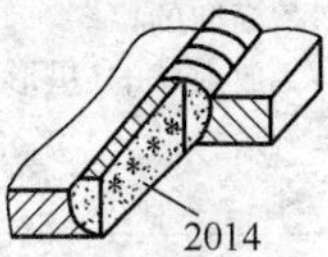 2014
2015	条形气孔： 长度与焊缝轴线平行的非球形长气孔	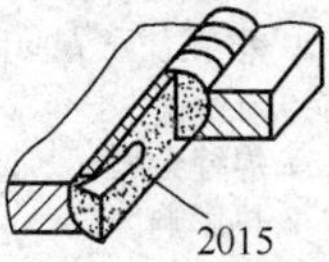 2015
2016	虫形气孔： 因气体逸出而在焊缝金属中产生的一种管状气孔穴，其形状和位置由凝固方式和气体的来源所决定，通常这种气孔成串聚集并呈鲱骨形状。有些虫形气孔可能暴露在焊缝表面上	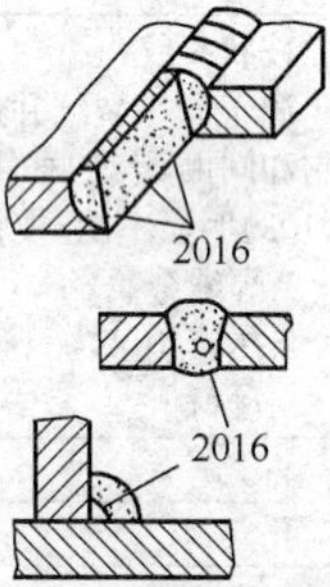 2016 2016 2016
2017	表面气孔： 暴露在焊缝表面的气孔	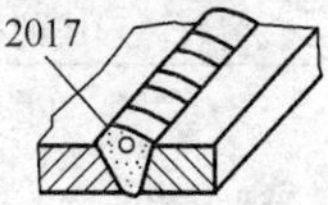 2017
202	缩孔： 由于凝固时收缩造成的孔穴	
2021	结晶缩孔： 冷却过程中在树枝晶之间形成的长形收缩孔，可能残留有气体，这种缺陷通常可在焊缝表面的垂直处发现	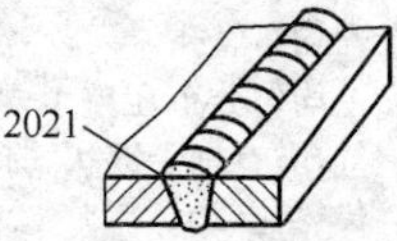 2021

续表 9-17

代号	名称与说明	示意图
2024	弧坑缩孔： 焊道末端的凹陷孔穴，未被后续焊道消除	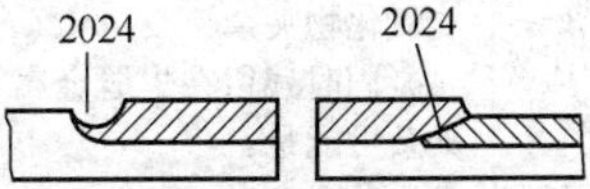 2024 2024
2025	末端弧坑缩孔： 减少焊缝横断面的外露缩孔	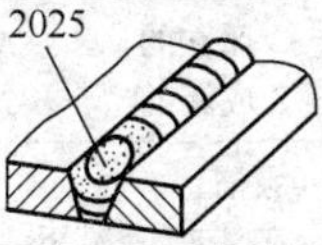 2025
203	微型缩孔： 仅在显微镜下可以观察到的缩孔	
2031	微型结晶缩孔： 冷却过程中沿晶界在树枝晶之间形成的长形缩孔	
2032	微型穿晶缩孔： 凝固时穿过晶界形成的长形缩孔	
	第3类　固体夹杂	
300	固体夹杂： 在焊缝金属中残留的固体杂物	
301 3011 3012 3014	夹渣： 残留在焊缝金属中的熔渣，根据其形成的情况，这些夹渣可能是： 1.线状的； 2.孤立的； 3.成簇的	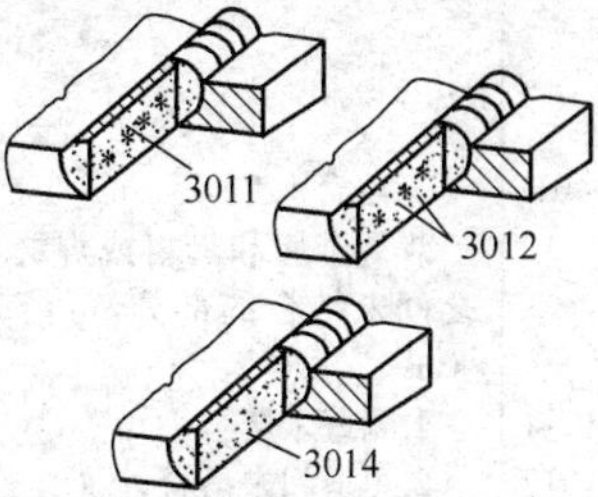 3011 3012 3014
302 3021 3022 3024	焊剂夹渣： 残留在焊缝金属中的焊剂渣，根据其形成的情况，这些夹渣可能是： 1.线状的 2.孤立的 3.成簇的	参见 3011～3014

续表 9-17

代号	名称与说明	示　意　图
303 3031 3032 3033	氧化物夹杂： 凝固时残留在焊缝金属氧化物，这种夹杂可能是： 1.线状的； 2.孤立的； 3.成簇的	参见 3011～3014
3034	皱褶： 在某些情况下，特别是铝合金焊接时，因焊接熔池保护不善和紊流的双重影响而产生大量的氧化膜	
304 3041 3042 3043	金属夹杂： 残留在焊缝金属中的外来金属颗粒，其可能是： 1.钨； 2.铜； 3.其他金属	
第 4 类　未熔合及未焊缝		
401 4011 4012 4013	未熔合： 焊缝金属和母材或焊缝金属各焊层之间未结合的部分，可能是如下某种形式： 1.侧壁未熔合； 2.焊道间未熔合； 3.根部未熔合	4011 4012 4012 4012 4013 4013

续表 9-17

代号	名称与说明	示 意 图
402	未焊透： 实际熔深与公称熔深之间的差异	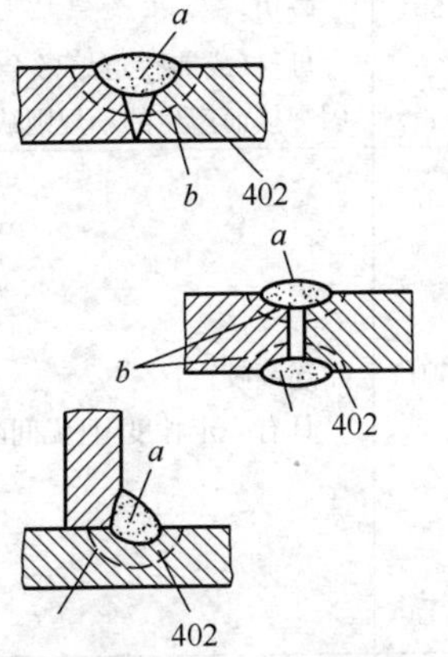 a—实际熔深 b—公称熔深
4021	根部未焊透： 根部的一个或两个熔合面未熔化	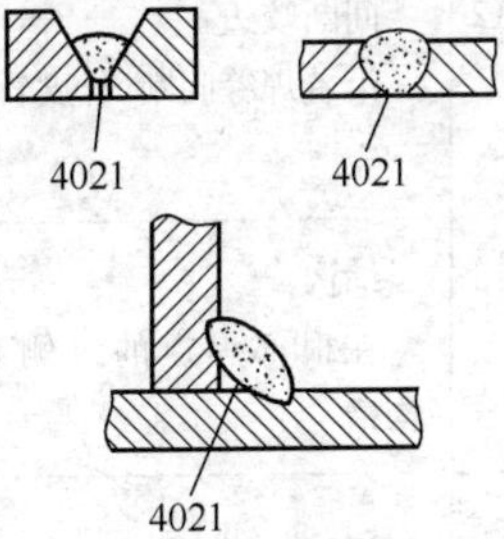
403	钉尖： 电子束或激光焊接时产生的极不均匀的熔透，呈锯齿状，这种缺陷可能包括孔穴、裂纹、缩孔等	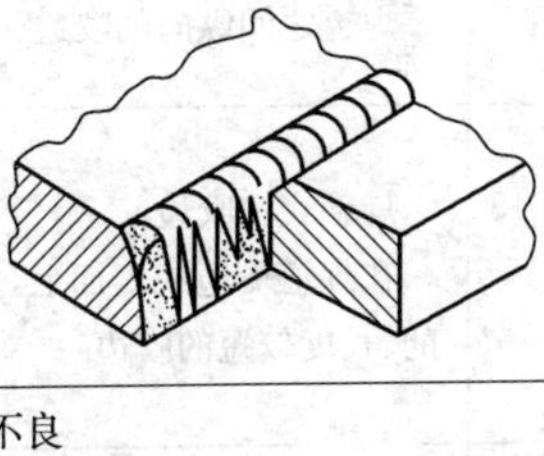
	第5类 形状和尺寸不良	
500	形状不良： 焊缝的外表面形状或接头的几何形状不良	

续表 9-17

代号	名称与说明	示　意　图
501	咬边： 母材(或前一道熔敷金属)在焊趾处因焊接而产生的不规则缺口	
5011	连续咬边： 具有一定长度，且无间断的咬边	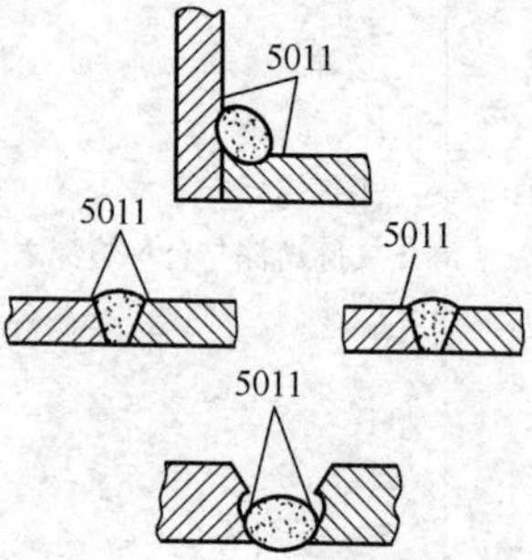 5011 5011 5011 5011
5012	间断咬边： 沿着焊缝间断、长度较短的咬边	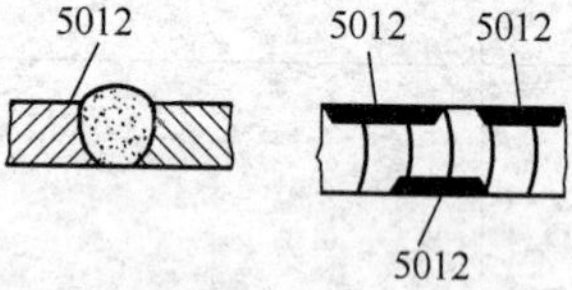 5012 5012 5012 5012
5013	缩沟： 在根部焊道的每侧都可观察到的沟槽	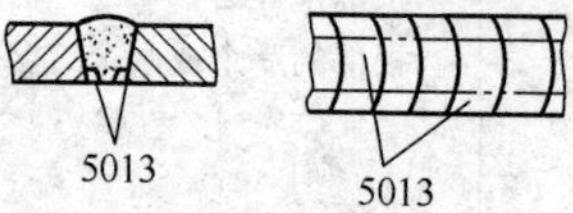 5013 5013
5014	焊道间咬边： 焊道之间纵向的咬边	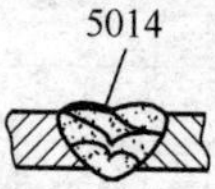 5014
5015	局部交错咬边： 在焊道侧边或表面上，呈不规则间断的、长度较短的咬边	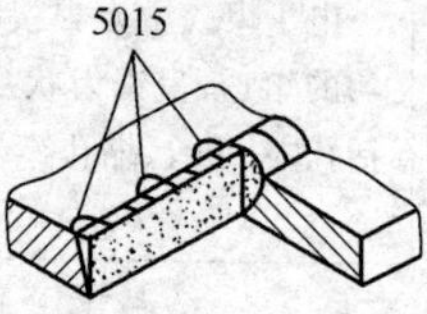 5015
502	焊缝超高： 对接焊缝表面上焊缝金属过高	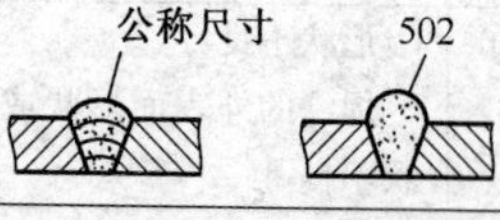 公称尺寸 502

续表 9-17

代号	名称与说明	示意图
503	凸度过大： 角焊缝表面上焊缝金属过高	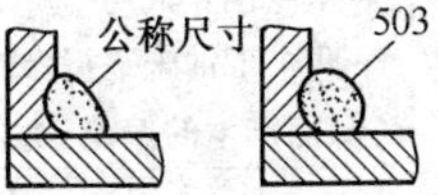 公称尺寸 503
504 5041 5042 5043	下塌： 过多的焊缝金属伸出到了焊缝的根部，下塌可能是： 1.局部下塌； 2.连续下塌； 3.熔穿	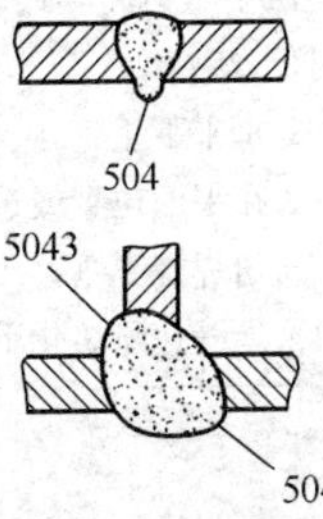 504 5043 5043
505	焊缝形面不良： 母材金属表面与靠近焊趾处焊缝表面的切面之间的夹角 α 过小	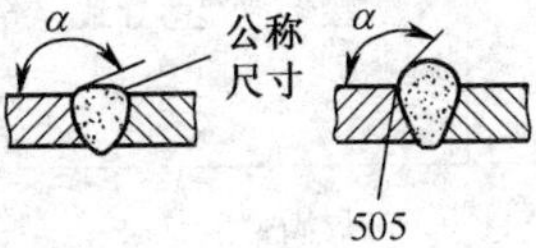 α 公称尺寸 α 505
506 5061 5062	焊瘤： 覆盖在母材金属表面，但未与其熔合的过多焊缝金属。焊瘤可能是： 1.焊趾焊瘤，在焊趾处的焊瘤； 2.根部焊瘤，在焊缝根部的焊瘤	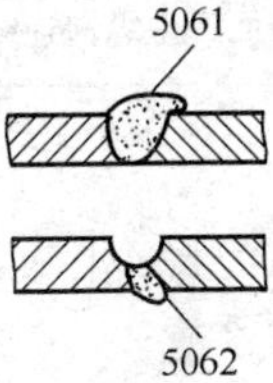 5061 5062
507 5071 5072	错边： 两个工件表面应平行对齐时，未达到规定的平行对齐要求而产生的偏差，错边可能是： 1.板材的错边，工件为板材； 2.管材错边，工件为管子	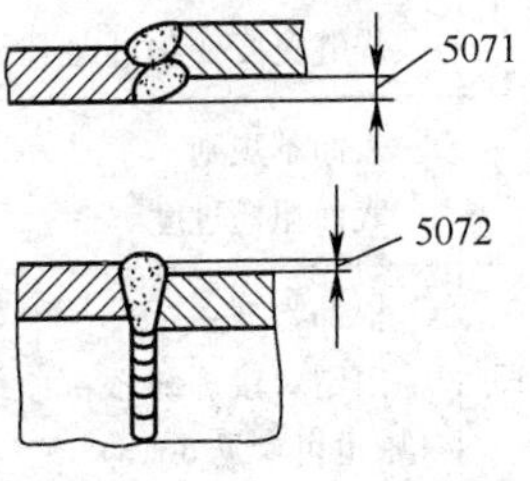 5071 5072

续表 9-17

代号	名称与说明	示意图
508	角度偏差： 两个工件未平行(或未按规定角度对齐)而产生的偏差	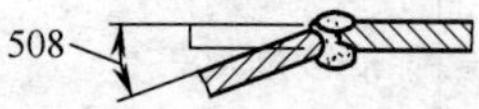 508
509 5091 5092 5093 5094	下垂： 由于重力而导致焊缝金属塌落，下垂可能是： 1.水平下垂； 2.在平面位置或过热位置下垂； 3.角焊缝下垂； 4.焊缝边缘熔化下垂	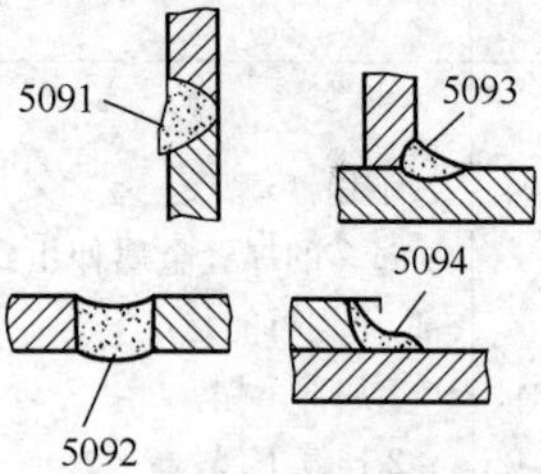 5091　5093　5094　5092
510	烧穿： 焊接熔池塌落导致焊缝内的孔洞	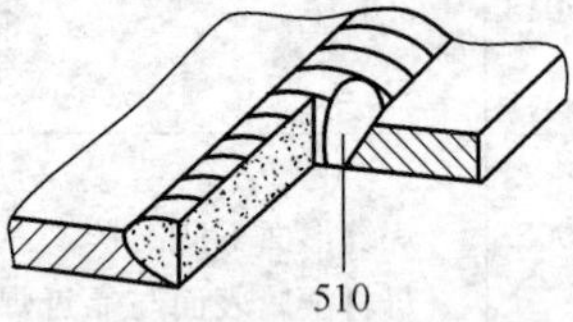 510
511	未焊满： 因焊接填充金属堆敷不充分，在焊缝表面产生纵向连续或间断的沟槽	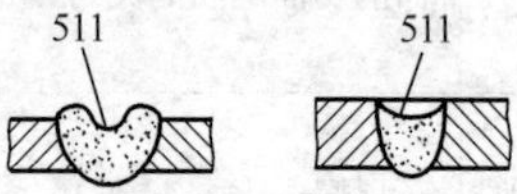 511　511
512	焊脚不对称	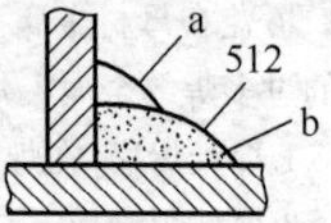 a　512　b a—正常形状　b—实际形状
513	焊缝宽度不齐： 焊缝宽度变化过大	
514	表面不规则： 表面粗糙过度	
515	根部收缩： 由于对接焊缝根部收缩产生的浅沟槽(也可参见 5013)	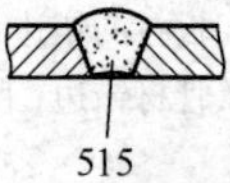 515

续表 9-17

代号	名称与说明	示　意　图
516	根部气孔： 在凝固瞬间焊缝金属析出气体而在焊缝根部形成的多孔状孔穴	
517 5171 5172	焊缝接头不良： 焊缝在引弧处局部表面不规则，它可能发生在： 1.盖面焊道； 2.打底焊道	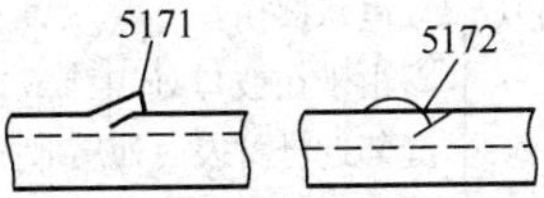 5171　5172
520	变形过大： 由于焊接收缩和变形导致尺寸偏差超标	
521	焊缝尺寸不正确： 与预先规定的焊缝尺寸产生偏差	
5211	焊缝厚度过大： 焊缝厚度超过规定尺寸	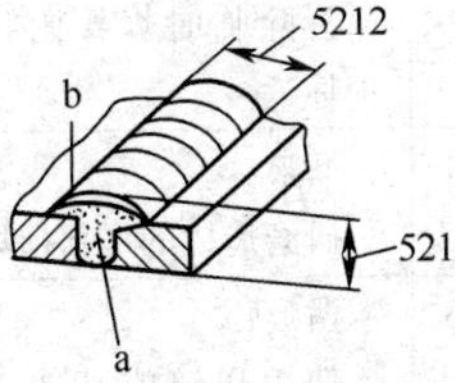 5212　b　5211　a a — 公称厚度　b — 实际厚度
5212	焊缝宽度过大： 焊缝宽度超过规定尺寸	
5213	焊缝有效厚度不足： 角焊缝的实际有效厚度过小	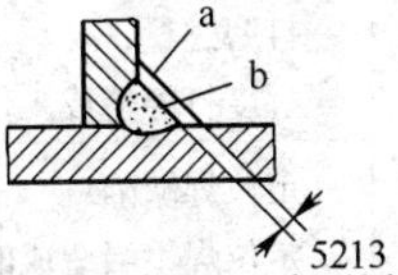 a　b　5213 a — 公称厚度　b — 实际厚度
5214	焊缝有效厚度过大： 角焊缝的实际有效厚度过大	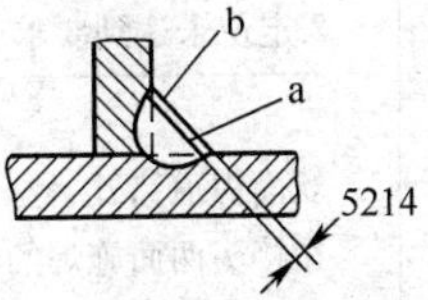 b　a　5214 a — 公称厚度　b — 实际厚度

续表 9-17

代号	名称与说明	示 意 图
	第 6 类　其他缺陷	
600	其他缺陷： 从第 1 类～第 5 类未包含的所有其他缺陷	
601	电弧擦伤： 由于在坡口处引弧或起弧而造成焊缝邻近母材表面处局部损伤	
602	飞溅： 焊接(或焊缝金属凝固)时，焊缝金属或填充材料迸溅出的颗粒	
6021	钨飞溅： 从钨电极过渡到母材表面或凝固焊缝金属的钨颗粒	
603	表面撕裂： 拆除临时焊接附件时造成的表面损坏	
604	磨痕： 研磨造成的局部损坏	
605	凿痕： 使用扁铲或其他工具造成的局部损坏	
606	打磨过量： 过度打磨造成工件厚度不足	
607 6071 6072	定位焊缺陷： 定位焊不当造成的缺陷，如： 1.焊道破裂或未熔合； 2.定位未达到要求就施焊	
608	双面焊道错开： 在接头两面施焊的焊道中心线错开	608

续表 9-17

代号	名称与说明	示意图
610	回火色(可观察到氧化膜): 在不锈钢焊接区产生的轻微氧化表面	
613	表面鳞片: 焊接区严重的氧化表面	
614	焊剂残留物: 焊剂残留物未从表面完全消除	
615	残渣: 残渣未从焊缝表面完全消除	
617	角焊缝的根部间隙不良: 被焊工件之间的间隙过大或不足	617
618	膨胀: 凝固阶段保温时间加长使轻金属接头发热而造成的缺陷	618

②金属压焊接头缺陷的代号、分类与说明见表 9-18。

表 9-18 金属压焊接头缺陷的代号、分类与说明

代号	名称与说明	示意图
	第1类 裂纹	
P100	裂纹: 一种在固态下由局部断裂产生的缺陷,通常源于冷却或应力	
P1001	微观裂纹: 在显微镜下才能观察到的裂纹	

续表 9-18

代号	名称与说明	示 意 图
P101 P1011 P1013 P1014	纵向裂纹： 基本与焊缝轴线相平行的裂纹，它可能位于： 1.焊缝； 2.热影响区； 3.未受影响的母材	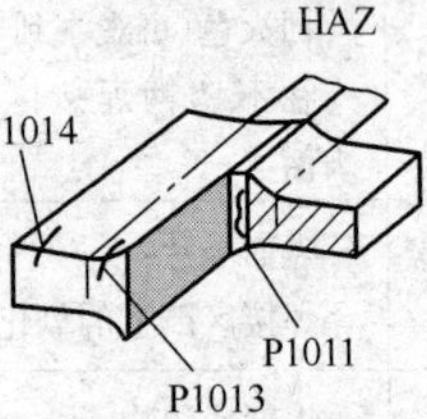
P102 P1021 P1023 P1024	横向裂纹： 基本与裂缝轴线相垂直的裂纹，它可能位于： 1.焊缝； 2.热影响区； 3.未受影响的母材	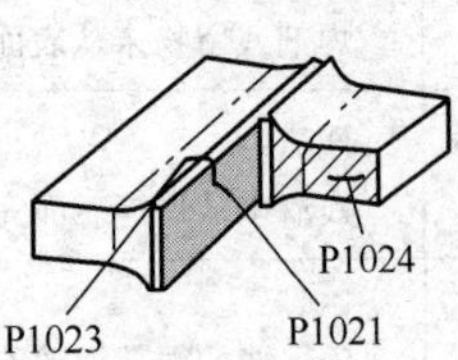
P1100	星形裂纹： 从某一公共中心点辐射的多个裂纹，通常位于熔核内	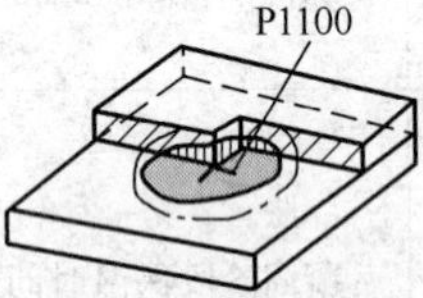
P1200	熔核边缘裂纹： 通常呈“逗号”形状并延伸至热影响区内	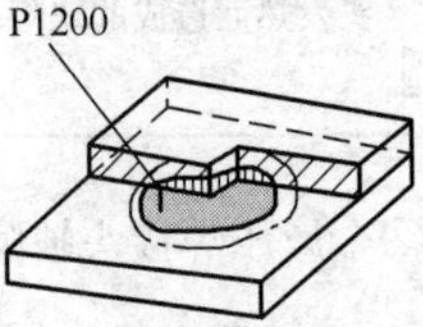
P1300	结合面裂纹： 通常指向熔核边缘的裂纹	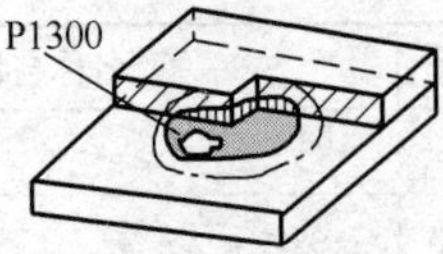
P1400	热影响区裂纹	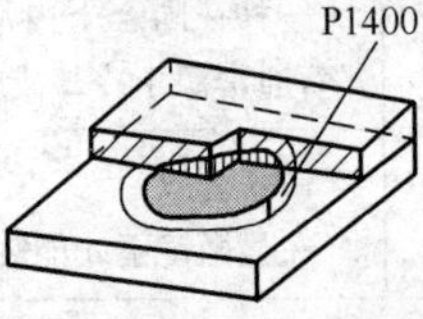

续表 9-18

代号	名称与说明	示意图
P1500	(未受影响的)母材裂纹	P1500
P1600	表面裂纹： 在焊缝区表面裂开的裂纹	P1600
P1700	“钩状”裂纹： 飞边区域内的裂纹，通常始于夹杂物	P1700
第2类　孔穴		
P200	孔穴	
P201	气孔： 熔核、焊缝或热影响区残留气体形成的孔穴	
P2011	球形气孔： 近似球形的孔穴	P2011
P2012	均布气孔： 均匀分布在整个焊缝金属中的一些气孔	P2012
P2013	局部密集气孔： 均匀分布的一群气孔	P2013

续表 9-18

代号	名称与说明	示意图
P2016	虫形气孔： 因气体逸出而在焊缝金属中产生的一种管状气孔穴，通常这种气孔成串聚集并呈鲱骨形状	P2016
P202	缩孔： 凝固时在焊缝金属中产生的孔穴	P202
P203	锻孔： 在结合面上环口未封闭形成的孔穴；主要是由于收缩的原因	
第 3 类　固体夹杂		
P300	固体夹杂： 在焊缝金属中残留的固体外来物	
P301	夹渣： 残留在焊缝中的非金属夹杂物（孤立的或成簇的）	P301
P303	氧化物夹杂： 焊缝中细小的金属氧化物夹杂（孤立的或成簇的）	P303
P304	金属夹杂： 卷入焊缝金属中的外来金属颗粒	P304
P306	铸造金属夹杂： 残留在接头中的固体金属，包括杂质	P306

续表 9-18

代号	名称与说明	示 意 图
	第 4 类 未熔合	
P400	未熔合： 接头未完全熔合	
P401	未焊上： 贴合面未连接上	
P403	熔合不足： 贴合面仅部分连接或连接不足	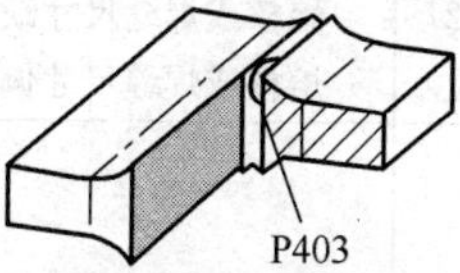 P403
P404	箔片未熔合： 工作和箔片之间熔合不足	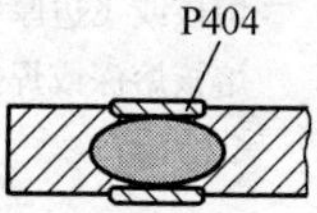 P404
	第 5 类 形状和尺寸不良	
P500	形状缺陷： 与要求的接头形状有偏差	
P501	咬边： 焊接在表面形成的沟槽	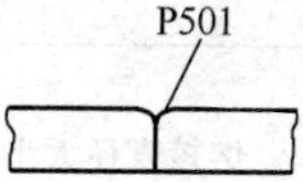 P501
P502	飞边超限： 飞边超过了规定值	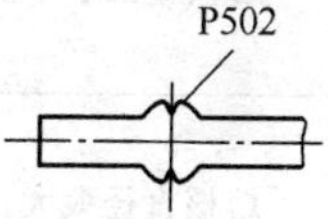 P502
P503	组对不良： 在压平缝焊时，因组对不良而使焊缝处的厚度超标	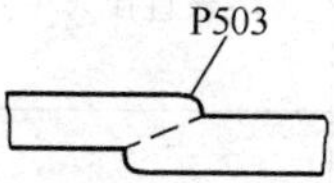 P503
P507	错边： 两个工件表面应平行时，未达到平行要求而产生的偏差	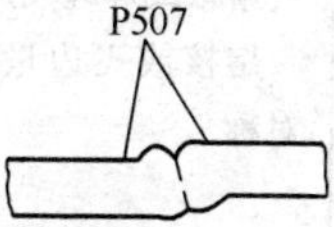 P507

续表 9-18

代号	名称与说明	示　意　图
P508	角度偏差： 两个工件未平行(或未按规定角度对齐)而产生的偏差	
P520	变形： 焊接工件偏离了要求的尺寸和形状	
P521	熔核或焊缝尺寸缺陷： 熔核或焊缝尺寸偏离要求的限值	
P5211	熔核或飞边厚度不足： 熔核熔深或焊接飞边太小	
P5212	熔核厚度过大： 熔核比要求的限值大	
P5213	熔核直径太小： 熔核直径小于要求的限值	
P5214	熔核直径太大： 熔核直径大小要求的限值	
P5215	熔核或焊缝飞边不对称： 熔核或飞边量的形状和/或位置不对称	

续表 9-18

代号	名称与说明	示意图
P5216	熔核熔深不足： 从被焊工件的连接面测得的熔深不足	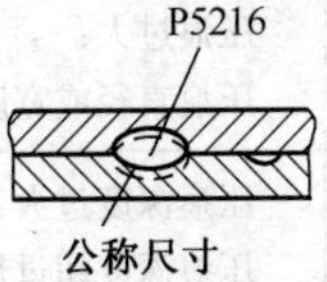 P5216 公称尺寸
P522	单面烧穿： 熔化金属飞迸导致在焊点处的盲点	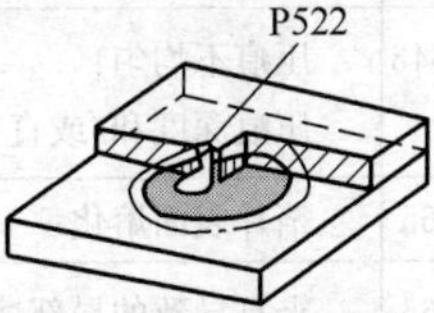 P522
P523	熔核或焊缝烧穿： 熔化金属飞迸导致在焊点处的完全穿透的孔	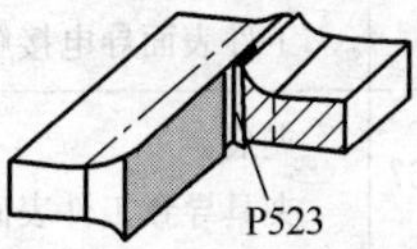 P523
P524	热影响区过大： 热影响区大于要求的范围	
P525	薄板间隙过大： 工件之间的间隙大于允许的上限值	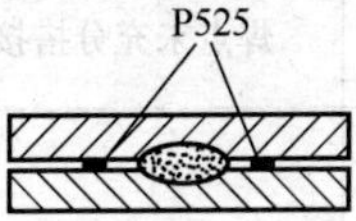 P525
P526	表面缺陷： 工件表面在焊后状态呈现不符合要求的偏差	
P5261	凹坑： 在电极实压区工件表面的局部塌坑	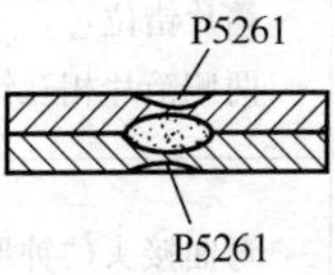 P5261 P5261
P5263	黏附电极材料： 电极材料黏附在工件表面	
P5264	电极压痕不良 电极压痕尺寸偏离规定要求	

续表 9-18

代号	名称与说明	示意图
P52641	压痕过大： 压痕直径或宽度大于规定值	
P52642	压痕深度过大： 压痕深度超过规定值	
P52643	压痕不均匀： 压痕深度和/或直径或宽度不规则	
P5265	箔片表面熔化	
P5266	夹具导致的局部熔化： 工件表面导电接触区熔化	
P5267	夹痕： 夹具导致工件表面的机械损伤	
P5268	涂层损坏	
P527	熔核不连续 焊点未充分搭接形成连续的缝焊缝	P527
P528	焊缝错位	要求的位置 P528
P529	箔片错位： 两侧箔片相互错开	P529
P530	弯曲接头（“钟形”）： 焊管在焊缝区产生变形	P530
第 6 类　其他缺陷		
P600	其他缺陷： 所有上述 5 类未包含的缺陷	

续表 9-18

代号	名称与说明	示意图
P602	飞溅： 附着在被焊工件表面的金属颗粒	
P6011	回火色(可观察到氧化膜)： 点焊或缝焊区域的氧化表面	
P612	材料挤出物(焊接喷溅)： 从焊接区域挤出的熔化金属(包括飞溅或焊接喷溅)	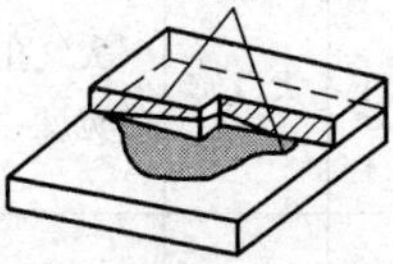

③金属钎焊接头缺陷的代号、分类与说明见表 9-19。

表 9-19 金属钎焊接头缺陷的代号、分类与说明

代号	名称	说明	示意图
第 1 类 裂纹			
1AAAA[1]	裂纹	材料的有限分离主要是二维扩展，裂纹可以是纵向的或横向的； 它存在于下列的一处或多处：	
1AAAB[2]		1.在钎缝金属；	
1AAAC[1]		2.在界面和扩散区；	
1AAAD[1]		3.在热影响区；	
1AAAE[1]		4.在未受影响的母材区	
第 2 类 气孔			
2AAAA	空穴		
2BAAA	气穴	充分的空穴	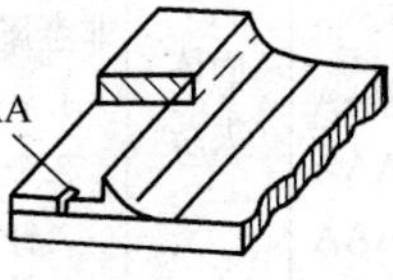

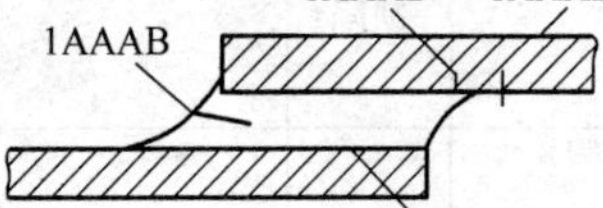

续表 9-19

代号	名称	说明	示意图
2BGAA 2BGGA 2BGMA 2BGHA	气孔	球状气孔夹杂 它可以下列形式发生： 1.均匀分布的气孔； 2.局部(群集)气孔； 3.线条状气孔	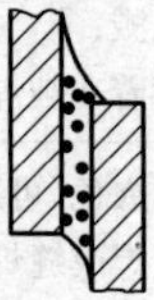
2LIAA	大气窝	大气孔可以是狭长形接头的宽度	
2BALF②	表面气孔	切断表面的气孔	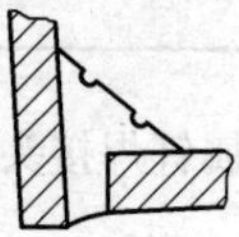
2MGAF②	表面气泡	近表面气孔引起膨胀	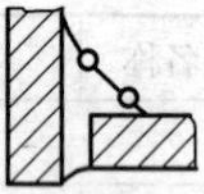
4JAAA	填充缺陷	填充缝隙不完全	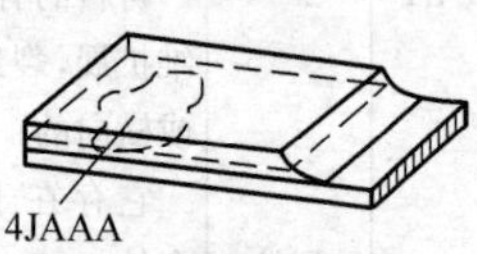 4JAAA
4CAAA	未焊透	钎焊金属未能流过要求的接头长度	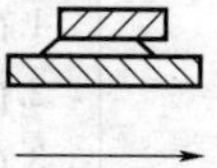 箭头指示的是流过接头的方向
第3类　固体夹杂物			
3AAAA 3DAAA 3FAAA 3CAAA	固体夹杂	钎焊金属中的外部金属或非金属颗粒大体可分成： 1.氧化物夹杂； 2.金属夹杂； 3.钎剂夹杂	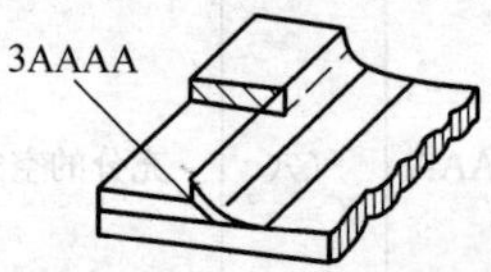 3AAAA

续表 9-19

代号	名称	说明	示意图
第4类 熔合缺陷			
4BAAA	熔合缺陷	钎缝金属与母材之间未熔合或未足够熔合	
第5类 缺陷的性状和尺寸			
6BAAA	钎焊金属过多	钎焊金属溢出到母材表面，以焊珠或致密层的形式凝固	6BAAA
5AAAA	形状缺陷	与钎焊接头规定形状的偏差	
5EIAA	线性偏差(线性偏移)	工件是平行的，但有偏移	
5EJAA	角偏差	工件与预期值偏离了一个角度	
5BAAA	变形	在钎焊装配形状中不希望的改变	
5FABA	局部熔化(或熔穿)	钎焊接头处或相邻位置出现熔孔	5FABA
7NABD	母材表面熔化	接头区域钎焊装配件表面的熔化	
7OABP	填充金属溶蚀	钎焊装配件表面的溶蚀破坏	

续表 9-19

代号	名称	说明	示意图
6GAAA	凹形钎焊金属（凹形钎角）	1.钎焊接头处的钎焊金属表面低于要求的尺寸； 2.钎焊金属表面已经凹陷，低于母材表面	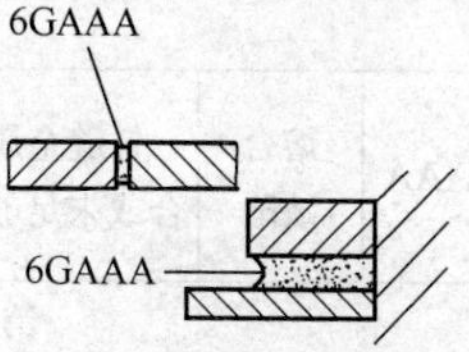 6GAAA 6GAAA
5HAAA	粗糙表面	不规则的凝固、熔化等	
6FAAA	钎角不足	钎角形状低于规定尺寸	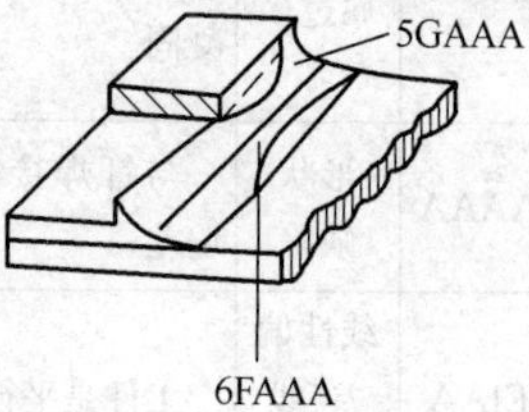 5GAAA 6FAAA
5GAAA	钎角不规则	出现多样钎角	
第 6 类　其他缺陷			
7AAAA	其他缺陷	不能归类到本表第 1 类～第 5 类的缺陷	
4VAAA	钎剂渗漏	在表面气孔中出现的钎剂残余物	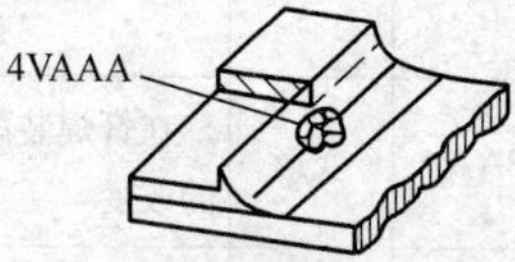 4VAAA
7CAAA	飞溅	钎焊金属熔滴黏附在钎焊装配件的表面上	
7SAAA	变色/氧化	挥发性钎料或母材表面的氧化/钎剂作用/沉积	
7UAAC	母材和填充材料过合金化	与过热、超时和/或填充金属有关	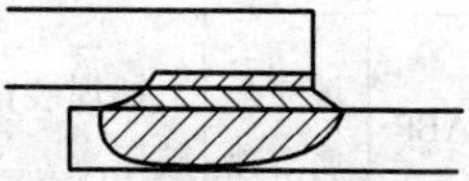

续表 9-19

代号	名称	说明	示　意　图
9FAAA	钎剂残余物	未能去除的钎剂	
7QAAA	过多钎焊金属流动	过多的钎焊金属流动	
9KAAA	蚀刻	钎剂在母材表面的反应	

注:①对于晶间裂纹,将第二个符号“A”改为“F”;②这些缺陷经常一起出现。

目前,国内还没有钎焊缺陷分类说明的统一标准,一般情况下可根据 ISO 18279:2003(E)的规定,将钎焊缺陷分为 6 个种类,包括裂纹、气孔、固体夹杂物、熔合缺陷、形状和尺寸缺陷、其他缺陷。

焊接裂纹的名称与说明见表 9-20。一般情况下,使用表 9-20 的参照代号,结合表 9-17 金属熔焊接头缺陷的代号、分类与说明和表 9-18 金属压焊接头缺陷的代号、分类与说明的裂纹代号,可以完整地表示裂纹的具体类别。

表 9-20　焊接裂纹的名称与说明

对照代码	名称与说明
E	焊接裂纹(在焊接过程或焊后出现的裂纹)
Ea	热裂纹
Eb	凝固裂纹
Ec	液化裂纹
Ed	沉淀硬化裂纹
Ee	时效硬化裂纹
Ef	冷裂纹
Eg	脆性裂纹
Eh	收缩裂纹

续表 9-20

对照代码	名称与说明
Ei	氢致裂纹
Ej	层状撕裂
Ek	焊趾裂纹
El	时效裂纹(氮扩散裂纹)

9.2.3　焊接缺陷产生原因与预防措施

1.焊缝表面尺寸不符合要求

(1)缺陷特征　焊缝表面高低不平、焊缝宽窄不齐、尺寸过大或过小、角焊缝单边以及焊脚尺寸不符合要求等,均属于表面尺寸不符合要求。焊缝表面尺寸不符合要求如图 9-52 所示。

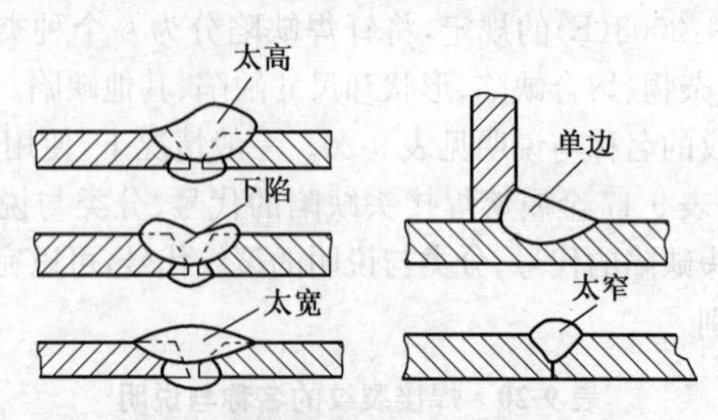

图 9-52　焊缝表面尺寸不符合要求

(2)产生原因　工件坡口角度不对,装配间隙不均匀,焊接速度不当或运条手法不正确,焊条和角度选择不当或改变,埋弧焊焊接工艺选择不正确等都会造成该种缺陷。

(3)预防措施　选择适当的坡口角度和装配间隙;正确选择焊接参数,特别是焊接电流值,采用恰当的运条手法和角度,以保证焊缝成形均匀一致。

2.焊接裂纹

在焊接应力及其他致脆因素的共同作用下,焊接接头局部地区的金属原子结合力遭到破坏而形成的新界面所产生的缝隙称为焊接裂纹,它具有尖锐的缺口和较大的长宽比特征。

(1)热裂纹缺陷特征 焊接过程中,焊缝和热影响区金属冷却到固相线附近的高温区产生的裂纹称为热裂纹。

①产生原因是熔池冷却结晶时,受到拉应力作用并且与凝固过程中低熔点共晶体形成的液态薄层共同作用的结果。增大任何一方面的作用,都能促使其形成热裂纹。

②预防措施。控制焊缝中的有害杂质即硫、磷的含量和碳的含量,减少熔池中低熔点共晶体的形成。焊缝金属中硫、磷的含量一般<0.03%,焊丝的含碳量≤0.12%。重要构件焊接应采用碱性焊条或焊剂。控制焊接规范,适当提高焊缝形状系数,尽量避免得到深而窄的焊缝。采用多层、多道焊,焊前预热和焊后缓冷等工艺。正确选用焊接接头形式,合理安排焊接顺序,尽量采用对称施焊。采用收弧板将弧坑引至工件外面,即使发生弧坑裂纹也不影响工件本身。

(2)冷裂纹缺陷特征 焊接接头冷却到较低温度时(对钢来说在200℃~300℃),产生的焊接裂纹称为冷裂纹。

①产生原因。主要发生在中碳钢、低合金和中合金高强度钢中。焊材本身具有较大淬硬倾向,焊接熔池中熔解了多量的氢,以及焊接接头在焊接过程中产生了较大的拘束应力。

②预防措施。焊前按规定严格烘干焊条、焊剂,以减少氢的来源。严格清理坡口及两侧的污物、水分及锈,控制环境温度等。选用优质的低氢型焊接材料及其焊接工艺。焊接淬硬性较强的低合金高强度钢时,采用奥氏体不锈钢焊条。正确地选择焊接规范、预热、缓冷、后热、焊后热处理等。选择合理的焊接顺序,减小焊接内应力。适当增加焊接电流,减慢焊接速度等,可减慢热影响区冷却速度,防止形成淬硬组织。

(3)再热裂纹缺陷特征 焊后工件在一定温度范围再次加热(如消除应力热处理或多层焊)而产生的裂纹,称为再热裂纹。

①产生原因。再热裂纹一般发生在熔点线附近,温度为1 200℃~1 350℃中,对低合金高强度钢产生再热裂纹的加热温度大致为580℃~650℃。当钢中含铬、钼、钒等合金元素较多时,再热裂纹的倾向增加。

②预防措施。控制母材及焊缝金属的化学成分,适当地调整对再

热裂纹影响最大的元素(如铬、钒、硼)的含量。减小接头刚度和应力集中,将焊缝及其与母材交界处打磨光滑,选用高限能量进行焊接,提高预热和后热温度。在焊接过程中采取减少焊接应力的工艺措施,如使用小直径焊条,小参数焊接,焊接时不摆动焊条等。消除应力回火处理时,应避开产生再热裂纹的敏感温度区,敏感温度随钢种而异。

3.层状撕裂

(1)缺陷特征　焊接时,焊接构件中沿钢板轧层形成的阶梯状的裂纹称为层状撕裂,层状撕裂如图 9-53 所示。

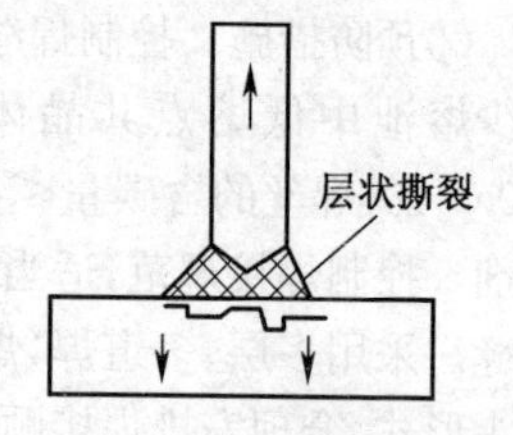

图 9-53　层状撕裂

(2)产生原因　轧制钢板中存在着硫化物、氧化物和硅酸盐等非金属夹杂物,在垂直于厚度方向的焊接应力作用下(图 9-53 中所示箭头),在夹杂物的边缘产生应力集中,当应力超过一定数值时,某些部位的夹杂物首先开裂并扩展,以后这种开裂在各层之间相继发生,连成一体,形成层状撕裂的阶梯形。

(3)预防措施　严格控制钢材的含硫量,在与焊缝相连接的钢材表面预先堆焊几层低强度焊缝和采用强度级别较低的焊接材料。

4.气孔

(1)缺陷特征　焊接时,熔池中的气泡在凝固时未能逸出,残存下来形成的空穴称为气孔。

(2)产生原因　施焊前,坡口两侧有油污、铁锈等杂质存在。焊条或焊剂受潮,施焊前未烘干焊条或焊剂。焊条芯生锈,保护气体介质不纯等。在焊接电弧高温作用下,分解出大量的气体,进入焊接熔池形成气孔。电弧长度过长,使部分空气进入焊接熔池形成气孔。埋弧焊时,由于焊缝大,焊缝厚度深,气体从熔池中逸出困难,故生成气孔的倾向比焊条电弧焊大得多。碱性焊条比酸性焊条对铁锈和水分的敏感大得多,即在同样的铁锈和水分含量下,碱性焊条十分容易产生气孔。当采用未经烘干的焊条进行焊接时,使用交流电源,焊缝最易出现气孔;直流正接产生气孔倾向较小;直流反接产生气孔倾向最小。采用碱性焊条时,一定要用直流反接,如果使用直流正接,则生成气孔的倾向显著加大。焊接速度增加、焊接电流增大、电弧电压升高都会使气孔倾向增加。

(3)预防措施　焊前对焊条电弧焊坡口两侧各10mm范围内、埋弧自动焊两侧各20mm范围内，仔细清除工件表面上的油、锈等污物。焊丝要保持清洁无锈、无油污。不能使用变质、偏心过大和有缺陷的焊条。焊条、焊剂在焊前按规定严格烘干，并存放于保温筒中，做到随用随取。采用合适的焊接参数，使用碱性焊条焊接时，一定要用短弧焊。不得正对焊缝吹风，露天作业避免在大风、雨中施焊。

5.咬边

(1)缺陷特征　沿焊趾的母材部位产生的沟槽或凹陷称为咬边，出现咬边的两种情况如图9-54所示。咬边会造成应力集中，同时也会减小母材金属的工作面积。埋弧焊时一般不会产生咬边。

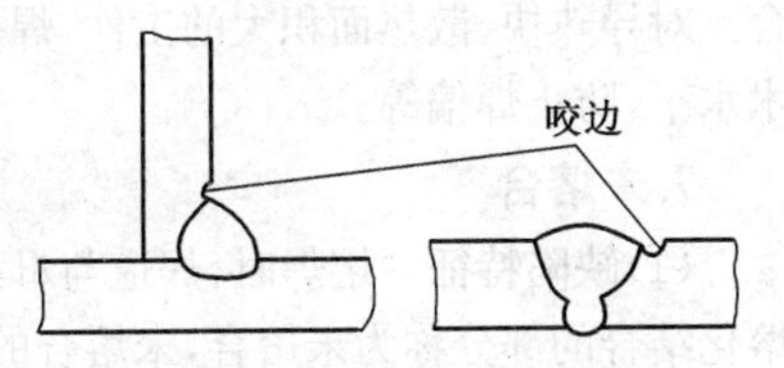

图9-54　出现咬边的两种情况

(2)产生原因　主要是由于焊接参数选择不当，焊接电流太大，运条速度和焊条角度不适当等；操作不正确，由于电弧过长，电弧在焊缝边缘停留时间短；焊接位置选择不正确，产生电弧偏吹，使焊条电弧偏离焊道而产生咬边。

(3)预防措施　选择正确的焊接电流及焊接速度，电弧不能拉得太长；严格执行工艺规程，掌握正确的运条方法和运条角度；选择合适的焊接位置施焊；选择正确的工件接线回路位置施焊。

6.未焊透

(1)缺陷特征　焊接时接头根部未完全熔透的现象称为未焊透，未焊透的几种情况如图9-55所示。未焊透减少了焊缝的有效工作断面，在根部尖角处产生应力集中，容易引起裂纹，导致结构破坏。

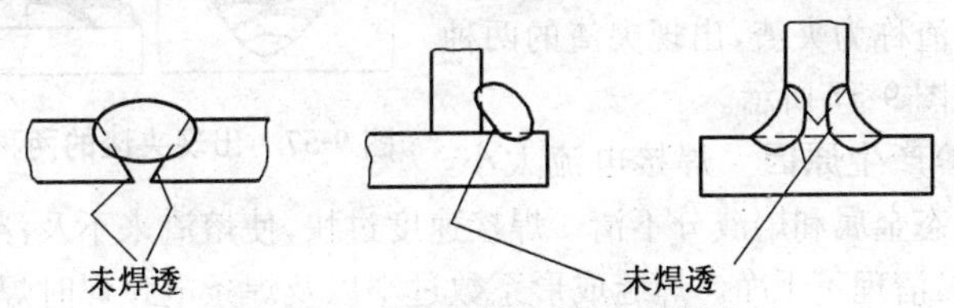

图9-55　出现未焊透的几种情况

(2)产生原因　焊缝坡口钝边过大，坡口角度太小，焊根未清理干净，间隙太小。焊条或焊丝角度不正确，电流过小，速度过快，弧长过大。焊接时有磁偏现象或电流过大，工件金属尚未充分加热时，焊条已急剧熔化。层间或母材边缘的铁锈、氧化皮及油污等未清除干净，焊接位置不佳，焊接可达性不好等。

(3)预防措施　正确选定坡口形式和间隙，合理选择焊接参数，如电流、电压与焊接速度。运条时注意调整焊条角度，使母材均匀地熔合。对导热快、散热面积大的工件，焊前应进行预热。提高焊工操作技术水平，防止焊偏等。

7.未熔合

(1)缺陷特征　熔焊时，焊道与母材之间，焊道与焊道之间，未完全熔化结合的部分称为未熔合，未熔合的两种情况如图 9-56 所示。

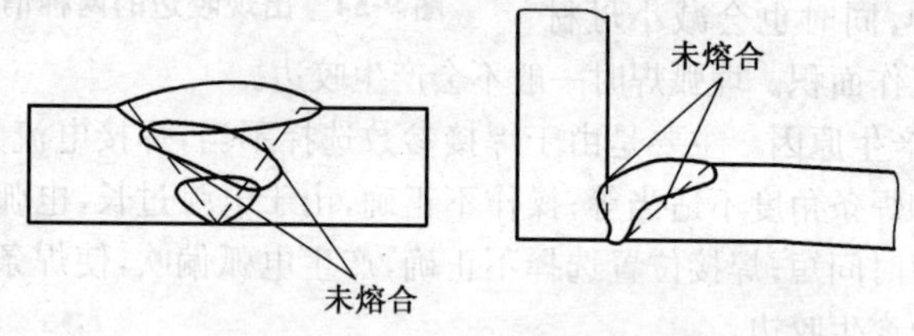

图 9-56　出现未熔合的两种情况

(2)产生原因　层间清渣不干净，焊接电流太小，焊条偏心，焊条摆动幅度太小等。

(3)预防措施　加强层间清渣，正确选择焊接电流，注意焊条摆动等。

8.夹渣

(1)缺陷特征　焊后残留在焊缝中的熔渣称为夹渣，出现夹渣的两种情况如图 9-57 所示。

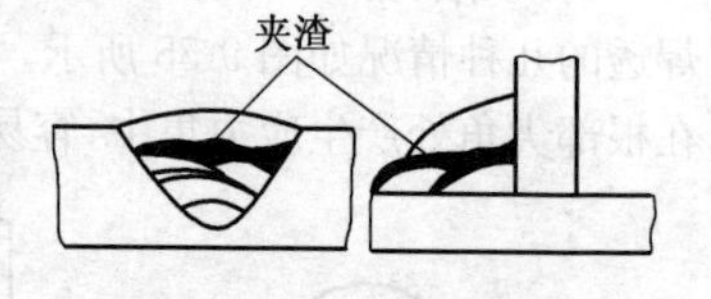

图 9-57　出现夹渣的两种情况

(2)产生原因　焊接电流太小，以致液态金属和熔渣分不清。焊接速度过快，使熔渣来不及浮起。多层焊时，清理不干净。焊缝成形系数过小以及焊条电弧焊时焊条角度不正确等。

(3)预防措施　采用具有良好工艺性能的焊条，禁止使用过期、变质和药皮开裂的焊条。坡口角度不宜过小，坡口内及两侧、层间的熔渣必须清理干净。选择的焊接参数，电流不可太小，焊接速度不能太快。焊接时随时调整焊条角度及摆动角度。

9.焊瘤

(1)**缺陷特征**　焊接过程中，熔化金属流淌到焊缝之外未熔化的母材上，所形成的金属瘤称为焊瘤，出现焊瘤的两种情况如图 9-58 所示。

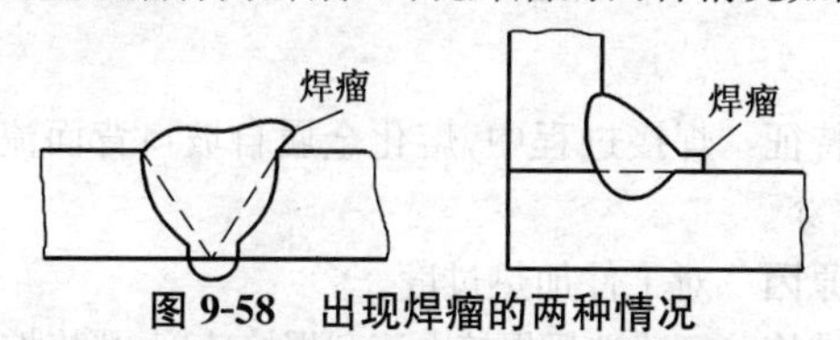

图 9-58　出现焊瘤的两种情况

(2)**产生原因**　焊接参数选择不当，焊接电流太大、电弧电压太大。钝边过小，间隙过大。焊接操作时，焊条摆动角度不对，焊工操作技术水平低。

(3)**预防措施**　提高焊工操作技术水平。正确选择焊接参数，装配间隙不宜过大。灵活调整焊条角度，掌握运条方法和运条速度，尽量采用平焊位置。严格控制熔池温度，不使其过高。

10.塌陷

(1)**缺陷特征**　单面熔焊时，由于焊接工艺选择不当，造成焊缝金属过量透过背面，而使焊缝正面塌陷、背面凸起现象称为塌陷，塌陷如图 9-59 所示。

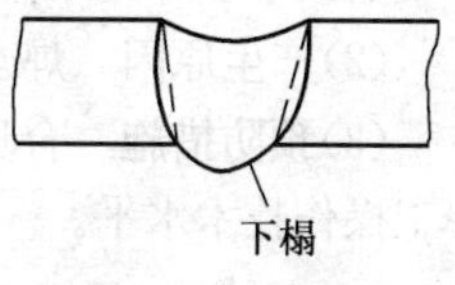

图 9-59　塌陷

(2)**产生原因**　塌陷往往是由于装配间隙或焊接电流过大所致。

(3)**预防措施**　正确选择焊接参数，控制装配间隙，焊接电流不宜过大。

11.凹坑

(1)**缺陷特征**　焊后在焊缝表面或焊缝背面形成的低于母材表面的局部低洼部分称为凹坑，出现凹坑的两种情况如图 9-60 所示。背面的凹坑通常称为内凹，凹坑会减小焊缝的工作断面。

(2)**产生原因**　电弧拉得过长，焊条倾角不当和装配间隙太大等。

(3)**预防措施**　提高焊工操作技术水平，控制好弧长。焊条倾角和装配间隙不宜太大。焊接收弧时要严格按照焊接工艺操作。自动焊收弧时分两次按“停止”按钮(先停止送丝,后切断电源)。

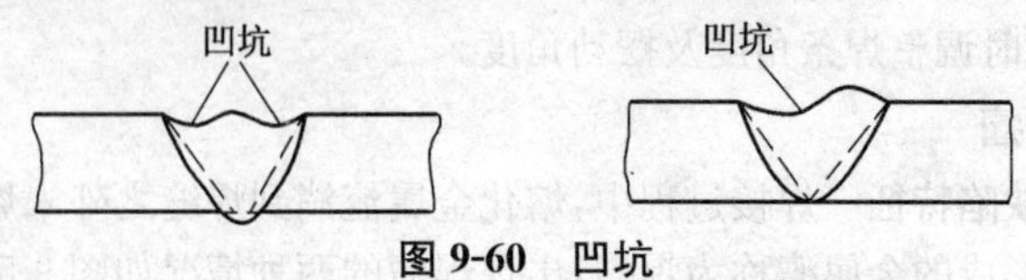

图 9-60　凹坑

12.烧穿

(1)缺陷特征　焊接过程中,熔化金属自坡口背面流出,形成穿孔的缺陷称为烧穿。

(2)产生原因　对工件加热过度。

(3)预防措施　正确选择焊接电流和焊接速度,严格控制工件的装配间隙。另外,还可以采用衬垫、焊剂垫、自熔垫或使用脉冲电流防止烧穿。

13.根部收缩

(1)缺陷特征　根部焊缝金属低于背面母材金属的表面称为根部收缩,根部收缩如图 9-61 所示。根部收缩减小了焊缝工作断面,还易引起腐蚀。

图 9-61　根部收缩

(2)产生原因　焊工操作不熟练,焊接参数选择不当。

(3)预防措施　合理选择焊接参数,严格执行装配工艺规程,提高焊工操作技术水平。

14.夹钨

(1)缺陷特征　钨极惰性气体保护焊时,由钨极进入到焊缝中的钨粒称为夹钨,夹钨的性质相当于夹渣。

(2)产生原因　主要是焊接电流过大,使钨极端头熔化,焊接过程中钨极与熔池接触以及采用接触短路法引弧等。

(3)预防措施　正确选择焊接参数,尤其是焊接电流不宜过大,提高焊工操作技术水平,采用正确的操作方法并认真操作。

15.错边

(1)产生原因　错边属于形状缺陷,是由于对接的两个工件没有对正而使板或管的中心线存在平行偏差形成的缺陷。错边严重的工件,在进行力的传递过程中，由于附加应力和力矩的作用，会促使焊缝发生破坏。

(2)预防措施 操作时，要认真负责，板与板、管与管进行对接时，板或管的中心线要对正。

9.2.4 常见焊接缺陷与排除方法

1.熔焊缺陷与排除方法

熔焊缺陷产生原因、检验方法与排除方法见表9-21。

表9-21 熔焊缺陷产生原因、检验方法及排除方法

缺陷名称	特征	产生原因	检验方法	排除方法
焊接零件外形尺寸超差	由于焊接变形造成焊接零件外形翘曲或尺寸超差	1.焊接顺序不正确；2.焊前准备不当，如坡口，间隙过大或过小，未留收缩余量等；3.焊接夹具结构不良	1.目视检验；2.用量具测量	外部变形可用机械方法或加热方法矫正
焊缝尺寸超差	焊缝增高量和宽度不符合技术条件，存在过高或过低，过宽或过窄及不平滑过渡的现象	1.焊接坡口不合适；2.操作时运条不当；3.焊接电流不稳定；4.焊接速度不均匀；5.焊接电弧高低变化太大	1.目视检验；2.用量具测量	过宽，过高的焊缝可用机械方法去除，过窄、过低的焊缝可用熔焊方法补焊
咬边	靠焊缝边缘的母材上的凹陷	1.焊接规范选择不当，如电流过大，电弧过大；2.操作技术不正确，如焊枪角度不对，运条不适当；3.焊条药皮端部的电弧偏吹；4.焊接零件的位置安放不当	1.目视检验；2.宏观金相检验	轻微的、浅的咬边可用机械方法修锉，使其平滑过渡。严重的、深的咬边应进行补焊
焊瘤	熔化金属流淌到未熔化的母材上所形成的金属堆积	1.焊接规范不正确；2.操作技术不佳，如焊条运条方法不当，在立焊时尤其容易产生；3.工件的位置安放不当	1.目视检验；2.宏观金相检验	可用铲、锉、磨等手工或机械方法除去多余的堆积金属

续表 9-21

缺陷名称	特　征	产生原因	检验方法	排除方法
烧穿	焊接时熔化金属局部流失致使在焊缝中形成孔洞	1.工件装配不当，如坡口尺寸不符合要求，间隙太大； 2.焊接电流太大； 3.焊接速度太慢； 4.操作技术不佳	1.目视检验； 2. X射线探伤检查	清除烧穿孔洞边缘的残余金属，用补焊方法填平孔洞后，再继续焊接
焊漏	母材熔化过深，致使熔融金属从焊缝背面漏出	1.焊接电流太大； 2.焊接速度太慢； 3.接头坡口角度，间隙太大	1.目视检验； 2.宏观金相检验； 3. X射线探伤检验	可用铲、锉、磨等手工或机械方法去除漏出的多余金属
气孔	焊缝金属表面或内部形成的气孔	1.工件和焊接材料有油污、锈及其他氧化物； 2.焊接区域保护不好； 3.焊接电流过小，弧长过长，焊接速度太快	1. X射线探伤检验； 2.金相检验； 3.目视检验	铲去气孔处的焊缝金属，然后补焊
裂纹 热裂纹	沿晶界面出现，裂缝断口处有氧化色，一般出现在焊缝上，呈锯齿状	1.母材抗裂性能较差； 2.焊接材料质量不好； 3.焊接规范选择不当； 4.焊接内应力大	1.目视检验； 2. X射线探伤检验； 3.超声波检验； 4.磁粉探伤检验； 5.金相检验； 6.着色探伤和荧光探伤检验	在裂纹两端钻止裂孔或铲除裂纹处的焊缝金属进行补焊
裂纹 冷裂纹	断口无明显的氧化色，有金属光泽，产生在热影响区的过热区中	1.焊接结构设计不合理； 2.焊缝布置不当； 3.焊接工艺措施不周全，如未预热或焊后冷却快		
裂纹 再热裂纹	沿晶间且局限在热影响区的粗晶区内	1.焊后热处理的工艺规范不正确； 2.母材性能尚未完全掌握		

续表 9-21

缺陷名称	特　征	产生原因	检验方法	排除方法
夹杂	在焊缝内部存在的金属或非金属夹杂物	1.焊接材料质量不好； 2.焊接电流太小，焊接速度太快； 3.熔渣比重太大； 4.多层焊时熔渣未清除干净	1.X射线探伤检验； 2.金相检验； 3.超声波检验	铲除夹渣处的焊缝金属，然后进行补焊
未焊透	母材与焊缝金属之间未熔化而留下的空隙，常在单面焊根部和双面焊中间	1.焊接电流太小； 2.焊接速度太快； 3.坡口角度间隙太小； 4.操作技术不准	1.目视检验； 2.X射线探伤检验； 3.超声波探伤检验； 4.金相检验	1.对开敞性好的结构的单面未焊透，可在焊缝背面直接补焊； 2.对于不能直接补焊的重要工件，应铲去未焊透的焊缝金属重新焊接
未熔合	母材与焊缝金属之间，焊缝金属与焊缝金属之间未完全熔合在一起			
弧坑	焊缝熄弧处的低洼部分	操作时熄弧太快未反复向熄弧处补充填充金属	目视检验	在弧坑处补焊
背面凹陷	焊缝背面形成的内凹或缩沟，常产生于薄板结构	焊接电流太大且焊接速度太快	目视检验	对于对接焊缝铲去焊缝金属重新焊接（指封闭结构），对于T形接头和开敞性好的对接焊缝，可在其背面直接补焊
晶间腐蚀	焊接不锈钢时，焊缝或热影响区金属晶界上出现的细小裂纹	1.焊接时母材中合金元素烧损过多； 2.焊接方法选择不当； 3.焊接材料选择不当	微观金相检验	铲去有缺陷的焊缝，重新焊接

2.电阻焊缺陷及排除方法

①点焊、缝焊外部缺陷产生原因、检验方法与排除方法见表9-22。

表9-22 点焊、缝焊外部缺陷产生原因、检验方法与排除方法

缺陷名称		特征	产生原因	检验方法	排除方法
压痕尺寸或焊缝的“鳞片”形状不正确		焊点压痕的尺寸过大或过小，不圆，焊缝“鳞片”形状排列不匀称	1.电极工作表面形状不正确或磨损不均匀； 2.焊接时工件与电极倾斜； 3.缝焊速度过快	目视检验	压痕过小的焊点可重新点焊
压痕过深及过热		1.焊点或焊缝的压痕深度超过技术条件规定的数值； 2.压痕周围金属的晶粒粗大	1.电流脉冲时间过长； 2.电极压力太大； 3.焊接电流太大	目视检验	过深压痕可用熔焊方法补焊
局部烧穿(表面飞溅)		焊点或焊缝表面的金属发生熔化，形成凹穴、孔洞或金属飞溅	1.工件或电极表面不干净； 2.电极压力太小； 3.电极工作表面形状不正确； 4.缝焊速度太快	目视检验	表面凹穴，孔洞可用熔焊方法补焊，外部飞溅用机械方法清除
表面强烈氧化		焊点或焊缝金属表面强烈氧化，有明显的氧化色	1.工件或电极表面不干净； 2.电极压力太小； 3.电流脉冲时间过长； 4.焊接电流太大	目视检验	—
裂纹	径向裂缝	裂纹处于焊点的直径方向或焊缝的纵向	1.电流脉冲时间过短； 2.电极压力太小； 3.电极冷却不好； 4.电极锻压力太小(焊接非铁金属时)； 5.锻压力加得太迟	目视检验	1.清除裂纹周围金属，用熔焊方法补焊； 2.也可用重复点焊或缝焊的方法排除裂缝
	环形裂缝	裂缝处于焊点周围	电流脉冲时间过长		

续表 9-22

缺陷名称	特 征	产 生 原 因	检验方法	排除方法
接头边缘撕裂	焊点或焊缝边缘金属被压裂或撕裂	1.焊点或焊缝距接头边缘太近； 2.锻压力太大； 3.电流脉冲时间过长	目视检验	用熔焊方法补焊
焊点拉开或撕破	焊点或焊缝被拉脱或拉成孔洞	工件装配不良，焊接时工件被过分拉紧造成应力太大	目视检验	改善装配条件，在原焊点周围重新焊接

②点焊、缝焊接头的内部缺陷、产生原因、检验方法与排除方法见表 9-23。

表 9-23 点焊、缝焊接头的内部缺陷、产生原因、检验方法与排除方法

缺陷名称	特 征	产 生 原 因	检验方法	排除方法
未焊透或焊点熔核小	焊点熔核的焊透率或直径小于规定数值	1.焊接电流太小； 2.电极压力过大； 3.电极接触表面过大； 4.工件清理不良； 5.焊点分布过密、分流太大	1.金相检验； 2. X 射线探伤检验	在有缺陷的焊点旁边另外加焊焊点
裂缝和缩孔		1.焊接电流脉冲时间太短； 2.电极压力不足； 3.工件表面清理不干净； 4.锻压力加得太迟	1. X 射线探伤检验； 2.金相检验； 3.超声波探伤检验	1.在原焊点上重新点焊、缝焊； 2.钻去裂缝的焊点，用熔焊方法补焊
焊点熔核分布不对称	焊点、熔核不在两板的中间而偏向一侧	电极接触表面的大小选择不当或工件的厚度比太大	金相检验	在有缺陷的焊点旁边另外加焊焊点
内部飞溅	焊点熔核的熔化金属在上、下两板之间溢出	1.焊接电流太大； 2.电极电压太小； 3.焊接时工件倾斜； 4.焊点过于靠近搭接边缘，尤其在焊接钢和铬镍合金时更为明显	1.目视检验； 2. X 射线探伤检验	用机械方法清理

续表 9-23

缺陷名称	特　征	产　生　原　因	检验方法	排除方法
焊接接头变脆	焊接合金钢时，接头淬火变脆	1.焊接电流脉冲时间不够； 2.焊接过程冷却太快	1.金相检验； 2.力学性能试验	焊接时采用两次脉冲和带电热处理方法来消除
焊透深度过大	焊点熔核焊透率大于技术条件规定的数值	1.焊接电流过大； 2.电极压力太小	金相检验	—
缝焊接头不气密	缝焊焊缝经气密性试验时发现有漏气现象	1.焊点间距不适当熔化核心重叠不够； 2.焊接参数不稳定； 3.焊接时工件放置不当； 4.上、下滚轮的直径相差太大	气密性试验	在漏气处用点焊、缝焊方法补焊

③电阻对焊缺陷特征、产生原因、检验方法与排除方法见表 9-24。

表 9-24　电阻对焊缺陷特征、产生原因、检验方法与排除方法

缺陷名称		特　征	产　生　原　因	检验方法	排除方法
工件几何形状不正确	工件中心线偏差	两个零件的轴线不在一条直线上	1.工件未对准； 2.工件过热或伸出长度太长； 3.工件毛坯加工不正确； 4.电极夹头不同心； 5.电极磨损或安装不牢； 6.焊机导轨间隙过大或机架刚度差	目视检验	拆除重焊
	工件倾斜	两个零件的轴线成一角度	1.工件在电极座上安放倾斜； 2.电极磨损或安装不当； 3.焊机导轨间隙过大或机架刚度差		

续表 9-24

缺陷名称			特　征	产　生　原　因	检验方法	排除方法
目见组织缺陷	未焊透		两个零件的端面未全部熔合在一起	1.顶锻前工件的温度过低，如电流过小，通电时间过短； 2.工件顶锻余量留得过小； 3.顶锻压力不够大或加得过于迟缓，在断电后才顶锻； 4.工件的母材非金属夹杂物太多	1.目视检验； 2.金相检验； 3. X射线探伤检验； 4.超声波探伤检验	拆除重焊或挖掉未焊透处金属，用熔焊方法补焊
	夹层		两个零件的端面有夹杂物存在	工件表面清理不干净，有厚的氧化物，闪光不足且顶锻压力又过大	1.金相检验； 2. X射线探伤检验； 3.超声波探伤检验	拆除重焊或挖掉未焊透处金属，用熔焊方法补焊
	裂缝	横裂缝	裂纹垂直于工件的轴线	焊后冷却过快致使焊接接头变脆	1.金相检验； 2. X射线探伤检验； 3.磁粉探伤检验	消除裂纹边缘金属，用熔焊方法补焊
		纵裂纹	裂纹平行于工件的轴线	1.接头过热； 2.顶锻压力过大而过分镦粗		
显微组织缺陷	疏松		焊接接头处金属组织不致密	1.加热区域过大； 2.顶锻压力过小熔化金属未挤出	金相检验	消除缺陷处的金属，用熔焊方法补焊
	晶粒粗大		接头区域的金属晶粒过于粗大	加热时间过长，温度过高而造成过热	金相检验	可用正火处理以细化晶粒
	接头内有非金属夹杂物			1.闪光焊时，闪光不稳定； 2.顶锻余量不够； 3.顶锻压力不够大	金相检验	消除缺陷处的金属，用熔焊方法补焊
	显微裂纹		接头区域内的金属有显微裂纹	顶锻压力过小	金相检验	消除缺陷处的金属，用熔焊方法补焊

④闪光对焊缺陷异常现象、焊接缺陷与消除措施见表 9-25。

表 9-25　闪光对焊异常现象、焊接缺陷与消除措施

异常现象和焊接缺陷	消除措施
烧化过分剧烈并产生强烈的爆炸声	1.降低变压器级数； 2.减慢烧化速度
闪光不稳定	1.消除电极底部和内表面的氧化物； 2.提高变压器级数； 3.加快烧化速度
接头中有氧化膜、未焊透或夹渣	1.增加预热程度； 2.加快临近顶锻时的烧化速度； 3.确保带电顶锻过程； 4.加快顶锻速度； 5.增大顶锻压力
接头中有缩孔	1.降低变压器级数； 2.避免烧化过程过分强烈； 3.适当增大顶锻压力
焊缝金属过烧	1.减小预热程度； 2.加快烧化速度，缩短焊接时间； 3.避免过多带电顶锻
接头区域裂纹	1.检验钢筋的碳、硫、磷含量，若不符合规定时，应更换钢筋； 2.采取低频预热方法，增加预热程度
钢筋表面微熔、烧伤	1.清除钢筋被夹紧部位的铁锈和油污； 2.清除电极内表面的氧化物； 3.改进电极槽口形状，增大接触面积； 4.夹紧钢筋
接头弯折或轴线偏移	1.正确调整电极位置； 2.修整电极钳口或更换已变形的电极； 3.切除或矫直钢筋的弯头

3.钎焊缺陷

钎焊缺陷、特征、产生原因、检验方法与排除方法见表 9-26。

表 9-26 钎焊缺陷、特征、产生原因、检验方法与排除方法

缺陷名称	特征	产生原因	检验方法	排除方法
钎缝未填满	钎焊接头的间隙部分没有填满钎料	1.接头设计或装配不正确，如间隙太小或太大，装配时零件歪斜； 2.钎焊件表面清理不干净； 3.钎剂选择不当，如钎剂的活性熔点不合适； 4.钎焊时工件加热不够； 5.钎料流布性不好	目视检验	对有未填满的钎缝重新钎焊
钎缝成形不良	钎料只在一面填满间隙，没有形成圆角，钎缝表面粗糙不平	1.钎料流布性不好； 2.钎剂数量不足； 3.工件加热不均匀； 4.钎焊温度下保温时间太长； 5.钎料颗粒太长	目视检验	用钎焊方法补焊
气孔	钎缝金属表面或内部有孔穴	1.工件表面清理不干净； 2.钎剂作用不强； 3.钎缝金属过热	1.目视检验； 2. X射线探伤检验	清除表面的钎缝，重新钎焊
夹杂物	钎缝中留有钎剂等夹杂物	1.钎剂颗粒太大； 2.钎剂数量不够； 3.钎焊接头间隙不合适； 4.钎料从两面流入钎缝； 5.钎焊时钎剂被流动的钎剂包围； 6.钎剂和钎料的熔点不合适； 7.钎剂比重太大； 8.工件加热不均匀	1.目视检验； 2. X射线探伤检验	清除有夹杂物的钎缝，用钎焊方法补焊
表面侵蚀	钎焊金属表面被钎料侵蚀	1.钎焊温度过高； 2.钎焊时加热时间太长； 3.钎料与母材有强烈的扩散作用	目视检验	用机械方法修锉
裂缝	钎缝金属中存在裂缝	1.钎料凝固时零件移动； 2.钎料结晶间隔大； 3.钎料与母材的热膨胀系数相差较大	1.目视检验； 2. X射线探伤检验	用重新钎焊的方法补焊

4.其他焊接缺陷

①钢筋定位焊外观缺陷与消除措施见表9-27。

表9-27　钢筋定位焊的外观缺陷与消除措施

缺陷	产生原因	消除措施
焊点过烧	1.变压器级数过高； 2.通电时间太长； 3.上、下电极不对中心； 4.继电器接触失灵	1.降低变压器级数； 2.缩短通电时间； 3.切断电源、校正电极； 4.调节间隔、清理触点
焊点脱落	1.电流过小； 2.压力不够； 3.压入深度不足； 4.通电时间太短	1.提高变压器级数； 2.加大弹簧压力或调整气压值； 3.调整两电极间距离，符合压入深度要求； 4.延长通电时间
钢筋表面烧伤	1.钢筋和电极接触表面太脏； 2.焊接时没有预压过程或预压力过小； 3.电流过大	1.清刷电极与钢筋表面的铁锈和油污； 2.保证预压过程和适当的预压力； 3.降低变压器级数

②固体气压焊接头焊接缺陷与消除措施见表9-28。

表9-28　固态气压焊接头焊接缺陷与消除措施

焊接缺陷	产生原因	消除措施
轴线偏移（偏心）	1.焊接夹具变形，两夹头不同心，或夹具刚度不够； 2.两钢筋安装不正； 3.钢筋结合端面倾斜； 4.钢筋未夹紧进行焊接	1.检查夹具，及时修理或更换； 2.重新安装夹紧； 3.切平钢筋端面； 4.夹紧钢筋再焊
弯折	1.焊接夹具变形，两夹头不同心； 2.焊接夹具拆卸过早	1.检查夹具，及时修理或更换； 2.熄火后半分钟再拆夹具
镦粗直径不够	1.焊接夹具动夹头有效行程不够； 2.顶压液压缸有效行程不够； 3.加热温度不够； 4.压力不够	1.检查夹具和顶压液压缸，及时更换； 2.采用适宜的加热温度及压力
镦粗长度不够	1.加热幅度不够宽； 2.顶压力过大过滤	1.增大加热幅度范围； 2.加压时应平稳

续表 9-28

焊接缺陷	产生原因	消除措施
1.钢筋表面严重烧伤 2.接头金属过烧	1.火焰功率过大； 2.加热时间过长； 3.加热器摆动不匀	调整加热火焰，正确掌握操作方法
未焊合	1.加热温度不够或热量分布不匀； 2.顶压力过小； 3.结合端面不洁； 4.端面氧化； 5.中途灭火或火焰不当	合理选择焊接参数，正确掌握操作方法

③电渣压力焊接头焊接缺陷与消除措施见表 9-29。

表 9-29　电渣压力焊接头焊接缺陷与消除措施

焊接缺陷	消除措施
轴线偏移	1.矫直钢筋端部； 2.正确安装夹具和钢筋； 3.避免过大的顶压力； 4.及时修理或更换夹具
弯折	1.矫直钢筋端部； 2.注意安装与扶持上钢筋； 3.避免焊后过快拆卸夹具； 4.修理或更换夹具
咬边	1.减小焊接电流； 2.缩短焊接时间； 3.注意上钳口的起始点，确保上钢筋顶压到位
未熔合	1.增大焊接电流； 2.避免焊接时间过短； 3.检查夹具，确保上钢筋下送自如
焊包不匀	钢筋端面力求平整； 填装焊剂尽量均匀； 延长焊接时间，适当增加熔化量

续表 9-29

焊接缺陷	消除措施
气孔	1.按规定要求烘焙焊剂； 2.消除钢筋焊接部位的铁锈； 3.确保接缝在焊剂中合适的埋入深度
烧伤	1.钢筋导电部位除净铁锈； 2.尽量夹紧钢筋
焊包下淌	1.彻底封堵焊剂罐的漏孔； 2.避免焊后过快回收焊剂

④碳弧气刨中常见的缺陷与消除措施见表 9-30。

表 9-30　碳弧气刨中常见的缺陷与消除措施

缺陷	产生原因	消除措施
粘渣	碳弧气刨吹出的氧化铁和碳化三铁等熔渣，粘在刨槽两侧的称粘渣。产生粘渣的原因主要是因为压缩空气的压力太小，刨削速度与电流匹配不当，碳棒与工件的倾角过小等	粘渣可用钢丝刷、风铲或砂轮清除
夹碳	碳弧气刨时，刨削速度过快或碳棒送进过猛，使碳棒头部触及熔化或未熔化的金属，造成短路熄弧，碳棒粘在未熔化的金属上，产生夹碳缺陷；夹碳处形成一层硬脆且不易清除的碳化三铁（碳的质量分数达 6.7%），阻碍了碳弧气刨的继续进行；若不防止和清除夹碳，焊后会在焊缝中产生气孔和裂纹	1.用小电流刨削时，刨削速度不宜过快，碳棒送进不宜过猛； 2.在夹碳前端引弧，将夹碳处连根一起刨削掉
刨偏	刨削焊缝背面的焊根时，刨削方向没对正电弧前方的小凹口，即装配间隙，造成碳棒偏离预定目标，这种现象称刨偏。因此，刨削时注意力应集中在目标线上；因刨削速度较快，如操作技术不熟练就容易刨偏	1.用带有长方槽的圆周送风式气刨枪或侧面送风式气刨枪，避免把渣吹到正前方而妨碍视线； 2.用自动碳弧气刨，提高刨削速度和精度

续表 9-30

缺陷	产 生 原 因	消除措施
铜斑	用表面镀铜的碳棒刨削时，铜皮提前剥落并呈熔化状态，落在刨槽表面形成“铜斑”，或者由于铜制喷嘴与工件瞬间短路后，喷嘴熔化而在刨槽表面形成“铜斑”	焊接前，应用钢丝刷或砂轮将铜斑除掉，避免焊缝金属因铜含量高引起热裂纹
刨槽不正和深浅不匀	刨削时，碳棒偏向槽的一侧，会产生刨槽不正。刨削速度和碳棒送进速度不匀和不稳，会导致刨槽宽度不一与深浅不匀，碳棒角度变化也会引起刨槽深度的变化	刨削时，应尽可能控制刨削速度和碳棒送进速度，使其均匀和稳定，并尽量减少碳棒角度的变化

主要参考文献

[1] 张应立.新编焊工实用手册[M].北京:金盾出版社,2004.

[2] 张应立.焊工便携手册[M].北京:中国电力出版社,2007.

[3] 张应立.电焊工基本技能[M].北京:金盾出版社,2008.

[4] 孙景荣.实用焊工手册[M].北京:化学工业出版社,2002.

[5] 陈祝年.焊接工程师手册[M].2 版. 北京:机械工业出版社,2010.

[6] 中国机械工程学会焊接学会.焊接手册:材料的焊接[M].3 版.北京:机械工业出版社, 2008.

[7] 李亚江,陈茂爱,孙俊生.实用焊接技术手册[M].石家庄:河北科学技术出版社,2002.

[8] 王洪军.焊工技师必读[M].北京:人民邮电出版社,2005.

[9] 机械工业技师考评培训教材编审委员会.焊工技师培训教材[M].北京:机械工业出版社,2008.

[10] 高忠民,金风柱.电焊工入门与技巧[M].北京:金盾出版社,2006.

[11] 刘胜新. 焊接工程质量评定方法及检测技术[M].北京:机械工业出版社,2009.

[12] 天津市机电工业控股集团公司,天津机电职业技术学院.高级焊工必读[M].天津:天津科学技术出版社,2004.

[13] 沈惠塘.焊接技术与高招[M].北京:机械工业出版社,2003.

[14] 孙景荣,王丽华.电焊工(高级工)[M].北京:化学工业出版社,2005.

[15] 机械工业职业技能鉴定指导中心.高级电焊工技术[M].北京:机械工业出版社,2004.

[16] 张应立.焊接质量管理与控制读本[M].北京:化学工业出版社,2010.